ciscopress.com

Cisco ASA 设备使用指南（第3版）

Cisco® ASA

All-in-One Next-Generation Firewall, IPS, and VPN Services

Third Edition

Jazib Frahim, CCIE #5459

〔美〕 Omar Santos, CISSP #463598 著

Andrew Ossipov, CCIE #18483

YESLAB工作室 译

人 民 邮 电 出 版 社

北 京

图书在版编目（CIP）数据

Cisco ASA设备使用指南 ：第3版 / （美）压茨布·弗拉海（Jazib Frahim），（美）奥马尔·桑托斯（Omar Santos），（美）安德鲁·奥西波夫（Andrew Ossipov）著 ；YESLAB工作室译. -- 北京 ：人民邮电出版社，2016.8（2022.1重印）
ISBN 978-7-115-42806-6

Ⅰ. ①C… Ⅱ. ①压… ②奥… ③安… ④Y… Ⅲ. ①计算机网络－安全技术－指南 Ⅳ. ①TP393.08-62

中国版本图书馆CIP数据核字(2016)第153428号

版权声明

◆ 著　[美] Jazib Frahim　Omar Santos　Andrew Ossipov
译　YESLAB 工作室
责任编辑　傅道坤
责任印制　焦志炜
◆ 人民邮电出版社出版发行　北京市丰台区成寿寺路 11 号
邮编　100164　电子邮件　315@ptpress.com.cn
网址　http://www.ptpress.com.cn
北京七彩京通数码快印有限公司印刷
◆ 开本：787×1092　1/16
印张：55.75　2016 年 8 月第 1 版
字数：1502 千字　2022 年 1 月北京第 8 次印刷
著作权合同登记号　图字：01-2013-8473 号

定价：158.00 元

读者服务热线：(010)81055410　印装质量热线：(010)81055316
反盗版热线：(010)81055315

内容提要

本书对包括 Cisco ASA 系列防火墙在内的大量 Cisco 安全产品的用法进行了事无巨细的介绍，从设备不同型号之间性能与功能的差异，到产品许可证提供的扩展性能和特性，从各大安全技术的理论和实现方法，再到各类 Cisco 安全产品提供特性的原理，方方面面不一而足。

本书总共 25 章，其内容主要有安全技术介绍、Cisco ASA 产品及解决方案概述、许可证、初始设置、系统维护、Cisco ASA 服务模块、AAA、控制网络访问的传统方式、通过 ASA CX 实施下一代防火墙服务、网络地址转换、IPv6 支持、IP 路由、应用监控、虚拟化、透明防火墙、高可用性、实施 Cisco ASA 入侵防御系统（IPS）、IPS 调试与监测、站点到站点 IPSec VPN、IPSec 远程访问 VPN、PKI 的配置与排错、无客户端远程访问 SSL VPN、基于客户端的远程访问 SSL VPN、组播路由、服务质量等内容。除此之外，本书还介绍了如何对 ASA 上的配置进行验证等。本书介绍的配置案例相当丰富，配置过程相当具体，它几乎涵盖所有使用了 ASA 系列产品的环境。

鉴于本书所涉范围之广，技术之新，配置之全，均为当前少见，因此本书适合所有网络安全从业人士阅读，正在学习安全技术的人员可以从中补充大量安全知识完善自己的知识体系；从业多年的售后和售前工程师可以从中掌握各类最新特性的运用方法；安全产品的销售人员可以从中了解 Cisco 安全产品的最新发展变化；其他厂商安全产品的开发人员可以从中借鉴 Cisco 安全产品的特性和相关原理；院校培训机构讲师可以从中获取大量操作和实施案例付诸教学实践。

序

首先，我要祝贺 Jazib、Omar 和 Andrew，他们带来的这本权威指南将 Cisco ASA（自适应安全设备）的价值发挥到最大。

本书通过亲自实践的方式介绍了每个主题，揭示了最新版本 Cisco ASA 背后的设计概念和功能，技术团队使用 ASA 能够保障数据、服务和资产的安全性。现在企业的网络环境已经不再是由企业资产构成的 IT 基础设施结构了，而是把虚拟化、云和外包环境集成在一起。随着物联网在接下来几年中的扩张，企业 IT 安全任务的保证也会变得更加复杂。

因此，如果对于自己责任范围内的资产，IT 管理员都不再能够看到、管理，以及保证其安全的话，那他/她们还能看到、管理和保障什么的安全呢？网络保留了这个问题的答案。

由于 IT 世界的发展超出了我们的想象，网络本身也变为了保障信息安全的制高点。以前，网络中要紧的事情只有带宽、可用性和服务成本；从实际意义上说，理想网络原本是开放、共用的流量高速路——好流量、坏流量，以及恶意流量。

当今网络变得比以前智能很多。对于网络中传输的各种流量，网络管理员拥有前所未有的查看、监控和控制能力。智能网络提供的安全优势在这里就不用多说了。Cisco ASA 通过将身份管理、访问控制、入侵防御和 VPN 服务集成到单个系统中，引领了这一发展趋势。

但就技术本身而言，无法确保网络或基础设施的安全。基础设施管理员也应该尽其所能利用他/她所能够利用的工具，将不怀好意者搞破坏的机会降到最低。这也就是本书存在的意义，本书为管理员最大限度利用 Cisco ASA 提供了坚实的背景知识。

总而言之，知识总是比技术更加强大，而学习——通过本书——是获取知识的唯一路径。本书将会帮助你提高对 ASA 的掌控能力，帮助你了解有关网络安全的更多内容。

Bryan Palma

全球安全服务部资深副总裁

关于作者

Jazib Frahim CCIE #5459，是Cisco全球安全服务实践部门的首席工程师，加盟Cisco公司超过15年时间，专长为网络安全和新兴安全技术。Jazib也负责指导客户设计和实施安全解决方案，并掌握网络中与网络安全相关的技术。他领导了一个解决方案设计小组，并带领小组成员学习服务生命周期和开发解决方案。Jazib也参与开发了很多针对客户的服务，如威胁防御、基于网络的身份、BYOD（自带设备）等。

Jazib拥有伊利诺斯理工学院计算机工程学士学位和北卡罗来纳州立大学工商学管理硕士（MBA）学位。

除CISSP之外，Jazib还考取了两个CCIE，其中一个为路由交换方向，另一个则为安全方向。他在大量场合出席了各类业内的活动，如Cisco Live、Interop和ISSA。他曾著作和与他人合著了大量技术文档、白皮书和图书，其中由Cisco Press出版的书目包括：

- *Cisco ASA：All-in-One Firewall, IPS, and VPN Adaptive Security Appliance*
- *Cisco ASA：All-in-One Firewall, IPS, Anti-X, and VPN Adaptive Security Appliance,* Second Edition
- *Cisco Network Admission Control, Volume II: NAC Deployment and Troubleshooting*
- *SSL Remote Access VPNs*

Omar Santos，CISSP #463598，是Cisco产品安全事故响应小组（PSIRT）的高级事故经理，他在这个岗位上指导并带领工程师和事故经理来调查和解决各类Cisco产品中的安全漏洞。Omar曾为多家世界500强企业以及美国政府进行过安全网络的设计、实施和维护工作。在担任现在的职务之前，他曾是全球安全事务组及Cisco技术支持中心（TAC）的技术负责人，在此期间，他曾教授、带领并指导了上述两个部门的多位工作师。

Omar是安全社区的一名活跃成员，他发起了多个行业级别的倡议并参与建立了多个标准制定机构。他的身体力行帮助企业、学术机构、州和地方执法机构，以及其他参与团体提升了关键基础设施的安全性。

Omar也曾为Cisco客户和合作伙伴主持过多次技术演讲和技术会议，并为许多企业的CEO、CIO和CSO进行过多次行政演讲。同时，他曾主持编写了大量白皮书、文章和安全配置指导与最佳做法。此外，他也曾为Cisco Press著作或与他人合著了以下图书：

- *Cisco ASA：All-in-One Firewall, IPS, and VPN Adaptive Security Appliance*
- *Cisco ASA：All-in-One Firewall, IPS, Anti-X, and VPN Adaptive Security Appliance,* Second Edition
- *Cisco Network Admission Control, Volume II: NAC Deployment and Troubleshooting*
- *End-to-End Network Security: Defense-in-Depth*

Andrew Ossipov，CCIE #18483 和 CISSP #344324，当前在 Cisco 担任技术营销工程师，他擅长的领域包括防火墙、入侵防御系统以及其他 Cisco 数据中心安全解决方案。他在网络技术领域的工作经验超过 15 年，工作领域涉及 LAN 交换、路由协议和网络数据存储技术，也曾在 VoIP 领域进行过学术研究。在 Cisco 任职期间，Andrew 参与了大量的活动，包括解决客户的技术疑难，设计特性与产品，定义产品未来的发展方向。他主持并参与了大量跨技术专利（尚待批准）的发明。Andrew 拥有威奇托州立大学计算机工程学学士学位（理学学士）和电子工程学硕士学位（理学硕士）。

关于技术审稿人

Magnus Mortensen，CCIE #28219，拥有 10 年以上的网络技术经验，2006 年 6 月加盟 Cisco。在 Cisco 工作的期间，Magnus 的工作多与防火墙和网络安全技术有关，当前隶属于安全与 NMS 技术领导（Security & NMS Technical Leadership）小组。他的工作地点位于南卡州的研究三角园区，专长是防火墙技术领域，是 Cisco TAC 安全播客创始成员之一。除了对客户网络进行排错之外，他还很喜欢开发新的工具和项目来帮助 TAC 之外的 Cisco 其他部门。Magnus 生于南纽约州，自从伦斯勒理工学院（Rensselaer Polytechnic Institute）毕业，获颁计算机系统工程学理学学士学位之后，便移居到了北卡生活。

Phillip Strelau 自 2008 年加盟 Cisco，目前负责领导防火墙 TAC 小组。他毕业于罗切斯特理工学院（Rochester Institute of Technology），拥有网络安全和系统管理领域的学位，在网络领域工作了近 10 年。在 Cisco 就职期间，Phillip 参与了产品的研发，负责增强 ASA、CX、IPS 和 CSM 产品线。他同时也是 Cisco 认证空间的活跃成员，帮助 Cisco 了解人们对于 CCNA 安全和 CCNP 安全领域的反馈意见，并协助设计了 Cisco 网络安全专家（Cybersecurity Specialist）认证。

献辞

愿将本书献给我挚爱的妻子 Sadaf 和两个可爱的孩子 Zayan 和 Zeenia，在我撰写本书期间，她们展现出来的耐心和宽容使我深受鼓舞。

同时，我愿将本书献给我的父母 Frahim 和 Perveen，我每次拼搏的背后都少不了他们的鼓励与支持。

最后，我要感谢我的兄弟姐妹们，包括我的哥哥 Shazib、姐姐 Erum 和 Sana、嫂子 Asiya、姐夫 Faraz、可爱的侄子 Shayan 及侄女 Shiza 和 Alisha。感谢你们在我写作本书时给与的理解和支持。

——Jazib Frahim

愿将本书献给我挚爱的妻子 Jeannette，以及我可爱的女儿 Hannah 和儿子 Derek，你们的支持和鼓励是我写作本书的源动力。

另外，我愿将本书献给我的父亲 Jose；同时以本书悼念我的母亲 Generosa。没有你们的博学、睿智和引导，我将永远无法成就今天的高度。

——Omar Santos

愿将本书献给我的父母 Liudmila 和 Evgeny，献给他们无尽的爱与关怀，以及为我当前一切打下基础的智慧，对此我感激不尽。也将本书献给我的妹妹 Polina，感谢你给予我的支持，以及在我面前表现出来的谦虚——尽管你常常向我咨询各类问题，但你确实是我认识的人中最具智慧的天才。

如果没有我的夫人 Oksana 给予我的爱、支持和激励，本书永无面世之日。为了本书，你不得不独自忍受长夜和周末的煎熬。

感谢 Cisco 的 Hari Tewari 和 Arshad Saeed 两位经理，感谢二位对这个项目提供的鼎力支持。

——Andrew Ossipov

致谢

谨在此感谢本书的技术编辑 Magnus Mortensen 和 Phillip Strelau，他们付出的时间和给与的技术指导使我们获益良多。他们对我们的作品进行了审校，并纠正了许多大大小小难以发现的错误。

我们还要感谢 Cisco Press 小组，特别是 Brett Battow、Marianne Bartow、Christopher Cleveland 和 Andrew Cupp，他们的耐心、指导和关爱，他们的每一分努力都值得铭记在心。

非常感谢我们的 Cisco 管理组，包括 Bryan Palma、David Philips、Sanjay Pol、Klee Michaelis 和 Russell Smoak，本作的面世和他们的支持与鼓励是分不开的。

我们还要对 Cisco ASA 产品研发小组开发的产品表示由衷赞赏。另外，在写作本书的过程中，也离不开他们的支持。

最后，感谢 Cisco TAC。这是一个诞生了无数网络工程领域中，最伟大和最光辉思想的地方。为 Cisco 客户提供支持往往将我们置于强大的压力之下，因此这里每天都有奇迹在这里发生。TAC 工程师是真正的无名英雄，对我们来说，能够与他们并肩作战就是至高无上的荣耀。

前　言

对于那些不能分别部署下一代防火墙、入侵防御、虚拟专用网络服务设备的企业来说，网络安全始终是一个亟待解决的问题。Cisco ASA 是一款高性能、多功能的安全设备，它可以提供下一代防火墙、IPS 及 VPN 服务。Cisco ASA 集多功能于一体、兼备快速恢复及强大扩展性，同时还可以提供以上所有特性。

本书可以为业内人士在对 Cisco 自适应安全设备进行规划、实施、配置和排错时，提供指导。它可以站在资深 Cisco 网络安全工程师的角度，给读者提供很多专家级的指导。它阐释了 Cisco ASA 上的自适应身份识别及威胁缓解技术如何能够为大中小各类企业提供各类纷繁芜杂的网络安全解决方案。本书还假定了各类读者有可能遇到的问题，并提供了解决方案，这些问题从实现基本网络安全策略到实施下一代防火墙、VPN 和 IPS，不一而足。

谁应该阅读本书

本书旨在为管理网络安全的人员或安装、配置防火墙、VPN 设备或入侵检测/防御系统的专业人士提供技术指导。本书围绕着从初级到高级的网络安全和 VPN 技术进行了介绍。本书的读者应具备一些基本的 TCP/IP 和网络互联方面的知识。

本书是如何组织的

本书分为 4 个部分，第一部分对 Cisco ASA 产品进行了介绍，然后分别对防火墙特性、入侵防御和 VPN 进行了介绍。其中每一部分都包括了很多配置实例以及对设计方案的深入分析。通过我们为各项技术提供的多种调试结果，读者可以强化自己的学习效果。另外，本书还介绍了很多创新技术，如下一代防火墙、集群、虚拟防火墙和 SSL VPN。

下面是本书组织结构的概述。

第 1 部分，“产品概述”。

- 第 1 章，“安全技术介绍”：本章对 Cisco ASA 所支持的不同技术，以及时下被网络安全从业人员广泛应用的技术进行了概述。
- 第 2 章，“Cisco ASA 产品及解决方案概述”：本章介绍了 Cisco ASA 是如何从其他安全产品中吸收各类技术，并将防火墙、入侵检测与防御及 VPN 技术集于一身的。另外，本章还对 Cisco ASA 的硬件进行了概述，包括具体的技术说明和安装指导。本章还介绍了 Cisco ASA 上各种类型的可用模块。
- 第 3 章，“许可证”：Cisco ASA 上的不同特性都需要有许可证的支持。本章会描述各型号 Cisco ASA 及各个特性所对应的许可证，同时也解释了如何安装这些许可证。本章也介绍了如何将 Cisco ASA 配置为一台许可证服务器，让它在一组 Cisco ASA 之间共享 SSH VPN 许可证的具体方法。
- 第 4 章，“初始设置”：本章全面罗列了初始化设置任务的流程。准备安装、配置和管理 Cisco ASA 基本特性的业内人士，需要执行这些任务，并遵循相应的流程。

- 第 5 章，“系统维护”：本章包含了如何维护 Cisco ASA 系统的信息，包括系统升级、健康状态监测的内容，同时也提供了一些排除硬件和数据故障的建议。
- 第 6 章，“Cisco ASA 服务模块”：Cisco Catalyst 6500 系列和 7600 系列 ASA 服务模块（ASASM）是一种可扩展、高性能的刀片模块，这种模块需要安装在 Cisco Catalyst 6500 系列交换机和 Cisco 7600 系列路由器上使用。这些模块既可以帮助管理员降低设备购置成本和操作的复杂程度，也可以帮助管理员在同一个可扩展的交换机平台上一次性管理多台防火墙设备。本章也会介绍如何配置 Cisco ASA 服务模块，以及如何配置 Cisco Catalyst 6500 系列交换机和 7600 系列路由器，让它们将流量发送给这类模块进行保护和监控。

第 2 部分，“防火墙技术”。

- 第 7 章，“认证、授权、审计（AAA）”：Cisco ASA 支持大量的 AAA 特性。本章介绍了如何定义并运用一系列认证方式，以此对 AAA 服务进行配置。
- 第 8 章，“控制网络访问：传统方式”：Cisco ASA 可以保护一个或多个网络，使其免受入侵者的危害。这些网络之间的连接可通过高级防火墙功能进行严密的控制，这可以确保从受保护网络中流入和流出的流量必须遵循企业的安全策略。本章为读者展示了如何通过 Cisco ASA 提供的特性来实施企业的安全策略。
- 第 9 章，“通过 ASA CX 实施下一代防火墙服务”：Cisco ASA 下一代防火墙服务提供了高级的防火墙服务，包括 AVC（Application Visibility and Control）和 WSE（Web Security Essentials）。这些新的特性可以提供更加具体的应用控制功能，它可以识别出成千上万种应用，并且针对这些应用与用户提供了基于上下文的感知功能。本章涵盖了 Cisco ASA 下一代防火墙服务的特性、优势、部署、配置及排错方法。
- 第 10 章，“网络地址转换”：本章详细介绍了在 Cisco ASA 上配置网络地址转换（NAT）的方法。本章介绍了不同类型的地址转换技术、配置地址转换的方法、DNS 刮除特性以及在 Cisco ASA 上监测地址转换的方法。NAT 配置命令和底层的基础设施从 Cisco ASA 8.3 版系统开始出现了变化。本章同时介绍了 8.3 版之前的配置命令和 8.3 版之后的配置命令。
- 第 11 章，“IPv6 支持”：Cisco ASA 支持 IPv6。本章介绍了在 Cisco ASA 上配置和部署 IPv6 支持的方法。
- 第 12 章，“IP 路由”：本章介绍了 Cisco ASA 的各项路由功能。
- 第 13 章，“应用监控”：Cisco ASA 状态化应用层监控可以保护网络中的应用和服务。本章介绍了如何使用和配置应用监控。
- 第 14 章，“虚拟化”：Cisco ASA 虚拟防火墙特性引入了在同一个硬件平台上运行多个防火墙实例（虚拟防火墙）的概念。本章介绍了如何对所有这些安全虚拟防火墙进行配置和排错。
- 第 15 章，“透明防火墙”：本章介绍了 Cisco ASA 中的透明（二层）防火墙模式。它介绍了用户如何在透明单防火墙和多防火墙模式下对 Cisco ASA 进行配置，以满足他们的安全需求（如流量过滤和地址转换）。

- 第 16 章，“高可用性”：本章介绍了 Cisco ASA 提供的各类故障冗余和高可用性机制。本章涵盖了高级高可扩展特性（如集群）的配置方法。Cisco ASA 集群特性可以将 16 台支持这种特性的设备组合成一个流量处理系统。这种特性和故障倒换的不同之处在于，ASA 集群中的每台设备都可以在单模防火墙模式和多模防火墙模式下主动转发穿过这集群的流量。本章不仅包含了对于这些概念的概述和配置，也介绍了在 Cisco ASA 上对高可用性特性进行排错的具体方法。

第 3 部分，“入侵防御系统（IPS）解决方案”。

- 第 17 章，“实施 Cisco ASA 入侵防御系统（IPS）”：入侵检测与防御系统可以保护网络免受来自内部和外部的攻击及威胁，因此可以提供比防火墙更高级的保护功能。本章介绍了 Cisco ASA 中的入侵防御系统（IPS）特性，同时对配置 Cisco IPS 软件的方法提供了专家级的指导。另外，本章提供的排错方案可以提升读者的学习效果。
- 第 18 章，“IPS 调试与监测”：本章介绍了 IPS 的调试进程，以及监测 IPS 事件的最佳方法。

第 4 部分，“虚拟专用网（VPN）解决方案”。

- 第 19 章，“站点到站点 IPSec VPN”：Cisco ASA 可支持 IPSec VPN 特性，允许用户从不同地理位置连接到企业网络。本章介绍了在单模虚拟防火墙和多模虚拟防火墙模式下成功部署站点到站点 IPSec VPN 的配置和排错指导方针。
- 第 20 章，“IPSec 远程访问 VPN”：本章介绍了 Cisco ASA 可支持的两种远程访问 VPN 解决方案（Cisco IPSec 和 L2TP over IPSec），同时提供了大量配置案例和排错情景。
- 第 21 章，“PKI 的配置与排错”：本章从介绍 PKI 的概念开始，逐步覆盖 Cisco ASA 中的 PKI 配置及排错。
- 第 22 章，“无客户端远程访问 SSL VPN”：本章提供了 Cisco ASA 中无客户端 SSL VPN 功能的详细介绍。本章介绍了 Cisco 安全桌面（CSD）解决方案，以及用于收集终端工作站状态信息的主机扫描（Host Scan）特性，同时还提供了动态访问策略（DAP）特性的用途以及详细的配置案例。为了加强学习效果，本章随同配置步骤提供了诸多不同的部署场景。
- 第 23 章，“基于客户端的远程访问 SSL VPN”：本章提供了 Cisco ASA 中关于 AnyConnect SSL VPN 功能的详细介绍。
- 第 24 章，“IP 组播路由”：本章介绍了在 Cisco ASA 上对组播路由进行配置和排错的方法。
- 第 25 章，“服务质量”：QoS 是一种网络特性，可使管理员为特定类型的流量设置优先级。本章介绍了如何在 Cisco ASA 中对 QoS 进行配置、排错和部署。

本书使用的图标

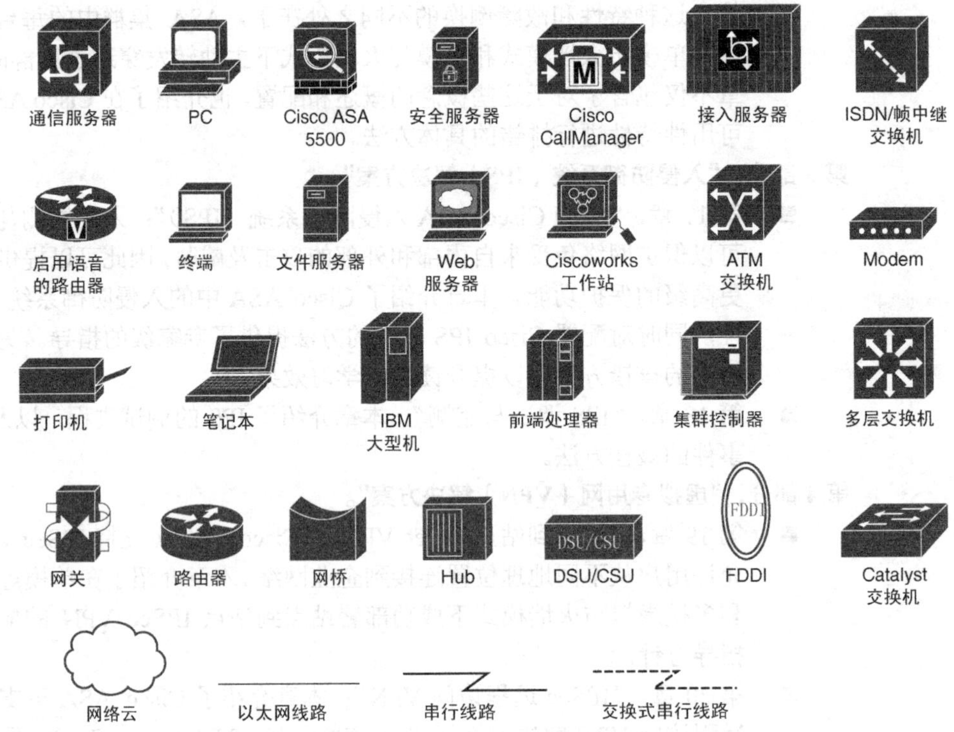

命令语法约定

本书在介绍命令语法时使用与 IOS 命令参考一致的约定，本书涉及的命令参考约定如下：

- 需要逐字输入的命令和关键字用粗体表示，在配置示例和输出结果（而不是命令语法）中，需要用户手工输入的命令用粗体表示（如 **show** 命令）；
- 必须提供实际值的参数用斜体表示；
- 互斥元素用竖线（|）隔开；
- 中括号[ ]表示可选项；
- 大括号表示{ }必选项；
- 中括号内的大括号[{ }]表示可选项中的必选项。

目　　录

第1章

安全技术介绍

本章涵盖的内容有：

- 防火墙；
- 入侵检测系统（IDS）与入侵防御系统（IPS）；
- IPSec 虚拟专用网（VPN）；
- SSL（安全套接字层）VPN；
- Cisco AnyConnect Secure Mobility；
- 可感知环境（Context-aware）的安全技术；
- 云与虚拟化的安全。

在过去几年中，各企业、院校和政府机关出现了越来越多的计算机安全问题与网络安全问题。入侵网络和计算机系统的教程在互联网上也变得唾手可得。有鉴于此，网络安全专业人士就有必要对网络进行细致地分析，来判断应该采用何种措施来缓解网络中存在的风险。

安全威胁的种类不一而足，从分布式拒绝服务攻击，到病毒、蠕虫、木马、SQL 注入（SQL Injection）、跨站脚本攻击（XSS）及高级持续威胁（APT）[①]等。这些攻击方式可以轻易摧毁或中断重要的数据传输，于是，为了保证自己的关键业务不会因网络威胁而中断，自己的重要信息也不会因网络犯罪而失窃，人们不得不采取一些昂贵而又复杂的补救措施。

本章会对重要的网络安全技术进行介绍，同时，本章还会介绍必备的基础知识，以便使读者能够进一步学习 Cisco 自适应安全设备（ASA）安全特性及相关解决方案中所用到的技术。

1.1 防火墙

防火墙这个词一般是描述位于可靠网络和不可靠网络之间的系统或者设备。对网络安全领域的专业人士来说，清晰理解防火墙及相关技术的重要性不言而喻。因为这些知识能够帮助网络工程师更加精确和高效地对网络进行配置和管理。

许多网络防火墙的解决方案都可以通过加强用户策略和应用策略的方式，来对各类安全威胁提供保护功能。这些解决方案网络可以提供日志记录功能，而这类功能使安全管理员能够识别、观测、证实并最终缓解这些安全威胁。

不仅如此，管理员还可以将很多应用程序安装在一个系统上，以针对这一台主机进行

---

① 所谓 APT（Advanced Persistent Threat）指未经授权的用户不仅获取到网络的访问权限，并且人不知鬼不觉地在网络中访问了相当长的一段时间，并利用这段期间窃取网络数据（而不是破坏网络）的网络威胁形式。在从信息科技（IT）向数据科技（DT）转轨的时代，窃取数据造成的破坏往往大于破坏网络系统本身，这便是这类攻击诞生的背景。——译者注

保护。这类应用程序称为个人防火墙。本节将对网络防火墙和个人防火墙及它们的相关技术进行概述。

1.1.1 网络防火墙

基于网络的防火墙可以提供一系列重要特性来保障网络的边界安全。防火墙的主要任务就是根据预先明确配置好的策略及规则，来阻塞或放行试图进入网络的流量。防火墙常常也会部署在网络的其他区域中，以便在企业架构之内对网络进行分段。有时，人们也会将防火墙部署在数据中心内部。而这个用来允许或阻断流量的进程可能会包含以下方式：

- 简单的包过滤技术；
- 复杂的应用代理；
- 网络地址转换；
- 状态化监控防火墙；
- 下一代可感知环境的防火墙。

1. 包过滤技术

包过滤的目的非常简单，它首先会对穿越网络的流量进行判断，以此控制特定网段的流量访问网络。包过滤技术一般会在OSI（开放系统互联）模型的传输层中监控入站流量。比如，包过滤技术能够对TCP（传输控制协议）或UDP（用户数据包协议）数据包进行分析，并将这些数据包与一系列预先配置好的规则进行比较，这些规则就称为访问控制列表(ACL)。它会对数据包的以下字段进行监控：

- 源地址；
- 目的地址；
- 源端口；
- 目的端口；
- 协议。

> 注释：包过滤一般不会监控附加的第3层和第4层字段，比如序号（sequence number）、TCP控制标记（TCP control flag）、ACK字段等。

各类包过滤防火墙也可以对数据包头部的信息进行监控，并以此发现这个数据包是来自一条业已存在的连接还是新的连接。不过，简单的包过滤防火墙有很多局限和缺陷。

- 它们所包含的ACL或规则列表有时会因过于庞大而难以管理。
- 它们会放过那些经过了精心伪装的数据包，使其在未经授权的情况就可以访问网络。有鉴于此，黑客可以将数据包的IP地址伪装成得到了ACL授权的地址，使其可以顺利实现对受保护网络的访问。
- 很多应用都可以在任意协商的端口上建立起多条连接。这就会使得防火墙很难在连接完成之前就判断出这些应用会选用哪些端口。这类应用程序通常为多媒体应用，如流媒体和视频应用等。包过滤技术无法理解这类应用所使用的上层协议，而且为这类协议提供支持也非常困难，因为ACL需要在包过滤防火墙上手动进行配置。

2. 应用代理

应用代理，或称代理服务器，是指那些为私有网络或受保护网络中的客户端充当中介代理的设备。受保护网络中的客户端向应用代理发送连接请求，要求与不受保护的网络或 Internet 之间进行数据包传输。于是，应用代理就会代替内部客户端发送请求。大部分的代理防火墙都工作在 OSI 模型的应用层。多数代理防火墙都可以对信息进行缓存，以提升网络通信的速度。因此，对于那些大量服务器都处于繁忙状态的网络来说，这是一个十分关键的功能。除此之外，代理防火墙还可以对一些特定的 Web 服务器攻击进行保护，但是在大多数情况下，它们无法对 Web 应用提供任何的保护功能。

3. 网络地址转换

很多 3 层设备都可以提供网络地址转换（NAT）服务。这些 3 层设备可以将内部主机的私有（或本地）IP 地址转换为公网可路由（或全球）的地址。

Cisco 在描述 NAT 时，常常会使用真实（real）IP 地址和映射后的（mapped）IP 地址这两个专用名词。所谓真实 IP 地址即为主机上配置的转换前 IP 地址。而映射后的 IP 地址即为真实地址经转换之后所得的那个地址。

注释：静态 NAT 可以在双向发起连接。换句话说，既可以由主机发起连接，也可以由其他设备向主机发起连接。

NAT 通常属于防火墙的功能，不过，除了防火墙之外，像路由器、无线接入点（WAP）等也可以提供 NAT 功能。通过这个功能，防火墙可以对不受保护的网络隐藏内部的私有地址，只将防火墙自己的地址或公共地址范围暴露给外部网络。因此，网络领域的专业人士可以将任意 IP 地址空间作为它们网络的私有 IP 地址。不过，最佳做法仍然是使用专为私有地址保留的空间来作为内部地址空间（详见 RFC 1918，“Address Allocation for Private Internets”）。表 1-1 所示为 RFC 1918 所指定的私有地址空间。

表 1-1　　RFC 1918 所指定的私有地址范围

网络地址范围	网络/掩码
10.0.0.0～10.255.255.255	10.0.0.0/8
172.16.0.0～172.31.255.255	172.16.0.0/12
192.168.0.0～192.168.255.255	192.168.0.0/16

在规划网络时，对不同地址空间分别进行考量是十分必要的（比如，可配置的主机和子网）。比起在实施的过程中再对网络设计进行修改，一开始就对网络进行精心地设计和筹划反倒可以节省大量的时间。

提示：白皮书 A Security-Oriented Approach to IP Addressing 为网络地址的设计和筹划提供了很多提示。读者可通过以下链接对该白皮书进行浏览：http://www.cisco.com/web/about/security/intelligence/security-for-ip-addr.html。

端口地址转换

一般来说，防火墙都可以执行一种叫做端口地址转换（PAT）的技术。这个特性可以看作 NAT 的一个子集，它能够通过监控数据包的 4 层信息，使多个内部受保护网络的设备共享同一个 IP 地址。这个地址一般来说是防火墙的公网地址，不过也可以将其配置为其他的公共 IP 地址。图 1-1 所示为 PAT 的工作方式。

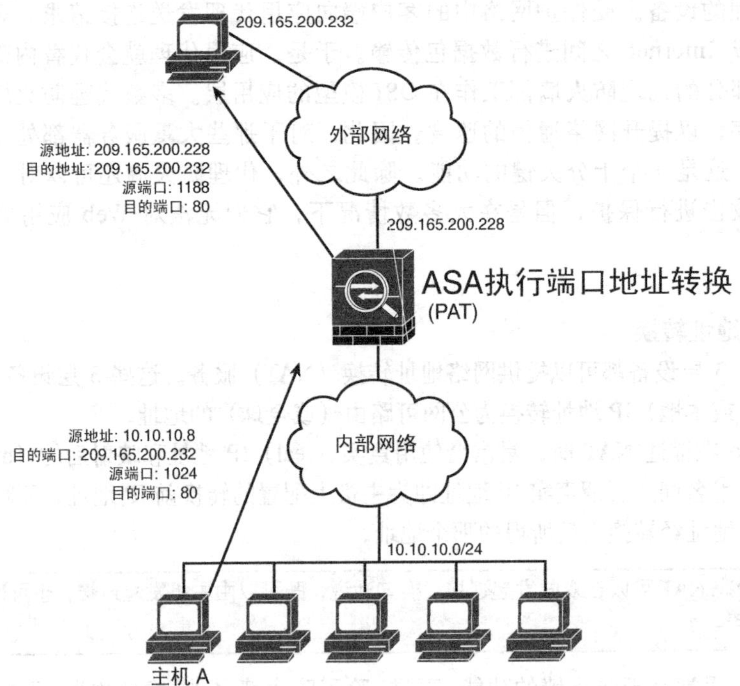

图 1-1 PAT 示例

如图 1-1 所示，“内部网络”中多台受保护的主机都配置上网络 10.10.10.0 的地址，子网掩码是 24 位。ASA 正在为这些内部主机执行 PAT 转换，也就是将地址 10.10.10.x 转换为它自己的地址（209.165.200.228）。在这个例子中，主机 A 向位于“外部”不受保护网络的 Web 服务器发送了一个 TCP 80 端口的数据包。ASA 会对请求数据包执行地址转换，将主机 A 原本的地址 10.10.10.8 转换为防火墙自己的地址。同时在向 Web 服务器转发请求时，随机选择一个不同的第 4 层端口。在本例中，TCP 源端口由 1024 被修改为了 1188。

静态转换

如果不受保护网络（外部网络）中的主机需要向 NAT 设备后面的特定主机发起新的连接，还有一种不同的方法，这种方法就是通过配置防火墙，在公共（全局）IP 地址和内部（本地）受保护设备的地址之间创建一对一的静态映射，以此来放行这类的连接。比如，一台位于内部网络，并且拥有一个私有 IP 地址的 Web 服务器需要与未受保护网络或 Internet 中的主机进行通信时，就可以配置静态 NAT。图 1-2 所示为静态 NAT 的工作方式。

在图 1-2 中，Web 服务器地址（10.10.10.230）被静态转换为了外部网络的地址（在本例中为 209.165.200.230）。因此，外部主机只要将流量定位到 209.165.200.230，就可以向 Web 服务器发起连接。而后，执行 NAT 的设备就会负责转换地址，并将请求发送给内部网络的 Web 服务器。

地址转换不仅是防火墙的技术。今天，各类低端网络设备（如 SOHO[小型及家庭办公环境]路由器及无线接入点）都可以执行各种不同的 NAT 技术。

注释：第 10 章会详细介绍 Cisco ASA 对 NAT 技术的支持。

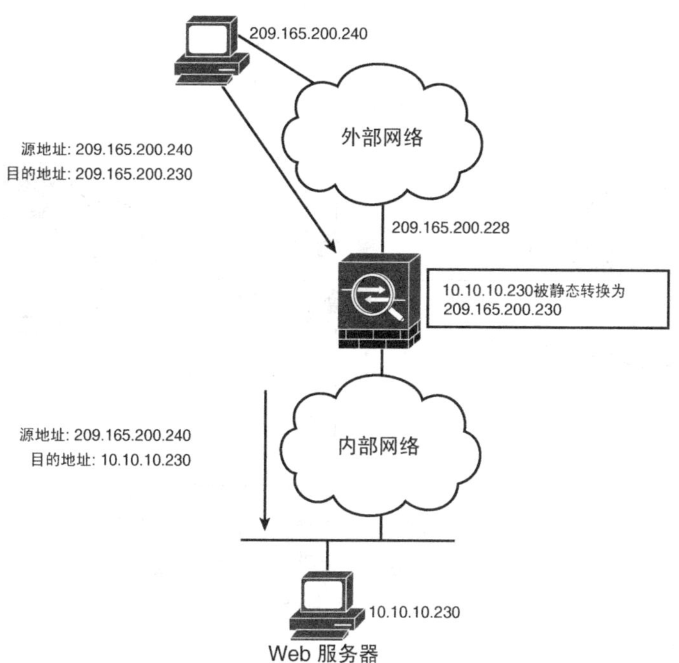

图 1-2 静态转换示例

4. 状态化监控防火墙

与简单的包过滤防火墙相比，状态化监控防火墙拥有更多的优势。这类防火墙可以跟踪每一个通过其接口的数据包，查看其是否已经建立连接，以及该连接是否可靠。它们不仅可以监控数据包头部的信息，也可以监控载荷部分的应用层信息。因此，在这类防火墙上可以创建不同的规则，以基于特定的载荷模式来判断是放行还是阻止该数据包。状态化监控防火墙会监测连接的状态，并根据相关信息来维护一个数据库，这个数据库通常称为状态列表（State table）。连接的状态可以提供该连接的具体信息，比如该连接是否已建立（established），是否已关闭（closed），是否被重置（reset），或是否正在协商（negotiated）。这些机制可以为不同类型的网络攻击提供保护。

1.1.2 非军事化区域（DMZ）

通过配置防火墙，网络可以被划分为多个部分（或区域），这些区域通常称为非军事化区域（DMZ）。这些区域可以为不同区域中的系统提供相应的安全保护，因而使这些系统拥有不同的安全级别和安全策略。DMZ 有很多作用，比如，它们可以用来部署 Web 服务器集群，或者作为与某个商业合作伙伴的外部连接。图 1-3 所示为一个有 2 个 DMZ 区域的防火墙（在本例中为 Cisco ASA）。

由于 DMZ 的存在，Internet 只能访问到内网中那些可识别并且可管理的服务，因此，内网的设备和客户端就更不容易暴露给外部。

在图 1-3 中，位于 DMZ1 的 Web 服务器可以被内部和 Internet 上的主机访问。Cisco ASA 负责控制从 DMZ 2 外联网商业合作伙伴发起的访问。

注释：在大型企业中，管理员可以在不同网段和 DMZ 中部署多防火墙策略。

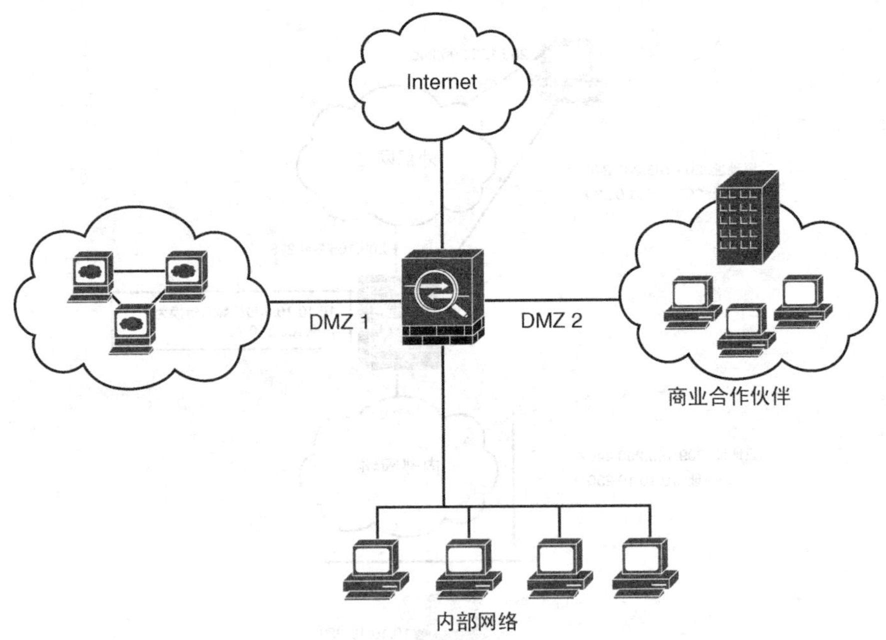

图 1-3 防火墙 DMZ 配置

1.1.3 深度数据包监控

很多应用在穿越防火墙时，都需要对数据包进行特殊的处理，包括在数据包的负载中嵌入 IP 寻址信息，或通过动态分配的端口开放第二信道。高级防火墙及安全设备（如 Cisco ASA 及 Cisco IOS 防火墙）都能够提供应用监控机制来处理嵌入的寻址信息，使前面提到的应用及协议可以正常工作。通过应用监控机制，这些安全设备就可以分辨出动态分配的端口，并使特定连接中的数据能够在这些端口间进行交换。

有了深度数据包监控功能，防火墙就能够查看特定的第 7 层负载，以应对安全威胁。比如，管理员可以通过配置 Cisco ASA（运行 7.0 及后续版本的产品）使其不支持在 HTTP 协议之上传递的 P2P 应用。管理员也可以配置这些设备来拒绝特定的 FTP 命令、HTTP content type（内容类型）及其他的应用协议。

> 注释：Cisco ASA 支持 MPF（模块化策略框架），这种技术能够以一种灵活的方式针对特定流量配置应用监控及其他特性，其方法类似于在 Cisco IOS 操作系统上配置 QoS。

1.1.4 可感知环境的下一代防火墙

移动设备大行其道，从任意地点发起连接的需求呼声日起，这都从根本上改变了企业的安全方案。诸如 Facebook 和 Twitter 等社交网络早已由孩子和极客的玩物，一跃变成了社会群体相互沟通、企业提升品牌形象的重要渠道。

对安全方面的担忧，以及对数据丢失的顾虑，是很多企业没有对社交媒体张开双臂的理由，但更多企业却将社交媒体作为企业的一大重要资源。当然，通过应用技术和实施用户控制，可以消弭大量的安全风险。但犯罪份子确实通过社交网络吸引了很多受害者来下载他们上传的恶意软件，以此来窃取他们的登录密码，这一点也是毫无疑问的。

在当今防火墙获取网络访问之前，它们不仅需要了解访问基础设备的应用和用户，也必须搞清楚用户使用的设备、用户所在的位置，以及当前的时间。这种有能力感知周遭环境的安全技术要求人们重新定位防火墙的架构。可感知环境的防火墙涵盖了当今市场上下一代防火墙的概念。这种可感知环境的防火墙可以对应用施以更加具体的控制，可以理解用户的身份，并且可以根据位置对访问进行控制。Cisco ASA-5500X 系列下一代防火墙就是这种基于环境的防火墙解决方案。

1.1.5　个人防火墙

个人防火墙是指安装在终端设备或服务器上，用以保护这些设备免遭外部安全威胁及入侵的常用软件。术语个人防火墙通常意指控制访问客户端第 3 层及第 4 层信息的软件。现如今，也有一些高端的软件不仅可以提供基本的个人防火墙特性，还能够基于系统中所安装的软件的行为，以对系统进行保护。

1.2　入侵检测系统（IDS）与入侵防御系统（IPS）

当攻击者想要非法访问网络或主机，以降低其性能或窃取其信息时，入侵检测系统（IDS）就可以（在杂合模式下）将这种行为检测出来。除此之外，它们还能够检测出分布式拒绝服务（DDoS）攻击、蠕虫及病毒的爆发。图 1-4 所示为运行在杂合模式下的 IDS 设备检测安全威胁的示例。

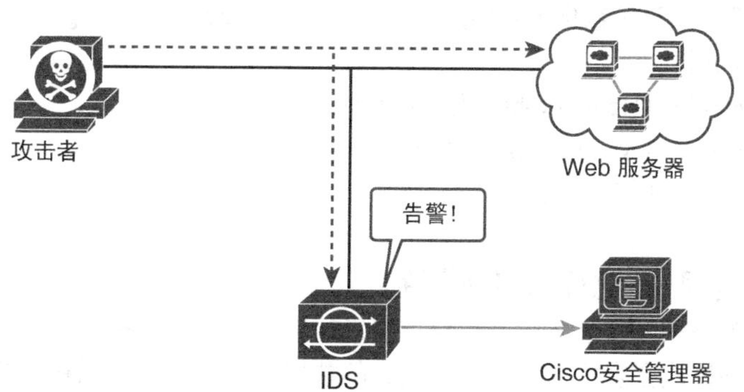

图 1-4　IDS 示例

在图 1-4 中，一名黑客向 Web 服务器发送了一个恶意的数据包。IDS 设备对这个数据包进行了分析，并向监测系统（在本例中为 Cisco 安全管理器[Cisco Security Manager]）发送了一个告警信息。不过，这个恶意数据包最终仍然成功地到达了 Web 服务器。

然而，入侵防御系统（IPS）不仅有能力检测所有这些安全威胁，也能够在线（inline）丢弃恶意数据包。

如图 1-5 所示，运行在在线模式下的 IPS 设备在向监视系统发送告警的同时，丢弃了不符合要求的数据包。

目前有两种类型的 IPS：

- 基于网络的 IPS（NIPS）；
- 给予主机的 IPS（HIPS）。

> 注释：NIPS 有 Cisco IPS 4200 传感器、Cisco Catalyst 6500 IPS 模块及带有 AIP-SSM 模块的 Cisco ASA。
>
> Cisco ASA 5500 系列 IPS 解决方案仅以一个单独的、易部署的平台，就提供了入侵防御、防

火墙及 VPN 的功能。入侵防御服务通过对流量进行深入的检查，实现了对防火墙保护功能的强化，使其能够针对各类威胁及网络漏洞进行保护。具体的 IPS 配置及排错方法会在第 17 章中进行介绍。另外，在第 18 章中，我们还会介绍如何调试及监测 IPS。

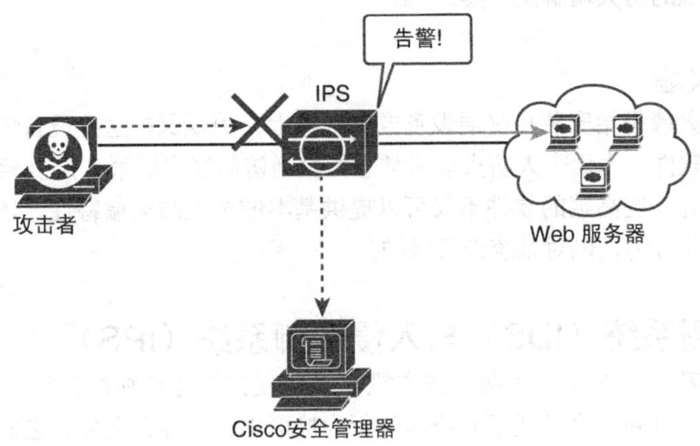

图 1-5 IPS 示例

基于网络的 IDS 和 IPS 能够使用多种检测手段，如：

- 模式匹配及状态化模式匹配识别（stateful pattern-matching recognition）；
- 协议分析；
- 基于启发（Heuristic-based）的分析；
- 基于异常（Anomaly-based）的分析；
- 全球威胁纠正功能。

1.2.1 模式匹配及状态化模式匹配识别

模式匹配是指入侵检测设备在穿越网络的数据包中查找特定顺序字节组合的方法。一般来说，这种模式会查找与特定服务相关的数据包，或者根据源和目的端口进行查找。这种方法不必再对每个数据包都进行监控，因而减少了监控的总数。不过，它只能应用于那些能够通过端口号进行关联的服务及协议。而那些不使用第 4 层信息的协议则不在此类，如 ESP 协议、AH 协议及 GRE 协议。

这种方法使用了特征（signature）的概念。所谓特征（signature）是指出网络中存在入侵行为的一系列条件。比如，对于目的端口为 1234，且负载中包含了字符串 ff11ff22 的特定 TCP 数据包，我们就可以为此定义一个特征（signature）来检测这个字符串并生成告警信息。

另外，针对特定数据包，特征也可以通过指出开始点和结束点对其进行监控。

使用这种明确模式匹配的好处在于：

- 直接对比行为；
- 根据指定的模式触发告警；
- 可应用于各类服务及协议，

模式匹配的一大缺陷在于它常常出现大量的误报（false positive）。误报是指那些并非针对恶意行为的告警。相应地，如果攻击者对攻击方式进行改动，那么这种方式又容易导致设备忽略真正的恶意行为，这一般被称为漏报（false negative）。

为了解决上述这些问题，人们将这种方法加以改良，创建了一种叫做状态化模式匹配识别（stateful pattern-matching recognition）的方式。这种方法要求，执行这类特征判断方法的系统必须分析 TCP 流中数据包的时间顺序。尤其必须对这类数据包和流进行状态化监控。

状态化模式匹配识别的优势如下：

- 它能够直接用给定的模式来与某种行为进行比较；
- 支持所有不加密的 IP 协议。

执行状态化模式匹配的系统必须跟踪未加密数据包的到达顺序，并根据数据包的类型执行模式匹配。

然而，状态化模式匹配识别也同样存在一些简单模式匹配方法的缺陷，这些缺陷已经在前文中提到过了，比如，以不确定的几率出现误报的情况、有可能存在漏报的情况。另外，状态化模式匹配也会消耗 IPS 设备更多的资源，因此它需要占用更多的内存和 CPU 资源来对信息进行处理。

1.2.2 协议分析

协议分析（或称协议基于解码的特征）通常指扩展型的状态化模式识别。网络入侵检测协议（NIDS）可以通过对所有协议进行解码或客户端服务器之间的交互，实现对协议的分析。在查找非法行为时，NIDS 可以识别出协议中的元素并对它们进行分析。有些入侵检测系统直接查看被监控数据包的协议字段。其他 IDS 则要使用更高级的方法，如检测协议中某字段的长度或参数值。比如，在 SMTP 中，设备有可能就会查看特定的命令及字段，如 HELO、MAIL、RCPT、DATA、RSET、NOOP 和 QUIT。如果管理员将被分析的协议定义得足够准确、处理得足够妥当的话，那么这种方法就能够降低误报的可能性。反之，如果协议定义过于笼统或在执行时过于灵活的话，那么就会产生大量的误报。

1.2.3 基于启发的分析

另一种网络入侵检测的手段是基于启发的分析。当流量通过网络时，设备会对其进行统计分析，启发式扫描针对统计分析中得到的结果执行算法逻辑。为了完成这项任务，设备会集中调用 CPU 及其他资源，因此在设计网络部署环境时，需要对这一点进行仔细地考虑。基于启发的算法一般需要对网络流量进行仔细地调试，以将误报的几率降至最低。比如说，若扫描特定主机或网络的一个端口范围，系统特征就会创建告警信息。这个特征也可以通过精心设计，以将其范围限制在特定类型的数据包中（如 TCP SYN 数据包）。基于启发的特征要求在工程师在调试和修正时更加精确，这样才能对不同的网络环境作出更准确的响应。

1.2.4 基于异常的分析

还有一种方式是跟踪网络流量中不“正常”的行为模式。这种方式叫做“基于异常的分析”。这种方法的局限在于所有的正常行为必须经过定义。那些能够简单视为正常的系统及应用行为可以被分类进基于启发的系统。

不过，在有些情况下，基于不同因素来定义一个行为是否正常还是具有一定难度的，这些因素包括：

- 协商的协议及端口；
- 特定应用的变化；
- 网络架构的变化。

这类分析的变量是基于配置文件（profile-based）的检测。这种方法与协议解码的方法类似，但又不完全一样。与协议解码方式的不同在于，这种基于协议的检测方式依赖于协议是否得到了精确的定义，而协议解码方式则根据一个异常的不可预测的值进行分类，或根据相关协议中某个字段的信息进行分类。比如，如果在监控的IP数据包的负载中能够发现特定字符串，那么就意味着检测出了缓冲溢出事件。

> 注释：当程序想要往内存的临时存储区域（缓冲区）内存放多于设定值的数据时，就会出现缓冲溢出的情况。这种情况有可能导致数据信息被错误地进入了相邻的内存区域。黑客可以通过对数据进行改造，将特定数据注入到相邻缓冲中。于是，在读到这些经过改造的数据时，目标计算机就会根据新的指示执行恶意命令。

传统的IDS和IPS提供了优秀的应用层攻击检测功能。不过，这些功能存在一个缺陷：在攻击者使用有效数据包的情况下，设备就无法检测出DDoS攻击。IDS和IPS设备在基于特征的应用层攻击检测方面表现优异。因此，它们存在的另一个缺陷是，这些系统只能使用特定的特征来识别恶意的模式，如果网络中出现了一种全新的威胁，那么在特征库针对这些威胁进行更新之前，系统就会出现漏报的情况。针对这种在特征库中找不到的特征所展开的攻击叫做零日漏洞攻击（zero-day attack）。

虽然有些IPS设备确实提供了一些基于异常的功能，以抵御这种类型的攻击，但是这些功能都需要进行大量的调试工作，同时也有产生误报之虞。

> 提示：Cisco IPS 系统 6.x 及后续版本支持更加高级的异常检测功能。相关信息请浏览 http://www.cisco.com/go/ips。

用户可以通过精心调试异常检测系统来缓解DDoS攻击及零日漏洞攻击。一般来说，异常检测系统会监测网络流量并在流量突发或出现其他异常状态的情况下进行告警或作出响应。Cisco基于检测、分离、验证、发送的原则，提出了一个完整的DDoS保护解决方案，以确保能够对网络实现完整的保护。这种复杂的异常检测系统包括Cisco CRS CGSE（Carrier-Grade Services Engine）模块DDoS攻击缓解解决方案。

管理员可使用NetFlow作为异常检测工具。NetFlow是Cisco私有的协议，它可以对通过网络设备（如路由器、交换机或Cisco ASA）的IP流量提供具体的报告和监测功能。

> 注释：读者可以用 Cisco 特性导航器（Cisco feature navigator）来查找支持 NetFlow 的 Cisco IOS 版本。想使用这一工具的读者可以访问 http://tools.cisco.com/ITDIT/CFN/jsp/index.jsp。
>
> Cisco ASA 系统自 8.2 版开始对 NetFlow 提供了支持。

NetFlow使用了基于UDP的协议来周期性地报告Cisco IOS设备发现的数据流。数据流是由会话建立、数据传输及会话断开三部分组成的。用户也可以在Cisco Cyber Threat Defense Solution（Cisco信息威胁防御解决方案）中集成NetFlow。Lancope（Cisco的信息威胁合作伙伴[①]）的StealthWath系统拥有网络流量分析功能。通过自己与Lancope的合作关系，Cisco可以使用StealthWatch系统。当NetFlow被集成到StealthWatch系统中时，用户就可以使用统计文件来实现异常检测，这种方式能够准确定位零日漏洞攻击，如蠕虫爆发等。

1.2.5 全球威胁关联功能

Cisco IPS设备中包含全球关联功能，它能够利用从Cisco SIO（安全智能操作）获取的真实世界数据。IPS传感器能够利用全球关联功能，根据数据包源IP地址的“名声”来过滤网

① Cisco已于2015年10月以4.53亿美元的价格收购了Lancope。——译者注

络流量。IP 地址的名声是由 Cisco SensorBase 应用这个 IP 地址过去的行为计算出来的。IP 地址的名声已经成为预判 IP 地址当前及未来行为是否值得信赖的有效方式。

注释：如需获知有关 Cisco SIO 的更多信息，可以查看以下网址：http://tools.cusci.com/security/center/home.x。

1.3 虚拟专用网络

组织机构通过部署 VPN，可以实现数据的完整性、认证及数据加密方面的保障，这使数据包在通过不受保护的网络或 Internet 进行发送时，也能够确保自身的机密性。VPN 的设计初衷就是节省不必要的租用线路。

实施 VPN 可使用很多不同的协议，包括：

- 点对点隧道协议（PPTP）；
- 第 2 层转发（L2F）协议；
- 第 2 层隧道协议（L2TP）；
- 通用路由封装（GRE）协议；
- 多协议标签交换（MPLS）VPN；
- Internet 协议安全（IPSec）；
- 安全套接层（SSL）。

注释：L2F、L2TP、GRE 及 MPLS VPN 不会提供数据完整性保障、认证及加密功能。因此，用户可以将 L2TP、GRE 和 MPLS 与 IPSec 结合使用来提供这些功能。许多组织机构都更愿意使用 IPSec 协议，因此它能够实现上述三项功能。

VPN 的实施可以分为两类。

- **站点到站点 VPN**——使组织机构能够在位于不同站点的多个网络架构设备之间建立 VPN 隧道，使这些站点能够在共享媒介（如 Internet）上通信。许多组织机构使用 IPSec、GRE 和 MPLS VPN 作为站点到站点的 VPN 协议。
- **远程访问 VPN**——使用户能够在远程（如家中、酒店及其他地点）开展工作，而且使他们如同直接与公司网络相连一样。

注释：一般来说，站点到站点 VPN 隧道都是以多个网络架构设备作为端点的，而远程访问 VPN 则是由一台 VPN 头端设备和一台终端工作站或硬件 VPN 客户端构成的。

图 1-6 所示为一个在两个站点（公司总部和分支办公室）之间建立的站点到站点 IPSec 隧道。

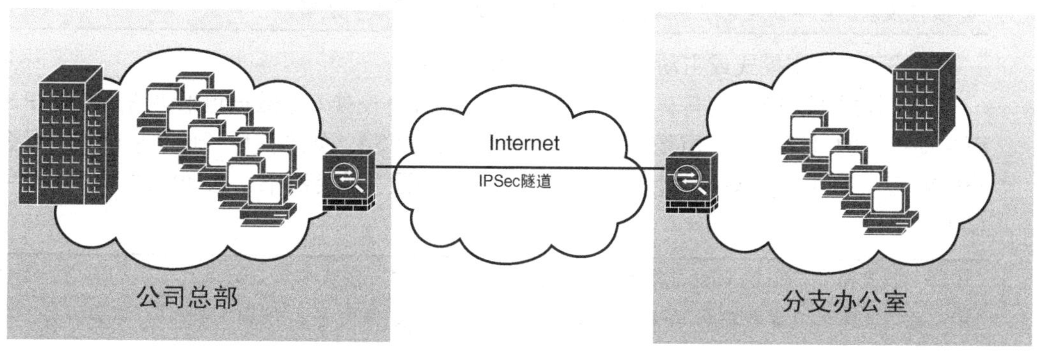

图 1-6 站点到站点 VPN 示例

1.3.1 IPSec 技术概述

IPSec 使用 IKE（Internet 密钥交换）协议进行协商，并建立安全的站点到站点或远程访问 VPN 隧道。IKE 是一个由 ISAKMP（Internet 安全关联和密钥管理协议）及另外两个密钥管理协议（名为 Oakley 和安全密钥交换机制[SKEME]）的部分内容所构成的框架。

> 注释：IKE 定义在 RFC 2409，“The Internet Key Exchange (IKE)”中。而 IKEv2（IKE 第 2 版）则定义在 RFC 5996，“Internet Key Exchange Protocol Version 2 (IKEv2)”中。

ISAKMP 有两个阶段。阶段 1 用来在 IPSec 对等体之间创建一条安全的双向通信隧道。这条隧道叫做 ISAKMP SA（ISAKMP 安全联盟）。阶段 2 则用于协商 IPSec SA。

1. IKE 阶段 1

在阶段 1 的协商中，双方会交换很多属性，包括：

- 加密算法；
- 散列算法；
- DH 组；
- 认证方式；
- 一些特定厂商的属性。

图 1-7 所示为一个远程访问 VPN 的示例。在这个例子中，一位远程用户在酒店使用 SSL VPN 连接到了公司总部，同时另一位远程办公人员则使用 IPSec VPN 连接到了公司总部。

典型的加密协议如下。

- 数据加密标准（DES）：长度为 64 比特。
- 3DES：长度为 168 比特。
- 高级加密标准（AES）：长度为 128 比特。
- AES 192：长度为 192 比特。
- AES 256：长度为 256 比特。

散列算法包括：

- 安全散列算法（SHA）；
- 消息摘要算法 5（MD5）。

常用的认证方式为预共享密钥（对等体使用一个共享的密钥来彼此进行认证）和使用公钥基础设施（PKI）的数字证书。

> 注释：一般来说，小型及中型企业会使用预共享密钥作为它们的认证机制。而许多大型企业出于扩展性要求、集中管理需要及其他安全机制，而选择使用数字证书。

用户可以在主模式或主动模式下建立阶段 1 SA。

在主模式下，IPSec 对等体会通过 3 轮信息交互，并交换 6 个数据包来协商 ISAKMP SA，而主动模式的对等体则会相互交换 3 个数据包来协商 SA。如果使用了预共享密钥，那么主模式就可以提供身份保护功能。但只在部署了数字证书的情况下，主动模式才能提供身份保护功能。

> 注释：就支持 IPSec 的 Cisco 产品而言，它们一般会使用主模式来建立站点到站点的隧道，而使用主动模式来建立远程访问 VPN 隧道。在使用预共享密钥作为认证手段的情况下，这是设备的默认行为。

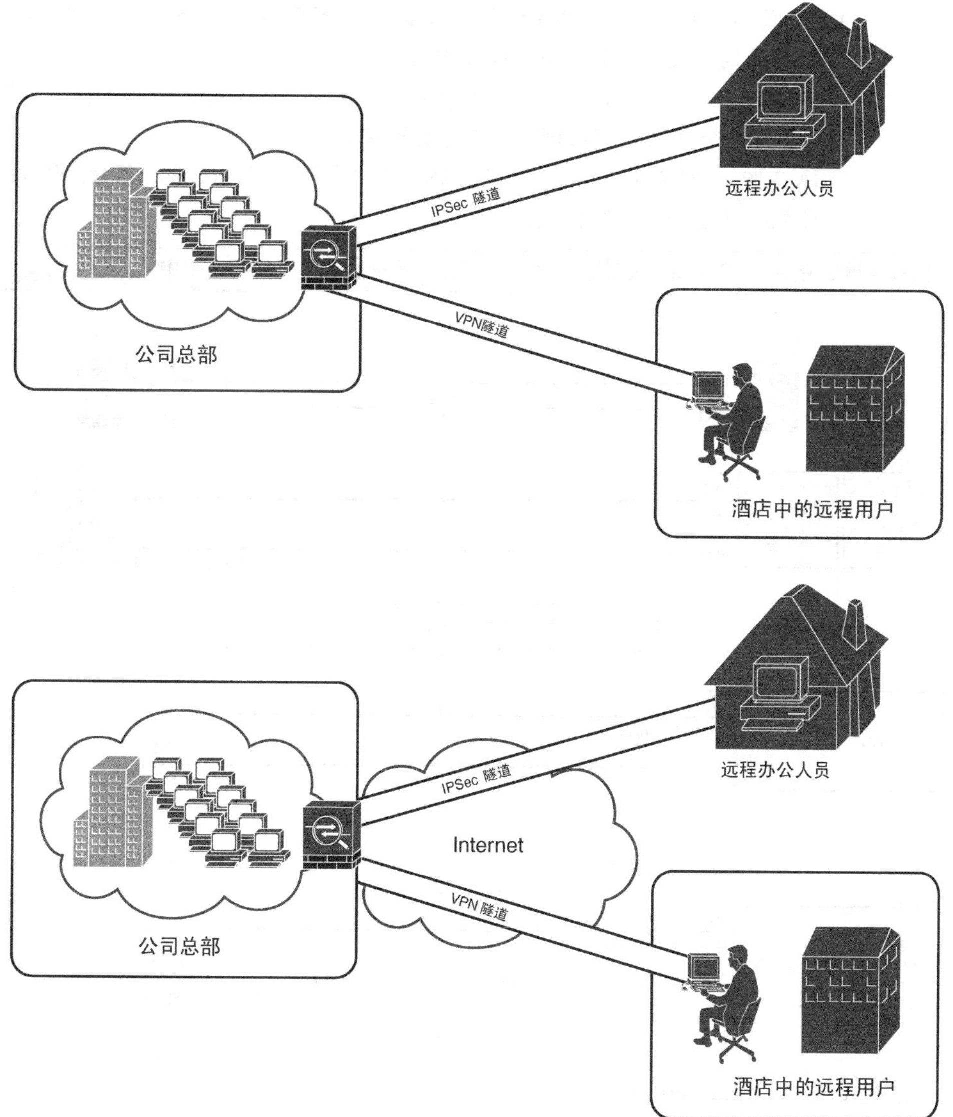

图 1-7 远程访问 VPN 示例

图 1-8 所示为主模式协商中 6 个数据包的交换过程。

在图 1-8 中，管理员将两个 Cisco ASA 部署为它们之间那条 VPN 隧道的端点。标记为 ASA-1 的 Cisco ASA 是协商的发起方，而标记为 ASA-2 的则是响应方。以下为图 1-8 中所示的步骤。

第 1 步 ASA-1（发起方）配置了 2 个 ISAKMP 请求（proposal）。在第 1 个数据包中，ASA-1 将它配置的请求发送给了 ASA-2。

第 2 步 ASA-2 对接收到的请求进行评估。由于该 ASA 有一个请求与发起方相匹配的请求，因此 ASA-2 会通过第 2 个数据包将请求接受消息发回给 ASA-1。

第 3 步 开始进行 DH 交换和运算工作。DH 是一个密钥协商协议，它使两位用户或设备能够通过对方预共享的密钥来相互认证，而又无须在不安全的媒介中传输该密钥。ASA-1 发送密钥交换（KE）负载并随机生成一个值，称为 nonce（随机值）。

第 4 步 ASA-2 收到信息，对公式进行逆向运算，使用请求的 DH 组/交换信息来创建 SKEY

ID。SKEY ID 是一个从加密信息中推倒出来的字符串，而相应的加密信息只有主动参与到信息交换中的设备才能获得。

第 5 步 ASA-1 发送它的身份信息。第 5 个数据包用从 SKEY ID 中推导出的密钥进行加密。图 1-8 中的星号表示该数据包为加密数据包。

第 6 步 ASA-2 验证 ASA-1 的身份，同时 ASA-2 也会将自己的身份信息发送给 ASA-1，这个数据包也是加密数据包。

> **注释：** IKE 使用 UDP 端口 5000 进行通信。该端口用来发送所有前面步骤中提到过的数据包。

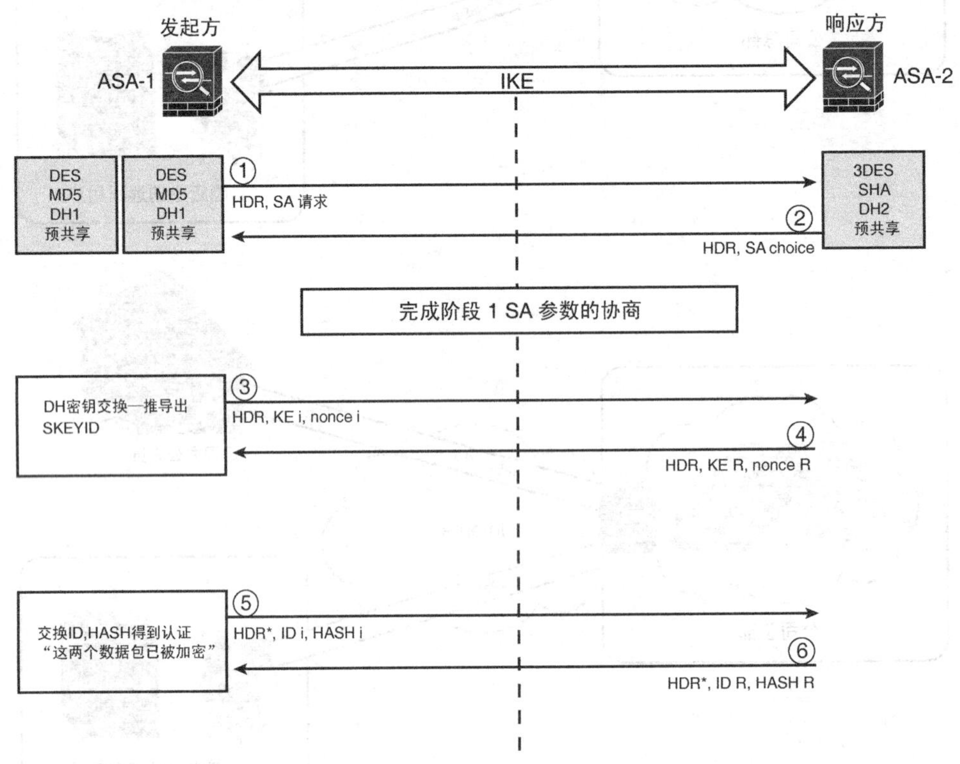

图 1-8 IKEv1 协商——IKE 阶段 1

2. IKE 阶段 2

阶段 2 用来协商 IPSec SA。这一阶段也称为快速模式（quick mode）。ISAKMP 的作用是保护 IPSec SA，因为所有负载信息都会被加密，除了 ISAKMP 头部信息以外。

单独的 IPSec SA 协商总是要创建两个安全关联（SA）——一个入向、一个出向。每个 SA 都被分配了一个独一无二的安全参数索引（SPI）值——一个由发起方分配，另一个则由响应方分配。

> **提示：** 安全协议（AH 或 ESP）是 3 层协议，所以没有 4 层的端口信息。因此，如果 IPSec 对等体位于一个 PAT 设备后方，那么 ESP 或 AH 数据包就会被丢弃。为了解决这个问题，许多厂商（包括 Cisco 公司）都使用了一种称为 IPSec 直通（pass-through）的技术。支持 IPSec 直通技术的 PAT 设备会通过查看数据包的 SPI 值来创建一个 4 层转换表。
>
> 许多厂商（包括 Cisco 公司）实施了另一种新的特性叫做 NAT-T（私网穿透）的技术。通过这项技术，VPN 对等体就可以动态地发现是否在它们之间存在地址转换设备。如果它们检测到了

NAT/PAT 设备，就会使用 UDP 端口 4500 来对数据包进行封装，于是 NAT 设备就可以成功地转换和发送数据包了。

另外还有一点值得关注，那就是如果 VPN 路由器需要和多个网络通过隧道建立连接，它就需要和各个 IPSec SA 都进行两次协商。请记住，IPSec 是单向的，因此如果有三个本地子网需要通过隧道连接远程网络，那么就需要协商出 6 条 IPSec SA。IPSec SA 可以通过业已建立好的 ISAKMP（IKE 阶段 1）SA 来使用快速模式协商出这些阶段 2 的 SA。不过，如果源和/或目的网络是经过汇总的网络，那么 IPSec SA 的数量也会相应得到减少。

在快速模式中需要协商许多不同的 IPSec 属性，如表 1-2 所示。

表 1-2 IPSec 属性

属性	可用值
加密	无、DES、3DES、AES128、AES192、AES256
散列	MD5、SHA 或空
身份信息	网络、协议、端口号
生存时间	120～2,147,483,647 秒 10～2,147,483,647 千字节
模式	隧道模式或传输模式
完全正向保密（PFS）组	无、1、2 或者 5

除了创建密钥资料之外，快速模式也会协商身份信息。阶段 2 身份信息用来指明哪个网络、协议、和/或端口需要进行加密。因此，这里的“身份”可以在大到整个网络，小到一台主机上，支持特定的协议和端口。

图 1-9 所示为刚刚完成阶段 1 的两台路由器正在进行阶段 2 的协商。

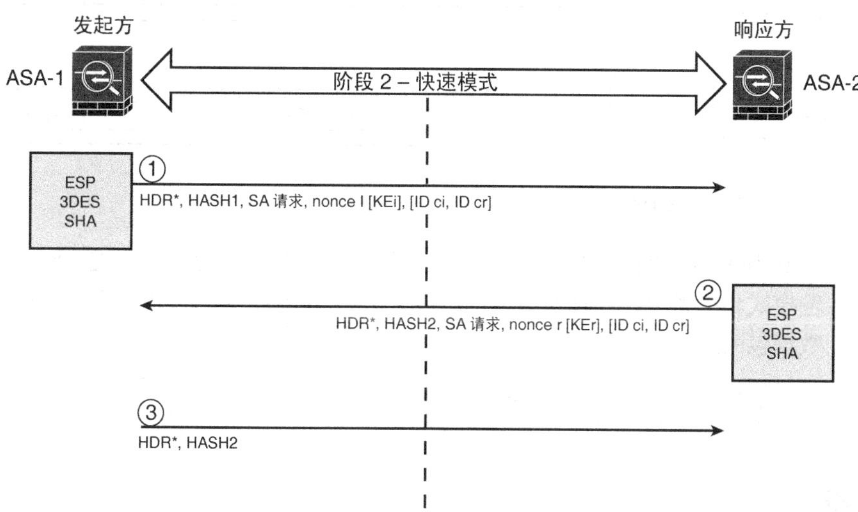

图 1-9 IPSec 阶段 2 协商

以下为图 1-9 中的步骤。

第 1 步 ASA-1 发送身份信息、IPSec SA 请求及 nonce 载荷。如果部署了 PFS（完全正向保密）的话，还要发送密钥交换（KE）载荷（可选）。

第 2 步 ASA-2 将接收到的请求与其配置请求进行对比，然后将请求接受消息发回给

ASA-1，一起发送的还有它的身份信息、nonce 载荷和可选的密钥交换（KE）载荷。

第 3 步 ASA-1 对 ASA-2 的请求进行评估，并发送确认信息，确认 IPSec SA 已经通过协商成功建立起来。于是，设备就会启动加密的进程。

IPSec 使用两个不同的协议在 VPN 隧道上封装数据。

- 封装安全载荷（ESP）：IP 协议 50。
- 认证头协议（AH）：IP 协议 51。

> 注释：ESP 定义在 RFC 4303，“IP Encapsulating Security Payload (ESP)”中。而 AH 定义在 RFC 4302，“IP Authentication Header”中。

无论使用 AH 还是 ESP，IPSec 都可以使用两种模式：

- 传输模式——保护上层协议、如用户数据报协议（UDP）和 TCP；
- 隧道模式——保护整个 IP 数据包。

传输模式用来在对等体之间加密和认证数据包。典型的例子是 GRE over IPSec 隧道。当 IP 数据包来自 VPN 设备身后的主机时，可以使用隧道模式来加密和认证这些 IP 数据包。隧道模式会给数据包添加 IP 头部，如图 1-10 所示。

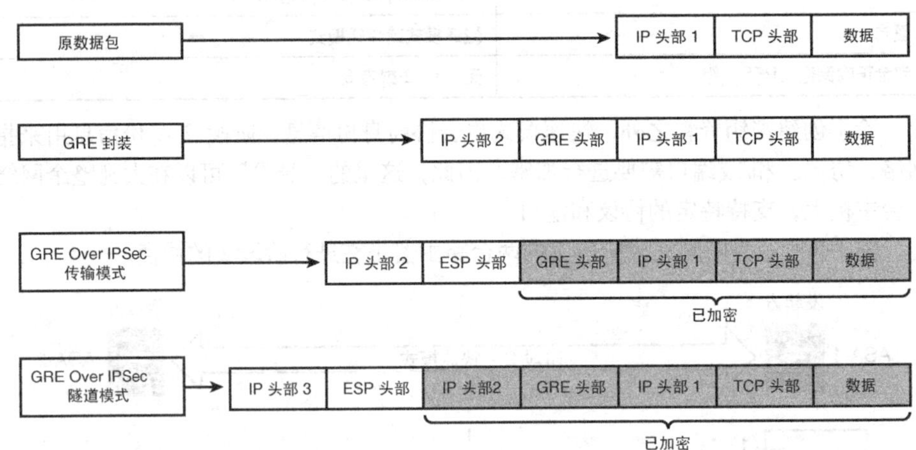

图 1-10 传输模式与隧道模式

图 1-10 所示为传输模式和隧道模式主要的区别。其中包含了封装进 GRE 中的 IP 数据包及传输模式和隧道模式在加密方面的区别。如图 1-10 所示，与传输模式相比，隧道模式会增加数据包的总大小。

> 注释：Cisco IPSec 设备的默认模式是隧道模式。

3. IKEv2

IKE 版本 2（IKEv2）定义在 RFC 5996 中，这一版的 IKE 提升了动态密钥交换及对等体认证的功能。IKEv2 对密钥交换流量进行了简化，同时沿用了 IKEv1 中那些修正通信漏洞的措施。IKEv1 和 IKEv2 协议都分为两个步骤。IKEv2 的交换过程更加简单，也更加高效。

IKEv2 中的阶段 1 为 IKE_SA，由 IKE_SA_INIT 消息对组成。IKE_SA 与 IKEv1 的阶段 1 相似。IKE_SA 阶段中的参数定义在了密钥交换策略（Key Exchange Policy）当中。IKEv2 中的阶段 2 为 CHILD_SA。第一条 CHILD_SA 为 IKE_AUTH 消息对，这一步类似于 IKEv1

的阶段 2。另一个 CHILD_SA 消息对的目的是发送更新密钥和一些信息类的消息。CHILD_SA 中的参数定义在数据策略（Data Policy）中。

IKEv1 和 IKEv2 拥有以下两项区别。

- IKEv1 阶段 1 包含两种可能的消息交换：主模式交换和主动模式交换。而 IKEv2 的 IKE_SA 阶段只会交换一对消息。
- IKEv2 在 CHILD_SA 阶段要交换两个消息对。IKEv1 在阶段 2 至少要交换三对消息。

1.3.2 SSL VPN

基于 SSL 的 VPN 应用了 SSL 协议。SSL 也称传输层安全（TLS），这是一个成熟的协议，自从 20 世纪 90 年代初期就已经问世。互联网工程任务组（IETF）创建 TLS 是为了将各厂商的版本合并为一个通用的公开标准。

SSL VPN 最重要的特性之一是它能够使用浏览器（如 Google Chrome、Microsoft Internet Explorer 或 Firefox）轻松地连接到 VPN 设备的地址，这与运行独立的 VPN 客户端程序来建立 IPSec VPN 相比简单得多。在大多数实施环境中，SSL VPN 都可以使用无客户端的解决方案。用户几乎在任何地点都能访问公司的 Intranet 站点、入口及 email（哪怕用户在机场的小卖部都没问题）。因为大多数人的防火墙都会放行 SSL 流量（TCP 端口 443），因此也没有必要为其开放其他的端口。

由于 World Wide Web 大行其道，因此在 SSL 基础上运行得最成功的应用协议堪称 HTTP。几乎时下所有流行的 Web 浏览器都能够支持 HTTPS（HTTPS over SSL/TLS）。鉴于这种协议无处不在，因此如果将其应用于远程访问 VPN，那么它的价值一定能够得到更淋漓尽致的体现。

- **使用加密算法来保护通信**——HTTPS/TLS 可以提供机密性、完整性和认证。
- **无处不在**——由于 SSL/TLS 无处不在，因此它就有可能使 VPN 用户可以从任何位置、使用任何 PC 来访问公司资源，而无须预先在 PC 上安装任何远程访问 VPN 客户端。
- **较低的管理成本**——由于不需要安装客户端就可以实现这类远程访问 VPN，因此它的管理成本很低，而且在终端一侧也不存在任何维护问题。这对于 IT 管理人员来说是一个巨大的利好，否则，这些 IT 管理人员就必须使用大量资源来部署、维护他们的远程访问 VPN 解决方案。
- **高效操作防火墙和 NAT**——SSL VPN 使用的端口与 HTTPS 相同（TCP/443）。通过预配置，很多 Internet 防火墙、代理服务器和 NAT 设备都能够正确地处理 TCP/443 端口的流量。因此，要想在网络上传输 SSL VPN 流量也就没有必要进行什么额外的配置。这一点已经被视为实现本地 IPSec VPN（用 IP 协议 50[ESP]或 51[AH]）的一大优势，因为在很多情况下，管理员都需要在防火墙或 NAT 设备上执行特殊的配置才能使其放行 IPSec 流量。

由于 SSL VPN 通过升级而满足了远程访问 VPN 的另一重大需求，这一需求就是为其他应用提供支持，在这些属性当中，有一部分已经不能实现，它取决于 VPN 用户所选择的 SSL VPN 技术。不过总而言之，近些年来，这些属性是使得 SSL VPN 大行其道的主要推动力量，同时这些属性也是被 SSL VPN 厂商宣传为用这项技术来取代 IPSec 的主要原因。

当今的 SSL VPN 技术使用 SSL/TLS 作为保护传输，并综合多种远程访问技术的协议。这些远程访问技术包括反向代理（reverse proxy）、建立隧道、终端服务等，综合这些技术能够为用户提供不同类型的访问手段，也能使 SSL VPN 更好地适应各类不同的环境。在下面章节中，本书将会对一些常见的用于 SSL VPN 的技术进行介绍，如：

- 反向代理技术；
- 端口转发技术与 Smart 隧道；
- SSL VPN 隧道技术（AnyConnect Secure 移动客户端）；
- 集成终端服务。

HTTPS 可以在浏览器和支持 HTTPS 的 Web 服务器之间实现安全的 Web 通信。SSL VPN 将其扩展为能够使 VPN 用户访问公司内部 Web 应用或其他公司的应用服务器（无论这些服务器是否支持 HTTPS，甚至它们不支持 HTTP 也无所谓）。SSL VPN 是通过很多技术实现这一点的，这些技术共同被称为反向代理技术。

反向代理是指一台位于应用服务器（通常是 Web 服务器）前方的代理服务器，它的作用是为想要访问公司内部 Web 应用资源的 Internet 用户充当入口。对于外部客户来说，反向代理服务器就是一台真正的 Web 服务器。它在自己收到的用户 Web 请求之后，会将这些请求转发给内部 Web 服务器，然后代表用户接收这些内容，最后再这些 Web 内容转发给用户。对于这些被转发给用户的内容来说，反向代理服务器有可能会进行修改，但也有可能原封不动地发送用户。

很多 Web 服务器都支持反向代理。反向代理的例子之一就是 Apache 的 mod_proxy 模块。在反向代理技术得到了如此广泛的应用之后，用户也许质疑为什么想要实现这些功能还需要用到 SSL VPN 解决方案。答案是，SSL VPN 可以提供比传统反向代理技术多得多的功能。

- SSL VPN 能够对复杂的 Web 及一些非 Web 应用进行转换，而这些应用是简单的反向代理服务器所无法处理的。这种转换内容的过程有时被人们称为 Web 化（webification）。比如，SSL VPN 解决方案可以使用户访问 Windows 或 UNIX 文件系统。要实现这一点，SSL VPN 网关必须能够与内部的 Windows 或 UNIX 服务器进行通信，并且将其文件系统 Web 化，使其通过一种能够被 Web 浏览器显示出来的格式呈现在用户面前。
- SSL VPN 支持大量的商业应用。对于那些无法被 Web 化的应用来说，SSL VPN 可以使用其他资源访问手段来对它们提供支持。对于想要实现最大程度访问的用户来说，SSL VPN 还能够提供网络层的访问，即直接将远程系统连接到公司网络中，这一方法与 IPSec VPN 相同。
- SSL VPN 还提供了真正的远程访问 VPN 套包（package），其中包括用户认证、资源访问权限管理、日志记录与审计、终端安全及用户经验等功能。

SSL VPN 的反向代理模式也称为无客户端 Web 访问或无客户端访问，因此它不需要在客户端一侧的设备上安装任何应用。基于客户端的 SSL VPN 提供的解决也与此类似，用户只需使用自己的 Web 浏览器连接 Cisco ASA 就可以连接到企业网络，同样无须在计算机的系统上安装任何其他的软件。

1.4 Cisco AnyConnect Secure Mobility

近来，有一股新的技术应用与安全威胁潮流，这股潮流与能够让员工随时随地参与工作的移动设备有关。于企业而言，移动性并不是一个全新的概念。我们在本章前面也提到过，与远程访问和在家办公相关的解决方案已经存在相当长一段时间了。不过，移动设备的快速发展可谓日新月异。每个企业都必须通过移动性方案来保持自己的竞争力并提升自己的生产效率，对于那些动辄砸进数百万美元建设远程访问 VPN 的企事业单位来说尤其如此。可以预见，在不远的将来，智能手机、平板电脑和其他移动设备就会超越传统的 PC 类设备。

Cisco AnyConnect Secure Mobility 解决方案旨在保护由这些移动设备发起的连接。将 Cisco AnyConnect Secure Mobility 客户端、Cisco ASA 与（通过 Cisco IronPort Web 安全设备或 Cisco ScanSafe）Web 安全方案相互结合，可以提供一个完整而又安全的移动解决方案。

Cisco AnyConnect Secure 移动客户端建立在 SSL VPN 技术的基础上，其目的是保护 Cisco ASA 身后的网络，并在用户没有连接企业 Cisco ASA 时提供企业策略功能。Cisco AnyConnect Secure 移动客户端是利用 ScanSafe 技术来实现这一功能的，这可以确保所有穿越 80 端口的 Web 流量都可以得到监控，其中的恶意内容也可以得到过滤。在连接到 Cisco ASA 时，Cisco AnyConnect Secure 移动解决方案可以判断用户能够访问哪些应用和哪些资源。这个解决方案可以按照这样的方法来实现：只有遵守企业策略，并且拥有最新安全技术的设备才能够获得认证。

Cisco 客户既可以使用根据条件来达到安全防护效果的 Cisco IronPort S 系列 Web 安全设备（WSA）来部署端到端的移动安全解决方案，也可以使用 Cisco ScanSafe 云 Web 安全（CWS）SaaS（软件即服务）解决方案来部署端到端的移动安全解决方案。Cisco AnyConnect Secure 移动客户端有一个遥测模块，它可以使用该模块来将与恶意内容源有关的信息发送给 Cisco WSA。Web 过滤架构可以使用这些数据来加强自己的 Web 安全扫描算法，增强 URL 归类和 Web 知名度数据库的准确性，并最终达到优化 URL 过滤规则的目的。

1.5 云和虚拟化安全

云计算和虚拟化技术的采用同样改变了安全技术的格局，导致防火墙技术的更新换代。服务器虚拟化的优势已然被人们广泛接受，很多企业已经部署了这一类的技术。随着企业将关键任务系统虚拟化，这些企业也必须考虑制定和实施相应的安全规则。对于传统防火墙和安全设备而言，虚拟化环境带来的难题之一在于，虚拟设备（VM）之间的流量往往根本不会离开物理设备进行传输。因此，物理防火墙、IPS 设备或者其他安全设备也就没法部署在这些虚拟设备之间来对它们进行隔离、查看和控制。在图 1-11 所示的示例中，我们在一台物理服务器上部署了 4 个 VM。而这些 VM 之间的流量并不会离开这台物理服务器。

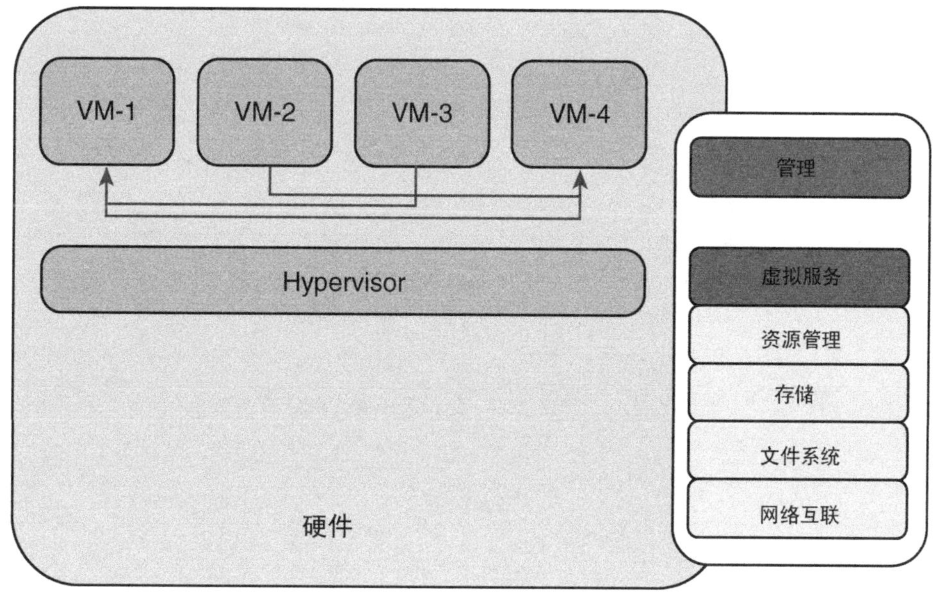

图 1-11 虚拟化的环境

为了解决这些问题，Cisco 创建了 Cisco ASA 1000V 云防火墙。它是一款只能在 VMware vSphere Hypervisor 软件和 Cisco Nexus 1000V 系列交换机上运行的虚拟设备（边缘防火墙）。Cisco ASA 1000V 云防火墙可以让虚拟数据中心中的 VM 安全地访问互联网和企业网络中的其他区域（包括建立区域间的通信），它可以充当 VM 的默认网关，保护 VM 免受网络攻击的威胁。Cisco ASA 1000V 云防火墙对 Cisco 虚拟安全网关（VSG）可感知环境安全策略进行了补充，可以动态实现安全策略，并且在 VM 实例化和迁移期间建立可靠区域。

Cisco 应用中央架构（ACI，Application Centric Infrastructure）集成了（物理和虚拟的）Cisco ASA，以便在数据中心环境中实现应用集中安全自动操作。这种解决方案提供了一种创新的安全服务导入型框架，可以解决当今网络威胁格局所面临的难题。Cisco 应用策略架构控制器（APIC）是实现网络服务自动操作和策略控制的中央设施。在应用网络中，网络技术人员和网络管理员可以用它来自动实现安全服务的配置与部署，因此它的使用要比使用那些传统的流量控制技术和拓扑限制技术来的更加简单。

将 Cisco ACI 解决方案和 Cisco ASA 结合起来使用，可以在防火墙、入侵防御系统、VPN 服务和下一代安全服务系统中，自动配置、管理和更新安全策略。这种服务策略自动操作功能可以通过开放的 RESTful API（数据格式使用 JSON 和 XML）来实现。

总结

网络安全这门学科在实施的过程中务须谨慎。目前有许多技术可供网络管理员防止黑客获得私有网络及计算机系统的权限。本章对与 Cisco ASA 集成特性集相关的各类技术、原则和协议进行了概述。在本章的前几节中，我们对各类防火墙技术及实施方法作了一个大体的概述。接下来，我们介绍了 IDS 和 IPS 解决方案。在后面的一节中，本书对站点到站点和远程访问 VPN 技术进行了深入的讨论。此外，我们也介绍了云与虚拟化安全这一领域，其中涵盖了下一代安全的概念（如 Cisco ACI 解决方案与框架）。

第2章

Cisco ASA 产品及解决方案概述

本章涵盖的内容有：

- Cisco ASA 5500 和 5500-X 的所有型号；
- Cisco ASA 服务模块；
- Cisco ASA 1000V 云防火墙；
- Cisco ASA CX；
- Cisco ASA 高级监控与防御（AIP）模块；
- Cisco ASA SSM-4GE；
- 部署实例。

Cisco ASA 系列自适应安全设备集防火墙、IPS 和 VPN 的功能于一身，能够为网络提供全面的解决方案。由于 Cisco ASA 集合了多种解决方案，因此使用它来保护就无须再为网络添加额外的安全设备，也不需要对现有网络作出变更。因此，它满足了许多 Cisco 客户及专业人士在网络安全方面的需求。

本章将对 Cisco ASA 5500 系列自适应安全设备以及 Cisco ASA 1000V 云防火墙进行概述，内容包括它们的性能及技术特点。同时，本章还会对实现 IPS 特性所需的硬件模块——自适应监控与防御安全服务模块（AIP-SSM）进行概述。此外，本章还会介绍 Cisco ASA 下一代防火墙服务（该产品原来的名称为“Cisco ASA CX 可感知背景的安全技术”），该产品能够提供可感知背景（Context-aware）的功能，因此可以对应用施加更为具体的控制，可以理解用户的身份，可以根据所在位置实施控制服务。Cisco ASA 下一代防火墙服务还向 Cisco ASA 5500-X 系列产品中添加了一些全新的功能，其中包括 Cisco AVC（应用可见与控制）、IPS 以及 Cisco WSE（Web Security Essentials）。不仅如此，通过 Cisco Prime Security Manager 这款能够对设备进行集中管理的应用，安全管理员可以更加轻松地扩展和管理这些下一代防火墙的服务。本章还会介绍能够扩展设备物理接口数量的模块——Cisco ASA 4 端口吉比特以太网安全服务模块（4GE SSM）。

2.1 Cisco ASA 各型号概述

Cisco ASA 5500 和 ASA 5500-X 系列下一代防火墙包含很多设备，它们分别是：

- Cisco ASA 5505；
- Cisco ASA 5510；
- Cisco ASA 5512-X；
- Cisco ASA 5515-X；
- Cisco ASA 5520；
- Cisco ASA 5525-X；

- Cisco ASA 5540；
- Cisco ASA 5545-X；
- Cisco ASA 5550；
- Cisco ASA 5555-X；
- Cisco ASA 5585-X-SSP-10；
- Cisco ASA 5585-X-SSP-20；
- Cisco ASA 5585-X-SSP-40；
- Cisco ASA 5585-X-SSP-60；
- Cisco ASA 服务模块；
- Cisco ASA 1000V 云防火墙。

表 2-1 列出了 Cisco ASA 系列所包含的所有型号，以及它们最为常见的用法。

表 2-1 Cisco ASA 的型号：部署与使用

Cisco ASA 5500 系列的型号	用法
Cisco ASA 5505	小型办公环境与分支办公室
Cisco ASA 5510	小型办公环境与分支办公室
Cisco ASA 5512-X	小型办公环境与分支办公室
Cisco ASA 5515-X	小型办公环境与分支办公室
Cisco ASA 5520	中等规模的办公环境 互联网边缘安全设备
Cisco ASA 5525-X	中等规模的办公环境 互联网边缘安全设备
Cisco ASA 5540	中等规模的办公环境 互联网边缘安全设备
Cisco ASA 5545-X	中等规模的办公环境 互联网边缘安全设备
Cisco ASA 5550	大型企业 互联网边缘安全设备
Cisco ASA 5555-X	中等规模的办公环境 互联网边缘安全设备
Cisco ASA 5585-X	数据中心及大型企业网
Cisco ASA 服务模块	数据中心及大型企业网
Cisco ASA 1000V 云防火墙	数据中心及大型企业网

2.2 Cisco ASA 5505 型

Cisco ASA 5505 是为小型企业、分支机构及远程办公环境量身定制的。它体积虽小，却能实现防火墙、SSL 与 IPSec VPN 技术，还能提供很多大型设备才会具备的网络服务功能。图 2-1 所示为 Cisco ASA 5505 前面板（正面）的外观。

前面板由以下部分构成。

- USB 端口（USB Port）——留作日后之用。

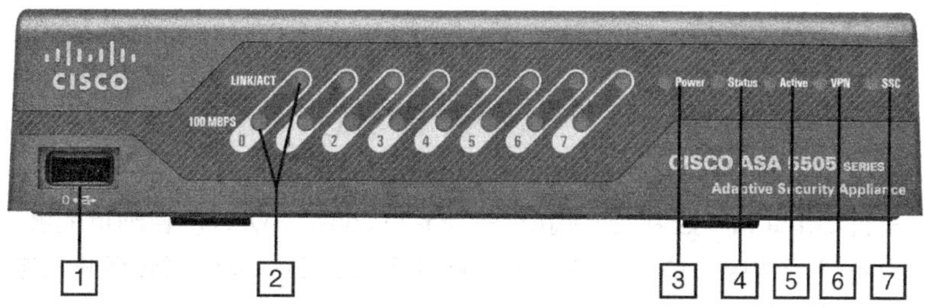

图 2-1 Cisco ASA 5505 前面板的外观

- **速度指示灯[100MBPS[①]]与链路状态指示灯[LINK/ACT]（Speed and Link Activity LEDs）**——Cisco ASA 5505 的 8 个端口，每个端口都带有一个速度指示灯（LED）及一个独立的链路状态指示灯（LED）。速度指示灯处于熄灭状态表示网络流量的速度为 10 兆每秒（10Mbit/s），而速度指示灯处于点亮（绿灯）状态则表示速度为 100 兆每秒（100Mbit/s）。链路状态指示灯处于点亮（绿灯）状态，表示物理网络链路已经建立；而链路状态指示灯处于闪烁状态（绿灯）则表示存在网络连接。
- **电源指示灯（Power LED）[Power]**——处于点亮状态（绿灯）表示设备已经接通了电源。
- **状态指示灯（Status LED）[Status]**——处于绿灯闪烁状态表示系统正在重新启动，同时正在进行开机检测。点亮绿灯表示设备通过了系统检测，已经可以对系统进行操作。点亮黄灯则表示系统测试没有通过。
- **主用（Active）[Active]**——在配置了故障倒换之后，亮绿灯表示这台 Cisco ASA 为主用设备。如果配置为一台独立（standalone）设备，这个 LED 也会呈现绿色。
- **VPN**——点亮绿灯表示有一条以上的 VPN 隧道处于工作状态（active）。
- **SSC LED[SSC]**——点亮绿灯表示 SSC 插槽中安装了 SSC 卡。

Cisco ASA 的一大特色是拥有 8 个灵活的 10/100 快速以太网接口，在没有启用链路聚集（trunking）时，这些接口可以动态划分到管理员创建的 3 个不同 VLAN 中；在启用链路聚集（trunking）的情况下，则最多可以配置 20 个不同的 VLAN，它可以将家庭流量、业务流量和 Internet 流量进行分离，使网络能够相互隔离，并提高其安全性。Cisco ASA 5505 提供了两个 PoE 端口，这使用户在部署 Cisco IP 电话时，可以更轻易地实现零接触（zero-touch）[②]可靠 VoIP 功能，也使用户可以通过部署外部无线接入点来扩展网络的移动性。图 2-2 所示为 ASA 5505 的背板（背面）。

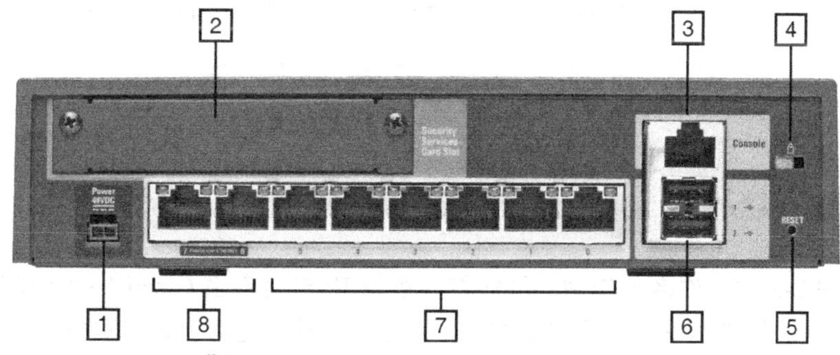

图 2-2 Cisco ASA 5505 背板

---

① 此处（位置 1 到位置 7）为方便读者参照以上信息使用设备，黑体方括号中的文字为真实设备上的标识，黑体圆括号中的文字为英文版原文，黑体汉字为英文版原本的意译。——译者注

② 指通过自动化流程，减少人工干预式操作的一种 IT 理念。——译者注

背板由以下部分构成。

- **电源接口。**
- **SSC 插槽**——用于插入 Cisco ASA AIP-SSC-5（高级监控与防御安全服务模块 5）。该模块目前已经停产，Cisco 也不再销售该产品。
- **串行 console（控制台）端口**——RJ-45 console 端口使管理员能够以物理的方式和设备进行连接，访问设备的命令行界面（CLI），以便对设备进行初始化。
- **设备锁孔**——用来从物理上锁住 Cisco ASA。
- **重置按扭（RESET）**——留作日后使用。
- **2 个 USB 2.0 端口**——留作日后使用。
- **以太网交换端口 0 到 5**——10/100 快速以太网交换端口。
- **以太网交换端口 6 到 7**——带有以太网端口供电（PoE）功能的 10/100 快速以太网交换端口。

用户可以通过安装 Security Plus 升级许可文件（licence），让 Cisco ASA 5505 具备可支持更多连接数量的能力、支持更多 IPSec VPN 用户的能力、完全支持 DMZ 的能力并且可使设备支持 VLAN 间链路聚集（VLAN trunking），进而能够被部署在交换网络环境中。不仅如此，这个升级许可文件可以支持为设备连接冗余 ISP 的功能、无状态主/备用（Active/Standby）高可用性的功能，进而使设备能够在最大程度上保障业务不会因意外而中断。这些功能都使 Cisco ASA 5505 能够为小型企业及分支机构提供最优秀的解决方案。图 2-3 所示为 Cisco ASA 5505 在小型分支机构中的部署方式。

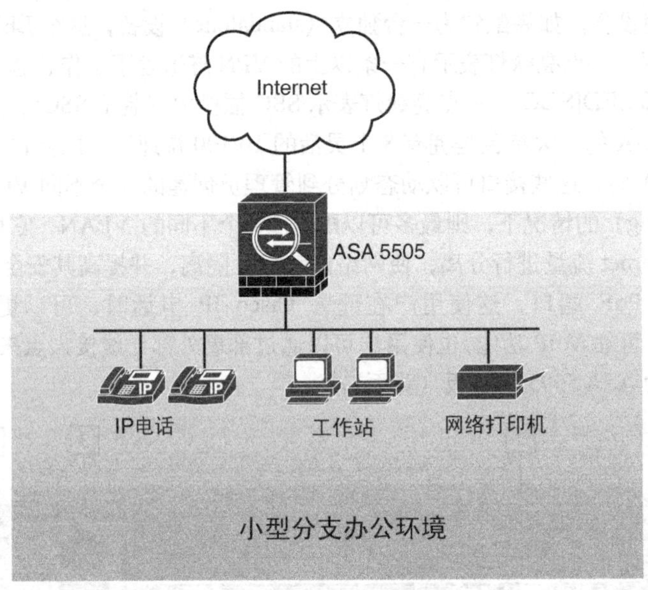

图 2-3 Cisco ASA 5505 在小型分支办公环境中的部署

在图 2-3 中，许多工作站、网络打印机及 IP 电话都由 Cisco ASA 5505 来提供保护。其中 IP 电话与快速以太网交换端口 6、7 相连（因为这两个端口可以为电话供电）。

图 2-4 所示为如何将 Cisco ASA 5505 部署在小型企业中，并使其为两个网段提供保护。如图所示，内部（Inside）网络（vlan 10）中有很多工作站，DMZ（vlan 20）中有两台 Web 服务器，而外部（Outside）接口则直接面向 Internet。

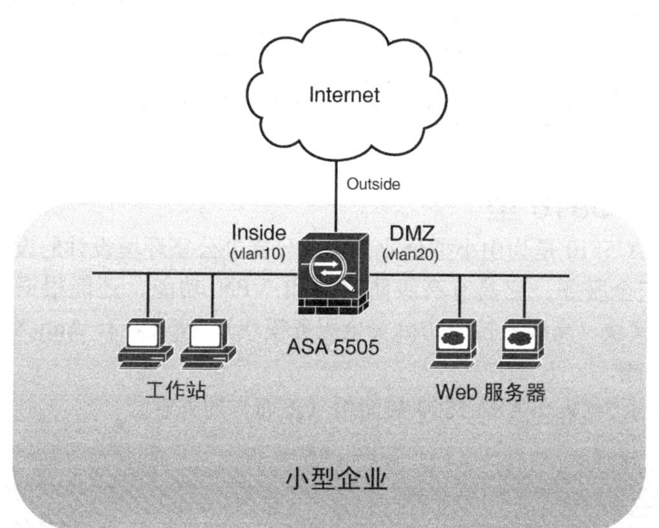

图 2-4 将 Cisco ASA 5505 部署在小型分支办公环境中来为两个网段提供保护

注释： 本书会在第 8 章中介绍如何配置设备，才能控制网络访问，并为接口设置不同的安全级别。

图 2-5 显示了如何部署 Cisco ASA 5505 才能使远程办公人员及家庭用户通过 VPN 访问中心站点。

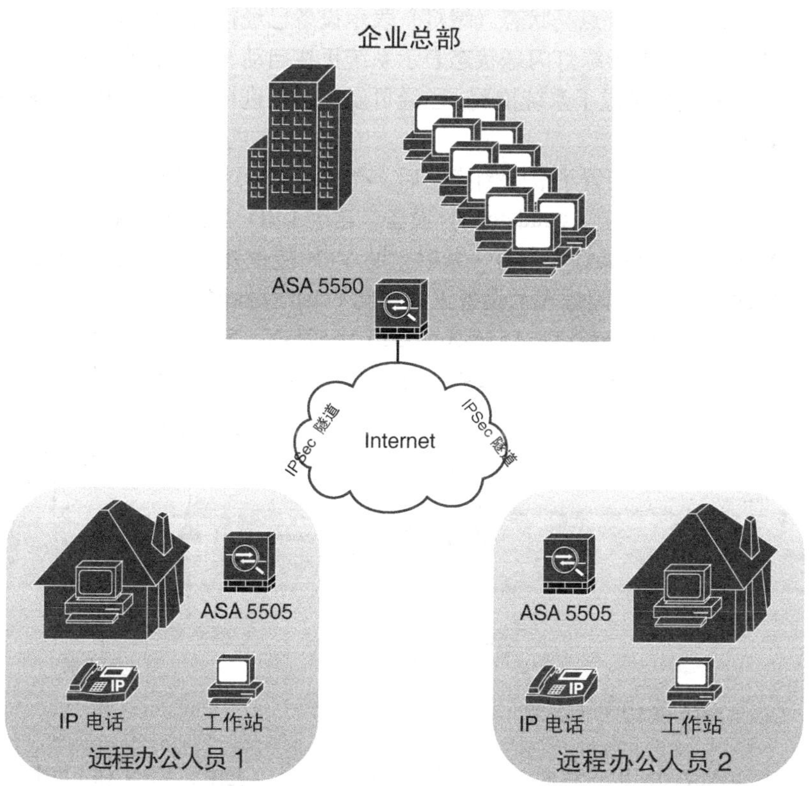

图 2-5 为远程办公人员部署 Cisco ASA 5505

在图 2-5 中，位于不同地点的远程办公人员都可以得到 Cisco ASA 5505 的保护。而 Cisco ASA 5505 则通过 IPSec VPN 隧道与公司总部进行连接。

注释：本书会在第 20 章中介绍远程访问 VPN 的配置及排错方法。

2.3 Cisco ASA 5510 型

Cisco ASA 5510 是为中小型企业、企业分支办公室环境设计的设备，它可为用户提供更高级别的安全服务。它具有高级防火墙和 VPN 功能，还能根据需要为其添加 Cisco AIP-SSM-10 模块（高级监控与防御安全服务模块），使其具有 Anti-X（自适应威胁防御）及 IPS 服务功能。

图 2-6 所示为 Cisco ASA 5510 前面板（正面）的外观。

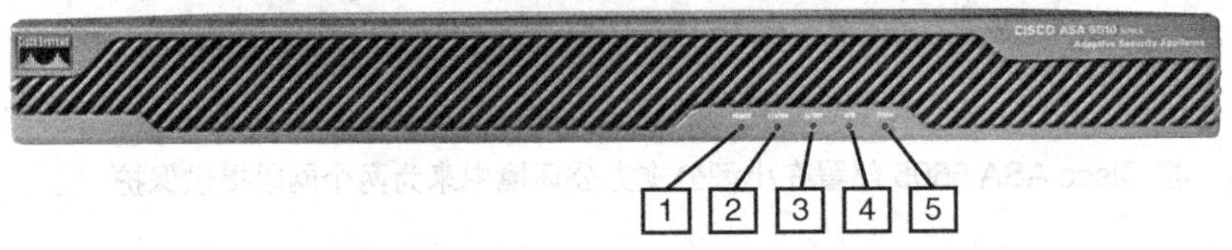

图 2-6 Cisco ASA 5510 前面板的外观

Cisco ASA 5510、5520、5540 和 5550 的前面板都是相同的，只有型号标识（标签）不同。

前面板由以下 5 个指示灯构成。

- Power——处于点亮状态（绿灯）表示设备已经接通了电源。
- Status——处于绿灯闪烁状态表示系统正在启动，同时正在进行开机检测。点亮绿灯表示设备通过了系统检测，已经可以对系统进行操作。点亮黄灯则表示系统测试没有通过。
- Active——在配置了故障倒换之后，亮绿灯表示这台 Cisco ASA 为主用设备。如果配置为一台独立（standalone）设备，这个 LED 也会呈现绿色。
- VPN——点亮绿灯表示有一条以上的 VPN 隧道处于工作状态（active）。
- Flash——绿灯闪烁表示设备正在访问 Flash 存储器。

Cisco ASA 5510、5512-X、5515-X、5520、5525-X、5540、5545-X、5550 和 5555-X 都是 1 机架单元（1RU）式设计。图 2-7 所示为 Cisco ASA 5510 背面的外观。

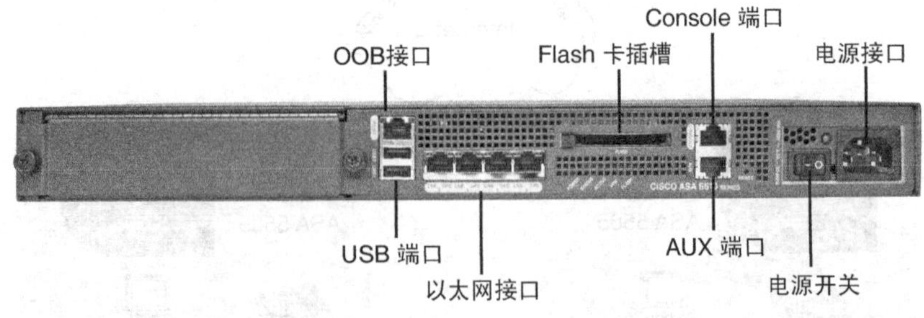

图 2-7 Cisco ASA 5510 背面外观

在 Cisco ASA 5510 的背面，同样带有电源、状态、主用、VPN 和 Flash 这 5 个指示灯。同时，Cisco ASA 5510 带有 5 个 10/100 快速以太网接口。其中的 3 个在默认状态下是启用的（即 0~2 接口）。第 5 个接口用于实现带外（OOB）管理。ASA 操作系统分别从 7.2(2)

和 8.0(3)开始，取消了 OOB 端口的限制。因此，用户可以使用所有这 5 个快速以太网接口来发送直通流量及应用安全服务。

注释：虽然 ASA 操作系统分别从 7.2(2)和 8.0(3)开始就取消了 OOB 端口的限制，但这里仍然建议用户仅使用图中的 OOB 接口来实现带外管理。

每个快速以太网端口都带有一个状态（activity）指示灯及一个链路状态（link）指示灯。

- 状态指示灯负责显示网络数据正在通过哪一个端口所连接的网络。
- 链路状态指示灯负责显示哪个端口处于正常的工作状态。

用户可以通过安装 Security Plus 升级许可文件（licence），使 Cisco ASA 5505 具备在交换网络中支持 VLAN 的能力（最多可支持 100 个 VLAN）。Security Plus 许可文件还可以将 2 个接口升级至吉比特以太网接口；使设备能够运行最多 5 个虚拟防火墙；可以为远程用户和站点到站点的连接，运行大量的并发 VPN 连接。

RJ-45 Console 端口使管理员能够以物理的方式和设备进行连接，访问设备的命令行界面（CLI），以便对设备进行初始化。AUX（auxiliary）端口使管理员能够通过连接外部调制解调器来实现 OOB 管理。Flash 卡插槽用于使用外接的 Flash 卡，以储存系统镜像文件及配置文件。

各 Cisco ASA 型背板上的两个 USB 接口都是为日后的特性所设计的。Reset 键也留作日后使用。

表 2-2 罗列了 Cisco ASA 5510 的功能、性能及连接数限制。

注释：性能方面的数据是不固定的，它依数据包大小及设备运行的其他应用变化而变化。要获得更多信息，请参考 http://www.cisco.com/go/asa。

表 2-2　　Cisco ASA 5510 型的功能

描述	无 Security Plus 许可证状态	安装 Security Plus 许可证后的状态
防火墙吞吐量	最高 300Mbit/s	最高 300Mbit/s
3DES/AES IPSec VPN 吞吐量	最高 170Mbit/s	最高 170Mbit/s
防火墙最大并发连接数	50000	130000
IPSec VPN 对端	250	250
Web VPN 对端	2	250
接口	用来实现安全服务的端口包括 5 个快速以太网端口（包括一个 OOB 管理端口）	用来实现安全服务的端口包括 2 个吉比特以太网端口和 3 个快速以太网端口；添加 SSM-4GE 接口卡还可以增加 4 个接口
虚拟接口（VLAN）	50	100
高可用性	—	主用/主用及主用/备用

2.4 Cisco ASA 5512-X 型

Cisco ASA 5512-X 也是为中小型企业和大型企业分支机构设计的产品。Cisco ASA 5512-X、5515-X、5525-X、5545-X 和 5555-X 可以提供高级防火墙与 VPN 功能以及 IPS 服务，这些功能都无须专门添置新的硬件模块。如果添加一块 SSD（固态硬盘），上述设备也可以在 ASA 防火墙特性之外，运行下一代防火墙服务。

图 2-8 所示为 Cisco ASA 5512-X 前面板（正面）的外观。

图 2-8 Cisco ASA 5512-X 前面板的外观

Cisco ASA 5512-X、5515-X 和 5525-X 的前后面板都是相同的。而 Cisco ASA 5545-X 和 5555-X 的前面板上则带有两个空余插槽，可供管理员安装两块 SSD。Cisco ASA 5545-X 和 5555-X 可以通过配置，实现双电源供电。图 2-9 所示为 Cisco ASA 5512-X 背面的外观。

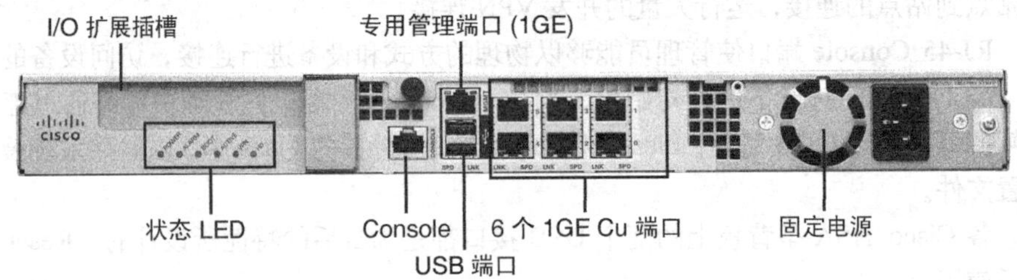

图 2-9 Cisco ASA 5512-X 背面外观

状态 LED 可以显示如下状态。

- Power：处于点亮状态（绿灯）表示设备已经接通了电源。Off 表示系统已经关闭。
- Alarm：指示设备的异常工作状态。当 LED 没有点亮时，代表设备工作在正常状态下。当黄灯闪烁时，表示因核心硬件故障导致设备过热，或者电源工作状态异常。
- Boot：当系统启动时，灯会点亮。绿灯闪烁表示设备正在启动期间运行系统诊断。绿灯常亮表示设备已经通过了启动诊断。如果启动诊断没有正常运行，这个 LED 就会熄灭。
- Active：（在配置了故障倒换之后）亮绿灯表示故障倒换对工作正常。如果没有配置故障倒换，或者故障倒换不能正常工作，LED 不会亮起。
- VPN：点亮绿灯表示有一条以上的 VPN 隧道处于工作状态（active）。
- HD0：Cisco ASA 5512-X、5515-X、5525-X、5545-X 和 5555-X 都有内置的硬盘驱动（HDD）。如果 HD0 灯闪绿色，表示 HDD 中有读写操作。如果 HDD 出现故障，该指示灯会长亮黄色。如果该 LED 熄灭，说明设备中没有硬盘或者系统没有启动。Cisco ASA 5512-X、5515-X 和 5525-X 只有一个 HD。因此这个指示灯会标识为 HD。
- HD1：如果 HD1[①]灯闪绿色，表示 HDD 中有读写操作。如果 HDD 出现故障，该指示灯会长亮黄色。如果该 LED 熄灭，说明设备中没有硬盘或者系统没有启动。Cisco ASA 5545-X 和 5555-X 有两个 SD，因此有一个 HD0 指示灯和一个 HD1 指示灯。

Cisco ASA 5512-X 包含了 6 个集成的吉比特以太网接口。

每个快速以太网端口都带有一个状态（activity）指示灯及一个链路状态（link）指示灯。

- 状态指示灯负责显示网络数据正在通过哪一个端口所连接的网络。

① 原文为 HD0，显然为作者的笔误。——译者注

■ 链路状态指示灯负责显示哪个端口处于正常的工作状态。

管理端口专用于 OOB 管理。RJ-45 Console 端口使管理员能够以物理的方式和设备进行连接，访问设备的命令行界面（CLI）。

Cisco ASA 5500-X 系列型号是唯一支持使用外部 USB Flash 驱动来存储数据的设备。Cisco ASA 5510、5520、5540 和 5550 可以使用外部闪存来实现存储，因此 disk1 就是唯一的标识符。Cisco ASA 5500-X 系列也会用 disk1 作为外部 USB Flash 驱动的标识符。Disk0 是 Cisco ASA 5500-X 系列的内置 USB (eUSB)，而 disk1 则是外部 USB 驱动设备的标识符。因此，系统也就只有一个分区。换句话说，如果插入的 USB 设备拥有多个分区，那么只有第一个分区能够加载进设备。

注释：Cisco ASA 5500-X 系列的后面板有两个 USB 插槽，但 OIR（在线插入与移除）只支持一个插槽。第一个插入的 USB 驱动优先级最高。在插入第二个 USB 设备时，管理员就会通过控制台看到一条错误消息，表示又有一个无法支持的 USB Flash 驱动被插入到了设备上。移动其中某个 USB 设备也不会改变 USB 设备的优先级。

表 2-3 罗列了 Cisco ASA 5512-X 的功能、性能及连接数限制。

注释：性能方面的数据是不固定的，它依数据包大小及设备运行的其他应用变化而变化。要获得更多信息，请参考 http://www.cisco.com/c/en/us/support/security/asa-5500-series-next-generation-firewalls/products-licensing-information-listing.html。

表 2-3 Cisco ASA 5512-X 型的功能

描述	性能/连接数限制
防火墙吞吐量	最高 1Gbit/s
防火墙最大连接数	100 000
站点到站点和 IPSec IKEv1 客户端最大用户会话数量	250
Cisco AnyConnect 或无客户端 VPN 最大用户会话数量	250
捆绑的 SSL VPN 用户会话数	2
VLAN	50
防火墙+IPS 吞吐量	250Mbit/s

2.5 Cisco ASA 5515-X 型

Cisco ASA 5515-X 也是为中小型企业和大型企业分支机构设计的产品。我们在前面介绍过，Cisco ASA 5512-X、5515-X、5525-X、5545-X 和 5555-X 可以提供高级防火墙与 VPN 功能以及 IPS 服务，这些功能都无须专门添置新的硬件模块。如果添加一块 SSD（固态硬盘），上述设备也可以在 ASA 防火墙特性之外，运行下一代防火墙服务。Cisco ASA 5515-X 的前后面板与 Cisco ASA 5512-X 的前后面板（如图 2-8 和图 2-9 所示）在设计上是完全相同的。

表 2-4 罗列了 Cisco ASA 5515-X 的功能、性能及连接数限制。

注释：性能方面的数据是不固定的，它依数据包大小及设备运行的其他应用变化而变化。要获得更多信息，请参考 http://www.cisco.com/go/asa。

表 2-4　　Cisco ASA 5515-X 型的功能

描述	性能/连接数限制
防火墙吞吐量	最高 1.2Gbit/s
防火墙最大连接数	250,000
站点到站点和 IPSec IKEv1 客户端最大用户会话数量	250
Cisco AnyConnect 或无客户端 VPN 最大用户会话数量	250
捆绑的 SSL VPN 用户会话数	2
VLAN	100
防火墙+IPS 吞吐量	400Mbit/s

2.6 Cisco ASA 5520 型

Cisco ASA 5520 可为中型企业提供安全服务。Cisco ASA 5520 型和 5540 型与 Cisco ASA 5510 十分类似。Cisco ASA 5520 拥有 4 个吉比特以太网（10/100/1000）RJ-45 铜线端口。它同样有一个支持 OOB 管理的快速以太网端口。

Cisco ASA 5520 前面板上的 5 个 LED 指示灯，与 Cisco ASA 5510（如图 2-6 所示）的 5 个指示灯完全相同。

Cisco ASA 5520 的背板也与 Cisco ASA 5510 的背板（如图 2-7 所示）相同，唯一的区别是 Cisco ASA 5520 有 4 个吉比特以太网（10/10/1000）端口，而 Cisco ASA 5510 只有 4 个快速以太网端口。

如果在 Cisco ASA 5520 上安装了 VPN Plus 升级许可证，它就能够支持最多 750 个 IPSec 或 WebVPN 隧道。自 Cisco ASA 操作系统 7.1 版本开始，使用 SSL VPN（Web VPN）也需要安装许可证来实现。Cisco ASA 默认支持 2 个 SSL VPN 连接，以实现远程管理和配置功能。

表 2-5 罗列了 Cisco ASA 5520 的功能、性能及其连接数限制。

表 2-5　　Cisco ASA 5520 型的功能

描述	性能/连接数限制
防火墙吞吐量	最高 450Mbit/s
3DES/AES IPSec VPN 吞吐量	最高 225Mbit/s
防火墙最大并发连接数	280,000
IPSec VPN 对端	最大 750（依许可证而定）
Web VPN 对端	最大 750（依许可证而定）
接口	用来实现安全服务的端口包括 4 个吉比特以太网端口，还有 1 个快速以太网用以实现 OOB 管理功能；添加 SSM-4GE 接口卡还可以增加 4 个接口
虚拟接口（VLAN）	150
高可用性	主用/主用及主用/备用
VPN 扩展性	VPN 集群（clustering）及负载均衡（load balancing）
威胁缓解能力（IPS、防火墙和 Anti-X）	225（自适应监控与防御安全服务模块[AIP-SSM]-10） 375（AIP-SSM-20 模块） 450（AIP-SSM-40 模块）
安全虚拟防火墙 （Security context）	最多 20 个

注释：性能方面的数据是不固定的，它依数据包大小及设备运行的其他应用变化而变化。要获得更多信息，请参考 http://www.cisco.com/go/asa。

2.7 Cisco ASA 5525-X 型

Cisco ASA 5525-X 也是为中型企业设计的产品。Cisco ASA 5512-X、5515-X 和 5525-X 的前后面板在设计上是完全相同的（参考图 2-8 和图 2-9 所示之 ASA 5512-X 的前后面板设计）。Cisco ASA 5525-X 有 8 个吉比特以太网（GE）接口。

表 2-6 罗列了 Cisco ASA 5525-X 的功能、性能及连接数限制。

表 2-6 Cisco ASA 5525-X 型的功能

描述	性能/连接数限制
防火墙吞吐量	最高 2Gbit/s
防火墙最大并发连接数	500,000
站点到站点和 IPSec IKEv1 客户端最大用户会话数量	750
Cisco AnyConnect 或无客户端 VPN 最大用户会话数量	750
捆绑的 SSL VPN 用户会话数	2
VLAN	200
防火墙+IPS 吞吐量	600Mbit/s

注释：性能方面的数据是不固定的，它依数据包大小及设备运行的其他应用变化而变化。要获得更多信息，请参考 http://www.cisco.com/go/asa。

2.8 Cisco ASA 5540 型

Cisco ASA 5540 可为中型企业提供安全服务。Cisco ASA 5540 可支持大量虚拟防火墙（50 个），因此它在灵活性方面以及对安全策略进行划分控制方面都有更优良的表现。另外，它还支持将最多 10 个设备置于一个 VPN 集群中，同时每个集群可支持最多 50000 个 IPSec VPN 对端（WebVPN 则为 25000 个）。

Cisco ASA 5540 也是 1RU 设计。其前后面板外观与 Cisco ASA 5510 及 5520 相同（参考图 2-6 和图 2-7 所示之 ASA 5510 的前后面板设计）。表 2-7 罗列了 Cisco ASA 5540 的功能、性能及其连接数限制。

表 2-7 Cisco ASA 5540 型的功能

描述	性能/连接数限制
防火墙吞吐量	最高 650Mbit/s
3DES/AES IPSec VPN 吞吐量	最高 325Mbit/s
防火墙最大并发连接数	400,000
IPSec VPN 对端	5000
SSL VPN 对端	2500
接口	用来实现安全服务的端口包括 4 个吉比特以太网端口，还有 1 个快速以太网用以实现 OOB 管理功能

续表

描述	性能/连接数限制
虚拟接口（VLAN）	200
高可用性	主用/主用及主用/备用
VPN 扩展性	VPN 集群（clustering）及负载均衡（load balancing）
威胁缓解能力（IPS、防火墙和 Anti-X）	500（AIP-SSM-20 模块） 650（AIP-SSM-40 模块）
安全虚拟防火墙（Security context）	最多 50 个

Cisco ASA 默认支持 2 个 SSL VPN 连接，以实现远程管理和配置功能。

2.9 Cisco ASA 5545-X 型

Cisco ASA 5545-X 可以提供它前身设备（即 Cisco ASA 5540）的那些增强型功能。Cisco ASA 5545-X 的前后面板与 Cisco ASA 5512-X、5515-X、5525-X、5545-X 和 5555-X 的前后面板在设计上是完全相同的（参考图 2-8 和图 2-9 所示之 ASA 5512-X 的前后面板设计）。如果添加一块 SSD（固态硬盘），上述设备也可以在 ASA 防火墙特性之外，运行下一代防火墙服务。Cisco ASA 5545-X 和 5555-X 的前面板包含 2 个插槽，管理员可以在插槽中安装两块 SSD。Cisco ASA 5545-X 和 5555-X 可以通过配置，实现双电源供电。

表 2-8 罗列了 Cisco ASA 5545-X 的功能、性能及连接数限制。

表 2-8 Cisco ASA 5545-X 型的功能

描述	性能/连接数限制
防火墙吞吐量	最高 3Gbit/s
防火墙最大并发连接数	750,000
站点到站点和 IPSec IKEv1 客户端最大用户会话数量	2500
Cisco AnyConnect 或无客户端 VPN 最大用户会话数量	2500
捆绑的 SSL VPN 用户会话数	2
VLAN	300
防火墙+IPS 吞吐量	900Mbit/s

注释：性能方面的数据是不固定的，它依数据包大小及设备运行的其他应用变化而变化。要获得更多信息，请参考 http://www.cisco.com/go/asa。

2.10 Cisco ASA 5550 型

Cisco ASA 5550 可为大型企业或服务提供网络提供高可用性的安全服务，同时它也可以置入 1RU 机架单元中。该设备能够通过以太网接口和光纤接口提供吉比特连通性。

Cisco ASA 5550 前面板的外观与 Cisco ASA 5510、5520 及 5540 相同（参考图 2-6 所示之 ASA 5510 的前面板设计）。但 Cisco ASA 5550 设备有两条内部总线，可提供吉比特铜线电缆以太网连接及吉比特光纤以太网连接。

- 插槽 0 对应 B，有 4 个内嵌的吉比特铜线以太网端口。

■ 插槽 1 对应总线 1，有 4 个内嵌的吉比特铜线以太网端口和 4 个内嵌的支持吉比特光纤以太网连接的小型可插拔（SFP）接口。

提示：为了将流量吞吐量最大化，可以通过配置 Cisco ASA 5550，使其流量在设备中的 2 条总线中平均分配。换句话说，应该通过配置和输出网络接口使网络流量穿过总线 0（插槽 0）和总线 1（插槽 1），即流量从一个总线进入，从另一个总线流出。

插槽 1 有 4 个铜线以太网端口和 4 个光纤以太端口，不过，用户只能同时使用插槽 1 中的 4 个端口。比如，同时使用 2 个插槽 1 中的铜线端口和 2 个光纤端口，但是如果插槽 1 的 4 个铜线端口都使用的话，用户就不能再使用它的光纤端口了。

表 2-9 罗列了 Cisco ASA 5550 的功能、性能及其连接数限制。

Cisco ASA 默认支持 2 个 SSL VPN 连接，以实现远程管理和配置功能。

表 2-9 Cisco ASA 5550 型的功能

描述	性能/连接数限制
防火墙吞吐量	最高 1.2Gbit/s
3DES/AES IPSec VPN 吞吐量	最高 425Mbit/s
防火墙最大并发连接数	650,000
IPSec VPN 对端	5000
SSL VPN 对端	5000
接口	用来实现安全服务的端口包括 8 个吉比特以太网端口，还有 1 个快速以太网用以实现 OOB 管理功能
虚拟接口（VLAN）	400
高可用性	主用/主用及主用/备用
VPN 扩展性	VPN 集群（clustering）及负载均衡（load balancing）
威胁缓解能力（IPS、防火墙和 Anti-X）	不可用
安全虚拟防火墙（Security context）	最多 50 个

2.11 Cisco ASA 5555-X 型

Cisco ASA 5555-X 是 Cisco ASA 5500-X 终端安全设备中最大的产品。表 2-10 罗列了 Cisco ASA 5545-X 的功能、性能及连接数限制。Cisco ASA 5545-X 和 5555-X 的前面板包含 2 个插槽，管理员可以在插槽中安装两块 SSD。Cisco ASA 5545-X 和 5555-X 可以通过配置，实现双电源供电。

表 2-10 Cisco ASA 5555-X 型的功能

描述	性能/连接数限制
防火墙吞吐量	最高 4Gbit/s
防火墙最大并发连接数	1,000,000
站点到站点和 IPSec IKEv1 客户端最大用户会话数量	5000
Cisco AnyConnect 或无客户端 VPN 最大用户会话数量	5000
捆绑的 SSL VPN 用户会话数	2
VLAN	500
防火墙+IPS 吞吐量	1.3Gbit/s

注释：性能方面的数据是不固定的，它依数据包大小及设备运行的其他应用变化而变化。要获得更多信息，请参考 http://www.cisco.com/go/asa。

2.12 Cisco ASA 5585 系列

Cisco ASA 5585-X 系列是最大的产品系列。这类产品多用于网络中访问需求最为强烈的区域（如数据中心），因为它们可以处理超大量的数据（每台防火墙最多处理 40Gbit/s）。Cisco ASA 5585-X 设备采用了 2RU 的设计（在机箱中占两个单元），最多支持 2 个 AC 电源模块。Cisco ASA 5585-X 有 4 个不同的型号，这些型号包括 4 个不同的安全服务处理器（SSP）。

- Cisco ASA 5585-X SSP-10：10 个接口（2 个 10 吉比特以太网 SFP/SFP+接口和 8 个铜线吉比特以太网接口）、1 个电源模块和 1 个风扇模块。
- Cisco ASA 5585-X SSP-20：10 个接口（2 个 10 吉比特以太网 SFP/SFP+接口和 8 个铜线吉比特以太网接口）、1 个电源模块和 1 个风扇模块。
- Cisco ASA 5585-X SSP-40：10 个接口（4 个 10 吉比特以太网 SFP/SFP+接口和 6 个铜线吉比特以太网接口）、1 个电源模块和 1 个风扇模块。
- Cisco ASA 5585-X SSP-60：10 个接口（4 个 10 吉比特以太网 SFP/SFP+接口和 6 个铜线吉比特以太网接口）、2 个电源模块和 1 个风扇模块。

提示：Cisco ASA 5585-X SSP-10、SSP-20 和 SSP-40 中的风扇模块可以替换为另一个电源模块，以达到备份电源的效果。

SSP 始终位于 0 号插槽（底部插槽）中，而插槽 1（顶部插槽）则用于安装其他的 SSP，如 Cisco IPS SSP（Cisco 入侵防御系统安全服务处理器）或 Cisco ASA 5585-X CX SSP，亦或 2 个网络模块或 2 个 SSP 模块。图 2-10 所示为带有两个 SSP 的 Cisco ASA 5585-X 前面板（正面）的外观。

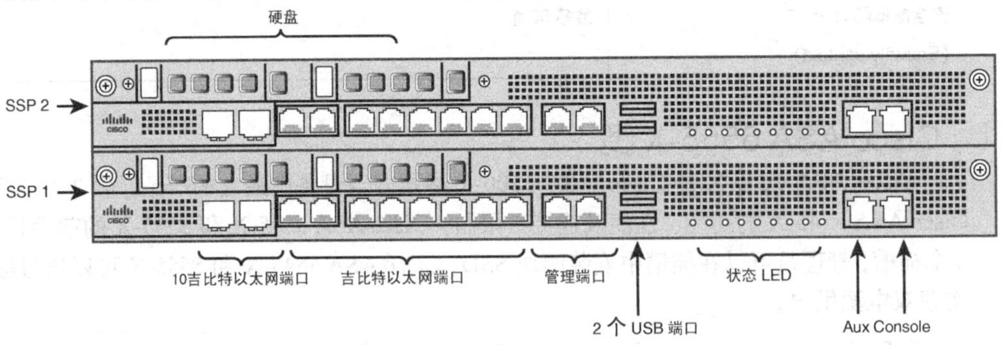

图 2-10 Cisco ASA 5585-X

在图 2-10 中，2 个 SSP 分别被标记为 SSP 1 和 SSP 2。每个 SSP 都带有 2 个 10 吉比特以太网端口和 8 个吉比特以太网端口。每个 SSP 也都包含 2 个额外的管理端口。所有端口的编号都是从 0 开始计数，由右至左排列。

Cisco ASA 5500-X 系列也使用 disk1 来充当外部 USB Flash 驱动的标识符。disk0 则是 Cisco ASA 5500-X 系列的内部 eUSB 的标识符。

状态 LED 可以显示如下状态。

- Power：处于点亮状态（绿灯）表示设备已经接通了电源。Off 表示系统已经关闭。

- Alarm：指示设备的异常工作状态。当 LED 没有点亮时，代表设备工作在正常状态下。当黄灯闪烁时，表示因核心硬件故障导致设备过热，或者电源工作状态异常。
- Boot：当系统启动时，灯会点亮。绿灯闪烁表示设备正在启动期间运行系统诊断。绿灯常亮表示设备已经通过了启动诊断。如果启动诊断没有正常运行，这个 LED 就会熄灭。
- Active：（在配置了故障倒换之后）亮绿灯表示故障倒换对工作正常。如果没有配置故障倒换，或者故障倒换不能正常工作，LED 不会亮起。如果配置为一台独立（standalone）设备，这个 LED 也会呈现绿色。
- VPN：点亮绿灯表示（IPSec 或 SSL）VPN 隧道已经建立。
- HD0：Cisco ASA 5585-X 都有内置的硬盘驱动（HDD）。如果 HD0 灯闪绿色，表示 HDD 中有读写操作。如果 HDD 出现故障，该指示灯会长亮黄色。如果该 LED 熄灭，说明设备中没有硬盘或者系统没有启动。
- HD1：如果 HD1 灯闪绿色，表示 HDD 中有读写操作。如果 HDD 出现故障，该指示灯会长亮黄色。如果该 LED 熄灭，说明设备中没有硬盘或者系统没有启动。

RJ-45 辅助端口（在机箱上标记为 AUX 的端口）留作 Cisco 内部使用。RJ-45 Console 端口使管理员能够以物理的方式和设备进行连接，访问设备的命令行界面（CLI）。

表 2-11 罗列了安装 SSP-10 的 Cisco ASA 5585-X 的功能、性能及连接数限制。

表 2-11 安装 SSP-10 的 Cisco ASA 5585-X 的功能

描述	性能/连接数限制
防火墙吞吐量	最高 4Gbit/s
防火墙最大并发连接数	1,000,000
防火墙每秒最大连接数	50,000
站点到站点和 IPSec IKEv1 客户端最大用户会话数量	5000
Cisco AnyConnect 或无客户端 VPN 最大用户会话数量	5000
捆绑的 SSL VPN 用户会话数	2
VLAN	1024

注释：性能方面的数据是不固定的，它依数据包大小及设备运行的其他应用变化而变化。要获得更多信息，请参考 http://www.cisco.com/go/asa。

表 2-12 罗列了安装 SSP-20 的 Cisco ASA 5585-X 的功能、性能及连接数限制。

表 2-12 安装 SSP-20 的 Cisco ASA 5585-X 的功能

描述	性能/连接数限制
防火墙吞吐量	最高 10Gbit/s
防火墙最大并发连接数	2,000,000
防火墙每秒最大连接数	125,000
站点到站点和 IPSec IKEv1 客户端最大用户会话数量	10,000
Cisco AnyConnect 或无客户端 VPN 最大用户会话数量	10,000
捆绑的 SSL VPN 用户会话数	2
VLAN	1024

表 2-13 罗列了安装 SSP-40 的 Cisco ASA 5585-X 的功能、性能及连接数限制。

表 2-13 安装 SSP-40 的 Cisco ASA 5585-X 的功能

描述	性能/连接数限制
防火墙吞吐量	最高 20Gbit/s
防火墙最大并发连接数	4,000,000
防火墙每秒最大连接数	200,000
站点到站点和 IPSec IKEv1 客户端最大用户会话数量	10,000
Cisco AnyConnect 或无客户端 VPN 最大用户会话数量	10,000
捆绑的 SSL VPN 用户会话数	2
VLAN	1024

表 2-14 罗列了安装 SSP-60 的 Cisco ASA 5585-X 的功能、性能及连接数限制。

表 2-14 安装 SSP-60 的 Cisco ASA 5585-X 的功能

描述	性能/连接数限制
防火墙吞吐量	最高 40Gbit/s
防火墙最大连接数	10,000,000
防火墙每秒最大连接数	350,000
站点到站点和 IPSec IKEv1 客户端最大用户会话数量	10,000
Cisco AnyConnect 或无客户端 VPN 最大用户会话数量	10,000
捆绑的 SSL VPN 用户会话数	2
VLAN	1024

如前所述，Cisco ASA 5585-X 系列多用于网络中访问需求最为强烈的区域（如数据中心）。在图 2-11 所示的案例中，我们将 Cisco ASA 5585-X 部署在企业数据中心的几个战略区域之间，为不同的服务器区间和数据中心汇聚层提供隔离。

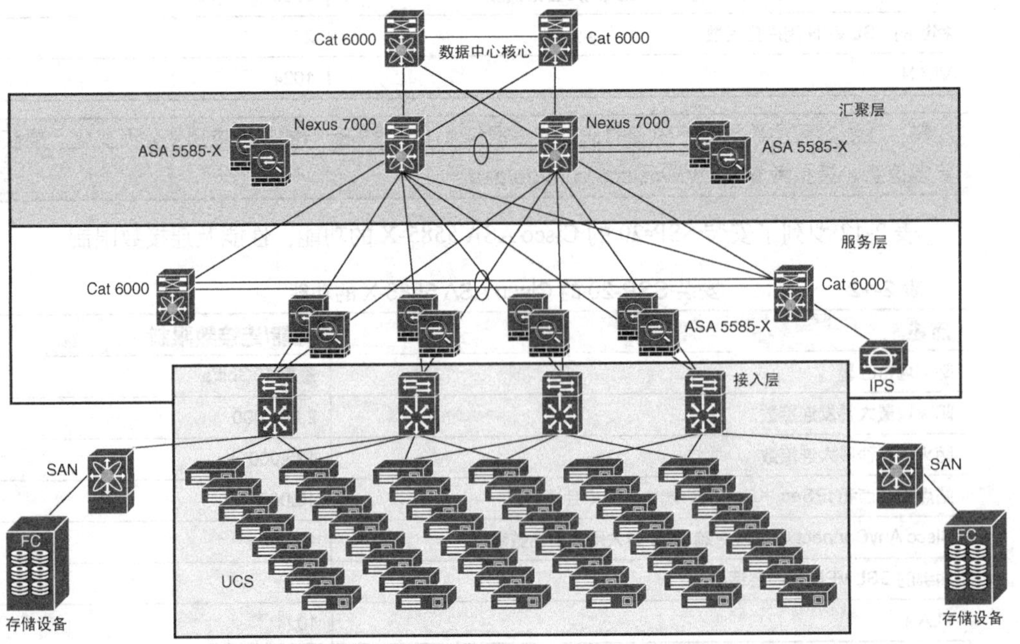

图 2-11 将 Cisco ASA 5585-X 部署在数据中心中

如果读者对数据中心技术及相关产品并不熟悉，可以在 Cisco Data Center and Virtualization（Cisco 数据中心与虚拟化）网站中找到很多相关的资源：http://www.cisco.com/go/datacenter。

2.13 Cisco Catalyst 6500 系列 ASA 服务模块

Cisco Catalyst 6500 系列 ASA 服务模块（ASASM）是替代 Cisco Catalyst 6500 防火墙服务模块（FWSM）的产品。Cisco ASA 服务模块采用了单刀片架构，最大支持 20Gbit/s 的防火墙吞吐量和 16Gbit/s 的多协议流量。该模块支持 1000 万条并发连接，每秒 30 万条连接以及 1000 个 VLAN。Cisco ASA 服务模块不包含任何外部的物理接口——它使用的都是 VLAN 接口。为 Cisco ASASM 分配 VLAN 与为交换机端口分配 VLAN 别无二致；Cisco ASASM 包含了一个与交换机矩阵模块（如有）或共享总线相连的内部接口。

> 提示：要想将流量上限扩展到 64Gbit/s，可以将 4 个 Cisco ASA 服务模块安装到 Cisco Catalyst 6500 系列交换机上。

第 6 章会具体介绍关于 Cisco Catalyst 6500 系列 ASA 服务模块的内容。

2.14 Cisco ASA 1000V 云防火墙

Cisco ASA 1000V 云防火墙是一款虚拟防火墙，该产品使用 Cisco ASA 软件架构在部署了 Nexus 1000V 的多客户环境中保护客户边缘。它支持公共边界特性（如站点到站点 VPN 和网络地址转换[NAT]），可以充当默认网关，对客户网络内部的 VM 提供保护。Cisco ASA 1000V 云防火墙需要和下面这些产品一起进行部署。

- VMware vCenter VSphere Hypervisor 软件（这是安装 Cisco Nexus 1000V 和 Cisco 虚拟网络管理中心[VNMC]所必备的软件）。
- Cisco Prime Network Services Controller。
- VMware vCenter 服务器软件。
- Cisco Nexus 1000V。
- Cisco 虚拟网络管理中心（可以同时管理 Cisco ASA 1000V 云防火墙和 Cisco 虚拟安全网关[VSG]这两款产品）。
- （可选）通过 Cisco 虚拟安全网关来提供 VM 之间的隔离。

> 注释：在一个客户内部隔离 VM 之间的流量需要用到 Cisco VSG。

图 2-12 所示为一个相当简单的案例：将 Cisco ASA 1000V 云防火墙与 Cisco Nexus 1000V 虚拟交换相连，以对其中的 4 个 VM 提供保护。

Cisco ASA 1000V 云房后墙支持最多 200,000 条并发防火墙会话，以及每秒最多 10,000 条连接。同时，它最多可以支持 750 条 VPN 隧道，总吞吐量可达 200Mbit/s。

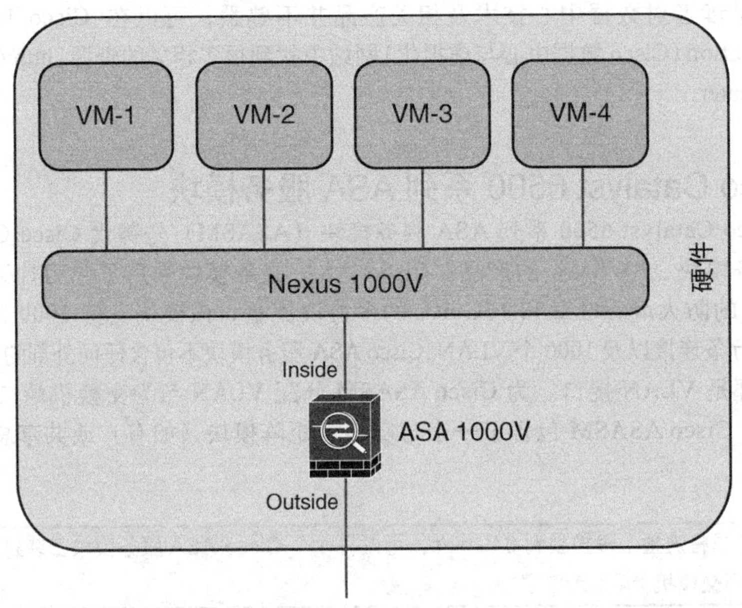

图 2-12 虚拟环境中的 Cisco ASA 1000V 云防火墙

2.15 Cisco ASA 下一代防火墙服务（前身为 Cisco ASA CX）

Cisco ASA 下一代防火墙服务提供了很多功能，它拥有传统防火墙望尘莫及的可见性及控制能力。通过这些功能，企事业单位就可以适应当今快速发展和不断变化的环境，任凭新型应用与设备在企业网络各处不断涌现，也不会出现违背安全策略的事件。Cisco ASA 下一代防火墙服务也会使用 Cisco SIO（安全情报操作）中的全球威胁情报，来随时升级对恶意软件防御功能。它可以识别上千种应用和超过 75,000 种微应用，让企事业单位能够访问一个应用中的某些组件。例如，管理员可以允许某个用户访问 Facebook、Twitter 以及其他社交网络站点，同时又禁止他们利用在线游戏、视频上传等功能。安全策略既可以针对不同用户来进行制定，又可以以用户组为单位执行访问控制。

2.16 Cisco ASA AIP-SSM 模块

下面是 3 个自适应监控与防御安全服务（AIP-SSM）模块，它们能够通过 Cisco IOS 实现 IPS 服务功能：

- AIP-SSM-10——仅支持 Cisco ASA 5510 与 5520 设备；
- AIP-SSM-20——仅支持 Cisco ASA 5510、5520 和 5540 设备；
- AIP-SSM-40——仅支持 Cisco ASA 5520 与 5540 设备。

Cisco ASA 5512-X、5515-X、5525-X、5545-X 和 5555-X 都提供了内置的 IPS 服务。

所有 Cisco AIP-SSM 的物理特性都是相同的。图 2-13 所示为 Cisco AIP-SSM-20 模块。

2.16.1 Cisco ASA AIP-SSM-10

如果安装在 Cisco ASA 5510 上，Cisco ASA AIP-SSM-10 的并行威胁缓解吞吐量可以扩展到最大 150Mbit/s；若安装在 Cisco ASA 5520 上，则最大可达 225Mbit/s。它带有 1GB 的 RAM 和 256MB 的 Flash 存储器。

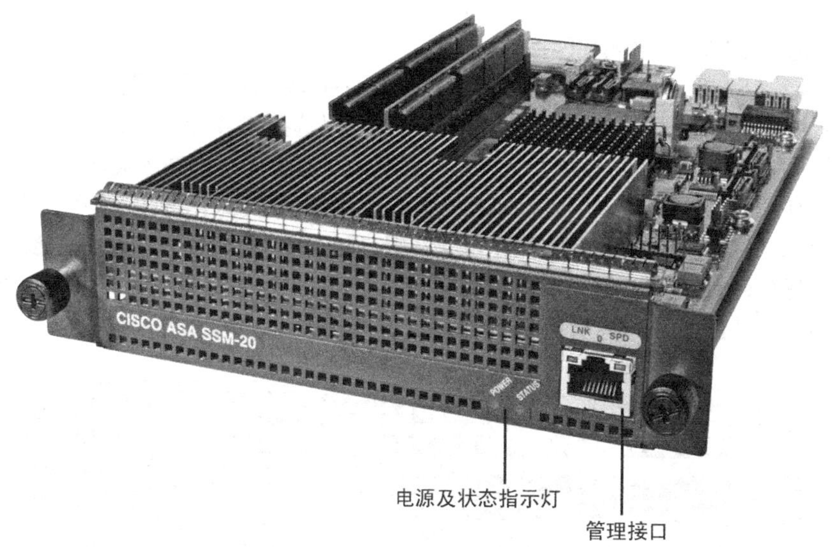

图 2-13 Cisco ASA AIP-SSM-20

2.16.2 Cisco ASA AIP-SSM-20

如果安装在 Cisco ASA 5510 上，Cisco ASA AIP-SSM-20 的并行威胁缓解吞吐量可以扩展到最大 300Mbit/s；若安装在 Cisco ASA 5520 上，则最大可达 375Mbit/s；若安装在 Cisco ASA 5540 上，则最大可达 500Mbit/s。它带有 2GB 的随机存储器（RAM）和 256MB 的 Flash 存储器。

2.16.3 Cisco ASA AIP-SSM-40

如果安装在 Cisco ASA 5520 上，Cisco ASA AIP-SSM-40 的并行威胁缓解吞吐量可以扩展到最大 450Mbit/s；若安装在 Cisco ASA 5540 上，则最大可达 650Mbit/s。它带有 4GB 的随机存储器（RAM）和 2GB 的 Flash 存储器。

> 注释：本书会在第 17 章中介绍如何对 Cisco ASA AIP-SSM 进行配置和排错。

2.17 Cisco ASA 吉比特以太网模块

Cisco ASA 设备有很多吉比特以太网扩展模块。

其中 Cisco ASA 5510、5520、5540 和 5550 支持 Cisco ASA 4 端口吉比特以太网安全服务模块（4GE-SSM）。

> 注释：Cisco ASA 5550 自身就安装有这一模块。

Cisco ASA 5580-20 和 5580-40 支持以下模块：

- 4 端口吉比特铜线以太网 PCI Express 模块；
- 2 端口 10 吉比特光纤以太网 PCI Express 模块；
- 4 端口吉比特光纤以太网 PCI Express 卡。

Cisco ASA 5500-X 系列 6 端口 GE 接口卡可以为 Cisco ASA 5512-X 和 Cisco ASA 5515-X 提供更多吉比特以太网端口。

2.17.1 Cisco ASA SSM-4GE

Cisco ASA SSM-4GE 有 4 个 10/100/1000 RJ-45 端口和 4 个小型可插拔（SFP）端口，以支持铜线和其他线缆与设备进行连接。用户可以选择这 4 个可插拔端口分别使用铜线还是光纤连接，这给连接数据中心、校园网或企业边缘提供了很高的灵活性（这 8 个端口最多可以有 4 个同时工作）。Cisco ASA 4GE-SSM 能够将安装了 Security Plus 许可证的 Cisco ASA 5510 扩展为一台拥有 3 个快速以太网端口和 6 个吉比特以太网端口的设备。同样，它还能够将 Cisco ASA 5520 和 5540 设备扩展为拥有 8 个吉比特以太网端口和 1 个快速以太网管理端口的设备。图 2-14 所示为 Cisco ASA SSM-4GE。

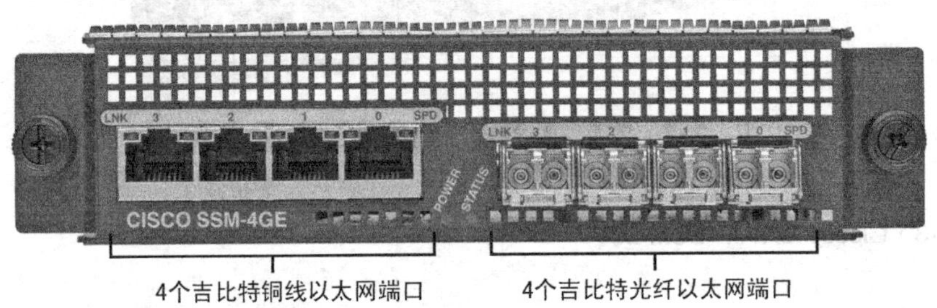

图 2-14 Cisco ASA SSM-4GE

2.17.2 Cisco ASA 5580 扩展卡

Cisco ASA 5580 4 端口吉比特铜线 PCI Express 模块可以提供 4 个 10/100/1000BASE-T 接口，如果 5580 机箱所有槽位都安装这种模块，设备总共 24 个吉比特以太网接口。图 2-15 所示为 4 端口吉比特 PCI Express 模块。

图 2-15 4 端口吉比特以太网铜线 PCI Express 模块

Cisco ASA 5580 4 端口吉比特光纤 PCI Express 模块提供 4 个 1000BASE-SX（光纤）接口，如果机箱所有槽位都安装这种模块，设备总共 24 个吉比特以太网光纤接口。图 2-16 所示为 4 端口吉比特以太网光纤 PCI Express 模块。

> **注释：** 4 端口吉比特光纤 PCI Express 模块端口需要接口为 LC 的多模光纤线缆与机箱的 SX 接口相连。

Cisco ASA 5580 2 端口 10 吉比特以太网光纤 PCI Express 模块可以提供 2 个 1000BASE-SX（光纤）接口，如果机箱所有槽位都安装这种模块，设备总共 12 个 10 吉比特以太网光纤接口。

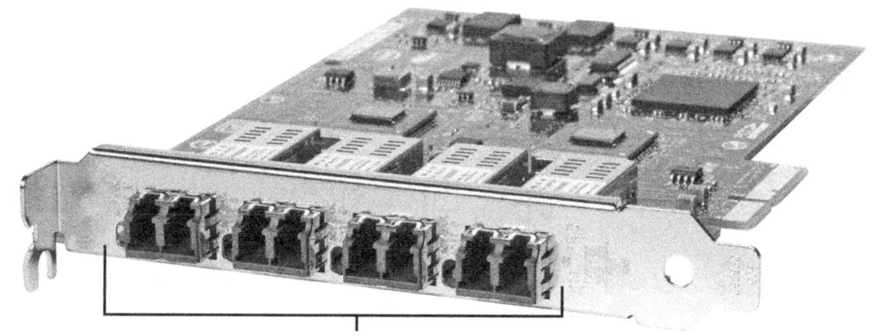

图 2-16　4 端口吉比特以太网光纤 PCI Express 模块

> **注释：** 2 端口 10 吉比特光纤 PCI Express 模块端口同样需要接口为 LC 的多模光纤线缆与机箱的 SX 接口相连。

图 2-17 所示为 2 端口 10 吉比特光纤 PCI Express 模块。

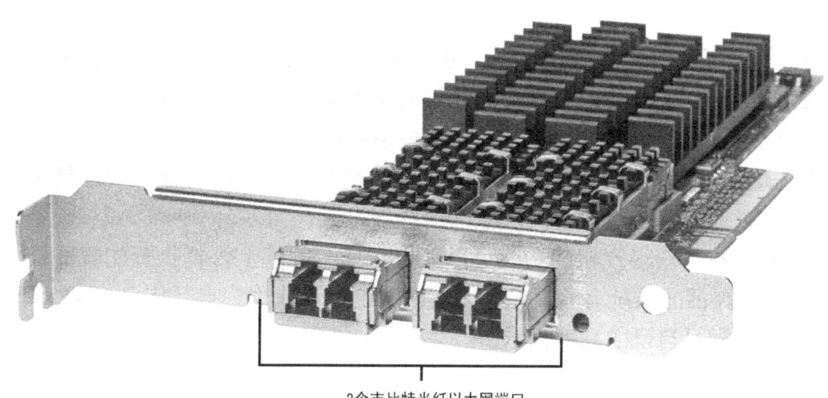

图 2-17　2 端口吉比特以太网光纤 PCI Express 模块

2.17.3　Cisco ASA 5500-X 系列 6 端口 GE 接口卡

Cisco ASA 5500-X 系列 6 端口 GE 接口卡可以为 Cisco ASA 5512-X 和 Cisco ASA 5515-X 提供更多吉比特以太网端口。这些接口卡可以更好地对网络流量进行分隔（将它们分隔进不同的安全区域中），并且可以通过光纤线缆提供长距离通信连接。它们也可以对流量进行负载分担，可以通过 EtherChannel 来防止某条链路出现故障，可以支持最大 9000 字节的以太网巨型帧，这类接口卡有两种不同的型号：

- Cisco ASA 5500-X 系列 6 端口 10/100/1000；
- Cisco ASA 5500-X 系列 6 端口 GE SFP SX、LH 与 LX。

总结

本章对 Cisco ASA 5500、ASA 5500-X 系列下一代防火墙、Cisco Catalyst 6500 系列 ASA 服务模块、Cisco ASA 1000V 云防火墙和 Cisco ASA CX 系列设备的硬件进行了概述。本章也对各个平台可以选择的模块进行了一番简介。Cisco ASA 系列产品可以为各类大中小型企业提供大量防火墙、VPN、应用监控、IPS、Secure-X、可感知环境服务等技术功能。关于上述技术的具体信息，本书将在后面的章节中逐一进行讲解。

第3章

许 可 证

本章涵盖的内容有：

- ASA 上许可证授权特性；
- 通过激活密钥管理许可证；
- 故障倒换和集群的组合许可证；
- 共享的 Premium AnyConnect VPN 许可证。

ASA 提供了非常全面的特性集，可以保护各种类型及规模的网络。如果管理员希望在预算范围内实现所需的功能，同时还能够在未来进行扩展，可以根据需要通过特性许可证的灵活系统来解锁高级安全功能并增加一些系统功能。

硬件平台或扩展模块上的一些特征可以使用某些特性许可证。管理员也可以永久激活另外一些许可证或者在一段时间内激活这些许可证。当多台 Cisco ASA 设备参与故障倒换或集群中时，有些获得授权的功能可以汇聚到平台硬件上，将投资的收益最大化。虽然乍看之下，这种灵活的系统有些复杂，但这种系统可以让用户自行定义 Cisco ASA，让人们能够更加轻松地满足自己的独特需求。

3.1 ASA 上的许可证授权特性

每台安装 Base 许可证的 Cisco ASA 平台都自带了一些隐藏的特性及功能。换言之，这些功能在有些硬件平台的软件版本上是固定的；管理员不能根据自己的需求禁用这些功能。Active/Active 模式的故障倒换就是这类特性之一，Cisco ASA 5585-X 设备上始终都有这项功能。有些平台还提供了可选的 Security Plus 许可证，这个许可证可以解锁一些 Base License 上无法使用的特性或功能。

例如，管理员可以在 Cisco ASA 5505 上安装 Security Plus 许可证，将防火墙最大并发连接数量由 10000 条增加到 25000 条。

除了 Base 许可证和 Security Plus 许可证之外，管理员也可以分别激活其他的高级安全特性。

- 有些功能的工作模式是一种非此即彼的方式，也就是许可证要么启用这类特性，要么禁用这类特性；一旦启用，对于特性如何使用往往并没有直接的限制。比如，僵尸流量过滤（Botnet Traffic Filter）许可证可以保护所有穿越 Cisco ASA 的连接，只要连接数量不超过平台的最大限制。
- 其他特性则自带了一些分层的限制。有些 Cisco ASA 设备上配置安全虚拟防火墙的功能就是这类特性。在 Cisco ASA 5580 平台上，Base 许可证最多可以创建两个应用虚拟防火墙，而其他不同的许可证可以创建不同数量的虚拟防火墙，总的虚拟防火墙数量最多可达 250 个。

并不是所有需要许可证授权的特性和功能都可以在各类硬件平台上使用。比如，在本书创作之时，集群特性就只能在 Cisco ASA 5500-X、ASA 5580 和 ASA 5585-X 上使用。根据不同的市场与国际出口规则，有些 Cisco ASA 模型上安装的也有可能是 No Payload Encryption 许可证；这种许可证会绑定在硬件上，无法修改或删除。下面许可证授权的特性和功能无法在 No Payload Encryption 硬件模型上使用：

- AnyConnect Premium Peers；
- AnyConnect Essentials；
- Other VPN Peers；
- Total VPN Peers；
- Shared License；
- AnyConnect for Mobile；
- AnyConnect for Cisco VPN Phone；
- Advanced Endpoint Assessment；
- UC Phone Proxy Sessions；
- Total UC Proxy Sessions；
- Intercompany Media Engine。

当管理员寻找正确的特性集，以便最大化利用 Cisco ASA 的功能，对网络实施周到的保护时，可以将需要许可证进行授权的特性划分到下面几个逻辑类别中。

- **基本平台功能**：往往适用于所有 Cisco ASA 的部署方案。
- **高级安全功能**：在特殊的 Cisco ASA 使用环境中，能够满足特定的网络设计目的。
- **分层功能特性**：取决于受保护用户的规模，可以在未来进行扩展。

这些特性将在下面逐个进行介绍。

3.1.1 基本平台功能

基本的许可证特性定义了 Cisco ASA 基本功能，这些功能适用于所有安装和设计方案，比如：

- 指示 ASA 设备连接到网络的基本特征；
- 建立物理接口和逻辑接口的数量与速度功能；
- 限制受保护连接和内部主机的数量；
- 定义高可用性选项；
- 设置系统能够使用的基线加密算法。

下面的许可证特性都属于基本平台功能。

- **防火墙连接**：Cisco ASA 软件限制了所有状态化连接的最大并发连接数量，具体数量取决于硬件平台。只有在 Cisco ASA 5505、ASA 5510 和 ASA 5512-X 设备上安装 Security Plus 许可证才能增加限制的数量。当连接数量超出了许可证的限制之后，系统就会拒绝新的连接尝试；但对于当前已经建立的连接并没有什么副作用。
- **最大物理接口**：所有 Cisco ASA 平台都允许管理员使用所有的物理接口，因此这个特性会显示 Cisco ASA 5505 上实际的物理接口数量，或者在其他平台上显示无限制（Unlimited）。但有一些平台对于可以在系统中配置的接口总数存在限制；这里的总接口限制包括物理接口、冗余接口、VLAN 子接口、EtherChannels 和桥组。

- **最大 VLAN 数量**：每个平台对于可以配置 VLAN 的最大限制都有限制。Cisco ASA 5505、ASA 5510 和 ASA 5512-X 型设备可以通过应用 Security Plus 许可证来扩展限制的数量。切记，对于有些 ASA 设备，管理员可以创建大量的子接口，但是当管理员真的通过接口配置模式下的命令 **vlan**，将特定数量的子接口划分到 VLAN 中时，这个限制才会发挥作用。
- **VLAN Trunk 端口**：只有 Cisco ASA 5505 设备上才可以应用这种特性，因为其他型号都包含有内置的 Ethernet 交换机。如果安装的是 Base 许可证，管理员只能在 access 模式下配置物理交换机端口；如果安装的是 Security Plus 许可证，管理员可以将 Cisco ASA 5505 的物理接口配置为 Trunk 端口，以此让它承载多个 VLAN。
- **双 ISP（Dual ISP）**：这个特性只能应用于 Cisco ASA 5505，Security Plus 许可证可以自动启用这个特性。如果安装的是 Base 许可证，这个平台最多可以配置 3 个逻辑接口，第三个接口只能向另外两个接口之一发起流量；由于存在这个限制，管理员也就不能创建备份接口，以便在主用外部接口出现故障时提供外部连接。在应用 Security Plus 许可证的情况下，可用逻辑接口的数量会增加到 20 个；管理员可以使用浮动默认路由，以便跨越多 ISP 实现接口级别的高可用性。
- **10GE I/O**：只有 Cisco ASA 5585-X 可以应用这个特性。使用 Base 许可证，并安装 SSP-10 和 SSP-20 的设备可以配置自带的光纤接口（速率为吉比特以太网[1GE]）；如果使用的是 Security Plus 许可证，那么可以将这些接口配置为 10 吉比特速率（10GE）。而在 SSP-40 和 SSP-60 以及所有 10-GE 接口扩展模块上，这个功能都是一直启用的。值得指出的是，Cisco ASA 5510 设备需要拥有 Security Plus 许可证来将 Ethernet0/0 和 Ethernet0/1 接口配置为 1-GE。所有这里没有提到的型号都可以将自带或外部的物理以太网接口配置到其支持的最大速率。
- **内部主机**：这个值定义了受保护接口身后的专用 IP 地址的最大数量，这些接口可以与外部接口身后的端点建立并发连接。当防火墙工作在路由模式下时，默认路由会指明外部接口的方向；如果没有默认路由，接口身后的所有端点都会按照限制进行计算。如果工作在透明模式下，只有活动端点数量最少的接口也会按照限制进行计数。除了 Cisco ASA 5505 之外，所有平台的这一特性都被设置为无限，而 Cisco ASA 5505 的默认限制为 10，可以扩展到 50 或无限。
- **故障倒换**：所有平台上都可以通过配置 Cisco ASA 设备来实现高可用性，但 Cisco ASA 5505、ASA 5510 和 ASA 5512-X 上需要安装 Security Plus 才可以实现这个特性。由于 Cisco ASA 5505 不支持虚拟防火墙这个特性，因此这个平台只支持 Active/Standby 模式故障倒换。所有其他的 ASA 设备都支持 Active/Standby 和 Active/Active 故障倒换模式。
- **加密-DES**：这个许可证可以在所有 Cisco ASA 平台上对 VPN、统一通信代理（Unified Communications Proxy）和管理会话加密使用 DES 算法。然而，那些需要与 Cisco ASA 之间建立安全会话的端点，往往不接受使用 DES 这样的弱加密算法；这个许可证对于实现外部基本的管理任务往往是不够用的。
- **加密-3DES-AES**：这个许可证添加了 3DES 和 AES 算法，以便为 VPN、统一通信代理（Unified Communications Proxy）和管理会话加密提供一些强大的加密功能。有些特性（如 VPN 负载分担）也需要使用这个许可证才能正常工作。出口条约对这个许可证是有限制的，因此它未必就会默认预装在新款 Cisco ASA 设备上。由于在配置 Cisco 设备时使用强加密算法需要用到这个许可证，因此如果管理员希望使用任何相关的加密特性都应该立刻购买并启用这个许可证。

- **其他 VPN 对等体（Other VPN Peers）**：这个值定义了以这台 Cisco ASA 平台为端点的并发 IPSec 站点到站点隧道的最大数量，以及基于 IKEv1 的远程访问会话的最大数量。如果在 Cisco ASA 5505 上安装了 Security Plus 许可证，可以将限制由 10 条连接扩展到 25 条连接。对于其他型号的设备，软件会根据设备的硬件功能来设置具体的限制数量。
- **总 VPN 对等体（Total VPN Peers）**：这个数量定义了以这台 Cisco ASA 平台为端点的任意并发 VPN 会话最大数量。许可证授权的限制数量与各平台其他 VPN 对等体（Other VPN Peers）的数量相同，Cisco ASA 5505 除外。对于 Cisco ASA 5505，它的数量取决于是否使用了 Security Plus 许可证，以及 AnyConnect Essentials 许可证。

3.1.2 高级安全特性

管理员可以利用 Cisco ASA 功能的安全特性来提供额外的保护，或者实现更加复杂的网络设计方案。这些特性包括下面的功能：

- 应用特殊应用协议监控的功能；
- 通过支持移动平台来扩展安全网络的边界；
- 为 VPN 连接执行客户端形态认证（client posture validation）；
- 启用恶意行为的实时缓解功能；
- 提供可扩展的设备汇聚功能。

下面这些由许可证授权的特性都属于这种类别。

- **Intercompany Media Engine（跨企业媒体引擎）**：在启用这个特性之后，Cisco ASA 会成为 Intercompany Media Engine 架构中的活动参与方。在这个架构中，使用 TLS 代理的 SIP（会话初始化协议）监控引擎来认证和保护动态入向的 VoIP 连接。由于 TLS 代理会话的最大连接数存在一个特殊的平台限制，因此 Intercompany Media Engine 就会与其他依靠 TLS 代理的特性共享这个限制。由于存在出口限制，因此这个特性的许可证可能会允许共计 1000 条 TLS 代理会话（数量受限），或者达到平台预设限制的数量（也就是不限数量）。在应用这个许可证之后，可以使用 **tls-proxy maximum-sessions** 命令来根据自己的需要提高配置的会话上限。这里有一点值得注意，其他依赖 TLS 代理的统一通信（Unified Communication）监控特性有可能会对加密会话的总数另行设置限制。
- **GTP/GPRS**：该特性可以实现 GPRS 隧道协议（GTP）的应用监控（GTP 支持 GPRS 数据网络）。移动服务提供商往往会使用这个特性来保护自己的网络架构。在激活许可证之后，可以在服务策略（service policy）之下配置可应用流量时，使用命令 **inspect gtp** 来启用 GTP/GPRS 监控引擎。
- **AnyConnect for Mobile**：这个许可证可以让 Cisco ASA 接受从运行苹果 iOS 系统、安卓系统和 Windows 移动操作系统的移动设备发起的 SSL VPN 连接。切记，这并不是一个独立的特性，而是 AnyConnect 对等体的一项特殊的功能。于是，只有安装的 AnyConnect Premium Peers 或 AnyConnect Essentials 许可证允许底层的 SSL VPN 会话时，管理员才可以利用这项功能。当会话使用 AnyConnect Essentials 许可证时，移动设备形态数据只用于提供信息的目的。当移动设备为 AnyConnect Premium Peers 之一时，管理员可以利用 DAP（动态访问策略），来根据一系列属性放行或拒绝去往某台设备的网络访问会话。

- AnyConnect for Cisco VPN Phone：这个许可证可以让 Cisco ASA 接受从某些（提供内置 AnyConnect 客户端功能的）硬件 Cisco IP 电话发来的 VPN 连接。这也不是一项独立的特性，因为它需要使用 AnyConnect Premium Peers 许可证来首先放行底层的 VPN 连接。
- Advanced Endpoint Assessment（高级端点评估）：如果启用了这项特性，ASA 可以在（安装在运行 Microsoft Windows、苹果 OS X 和 Linux 操作系统的远程 AnyConnect 或无客户端对等体的）第三方的反病毒、防间谍软件、以及个人防火墙软件包执行这种操作策略。这是另一项只能应用于 AnyConnect Premium Peers 上的附加特性；在默认情况下，这些对等体只能利用通过 Host Scan（主机扫描）和 Dynamic Access Policies（动态访问策略）提供的基本形态认证（posture validation）功能。
- Botnet Traffic Filter（僵尸流量过滤）：如果启用了这项特性，管理员可以对那些有恶意主机参与的出入站连接进行检测，并且阻塞这些连接。Cisco ASA 会从 SIO（Cisco 安全智能操作）动态更新关于这些恶意端点的数据库，由此对网络提供实时保护，甚至连零日攻击都可以得到缓解。这个许可证会支持数据库更新，以及僵尸流量过滤的配置命令。
- Cluster（集群）：当前只有 Cisco ASA 5500-X、ASA 5580 和 ASA 5585-X 设备可以使用这项特性。它可以将最多 16 台拥有完全相同配置的物理设备汇聚为一台逻辑设备，由此扩展故障倒换提供的高可用性。和故障导致的不同之处在于，所有所配置集群的成员都可以处理同时穿过设备的流量，因此可以弥补外部负载均衡的缺陷。一个集群中的所有设备都必须启用这项特性。集群特性是否可用、最多支持的集群成员数量，这两点取决于特定软件镜像的版本，以及硬件平台的类型。
- IPS Module（IPS 模块）：只有 Cisco ASA 5500-X 设备可以应用这项特性。这个许可证可以让管理员通过软件包来实施 Cisco ASA IPS（入侵防御系统）；如果在 Cisco ASA 下一代防火墙服务上安装了 CX 软件包，就不需要使用这个特性了。这个许可证只允许管理员在 Cisco ASA 上安装 IPS 软件模块，然后使用服务策略配置来启用流量重定向功能；由于模块运行了独立的软件镜像，因此它拥有自己独立的特性许可证，这个许可证必须独立进行购买和安装。Cisco ASA 5505、ASA 5500 和 ASA 5585-X 设备安装的 IPS 模块不需要安装特殊的许可证，就可以执行流量重定向。

3.1.3 分层功能特性

还有一种授权特性可以针对一些有限数量的用户或会话来实现特殊的高级功能。这种灵活性的功能可以让管理员提供充分的附加许可证来满足特定的商业需求，为未来的功能扩展提供空间。这一类特性往往可以提供防火墙虚拟化功能，可以通过 TLS 代理实现统一通信监控和可以提供高级 VPN 连通性。预装的 Base 许可证往往包含了一系列可以利用这些特性的会话；管理员可以购买独立的许可证来启用这些功能，或者将用户或会话提升到所需的数量。往简单了说，这些特性在某种功能上都是分层的。例如，安装 Base 许可证的 Cisco ASA 5512-X 可以支持 2 条 UC（统一通信）电话代理会话；管理员可以根据实用需要，通过购买许可证将会话数量提升到 24、50、100、250 或 500 条。切记，功能分层是不叠加的。换句话说，即使需要建立的会话数量最多不超过 150 条，也需要购买一个 UC 电话代理许可证将会话数量增值 250 条，而不能在同一台设备上安装一个支持 50 条会话的许可证和一个 100 条会话的许可证。

下面特性都属于这种类别。

- Security Contexts：这个许可证可以在同一台物理 ASA 设备上创建多个可以同时工作的虚拟防火墙。在 Cisco ASA 5510 和安装 Base 许可证的 Cisco ASA 5510 和 ASA 5512-X 设备上不支持这种功能。所有其他平台和许可证的组合方式默认都可以配置 2 台虚拟防火墙；在 Cisco ASA 服务模块上，以及安装 SSP-20 及以上级别模块的 ASA 5585-X 设备上，虚拟防火墙的数量可以扩展到最多 250 台。切记，即使安装了对应的特性许可证，也并不是所有特性都能兼容多虚拟防火墙的操作模式。
- UC Phone Proxy Sessions：这个数值决定了 UC 电话代理特性最多可以使用多少条 TLS 代理会话。这个特性的数量限制并不包括那些依赖明文应用监控的 VoIP 连接。切记，在高可用性配置中，活动 TLS 代理会话的数量有可能超过活动 VoIP 端点的数量。简而言之，许可证授权的会话数量与 Total UC Proxy Sessions 许可证的会话数量相同，所有平台默认的数量都是 2 条。即使在 Cisco ASA 服务模块上，以及安装 SSP-20 及以上级别模块的 ASA 5585-X 设备上，这个特性的最大数量也会被限制在 5000 条以内(虽然 Total UC Proxy Session 许可证可以支持 10000 条会话)。读者可以参考前文中对于 Intercompany Media Engine 许可证的描述，来了解如何通过配置，提高默认配置的 TLS 代理会话数量，以及如何判断出口限制条例限定的会话数量限制。
- Total UC Proxy Sessions：这个许可证与 UC Phone Proxy Sessions 类似，它也会限制使用 TLS 代理支持 Phone Proxy（电话代理）、Presence Federation Proxy 和 Encrypted Voice Inspection（加密语音监控）特性的最大总连接数；这个特性并不包括与 Intercompany Media Engine 或 Mobility Advantage Proxy 特性相关的 TLS 代理会话。无论在哪个平台上，许可证授权这个特性的默认数量都是 2 条；在 Cisco ASA 服务模块上，以及安装 SSP-20 及以上级别模块的 ASA 5585-X 设备上，会话数量最多可以扩展到 10000 条。读者可以参考前文中对于 Intercompany Media Engine 许可证的描述，来了解如何通过配置，提高默认配置的 TLS 代理会话数量，以及如何判断出口限制条例限定的会话数量限制。
- AnyConnect Premium Peers：这个数值定义了以这台 Cisco ASA 平台为端点，所建立的并发 SSL VPN、无客户端 SSL VPN 和 IPSec IKEv1 远程访问 VPN 会话的最大数量。这个许可证可以提供 AnyConnect Essentials 许可证不支持的一些高端特性。这些高端授权特性包括 AnyConnect for Cisco VPN Phone 和 Advanced Endpoint Assessment（高级端点评估）；Cisco Secure Desktop（Cisco 安全桌面）也是其支持的特性之一。切记，AnyConnect Premium Peers 和 AnyConnect Essential 许可证无法同时使用；即使在同一台 Cisco ASA 设备上安装了这两个许可证，同时也只有其中之一会生效。管理员必须使用命令 **no anyconnect-essentials** 来启用 AnyConnect Premium Peers 许可证。虽然这种分层的限制与 Other VPN Peers 许可证相互独立，但是总的并发 VPN 会话数量还是不能超过 Total VPN Peers 限制的数量。
- AnyConnect Essentials：这个许可证可以让 Cisco ASA 平台充当一定数量 SSL VPN 和 IPSec IKE 远程访问 VPN 会话的端点；这个许可证并不会让 Cisco ASA 平台成为无客户端 SSL VPN 连接的端点。读者可以参考前文中对于 AnyConnect Premium Peers 许可证的描述来了解这两种许可证之间的具体差异、涉及的并发会话类型以及总的限制数量，以便针对所有特性购买适合的许可证。

3.1.4 显示许可证信息

读者可以使用命令 **show version** 或 **show activation-key** 来查看某台 Cisco ASA 设备上的完整授权特性及功能列表，以及激活信息。例 3-1 所示为在一台 Cisco ASA 5525-X 设备上输入命令 **show activation-key** 后看到的输出信息。可以看到，Firewall Connections（防火墙连接）的数量并没有显示为一种许可证授权的特性；命令 **show resource usage** 可以显示这些平台的一些其他功能。不过，这个示例的输出信息中包含了很多其他的信息：设备的序列表，以及各个特性剩余的活动时间。这条命令也显示了一段特定的时间范围内，在这台设备上启用了某些特性集的那些激活密钥。这些激活密钥是在 Cisco ASA 设备上添加或删除许可证授权特性的直接机制。

例 3-1 Cisco ASA 许可证信息

```
ciscoasa# show activation-key
Serial Number: FCH16447Q8L
Running Permanent Activation Key: 0x380df35d 0xe451697e 0xcd509dd4 0xeea888f4
0x001bc79c
Running Timebased Activation Key: 0x493c3ecd 0xcd6458a1 0x31b5a533 0xc970a48b
0x05867295

Licensed features for this platform:
Maximum Physical Interfaces       : Unlimited        perpetual
Maximum VLANs                     : 200              perpetual
Inside Hosts                      : Unlimited        perpetual
Failover                          : Active/Active    perpetual
Encryption-DES                    : Enabled          perpetual
Encryption-3DES-AES               : Enabled          56 days
Security Contexts                 : 2                perpetual
GTP/GPRS                          : Disabled         perpetual
AnyConnect Premium Peers          : 2                perpetual
AnyConnect Essentials             : Disabled         perpetual
Other VPN Peers                   : 750              perpetual
Total VPN Peers                   : 750              perpetual
Shared License                    : Disabled         perpetual
AnyConnect for Mobile             : Disabled         perpetual
AnyConnect for Cisco VPN Phone    : Disabled         perpetual
Advanced Endpoint Assessment      : Enabled          56 days
UC Phone Proxy Sessions           : 2                perpetual
Total UC Proxy Sessions           : 2                perpetual
Botnet Traffic Filter             : Enabled          56 days
Intercompany Media Engine         : Disabled         perpetual
IPS Module                        : Disabled         perpetual
Cluster                           : Disabled         perpetual

This platform has an ASA5525 VPN Premium license.

The flash permanent activation key is the SAME as the running permanent key.

Active Timebased Activation Key:
0x493c3ecd 0xcd6458a1 0x31b5a533 0xc970a48b 0x05867295
Encryption-3DES-AES               : Enabled          56 days
Advanced Endpoint Assessment      : Enabled          56 days
Botnet Traffic Filter             : Enabled          56 days
```

3.2 通过激活密钥管理许可证

激活密钥就是一段字符串编码，它定义了要启用的特性集、这个密钥在激活后的有效期有多长，以及 Cisco ASA 设备的序列号。在例 3-1 输出信息一上来所示的内容中，可以看到一系列十六进制数字，这就是典型的激活字符串。每个激活密钥都只能应用于带有特定字符串序列号的硬件平台。完整的激活密钥集位于 Cisco ASA 自带 Flash 设备的一个隐藏分区中；另一个非易失内部存储架构中也包含了一份该信息的备份。在 Cisco 为这台设备创建了一个密钥之后，管理员就不单独使用这个授权包中的某个特性。管理员可以在未来申请并应用另一个不同的特性集。所有包含在一个密钥之中的特性都拥有相同的授权周期，所以激活密钥都可以分为永久有效和临时有效这么两类。

3.2.1 永久激活密钥和临时激活密钥

每个型号的 Cisco ASA 都带有一些默认启用的基本特性集和功能；Base 许可证就可以在某些平台上永久激活这些特性。这些核心特性并不需要安装一个激活密钥，这个密钥往往一上来就已经预装好了。这是一种永久的激活密钥，它永远也不会过期。虽然系统并不需要这个密钥来执行基本的操作，但有些高级（Premium）特性（如故障倒换）需要永久激活密钥才能正常工作。通过应用不同的永久激活密钥，可以在无限时间周期内启用一些其他的特性。由于 Cisco ASA 设备在任何一段时间内都只会安装有一个永久激活密钥，每个新的密钥都必须包含所需的整个特性集。由新永久激活密钥启用的特性集会彻底取代此前启用的永久特性集，而不是与之融合。在一些为数不多的情况下，永久密钥会丢失或损坏，此时 **show activation-key** 命令会显示下面的数值：

```
Running Permanent Activation Key: 0x00000000 0x00000000 0x00000000 0x00000000 0x00000000
```

如果出现这种情况，系统会继续使用该平台默认的基本特性集进行工作。管理员要想恢复所需的特性集，需要重新安装永久激活密钥。虽然管理员完全可以从 Cisco 那里获取替换的密钥，但最好的方法还是为 Cisco ASA 设备使用的所有激活密钥做一个备份。

除了永久激活密钥之外，管理员也可以安装一个或多个临时密钥，以便在一定时期内启用某些特性。所有高级特性既可以通过永久密钥来激活，也可以通过临时密钥来激活。唯一的例外是僵尸流量过滤特性，这种特性只能通过一个临时许可证来激活。虽然管理员可以在同一台 Cisco ASA 设备上同时应用多个临时激活密钥，但是在某个指定的时间范围内，针对某个特性，只有一个许可证可以保持激活状态。因此，如果多个临时密钥启用的是不同的特性，它们就可以同时在 ASA 上保持激活状态。其他临时密钥仍然会安装在设备上，但如无需要并不会激活。只有当前激活的许可证才会进行计时；管理员可以手动反激活密钥让计时停止，也可以针对同一个特性安装一个不同的临时许可证。从 Cisco ASA 8.3(1) 版本系统开始，临时密钥超时不再依赖于配置的系统时间和日期；倒计时会自动根据 ASA 的实际启动时间来进行计算。

1. 组合密钥

虽然针对某个特性，同时只能有一个临时激活密钥处于激活状态，但两个相同的临时密钥可以在累加的时间内激活一个特性。为了达到这种效果，必须满足下面的条件。

- 当前的临时密钥和新的临时密钥都只启用了一个特性。一般来说，这就是从 Cisco 接收到所有临时激活密钥的方式。

- 这两个密钥在完全相同的程度上对这个特性进行了授权。如果这个特性是分层的，那么授权的程度必须相同。

例如，一台 Cisco ASA 5555-X 上安装了一个在 6 周内支持 1000 个 AnyConnect Premium Peers 的临时密钥。此时，如果管理员添加了另一个可以在 8 周时间内支持 1000 个 AnyConnect Premium Peers 的密钥，那么新的密钥就会将授权周期增加到 14 周。不过，如果原来的密钥能够支持 2500 个 AnyConnect Premium Peers 或者同时添加了 Intercompany Media Engine 特性，那么新的密钥会就会反激活过去的密钥。如果管理员在同一台设备上针对 IPS 模块特性安装了另一个临时密钥，那么这两个密钥就可以同时处于激活状态，因为它们应用的特性不同。为了方便管理员对临时密钥进行管理，并且在最大程度上利用组合延长它们的使用周期，一定要确保针对每个特性和分层功能使用了独立的临时激活密钥。

当同一台设备上进行了激活，永久和临时密钥的特性与功能也可以组合起来，形成一个特性集。

- 系统会在两种（永久和临时）密钥类型中，为所有或启用或禁用的特性选择一个更好的数值。例如，即使所有激活的临时密钥都禁用了 Intercompany Media Engine 特性，ASA 也会根据永久密钥来启用 Intercompany Media Engine。
- 对于分层的 AnyConnect Premium Sessions 和 AnyConnect Essentials 许可证，系统会在激活的临时和永久密钥中，选择最多的会话数量。
- 总 UC 代理（Total UC Proxy）和安全虚拟防火墙（Security Contexts）的数量为永久密钥和激活的临时密钥所限制的数量之和，直至达到平台的限制为止。通过这种方式，管理员可以在 Cisco ASA 5515-X 上添加一个 20 个虚拟防火墙临时许可证，加上永久的 Base 许可证授权的 2 个虚拟防火墙，此时设备上一共可以配置 22 个虚拟防火墙。

在例 3-1 中，Cisco ASA 从永久密钥和一个临时激活密钥获得了自己的特性集。所有激活密钥都出现在了输出信息的顶端。标记为 perpetual 的特性都是通过永久激活密钥获得的特性，这种类型永远不会过期。其他的特性则会显示剩余的有效期，有效期到就会过期；即使管理员事后又通过永久密钥启用了这些特性中的某些特性，倒计时还是会继续计算，直至管理员应用的临时密钥过期，或者被管理员手动反激活。

2. 临时密钥的过期

当临时密钥的过期日期在 30 天之内时，ASA 每天都会创建系统日志消息，以便向管理员发送告警。下面的消息中包含了某个行将过期的临时激活密钥：

```
%ASA-4-444005: Timebased license key 0x8c9911ff 0x715d6ce9 0x590258cb 0xc74c922b
0x17fc9a will expire in 29 days.
```

当激活的临时许可证过期之后，Cisco ASA 就会查找另一个之前安装且目前仍然可以使用的临时激活密钥。系统会根据内部软件规则来选择下一个密钥，所以管理员无法保证这些临时密钥的使用顺序。管理员可以随时手动激活一个临时密钥；此后，反激活的密钥还是会安装在设备上，还没有用完的时间也还是可以继续使用。当针对某个特性的所有临时密钥都过期之后，设备就会通过永久密钥来使用这项特性。当密钥过期之后，ASA 会创建另一条系统日志消息，这条消息中会列出过期的密钥，以及这个许可证的继承路径。下面的消息显示，当过期的临时密钥转换到永久密钥时，所有授权特性的状态。

```
%ASA-2-444004: Timebased activation key 0x8c9911ff 0x715d6ce9 0x590258cb 0xc74c922b
0x17fc9a has expired. Applying permanent activation key 0x725e3a19 0xe451697e 0xcd509dd4
0xeea888f4 0x1bc79c.
```

当临时许可证过期时，有些特性可能会完全反激活，有些通过许可证授权的特性功能就可能会减少。虽然这种变化往往不会对当前使用此前授权特性建立的连接构成影响，但新的连接则会受到影响。比如，有一台 Cisco ASA 5545-X 设备上拥有一个允许 100 个 AnyConnect Premium Peers 的永久激活许可证，同时也安装了了一个允许 1000 个 AnyConnect Premium Peers 的临时激活许可证。正当有 250 个活动无客户端 SSL VPN 对等体与这台设备建立连接时，临时许可证过期了，那么 ASA 就不会允许新的 SSL VPN 用户与自己建立连接，直到会话数量下降到 100 个以下为止。不过，当前建立连接的用户会话仍然可以继续进行操作，并不会受到任何影响。然而，在许可证过期时，僵尸流量过期特性就会禁用动态更新；而这会立刻使这个特性的功能失效。

有些特性在临时密钥过期时，不会构成任何影响，只有 Cisco ASA 系统重启才会出现影响；因为重启时，这个特性不会再装载上来，设备有可能在启动配置去除某些元素。当之前授权配置 20 个安全虚拟防火墙的 Cisco ASA 重新启用时，生效的只剩下了默认许可证，那么在系统载入启动配置文件之后，只有 2 个虚拟防火墙可以继续执行操作。为了避免出现这类意外的网络中断，一定要检测临时许可证的过期时间，并提前进行替换；只要有可能，对于重要的特性都应该使用永久许可证。

3.2.2 使用激活密钥

要在 Cisco ASA 上应用激活密钥，需要使用命令 **activation-key**，后面跟上十六进制的密钥值。无论永久密钥还是临时密钥都是相同的方法，管理员在安装之前无法判断密钥的有效期。例 3-2 所示为管理员成功激活了永久密钥。切记，ASA 同时只支持一个这样的密钥；最后安装的密钥授权的特性集会彻底覆盖之前安装密钥的特性集。

例 3-2 成功激活永久密钥

```
ciscoasa# activation-key 813cd670 704cde05 810195c8 e7f0d8d0 4e23f1af
Validating activation key. This may take a few minutes...
Both Running and Flash permanent activation key was updated with the requested key.
```

如例 3-3 所示，系统专门显示了同样激活进程中的这样一个临时密钥；管理员也可以看到过期之前剩余的时间。

例 3-3 成功激活临时密钥

```
ciscoasa# activation-key d069a6c1 b96ac349 4d53caa7 d9c07b47 063987b5
Validating activation key. This may take a few minutes...
The requested key is a timebased key and is activated, it has 7 days remaining.
```

在添加了新的临时激活密钥启用了某一项特性，而某一个当前激活的密钥也包含了同一个特性时，当前密钥的剩余时间就会添加到新的密钥上，如例 3-4 所示。切记，当前的密钥和新的临时密钥必须在完全相同的程度上同时只启用了这一项特性；否则，新密钥就会反激活并且取代当前的密钥。

例 3-4 临时激活密钥的汇聚

```
ciscoasa# activation-key fa0f53ee a906588d 5165c36f f01c24ff 0abfba9d
Validating activation key. This may take a few minutes...
The requested key is a timebased key and is activated, it has 63 days remaining,
including 7 days from currently active activation key.
```

管理员也可以在命令 **activation-key** *key* 之后添加可选的语句 **deactivate**，来反激活一个之前安装的临时许可证，如例 3-5 所示；这个关键字不适用于永久激活密钥。在反激活之后，临时密钥仍然安装在 Cisco ASA 设备上。管理员可以在此后手动反激活许可证，或者在临时许可证过期之后让该许可证自动失效。

例 3-5 反激活临时密钥

```
ciscoasa# activation-key d069a6c1 b96ac349 4d53caa7 d9c07b47 063987b5 deactivate
Validating activation key. This may take a few minutes...
The requested key is a timebased key and is now deactivated.
```

在一些为数不多的情况下，新的永久密钥禁用了某些特性，但直到系统重启才会发生变化。例 3-6 所示为系统显示的告警信息，说明新的永久许可证禁用了强加密特性。

例 3-6 通过重启禁用某个特性

```
ciscoasa# activation-key 6d1ff14e 5c25a1c8 556335a4 fa20ac94 4204dc81
Validating activation key. This may take a few minutes...
The following features available in running permanent activation key are NOT
available in new permanent activation key:
   Encryption-3DES-AES
WARNING: The running activation key was not updated with the requested key.
Proceed with update flash activation key? [confirm] y
The flash permanent activation key was updated with the requested key,
and will become active after the next reload.
```

由于激活密钥是通过序列号与一台特定的设备相互绑定的，所以可以尝试从一台 Cisco ASA 上在另一台上激活密钥；软件会自动校验这类错误，不会接收错误的密钥。例 3-7 显示了这种操作。

例 3-7 无效激活密钥被拒绝

```
ciscoasa# activation-key 350ded58 7076f6c6 01221110 c67c806c 832ccf9f
Validating activation key. This may take a few minutes...
not supported yet.
ERROR: The requested activation key was not saved because it is not valid for this
system.
```

在过去的 Cisco ASA 系统中，当密钥中包含了位置的特性时，系统也有可能拒绝这个激活密钥。在 Cisco ASA 8.2(1)及后续版本中，所有密钥都是向后兼容的，无论是否包含新的特性。例如，当启用了 IPS 模块许可证的系统从 Cisco ASA 9.1(2)降级为 9.0(2)，这个激活密钥在系统降级后还是有效，哪怕老版的软件已经不再支持这个特性。

3.3 故障倒换和集群的组合许可证

在 Cisco ASA 8.3(1)之前的版本中，故障倒换对中的设备都需要使用相同的授权特性集。鉴于大多数设计方案使用的都是 Active/Standby 故障倒换模式，因此许可证授权的功能会遭到浪费。Cisco ASA 8.3(1)系统对此进行了修正，对于参与故障倒换或集群的 ASA 设备，只有下列许可证仍然存在相关的要求。

- 要使用故障倒换功能，Cisco ASA 5505、ASA 5510 和 ASA 5512-X 设备必须安装 Security Plus 许可证。
- 要使用集群特性，所有（参与集群的）安装 SSP-10 和 SSP-20 的 Cisco ASA 5585-X 设备都必须拥有 Base 或 Security Plus 许可证。这些设备的许可证必须匹配，因为所有集群成员都必须让 10GE I/O 特性处于相同的状态下。
- 要使用集群特性，所有 Cisco ASA 5580 和 ASA 5585-X 都必须独立启用了集群（Cluster）特性。Cisco ASA 5500-X 设备都需要安装 9.1(4)系统才能使用这个特性，这个特性在所有 Cisco ASA 5515-X、ASA 5525-X、ASA 5545-X 和 ASA 5555-X，以及安装了 Security Plus 许可证的 Cisco ASA 5512-X 设备上都是默认启用的。
- 对于故障倒换和集群特性，所有参与的设备都必须拥有相同的加密许可证。故障倒换对和集群参与方的 Encryption-3DES-AES 许可证必须工作在同一个状态下。

在满足了上述基本的需求之后，故障倒换对和集群的活动成员会将其余的授权特性和功能组合为一个特性集，所有参与的设备都可以使用。

3.3.1 许可证汇聚规则

系统会用下面这些步骤来创建故障倒换对或集群的组合特性集。

1. 每个故障倒换单元或集群成员会使用前面讨论过的规则，将永久和生效的临时激活密钥组合起来，以此来计算自己的本地特性集。
2. 对于每一个所有或启用或禁用的特性，组合的故障倒换或集群许可证会从所有参与方的特性集中集成最好的设置。例如，集群中只要有一个成员在本地特性集中启用了 IPS 模块许可证，那么集群中的每台设备都可以使用这个特性集。
3. 对于分层的特性，各设备通过许可证授权的特性会结合起来，其上限是设备平台对各个成员的限制。即使在所有参与的设备中，同一个特性的某个分层数值不相匹配，系统也会对其进行累加。比如，故障倒换对中的一对 Cisco ASA 5525-X 设备分别工作在主用和备用模式下，它们都分别安装了允许 500 条会话的 AnyConnect Premium Peers 许可证。在对它们的许可证进行汇聚后，故障倒换对中的每台设备都可以支持该特性建立最多 750 条会话。要注意，两个许可证授权的数值之和（1000 条会话）超过了这个平台总 VPN 会话 750 条的限制；因此设备需要向下进行调整。

在许可证汇聚之后，故障倒换或集群中的每台设备都会在 **show version** 和 **show activation-key** 命令中显示另一部分输出信息，以反映设备汇聚的激活特性集。如例 3-8 所示，只要这台设备仍然参与这个故障倒换对或者集群，这个特性集就会取代设备本地授权的特性集。

例 3-8 参与故障倒换或集群的汇聚 Cisco ASA 许可证信息

```
Failover cluster licensed features for this platform:
Maximum Physical Interfaces       : Unlimited        perpetual
Maximum VLANs                     : 1024             perpetual
Inside Hosts                      : Unlimited        perpetual
Failover                          : Active/Active    perpetual
Encryption-DES                    : Enabled          perpetual
Encryption-3DES-AES               : Enabled          56 days
```

（待续）

```
Security Contexts                  : 4              perpetual
GTP/GPRS                           : Disabled       perpetual
AnyConnect Premium Peers           : 4              perpetual
AnyConnect Essentials              : Disabled       perpetual
Other VPN Peers                    : 10000          perpetual
Total VPN Peers                    : 10000          perpetual
Shared License                     : Disabled       perpetual
AnyConnect for Mobile              : Disabled       perpetual
AnyConnect for Cisco VPN Phone     : Disabled       perpetual
Advanced Endpoint Assessment       : Disabled       perpetual
UC Phone Proxy Sessions            : 54             56 days
Total UC Proxy Sessions            : 54             56 days
Botnet Traffic Filter              : Disabled       perpetual
Intercompany Media Engine          : Disabled       perpetual
10GE I/O                           : Enabled        perpetual
Cluster                            : Enabled        perpetual

This platform has an ASA5585-SSP-20 VPN Premium license.
```

如果设备丢失了自己通往故障倒换对等体或集群的连接，它就会回退到本地授权的特性集。管理员可以使用命令 **clear configure failover** 或 **clear configure cluster** 来手动移除汇聚许可证，并强迫这一台设备回归到自己本地激活的特性集。当管理员希望分离故障倒换或集群成员，以便将它们配置为共享 VPN 许可证对等体时，就可以使用这种做法。

3.3.2 汇聚的临时许可证倒计时

如果（组合的）故障倒换对或集群许可证需要依赖临时激活密钥来激活特性或汇聚授权功能，这些密钥的倒计时规则因特性的类型而定。

- 对于所有或启用或禁用的特性，只有一台参与的设备会在这段时间内继续倒计时。当许可证过期时，另一台设备会对自己启用这个特性的许可证继续进行倒计时。通过这种方式，系统会将故障倒换对或集群中所有应用的临时激活密钥加在一起，构成这类许可证总的授权周期。假如在一个故障倒换对中，主用设备拥有僵尸流量过滤许可证，有效期为 52 周，而备用设备拥有同一个有效的许可证，有效期为 28 周。在头 52 周中，故障倒换对里只有主用 Cisco ASA 会继续对这个许可证进行倒计时。当主用设备的激活密钥过期之后，备用设备会继续使用剩下的 28 周进行倒计时。由此，管理员可以在故障倒换对中使用这个僵尸流量过滤特性长达 80 周，中间也不会出现间断。如果一台设备与故障倒换对或集群之间的连接丢失 30 天以内，组合的许可证仍然会在这台设备上独立进行运作。如果间隔超过了 30 天，设备会从整个周期内提取出自己本地临时许可证授权的周期，直至故障倒换或集群通信恢复为止。
- 所有提供分层功能，对故障倒换对或集群中的限制数量贡献了参数的临时密钥，还会在各自的 Cisco 设备上继续进行倒计时。假如一个集群由 4 台 Cisco ASA 5580 设备组成，每个成员都安装了一个为期 52 周、授权 10 台虚拟防火墙的许可证，此外它们还包含有可以使用 2 个虚拟防火墙的永久密钥。集群的组合许可证可以让这些设备在 52 周内配置最多 48 个虚拟防火墙，因为所有临时分层功能的许可证会在所有成员设备上同时进行倒计时。在 52 周之内，组合的集群许可证会降至只能配置 8 个安全虚拟防火墙，这是由各成员剩下的那个永久许可证所决定的。

3.4 共享的 Premium VPN 许可证

如果一个网络中有大量 Cisco ASA 设备，这些设备都充当 SSL VPN、无客户端 SSL VPN 和 IPSec IKEv1 远程访问 VPN 会话的端点，那么资金恐怕不允许这个网络购买多个独立的 AnyConnect Premium Peers 许可证。虽然各设备都会在不同时期达到并发 VPN 会话的最大数量，但是它们同时达到会话峰值的几率却并不大。除了采取给网络中所有 Cisco ASA 都购买一个分层的 AnyConnect Premium Peers 许可证这种做法之外，完全可以通过配置设备来共享一个许可证池，并按需请求高级 VPN 会话功能。

3.4.1 共享服务器与参与方

要使用 AnyConnect Premium 会话的共享许可证池，需要在网络中将一台 Cisco ASA 指定为共享许可证服务器。其他充当 AnyConnect Premium 会话终点的 ASA 设备则会成为共享许可证的参与方。这台设备会维护共享许可证，并且将它们按需颁发给参与方。管理员可以将一台参与 ASA 设备指定为备份的共享许可证服务器；只有当主用的共享服务器不可用时，这台设备才会负责管理共享池。

1. 共享的许可证

Shared 许可证特性和其他授权功能一样，它也是一个或启用或禁用的特性。不过，在启用之后，它也可以与 Shared AnyConnect Premium Peers 的其他分层功能建立联系。如果命令 **show version** 或命令 **show activation-key** 的输出信息只显示了 Shared 许可证特性，这也就意味着这台 Cisco ASA 充当的是共享许可证参与方或备份服务器。共享许可证服务器通过这条命令也会显示池中共享许可证的数量，如例 3-9 所示。

例 3-9 共享服务器许可证

```
Shared License                    : Enabled        56 days
Shared AnyConnect Premium Peers : 1000           perpetual
```

切记，Shared AnyConnect Premium Peers 许可证无法独立于 Shared 许可证特性单独使用；该激活密钥必须启用这项功能，并指定共享的会话功能以便启用共享许可证服务器。管理员不能使用常规的 AnyConnect Premium Peers 许可证来提供或者扩展共享的会话池。只有参与方许可证可以通过临时激活密钥进行激活；共享服务器许可证必须使用永久密钥。

2. 共享许可证的操作

当管理员在服务器和参与设备上安装了正确的许可证之后，就可以通过配置这些设备来共享 AnyConnect Premium 会话的授权池。如果没有独立的许可证，那么服务器也可以充当参与设备；即使安装了常规的 AnyConnect Premium Peers 许可证，还是需要使用 Shared AnyConnect Premium Peers 的功能才能以这台设备充当 SSL VPN 连接的端点。切记，在下列条件下，所有 Cisco ASA 设备都可以参与共享许可证域。

- 每台设备都启用了 Shared 许可证特性。一个域中的设备硬件型号不需要匹配，除了 Cisco ASA 5505 之外的任何设备都可以充当服务器或参与设备。
- 管理员可以为各个参与方 ASA 配置与许可证服务器相同的共享密钥。

- 每台参与方 ASA 都是可以通过 IP 访问配置的共享服务器和备份服务器（如果使用了备份服务器的话）。通信信道使用了 SSL 加密，并允许中间间隔有路由器设备。

在处理 AnyConnect Premium 连接时，每台参与方 ASA 都会执行下面的操作。

1. 与共享许可证服务器进行注册，报告自己的硬件型号和本地许可证信息，并在此后周期性通过通信信息进行轮询。
2. 只有当系统本地授权的 AnyConnect Premium 会话超出了授权数值时，设备才会以 50 个为单位从共享池中请求会话许可证。本地的总授权数量和共享会话数量不能超过平台的总 VPN 会话限制数量。如果剩余的共享池数量已经不多，那么服务器也有可能提供不了参与方所请求的许可证数量。
3. 周期性将更新消息发送给服务器，声明自己所请求的授权仍然有效。如果服务器在 3 个连续的更新间隔时间内没有接收到参与方的消息，分配的资源就会过期。不过，参与方会继续在未来的 24 小时内使用分配的共享会话数量。如果与服务器之间的通信信道在这个周期之后仍然是断开的，设备只能回退到使用本地授权的那些数量；只有新的连接会受到影响。即使通信信道在 24 小时内重新建立了起来，这台服务器上的同一个共享池也有可能已经不可用。
4. 当会话数量下降到共享许可证规定的数值以下，客户端就会将分配的资源退回给服务器。

在管理员将一台参与方设备配置为备份共享许可证服务器时，这台设备必须首先与主用服务器建立一条通信信道来同步池信息。当主用许可证服务器宕机时，备份设备会在最长 30 天时间内彻底接管共享池的操作；在主用服务器恢复之后，它就会继续旅行自己的职责。在刚开始同步之时，如果主用服务器掉线，备份服务器只能维持 5 天连续的独立工作；如果主用服务器之间的通信始终维持的话，那么这个周期此后每天都会再延迟一天，直至延迟到 30 天上限为止。下面的系统日志消息是在独立操作时间达到最大许可周期行将过期时，备份许可证服务器创建的消息：

```
%ASA-4-444110: Shared license server backup has 15 days remaining as active license server.
```

切记，故障倒换对中的对等体设备都要拥有完全相同的共享许可证角色。换言之，我们不能将主用 Cisco ASA 配置为共享许可证服务器，而将备用 ASA 配置为备份许可证服务器。在出现故障倒换的情形时，备用设备即会接管主用许可证服务器；管理员应视需要将其他 ASA 配置为备份许可证服务器。

3.4.2 配置共享许可证

管理员需要在开始配置 Shared 许可证之前，准备好下面的信息。

- 这个共享许可证组使用的共享密钥。
- 主用许可证服务器的设备，以及这台设备与各个参与方建立连接的接口 IP 地址。
- 如果要使用备份共享许可证服务器的话，也需要准备好这台 Cisco ASA 的 IP 地址和序列号；如果这台设备参与了故障倒换，也需要准备好备用设备的序列号。

1. 许可证服务器

通过 Cisco 自适应安全设备管理器（ASDM）配置主用许可证服务器，需要找到 **Configuration > Device Management > Licensing > Shared SSL VPN Licenses**。图 3-1 所示为设备拥有让这台设备充当主用许可证服务器的许可证时，系统显示的配置面板。

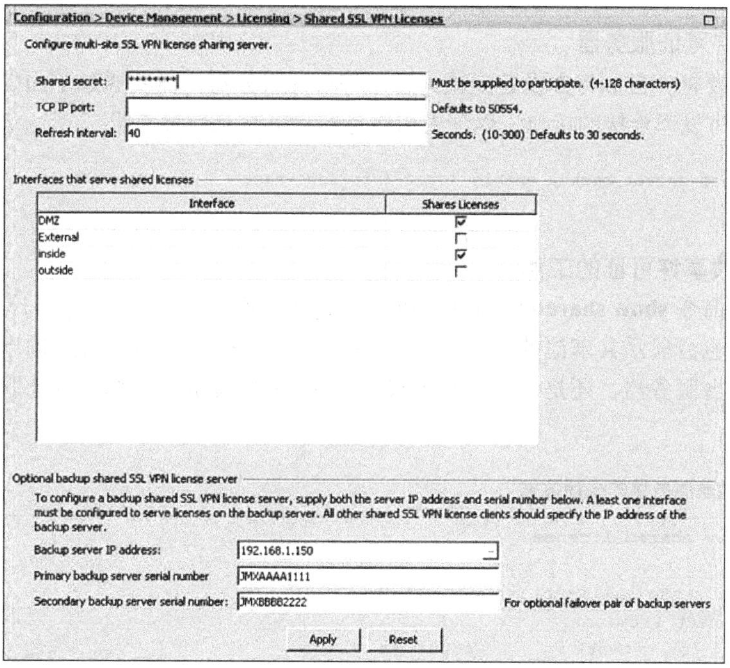

图 3-1 ASDM 配置面板中的 Shared Premium VPN 许可证

管理员需要在 ASDM 面板中按照下面的步骤配置共享许可证服务器。

1. 设置共享密钥。在同一个共享许可证域中，所有参与方设备上都要配置相同的密钥。
2. （可选）设置一个专门的 TCP 端口，让参与方使用这个端口来连接服务器。不推荐读者将这个值设置为默认值（50554）之外的其他数值。
3. （可选）修改参与方的更新间隔时间，参与方会以这个时间周期为间隔，周期性确认服务器分配给自己的共享会话数量是否仍处于活动状态。如果服务器在三个配置的更新周期内都没有接收到参与方发来的消息，它就会将分配给这台参与方的授权会话数量放回到共享池中。
4. 在共享服务器对应的本地接口上，允许参与方建立连接。切记，参与方只能与许可证服务器“最近的”接口建立连接。如果充当服务器的 ASA 设备只能到达某台参与方的 DMZ 接口，那么参与方也就不能连接到这台服务器的内部接口。
5. （可选）配置充当备用共享许可证服务器的 IP 地址和序列号。如果设备上配置了故障倒换，那么这里也需要指定故障倒换对等体的序列号。

2. 参与方

在配置好共享许可证服务器之后，需要按照下面的步骤来配置各个参与方设备。

1. 指定共享许可证服务器最近接口的 IP 地址，同时通过命令 **license-server** 来配置共享密钥。如果修改了服务器的默认 TCP 端口，那么也需要在这里指定这个 TCP 端口。命令语法如下。

```
license-server address server-IP secret shared-secret [ port tcp-port ]
```

2. 如果配置了备用许可证服务器，还需要指定备用共享许可证服务器的 IP 地址。

```
license-server backup backup-server-IP
```

3. 备用许可证服务器

如果要将一台参与方设备配置为备用许可证服务器，需要通过下面的命令来配置接受各个参与方发起连接的接口，以便主用服务器宕机时充当服务器。

```
license-server backup enable local-interface-name
```

4. 监测共享许可证的工作

使用命令 **show shared license** 可以监测到共享许可证服务器与参与设备之间的通信。这条命令也会显示共享池的规模和用途，以及本地平台的限制数量。输出信息的内容取决于这是一台服务器，还是一台参与方设备。例 3-10 显示了共享许可证服务器的输出信息示例。

例 3-10　共享服务器的统计数据

```
asa# show shared license

Shared license utilization:
  AnyConnect Premiumx:
    Total for network :        4500
    Available         :        4500
    Utilized          :           0
  This device:
    Platform limit    :         750
    Current usage     :           0
    High usage        :           0

  Client ID          Usage       Hostname
  FCH12345678         0          ASA-5555
```

总结

每台 Cisco ASA 设备都提供了相当全面的特性集，这些特性包括基本许可证提供的功能和平台的功能，它们都对任何形式的网络提供保护。本章介绍了高级安全特性的许可证机制，这些高级安全特性可以为网络提供更多的保护功能，也可以满足更加复杂的网络设计功能。本章也介绍了如何通过分层功能许可证来扩展 Cisco ASA 的功能，以便实现某些特性。本章涵盖了可以在一台 Cisco ASA 设备上创建和管理相关特性集的那些永久和临时密钥。这里概述了故障倒换和集群特性如何对许可证功能进行聚合，来增加投资的有效性。在最后一节中，我们介绍了如何将多台 ASA 设备进行组合，从一个共享许可证池中提供 VPN 会话。

第4章 初始设置

本章涵盖的内容有：

- 访问 Cisco ASA 设备；
- 管理许可证；
- 初始设置；
- 设备设置；
- 设置系统时钟。

为了满足不同网络拓扑的需要，可以用多种方式来对 Cisco 自适应安全设备（ASA）进行设置。但是，为了成功实施网络中所需的安全特性，仍然需要对网络进行合理的规划。本章会指导读者完成对安全设备的初始化设置与配置，并演示通过命令行界面和图形化用户界面连接这些设备的方法。

4.1 访问 Cisco ASA 设备

Cisco ASA 有两种配置界面。

- **命令行界面（CLI）**——CLI 提供了非图形化的方式来访问 Cisco ASA 设备。CLI 可以以 Console 接口、Telnet 或 SSH（安全外壳协议）会话的方式进行访问。Telnet 和 SSH 将在第 5 章中进行深入讨论。
- **通过 ASDM 访问图形用户界面（GUI）**——Cisco 自适应安全设备管理器（ASDM）提供了一种易于配置的图形化界面，以设置和管理 Cisco ASA 所提供的各种特性。另外，ASDM 还集大量管理和检测工具于一身，以查看设备的健康状况和穿越该设备的流量。访问 ASDM 需要先在 ASDM 客户端和安全设备之间建立 IP 连接。对于刚购买安全设备的用户来说，需要先通过 CLI 来为设备设置初始 IP 地址，然后才能建立 GUI ASDM 连接。

> 注释：本书的重点在于如何通过 ASDM 和 CLI 设置 Cisco ASA。通过 CSM（Cisco 安全管理器）配置 ASA 超出了本书的范围。在第 9 章中，我们会介绍如何使用 Cisco PRSM（Prime Security Manager）来配置特性。

4.1.1 建立 Console 连接

从 Cisco ASA 软件 8.4 版开始，新的设备在默认情况下只允许为数不多的 IP/管理连接访问设备。这些默认配置如下所示。

- **管理接口：** Cisco ASA 5510 及更新型号的安全设备默认会为管理接口预配 192.168.1.1 这个 IP 地址。

- **DHCP 地址池**：在默认情况下，与管理接口相连的客户端可以分配到 192.168.1.0/24 这个子网的地址。
- **Web 管理**：在默认情况下，管理员可以通过支持 ASDM 或 CSM 的客户端连接到设备的管理接口。

例 4-1 所示为 Cisco ASA 5510 或更新型号安全设备的默认配置。

例 4-1 Cisco ASA 5510 或更新型号安全设备的默认配置

```
interface management 0/0
   ip address 192.168.1.1 255.255.255.0
   nameif management
   security-level 100
   no shutdown
asdm logging informational 100
asdm history enable
http server enable
http 192.168.1.0 255.255.255.0 management
dhcpd address 192.168.1.2-192.168.1.254 management
dhcpd lease 3600
dhcpd ping_timeout 750
dhcpd enable management
```

如果使用的安全设备为 Cisco ASA 5505，它的默认配置如下所示。

- **交换接口**：在默认情况下，交换接口 Ethernet0/0-0/7 都会被启用，而且会被划分到 VLAN1 和 VLAN2 当中。其中，Ethernet0/0 会被分配给 VLAN2，这个 VLAN 多用于外部接口。其它接口则会被划分到 VLAN1，这个 VLAN 则多用于部署内部接口。VLAN1 会预配 192.168.1.1/24 这个 IP 地址，而 VLAN2 则会默认充当 DHCP 客户端，接收服务器分配的 IP 地址。
- **DHCP 地址池**：在默认情况下，与内部接口（VLAN1）相连的客户端可以分配到 192.168.1.0/24 这个子网的地址。
- **地址转换**：在默认情况下，当流量从内部网络发往外部网络时，与内部接口（VLAN1）相连的客户端会被转换为外部接口（VLAN2）的 IP 地址。
- **Web 管理**：在默认情况下，管理员可以通过支持 ASDM 或 CSM 的客户端连接到设备的管理接口。

例 4-2 所示为 Cisco ASA 5505 安全设备的默认配置。

例 4-2 Cisco ASA 5505 的默认配置

```
interface Ethernet 0/0
   switchport access vlan 2
   no shutdown
interface Ethernet 0/1
   switchport access vlan 1
   no shutdown
<some output removed for brevity>
interface vlan2
   nameif outside
   no shutdown
   ip address dhcp setroute
interface vlan1
   nameif inside
```

（待续）

```
    ip address 192.168.1.1 255.255.255.0
    security-level 100
    no shutdown
object network obj_any
    subnet 0 0
    nat (inside,outside) dynamic interface
http server enable
http 192.168.1.0 255.255.255.0 inside
dhcpd address 192.168.1.5-192.168.1.254 inside
dhcpd auto_config outside
dhcpd enable inside
logging asdm informational
```

注释：管理员可以输入 **configure factory-default** 为安全设备恢复默认的配置。

如果新的安全设备上没有任何配置，或者管理员无法通过 IP 与其建立连接，那就必须先连接它的 Console 接口。这个接口是串行异步端口，配置如表 4-1 所示。

表 4-1 Console 接口设置

参数	值
每秒位数（Baud rate）	9600
数据位（Data bits）	8
奇偶校验（Parity）	无（None）
停止位（Stop bit）	1
数据流控制（Flow control）	硬件（Hardware）

用户可以用一根扁平的Console线缆将一台PC的串行接口与安全设备的Console接口连接起来，其中一端使用的接口为DB9串行接头，另一端则使用RJ-45接口。其中，线缆的DB9接头与PC机的串行接口相连，而RJ-45接头的一端则与安全设备的Console接口相连，如图4-1所示。

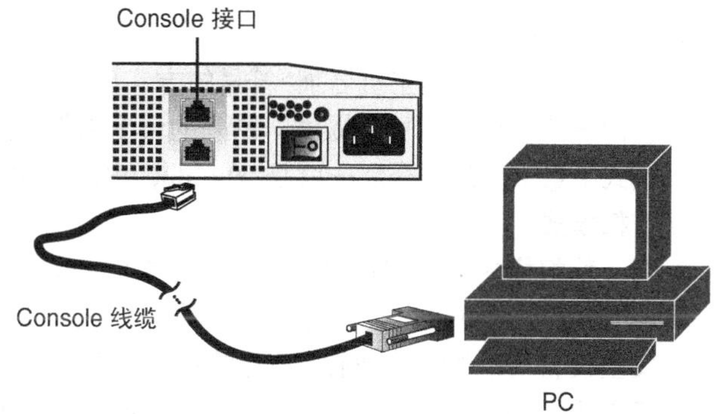

图 4-1 将计算机与 Console 接口相连

在将 Console 线缆连接到安全设备和计算机之后，管理员就可以启动虚拟终端软件（如 PuTTY、超级终端[HyperTerminal]或 TeraTerm）来收发输出信息了。比如说，在 PuTTY 上，可以在连接类型中选择 **Serial**（串行），将连接速率指定为 **9600**，然后添加一个连接名称，并指定连接的 COM 端口。在图 4-2 中，我们配置 PuTTY 让它连接 COM4 端口（串行接口 COM4），并且将连接名称设置为了 Serial。然后点击 **Open** 来连接 Console 端口。

现在，PuTTY 客户端可以与安全设备之间相互收发数据了。在用户多次按下回车键之后，就会在 PuTTY 窗口中看到的 ciscoasa>提示符了。

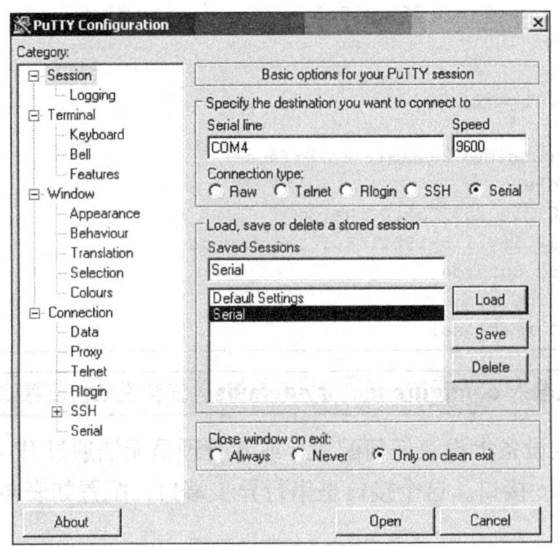

图4-2 配置PuTTY

下一节将描述如何在成功建立Console连接之后，使用CLI进行配置。

4.1.2 命令行界面

在成功建立Console连接之后，安全设备就可以接收用户的配置命令了。Cisco ASA所含的命令集结构与Cisco IOS路由器所提供的结构类似，即包括以下访问模式：

- 用户模式，也称用户访问模式；
- 特权模式；
- 全局配置模式；
- 子配置模式；
- ROMMON模式。

用户模式会以主机名加>符号的方式显示出来，这是用户登录到安全设备之后的第一个访问模式。该模式可以提供一系列的命令来帮助用户获得关于安全设备的基本信息。这一模式下最重要的命令之一就是 **enable**，用户在输入这一命令后就可以通过输入密码来进入特权模式。

特权模式会以主机名加#符号的方式显示出来，在成功登录到这一模式后，用户就会拥有完全访问权限。这一模式中可以使用一切可以在用户模式中使用的命令。在此模式下，安全设备可以提供大量监测和排错命令，以查看设备不同进程和特性的健康状况。本模式下最重要的命令之一就是 **configure terminal**，用户在输入这一命令后就会进入全局配置模式。

注释：通过使用授权命令，管理员可以限制不同用户所能够使用的命令，这部分的内容会在第7章中进行介绍。

全局配置模式会以主机名加**(config)#**符号的方式显示出来，在该模式下，用户可以启用或禁用特性、建立安全和网络组件，也可以改变设备的默认参数。该模式不仅使用户能够对安全设备进行配置，也支持用户使用所有在用户模式和特权模式下能够使用的命令。用户在此模式下可以进入各种不同特性的子配置模式。

子配置模式会以主机名加**(config-xx)#**符号的方式显示出来。在这种模式下，用户能够对安全设备特定的网络或安全特性进行配置。xx 代表安全设备正在配置的进程/特性的关键字。比如，若用户正在一个接口上设置特定的参数，那么提示符就会变为**(config-if)#**。子配置模式支持用户执行所有全局配置模式下的命令及用户和特权模式下的命令。

在例 4-3 中，用户在用户模式下输入 **enable** 命令，登录进了特权模式。然而，安全设备会提示用户输入密码，以获得特权模式的访问权限。如果安全设备中只有默认配置，其密码就会为空（没有密码），也就是无须输入密码就可以获得权限，用户只要按下回车键就可以进入这个模式当中。在登录进特权模式之后，用户又输入命令 **configure terminal** 来访问全局配置模式。之后，用户输入命令 **interface GigabitEthernet0/0** 来进入接口子配置模式。要回到之前的模式，需要输入命令 **exit** 和 **quit**，如例 4-3 所示。

例 4-3 访问特权模式和全局配置模式

```
ciscoasa> enable
Password: <cr>
ciscoasa# configure terminal
ciscoasa(config)# interface GigabitEthernet0/0
ciscoasa(config-if)# exit
ciscoasa(config)# exit
ciscoasa#
```

提示：在前面的例子中，安全设备的管理员通过两次输入 **exit** 命令回到了特权模式下。另外，用户也可以通过输入命令 **end** 来从任意配置模式下回到特权模式下。

与 Cisco IOS 路由器一致的是，安全设备也可以通过 Tab 键来补全命令。比如，若用户想输入命令 **show**，也可以在输入 **sho** 后再按下 Tab 键。安全设备也会在屏幕上显示出完整的 **show** 命令。

安全设备也允许用户将命令和关键字简写为能够唯一区别该命令的简称。比如，用户可以将命令 **enable** 简写为 **en**。

通过在命令后面输入**?**，可使安全设备显示出该命令后所支持的一切选项和命令参数。如，用户可以通过输入 **show ?** 来查看设备所支持的所有 **show** 命令选项。

如果在命令前输入关键字 **help**，安全设备还能提供相关的简介及该命令的语法。例如，若用户输入 **help reload**，那么安全设备就会显示出命令 **reload** 的语法、描述及其所支持的参数。

当安全设备找不到能够启动的镜像文件时，它就会进入 ROMMON（只读存储器检测模式）模式，管理员也可以强制设备进入这个模式。在 ROMMON 模式下，用户可以使用 TFTP 服务器来将系统镜像载入安全设备中。另外，ROMMON 模式也用来为管理员恢复系统密码，这部分内容将在第 5 章中进行介绍。

4.2 管理许可证

正如在第 3 章中讲到的，安全设备通过使用许可证密钥来控制用户对安全和网络特性的使用。用户可以通过命令 **show version** 来获取当前安装在设备上的许可证信息。该命令还可以显示下列系统信息：

- 当前系统镜像的版本及位置；
- ASDM 版本（若该设备安装了 ASDM）；
- 安全设备正常运行的时间；

- 故障倒换集群正常运行的时间（如果设备处于一个故障倒换集群中）；
- 安全设备硬件型号，也包括内存和 Flash 信息；
- 物理接口和相关的 IRQ（中断请求）；
- 安全设备上当前可用的特性；
- 许可证信息（永久许可证和有时效的许可证）；
- 安全设备的机器码（Serial Number）；
- 寄存器设置；
- 最后修改配置的信息。

例 4-4 所示为 **show version** 命令的输出信息，可以看出该设备安装了 VPN Plus 许可证。

例 4-4 show version 命令的输出信息

```
ciscoasa> show version

Cisco Adaptive Security Appliance Software Version 9.1(4)
Device Manager Version 7.1(5)

Compiled on Mon 05-Dec-13 20:21 PDT by builders
System image file is "disk0:/asa914-smp-k8.bin"
Config file at boot was "startup-config"

ciscoasa up 4 hours 51 mins

Hardware:   ASA5512, 4096 MB RAM, CPU Clarkdale 2793 MHz, 1 CPU (2 cores)
            ASA: 2048 MB RAM, 1 CPU (1 core)
Internal ATA Compact Flash, 4096MB
BIOS Flash MX25L6445E @ 0xffbb0000, 8192KB

Encryption hardware device : Cisco ASA-55xx on-board accelerator (revision 0x1)
                             Boot microcode        : CNPx-MC-BOOT-2.00
                             SSL/IKE microcode     : CNPx-MC-SSL-PLUS-T020
                             IPSec microcode       : CNPx-MC-IPSEC-MAIN-0026
                             Number of accelerators: 1
Baseboard Management Controller (revision 0x1) Firmware Version: 2.4

0: Int: Internal-Data0/0       : address is e02f.6dbb.5903, irq 11
 1: Ext: GigabitEthernet0/0    : address is e02f.6dbb.5907, irq 10
 2: Ext: GigabitEthernet0/1    : address is e02f.6dbb.5904, irq 10
 3: Ext: GigabitEthernet0/2    : address is e02f.6dbb.5908, irq 5
 4: Ext: GigabitEthernet0/3    : address is e02f.6dbb.5905, irq 5
 5: Ext: GigabitEthernet0/4    : address is e02f.6dbb.5909, irq 10
 6: Ext: GigabitEthernet0/5    : address is e02f.6dbb.5906, irq 10
 7: Int: Internal-Data0/1      : address is 0000.0001.0002, irq 0
 8: Int: Internal-Control0/0   : address is 0000.0001.0001, irq 0
 9: Int: Internal-Data0/2      : address is 0000.0001.0003, irq 0
10: Ext: Management0/0         : address is e02f.6dbb.5903, irq 0

Licensed features for this platform:
Maximum Physical Interfaces       : Unlimited      perpetual
Maximum VLANs                     : 100            perpetual
Inside Hosts                      : Unlimited      perpetual
Failover                          : Active/Active  356 days
Encryption-DES                    : Enabled        perpetual
```

（待续）

```
Encryption-3DES-AES                 : Enabled          perpetual
Security Contexts                   : 5                perpetual
GTP/GPRS                            : Disabled         perpetual
AnyConnect Premium Peers            : 100              356 days
AnyConnect Essentials               : Disabled         perpetual
Other VPN Peers                     : 250              perpetual
Total VPN Peers                     : 250              perpetual
Shared License                      : Disabled         perpetual
AnyConnect for Mobile               : Enabled          356 days
AnyConnect for Cisco VPN Phone      : Enabled          356 days
Advanced Endpoint Assessment        : Enabled          356 days
UC Phone Proxy Sessions             : 2                perpetual
Total UC Proxy Sessions             : 2                perpetual
Botnet Traffic Filter               : Enabled          356 days
Intercompany Media Engine           : Disabled         perpetual
IPS Module                          : Enabled          356 days
Cluster                             : Disabled         perpetual

This platform has an ASA 5512 Security Plus license.

Serial Number: JAB00000001
Running Permanent Activation Key: 0x00000001 0x00000001 0x00000001 0x00000001
0x00000001
Running Timebased Activation Key: 0x00000001 0x00000001 0x00000001 0x00000001
0x00000001

Configuration register is 0x1
Configuration last modified by enable_15 at 13:48:22.339 EST Sun Jan 19 2014
```

在例 4-4 中，安全设备所运行的系统镜像版本为 9.1（4），ASDM 镜像版本为 7.1（5）。设备的硬件型号是 ASA 5512，运行安全增强（Security Plus）许可证。为了保护系统身份，输出信息中的机器码及许可证激活码被隐藏起来。配置寄存器值被设置为 0x1，也就是让设备从 Flash 中读取镜像文件。配置寄存器值将在第 5 章的"密码恢复流程"一节中进行介绍。

我们在第 3 章曾经介绍过，用户可以通过在命令 **activation key** 后面跟 5 组密钥来更改安装在设备上的许可证密钥。

注释：特定激活码的内容将分别在本书的相应章节进行介绍。例如，本书会在第 22 章中讨论 SSL VPN 隧道的许可证型号。

4.3 初始设置

我们在前面已经介绍过，在默认配置的情况下，管理员即可通过 IP 访问管理接口。不过，如果管理员清除了配置或者无法通过 IP 与设备进行连接，那就必须连接安全设备的 Console 端口才能访问设备的 CLI 界面，并且执行初始设置。在使用 ASDM 之前，必须先为安全设备配置上合理的 IP 地址，并且在安全设备和 ASDM 客户端设备之间建立起 IP 连接。

4.3.1 通过 CLI 进行初始设置

如果安全设备在启动时没有任何配置，它就会提供一个设置菜单来帮助用户配置一些初始参数，如设备名和管理接口的 IP 地址等。用户可以通过这个初始配置菜单来快速配置这些参数。

在例 4-5 中，安全设备提示用户指定是否通过这个交互式菜单来配置设备。如果用户输入 **no**，那么交互菜单就不会显示出来，出现在安全设备上的提示符就会是 **ciscoasa>**。如果用户输入 **yes**（这是设备默认的选择），那么安全设备就会带着用户来对 10 个参数进行配置。在提示用户接受或修改安全设备默认值之前，设备会将设备赋予这些参数的默认值显示在中括号（[]）中。要接受这个默认值，只需按 Enter 键即可。在完成了初始设置菜单之后，安全设备会将新配置的汇总信息显示出来，然后让用户选择是否接收这些信息。

例 4-5 初始设置菜单

```
Pre-configure Firewall now through interactive prompts [yes]? yes
Firewall Mode [Routed]:
Enable password [<use current password>]: C1$c0123
Allow password recovery [yes]?
Clock (UTC):
  Year [2012]: 2014
  Month [Jul]: Jan
  Day [7]:
  Time [01:08:57]: 21:27:00
Management IP address: 172.18.82.75
Management network mask: 255.255.255.0
Host name: Chicago
Domain name: securemeinc.org
IP address of host running Device Manager: 172.18.82.77

The following configuration will be used:
Enable password: <current password>
Allow password recovery: yes
Clock (UTC): 21:27:00 Jan 7 2014
Firewall Mode: Routed
Management IP address: 172.18.82.75
Management network mask: 255.255.255.0
Host name: Chicago
Domain name: securemeinc.org
IP address of host running Device Manager: 172.18.82.77

Use this configuration and write to flash? yes
Cryptochecksum: 629d6711 ccbe8923 5911d433 b6dfbe0c

182851 bytes copied in 1.190 secs (182851 bytes/sec)
Chicago>
```

表 4-2 罗列了所有可以通过初始设置菜单来进行配置的参数。另外，该表还对其中各参数都进行了描述。这些参数都会在本章中进行详细介绍。

表 4-2 初始设置参数及其相关值

参数	描述	默认值	配置值
Enable password	设置 enable 密码	无	C1$c0123
Firewall mode	将安全设备设置为 2 层（透明模式）防火墙还是 3 层（路由模式）防火墙	Routed	Routed
Management IP address	为内部接口设置 IP 地址	无	172.18.82.75
Management network mask	为内部接口设置子网掩码	无	255.255.255.0

续表

参数	描述	默认值	配置值
Host name	为设备设置主机名	ciscoasa	Chicago
Domain name	为设备设置域名	无	securemeinc.org
IP address of host running Device Manager	为管理这台 Cisco ASA 的主机设置 IP 地址	无	172.18.82.77
Clock	设置 Cisco ASA 的当前时间	无定值	9:27 PM Jan 7 2014
Save configuration	询问用户是否保存上述配置	Yes	Yes
Use this configuration and write to flash?	提示用户是否允许密码恢复	Yes	Yes

管理员既可以通过 CLI 命令，也可以通过 ASDM 来为设备设置初始的参数和特性。在下一部分中，我们将讨论如何通过 ASDM 为设备配置名称。

提示：在全局配置模式下输入命令 setup 就可以使设备返回交互设置菜单。

4.3.2 ASDM 的初始化设置

在访问 ADSM 图形化界面之前，如果安全设备的本地 Flash 上没有安装 ASDM 软件的镜像文件，用户必须首先进行安装。ASDM 界面只能管理本地这一台安全设备，因此如果用户想要管理多台安全设备，就必须在所有这些 Cisco ASA 上都安装 ASDM 软件。不过，一台工作站却可以同时启动多个 ASDM 客户端，来同时管理多台安全设备。另外，用户还可以通过 Cisco 安全管理器（CSM）来同时管理多台安全设备。

1. 升级 ASDM

用户可以使用命令 **dir** 来查看设备上是否已经安装了 ASDM。如果安全设备上尚未安装 ASDM 镜像文件，那么用户要执行的第一步就是使用任何一种设备所支持的协议，从外部文件服务器上下载 ASDM 的镜像文件。该应用需要进行一些基本的配置，比如：

- 接口名；
- 安全级别；
- IP 地址；
- 相关路由协议。

这些内容将在本章稍后部分进行介绍。在完成基本信息的设置之后，要使用命令 **copy** 来传输镜像文件。在例 4-6 中，名为 asdm-715.bin 的 ASDM 文件正在从位于 172.16.82.10 的 TFTP 服务器向设备中传输。在文件成功下载之后，应该查看一下本地 Flash 中的内容。复制镜像文件的知识将在本章稍后部分进行介绍。

例 4-6 向本地 Flash 中下载 ASDM 镜像文件

```
Chicago# copy tftp flash
Address or name of remote host []? 172.18.82.10
Source filename []? asdm-715.bin
Destination filename [asdm-715.bin]? asdm-715.bin

Accessing tftp://172.18.82.10/asdm-715.bin...!!!!!!!!!!!!!!!!!!
! Output omitted for brevity.
!!!!!!!!!!!!!!!!!!!!!!!!!!!!!!!!!!!!!!!!!!!!!!
```

（待续）

```
Writing file disk0:/asdm-715.bin...
!!!!!!!!!!!!!!!!!!!!!!!!!!!!!!!!!!!!!!!!!!!!!!!!!!!!!!!!!!!!!!!!!!!!!!!!!!!!!!!!
! Output omitted for brevity.
!!!!!!!!!!!!!!!!!!!!!!!!!!!!!!!!!!!!!!!!!!!!!!!!!!!!!!!!!!!!!!!!!!!!!!!!!!!
22658960 bytes copied in 51.30 secs (420298 bytes/sec)

Chicago# dir
Directory of disk0:/
135    -rwx  22834188     06:18:02 Jan 09 2014   asdm-715.bin
136    -rwx  37767168     06:22:46 Jan 09 2014   asa914-smp-k8.bin
4118732802 bytes total (3955822592 bytes free)
```

2. 设置设备

在访问 ASDM 文件时，Cisco ASA 会载入它在本地 Flash 中找到的第一个 ASDM 镜像。如果 Flash 中存有多个 ASDM 镜像文件，用户可以使用命令 **asdm image** 来指定用户想要载入的那个 ASDM 文件的位置。这可以确保每次启动 ASDM 时，设备总能够使用用户指定的那个镜像文件。在例 4-7 中，设备会选择 asdm-715.bin 作为要载入的镜像文件。

例 4-7 指定 ASDM 的位置

```
Chicago(config)# asdm image disk0:/asdm-715.bin
```

安全设备会使用 SSL 协议来与客户端进行通信。因此，安全设备会充当 Web 服务器来响应客户端发来的请求。也就是说，用户必须在设备上使用命令 **http server enable** 来启用 Web 服务器功能。

安全设备会一直丢弃自己收到的请求，直到 ASDM 客户端的 IP 地址处于信任的网络中，来对其 HTTP 引擎进行访问。在例 4-8 中，管理员启用了设备的 HTTP 引擎，并且要求设备信任与其管理接口相连的网络 172.18.82.0/24。

例 4-8 启用 HTTP 服务器

```
Chicago(config)# http server enable
Chicago(config)# http 172.18.82.0 255.255.255.0 management
```

注释：在设备上实施 SSL VPN 同样要求管理员在设备上起用 HTTP 服务器。从 8.0 版本开始，用户可以通过设置安全设备，使其在同一个接口通过默认端口 443 来接收 SSL VPN 和 ASDM 会话。管理员可通过 https://<ASA IP 地址>/admin 来访问 GUI 界面。

3. 访问 ASDM

只要工作站的 IP 地址位于设备信任网络的列表中，那么该工作站就可以对 ASDM 界面进行访问。在与设备建立安全连接之前，用户应该查看一下工作站与 Cisco ASA 之间是否建立了 IP 连接。

若要建立 SSL 连接，应打开浏览器，并将 URL 指向设备的 IP 地址。在图 4-3 中，我们在浏览器的 URL 框中输入了 https://172.18.82.75/admin 以对设备进行访问。然后，URL 会被重定向到 https://172.18.82.75/admin/public/index.html。

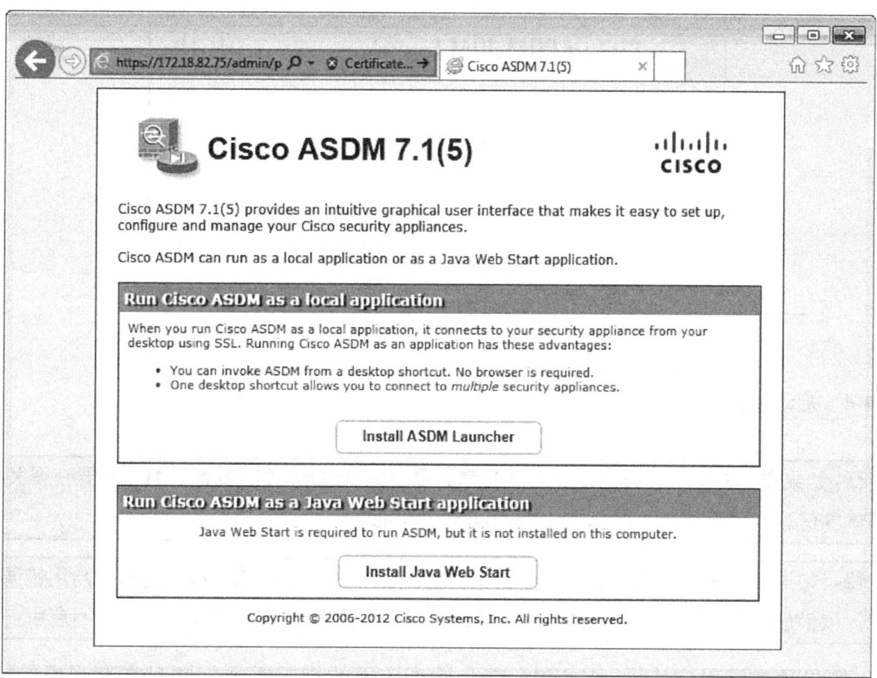

图 4-3 访问 ASDM URL

> 注释：使用 ASDM 需要在 Web 浏览器上安装 SUN Java 插件 6.0（及后续版本）。其支持的操作系统包括 Mircosoft Windows 7、Vista、2008 Server 和 XP；以及苹果系统 OS X、Rad Hat Enterprise Linux version 5 Desktop 以及 Desktop with Workstation。

新的安全设备可以向工作站提供它自己独有的证书（certificate），以此确保它们之间建立的连接是安全的。如果设备接受该数字证书，那么安全设备就会要求用户提供认证信息（authentication credential）。若没有设置 ASDM 认证或 enable 密码，那么也不会有相应的默认用户名和密码。若定义了 enable 密码，仍然不会有默认用户名，用户必须将 enable 密码作为登录密码。如果管理员通过命令 **aaa authentication http console** 在安全设备上启用了用户认证，那么用户就必须提供相应的登录认证。在用户成功通过认证之后，设备就会提供两种启动 ASDM 的方式。

- **将 ASDM 作为本地应用来启动**——安全设备提供了一个叫做 asdm-launcher.msi 的设置工具，这种工具可以保存在工作站本地的硬盘中。
- **将 ASDM 作为 Java Web 应用来启动**——安全设备会在客户端的浏览器上通过 Java applet 启动 ASDM。如果在安全设备和客户端之间有一个防火墙会对 Java applet 进行过滤，那么这种方式就无法实现对 ASDM 的访问了。

> 注释：将 ASDM 作为本地应用来启动的特性可以在所有基于 Windows 以及 OS X 的操作系统上实现。

在 ASDM 应用启动时，它会提示用户输入想要连接的那台安全设备的 IP 地址，以及用户的认证信息。如图 4-4 所示，工作站与位于 172.18.82.75 的设备建立了一条 SSL 连接。如果配置了 enable 密码，则将它输入进 Password 栏中，然后 Username 栏空出以登录 ASDM。

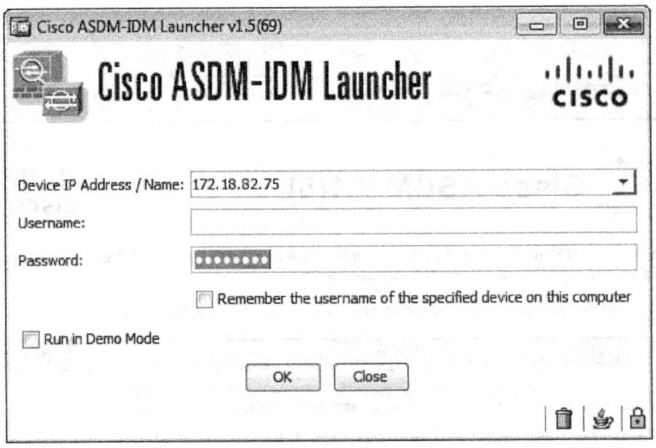

Cisco ASDM-IDM Launcher v1.5(69)

Cisco ASDM-IDM Launcher

Device IP Address / Name: 172.18.82.75

Username:

Password:

Remember the username of the specified device on this computer

Run in Demo Mode

OK Close

图 4-4 启动 ASDM

> **注释**：如果安全设备上运行的是 9.1(4)，那么要确保 ASDM 的版本是 7.1(5)。要获得关于 ASDM 具体的信息，可以参考 http://www.cisco.com/go/adsm。

> **注释**：如果是第一次启动 ASDM，Cisco Smart Call Home 可能会提示管理员启用错误与健康信息，该信息可以向管理员报告用户名或产品注册的问题。如果不感兴趣，可以不启用该信息。

如果通过了用户认证，ASDM 就会检查应用的当前版本，并且在有必要的情况下对版本进行更新。它会载入安全设备的当前配置文件，并以 GUI 的方式将它显示出来，如图 4-5 所示。

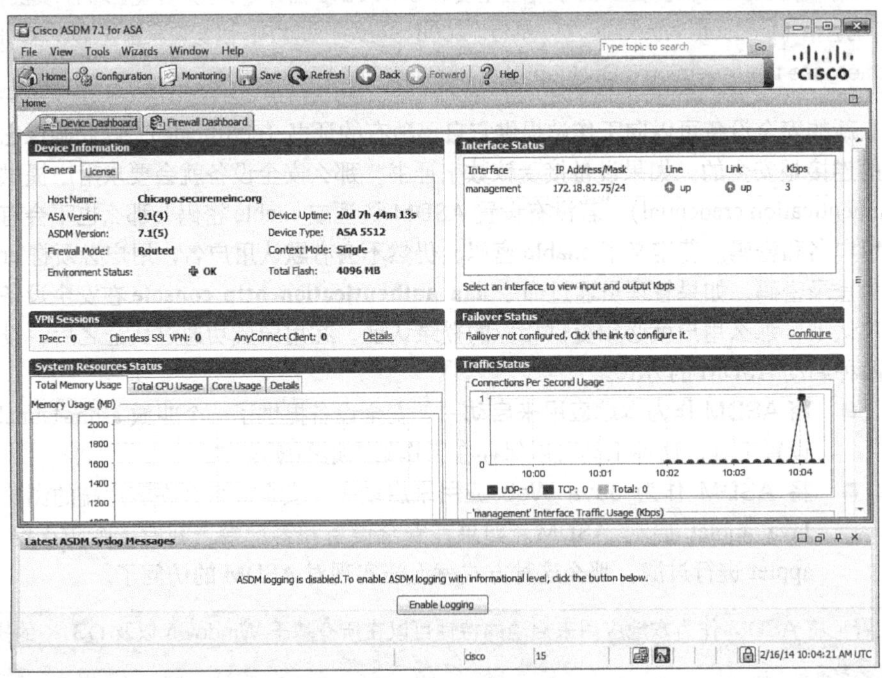

图 4-5 初始的 ASDM 画面

> **注释**：ASDM 会将调试及错误信息记录到一个文件中，以便在进行相关排错工作时进行查看。这个文件的名称是 asdm-log-[时间戳].txt，该文件位于 user_home_directory\.asdm\log，如 C:\Users\user1\.asdm\log\。

ASDM 初始画面（也称主[Home]画面）的 Device Dashboard（设备仪表板）标签分为 7 个部分。

- **Device Information（设备信息）**——显示安全设备的软硬件信息，如操作系统的当前版本和设备型号。如果选择了 License 标签，ASDM 还会显示安全设备上启用的特性。
- **VPN Sessions（VPN 会话）**——显示活跃的 IPsec、无客户端和 AnyConnect SSL VPN 隧道。
- **System Resources Status（系统资源状态）**——显示设备当前的 CPU 和内存占用状态。
- **Interface Status（接口状态）**——显示接口名及为接口分配的 IP 地址。它还能够显示当前正在配置的接口的链路信息，及穿过那些接口的流量速率。
- **Failover Status（故障倒换状态）**——在配置了故障倒换时，这里会显示故障倒换的状态。如果没有配置故障倒换，可以在这里设置故障倒换。
- **Traffic Status（流量状态）**——提供活跃的 TCP 和 UDP 连接数，以及穿过外部接口的流量速率。
- **Latest ASDM Syslog Messages（最新的 ASDM 系统日志消息）**——显示安全设备生成的最新的 ASDM 系统日志消息。在默认状态下，记录系统日志的功能是被禁用的，为了日志监测之便，应该启用这一功能。在启用之后，安全设备就会向 ASDM 客户端发送消息。这部分内容将在第 5 章的“系统日志”一节中进行介绍。

主画面的统计数据每 10 秒就会刷新一次，并且显示之前 5 秒的信息。

ASDM 的主画面中还有另外 4 个标签。

- **Firewall Dashboard（防火墙仪表）**——提供穿越该安全设备的流量的统计信息。包括连接数量、NAT 转换、被丢弃的数据包、遭到的攻击和满额使用的统计信息。
- **Content Security（内容安全）**——显示与 CSC（内容安全与控制）SSM 相关的信息。只有在安全设备上安装了 CSC SSM 模块时，主画面才会显示该标签。
- **Intrusion Prevention（入侵防御）**——显示 IPS 模块的健康及工作信息。
- **ASA CX Status（ASA CX 状态）**——显示 CX 硬件或软件模块（如安装）当前的状态及工作情况。

4. ASDM 功能画面

除了主画面之外，ASDM 界面还有另外两种画面：

- 配置（Configuration）画面；
- 监测（Monitoring）画面。

配置画面

如果用户想要修改设备的现有配置，那么配置画面就非常有用。画面左侧的导航面板中包含了 5 到 6 个特性图标（具体数量取决于设备安装的硬件），点击后即可进入相应的配置页面，如图 4-6 所示。

配置画面左侧的特性图标可以执行如下配置。

- **Device Setup（设备设置图标）**：用于配置安全设备的接口和子接口。这部分内容讲在本章稍后部分“接口的配置”中进行介绍。

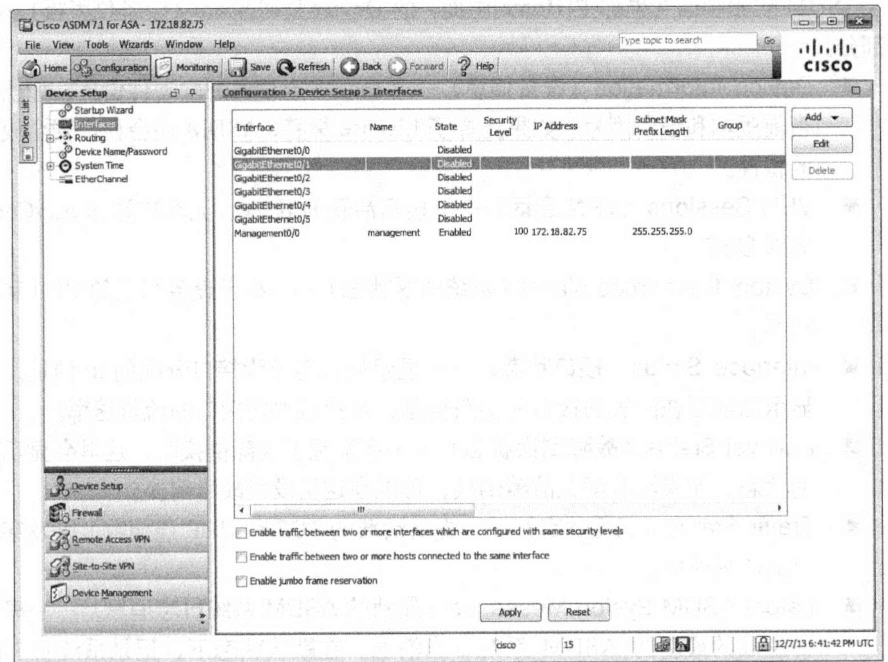

图 4-6 配置画面

- Firewall（防火墙图标）——创建安全策略，以此对穿越安全设备的数据包执行过滤和转换。也用于定义故障倒换（failover）、QoS、AAA、证书和很多其他与防火墙有关的特性。
- Remote Access VPN（远程访问 VPN 图标）：用来设置远程访问 VPN 连接，如 IPSec、L2TP over IPSec、无客户端 SSL VPN 和 AnyConnect 隧道。
- Site-to-Site VPN（站点到站点 VPN 图标）：用来设置站点到站点 VPN 隧道。
- IPS——为 SSM 模块设置策略，使其监测并丢弃未经授权的数据包。只有在安装了 SSM 模块时才会出现此页面。
- Trend Micro Content Security（CSC-SSM）：设置 SSM 卡策略来对未经授权的数据包进行监测和丢弃。只有在安装了 SSM 模块时才会出现此页面。
- Device Management（设备管理图标）：设置基本的设备特性。这里能够设置的大多数特性本章稍后都会进行介绍。该图标有助于用户设置基本的软件特性，如系统日志记录和故障倒换（failover）等。

监测画面

监测画面用来显示与安全设备软硬件有关的统计数据。为监测安全设备的健康情况及其状态，ASDM 提供了实时图形来实现监测功能。图 4-7 所示即为初始的监测画面。

与配置画面类似，监控画面的导航面板中同样包含 6 到 8 个图标（具体数量取决于设备是否安装了相应的 SSM 模块），点击这些图标即可访问各个监控页面。

监测画面中的特性图标可以执行如下配置。

- Interfaces（接口图标）：通过维护 ARP、DHCP 及动态 ACL 列表来监测设备的接口及子接口。它还会以图形化的方式显示接口的使用率及数据包吞吐量。
- VPN：监测安全设备中处于活动状态的 VPN 连接。它会以图形化的方式显示出站点到站点、IPSec 和远程 SSL VPN 的隧道，同时还会显示对上述统计数据的分析。

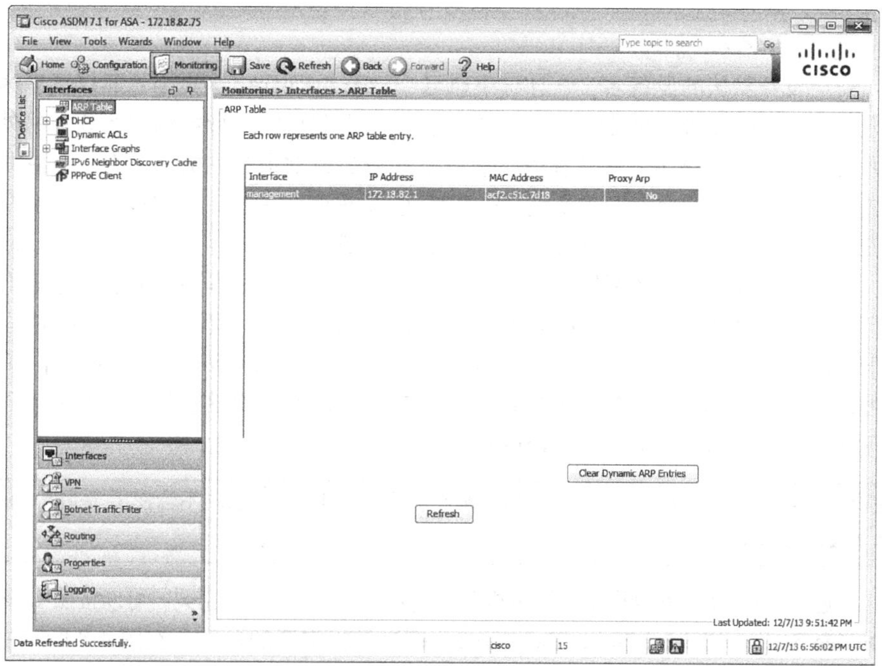

图 4-7 监测画面

- **Botnet Traffic Filter（僵尸网络流量过滤）**：如果启用，则会监测僵尸网络流量过滤的统计信息。该页面会显示网络中最知名的恶意软件站点与主机。
- **IPS**：监测穿越 IPS 引擎的数据包的统计数据。只有在安装了 IPS 模块时才会出现此页面。
- **Routing（路由图标）**：监测当前的路由表，并提供 EIGRP 和 OSPF 邻居信息。
- **Properties（属性图标）**：监测处于活动状态的管理会话，如 Telnet、SSH 和 ASDM。它还会以图形化的方式显示 CPU、内存及设备使用率；处于活动状态的 UDP/TCP 连接转换条目；IP 审核（IP audit）、WCCP、CRL 和 DNS 缓存特性等。
- **Logging（日志图标）**：监测实时事件的日志消息。也可以从缓存空间中显示日志消息。
- **Trend Micro Content Security**：ASDM 支持用户对 CSC SSM 及与其相关的特性进行监测，如该模块检测到的威胁类型、实时监测到的现场事件日志，及相关资源使用率图形等。只有在安装了 CSC SSM 模块时才会出现此页面。

> **注释**：如果用户打算将 ASDM 作为配置安全设备的主要方式，那么强烈建议有这种打算的人员启用 ASDM 中的选项 Preview Command Before Sending Them to the Device。该选项可使用户输入的命令在被推送给 ASA 之前，先由 ASDM 显示出来供用户检测核对。要启用这一选项可在 ASDM 中找到 **Tools>Preferences**，然后选择 **Preview Command Before Sending Them to the Device**。

4.4 配置设备

在与安全设备建立连接之后，无论采用 CLI 或 ASDM 中的哪种方式，用户都可以开始对设备进行配置了。这一部分将介绍如何为安全设备执行基本的配置任务。

4.4.1 设置设备名和密码

安全设备默认的设备名——亦称主机名——是 ciscoasa。这里强烈建议读者为自己每个安全设备设置一个独特的设备名，以方便在网络中对它们进行辨别和区分。另外，网络设备通常属于一个网络域。配置在安全设备上的域名通常跟在主机名后面，二者共同组成全称域名。例如，若安全设备想要连接一台名为 secweb 的主机，根据该主机的主机名和配置在安全设备上的域名 securemeinc.com，那么全称域名就是 secweb.securemeinc.com。

用户可以为安全设备配置 Telnet 和 enable 密码。Telnet 密码用来认证通过 Telnet 或 SSH 进行连接的远程会话。在 Cisco ASA Software 9.0(2)版之前，默认的 Telnet 密码是 cisco。而对于 9.0(2)之后版本的操作系统，管理员则必须使用命令 **password** 来定义一个 Telnet 密码。此外，从 8.4(2)开始的操作系统版本，并没有为 SSH 会话默认设置用户名或密码。管理员必须配置 **aaa authentication ssh console** 命令来启用 AAA 认证。

> 注释：如果设备为 Telnet 和/或 SSH 访问配置了用户认证，那么它就不会使用 Telnet/enable 密码来为这类会话进行认证了。

要通过 ASDM 为安全设备配置主机名、域名和 Telnet/enable 密码，可以按照 **Configuration > Device Setup > Device Name/Password**，并为其指定新的参数。在图 4-8 所示的例子中，设备的主机名是 Chicago，域名为 securemeinc.com。如果想要给设备配置新的 Telnet/enable 密码，需要勾选对应的复选框并指定当前的 Telnet/enable 密码。在图 4-8 中，这些密码都被设置为了 C1$c0123（被隐藏）。

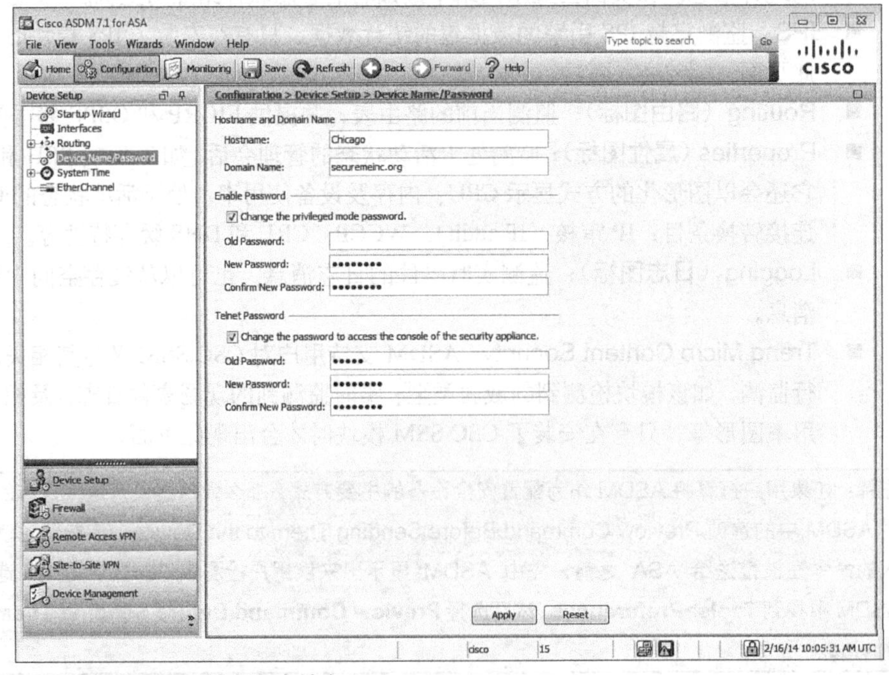

图 4-8 配置主机名、域名和本地密码

如果想使用 CLI 进行配置，例 4-9 所示的配置方法可以达到与图 4-8 中相同的效果。在该例中，管理员使用命令 **hostname** 更改了设备的主机名，使用命令 **domain-name** 更改了域名，同时通过命令 **passwd** 和命令 **enable password** 分别更改了设备的 Telnet 密码和 enable

密码。

例 4-9 设置主机名、域名和密码

```
ciscoasa# configure terminal
ciscoasa(config)# hostname Chicago
Chicago(config)# domain-name securemeinc.org
Chicago(config)# password C1$c0123
Chicago(config)# enable password C1$c0123
```

注释：如果在添加密码后查看配置文件，设备会将密码进行加密，显示信息如下：

```
Chicago# show running-config | include pass
enable password 9jNfZuG3TC5tCVH0 encrypted
passwd 2KFQnbNIdI.2KYOU encrypted
```

4.4.2 配置接口

Cisco ASA 5500 系列设备带有一系列快速以太网接口、吉比特以太网接口和 10 吉比特以太网接口，具体数量取决于设备的平台。同时，所有 1 机架单元（1RU）型号的设备还包含了一个管理接口（Management 0/0），而 ASA 5580 和 ASA 5585 系列则带有两个管理接口（Management 0/0 和 Management 0/1）。此外，管理员也可以通过物理接口来创建一些子接口。其中，快速以太网接口、吉比特以太网接口和 10 吉比特以太网接口的作用是，基于配置的策略将流量从一个接口路由到另一个接口，而管理接口则用来建立带外（OOB）连接。

1. 配置数据传输接口

Cisco ASA 能够保护内部网络不受外部威胁的侵害。它的每个接口都要分配一个名字以标识该接口在网络中的作用。其中最安全的网络通常标识为内部网络，而最不安全的网络则被标记为外部网络。对于那些可以部分信任的网络，可以将它们定义为非武装区（DMZ）或任意逻辑接口名。用户必须用接口名来设置与该接口相关的配置特性。

安全设备还要为接口分配安全级别，安全级别越高，该接口就越安全。因此，安全级别的作用是用来反映 ASA 上的一个接口相对于另一个接口的信任程度。安全级别可以设置为 0～100 的任意值。因此，最安全的网络应位于安全级别是 100 的接口之后，同时最不安全的网络应位于安全级别是 0 的接口之后。DMZ 接口的安全级别则可以设置为 0～100 之间的任意值。

注释：在使用命令 **nameif** 配置接口时，设备会自动为该接口分配一个预定义的安全级别。若接口被命名为 **inside**，那么设备就会将其安全级别指定为 100。若给接口命以其他任何名称，设备都会将其安全级别指定为 0。

Cisco ASA 支持用户为多个接口设置相同的安全级别。如果想让与具有相同安全级别接口相连的网络之间能够相互通信，就需要在全局配置模式下输入命令 **same-security-traffic permit inter-interface**。另外，如果没有为接口设置安全级别，那么它就不会在网络层作出任何响应。

在接口配置模式下最重要的参数就是为接口分配 IP 地址。如果想要让接口传递 3 层(亦称路由模式）防火墙流量，那么就必须为其分配 IP 地址。地址既可以静态指定也可以动态指定。在静态指定 IP 地址的时候，需要为接口配置 IP 地址及子网掩码。

安全设备也支持通过 DHCP（动态主机配置协议）服务器和 PPPoE 来动态为其分配 IP 地址。如果 ISP 会动态为外部接口分配 IP 地址，那么就最好使用 DHCP 来为其配置地址。如果用户在 ASDM 上选择了选项 Obtain Default Route Using DHCP，那么安全设备就会使用 DHCP 服务器指定的默认网关作为自己的默认路由。

> 注释：若要将安全设备部署在透明模式下，就要在全局配置模式下或桥虚拟接口（BVI）下为设备配置 IP 地址，具体模式取决于系统的版本，这部分内容将在第 15 章中进行介绍。
> 如果在使用透明模式的同时也应用了故障倒换，那么设备就不能通过 DHCP 来学习接口地址。

要通过 ASDM 为安全设备的接口进行配置，应找到 **Configuration > Device Setup > Interfaces**，选择一个接口，然后点击 **Edit** 按钮。如图 4-9 所示，物理接口 GigabitEthernet0/0 被配置为 outside 接口，安全级别为 0，静态 IP 地址为 209.165.200.225，掩码为 255.255.255.224，然后点击 Enable Interface 来应用以上配置。

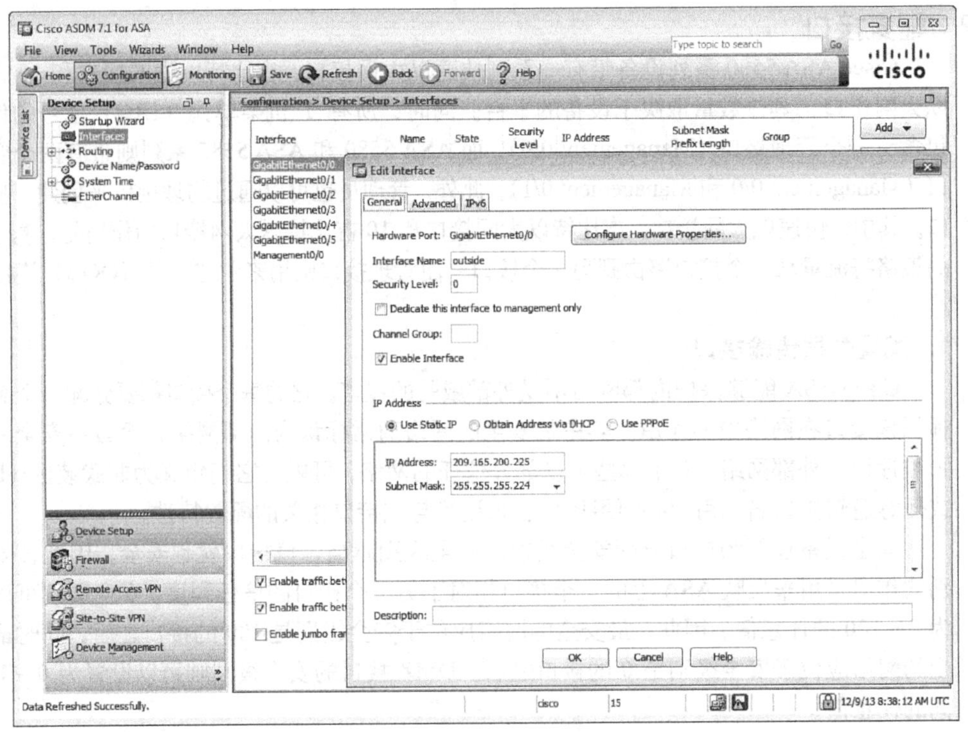

图 4-9 为物理接口配置 IP 地址

在例 4-10 中，管理员将 GigabitEthernet0/0 接口配置为 outside 接口，并将该接口的安全级别指定为 0。同时将其 IP 地址设置为 209.165.200.225，掩码为 255.255.255.224。

例 4-10 启用接口

```
Chicago# configure terminal
Chicago(config)# Interface GigabitEthernet0/0
Chicago(config-if)# no shutdown
Chicago(config-if)# nameif outside
Chicago(config-if)# security-level 0
Chicago(config-if)# ip address 209.165.200.225 255.255.255.224
```

用户打开接口的 Edit Interface 复选框，并点击 Configure Hardware Properties，就可以为

该接口设置速率（speed）、双工类型（duplex）和媒介类型（media-type）了。在默认情况下，接口的速率和双工类型被设置为 auto（自动），会为避免协商链路而进行改变。如果对接口速率和双工类型的设置与以太网对端接口的设置不匹配，就会出现丢包，进而造成性能下降。媒介类型既可以选择铜线的 RJ-45 接口，也可以选择基于光纤的 SFP 接口。RJ-45 是默认的媒介类型。

> **提示：**Cisco ASA 5500 系列基于以太网的接口会使用 auto-MDI/MDIX（接口自动翻转）特性，也就是在两种相同类型的接口时不需要使用交叉线。当用使用直通线连接相似接口时，它们会在内部进行交叉。该特性只有在两边的速率和双工类型都被设置为 auto-negotiate 时才会起作用。

如例 4-11 所示，外部接口的速率被设置为 1000Mbit/s，并采用全双工模式。

例 4-11　配置接口的速率和双工类型

```
Chicago# configure terminal
Chicago(config)# interface GigabitEthernet0/0
Chicago(config-if)# speed 1000
Chicago(config-if)# duplex full
```

若用户在 CLI 界面下输入命令 **show interface**，设备就会显示出与接口相关的统计数据。如例 4-12 所示，接口 GigabitEthernet0/0 被设置为外部接口，其 IP 地址为 209.165.200.225，而接口 GigabitEthernet0/1 被设置为内部接口，其 IP 地址为 192.168.10.1。这条命令还会显示出数据包速率及进出该接口的数据包总数。

例 4-12　show interface 的输出信息

```
Chicago# show interface
Interface GigabitEthernet0/0 "outside", is up, line protocol is up
  Hardware is i82574L rev00, BW 1000 Mbps, DLY 10 usec
        Full-duplex, 1000 Mbps
        MAC address 000f.f775.4b53, MTU 1500
        IP address 209.165.200.225, subnet mask 255.255.255.224
        70068 packets input, 24068922 bytes, 0 no buffer
        Received 61712 broadcasts, 0 runts, 0 giants
        0 input errors, 0 CRC, 0 frame, 0 overrun, 0 ignored, 0 abort
        0 L2 decode drops
        13535 packets output, 7196865 bytes, 0 underruns
        0 output errors, 0 collisions, 0 interface resets
        0 babbles, 0 late collisions, 0 deferred
        0 lost carrier, 0 no carrier
        input queue (curr/max packets): hardware (0/1) software (0/11)
        output queue (curr/max packets): hardware (0/19) software (0/1)
Traffic Statistics for "outside":
        70081 packets input, 23044675 bytes
        13540 packets output, 6992176 bytes
        49550 packets dropped
      1 minute input rate 1 pkts/sec, 362 bytes/sec
      1 minute output rate 1 pkts/sec, 362 bytes/sec
      1 minute drop rate, 0 pkts/sec
      5 minute input rate 1 pkts/sec, 342 bytes/sec
      5 minute output rate 1 pkts/sec, 362 bytes/sec
      5 minute drop rate, 0 pkts/sec
Interface GigabitEthernet0/1 "inside", is up, line protocol is up
```

（待续）

```
Hardware is i82546GB rev03, BW 1000 Mbps, DLY 10 usec
      Auto-Duplex(Full-duplex), Auto-Speed(1000 Mbps)
      MAC address 000f.f775.4b55, MTU 1500
      IP address 192.168.10.1, subnet mask 255.255.255.0
      1447094 packets input, 152644956 bytes, 0 no buffer
      Received 1203884 broadcasts, 0 runts, 0 giants
      0 input errors, 0 CRC, 0 frame, 0 overrun, 0 ignored, 0 abort
      20425 L2 decode drops
      332526 packets output, 151244141 bytes, 0 underruns
      0 output errors, 0 collisions, 0 interface resets
      0 babbles, 0 late collisions, 0 deferred
      0 lost carrier, 0 no carrier
      input queue (curr/max packets): hardware (0/1) software (0/14)
      output queue (curr/max packets): hardware (0/26) software (0/1)
Traffic Statistics for "inside":
      777980 packets input, 80481496 bytes
      151736 packets output, 85309705 bytes
      395607 packets dropped
    1 minute input rate 0 pkts/sec, 58 bytes/sec
    1 minute output rate 0 pkts/sec, 0 bytes/sec
    1 minute drop rate, 0 pkts/sec
    5 minute input rate 0 pkts/sec, 66 bytes/sec
    5 minute output rate 0 pkts/sec, 0 bytes/sec
    5 minute drop rate, 0 pkts/sec
```

2. 配置子接口

Cisco ASA 以太网接口的数量是有限的（具体数量取决于用户选择的设备平台）。不过，用户可以将一个物理接口分为多个逻辑接口，以增加接口的总数。若使用子接口，设备就会为每个子接口打上不同的 VLAN ID 标记，以区分同一物理接口不同 VLAN 间的网络流量。安全设备使用 IEEE 指定的 802.1Q 封装方式，来将物理学接口与启用了 802.1Q 的设备连接起来。

VLAN（子接口）的数量从 3 个到 1024 个不等，取决于安全设备的型号及其使用的许可证，如表 4-3 所示。VLAN ID 必须取 1～4094 之间，而子接口必须为 1～4294967295 之间的整数。虽然子接口和 VLAN ID 不要求相互匹配，但是出于管理方便考虑，不妨使用相同的数字来对应它们。

表 4-3　　安全设备支持的子接口

设备型号	许可证特性	最大 VLAN 数
ASA 5505	Base	3
ASA 5505	Security Plus	20
ASA 5510/5512-X	Base	50
ASA 5510/5512-X	Security Plus	100
ASA 5515-X	Base	100
ASA 5520	Base	150
ASA 5525-X/5540	Base	200
ASA 5545-X	Base	300
ASA 5550	Base	400
ASA 5555-X	Base	500
ASA 5580-5585-X	Base	1024
ASA-SM	Base	10

要通过 ASDM 来创建子接口，可以找到 **Configuration > Device Setup > Interfaces**，选择一个物理接口，然后点击 **Add** 按钮。如图 4-10 所示，管理员从接口 GigabitEthernet0/2 中创建了一个子接口。管理员将其子接口号（Subinterface ID）设置为 300，与其连接的 VLAN ID 也是 300。另外，管理员也为该子接口设置了一个静态 IP 地址 192.168.20.1/24，并将该接口命名为了 DMZ。

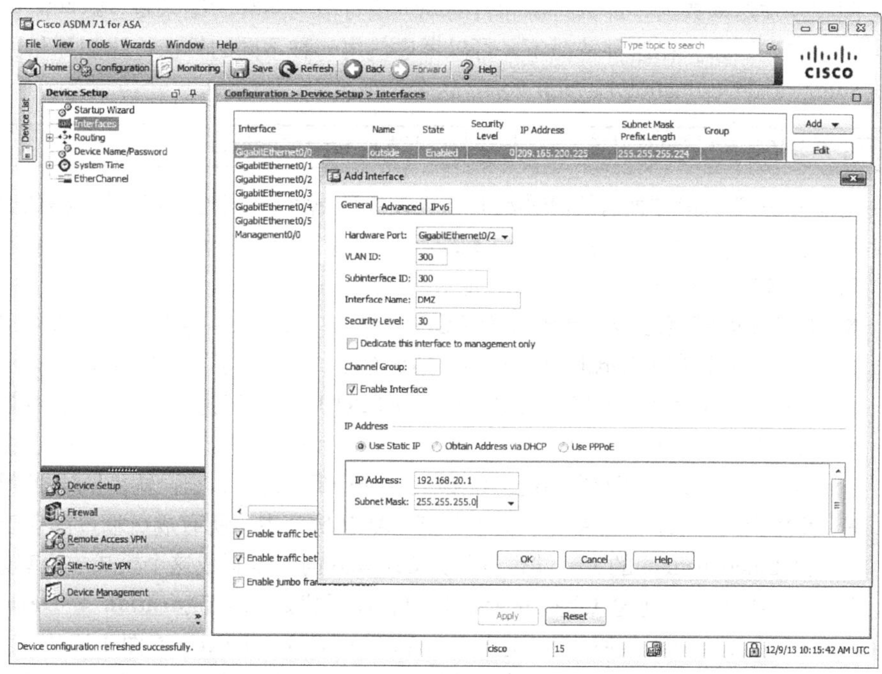

图 4-10 配置子接口

例 4-13 显示了如何在接口 GigabitEthernet0/2 中创建一个子接口 300。使其与 VLAN 300 相连，并将其 IP 地址配置为 192.168.20.1/24。

例 4-13 创建子接口

```
Chicago# configure terminal
Chicago(config)# interface GigabitEthernet0/2.300
Chicago(config-if)# vlan 300
Chicago(config-if)# no shutdown
Chicago(config-if)# nameif DMZ
Chicago(config-if)# security-level 30
Chicago(config-if)# ip address 192.168.20.1 255.255.255.0
```

注释：若主物理接口是关闭的，所有相关子接口也会处于禁用状态。

即使创建子接口，安全设备仍然会让没有标记的流量穿过物理接口，只要该接口配置了名称（**nameif**）、安全级别和 IP 地址。

3. 配置 EtherChannel 接口

在当今快速发展变化的环境中，人们对于有容错能力的高速链路需求不断增长。EtherChannel 的概念正是将多个以太网接口汇聚成一个逻辑的以太网链路，以此提供带宽更高的链路。在 Cisco ASA 中，管理员最多可以把 8 个活动的（active）以太网端口汇聚成一条逻辑链路，该链路的带宽也等同于这 8 个端口之和。如果希望 EtherChannel 提供容错功能，可以在 8 个接口的基础之上再添加一个不活跃（inactive）端口，以备其中某个活动端口出现故障。

在启用了 EtherChannel 之后，Cisco ASA 就会将流量分配给通道中所有的可用活动端口。安全设备会使用散列算法，根据数据包头部的信息选择出站的接口。散列算法会将源和/或目的 MAC 地址、源和/或目的 IP 地址、TCP 和 UDP 端口号及 VLAN 编号列入计算。默认的负载分担散列算法会使用源和目的 IP 地址进行计算。如果大多数流量都是两台服务器之间相互发送的数据，那么将源和目的地址进行散列运算的结果是，这些流量会永远选择同一条物理链路。在这种情况下，可以考虑使用一种不同的算法，比如源和目的四层端口（Source and Destination Layer 4 Port）这个选项。

注释：ASA 5505 和 5550 4GE-SSM 模块端口不支持 EtherChannel

对于 EtherChannel 中所有的物理接口，安全设备都会使用相同的 2 层地址。这就是为什么其他网络设备在接收到它们发来的流量之后，判断不出这些流量是从多个不同的接口发送过来的原因。

Cisco ASA 支持两种 EtherChannel 汇聚模式。

- **802.3ad 链路汇聚控制协议（LACP）模式：**Cisco ASA 通过成功发送和/或接收链路消息即可协商 EtherChannel 通道。如果在接口上定义了 LACP 活动（active）模式，Cisco ASA 会发送 LACP 数据单元（LACPDU）来协商通道，然后再周期性地发送更新信息。如果在接口上配置了 LACP 被动（passive）模式，Cisco ASA 就会等待接收 LACPDU，以协商建立通道。在接收到 LACPDU 之后，它们就会与对端展开协商。
- **ON 模式：**Cisco ASA 并不会参与到 LACP 协商中，所有成员端口都会启用。只有当 EtherChannel 的另一端也设置为 ON 模式时，设置成这个模式才会有效。

要通过 ASDM 来创建 EtherChannel 接口，需要找到 **Configuration > Device Setup> Interfaces**，并点击 **Add** 按钮，然后选择 **EtherChannel Interface**。在图 4-11 中，我们在 Add EtherChannel Interface 对话框中，使用接口 ID 1 创建了一个 EtherChannel 接口。在图 4-11 中，我们将接口的名称设置为了 DMZ，并且将安全级别设置为了 30。该 EtherChannel 接口的成员接口包括 GigabitEthernet0/2 和 GigabitEthernet0/3，并且为该接口配置了静态 IP 地址 192.168.20.1/24。

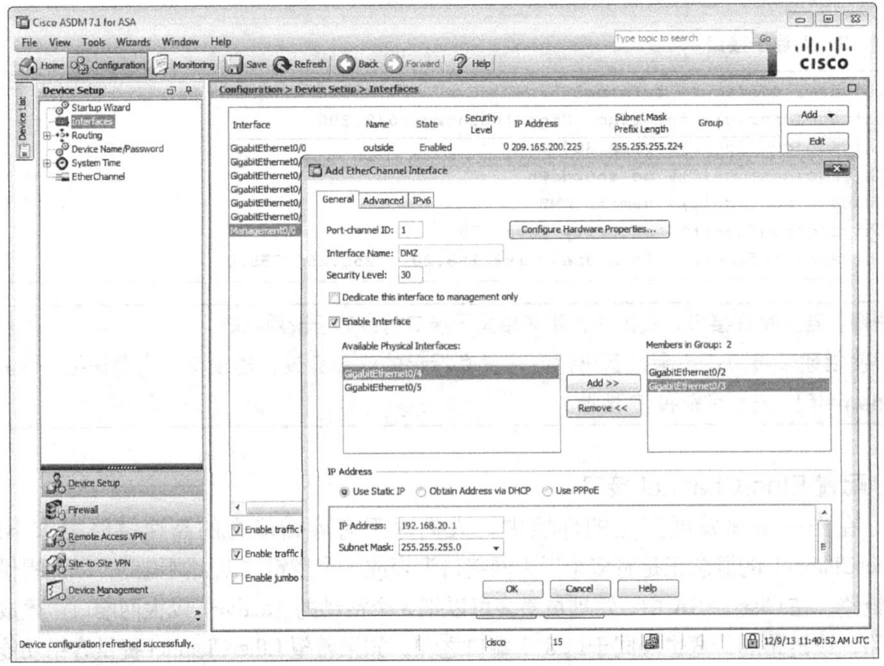

图 4-11 配置 EtherChannel 接口

管理员也可以将默认的负载分担算法由“源和目的 IP 地址”修改为源和/或目的 IP 地址、源和/或目的 TCP 和 UDP 端口编号或 VLAN 编号。在 ASDM 中，只需点击 Add EtherChannel Interface 对话框中的 **Advanced** 标签，然后从 EtherChannel Load Balance 选项中选择相应的负载分担算法即可。

例 4-14 所示为如何创建一个 EtherChannel，并将 ID 设置为 1。EtherChannel 使用了接口 GigabitEthernet0/2 和 GigabitEthernet0/3，模式为 LACP 协议的 active 模式。接口的名称为 DMZ，静态配置的 IP 地址为 192.168.20.1/24。我们对负载分担算法进行了修改，使用源和目的 IP 地址及四层端口信息进行计算。

例 4-14 创建 EtherChannel

```
Chicago# configure terminal
Chicago(config)# Interface GigabitEthernet0/2
Chicago(config-if)# channel-group 1 mode Active
Chicago(config-if)# Interface GigabitEthernet0/3
Chicago(config-if)# channel-group 1 mode Active
Chicago(config-if)# Interface port-channel1
Chicago(config-if)# nameif DMZ
Chicago(config-if)# security-level 50
Chicago(config-if)# port-channel load-balance src-dst-ip-port
Chicago(config-if)# ip address 192.168.20.1 255.255.255.0
```

提示：通过连接 EtherChannel 接口来分隔 VSS（虚拟交换系统）中的成员交换机，这种做法还可以进一步提升网络的高可用性。

4. 配置管理接口

所有 Cisco 1RU 设计的安全设备都带有一个内置的 Management 0/0 接口，而 5580 和 5585 设备则有两个内置管理接口 Management 0/0 和 Management 0/1。这些接口的作用是仅传输与管理相关的流量。管理接口会拦截所有其他通过它的流量，只放行去往安全设备的流量。这可以确保管理流量和数据流量相互分开。如果在配置 ASDM 时，选择了选项 Dedicate This Interface for Management Only，那么所有吉比特以太网接口或快速以太网接口都可以用来充当专用的管理接口，在CLI 中输入命令 **management-only** 可以取得同样的效果。管理接口的一般特征如下。

- 管理接口可以对路由协议提供支持，如 RIP 和 OSPF。
- 通过配置，也可以使子接口充当管理接口。
- 一台设备可以支持多个管理接口。
- 管理接口会丢弃穿过设备的流量，同时设备会创建相关的系统日志来记录该事件。
- 管理接口可以充当以远程管理为目的的 VPN 隧道的终点。

如例 4-15 所示，管理员在接口 Management 0/0 下输入了命令 **management-only**，并将其 IP 地址设置为 172.18.82.75/24，安全级别是 100。

例 4-15 配置仅用于管理的接口

```
Chicago# configure terminal
Chicago(config)# interface Management0/0
Chicago(config-if)# management-only
Chicago(config-if)# ip address 172.18.82.75 255.255.255.0
Chicago(config-if)# security-level 100
```

用户可以更改接口 Management 0/0 的默认设置，使其允许流量穿越自己，这需要通过接口命令 **no management-only** 来实现。

4.4.3 DHCP 服务

Cisco ASA 可以充当 DHCP 服务器来为运行 DHCP 客户端的终端设备分发 IP 地址。该特性对于那些有一个小型分支办公室，且没有专用 DHCP 服务器的环境来说特别重要。要通过 ASDM 来配置 DHCP 服务器，可以通过 **Configuration > Device Management > DHCP > DHCP Server** 然后选择想要启用 DHCP 服务器功能的接口。之后，ASDM 会打开新的窗口来要求用户指定以下属性。

- Enable DHCP Server（启用 DHCP 服务器）：选择该复选框可以在所选接口启用 DHCP 服务器功能。
- DHCP Address Pool（DHCP 地址池）：用户必须定义一个地址池来指定分配给 DHCP 客户端的地址范围。这里需要指定 DHCP 地址池的开始与结束地址。这些网络地址必须和该接口的地址位于同一网络。
- 可选参数（Optional Parameters）：Cisco ASA 支持用户选择一些有用的 DHCP 参数，如 WINS 和 DNS 地址、域名（domain-name）、地址租期（lease length）和 ping 超时时间（timeout）等。DHCP 服务器会在发送地址的同时，将 WINS、DNS 和域名一起发送给 DHCP 客户端。客户端电脑于是就不需要手动设置这些地址了。如果配置了 ping 超时时间，安全设备就会在它将地址分配给 DHCP 客户端之前，向它将要分配出去的地址发送 2 条 ICMP（互联网控制消息协议）请求数据包，然后用 50 毫秒来等待 ICMP 响应消息。如果收到了响应消息，安全设备就会认为该地址已经在使用了，于是就不会再将这个 IP 地址分配出去。如果没有收到响应消息，安全设备就会将这个 IP 地址分配出去，直到 DHCP 租借期满。在超过租期之后，DHCP 客户端就会将这个分配的 IP 地址交还回去。在默认情况下，地址租期为 3600 秒，用户可以通过在 Lease Length 栏中填入相应数值来改变这一设置。
- 从接口启动自动配置功能（Enable Auto-Configuration from interface）：在很多网络实施方案中，安全设备都会在一个接口充当 DHCP 客户端，而在另一个接口充当 DHCP 服务器。一般来说，安全设备会从其 ISP 的 DHCP 服务器那里为其外部接口获取 IP 地址，而又为与其直连的内部网络 DHCP 客户端充当 DHCP 服务器来分配地址。在这类网络方案中，安全设备可以先从自己充当 DHCP 客户端的接口一侧接收到 DNS、WINS 和域名信息，然后再将它们发送给自己的 DHCP 客户端。要想实现这一特性，就要选择 **Enable Auto-Config form interface**，并指定其充当 DHCP 客户端的接口，如 **outside**。
- 高级（Advanced）：安全设备支持用户使用 DHCP 可选编码（DHCP option code），范围为 0～255。这些 DHC 可选编码定义在 RFC 2132 中，它们可以通过点击 Advanced 按钮而在安全设备中进行设置。如，DHCP 可选编码 66（TFTP 服务器）被分配给了带有 TFTP 服务器地址的 DHCP 客户端。DHCP 可选编码常用于使 Cisco IP 电话能够从 TFTP 服务器中恢复它们的配置文件。

在图 4-12 中，设备的内部接口（inside）启用了 DHCP 服务器，其地址池从 192.168.10.100 开始，到 192.168.10.200 为止。另外，可选参数也分别进行了配置，其 DNS 地址为 192.168.10.10，WINS 地址为 192.168.10.20，域名为 securemeinc.com，这些信息都会被发送给 DHCP 客户端。ICMP ping 超时时间被设置为 20 毫秒，租期为 86400 秒（1 天）。同时 DHCP auto-config

选项没有启用。

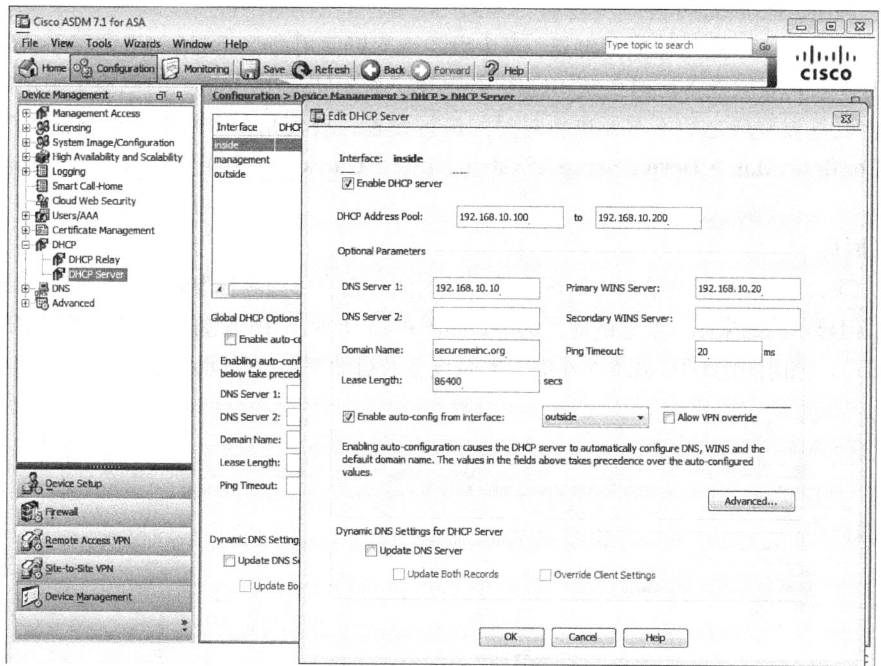

图 4-12 在安全设备上配置 DHCP 服务

例 4-16 所示为管理员在内部（inside）接口上启用 DHCP 服务的流程，该 DHCP 的地址池范围从 192.168.10.100 开始，到 192.168.10.200 为止。另外，其 DNS 地址和 WINS 地址分别为 192.168.10.10 和 192.168.10.20。DHCP 可选编码 66（TFTP 服务器）被分配给 DHCP 客户端，TFTP 服务器地址为 192.168.10.10。

例 4-16 在内部接口上配置 DHCP 服务

```
Chicago# configure terminal
Chicago(config)# dhcpd address 192.168.10.100-192.168.10.200 inside
Chicago(config)# dhcpd enable inside
Chicago(config)# dhcpd dns 192.168.10.10 interface inside
Chicago(config)# dhcpd wins 192.168.10.20 interface inside
Chicago(config)# dhcpd lease 86400 interface inside
Chicago(config)# dhcpd ping_timeout 20 interface inside
Chicago(config)# dhcpd option 66 ip 192.168.10.10
Chicago(config)# dhcpd auto_config outside interface inside
Chicago(config)# dhcpd domain securemeinc.org interface inside
```

4.5 设置系统时钟

在设置安全设备时，最重要的任务之一就是确保它的时钟设置是准确的。安全设备能够在发送系统日志消息之前，使用系统时钟来为它们打上时间戳，这部分内容将在第 5 章的“启用日志”部分进行介绍。在使用 PKI 建立的 VPN 隧道进行协商，以查看 VPN 对等体所提供的认证证书时，设备也会核对系统时钟。安全设备支持通过两种方式来调整系统时钟：

- 手动调整系统时钟；
- 使用网络时间协议（NTP）来自动调整系统时钟。

4.5.1 手动调整系统时钟

与Cisco IOS路由器类似的是，安全设备也支持使用命令**clock set**来调整系统时钟。在设置时钟后，安全设备会对系统BIOS进行更新。而BIOS是由主板上的电池来供电的。因此，安全设备被重启之后不需要重新对时间进行设置。要使用ASDM来手动调整系统时钟，找到**Configuration > Device Setup >System Time > Clock**，然后指定时区、日期和当前时间。

1. 时区

Cisco ASA 能够在恰当的时区显示系统时间。它会以国际标准时间（UTC）来维护系统时钟，但显示的结果则以配置的时区为准。如图 4-13 所示，图中配置的时区是美国中部标准时间(CST)，该时间比 UTC 晚 6 个小时。安全设备会自动将系统时间以夏令时（DST）显示出来。

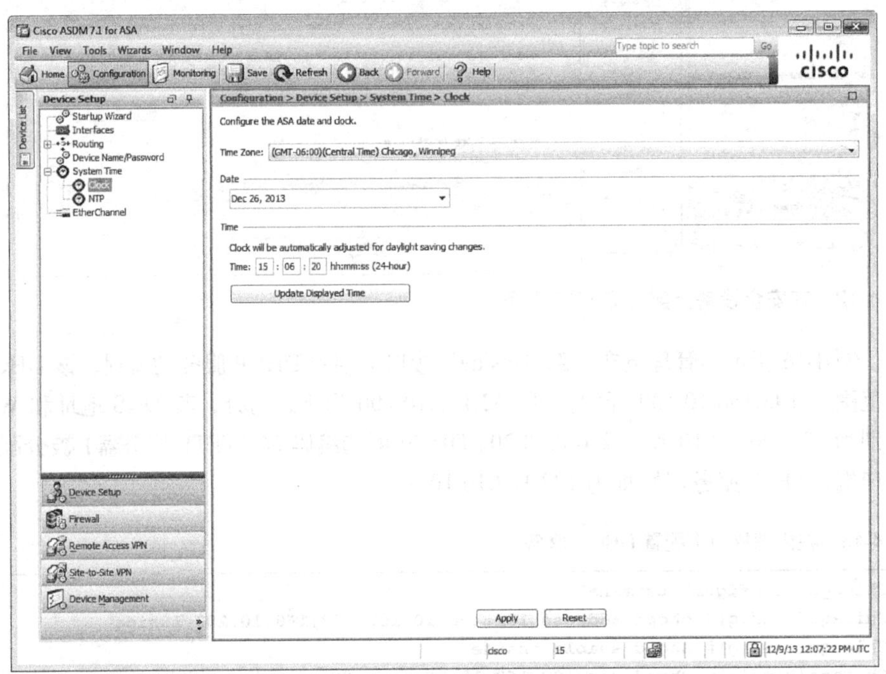

图 4-13 手动调整系统时钟

注释：即使 ASDM 自动将系统时钟调整为夏令时，管理员也可以使用以下两个格式之一来覆盖这种设置：

- 使用特定日期和时间；
- 使用循环日期和时间。

以上两种格式的命令语法如下所示。

```
clock summer-time zone date { day month | month day } year hh:mm { day month | month day } year hh:mm [ offset ]
clock summer-time zone recurring [ week weekday month hh:mm week weekday month hh:mm ][ offset ]
```

比如，用户可以设置一个策略使夏令时开始于 4 月第一个周日的 5 点，终止于 10 月最后一个周日的 5 点，命令如下：

```
Chicago(config)# clock summer-time CDT recurring 1 Sun Apr 5:00 last Sun Oct 5:00
```

2. 日期

Cisco ASDM 提供了一个可以下拉的日历，用户可以在下拉列表中选择当前的日期。日期年份为一个 4 位数字，从 1993 年到 2035 年。在图 4-13 中，当前的日期为 2013 年 12 月 26 日。

3. 时间

Cisco ASDM 支持管理员为设备设定时间，包括小时、分和秒，设置时采用 24 小时时间格式。

例 4-17 所示为安全设备的时钟经过更新，以使用当前时间 15:06:20 和当前日期 Dec 26, 2013（2013 年 12 月 26 日）。当前时区为 CST，其中 DST 从 3 月第二个周日开始，到 11 月第一个周日为止。

例 4-17 设置系统时间和时区

```
Chicago(config)# clock timezone CST -6 0
Chicago(config)# clock summer-time CDT recurring 2 Sun Mar 2:00 1 Sun Nov 2:00 60
Chicago(config)# clock set 15:06:20 Dec 26 2013
```

4.5.2 使用网络时间协议自动调整时钟

Cisco ASA 支持用网络时间协议（NTP）来从 NTP 服务器同步系统时钟。这样一来，设备管理员就不需要手动更新系统时钟了，因为当安全设备和 NTP 服务器同步时间时，设备就会将手动设置的时钟覆盖。若组织机构需要使用证书（PKI）认证网络中的用户和设备，那么设置 NTP 服务器就是非常重要的。

要设置 NTP，要选择 **Configuration > Device Setup > System Time > NTP > Add**，然后指定表 4-4 中所提到的属性。

表 4-4 NTP 参数及描述

参数	参数描述
IP Address（IP 地址）	指定 NTP 服务器的真实 IP 地址
Preferred （优选的）	若指定了多台 NTP 服务器，但勾选了其中一台的复选框，安全设备会选择优先的（preferred）那一台 NTP 会使用一种算法来判断哪个服务器是最精确的，并与该服务器进行同步。如果服务器的精确度类似，那么设备就会选择优先的（preferred）那台服务器来使用。但是，如果其中一台服务器明显比优先的服务器更加精确，那么安全设备会选择更精确的服务器。也就是说，安全设备会首选更加精确的服务器，而不会首选优先但精确度不高的那一台
Interface（接口）	指定将数据包发送给 NTP 服务器的接口的名称
Key Number（密钥号）	指定认证密钥号，取值范围在 1～4294967295
Key Vaule（密钥值）	指定用来进行 MD5 认证的实际密钥，最多 35 个字符
Trusted（信任密钥）	将这个密钥设置为一个受信任的密钥。管理员必须选择此栏来使认证功能生效
Enable NTP authentication （启用 NTP 认证）	全局启用 NTP 认证

在图 4-14 中，有两个 NTP 服务器位于内部（inside）接口。位于 192.168.10.16 是信任的服务器，而且是优选服务器，而位于 192.168.10.15 的服务器则是次选 NTP 服务器。这两个

服务器的认证密钥都是 919919。它们需要通过 MD5 认证密钥 cisco123 来对安全设备进行认证。

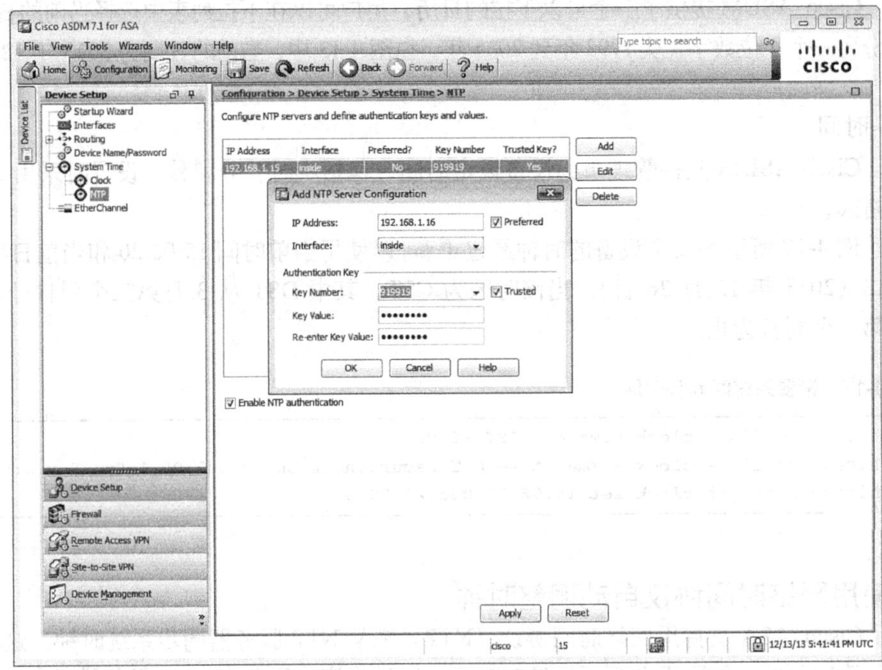

图 4-14 通过 NTP 自动调整系统时钟

例 4-18 所示为如何在 CLI 界面中完成图 4-14 中的配置。

例 4-18 配置 NTP 服务器

```
Chicago(config)# ntp trusted-key 919919
Chicago(config)# ntp server 192.168.10.15 key 919919 source inside
Chicago(config)# ntp server 192.168.10.16 key 919919 source inside prefer
Chicago(config)# ntp authenticate
Chicago(config)# ntp authentication-key 919919 md5 cisco123
```

要查看系统时钟是否已经与 NTP 服务器同步，可以使用命令 **show ntp status**，如例 4-19 所示。

例 4-19 show ntp status 的输出

```
Chicago(config)# show ntp status
Clock is synchronized, stratum 9, reference is 192.168.10.16
nominal freq is 99.9984 Hz, actual freq is 99.9984 Hz, precision is 2**6
reference time is ce8b80ac.a44d8c73 (21:09:00.641 CDT Thu Dec 26 2013)
clock offset is 4.1201 msec, root delay is 1.92 msec
root dispersion is 15894.78 msec, peer dispersion is 15890.63 msec
```

总结

本章介绍了 CLI 的不同模式，并讨论了如何对 Cisco ASA 进行初始化。本章也演示了如何使用图形化界面来设置 ASDM，以对设备进行管理。另外，本章还对多种网络互连技术进行了简短的概述，如 DHCP 和 NTP，并介绍了设置这些协议的案例。

第5章

系 统 维 护

本章涵盖的内容有：

- 配置管理；
- 远程系统管理；
- 系统维护；
- 系统监测。

在第 4 章中，读者已经学到了如何通过 CLI 或 GUI 来连接 Cisco 自适应安全设备（ASA）。本章则会指导读者完成管理安全设备的工作，并且提供一些监测系统整体健康与状态的示例。

5.1 配置管理

本节会解释如何对 Cisco ASA 中的配置文件进行管理。安全设备在系统中会保存配置文件的两类副本：

- 当前的或正在运行的配置文件；
- 储存的或开机运行的配置文件。

下面本书来对这些配置文件，以及清除它们的方法进行介绍。

5.1.1 运行配置

运行配置是安全设备在其内存中载入的当前配置文件。当安全设备启动时，它会将储存的配置文件复制进内存中，然后按照配置执行操作。使用命令 **show running-config** 或 **write terminal** 就可以显示安全设备目前正在使用的当前配置文件。上面两条命令是查看安全设备是否配置正确的最重要的命令。运行配置没有储存在非易失性存储器（NVRAM）中，直到管理员输入相应的命令之后，安全设备才会将配置保存进 NVRAM。

例 5-1 所示为 CLI 界面中显示出来的安全设备上的当前配置。正如你看见的一样，设备的配置文件可以非常庞大而又复杂，这要看安全设备上都配置了哪些特性。配置文件显示了当前系统镜像的版本以及其他的配置参数。如果想要通过 ASDM 看到同样的配置文件，可以点击 **File > Show Running Configuration in New Window**。ASDM 会在默认浏览器中弹出一个新的窗口来显示运行配置。

例 5-1 **show running-config** 的输出信息

```
Chicago# show running-config
: Saved
:
ASA Version 9.1(4)
```

（待续）

```
!
hostname Chicago
domain-name securemeinc.org
enable password 9jNfZuG3TC5tCVH0 encrypted
passwd 2KFQnbNIdI.2KYOU encrypted
names
!
interface GigabitEthernet0/0
 nameif outside
 security-level 0
 ip address 209.165.200.225 255.255.255.224
!
interface GigabitEthernet0/1
 nameif inside
 security-level 100
 ip address 192.168.10.1 255.255.255.0
!
<some output removed for brevity>
!
interface Management0/0
 nameif management
 security-level 100
 ip address 172.18.82.75 255.255.255.0
management-only
!
ftp mode passive
pager lines 24
mtu outside 1500
mtu inside 1500
mtu management 1500
no failover
icmp unreachable rate-limit 1 burst-size 1
asdm image disk0:/asdm-715.bin
timeout xlate 3:00:00
timeout conn 1:00:00 half-closed 0:10:00 udp 0:02:00 icmp 0:00:02
timeout sunrpc 0:10:00 h323 0:05:00 h225 1:00:00 mgcp 0:05:00 mgcp-pat 0:05:00
timeout sip 0:30:00 sip_media 0:02:00 sip-invite 0:03:00 sip-disconnect 0:02:00
timeout sip-provisional-media 0:02:00 uauth 0:05:00 absolute
timeout tcp-proxy-reassembly 0:01:00
http server enable
http 172.18.82.0 255.255.255.0 management
no snmp-server location
no snmp-server contact
snmp-server enable traps snmp authentication linkup linkdown coldstart
Telnet timeout 5
console timeout 0
policy-map global_policy
class inspection_default
   inspect dns preset_dns_map
   inspect ftp
   inspect h323 h225
   inspect h323 ras
   inspect rsh
   inspect rtsp
   inspect esmtp
   inspect sqlnet
   inspect skinny
   inspect sunrpc
```

（待续）

```
   inspect xdmcp
   inspect sip
   inspect netbios
   inspect tftp
!
service-policy global_policy global
prompt hostname context
Cryptochecksum:b1161684d23e24b33e29fe4e8b1a2b09
: end
```

Cisco ASA 支持用户显示特定部分的配置文件，用户只需在命令 **show running-config** 之后跟上他/她感兴趣的命令名称即可。如例 5-2 所示，命令 **show running-config?** 可以显示出所有后面可以添加的关键字，而命令 **show running-config interface gigabitEthernet0/0** 则显示出了接口 GigabitEthernet0/0 的运行配置。

例 5-2 命令 show running-config 部分输出的信息

```
Chicago# show running-config ?
   aaa              Show aaa configuration information
   aaa-server       Show aaa-server configuration information
   access-group     Show access group(s)
   access-list      Show configured access control elements
   alias            Show configured overlapping addresses with dual NAT
   all              Current operating configuration including defaults
   arp              Show configured arp entries, arp timeout
   asdm             Show ASDM configuration
<Output omitted for brevity>
Chicago# show running-config interface GigabitEthernet0/0
!
interface GigabitEthernet0/0
 nameif outside
 security-level 0
 ip address 209.165.200.225 255.255.255.224
```

提示：命令 show running-config 不能显示出所有安全设备保留默认值的命令。要显示完整的运行配置，应使用命令 show running-config all。

Cisco ASA 操作系统支持用户在执行 **show** 命令时，在命令最后输入| **grep**，以提高用户的搜索能力。另外，| **include** 可以通过 **show** 命令来输出所有精确匹配该词组的命令。用户可以使用命令| **exclude** 来排除匹配特定词组的命令。例 5-3 便只显示了运行配置中设置的 IP 地址及其相应的子网掩码。

例 5-3 命令 show running-config 的选择性输出

```
Chicago# show running-config | include ip address
 ip address 209.165.200.225 255.255.255.224
 ip address 192.168.10.1 255.255.255.0
 no ip address
 no ip address
 ip address 172.18.82.75 255.255.255.0
```

通过使用选项| **begin**，安全设备也可以使 **show** 命令有选择地输出。在这种情况下，设备会从特定关键字开始输出配置文件。例 5-4 只查看了运行配置文件中，从物理接口开始的信息。因此使用命令 **show running-config | begin interface** 就可以实现这一需求。

例 5-4 只显示 **show running-config** 命令从接口配置文件开始的输出信息

```
Chicago# show running-config | begin interface
interface GigabitEthernet0/0
 nameif outside
 security-level 0
 ip address 209.165.200.225 255.255.255.224
!
interface GigabitEthernet0/1
 nameif inside
 security-level 100
 ip address 192.168.10.1 255.255.255.0
!
interface GigabitEthernet0/2
 shutdown
 no nameif
 no security-level
 no ip address
! Output omitted for brevity
```

5.1.2 启动配置

在启动过程中，安全设备会使用储存配置来作为运行配置。这个储存的配置叫做启动配置。管理员可以通过命令 **show startup-config** 或 **show configuration** 来查看设备的启动配置，如例 5-5 所示。

例 5-5 命令 **show startup-config** 的输出信息

```
Chicago# show startup-config
: Saved
: Written by cisco at 21:13:44.064 CDT Fri Dec 22 2013
!
ASA Version 9.1(4)
!
hostname Chicago
domain-name securemeinc.org
enable password 9jNfZuG3TC5tCVH0 encrypted
passwd 2KFQnbNIdI.2KYOU encrypted
names
!
interface GigabitEthernet0/0
 nameif outside
 security-level 0
 ip address 209.165.200.225 255.255.255.224
!
interface GigabitEthernet0/1
 nameif inside
 security-level 100
 ip address 192.168.10.1 255.255.255.0
! Output omitted for brevity
```

命令 **show startup-config** 或 **show running-config** 输出信息也许一致，也许不同，这取决于这两个配置是否同步。使用命令 **copy runningconfig startup-config** 或 **write memory** 就可以将活动配置复制到 NVRAM 中，如例 5-6 所示。

例 5-6 命令 **copy running-config startup-config** 的输出信息

```
Chicago# copy running-config startup-config
Source filename [running-config]?
Cryptochecksum: 28b8d710 e2eaeda0 bc98a262 2bf3247a
3205 bytes copied in 3.230 secs (1068 bytes/sec)
```

要使用命令ASDM来将运行配置保存为启动配置，需要选择**File >Save Running Configuration to Flash**。

5.1.3 删除设备配置文件

如果使用 ASDM，管理员可以找到任何一个已经配置的特性来将其删除，或将相应的值改回默认值。比如，若用户在 GigabitEthernet0/0 上创建了一个子接口，那么可以通过选择相应接口并点击 Delete 键来将其删除。

在使用 CLI 时，需要使用命令 **no** 的方式，来将命令删除掉。这可以取消之前已经输入的命令。在例 5-7 中，安全设备在外部（outside）接口上设置了 IKEv1 进程。然后，管理通过使用命令 **no crypto ikev1 enable outside** 将该进程禁用。

例 5-7 在外部接口上禁用 IKEv1 进程

```
Chicago(config)# crypto ikev1 enable outside
Chicago(config)# no crypto ikev1 enable outside
```

安全设备也可以通过命令 **clear configure** 来删除当前配置文件上某个特性，比如，安全设备为阶段 1 的 IPSec 协商设置了 ikev1 policy 10，使用命令 **the clear configure crypto ikev1** 就可以从运行配置中清除所有的 **ikev1** 命令，如例 5-8 所示。

例 5-8 从运行配置中清除所有的 **ikev1** 命令

```
Chicago(config)# show running-config | include ikev1
crypto ikev1 enable outside
crypto ikev1 policy 10

Chicago(config)# clear configure crypto ikev1
Chicago(config)# show running-config | include ikev1
```

注释：在命令前面使用关键字 **no** 只能清除一行的命令。而使用命令 **clear configure** 则可以清除某一特性部分的命令。

在例 5-8 中，设备不仅会从运行配置中删除 IKEv1 的策略，还会删除命令 **crypto ikev1 enable outside**。使用命令 **clear configure crypto ikev1 policy** 则只会从当前配置中删除 IKEv1 策略。

和 Cisco IOS 路由器不同的是，Cisco ASA 无须重新启动就可以清除运行配置。这一点在安全设备需要返回默认配置时非常有用。可以使用命令 **clear configure all** 来清除所有的运行配置，如例 5-9 所示。

例 5-9 清除运行配置

```
Chicago(config)# clear configure all
ciscoasa(config)#
```

警告：如果管理员正在使用远程管理协议与设备连接，那么使用命令 **clear configure all** 会导致设备断开连接。因此在使用这条命令之前，要确保用户和 ASA 是通过 Console 口连接的。

使用 ASDM 的用户也可以清除安全设备的全部配置，方法是选择 **File > Reset Device to the Factory Default Configuration**。ASDM 会提示用户在管理接口上配置一个 IP 地址。然后，用户可以与该 IP 地址重新建立连接。

注释：可以使用命令 **configure factory-default** 将安全设备恢复默认配置。读者如需了解安全设备的默认配置，可以参考前面第 4 章中的内容。

如果用户在特权模式下输入命令 **write erase**，那么安全设备就会从 NVRAM 中清除所有的启动配置，如例 5-10 所示。

例 5-10 清除启动配置

```
Chicago# write erase
Chicago#
```

提示：Cisco ASDM 支持用户备份配置文件、证书、XML 文件、SSL VPN 自定义文件和 CSD/AnyConnect 镜像。如果用户在两台设备上设置了相同的配置，那么也可以将上述文件保存在另一台安全设备上。方法是找到 **Tools >Backup Configuration** 来启动备份进程。

5.2 远程系统管理

管理员未必要通过物理的方式连接到设备的 Console 接口才能访问设备的 CLI。安全设备支持 3 种远程管理协议：

- Telnet；
- 安全外壳（SSH）；
- ASDM（通过 HTTPS 协议进行访问的 GUI 界面）。

在前面的章节中，我们一直在对 ASDM 进行介绍，下面对另外两种管理协议进行介绍。

5.2.1 Telnet

Cisco ASA 自带 Telnet 服务器功能，它支持用户通过 CLI 界面对其进行远程管理。但安全设备默认的行为是拒绝从所有客户端发来的 Telnet 访问请求，除非它们被明确放行。

注释：在客户端和安全设备之间的通信是非加密的。因此，这里强烈推荐使用 SSH 协议而非 Telnet 协议来对设备实施远程管理。

用户也许会在所有接口上都启用 Telnet。但是，安全设备在外部接口上不支持明文 Telnet 通信，除非该会话经过了 IPSec 隧道的加密。安全设备需要用户来建立一个通往外部接口的 IPSec 隧道，以加密去往安全设备的流量。在隧道协商成功之后，用户可以向外部接口发起 Telnet 会话了。

当 Telnet 客户端尝试对设备进行连接时，安全设备会查看该客户端的以下两个条件：

- 客户端的 IP 地址是否在允许的地址空间内；
- 接收请求的接口是否允许接受来自客户端地址空间的请求。

如果这两个条件中的任何一个不满足，安全设备就立刻丢弃掉这个请求消息，并为该事件创建一个系统日志消息。系统日志的问题会在本章稍后部分进行介绍。

外部认证服务器（如 Cisco Secure 访问控制服务器[ACS]）也可以用来认证 Telnet 会话。对相关内容感兴趣的读者可以查看第 7 章。

用户可以通过配置安全设备使其在某个接口上接受 Telnet 会话，方法是找到 **Configuration > Device Management > Management Access >ASDM/HTTPS/Telnet/SSH**，然后点击 **Add**。ASDM 会提示用户对以下内容进行选择：

- Telnet 客户端会从哪个接口进行访问（Interface Name[接口名]）；
- 允许连接所选接口的主机或网络地址（IP Address[IP 地址]）；
- 允许的 IP 或子网地址的掩码（Mask[掩码]）。

在图 5-1 中，管理网络 172.18.82.0/24 可以与安全设备的管理接口建立 Telnet 会话。

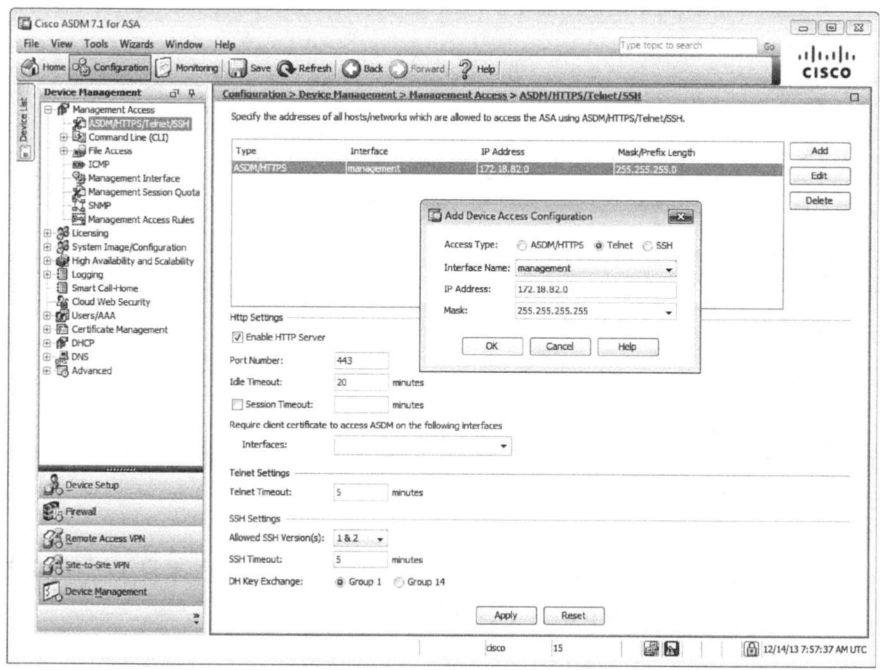

图 5-1 为管理网络（Management Network）①开放 Telnet 服务

例 5-11 所示为实现同一设置的命令行配置。若 Telnet 连接处于空闲状态（Idle），安全设备还设置了超时时间，即 5 秒后超时，这是默认的超时时间。

例 5-11 在管理接口上的 Telnet 访问配置

```
Chicago# configure terminal
Chicago(config)# telnet 172.18.82.0 255.255.255.0 management
Chicago(config)# telnet timeout 5
```

如果设备的 IP 地址允许用户进行连接，安全设备就会进入用户认证步骤，即提示用户输入登录密码。从 Cisco ASA 9.0(2)版本开始，设备不再默认设置 Telnet 密码。管理员可以使用 **password** 命令来设置 Telnet 密码。读者可以在第 4 章中学习如何修改 Telnet 密码。

如果认证成功的话，安全设备会允许授权用户进入用户模式的 CLI 中。管理员可以通

① 这里的中文“管理”是名词，这里的“管理网络”特指例子中的网络 172.18.82.0/24。——译者注

过 **Monitoring > Properties > Device Access > ASDM/HTTPS/Telnet/SSH Sessions** 来监测处于活动状态的 Telnet 会话。这里会显示 Telnet 连接 ID 及客户端的 IP 地址。如果管理员认为某条会话不应该建立，那么他/她可以使用连接 ID 来清除该 Telnet 会话。方法是选择相应的用户并点击 **disconnect** 按钮。

在图 5-2 中，安全设备为客户端 172.18.82.77 分配了连接 ID 0。而 ASDM 会话也是与同一个客户端 IP 地址建立起来的。

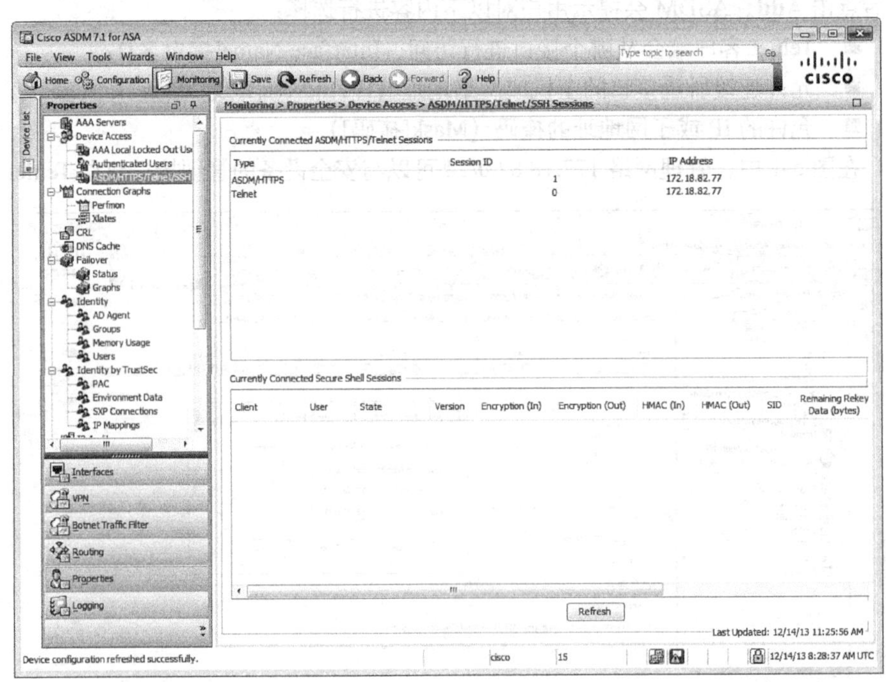

图 5-2 监测远程管理会话

例 5-12 所示为实现同一功能的配置方法。在该例中，有一条来自 172.18.82.77 的 Telnet 会话。而管理员使用命令 **kill** 断开了该连接。

例 5-12 监测并清除处于活跃状态的 Telnet 会话

```
Chicago# configure terminal
Chicago# who
        0: 172.18.82.77
Chicago# kill 0
Chicago# who
Chicago#
```

5.2.2 SSH

使用 SSH 协议是连接安全设备来执行远程管理的推荐做法，因为这种协议的数据包是经过了行业标准算法（如 3DES 和 AES）加密的数据包。在安全设备上可以实施的 SSH 版本包括版本 1 和版本 2。

在 SSH 客户端与 Cisco ASA SSH 服务器对数据进行加密之前，它们会相互交换 RSA 安全密钥。这些密钥用来确保非法用户无法看到数据包的内容。当客户端尝试进行连接时，安全设备会向客户端提供它的公钥。在收到该密钥后，客户端会随机创建一个密钥，并使用安全设备发来的公钥对其进行加密。这些经过加密的客户端密钥会被发送给安全设备，而安全设备会使用自己的私钥对其进行解码。密钥交换步骤到此结束，然后，安全设备就会开始进行用户认证步骤。Cisco ASA 支持大量安全算法，这些算法罗列在了表 5-1 中。

表 5-1　　Cisco ASA 所支持的安全算法

属性	支持的算法
数据加密	3DES 与 AES
数据包完整性校验	MD5 与 SHA
认证方法	RSA 公钥
密钥交换	DH 组 2 和 14

注释：与 Telnet 不同的是，Cisco ASA 支持用户在外部接口上接收 SSH 会话。这是由于 SSH 会话已经经过了加密，因此不需要再使用 IPSec 隧道对其进行保护了。

要在安全设备上配置 SSH，需要执行以下步骤。

步骤 1　创建 RSA 密钥。SSH 作为安全设备上的后台程序，会使用 RSA 密钥来对会话进行加密。创建公钥和私钥对的方法是，找到 **Configuration > Device Management > Certificate Management > Identity Certificates > Add > Add a New Identity Certificate**，然后选择新的密钥对（**New** for Key Pair）。另外，也可以在 CLI 界面中使用命令 **crypto key generate rsa** 来实现同样的效果，如下面的输出所示。想了解创建 RSA 密钥的具体信息，可以参考第 21 章。

```
Chicago(config)# crypto key generate rsa
INFO: The name for the keys will be: <Default-RSA-Key>
Keypair generation process begin. Please wait...
```

管理员可以将默认的模数[①]大小（1024 比特）修改为 512、768、2048 或 4096 比特。在创建完密钥之后，可以通过命令 **show crypto key mypubkey rsa** 来对公钥进行查看。

```
Chicago(config)# show crypto key mypubkey rsa
Key pair was generated at: 22:41:07 UTC Dec 21 2013
Key name: <Default-RSA-Key>
 Usage: General Purpose Key
 Modulus Size (bits): 1024
 Key Data:
  30819f30 0d06092a 864886f7 0d010101 05000381 8d003081 89148181 00b85a0c
  7af04bc1 028c072e 4be49fad 29e7c8e2 9b1341cc e6ace229 2556b310 66a12627
  05166501 30ca3360 e32307d7 31d2f839 7a36005e 0656cc36 4fa23aa5 7d9a3f09
  fd5b35b2 cdf1b393 8e4ba10f 0752f2ec c29915cf f058945a 4ac11cd6 d46c72d7
  a45766e1 851d1093 e1cd4a93 f222631f 6c51a55f e9ef229a 4481f719 55020301 0001
```

① 这里的模数（modulus）指 RSA 算法中，用来将明文的随机次幂求模的那个数值，它是两个互异的大素数（通常称为 p、q）乘积。由于 RSA 算法的安全性就是建立在大整数因数分解的困难性（the integer factorization problem）之上，因此，这个模数越大，将其分解为那两个素数就越困难，进而求出解密需要使用的值(p-1)(q-1)也就越难。换句话说，模数越大，加密就越安全。对 RSA 算法原理及 RSA 算法本身感兴趣的读者可以去阅读“初等数论”中“欧拉（Euler）定理”的相关内容和“密码学”中“RSA 算法”的相关内容。——译者注

步骤 2 在接口上启用 SSH。

管理员可以通过对接口进行配置使其能够接受 SSH 会话，方法是找到 **Configuration > Device Management > Management Access > ASDM/HTTPS/Telnet/SSH**，并点击 **Add**。ASDM 会提示管理员在选择一个接口，并指定它的 IP 地址/掩码，这部分的内容和我们前文中提到的 Telnet 部分类似。如前例所示，安全设备可以通过配置来接受与管理接口相连的网络——**172.18.82.0/24** 发来的 SSH 会话。

```
Chicago(config)# ssh 172.18.82.0 255.255.255.0 management
```

一旦在接口上启用了 SSH 协议，只要 IP 地址处于可访问列表中，管理员即可在客户端发起 SSH 连接。在客户端与安全设备协商好安全参数之后，安全设备会提示用户输入认证密码。如果认证成功通过，用户就会进入用户访问模式。

> 注释：对于 SSH 连接来说，从 8.4(2)版的操作系统伊始，就没有了默认的用户名或密码。管理员可以通过命令 **aaa authentication ssh console** 来启用 AAA 认证。

步骤 3 （可选）限制 SSH 的版本。

在建立连接时，安全设备可以限制客户端使用 SSH 版本 1（SSHv1）或 SSH 版本 2（SSHv2）。在默认情况下，安全设备可以同时接受这两个版本。不过，推荐使用 SSH 版本 2，因为它的认证和加密功能相对强大。但是，安全设备无法支持 SSHv2 的以下特性。

- X11 转发（X11 forwarding）[①]。
- 端口转发（Port forwarding）[②]。
- 安全文件传输协议（SFTP）。
- 网络认证协议（Kerberos）和 AFS 许可凭证（ticket）通过。
- 数据压缩。

在 ASDM 中，管理员要在下拉列表 **Allowed SSH Version(s)** 中选择 SSH 的版本。要通过 CLI 设置特定的 SSH 版本，应使用命令 **ssh version** 并在命令后面跟 SSH 的版本。

> 注释：安全设备的许可证必须拥有 3DES-AES 特性集，才能支持 SSHv2 会话。

步骤 4 （可选）修改空闲（Idle）超时时间

与 Telnet 超时时间类似，用户可以在 1 分钟到 60 分钟的范围内认真调校空闲超时时间值。如果组织机构的安全策略不允许连接长时间保持空闲状态，那么可以将这个值修改为一个比较低的数值，比如从默认的 5 分钟修改为 3 分钟。

步骤 5 监测 SSH 会话

监测 SSH 会话的方法与和监测 Telnet 会话的方法一样，找到 **Monitoring > Properties > Device Access > ASDM/HTTPS/Telnet/SSH Sessions**。这里会显示出很多有用的信息，如用户名、客户端的 IP 地址、加密和散列算法、当前的连接状态以及使用的 SSH 版本。也可以在 CLI 界面中使用 **show ssh session** 命令来获取相同的信息。

如需手动断开处于活跃状态的 SSH 会话，应点击 **Disconnect** 按钮。CLI 管理员可

---

① 加密 X Windows 系统的通信。——译者注

② 为遗留协议（legancy protocol）提供加密隧道。——译者注

以在命令 **ssh disconnect** 后面跟会话的 ID 号。

步骤 6 启用 SCP（Secure Copy）。可以使用 SCP 文件传输协议来将文件安全地传输到网络设备中。它的功能与 FTP 类似，但是可以对数据进行加密。安全设备可以充当 SCP 服务器使 SSHv2 客户端将文件复制进 Flash 中。启用 SCP 的方式是找到 **Configuration > Device Management > Management Access > File Access > Secure Copy (SCP) Server**，然后选择 **Enable Secure Copy Server**。如果使用 CLI 界面，那么可以使用命令 **ssh copy enable** 来实现这一功能，如下所示：

```
Chicago(config)# ssh scopy enable
```

注释：SSH 客户端必须具备 SCP 功能才能传输文件。

5.3 系统维护

本节介绍如何在 Cisco ASA 上管理和安装各类系统镜像文件，以及如何恢复没有操作系统的设备。本节也会探讨当密码丢失时，设备将如何恢复认证密码。

5.3.1 软件安装

Cisco ASA 可以通过 Cisco ASDM 和 Cisco ASA CLI 来更新系统镜像文件。

本节也会讨论当安全设备中没有一个可以启动的镜像文件时，通过 ROMMON 载入镜像文件的步骤。

1. 通过 Cisco ASDM 更新镜像文件

ASDM 可以通过 HTTPS 协议将 ASA 或 ASDM 镜像上传到 Cisco ASA Flash 中。在升级软件系统版本时，ASDM 给出了下面两种选择：

- 选择 **Tools > Upgrade Software from Local Computer** 从本地计算机将一个文件上传到 Cisco ASA 本地 Flash 中。
- 选择 **Tools > Check for ASA/ASDM Updates** 查看 Cisco 站点中 ASA 可启动镜像的最新版本。

在大多数情况下，用户都想从 Cisco.com 上向本地工作站中下载一个可启动的镜像文件。许多企业想先在它们的实验环境中对 ASA 的镜像文件进行一下测试，以了解这个最新版本的镜像文件是否符合他们的需求。

如果用户选择了 **Upgrade Software from Local Computer**，那么要选择是要下载 ASDM 镜像还是 ASA 镜像，然后指定该镜像文件在本地硬盘上的存储路径。为了使用方便，用户也可以点击 **Browse Local Files**，通过搜索本地硬盘文件结构来选择文件。在管理员为文件指定了存储在 Cisco ASA Flash 上的位置之后，点击 **Upload Image** 以启动传输进程，如图 5-3 所示。

若系统 Flash 包含了一个以上的镜像文件，那么 Cisco ASA 会从它在 Flash 中找到的第一个镜像文件启动。如果管理员不希望设备从硬盘的第一个镜像文件启动，那么他/她也可以设置启动顺序来载入镜像文件。找到 **Configuration > Device Administration > System Image/Configuration > Boot Image/Configuration > Add > Browse Flash**，然后选择管理员希望设备启动的那个镜像文件。如果管理员想要选择多个镜像文件启动，管理员可以更改特定镜像文件的优先级，方法是点击 **Move Up** 和 **Move Down** 按钮。

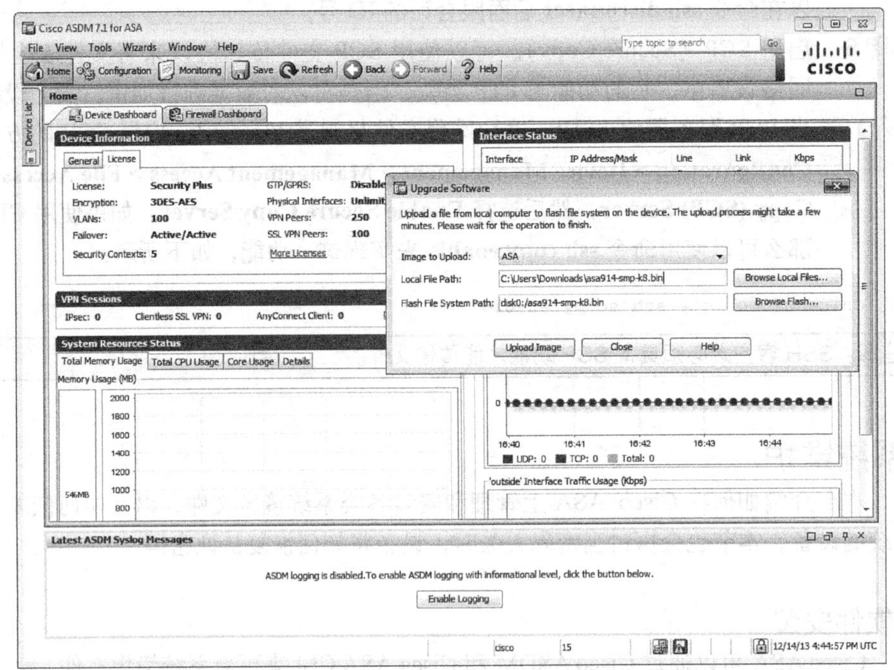

图 5-3 通过 ASDM 升级镜像文件

在新的镜像文件升级之后，管理员必须重新启动设备才能载入新的镜像，方法是点击 **Tools > System Reload**。Cisco ASDM 会询问管理员是否想要将运行配置保存进 NVRAM 中、是想要立刻重启还是安排一个时间稍后重启。如果管理员修改了可启动镜像的次序，一定要在重启 Cisco ASA 之前保存配置。

2. 通过 Cisco ASA CLI 更新镜像文件

安全设备支持从很多类型的文件服务器（包括 TFTP、HTTP、HTTPS 和 FTP）中，将系统镜像文件下载到 Flash（disk 0）中。要启动镜像文件下载过程，可以在命令 **copy** 后面跟上文件传输类型。命令 **copy** 会从源位置或 URL 将特定文件下载到目标位置（Flash）。系统镜像的目标位置是本地文件系统。安全设备有一个内部的存储盘，叫做 disk0:或 Flash。另外，还可以使用外部存储设备（也称为 disk1:）来储存系统镜像文件。

管理员可以使用选项 **noconfirm** 来通知安全设备在接收参数时无须再提示用户进行确认。如果管理员使用自定义文本来上传系统镜像文件，这个参数就很有用。

例 5-13 显示了配置安全设备将镜像文件从位于 172.18.82.10 的 TFTP 服务器下载过来的方法，该文件的文件名为 asa914-smp-k8.bin。安全设备会启动下载进程，并将该镜像文件另存为 asa914-smp-k8.bin。

例 5-13 从 TFTP 服务器中将系统镜像文件下载到本地 Flash 中

```
Chicago# copy tftp: flash:
Address or name of remote host []? 172.18.82.10
Source filename []? asa914-smp-k8.bin
Destination filename [asa914-smp-k8.bin]? asa914-smp-k8.bin

Accessing tftp://172.18.82.10/asa914-smp-k8.bin...!!!!!!!!!!!!!!!!!!
```

（待续）

```
! Output omitted for brevity
Writing file disk0: asa914-smp-k8.bin...
!!!!!!!!!!!!!!!!!!!!!!!!!!!!!!!!!!!!!!!!!!!!!!!!!!!!!!!!!!!!!!!!!!!!
! Output omitted for brevity
37767168 bytes copied in 151.370 secs (33934 bytes/sec)
```

例 5-14 显示了配置安全设备将镜像文件从位于 172.18.82.10 的 FTP 服务器下载过来的方法，该文件的文件名为 asa914-smp-k8.bin。用户名是 Cisco，密码为 cisco123。

例 5-14 从 FTP 服务器中将系统镜像文件下载到本地 Flash 中

```
Chicago(config)# copy ftp://Cisco:cisco123@172.18.82.10/asa914-smp-k8.bin flash
Address or name of remote host [172.18.82.10]?
Source username [Cisco]?
Source password [cisco123]?
Source filename [asa914-smp-k8.bin]?
Destination filename [asa914-smp-k8.bin]?
Accessing ftp://Cisco:cisco123@172.18.82.10/asa914-smp-k8.bin...!
Writing file disk0:/asa914-smp-k8.bin...
!!!!!!!!!!!!!!!!!!!!!!!!!!!!!!!!!!!!!!!!!!!!!!!!!!!!!!!!!!
! Output omitted for brevity
37767168 bytes copied in 151.370 secs (33934 bytes/sec)
```

用户可以使用命令来查看自己下载的镜像文件是否已经成功储存到 Flash 中，方法是输入命令 **dir**，如例 5-15 所示。

例 5-15 命令 dir 的输出信息

```
Chicago# dir
Directory of disk0:/
6        -rw-       37767168             05:37:16 Dec 26 2013           asa914-smp-k8.bin
10       -rw- 22834188 04:29:18 Dec 25 2013 asdm-715.bin
```

注释：管理员可以用命令 **verify** 来查看文件签名和 MD5 散列值。这可以确保上传的镜像文件没有出错。

如前所述，在安全设备中可以保存多个系统镜像文件。当设备重新启动时，安全设备会载入第一个系统镜像文件。管理员可以通过命令 **boot system** 来修改这一默认行为，以确保设备会使用最新下载的镜像文件来启动。如例 5-16 所示，在该例中，管理员将该安全设备设置为从 asa914-smp-k8.bin 启动。

例 5-16 设置启动参数

```
Chicago(config)# boot system disk0:/asa914-smp-k8.bin
Chicago(config# exit
```

在将 Cisco ASA 配置为从特定镜像文件启动之后，需要将运行配置文件保存进 NVRAM 中，如例 5-17 所示。

例 5-17 将运行配置文件保存进 NVRAM

```
Chicago# copy running-config startup-config
```

要想重启动安全设备，可以使用命令 **reload**，如例 5-18 所示。在输入该命令后，安全设备会关闭所有进程并重新启动。根据修改后的系统启动参数，它会载入镜像文件

asa914-smp-k8.bin。

例 5-18 重新启动安全设备

```
Chicago# reload
Proceed with reload? [confirm] < cr >
***
*** -- START GRACEFUL SHUTDOWN --
Shutting down isakmp
Shutting down File system
! Output omitted for brevity

Loading disk0:/asa914-smp-k8.bin... Booting...
###############################################################################
! Output omitted for brevity
Type help or '?' for a list of available commands.
Chicago>
```

注释：在重新启动安全设备之前，应该为设备规划一个维修窗口（maintenance window）[①]以免干扰正常的业务流量。

最后一步是查看安全设备是否运行在所需的镜像文件版本中，方法是输入命令 **show version**，如例 5-19 所示。

例 5-19 命令 show version 的输出信息

```
Chicago# show version | include Version
Cisco Adaptive Security Appliance Software Version 9.1(4)
Device Manager Version 7.1(5)
```

3. 使用 ROMMON 回复系统镜像

当镜像文件丢失或损坏时，安全设备提供了一种上传和恢复镜像文件的方法，在这种情况下，安全设备会进入 ROMMON 模式。如果安全设备正在主动运行一个系统镜像文件，那么管理员可以使用前文（“软件安装”小节）中介绍的方法为设备上传一个新的镜像文件。但是，如果在没有镜像文件时设备重新启动，那么可以使用 ROMMON 模式来通过 TFTP 协议为设备传输镜像文件。而所有这些过程就必须通过 CLI 界面来实现。

在传输镜像文件之前，需要查看两件事；其一，TFTP 服务器是否将文件放在了它的根目录中；其二，安全设备和 TFTP 服务器之间是否建立了连接。然后，使用命令 **address** 为安全设备分配一个 IP 地址，并使用命令 **server** 指定 TFTP 服务器。管理员可以通过在命令 **interface** 后面跟物理接口名称来为配置的 IP 地址指定一个接口，可以用命令 **file** 来设置系统镜像文件的名称。在例 5-20 中，管理员为接口 GigabitEthernet0/1 分配了 IP 地址 172.18.82.75，TFTP 服务器为 172.18.82.10，系统镜像文件的名称是 asa914-smp-k8.bin。

① 在 IT 行业中，维修窗口指一段由提供高可用性服务（如 Web 托管服务，或 Internet 服务提供商服务）的技术员工所预先规划的时段。在该时段内，员工有可能会为检修设备而中断服务。之所以要预先规划这样的时段，是要使服务的客户能够提前为有可能到来的服务中断或服务变更而做好准备（以上解释译自 http://en.wikipedia.org/wiki/Maintenance_window）。简而言之，所谓“规划一个维修窗口”就是指安排一个定期检修的时段，并通知相关人员。——译者注

例 5-20 设置 TFTP 参数

```
rommon #0> address 172.18.82.75
rommon #1> server 172.18.82.10
rommon #2 > interface GigabitEthernet0/1
GigabitEthernet0/1
MAC Address: 000f.f775.4b54
rommon #3> file asa914-smp-k8.bin
```

注释：如果安全设备和 TFTP 服务器位于不同的 IP 子网中，那么必须使用命令 **gateway** 在安全设备上定义一个默认网关。

```
rommon #2> gateway 172.18.82.1
```

要检查是否所有属性都已经得到了正确的配置，应使用命令 **set** 进行查看，如例 5-21 所示。使用命令 **tftpodnld** 可以启动 TFTP 进程。

例 5-21 查看 TFTP 参数

```
rommon #4> set
ROMMON Variable Settings:
  ADDRESS=172.18.82.75
  SERVER=172.18.82.10
  PORT=GigabitEthernet0/1
  VLAN=untagged
  IMAGE=asa914-smp-k8.bin
  CONFIG=
rommon #5> tftpdnld
tftp asa914-smp-k8.bin@172.18.82.10
!!!!!!!!!!!!!!!!!!!!!!!!!!!!!!!!!!!!!!!!!!!!!!!!!!!!!!!!!!!!!!!!!!!!
```

注释：安全设备将系统镜像文件下载到它的内存中并启动设备。但是，下载的镜像文件并不会被储存到 Flash 中。将镜像文件保存进 Flash 的方法可以参照“通过 Cisco ASA CLI 升级镜像文件”小节的方法执行。

5.3.2 密码恢复流程

如果由于配置的认证参数或者密码丢失，而使系统管理员被密码关在外面，那么就必须启动密码恢复流程。Cisco ASA 的这个流程与 IOS 路由器的密码恢复流程类似，都是使用 ROMMON 模式来进行恢复。管理员应该在自己规划的维修窗口内来进行密码恢复，因为恢复密码的过程必须对安全设备进行重启。恢复密码需要遵循以下流程。

步骤 1 建立一条 Console 连接。出于安全性方面的原因，恢复密码的流程要求相关人员以物理的方式来访问安全设备。这可以确保远程用户或未经授权的用户都无法重新设定设备的密码。因此，就需要通过 Console 接口来连接设备。相关内容可以查看第 4 章。

步骤 2 重新启动安全设备。

恢复密码首先要将安全设备关闭，然后再重新将它开启。由于用户没有通过 CLI 重启设备所需的密码，因此这一步是必不可少的。

步骤3 进入ROMMON模式。

当安全设备开始重新启动时，Console口上就会显示启动消息。在出现“Use BREAK or ESC to interrupt boot”字样时，按Esc键。接下来，管理员就会进入ROMMON模式。

```
Cisco BIOS Version:9B2C109A
Build Date:05/15/2013 16:34:44

CPU Type: Intel(R) Pentium(R) CPU          G6950 @ 2.80GHz, 2793 MHz
Total Memory:4096 MB(DDR3 1066)
System memory:619 KB, Extended Memory:3573 MB

PCI Device Table:
   Bus    Dev    Func    VendID   DevID   Class    IRQ
-----------------------------------------------------------
   00     00     00      8086     0040    Bridge Device
   00     06     00      8086     0043    PCI Bridge,IRQ=11

Booting from ROMMON

Cisco Systems ROMMON Version (2.1(9)8) #1: Wed Oct 26 17:14:40 PDT 2011

Use BREAK or ESC to interrupt boot.
Use SPACE to begin boot immediately.
Boot interrupted.

Management0/0
Link is DOWN
MAC Address: 7c69.f62c.b733

Use ? for help.
rommon #0>
```

步骤4 设置ROMMON配置寄存器。

在ROMMON模式中，包括了设置配置寄存器的命令**confreg**，它可以更改设备的启动行为。它可以用来指定安全设备的启动方式（ROMMON、NetBoot和Flash启动）或者在启动时忽略默认配置。在输入命令**confreg**之后，安全设备会显示当前的寄存器值并提示用户输入多个选项。管理员可以记下当前配置寄存器并按**y**来进入交互模式。

安全设备会将新的寄存器值提示出来。这时，管理员可以一直选择默认配置，直到系统询问管理员是否禁用系统配置（disable system configuration?），这时，输入**y**，如下所示。

```
rommon #0> confreg
Current Configuration Register: 0x00000001
Configuration Summary:
 boot default image from Flash
Do you wish to change this configuration? y/n [n]: y
enable boot to ROMMON prompt? y/n [n]:
enable TFTP netboot? y/n [n]:
```

```
enable Flash boot? y/n [n]:
select specific Flash image index? y/n [n]:
disable system configuration? y/n [n]: y
go to ROMMON prompt if netboot fails? y/n [n]:
enable passing NVRAM file specs in auto-boot mode? y/n [n]:
disable display of BREAK or ESC key prompt during auto-boot? y/n [n]:
Current Configuration Register: 0x00000040
Configuration Summary:
  boot ROMMON
  ignore system configuration
Update Config Register (0x40) in NVRAM...
```

步骤 5 启动安全设备。

在通过设置配置寄存器值，使设备忽略配置文件之后，就可以使用命令 **boot** 来启动安全设备了。

```
rommon #1> boot
Launching BootLoader...
Boot configuration file contains 1 entry.

Loading /asa914-smp-k8.bin... Booting...
```

步骤 6 访问特权模式。

安全设备会载入默认的配置文件，因此用户访问特权模式不需要输入密码。在安全设备显示出默认的设备名 ciscoasa 之后，输入命令 **enable** 来进入特权模式。

```
ciscoasa>
ciscoasa> enable
Password:<cr>
ciscoasa#
```

步骤 7 载入储存的配置文件。

在通过 CLI 访问到设备的特权模式之后，可以从 NVRAM 中载入储存的配置文件。即通过命令 **copy** 来将启动配置文件复制为运行配置文件，方法如下。

```
ciscoasa# copy startup-config running-config
Destination filename [running-config]?<cr>
Cryptochecksum(unchanged): 3a3748e9 43700f38 7712cc11 2c6de52b
1104 bytes copied in 0.60 secs
```

步骤 8 重新设置密码。

在载入储存的配置文件之后，就可以修改登录（login）、enable 和用户（user）密码。登录密码是用来获得用户模式访问权限的密码，enable 密码是用来获得特权模式访问权限的密码。在下面的例子中，登录密码和 enable 密码都被修改为了 C1$c0123。

```
Chicago# config terminal
Chicago(config)# passwd C1$c0123
Chicago(config)# enable password C1$c0123
```

如果安全设备使用的是本地用户认证，那么用户密码也可以进行修改，在下面所示的例子中，管理员将用户 cisco 的密码修改为了 C1$c0123。

```
Chicago(config)# username cisco password C1$c0123
```

步骤9 恢复配置寄存器值。

为使安全设备不会在下次重新启动时依然忽略储存的配置文件，必须将配置的寄存器值修改回去。方法是使用配置模式下的命令 **config-register** 将配置寄存器恢复为0x1。

```
Chicago(config)# config-register 0x1
```

步骤10 将当前配置保存进NVRAM。

要使新设定的密码被储存进NVRAM中，此处应使用命令 **copy** 来将运行配置复制进NVRAM中，使其成为启动配置，如下所示。

```
Chicago(config)# copy running-config startup-config
Source filename [running-config]?
Cryptochecksum: 6167413a 17ad1a46 b961fb7b 5b68dd2b
1104 bytes copied in 3.270 secs (368 bytes/sec)
```

注释：命令 **write memory** 也可以将运行配置复制进NVRAM中，使其成为启动配置。

5.3.3 禁用密码恢复流程

Cisco ASA可以禁用前文中介绍的密码恢复流程以提高设备的安全性。这样一来，即使非法用户能够通过Console接口来访问设备，用户也无法侵入设备或配置文件。使用命令 **no service password-recovery** 可以从配置模式中禁用密码恢复流程，如例5-22所示。然后，安全设备会显示出一条警告消息，警告管理员说此后，恢复密码的唯一方式就是清除Flash中的所有文件，然后再从外部服务器（如TFTP）中下载新的镜像文件和配置文件。使用这一命令之后，使用设备的人员就无法再去访问ROMMON模式，以确保设备不会受到非法用户的访问。

例5-22 禁用密码恢复流程

```
Chicago(config)# no service password-recovery

WARNING: Executing "no service password-recovery" has disabled the password recovery
mechanism and disabled access to ROMMON. The only means of recovering from lost or
forgotten passwords will be for ROMMON to erase all file systems including configuration
files and images.

You should make a backup of your configuration and have a mechanism to restore
images from the ROMMON command line.
```

管理员也可以在执行初始设置时，禁用密码恢复流程，如例5-23所示。在显示警告信息，告知用户输入该命令的后果以后，安全设备会要求用户确认，是否的确想要禁用密码恢复流程。

例5-23 通过初始设置来禁用密码恢复流程

```
Pre-configure Firewall now through interactive prompts [yes]?
! Output omitted for brevity
Allow password recovery [yes]? no
WARNING: entering 'no' will disable password recovery and disable
access to ROMMON CLI. The only means of recovering from lost or
forgotten passwords will be for ROMMON to erase all file systems
including configuration files and images.
If entering 'no' you should make a backup of your configuration and
have a mechanism to restore images from the ROMMON command line...
Allow password recovery [yes]? no
Clock (UTC):
! Output omitted for brevity
```

如果在禁用密码恢复流程之后，管理员忘记了安全设备的密码。那么恢复这种状态的唯一方式就是清除所有的系统文件（包括软件镜像文件和配置文件）。因此，要确保外部服务器中储存有配置文件和系统镜像文件，同时要确保外部服务器和安全设备之间有 IP 连接。在禁用密码恢复流程之后，需要通过以下流程来为系统恢复密码。

步骤 1 建立一条 Console 连接。出于安全性方面的原因，恢复密码的流程要求相关人员以物理的方式来访问安全设备。这可以确保远程用户或未经授权的用户都无法重新设定设备的密码。因此，就需要通过 Console 接口来连接设备。相关内容可以查看本章前文中的“建立 Console 连接”一节。

步骤 2 重新启动安全设备。

恢复密码首先要将安全设备关闭，然后再重新将它开启。

步骤 3 进入 ROMMON 模式。

当安全设备开始重新启动时，Console 口上就会显示启动消息。在出现“Use BREAK or ESC to interrupt boot”字样时，按 Esc 键。然后，设备会警告用户，说如果访问 ROMMON 模式，所有文件都会被清除。下例即为所述的过程。

```
Cisco BIOS Version:9B2C109A
Build Date:05/15/2013 16:34:44

CPU Type: Intel(R) Pentium(R) CPU        G6950 @ 2.80GHz, 2793 MHz
Total Memory:4096 MB(DDR3 1066)
System memory:619 KB, Extended Memory:3573 MB

Management0/0
Link is DOWN
MAC Address: 7c69.f62c.b733

WARNING: Password recovery and ROMMON command line access has been
disabled by your security policy. Choosing YES below will cause ALL
configurations, passwords, images, and files systems to be erased.
ROMMON command line access will be re-enabled, and a new image must be
downloaded via ROMMON.

Erase all file systems? y/n [n]:
```

步骤 4 从 Flash 中清除系统文件。

在安全设备允许用户对 ROMMON 模式进行访问之前，它会发送一条提示要求设备清除所有文件系统。这时，应输入 **y** 来开启清除所有系统文件的流程。在所有文件都被清除之后，安全设备就会启动密码恢复流程，并授权用户进入 ROMMON 模式。

```
Erase all file systems? y/n [n]: y
Permanently erase Disk0: and Disk1:? y/n [n]: y
Erasing Disk0:
..........................................................
! Output omitted for brevity
Disk1: is not present.
Enabling password recovery...
rommon #0>
```

步骤 5 载入一个系统镜像文件。

在可以访问 ROMMON 模式之后，应启动前文所述的镜像文件升级流程。下面的例子显示了系统镜像文件 asa914-smp-k8.bin 从位于 172.18.82.10 的 TFTP 服务器中载入设备的过程。

```
rommon #0> address=172.18.82.75
rommon #1> server=172.18.82.10
rommon #3> interface GigabitEthernet0/1
GigabitEthernet0/1
MAC Address: 000f.f775.4b54
rommon #4> file asa914-smp-k8.bin
rommon #5> tftpdnld
tftp asa914-smp-k8.bin@172.18.82.10
!!!!!!!!!!!!!!!!!!!!!!!!!!!!!!!!!!!!!!!!!!!!!!!!!!!!!!!!!!!!!!!!!!!!!!!!
```

注释：安全设备将系统镜像文件下载到内存中并重新启动设备。但是，下载的镜像文件不会被存储到 Flash 中。

步骤 6 载入配置文件。

安全设备会载入一个默认的配置文件，该文件中没有配置接口。要传输配置文件，必须将最接近外部文件服务器的接口设置为载入该储存文件的接口。在下例中，我们通过配置接口 Management0/0，让它将一个名为 Chicago.conf 的文件从位于 172.18.82.10 的 TFTP 服务器下载到管理接口。

```
ciscoasa> enable
Password:<cr>
ciscoasa# configure terminal
ciscoasa(config)# interface Management0/0
ciscoasa(config-if)# ip address 172.18.82.75 255.255.255.0
ciscoasa(config-if)# nameif management
INFO: Security level for "management" set to 0 by default.
ciscoasa(config-if)# security-level 100
ciscoasa(config-if)# no shutdown
ciscoasa(config)# copy tftp: running-config
Address or name of remote host []? 172.18.82.10
Source filename []? Chicago.conf
Destination filename [running-config]?
Accessing tftp://172.18.82.10/Chicago.conf...!
!
Cryptochecksum(unchanged): 1c9855a1 2cca93c7 a9691450 9bab6e92
1246 bytes copied in 0.90 secs
Chicago#
```

步骤 7 重新设置密码。

在载入储存的配置文件之后，就可以修改登录（login）、enable 和用户（user）密码。登录密码是用来获得用户模式访问权限的密码，enable 密码是用来获得特权模式访问权限的密码。在下面的例子中，登录密码和 enable 密码都被修改为了 C1$c0123。

```
Chicago# config terminal
Chicago(config)# passwd C1$c0123
Chicago(config)# enable password C1$c0123
```

如果安全设备使用的是本地用户认证，那么用户密码也可以进行修改，在下面所示的例子中，管理员将用户 cisco 的密码修改为了 C1$c0123。

```
Chicago# config terminal
Chicago(config)# username cisco password C1$c0123
```

步骤 8 将当前配置保存进 NVRAM。

要使新设定的密码被储存进 NVRAM 中，此处应使用命令 **copy** 来将运行配置复制进 NVRAM 中，使其成为启动配置，如下所示。

```
Chicago(config)# copy running-config startup-config
Source filename [running-config]? <cr>
```

步骤 9 将 ASA 镜像文件载入 Flash。

最后，从 TFTP 服务器中将镜像文件载入本地 Flash 中。此处可参考本章前文“通过 Cisco ASA CLI 升级镜像文件”小节所介绍的方法。

5.4 系统监测

当发生事件时，安全设备就会创建系统和调试消息。这些消息可以被储存进本地缓冲区中，或者存储进外部服务器里，储存在哪里依组织机构的安全策略为准。出于关联安全事件和策略遵从性方面的考虑，很多企业都更希望将这些消息发送给一台外部服务器。本节将会探讨如何启用事件日志记录功能和 SNMP（简单网络管理协议）轮询功能，该功能的作用是检查安全设备的状态。

5.4.1 系统日志记录

Cisco ASA 能够为所有会对系统造成影响的重要事件（如网络问题、错误条件和超出门限等）创建一个事件记录，这一过程就叫系统日志记录。这些消息可以储存在本地系统缓冲区中，也可以被传输给外部服务器进行储存。这些日志可以用来关联安全事件，以检测网络异常，也可以用来对网络进行监测或者故障排除。

安全设备会为它创建的每一个事件创建一个消息 ID。在版本 9.1(4)中，这些消息 ID 的范围为 101001～768001，而且包括对该事件的简短描述。安全设备还会为每个消息 ID 关联一个严重级别值，该值的范围为 0～7。严重级别的数字越低，该消息就越重要。表 5-2 罗列了严重级别，及与其相关的关键字和简短描述。

表 5-2 严重级别及其描述

严重级别	级别关键字	级别描述
0	emergencies	表示系统已无法使用
1	alerts	表示必须立即对系统采取措施，比如通告用户故障倒换对中的备用设备出现了掉电现象
2	critical	表示系统出现重要问题，如遭到了欺骗攻击
3	errors	通告错误消息，比如内存分配出现问题
4	warnings	通告警告消息，比如超过了某个门限值
5	notifications	表示出现了某个重要情况，但不属于错误的范畴，比如有用户登录
6	informational	用来对信息消息（informational message）进行分类，如创建 IKE SA、流连接或执行转换
7	debugging	用来通告低级别的调试消息，比如确认 VPN 的 Hello 请求或处理 SSL 密码

每个安全级别不只显示该级别的事件，还会显示更低严重级别的消息。比如，如果启用了 debugging 日志记录（级别为 7），那么安全设备也会为级别 0 到级别 6 的事件创建日志记录。

注释：要获得各严重级别下所有消息类型的完整列表，可以访问位于 www.cisco.com/go/asa 的“排错及告警”（Troubleshoot and Alerts）下的“错误与系统消息（Error and System Messages）”。

下一小节我们将会讨论如何在安全设备上起用系统日志消息（syslog）来记录相关事件。

1. 启用日志记录消息

要通过 ASDM 来启用系统事件日志记录，找到 **Configuration > Device Management > Logging > Logging Setup** 并选择复选框 **Enable Logging**。在设置该选项后，安全设备就会向所有设置了接收系统日志消息的终端和设备发送日志。

安全设备不会将 debug 消息（如 **debug icmp trace**）作为日志消息发送给系统日志服务器，除非管理员使用复选框 **Send Debug Messages As Syslogs** 来开启这一特性。对基于 UDP 的系统日志来说，安全设备将这类日志消息以 Cisco EMBLEM 的格式进行记录。许多 Cisco 设备，包括 Cisco IOS 路由器和 Cisco Prime 管理服务器，都使用这一格式来记录系统日志。图 5-4 所示即为在全局启用了系统日志功能，同时 debug 消息也会被作为系统日志，以 EMBLEM 格式发送给外部服务器。

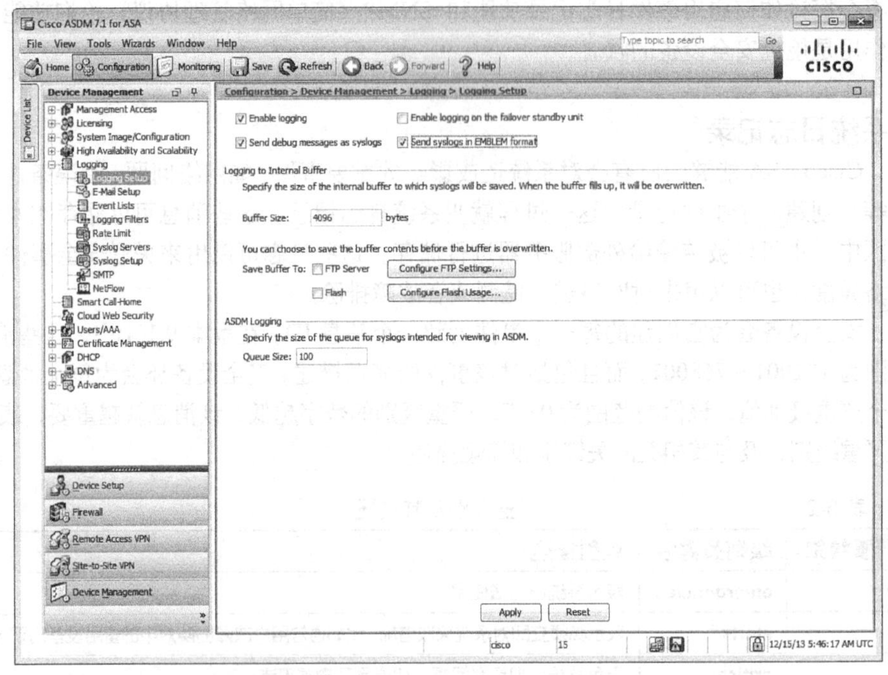

图 5-4 通过 ASDM 启用系统日志

例 5-24 所示为通过 CLI 界面实现相同功能的配置方法。

例 5-24 启用系统日志

```
Chicago# configure terminal
Chicago(config)# logging enable
Chicago(config)# logging debug-trace
Chicago(config)# logging emblem
```

在启用了日志记录功能之后，要确保消息在被发送出去之间已经打上了时间戳。这一点极其关键，因为当安全事件发生时，人们都希望使用安全设备创建的日志消息来追溯原因。实现这一功能的方法是找到 **Configuration >Device Management > Logging > Syslog Setup** 并选择选项 **Include Timestamp in Syslog**。如果使用的是 CLI 界面，可使用命令 **logging timestamp** 来实现这一功能，如例 5-25 所示。

例 5-25　启用系统日志时间戳

```
Chicago(config)# logging timestamp
```

2. 定义事件列表

安全设备健全的操作系统支持用户通过自己的定义和选择，来将不同的事件和消息发送给特定的系统日志存储设备。比如，管理员可以将所有与 VPN 相关的消息都发送给本地缓冲区，而将所有其他类型的事件发送给外部系统日志服务器。定义日志列表的方法是找到 **Configuration > Device Management > Logging > Event Lists > Add**。然后 ASDM 会提示用户指定一个“Event List（事件列表）”名称，该名称用来指定安全设备应该记录的消息级别。管理员可以基于 Event Class（事件类别）或 Message ID 来向列表中添加事件。在 Event Class 选项中，管理员可以使用预定义的事件类别对事件进行分类，使它们记录特定的进程，并为这些类别分配适合的严重级别。表 5-3 列出了可用的类别，并对各个类别都提供了简短的解释。

表 5-3　支持的事件类别

事件类别	处理
auth	表示用户认证消息
bridge	分类透明防火墙事件
ca	记录 PKI 认证中心消息
citrix	分类 SSL VPN 中的 Citrix 客户端消息
config	记录特定于命令界面的事件
csd	分类 Cisco Secure Desktop 消息
dap	记录动态访问策略消息
eap	在实施 NAC 的环境中标识 EAP 消息
eapoudp	在实施 NAC 的环境中记录 EAPoUDP 消息
eigrp	分类 EIGRP 路由消息
email	记录 WebVPN Email 代理消息
ha	记录故障倒换事件
ids	分类入侵检测系统事件
ip	标识 IP 栈消息
ipaa	标识 IP 地址分配消息
nac	在实施 NAC 的环境中记录 NAC 消息
nacpolicy	在实施 NAC 的环境中记录 NAC 策略消息
nacsettings	分类 NAC 设置消息
np	记录网络处理器消息

续表

事件类别	处理
ospf	分类 OSPF 路由事件
rip	记录 RIP 路由消息
rm	标识资源管理器事件
session	标识特定于用户会话的消息
snmp	分类特定于 SNMP 的事件
ssl	记录特定于 SSL 的事件
svc	分类 AnyConnect 客户端消息
sys	记录特定于系统的事件
vm	分类 VLAN 映射（VLAN mapping）消息
vpdn	分类 L2TP 会话消息
vpn	分类与 IKE 及 IPSec 相关的消息
vpnc	标识特定于 VPN 客户端的事件
vpnfo	记录 VPN 故障倒换消息
vpnlb	记录 VPN 负载均衡事件
webfo	记录 WebVPN 故障倒换消息
webvpn	记录与 WebVPN 相关的消息

注释：日志记录列表的默认严重级别为 3（**errors**）。

在图 5-5 中，管理员设置了一个名为 **IPsec_Critical** 的列表来分类所有 **vpn**（与 IKE 及 IPSec 相关的）消息。该选择的严重级别为 **Critical**，因此也包含了级别 0 和级别 1 的事件。

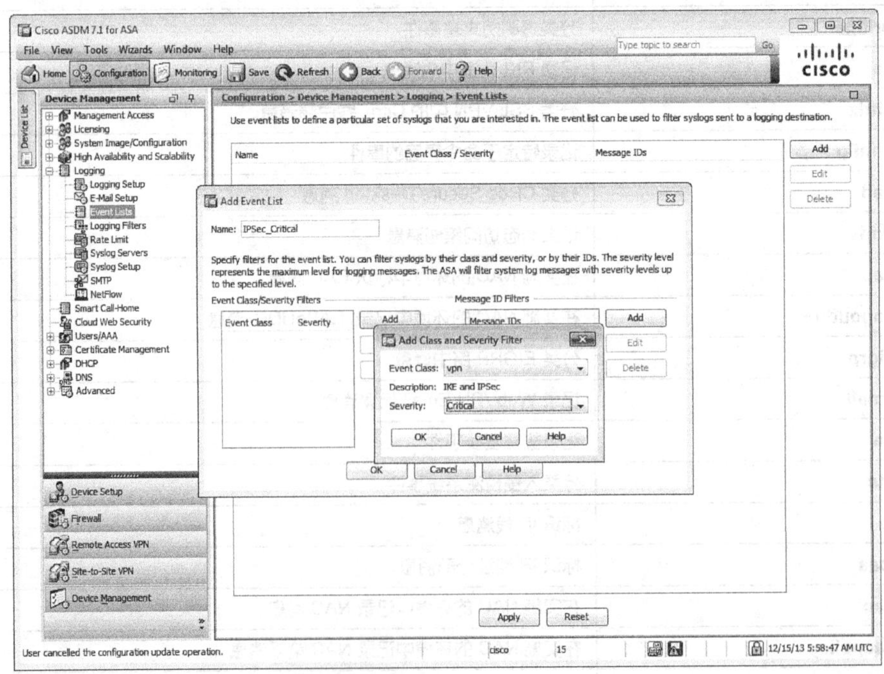

图 5-5 通过 ASDM 为日志定义事件类别

例 5-26 所示为通过 CLI 界面实现与图 5-5 相同功能的配置方法。

例 5-26 设置日志记录列表

```
Chicago# configure terminal
Chicago(config)# logging list IPSec_Critical level Critical class vpn
```

3. 日志记录类型

Cisco ASA 支持以下类型的日志记录功能：

- Console 日志记录；
- 终端日志记录；
- ASDM 日志记录；
- Email 日志记录；
- 外部日志服务器日志记录；
- 外部 SNMP 服务器日志记录；
- 缓冲日志记录。

下面将会具体描述每种日志记录类型。

Console 日志记录

Console 日志记录支持安全设备向 Console 接口发送日志记录消息。这种方法在排错时，可以有效地查看特定活动事件。

> 注意：在启用 Console 日志记录功能时要小心，该串行接口只能实现 9600 比特每秒的速率，因此系统日志消息很容易超过该接口的速率。
> 如果该接口已经超过了该值，管理员可以用不同方法访问安全设备，如 SSH 或 Telnet，并降低 console-logging 的严重级别。

终端日志记录

终端日志记录会向远程终端监测设备（如 Telnet 或 SSH 会话）发送日志记录消息。这种方法也可以在排错时用来查看活动事件。推荐用户为终端日志记录定义事件类别，以免会话被日志消息淹没。

ASDM 日志记录

管理员可使安全设备将日志发送给 Cisco ASDM。如果管理员将 ASDM 作为配置和监测平台，这一特性就会格外好使。管理员可以指定能够储存在 ASDM 缓冲区中的消息数量。在默认情况下，ASDM 会在 ASDM 日志记录窗口中显示 100 个消息。管理员可以使用命令 **logging asdm-buffer-size** 将缓冲区可以存储的消息提高到最多 512 条。

Email 日志记录

安全设备能够直接向个人 Email 地址发送日志消息。如果管理员希望在安全设备生成特定日志消息时就立刻获得通知，那么这种特性就很重要。在感兴趣事件发生时，安全设备会联系特定 Email 服务器，并从预先设定的 Email 账号向 Email 接收端发送 Email 消息。

> 注意：如果使用基于 Email 的日志记录，同时又将日志级别设置为 **notifications** 或 **debugging**，这样会很容易导致 Email 服务器或 Cisco ASA 的容量供不应求。

系统日志服务器日志记录

Cisco ASA 可以向一个或多个外部系统日志服务器发送事件记录消息。这些消息可以储存起来，以便相关人员进行异常检测或事件关联。安全设备可以使用 TCP 和 UCP 协议与系统日志服务器通信。管理员必须通过定义安全设备，来告诉它需要将日志发送到哪里，相关内容会在稍后“定义系统日志服务器”中进行介绍。

SNMP Trap 日志记录

Cisco ASA 也可以向一个或多个外部 SNMP 服务器发送事件日志消息。这些消息会作为 SNMP Trap 进行发送，并用于异常检测或事件关联。这一部分的内容会本章的“简单网络管理协议（SNMP）”一节进行具体讲述。

缓冲日志记录

安全设备会用 4096 字节的内存作为缓冲区来保存日志消息。这是排错的推荐做法，因为这种方法不会使 Console 口或终端接口被消息淹没。如果管理员正在解决的故障所需要储存的消息超过了设备能够储存的数量，那么可以将该缓冲区扩展到最多 1,048,576 字节。

> 注释：分配的内存是一个循环缓冲区。所以，安全设备的内存不会耗尽，老的事件记录会被新的事件所覆盖。

如图 5-6 所示，在 Edit Logging Filters 对话框中，Syslog Servers（日志记录服务器）的日志记录级别被设置为 **debugging**。同时，SNMP Trap 的日志记录级别是一个事件列表，名为 FailoverCommunication，Internal Buffer（内部缓冲）日志记录被设置为 **debugging**，而 Email 日志记录被设置为 FailoverCommunication 事件列表，Console 日志记录被禁用，Telnet and SSH Sessions（Telnet 与 SSH 会话）日志记录被设置为 IPSec_Critical 事件列表，而 ASDM 日志记录被设置为了 **Informational** 级别。Email 和系统日志服务器参数会在本章稍后进行讨论。

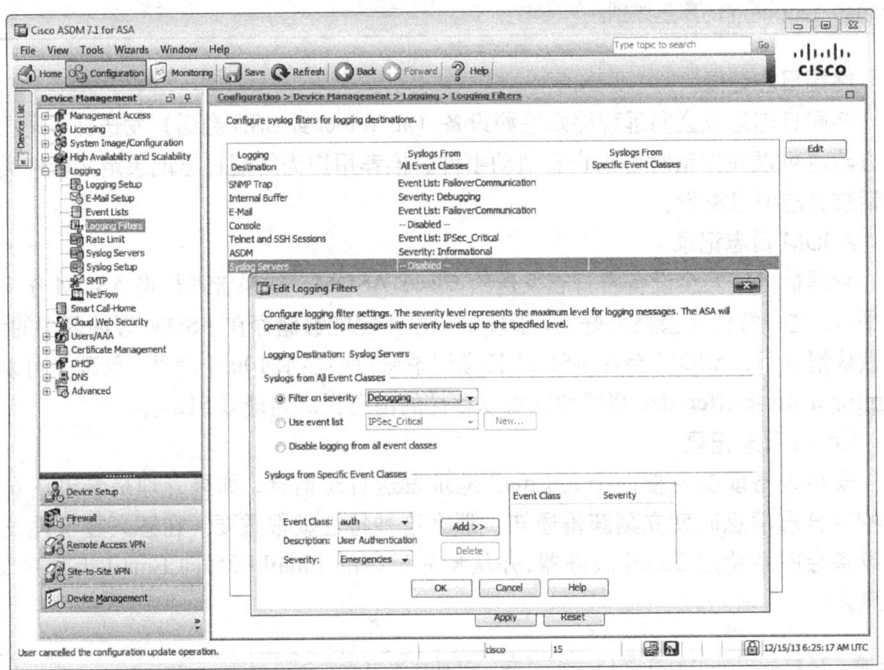

图 5-6 向多个储存空间发送系统日志消息

例 5-27 所示为通过 CLI 界面实现与图 5-6 相同功能的配置方法。

例 5-27 设置日志记录列表

```
Chicago# configure terminal
Chicago(config)# logging list IPSec_Critical level critical class vpn
Chicago(config)# logging list FailoverCommunication message 105005
Chicago(config)# logging monitor IPSec_Critical
Chicago(config)# logging buffered debugging
Chicago(config)# logging trap debugging
Chicago(config)# logging history FailoverCommunication
Chicago(config)# logging asdm informational
Chicago(config)# logging mail FailoverCommunication
```

使用命令 **show logging** 可以查看缓冲区的日志，如例 5-28 所示。这条命令会显示出安全设备所支持的各种不同类型的日志，并显示出响应的日志记录功能是处于启用状态还是禁用状态。另外，它还会提供记录在各日志记录类型中的消息数量，并给出日志记录的严重级别。每个日志记录消息都以%ASA 开头，说明该消息是由 Cisco 安全设备创建的，后面跟着该消息的日志记录级别、一个独立的消息 ID 及描述该日志消息的一个简短字符串。

例 5-28 show logging 的输出信息

```
Chicago# show logging
Syslog logging: enabled
    Facility: 20
    Timestamp logging: disabled
    Standby logging: disabled
    Debug-trace logging: enabled
    Console logging: disabled
    Monitor logging: list IPSec_Critical, 0 messages logged
    Buffer logging: level debugging, 562 messages logged
    Trap logging: level debugging, facility 20, 554 messages logged
    Permit-hostdown logging: disabled
    History logging: list FailoverCommunication, 0 messages logged
    Device ID: disabled
    Mail logging: list FailoverCommunication, 0 messages logged
    ASDM logging: level informational, 177 messages logged
<167>:%ASA-session-7-710005: UDP request discarded from
172.18.82.20/17500 to outside:255.255.255.255/17500
<167>:%ASA-session-7-710005: UDP request discarded from
172.18.82.20/17500 to management:255.255.255.255/17500
<167>:%ASA-session-7-710005: UDP request discarded from
172.18.82.20/17500 to outside:255.255.255.255/17500
! Output omitted for brevity
```

4. 定义系统日志服务器

管理员必须首先为安全设备定义一个基于 UDP 或 TCP 的外部系统日志服务器，然后 Cisco ASA 才能将消息发送给它。要定义系统日志服务器，找到 **Configuration > Device Management > Logging > Syslog Servers > Add**。ASDM 会提示用户指定系统日志服务器所连接的接口、服务器的 IP 地址、选择 TCP 或 UDP 端口及相应的端口号，以及管理员是否希望将日志以 Cisco EMBLEM 格式发送给基于 UDP 的系统日志服务器。

对基于 TCP 的系统日志服务器来说，该安全设备：

- 能够支持用户创建一个安全的 TLS 连接，使消息被加密；
- 在无法与系统日志服务器建立会话的情况下，会丢弃所有新的连接。

要在安全设备与基于 TCP 的系统日志服务器之间建立安全通信，管理员需要勾选 **Enable Secure Syslog Using SSL/TLS (TCP Only)**复选框。若想在基于 TCP 的系统日志服务器出现故障时建立新的连接，需要勾选 Syslog Servers 窗口底部的 **Allow User Traffic to Pass When TCP Syslog Server Is Down**。

在图 5-7 中，管理员定义了两个接收日志消息的系统日志服务器。第一个服务器使用 UDP 来收集格式为 Cisco EMBLEM 的日志消息，另一台服务器使用 TCP 端口 1470 来接收系统日志消息。安全设备会将所有日志记录级别小于等于 7 的日志消息发送给这些服务器。经过配置，安全设备会与基于 TCP 的系统日志服务器建立安全连接。如果系统日志服务器不可用，安全设备就会继续建立新的连接。

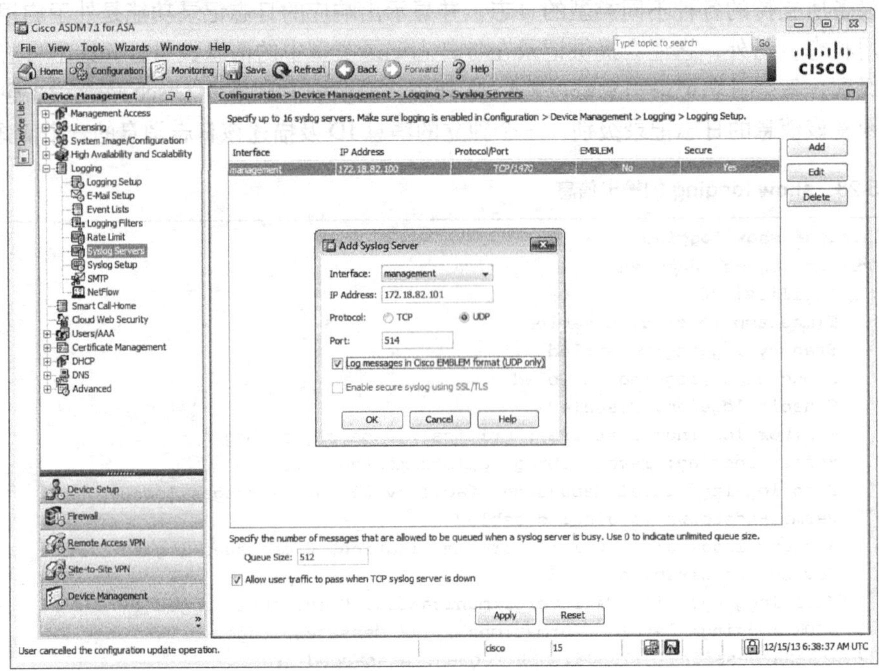

图 5-7 定义系统日志服务器

例 5-29 所示为通过 CLI 界面实现与图 5-7 相同功能的配置方法。

例 5-29 设置系统日志服务器

```
Chicago# configure terminal
Chicago(config)# logging host management 172.18.82.100 6/1470 secure
Chicago(config)# logging host management 172.18.82.101 format emblem
Chicago(config)# logging trap debugging
Chicago(config)# logging permit-hostdown
```

5. 定义 Email 服务器

安全设备可以通过 Email 发送敏感的日志消息。如果管理员希望能够在特定事件或事件组的警报产生之后，立刻就收到消息，这一功能的作用就会非常明显。要定义 SMTP 服务器，找到 **Configuration > Device Management > Logging > SMTP**，并指定主 SMTP 服务器和（可选的）次 SMTP 服务器。另外，管理员还必须指定源和目的 Email 地址。定义的方法是，找到 **Configuration > Device Management > Logging > E-Mail Setup**。源地址用来创建日志消息，而目的 Email 地址则是消息的发送目标。

在例 5-30 中，管理员设置了一个日志记录，名为 FailoverCommunication，其消息 ID 为 105005，用于分类故障倒换通信的问题。该日志列表会从 Chicago@secure.com 向 admin@securemenic.com 发送 Email，其使用的主 Email 服务器为 172.18.82.50，次 Email 服务器地址为 172.18.82.51。

例 5-30 配置 Email 日志记录消息

```
Chicago(config)# logging list FailoverCommunication message 105005
Chicago(config)# logging mail FailoverCommunication
Chicago(config)# logging from-address Chicago@securemeinc.org
Chicago(config)# logging recipient-address admin@securemeinc.org level errors
Chicago(config)# smtp-server 172.18.82.50 172.18.82.51
```

6. 在内部和外部储存日志

ASA 可以将缓冲的日志消息储存为本地 Flash 或 FTP 服务器中的文件，以备日后分析时使用。安全设备可以用以下两种方法来储存缓冲的日志：

- Flash 日志记录；
- FTP 日志记录。

Flash 日志记录

使用 Flash 日志记录的方法，管理员可以将位于缓冲空间中的日志消息储存到本地 Flash 中（disk0:或 disk1:）。安全设备会使用默认名称 LOG-YYYY-MM-DD-HHMMSS.TXT，在 Flash 的目录/syslog 中创建一个文件，其中 YYYY 代表年份，第一个 MM 代表月份，DD 代表日期，HH 代表小时，第二个 MM 代表分钟，SS 代表秒。将缓冲区内的日志消息保存到 Flash 中的方法是，找到 **Configuration > Device Management > Logging > Logging Setup**，并勾选复选框 **Save Buffer to Flash**。如果点击 **Configure Flash Usage**，还可以指定以下选项。

- **Maximum Flash to Be Used by Logging**：指定安全设备在 Flash 中可以用来储存缓冲日志的最大空间。
- **Minimum Free Space to Be Preserved**：为确保安全设备的 Flash 中还有空间用来完成其他管理任务，可以在这里为它设定最小空间，单位是 KB。

> **注释**：Cisco ASA 使用本地时间设置来添加时间戳，相关内容可以参考第 4 章的“设置系统时钟”一节。

切记，向 Flash 中写入过量数据有可能会缩短 Flash 卡的使用寿命。因此，对于高速系统日志，不应采用这种做法。

例 5-31 所示为管理员为安全设备分配了 2MB 的 Flash 空间来储存日志，而 Flash 的最小未用空间被设置为 4MB。

例 5-31 在 Flash 中自动储存日志

```
Chicago# configure terminal
Chicago(config)# logging flash-bufferwrap
```

（待续）

```
Chicago(config)# logging flash-maximum-allocation 2000
Chicago(config)# logging flash-minimum-free 4000
```

提示：Cisco ASA 也支持管理员手动将缓冲区内的日志储存进本地 Flash 中，方法是输入命令 **logging savelog**。管理员也可以使用命令 **dir/recursive** 来检查 Flash 目录。选择**/recursive** 会显示出 Flash 的完整文件结构，即显示出所有的 Flash 文件，包括子目录中的文件。

FTP 日志记录

安全设备可以将缓冲日志发送给一台 FTP 服务器以节省硬盘空间。启用这项功能的方法是 **Configuration > Device Management > Logging> Logging Setup**，然后勾选复选框 **Save Buffer to FTP Server**。管理员需要点击 **Configure FTP Settings**，然后勾选复选框 **Enable FTP Client**，并指定 IP 地址、用户名和密码。

在例 5-32 中，安全设备被设置为将日志文件发送给 FTP 服务器，该服务器位于 172.18.82.150。用来登录进 FTP 服务器的用户名是 cisco，密码是 C1$c0123。日志会为用户储存在 FTP 服务器的根目录（.）中。

例 5-32　在 FTP 服务器中自动储存日志

```
Chicago# configure terminal
Chicago(config)# logging ftp-bufferwrap
Chicago(config)# logging ftp-server 172.18.82.150 . cisco C1$c012
```

7. 调整系统日志消息 ID

安全设备会依据严重级别将所有日志消息发送给日志记录设备，无论是内部设备还是外部设备。但是，如果管理员对某种特定类型的消息不感兴趣，也可以抑制这种类型的消息，方法是找到 **Configuration > Device Management > Logging > Syslog Setup**，选择消息 ID，点击 **Edit**，并勾选复选框 **Disable Messages**。管理员也可以在 CLI 界面下使用命令 **no logging message**，并后跟消息 ID 号来实现同样的目的。如例 5-33 所示，在该例中，管理员禁用了消息 ID 103001。

例 5-33　禁用一个消息 ID

```
Chicago# configure terminal
Chicago(config)# no logging message 103001
```

即使 debug 级别的系统日志能够提供与流量和设备健康状态有关的大量信息，很多企业仍然不想启用这个级别的系统日志。大多数企业都会选择 **information** 或 **notification** 级别的日志信息，然后再将适宜的 debug 级别消息移动到一个较低的级别。管理员修改消息日志级别的方法是，找到 **Configuration > Device Management > Logging > Syslog Setup**，选择消息 ID，点击 Edit，然后在 **Logging Level** 下选择适合的级别。

5.4.2 NetFlow 安全事件记录（NSEL）

如果使用的系统为 8.2(1)及后续版本，Cisco ASA 可以使用 NetFlow 架构来发送系统日志。如果使用的设备为 ASA 5580，那么在 8.1(1)版本也可以启用这一特性。通过系统日志格式发送日志消息效率不高，因为：

- 系统日志以 ASCII 文本格式发送日志，这种格式产生的日志比较冗长；

- 系统日志会为每个日志消息创建一个单独的 UDP 数据包，因此这种方式会产生大量的小数据包；
- 创建大量基于文本的系统日志会给安全设备带来过重的负担。

使用 NetFlow 作为发送系统日志的方式可以大大提升系统性能。安全设备会以二进制方式创建日志消息，这种消息很容易分析，并且会在一个流数据包中发送多个记录。

> 注释：使用这种方式要求网络中必须有设备能够分析安全设备发送的信息流，即必须有 NetFlow 收集设备。运行版本 6.0 的 CS-MARS 可以读取和分析 NetFlow v9 消息。读者要想了解更多关于 NetFlow v9 的知识，可以查看 RFC 3954。

Cisco ASA 会发送 NetFlow v9 消息，它会使用基于模板的方法作为流的输出机制。NetFlow 模板会定义 NetFlow 输出日志的结构。当数据流发生重要事件时（如数据流的创建与终结），实施 NetFlow 的环境就会输出日志信息。在 Cisco ASA 8.4(5)和 9.1(2)及此后的版本中，Cisco ASA 也会周期性发送流量更新消息，以便在数据流终结之前提供关于这组流量的信息。安全设备也会输出那些与 ACL 匹配或不配的流的信息。ACL 会在第 8 章中进行介绍。

和使用 Cisco IOS 路由器不同的是，管理员不能在终端会话上显示 NetFlow 数据包，而前者则可以通过 CLI 界面来查看 Netflow 数据。安全设备会周期性地将流信息输出给信息采集设备，这也和 NetFlow v9（比如在 Cisco IOS 路由器上）的特点不同，后者会在收集到大量流之后，以单个数据包来将这些流输出。

在通过 NetFlow 输出日志时，人们不会希望系统日志功能也发送出去同样的日志信息，因为这会使数据包出现重复。安全设备支持用户禁用所有与 NetFlow 创建出同样信息的系统日志消息。这样一来，管理员就不需要在配置 Cisco ASA 时手动禁用单独的系统日志功能了。安全设备会禁用 106015、106023、106100、302013、302014、302015、302016、302017、302018、302020、302021、313001、313008 和 710003 系统日志消息。

NSEL 的配置可以分为下面两个步骤。

1．定义 NetFlow 收集设备。
2．定义 NetFlow 输出策略。

步骤 1 定义 NetFlow 收集设备

在使用 ASDM 的情况下，管理员定义 NetFlow 收集设备的方法是找到 **Configuration > Device Management > Logging > NetFlow** 并点击 Collector 下的 **Add** 按钮。然后设置收集设备用来收集 NetFlow 数据包的 IP 地址和 UDP 端口，以及收集设备所在的接口。

管理员还可以为发送流创建事件定义一个延迟时间。如果网络中大量创建的连接，那么这个可选功能是非常重要的，因为这可以将它们打包进几个为数不多的数据包中并发送出去。如果在配置的延迟之前，有些流已经终结，那么只有数据流终结的时间会被发送出去，而流的创建事件则不会发送。配置延迟的方法是选择复选框 Delay Transmission of Flow Creation Events for Short-Lived Flows。

安全设备会将模板记录以默认每 30 分钟一次的频率发送给 NetFlow 收集设备。这一发送频率可以在 Template Timeout Rate 框中进行修改，单位是分种。不过默认值 30 分钟在大多数情况下都是适合的。

图 5-8 所示为管理员正在添加新的 NetFlow 收集设备。该设备位于管理接口，地址为 172.18.82.81，其正在监听 UDP 端口 **2055**。同时管理员还选择了复选框 Disable Redundant Syslog Messages，以避免 NetFlow 发送的消息与系统日志消息出现重复。

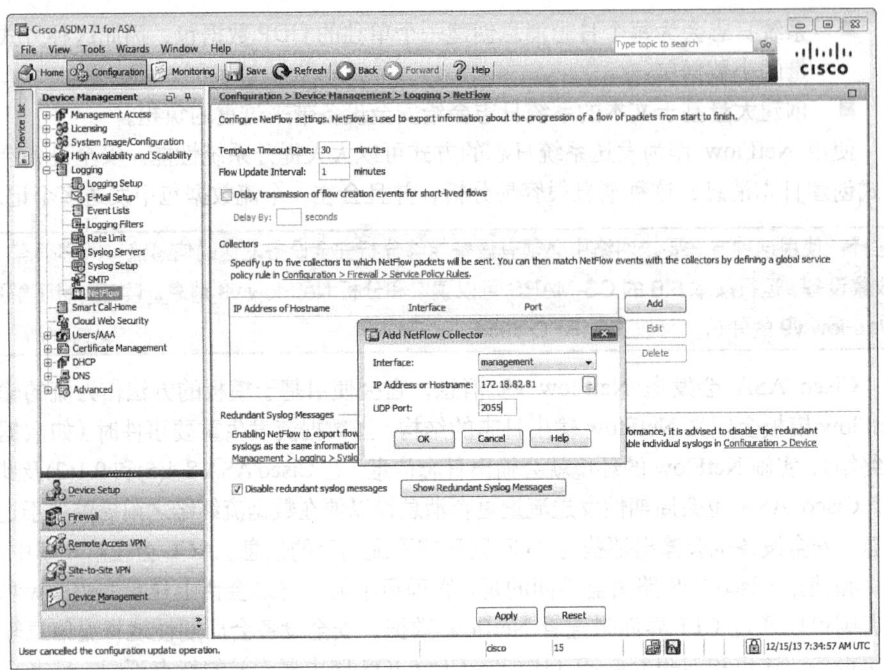

图 5-8 定义 NetFlow 收集设备

例 5-34 所示为通过 CLI 界面实现与图 5-8 相同功能的配置方法。

例 5-34 通过 CLI 配置 Netflow

```
Chicago# configure terminal
Chicago(config)# no logging message 106015
Chicago(config)# no logging message 106023
Chicago(config)# no logging message 106100
Chicago(config)# no logging message 302013
Chicago(config)# no logging message 302014
Chicago(config)# no logging message 302015
Chicago(config)# no logging message 302016
Chicago(config)# no logging message 302017
Chicago(config)# no logging message 302018
Chicago(config)# no logging message 302020
Chicago(config)# no logging message 302021
Chicago(config)# no logging message 313001
Chicago(config)# no logging message 313008
Chicago(config)# no logging message 710003
Chicago(config)# flow-export destination management 172.18.82.81 2055
```

提示：管理员现在可以使用命令 **logging flow-export-syslogs disable** 直接禁用所有这些系统日志，而无须逐一禁用这些日志。

步骤 2 定义 NetFlow 输出策略

在管理员定义哪种类型的流量应该得到监控并创建 NetFlow 事件之前，安全设备不能向外部收集设备发送 NetFlow。比如，如果管理员想要对所有流量进行监控并使用 NetFlow 输出，那么就应该定义一个全局策略来对所有流量进行分析。NetFlow 输出策略会通过模块化策略框架（MPF）进行配置，关于 MPF 的内容将在第 13 章和第 25 章中进行介绍。按照下面的步骤可以成功配置输出策略。

第 1 步 找到 **Configuration > Firewall > Service Policy Rules**，选择 **inspection_default** 策略，然后选择 **Add > Insert After**。这时，ASDM 会弹出一个添加服务策略规则向导（Add Service Policy Rule Wizard），然后选择 **Global—Applies to All Interfaces**，然后点击 **Next**。

第 2 步 在创建一个新的流量类（Create a new traffic class）中，为流量类定义一个名称 **NetFlow**。然后在流量匹配标准（Traffic Match Criteria）中选择 **Any Traffic** 并点击 **Next**。

第 3 步 在 Rule Action 下点击 **NetFlow** 标签然后点击 **Add**。这时会出现一个新的窗口，在这种窗口中可以指定流量事件的类型（Flow Event Type）。选择 **All** 并勾选收集设备 IP 地址旁边的 **Send** 复选框。收集设备的定义方法已经在前面的"步骤 1：定义 NetFlow 收集设备"中进行了介绍。点击 **OK**，然后选择 **Finish** 以完成对 NetFlow 输出策略的定义。

用 CLI 界面完成同样配置工作的方法如例 5-35 所示。

例 5-35 定义 Netflow 输出策略

```
Chicago(config)# class-map NetFlow
Chicago(config-cmap)# match any
Chicago(config-cmap)# policy-map global_policy
Chicago(config-pmap)# class NetFlow
Chicago(config-pmap-c)# flow-export event-type all destination 172.18.82.81
```

Cisco ASA 也可以监控 NetFlow 的输出状态，输出命令 **show flow-export counters** 可以实现这一功能，如例 5-36 所示。它会显示出发送出去的输出数据包数量及所有潜在输出事件方面的统计数据。

例 5-36 监控 NetFlow 的输出

```
Chicago# show flow-export counters

destination: outside 172.18.82.81 2055
  Statistics:
    packets sent                                          100
  Errors:
    block allocation failure                              0
    invalid interface                                     0
    template send failure                                 0
```

5.4.3 简单网络管理协议（SNMP）

SNMP 是一个应用层的协议，目的是监控网络设备的健康状态。由于协议设计简单，因此它已经成为了事实上的通用标准。要想在网络中成功实施 SNMP 需要一个管理工作站（或称管理器），或者需要也需要一个代理设备，比如 Cisco ASA。网络管理工作站（如 Cisco Prime LAN Management Solution[LMS]）可以用来监控代理设备，它能够将收集来的设备和网络信息，在 GUI 界面中显示出来。而代理设备会响应管理器对这些信息的请求。如果发生了一个重要事件，代理设备也可以向管理器发起一个连接，来将消息发送给它。

实施 SNMP 需要使用以下 5 种类型的消息，这些消息称为协议数据单元（PDU），它们的作用是实现管理工作站和代理之间的通信。

- GET

- GET-NEXT
- GET-RESPONSE
- SET
- TRAP

网络管理器使用管理信息库（MIB）来发送 GET 和 GET-NEXT 消息，并请求特定的信息。代理设备会用 GET-RESPONSE 来响应对方，同时该信息会提供对方所请求的信息，只要它持有该信息。若它没有所请求的信息，代理设备就会发送一条错误细节信息，告诉请求设备为什么请求不能通过。

网络管理器会使用 SET 类型的消息在配置文件中改变或添加数值，但不会用它来回复信息。代理设备会用一条 GET-RESPONSE 消息来通知管理器修改是否成功。TRAP 消息是由代理设备发起的消息，用来将事件（如链路失效）通告给网络管理器，使其能够立刻采取措施。图 5-9 所示为安全设备（即代理设备）与 Cisco Prime 服务器（即管理服务器）之间的 PDU 通信。

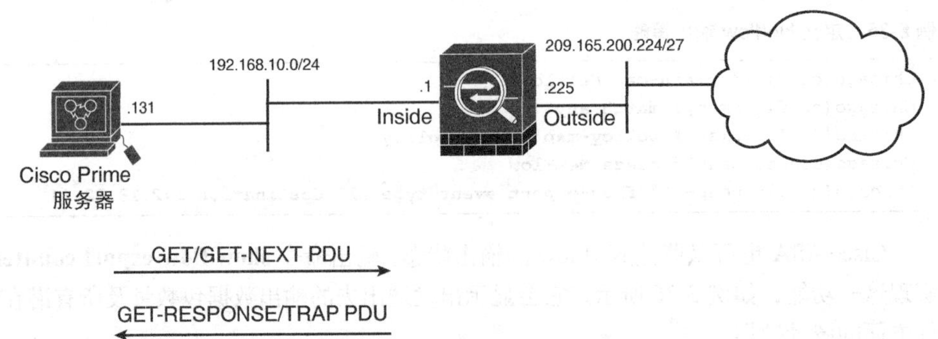

图 5-9 Cisco ASA 与 Cisco Prime 之间的 SNMP 通信

> 注释：由于设备安全方面的原因，安全设备不支持 SET PDU。因此，管理员不能使用 SNMP 来修改安全设备的配置文件。

1. 配置 SNMP

在网络管理服务器发起连接之前，必须先对安全设备进行配置。通过 ASDM 配置安全设备的方法是找到 **Configuration > Device Management > Management Access > SNMP**，然后遵循以下步骤。

步骤 1 配置全局的 communitiy string。communitiy string 的作用是，当管理服务器想要与安全设备建立连接以获取信息时，它可以充当密码。也就是说用来验证设备之间的通信消息。在 ASDM 中，需要在“Community String (Default)”字段中指定 communitiy string。如果使用 CLI，设置全局 communitiy string 的命令是 **snmp-server community**。

步骤 2 设置设备信息。

若要使 SNMP 知道设备的物理位置，必须指定设备的位置。安全设备支持管理员为需要联系设备的人员设置联系信息。在 ASDM 中，可以使用诸如选项 Contact 和 ASA Locations 来指定设备信息。如果使用 CLI，则可以使用命令 **snmp-server location** 和 **snmp-server contact**。

步骤 3　修改 SNMP 轮询端口。

可以通过设置使 Cisco ASA 使用默认端口之外的其他端口来侦听 SNMP 轮询。要使用 UDP 161 端口之外的端口，可以在选项 Listening Port 下指定相应的端口。若使用 CLI，则应使用命令 **snmp-server listen-port**，并在后面写下相应的端口号。

步骤 4　定义 SNMP 服务器。

在 ASA 能够侦听到轮询或者能够发送 SNMP Trap 信息之前，必须先指定一台 SNMP 管理服务器。要定义 SNMP 服务器，要在 SNMP Host Access List 下点击 **Add** 并指定以下信息。

- **接口名称（Interface Name）**：SNMP 服务器所在接口的名称。在大多数情况下，它位于内部或者管理接口。如果管理员选择了内部接口之外的接口，ASDM 就会生成一个警告消息，警告用户出于安全性方面的因素，应该考虑使用内部接口。不过，如果环境中有专用的管理网络，那么使用管理接口也是很安全的。
- **IP 地址（IP Address）**：SNMP 的实际 IP 地址。这个 IP 地址必须位于所选接口的网络。
- **UDP 端口（UDP Port）**：当安全设备想要向管理服务器发送 SNMP 消息时，它会使用 UDP 端口 162 来进行发送。如果 SNMP 服务器在一个不同端口上进行侦听的话，那么管理员也可以修改 UDP 端口，方法是在选项 UDP Port 下指定一个端口。
- **SNMP 版本（SNMP Version）**：安全设备支持 SNMP 版本 1、2c 和 3。版本 2c 克服了与版本 1 相关的问题和缺陷。它沿用了版本 1 的管理框架，但是通过增强安全功能强化了协议的操作性。SNMPv3 添加了很多安全和远程配置的增强功能，例如消息完整性（以确保数据包没有在传输过程中被修改）、认证（以确保消息的源是可靠的）和加密（以阻止非法源所进行的欺骗）。如果选择了 SNMP 版本 3，那么管理员就必须定义一个用户名。如果选择的是版本或 2c，那么 ASA 就支持用户定义一个针对特定主机的 SNMP communitiy string。
- **服务器轮询（Server Poll）/Trap 说明（Trap Specificaion）**：安全设备支持 SNMP 服务器向安全设备轮询信息。在出现意外时，它还可以发送事件 Trap 消息。管理员也可以通过限制安全设备，使其只支持 SNMP 轮询或 Trap。在多数实施环境中，SNMP 服务器都可以同时支持轮询并接收 Trap 消息。

步骤 5　配置 SNMP Trap。

安全设备会在默认情况下发送受限制的 SNMP Trap 消息；不过，管理员也可以通过对安全设备进行设置，使其发送所有支持的 Trap 消息或 Trap 的扩展集。方法是点击 **Configure Traps** 按钮（在 Listening Port 框右侧）并选择表 5-4 中的 Trap 类型。

表 5-4　Trap 类型

Trap	描述
Standard SNMP Trap（标准 SNMP Trap）	这类 Trap 包括链路开启/链路关闭、认证及设备冷/热启动
Environmental Trap（环境 Trap）	这类 Trap 会监测设备的环境健康水平，其中包括风扇电源是否正常、CPU 是否温度过高等

续表

Trap	描述
IKEv2 Trap	包括 IKEv2 开启和终止 Trap
Entity MIB Notifications（设备 MIB 通告）	在对设备进行更改之后，就会发送这类 Trap，比如修改设备配置文件或从机箱中插入/拔除硬件模块
IPSec Trap	包括 IPSec 隧道开启和终止 Trap
Remote Access Trap（远程访问 Trap）	当远程访问会话达到会话门限值时，安全设备就会生成这类 Trap
Resource Trap（资源 Trap）	当某些与资源有关的限制被打破时，设备就会生成这类 Trap，其中包括连接限制、内存门限值、接口门限值。例如，当系统占用内存达到总内存的 80%以上时，安全设备就会生成一条 Trap
NAT Trap	当数据包遭 NAT 引擎丢弃时，安全设备即会生成一条这种 Trap
Syslog（系统日志）	安全设备会将系统日志消息作为 SNMP Trap 发送给管理工作站。如果希望将所有系统日志都保存在 SNMP 管理工作站中，这类 Trap 就会相当有用
CPU Utilization Trap（CPU 使用率 Trap）	如果 CPU 达到门限值的上限并且保持这种状态达到配置的时长之后，安全设备机会生成这类 Trap

注释：要为系统日志消息建立 Trap 消息，必须判断哪种严重程度（severity）的系统日志消息需要发送给管理服务器。这部分内容已经在前文的“日志记录类型”小节中进行了探讨。

在图 5-10 中，管理员正在添加新的 SNMP 服务器。服务器地址为 172.18.82.80，该服务器位于管理接口。服务器使用的是 SNMP 版本 3，因此管理员需要配置一个用户名。我们在此配置的用户名为 cisco。

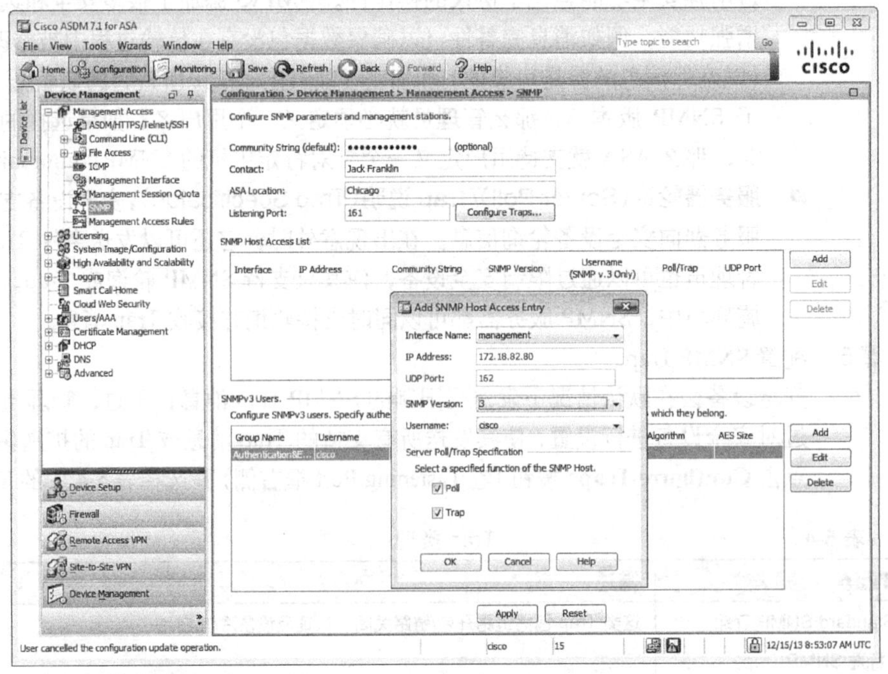

图 5-10　定义 SNMP 服务器

用 CLI 界面完成与图 5-10 相同配置工作的方法如例 5-37 所示。

例 5-37 在 CLI 界面中定义 SNMP 服务器

```
Chicago# configure terminal
Chicago(config)# snmp-server community s3c3r3m3$nmp
Chicago(config)# snmp-server location Chicago
Chicago(config)# snmp-server contact Jack Franklin
Chicago(config)# snmp-server host management 172.18.82.80 community s3c3r3m3$nmp
version 3 cisco
Chicago(config)# snmp-server group Authentication&Encryption v3 priv
Chicago(config)# snmp-server user cisco Authentication&Encryption v3
auth MD5 0:1:2:3:4:5:6:7 priv AES 256 cisco123
Chicago(config)# logging history debugging
Chicago(config)# snmp-server enable traps syslog
```

2. SNMP 监测

命令 **show snmp-server statistics** 可以用来查看 SNMP 的统计数据。它不只可以显示 SNMP 接收和传递的总数据包数，也可以显示安全设备处理的所有损坏或非法数据包。例 5-38 显示了该命令的输出信息，该例中的安全设备收到了 12 个 GET 请求，并用 GET-RESPONSE 消息响应所有的这些请求消息。

例 5-38 **show snmp-server statistics** 的输出信息

```
Chicago# show snmp-server statistics
12 SNMP packets input
    0 Bad SNMP version errors
    0 Unknown community name
    0 Illegal operation for community name supplied
    0 Encoding errors
    36 Number of requested variables
    0 Number of altered variables
    12 Get-request PDUs
    0 Get-next PDUs
    0 Get-bulk PDUs
    0 Set-request PDUs (Not supported)
12 SNMP packets output
    0 Too big errors (Maximum packet size 512)
    0 No such name errors
    0 Bad values errors
    0 General errors
    12 Get-response PDUs
    0 SNMP trap PDUs
```

5.5 设备监测及排错

Cisco ASA 包含了大量的 **show** 和 **debug** 命令，这些命令既可以用来监测设备的健康状态，也可以用来对网络或设备级别的问题进行排错。

5.5.1 监测 CPU 及内存

命令 **show cpu usage** 可以查看当前的 CPU 使用率。它可以显示 5 秒、60 秒和 300 秒内设备负载的大致数值。如果管理员还查看 CPU 各个核心的使用率中断情况，也可以使用命令 **show cpu usage detailed** 来实现。根据例 5-39 所示，设备的 5 秒使用率为 2%，而 1 分钟和 5 分钟使用率则是 1%。

例 5-39 **show cpu usage** 的输出信息

```
Chicago(config)# show cpu usage
CPU utilization for 5 seconds = 2%; 1 minute: 1%; 5 minutes: 1%
```

安全设备可以通过命令 **show memory** 来显示内存使用率。这条命令可以以字节（byte）为单位，同时以百分比数来显示可用内存及已用内存的数值。根据例 5-40 所示，安全设备的可用内存为 1,574,582,128 字节（约 1575MB），而已用内存为 572,901,520 字节（约 573MB），安全设备的总内存为 2048MB。

例 5-40 **show memory** 的输出信息

```
Chicago# show memory
Free memory:         1574582128 bytes (73%)
Used memory:          572901520 bytes (27%)
-------------       ------------------
Total memory:        2147483648 bytes (100%)
```

注释：将命令 **show memory detail** 的输出信息和命令 **show memory binsize** 结合，可以使管理员查看分配给某个特定内存条的字节数。如果需要进行高级内存排错，这些命令可以在 TAC 引擎的管理下使用。

如果使用命令 **show block**，安全设备可以显示系统缓冲使用率。当安全设备启动时，操作系统会创建最大数量的各类缓冲区。除了大小为 256 和 1550 的缓冲区之外，这个最大缓冲区数量不会改变。对于大小为 256 和 1550 的缓冲区来说，安全设备可在必要的条件下动态创建更多数量的缓冲区。当需要的时候，安全设备会从池中划分一个缓冲区，在使用完毕后再归还回去。

缓冲区的大小一共有 12 种，它们分别负责处理特定类型的数据包。表 5-5 罗列了缓冲区的大小，以及使用相应类型缓冲区的场合。

在运行命令 **show block** 时，安全设备会显示以下计数器。

- **MAX**——表示某类缓冲区的可用数量的最大值。
- **LOW**——表示自最近一次启动后，或自管理员最近一次使用命令 **clear block** 清除计时器以后，可用缓冲区数量的最低值。当数值为 0 时，表示在上次系统重启或上次清除计时器以后的某时，安全设备耗尽了特定类型数据包的缓存空间。
- **CNT**——显示各类缓冲区的当前可用数量。

表 5-5 缓冲区大小

缓冲区大小	描述
0	由 dubp 缓冲区使用
4	用来复制应用中已有的区域（如 DNS、ISKAMP、URL 过滤、uauth、TFTP、H.323 和 TCP 模块）
80	由 TCP 拦截特性用来创建 ACL 数据包。也可以由故障倒换特性来创建 Hello 消息
256	由状态化故障倒换、系统日志和一些 TCP 模块使用
1550	当安全设备处理以太网数据包时，用来将这些数据包缓冲起来
2048	用来发送控制更新消息以及有些平台的数据包缓存
2560	用来缓存 IKE 消息

续表

缓冲区大小	描述
4096	由 QoS 度量引擎使用
8192	由 QoS 度量引擎使用
9334	当设备处理巨型以太网数据包时，对其进行缓存
16384	仅用于 64 比特、66MHz Livengood 吉比特以太网卡（i82543）
65536	由 QoS 度量引擎使用

在例 5-41 中，安全设备已经分配了 248 个 4 字节缓冲区，并且当前使用了其中的一个。这里的LOW计时器被设置为247是因为安全设备自最近一次重启之后只分配出去了其中的一个。

例 5-41　**show block** 的输出信息

```
Chicago# show block
  SIZE    MAX    LOW    CNT
     0    950    944    944
     4    248    247    247
    80   1400   1394   1400
   256   5048   5028   5029
  1550   8427   8338   8422
  2048   1600   1600   1600
  2560   1476   1476   1476
  4096    100    100    100
  8192    100    100    100
  9344    100    100    100
 16384    126    126    126
 65536     16     16     16
```

使用 ASDM 监测安全设备健康状态的方法是找到 **Monitoring > Properties > System Resources Graphs** 并选择一个图表来显示缓冲区占用、CPU 使用率、内存占用及它们的可用值。

5.5.2 设备排错

Cisco ASA 提供了多种排错和诊断命令，来对流量和与设备相关的问题进行排错。

1. 对数据包问题进行排错

在很多防火墙部署方案中，管理员都会花很多时间来定义新策略并排除数据包流的问题。下面我们来介绍 3 个方案，以显示如何使用安全设备来排除这些问题。

追踪数据包流

要查看应用在数据包流上的进程，应该使用 Cisco ASDM 数据包追踪（Cisco ASDM Packet Tracer）特性来实现。这种特性能够基于 IP 协议、源目的 IP 地址和源目的端口来描述数据包的构造。当数据包通过不同进程（如 ACL、路由与地址转换[NAT]）时，安全设备可以提供相关的信息。各进程会分别对数据包进行监控，并判断是应放行还是应该拒绝该数据包。

要使用这一特性，可以选择 **Tools > Packet Tracer** 并指定数据包进入设备的端口、IP

协议、源目的 IP 地址及端口。如图 5-11 所示，管理员正在 inside 接口上追踪从 192.168.10.50 去往 209.165.200.229 的 TCP 数据包，监测的源端口为 1024 而目的端口则是 80。各进程都会对数据包进行检查和匹配，最终的结果是匹配成功，安全设备允许数据包穿过自己。

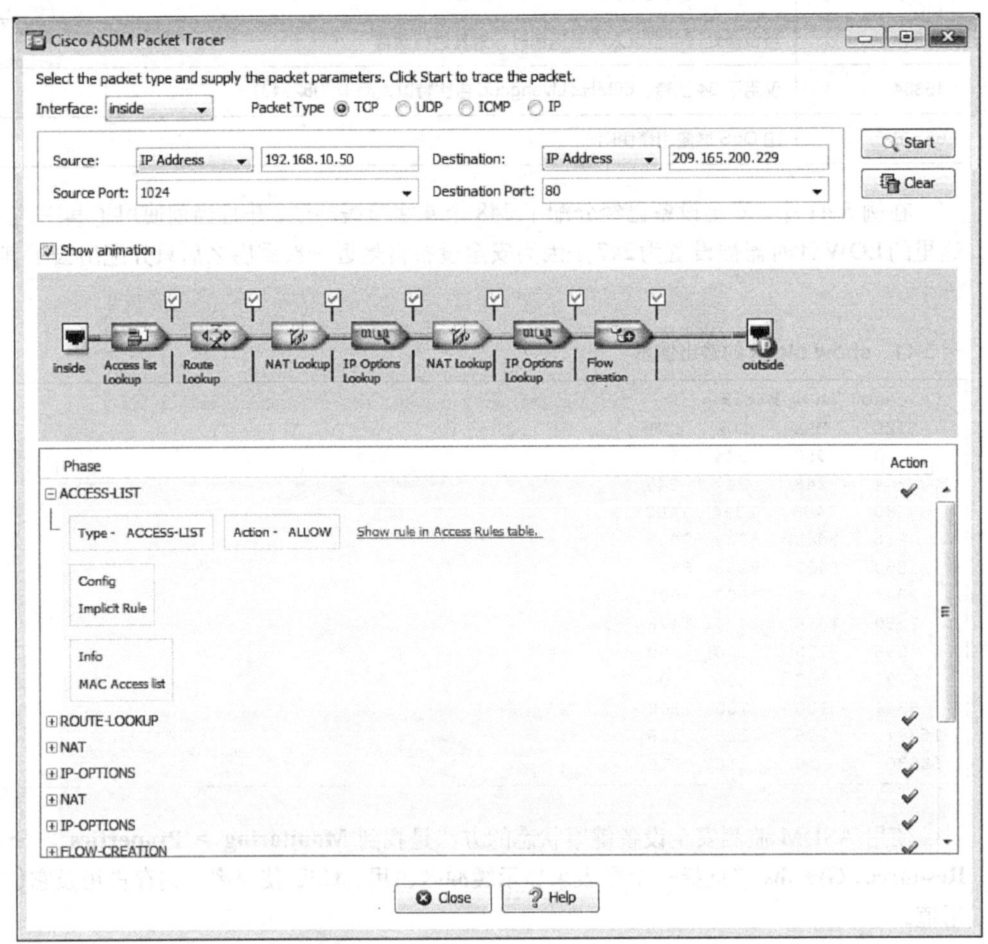

图 5-11 通过安全设备追踪数据包

例 5-42 所示为通过 CLI 界面实现与图 5-11 相同功能的配置方法。

例 5-42 通过 CLI 追踪数据包

```
Chicago# packet-tracer input inside tcp 192.168.10.50 1024 209.165.200.229 80
```

捕获数据包

在对流量进行排错时，安全设备最强大的特性之一就是数据包捕获特性。在启动数据包捕获特性之后，安全设备会对感兴趣流进行嗅探并将其储存在缓存中。如果管理员想要确保从特定主机或网络发来的流量到达了某个接口或者由该接口发出，这一功能就会非常重要。管理员可以通过 ACL 或 **match** 命令来识别感兴趣流，并使用命令 **capture** 来将 ACL 与接口进行绑定。捕获到的数据包可以在本地进行查看，如果这些信息以 pcap 格式输出给外部设备，那么也可以在外部设备（如 Wireshark）上对这些数据包进行查看。

在例 5-43 中，管理员设置了一个名为 cap-inside 的 ACL 来识别来自 209.165.202.130，并去往 209.165.200.230 的数据包。安全设备会在 inside 接口上捕获识别出来的数据包。

要查看捕获的数据包，需要使用命令 **show capture** 并后跟捕获列表的名称。在例 5-43 中，安全设备在 inside 接口上捕获到了 15 个与 **capture** 命令所定义的策略相匹配的数据包。阴影部分的条目显示这是一个来自 209.165.202.130，源端口为 11084，去往 209.165.200.230，目的端口为 23 的 TCP SYN 数据包（因为目的端口后的标识为“S”）。TCP 窗口大小为 4128，MSS 值（Maximum Segment Size）被设置为 536 字节。

例 5-43 数据包捕获

```
Chicago(config)# capture cap-inside interface inside match ip host 209.165.202.130
host 209.165.200.230
Chicago(config)# show capture cap-inside
15 packets captured
1: 02:12:47.142189 209.165.202.130.11084 > 209.165.200.230.23: S
433720059:433720059(0) win 4128 <mss 536>
2: 02:12:47.163489 209.165.202.130.11084 > 209.165.200.230.23: . ack 1033049551 win
4128
!Output omitted for brevity
15 packets shown
```

提示： 要查看实时流量，可以在捕获时使用关键字 **real-time** 来实现。比如，可以定义例 5-43 中的捕获命令使其对能够实时流量进行分析，命令是 **capture out-inside interface inside match ip host 209.165.202.130 host 209.165.200.230 real-time**。虽然捕获实时流量对于排查与流量有关的问题时非常有用，但是在流量超过设备负载的情况下，安全设备只能显示最多 1000 个数据包。

在启用捕获命令时，安全设备会立刻分配出去内存。默认分配的内存为 512KB。如果选择了 **circular-buffer** 选项，那么当分配的内存被占满之后，安全设备就会用新的内容覆盖老的条目信息。否则，一旦缓冲区已满，安全设备不会继续保存数据包。**capture** 命令对于 ASA CPU 的影响与设备的负载和型号有关。这种影响往往可以忽略不计，但是在负载极高的防火墙上，因为流量捕获而增加的负载的确有可能对设备的性能构成影响。如果管理员想要了解应用流量捕获对于设备性能产生的影响，可以通过命令 **show cpu usage** 的输出信息来查看 CPU 的使用率。

命令 **capture** 的输出信息可以用 pcap 格式输出出去，该信息可以输入进嗅探工具（如 Wireshark 或 TCPDUMP）中来进行进一步分析。要下载 pcap 格式的文件，可以在浏览器中使用地址 https://<IPAddressOfASA>/capture/<CaptureName>/ pcap 进行下载。比如，要下载例 5-43 中捕获的 pcap 文件，可以输入地址 **https://172.18.82.75/capture/cap-inside/pcap**。

注释： 在多虚拟防火墙模式下，可以使用 **https://<device-ip>/<context>/capture/<capname>/ pcap/**。多虚拟防火墙模式将在第 14 章中进行介绍。

监测丢弃掉的数据包

如果有些数据包不遵循企业配置的安全策略，那么作为防火墙的安全设备就应该将它们丢弃掉。这些丢弃掉的数据包可能是由于 ACL 中的 **deny** 语句才被丢弃掉的，也有可能因为它们是非法 VPN 数据包、错误的 TCP 分段，或者带有非法包头信息的数据包才被丢弃掉的。在有些情况下，管理员可能想要获得安全设备在其加速安全路径（ASP①）中丢弃掉的数据包或连接的统计信息。如例5-44所示，通过命令 **show asp drop** 可以发现，由于ACL中的 **deny** 语句，设备丢弃了超过57000个数据包。有大约300个数据包遭到丢弃则是因为自适应安全设备在连接中收到的第一个数据包不是SYN数据包。当客户端和服务器认为连接已经建立，但防火墙却已关闭该会话时，就会出现这种情况。最后，安全设备还由于接口关闭而丢弃了3个数据包。

> 注释：要想了解导致 **asp drop** 的各种原因，可以根据自己使用的Cisco ASA系统版本来查看相应的 *Cisco Security Appliance Command Reference*。

例5-44 **show asp drop** 的输出信息

```
Chicago# show asp drop

Frame drop:
  Flow is denied by configured rule (acl-drop)                      57455
  First TCP packet not SYN (tcp-not-syn)                              295
  Interface is down (interface-down)                                    3

Last clearing: Never
```

> 注释：安全设备允许管理员使用命令 **capture** 来捕获因特定原因而被丢弃的数据包或捕获所有 **asp drop** 类型的数据包，如下所示：

```
Chicago# capture AspCapture type asp-drop ?
  acl-drop                  Flow is denied by configured rule
  all                       All packet drop reasons
  bad-crypto                Bad crypto return in packet
<output removed for brevity>
```

2. 对CPU问题进行排错

如果管理员正在监控设备的CPU使用率并且发现该使用率持续走高，那么可以在安全设备上使用命令 **cpu profile activate** 来启动CPU绘图特性。管理员也可以分配一定的内存来储存特定数量的图例，可以储存的数量为1到100000，默认值是1000。管理员为该进程

① ASP，Accelerated Security Path，该路径为两类路径的统称，即会话管理路径（session management path）和快速路径（fast path），前者会根据数据包信息来核对访问控制列表、查看路由表、分配NAT转换、在快速路径中建立会话。后者则会检查IP检验和、查找会话、查看TCP序列号、根据现在有会话执行NAT转换、调整3层和4层数据包头部。一般来说，当数据包属于一个新的连接时，它需要通过会话管理路径进行转发；而当数据包属于某条已经建立的连接时，由于无须再为其执行核对ACL、查看路由表等措施，因此为使其快速通过设备，这些数据包就会通过快速路径进行转发（之所以强调"一般来说"，也就是说以上叙述存在例外，有时属于已建立连接的数据包还是会通过会话管理路径，但读者不妨按照上面的叙述进行理解，因为上面的叙述正是"两条路径方案"设计初衷）。不难发现，组成ASP的两种路径所执行的措施全在OSI模型的3层和4层，因此，所谓"设备在其ASP路径中丢弃掉的数据包"可以很不严谨地理解为"由于数据包3层或4层信息出问题而被丢弃的数据包"。对于有的协议来说，在第一个数据包通过会话管理路径之后，它还要通过一个监控7层信息的控制层路径（control plane path），在这里由于7层信息不匹配而被丢弃的数据包就不属于"设备在其ASP路径中丢弃掉的数据包"，因此这些数据包也不会通过命令 **show asp drop** 显示出来。——译者注

分配的内存越多，设备执行 CPU 绘图特性时也就越准确。在启用了 CPU 绘图特性之后，管理员可以通过命令 **show cpu profile dump** 来查看输出的信息。不过，管理员需要将该 **show** 命令的输出信息发送给一名 TAC 工程师进行分析。

总结

本章讨论安全设备中的两种重要的配置文件，即运行配置文件和启动配置文件。本章将 Telnet 协议和 SSH 协议放在远程管理协议中进行了探讨。我们还介绍了系统维护的一些特性，诸如镜像文件的升级、密码恢复的方法等。本章的最后讨论了安全设备的监测功能，比如系统日志功能、SNMP 以及很多用以检查设备状态及健康情况的 **show** 命令。如果遇到一些与内存和流量有关的常见问题，也可以用本章介绍的数据包追踪及数据包捕获命令进行查看。

第6章

Cisco ASA 服务模块

本章涵盖的内容有：

- Cisco ASA 服务模块概述；
- 管理主机机框；
- 通用部署方案；
- 通过 PBR（基于策略的路由）让可靠流量绕过。

Cisco ASA 服务模块（ASASM）可以通过 Cisco Catalyst 6500 系列交换机或 Cisco 7600 系列路由提供全面的安全特性集。它可以无缝集成到机框当中，将大量安全功能集成到每一个物理端口当中，而不需要另行使用线缆进行连接，也不需要对网络进行复杂的推倒重建。由于这种模块依赖的是强大而灵活的 Cisco ASA 软件架构，因此它可以提供全面的防火墙和 VPN 特性集，这些特性集此前只能通过 Cisco ASA 设备来使用。

尽管 Cisco ASA 服务模块是一个集成在设备中的刀片模块，它同样可以提供独立于机框的专用硬件资源和流量处理功能。管理员可以从逻辑上将这个模块视为一台外部设备；常规的路由和交换策略会强制流量穿越 ASASM，并对流量进行状态化监控。这种抽象的做法可以让管理员通过多种不同的方式来部署服务模块，流量路径是否穿越主机机框由管理员来决定。

6.1 Cisco ASA 服务模块概述

Cisco ASASM 是一种线卡，可以安装在 Catalyst 6500 系列交换机或 7600 系列路由器的任何一个插槽中；无论出于何种目的，这些平台都会通过主机机框来提供服务。它们不提供外部接口，所以一切出入模块的数据和管理流量都会穿越机框背板。从这个角度上看，ASASM 与防火墙服务模块（FWSM）相当类似（如果读者熟悉这款古老的产品，就会理解这句话的意思）。不过，与 FWSM 相比，ASASM 在架构层面和特性层面都拥有大量重要的优势。

- 新平台会通过多核通用 CPU 架构和专用硬件加速器来实现加密，因此可以提供超过 10Gbit/s 的实际防火墙吞吐量。
- Cisco ASA 软件架构扩展性良好，部署灵活，可以通过设备提供完整的特性功能。除了操作和功能上的连续性之外，实施软件网络处理器的做法可以提供另一个层面的安全防护，也可以在必要时简化处理方式的变更。
- 所有处理流量的步骤完全可以直接在 ASASM 上实现，而不需要对数据包进行复制，让它通过 Supervisor 处理器模块进行处理才能完成这项任务。

6.1.1 硬件架构

ASAM 使用了与 Cisco ASA 5585-X 设备相同的内部架构。这种设计的一大优势在于，它可以跨越不同的平台进行扩展，构成不同的功能。图 6-1 用方框图的方式显示了几大主要的组成部分。实心的双向箭头表示的是系统总线连接，而空心箭头则表示内部以太网连接。

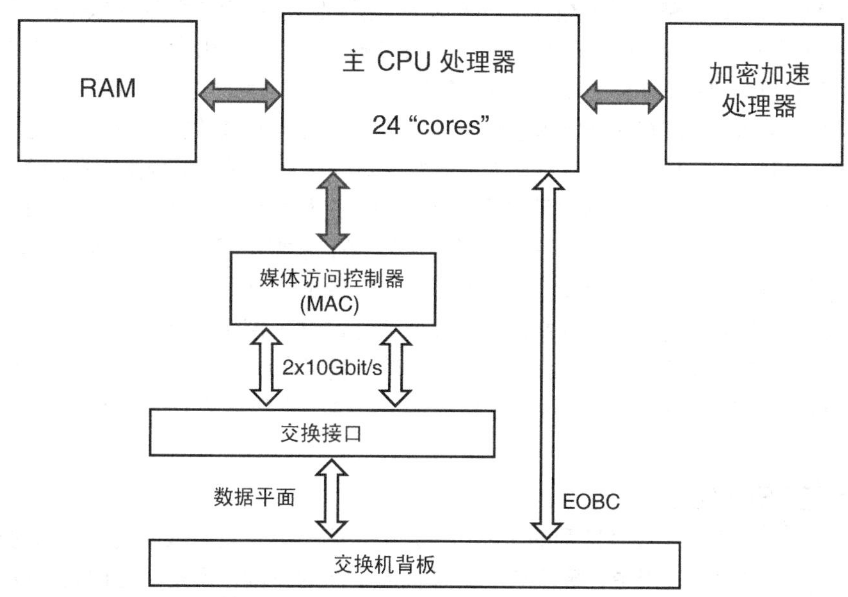

图 6-1 Cisco ASASM 硬件图示

主 CPU 处理器会处理所有穿越设备的流量和管理流量，同时将某些加密和解密操作交由加密加速器处理器进行处理。所有从模块接收到的流量必须穿越一个媒体控制处理器(MAC)，这个控制器是由 2 个 10 吉比特以太网接口组成的。这两个接口中任何一个接口都有一对共享的 FIFO（先进先出）缓存和多个描述符环（descriptor ring）。入站方向的 FIFO 缓存会将通过机框背板到达模块的数据帧存储起来；出站缓存则会将 ASASM 回传给背板的数据帧缓存起来。接受（RX）和发送（TX）描述符环有助于数据帧在 FIFO 缓存和主内存之间传递。在数据帧使用某个 RX 描述符环到达主内存之后，系统会为它分配一个 CPU 处理器核心来进行安全校验，并且执行一切必要的协议头部和负载转换。在处理之后，出站的数据帧就会通过相应的 TX 描述符环移动到出站 FIFO 队列中。

为了在多个数据包队列和处理器核心之间充分分发不同的数据流，每个入站和出站数据帧都会通过从下列数值计算散列值的方式，映射到一个 CPU 处理器上行链路和一个描述符环：

- 源和目的 IPv4 或 IPv6 地址信息；
- 源和目的 TCP 或 UDP 端口（如适用）。

散列计算是单向的，因此一个数据流永远只会在双向上使用同一个 MAC 上行链路。由此可知，一个 TCP 或 UDP 流的最大理论吞吐量不能超过 10Gbit/s，这是 2 个 MAC 上行链路之一的线速。由于 RX 环繁忙时，一条高速流量有可能就会占满整个 MAC 上行链路的入站 FIFO 队列，因此管理员应该运行 Cisco ASA 9.0 (2)或 9.1(2)之后的版本，这种版本的架构可以在出现这类问题时，将总系统的影响降至最低。

6.1.2 机框集成

ASASM的双链路MAC会通过一条总最大性能为20Gbit/s的数据接口连接到机框背板。机框和ASASM之间的通信，会通过专用的Ethernet Out Band Channel（EOBC）接口进行控制，如图6-1所示。背板数据链路会自动配置为Trunk端口，以便承载所有分配给ASA服务器模块的VLAN。由于所有防火墙流量都必须穿越模块，管理员可以将其视为一台通过VLAN Trunk链路与机框相连的外部设备。管理员如需查看背板的数据接口，可以在机框系统中查看接口TenGigabitEthernet *X* /3的输出信息（其中斜体的*X*是机框中安装ASA服务模块的那个插槽的编号），但它最多只能提供20Gbit/s的转发性能。

由于ASASM没有任何物理接口，因此管理员必须通过某些VLAN（希望通过背板数据链路进行扩展的VLAN）来手动为它分配接口。在从交换机上分配了这些VLAN之后，就可以像配置Cisco ASA接口那样在这个模块上进行配置了。切记，模块默认不会对任何流量提供转发和保护。ASASM只是一台外部设备，它需要配置正确的策略才能与其他设备进行通信。此外，为模块分配VLAN并不会自动保护该VLAN中的流量。管理员还需要在相邻设备上配置相应的桥接或路由规则让流量穿越这个模块。永远都要记住，如果机框或者外部下游路由器那里有其他的路由路径，流量就可以绕过ASASM模块。所以要保证没有端点或中间设备网络可以绕过防火墙的保护；这一点和部署Cisco ASA设备别无二致。

6.2 管理主机机框

在将ASASM安装到匹配的机框当中之后，它需要经过一段时间才能启动并且开始正常工作。在启动的过程中，模块会经历过很多不同的阶段，但是在它彻底完成初始化并完成诊断之后，它都不允许数据流量或管理会话。例6-1显示了ASASM初始化过程中，机框显示的系统日志消息的正常顺序。

例6-1 机框上显示的ASASM初始化消息

```
*Jun 6 01:09:33.255: %OIR-SP-6-INSCARD: Card inserted in slot 2, interfaces are now
  online
*Jun 6 01:10:16.364: SP: Waiting for service application in slot 2 to come online
*Jun 6 01:11:58.883: %CAT6000_SVC_APP_HW-SP-6-APPONLINE: Service application in
  slot 2 is online.
```

使用命令 **show module** 可以验证机框上是否安装了这个模块。例6-2所示为管理员在一个机框的2号插槽中安装了一个已经完成初始化的ASASM。可以看到，显示的模块固件版本并没有反映其安装的真实Cisco ASA软件版本；这很正常。

例6-2 完全初始化的ASA服务模块

```
Catalyst6500# show module
Mod Ports Card Type                              Model              Serial No.
--- ----- -------------------------------------- ------------------ -----------
  2    3  ASA Service Module NPE                 WS-SVC-ASA-SM1-K7  SAL1111ABCD
  5    2  Supervisor Engine 720 (Active)         WS-SUP720-3BXL     SAL2222ABCD

Mod MAC addresses                       Hw     Fw           Sw           Status
--- ---------------------------------- ------ ------------ ------------ -------
  2 1cdf.0f9b.a92e to 1cdf.0f9b.a93d   1.1    12.2(50r)SYL 12.2(33)SXJ5 Ok
```

（待续）

```
  5 001c.58d0.9590 to 001c.58d0.9593   5.7    8.5(2)       12.2(33)SXJ5 Ok

Mod Sub-Module                        Model                Serial       Hw      Status
---- --------------------------- ------------------ ----------- ------- -------
2/0 ASA Application Processor     SVC-APP-PROC-1       SAL2222BCDA  1.0     Ok
 5  Policy Feature Card 3         WS-F6K-PFC3BXL       SAL3333BCDA  1.9     Ok
 5  MSFC3 Daughterboard           WS-SUP720            SAL4444BCDA  3.2     Ok

Base PID:
Mod Model                 Serial No.
--- --------------------- -----------
  2 WS-SVC-APP-HW-1       SAL1111ABCD

Mod Online Diag Status
---- -------------------
 2   Pass
2/0  Pass
 5   Pass
```

在确认模块已经开始工作之后，可以使用 **service-module session** 命令来访问串行控制台。在第一次配置模块或对网络连接问题进行排错时，可以使用这种方法来配置模块。串行连接相当于 Cisco ASA 上的物理控制台端口，因此当模块重启时，管理会话也不会中断。只有一个用户可以随时保持连接，管理员应该使用转义序列（escape sequence）回到机框的管理提示符。例 6-3 显示了机框与 ASASM 模块成功建立串行控制台会话以及会话转义序列。

例 6-3 向 ASA 服务模块建立串行控制台会话

```
Switch# service-module session slot 2
You can type Ctrl-^, then x at the remote prompt to end the session
Trying 127.0.0.20, 2065 ... Open

ciscoasa>
```

6.2.1 分配 VLAN 接口

在默认情况下，ASASM 并没有分配 VLAN 接口。虽然管理员可以在 ASASM 上创建和配置 VLAN 接口，但是直到管理员从机框向 ASASM 分配接口之前，这些接口会处于 down 的状态。切记，管理员可以通过分配的方式，将一个 VLAN 扩展到 ASASM 上。管理员仍然需要在模块上创建和配置相应的 VLAN 接口，并配置相应的外部桥接或路由规则，然后流量才能穿越这个模块。将 VLAN 从机框分配给 ASASM 的步骤如下。

1. 将所需 VLAN 绑定到一个或多个防火墙 VLAN 组。即使管理员希望在不同模块上使用这些组，也不能在多个 VLAN 组中调用一个 VLAN。在现有组中创建新防火墙 VLAN 组或者添加新的 VLAN 需要使用下面这条命令。

   firewall vlan-group *group-number list-of-vlans*

2. 将 VLAN 组分配给一个 ASA 服务模块。管理员可以将最多 16 个 VLAN 组与一个模块进行关联。组信息只有机箱本地意义，所以模块只能接收到最后的 VLAN 列表。可以使用下面的命令向防火墙模块划分 VLAN 组；其中 **switch** 参数的作用是指出 VSS（虚拟交换系统）设置中的机框。

   firewall [**switch** { **1** | **2** }] **module** *slot-number* **vlan-group** *list-of-groups*

例 6-4 显示了独立的机框配置，其中管理员创建了 3 个 VLAN 组，并将其分配给插槽 2 和插槽 3 中安装的 ASA 服务模块。组 2 和组 6 在相应模块中是唯一的，而组 10 则是各 VLAN 共享的。

例 6-4 将 VLAN 分配给 ASA 服务模块

```
firewall module 2 vlan-group 2,10
firewall module 3 vlan-group 6,10
firewall vlan-group 2 10,50,100
firewall vlan-group 6 60,70
firewall vlan-group 10 40,41,77
```

管理员可以根据需要来添加或移除 VLAN 组以及各个 VLAN，这种操作不会导致无关 VLAN 出现通信中断。在进行修改时，机框会使用当前的活动 VLAN 列表来更新 ASASM。对于已经移除的 VLAN，模块上的相应配置仍然存在。管理员可以在 ASASM 上使用命令 **show vlan** 来查看当前分配的 VLAN 列表。例 6-5 显示了查看活动 VLAN 列表，以及在防火墙模块上配置对应接口的示例步骤。

例 6-5 在 ASA 服务模块上配置接口

```
ciscoasa# show vlan
40-41, 60, 70, 77
ciscoasa# configure terminal
ciscoasa(config)# interface Vlan40
ciscoasa(config-if)# nameif inside
INFO: Security level for "inside" set to 100 by default.
ciscoasa(config-if)# ip address 192.168.1.1 255.255.255.0
ciscoasa(config-if)# no shutdown
```

6.2.2 监测数据流量

管理员可以在机框上使用命令 **show firewall module** 来监测往返于 ASA 服务模块的流量。由于管理员在机框上输入了这条命令，所有计数器都会以主机的机框作为参考点。出站方向反映的是发送给模块的流量，而入站方向表示的是模块接收到的流量。例 6-6 显示了插槽 2 安装的 ASASM 模块的流量统计数据。

例 6-6 监测从机框发来的 ASASM 流量

```
Switch# show firewall module 2 traffic
Firewall module 2:

Specified interface is up line protocol is up (connected)
  Hardware is C6k 10000Mb 802.3, address is 1cdf.0f9b.a930 (bia 1cdf.0f9b.a930)
  MTU 1500 bytes, BW 20000000 Kbit, DLY 10 usec,
     reliability 255/255, txload 1/255, rxload 1/255
Encapsulation ARPA, loopback not set
Keepalive set (10 sec)
Full-duplex, 20Gb/s
Transport mode LAN (10GBASE-R, 10.3125Gb/s)
input flow-control is off, output flow-control is unsupported
Last input never, output never, output hang never
Last clearing of "show interface" counters 01:28:59
Input queue: 0/2000/0/0 (size/max/drops/flushes); Total output drops: 0
```

（待续）

```
Queueing strategy: fifo
Output queue: 0/40 (size/max)
5 minute input rate 0 bits/sec, 0 packets/sec
5 minute output rate 0 bits/sec, 0 packets/sec
   5010 packets input, 475871 bytes, 0 no buffer
   Received 0 broadcasts, 0 runts, 0 giants, 0 throttles
   0 input errors, 0 CRC, 0 frame, 0 overrun, 0 ignored
   0 input packets with dribble condition detected
   6121 packets output, 524160 bytes, 0 underruns
   0 output errors, 0 collisions, 0 interface resets
   0 babbles, 0 late collision, 0 deferred
   0 lost carrier, 0 no carrier
   0 output buffer failures, 0 output buffers swapped out
```

如前文所述，机框会将背板数据链路抽象显示为一个 10 吉比特以太网接口。当管理员在机框中输入像 **show mac-address-table** 或 **show vlan** 这样的命令之后，可以查看接口的相关信息。虽然有些输出信息可能会显示 ASA 服务模块上一共有 3 个 10 吉比特以太网接口，但只有最后一个接口处于工作状态。无论接口的名称叫什么，链路的转发性能为 20Gbit/s。例 6-7 显示了机框从插槽 4 的 ASASM 模块那里学来的 MAC 地址列表。注意，背板数据接口的名称为 TenGigabitEthernet4/3，因为它对应的是位于插槽 4 中的那个模块上排名第 3 的接口。

例 6-7 机框 MAC 地址表

```
Switch# show mac-address-table interface TenGigabitEthernet 4/3
Legend: * - primary entry
        age - seconds since last seen
        n/a - not available
  vlan   mac address     type    learn     age              ports
------+----------------+--------+-----+----------+--------------------------
Active Supervisor:
*   50  a23a.1100.1002   dynamic Yes            5  Te4/3
```

在需要对通过 ASA 服务模块的数据流量进行排错时，可以将这个接口作为 SPAN（交换端口分析器）会话的源端口。这条命令默认会捕获两个方向的流量，因此管理员可以看到数据包两次成功穿越模块。例 6-8 显示了如何使用命令 **monitor session** 的 **tx** 选项来捕获去往（位于插槽 6 的）ASASM 模块的流量；捕获命令被管理员关联到了 TenGigabitEthernet3/4 接口，这个接口被配置为 Trunk 端口，以保留 VLAN 的头部。

例 6-8 通过 SPAN 捕获去往 ASASM 的流量

```
Switch(config)# monitor session 1 source interface TenGigabitEthernet6/3 tx
Switch(config)# monitor session 1 destination interface TenGigabitEthernet3/4
```

机框会周期性通过背板将健康监测数据包传输出去，来测试 ASA 服务模块 CPU 处理器的那两个 MAC 上行链路的可达性。如果模块因为大量突发性流量而无法访问，这些特殊的监测数据包就有可能遭到丢弃。此时，机框有可能会记录这些系统日志消息，记录的形式为：

```
%CONST_DIAG-SP-6-DIAG_SW_LPBK_TEST_INFO: Module [1/0]: TestMgmtPortsLoopback detected
a minor error for port 1
```

切记，模块会继续执行正常的操作，而这些消息也并不一定会显示硬件出现故障。管理员在尝试替换硬件设备之前，应该按照正常流量突发的逻辑进行排错。

6.3 常用的部署方案

从机框的角度来看，ASASM 充当的是一台外部设备，因此管理员需要将它部署在要保护流量通过的路径上。管理员可以在机框中配置 SVI（交换虚拟接口）将流量从一系列内部网段路由到模块中，或者从模块内路由到上行网络中。在默认情况下，管理员可以为一个路由域中的单个防火墙 VLAN 创建一个 SVI。通过这种方式，所有往返于 ASASM 的流量只有一次穿过机框。否则，受保护网络之间的数据包就会直接在机框上进行路由，因而绕过防火墙模块的安全策略。如果使用的是多虚拟防火墙模式，管理员可能需要为防火墙的 VLAN 创建多个 SVI 实例来完全独立地处理流量。因此，管理员可以在机框中配置 **firewall multiple-vlan-interfaces** 命令来禁用默认的保护。管理员应当谨慎查看所有流量，以确保没有连接可以绕过 ASA 服务模块进行发送。

当管理员在机框中利用 SVI 来实现上行路由或下行路由功能时，只需将往返于 ASASM 的流量指向一台或几台外部路由器。一般来说，管理员可以在下面两个通用方案中部署一个模块的虚拟防火墙：

- 保护多内部网段之间的流量；
- 在内部路由器或机框 SVI 的前面部署网络边缘。

在多虚拟防火墙模式下，管理员可以以一台虚拟防火墙的配置方式，将一个或多个设计方案进行组合。切记，管理员只能让路由模式下的 ASASM 虚拟防火墙之间共享一个 VLAN。

6.3.1 内部网段防火墙

在一个设计方案中，ASASM 会对多个内部网段之间的通信提供保护。有些网段或者所有网段中都有可能包含了多个端点，工作在路由模式下的模块充当这些端点的网关。Cisco ASA 故障倒换系统会提供强大而透明的第一跳冗余，而 DHCP 服务器和 DHCP 中继代理服务可以提供动态端点连通性。工作在透明模式下的模块也可以保护端点和默认网关之间的通信；外部路由器或机框上的 SVI 可以充当端点的默认网关。在有些情况下，ASASM 可以保护多个内部路由器之间的通信；在这个拓扑中，ASASM 既可以工作在路由模式下，也可以工作在透明模式下。

在图 6-2 中，ASASM 复杂保护多个可靠网络与外部网络之间的通信。VLAN 200 和 202 都包含了多个端点，如果模块或安全虚拟防火墙工作在路由模式下，那么这些端点可能会以 ASASM 上对应的 3 层接口充当自己的默认网关。同样，VLAN 201 中的内部路由器可能会运行动态路由协议，与模块交换数据，以便为其他内部网络提供通信。切记，路由器身后的内部网络会与其他内部网络进行通信；只有明确通过 ASASM 进行路由的流量才会经历相应的安全性校验。这个模块的上行链路会通过 VLAN 300 连接机框的 SVI；如前文所示，外部路由器也可以完成这项任务。

在同一个拓扑中，也可以将 ASASM 配置为透明模式。此时，模块会将 VLAN 200、201、202 和 300 之间的流量桥接起来，建立起一个大的广播域，同时只有在这些逻辑网段之间相互通信时才应用管理员配置的安全策略。工作站和服务器位于同一个 IP 子网中，并将 VLAN 300 的 SVI 接口指定为它们的默认网关。同样，内部路由器也会维护与端点和上行 SVI 之间的 2 层连通性；路由器可以与机框之间运行动态路由协议，来通过 ASA 服务模块透明地交换路由信息。在这个设计方案中，对于所有受保护设备而言，模块是完全不可见的。在向现有网络中添加 ASASM 模块时，需要使用透明模式，因为这样可以免去修改 IP 地址之忧；管理员需要通过 VLAN 桥接和部署下一跳路由器，让流量穿过这个模块。

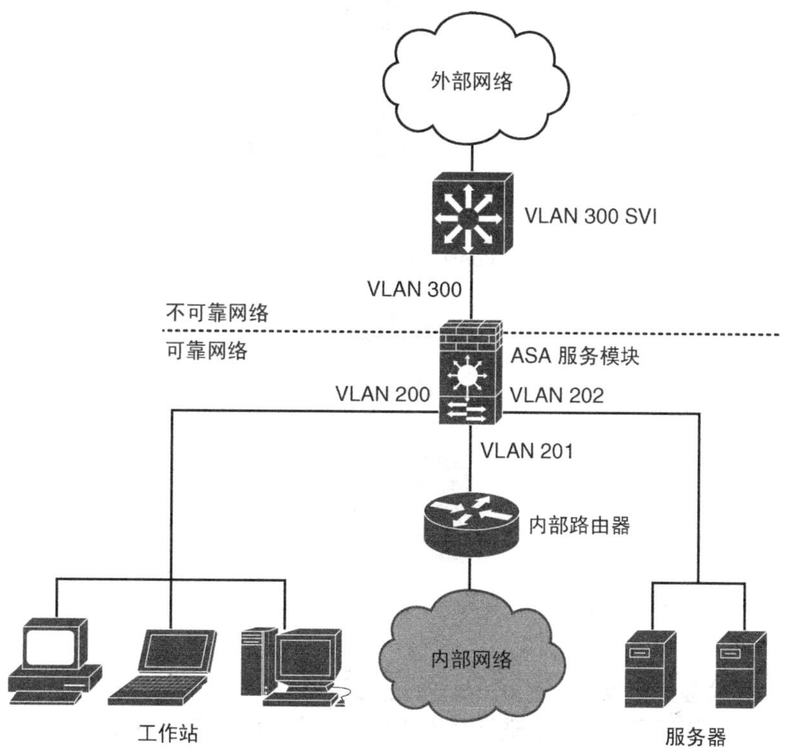

图 6-2 VLAN 间防火墙部署拓扑

6.3.2 边缘保护

除了像 Cloud Web Security（云 Web 安全）和 Botnet Traffic Filter（僵尸流量过滤）这样的高级保护特性之外，ASASM 还提供了很多相当灵活也极具扩展性的 NAT 功能，这些功能都让我们介绍的这种模块设备成为了一款颇具吸引力的 Internet 边缘防护类产品。在这种设计方案中，管理员可以将模块部署在网络边缘或者 ISP 路由器与内部网络之间。在绝大多数情况下，往返于可靠网络的流量都会汇聚在下游路由器上，然后进入 ASASM 到达上行 Internet 链路。因此，管理员可以采取“夹心饼干”的策略，将模块部署在两种路由器之间，监控所有可靠区域与不可靠区域之间的流量。

图 6-3 所示即为一个边缘部署案例，其中内部网络的出站流量通过 VLAN 201 的下游 SVI 到达了 ASASM 模块。流量会穿过这个模块，到达上游的边缘路由器，最终抵达 Internet。在这个拓扑中，模块既可以工作在路由模式下，也可以工作在透明模式下。在这种方案中，如果管理员需要使用外部动态路由器（如边界网关协议[BGP]），那么采用透明模式的优势更加明显，毕竟 ASASM 工作在路由模式下也不支持这个协议。在这种情况下，机框会与边界路由器直接连接，而不需要防火墙模块参与到路由进程当中。

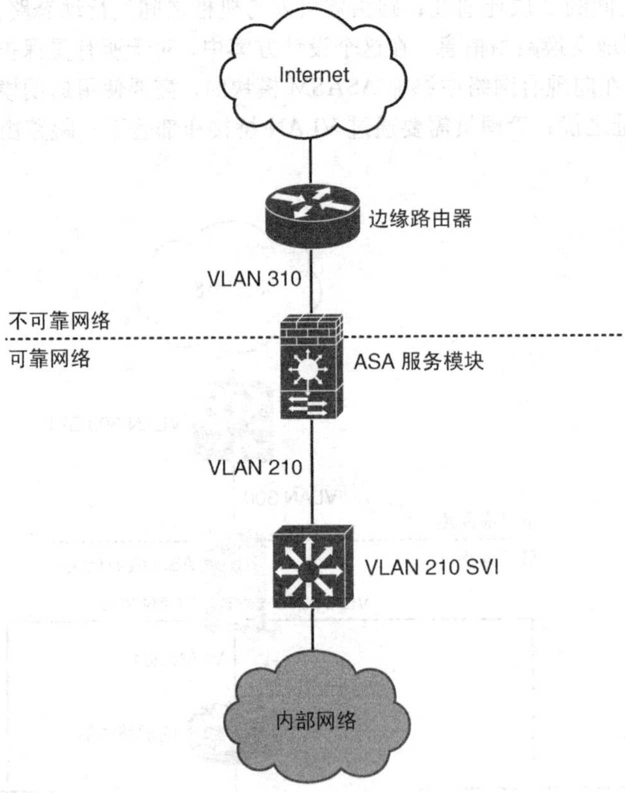

图 6-3 边缘防火墙部署拓扑

6.4 让可靠流量通过策略路由绕过模块

有时候，管理员希望让所选流量不受监控地穿越防火墙的 VLAN。这类数据流往往包含可靠的内部应用、对延迟极为敏感的实时协议或者超出 ASA 服务模块转发能力的连接。由于模块插入到了所有 VLAN 间流量的路径之中，因此管理员无法轻易选出哪些连接可以绕过防火墙。常用的解决方案是将可靠应用服务器插入一个没有分配给 ASASM 的独立 VLAN 中，并且通过机框的 VLAN 间路由来达到这种效果。不过，在同一台服务器上必须运行其他一些需要防火墙进行监控的应用时，这种方法就很难扩展了。

在这种设计方案中，管理员可以在机框上配置传统的 PBR（基于策略的路由）功能，以便有选择地定义哪些可靠流量可以绕过正常的防火墙 VLAN 间路径。这种一种很独特的方法，即管理员可以在一个路由域的多个防火墙 VLAN 之间，配置多个 SVI。即使管理员可以通过配置机框在 VLAN 之间创建出一条直连的路由路径，配置 PBR 也可以确保只有严格符合定义的流量可以通过这条捷径进行发送。所有其他的 VLAN 间流量，还是会穿越 ASASM 并且需要通过状态化安全校验。

图 6-4 显示了 ASA 服务模块中的一个部分。在这个拓扑中，VLAN 200 中包含了一些用户工作站，而 VLAN 201 中则部署了一些应用服务器；路由模式的 ASASM 虚拟防火墙会保护所有 VLAN 间的通信。位于 172.16.1.200 的那台服务器运行了一个性能测试应用，该应用使用的端口号为 TCP 1000 端口。

工作站会向这个应用发起连接，然后将大量随机数据传输过去用来进行内部测试。由于这些连接会频繁生成大量突发流量，企业的安全策略需要这些流量匹配一个 ACL（访问控制列表），并且绕过所有防火墙的状态化监控。为了实现这种功能，管理员可以在交换机上针对每个防火墙 VLAN 配置一个 SVI 虚拟接口。这可以在机框上为各个 VLAN 之间创建出直连的路由路径；很多沿着这条路径进行发送的流量都会完全绕过 ASASM。

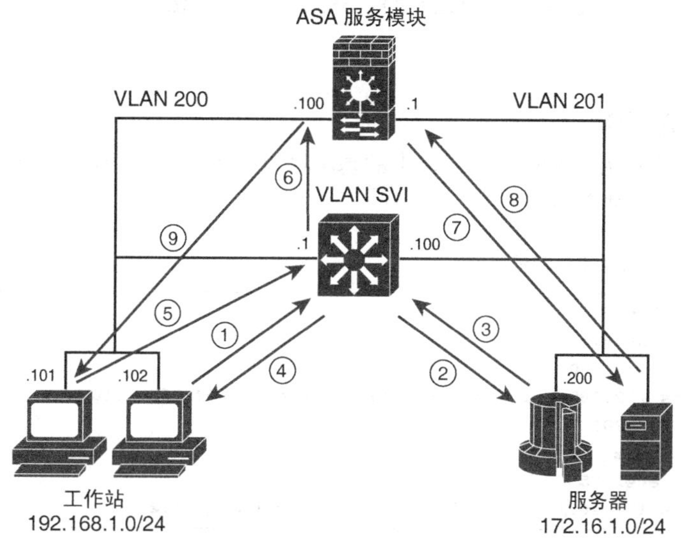

图 6-4 可靠流量绕过模块的示例网络

6.4.1 数据流

假设管理员已经通过配置 ASASM 来保护 VLAN 200 和 VLAN 201 之间的流量，那也需要建立穿越机框的数据流。由于 VLAN 200 中的工作站可能会发起一条必须穿越防火墙的可靠连接，它就很需要在机框上以 VLAN 200 SVI 充当这个网段的默认网关。同样，位于 172.16.1.200（VLAN 201）的应用服务器也会使用 VLAN 201 的 SVI 充当自己的默认网关。由于 VLAN 201 中的所有其他服务器必须通过防火墙进行通信，因此它们必须以 ASASM 作为自己的默认网关。图 6-4 显示了这种方案所需的流量，具体的步骤如下。

1. 当位于 VLAN 200 的工作站（IP 地址为 192.168.1.102）试图向位于 VLAN 201 的服务器（IP 地址为 172.16.1.200）TCP 端口 1000（也就是那个性能测试应用所使用的端口）发起连接时，TCP SYN 数据包就会到达默认网关，也就是机框的 SVI 接口（地址 192.168.1.1.)。
2. 根据 PBR 的配置，机框会将这个数据包通过自己 VLAN 201 的 SVI 接口路由出去，并且将它直接发送给 VLAN 201 的应用服务器。
3. 应用服务器将 SYN ACK 数据包发回给自己的默认网关（IP 地址为 172.16.1.100），该默认网关即为机框 VLAN 201 的 SVI 接口。
4. 根据 PBR 的配置，机框会将这个数据包直接路由给 VLAN 200，并将它绕过防火墙，直接发送给最初的源地址 192.168.1.1。
5. 当 VLAN 200 中的工作站尝试向其他任何一台 VLAN 201 中的服务器或应用建立连接时，这个流量还是会以机框 VLAN 200 的 SVI 接口作为自己的默认网关。
6. 根据 PBR 的配置，机框会将所有其他 VLAN 间流量重定向到 ASASM（IP 地址为 192.168.1.100）。
7. 防火墙应用对应的安全策略，判断是否拒绝流量，还是允许它访问 VLAN 201。

8. VLAN 201 中的目的服务器会通过默认网关发回自己的响应消息；这个 VLAN 中的其他服务器都会以 ASA 服务模块来充当自己的默认网关。即使返回的流量到达机框 VLAN 201 的 SVI 接口，PBR 的配置也会将它重定向到 ASA 服务模块。
9. ASASM 对数据包应用状态化校验，并且将响应消息直接发回给 VLAN 200 的连接发起方。

6.4.2 PBR 配置示例

例 6-9 所示为 ASA 服务模块上的基本接口配置。该示例可以根据配置安全策略，让 VLAN 间流量穿过模块。

例 6-9 基本 ASASM 接口配置

```
interface Vlan200
 nameif Workstations
 security-level 100
 ip address 192.168.1.100 255.255.255.0 standby 192.168.1.101
interface Vlan201
 nameif Servers
 security-level 75
 ip address 172.16.1.1 255.255.255.0 standby 172.16.1.2
```

例 6-10 显示了机框上的基本防火墙 VLAN 和 SVI 配置。管理员将 VLAN 200 和 201 分配给了插槽 4 中的 ASASM 模块，并且为这两个 VLAN 创建了 SVI 实例；注意，管理员可以使用 **firewall multiple-vlan-interfaces** 命令来为防火墙 VLAN 创建多个 SVI。

例 6-10 基本机框的配置

```
firewall multiple-vlan-interfaces
firewall module 4 vlan-group 1
firewall vlan-group 1 200,201
!
vlan 200
 name Workstations
!
vlan 201
 name Servers
!
interface Vlan200
 ip address 192.168.1.1 255.255.255.0
!
interface Vlan201
 ip address 172.16.1.100 255.255.255.0
```

在机架上配置 PBR，让数据流按需转发的步骤如下。

1. 创建一对 ACL 来定义机框自身不能路由哪些流量。换言之，这些条目会匹配那些必须穿越 ASA 服务模块的条目。由于机框并不会处理状态化连接，因此定义执行 ASASM 重定向的流量，并路由其他本地的流量，这项工作就会比较简单。匹配传输协议和端口的 ACL 条目应该尽可能具体。否则，恶意用户就可以以机框充当网关，绕过防火墙。第一条 ACL 应该匹配所有流量（除了从 VLAN 201 的 192.168.1.0/24 网络，去往 172.16.1.200 1000 端口的应用服务器的 TCP 流量）。

```
Switch(config)# access-list 101 deny tcp 192.168.1.0 0.0.0.255 host 172.16.1.200 eq 1000
```

```
Switch(config)# access-list 101 permit ip any any
```

第二条 ACL 应该匹配 VLAN 201 同一组流量的相反方向。所有条目都应该方向相反，内容相同。

```
Switch(config)# access-list 102 deny tcp host 172.16.1.200 eq 1000 192.168.1.0 0.0.0.255
Switch(config)# access-list 102 permit ip any any
```

上面的 **deny** 那一行定义了机框本地路由的数据包；而 **permit** 那一行匹配的则是重定向到 ASA 服务模块的流量。

2. 创建各个机框 SVI 的 route map，将匹配 ACL 的流量发送给 ASA 服务模块。机框会对不匹配 ACL 的数据包进行路由；所有其他流量会被重定向到同一个 VLAN 中相应防火墙的接口。管理员需要为 2 个机框的 SVI 分别创建 route map，并且匹配所有方向的流量。

```
Switch(config)# route-map PBR_VLAN200 permit 1
Switch(config-route-map)# match ip address 101
Switch(config-route-map)# set ip next-hop 192.168.1.100
Switch(config-route-map)# exit
Switch(config)# route-map PBR_VLAN201 permit 1
Switch(config-route-map)# match ip address 102
Switch(config-route-map)# set ip next-hop 172.16.1.1
Switch(config-route-map)# exit
```

3. 将这个 route map 应用到机框的相应 SVI 上。这么做的目的是为了防止所有连接（某些应用流量除外）通过机框绕过 ASASM。还需要在 SVI 接口上禁止默认创建 ICMP 重定向消息，这样可以提高转发性能，防止端点将不应重定向的流量发送给 ASA 服务模块。

```
Switch(config)# interface Vlan200
Switch(config-if)# no ip redirects
Switch(config-if)# ip policy route-map PBR_VLAN200
Switch(config-if)# exit
Switch(config)# interface Vlan201
Switch(config-if)# no ip redirects
Switch(config-if)# ip policy route-map PBR_VLAN201
Switch(config-if)# exit
```

读者可以参考例 6-11 来了解机框上最后的配置，这些命令通过 PBR 让可靠流量绕过了防火墙模块。

例 6-11 最终的机框配置

```
firewall multiple-vlan-interfaces
firewall module 4 vlan-group 1
firewall vlan-group 1 200,201
!
access-list 101 deny tcp 192.168.1.0 0.0.0.255 host 172.16.1.200 eq 1000
access-list 101 permit ip any any
access-list 102 deny tcp host 172.16.1.200 eq 1000 192.168.1.0 0.0.0.255
access-list 102 permit ip any any
!
vlan 200
 name Workstations
!
vlan 201
```

（待续）

```
 name Servers
!
interface Vlan200
 ip address 192.168.1.1 255.255.255.0
 no ip redirects
 ip policy route-map PBR_VLAN200
!
interface Vlan201
 ip address 172.16.1.100 255.255.255.0
 no ip redirects
 ip policy route-map PBR_VLAN201
!
route-map PBR_VLAN200 permit 1
 match ip address 101
 set ip next-hop 192.168.1.100
!
route-map PBR_VLAN201 permit 1
 match ip address 102
 set ip next-hop 172.16.1.1
```

命令 **show route-map** 可以验证机框是否将流量重定向到了 ASA 服务模块，如例 6-12 所示。

例 6-12 验证机框是否将流量重定向到 ASA 服务模块

```
Switch# show route-map
route-map PBR_VLAN200, permit, sequence 1
  Match clauses:
    ip address (access-lists): 101
  Set clauses:
    ip next-hop 192.168.1.100
  Policy routing matches: 147951 packets, 13725944 bytes
route-map PBR_VLAN201, permit, sequence 1
  Match clauses:
    ip address (access-lists): 102
  Set clauses:
    ip next-hop 172.16.1.1
  Policy routing matches: 33 packets, 2570 bytes
```

总结

ASASM 是一个强大的集成安全解决方案，它可以安装在 Cisco Catalyst 6500 或 Cisco 7600 系列机框中。本章介绍了模块是如何通过 Cisco ASA 5585-X 设备提供的可扩展架构，来提供顶尖的转发性能，同时保留了 Cisco ASA 系统提供的完整防火墙与 VPN 特性集，以兹管理员视需要使用。本章着重介绍了 ASASM 如何在逻辑上充当外部转发设备，并根据常规的桥接和路由规则，在分配的防火墙 VLAN 上接收从机框发来的流量。这种设计方案介绍了如何将 ASASM 无缝部署在大量的安全网络设计方案中。本章还介绍了如何配置主机机框，让设备根据特定安全策略的需要，针对某些应用流量来执行 VLAN 间路由，而让其他不可靠流量穿越防火墙。

第7章

认证、授权、审计（AAA）

本章涵盖的内容有：

- Cisco ASA 支持的 AAA 协议与服务；
- 定义认证服务器；
- 认证管理会话；
- 配置授权；
- 配置可下载 ACL；
- 配置审计；
- AAA 排错。

本章会具体介绍 Cisco ASA 所支持的 AAA（认证、授权、审计）网络安全服务及其排错方式。AAA 为对网络设备进行访问控制提供了不同的解决方案。以下服务包含在了其模块化架构框架中。

- **认证**——用来根据用户的身份及预定义的证书（如密码及其他数字证书之类的机制）对用户进行认证。
- **授权**——授权这种方式可使网络设备包含一系列的属性，这些属性可以对用户被授权执行了哪些任务进行控制。而这些属性与用户数据库进行核对。核对后的结果会返回给网络设备，网络设备会以该结果来判断用户的资格及限制。该用户数据库既可以位于 Cisco ASA 本地，也可以位于 RADIUS 或 TACACS+服务器中。
- **审计**——用来将用户信息收集并发送给一台 AAA 服务器，以跟踪用户的登录时间（用户何时登入和登出），以及用户访问的服务。这些信息可留作计费（billing）、审查（auditing）和报告（reporting）之用。

7.1 Cisco ASA 支持的协议与服务

管理员可以通过配置 Cisco ASA 使其维护一个用户数据库，也可以在外部服务器上进行认证。下面是实现 AAA 认证的基本协议及可以充当外部数据库存储设备的服务器：

- RADIUS；
- TACACS+；
- RSA SecurID（SDI）；
- 支持 NTLM 版本 1 的 Microsoft Windows 服务器操作系统（常常称为“Windows NT”认证）；
- Kerberos；
- LDAP（轻量目录访问协议）。

表 7-1 罗列了各个协议所支持的不同方法和功能。

表 7-1 AAA 相容性列表

方式	认证	授权	审计
内部服务器	支持	支持	不支持
RADIUS	支持	支持	支持
TACACS+	支持	支持	支持
SDI	支持	不支持	不支持
Windows NTLM	支持	不支持	不支持
Kerberos	支持	不支持	不支持
LDAP	不支持	支持	不支持

这里推荐在大中型部署环境中使用外部认证服务器，因为这种方式扩展性更强，也更易于管理。

表 7-1 罗列的 Cisco ASA 所支持的认证方式可以为以下服务进行认证：

- 远程访问 VPN（虚拟专用网）用户认证；
- 管理会话认证；
- 防火墙会话认证（直通代理[cut-through proxy]）。

表 7-2 罗列了各个服务所支持的认证方式。

表 7-2 不同服务所支持的认证方式

服务	本地	RADIUS	TACACS+	SDI	Windows NTLM	Kerberos	LDAP
远程访问 VPN	支持	支持	支持	支持	支持	支持	支持
管理会话	支持	支持	支持	支持（8.2(1)及后续版本）	支持	支持	支持
防火墙会话	支持	支持	支持	支持	支持	支持	支持

如前文所述，授权机制汇集了一系列的属性，这些属性用以描述用户可以在网络或服务中执行哪些行为。Cisco ASA 支持本地和外部授权，具体使用哪种方式取决于使用的服务。表 7-3 罗列了各个服务所支持的授权方式。

表 7-3 不同服务所支持的授权方式

服务	本地	RADIUS	TACACS+	SDI	Windows NTLM	Kerberos	LDAP
远程访问 VPN	支持	支持	不支持	不支持	不支持	不支持	支持
管理会话	支持	不支持	支持	不支持	不支持	不支持	不支持
防火墙会话	不支持	支持（和特定用户访问控制列表一起使用）	支持	不支持	不支持	不支持	不支持

注释：为管理会话执行本地授权只能用于对命令的授权。

只有 RADIUS 和 TACACS+服务器可以支持审计功能。在下一节中，本书会对 Cisco ASA 所支持的所有认证协议和服务器进行介绍。

1. RADIUS

RADIUS 是一种得到了广泛应用的标准认证协议，它被定义在了 RFC 2865，“Remote Authentication Dial In User Service (RADIUS)” 中。RADIUS 工作在客户端/服务器模型中。其中，RADIUS 客户端通常被人们称为网络访问服务器（NAS）。NAS 的作用是将用户信息发送给 RADIUS 服务器。Cisco ASA 可以充当 NAS，并根据 RADIUS 服务器所作出的响应来对用户进行认证。

Cisco ASA 支持符合 RFC 标准的多种 RADIUS 服务器，包括 CiscoSecure ACS、Cisco 身份服务引擎（ISE）和 RSA RADIUS。它们能否兼容其他服务器需要各厂商长期展开通力合作，并进行相关的测试工作。

RADIUS 服务器在收到认证请求之后，会返回客户端（即本例中的 ASA）所请求的配置信息，以通过这种方式来支持用户使用特定服务。RADIUS 服务器会通过发送公有（互联网工程任务组）属性和厂商私有的属性来实现这一功能（RADIUS 认证属性定义在 RFC 2865 中）。图 7-1 所示为这种进程的工作方式。

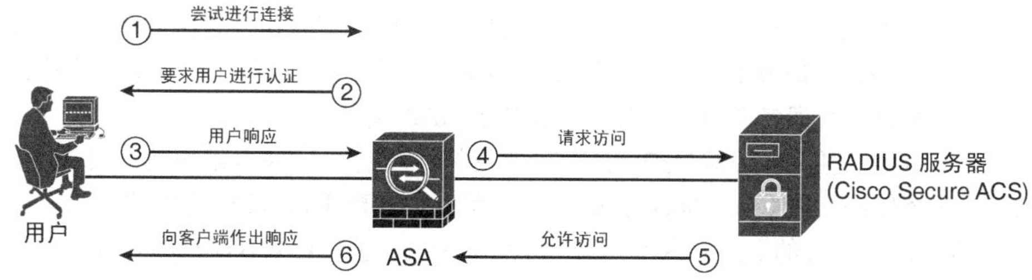

图 7-1 基本的 RADIUS 认证进程

在本例中，Cisco ASA 充当了一台 NAS，而 RADIUS 服务器是一台 Cisco ISE 服务器。然后，发生了以下事件。

1. 用户尝试连接 Cisco ASA（如，通过管理会话、远程访问 VPN 连接或直通代理认证）。
2. Cisco ASA 提示用户，请求用户名和密码。
3. 用户将证书发送给 Cisco ASA。
4. Cisco ASA 向 RADIUS 服务器发送认证请求（Access-Request）。
5. RADIUS 服务器发送 Access-Accept（若用户成功通过认证）消息或 Access-Reject（若用户没有通过认证）。
6. Cisco ASA 对用户作出响应，并允许用户访问特定服务。

RADIUS 服务器也可以向 Cisco ASA 发送 IETF 属性或厂商私有属性，这依赖于网络的实施和使用的服务。这些属性中可能包含很多信息，如分配给客户端的 IP 地址和授权信息。RADIUS 服务器会将认证和授权步骤整合进一步之中，即一个请求-响应通信周期。Cisco ASA 会通过预配置的共享密钥来向 RADIUS 服务器认证自身合法性。出于安全性方面的原因，该共享密钥永远不会通过网络进行发送。

> **注释：**在密码从 Cisco ASA 发送给 RADIUS 服务器的过程中，它是作为加密消息进行发送的。这十分重要，它可以向入侵者保密这一关键信息。Cisco ASA 会使用定义在自身配置文件和 RADIUS 服务器上的共享密钥，来加密密码。

RADIUS 服务器也可以代替其他 RADIUS 服务器或其他类型的认证服务器，来发送认证请求。图 7-2 所示即为这一过程。

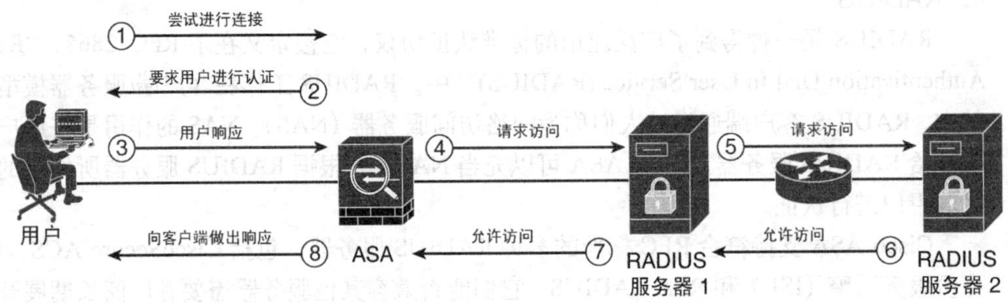

图 7-2 RADIUS 充当其他认证服务器的代理设备

在图 7-2 中，RADIUS 服务器 1 会充当 RADIUS 服务器 2 的代理设备。它会将从 Cisco ASA 发来的认证请求转发给 RADIUS 服务器 2，并代理返回给 ASA 的响应消息。

2. TACACS+

TACACS+是一个 AAA 安全协议，可以为试图获取 NAS 访问权限的用户提供集中式的认证方式。TACACS+协议可以支持独立的和模块化的 AAA 设备。TACACS+协议的主要作用是，它可以为管理多个网络设备提供完整的 AAA 支持。

TACACS+使用 49 号端口进行通信，并支持厂商使用 UDP（用户数据报协议）和 TCP 的方式进行编码。而 Cisco ASA 是使用 TCP 版本来实现 TACACS+协议的。

TACACS+认证的概念和 RADIUS 类似。NAS 会向 TACACS+服务器（daemon）发送认证请求。而服务器最终会将下列消息之一返回给 NAS。

- ACCEPT：用户成功通过认证，可以使用请求的服务。如果需要进行授权，那么开始执行授权的进程。
- REJECT：用户认证被拒绝。此时，用户有可能会得到重新尝试认证的提示。这取决于 TACACS+服务器和 NAS。
- ERROR：在认证过程中发生了某种错误。这有可能是网络连接问题所致，也有可能使因为配置不当所造成的。
- CONTINUE：提示用户提供进一步的认证信息。

在完成认证之后，如果需要进行授权，那么 TACACS+服务器就会进入到授权阶段。用户必须成功通过认证才能进入到授权阶段。

3. RSA SecurID

RSA SecurID（SDI）是一种由 RSA（现在由 EMC 所有）提供的解决方案。RSA 认证管理器是 SDI 解决方案中的管理组件。它支持使用一次性密码（OTP）。Cisco ASA 只支持为 VPN 用户认证执行 SDI 本地认证。但是，如果网络中使用了认证服务器（如 Windows NT 上的 Cisco ISE），那么认证服务器可以对 SDI 服务器使用外部认证，并代理 Cisco ASA 所支持的其他服务来发送认证请求。Cisco ASA 和 SDI 使用 UDP 端口 5500 进行通信。

SDI 解决方案使用的是一种小型物理设备，该设备每 60 秒就会为用户提供一个更改过的 OTP，这种设备称为令牌（token）。当用户输入个人身份编号时，这些 OTP 就会被创建出来，并且与服务器进行同步，以此来提供认证服务。管理员可以通过配置 SDI，使 SDI 在每次用户进行认证时，都要求用户输入新的 PIN。这一进程称为新 PIN 模式（New PIN mode)，该模式得到了 Cisco ASA 的支持。图 7-3 所示为当用户希望使用 Cisco VPN 客户端软件连接 Cisco AnyConnect Secure Mobility 客户端时，这一解决方案将如何工作。

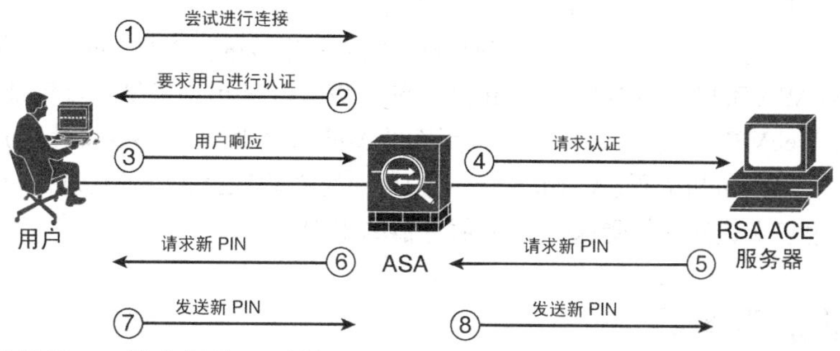

图 7-3 使用新 PIN 模式实现 SDI 认证

新 PIN 模式旨在允许用户改变他/她的认证 PIN。在新 PIN 模式下使用 SDI 认证，会按顺序发生以下事件，如图 7-3 所示。

1. 用户尝试通过使用 SSL 的 Cisco AnyConnect Secure Mobility 客户端来建立远程访问 VPN 连接，然后协商 SSL 隧道。
2. Cisco ASA 提示用户进行认证。
3. 用户提供用户名和密码。
4. Cisco ASA 将认证请求转发给 SDI 服务器。
5. 如果启用了新 PIN 模式，SDI 服务器就会对用户进行认证，并在该用户下一个认证会话期间请求要使用的新 PIN。
6. Cisco ASA 提示用户提供新的 PIN。
7. 用户输入新的 PIN。
8. Cisco ASA 将新的 PIN 信息发送给 SDI 服务器。

> **注释：**读者可以访问 http://www.emc.com/security/rsa-securid/rsa-authentication-manager.htm 来了解更多关于 RSA SDI 服务器的内容。

4. Microsoft Windows NTLM

Cisco ASA 仅支持为 VPN 远程访问连接提供 Windows NTLM 本地认证。ASA 会通过 TCP 139 端口来和 Windows NTLM 服务器进行通信。和 SDI 类似，管理员可以使用 RADIUS/TACACS+服务器(如 Cisco ISE 和 Cisco ACS)来为其他 Cisco ASA 所支持的服务，代理发往 Windows NT 的认证。

5. 活动目录和 Kerberos

Cisco ASA 可以通过外部 Windows 活动目录认证 VPN 用户，Windows 活动目录使用 Kerberos 进行认证。Kerberos 是一款由麻省理工学院（MIT）开发的认证协议，该协议可以为很多厂商和应用提供相互认证功能。它也可以和 UNIX/基于 Linux 的 Kerberos 服务器进行通信。Cisco ASA 会通过 UDP 88 端口来和活动目录和/或 Kerberos 服务器进行通信。

6. 轻量目录访问协议

Cisco ASA 只支持为远程访问 VPN 连接提供 LDAP 授权功能。LDAP 协议定义在 RFC

4510，“Lightweight Directory Access Protocol (LADP): Technical Specification Road Map”和 RFC 4511，“Lightweight Directory Access Protocol (LDAP): The Protocol”中。在访问目录信息树中（DIT）的用户数据库时，LDAP 可以提供授权服务。该树包含的实体称为条目，而条目是由一个或多个称为区分名（DN）的属性值所组成的。DIT 中的 DN 值必须是唯一的。

Cisco ASA 可以使用 HTTP Form 协议来为 WebVPN 用户提供单点登录（SSO）认证。用户访问 WebVPN 服务或 Cisco ASA 后面的 Web 服务器时，SSO 特性只允许 WebVPN 用户输入一次用户名和密码。Cisco ASA 会为用户充当认证服务器的代理。Cisco ASA 会保留 cookie 并用它来认证其他受保护 Web 服务器的用户。

7.2 定义认证服务器

管理员在 Cisco ASA 上配置认证服务器之前，必须指定 AAA 服务器组。服务器组要定义一个或多个 AAA 服务器属性。该信息包含使用的 AAA 协议、AAA 服务器的 IP 地址及其他相关的信息。这里需要使用 ASDM 完成以下步骤。

1. 登录进 ASDM，并找到 **Configuration > Device Management >Users/AAA > AAA Server Groups**。
2. 在默认情况下，配置中有 LOCAL 服务器组。要添加新的 AAA 服务器组，需要点击 **Add**。
3. 在 Add AAA Server Group 对话框中输入服务器组名，如图 7-4 所示。本例中使用的 AAA 服务器组名称是 my-radius-group。

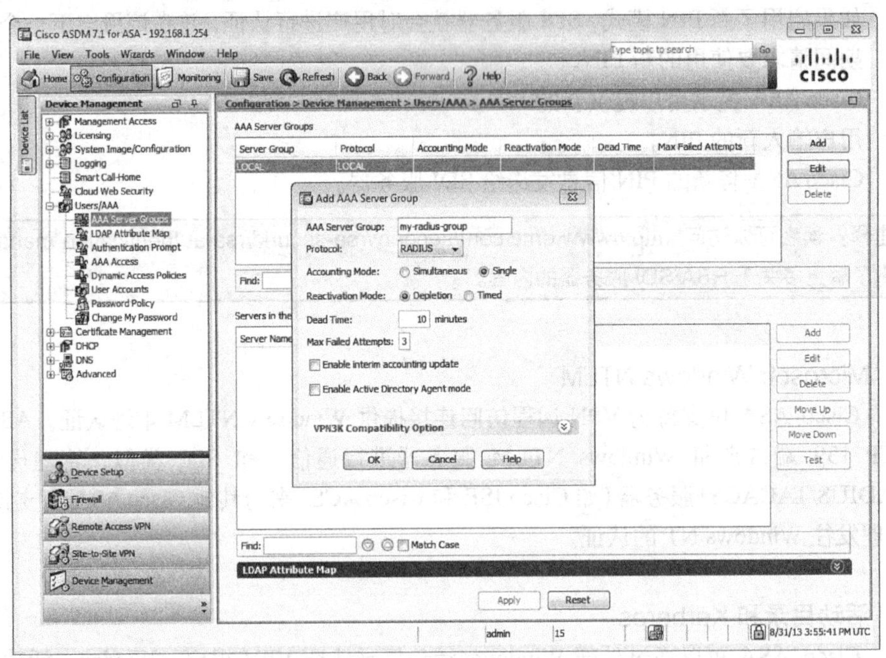

图 7-4 Add AAA Server Group 对话框

4. 从 Protocol 下拉列表中选择要使用的 AAA 协议。本例中使用的是 RADIUS。这里可以的服务器类型有：
   - RADIUS；
   - TACACS+；
   - SDI；

- NT Domain；
- Kerberos；
- LDAP；
- HTTP Form。

5. 这个对话框中的很多参数都取决于使用的认证协议。在本例中，所有这些参数字段都保留了默认值。Accounting Mode 字段有两个选项：Simultaneous 和 Single。如果选择 Single 模式，那么 Cisco ASA 就只会把审计数据发送给审计服务器。要想将审计数据发送给组中的所有服务器，就应该选择 Simultaneous。
6. 在 Reactivation Mode（再激活模式）字段选择的是 Depletion（耗竭）。再激活模式用来控制当 AAA 服务器失效时的动作。如果在 Cisco ASA 上选择的是耗竭模式，那么只有当组中所有服务器都失效之后，失效的服务器才会重新被激活。如果选择了该选项，那么就必须在 Dead Time 字段输入一个时间间隔。在本例中，配置的是默认值（10 分钟）。另外，在这里也可以选择 Timed 模式，这样的话，失效的服务器在失效 30 分钟之后就会再次被激活。
7. Max Failed Attempts 字段用来限制用户最多可以进行多少次失败的认证尝试。默认值为尝试 3 次。
8. 点击 **OK**。
9. 点击 **Apply** 来应用变更的配置。
10. 点击 **Save** 来将变更的配置保存进 Cisco ASA。

要在前面配置的 AAA 服务器组中添加 AAA 服务器，需要执行以下步骤。

1. 登录进 ASDM，并找到 **Configuration > Device Management >Users/AAA > AAA Server Groups**。
2. 在 Selected Group 区域的 Servers 下点击 **Add**（在 AAA Server Groups 区域选择 **my-radius-group**）。此时会出现图 7-5 所示的 Add AAA Server 对话框。
3. 如图 7-5 所示，服务器组 my-radius-group 已经出现在了屏幕上。现在在下拉菜单 Interface Name 中选择 RADIUS 服务器所在的接口。在本例中，RADIUS 服务器可通过接口 management 到达。

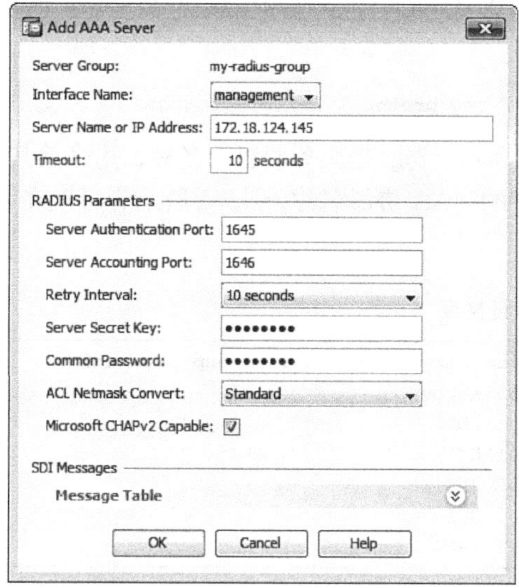

图 7-5 Add AAA Server 对话框

4. 在 Server Name 或 IP Address 字段输入 AAA 服务器名或 IP 地址。在图 7-5 中，RADIUS 服务器的 IP 地址为 172.18.124.145，而 ASA 的管理接口与这台服务器相连。
5. 在 Timeout 字段，指定 Cisco ASA 在等待认证会话超时之前，所用的总时间（单位是秒）。本例中使用的是默认值 10 秒。
6. 在 Server Authentication Port 字段指定 Cisco ASA 用于和 RADIUS 服务器通信，以实现认证功能的端口。在图 7-5 中，管理员输入的是默认值——端口 1645。
7. 同样，也可以在 Server Accounting Port 字段指定 Cisco ASA 用于和 RADIUS 服务器通信，以进行审计的端口。在本例中，管理员输入的是默认值——端口 1646。
8. 在 Retry Interval 下拉列表中指定 RADIUS 服务器没有响应的情况下，Cisco ASA 重新尝试认证之前所等待的总时间。本例中使用的是默认值，即 10 秒。
9. 在 Server Secret Key 字段输入 Cisco ASA 和 RADIUS 服务器相互认证所用的密钥。该密钥是由最多 64 个字符组成的字符串。
10. 在 Common Password（通用密码）字段输入用户通过 Cisco ASA 来访问 RADIUS 授权服务器所需的密码，该密码是区分大小写的。如果没有使用通用密码，那么在访问 RADIUS 授权服务器时，设备会使用用户的用户名作为密码。
11. （可选）管理员可以在下拉菜单 ACL Netmask Convert 中选择 Cisco ASA 如何处理可下载 ACL 中收到的子网掩码（这部分内容将在本章稍后部分中进行介绍）。
    - Detect automatically：Cisco ASA 自动探测反掩码表达式，并将其转换为标准的子网掩码。
    - Standard：Cisco ASA 使用从 RADIUS 服务器收到的子网掩码，并且不对反掩码表达式执行任何的转换。
    - Wildcard：Cisco ASA 将所有子网掩码都转换为标准子网掩码表达方式。

    在本例中使用的是默认值（Standard）。
12. 点击 **OK**。
13. 点击 **Apply** 来应用变更的配置。
14. 点击 **Save** 来将变更的配置保存进 Cisco ASA。

如果管理员打算使用命令行界面（CLI）来对 Cisco ASA 进行配置，那么应该使用命令 **aaa-server** 来指定 AAA 服务器组。使用该命令来指定 AAA 服务器组和相应协议的语法如下：

```
aaa-server server-tag protocol server-protocol
```

命令中的关键字 *server-tag* 是服务器组的名称，用来给其他 AAA 命令进行调用。而 *server-protocol* 是支持的 AAA 协议名称。例 7-1 所示为可以在 AAA 服务器组中定义的认证协议。

例 7-1 AAA 服务器组认证协议

```
New York(config)# aaa-server my-radius-group protocol ?
  Kerberos   Protocol Kerberos
  Ldap       Protocol LDAP
  Nt         Protocol NT
  Radius     Protocol RADIUS
  Sdi        Protocol SDI
  tacacs+    Protocol TACACS+
```

在例 7-1 中，AAA 服务器组标记名为 my-radius-group。在用相应的认证协议定义了 AAA 服务器组之后，设备就显示出提示符(config-aaa-server)。例 7-2 显示了如何通过 CLI 来实现与上文中 ASDM 相同的配置。

例 7-2　使用 CLI 配置 AAA 服务器

```
NewYork(config)# aaa-server my-radius-group protocol radius
NewYork(config-aaa-server-group)# aaa-server my-radius-group (management) host
172.18.124.145
NewYork(config-aaa-server-host)# key myprivatekey
NewYork(config-aaa-server-host)# radius-common-pw mycommonpassword
```

在例 7-2 中，管理员定义了 AAA 服务器组 my-radius-group，以使用 RADIUS 协议来处理认证请求。在第二行中，管理员定义了 RADIUS 服务器（172.16.124.145），及 RADIUS 服务器所在的接口（management）。用于认证的密钥为 myprivatekey。RADIUS 的通用密码为 mycommonpassword。

注释：只有将 AAA 服务器配置为 RADIUS 或 TACACS+服务器，才可以使用审计模式选项。

管理员也可以使用子命令 **max-failed-attempts** 来指定服务器被禁用或失效之前，AAA 服务器组中的服务器所允许的通信失败次数。最大失败次数的取值范围为 1～5。

Cisco ASA 支持两种不同的 AAA 服务器再激活策略或模式。

- Timed mode：失效的服务器在失效 30 秒之后会被再次激活。
- Depletion mode：失效的服务器保持失效状态，直到配置的组中所有其他服务器都失败才会再次激活。

要查看为特定协议定义的所有 AAA 服务器的统计数据，可以使用以下命令：

```
show aaa-server protocol server-protocol
```

例 7-3 所示为该命令用于 RADIUS 协议时的输出信息。

例 7-3　命令 **show aaa-server protocol** 的输出信息

```
New-York# show aaa-server protocol radius
Server Group:    mygroup
Server Protocol: radius
Server Address:  172.18.124.145
Server port:     1645(authentication), 1646(accounting)
Server status:   ACTIVE, Last transaction at unknown
Number of pending requests              0
Average round trip time                 0ms
Number of authentication requests       55
Number of authorization requests        13
Number of accounting requests           45
Number of retransmissions               0
Number of accepts                       54
Number of rejects                       1
Number of challenges                    54
Number of malformed responses           0
Number of bad authenticators            0
Number of timeouts                      0
Number of unrecognized responses        0
```

在排除与 AAA 相关的问题时，有很多计数器都非常重要。比如，管理员可以将认证请求数与认证拒绝和接受数进行对比。另外，管理员应该关注所有不正常的认证请求、没有识别的响应、超时时间，这些内容可以帮助管理员确定 AAA 服务器是否存在通信问题。

要查看某 AAA 服务器上的配置，应使用以下命令：

```
show running-config aaa-server [ server- group [( if_name ) host ip_address ]]
```

要查看某 AAA 服务器上的统计数据，应使用以下命令：

```
show aaa-server [ server-tag [ host hostname ]]
```

例 7-4 所示为对服务器 172.18.124.145 执行命令后，显示的输出信息。

例 7-4 对某台主机使用命令 show aaa-server 的输出信息

```
NewYork# show aaa-server my-radius-group host 172.18.124.145
Server Group:    my-radius-group
Server Protocol: radius
Server Address:  172.18.124.145
Server port:     1645(authentication), 1646(accounting)
Server status:   ACTIVE, Last transaction at unknown
Number of pending requests              0
Average round trip time                 0ms
Number of authentication requests       55
Number of authorization requests        13
Number of accounting requests           45
Number of retransmissions               0
Number of accepts                       54
Number of rejects                       1
Number of challenges                    54
Number of malformed responses           0
Number of bad authenticators            0
Number of timeouts                      0
Number of unrecognized responses        0
```

要清除某服务器上的 AAA 统计数据，应使用以下命令：

```
clear aaa-server statistics [ tag [ host hostname ]]
```

要清除所有提供特定服务的服务器上的 AAA 服务器统计数据，应使用以下命令：

```
clear aaa-server statistics protocol server-protocol
```

要清除某 AAA 服务器组的配置，应使用以下命令：

```
clear configure aaa-server [ server-tag ]
```

7.3 配置管理会话的认证

Cisco ASA 可以使用本地用户数据库、RADIUS 服务器、TACACS+服务器来认证管理会话。管理员可以通过以下方式来连接 Cisco ASA：

- Telnet；
- SSH（安全外壳）；
- Console 接口连接；
- Cisco ASDM。

如果通过 Telnet 或 SSH 进行连接，用户可以在出错的情况下，重新尝试认证 3 次。在第三次之后，认证会话及通往 Cisco ASA 的连接就会关闭。而通过 Console 接口连接的认证会话会一直提示用户进行认证，直到用户输入了正确的用户名和密码。

在开始配置之前，管理员必须知道他/她要使用哪种用户数据库（本地数据库还是外部 AAA 服务器）。如果使用外部 AAA 服务器，可以使用前文所述的方法来配置 AAA 服务器组和主机。使用命令 **aaa-authentication** 可以在用户希望以管理目的访问设备时，对该用户进行认证。在下文中，我们将介绍如何为这些类型的连接配置外部认证。

7.3.1 认证 Telnet 连接

用户可以使用 Telnet 访问 Cisco ASA 的任何内部接口，在启用了 IPSec 连接的情况下，也可以访问外部接口。要使用 ASDM 来为 Cisco ASA 配置 Telnet 连接认证，需要执行以下步骤。

1. 登录进 ASDM，并找到 **Configuration > Device Management >Users/AAA > AAA Access > Authentication**。会出现图 7-6 所示的画面。

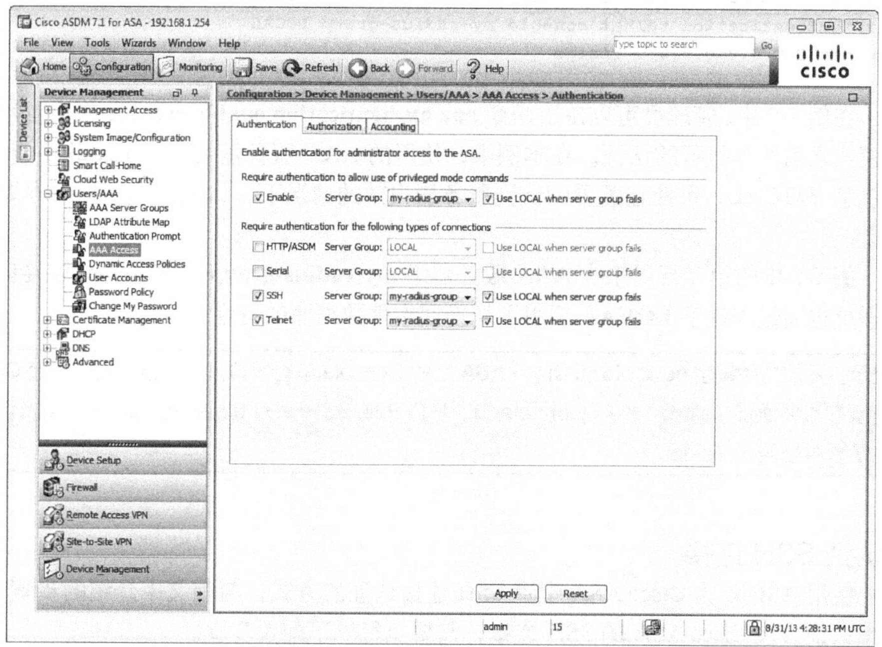

图 7-6 使用 ASDM 来为 Telnet 连接配置认证

2. 在 Require Authentication for the Following Types of Connections 区域选择 **Telnet**。
3. 在本例中，使用了前文中配置的 AAA 服务器组进行认证。在复选框 Telnet 右边的下拉菜单 Server Group 中选择服务器组 **my-radius-group**。
4. 如果希望在 RADIUS 服务器失效的情况下继续使用本地用户数据库，那么应该选择复选框 **Use LOCAL when Server Group Fails**，如图 7-6 所示。
5. 点击 **OK**。
6. 点击 **Apply** 来应用变更的配置。
7. 点击 **Save** 来将变更的配置保存进 Cisco ASA。

在用户通过 CLI 输入 **enable** 命令之前，管理员也可对用户进行认证。这需要通过以下步骤来实现。

1. 登录进 ASDM，并找到 **Configuration > Device Management >Users/AAA > AAA Access > Authentication**。

2. 在 Require Authentication to Allow Use of Privilege Mode Commands 区域选择 **Enable** 复选框，如图 7-6 所示。
3. 在图 7-6 中，使用了前文中配置的 AAA 服务器组进行认证。在复选框 Enable 右边的下拉菜单 **Server Group** 中选择服务器组 **my-radius-group**。
4. 如果希望在 RADIUS 服务器失效的情况下继续使用本地用户数据库，那么应该选择 **Use LOCAL when Server Group Fails**，如图 6-6 所示。
5. 点击 **OK**。
6. 点击 **Apply** 来应用变更的配置。
7. 点击 **Save** 来将变更的配置保存进 Cisco ASA。

例 7-5 所示为 ASDM 发送给 Cisco ASA 的 CLI 命令。

例 7-5 使用 CLI 来为 Telnet 连接配置认证

```
aaa authentication enable console my-radius-group LOCAL
aaa authentication telnet console my-radius-group LOCAL
telnet 0.0.0.0 0.0.0.0 inside
```

在例 7-5 中，管理员可以使用命令 **aaa authentication enable console** 来设置用户进入特权模式之前所需执行的认证。在本例中，使用的 AAA 服务器名为 **my-radius-group**。使用关键字 **LOCAL**，可使在配置的认证服务器失效的情况下，认证可以切换到本地数据库来执行。

例 7-5 中的第二行用来为 AAA 服务器组 **my-radius-group** 启用 Telnet 连接认证。同时管理员也通过关键字 **LOCAL** 启用了切换回本地数据库的特性。

> 提示：不要将关键字 **console** 和 Cisco ASA 上的 Console 串行接口搞混。该关键字可使 Cisco ASA 向所有想要通过 Telnet、串行 Console 口、HTTP 或 SSH 来对其进行连接的设备请求认证信息。例 7-5 中使用了 Telnet。

7.3.2 认证 SSH 连接

使用 ASDM 为 Cisco ASA 配置 SSH 连接认证的方式，与前文中介绍的步骤非常类似。要想认证去往 Cisco ASA 的 SSH 连接，需要执行以下配置步骤。

1. 登录进 ASDM，并找到 **Configuration > Device Management >Users/AAA > AAA Access > Authentication**。会出现图 7-6 所示的画面。
2. 在 Require Authentication for the Following Types of Connections 区域选择 **SSH** 复选框。
3. 在图 7-6 中，使用了前文中配置的 AAA 服务器组进行认证。在下拉菜单 **Server Group** 中选择服务器组 my-radius-group。
4. 如果希望在 RADIUS 服务器失效的情况下继续使用本地用户数据库，那么应该选择 SSH 复选框右边的复选框 **Use LOCAL when Server Group Fails**，如图 7-6 所示。
5. 点击 **OK**。
6. 点击 **Apply** 来应用变更的配置。
7. 点击 **Save** 来将变更的配置保存进 Cisco ASA。

要通过 CLI 在 Cisco ASA 上启用 SSH，那么管理员必须在使用 SSH 创建 RSA 密钥对之前，首先配置主机名和域名。例 7-6 显示了如何创建 RSA 密钥对，以及如何启用从内部接口上的所有主机发起的 SSHv2 连接。

例 7-6 创建 RSA 密钥对并启用 SSHv2

```
asa# configure terminal
asa (config)# hostname NewYork
New-York(config)# domain-name cisco.com
New-York(config)# crypto key generate rsa modulus 2048
INFO: The name for the keys will be: ASA.cisco.com
Keypair generation process begin.
New-York(config)# ssh 0.0.0.0 0.0.0.0 inside
New-York(config)# ssh version 2
```

在创建了 RSA 密钥对，并启用了 SSH 之后，就需要对 AAA 服务器组及主机进行配置。管理员在命令 **aaa authentication ssh console** 中调用了 AAA 服务器组 **my-radius-group**，以启用 SSH 认证。

例 7-7 配置 SSH 认证

```
New-York(config)# aaa authentication ssh console my-radius-group LOCAL
```

例 7-7 中使用的关键字 **LOCAL** 用于在外部服务器失效时，切换回本地数据库进行认证。在创建了 RSA 密钥对之后，管理员要确保使用了命令 **write memory** 来储存配置。

7.3.3 认证串行 Console 连接

使用 ASDM 为 Cisco ASA 配置串行 Console 连接的认证，需要执行以下配置步骤。

1. 登录进 ASDM，并找到 **Configuration > Device Management >Users/AAA > AAA Access > Authentication**。
2. 在 Require Authentication for the Following Types of Connections 区域选择 **Serial** 复选框。
3. 在例 7-7 中，使用了前文中配置的 AAA 服务器组进行认证。在下拉菜单 Server Group 中选择服务器组 my-radius-group。
4. 如果希望在 RADIUS 服务器失效的情况下继续使用本地用户数据库，那么应该选择 **Use LOCAL when Server Group Fails** 复选框。
5. 点击 **OK**。
6. 点击 **Apply** 来应用变更的配置。
7. 点击 **Save** 来将变更的配置保存进 Cisco ASA。

要配置串行 Console 连接的认证，需要使用命令 **aaa authentication serial console**。这里要明白，如果配置稍有错误，很容易导致管理员被锁在 Cisco ASA 外面。例 7-8 演示了如何为前面配置好的 AAA 服务器组配置串行 Console 认证。

例 7-8 配置串行 Console 认证

```
New-York(config)# aaa authentication serial console my-radius-group LOCAL
```

注释： 在配置 AAA 认证时，推荐建立两条去往 Cisco ASA 的独立会话。这样作的目的在于避免管理员被锁在 CLI 外面。一条连接使用 Telnet 或 SSH，另一条则使用 Cisco ASA 的串行 Console 口进行连接。在测试配置效果的时候，其中一条连接有可能会断开。如果管理员被关在了设备外面，那么就需要执行第 5 章中的密码恢复流程。

7.3.4 认证 Cisco ASDM 连接

要使用 ASDM 为 Cisco ASA 配置 ASDM 管理连接的认证，需要执行以下配置步骤。

1. 进 ASDM，并找到 **Configuration > Device Management >Users/AAA > AAA Access > Authentication**。
2. 在 Require Authentication for the Following Types of Connections 区域选择 **HTTP/ASDM** 复选框。
3. 在例 7-8 中，使用了前文中在 AAA 服务器组中配置的 RADIUS 服务器 my-radius-group 来进行认证。
4. 如果希望在 RADIUS 服务器失效的情况下继续使用本地用户数据库，那么应该选择 **Use LOCAL when Server Group Fails** 复选框。
5. 点击 **OK**。
6. 点击 **Apply** 来应用变更的配置。
7. 点击 **Save** 来将变更的配置保存进 Cisco ASA。

另外，管理员也可以使用 CLI 界面中的命令 **aaa authentication console** 来为 Cisco ASDM 用户配置认证。例 7-9 演示了如何为前面配置好的 AAA 服务器组配置 ASDM 认证。

例 7-9 为 ASDM 用户配置 HTTP 认证

```
New-York(config)# aaa authentication http console my-radius-group LOCAL
```

如果没有配置该命令，那么 Cisco ASDM 用户仅需在认证提示部分输入 enable 密码，而且无须输入用户名，就可以对 ASA 进行访问。

7.4 认证防火墙会话（直通代理特性）

Cisco ASA 防火墙会话认证与（早期的）Cisco Secure PIX 防火墙上的“直通代理”特性类似。在任何流量穿过 Cisco ASA 之前，防火墙直通代理特性会要求用户进行认证。常见的部署方案是，在用户访问 Cisco ASA 身后的 Web 服务器之前对其进行认证。图 7-7 所示为防火墙会话认证的工作方式。

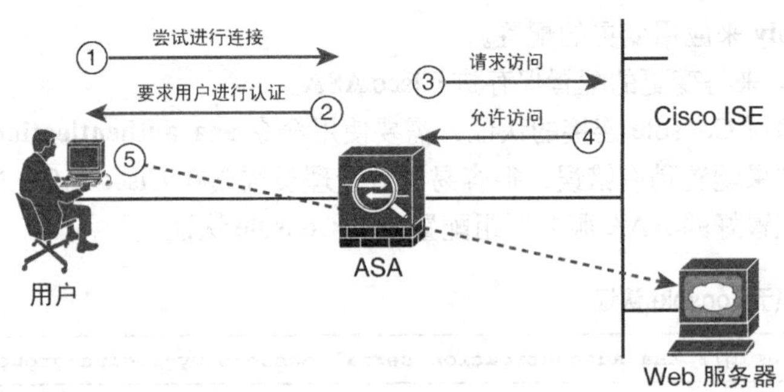

图 7-7 直通代理特性示例

图 7-7 所示的步骤如下。

1. 位于 Cisco ASA 外部的用户尝试向 ASA 身后的 Web 服务器创建 HTTP 连接。
2. Cisco ASA 截取连接，并提示用户进行认证。

3. Cisco ASA 从用户那里收到认证信息，并向 Cisco 身份服务引擎(ISE)服务器发送 AUTH 请求。
4. 服务器认证用户，并向 Cisco ASA 发送 AUTH Accept 消息。
5. Cisco ASA 允许用户访问 Web 服务器，并将用户的浏览器重定位到原来的目的。

若要通过直通代理特性对网络访问进行认证，需要在 ASDM 上执行以下步骤。

1. 登录进 ASDM 并找到 **Configuration > Firewall > AAA Rules**。
2. 点击 **Add** 并选择 **Add Authentication Rule**。ASDM 会显示出如图 7-8 所示的对话框。

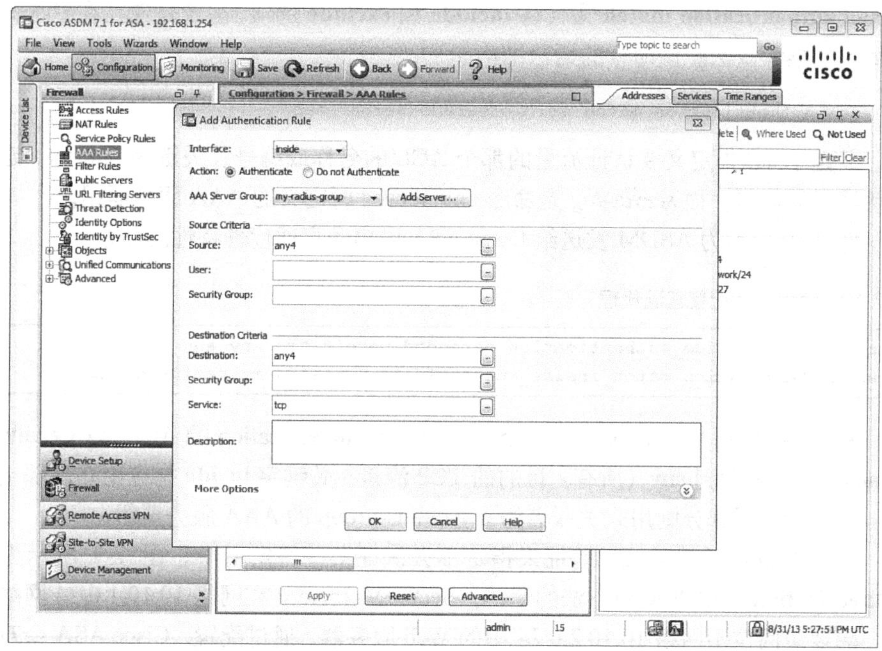

图 7-8 使用 ASDM 来添加认证规则

3. 在 **Interface** 下拉菜单中选择要应用认证规则的接口。例 7-8 中选择的是 inside 接口。
4. 在 Action 区域选择 Authenticate 以要求用户进行认证。
5. 在 AAA Server Group 下拉菜单中选择 AAA 服务器组（**my-radius-group**）。

注释：管理员可以点击 Add Server 按钮在服务器组中添加 AAA 服务器。在图 7-8 中，使用的是预配置的 AAA 服务器。

6. 管理员必须指定要认证流量的源和目的。在 Source 字段输入源 IP 地址、网络地址或关键字 **any**。除此之外，管理员也可以点击省略号（...）按钮来选择已经在 ASDM 中配置过的地址。在本例中，管理员输入的是关键字 **any4** 来对所有来自内部接口的 IPv4 流量进行认证。
7. 在 Destination 区域输入目的 IP 地址、网络地址或关键字 any。除此之外，管理员也可以点击省略号（...）按钮来选择已经在 ASDM 中配置过的地址。在例 7-8 中，管理员输入了关键字 **any4**，以对所有主机准备访问的 IPv4 目的地址进行认证。
8. 在 Service 区域输入目的服务的 IP 服务名。除此之外，点击省略号（...）按钮之后，ASDM 会弹出一个独立的对话框，管理员可以在这个对话框中的可用服务列表中选择需要应用认证的服务。在图 7-8 中，设备会对各主机发起的所有基于 TCP 的应用进行认证。
9. （可选）在 Description 字段输入对认证规则的描述。

> 注释：管理员可以点击 More Options 来为 TCP 或 UDP 应用设置源服务，也可以在应用的规则上设置时间范围。

10. 点击 **OK**。
11. 点击 **Apply** 来应用变更的配置。
12. 点击 **Save** 来将变更的配置保存进 Cisco ASA。

管理员也可以使用 CLI 命令行界面下的命令 **aaa authentication match** 来启用直通代理特性。这里可以使用访问控制列表（ACL）来指定对哪些流量进行认证。这里可以使用命令 **aaa authentication match** 来代替 **include** 和 **exclude** 选项，前者是现在在 Cisco ASA 上配置认证的推荐做法。该命令的语法结构如下：

```
aaa authentication match acl interface server-tag
```

关键字 *acl* 指定义要认证流量的那个 ACL 的名称或编号。关键字 *interface* 定义了接收连接请求的接口。而 *server-tag* 是命令 **aaa-server** 所定义的 AAA 服务器组。

例 7-10 所示为 ASDM 发送给 Cisco ASA 以启动直通代理特性的命令。

例 7-10 使用 CLI 配置直通代理

```
access-list inside_authentication extended permit tcp any any
aaa authentication match inside_authentication inside my-radius-group
```

在例 7-10 中，管理员配置了一个名为 inside_authentication 的 ACL，以 **permit**（或匹配）从 any（所有）源到 any（所有）目的的 TCP 流量。关键字 **inside** 指应用在内部接口上的规则。命令的最后部分则用来关联名为 my-radius-group 的 AAA 服务器组。

管理员也可以基于 IP 地址来指定不去认证某些特定用户。图 7-9 所示为命令 **aaa authentication match** 使用方法的示例。SecureMeInc.org 在网络 10.10.1.0/24 网络中有两个用户想要访问位于网络 10.10.2.0/24 中的 Web 服务器。通过配置，Cisco ASA 会对所有网络 10.10.1.0 中的用户进行认证。然而，User2 却可以无须认证就连接到 Web 服务器上。

图 7-9 中所示的步骤如下。

1. User1 尝试访问 Web 服务器（10.10.2.88）。
2. Cisco 提示用户进行认证。
3. User1 用自己的证书进行响应。
4. Cisco ASA 向 Cisco ISE RADIUS 服务器（10.10.1.141）发送认证请求（Access-Request）。
5. Cisco ISE 服务器向 Cisco ASA 返回其响应消息（Access-Accept）。
6. User1 可访问 Web 服务器。

User2 无须进行认证即可访问 Web 服务器。

完成该命令的配置包含在了例 7-11 中。

例 7-11 配置防火墙会话认证的例外

```
!An ACL is configured to require authentication of all traffic except for User2
(10.10.1.20)
access-list 150 extended deny ip host 10.10.1.20 any
access-list 150 extended deny ip host 172.18.124.20 any
!
!The aaa authentication match command is configured with the corresponding ACL.
aaa authentication match 150 inside my-radius-group
```

Cisco ASA 能够使用设备的 MAC 地址来排除那些不需要进行认证的设备。若希望使打印机和 IP 电话绕过认证，这一特性非常有用。管理员可以通过命令 **mac-list** 来创建 MAC 地址表。然后，需要使用命令 **aaa mac-exempt** 来使列表中的特定 MAC 地址绕过认证。例 7-12 显示了如何配置 Cisco ASA 来实现这一功能。

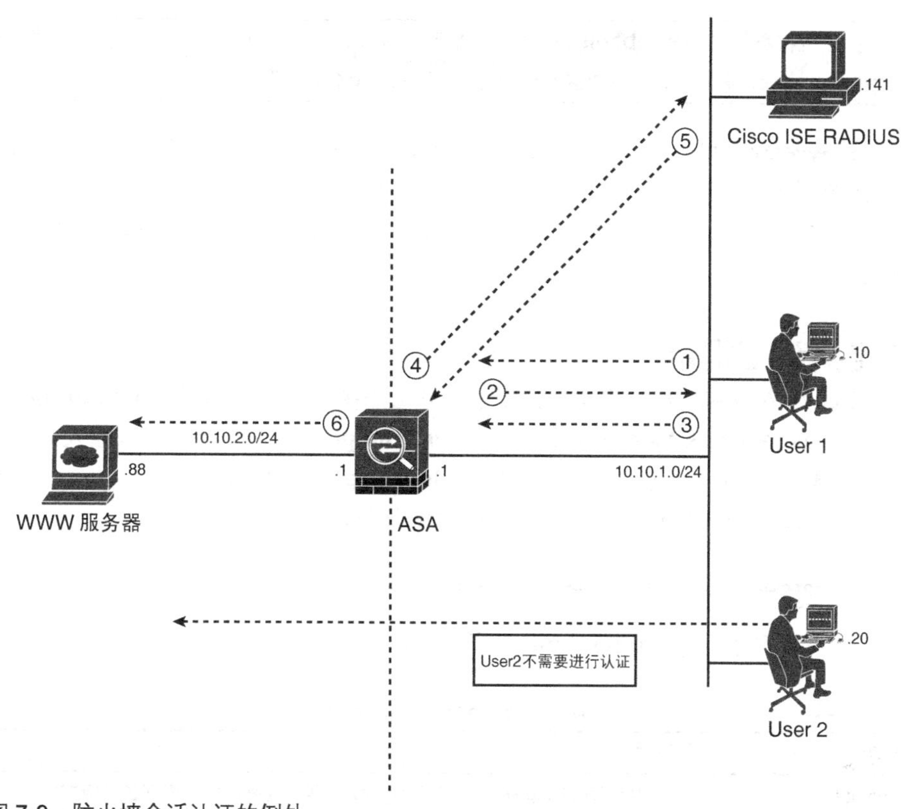

图 7-9 防火墙会话认证的例外

例 7-12 使用 MAC 地址列表来配置认证的例外

```
mac-list MACLIST permit 0003.470d.61aa ffff.ffff.ffff
mac-list MACLIST permit 0003.470d.61bb ffff.ffff.ffff
aaa mac-exempt match MACLIST
```

在例 7-12 中，管理员定义了一个名为 MACLIST 的 MAC 地址表，其中有两个 MAC 地址，并且使用命令 **aaa mac-except** 调用了该 MAC 地址表。

注释：命令 **aaa mac-except** 只能调用一个 MAC 列表。

如果启用了该特性，那么相应设备会同时绕过认证和授权。

7.4.1 认证超时

认证超时的作用是定义在设备保持 inactivity 或 absolute 多长时间之后，Cisco ASA 才会要求用户重新进行认证。在 ASDM 中定义认证超时的方法是，找到 **Configuration > Firewall >Advanced > Global Timeouts** 并编辑 Authentication Inactivity Timeout 字段。除此之外，管理员可以通过命令 **timeout uauth** 在 CLI 下配置认证超时时间。该命令的语法如下：

```
timeout uauth hh:mm:ss [ absolute | inactivity ]
```

这两个计时器中，inactivity 计时器会在连接变为空闲之后开始计时，而 absolute 计时器会持续计时。若同时使用了 inactivity 超时时间和 absolute 超时时间，absolute 超时时间应该长于 inactivity 超时时间。如果对于超时时间的设置与此相反，那么 inactivity 超时时间就不起作用，因为 absolute 超时时间会更早超时。

> 提示：这里推荐通过命令 **absolute timeout** 将超时值设置为至少 2 分钟。千万不要将 **timeout uauth duration** 设置为 0，因为这样做认证会话就永远不会超时。

另外，管理员可以在 Cisco ASA 上使用命令 **clear uauth** 来删除所有缓存的用户证书，并在试图创建新连接时让所有用户重新进行认证。该命令的末尾可以跟上用户名，使指定的用户进行重认证。例如，可以使用命令 **clear uauth joe** 使名为“joe”的用户重新进行认证。

7.5 自定义认证提示

Cisco ASA 支持用户自定义认证提示，方法是在 ASDM 中找到 **Configuration > Device Management > Users/AAA > Authentication Prompt**，并在 Prompt 区域输入认证提示。类似地，管理员也可以通过 CLI 界面中的 **auth-prompt** 命令来自定义认证提示。只有 Telnet、HTTP 或 FTP 认证可以进行自定义。下面为该命令的语法结构：

```
auth-prompt [ prompt | accept | reject ] prompt text
```

表 7-4 罗列了命令 **auth-prompt** 的所有选项。

表 7-4 命令 **auth-prompt** 的选项

选项	描述
prompt text	在复核（challenge）、接受（accept）或拒绝（reject）时显示的实际文本
prompt	在该关键字后输入的文本会充当认证提示
accept	在该关键字后输入的文本会在认证接受时显示
reject	在该关键字后输入的文本会在认证拒绝时显示

> 注释：只有 Telnet 连接可以使用 **accept** 和 **reject** 选项。

7.6 配置授权

Cisco ASA 可以通过 TACACS+为防火墙直通代理会话实现授权服务。它也支持通过内部数据库的管理会话执行 TACACS+授权服务。Cisco ASA 也支持 RADIUS 可下载 ACL。只有根据本地数据库执行授权时，才能根据特权级别执行命令授权。

另外，也可以通过 RADIUS、LDAP 和内部用户数据库为 VPN 用户连接执行授权。这一功能用于为远程访问 VPN 客户端的 mode-config 属性执行授权。关于 mode-config 的信息及其属性将在第 22 章中进行介绍。

在 ASDM 上配置授权需要使用以下步骤。

1. 登录进 ASDM 并找到 **Configuration > Firewall > AAA Rules**。
2. 点击 **Add** 并选择 **Add Authorization Rule**。此时会出现图 7-10 所示的对话框。

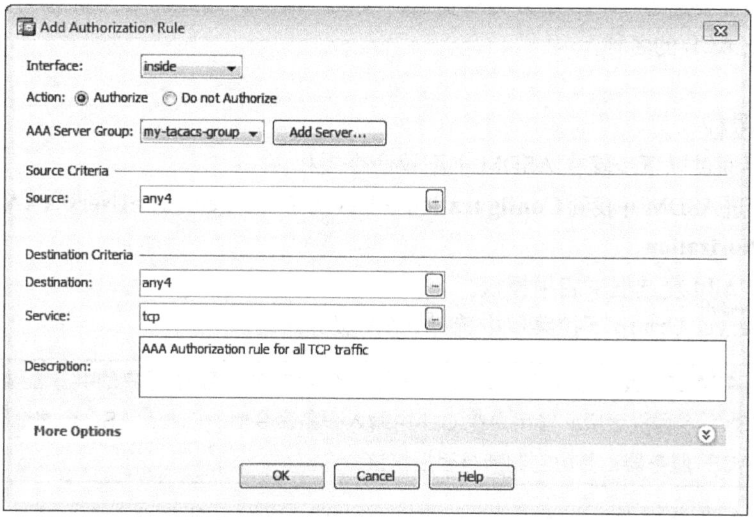

图 7-10 Add Authorization Rule 对话框

3. 在 Interface 下拉菜单中选择要应用授权规则的接口。在本例中选择的是 inside 接口。
4. 在 Action 区域选择 **Authorize** 以对用户进行授权。
5. 在 AAA Server Group 下拉菜单中选择 AAA 服务器组（**my-radius-group**）。

> 注释：管理员可以点击 **Add Server** 按钮在服务器组中添加 AAA 服务器。在图 7-10 中，使用的是预配置的 AAA 服务器。在前面的配置中，我们已经通过 Configuration > Device Management >Users/AAA > AAA Server Groups 添加了 TACACS+服务器。

6. 管理员必须指定要授权流量的源和目的。在 Source 字段输入源 IP 地址、网络地址或关键字 **any**。除此之外，管理员也可以点击省略号（...）按钮来选择已经在 ASDM 中配置过的地址。在本例中，管理员输入的是关键字 **any4** 来对所有来自内部接口的 IPv4 流量进行授权。
7. 在 Destination 字段输入目的 IP 地址、网络地址或关键字 **any**。除此之外，管理员也可以点击省略号（...）按钮来选择已经在 ASDM 中配置过的地址。在图 7-10 中，管理员输入了关键字 **any4**，以对所有主机准备访问的 IPv4 目的地址进行授权。
8. 在 Service 字段输入目的服务的 IP 服务名。除此之外，点击省略号（...）按钮之后，ASDM 会弹出一个独立的对话框，管理员可以在这个对话框中的可用服务列表中选择需要应用认证的服务。在本例中，设备会对各主机发起的所有基于 TCP 的应用进行授权。
9. （可选）在 Description 区域输入对授权规则的描述。

> 注释：管理员可以点击 More Options 来为 TCP 或 UDP 应用设置源服务，也可以在应用的规则上设置时间范围。

10. 点击 **OK**。
11. 点击 **Apply** 来应用变更的配置。
12. 点击 **Save** 来将变更的配置保存进 Cisco ASA。

管理员也可以使用 CLI 命令行界面下的命令 **aaa authorization match** 来为直通代理特性和管理会话启用授权。启用防火墙直通代理会话的命令语法结构如下：

```
aaa authorization match access_list_name if_name server_tag
```

这里需要通过 ACL 来分类需要进行授权的流量，因此需要使用选项 *access_list_name* 来指定该 ACL 的名称。

7.6.1 命令授权

需要通过以下步骤在 ASDM 上配置命令授权。

1. 登录进ASDM并找到**Configuration > Device Management >Users/AAA > AAA Access > Authorization**。
2. 勾选 **Add** 复选框来启用授权。
3. 在 **Server Group** 下拉菜单中选择 AAA 服务器组。

> 注释：TACACS+服务器命令可以被配置为一个组或多个独立用户的共享配置文件。在启用TACACS+命令授权之后，当用户在 CLI 中输入一条命令时，Cisco ASA 会将命令和用户名发送给 TACACS+服务器，并由它判断是否授权该命令。

4. (可选) 若希望在 TACACS+服务器不可达时，还有一种备选方案，可以在这里选择复选框 **Use Local When Server Group Fails**。
5. 若要为访问 exec shell 的用户执行授权，可以在 Perform Authorization for Exec Shell Access 区域勾选 **Enable** 复选框。管理员可以在这里指定是使用远程服务器参数还是本地服务器来执行授权。
6. 点击 **Apply** 来应用变更的配置。
7. 点击 **Save** 来将变更的配置保存进 Cisco ASA。

要通过 CLI 界面配置命令授权，要使用以下命令。

```
aaa authorization command { LOCAL | tacacs_server_tag [ LOCAL ]}
```

服务器标记 **LOCAL** 用于将授权定义为本地命令授权。也可以使用该关键字作为当TACACS+服务器不可达时的备选方案。

在使用授权时，授权请求消息负载部分的以下属性会被发送给 TACACS+服务器。

- cmd：要进行授权的命令（只能用于对管理会话进行授权）。
- cmd-arg：要发送的命令参数（只能用于对管理会话进行授权）。
- service——需要授权的服务类型。

下面是在 TACACS+服务器发来的授权响应消息中有可能收到的属性。

- idletime：防火墙直通代理会话的空闲超时时间值。
- timeout：防火墙直通代理会话的绝对（absolute）超时时间值。
- acl：要应用于特定用户的 ACL 标识符。

7.6.2 配置可下载 ACL

由于 Cisco ASA 能够从 RADIUS 或 TACACS+服务器上下载 ACL，因此 Cisco ASA 可以支持为每个用户进行 ACL 授权。通过这一特性，管理员可以将一个 ACL 从 Cisco Secure ACS 服务器或 Cisco ISE 服务器上推送给 Cisco ASA。可下载 ACL 会和配置在 Cisco ASA 上 ACL 一起工作。如果用户流量想要通过 ASA，那它就必须同时得到这两类 ACL 的放行。不过，管理员可以在命令 **access-group** 后面配置选项 **per-user-override** 来绕过这一需求。下面是在命令 **access-group** 中应用选项 **per-user-override** 的一个实例，在该例中，命令 **access-group** 被应用在了内部接口上。

```
access-group inside_access_ in interface inside per-user-override
```

在 ASDM 中，可以找到 **Configuration > Firewall > Access Rules** 并点击 **Advanced** 按钮来进行这一配置。然后，会出现对话框 Access Rules Advanced Options，在这一对话框中，管理员可以在每个访问列表条目上选择 **Per User Override**。

所有可下载 ACL 都会被应用在对用户进行认证的接口上。

图 7-11 及下面的步骤旨在说明可下载 ACL 的工作方式。

1. 用户发起一个去往 Cisco.com 的 Web 连接。通过配置 Cisco ASA，它会执行认证（直通代理）并提示用户输入认证证书。
2. 用户用认证证书进行响应。
3. Cisco ASA 向 Cisco ISE 服务器发送 RADIUS 认证请求（Access-Request）。
4. Cisco ISE 服务器对用户进行认证并发送 RADIUS 响应消息（Access-Accept），其中包括关联给该用户的 ACL 名称。
5. Cisco ASA 查看其是否有一个和从 Cisco ISE 服务器上下载的 ACL 名称相同的访问控制列表。如果有 ACL 的标识符与其相同，就不必再去下载新的 ACL。
6. 用户可以访问 Cisco.com。

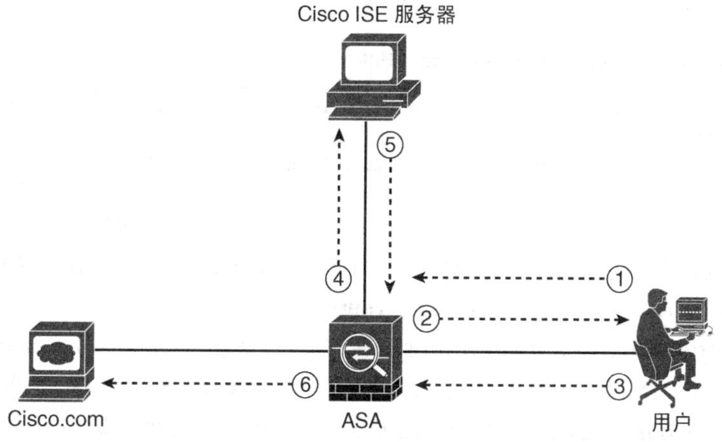

图 7-11　可下载 ACL 的范例

管理员可以通过一些不同的方法在 Cisco ISE 服务器上配置可下载的 ACL。

- 配置 SPC（Shared Profile Component），包括 ACL 的名称和 ACL。这样的话，管理员即可将 ACL 应用于 Cisco ISE 中任意数量的用户。
- 在特定用户配置文件中配置每个 ACL 条目。
- 配置要被应用于特定组的 ACL。

以上这些方法 Cisco ASA 统统可以支持，管理员可以根据安全策略进行挑选。

7.7 配置审计

若要通过 ASDM 在 Cisco 上配置审计功能，需要完成以下步骤。下例的配置目标是对所有从 10.10.1.0/24 网络去往 10.10.2.0/24 网络的 IP 流量进行审计。

1. 登录进 ASDM 并找到 **Configuration > Firewall > AAA Rules**。
2. 点击 **Add** 并选择 **Add Accounting Rule**。
3. 选择要应用审记规则的接口。在本例中选择的是 inside 接口。

4. 在 Action 区域选择 **Account** 以启用审计功能。
5. 在 AAA Server Group 下拉菜单中选择 AAA 服务器组。
6. 管理员可以指定在所有穿越 Cisco ASA 的流量中，要对哪些源和目的的流量进行审计。方法是在 Source 字段输入特定的源 IP 地址。在默认情况下，显示的是关键字 **any**，即对所有源的流量都进行审计。在本例中，管理员输入的源网络是 10.10.1.0/24。
7. 在 Destination 字段输入特定的目的 IP 地址或网络。在默认情况下，显示的是关键字 **any**，即对所有目的的流量都进行审计。在本例中，管理员输入的目的网络是 10.10.1.0/24。
8. 在 Service 字段选则特定的服务或协议。
9.（可选）在 Description 字段输入对审计规则的描述。
10. 点击 **Apply** 来应用变更的配置。
11. 点击 **Save** 来将变更的配置保存进 Cisco ASA。

通过 CLI 启用审计功能需要使用命令 **aaa accounting** 来实现。

```
aaa accounting match access_list_name if_name server_tag
```

例 7-13 显示了如何通过 CLI 在 Cisco ASA 上配置审计功能。在例 7-13 中，我们使用了前面配置的 AAA 服务器组 my-radius-group。管理员在配置中使用了关键字 **ip** 来对所有从源 10.10.1.0/24 网络发往 10.10.2.0/24 网络的 IP 流量执行审计。

例 7-13 通过 ACL 定义感兴趣流并启用审计功能

```
NewYork (config)# access-list 100 permit ip 10.10.1.0 255.255.255.0 10.10.2.0
255.255.255.0
NewYork (config)# aaa accounting match 100 inside my-radius-group
```

在例 7-13 中，管理员配置了一个 ACL，以针对从 10.10.1.0/24 到 10.10.2.0/24 的流量启用审计功能。然后，将该 ACL 应用给了命令 **aaa accounting match**。在该命令中还调用了前面配置的 AAA 服务器组 **my-radius-group**。

通过命令 **aaa accounting** 可以看到，在这里也可以使用命令选项 **aaa accounting include | exclude** 来定义流量。不过，由于可以使用命令 **aaa accounting match**，因此使用选项 **include** 和 **exclude** 的方法已经过时，推荐使用命令 **aaa accounting match**。

7.7.1 RADIUS 审计

表 7-5 罗列了 Cisco ASA 支持的所有 RADIUS 审计消息。

消息 **accounting-on** 用于标记审计服务的开始，消息 **accounting-off** 则用于标记审计服务的终结。而消息 **start** 和 **stop accounting records** 用于标记用户何时开启、何时终止特定服务的流量。这些会话都会用它们自己的审计会话 ID 进行标记。

表 7-5 Cisco ASA 支持的 RADIUS 审计消息

属性	应用消息
acct-authentic	on off start stop
acct-delay-time	on off start stop
acct-status-type	on off start stop
acct-session-id	start stop
nas-ip-address	on off start stop

续表

属性	应用消息
nas-port	on off start stop
user-name	on off start stop
class	start stop
service type	start stop
framed-protocol	start stop
framed-ip-address	start stop
tunnel-client-endpoint	start stop
acct-session-time	stop
acct-input-packets	stop
acct-output-packets	stop
acct-input-octets	stop
acct-output-octets	stop
acct-terminate-cause	stop
login-ip-host	on off start stop
login-port	on off start stop
cisco-av-pair（用来发送源地址/端口和目的地址/端口）	on off start stop
isakmp-intiator-ip	on off start stop
isakmp-phase1-id	on off start stop
isakmp-group-id	on off start stop
acct-input-gigawords	stop
acct-output-gigawors	stop

7.7.2 TACACS+审计

表 7-6 罗列了 Cisco ASA 支持的所有 TACACS+审计消息。

表 7-6 Cisco ASA 支持的 TACACS+审计消息

属性	应用消息
username（固定字段）	start stop
port（NAS）（固定字段）	start stop
remote_address（固定字段）	start stop
task_id	start stop
foreign_IP	start stop
local_IP	start stop
cmd	start stop
elapsed_time	stop
bytes_in	stop
bytes_out	stop

Cisco ASA 可以根据用户的特权级别为用户配置命令审计。应使用以下命令启用该

特性：

```
aaa accounting command { privilege level } tacacs_server_tag
```

例 7-14 所示为在 Cisco ASA 上根据用户的特权级别为用户配置命令审计的方法。

例 7-14 启用命令审计

```
New-York(config)# aaa accounting command privilege 15 my-tacacs-group
```

在例 7-14 中，管理员通过命令 **accounting** 为执行 **privilege level 15** 的用户启用了审计功能。

另外，管理员可以通过 ASDM 配置命令审计功能，方法是 **Configuration > Device Management > Users/AAA > AAA Access > Accounting**，然后在 Require Command Accounting for ASA 下选择 **Enable**。

7.8 对去往 Cisco ASA 的管理连接进行排错

管理员可以使用 RADIUS、TACACS+或 Cisco ASA 本地用户数据库来认证管理连接。当管理员尝试连接 Cisco ASA 进行管理时，可以使用命令 **debug** 来对 AAA 问题进行排错。

- **debug aaa**：提供由 Cisco ASA 所创建的关于认证、授权或审计的信息。
- **debug radius**：使用此命令可以对 RADIUS 交互信息进行排错，该命令有很多选项。
  - **all**：启用所有 debug 选项。
  - **decode**：显示解码后的 RADIUS 交互消息。
  - **session**：提供所有 RADIUS 会话的信息。
  - **user**：捕获特定用户连接中的 RADIUS 交互信息。
- **debug tatacs**：使用此命令可以对 TACACS+交互信息进行排错，该命令有很多选项。
  - **session**：提供所有 TACACS+会话的具体信息。
  - **user**：捕获特定用户连接中的 TACACS+交互信息。

如果输入 **debug tacacs** 而没有任何附加选项，那么 **debug** 命令默认的选项为 **session**。例 7-15 所示为成功进行 Telnet 认证期间，命令 **debug tacacs** 的输出信息。

例 7-15 在成功进行 Telnet 认证期间，命令 debug tacacs 的输出信息

```
NewYork# debug tacacs
 mk_pkt - type: 0x1, session_id: 4
 user: user1
 Tacacs packet sent
Sending TACACS Start message. Session id: 4, seq no:1
Received TACACS packet. Session id:4 seq no:2
tacp_procpkt_authen: GETPASS
Authen Message: Password:
mk_pkt - type: 0x1, session_id: 4
mkpkt_continue - response: ***
 Tacacs packet sent
Sending TACACS Continue message. Session id: 4, seq no:3
Received TACACS packet. Session id:4 seq no:4
tacp_procpkt_authen: PASS
TACACS Session finished. Session id: 4, seq no: 3
```

在例 7-15 中，User1 通过 Telnet 与 Cisco ASA 相连。通过配置，Cisco ASA 会通过外部 TACACS+服务器来执行认证。阴影部分的第一行显示了 User1 试图连接到 Cisco ASA，第二行所示为 ASA 在请求用户的密码。用户的信息被发送给了 TACACS+服务器并最后通过了认证。阴影的最后一行所示为认证成功得到了通过。

例 7-16 为认证失败期间，命令 **debug tacacs** 的输出信息；由于用户输入的密码有误，因此 TACACS+服务器没有通过这次认证。

例 7-16 由于密码错误致使认证失败的情况下，命令 debug tacacs 的输出信息

```
New York# debug tacacs
 mk_pkt - type: 0x1, session_id: 5
 user: user1
 Tacacs packet sent
Sending TACACS Start message. Session id: 5, seq no:1
Received TACACS packet. Session id:5 seq no:2
tacp_procpkt_authen: GETPASS
Authen Message: Password:
mk_pkt - type: 0x1, session_id: 5
mkpkt_continue - response: ***
 Tacacs packet sent
Sending TACACS Continue message. Session id: 5, seq no:3
Received TACACS packet. Session id:5 seq no:4
tacp_procpkt_authen: FAIL
TACACS Session finished. Session id: 5, seq no: 3
```

在例 7-17 中，TACACS+服务器离线或不可达。

例 7-17 在 TACACS+服务器不可达的情况下，命令 debug tacacs 的输出信息

```
NewYork# debug tacacs
mk_pkt - type: 0x1, session_id: 6
 user: user1
 Tacacs packet sent
Sending TACACS Start message. Session id: 6, seq no:1
Received TACACS packet. Session id:6 seq no:2
TACACS Request Timed out. Session id: 6, seq no:1
TACACS Session finished. Session id: 6, seq no: 1
mk_pkt - type: 0x1, session_id: 6
user: user1
 Tacacs packet sent
Sending TACACS Start message. Session id: 6, seq no:1
Received TACACS packet. Session id:6 seq no:2
TACACS Request Timed out. Session id: 6, seq no:1
TACACS Session finished. Session id: 6, seq no: 1
mk_pkt - type: 0x1, session_id: 6
 user: user1
 Tacacs packet sent
Sending TACACS Start message. Session id: 6, seq no:1
Received TACACS packet. Session id:6 seq no:2
TACACS Request Timed out. Session id: 6, seq no:1
TACACS Session finished. Session id: 6, seq no: 1
aaa server host machine not responding
```

例 7-17 的阴影部分显示了 Cisco ASA 三次尝试与 TACACS+服务器进行通信，并最终完成了所有认证交互信息的过程。命令 **show aaa-server** 在进行排错和监测认证交互信息时非常有用。例 7-18 所示为通过 **show aaa-server** 命令显示出来的所有 TACACS+交互信息。

例 7-18 用命令 **show aaa-server** 对 TACACS+交互信息进行监测和排错

```
NewYork# show aaa-server protocol tacacs+
Server Group:    mygroup
Server Protocol: tacacs+
Server Address:  172.18.124.145
Server port:     49
Server status:   ACTIVE, Last transaction at 21:05:43 UTC Fri March 20 2009
Number of pending requests                 0
Average round trip time                    43ms
Number of authentication requests          4
Number of authorization requests           0
Number of accounting requests              0
Number of retransmissions                  0
Number of accepts                          3
Number of rejects                          1
Number of challenges                       4
Number of malformed responses              0
Number of bad authenticators               0
Number of timeouts                         0
Number of unrecognized responses           0
```

在例 7-18 中，Cisco ASA 一共处理了 4 个认证请求。其中 3 个成功通过了认证，而另一个则遭到了 TACACS+服务器的拒绝。

7.8.1 对防火墙会话（直通代理）进行排错

对 Cisco ASA 上的直通代理会话进行排错的方法与前文介绍的方法类似。另外，这里还可以使用命令 **show uauth** 来显示需要认证的用户及当前交互信息。例 7-19 所示为该命令的输出信息。

例 7-19 命令 **show uauth** 的输出信息

```
NewYork# show uauth
                        Current  Most  Seen
Authenticated Users       0        0
Authen In Progress        1        3
```

在例 7-19 中，Cisco ASA 一共处理了 3 个并发的认证请求。其中有一个请求正在接受处理。

7.8.2 ASDM 与 CLI AAA 测试工具

Cisco ASDM 和 Cisco ASA CLI 为管理员提供了测试某位用户认证和授权的功能。这项功能对于排错相当有用，因为管理员可以通过这项功能来执行这些测试，而无须烦请那些非专业人士尝试建立连接或执行认证。在 ASDM 中，需要通过 **Configuration > Device Management > Users/AAA > AAA Server Groups** 访问 AAA 服务器测试工具，如图 7-12 所示。

在图 7-12 中，管理员正在测试用户名为 user1 的那名用户发起的认证。另外，管理员也可以通过命令 **test aaa-server authentication** 来执行同样的测试，如例 7-20 所示。在例 7-20 中，认证尝试超时，因为在 ASA 和 ASA 服务器（172.18.124.141）之间存在通信问题。

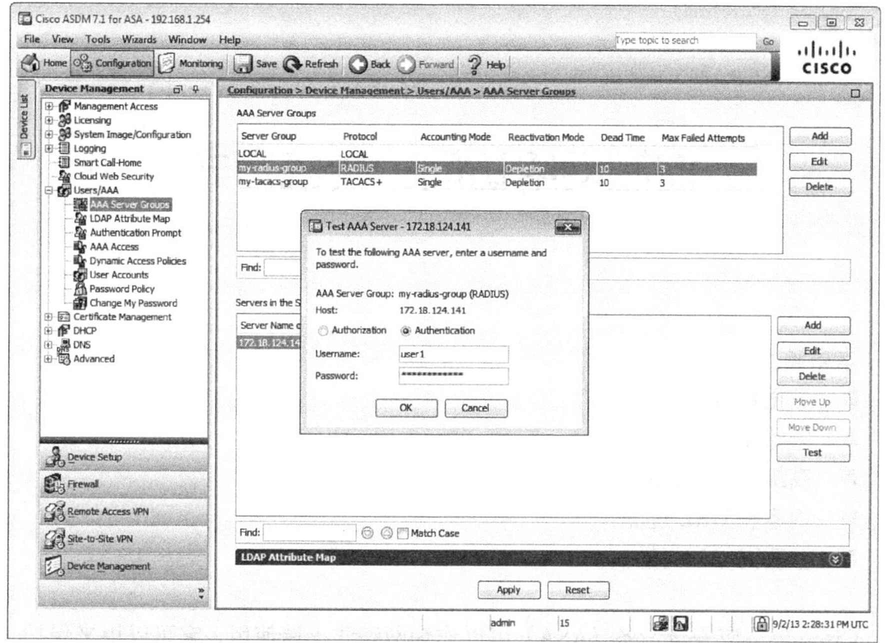

图 7-12 ASDM AAA 认证与授权测试工具

例 7-20 命令 test aaa-server 的输出信息

```
NewYork# test aaa-server authentication my-radius-group username user1 password
thisisthepassword
Server IP Address or name: 172.18.124.141
INFO: Attempting Authentication test to IP address <172.18.124.141> (timeout: 12
seconds)
ERROR: Authentication Server not responding: No response from server
```

总结

Cisco ASA 可以为不同的服务提供多种 AAA 解决方案。由于这种方式可使管理员控制哪些人可以登录进 Cisco ASA 或登录进网络，因此这些解决方案可以增强管理员使用的策略。另外，这些解决方案也可以控制各用户可以执行的动作，还可以通过审计服务来记录安全审查信息。在本章中，我们介绍了如何使用 Cisco ASA 通过请求可靠用户证书的方式，来对服务进行认证，以控制穿越设备的访问信息。本章也介绍了如何配置 Cisco ASA 来认证 Telnet、SSH、串行 Console 连接和 ASDM 等管理会话。

另外，本章也讲解了在完成认证之后，如何通过授权技术来针对不同用户进行访问控制。这可以帮助读者搞懂如何配置 Cisco ASA 才能对设备管理、配置命令使用和网络访问进行授权。

Cisco ASA 审计服务可以跟踪穿越安全设备的流量，因此管理员可以通过审计技术来记录用户的行为。本章还介绍了如何启用审计技术来跟踪并审查用户的行为。

第8章

控制网络访问：传统方式

本章涵盖的内容有：

- 数据包过滤；
- 配置流量过滤；
- 高级 ACL 特性；
- 内容和 URL 过滤；
- 监测网络访问控制。

Cisco 自适应安全设备（ASA）可以作为网络防火墙使用，它可以用来保护一个或多个网络免遭网络入侵或网络攻击。通过使用 Cisco ASA 提供的强大特性，管理员可以控制并监测这些网络之间的连接。管理员能够确保从受保护网络去往不受保护网络的流量（反之亦然）能够基于组织机构的安全策略来穿越防火墙。本章将重点介绍那些用于实现数据包过滤的特性、它们的作用及实施方法。

8.1 数据包过滤

Cisco ASA 可以通过监控流经自己的流量，来对内部网络、非武装区（DMZ）和外部网络提供保护。管理员可以通过划分流量，来判断哪些流量可以流入或流出某个接口。当不想要的或者未知的流量穿越安全设备时，安全设备会使用访问控制列表来丢弃那些流量。

访问控制列表（ACL）是安全规则及安全策略的集合，它们可以通过查看数据包头部及其他属性来放行（permit）或拒绝（deny）数据包。每条 permit 或 deny 语句都被称为一条访问控制条目（ACE）。这些 ACE 可以通过监控从 2 层到 4 层头部信息中的参数，来对数据包进行分类，这些参数包括：

- 2 层协议信息，如 EtherTypes；
- 3 层协议信息，如 ICMP、TCP 或 UDP；
- 3 层头部信息，如源和目的 IP 地址；
- 4 层头部信息，如源和目的 TCP 或 UDP 端口；
- 7 层信息，包括应用与系统服务呼叫。

在 ACL 得到正确配置之后，可以将它应用到一个接口来对流量进行过滤。安全设备可以在出入两个方向对数据包进行过滤。如果将一个入向 ACL 应用到一个接口上，安全设备就会在接收到数据包后按照 ACE 来对其进行分析。如果 ACL 放行该数据包，安全设备就会继续处理这个数据包，直到该数据包从出方向接口离开该接口。

注释：路由器上的 ACL 和安全设备上的 ACL 之间有两大主要的区别。其中最基本的区别在于，对于安全设备上的 ACL 来说，它只会查看数据流的第一个数据包。在建立连接之后，所有后续的数据包只要属于该连接，ACL 就不会再对其进行检查。而在 Cisco IOS 路由器上，所有数据包都要服从 ACL 策略。第二大区别在于路由器 ACL 配置子网掩码时需要配置反掩码位，而在安全设备上配置 ACL 时则需要按照子网掩码的格式进行配置。

如果 ACL 拒绝了该数据包，那么安全设备就会丢弃该数据包，并创建一个系统日志消息，记录下这个事件。在图 8-1 中，安全设备管理员配置了一个 ACL，该 ACL 只放行去往 209.165.202.131 的 HTTP 流量，并将这个 ACL 应用到了外部（outside）接口的入站方向上。所有其他流量都会在外部（outside）接口被安全设备丢弃。

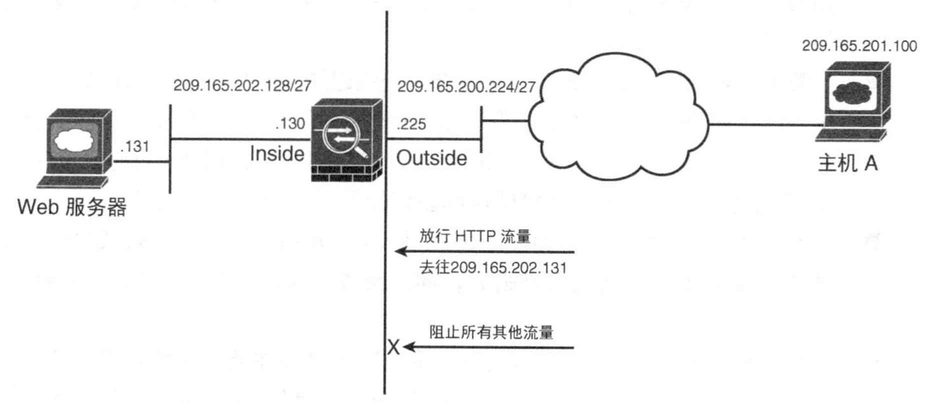

图 8-1 入站数据包过滤

若一个出向 ACL 被应用到了接口上，安全设备就会通过一种不同的方式（NAT、QoS 和 VPN）来发送数据包，然后在设备将数据包发送出去之前应用 ACE 对其进行过滤。只有在接口上的出向 ACL 支持将数据包发送出去的时候，安全设备才会将这些数据包传输出去。如果有任何一条 ACE 拒绝该数据包，安全设备就会将它丢弃，并创建一个系统日志消息，记录下这个事件。在图 8-2 中，安全设备管理员配置了一个 ACL，该 ACL 只放行去往 209.165.202.131 的 HTTP 流量，并将这个 ACL 应用到了内部（inside）接口的出站方向上，所有其他流量都会在该口被安全设备丢弃。

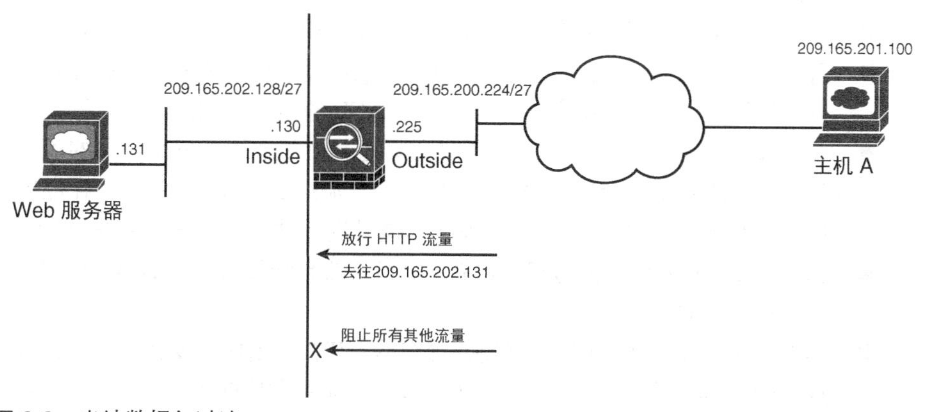

图 8-2 出站数据包过滤

从 Cisco ASA 8.3 系统版本开始，安全设备可以定义全局 ACL。所有入站方向的流量，无论是从哪个接口入站的，都会由这个全局 ACL 进行监控。如果管理员同时配置了一个接口 ACL（入站方向）和全局 ACL，安全设备会首先应用接口 ACL，然后再去应用全局 ACL，如果没有出现匹配，最后则会应用隐式的拒绝。

那么，我们应该使用接口 ACL 还是全局 ACL 呢？如果管理员清楚地知道流量出入的接口，那么使用接口 ACL 就可以对流量进行更加具体的过滤和控制。此时，管理员就可以在入站和出站方向上应用接口 ACL。但是，如果这台设备与某个网络之间有多个接口相连，那么管理员恐怕就搞不清楚数据包会从哪里进入这台安全设备，此时就应该考虑应用全局 ACL 了。

以下为 ACL 的一些重要特性。

- 如果将一条 ACE 添加到一个现有 ACL 中，它会位于 ACL 的尾端，除非管理员专门指定了这个 ACE 的行数。
- 当数据包进入安全设备时，设备会按顺序来匹配 ACE。因此，ACE 的顺序就格外重要。比如说，如果 ACL 中有一条 ACE 允许所有 IP 流量通过，然后管理员又创建了另一条 ACE 来阻止所有 IP 流量，这样的话，数据包永远也不需要与第二条 ACE 进行匹配，因为所有数据包都会首先匹配第一个 ACE 条目。
- 在所有 ACL 末尾都有一个隐式拒绝（implicit deny）条目，如果某数据包不匹配管理员配置的 ACE，它就会被丢弃，同时设备会创建一个消息 ID 为 106023 的系统日志。
- 在默认情况下，管理员不必为从高安全级别接口去往低安全级别接口的流量定义放行的 ACE。但是，如果希望限制流量从高安全级别接口去往低安全级别接口，也可以为这些流量定义 ACL。若管理员为从高安全级别接口去往低安全级别接口的流量定义了一个 ACL，该接口的隐式放行功能就会失效。也就是说，所有流量必须符合管理员所定义的 ACL 才能放行。
- 安全设备上的 ACL 必须明确放行那些从低安全级别接口穿越防火墙，并去往高安全级别接口的流量。同时，这种 ACL 必须应用在低安全级别接口上。
- 必须先将 ACL（无论是扩展 ACL 还是 IPv6 ACL）应用在接口上，才能对穿越防火墙的流量进行过滤。从 Cisco ASA 9.0(1)系统版本开始，管理员可以通过一条 ACL 来同时对 IPv4 和 IPv6 流量进行过滤。关于 ACL 的内容会在第 11 章中进行介绍。
- 在同一个接口的同一方向上，可以同时绑定一个扩展 ACL 和一个 EtherType ACL。
- 可以将同一个 ACL 应用在多个接口上，但这里不推荐读者采用这种方法，因为这样做的话，查看某个特定接口的流量对 ACL 的撞击数就无法实现了。
- ACL 既可以控制流经安全设备的流量，也可以控制流向安全设备的流量。不过，控制流量流向安全设备的 ACL 和控制流量流经安全设备的 ACL 在应用时有些区别。控制层 ACL 会在“对流往设备的流量进行过滤”这一节中进行介绍。
- 当 TCP 或 UDP 流量流过安全设备时，设备会自动放行它们的返回流量，因为这些连接是双向的。
- 其他的协议（如 ICMP）会被设备看作单向连接，因此需要在双方向为其配置用来放行的 ACL 条目。不过，在启用 ICMP 监控功能的情况下，不必在双方向放行 ICMP，相关内容会在第 13 章中进行介绍。

8.1.1 ACL 的类型

安全设备支持以下 5 种不同类型的 ACL，因此采用 ACL 来过滤去往网络的非法数据包时，ACL 可以提供一种灵活、可扩展的解决方案：

- 标准 ACL；
- 扩展 ACL（可以匹配 IPv4 和 IPv6 流量）；
- EtherType ACL（以太类型 ACL）；
- Webtype ACL（Web 类型 ACL）。

1. 标准 ACL

标准 ACL 可以基于目的 IP 地址识别数据包。这类 ACL 可用于诸如远程访问 VPN 隧道分离环境（这部分内容会在第 20 章中进行介绍）和使用路由映射（route map）进行路由重分发等环境中（这部分内容会在第 12 章中进行介绍）。但是，这种 ACL 不能应用到接口上来进行流量过滤。只有当安全设备工作在路由模式（routed mode）下时，才可以使用标准 ACL。在路由模式下，Cisco ASA 会从一个子网将数据包路由到另一个子网中，因此，它在网络中会增加第 3 层的跳数。

2. 扩展 ACL

扩展 ACL 是最常用的一种 ACL，它可以基于以下属性对数据包进行分类：

- 源和目的 IP 地址；
- 第 3 层协议；
- 源和/或目的 TCP 和 UDP 端口；
- ICMP 数据包的目的 ICMP 类型；
- 用户身份属性，如 AD（活动目录）用户名或组成员。

扩展 ACL 可应用于接口，来实现数据包过滤、QoS 数据包分类、对 NAT 和 VPN 加密数据包进行识别，以及其他很多功能。运行在路由和透明防火墙模式下的安全设备都可以建立这种类型的 ACL。我们在之前已经介绍过，从 9.0(1)系统版本开始，扩展 ACL 已经可以同时过滤 IPv4 和 IPv6 流量。

注释：透明防火墙模式将在第 15 章中进行介绍。

3. EtherType ACL

EtherTyple ACL 可以通过查看 2 层头部的以太网类型编码（Ethernet type code）字段，来过滤 IP 和非 IP 的流量。基于 IP 的流量以太网类型编码是 0x800，而 Novell IPX 为 0x8137 或 0x8138，这取决于 Netware 的版本。

如果设备运行在透明模式下时，就可以使用 EtherTyple ACL，这部分内容会在第 15 章中进行介绍。

和其他 ACL 一样，EtherTyple ACL 的最后也有一个隐式拒绝条目。不过，这个隐式拒绝条目不会对穿越设备的 IP 流量构成影响。因此，管理员可以同时在同一接口的同一方向应用 EtherTyple 和扩展 ACL。如果管理员在 EtherTyple ACL 最后配置了一个显式拒绝条目，那么即使扩展 ACL 被设置为放行 IP 数据包，这些数据包仍然会被 EtherTyple ACL 拒之门外。

4. WebType ACL

Webtype ACL 使管理员可以对穿过 SSL VPN 隧道进入网络的流量进行限制（与 SSL VPN 有关的内容会在第 22 章中进行介绍）。如果管理员在某个地方定义了 Webtype ACL，但数据包不匹配该 ACL，那么由于其存在隐式拒绝的条目，因此设备会在默认情况下丢弃该数据包。但是，如果没有定义任何 ACL，那么安全设备就会允许流量通过。

8.1.2 ACL 特性的比较

表 8-1 会对各类 ACL 进行比较，并说明它们是否能够和其他安全设备的特性连用。

表 8-1 ASA 特性与 ACL 的类型

特性	标准	扩展	EtherType	WebVPN
2 层数据包过滤	否	否	是	否
3 层数据包过滤	否	是	否	是
数据包捕获	否	是	是	否
AAA	否	是	否	否
时间范围（Time range）	否	是	否	是
对象分组（Object grouping）	否	是	否	否
NAT 豁免（NAT exemption）	否	是	否	否
IPv6 支持	否	是	否	是
协议无关组播（PIM）	是	否	否	否
应用层监控	否	是	否	否
IPS 监控	否	是	否	否
VPN 加密	否	是	否	是①
标记（Remark）	是	是	是	是
行数（Line numbers）	否	是	否	否
ACL 日志记录	否	是	否	是
QoS	是	是	否	否
VPN 隧道分离	是	否	否	否
策略 NAT	否	是	否	否
OSPF 路由映射（route-map）	是	是	否	否

① 只有 WebVPN 加密流量

8.2 配置流量过滤

安全设备上的访问控制列表不止能够过滤穿过设备的数据包，也可以过滤去往设备的数据包。本节将讨论如何设置设备来过滤数据包。

- 过滤穿越设备的流量；
- 过滤去往设备的流量。

注释：在本章中，我们会讨论通过 ASDM 和 CLI 配置设备的方式。在第 11 章，我们会对 IPv6 流量过滤进行介绍。

8.2.1 过滤穿越设备的流量

穿越设备的流量指过滤从一个接口通过设备到达另一个接口的流量。如本章前文所述，访问控制列表是访问控制条目的集合。当新的连接通过安全设备建立起来时，它们就要接受配置在接口上的 ACL 的检查。数据包会根据配置在各 ACE 上的行为来判断是放行还是丢弃该数据包。ACE 可以简单到放行从一个网络到另一个网络的所有 IP 流量，也可以复杂到在某一特定时间内放行或拒绝从某一个 IP 地址的特定端口到另一个 IP 地址的特定端口的流量。

通过 ASDM 设置 ACL 或者 ACE 的方法相当简单。只需要（按照第 4 章中所述的方法）登录进 ASDM，然后找到 **Configuration > Firewall >Access Rules**，并选择 **Add >Add Access Rule**，这是定义 ACL 及与其相关的 ACE 的方法。然后，ASDM 会打开 Add Access Rule 对话框，在这个窗口中，用户可以指定以下属性。

- Interface（接口）：从下拉列表中选择想要应用 ACL 的那个接口的名称。在安全设备中，管理员必须明确放行从低安全级别接口到高安全级别接口的流量，而管理员可以有选择地过滤从高安全级别接口去往低安全级别接口的流量。如果想要在全局应用这个 ACL，可以使用“—Any—”这个选项。
- Action（行为）：为匹配 ACE 的流量选择一个行为：permit 和 deny。如果选择 permit，那流量就可以进入或离开接口。如果选择 deny，流量就会被设备丢弃。
- Source（源）：指定源 IP、网络或对象组。源可以是任何发起流量的实体。比如说，若一台 Web 客户端向一台 Web 服务器发起流量，那么就需要将 Web 客户端地址指定为源地址。这既可以是 IPv4/v6 主机地址、子网地址、网络地址，甚至也可以是一个对象组。
- User（用户）：指定用来定义流量过滤策略的 AD（活动目录）用户或组名称（而不是主机的源 IP 地址）。安全设备可以使用 Windows 活动目录登录信息，将用户与主机的 IP 地址进行关联。
- Security Group（安全组）：指定安全设备在匹配流量时，除了源或目的地址之外，可以使用的安全组。安全组标记（SGT）的概念超出了本书的范围。
- Destination（目的）：指定目的 IP、网络或对象组。目的可以是接收流量的任何实体。比如说，若一台 Web 客户端向一台 Web 服务器发起流量，那么就需要将 Web 服务器地址指定为目的地址。
- Service（服务）：指定目标服务名称，如 TCP、UDP、SMTP、HTTP。举例来说，若 Web 服务器向 Web 客户端发送流量，那么就应该将服务指定为 HTTP。如果想要让来自特定源地址，并且去往特定目的地址的所有 IP 流量穿过设备，那么就应该将服务名称指定为 IP。这个值也可以指定为协议的编号，如 47（GRE）或 112（VRRP）。
- Description（描述）：为该 ACE 指定描述内容，也就是标注语句。这一可选参数在审核和调用 ACE 时十分有用。管理员可以为每条访问规则指定最多 100 个字符的描述内容。
- Enable Logging（启用日志记录）：如果管理员希望当数据包匹配 ACE 时，安全设备就会为此创建系统日志消息（106100），那就要勾选这个复选框。如果该选项没有启用，ASA 会为那些被防火墙拒绝的数据包创建系统日志消息（106023）。若启用了该选项，管理员就可以为其指定一个日志记录级别，范围为 0～7，默认的日志记录级别为 6（informational）。在默认情况下，那些得到防火墙放行的数据包不会被记录下来，若添加了日志记录参数，那么安全设备只会在配置的日志记录间隔时间中，以配置的速率来创建系统日志消息。

以下选项可以在 More Options 这个下拉菜单中找到。

- **Enable Rule（启用规则）**：如果希望访问规则生效，就要勾选这个复选框。该选项默认情况是生效的，如果不选择该选项，那么访问规则就不会生效，设备也不会用这些规则对任何流量进行处理。
- **Traffic Direction（流量方向）**：指定是否想要让防火墙在所选接口的入站或出站方向上应用 ACE。在定义一条新的访问规则时，默认的行为是在入站方向上对流量进行监控。如果管理员更希望在流量离开防火墙接口时对其进行监控，那么就应该选择 Out 作为流量的方向。
- **Source Service（源服务）**：指定源服务名称，如 TCP、UDP、SMTP 或 HTTP。如果该选项未被选择，那么在默认情况下所有源端口都可以放行。
- **Logging Interval（日志记录间隔）**：指定创建后继系统日志流量的时间间隔，单位是秒。默认的时间间隔是 300 秒。只有当 Logging Level 的设置不是 Default 时，这里才能填入相应的数值，否则该选项为灰色。
- **Time Range（时间范围）**：为该 ACE 指定一个时间范围。基于时间的访问控制列表会在本章稍后进行介绍。

> 提示：如果管理员在输入地址时没有填写子网掩码，那么 ASDM 就会将该地址视为主机地址，无论其最后一位是不是 0。

> 注释：ASDM 会使用 *InterfaceName_access_Direction* 作为标准格式来定义 ACLde1 名称。例如，若用户在外部接口的入站方向上应用了 ACL，那么 ACL 的名称就会被定义为 *outside_access_in*。

到现在为止，读者应该已经理解了防火墙规则的参数与可选项，下面我们来看一看它的应用实例。在图 8-3 中，芝加哥 SecureMeInc.org（这是一家虚构的公司，我们在本书中会反复用到）有一台 Web 服务器和 Email 服务器。Web 服务器（209.165.202.131）允许流量访问自己的 80 端口（HTTP），而 Email 服务器（209.165.202.132）则允许流量访问自己的 25 端口（SMTP）。安全设备只支持 2 台客户端（209.165.201.1 和 209.165.201.2）向服务器发起连接。其他穿越安全设备的一切流量都会被丢弃并记录下来。

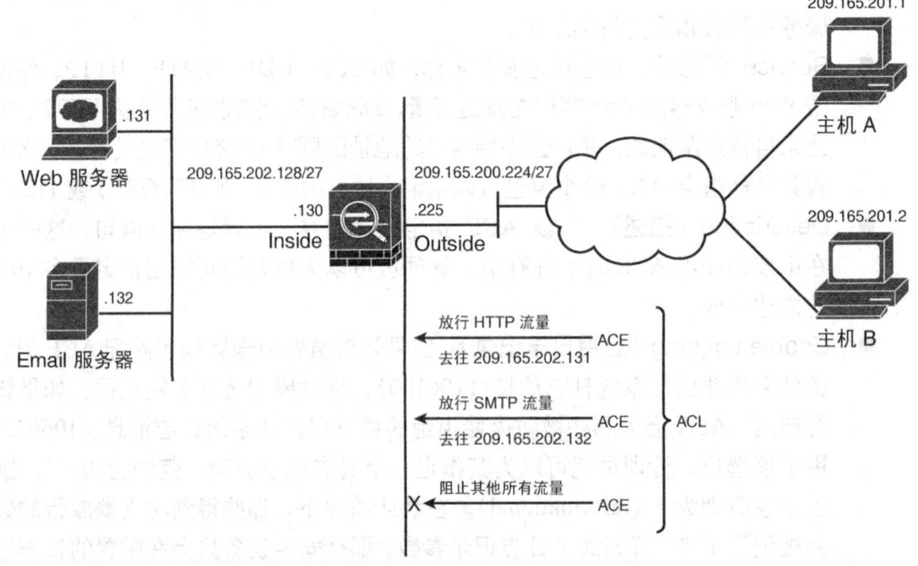

图 8-3 SecureMeInc.org 流量过滤策略

SecureMeInc.org 想要定义 ACL 来满足自己的安全策略。它希望创建一个包含 4 条 ACE 的 ACL。图 8-4 显示了第 1 条 ACE 的配置。这条 ACE 允许来自 209.165.201.1 的流量能够访问 209.165.202.131 的 TCP/SMTP 服务。这个规则是生效的，同时也启用了日志记录功能，也就是说只要有条目和 ACE 匹配，设备就会创建系统日志消息。外部接口入站方向的流量会被监控。

> 提示：对于 HTTP、SMTP、DNS、FTP 等周知端口来说，不需要在 Service 字段中为它们指定 TCP 或 UDP 协议。比如，如果想要将 SMTP 指定为协议，那么无须输入 tcp/smtp。只要在 Service 字段中填入 **smtp** 就可以了。

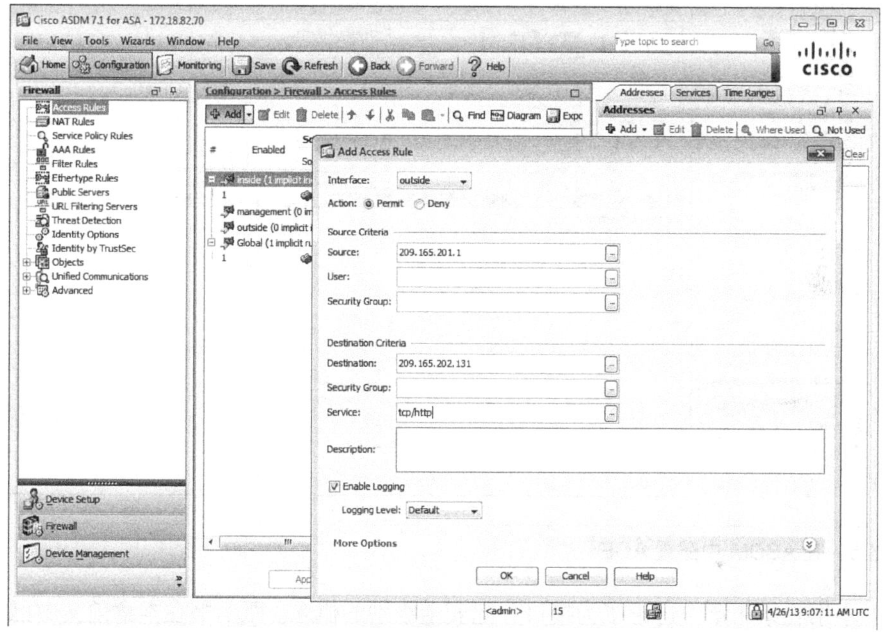

图 8-4 在 ASDM 中配置 ACE

接下来，我们需要添加 ACL 中的第 2 条 ACE，选择刚刚添加的 ACE，并且选择 **Add> Insert After**。图 8-5 显示了所有 ACE 都已经添加好之后，安全设备上完整的配置。

安全设备的系统支持这样一种功能：我们可以不用将某条 ACE 条目从配置中删除，就让它暂时失效。在管理员对一些穿越安全设备的连接进行排错时，常常希望禁用某些条目，这种做法相当有效。要想暂时停用 ACE，需要右击该 ACE，并且选择 **Edit**，在 Edit Access Rule 对话框中点击 **More Options** 下拉菜单，取消选中 **Enable Rule** 复选框。

例 8-1 所示为相关配置。名为 **outside_access_in** 的扩展 ACL 中有 5 条 ACE。头两条 ACE 允许来自两台客户端设备的 HTTP 流量去往 209.165.202.131，而后面两条 ACE 允许两台客户端设备的 SMTP 流量去往 209.165.202.132。最后一条 ACE 则会明确阻止所有其他的 IP 数据包，并且将它们记录下来。接下来，这条 ACL 被应用在了 **outside** 接口的 **inbound**（入向）方向上。

例 8-1 扩展 ACL 的配置

```
Chicago# configure terminal
Chicago(config)# access-list outside_access_in extended permit tcp host
209.165.201.1 host 209.165.202.131 eq http
```

（待续）

```
Chicago(config)# access-list outside_access_in extended permit tcp host
209.165.201.2 host 209.165.202.131 eq http
Chicago(config)# access-list outside_access_in extended permit tcp host
209.165.201.1 host 209.165.202.132 eq smtp
Chicago(config)# access-list outside_access_in extended permit tcp host
209.165.201.2 host 209.165.202.132 eq smtp
Chicago(config)# access-list outside_access_in extended deny ip any any log
Chicago(config)# access-group outside_access_in in interface outside
```

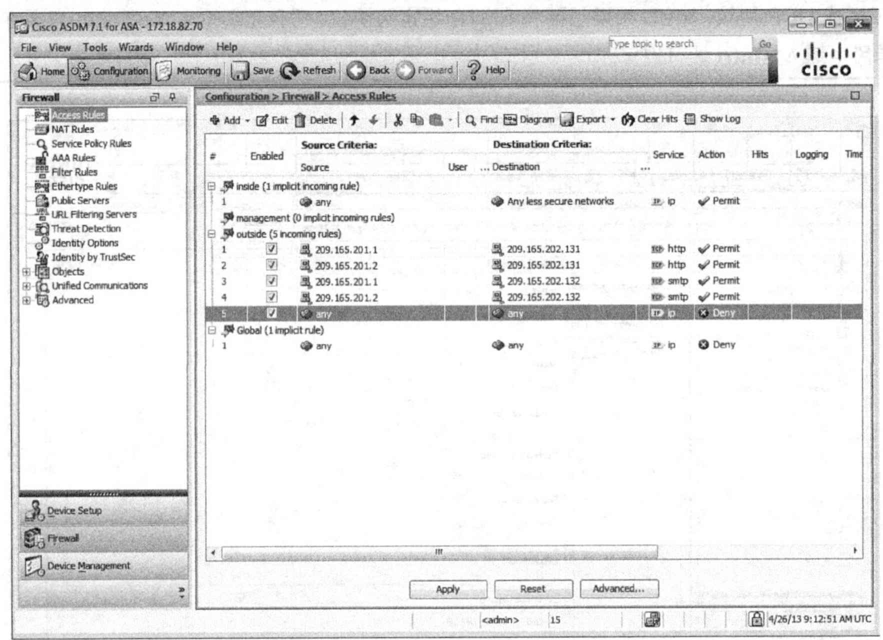

图 8-5 在 ASDM 中配置 ACE

本书在第 4 章中讨论了为接口分配安全级别的概念。而本书在本章前文中已经提到过，如果流量源自高安全级别接口，安全设备不会阻止低安全级别接口的 TCP 或 UDP 返回流量，反之亦然。对于其他无连接的协议（如 GRE 或 ESP）来说，必须在应用于该接口的 ACL 上放行返回流量。对于 ICMP，管理员既可以放行 ACL 中的返回流量，也可以启用 ICMP 监控功能，这部分内容将在第 13 章中进行介绍。

注释：在同一个接口的同一个方向上只能应用一条扩展 ACL。也就是说，管理员可以在一个接口的入站方向和出站方向上同时应用一条扩展 ACL。同样，如果防火墙工作在透明模式下，那么管理员也可以在同一个方向上应用一条扩展 ACL 和一条 EtherType ACL。

8.2.2 过滤去往设备的流量

过滤去往设备的流量也称为管理访问规则，这种过滤方式的过滤对象是以安全设备为目的的流量。这种特性自 Cisco ASA 8.0 版系统开始引入，以过滤去往安全设备控制层的流量。有些特定管理协议有它们自己的控制列表，如 Telnet 和 SSH。通过使用它们自己的访问列表，管理员可以指定哪些主机和网络可以连接到安全设备。不过，它们并不能对各类流量都提供保护，比如 IPSec。在实施管理访问规则之前，应该考虑如下内容。

- 要过滤这类流量首要要配置一个 ACL，然后将它应用到相应的接口，并在命令结尾输入关键字 **control-plane**。

- ACL 不能应用在设置了 **management-only** 的接口上。
- 某些特定管理协议提供了它们自己的保护功能，这些保护功能的优先级高于过滤去往设备流量的 ACL。比如，如果管理员允许某台主机与安全设备建立 SSH 会话(在命令 **ssh** 中定义该主机的 IP 地址)，然后在管理访问规则中却阻止了该主机的 IP 地址，那么这台主机仍然可以与安全设备建立 SSH 会话。

如果想要使用 CLI 界面来定义这种策略，则需要在命令 **access-group** 的末尾使用关键字 **control-plane**。该关键字的作用是告诉设备，这是一条管理访问规则，用于过滤去往安全设备的流量。在例 8-2 中，管理员配置了一个名为 **outside_access_in_1** 的 control-plane ACL，该 ACL 用来阻止所有去往安全设备的 IP 流量。然后管理员将这个 ACL 应用到了外部接口的入站方向，并在命令的最后输入了关键字 **control-plane**。

例 8-2 通过 CLI 定义管理访问规则

```
Chicago# configure terminal
Chicago(config)# access-list outside_access_in_1 remark Block all Management Traffic
on Outside Interface
Chicago(config)# access-list outside_access_in_1 extended deny ip any any
Chicago(config)# access-group outside_access_in_1 in interface outside control-plane
```

注释：管理访问规则只能应用于入站流量。因此，在使用命令 **access-group** 时，这种 ACL 只能使用关键字 **in**。

想通过 ASDM 来实现相同的功能吗？方法是找到 **Configuration > Device Management > Management Access > Management Access Rules**，然后选择 **Add Management Access Rule**。这时 ASDM 会打开 Add Management Access Rule 对话框，用户可以在这个窗口中指定以下属性。

- Interface（接口）：从接口下拉菜单中选择想要放行或阻止去往设备流量的那个接口。这里不能选择已经被配置为 management-only 的接口。
- Action（行为）：为匹配 ACE 的流量选择一个行为——permit 和 deny。
- Source（源）：指定源 IP、网络或对象组。源可以是任何向安全设备接口发起流量的实体。通过 Source Criteria 右边的省略号按钮（...），可以选择一个预定义的实体或者定义一个新的实体。
- User（用户）：指定用来定义流量过滤策略的 AD（活动目录）用户或组名称（而不是主机的源 IP 地址）。安全设备可以使用 Windows 活动目录登录信息，将用户与主机的 IP 地址进行关联。
- Security Group（安全组）：指定安全在设备匹配流量时，除了源或目的地址之外，可以使用的安全组。安全组标记（SGT）的概念超出了本书的范围。
- Service（服务）：指定想要允许或拒绝的目标服务名称，如 TCP、UDP、SMTP、HTTP。
- Description（描述）：为该访问控制条目指定最多 100 个字符的描述内容，为日后审核和调用 ACE 提供方便。
- Enable Logging（启用日志记录）——当数据包与 control-plane ACE 相匹配时，若管理员希望安全设备为此创建系统日志消息（106100），那么就选中这一选项。管理员可以为其指定一个适当的日志记录级别，这在本章之前的内容中已经介绍过了。

- Enable Rule（启用规则）——选择该复选框可使访问规则生效。
- Source Service（源服务）——管理员可以通过指定源服务名称（TCP 或 UDP）来使 ACE 更加精确。
- Logging Interval（日志记录间隔）——指定创建后继系统日志流量的时间间隔，单位是秒。
- Time Range（时间范围）——为该 ACE 指定一个时间范围。基于时间的访问控制列表会在本章的稍后部分进行介绍。

如图 8-6 所示，管理员定义了一个管理访问列表来阻止所有来自外部接口的 IP 流量访问安全设备。在该例中，管理员为该列表添加了描述信息 **Block All Management Traffic on Outside Interface**，这种做法很值得推荐。

> 注释：在使用 ASDM 时，管理员可以上下移动 ACE，方法是选择一个 ACE，然后点击向上或向下的箭头。

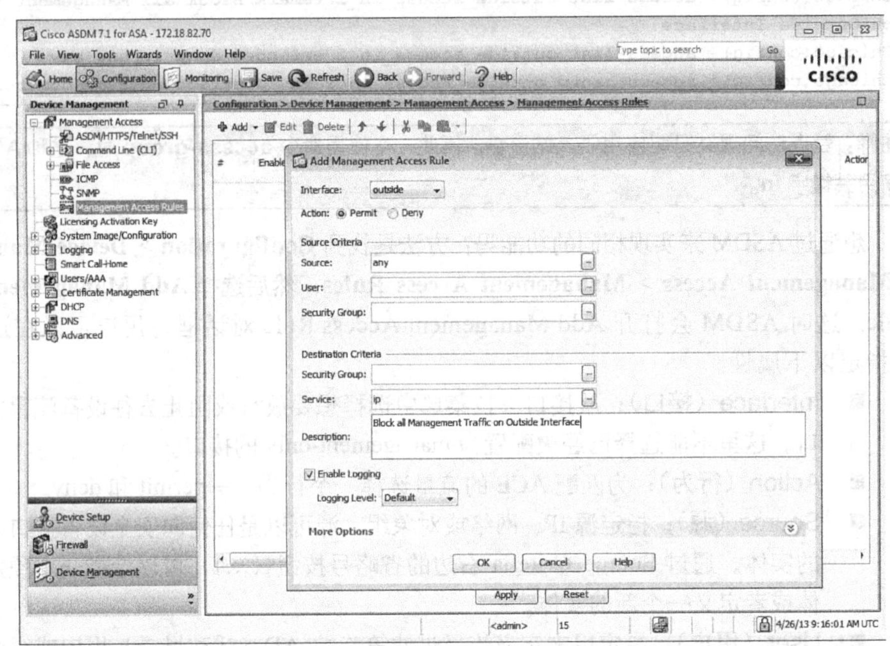

图 8-6 通过 ASDM 定义管理访问规则

8.3 高级 ACL 特性

Cisco ASA 提供了很多高级的包过滤特性，以适应不同的网络环境，这些特性包括：

- 对象分组；
- 标准 ACL；
- 基于时间的 ACL；
- 可下载的 ACL。

8.3.1 对象分组

对象分组是将类似事物分组在一起的一种方法，它可以削减 ACE 的数量。没有对象分组功能的话，安全设备的配置文件中有可能会包含上千条 ACE，这会使管理工作变得非常困难。在定义 ACE 时，安全设备会遵循乘法原则。比如说，如果 3 台外部主机需要访问两台运行 HTTP 和 SMTP 服务的内部服务器，那么安全设备就要配置 12 条基于主机的 ACE，计算方法如下：

ACE 的数量=（2 台内部服务器）×（3 台外部主机）×（2 种服务）=12

如果使用对象分组，那么可使 ACE 的数量缩减为 1 条。对象分组可以将不同的网络对象分入一组，比如它可以将内部服务器分为一组，将外部主机分为另一组。安全设备还可以将所有的 TCP 服务分入一个对象组中。所有这些组可以在一个 ACE 中与另一个组进行关联。

注释：在使用对象分组之后，虽然我们看到的 ACE 数量得到了削减，但是 ACE 的实际数量并没有减少。管理员可以使用命令 **show access-list** 来在 ACL 中显示扩展的 ACE。切记，在 ACL 中使用大型对象组时，哪怕是极小的变化，对于上千条 ACE 来说也有可能相当巨大。

安全设备支持将一个对象组分入另一个对象组。这种分级分组的方式能够进一步减少 Cisco ASA 中所配置的 ACE 数量。

1. 对象类型

安全设备支持 6 种类型的对象，这些对象可以将类似的事物或服务分入一组，它们包括：

- 协议；
- 网络；
- 服务；
- 本地用户组；
- 安全组；
- ICMP type（类型）。

协议

基于协议的对象分组可以将 IP 协议分入一组（如 TCP、UDP 和 ICMP）。比如，如果想要将 DNS 的 TCP 和 UDP 服务分入一组，可以创建一个对象分组，然后将 TCP 和 UDP 协议划分进这一组。

注意：在使用基于协议的对象分组时，所有协议都会被扩展进不同的 ACE 中。因此，如果将对象分组使用得过于草率，那么很容易导致一些计划外的流量进入网络。

网络

基于网络的对象分组指 IP 主机、子网或网络地址的列表。定义基于网络的对象分组和定义基于协议的对象分组非常类似。

服务

基于服务的对象分组用来将 TCP 和/或 UDP 服务分入一组。在使用基于服务的对象分组时，用户可以将 TCP、UDP 或 TCP 和 UDP 的端口分入一组。

在 Cisco ASA 8.0 系统及后续版本中，用户可以在安全设备上创建一个包含了 TCP 服务、UDP 服务、ICMP type 服务及其他协议服务（如 ESP、GRE 和 TCP）的混合服务分组。因此，用户也就无须再使用专门的 ICMP type 对象分组和协议对象分组了。比如，用户可以创建一个叫做 ProtocolServices 的对象分组，其协议成员包含了 HTTP、DNS、ICMP echo 和 GRE 协议。

本地用户组

本地用户组一般用于基于身份的防火墙策略，其作用是让防火墙可以基于用户的身份及活动目录（AD）中的组成员身份，来执行流量过滤。

安全组

安全组用于 TrustSec，其作用是让防火墙可以基于从外部身份池（如 Cisco Identity Services Engine[ISE]）中下载的安全组信息，来执行流量过滤。

ICMP type

根据 RFC 792，ICMP 协议使用了独特的类型来发送控制消息。使用 ICMP type 对象分组，用户可以根据组织机构的安全需求，来将必要的类型分入一组。比如，可以创建一个叫做 echo 的对象分组，其中包含 echo 和 echo-reply 消息。当用户使用 **ping** 命令时，会用到这两种类型的 ICMP。

> 提示：读者若想获得更多关于 ICMP Type Number（ICMP 类型编号）的信息，可以访问 http://www.iana.org/assignments/icmp-parameters/icmp-parameters.xhtml。

2. 配置对象分组

通过 ASDM 定义对象分组的方法极为简单。要创建基于协议的对象组，需要找到 **Configuration > Firewall > Objects > Service Objects/Groups** 并选择 **Add >Protocol Group**。ASDM 会打开一个 Add Protocol Group 对话框，在这个窗口中，用户可以指定分组名称和可选的描述。管理员可以从 Existing Service/Service Group 列表中选择所需的协议，将其添加到 Members in Group 列表中，如果所需的协议不在预定义的协议列表中，管理员甚至可以点击 Create New Member 来添加新的协议。如图 8-7 所示，管理员定义了一个新的基于协议的对象分组，叫做 TCP_UDP，管理员为其添加的描述为 Group TCP and UDP Protocols。在 Existing Service/Service Groups 列表中，TCP 和 UDP 协议被添加进了 Members in Group 列表中。然后点击 **OK** 来完成配置。

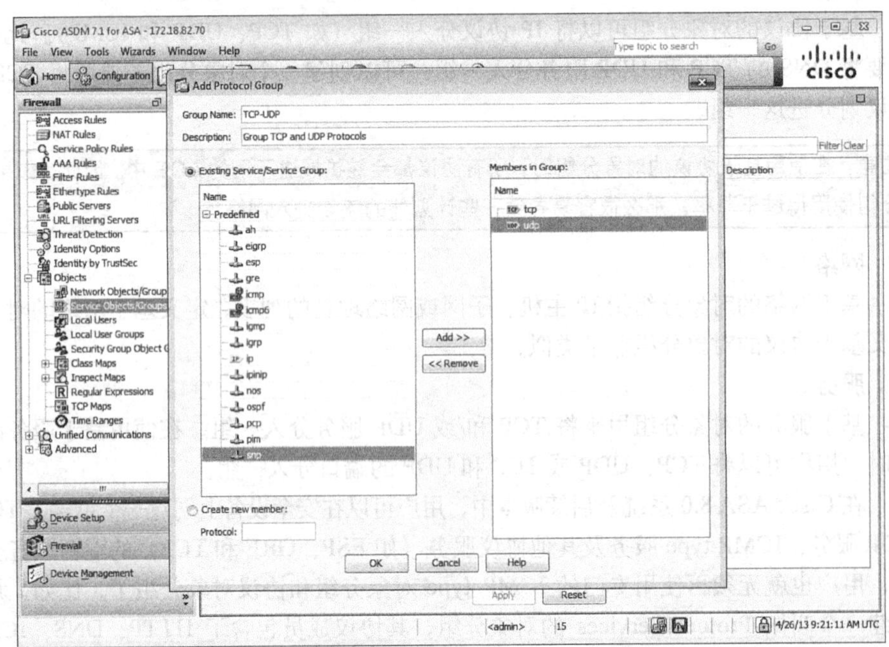

图 8-7 通过 ASDM 定义基于协议的对象分组

如果想要通过 ASDM 建立基于协议的对象分组，需要找到 **Configuration > Firewall > Objects > Service Objects/Groups** 并选择 **Add >Service Group**。ASDM 会打开一个 Add Service Group 对话框，在这个窗口中，用户可以指定服务分组名称和可选的描述。管理员可以从 Existing Service/Service Group 列表中选择所需的协议、TCP、UDP 和/或 ICMP 服务，将其添加到 Members in Group 列表中，如果所需的协议不在预定义的协议列表中，管理员甚至可以点击 Create New Member 来添加新的协议或服务。如图 8-8 所示，管理员定义了一个新的基于服务的对象分组，叫做 All-Services，管理员为其添加的描述为 Grouping of All Services。在 Existing Service/Service Groups 列表中，HTTP、HTTPS、domain、ICMP echo 和 GRE 协议被添加进了 Members in Group 列表中。然后点击 **OK** 来完成配置。

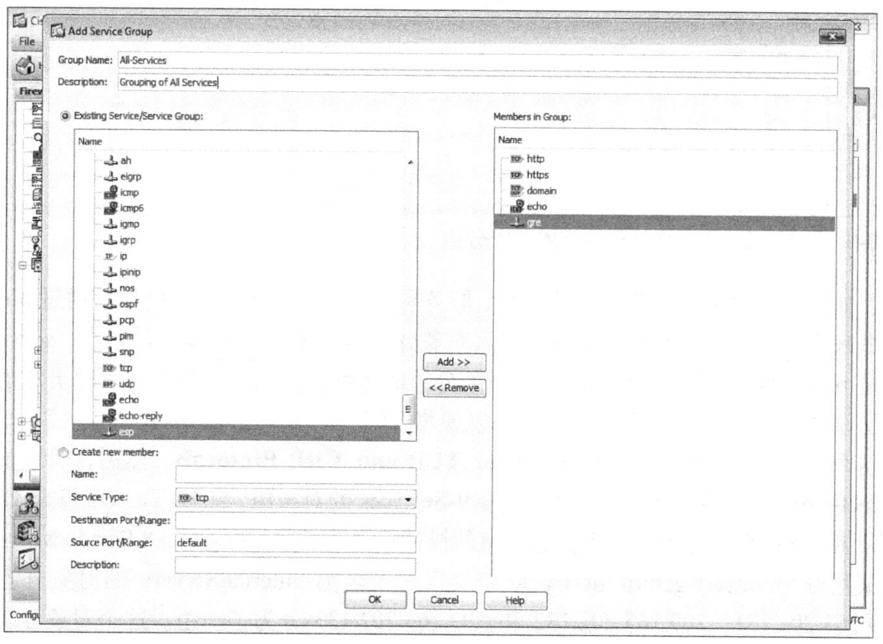

图 8-8 通过 ASDM 定义基于服务的对象分组

如果想要将多台主机、多个子网甚至多个网络进行分组，可以在安全设备上定义基于网络的对象组。要想通过 ASDM 来定义基于网络的对象组，需要找到 **Configuration > Firewall > Objects > Network Objects/Groups** 并选择 **Add > Network Object Group**。ASDM 会打开一个 Add Network Object Group 对话框，在这个窗口中，用户可以指定服务分组名称和可选的描述。管理员可以从 Existing Network Object/Groups 列表中选择所需的网络对象（如直连子网或此前定义/使用过的对象），将其添加到 Members in Group 列表中，如果所需的协议不在预定义的协议列表中，管理员甚至可以点击 Create New Network Object Member 来添加新的网络对象。在图 8-9 中，我们定义了一个新的基于服务的对象组，并将其命名为 InternalServers，同时添加了描述信息 Grouping of All Application Servers。在 Existing Network Object/Groups 列表中，管理员将 209.165.202.131 和 209.165.202.132 这两个网络添加到了 Members in Group 列表中。此外，管理员将另一台位于 209.165.202.133 的服务器添加为了新的网络对象成员，因为这台安全设备上此前并没有使用或者定义过这个网络，所以必须通过添加新成员的方式将它添加到 Members in Group 列表中。然后点击 **OK** 来完成配置。

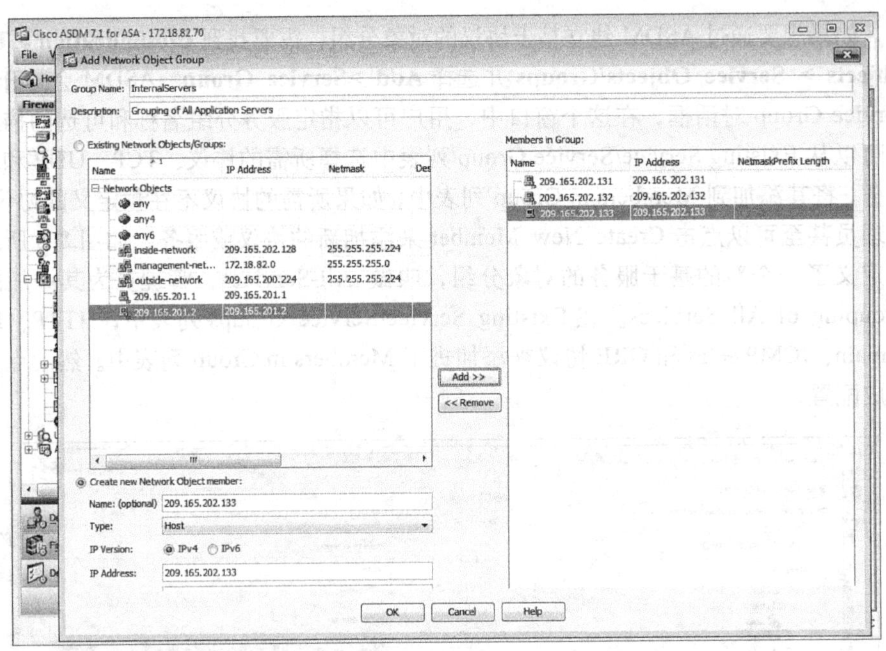

图 8-9 通过 ASDM 定义基于网络的对象分组

如果希望使用 CLI 界面来为协议、服务和网络定义对象分组，就需要通过 **object-group** 命令来实现，并在这个关键字后面输入对象分组的类型是 **protocol**（协议）、**service**（服务）还是 **network**（网络），命令最后是对象分组的名称。如例 8-3 所示，管理员添加了一个基于协议的对象组（名为 TCP_UDP），以便将 TCP 和 UDP 协议分为一组。接下来，管理员为这个组添加了描述信息 **Grouping of TCP and UDP Protocols**。然后，管理员使用命令 **object-group service** 建立了一个名为 All-Services 的对象组，将 HTTP、HTTPS、DNS、ICMP echo 和 GRE 协议划为了一组，这一组的描述信息为 **Grouping of All Services**。最后，管理员又用命令 **object-group network** 定义了一个名为 InternalServers 的对象分组，将网络 209.165.202.131、209.165.202.132 和 209.165.202.133 分为了一组。这个对象分组定义的描述信息为 **Grouping of All Application Servers**。

例 8-3 配置基于服务的对象分组

```
Chicago(config)# object-group protocol TCP_UDP
Chicago(config-protocol-object-group)# description Grouping of TCP and UDP Protocols
Chicago(config-protocol-object-group)# protocol-object tcp
Chicago(config-protocol-object-group)# protocol-object udp
Chicago(config-protocol-object-group)# exit
Chicago(config)# object-group service All-Services
Chicago(config-service-object-group)# description Grouping of All Services
Chicago(config-service-object-group)# service-object gre
Chicago(config-service-object-group)# service-object icmp echo
Chicago(config-service-object-group)# service-object tcp-udp destination eq domain
Chicago(config-service-object-group)# service-object tcp destination eq http
Chicago(config-service-object-group)# service-object tcp destination eq https
Chicago(config-service-object-group)# exit
Chicago(config)# object-group network InternalServers
Chicago(config-network-object-group)# description Grouping of All Application Servers
Chicago(config-network-object-group)# network-object host 209.165.202.131
Chicago(config-network-object-group)# network-object host 209.165.202.132
Chicago(config-network-object-group)# network-object host 209.165.202.133
```

3. 对象分组与 ACL

我们在前面曾经谈到，对象组可以简化安全设备上 ACL 的配置。图 8-10 可以将这种简化体现出来。在内部网络中有 3 台服务器，它们都在运行 HTTP 和 SMTP 服务。如果外部网络中的两台主机尝试访问这些服务器，管理员就应该配置 12 条 ACE 来支持这些主机的访问行为。但是如果在 ACE 中使用了对象分组参数，那么就可以将 ACE 的数量缩减到 1 条。

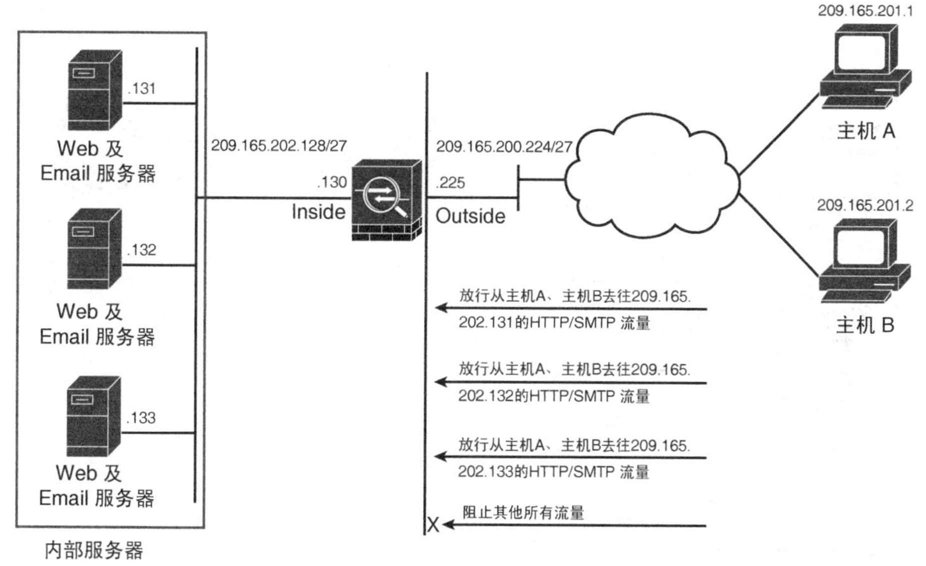

图 8-10 使用对象分组实现入站数据包过滤功能

要通过 ASDM 来定义带对象分组的 ACL，方法是找到 **Configuration > Firewall > Access Rules** 并选择 **Add > Access Rule**。ASDM 会打开 Add Access Rule 对话框，在这个对话框中，用户可以指定服务分组名称和可选的描述。管理员可以在源和目的服务与地址中选择预定义的对象分组。在定义新的防火墙安全规则时可以使用此前定义的对象组。如图 8-11 所示，管理员正在为外部（outside）接口配一个 ACL，该 ACL 可以放行从对象分组 Internet-Hosts 去往服务对象分组 HTTP_SMTP 中对象分组 Internet-Servers 的流量。

例 8-4 所示为使用了对象分组的相应 ACE。管理员用 TCP 协议建立了一个名为 TCP 的基于协议的对象分组。两个网络对象分组分别被命名为了 Internal-Servers 和 Internet-Hosts。其中对象分组 Internal-Servers 表示的是内部网络中服务器的 IP 地址，而对象分组 Internet-Hosts 表示的则是允许对内部服务器进行访问的主机 IP 地址。还有一个名为 HTTP-SMTP 的基于服务的对象分组则用来将 HTTP 和 SMTP 服务分入一组。然后，管理员使用了一个名为 outside_access_in 的 ACL 将所有这些配置好的对象分组联系在了一起。此后，这条 ACL 被应用在了外部接口的入站方向上。

例 8-4 使用对象分组配置 ACE

```
Chicago(config)# object-group network Internal-Servers
Chicago(config-network-object-group)# network-object host 209.165.202.131
Chicago(config-network-object-group)# network-object host 209.165.202.132
```

（待续）

```
Chicago(config-network-object-group)# network-object host 209.165.202.133
Chicago(config-network-object-group)# object-group network Internet-Hosts
Chicago(config-network-object-group)# network-object host 209.165.201.1
Chicago(config-network-object-group)# network-object host 209.165.201.2
Chicago(config-network-object-group)# object-group service HTTP-SMTP tcp
Chicago(config-service-object-group)# service-object tcp destination eq http
Chicago(config-service-object-group)# service-object tcp destination eq smtp
Chicago(config-service-object-group)# exit
Chicago(config)# access-list outside_access_in extended permit object-group
HTTP-SMTP object-group InternetHosts object-group InternalServers
Chicago(config)# access-group outside_access_in in interface outside
```

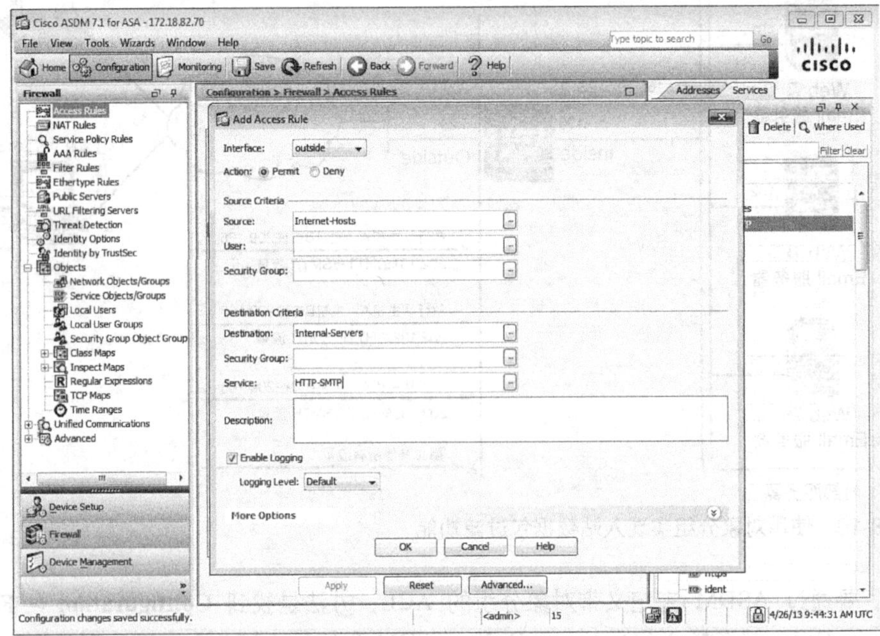

图 8-11 使用对象分组定义 ACL

注释：在安全设备上，管理员可以混合使用各类对象分组和非对象分组来定义 ACE。比如，管理员可以用 TCP 作为 ACE 的协议，再用对象分组来定义 ACE 的源、目的 IP 地址及子网掩码。这类示例会在本章稍后的“流量过滤部署方案”小节中进行介绍。

8.3.2 标准 ACL

如本章前文所述，当流量的源网络并不重要时，人们才应使用标准 ACL。有些进程（如 OSPF 和 VPN 隧道）会使用这类 ACL 来基于目的 IP 地址对流量进行识别。若使用 ASDM 来定义标准 ACL，找到 **Configuration > Firewall> Advanced > Standard ACL** 并选择 **Add > Add ACL**。此时，ASDM 会打开 Add ACL 对话框，在这个对话框中，用户可以指定 ACL 的名称。然后点击 **OK** 来将这个 ACL 添加到系统中。在定义完 ACL 之后，必须再添加 ACE。选择 **Add>Add ACE**，并指定管理员想要放行或拒绝的目的网络。在图 8-12 中，管理员将一个名为 Dest-Net 的 ACL 添加到了网络中。管理员添加的第一条 ACE 会放行去往 192.168.10.100 的流量，而添加的第二条 ACE 则会放行去往网络 192.168.20.0/24 的流量。

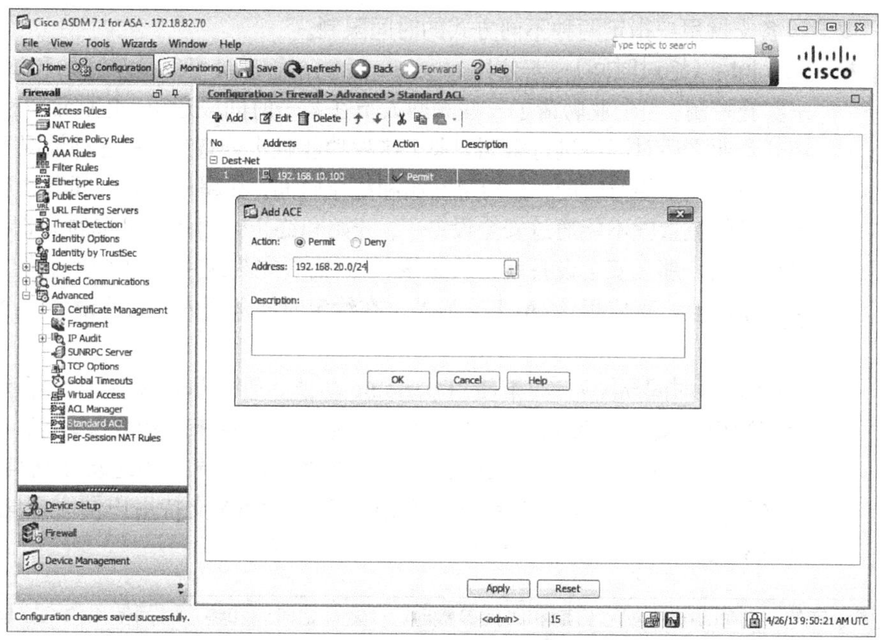

图 8-12　定义标准 ACLL

如果使用 CLI 进行配置，需要使用命令 **access-list**，并且在 ACL 名称之后输入关键字 **standard**。在例 8-15 中，安全设备会识别出去往主机 192.168.10.100 和网络 192.168.20.0 的流量，并显式拒绝掉其他所有的流量。该 ACL 的名称是 Dest-Net。

例 8-5　配置标准 ACL

```
Chicago(config)# access-list Dest-Net standard permit host 192.168.10.100
Chicago(config)# access-list Dest-Net standard permit 192.168.20.0 255.255.255.0
Chicago(config)# access-list Dest_Net standard deny any
```

在配置好标准 ACL 之后，必须将它应用到一个进程中才能正式生效。在例 8-6 中，管理员设置了一个名为 **OSPFMAP** 的路由映射（route-map）来调用刚才配置的标准 ACL。路由映射将在第 12 章中进行讨论。

例 8-6　使用标准 ACL 的路由映射

```
Chicago(config)# route-map OSPFMAP permit 10
Chicago(config-route-map)# match ip address Dest_Net
```

8.3.3　基于时间的 ACL

安全设备上也可以实施基于时间的 ACL。这些规则也称为基于时间的 ACL，如果数据包在预配置的时间之外到达网络，它就能够阻止相应用户对网络服务的访问。在使用基于时间的 ACL 时，Cisco ASA 会根据系统时钟来判断时间。因此，必须确保系统时钟是准确的，这里强烈推荐读者使用网络时间协议（NTP）。管理员可以将基于时间的 ACL 和扩展 ACL、IPv6 ACL 及 Webtype ACL 一起使用。

> 注释：基于时间的 ACL 只会作用于新的连接，因此在激活基于时间的 ACL 时，现有的网络连接不会受到影响。

安全设备支持用户指定两种不同方式的时间限制。

- **absolute（绝对时间）**：若使用 absolute 功能，管理员可以基于开始和/或终止时间来实施控制。当企业聘请了一些顾问人员在某一时间段造访，并且希望在这些人员离开企业之后对网络进行限制，那么这种功能就十分有效。在这种情况下，管理员可以设置一个绝对时间，并指定开始和终止时间。在超过了某时间段之后，这些咨询人员的流量就不能通过安全设备了。开始和终止时间都是可选的。如果没有添加开始时间，那么安全设备就会认为该 ACL 需要立刻应用。如果没有终止时间，安全设备就会一直应用该 ACL。另外，在给定时间范围内，只能设置一个绝对参数实例。
- **periodic（时间周期）**：如果使用 periodic 功能，管理员可以基于循环事件来设置相应数值。安全设备能够提供很多易于配置的参数来适应各类环境。若企业希望在工作日的正常工作内允许员工访问网络，而在周末拒绝员工访问网络，那么这类基于时间的 ACL 就会非常有用。Cisco ASA 支持用户同时配置多个周期参数实例。

> **注释**：在绝对时间功能中配置日期和时间参数时，设置开始时间和终止时间使用的格式是一样的，设置这两个参数都需要使用命令 **clock set**。

如果在时间参数中同时设置了绝对参数和周期参数，那么设备会在检查周期参数之前首先考虑绝对参数。

在周期时间范围中，可以对“周几”（day-of-the-week）进行配置，如 **Monday**（周一）。另外，关键字 **weekdays** 表示工作日，而关键字 **weekend** 则表示周六和周日。安全设备可以（可选地）通过设置 24 小时格式时间来进一步对用户进行限制，格式为 hh:mm。

使用 ASDM 配置时间范围策略的方法是找到 **Configuration > Firewall > Objects >Time Ranges** 并点击 **Add**，然后 ASDM 会打开 Add Time Range 对话框，管理员可以在这个对话框中指定一个时间范围的策略名并定义绝对和/或周期属性。在图 8-13 中，管理员为一位新来的顾问创建了一个时间范围的策略，该策略名为 consultant_hours，该顾问开始工作的时间是 2014 年 1 月 1 日上午 8 点，离开时间为 2014 年 6 月 30 日下午 5 点。此外，管理员还为长期员工创建了另外一个名为 business_hours 的时间范围策略，他们的工作时间是工作日从上午 8 点到下午 5 点，周六从上午 8 点到 12 点。

在建立了一个时间范围条目之后，下一步是将这个条目和 ACL 关联起来。使用 ASDM 来将时间范围策略和 ACL 关联起来的方法是，编辑和添加新的访问规则。在图 8-14 中，管理员将之前定义的时间范围策略 business_hours 与一个访问规则关联了起来，该访问规则允许 Internet-Hosts 向 HTTP-SMTP 端口的 Internal-Server 发送流量。

> **注释**：管理员可以找到 Configuration > Firewall > Access Rules，并在这里编辑已有的 ACL 或创建新的 ACL。

若使用 CLI 界面设置基于时间的 ACL，需要使用命令 **time-range**，并在后面写上条目的名称来实现。在例 8-7 中，管理员定义了一个与我们在图 8-14 中通过 ASDM 所配置的策略相同时间范围策略。这个 ACL 的名称为 outside_access_in，时间范围的名称则是 business_hours。这个 ACL 则被应用到了外部接口的入站方向上。

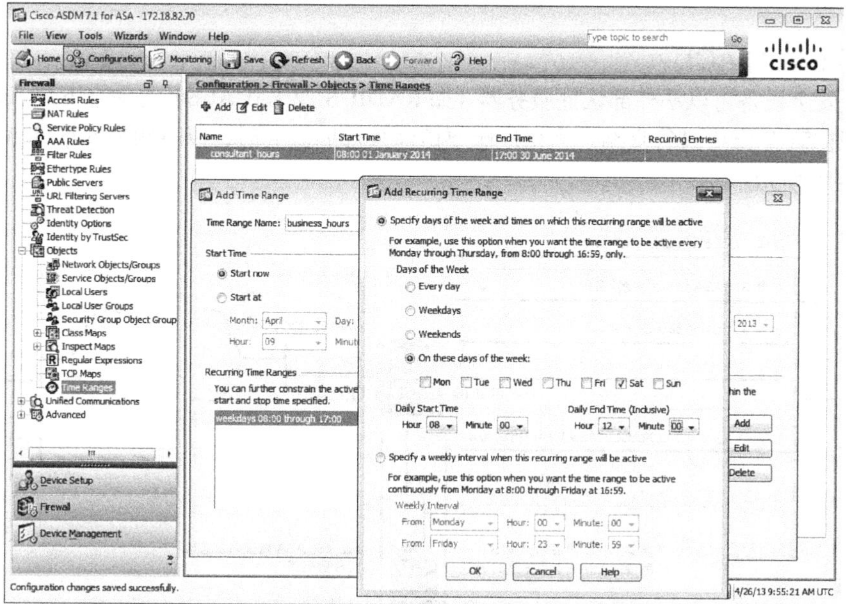

图 8-13 在 ASDM 中定义时间范围策略

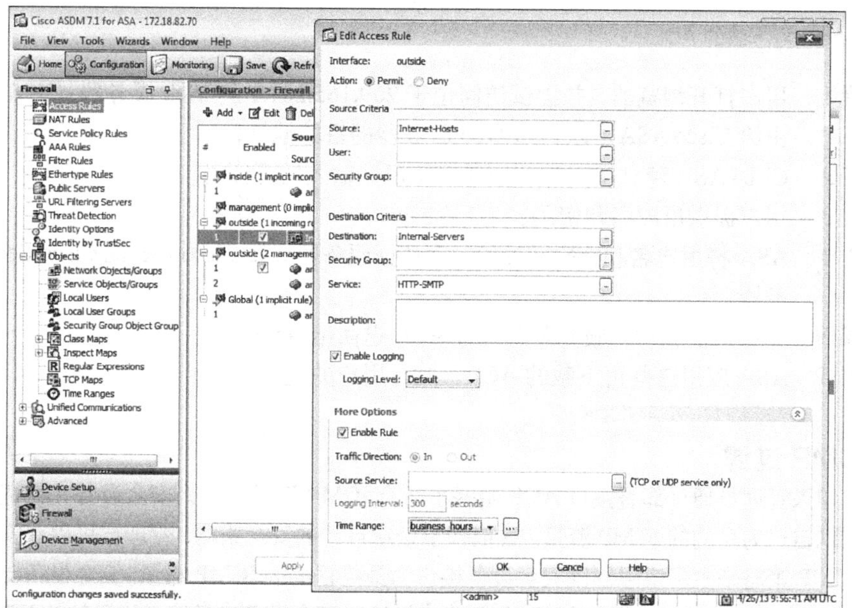

图 8-14 在 ASDM 中将时间范围策略与一个 ACL 进行关联

例 8-7 配置时间范围

```
Chicago(config)# time-range consultant_hours
Chicago(config-time-range)# absolute start 08:00 01 January 2014 end 17:00 30 June
2014
Chicago(config)# time-range business_hours
Chicago(config-time-range)# periodic weekdays 8:00 to 17:00
Chicago(config-time-range)# periodic Saturday 8:00 to 12:00
Chicago(config)# access-list outside_access_in extended permit object-group HTTP-
SMTP object-group Internet-Hosts object-group Internal-Servers time-range business_
hours
Chicago(config)# access-group outside_access_in in interface outside
```

8.3.4 可下载的 ACL

安全设备可以从外部认证服务器（如 RADIUS 或 TACACS）上动态下载 ACL。这一特性将在第 7 章中进行介绍。当用户想要访问外部的服务时，以下顺序的事件就会发生，如图 8-15 所示。

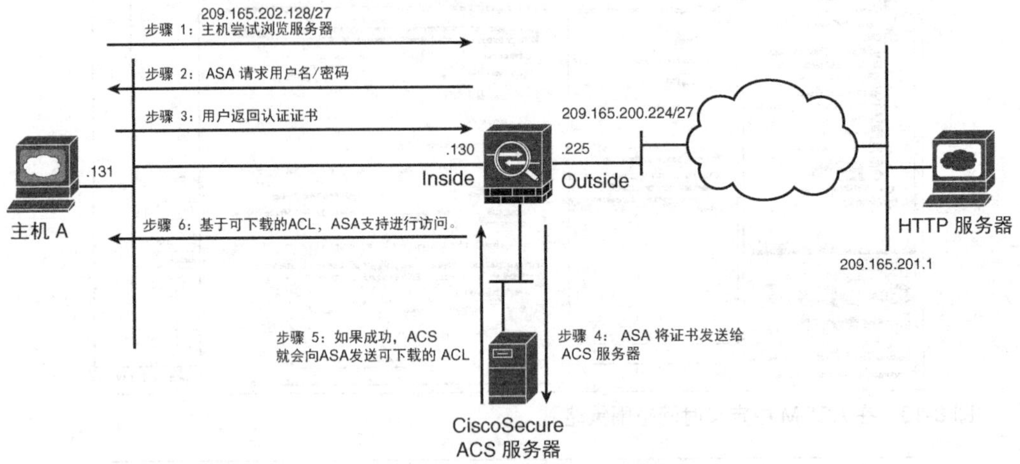

图 8-15 可下载的 ACL

步骤 1 用户打开浏览器，并尝试访问位于 209.165.201.1 的 Web 服务器。该数据包会被路由给 Cisco ASA，以到达 Web 服务器的目的地址。

步骤 2 Cisco ASA 建立了用户认证并提示用户输入认证证书。

步骤 3 用户提供用户名和密码。

步骤 4 ASA 将用户名和密码转发给一台认证服务器，如 Cisco ISE 或 Cisco Secure ACS 服务器。

步骤 5 如果认证成功，服务器就会将 ACL 返回给 ASA。

步骤 6 ASA 应用这些可下载的 ACL，放行用户的流量。

8.3.5 ICMP 过滤

如果管理员通过部署接口 ACL 阻塞了所有 ICMP 流量，那么安全设备在默认情况下并不限制以自己为目的的 ICMP 流量。这依赖于企业自己的安全策略，管理员可以在安全设备上定义 ICMP 策略来阻塞或限制以安全设备接口为最终目的的 ICMP 流量。安全设备支持用户通过部署 control-plane ACL 或定义 ICMP 策略来过滤以安全设备自身接口为目的的 ICMP 流量。

如果管理员希望使用 ASDM，需要找到 **Configuration > Device Management > Management Access > ICMP** 并点击 **Add**，并指定一条 ICMP 策略。如果使用 CLI，那么管理员可以通过命令 **icmp** 来定义 ICMP 策略，在该命令后面，需要添加行为（**permit** 或 **deny**）、源网络、ICMP 类型和部署该策略的接口。如例 8-8 所示，管理员将一个 ICMP 策略应用到了 outside 接口以过滤从所有 IP 地址发来的 ICMP echo 消息。第二条 **icmp** 语句会放行所有以安全设备 IP 地址为目的地址的其他 ICMP 类型。

例 8-8 定义 ICMP 策略

```
Chicago(config)# icmp deny any echo outside
Chicago(config)# icmp permit any outside
```

ICMP 命令会按照顺序进行处理，并且列表末尾有一条隐式的拒绝。如果 ICMP 数据包不能和 ICMP 列表中的某个条目相匹配，该数据包就会被丢弃。如果没有定义 ICMP 列表，那么所有 ICMP 数据包都可以发送给安全设备。换言之，在默认情况下，我们可以 ping 通 ASA 的接口。

> 注释：也可以使用控制层 ACL 来管理去往安全设备的 ICMP 流量。不过，本节中介绍的 ICMP 流量过滤在优先级上会高于控制层流量过滤的机制。

8.4 流量过滤部署方案

流量过滤是任何网络或个人防火墙的核心功能。Cisco ASA 为这一核心功能集成了新的特性，因此能够提供适用于任何场合的可扩展的数据包身份识别信息及数据包过滤机制。虽然 ACL 可以用很多方式进行部署，但是为了说清 ACL 的部署方式，本节主要介绍一种常用的设计方案，即使用 ACL 过滤入站流量和使用 Websense 来启用内容过滤。

> 注释：为提高学习效果，这里会对该设计方案分别进行探讨，这些方案仅供参考。

8.4.1 使用 ACL 过滤入站流量

在第一种部署方案中，SecureMeInc.org 公司的芝加哥分部中有 3 台 Web 服务器、2 台 Email 服务器和 1 台 DNS 服务器。所有这些服务器都位于 DMZ 网络 209.165.201.0/27，如图 8-16 所示。

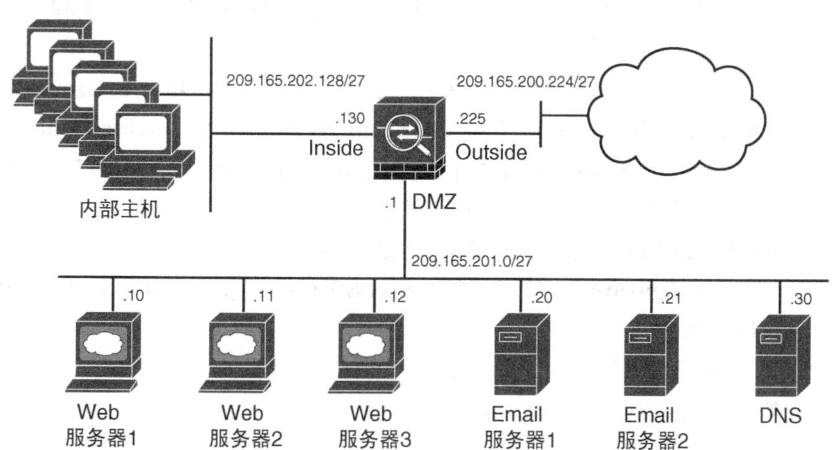

图 8-16 使用 ACL 的芝加哥 SecureMe ASA

表 8-2 罗列了所有服务器及其 IP 地址。

表 8-2 服务器地址分配

服务器	IP 地址
Web 服务器 1	209.165.201.10
Web 服务器 2	209.165.201.11
Web 服务器 3	209.165.201.12
Email 服务器 1	209.165.201.20
Email 服务器 1	209.165.201.21
DNS	209.165.201.30

SecureMeInc.org 想要为所有内部信任用户提供 Internet 的连通性。但是，内部主机只允许访问 DMZ 网络中的 Web 服务器 1 和 DNS 服务器。Internet 用户可以访问 DMZ 网络中的所有服务器及其相应的 TCP 和 UDP 端口，但是它们不能向内部网络发送任何流量。所有访问列表丢弃的流量都会被记录下来。

管理员配置了 2 个对象分组来满足这些需求：包含所有 HTTP 服务器的 DMZWebServer，及包含所有 Email 服务器的 DMZEmailServer。两组网络分组都绑定给了 ACL 以便仅放行 DNS、HTTP 和 SMTP 流量。所有其他流量都会被安全设备拒绝并记录下来。该 ACL 会被应用给外部接口的入站流量。

要限制内部流量流向 DMZ 网络，管理员配置了一个访问规则，以放行来自内部网络受信任主机的流量器访问 Web 服务器 1 及 DNS。ACL 被应用在了内部接口的入站方向上。

1. ASDM 的配置步骤

通过 ASDM 配置上述功能，首先要求 ASDM 客户端和安全设备的管理 IP 地址之间建立了 IP 连接。

步骤 1 找到 **Configuration > Firewall > Objects > Network Objects/Groups**，选择 **Add > Network Object Groups** 并将 **DMZWebServers** 指定为 Group Name。单击 **Create New Network Object Member** 按钮，在 IP 地址字段中将地址指定为 **209.165.201.10**，在 Type 下拉菜单中选择 **Host**，点击 **Add >>**，将新的对象成员添加到 Members in Group 列表中。然后用类似方式添加对象分组成员 **209.165.201.11** 和 **209.165.201.12**。然后点击 **OK** 来创建对象分组。

步骤 2 找到 **Configuration > Firewall > Objects > Network Objects/Groups**，选择 **Add > Network Object Groups** 并将 **DMZEmailServers** 指定为 **Group Name**。点击 **Create New Network Object Member** 按钮，在 IP 地址字段中将地址指定为 **209.165.201.20**，在 Type 下拉菜单中选择 **Host**，点击 **Add >>**。然后用类似方式添加对象分组成员 **209.165.201.21**。然后点击 **OK** 来创建对象分组。

步骤 3 找到 **Configuration > Firewall > Access Rules**，选择 **Add > Add Access Rule** 并指定以下属性。

- Interface（接口）：**outside**。
- Action（动作）：**Permit**。
- Source（源）：**any**。
- Destination（目的）：**DMZWebServers**。
- Service（服务）：**tcp/http**。

其他选项均保持默认状态，完成配置之后点击 **OK**。

步骤 4 找到 **Configuration > Firewall > Access Rules**，选择 **Add > Add Access Rule** 并指定以下属性。

- Interface（接口）：**outside**。
- Action（动作）：**Permit**。
- Source（源）：**any**。
- Destination（目的）：**DMZEmailServers**。
- Service（服务）：**tcp/smtp**。

在完成之后点击 **OK**。

步骤 5 找到 **Configuration > Firewall > Access Rules**，选择 **Add > Add Access Rule** 并指定以下属性。

- Interface（接口）：**outside**。
- Action（动作）：**Permit**。
- Source（源）：**any**。
- Destination（目的）：**209.165.201.30/32**。
- Service（服务）：**udp/domain**。

在完成之后点击 **OK**。

步骤 6 找到 **Configuration > Firewall > Access Rules**，选择 **Add > Add Access Rule** 并指定以下属性。

- Interface（接口）：**outside**。
- Action（动作）：**Deny**。
- Source（源）：**any**。
- Destination（目的）：**any**。
- Service（服务）：**ip**。

在完成之后点击 **OK**。

步骤 7 找到 **Configuration > Firewall > Access Rules**，选择 **Add > Add Access Rule** 并指定以下属性。

- Interface（接口）：**inside**。
- Action（动作）：**Permit**。
- Source（源）：**any**。
- Destination（目的）：**209.165.201.10/32**。
- Service（服务）：**tcp/http**。

在完成之后点击 **OK**。

步骤 8 找到 **Configuration > Firewall > Access Rules**，选择 **Add > Add Access Rule** 并指定以下属性。

- Interface（接口）：**inside**。
- Action（动作）：**Permit**。
- Source（源）：**any**。
- Destination（目的）：**209.165.201.30/32**。
- Service（服务）：**udp/domain**。

在完成之后点击 **OK**。

步骤 9 找到 **Configuration > Firewall > Access Rules**，选择 **Add > Add Access Rule** 并指定以下属性。

- Interface（接口）：**inside**。
- Action（动作）：**Deny**。
- Source（源）：**any**。
- Destination（目的）：**209.166.201.0/27**。
- Service（服务）：**ip**。

在完成之后点击 **OK**。

步骤 10 找到 **Configuration > Firewall > Access Rules**，选择 **Add > Add Access Rule** 并指定以下属性。

- Interface（接口）：**inside**。
- Action（动作）：**Permit**。
- Source（源）：**any**。
- Destination（目的）：**any**。
- Service（服务）：**ip**。

在完成之后点击 **OK**。

2. CLI 的配置步骤

例 8-9 所示为芝加哥相应 ASA 的配置文件。为了简洁起见，下面的输出中删除了一些无关的配置文件。

例 8-9 ASA 使用入站和出站 ACL 的完整配置

```
Chicago# show running
! GigabitEthernet0/0 interface set as outside
interface GigabitEthernet0/0
 nameif outside
 security-level 0
 ip address 209.165.200.225 255.255.255.224
! GigabitEthernet0/1 interface set as inside
interface GigabitEthernet0/1
 nameif inside
 security-level 100
 ip address 209.165.202.130 255.255.255.224
! GigabitEthernet0/2 interface set as DMZ
interface GigabitEthernet0/2
 nameif DMZ
 security-level 50
ip address 209.165.201.1 255.255.255.224
! Network Object-group to group the web-servers
object-group network DMZWebServers
 network-object host 209.165.201.10
 network-object host 209.165.201.11
 network-object host 209.165.201.12
! Network Object-group to group the Email-servers
object-group network DMZEmailServers
 network-object host 209.165.201.20
 network-object host 209.165.201.21
! Access-list to filter inbound traffic on the outside interface
access-list outside_access_in extended permit tcp any object-group DMZWebServers eq
www
access-list outside_access_in extended permit tcp any object-group DMZEmailServers
eq smtp
access-list outside_access_in extended permit udp any host 209.165.201.30 eq domain
access-list outside_access_in extended deny ip any any
! Access-list to filter outbound traffic on the inside interface
access-list inside_access_in extended permit tcp any host 209.165.201.10 eq www
access-list inside_access_in extended permit udp any host 209.165.201.30 eq domain
access-list inside_access_in extended deny ip any 209.165.201.0 255.255.255.0
access-list inside_access_in extended permit ip any any
! Access-list bound to the outside interface in the inbound direction
access-group outside_access_in in interface outside
! Access-list bound to the inside interface in the inbound direction
access-group inside_access_in in interface inside
```

8.5 监测网络访问控制

ASA 设备提供的 **show** 命令在检查硬件的健康状态和排查网络问题时非常有用。我们将在下面两小节中介绍管理网络访问控制时经常使用的 **show** 命令。

8.5.1 监测 ACL

Cisco ASA 提供了命令 **show access-list** 来判断数据包是否穿过了管理员所配置的 ACL。每当一个数据包与某条 ACE 匹配时，安全设备就会将 **hitcnt**（命中值）计数器的值加 1。因此，如果管理员想了解网络中使用最频繁的 ACE 是哪一条，那么这个值就会非常重要。例 8-10 所示为名为 **outside_access_in** 的 ACL 的输出信息。有一个概念读者毋须理解，那就是防火墙只会对每条连接执行一次 ACL 校验。在连接建立起来之后，通过这条连接来交换的数据包不会再被 ACL 进行校验，而撞击数也不会增加。访问列表那一行的撞击数指的实际上是有多少连接与这条 ACL 相匹配或者有多少连接被这条 ACL 所拒绝。如果这里使用了对象组，并且执行了命令 **show access-list outside_access_in**，那么 Cisco ASA 就会展开显示所有使用了协议、网络和服务对象分组的 ACE。如例 8-10 所示，安全设备的第 6 条 ACE 处理了 1009 个数据包，这些数据包都被 ACE 拒绝并记录了下来。

例 8-10　show access-list outside_access_in 的输出信息

```
Chicago(config)# show running-config access-list outside_access_in
access-list outside_access_in extended permit tcp any object-group DMZWebServers eq
http
access-list outside_access_in extended permit tcp any object-group DMZEmailServers
eq smtp
access-list outside_access_in extended deny ip any any log
Chicago(config)# exit
Chicago(config)# show access-list outside_access_in
access-list outside_access_in; 6 elements; name hash: 0xb96d481d
access-list outside_access_in line 1 extended permit tcp any object-group
DMZWebServers eq http 0x15369b29
access-list outside_access_in line 1 extended permit tcp any host 209.165.201.10 eq
http (hitcnt=9) 0x2bb79574
access-list outside_access_in line 1 extended permit tcp any host 209.165.201.11 eq
www (hitcnt=100) 0xf1219a41
access-list outside_access_in line 1 extended permit tcp any host 209.165.201.12 eq
www (hitcnt=24) 0x6fea99cb
access-list outside_access_in line 2 extended permit tcp any object-group
DMZEmailServers eq smtp 0xe22d55da
access-list outside_access_in line 2 extended permit tcp any host 209.165.201.20 eq
smtp (hitcnt=3) 0x5000ae48
access-list outside_access_in line 2 extended permit tcp any host 209.165.201.21 eq
smtp (hitcnt=199) 0x4dbaed00
access-list outside_access_in line 3 extended deny ip any any informational interval
300 (hitcnt=1009) 0xecd4916b
```

提示：安全设备为每个 ACE 分配了一个独立的散列值。

- ACL 如 0xb96d481d 被分配给了 ACL outside_access_in。
- 对象分组 ACE 如 0x15369b29 被分配给了 DMZWebServers 条目。
- 扩展对象分组条目如 0x2bb79574 被分配给了用于 209.165.201.10 的 ACE。

如果读者想查看特定 ACE 条目的命中值，而且了解其关联的散列值，那么就可以在命令 **show access-list | include** 后面添加散列值来查看相关值。

要重置命中值计数器，可以使用命令**clear access-list** <*ACL_name*> **counters**，如例8-11所示，在该例中，ACL **outside_access_in**的计数器值得到了清除。

例 8-11 使用命令 clear access-list counters 来清除命中值计数器

```
Chicago(config)# clear access-list outside_access_in counters
```

若使用 ASDM，管理员查看 ACL 使用率的方式是找到 **Configuration >Firewall > Access Rules**，并监测各 ACL 条目旁边的 **Hits** 列。和使用命令 **show access-list** 不同的是，该命令可以扩展每个 ACL 条目，而通过 ASDM 查看命中值信息只能看到与 ACL 条目相匹配的数据包及对象分组，如图 8-17 所示。ASDM 也可以显示访问控制列表中排名前 10 的 ACL 条目。要想清除 ACL 命中值的话，只需点击工具栏中的 **Clear Hits** 按钮即可。

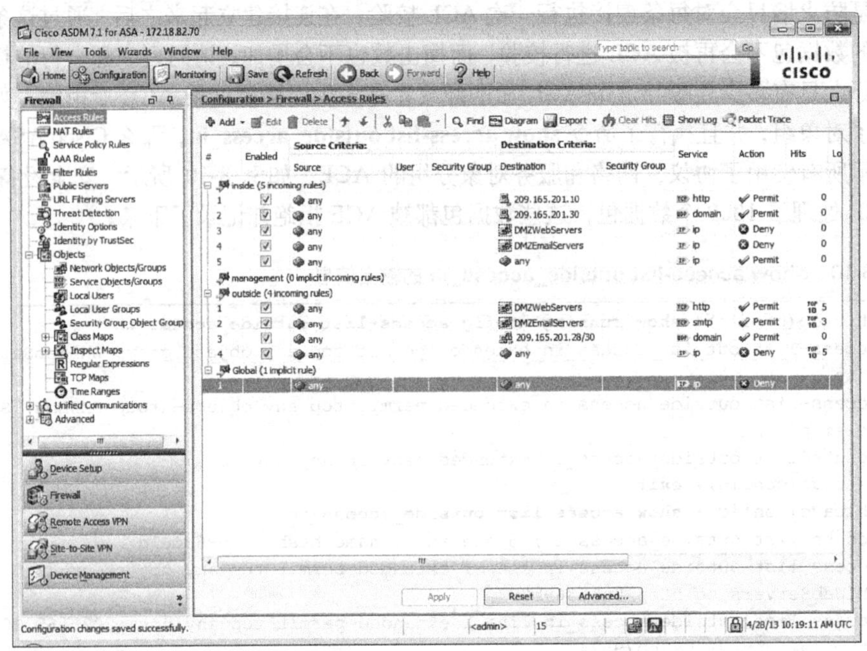

图 8-17 通过 ASDM 查看 ACL 撞击数

如果 UDP、TCP 或 ICMP 数据包允许穿过安全设备，那么连接条目就会被创建出来，通过命令 **show conn** 就可以查看该连接，如例 8-12 所示。

例 8-12 命令 show conn 的输出信息

```
Chicago# show conn
3 in use, 17 most used
UDP outside 209.165.201.10:53 inside 209.165.202.130:53376 idle 0:00:01 flags -
TCP outside 209.165.201.10:23 inside 209.165.202.130:11080 idle 0:00:02 bytes 108
flags UIO
ICMP outside 209.165.201.10:0 inside 209.165.202.130:15467 idle 0:00:00 bytes 72
```

上例中，连接条目的第一项显示的是使用的协议，后面的 **outside** 和 IP 地址显示的是外部主机的 IP 地址，再后面的 **inside** 和 IP 地址显示的则是内部主机的 IP 地址。该命令也会显示源和目的的第 4 层端口。安全设备还会显示每个连接的空闲计时器，显示的内容包括小时、分钟和秒。这里应该查看的最关键信息是旗标计数器（flags counter），该计数器显示的是当前连接的状态。表 8-3 罗列并描述了所有的旗标（flag）。在例 8-12 中加黑的 TCP 条目，

其旗标被设置为了 **UIO**，以表示连接已经建立了起来，并且流量可以在出入双方向通行。

表 8-3　　在 show conn 命令输出中的旗标描述

旗标描述	旗标描述
a　等待对外部 SYN 的 ACK 消息（即确认外部的同步消息）	A　等待对内部 SYN 的 ACK 消息（即确认内部的同步消息）
b　TCP state bypass（8.2 版本添加了该旗标）	B　从外部发来的初始 SYN
c　集中集群	C　CTQOBE（Computer Telephony Interface Quick Buffer Encoding）媒体连接
d　Dump（转储）	D　DNS
E　外部返回连接	
F　外部 FIN	f　内部 FIN
G　连接为组的一部分	g　媒体网关控制协议（MGCP）连接
H　H.323 数据包	h　H.225 数据包
I　入站数据	i　未完成的 TCP 或 UDP 连接
j　GTP 数据	J　GTP
K　GTP t3-response	k　瘦客户端控制协议（SCCP）媒体连接
m　SIP 媒体连接	M　SMTP 数据
O　出站数据	P　内部返回连接
p　电话代理 TFTP 连接	q　SQL*NET 数据
r　内部确认 FIN	R　TCP 连接或 UDP RPC 的外部确认 FIN
s　等待外部 SYN	S　等待内部 SYN
t　SIP 临时连接	T　SIP 连接
U　Up	V　VPN orphan
W　WAAS	
x　每会话	X　服务模块（如 CSC SSM）发起的监控
y　备份末节流量	Y　Director stub flow
z　为集群转发流量	Z　ScanSaft 重定向到 CWS

我们在第 5 章中曾经介绍过，Cisco ASA 可以看成是一个嗅探器，它可以汇集所有通过该接口的数据包。如果管理员想要确认从特定主机或网络发来的流量到达了接口，这一功能就非常重要。管理员可以使用 ACL 来分辨流量的类型，并使用命令 **capture** 来将 ACL 和接口进行绑定。

在例 8-13 中，管理员设置了一个叫做 inside-capture 的 ACL 来识别来自 209.165.202.130 并去往 209.165.200.230 的流量。在该例中，安全设备使用 ACL 在 inside 接口捕获并识别这种流量，使用的捕获列表叫做 cap-inside。

例 8-13　数据包捕获

```
Chicago(config)# access-list inside-capture permit ip host 209.165.202.130 host
209.165.200.230
Chicago(config)# capture cap-inside access-list inside-capture interface inside
Chicago(config)# show capture cap-inside
15 packets captured
1: 02:12:47.142189 209.165.202.130.11084 > 209.165.200.230.23: S
433720059:433720059(0) win 4128 <mss 536>
2: 02:12:47.163489 209.165.202.130.11084 > 209.165.200.230.23: . ack 1033049551 win
4128
!Output omitted for brevity
15 packets shown
```

> 注释：除了定义 ACL 来捕获流量之外，也可以使用 **match** 关键字来实现这种功能。例 8-13 中使用的 ACL 只是为了突出一点，那就是完全可以使用 ACL 来区分那些我们希望安全设备去捕获的流量。

要查看被捕获的数据包，需要在命令 **show capture** 后面添加捕获列表的名称。在例 8-13 中，安全设备在内部接口上捕获到了 15 个与该 ACL 相匹配的数据包。加黑的条目显示，这是一个 TCP SYN（在目的端口后面有字母“S”）数据包，该数据包来自 209.165.202.130，源端口号为 11084，去往 209.165.200.230，目的端口号为 23。TCP 窗口大小（windows size）为 4128，而最大分段大小（MSS）则被设置为了 536 字节。

命令 **capture** 的输出可以用 pcap 的格式导出，这种格式可以输入进嗅探工具（Wireshark 或 TCPDUMP）中以备日后进行分析。要使用 pcap 格式下载该文件，要在浏览器中输入 https://<IPAddressOfASA>/capture/<CaptureName>/pcap。例如，要下载定义在例 8-13 中的 pcap 文件，应使用地址 **https://172.18.82.64/capture/cap-inside/pcap**。

> 提示：若想查看实时流量，可以在捕获时使用关键字 **real-time**。例如，在例 8-13 中的 **capture** 可以使用命令 **capture out-side access-list inside-capture interface inside real-time** 将其定义为实时流量分析。即使在执行与流量相关的排错时，实时捕获这一功能非常重要，在流量超负荷的情况下，安全设备仍只能显示最多 1000 个数据包。

总结

本章的重点在于介绍防火墙的基本功能，即数据包过滤功能。我们从入站 ACL 和出站 ACL 的概念开始介绍，解释了各类 ACL 及扩展 ACL 的区别，演示了如何通过 ASDM 和 CLI 来配置这些 ACL。本章通过一个部署案例介绍了如何满足一家虚拟企业（SecureMeInc.org）的设计需求，演示了如何在生产网络中部署安全设备。此外，本章也介绍了一系列用以对这些配置进行监测和排错的 **show** 命令。

第9章 通过 ASA CX 实施下一代防火墙服务

本章涵盖的内容有：

- CX 集成概述；
- ASA CX 架构；
- 配置 CX 需要在 ASA 进行的准备工作；
- 使用 PRSM 管理 ASA CX；
- 定义 CX 策略元素；
- 启用用户身份服务；
- 启用 TLS 解密；
- 启用 NG IPS；
- 定义可感知上下文的访问策略；
- 配置 ASA 将流量重定向给 CX 模块；
- 监测 ASA CX。

当今网络安全设备已经早已不能单单通过那些依赖 IP 地址和传输协议端口来匹配流量的传统访问策略进行保护了。状态化防火墙会继续在 TCP、UDP、ICMP 和 IP 层面阻塞网络攻击，但这些设备同时也必须能够对应用流量中包含的上下文进行分析。这种上下文信息包含了用户的身份信息和位置、用户访问的服务和应用类、用户通信对象端点的网络端点名誉。对应用和资源进行分析和分类不能再依赖于（像 TCP、UDP 端口号这样的）静态数据。下一代防火墙应该能够根据内容，对穿越防火墙的连接进行查看。

Cisco ASA 下一代防火墙服务解决方案能够跨越网络协议分层的限制，对网络提供端到端的保护。ASA CX 模块可以给设备添加容易实施的应用可见性，更可以对屡获殊荣的各类 ASA 状态化监控特性进行控制。因此，该模块可以大大简化防火墙的策略集，也可以基于下面的信息对访问进行控制：

- 用户身份；
- 应用名称和类型；
- URL；
- 名誉评分；
- 其他特定内容（上下文）的连接属性。

9.1 CX 集成概述

Cisco ASA 实施下一代防火墙可以在硬件或软件内容安全模块（CX）的协助下，实现可感知上下文的监控。这种深度防御的方式可以让管理员通过常规的 ASA 策略阻塞传统的网络攻击，同时将一些复杂的应用程序分析和内容过滤功能交由 CX 模块来进行处理。由于ASA和CX模块使用了相互独立的硬件资源，因此这种分布式处理的方式可以将下一代防火墙系统的性能得到最大程度的利用和发挥。

在不同型号的ASA设备上，有很多种CX解决方案可供选择，详见表9-1。

表9-1 ASA CX解决方案

CX解决方案	该解决方案所支持的ASA型号
CX-SSP-10	安装SSP-10且运行8.4(4)及后续版本的ASA 5585-X设备
CX-SSP-20	安装SSP-20且运行8.4(4)及后续版本的ASA 5585-X设备
CX-SSP-40	安装SSP-40且运行9.1(3)及后续版本的ASA 5585-X设备
CX-SSP-60	安装SSP-60且运行9.1(3)及后续版本的ASA 5585-X设备
ASA 5500-X系列下一代防火墙的软件模块	运行9.1(1)及后续版本的ASA 5512-X、5515-X、5525-X、5545-X和5555-X设备

ASA CX会运行自己的操作系统，同时也会维护独立的策略集。

管理员必须通过Cisco PRSM（Prime Security Manager）来对CX模块进行管理。同时，管理员也可以使用PRSM来管理一些（为数不多的）ASA特性集配置，这部分内容会在9.4节中进行介绍。当然，管理员也可以照旧通过ASDM（Cisco自适应安全设备管理器）或CSM（Cisco安全管理器）这两种产品来管理ASA机框。

ASA可以采用将相关连接重定向到CX模块中的方式执行外部监控，以此来对这些流量应用可感知上下文的安全策略。在正常的数据包处理过程中，这种重定向会作为数据处理过程中的一个步骤，这与调用ASA应用监控引擎或IPS（入侵防御系统）模块来处理流量类似。在普通的产品模式中，ASA CX会监控所有本地的数据包，然后才会对其执行一些防御性的措施，或者将其发回给ASA执行进一步的处理。

在模块化策略框架（MPF）中执行**cxsc**动作，即可有选择地将流量从ASA重定向给CX。此外，也可以在3层或4层匹配所有穿越设备的流量，以此来定义流量的类型。CX重定向功能也会以连接为单位执行匹配，这和大多数安全设置类似。ASA还是会针对重定向的数据包，来应用基本的状态化监控，但TCP数据包会在CX模块中重新排序。这种做法减轻了ASA设备的处理负担，让ASA CX可以实施一些更加复杂的监控，并有选择地在连接中修改或添加一些数据包。这种方式与大多数基于TCP的应用监控引擎和IPS流量重定向策略不同，因为它们都会通过ASA机框来执行TCP数据包重排序。

9.1.1 逻辑架构

图9-1所示为ASA CX模块连接的基本框架示意图。

ASA CX模块会依靠很多物理接口和虚拟接口来与ASA机框和外部网络进行通信。

- Internal-Control（内部控制接口）：ASA会使用这个接口来控制与CX之间的通信。模块初始化、健康监测、基本配置和其他的控制消息也会使用这条链路。
- Internal-Data（内部数据接口）：CX模块会通过这个接口接收重定向的网络流量。ASA会将这些重定向的数据包用一个特殊的头部进行标记，以便提供一些其他的元数据（如VPN客户端信息）。活动用户认证的代理消息也会使用这条链路。在处理之后，CX模块会通过这个接口将放行的数据包发回给ASA。ASA CX也可以修改重定向的过境数据包，甚至向这些数据流中注入一些消息。

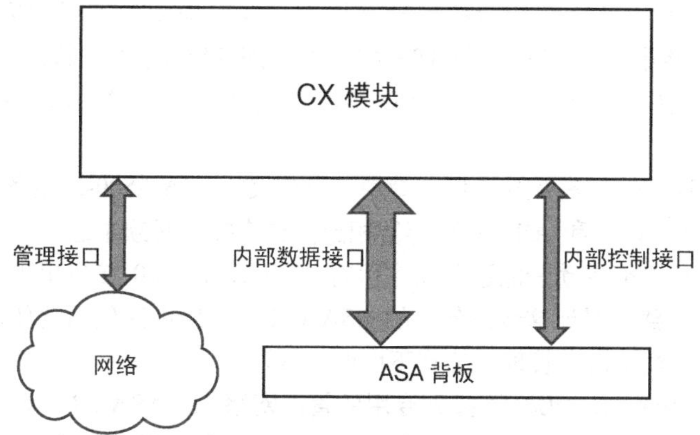

图 9-1 ASA CX 连接逻辑图

- Management（管理接口）：管理员必须连接和配置这个接口，才能通过网络来管理 CX 模块。ASA 背板连接并不提供外部管理访问。ASA CX 也会使用这个接口来下载重要的软件和数据库更新信息。例如，管理员必须让 CX 模块从 Cisco 或 HTTP 代理那里更新 URL 分类信息和名誉信息。

9.1.2 硬件模块

Cisco ASA 5585-X 设备需要使用带有自身硬件存储介质、内存和处理器的外部 CX 硬件模块。这种模块需要插入到 ASA 机框中顶部插槽中。背板与机框之间的连接可以提供内部数据接口和内部控制接口这两个物理接口。内部数据接口的吞吐量远远超过所有 ASA CX 模块的转发性能，因此这个接口永远不会成为性能的瓶颈。

虽然 CX-SSP 模块带有多个吉比特以太网和 10 吉比特以太网接口，但 ASA CX 软件并不直接使用这些端口。管理员必须从 ASA 上配置这些连接，一如配置 ASA 机框中的其他接口那样。ASA CX 软件只能访问模块上专用的管理接口。管理员必须像使用其他端点那样，将这些 CX 管理接口物理连接到网络中。如果没有这条连接，就无法配置 ASA CX 策略。在前面一节中我们已经介绍过，CX 模块软件也会使用这个接口来下载引擎的更新信息、特征打包文件和实时分类与名誉数据信息。

切记，当 CX 管理流量穿越防火墙时，ASA 安全策略就会应用于这些流量。管理员必须放行往返于这个模块的相关管理连接，以及其他某些穿越设备的网络流量。ASA CX 需要通过 Internet 连接来不断接收 Cisco 发来的重要分类和名誉信息，因此管理员可能还需要配置一些对应的 NAT 策略。如果无法为 CX 模块提供通往 Internet 的访问，管理员可以使用 HTTP 代理服务器来建立通信。

9.1.3 软件模块

Cisco ASA 5500-X 设备并不需要通过外部模块来实施下一代防火墙服务。ASA CX 必备的专用硬件已经集成在了这类设备当中。但是，如果希望在当前的设备中添加 ASA CX 打包文件，管理员可能需要安装一两块 SSD（固态硬盘）。若当此时，管理员只能选用 Cisco 提供的 120GB 容量固态硬盘。ASA 5512-X、ASA 5515-X 和 ASA 5525-X 都需要一块 SSD。ASA 5545-X 和 ASA 5555-X 设备则需要在 RAID1 阵列中使用两块冗余的 SSD。管理员可以在 ASA 上使用命令 **show raid** 来检查硬盘阵列成员的状态。

在实施可感知上下文的策略时，管理员必须在 ASA 上安装相应的 ASA CX 打包文件。软件版的 CX 模块在功能和逻辑操作上与硬件模块没有任何区别。虚拟的内部数据接口和内部控制接口可以提供 IPS 和 CX 之间的链路。CX 软件运行在一个独立的容器内，它拥有独立的专用内存和 CPU 核心，因此不会和 ASA 软件镜像文件竞争硬件资源。

软件 CX 模块还是需要提供物理管理网络连接。ASA 5500-X 设备上的 Management0/0 接口会从内部与 ASA 和 ASA CX 容器相连。这个接口必须永远工作在 **management-only** 模式下，管理员不能手动清除这条命令而将 Management0/0 接口用于其他目的。管理员也不能将管理流量路由器到这台设备中的 ASA CX 中，所以我们需要使用外部交换机或路由器。为软件 CX 模块提供管理连接有下面两种做法。

- **将 Management0/0 连接到专用的管理网络中**：ASA 和 CX 都可以使用这个接口来建立外部管理连接。管理员需要将这个网络连接到一台路由器，来为 ASA CX 提供通往 Internet 的连接。
- **将 Management0/0 连接到生产网络中**：如果使用这种方法，管理员可以使用 ASA 上的另一个逻辑接口来为 CX 提供 Internet 的连接。例如，管理员可以将软件模块与受保护的内部网络相连。此时，管理员只能在 ASA CX 上设置一个 IP 地址，而在 ASA 一侧则不应配置 Management0/0 接口。切记，ASA 不能支持不同逻辑接口出现子网重叠的情形。

图 9-2 所示为第一种连接方式。专用管理子网上的 ASA CX 管理 IP 地址为 192.168.100.10。ASA 上也启用了 Management0/0 这个接口；它的 IP 地址为 192.168.100.11。ASA 和 CX 都以（位于 192.168.100.1 的）外部路由器充当自己的默认网关，以便访问其他内部网络和 Internet。这和连接硬件 CX 模块管理接口的方式相当类似。

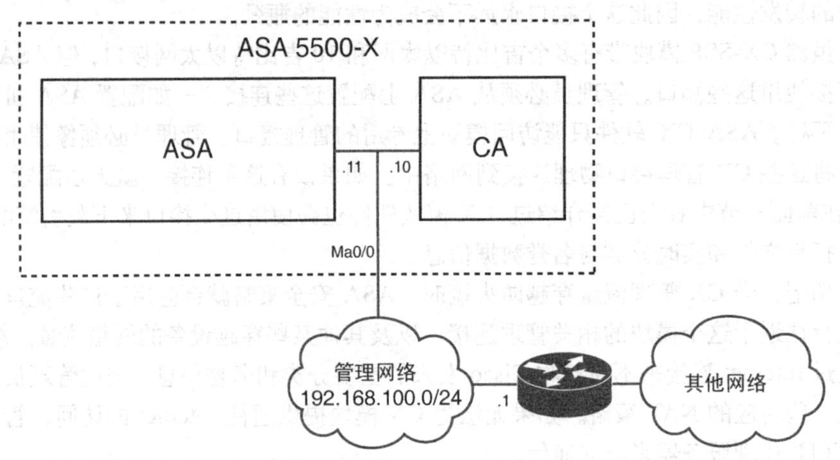

图 9-2 穿越外部设备的 ASA CX 管理连接

9.1.4 高可用性

ASA 支持 CX 模块配置故障倒换，但不支持集群。但故障倒换对中的 ASA CX 模块并不会与其他设备中的模块交换配置信息和连接状态信息。管理员必须要么在故障倒换对中独立配置两边的 ASA CX 模块，要么采用 PRSM 多设备（Multiple Device）模式。在进行切换时，新的活动 ASA 不会将当前连接中的数据包重定向到本地 ASA CX 模块。在切换之后，只有新建立的连接才会通过 CX 服务。

每台 ASA 都会在各个层面上监测 CX 模块的健康状态。

- **Data Plane Status（数据平面状态）**：ASA 要确保自己能够通过内部数据接口成功与 CX 模块交换数据。如果接口意外关闭，ASA 就会视 CX 为宕机。
- **Control Plane Status（控制平面状态）**：ASA 和 CX 模块会周期性地交换保活信息（keepalive），以确保两边的设备都可以正常工作。如果 ASA 没有从 ASA CX 那里接收到保活信息，健康监测进程就会认为该模块宕机。
- **Application Status（应用状态）**：ASA CX 软件会监测数据处理的状态，当这些状态失效时对其进行重新启动。如果模块检测到无法恢复的错误，它会向 ASA 通告这个消息。如果该模块无法与 ASA 进行通信，其他健康监测方式也会监测出这个错误。

当 ASA CX 宕机时，管理员可以决定 ASA 如何处理那些匹配 CX 重定向策略的连接。管理员可以通过下面这些不同的方式，来处理 MPF 不同类型的流量。

- **fail-open**：在这种模式下，即使 CX 不能监控穿越自己的连接（无论是新建连接还是当前连接），ASA 也会放行这些连接。只有当某些流量的网络可达性比可感知上下文的策略更加重要时，才应该考虑这种选项。
- **fail-close**：在这种模式下，ASA 会阻塞匹配的连接，直至 CX 再次恢复工作为止。这种方式可以确保匹配的流量永远处于所有监控策略的保护之下。例 9-1 显示的就是 ASA 在这种模式下生成的系统日志消息。

例 9-1　ASA CX 宕机且策略为 fail-close 时的系统日志消息

```
%ASA-3-429001: CXSC card not up and fail-close mode used. Dropping TCP packet
from inside:192.168.3.112/34129 to DMZ:172.16.171.125/80
```

如果 ASA 工作在故障倒换模式下，同时管理员也配置了 CX 重定向策略，那么当 ASA CX 出现故障时，整个系统就会立刻出发切换事件。切记，如果没有配置 CX 重定向策略，那么 ASA 并不会以故障倒换为目的，来监测 CX 模块的状态。在管理员对设备进行维护或者重启 ASA CX 模块时，为了避免出现故障倒换，管理员必须禁用 CX 流量重定向。对于故障倒换而言，fail-open 和 fail-close 行为永远是第二位的，所以只有当这个 ASA 机框已经是最后一个还有能力处理流量的故障倒换对成员时，系统才会执行 fail-open 和 fail-close。

9.2 ASA CX 架构

ASA CX 软件会对所有穿越设备的数据包执行最低程度的处理，这是设计的初衷。如果可以根据 IP 地址或端点的名誉数据来制定最终的策略，那么在分析特定应用或解密流量时，也就不需要发送其他的处理资源了。这是 ASA 高度有效使用深度防御方式的另一个案例。

当策略中包含多个动作时，ASA CX 会将这项工作发送给多个模块，让数据包可以得到平行处理。与传统串行处理数据包的方式相比，这种方法可以提供强大得多的性能，因为操作可以同步进行。一旦有一个或多个模块报告的结果足以让设备执行判断，ASA CX 就会放行数据包或采取阻塞的措施。每个数据包都需要消耗足够的资源，来根据配置策略执行判断。

ASA CX 软件拥有以下组成部分：

- 数据平面；
- 事件与报告；
- 用户身份；

- TLS 解密代理；
- HTTP 监控引擎；
- 应用监控引擎；
- 管理平面；
- 控制平面。

图 9-3 描述了 ASA CX 软件架构中主要的组成部分，以及它们之间的相互关系。

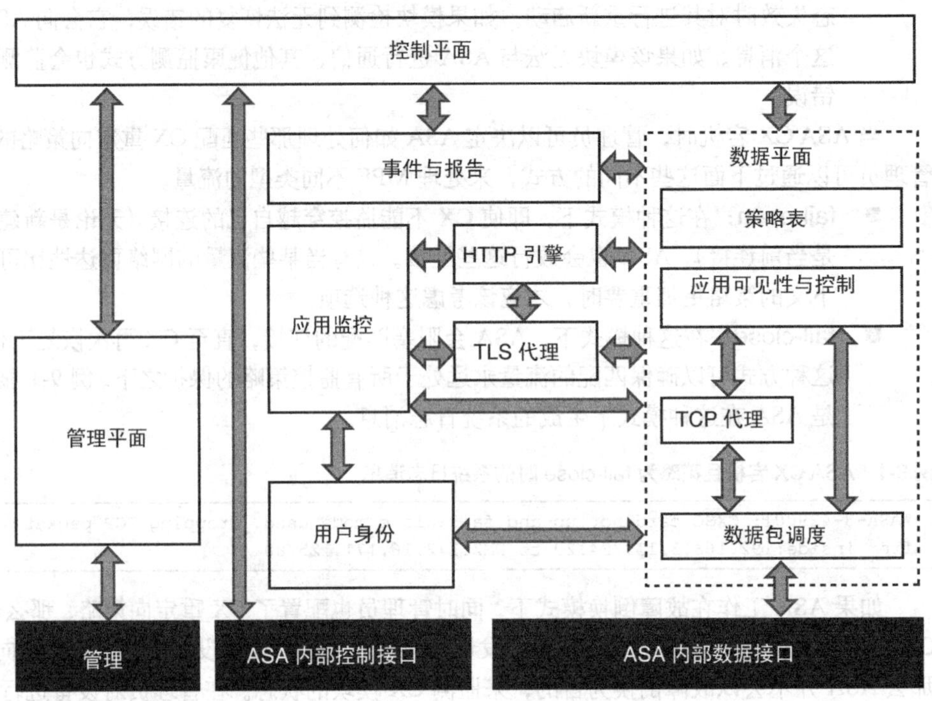

图 9-3 ASA CX 的软件架构

9.2.1 数据平面

所有从 ASA 重定向到 ASA CX 的流量都必须通过数据平面。其他组成部分都会为这个模块提供足以处理流量的信息资源。数据平面模块会加速转发功能，以便在可能的范围内为 CX 监控提供最高的性能。这个模块包含了很多重要的组成部分。

- **策略表**：这个表代表了所有可以在 ASA CX 上配置的安全策略。数据平面模块会使用这个表来执行本地策略，或将入站流量重定向到其他模块。
- **数据包调度**：这个组件会从 ASA 的背板接口接收数据包，并准备对这些数据包执行 CX 处理。它为数据包分配相应的头部，并根据 ASA 元信息来填充连接数据的结构。数据包调度会将 TCP 数据包转发给 TCP 代理模块，以对其进行重排序并执行其他高级安全校验。它会将其他数据包发送给应用可见性与控制模块进行处理。这个组件会将所有设备自己创建的数据包和执行过监控的数据包通过 ASA 发回网络。
- **TCP 代理**：这个组件会对穿越设备的 TCP 连接中所包含的数据包进行重新排序，然后这些数据包再由应用可见性和控制模块对这些数据包进行监控。因监控层面的不同，TCP 代理可以对应用层的消息进行彻底的重组，并且在穿越设备的流量中注入新的数据包。换言之，TCP 代理可以让 ASA CX 将自己无缝插入到 TCP 连接之中，并且与两边的始发端点进行独立通信，而不会打断应用流量。

- **应用可见性与控制：** 这个组件会对入站方向的数据包进行监控，并且对消息进行重组，以便分析出属于某种应用的流量。它可以对负载中的大量不同参数进行监控，并且在一众 TCP 或 UDP 端口中准确地找出使用的应用。如果发现匹配的情形，那么数据平面就可以直接判断出应当执行的策略，或者将数据包转发给另一个模块另行处理。

9.2.2 事件与报告

这个模块负责执行下面两项任务。

- **关联事件：** 接收和存储本地数据库中所有其他组件发来的事件。这里的事件包含设备对穿越自己的流量所执行的策略、系统采取的动作和 debug（调试）信息。
- **生成报告：** 当管理员需要创建一个报告时，这个模块就会根据管理员应用的过滤策略，从数据库中获取匹配事件，然后将这些数据通过管理平面发送给 PRSM。采取独立模块的目的是为了降低负责数据监控的硬件在处理数据时的压力。

9.2.3 用户身份

这个模块可以与不同的网络设备进行通信，以建立用户身份信息。如果对穿越设备的连接执行被动认证，ASA CX 就会从 Cisco CDA（上下文目录代理）或 Cisco AD（活动目录）代理那里获得用户名与 IP 地址之间的映射关系。这个组件也会连接到 LDAP（轻量级目录访问协议）服务器和 AD（活动目录）域控制器，以便获得用户的组成员身份。

用户身份模块也会通过 LDAP 和 AD 服务器，以便对穿越设备的管理连接和连接到这台设备的管理连接，来实施活动认证。对于穿越设备的 HTTP 连接，模块会将客户端重定向到认证代理，并且让 ASA 拦截这类连接。然后用户就会通过 ASA CX 认证页面登录进来，然后才能获得授权继续访问目的地址。在通过 HTTP 进行认证时，客户端还可以根据基于用户的策略，通过 CX 打开其他连接。

9.2.4 TLS 解密代理

传输层安全（TLS）解密代理模块可以让 CX 应用可感知上下文的策略，这种策略甚至可以应用于已经加密的连接。这个组件与 TCP 代理类似，它也会在加密流量中透明地插入 ASA CX，并监控应用流量中的明文。TLS 解密代理会维护与客户端和服务器之间的独立加密连接。HTTP 监控引擎是这项功能的主要用户，它可以让 ASA CX 控制 HTTPS 连接。为了加速处理穿越设备的流量，ASA CX 会运行多个独立的模块实例，让它们同时平行处理穿越设备的连接。

9.2.5 HTTP 监控引擎

顾名思义，这个模块只会监控 HTTP 连接。它会使用端点的名誉和 URL 分类信息来判断应该执行什么策略。它也会检测 TLS 解密代理模块发来的明文 HTTP 内容信息。因为 HTTPS 支持对很多协议封装隧道，因此 HTTP 监控引擎可能会将一些数据包发送给应用监控引擎。ASA CX 会采取和 TLS 加密代理模块相同的做法，同时生成多个 HTTP 监控引擎实例来处理连接。

9.2.6 应用监控引擎

这个组件会对所有其他高级应用流量执行监控，其中包括通过 HTTP 执行了隧道封装的那些协议。它也可以追踪（像 FTP 这样协议的）备用连接，并且可以阻塞文件。这个模块还可以监控 TLS 解密代理的明文数据。ASA CX 会采取和其他数据包处理引擎相同的做法，同时生成多个应用监控引擎实例来处理数据。

9.2.7 管理平面

这是最重要的组件，它负责往返于 ASA CX 之间的管理连接。它可以接受所有 CLI 命令和 PRSM 命令，并将这些命令转换为其他模块可以执行的通用策略或专用策略。它会运行 HTTP 服务器，来为 PRSM 会话提供服务；它也可以建立出站方向的 HTTP 连接，来下载软件/特征/数据库更新信息。管理平面会维护用户信息以执行 RBAC（基于身份的访问控制）。

9.2.8 控制平面

除了处理基本的网络设备功能（如地址解析协议[ARP]请求和响应）之外，控制平面会管理所有其他模块和处理功能的操作。如果其他处理全部失败，这个组件就会尝试重新启动这些处理机制。此外，它也会处理所有与 ASA 背板接口之间的交互信息，包括使用保活（keepalive）数据包提供的健康监测信息。

控制平面会与管理平面紧密结合，以便接收和发送往返于设备的数据包和应用特性的许可证。在启用 CX 来参与网络时，这个模块也会收集遥测数据，并且周期性地将其上传到 Cisco。

9.3 配置 CX 需要在 ASA 进行的准备工作

所有硬件的 ASA CX 模块都预装了系统软件。如果希望彻底清空当前的配置或者载入另一个版本的系统，可以重新安装模块的镜像文件。切记，管理员无须彻底重新安装镜像文件，并导致丢失配置和事件数据库，也可以更新 CX 软件。

如果管理员使用的是一台 ASA 5500-X 设备，那么当他/她在一台 ASA 上添加可感知上下文的服务时，可能需要在设备上安装软件 CX 模块。我们之前提到过，管理员必须首先安装一到两个匹配的 SSD。如果 ASA 已经安装了 ASA IPS 打包文件，管理员必须首先通过命令 **sw-module module ips uninstall** 移除这个文件。例 9-2 所示为管理员在一台已经安装了 IPS 模块的设备上，输入 **show module** 命令后所看到的输出信息。

例 9-2 检查 ASA IPS 模块的安装状态

```
asa# show module
Mod  Card Type                                        Model                Serial No.
---- ------------------------------------------------ -------------------- -----------
  0 ASA 5545-X with SW, 8 GE Data, 1 GE Mgmt         ASA5545              FCH11SOTAOT
 ips ASA 5545-X IPS Security Services Processor      ASA5545-IPS          FCH11SOTAOT
cxsc Unknown                                          N/A                  FCH11SOTAOT

Mod  MAC Address Range                 Hw Version   Fw Version   Sw Version
---- --------------------------------- ------------ ------------ ---------------
   0 0001.111f.5585 to 0001.111f.558e  1.0          2.1(9)8      9.1(2)
```

（待续）

```
 ips 0001.1111.5583 to 0001.1111.5583  N/A          N/A          7.1(7)E4
cxsc 0001.1111.5583 to 0001.1111.5583  N/A          N/A

Mod  SSM Application Name           Status           SSM Application Version
---- ------------------------------ ---------------- --------------------------
 ips IPS                            Up                 7.1(4)E4
cxsc Unknown                        No Image Present Not Applicable

Mod  Status             Data Plane Status     Compatibility
---- ------------------ --------------------- -------------
   0 Up Sys             Not Applicable
 ips Up                 Up
cxsc Unresponsive       Not Applicable

Mod  License Name   License Status Time Remaining
---- -------------- --------------- ---------------
 ips IPS Module     Enabled         perpetual
```

管理员需要通过下面的步骤，在 CX-SSP 或 ASA 5500-X 上安装或重安装 ASA CX 软件。

1. 在准备安装时，首先载入 CX 引导程序镜像文件。引导程序镜像文件相当之小，因此管理员往往会通过 TFTP 来传输这个文件。管理员必须从 Cisco.com 为自己的 ASA CX 模块下载正确类型的镜像文件；引导程序镜像文件的命名一般为 *ASA CX Boot Software*。镜像文件的安装过程与硬件和软件 CX 模块的安装过程并不相同。

   A1. 当管理员在 ASA 5585-X 设备上使用 CX-SSP 时，必须连到模块的控制台接口并且重启设备。在看到下面的提示信息之后，按下 **Esc** 键进入 ROMMON 模式。

```
Cisco Systems ROMMON Version (2.0(7)0) #0: Wed Sep 22 12:42:00 PDT 2010
```

   A2. 将 CX-SSP 的 Management0 接口连接到网络中，并且让 TFTP 服务器上的引导程序镜像文件放在一个可以从 CX 管理接口进行访问的地方，然后设置 CX 接口、TFTP 服务器和默认网关的 IP 地址，指定引导程序镜像文件的文件名。如果 TFTP 服务器和 ASA CX 位于同一个网络中，可以以 TFTP 服务器的 IP 地址作为默认网关。在下面的配置中，我们将 CX 管理 IP 地址设置为了 172.16.162.241，而将默认网关设置为了 172.16.162.225。ASA CX 会从位于 172.16.171.125 的 TFTP 服务器那里下载到一个名为 asacx-boot-9.1.2-42.img 的文件，这就是引导程序镜像文件。

```
rommon #1> ADDRESS= 172.16.162.241
rommon #2> SERVER=172.16.171.125
rommon #3> GATEWAY= 172.16.162.225
rommon #4> IMAGE= asacx-boot-9.1.2-42.img
```

   A3 启动 TFTP 下载进程，以便载入引导程序镜像。

```
rommon #5> tftp
ROMMON Variable Settings:
  ADDRESS=172.16.162.241
  SERVER=172.16.171.125
  GATEWAY=172.16.162.225
  PORT=Management0/0
  VLAN=untagged
  IMAGE=asacx-boot-9.1.2-42.img
  CONFIG=
  LINKTIMEOUT=20
```

```
  PKTTIMEOUT=4
  RETRY=20

tftp asacx-boot-9.1.2-42.img@172.16.171.125 via 172.16.162.225
!!!!!!!!!!!!!!!!!!!!!!!!!!!!!!!!!!!!!!!!!!!!!!!!!!!!!!!!!!!!!!!!!!!!!!!!!!!!!!
!!!!!!!!
[...]
!!!!!!!!!!!!!!!!!!!!!!!!!!!!!!!!!!!!!!!!!!!!!!!
Received 69011672 bytes

Launching TFTP Image...

Execute image at 0x14000
[STUB]
Boot protocol version 0x209
[...]
starting Busybox inetd: inetd... done.
Starting ntpd: done
Starting syslogd/klogd: done

Cisco ASA CX Boot Image 9.1.2

asacx login:
```

B1. 在ASA 5500-X设备上，只需要将CX引导程序镜像文件传输到本地Flash上，然后执行下面的命令即可；一定要保证在配置时，用的引导程序镜像文件名称是正确的。

```
asa# sw-module module cxsc recover configure image disk0:/asacx-5500x
boot-9.1.2-42.img
asa# sw-module module cxsc recover boot
```

B2. 大约15分钟之后，即可使用命令 **session cxsc console** 来访问这个模块。如果引导镜像文件已经传输完毕，应该可以看到下面的登录提示信息。

```
asa# session cxsc console
Establishing console session with slot 1
Opening console session with module cxsc.
Connected to module cxsc. Escape character sequence is 'CTRL-SHIFT-6 then x'.
cxsc login:
```

其余的步骤与硬件和软件ASA CX模块上的步骤相同。

2. 使用 **admin** 登录设备，密码使用默认的密码 **Admin123**。

```
asacx login: admin
Password:

                    Cisco ASA CX Boot 9.1.2 (42)
                             Type ? for list of commands

asacx-boot>
```

3. 输入 **partition** 命令，只有输入这条命令之后，这个硬件驱动器才能安装系统镜像文件。这一步相当重要，必须完成这一步才能继续配置后面的步骤。

```
asacx-boot> partition
[...]
Partition Successfully Completed
```

4. 输入 **setup** 命令，以便通过互动式对话来配置基本的 CX 设置。中括号中显示的数值均为默认值，如果接受该数值可以直接按下回车键。在下面的例子中，我们将 CX 主机名配置为了 Edge-CX。在配置 CX 管理接口的 IP 地址时，可以使用与在 ROMMON 中传输 TFTP 引导程序镜像文件相同的 IP 地址。

```
asacx-boot> setup

                Welcome to Cisco Prime Security Manager Setup
                            [hit Ctrl-C to abort]
                          Default values are inside []
Enter a hostname [asacx]: Edge-CX
Do you want to configure IPv4 address on management interface?(y/n) [Y]: Y
Do you want to enable DHCP for Ipv4 address assignment on management
interface?(y/n) [N]: N
Enter an Ipv4 address [192.168.8.8]: 172.16.162.241
Enter the netmask [255.255.255.0]: 255.255.255.224
Enter the gateway [192.168.8.1]: 172.16.162.225
```

5. 管理员可以在 CX 管理接口配置一个静态 IPv6 地址，或者将其保留默认值，交给无状态自动配置来处理。

```
Do you want to configure static IPv6 address on management interface?(y/n) [N]: N
Stateless autoconfiguration will be enabled for IPv6 addresses.
```

6. 为出站方向的连接配置一个 DNS 服务器，并设置本地域名。如果想要将 CX 与活动目录建立关联以便获取用户身份（我们会在本章稍后部分进行介绍），就一定要保证这里使用的 DNS 服务器可以解析针对活动目录域的查询消息。管理员也可以给某些可以自动完成的功能配置一个默认搜索域列表。在本例中，CX 使用的 DNS 服务器位于 172.16.162.228，CX 会通过这个 DNS 服务器与 Cisco.com 或者其他目的地址建立连接。这里使用的本地域是 example.com。

```
Enter the primary DNS server IP address: 172.16.162.228
Do you want to configure Secondary DNS Server?(y/n) [N]: N
Do you want to configure Local Domain Name?(y/n) [N]: Y
Enter the local domain name: example.com
Do you want to configure Search domains(y/n) [N]: N
```

7. 通过配置 ASA CX 让它与 NTP 服务器同步时钟，这是为了保证报告的准确性更高。本例中设置的 DNS 和 NTP 地址均为 172.16.162.228。

```
Do you want to enable the NTP service? [Y]: Y
Enter the NTP servers separated by commas: 172.16.162.228
```

8. CX 显示完整的配置，要求管理员进行确认。管理员可以取消设置对话并且重新开始。如果配置看上去没什么问题，可以应用这些配置，然后退出对话。

```
Please review the final configuration:
Hostname:                Edge-CX
Management Interface Configuration
```

```
[...]
Apply the changes?(y,n) [Y]: Y
Configuration saved successfully!
Applying...
Done.
Press ENTER to continue...
asacx-boot>
```

9. 安装 ASA CX 系统镜像文件。这个镜像文件就比较大了，因此管理员只能使用 HTTP、HTTPS 或 FTP 来传输这个文件。首先从 Cisco.com 下载正确的 ASA CX 系统软件镜像文件，然后将它放到 CX 管理接口可以访问的地方。接下来，使用命令 **system install** 将系统软件安装到 CX 上。

```
asacx-boot> system install http://172.16.171.125/asacx-sys-9.1.2-42.pkg
Verifying
Downloading
Extracting
Package Detail
        Description:                    Cisco ASA CX System Upgrade
        Requires reboot:                Yes

Do you want to continue with upgrade? [y]: Y
Warning: Please do not interrupt the process or turn off the system.
Doing so might leave system in unusable state.

Upgrading
Stopping all the services ...
Starting upgrade process ...
```

10. 在载入镜像文件之后，按回车键重启系统。

```
Reboot is required to complete the upgrade. Press Enter to reboot the system.
```

11. 如果在重启过程中系统出现提示信息，则选择默认的启动选项 **Cisco ASA CX Image**。在 ASA CX 启动之后，就可以通过 PRSM 来配置 CX 了。

9.4 使用 PRSM 管理 ASA CX

ASA CX CLI 只能执行最基本的配置和排错命令。管理员必须使用 PRSM 才能在 ASA CX 模块上配置所有的高级设置，并定义可感知上下文的策略。PRSM 中有两种设备管理模式。

- Single Device mode（单一设备模式）：在这种模式下，管理员需要通过 HTTPS 将自己直连到 CX 的管理 IP 地址，来对 CX 进行管理。CX 模块上始终会运行一个 PRSM 实例，以便实现远程设备管理。管理员可以直接通过某个支持的 Web 浏览器来使用这个交互式管理接口，而不需要安装任何的软件。只有当网络中只有为数不多的几个 ASA CX 模块，而管理员希望分别对这几个模块进行独立管理时，才应当考虑使用这种管理模式。在这种本地 PRSM 实例中，无法对模块所在的 ASA 机框进行管理，但可以配置完整的 CX 特性集。
- Multiple Device mode（多设备模式）：管理员也可以在一台外部服务器上安装一个专门授权的 PRSM 实例，让它成为一个虚拟机。这个外部 PRSM 服务器会维护自己的（可下载）软件、管理接口、事件存储信息和可以进行基本配置和排错的

CLI 命令。多设备模式可以让 PRSM 管理多个 CX 模块，甚至可以配置 ASA 设备上的某些特性。管理员依然可以使用单一设备模式中的那个互动式 Web 管理接口，但所有管理连接都会使用外部 PRSM 服务器。当管理员在外部 PRSM 服务器上添加了一个 ASA CX 之后，管理员就不能再直接管理这个模块，或者添加其他的 PRSM 实例了。

只有在一个多设备 PRSM 实例中才可以配置下面这些特性。

- **统一监测：**PRSM 会从所有管理的 ASA CX 设备那里获取事件和状态信息。如果 PRSM 运行的版本不早于 9.2(1)，它也会充当所管理 ASA 设备的系统日志服务器。管理员可以在 PRSM 面板上看到统一的健康和事件数据，并对所保护网络生成统一的端到端报告。
- **共享的对象和策略：**管理员可以在多个所管理 ASA CX 模块之间共享可感知上下文的对象和策略。在 PRSM 9.2(1)及后续版本中，管理员也可以在所管理的 ASA 设备之间共享传统的策略集。
- **全局策略：**自 PRSM9.2(1)开始，这些策略就会成为必备策略应用在所有被管理设备上。顶部的全局策略集所定义的规则，会先于被管理设备本地的策略和共享策略得到应用。同样，底部的全局策略集则会在所有本地策略之后进行应用。管理员可以这种特性，在所有 ASA 设备和 CX 模块上实施需要应用在整个企业的安全策略。
- **部署管理器：**管理员可以使用 PRSM 来跨域多台设备搭建和规划配置部署工作。管理员也可以根据选择，决定是否采用其他管理用户所作出的修改，并且查看配置的修改历史。
- **集中式的许可证管理：**管理员可以在 PRSM 中维护一个 ASA CX 特性许可证池，然后根据需要在不同的被管理模块之间移动。
- **CX 故障倒换支持：**虽然 ASA 故障倒换对中的 ASA CX 并不会相互共享连接状态，但是管理员可以使用 PRSM 来保证配置是相同的。
- **ASA 管理：**在 9.2(1)之前版本的 PRSM 中，多设备管理实例只能在 ASA 上配置几条（为数不多的）CX 重定向命令。而 PRSM 9.2(1)和后续版本则可以配置大量的 ASA 特性和策略，包括统一对象、接口、ACL、NAT、日志记录和故障倒换。

在本章介绍的所有案例中，我们都会假设 PRSM 工作在单一设备模式下。在这种模式下，所有配置的策略和设置都只会自动应用到本地设备上。如果使用的是多设备模式，那么当管理员在 PRSM 中选择了相应的设备，并且连接到了相应的配置设备之后，配置的方法也与管理各个 ASA CX 模块的方法相当类似。

9.4.1 使用 PRSM

要访问模块上的 PRSM 界面，需要使用 HTTP 协议在 Web 浏览器中输入 ASA CX 的管理 IP 地址。在接受证书警告信息之后，就应该可以看到图 9-4 所示的登录界面。

第一次登录时，需要使用默认的管理员用户 **admin** 和密码 **Admin123**。一旦登录到设备中，就应该立刻修改用户密码，这一点我们会在 9.4.2 节中进行介绍。

在第一次登录到运行 9.2(1)版本的 ASA CX 模块时，PRSM 会显示一个界面，询问管理员是否在这个模块上启用网络参与特性，如图 9-5 所示。

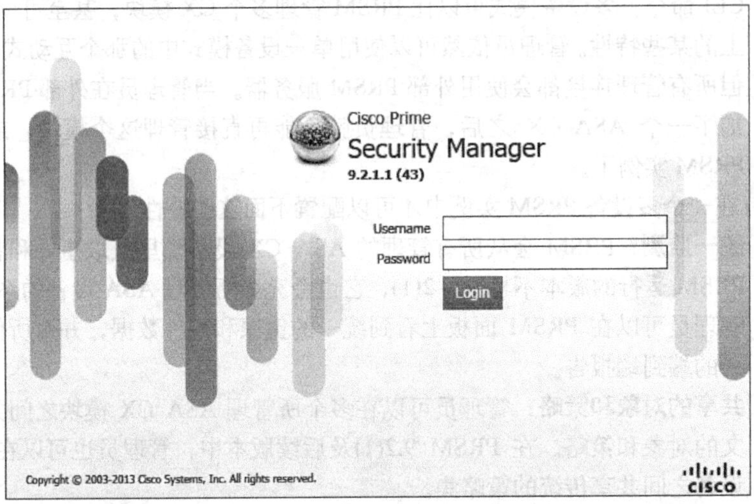

Cisco Prime
Security Manager
9.2.1.1 (43)
Username
Password
Login
Copyright © 2003-2013 Cisco Systems, Inc. All rights reserved.
cisco

图9-4 PRSM登录界面

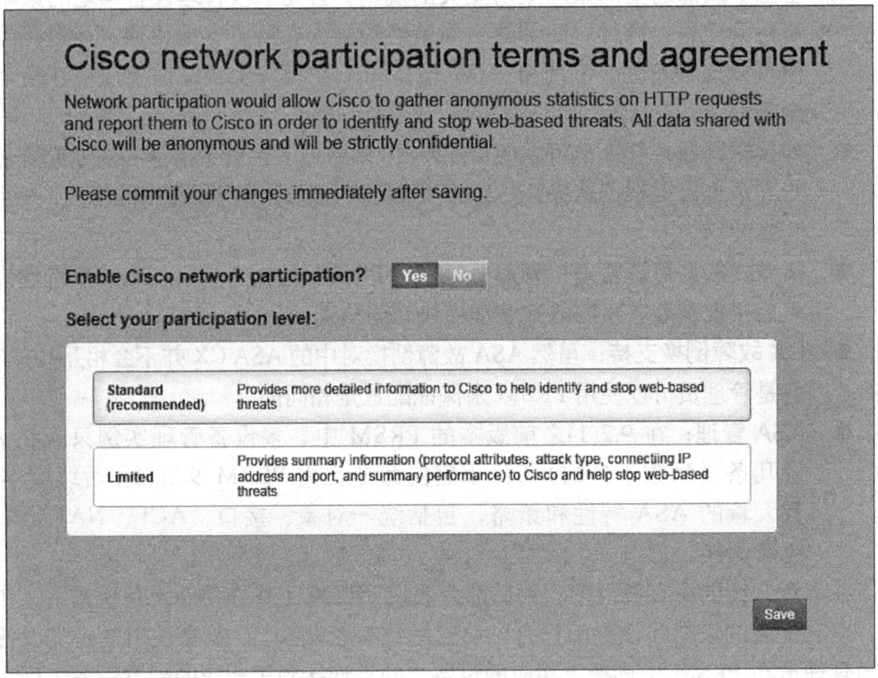

Cisco network participation terms and agreement

Network participation would allow Cisco to gather anonymous statistics on HTTP requests and report them to Cisco in order to identify and stop web-based threats. All data shared with Cisco will be anonymous and will be strictly confidential.

Please commit your changes immediately after saving.

Enable Cisco network participation? Yes No

Select your participation level:

Standard (recommended)	Provides more detailed information to Cisco to help identify and stop web-based threats
Limited	Provides summary information (protocol attributes, attack type, connecting IP address and port, and summary performance) to Cisco and help stop web-based threats

Save

图9-5 Cisco网络参与提示信息

在启用之后，网络参与方每5分钟即会通过HTTP请求向Cisco安全地上传统一环境数据（consolidated contextual data）及相关的性能信息。这个特性要求ASA CX模块能够通过其管理接口直接访问Internet。管理员可以在Standard（标准）和Limited（限制）两种参与模式中选择其一，具体选择哪种模式取决于管理员有多少信息希望共享。所有共享的数据都是匿名，同时也是严格保密的。管理员也可以在这个界面中点击**No**来禁用所有的参与特性。在作出选择之后，需要点击**Save**继续。如果需要修改自己的配置，需要在PRSM中找到**Administration > Network Participation**。

在PRSM中所作的一切修改都不会自动应用到管理的ASA CX模块中。这与ASDM的功能相当类似，因为在使用 ASDM 时，管理员也需要点击 Apply 才能够将配置推送到 ASA 上。这种方法和使用 ASA CLI 有所不同，若使用 ASA CLI 进行配置，所有配置都会直接生效。PRSM 会针对所有修改制定一个部署队列，管理员可以稍后选择是应用还是丢弃此前所作的配置。PRSM 和 ASDM 的不同之处在于，即使登出 PRSM 然后再登录进来，这些尚未应用的修改还是会出现在队列中。

如果还有尚未应用的修改，它们就会出现在 PRSM 管理接口的右上角。如果看到带有一个绿圈的 No Pending Changes 状态，说明 ASA CX 的配置已经全部应用。如果看到的是带有一个橘黄圆圈的 Changes Pending 消息，就说明还有修改有待执行或者修改。如果管理员在第一次登录的时候启用了网络参与设备，那么 PRSM 就会将一些必要配置推送到配置队列中，这些命令通过点击 PRSM 界面右上角的状态信息就可以看到。图 9-6 所示为网络参与设备有一些尚未执行的修改时界面的示例。点击 **Commit** 即可将这些配置应用到 ASA CX 的运行配置中。管理员也可以点击 **Dircard** 来清除这些配置。通过 **Administration > Change History** 可以查看到之前所作的一切配置。

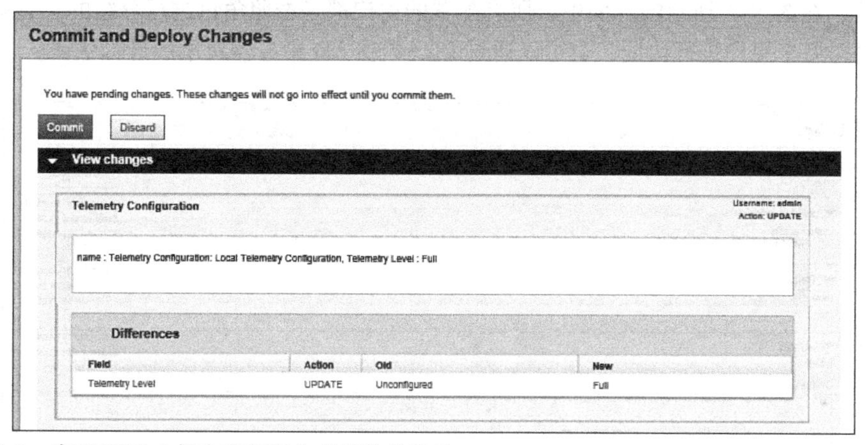

图 9-6　在 PRSM 上提交和部署先前所作的修改

PRSM 提供的界面简单而又直观，可以与用户进行互动，也拥有一些自动配置和相互参照的功能。下面是该界面的几大组成部分。

- Dashborad（仪表盘）：管理员在一开始进入界面时，可以通过查看这些标签来完整地了解模块的健康状态、网络的安全状态、应用的模式，以及用户的行为。此外，管理员也可以在这一部分生成各种安全报告和用户行为报告，并且将它们以 PDF 格式保存到本地管理工作站中。
- Events（事件）：管理员可以在这里通过许多灵活的标准，来过滤并查看 CX 系统和策略消息，这里所说的标准包括 IP 地址、用户身份，以及其他一些数据流的内容信息。管理员也可以在这里对一些 CX 系统问题和网络连接问题进行排错。
- Configurations（配置）：这是管理员配置所有可感知上下文策略、高级保护特性、用户身份与认证参数、TLS 解密策略、证书、应用数据库更新设置和日志消息的区域。
- Components（组件）：在这里，管理员可以查看已知的应用、小型应用、已知的威胁特征定义和预定义策略对象，也可以在这里定义一些能够在可感知上下文的策略中进行调用的自定义对象。

- Administration（管理）：在这里，管理员可以配置ASA CX管理用户、应用许可证、导入自定义PRSM SSL证书、执行配置数据库备份、升级PRSM和CX软件包、查看配置修改历史、针对被阻塞的连接或告警编辑终端用户通告模板（适用于9.2(1)及此后的版本）、配置网络参与方。管理员也可以点击About标签来查看当前CX和PRSM软件的版本、ASA CX模块的标识符与序列号，以及PRSM的管理模式。

在大多数标签中，管理员都可以点击**I Want To**按钮来打开下拉菜单，以便执行一些配置。管理员也可以抽空访问一下接口，修改某些配置，对配置流量做一番了解。管理员永远可以丢弃掉那些他/她不希望执行的修改，而不需要将它们应用到ASA CX模块当中。

9.4.2 配置用户账户

管理员需要通过**Administration > Users**来添加新的PRSM用户，或者修改当前用户的设置。在图9-7所示的界面中，所有配置的用户都是按照角色进行分组的。管理员可以在本地对各个用户进行认证，也可以通过LDAP或AD服务器对用户进行认证。

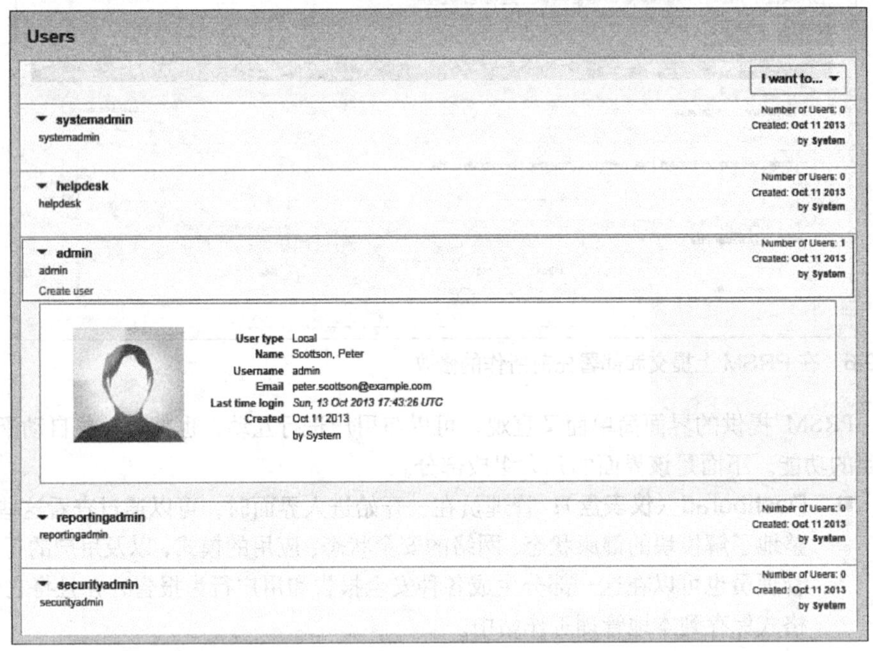

图9-7 配置PRSM管理用户账户

PRSM和CX支持下面这些用户角色。

- Systemadmin：系统管理员可以配置全局设备参数（如用户账户或日志记录），管理员也可以升级CX和PRSM软件。但这类用户不能查看或修改CX安全策略。
- Helpdesk：帮助桌面的用户一般可以对网络连接问题进行排错。他们可以查看仪表盘、事件和所有的配置。但除了自己的账户信息之外，这类用户不能修改任何其他的设置。
- Admin：超级管理员拥有整个系统和所有其他用户账户的管理权限。

- Reportingadmin：报告管理员只能查看仪表盘和事件，并创建报告。除了自己的账户信息之外，这类用户不能查看任何配置，也不能修改任何设置。
- Securityadmin：安全管理员可以完全控制可感知上下文策略集和相关的对象。他们也可以修改绝大多数其他的 ASA CX 设置。

要添加新的账户，需要点击 **Create User**，然后选择用户分类角色。在第一次登录到 ASA CX 之后，管理员应该修改默认管理员用户的密码，并填写其他账户信息。管理员可以在 admin 用户账户下点击 **Edit User** 来显示图 9-8 所示的对话框。在添加用户时，管理员会看到一个相当类似的界面。

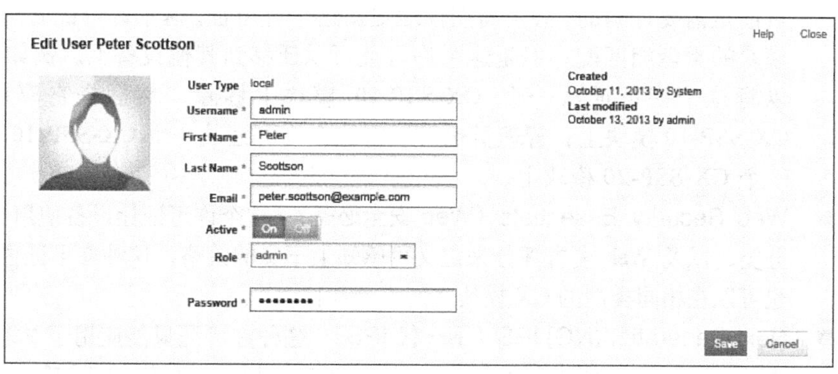

图 9-8　编辑 PRSM 用户信息

在填充和修改用户时，必须填写下面的字段。

- User Type（用户类型）：只有在创建新用户时，才可以从 local（本地）、remote（远程）或 sso 三者中选择其一。PRSM 会通过密码来认证本地用户。远程用户信息来自于 LDAP 或 AD 服务器。SSO（单点登录）用户可以让集成 CSM 时更加简单。在本例中可以看到，默认的管理账户已经是 local 类型。
- Username（用户名）：为远程或 SSO 用户选择一个所需的名称。对于远程账户而言，这个名称必须与 LDAP 或 AD 账户信息相匹配。在图 9-8 中，管理员使用的是默认管理账户，这个账户的用户名永远是 admin。
- First Name（名）：对于本地或 SSO 用户，必须输入这个字段。PRSM 可以从 LDAP 或 AD 服务器那里获取到远程用户的名（first name）信息。
- Last Name（姓）：对于本地或 SSO 用户，必须输入这个字段。PRSM 可以从 LDAP 或 AD 服务器那里获取到远程用户的姓（last name）信息。
- Email：对于本地或 SSO 用户，必须在这里提供一个电子邮箱，以便接收各种通告信息。PRSM 可以从 LDAP 或 AD 服务器那里获取到远程用户的电子邮箱信息。
- Active：如果选择 **On**，那么用户账户就会生效；如果选择 **Off**，这个账户就会失效。
- Role：为该账户选择所需的用户角色。默认管理用户的角色始终是超级管理员。
- Password：对于本地或 SSO 用户，需要在这里输入一个最少 8 个字符的密码，并且其中至少有一个大写字母、一个小写字母和一个数字。PRSM 会通过 LDAP 或 AD 来认证远程用户。点击 **Change** 可以修改默认的账户密码。

点击 **Save** 之后，新的用户账户就会即刻生效。由于这是 PRSM 上的配置，因此管理员不需要将修改应用到 ASA CX 上。

9.4.3 CX许可证

- K9 3DES/AES：这个许可证可以对管理连接以及TLS解密服务应用强大的加密算法。只要满足出口规范性的要求，管理员就可以通过Cisco免费获得这个许可证。这个永久的许可证必须与ASA CX模块的序列号相匹配。管理员不能将它迁移到另一台设备上。
- Application Visibility and Control（应用可见性与控制）：这个许可证让管理员在配置可感知上下文的策略时，可以包含应用和小型应用身份（identity）。这种许可证是需要订购的，必须周期性地更新这个许可证。这个许可证必须与ASA CX模块的类型相匹配，但是这个许可证可以迁移到其他设备上。例如，管理员可以将这个许可证从一个CX-SSP-10模块上移除，然后将它应用到另一个CX-SSP-10模块上；管理员也可以将这个许可证从一个CX-SSP-10模块迁移到一个CX-SSP-20模块上。
- Web Security Essentials（Web安全必备）：这个许可证让设备使用URL对象和分类，以及Web名誉评分来定义可感知上下文的策略。这种许可证也需要订购，也可以在相同类型的CX模块之间进行迁移。
- Next Generation(NG) IPS（下一代IPS）：这种许可证只能应用于9.2(1)及其后版本的CX软件。通过这个许可证，ASA CX可以根据已知的威胁特征文件，来分析和丢弃数据包。这种许可证也需要订购，也可以在相同类型的CX模块之间进行迁移。

每个ASA CX模块都带有一个60天的评估许可证，可以使用所有需要订购的特性。管理员要想继续使用这些特性，必须对许可证进行更新。ASA CX会通过下面的方式处理过期的许可证。

- 在许可证过期30天之前，在PRSM中所有涉及相关特性的策略都会显示一个警告图标。但这些策略的配置、实施、监测都可以正常执行。
- 在许可证过期之后，管理员有一个60天的宽限期可以更新这个许可证。在这段期间，ASA CX可以继续利用涉及相关特性的策略。但对于那些没有更新许可证授权的特性，管理员不能编辑现有的策略，也不能添加新的条目。所有动态数据库也不会再从Cisco更新数据。管理员可以继续使用相关的仪表盘报告。
- 在宽限期之后，ASA CX会继续使用涉及过期特性的策略。但管理员只能删除包含有这类（许可证过期的）特性的策略。而相关仪表盘的报告也会停止工作。

在PRSM中可以通过**Administration > Licenses**来查看、添加或删除ASA CX许可证。图9-9所示为一个安装了永久K9许可证，以及所有临时许可证的（在评估模式下的）ASA CX。

可以看到，PRSM显示各个已经过期的（需要订购的）许可证。可以从本地管理工作站选择**I Want To > Upload License File**来应用参数或临时许可证。如果设备仍在最初的评估阶段之内，也没有安装订购的许可证，那么管理员也可以选择**I Want To > Renew Evaluation Licenses**来获取免费的60天一次性更新。管理员还可以在列表中在此前安装的临时许可证中点击**Revoke License**，将它迁移到另一个ASA CX模块上，但评估期的许可证或永久K9许可证则不能移动到其他许可证上。管理员必须将对于许可证的修改应用到ASA CX上，然后这些许可证才能生效。

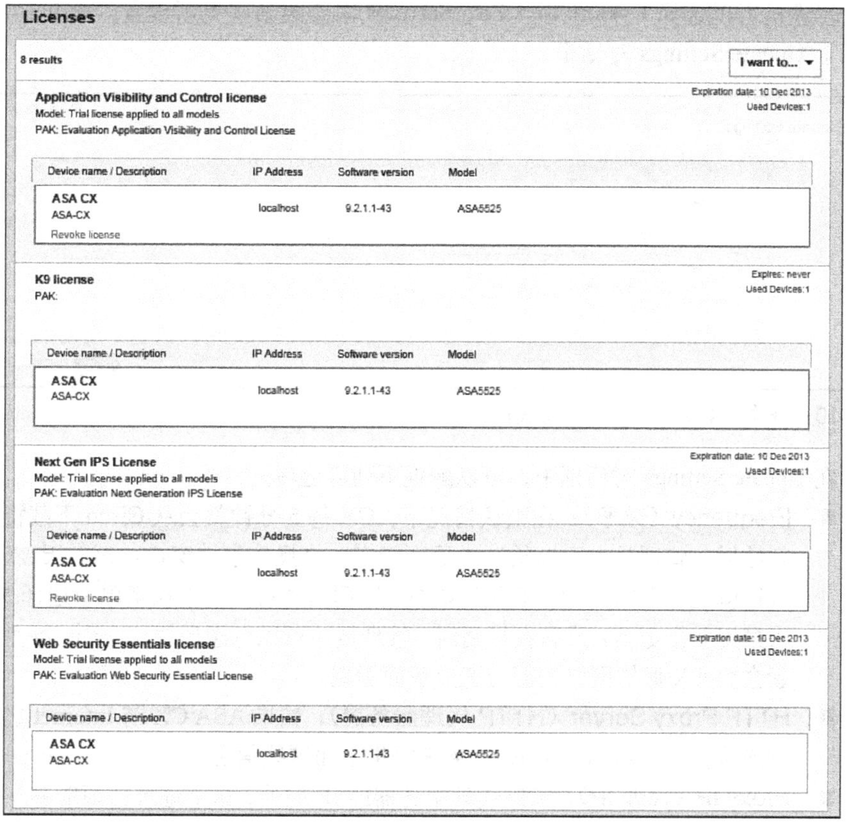

Licenses

8 results

I want to...

Application Visibility and Control license
Model: Trial license applied to all models
PAK: Evaluation Application Visibility and Control License

Expiration date: 10 Dec 2013
Used Devices:1

Device name / Description	IP Address	Software version	Model
ASA CX ASA-CX Revoke license	localhost	9.2.1.1-43	ASA5525

K9 license
PAK:

Expires: never
Used Devices:1

Device name / Description	IP Address	Software version	Model
ASA CX ASA-CX	localhost	9.2.1.1-43	ASA5525

Next Gen IPS License
Model: Trial license applied to all models
PAK: Evaluation Next Generation IPS License

Expiration date: 10 Dec 2013
Used Devices:1

Device name / Description	IP Address	Software version	Model
ASA CX ASA-CX Revoke license	localhost	9.2.1.1-43	ASA5525

Web Security Essentials license
Model: Trial license applied to all models
PAK: Evaluation Web Security Essential License

Expiration date: 10 Dec 2013
Used Devices:1

Device name / Description	IP Address	Software version	Model
ASA CX ASA-CX	localhost	9.2.1.1-43	ASA5525

图 9-9 ASA CX 许可证面板

9.4.4 组件与软件的更新

ASA CX 使用下面两类更新：

- 特征与引擎；
- 系统软件。

1. 特征与引擎

这种周期十分频密的更新是自动执行的，其目的是为了让 ASA CX 能够保持流量分类、应用身份和网络名誉评分的状态。管理员可以在 PRSM 找到 **Configurations > Updates** 来配置这类更新。Updates 界面会显示下列 CX 应用及其组件的当前版本和最新版本的时间戳。

- **Application Visibility and Control（应用可见性与控制，AVC）**：应用识别数据库。
- **Web Reputation Sanners（Web 名誉扫描，WBRS）**：URL 分类、Web 名誉评分，以及基于 IP 地址、主机名和域名的规则。
- **Security Application Sanners（安全应用扫描，SAS）**：HTTP 监控引擎与应用监控引擎。
- **Threat Protection（威胁保护，TP）**：在 ASA CX 9.2(1)及后续版本中，下一代 IPS 特性的特征和引擎打包文件。
- **CX Telemetry（CX 遥测）**：网络参与引擎和数据集。
- **IPS Base 名誉系统（IBRS）**：在 ASA CX 9.2(1)及后续版本中，已知恶意 Internet 端点的黑名单。

管理员可以选择 **I Want To > Edit Settings** 来修改某些更新设置。图 9-10 所示为系统打开了 Update Settings 对话框。

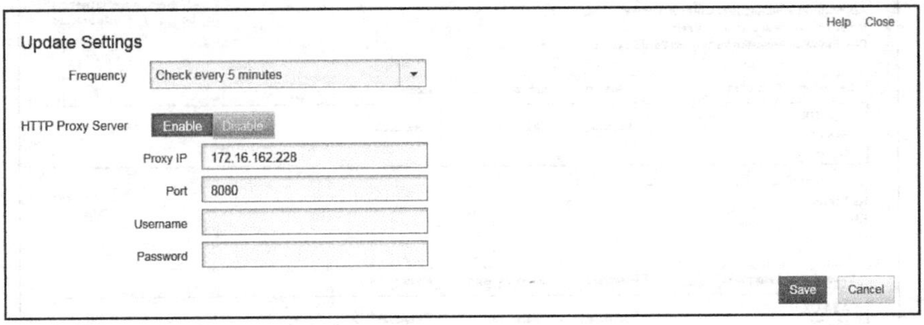

图 9-10　修改 CX 特征和引擎更新设置

在 Update Settings 对话框中，可以配置下列可选项。

- Frequency（频率）：在默认情况下，CX 每 5 分钟就会从 Cisco 下载特征和引擎更新数据。管理员也可以给这类更新指定一个操作事件窗口；每一天，CX 都会每 5 分钟就在这个窗口内下载更新数据。管理员也可以在下拉菜单中选择 **Never Check** 来禁用数据更新；只有在排错时，管理员才可以考虑选择这一项，因为禁用数据更新会给 CX 保护网络的能力造成负面影响。
- HTTP Proxy Server（HTTP 代理服务器）：如果 ASA CX 与 Internet 之间没有直接的连接，那么可以点击 **Enable** 来提供下面这些信息。
- Proxy IP（代理 IP）：指定代理服务器的 IP 地址。这个地址必须能够从 ASA CX 的管理 IP 地址进行访问。
  - Port（端口）：指定 HTTP 代理服务器的 TCP 端口。
  - Username（用户名）：如果代理服务器需要进行认证，那么需要在此指定用户名。
  - Password（密码）：如果代理服务器需要进行认证，那么需要在此指定相应的密码。

在将 ASA CX 连接到更新服务器时，管理员必须确保给 ASA CX 提供了一台有效的 DNS 服务器。管理员可以在 CLI 上来完成基本的配置，并以此修改 DNS 服务器配置，这一点我们已经在 9.3 节进行过介绍了。

2. 系统软件

如果管理员打算手动升级 CX 和 PRSM 系统镜像，需要在 PRSM 中找到 **Administration > Upgrade**。管理员必须在 Upgrade Package 标签下按照下面的步骤进行配置，来执行镜像文件的升级。

1. 选择 **I Want To > Upload an Upgrade Package** 从本地管理工作站中载入升级文件。
2. 在上传了升级的打包文件，并且能够在列表中看到这个文件之后，点击 **Upgrade** 查看这个镜像文件是否与 ASA CX 模块相互兼容。
3. 在评估过程完成之后，从可用的目标中选择要进行升级的本地 ASA CX 模块，然后再次点击 **Upgrade**。
4. 在系统提示管理员进行确认时，点击 **Start Upgrade** 来将打包文件应用到 ASA CX 设备上。

一定要在维护窗口时期内执行系统更新，这样才能避免对穿越设备的流量构成影响。升级系统有时候可能会要求 ASA CX 重新启动；如果在 ASA 故障倒换对中部署了 CX 模块，那么在 CX 升级之前不要在 ASA 上配置 CX 重定向策略，以避免故障倒换设备之间意外出现切换的事件。管理员可以使用 Upgrade Status 标签来监测系统升级的过程和此前系统升级的历史。

9.4.5 配置数据库备份

管理员应该频繁对 ASA CX 的配置数据库进行备份，备份数据库既可以通过 CX CLI 中的命令 **config backup** 手动来实现，也可以在 PRSM 中设置自动备份时间表。无论采取哪种方式，管理员都只能将数据库备份到一台 FTP 服务器上，而且这台 FTP 服务器必须能够从 ASA CX 管理接口进行访问。

在 PRSM 中，需要找到 **Administration > Database Backup** 来配置周期性的备份，如图 9-11 所示。

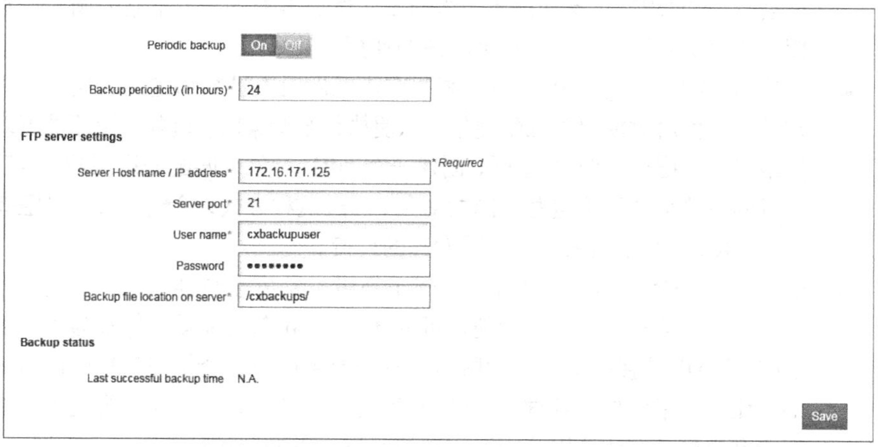

图 9-11 配置周期性的 CX 配置备份

这个界面中，必须按照下面的步骤进行配置。

1. 在 Periodic backup 部分点击 On 来启用计划备份功能。
2. 在 Backup perioicity(in hours)字段，输入管理员希望指定的数值。在默认情况下，备份每 24 小时执行一次。
3. 在 FTP server settings 区域配置下面的参数。
   - **Server Host name/IP address（服务器主机名/IP 地址）**：指定 FTP 服务器的主机名或 IP 地址。如果指定了一个主机名，那么 CX 就会通过配置的 DNS 服务器来解析这个主机名；除非管理员提供了 FQDN（全称域名），否则 CX 就会使用默认的域。在图 9-11 中，管理员将 172.16.171.125 指定为了 FTP 服务器的 IP 地址。
   - **Server port（服务器端口）**：设置 FTP 服务器监听的 TCP 端口。此处一般会使用默认值 21。
   - **User name（用户名）**：设置用来登录 FTP 服务器的用户名。
   - **Password（密码）**：设置登录 FTP 服务器的密码。
   - **Backup file location on server（在服务器上备份文件位置）**：设置负责保存备份数据库的那台 FTP 服务器的目录。

4. 点击 **Save** 立即应用所作的修改。由于执行配置数据库备份工作的是 PRSM，因此这些配置并不需要应用到 CX 上。

在这个界面的 Backup status 区域，可以看到上次成功的配置数据库备份是何时发生的。

9.5 定义 CX 策略元素

ASA CX 支持可感知上下文的策略，这些策略很可能包含了很多不同的标准，用来将流量与某种操作进行匹配。例如，当有些用户使用了某些应用从某个网络发来数据包时，管理员可以选择放行或阻塞这些用户发来的数据。管理员可以直接使用用户名、应用名称、IP 地址和其他参数来配置这种策略，也可以将很多属性结合在一起，创建自己的可复用策略组。在 CX 中，这类策略元素可以分为 3 大类。

- 对象（Object）：对象是对某种元素进行分组，以便能够在对象组或策略中进行调用。管理员可以使用对象来描述哪些连接与一个策略条目相匹配。例如，管理员可以创建一个 URL 对象来描述一组网站，然后再配置一个策略来调用该对象组，以阻塞所有访问该组中任何一个网站的连接。
- 对象组（Object group）：可以将很多不同的对象进行绑定，形成一个对象组。管理员可以使用对象组来匹配连接，以便执行某些策略。例如，管理员可以创建一个网络对象来描述一组 IP 子网，创建一个 URL 对象来匹配一组网站，然后再创建一个目的对象组来匹配这些不同的对象。通过这种方式，管理员就可以阻塞所有去往这些 URL 同时也是从某个子网发起的连接。
- 配置文件（Profile）：这类元素描述了高级 CX 安全特性的工作方式，以及管理员配置的策略动作。例如，管理员可以通过 Web 名誉配置文件来为阻塞去往恶意站点的 HTTP 连接定义一个门限值。管理员可以在各个策略条目中调用这些配置文件，让 CX 了解如何处理匹配的流量。例如，默认的 Web 名誉配置文件会阻塞所有恶意流量，即使调用该配置文件的策略设置的动作是放行。

ASA CX 带有许多预定义的对象，这些对象可以依据最常用的属性来匹配连接。例如，它带有一系列的 User Agent（用户代理）对象，可以放行或阻塞从一台 Linux 工作站或者一台 Apple iPhone 发来的流量。在 PRSM 中，可以找到 **Components > Objects** 来查看这些系统对象和配置文件。虽然这些预定义的对象不能修改，但是管理员可以添加自己的新对象、对象组和配置文件，具体方法是点击 **I Want To** 下拉箭头，并且从下拉列表中选择下列这些选项之一：

- Network Groups（网络组）；
- Identity Objects（身份对象）；
- URL Objects（URL 对象）；
- User Agent Objects（用户代理对象）；
- Application Objects（应用对象）；
- Secure Mobility Objects（安全移动对象）；
- Interface Roles（接口角色）；
- Service Objects（服务对象）；
- Application-Service Objects（应用服务对象）；
- Source Object Groups（源对象组）；

- Destination Object Groups（目的对象组）；
- File Filtering Profiles（文件过滤配置文件）；
- Web Reputation Profiles（Web 名誉配置文件）；
- NG IPS Profiles（下一代 IPS 配置文件）。

在创建或编辑这些策略元素时，必须通过设置一些常用的字段来给它提供一个标题，如图 9-12 所示。

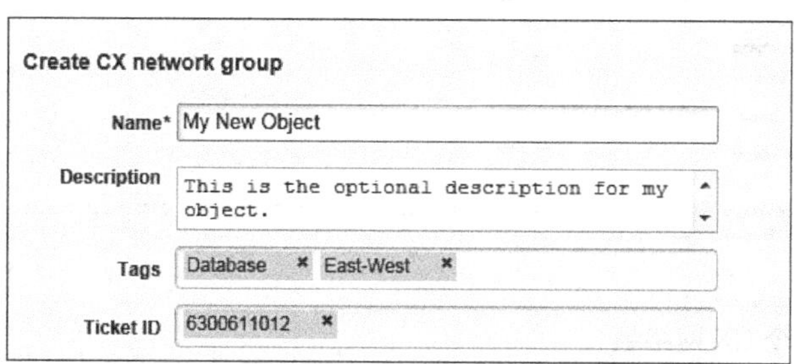

图 9-12 配置策略元素的标题

每个对象、对象组、策略或者其他类似的 CX 元素中，都会包含下面这些通用的属性。

- Name（名称）：每个元素都必须拥有一个唯一的名称。这个名称一定是描述性的。名称中也可以使用空格。
- Description（描述）：管理员也可以根据需要，提供另外一些文字性的描述信息。
- Tags（标记）：管理员可以根据需要，在此为对应的元素添加一些文字性的标记值。这样做可以便于管理员进行搜索和查询。在创建标记时可以使用空格，也可以为一个元素创建多个标记。在图 9-12 中，管理员为这个对象添加 Database 和 East-West 这样两个标签。
- Ticket ID（标签 ID）：这个字段的作用是在更改的管理设备上调用标签信息，或者对事件支持系统提供支持。管理员可以指定多个数值。在图 9-12 中，管理员将 6300611012 指定为了对应的外部修改管理记录。

策略元素中的其他部分因该元素的类型而定。当管理员开始输入时，可以看到 PRSM 会尝试自动根据此前配置的数值来补充 Tags 和 Ticket ID。如果想要移除此前配置的数值，可以点击旁边的 x 标记。在配置其他元素、策略和报告时，PRSM 也会采用这种方式与用户互动。

9.5.1 网络组

在选择 **I Want To > Add CX Network Group** 之后，系统会弹出图 9-13 所示的对话框。使用这种策略元素，即可根据 IP 地址来创建主机组和网络组。

管理员必须首先在元素标题中填写 Name 字段（我们在图 9-13 中将 Name 指定为了 Database Servers）。管理员还需要在底下的对象属性部分指定至少一个字段。每个对象都必须配置下面两个相互对等的属性。

- Include：如果连接属性匹配这些数值的其中之一，同时也匹配 Exclude 属性中的任何数值，那么连接属性即匹配这个对象。
- Exclude：如果连接属性匹配这些数值的其中之一，那么它就不匹配这个对象。这个属性的优先级高于 Include 集属性的优先级。

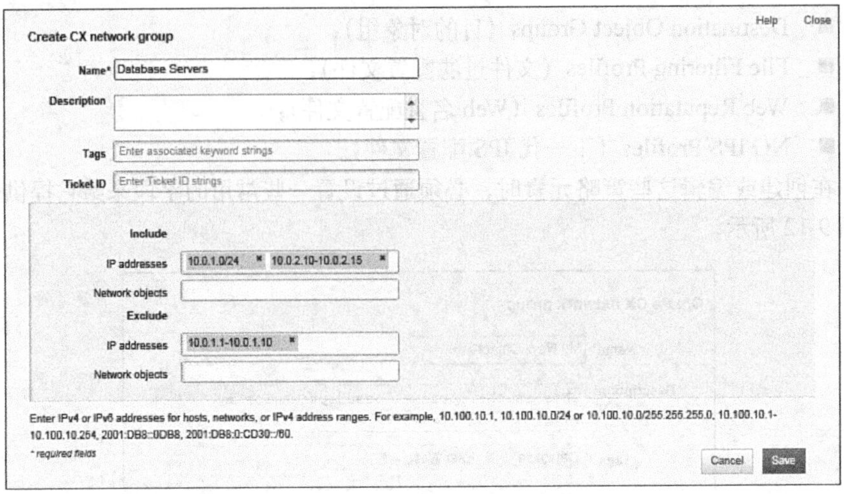

图 9-13　添加一个 CX 网络组

在定义网络组时，可以在 Include 和 Exclude 集中使用下面的属性。

- IP addresses：填入 IPv4 和 IPv6 地址、地址范围或子网。
- Network objects：填写此前配置的其他网络对象，以创建一个分层的对象集。在此，管理员会发现当自己开始输入条目时，PRSM 会自动补全。

在图 9-13 中，这个网络对象组会匹配下面的端点。

- （除 10.0.1.1~10.0.1.10 的主机之外）10.0.1.0/24 中的所有主机。
- 10.0.2.10~10.0.2.15 的主机。

管理员必须点击 **Save**，然后将所作的修改（即新创建的对象）推送给 ASA CX。

9.5.2　身份对象

在选择 **I Want To > Add CX Identity Object** 后，可以根据 AD 和 LDAP 用户和组来创建策略元素。当管理员需要在可感知上下文的策略中匹配连接源时，这种对象可以比 IP 地址更好地概括需要匹配的流量。管理员必须完成“启用用户身份服务”一节中的任务才能启用这项功能，读者会在本章稍后读到这一节的内容。

在创建这个策略时，管理员也同样需要配置对象的名称。图 9-14 中的配置就是为了创建一个名为 Special Project Users 的 CX 身份对象。管理员也可以填写描述信息、标记和标签 ID 字段，这些内容我们已经在之前进行了介绍。上述所有这些配置步骤都适用于配置所有的策略元素，也都需要在创建策略时执行。图 9-14 显示了配置 CX 身份对象时的独特属性。

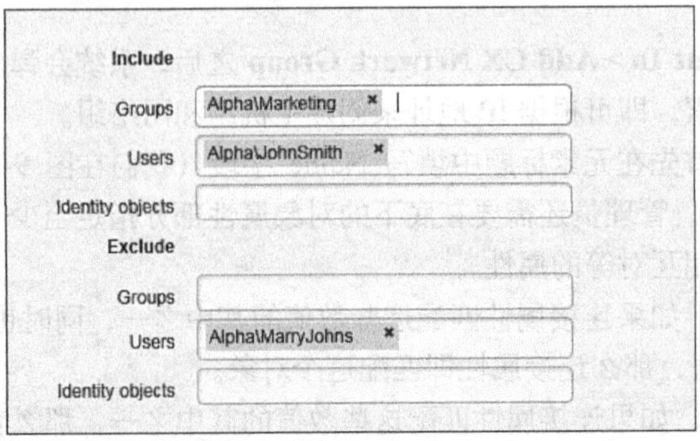

图 9-14　CX 身份对象属性

管理员可以在 Include 和 Exclude 集中设置下面的内容。

- Groups（组）：填写从 AD 或 LDAP 目录中获取的域组。在管理员配置 ASA CX 来集成用户身份之后，PRSM 会在管理员输入的时候，就尝试用实际域组来自动完成信息的输入工作。
- Users（用户）：在这里输入与组类似的域用户名，系统在此也提供了自动补全功能。
- Identity Objects（身份对象）：填写之前配置的 CX 身份对象或默认系统对象。默认的系统对象包括下面这些。
  - Known users（已知用户）：通过被动认证或主动认证而映射到有效用户的 IP 地址。
  - Unknown users（未知用户）：没有映射到有效用户的 IP 地址。

在图 9-14 中，CX 身份对象会匹配下面的实体。

- Alpha\Marketing 组（Alpha\MarryJohns 除外）中的所有用户。
- Alpha\JohnSmith 用户。

管理员必须点击 **Save**，然后将这个新创建的对象推送给 ASA CX。

9.5.3 URL 对象

如果管理员希望根据 Web 域名、URL 或 URL 分类的组合信息，来匹配连接目的，需要选择 **I Want To > Add URL Object**。配置这个特性要求系统安装了有效的 Web Security Essentials 许可证。

图 9-15 所示为配置一个名为 Blocked Auction Sites 的 URL 对象时，可以进行配置的属性内容。

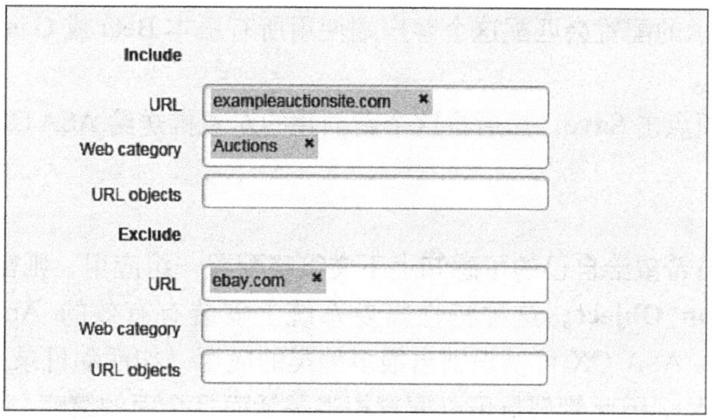

图 9-15 URL 对象属性

管理员可以在 Include 和 Exclude 集中设置下面的内容。

- URL：输入完整或一部分的主机名、域名或 URL。在这里可以使用尖角号（^）来匹配字符串的开头，用美元符号（$）来匹配字符串的结尾，用星号（*）来匹配字符串中的任意符号。如果指定域名，那么这个对象就会匹配该域名中的所有主机。
- Web category（Web 分类）：填写一种预定义的 URL 分类，如 Arts（文学艺术）或 Advertisements（广告）。ASA CX 会持续从 Cisco 下载 URL 分类数据。
- URL objects（URL 对象）：填写此前配置的其他 URL 对象。

在本例中，这个 URL 对象会匹配下面的目的地址。

- 除 ebay.com 之外，所有属于 Auction（拍卖）类的 Web。

- 所有域名 exampleauctionsite.com 下的主机和 URL。

管理员必须点击 **Save**，然后将这个新创建的对象推送给 ASA CX。

9.5.4　用户代理对象

如果管理员需要让 HTTP 连接匹配自定义的客户端 Web 浏览器，需要选择 **I Want To > Add UserAgent Object**。切记，ASA CX 自带了很多预定义的用户代理对象，这些对象可以覆盖大多数已知的程序和平台，比如 Google Chrome 浏览器和 Linux 操作系统。所以，管理员只需要在自定义客户端时创建用户代理对象。

在图 9-16 中，管理员正在给一个名为 Custom Browsers 的用户代理对象配置某些属性。

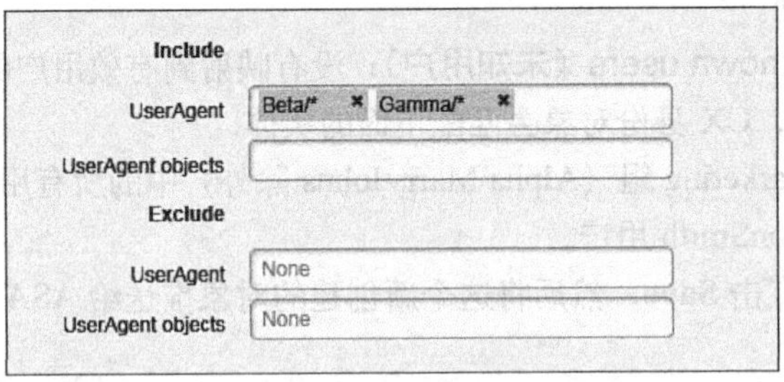

图 9-16　用户代理对象属性

管理员可以在 Include 和 Exclude 集中设置下面的内容。

- UserAgent（用户代理）：输入一个字符串，以匹配客户端发送的 HTTP 请求中的 User Agent 字段。可以用星号（*）来匹配字符串中的任意符号。
- UserAgent objects（用户代理对象）：列出其他预定义的系统或者此前配置的用户代理对象。

图 9-16 所示的配置会匹配这个客户端使用所有版本 Beta 或 Gamma 浏览器发起的任意 HTTP 连接。

管理员必须点击 **Save**，然后将这个新创建的对象推送给 ASA CX。

9.5.5　应用对象

如果管理员希望给自己的可感知上下文策略配置一组应用，则需要选择 **I Want To > Add Application Object**。这种特性需要系统上安装有有效的 Application Visibility and Control 许可证。ASA CX 可以识别出很多种类的应用（如活动目录）和小型应用（如各种 Facebook 小游戏），因此管理员可以配置相当灵活而且全面的策略，而不需要利用静态 TCP 和 UDP 端口来进行配置。如果希望查看系统所支持应用的完整列表，可以访问 PRSM 中的 **Components > Applications**。这个特性需要系统上安装有有效的 Application Visibility and Control 许可证。

在图 9-17 中，管理员正在给一个名为 Business Apps 的应用对象配置相关的属性。

管理员可以在 Include 和 Exclude 集中设置下面的内容。

- Application name（应用名称）：输入要匹配的已知应用列表。管理员在此也可以利用系统的自动补全功能。
- Application type（应用类型）：输入一种应用分类，如 Social Networking（社交网络）应用。
- Application objects（应用对象）：列出之前配置的其他应用对象。

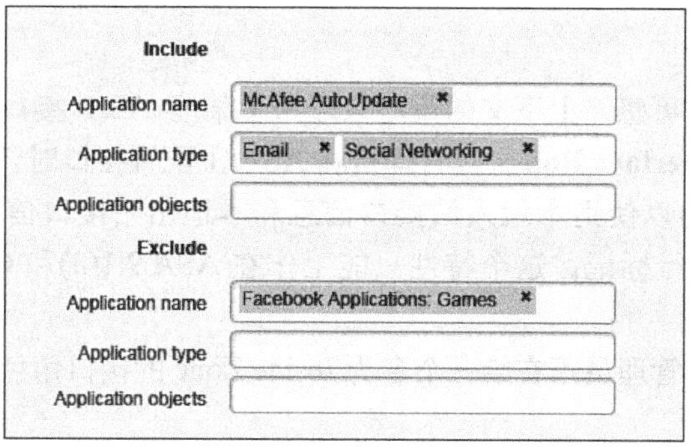

图 9-17 应用对象属性

在本例中，这个象会匹配包含下列应用的连接。

- McAfee AutoUpdate（McAfee 自动更新）。
- 所有电子邮件应用，如 Google Mail。
- 除 Facebook 游戏之外的所有社交网络应用。

管理员必须点击 **Save**，然后将这个新创建的对象推送给 ASA CX。

9.5.6 安全移动对象

如果管理员希望匹配可感知上下文策略中的某一类 AnyConnect 移动客户端设备，可以选择 **I Want To > Add Secure Mobility Object**。该移动客户端必须与机框 ASA 设备建立 VPN 连接，以便让 ASA CX 能够接收数据信息，并将这些信息作为重定向连接的元数据（中的一部分）。

在图 9-18 中，管理员正在给一个名为 Corporate Mobile Phones 的安全移动对象配置相关的属性。

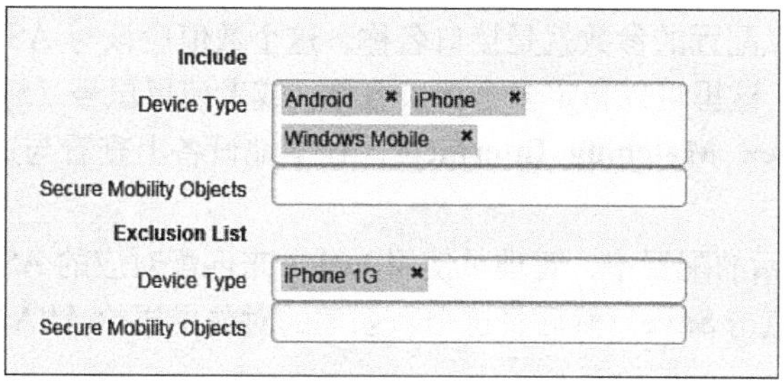

图 9-18 安全移动对象属性

管理员可以在 Include 和 Exclude 集中设置下面的内容。

- Device Type（设备类型）：从预定义的设备类型列表中进行选择，如选择 Android 或 MacOS。
- Secure Mobility Objects（安全移动对象）：指定之前配置的安全移动对象，或者 **All Remote Devices**（所有移动设备）。

在图 9-18 中，这个安全移动对象会匹配下面的移动 AnyConnect 客户端。

- 所有使用 Android 和 Windows Mobile 系统的设备。
- 除第一代 iPhone 之外的所有 iPhone 设备。

管理员必须点击 **Save**，然后将这个新创建的对象推送给 ASA CX。

9.5.7　接口角色

如果希望某些可感知上下文的策略只应用于某些 ASA 接口之间的流量，可以选择 **I Want To > Add Interface Role**。当管理员在 ASA 上配置接口时，ASA CX 也可以自动接收更新信息。ASA 可以使用本地入站接口信息和本地出站接口信息，来对每一个重定向到 CX 模块的流量进行标记。这个特性只能工作在 ASA 9.1(3)和 CX 9.2(1)及后续版本的系统上。

在图 9-19 中，管理员正在给一个名为 Inside Zone 的接口角色对象配置这个对象特有的属性。

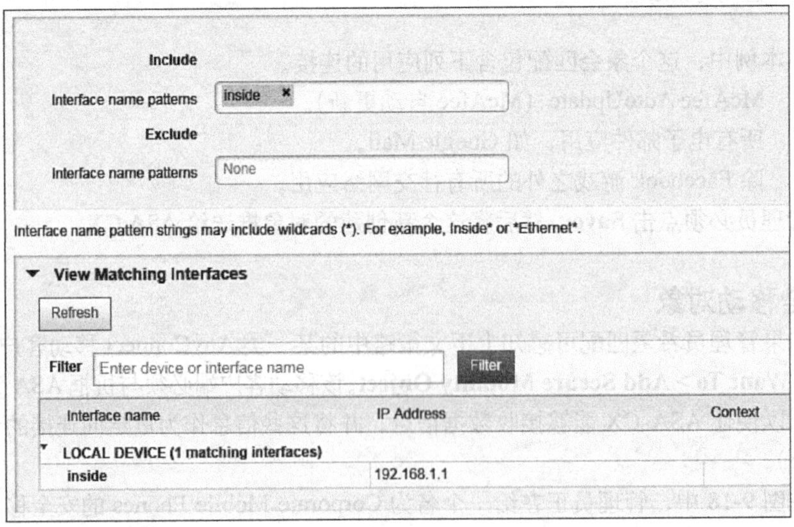

图 9-19　接口角色属性

这里唯一可以配置的参数就是接口名称。这个数值应该与 ASA 上通过 **nameif** 命令指定的名称相对应。这里可以指定多个接口名称，或者使用星号（*）来匹配名称的模式。管理员可以点击 **View Matching Interfaces**，在本地设备上查看与这种模式相匹配的已配置 ASA 接口列表。

在图 9-19 所示的配置中，管理员使用 **inside** 来匹配对应的 ASA 接口。

管理员必须点击 **Save**，然后将这个新创建的对象推送给 ASA CX。

9.5.8　服务对象

如果管理员希望创建自定义的 IP、ICMP、TCP 和 UDP 协议的端口号及端口范围，所有这些属性组合，需要选择 **I Want To > Add Service Object Group**。ASA CX 预定义了很多服务对象，如匹配 ICMP Echo Reply 数据包的 **icmp-echo** 对象组。管理员往往需要为了自定义网络应用，或者将不同的服务（如 FTP、HTTP）划分进一个策略实体中，而创建自己的服务对象组。

在给服务对象组进行命名时，管理员只能使用字母、数字、下划线、横线（即破折号）和句号。和定义其他对象及对象组的区别在于，管理员在此不能使用空格。这是 ASA CX 命名策略和策略元素的方式中几个例外的命名方式之一。图 9-20 所示为一个名为 database-tcp-9990-9999 的服务对象组属性。

Service tcp/9990-9999
Service objects All

图 9-20 服务对象组属性

对象组和对象有所不同，对象组不提供 exclude 这种元素。管理员可以使用 exclusion 选项来构建对象，然后再使用对象组来将多个对象绑定在一起。管理员可以在一个服务对象组中包含下面的元素。

- Service（服务）：分别以 IP/*protocol* 这种格式列出 IP 协议号，以 ICMP/*type* 这种格式列出 ICMP 消息，以 TCP/*port* 和 UDP/*port* 的形式列出 TCP 和 UDP 端口号。这里也可以使用协议号和端口号的范围，以及底部属性区域中的其他参数。
- Service Objects（服务对象）：选择预定义的系统对象或者之前配置的服务对象组。

图 9-20 中所示的服务对象组可以匹配从 9990～9999 之间的 TCP 端口号。这种对象组可以根据管理员的策略应用到连接的源和对象。

管理员必须点击 **Save**，然后将这个新创建的对象推送给 ASA CX。

9.5.9 应用服务对象

如需创建一系列服务和应用对，需要选择 **I Want To > Add Application-Service Object**。这里我们配置的其实是一种对象组（而不是对象），这种对象组可以匹配使用相应 IP 协议、ICMP 消息、TCP 或 UDP 端口或这些元素服务对象组的应用。使用这种特性要求系统中安装了有效的 Application Visibility and Control 许可证。

在图 9-21 中，管理员正在给一个名为 Backup Tier 的应用服务对象配置相关的属性。

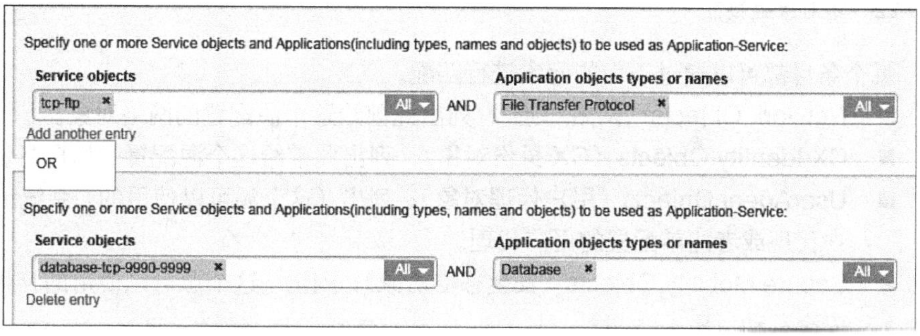

Specify one or more Service objects and Applications(including types, names and objects) to be used as Application-Service:
Service objects
tcp-ftp
All
AND
Application objects types or names
File Transfer Protocol
All
Add another entry
OR
Specify one or more Service objects and Applications(including types, names and objects) to be used as Application-Service:
Service objects
database-tcp-9990-9999
All
AND
Application objects types or names
Database
All
Delete entry

图 9-21 应用服务对象属性

每个条目都可以配置下面的内容。

- Service Objects（服务对象）：选择预定义的系统对象或者之前配置的服务对象组。
- Application Object Types or Names（应用对象类型或名称）：列出之前配置的应用对象或预定义的系统应用。管理员也可以再次使用预定义的应用类别，如 Social Networking（社交网络）。

只有当特定应用或应用类别使用了服务对象和对象组中指定的协议或端口时，条目才会匹配这条连接。管理员可以点击 **Add Another Entry** 来创建多个匹配对。一条连接必须匹配应用服务组中的所有这些条目。

图 9-21 所示的配置会匹配下面的连接。

- 所有通过标准 TCP 21 号端口建立的 FTP 连接。
- 所有通过端口号在 9990～9999 之间的 TCP 协议建立的数据库连接。

管理员必须点击 **Save**，然后将这个新创建的对象推送给 ASA CX。

9.5.10　源对象组

如果管理员希望创建一组元素来匹配可感知上下文策略中的某个连接源，可以选择 **I Want To > Add Source Object Group**。这些元素来自于系统预定义或管理员手动预配置的对象和对象组。切记，对于匹配连接源和匹配连接目的的对象组，系统支持的元素集是不同的。

在图 9-22 中，管理员正在给一个名为 Database Clients 的源对象配置相关的属性。

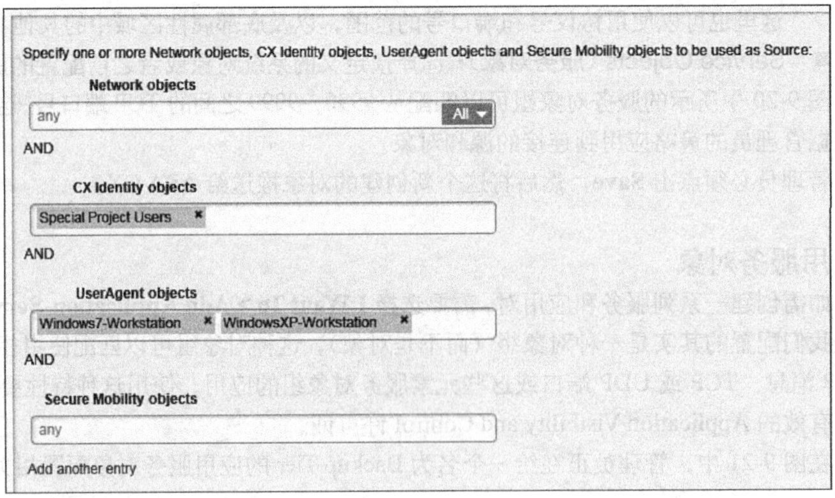

Specify one or more Network objects, CX Identity objects, UserAgent objects and Secure Mobility objects to be used as Source:

Network objects

any　All

AND

CX Identity objects

Special Project Users

AND

UserAgent objects

Windows7-Workstation　WindowsXP-Workstation

AND

Secure Mobility objects

any

Add another entry

图 9-22　源对象组属性

每个条目都可以通过下面的元素进行匹配。

- Network Objects（**网络对象**）：列出此前给这个源配置的网络对象。
- CX Identity Objects（**CX 身份对象**）：列出此前给这个源配置的用户身份元素。
- UserAgent Objects（**用户代理对象**）：列出（这个源可以使用的）系统预定义的用户代理或者此前配置的用户代理。
- Secure Mobility Objects（**安全移动对象**）：列出（这个源可以使用的）此前配置的安全移动对象。

要让连接的源来匹配对象组条目，所有其包含的元素都必须匹配。如果不希望匹配连接的某些元素，可以在相关部分保留 **any**。如果管理员希望用多个组条目来匹配连接源，可以点击 **Add Another Entry**；当连接源匹配了列表中的至少一个条目时，它也就匹配了整个服务对象组。

在图 9-22 所示的配置中，管理员使用了之前创建的 Special Project User 身份组来匹配那些从 Windows 7 和 XP 工作站发来的连接。

管理员必须点击 **Save**，然后将这个新创建的对象推送给 ASA CX。

9.5.11　目的对象组

管理员可以在自己的可感知上下文策略中，选择 **I Want To > Add Destination Object**

Group 来针对某个目的创建匹配标准。一般来说，管理员会通过这种类型的对象组来匹配 HTTP 连接，因此使用这个特性要求系统安装了有效的 Web Security Essentials 许可证。

在图 9-23 中，管理员正在给一个名为 Cloud Web 的目的对象组配置相关的属性。

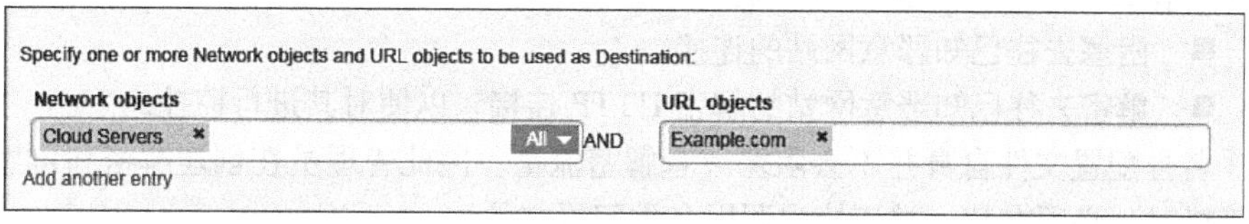

Specify one or more Network objects and URL objects to be used as Destination:		
Network objects		URL objects
Cloud Servers ✖ All ▾	AND	Example.com ✖
Add another entry		

图 9-23 目的对象组属性

管理员可以使用下面的元素对来匹配目的地址。

- **Network Objects（网络对象）**：列出此前配置的基于 IP 地址的网络对象。
- **URL Objects（URL 对象）**：列出此前配置的 URL 对象。

当 IP 地址和 URL 部分都能够与连接相匹配时，连接目的才会成功匹配。换句话说，客户端必须尝试从一个 Web 服务器列表中获取一个特定的 URL。点击 **Add Another Entry** 可以基于其他属性对来匹配目的对象。

在图 9-23 所示的配置中，当客户端尝试访问 Cloud Server 组服务器上 Example.com 对象中的 URL 或域，这个连接就会匹配对象组。

管理员必须点击 **Save**，然后将这个新创建的对象推送给 ASA CX。

9.5.12 文件过滤配置文件

管理员可以选择 **I Want To > Add File Filtering Profile**，来定义需要 ASA CX 在传输连接中阻塞的文件类型（如 HTTP）。在创建可感知上下文的策略时，管理员可以将这些配置文件应用于某一类连接。

这些配置文件也和所有其他策略元素一样，必须提供一个独一无二的名称。在这个示例中，管理员以 Bad Files 作为文件过滤配置文件的名称。此外，管理员也同样可以配置各类配置文件的描述、标记和标签 ID。图 9-24 显示了文件过滤配置文件独有的属性。

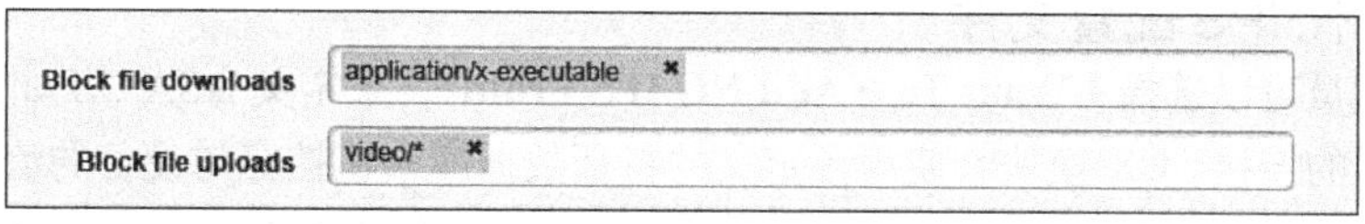

Block file downloads	application/x-executable ✖
Block file uploads	video/* ✖

图 9-24 文件过滤配置文件属性

文件过滤配置文件可以支持下列参数。

- **Block File Downloads（阻塞文件下载）**指定不希望用户下载的 MIME（多用途互联网邮件扩充协议）类文件。管理员可以从一个系统预定义的 MIME 类型中进行选择。
- **Block File Uploads（阻塞文件上传）**：同样，管理员也可以指定管理员不希望用户上传的 MIME 类文件。

图 9-24 所示的文件过滤配置文件会阻塞所有可执行文件通过 HTTP 连接下载，也会阻塞所有视频文件通过 HTTP 连接上传。

管理员必须点击 **Save**，然后将这个新创建的对象推送给 ASA CX。

9.5.13 Web 名誉配置文件

管理员可以选择 **I Want To > Add Web Reputation Profile**，来让用一个名誉评分门限值匹配所有 HTTP 连接。创建 Web 名誉配置文件有下列两种用途：

- 阻塞去往已知恶意网站的连接；
- 解密去往已知恶意网站的解密 HTTP 连接，以便对其进行监控。

名誉配置文件自身并不会阻塞或者解密流量，因此管理员在创建解密和可感知上下文的策略时，必须在某一类连接中调用名誉配置文件。

图 9-25 所示为一个（名为 HTTP Decryption 的）Web 名誉配置文件的特有属性。

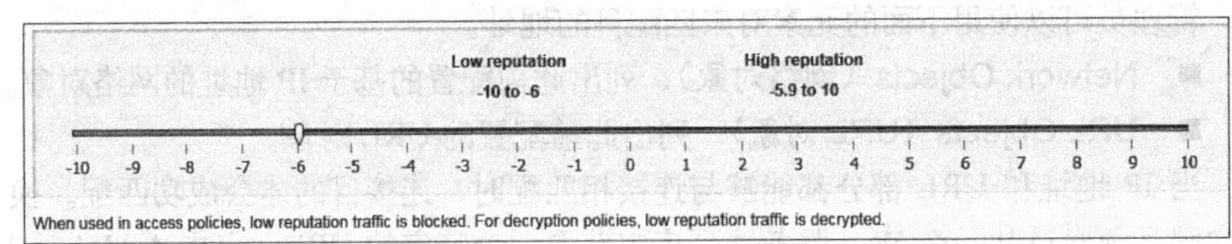

图 9-25 Web 名誉配置文件属性

管理员可以通过滑块来定义哪些评分的 Web 属于低名誉类。完整的取值范围为-10~10，其中-10 代表名誉最差，而 10 代表名誉最佳。管理员可以根据下面对于不同评分的定义，来判断如何正确地设置门限值：

- 评分在-10～-6 之间代表已知恶意站点；
- 评分在-6～-3 之间代表用户追踪和可疑站点；
- 评分在-3～0 之间代表用户创建的内容；
- 评分在 0～5 之间代表经过第三方认证的站点；
- 评分在 5～10 之间代表经过已经使用的和相当安全的站点。

读者可以访问 http://www.senderbase.org/来查看某个网站的名誉评分。在默认情况下，低名誉站点和高名誉站点之间的门限值会被设置在-6，如图 9-25 所示。

管理员必须点击 **Save**，然后将这个新创建的对象推送给 ASA CX。

9.5.14 下一代 IPS 配置文件

管理员可以选择 **I Want To > Add NG IPS Profile**，来定义 ASA CX 如何处理包含已知安全协议的连接。CX 模块会使用预定义的特征数据库来监控穿越设备的流量，模块会不断从 Cisco 来获取特征更新。管理员既可以使用默认的 NG IPS 配置文件，也可以创建自定义的配置文件，在可感知上下文的策略中指定流量的类型。只有安装了 NG IPS 许可证和 9.2(1)及后续版本的系统才能够支持这项特性。

图 9-26 所示为（一个名为 Threat Protection 的）自定义 NG IPS 配置文件的专有属性。用户可以定义下述 NG IPS 参数。

- **Action thresholds（动作门限）**：根据从 0（最低）～100（最高）的威胁安全级别，使用滑块来设置哪些连接应当按照下列相应的方式进行处理。
  - **Allow & Don't Monitor（允许且不监测）**：允许连接穿越 NG IPS，并且不对此创建任何告警。切记，设备上还应用了其他的可感知上下文策略，因此模块还是有可能会出于其他原因来拒绝这条连接。在默认情况下，威胁评分在 0～40 的连接会按照这种方式进行处理。

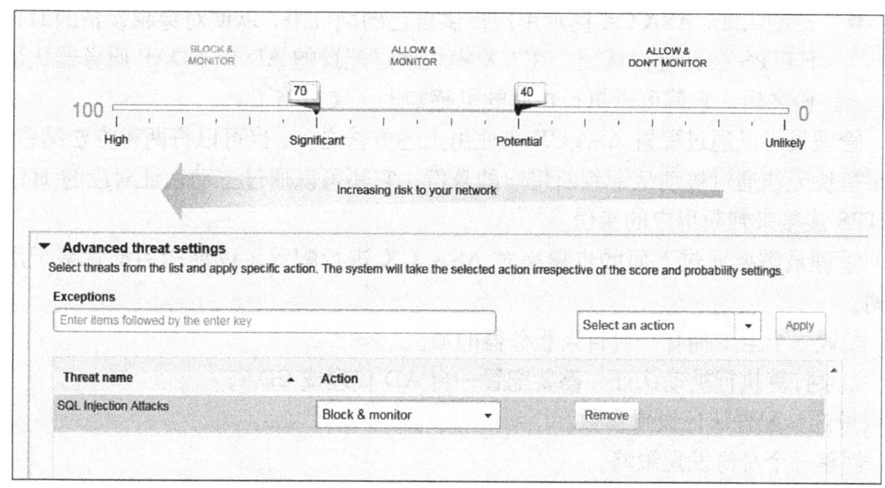

图 9-26 NG IPS 配置文件属性

- Allow & Monitor（**允许且监测**）：首先对连接生成一个事件消息，然后再允许连接穿越 NG IPS。同样，设备上还有其他的可感知上下文策略会影响它的操作。在默认情况下，威胁评分在 41～70 的连接会按照这种方式进行处理。
- Block and Monitor（**阻塞并监测**）：在 NG IPS 上阻塞这条连接，同时生成响应的事件消息。即使其他可感知上下文的策略放行了这种流量，设备对这类流量还是会按照这种方式来进行处理。在默认情况下，威胁评分在 71～100 的连接会按照这种方式进行处理。

- Advanced Threat Settings（**高级威胁设置**）：这里的设置会覆盖各个特征自身的默认行为。管理员需要在 Exceptions（例外）字段输入特征的名称，然后从 Action 下拉列表中选择希望设备执行的动作，然后点击 **Apply**。管理员可以通过 **Components > Threats** 来查看 NG IPS 的完整特征集以及它们各自的定义。管理员可以创建多个例外（exception）的处理方式。

图 9-26 所示的配置使用了默认的动作门限设置，但 CX 还是会阻塞所有 SQL 注入攻击，无论相关威胁的评分是多少。

管理员必须点击 **Save**，然后将这个新创建的对象推送给 ASA CX。

9.6 启用用户身份服务

ASA CX 需要借助用户身份信息有以下两大原因：

- 在 PRSM 和 SSH 中认证管理用户；
- 将用户信息包含到可感知上下的策略策略中，以匹配穿越设备的连接。

使用用户身份信息取代传统的 IP 地址来创建安全策略有如下好处：

- 这些策略可以透明地支持动态 IP 地址分配机制，如 DHCP（动态主机配置协议）；
- 用户可以从任意地方（无论是否在这个网络当中）使用任意设备访问受保护资源；
- 用来执行所有访问认证目的的用户证书都可以保存在一个集中式的安全数据库中。

ASA 可以用下面两种方式来判断用户身份。

- **被动认证**：外部 Cisco AD 代理或 Cisco CDA 订阅域登录事件，并记录用户名与 IP 地址之间的映射关系。ASA CX 会连接到 AD 代理或 CDA，并获取这些映射关系，以便将连接与用户身份之间建立关联。

- **主动认证**：ASA CX 提示用户提供自己的域证书，以便对穿越设备的 HTTP 会话和 HTTPS 会话进行认证。在 CX 模块通过配置的 AD 或 LDAP 服务器认证了用户身份之后，它就可以执行相应的可感知上下文策略了。

管理员可以通过配置 ASA CX 来使用上述方法之一，也可以将两种方法结合起来使用。如果模块无法通过被动认证判断用户的身份，它还可以通过主动认证对应的 HTTP 或解密 HTTPS 连接来判断用户的身份。

管理员需要通过下面的步骤来对 ASA CX 进行配置，以便稍后配置基于用户身份的策略。

1. 配置一个至少拥有一台目录服务器的域。
2. 如果打算执行被动认证，需要配置一台 AD 代理或 CDA。
3. （可选）配置认证设置参数。
4. 创建一个身份发现策略。

9.6.1 配置目录服务器

管理员可以使用相同的目录服务器来完成下列任务：

- 远程认证 PRSM 管理用户；
- 主动认证穿越设备的连接，以获取用户的身份；
- 获取域组和成员用户的列表，以便配置和实施基于用户身份的策略。

在创建目录域并将其关联到目录服务器时，需要在 PRSM 中找到 **Components > Directory Realm**，然后执行下面的步骤。

1. 选择 **I Want To > Add Realm**。图 9-27 所示为打开的对话框。

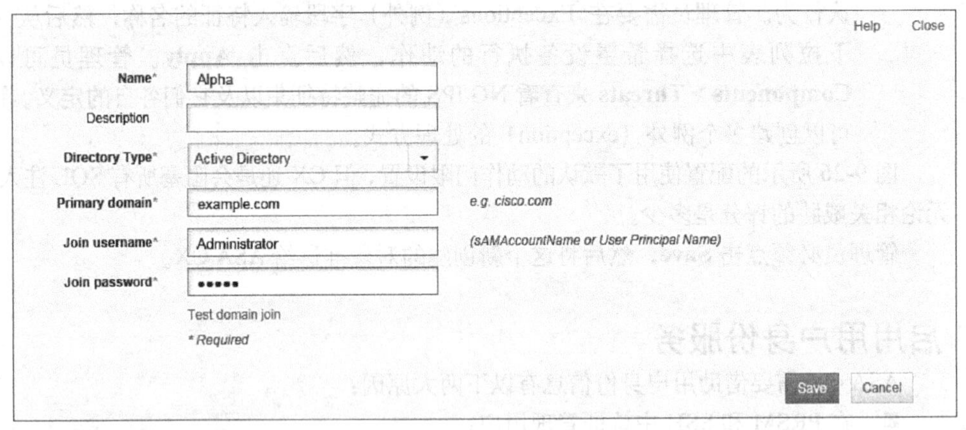

图 9-27 创建一个目录域

填写下面的内容。

- Name（名称）：虽然这个名称只有本地意义，但是这个名称往往应该与 AD 域相匹配。当管理员配置用户身份策略以及查看各类面板和报告时，PRSM 都会显示这个名称。
- Description（描述）：为这个域输入文字类的描述信息。
- Directory Type（目录类型）：针对认证用户身份选择 **Active Directory** 和 **Standard LADP**。在对穿越设备的连接实施被动认证时，管理员往往会使用 AD 进行认证。

- Primary Domain（主域）：只有在配置 AD 域的时候，才可以配置这个选项。管理员需要在这里配置正式的 AD 域名。如果管理员为目录域选择使用 AD，那就要确保 CX 用来执行域名解析的那台 DNS 服务器能够解析请求被管理网络域名的请求。
- Join Username（加入用户名）：只有在配置 AD 域的时候，才可以配置这个选项。管理员需要在这里配置 AD 用户的名称，这里配置的 AD 用户可以在这个域中添加或删除设备。
- Join Password（加入密码）：只有在配置 AD 域的时候，才可以配置这个选项。管理员需要在这里为这个域的 AD 用户配置密码。管理员可以点击 **Test Domain Join** 来验证相关的连接信息和用户证书。在测试成功之后，可以点击 **Save** 来创建目录域和相关的默认用户身份发现策略。管理员只能创建一个 AD 目录域，但是可以创建多个 LDAP 域。

2. 在新创建的目录域中点击 **Add New Directory**（添加新目录）将这个域与一台目录服务器进行关联，如图 9-28 所示。

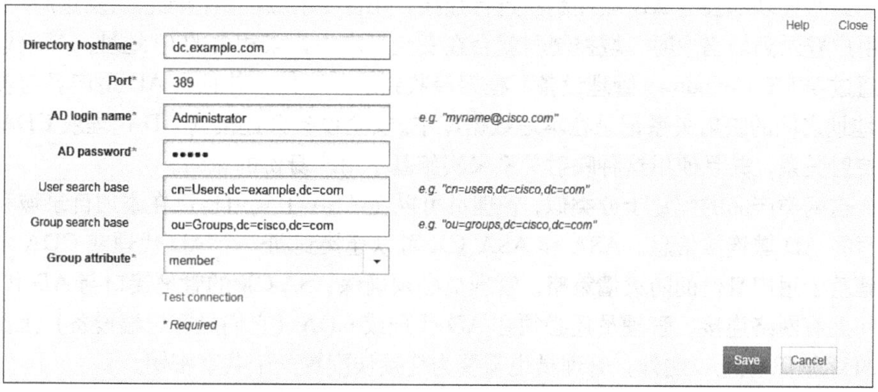

图 9-28 向域中添加一个目录服务器

添加新的 AD 服务器需要配置下面的内容。

- Directory Hostname（目录主机名）：输入这个 AD 服务器的 IP 地址或 FQDN。在图 9-28 中，管理员输入的 FQDN 为 dc.example.com。如果使用 FQDN，一定要保证自己在初始设置阶段，在 CX 上配置的 DNS 服务器可以解析出这个域名。
- Port（端口）：指定连接到这台目录服务器时使用的 TCP 端口。ASA CX 只支持通过 389 端口发起明文的连接，因此管理员一般不应该修改默认的设置。
- AD Login Name（AD 登录名）：管理员一般需要在此指定目录连接的有效用户。
- AD Password（AD 密码）：输入域用户的密码。
- User Search Base（用户搜索库）：输入 LDAP 或 AD 中用户信息所在位置的分级目录。这里输入的所有数值都是区分大小写的。如果不填写任何内容，那么 CX 就会尝试通过 Directory Hostname 字段填写的域名来构建搜索库。如果管理员希望通过 IP 地址来指定目录服务器，就必须填写这个字段。在图 9-28 中，管理员将用户搜索路径指定为了 cn=Users,dc=example,dc=com。
- Group Search Base（组搜索库）：这个字段和 User Search Base 类似，它定义了域名组在 LDAP 和 AD 分级目录中的位置。在图 9-28 中，管理员将组搜索路径指定为了 ou=Groups,dc=cisco,dc=com。
- Group Attribute（组属性）：对于 AD，这个值一般应该设置为 **member**。

点击 **Test Connection** 来验证用户是否能够成功访问 AD 服务器。在确认连接正常之后，点击 **Save** 关闭这个窗口。

3. （可选）重复前面的步骤向目录域中添加更多目录服务器。显示的顺序也就是 CX 模块使用服务器的优先顺序。如果列表中的第一台服务器不可用，模块就会尝试使用下一台服务器来获取用户身份信息。
4. 完成之后，在 PRSM 中确认自己所作的配置更改，并且将这些配置推送到 CX 模块上。

9.6.2 连接到 AD 代理或 CDA

如果想要通过被动认证来判断用户的身份信息，ASA CX 就必须连接到下面这些实体之一。

- AD 代理：这种软件包安装在 AD 域中的一台 Microsoft Windows 主机上。
- CDA：这是一款独立的产品，它可以以虚拟机的形式运行在网络中的一切地方。这是本书推荐的选项。

这些代理都会与 AD 域控制器进行连接，并且要求域控制器向它们发送用户登录事件。当用户登录到域当中时，域控制器就会在安全日志中记录相关的 IP 地址。AD 代理或 CDA 会通过 WMI（Windows 管理设备）框架接收到这些事件，并且将 AD 用户名与客户端设备 IP 地址之间的映射关系记录在本地数据库中。安全设备会连接到 AD 代理或 CDA 来获取这些映射关系，并且使用这种映射关系来实施基于用户身份的策略。

这两类产品的配置十分类似，管理员可以在 ASA 上复用自己在添加目录域和服务器时填写的 AD 域连接信息。ASA 和 ASA CX 可以连接到同一个 AD 代理或 CDA 示例上，来实施基于用户身份的防火墙策略。管理员必须确保 ASA CX 的管理接口与 AD 代理或 CDA 之间拥有网络连接。管理员还必须在 AD 代理或 CDA（它们是客户端设备）上配置 CX 模块的管理 IP 地址；此外，管理员也需要为连接诶配置一个共享密钥。

在配置好 AD 代理或 CDA 之后，可以在 PRSM 中找到 **Configurations > Policies/Settings**。然后点击这个标签菜单的下拉箭头（在 Overview 标签的邮编），选择 Authentication and Identity（认证与身份）设置下的 **AD Agent**。此时，系统会显示图 9-29 所示的对话框。

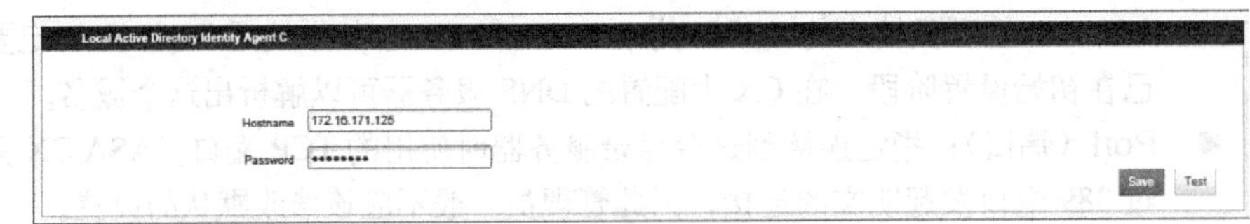

图 9-29 建立 AD 代理或 CDA 连接

在这个对话框中需要配置下面的内容。

- Hostname（主机名）：输入 AD 代理或 CDA 主机的 IP 地址或 FQDN。
- Password（密码）：在将 ASA CX 配置为客户端时，输入在 AD 代理或 CDA 上配置的共享密钥。

9.6.3 调试认证设置

在 PRSM 中，管理员可以通过 **Configurations > Policies/Settings**，来（可选地）修改默认 ASA CX 认证设置，接着点击标签菜单的下拉箭头，并选择 Authentication and Identity（认证与身份）下面的 **Auth Settings**。图 9-30 所示为系统打开的对话框。

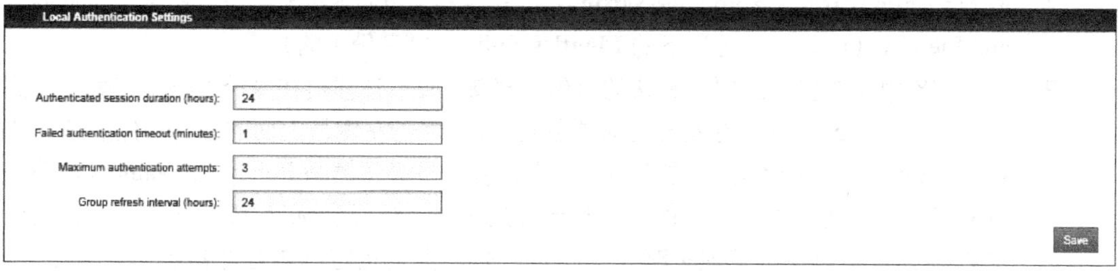

图 9-30 修改用户认证设置

在这个对话框中可以修改下面的设置。

- Authenticated Session Duration(Hours)（**认证会话周期——以小时为单位**）：指定 ASA CX 应该让一组 IP 地址与用户名之间的映射关系保留多长时间，然后再执行下一次认证。这个值主要应用于活动认证，因为 AD 代理或 CDA 可能很快就会清除或更新映射关系。管理员必须以小时为单位设置这个数值，默认的认证会话周期为 24 小时。
- Failed Authentication Timeout(Minutes)（**失败认证超时——以分为单位**）：如果用户超出了活动认证尝试的最大次数，ASA CX 在多长时间之内不会尝试再次对该用户进行认证。在这段时间间隔内，CX 模块会将该用户发起的所有连接都分类为未知连接。除非管理员配置了传统的（以 IP 地址为标准的）访问规则，否则用户无法再通过 ASA CX 建立连接。管理员必须以分为单位指定这里的数值，默认的时间间隔为 1 分钟。
- Maximum Authentication Attempts（**最大尝试认证次数**）：设置用户最多可以尝试进行认证，并且全部失败的次数。达到该次数之后，用户就会触发失败认证超时。用户默认可以尝试进行 3 次认证。
- Group Refresh Interval(hours)（**组刷新间隔——以小时为单位**）：定义 CX 从 AD 或 LDAP 目录服务器获取组和用户成员列表的频率。ASA CX 只会获取管理员在基于用户身份的策略中指定的组。如果管理员在 AD 或 LDAP 一侧对组或成员进行了修改，那么 CX 在下一次刷新之前就不会发现管理员进行了修改。管理员必须以小时为单位来配置时间间隔，默认的组刷新间隔为 24 小时。如果管理员确认了自己之前配置的策略，而该策略中又调用了这个组，那么 CX 就会当即更新这个组的成员信息。

完成之后点击 **Save**，确认自己所作的修改，并将其推送给 ASA CX。

9.6.4 定义用户身份发现策略

在配置身份发现策略时，可以配置下面的参数：

- 哪种流量可以触发 ASA CX 去发现用户身份；
- ASA 应该使用哪些方法来识别各类型流量的用户；
- 哪些客户端不应该执行用户身份发现。

切记，用户身份发现策略本身并不会放行或阻塞流量。它只会让 CX 根据 IP 地址来发现用户的身份，然后在应用真正的可感知上下文策略时，让 CX 针对穿越设备的连接使用应用映射信息。

在 PRSM 中，需要通过下面的步骤来配置身份发现策略。

1. 找到 **Configurations > Policies/Settings**，点击标签菜单的下拉箭头，然后选择 Authentication and Identity（认证与身份）下的 **Identity Policies**（身份策略）。
2. ASA CX 中应该已经配置了默认的身份策略集。如果管理员在身份策略集列表中看到的是 No Items Found（没有发现任何项目），可以点击左侧最上面的图标，然后选择 **Add Policy Set**（添加策略集）。在新的窗口中，管理员必须填写 Policy Set Name（策略集名称）字段，也可以根据自己的需要指定描述信息、标记和标签 ID。所有这些需要指定的内容都和此前介绍其他策略元素和策略时，需要指定的内容非常类似。点击 **Save Policy Set**（保存策略集）继续进行配置。
3. 选择配置的身份策略集，点击左侧上数第二个图标，然后选择 **Add Policy at the Top**（在顶部添加策略）。
4. 在 Edit Policy（编辑策略）界面中，管理员需要在 Policy Name（策略名）字段输入一个独一无二的名称。管理员也可以在此使用 Enable Policy 来激活或反激活这个策略条目。在默认情况下，这个策略是启用的（On）。
5. 完成流量选择的设置，如图 9-31 所示。

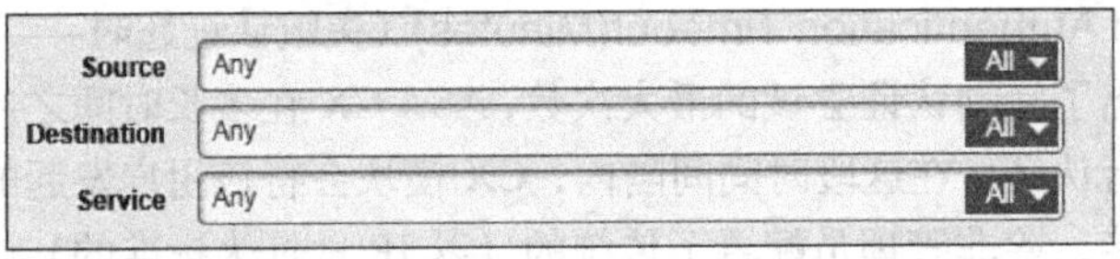

Source	Any	All
Destination	Any	All
Service	Any	All

图 9-31 在身份策略中选择流量

管理员可以使用下面的标准进行匹配。

- Source（源）：选择此前配置的基于 IP 地址的网络对象，来匹配连接的源。
- Destination（目的）：选择此前配置的基于 IP 地址的网络对象，来匹配连接的目的。
- Service（服务）：为 IP、ICMP、TCP 或 UDP 服务选择预定义的系统对象，或者使用此前配置的服务对象。如果管理员使用了某个 UDP 或 TCP 端口，管理员需要匹配连接的目的端口。

管理员可以在所有上述字段都保留默认的 **Any** 值，让所有连接都执行身份发现。因为只有当一条连接与所有上述字段向匹配时，才算匹配这个策略条目。

6. 在图 9-32 所示的对话框中配置身份发现参数。

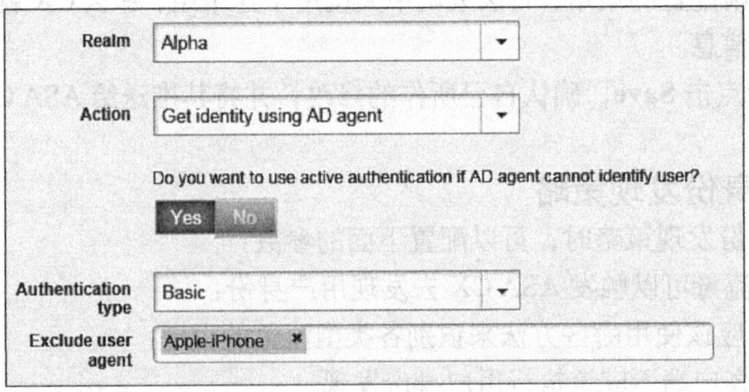

Realm: Alpha
Action: Get identity using AD agent
Do you want to use active authentication if AD agent cannot identify user?
Yes No
Authentication type: Basic
Exclude user agent: Apple-iPhone

图 9-32 在身份策略中配置发现参数

管理员可以填充下面这些字段。

- Realm（域）：选择一个之前配置的域，这也就是 ASA CX 会用来主动或被动认证用户的域。

- Action（动作）：在 **Get Identity Using AD Agent**（如果选择的是被动认证）和 **Get Identity via Active Authentication** 之间进行选择。这个动作只会应用于这个策略中所选的网络流量类型。在图 9-32 中，管理员使用了被动认证。
- Do You Want to Use Active Authentication If AD Agent Cannot Identity User?（当 AD 代理无法发现用户时，是否希望采取主动认证的方式？）即使管理员选择了被动认证，当 AD 代理或 CDA 中并没有某条连接的源 IP 地址与用户的映射关系时，也可以对其启用主动认证。在图 9-32 中，管理员将主动认证作为了第二种认证方式。
- Authentication Type（认证类型）：管理员可以对互动式 HTTP 认证选择 **Basic**，或者对各类域名集成选项选择 **NTLM**、**Kerberos** 或 **Advanced**。后三个选项可能需要管理员在客户端设备上也进行一些配置，所以管理员往往会在这里（像本例中那样）使用基本的 HTTP 认证。
- Exclude User Agent（排除的用户代理）：管理员可以让某些设备发起的连接不进行身份发现。此时，管理员需要从预定义的用户代理对象或者此前配置的用户代理对象中进行选择。切记，管理员在这里所选的设备并不会绕过可感知上下文的策略，但这台安全设备不会将它们按照未知用户的方式进行处理。

7. （可选）只将这个策略条目应用于某些 ASA 接口之间。图 9-33 所示为 Interface Roles 对话框。这个对话框对于配置所有策略都是通用的。这种功能需要系统使用的版本是 ASA 9.1(3)和 CX 9.2(1)以及后续版本。

图 9-33 在策略中使用接口角色

在 Interface Roles（接口角色）对话框中，管理员可以配置下面两部分。

- Source Interface Role（源接口角色）：选择一个或多个此前创建的接口角色对象。这个策略只会应用于那些位于相应 ASA 接口身后的客户端所涉及的连接。
- Destination Interface Role（目的接口角色）：选择一个或多个此前创建的接口角色对象。这个策略只会应用于那些位于相应 ASA 接口身后的服务器所涉及的连接。

在上面两部分，管理员都可以像图 9-33 那样保留默认的设置 **Any**。

8. 配置（可选的）标记和标签 ID 值，然后点击 **Save Policy**。
9. 如果希望针对不同类型的流量创建多个不同的身份发现规则，需要重复从第 3 步开始的配置步骤。ASA CX 会按照自上而下的顺序，用策略条目列表来匹配连接。管理员可以使用 Add Above Policy（添加上面的策略）选项和 Add Below Policy（添加下面的策略）选项在所需的位置创建条目。管理员可以在策略框中拖拽条目，来修改这些条目的顺序。
10. 完成之后，可以将修改应用于 ASA CX。

9.7 启用 TLS 解密

如果想要将下面这些 ASA CX 特性应用于加密连接，那就必须启用 TLS 解密：

- 应用识别；
- URL 匹配；

■ 文件阻塞；
■ NG IPS 监控。

如果启用了 TLS 解密功能，那么 ASA CX 就会将自己插入到加密连接中间，如图 9-34 所示。管理员可以针对所有类型的流量来启用解密功能，也可以通过配置解密策略，来针对有些类型的流量来启用解密功能。

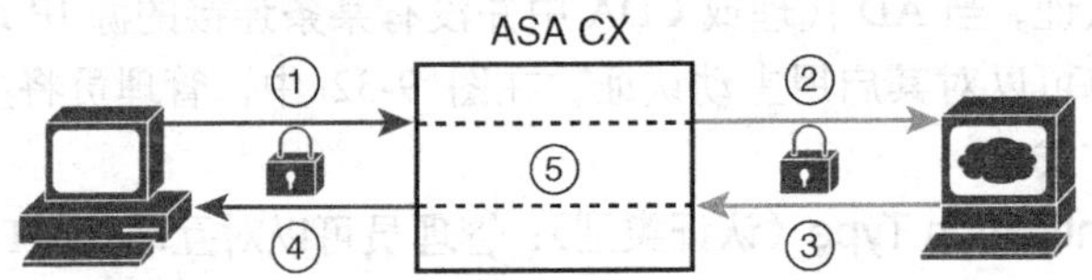

图 9-34 ASA CX 上的 TLS 解密

当 ASA CX 处理穿越自己的加密连接，而该连接匹配解密策略时，则会发生下面的（简化）事件。

1. 客户端尝试与服务器之间建立加密连接。ASA CX 会透明拦截这条连接。即使这条连接最开始匹配解密策略，ASA CX 也有可能依据从服务器那里接收到的信息更正相关的行为。
2. ASA CX 使用相同的连接信息来尝试与服务器建立加密会话。CX 模块可能会为了优惠操作而修改某些原始的加密参数。在服务器看来，这条连接就是从原始客户端那里发来的。
3. 服务器与 ASA CX 建立加密会话。CX 模块检查服务器发来的响应消息，并判断它是否可以继续监控该会话。如果解密策略规定，去往这台服务器的连接不应该加密，那么 ASA CX 就会中断客户端和服务器的连接，并且让客户端重新与服务器建立加密会话。此时，CX 内容监控特性不会再应用于这条连接。
4. 如果最开始对于解密的判断没有修改，ASA CX 就会与客户端之间完成加密的会话。模块会重新使用从服务器那里接收到的身份元素，让这条会话看上去是客户端与服务器之间直接建立的会话。
5. ASA CX 从客户端接收到加密的流量，对其进行解密，对明文的负载应用必要的可感知上下文策略，重新加密可予放行的数据包，然后再将它们传输给服务器。对于从服务器那里发回的流量，ASA CX 会执行相反的过程。所有客户端和服务器之间的数据都是加密的，安全性都可以得到保证。CX 模块会监控解密的负载，但并不会保存，也不会导出这些数据。

当管理员在 ASA CX 上启用 TLS 解密特性时，需要考虑下面几点。

■ 大多数新型应用都需要执行强加密，因此管理员应该尽可能应用 K9 3DES/AES 许可证。如果 CX 无法与客户端或服务器之间建立安全连接，那么所有与解密策略相匹配的连接都无法建立起来。如果由于某些出口条例的限制，管理员无法应用这种许可证，可以考虑在握手失败或完全禁用 TLS 解密的情况下，允许安全连接绕过加密的步骤。
■ TLS 解密引擎必须模仿一台 CA，以便动态给受访问的 HTTPS 站点颁发证书。ASA CX 会在 TLS 握手期间给客户端颁发证书，以便将自己插入到加密的数据流当中。由于管理员无法从一台公共 CA 获得从属 CA 证书，因此管理员必须在 ASA CX 上自行创建一个自签名的证书，或者使用自己私有的 CA。所有 Web 浏览器都自带一个（它们认为可靠的）预装的 CA 列表；CX 的身份解密证书默认并不会在那个列表当中。为了避免在建立安全连接（TLS 解密启用的情况下）时，每一台客户端上都会看到证书告警，可以将 TLS 解密引擎的身份证书或者私有 CA 颁发的证书分发给机构中的所有 Web 浏览器。管理员可以让用户手动下载并安装这个证书，然后使用其他方式将证书推送给用户的计算机。

- 当地政府可能会有一些本地的法律法规，要求某些敏感类别的网站禁用 TLS 解密，如健康类或财经类网站。因此，管理员需要在解密策略中对这些类别的网站配置例外策略，以满足当地法律。
- 有些应用需要使用基于证书的客户端认证，这类应用可能无法和 TLS 解密特性一起使用。要启用这些应用，就需要在解密策略中配置相应的例外设置，或者在握手出现错误时，允许安全的连接绕过加密。
- 在有些情况下，ASA CX 会首先与服务器建立一条安全的连接，以判断是否继续解密会话。当 TLS 解密引擎决定断开并重置这条连接，客户端必须重新尝试连接。有些客户端程序会因为使用的应用，而无法自动重新尝试建立连接。由于 CX 会将不需要执行解密的客户端与服务器对缓存下来，因此在 ASA CX 重置最初的会话之后，管理员可以手动重试建立连接。
- TLS 解密消耗的资源很多，因此它会严重降低 ASA CX 的最大转发性能。管理员应该只对不可靠的流量类别配置解密。一般来说，发往内部 HTTPS 服务器的连接都应该免于解密。

要执行 TLS 解密，需要通过下面两步来准备 ASA CX。

1. 配置解密设置。
2. 定义解密策略。

9.7.1 配置解密设置

要配置全局 TLS 解密参数，需要在 PRSM 中找到 **Configurations > Policies/Settings**，点击标签菜单的下拉箭头，选择 Decryption 下面的 **Decryption Settings**（解密设置）。图 9-35 所示的对话框可以配置这些全局设置。

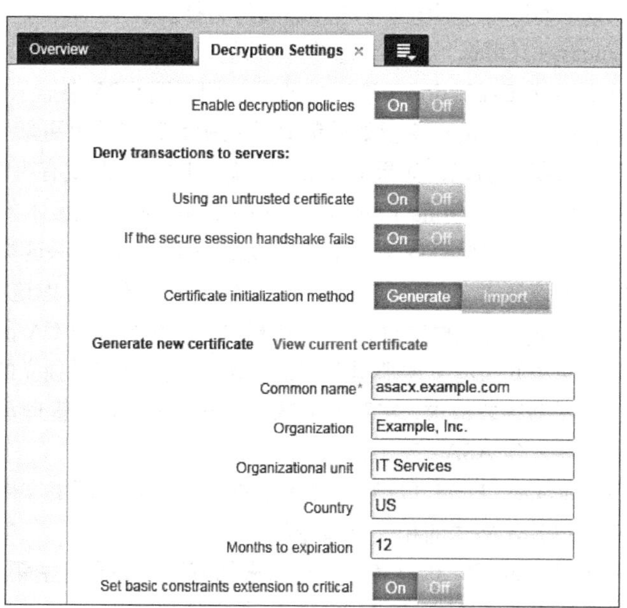

图 9-35 PRSM 中的 TLS 解密设置

管理员需要在对话框中完成下面的配置。

1. 将 **Enable Decryption Policies**（启用解密策略）改选为 On。此时就会出现其他的选项。
2. 在 CX 9.2(1)及后续版本的系统中，管理员可以在 Deny Transactions to Server 部分配置下面这些高级设置。
   - **Using an Untrsuted Certificate（使用不可靠的证书）**：在默认情况下，这个选项是启用的（**On**），因此如果 TLS 服务器使用的是不可靠的证书，那么 ASA CX 就会拒绝这条安全连接。ASA CX 会自带一个预定义的周知 CA 列表，管理员也可以通过 **Configurations > Certificates**，向 TLS 解密引擎的可靠列表中添加自定义的 CA 证书。如果在这里选择了 **Off**，CX 就不会对这些连接进行校验，而这些连接也会绕过 TLS 解密。
   - **If the Secure Session Handshake Fails（如果安全会话握手失败）**：在默认情况下，这个选项也是启用的（**On**），因此如果 CX 模块无法与服务器之间建立安全的连接，那么 CX 就会阻塞加密的连接。如果出现加密算法不支持、客户端证书认证失败以及其他协议出现问题时，就有可能出现这种情况。如果在这里选择了 **Off**，那么当 Web 和应用出现不匹配的情况下，连接就会绕过校验和 TLS 解密的环节。

在 CX 9.2(1)之前的系统中，所有这些可选项都是永久启用的。切记，禁用这些安全防护机制有可能会降低可感知上下文策略的效果。

3. 给 ASA CX 用来动态创建服务器实体的 CA 证书选择 Certificate Initialization Method（证书发起方式）。这里可以选择两种方式。
   - Generate：ASA CX 会创建自签名的 CA 证书。图 9-35 就选择了这种默认的做法。如果创建这种证书，管理员就需要配置下面这些字段。
     - Common Name：描述该设备的必配参数。这个参数既可以是主机名，也可以是 FQDN。
     - Organization：（可选）机构的名称。
     - Organizational Unit：（可选）部门的名称。
     - Country：（可选）2 个字母的国家码。
     - Months to Expiration：该证书的有效期。图 9-35 中显示的是默认值，即 12 个月。如果管理员不希望如此频繁地在所有客户端上更新 CA 证书，可以配置更长的周期。切记，如果 CA 被破，延长时间周期就有可能会给网络造成风险。
     - Set Basic Contraints Extension to Critical：有些老版本的浏览器可能无法识别 CA 证书，因此可以将这个选项设置为 On，以确保这类客户端能够在安装期间拒绝该证书。如果使用的软件比较新，就不必考虑这项设置。
   - Import：管理员可以再次导入一个私有 CA 颁发的从属 CA 证书。切记，这样的证书是不能从周知公有 CA 那里获得的。管理员需要使用独立的工具来代表 ASA CX 创建一个证书签署请求。在获取从属 CA 证书的时候，管理员需要提供下面的信息才能将它导入到 ASA CX 上。
     - Certificate：PEM（增强私隐电子邮件）格式的证书文件。
     - Key：PEM 格式的相关私有密钥文件。
     - Private Key Phrase：（可选）用来加密证书和私有密钥文件的密码。
4. 完成后点击 **Save**，然后确认在 ASA CX 上所作的变更。

9.7.2 定义解密策略

管理员可以通过配置身份发现策略类似的方法，配置 TLS 解密策略。这个策略的作用是让 ASA CX 判断出它应该尝试对哪些连接进行解密。这里的配置并不会导致模块放行或者拒绝解密的流量，可感知上下文的策略会（在监控其他明文连接的同时）监控这类数据包，并决定最终如何对它们进行处理。TLS 解密模块只会处理那些最初由 CX 根据 IP 地址和用户身份信息而许可建立的连接。

管理员可以在解密策略中配置很多个条目，以便根据流量的类型而应用不同的处理方式。由于 ASA CX 会按照自顶向下的顺序评估所有的策略，因此管理员应该将最精确的条目放在最上面。管理员可以采用以下两种方式来创建策略，具体采用哪种方式取决于其他的安全策略。

- **从 TLS 解密策略中排除一些可靠的连接与应用，对其余的加密流量进行解密处理**：这种方法的安全性最强，但对性能的影响也最明显。如果采取的是这种方式，那么管理员需要首先配置一些免除条目，然后在底部通过一个策略集对所有流量进行解密。
- **只对一部分流量进行解密处理**：这种方式可以降低 ASA CX 的处理负担，但是无法查看所有加密的流量。如果采用的是这种方式，可以只对发往已知恶意站点的流量进行解密。此时，管理员只需要按照自己所需的顺序配置几条解密条目即可。

要定义解密策略，需要在 PRSM 中找到 **Configurations > Policies/Settings**，然后点击标签菜单的下拉箭头，选择 Decryption 下面的 **Decryption Policies**（解密策略），然后执行下面的步骤。

1. 选择名为 **Decryption** 的默认访问策略集。如果没有看到这个策略集，可以点击左上方的图标，选择 **Add Policy Set** 来创建一个新的访问策略集。
2. 点击左侧从上往下数的第二个图标，在相应的解密策略集下面选择 **Add Policy at the Top** 以创建新的条目。
3. 输入策略名称，确保 Enable Policy 这个选项选择的是 **On**。在本例中，我们创建了一个名为 Decrypt Malicious 的策略条目。
4. 配置图 9-36 所示的流量选择对话框。

图 9-36 在解密策略中选择对应的流量

管理员可以配置下面这些内容，或者保留默认的 **Any** 设置。

- Source：解密从某个源发来的连接。管理员可以使用之前配置的网络对象、安全移动对象和身份对象。如果想要使用身份对象，必须执行一些额外的配置（详见前面的“启用用户身份服务”一节）。在图 9-36 中，管理员选择了来自 Special Project Users 的连接。

- Destination：只对去往某个目的服务器的流量进行解密。管理员可以使用网络对象、URL对象和目的对象组。URL对象只能使用主机名、域名和类别。由于ASA CX在与客户端之间建立安全连接之前，是无法看到完整URL的，因此这类对象条目会被忽略。CX模块必须开始解密进程，才能按照URL对象或类别来匹配连接。此时，如果CX模块在看到服务器的响应消息之后，决定继续执行解密，并重置了会话，那么客户端就必须重新尝试建立连接。在图9-36中，管理员选择匹配所有目的地址。
- Service：只对去往某种目的服务的流量进行解密，也就是只对匹配相应服务对象组的流量进行解密。在图9-36中，管理员选择的是匹配所有服务。

5. 对匹配的连接应用解密操作。图9-37显示了可选的设置。

图9-37 解密策略行为

管理员必须配置下面这些信息。

- Action：如果希望ASA CX对所有匹配的流量采取不同的策略，可以选择**Decrypt Everything**（解密所有流量）或**Do Not Decrypt**（不进行解密）。管理员可以选择**Decrypt Potentially Malicious Traffic**来根据目的网站的名誉评分决定是否对流量进行解密，如图9-37所示。切记，选择这种做法可能需要ASA CX首先尝试解密，然后再根据服务器的信息脱离这条连接。
- Web Reputation：如果管理员选择对潜在的恶意流量进行解密，就可以选择使用这个选项。管理员可以选择默认或者之前配置的Web名誉配置文件来指定低名誉网站的门限值。ASA CX会解密去往那些名誉评分较低网站的连接。在图9-37的配置中，管理员使用了一个名为HTTP Decryption的自定义配置文件。

6. 如果希望只将这个解密策略应用于某些ASA接口之间的连接，需要配置Interface Roles。
7. （可选）给这个策略条目配置标记和标签ID，然后点击**Save Policy**。
8. （可选）如果还要添加其他的解密策略条目，则需要重复从第2步开始的配置步骤。切记，ASA CX会按照管理配置的顺序来评估策略集，因此管理员应该将最精确的流量类放在最上面。

   在完成之后，确认在ASA CX上所作的变更。

9.8 启用NG IPS

在CX 9.2(1)及后续版本中，可以使用独立购买许可证授权的NG IPS特性来保护网络，使用动态更新的特征库对穿越设备的流量进行扫描，查看其中是否包含了某些已知的威胁。管理员可以使用全局和自定义的威胁配置文件来将监控应用到所有连接，或者应用于某些类型的流量。切记，这个特性一旦启用，就会影响ASA CX的最大转发性能。读者可以参考本章前面的“NG配置文件”一节来了解关于NG IPS操作的其他内容。

NG IPS默认是禁用的。如果管理员想要启用这个特性，或者修改这个特性的全局设置，那就需要找到**Configurations > Policies/Settings**，点击这个标签菜单的下拉箭头，然后选择Basic Device Properties（基本设置属性）下面的**Intrusion Prevention**（入侵防御）。此时，系统会打开图 9-38 所示的对话框。

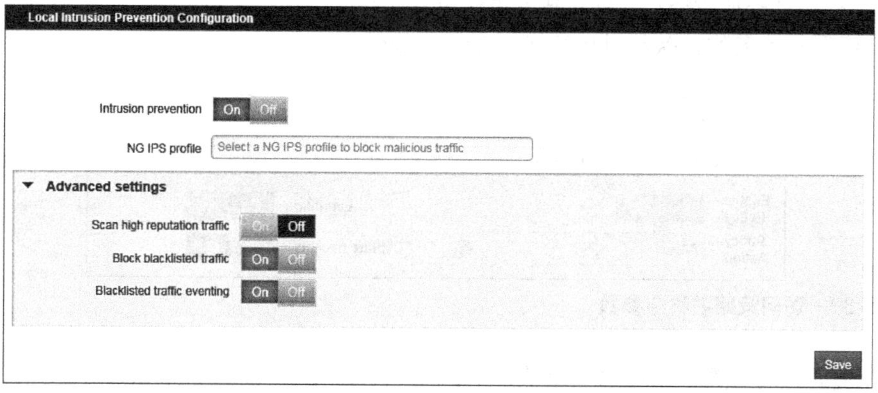

Local Intrusion Prevention Configuration

Intrusion prevention On Off

NG IPS profile Select a NG IPS profile to block malicious traffic

▼ Advanced settings

Scan high reputation traffic On Off

Block blacklisted traffic On Off

Blacklisted traffic eventing On Off

Save

图 9-38 配置 NG IPS 设置

管理员可以配置下面这些选项。

- Intrusion Prevention：在全局打开（**On**）或关闭（**Off**）这个特性。只有在启用 NG IPS 特性时，才会出现其他的选项。
- NG IPS Profile：选择默认的 NG IPS 配置文件。系统会自带一个预定义的默认 NG IPS 配置文件，不过管理员在此也可以选择一个之前配置好的 NG IPS 配置文件。此外，管理员在配置可感知上下文的策略时，也可以使用不同的配置文件来配置不同类型的流量。
- Advanced Settings：下面是一些可以配置的高级 NG IPS 参数。
  - Scan High Reputation Traffic：如果希望 NG IPS 对去往高名誉网站的连接进行扫描，就应该在此选择 **On**。这个选项默认是禁用的，因为 ASA CX 会认为这类连接本身就是很安全的。启用这种功能要求系统上安装了有效的 Web Security Essentials 许可证，以便随时更新名誉数据库。
  - Block Blacklisted Traffic：在默认情况下，如果连接的某一端是动态下载黑名单中的端点，NG IPS 就会阻塞这条连接。如果管理员不希望使用这个黑名单，就可以禁用这个选项。
  - Blacklisted Traffic Eventing：在默认情况下，NG IPS 会在面板的报告和事件日志中显示黑名单中的连接。如果前面一个选项已经启用，管理员可以点击 Off 让系统静静地丢弃这些连接。

完成后点击 **Save**，然后确认在 ASA CX 上所作的变更。

9.9 定义可感知上下文的访问策略

在配置好了所有的策略元素以及全局用户身份、TLS 解密以及 NG IPS 策略之后，管理员就可以真正着手定义可感知上下文的策略了，毕竟可感知上下文的策略才是 ASA CS 会用来放行或拒绝穿越设备连接的策略。

要创建访问策略，需要在 PRSM 中找到 **Configurations > Policies/Settings**。点击这个标签菜单的下拉箭头，在 Basic Policies（基本策略）下面选择 **Access Policies**（访问策略），然后执行下面的配置步骤。

1. 选择名为 Access 的默认解密策略集。如果没有看到这个策略集，可以点击左上方的图标，选择 **Add Policy Set**（添加策略集），来创建一个新的策略集。

2. 点击左侧从上往下数的第 2 个图标，在相应访问策略集下面选择 **Add Policy at the Top**（在顶部添加策略）来创建新的策略条目。
3. 配置策略名称，以及图 9-39 所示的其他属性。

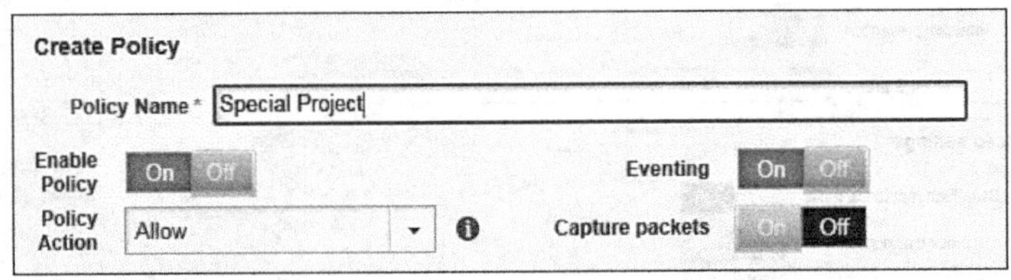

图 9-39 访问策略名称与参数

管理员可以配置下面这些参数。

- Enable Policy（启用策略）：点击 **On** 启用这个条目。
- Policy Action（策略行为）：选择 ASA CX 对匹配流量应用的处理方式。管理员可以用下面这些方式进行处理。
  - Allow：允许通过的连接（见图 9-39）。
  - Warn：只有在 CX 9.2(1)及后续版本中，管理员才能针对 HTTP 和解密后的 HTTPS 连接使用这个选项。如果选择了这个选项，ASA CX 就会在放行连接通过之前，先给用户显示一个告警页面。管理员可以在 PRSM 中找到 **Administration** > **End User Notification**，来定义告警消息。用户必须对显示出来的策略消息表示同意才能继续。ASA CX 会将用户的响应记录在事件日志中。当处理的行为匹配的连接不是 HTTP 或 HTTPS 连接时,CX 模块只会放行流量。
  - Deny：阻塞这条连接。
- Eventing（事件）：点击 **On** 可以让面板的报告和事件日志中包含匹配连接的信息。在默认情况下，该特性就是启用的，如图 9-39 所示。
- Capture Packets（捕获数据包）：点击 **On** 可以将匹配连接中所包含的数据包记录在一个内部文件中。只有当策略条目选择了基于 IP、TCP、UDP 和 ICMP 信息的连接时，才能使用这项功能。如果使用其他对象来选择流量，那么即使启用了这项特性，ASA CX 也不会捕获匹配的数据包。在默认情况下，这个特性被设置为 **Off**。只有在对某些连接进行排错时，才可以考虑启用这项特性，因为这项特性会影响 ASA CX 的性能。读者可以参考本章后面的“捕获数据包”一节，来了解更多与这项功能有关的信息。

4. 在图 9-40 所示的对话框中配置流量选择。

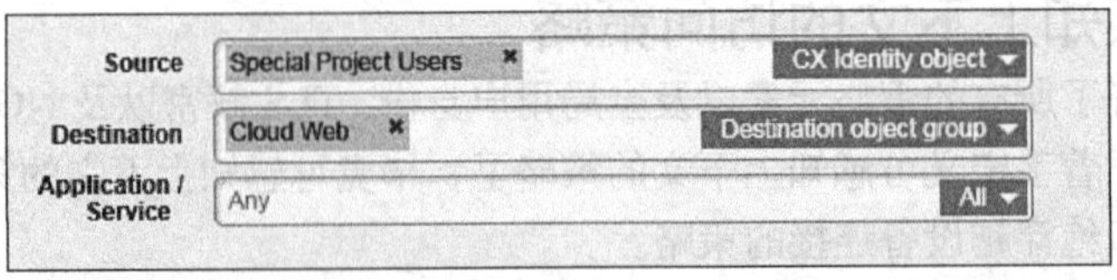

Source: Special Project Users — CX Identity object
Destination: Cloud Web — Destination object group
Application / Service: Any — All

图 9-40 访问策略中的流量选择

在给这个条目匹配流量时，管理员也可以（像配置其他策略一样）配置下面几项参数。

- Source：用系统预定义的用户代理对象，或者管理员配置的网络、身份、用户代理和安全移动对象来匹配连接的源。此处也可以使用源对象组。如果指定了多个不同类型的条目，连接源也可以匹配所有这些条目。

- Destination：用此前配置的网络或 URL 对象，或者目的对象组来匹配连接的目的。管理员可以给一项匹配规则设置多个不同的对象类型。
- Application/Service：通过名称或类型来匹配某个系统预定义的服务或应用。管理员可以在此使用此前配置的应用和应用服务对象，或者服务对象组。

在图 9-40 所示的配置中，管理员选择匹配从 Special Project Users 身份对象去往 Cloud Web 目的对象组的所有应用连接。

5. 向与条目相匹配的连接应用其他的监控配置文件。图 9-41 所示为管理员可以配置的选项。

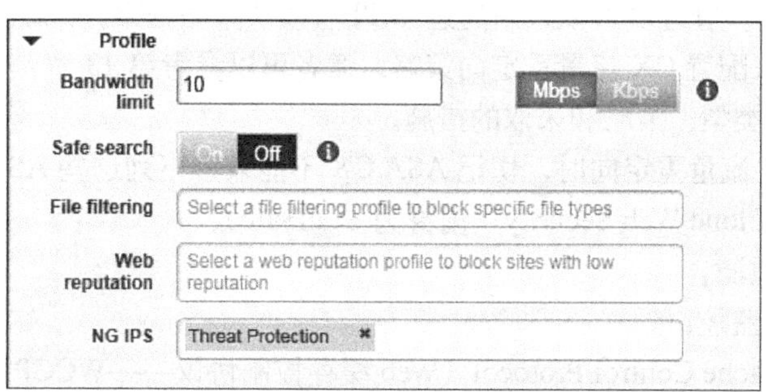

图 9-41　策略条目配置文件

管理员可以为所选流量定义下面这些高级设置。

- Bandwidth Limit：只有在 CX 9.2(1)及后续版本中才可以配置这个选项。管理员可以对所有与这个策略条目相匹配的连接进行限速，将速率限制在 **Kbps** 或 **Mbps** 所配置的数值范围内。
- Safe Search：只有在 CX 9.2(1)及后续版本中才可以配置这个选项。如果要匹配 HTTP 和解密后的 HTTPS 连接，可以强制与该特性相兼容的搜索引擎拥有使用安全搜索的方式。这项功能当前适用于 Ask、Bing、Dailymotion、Dogpile、DuckDuckGo、Flickr、Google、Yahoo、Yandex 和 YouTube 引擎。如果应用了这个选项，ASA CX 可以在穿越自己的连接中透明地修改搜索 URL。如果管理员启用了这项特性，CX 模块就会拒绝去往所有不兼容搜索站点的连接。
- File Filtering：向匹配的连接应用管理员之前所配置的文件阻塞配置文件。
- Web Reputation：应用预定义的系统默认 Web 名誉配置文件，或者管理员指定配置的 Web 名誉配置文件，来匹配 HTTP 连接和解密的 HTTPS 连接。要想使用这个选项，系统必须安装有 Web Security Essentials 许可证。
- NG IPS：只有在 CX 9.2(1)及后续版本中才可以配置这个选项，同时这个模块必须安装了有效的 NG IPS 许可证。管理员可以使用系统默认的 NG IPS 配置文件或者之前配置的 NG IPS 配置文件来监控匹配的连接。切记，管理员必须按照本章前文中“启用 NG IPS”一节所介绍的方法在全局启用了 NG IPS，才能配置这个特性。图 9-41 中所示的配置使用了管理员自定义的 Threat Protection 这个配置文件。

6. 如果管理员希望仅仅将这个访问策略条目应用于在某对 ASA 接口之间传输的连接，可以配置 Interface Roles 对话框。
7. 点击 **Save Policy** 回到策略集配置界面。

8. 如果还要添加其他的访问策略条目，则需要重复从第2步开始的配置步骤。切记，ASA CX 会按照自顶向下的顺序来匹配连接，因此管理员应该将最精确的流量类放在最上面。管理员也可以上下拖拽策略条目，按照自己的需求来排列这些条目。

在完成之后，确认在ASA CX上所作的变更。这个模块现在已经可以接受从ASA重定向过来的连接了。

9.10 配置ASA将流量重定向给CX模块

当管理员在ASA CX上定义好可感知上下文的策略之后，管理员还需要在ASA上配置CX流量重定向。管理员可以采用通过MPF（模块策略框架）来配置应用监控或高级连接设置的方式，来配置CX流量重定向策略。读者可以参考第13章，来详细了解如何配置和使用MPF流量类型、策略和采取的措施。

在配置CX流量重定向时，切记ASA CX不能兼容下列这些ASA特性：

- Cisco Cloud Web Security（前身为ScanSafe）；
- URL过滤；
- HTTP监控；
- Web Cache Control Protocol（Web缓存控制协议——WCCP）。

管理员不应该对要重定向到CX模块的连接应用上面这些特性。ASA CX特性集已经涵盖了上述这些特性的作用。管理员需要对那些必须打开第二信道的连接，以及用NAT重写嵌入IP地址的连接，启用ASA应用监控引擎（比如SIP或FTP协议）。切记，ASA在将连接重定向到CX模块之前，依旧会应用常规的ACL和状态化校验。

使用ASDM配置CX流量重定向，需要找到**Configuration > Firewall > Service Policy Rules**。管理员可以在列表中**Edit**（编辑）现有的规则，并且在Rule Actions（规则动作）标签下选择**ASA CX Inspection**（ASA CX监控）。如果管理员希望将一个现有的流量类型重定向到CX模块，需要选择发送给CX模块的流量类型，在列表中选择一条现有的规则，点击Edit，然后在Rule Action标签下选择ASA CX Inspection（ASA CX监控）。管理员需要通过下面这些步骤将CX服务应用于新建流量类型。

1. 选择Add Service Policy Rule（添加服务策略规则）启用Add Service Rule Wizard（启用服务规则向导）。
2. 在Service Policy（服务策略）界面中，选择要使用的MPF策略。管理员既可以创建一个接口策略，也可以采用全局策略。管理员可以点击**Global Applies to All Interfaces**来采用全局策略。通过这种方式，管理员可以从所有配置的数据接口中，选择要重定向给CX的流量。然后点击**Next**。
3. 在Traffic Classification Criteria界面中，定义重定向到CX的流量类型。管理员可以创建一个新的类型，也可以使用现有的流量类型。管理员也可以通过勾选相应的复选框选择Traffic Match Criteria。如果管理员希望将某些连接重定向到CX模块，也可以勾选Source and Destination IP Address（Uses ACL）。切记，管理员如果基于静态TCP和UDP端口来重定向流量，就会削弱使用ASA CX的优势。在本例中，管理员将名为global-class下面的**Any traffic**（所有流量）进行了重定向；这里的流量包括所有的IPv4和IPv6连接。点击**Next**。
4. 在Rule Actions界面中，点击**ASA CX Inspection**标签，如图9-42所示。

管理员可以配置下面这些内容。

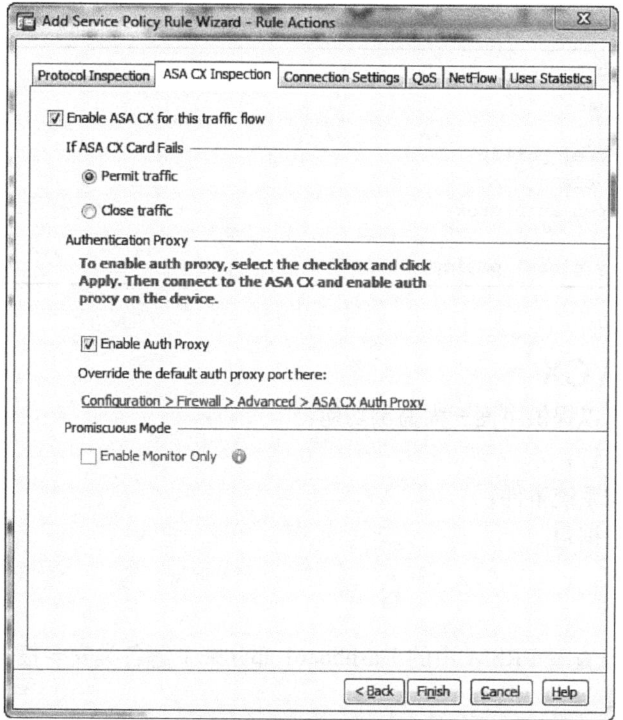

图 9-42 ASDM 中的 ASA CX Inspection 标签

- **Enable ASA CX for This Traffic Flow（对这类数据流启用 ASA CX）**：勾选这个复选框即可将所选的流量类别重定向给 ASA CX 进行监控。
- **If ASA CX Card Fails（如果 ASA CX 模块故障）**：如果 ASA CX 还没有就绪（fail-open），可以点击 Permit Traffic 让流量绕过重定向策略。管理员可以点击 Close Traffic，此时如果模块没有就绪（fail-close），ASA 就会拒绝所有匹配 CX 重定向策略的连接。读者可以参考本章后面的“高可用性”一节的内容，来了解详细内容。
- **Enable Auth Proxy（启用认证代理）**：如果管理员希望 ASA CX 通过主动认证来发现用户身份，那就必须勾选这个复选框。CX 模块会将用户认证会话重定向到毗邻 ASA 接口（的 IP 地址）一个预定义的 TCP 端口。ASA 会将这个连接打上标记转发给 ASA CX，这样模块就可以完成用户认证的过程。在默认情况下，ASA 会使用 TCP 885 端口来处理重定向连接的主动认证。
- **Enable Monitor Only（仅启用监测）**：如果希望将 ASA CX 部署在被动监测模式下，就需要勾选这个复选框。如果勾选了这个可选项，CX 模块只会接收到相关数据包的副本。大多数高级特性（如 TLS 解密特性）都无法在这种模式下工作。管理员需要在 PRSM 中找到 **Configurations > Monitor-Only Mode**，才能在 ASA CX 上启用这个特性。只有当管理员希望学习 ASA CX 应用中的某些内容，或者获得某些报告功能时，才需要启用这种模式。管理员必须取消选中这个 ASDM 界面中的 **Enable Auth Proxy** 复选框，才能看到这个选项。

5. 点击 **Finish** 关闭配置向导，然后点击 **Apply** 将配置推送给 ASA。

例 9-3 显示了 ASDM 发送给 ASA 的配置。

例9-3 CX重定向策略配置示例

```
class-map global-class
 match any
!
policy-map global_policy
 class global-class
  cxsc fail-open auth-proxy
!
service-policy global_policy global
```

9.11 监测ASA CX

ASA CX可以提供下面三大监测功能：

- 面板报告；
- 连接和系统事件；
- 捕获数据包。

9.11.1 面板报告

管理员可以查看PRSM中的Dashboard部分来了解各类安全报告。这里包含下面这些面板。

- **Network Overview（网络概括）**：这里显示的是CX健康与处理负担的概况，以及大多数活跃网络用户的列表、最常访问的目的地列表、最常匹配的策略列表。这里也会显示被阻塞的威胁以及恶意连接的概要信息。
- **Malware Traffic（恶意软件流量）**：这里会对ASA CX监测或阻塞的威胁和恶意访问提供概括信息。
- **NG Intrusion Prevention（NG入侵防御）**：显示最频繁发起攻击的人员、遭攻击次数最多的目标、最严重的安全威胁，以及检测到最多威胁的访问策略。只有系统版本不晚于CX 9.2(1)，并且安装有有效NG IPS许可证的设备才可以查看这个界面。
- **Users（用户）**：最活跃认证用户的网络统计数据。管理员必须配置用户身份服务才能看到这个报告。
- **Web Destination（Web目的）**：根据域名判断出来的最常访问页面，以及相关的网络使用信息。
- **Web Categories（页面分类）**：最常访问的应用，以及流量使用数据。获得这个报告需要系统上安装了有效的Web Security Essentials许可证。
- **Policies（策略）**：通过撞击数判断出来的最常使用的策略，以及该策略的相关流量使用信息。
- **User Device（用户设备）**：使用最频繁的VPN设备类型，以及相关的流量使用信息。
- **Applications（应用）**：最常使用的应用，以及流量的使用数据。系统中需要安装有有效的Application Visibility and Control许可证才能查看这个报告。
- **Application Types（应用类型）**：最常用的应用类型，以及相关的流量使用信息。系统中需要安装有效的Application Visibility and Control许可证才能查看这个报告。

所有这些面板都会显示一段特定时间内的相关信息。在默认情况下，它们会显示最近30分钟的统计数据和事件。管理员可以选择列表中显示的条目数量是10个、100个还是1000个；系统默认显示的是前10个条目。

管理员可以点击任何一个标签右上角的 **Generate Report** 按钮，来创建并下载 PDF 格式的管理报告和流量使用报告。管理员可以在 PRSM 中选择所需的时间周期来生成报告，还可以插入一个自定义的图像作为报告的 Logo。在 CX 9.2(1)系统中，可以查看下面这些类型的报告。

- Administrative（**管理报告**）：报告中会包含流量汇总、策略变更、使用最频繁的25条策略。
- User and Device（**用户与设备报告**）：报告中会包含最活跃的25个用户和用户设备。
- Threat Analysis（**威胁分析报告**）：报告中包含排名前25位的威胁、攻击者、目标和检测到最多威胁的策略。
- Application and Web Destination（**应用与 Web 目的报告**）：报告中包含排名前25为的应用、应用类型、目的 Web，以及 Web 的类型。

9.11.2 连接与系统事件

管理员可以在一段指定的时间周期，来获取 ASA CX 系统与流量事件。实现的方法是在 PRSM 中找到 Events 部分，这里可以包含下面这些事件标签。

- Context Aware Security（**可感知上下文的安全策略**）：显示由可感知上下文策略所生成的事件。
- All Events（**所有事件**）：显示所有系统与策略的事件。这个视图中会包含所有其他标签的数据。
- Authentication（**认证**）：包含主动用户认证事件和被动用户认证事件。
- NG IPS：显示 NG IPS 策略所记录的拒绝和监测事件。
- Encrypted Traffic View（**加密流量视图**）：显示 TLS 解密记录的事件。
- SystemEventView（**系统事件视图**）：显示所有系统事件。在管理员给 CX 和 PRSM 平台的问题排错时，这个标签相当重要。图 9-43 所示的事件表示，系统与管理员配置的 AD 代理或 CDA 之间存在连接问题。这可以解释为什么依靠用户身份定义访问策略的用户连接目前全都断开。

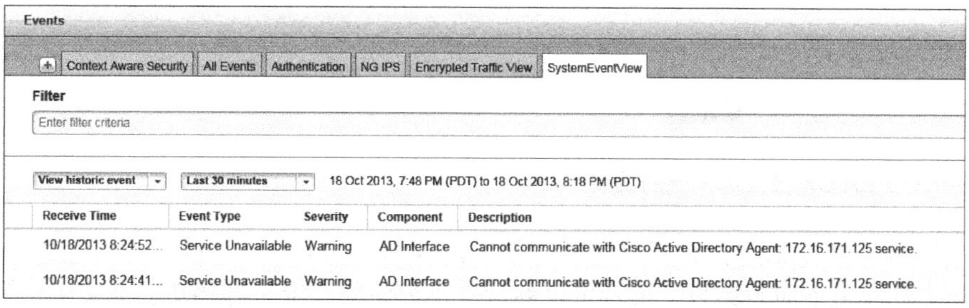

图 9-43 ADA 代理连接断开事件

要改变各个子系统 CX 平台日志记录的深度（即记录从哪个级别开始的事件），可以找到 **Configurations > Policies/Settings**，然后点击标签菜单的下拉箭头，在 Logging（日志记录）下选择 **ASA CX Logging**。图 9-44 所示为此时打开的对话框。

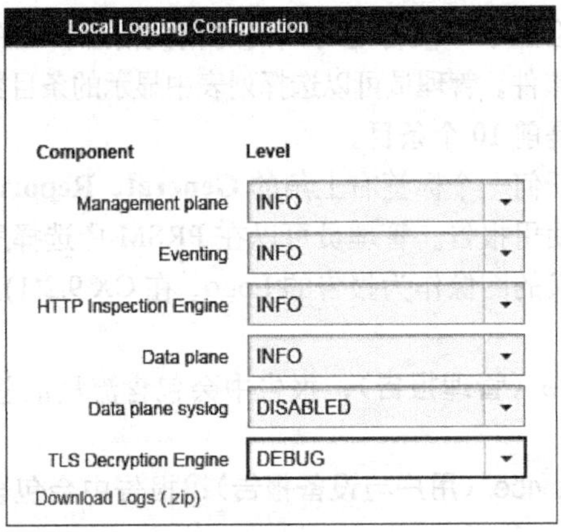

图 9-44 ASA CX 本地日志记录的配置

只有在和 Cisco TAC 一起对某些问题进行排错时，才应该考虑修改这里的设置。永久增加系统日志的数量，会降低 ASA CX 的整体性能。

在图 9-44 中，TLS 解密引擎日志记录被提高到了 Debug 级别，以便对解密问题进行排错。在点击 **Save** 并且确认对 CX 模块配置所作的修改之后，管理员应该尝试断开 HTTPS 连接以便创建一些必要的日志记录。接下来点击 Download Logs 来获取所支持的数据，并且将这些数据发送给 TAC 进行分析。完成之后，一定要确保将日志记录级别调回到了最初的默认数值，然后点击 **Save**，完成后将修改推送给 ASA CX。

9.11.3 捕获数据包

管理员可以通过配置 ASA CX 让它捕获某些被监控的数据包或者遭到了丢弃的数据包，以便对一些复杂的连接问题进行排错。要配置全局数据包捕获参数，需要找到 **Configurations > Policies/Settings**，然后点击标签菜单的下拉箭头，在 Basic device Properties（基本设置属性）下选择 **Packet Capture**。图 9-45 所示为此时打开的对话框。

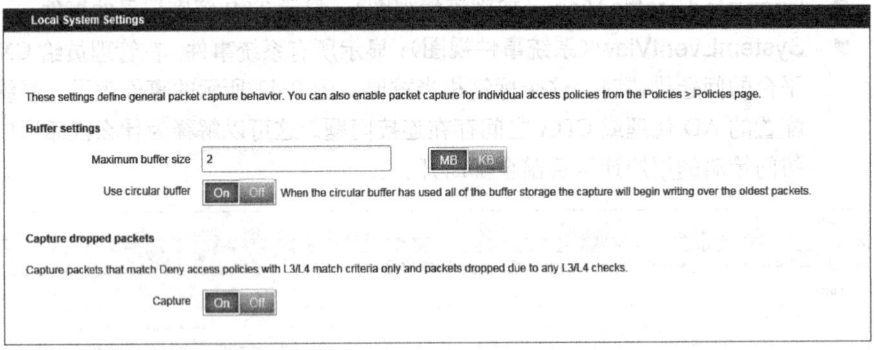

图 9-45 ASA CX 数据包捕获的设置

如果管理员在某种访问策略条目下面的 **Capture Packets** 选择了 **On**，就可以对数据包捕获文件应用下面的参数。读者可以参考本章前面的“定义可感知上下文访问策略”来了解更多通过策略匹配流量类型的信息。

- Maximum Buffer Size（**最大缓存字节**）：管理员可以设置捕获文件的最大字节数（单位可以是 **KB**，也可以是 **MB**）。默认的大小为 512KB，管理员可以将其增加到 32768KB。在图 9-45 中，管理员指定的捕获文件为 2MB。

- **Use Circular Buffer（使用循环缓存）**：在默认情况下，如果捕获数据超出了最大缓存字节的限制，ASA CX 就会在捕获文件中覆盖最老的数据包数据。在对一些间歇发现的网络故障进行排错时，如果管理员无法快速禁用数据包捕获，而流量的速率又很高的时候，这种方法就不可取。如果将这个选项设置为 Off，那么一旦缓存装满，ASA CX 就不会再捕获数据包了。

ASA CX 会将捕获的文件以相应的策略名称保存在本地存储介质中，该文件的扩展名为.pcap。例如，如果管理员在一个名为 Marketing 的访问策略中启用了 Capture Packets 特性，那么捕获的文件名就是 Marketing.pcap。只有在策略条目下禁用了 Capture Packets 时，CX 模块才会将捕获的文件保存到硬盘中。如果在同一个策略中重新启用这个特性，ASA CX 就会覆盖原有的文件。

如果管理员希望 ASA CX 将所有没有通过基本 IP、TCP、UDP 和 ICMP 校验的数据包保存下来，可以将 Capture Dropped Packets 部分的 Capture 滑块切换为 On。CX 模块默认会丢弃这些数据包，因此在对一些难辨原因的连接问题进行排错时，这个选项就十分重要了。ASA CX 会将这些数据包保存在一个独立的文件中，这个文件的文件名是 aspdrop.pcap。在 ASA CX 将这个文件写入到硬盘中之前，必须将 Capture 切换为 Off。

管理员可以下载数据包捕获文件，这也是 ASA CX 诊断工具的一个组成部分，具体的操作步骤如下。

1. 在 ASA CLI 命令行界面中使用命令 **session cxsc console**，来通过 SSH 访问 CX 模块的 CLI 界面。
2. 在登录之后，输入命令 **support disgnostic**，然后在互动式提示符中选择 **3**。

```
asacx> support diagnostic

======= Diagnostic =======

1. Create default diagnostic archive
2. Create diagnostic archive for advanced troubleshooting
3. Manually create diagnostic archive

Please enter your choice (Ctrl+C to exit): 3
```

3. 输入 **1** 将文件添加到打包文件中。

```
=== Manual Diagnostic ===

1. Add files and directories to package
2. View package contents
3. Upload package

Please enter your choice (Ctrl+C to exit): 1
```

4. 输入 **3** 将数据包捕获文件添加到打包文件中。

```
=== Add files and directories to package | Manual Diagnostic ===

1. Logs
2. Core dumps
3. Packet captures
4. Reporting data
```

```
5. Eventing data
6. Update data
b. Back to main menu

Please enter your choice (Ctrl+C to exit): 3
```

5. 从文件列表中选择所需的捕获文件。

```
=============================
Directory: /var/local | 11 KB
-----------files------------
2013-10-19 10:37:28 | 11382        | Marketing.pcap

([b] to go back or [m] for the menu or [s] to select files to add)
Type a sub-dir name to see its contents: s

Type the partial name of the file to add ([*] for all, [<] to cancel)
> Marketing
Marketing.pcap
Are you sure you want to add these files? (y/n) [Y]: Y
=== Package Contents ===
[Added] Marketing.pcap
=========================
```

重复该步骤来下载管理员需要下载的所有捕获文件。如果没有看到必要的捕获文件，一定要保证在访问策略中禁用了对应的动作，这样才能让捕获的进程中止。

6. 选好要下载的文件之后，回到主诊断菜单中。

```
=============================
Directory: /var/local | 11 KB
-----------files------------
2013-10-19 10:37:28 | 11382        | Marketing.pcap

([b] to go back or [m] for the menu or [s] to select files to add)
Type a sub-dir name to see its contents: m
```

7. 输入3，以便使用数据包捕获特性将支持的诊断打包文件上传到一台 FTP 服务器或 TFTP 服务器上，然后按照提示信息进行操作。

```
=== Manual Diagnostic ===

1. Add files to package
2. View files in package
3. Upload package

Please enter your choice (Ctrl+C to exit): 3

Creating archive

Enter upload url (FTP or TFTP) or [Ctrl+C] to exit
Example: ftp://192.168.8.1/uploads
> ftp://172.16.171.125/incoming
Uploading file cx_asacx_10_19_2013_11_03_34.zip [size: 11384]
```

```
Uploading the file to /incoming on the remote server.
.
Successfully Uploaded ftp://172.16.171.125/incoming/cx_asacx_10_19_2013_11_03_34.zip
```

总结

ASA CX 可以有效地实施 ASA 核心特性集，通过深度防御的方式提供下一代防火墙的服务。本章介绍了硬件模块和软件打包文件中可以提供的各类 CX 服务，这些服务可以适应各类网络和各类不同的性能。本章解释了 ASA 防火墙如何阻塞传统的协议级威胁，并且将可予放行的连接重定向到 CX 模块上，以便对其实施可感知上下文的策略。本章通过一些示例展示了 ASA CX 策略是如何对策略进行高度抽象的，这里我们所说的特性包括用户服务发现和（不借助静态 TCP 或 UDP 端口来实现的）真正的应用可见性。本章也介绍了 CX 模块完全可以监控各类数据流，甚至包括加密流量。CX 可以通过 TLS 解密功能对加密流量进行解密以便对其进行监控，同时它还可以提供最新的下一代 IPS 和恶意软件保护服务，因为这种模块可以不断从 Cisco 那里获取当前最新的威胁数据。本章介绍了如何利用 ASA CX 提供的强大监测功能，来创建关于网络安全、应用和用户行为模式的报告。

第10章

网络地址转换

本章涵盖的内容有：

- 地址转换的类型；
- 地址转换的方式；
- 地址转换中的安全保护机制；
- 理解地址转换行为；
- 配置地址转换；
- DNS 刮除；
- 监测地址转换。

Cisco ASA 是一种网络防火墙，它可以保护一个或多个网络免遭入侵者和攻击者的侵害。我们在第 8 章和第 9 章中讨论过如何使用访问控制列表和其他基于身份的特性来保护网络基础设施。防火墙的其他核心安全特性旨在从不可靠网络中把可靠网络隔离出来，以保护网络地址。这项技术通常被称为地址转换，它支持组织机构对外部网络隐藏内部编址信息，使其显示一个不同的 IP 地址空间。地址转换在以下部署场合中非常有用。

- 在内部使用私有地址空间，并想为这些主机分配全局可路由地址。
- 更换了一个要求管理员改变编址方式的服务提供商。在边界设备上实施转换可以避免为网络重新设计全新的 IP 架构。
- 由于安全性的原因，不想将内部编址方式通告给外部主机。
- 有多个网络需要通过安全设备接入 Internet，但是只有一个（或几个）全局地址用于转换。
- 组织中的网络是覆盖网络，同时想要在不改变现有编址方式的基础上，在两个企业内部网之间提供连通性。

10.1 地址转换的类型

Cisco ASA 支持两种类型的地址转换，即网络地址转换（NAT）和端口地址转换（PAT）。

10.1.1 网络地址转换

当数据包穿越安全设备，并且匹配转换条件时，网络地址转换（NAT）可以定义一种一对一的地址映射关系。安全设备会分配一个静态 IP 地址（静态 NAT）或从地址池中分配一个地址（动态 NAT）。

当数据包去往公共网络时，Cisco ASA 可以将一个内部地址转换为一个全局地址。这种方式也称为内部 NAT（inside NAT），安全设备会将返回流量的全局地址转换为源内部地址。当从更高安全级别的接口（如内部接口）发来的流量去往较低安全级别的接口（如外部接口），设备就会使用内部 NAT。在图 10-1 中，位于内部网络中的主机 192.168.10.10 向外部网络中的主机 209.165.201.1 发送流量。Cisco ASA 会将源 IP 地址转换为 209.165.200.226，目的 IP 地址不变。当 Web 服务器向全局 IP 地址 209.165.200.226 发送响应消息时，安全设备会将全局 IP 地址转换为源内部实际 IP 地址 192.168.10.10。

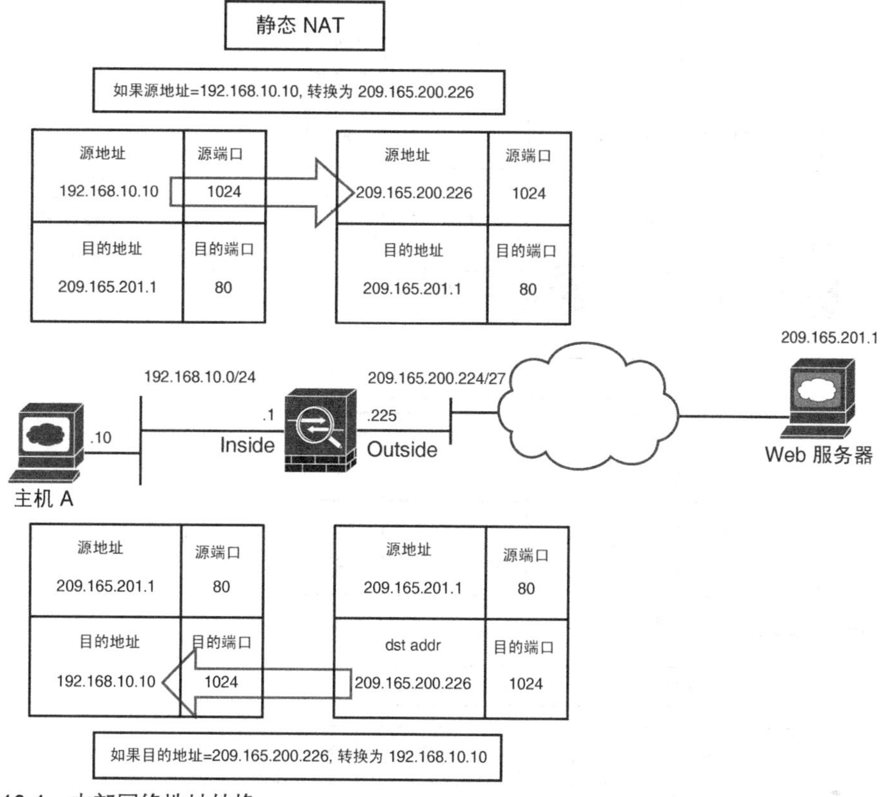

图 10-1 内部网络地址转换

还有一种选择，即较低安全级别接口上的主机可以被转换为较高安全级别接口上的主机。这种方式称为外部 NAT，如果希望外部网络中的主机在内部网络中显示为一个内部 IP 地址，这种方式很有用。在图 10-2 中，外部网络中的主机 209.165.201.1 会使用其全局地址作为目的地址向内部网络中的主机 192.168.10.10 发送流量。Cisco ASA 会将源 IP 地址转换为 192.168.10.100，同时将目的IP地址转换为192.168.10.10。由于源和目的IP地址都得到了修改，这也可以称为双向NAT。

注释：若数据包被接口 ACL 拒绝，安全设备就不会为其建立相应的地址转换表条目。

10.1.2 端口地址转换

当数据包穿越安全设备，并且匹配转换条件时，端口地址转换（PAT）可以定义一种一对多的地址映射关系。安全设备会查看数据包头部的 4 层信息并创建一个转换表，以区分使用同一全局 IP 地址的内部主机。

图 10-3 所示为一台为内部网络 192.168.10.0/24 建立了 PAT 的设备。然而，只有一个全局地址可用于该转换。如果两台内部主机 192.168.10.10 和 192.168.20.20 都需要与外部主机 209.165.201.1 建立连接，安全设备就会使用 4 层头部信息建立转换表。在这种情况下，由于两台内部主机使用同一个源端口号，那么为了确保两个条目彼此相异，安全设备会分配一个随机源端口。通过这种方式，当 Web 服务器向安全设备返回响应消息时，安全设备就会知道该向哪个内部主机发送数据包。

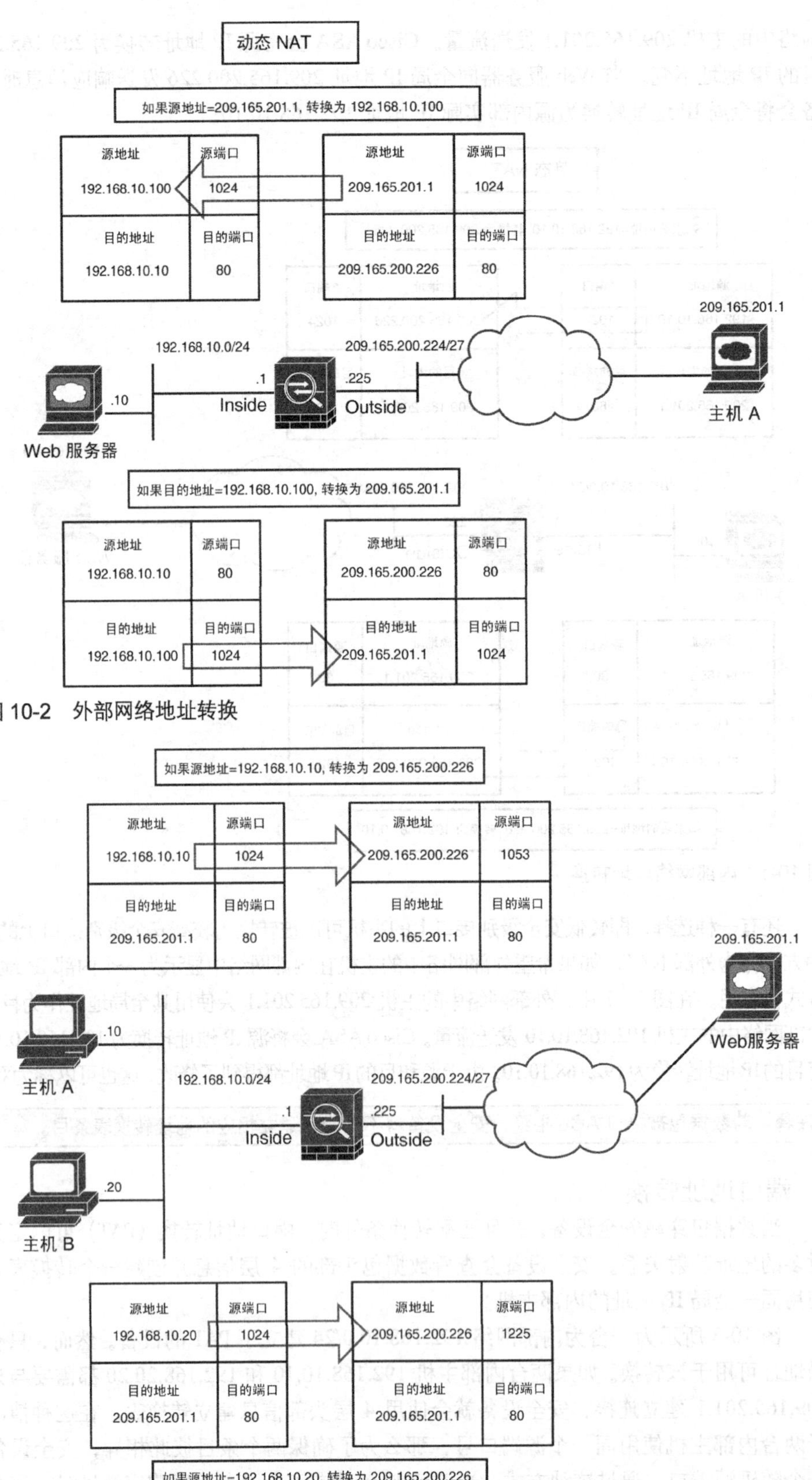

图 10-2 外部网络地址转换

图 10-3 端口地址转换

10.2 配置地址转换

Cisco ASA 支持以下 4 种类型的地址转换：

- 静态 NAT/PAT；
- 动态 NAT/PAT；
- 策略 NAT/PAT；
- Identity NAT。

10.2.1 静态 NAT/PAT

静态 NAT 定义了一种混合的转换方式，它可以将内部主机或子网地址转换为全局可路由地址或子网。安全设备会使用一对一的方式来执行地址转换，将一个全局 IP 地址分配给一个内部 IP 地址。因此，如果内部网络中有 100 台主机需要进行地址转换，那么安全设备就应该配置 100 个全局 IP 地址。另外，只要安全设备对通过它的数据包进行转换，它总会给内部主机分配同样的 IP 地址。如果组织机构正在为外部用户提供服务，如 Email、Web、DNS 和 FTP，那么这种部署方式是推荐做法。使用静态 NAT，服务器会在入站和出站双方向上使用相同的全局 IP 地址。

当安全设备想要静态将多个内部服务器映射给一个全局 IP 地址，静态 PAT（也称为端口重定向）功能就会非常重要，当流量从较低安全级别的端口穿过安全设备去往较高安全级别的端口时，设备就会对该流量应用端口重定向功能。外部主机会与该全局 IP 地址的特定 TCP 或 UDP 端口建立连接，而安全设备会将该端口重定向给内部服务器，如图 10-4 所示。

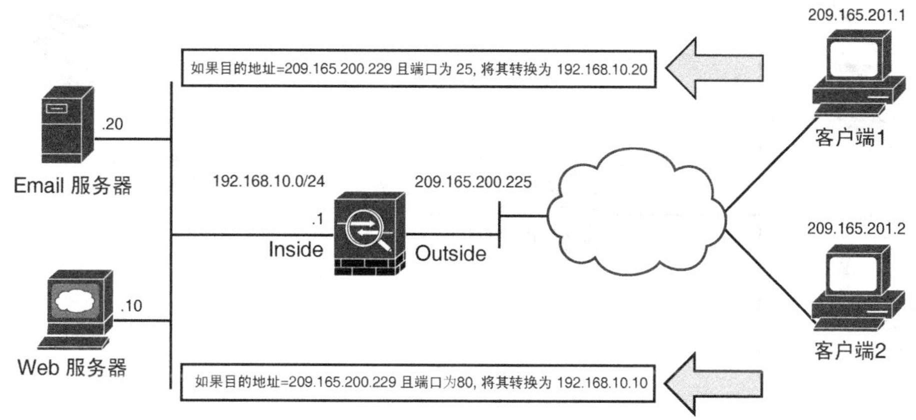

图 10-4 端口重定向

安全设备会将去往 209.165.200.229 的 TCP 80 端口的流量重定向给 192.168.10.10。同样，它也会将去往 209.165.200.229 的 TCP 25 端口的流量重定向给 192.168.10.20。

安全设备既允许使用专用 IP 地址进行端口重定向，也允许使用全局接口的 IP 地址进行端口重定向。

当使用公共接口的 IP 地址进行端口重定向时，安全设备会在以下两种情况使用同样的地址：

- 当穿越安全设备的流量需要执行地址转换时；
- 当有流量以安全设备作为目的地址时。

注释：在IP电话通讯环境中，如果Cisco CallManager服务器位于内部网络，且IP电话是从外部网络发起连接，那么安全设备设备就不支持外部NAT或PAT。

10.2.2 动态NAT/PAT

动态NAT会从预先配置好的全局地址池中随机分配一个IP地址。安全设备使用的是一对一的分配方式，将一个全局IP地址分配给一个内部IP地址。因此，如果内部网络中有100台主机，那么地址池中就必须有至少100个地址。如果组织机构使用的协议部包含4层信息，如GRE（通用路由封装）、RDP（可靠数据协议）、DDP（数据投递协议），那么这种部署方式是推荐做法。当安全设备为内部主机建立了动态NAT条目之后，只要安全设备放行入站连接，那么所有外部设备就都可以连接到分配的转换后地址。

在使用动态PAT时，安全设备会通过查看3层和4层头部信息来建立地址转换表。这是最常部署的方案，因为在这种方案中，多台内部主机可以通过1个全局IP地址连接外部网络。在动态PAT中，安全设备会使用源IP地址、源端口及IP协议信息（TCP或UDP）来为内部主机执行转换。与用静态PAT一样，管理员可以选择是使用专用公共网络地址还是转换接口的IP地址。如图10-5所示，两台内部设备正在使用外部接口的IP地址访问一台外部Web服务器。

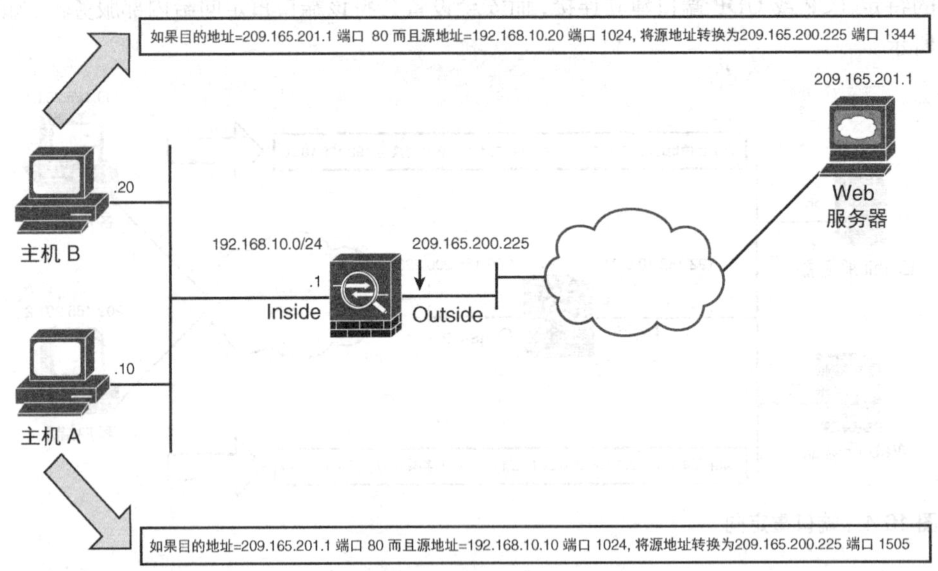

图10-5 动态PAT

注释：安全设备会基于包含在Cisco ASA 8.0(4)、8.1(2)、8.2(1)版本中的增强特性来随机选择源端口。

安全设备支持最多使用一个地址进行65535个PAT转换。在Cisco ASA 8.4(3)及后续版本中，管理员可以使用扩展PAT，通过每个服务（而不再是每个地址）提供65525条PAT转换。

10.2.3 策略 NAT/PAT

只有当穿过安全设备的数据包匹配管理员定义的选择或策略时，策略 NAT/PAT 才会为其执行地址转换。定义策略的方式是通过 ACL 指定感兴趣流，或者（在 Cisco ASA 8.3 及后续版本中）通过手动 NAT 来定义流量。如果流量与定义的 ACL 相匹配，那么原始源或目的地址就会被转换为一个不同的地址。如图 10-6 所示，管理员定义了一个策略，来将源 IP 地址转换为 209.165.200.226，执行这一转换的条件是数据包来自 192.168.10.10，并且去往 209.165.201.1。类似地，如果数据包来自 192.168.10.10，但是去往另一个 IP 地址，比如 209.165.201.2，那么安全设备就会将源 IP 地址转换为 209.165.200.227。

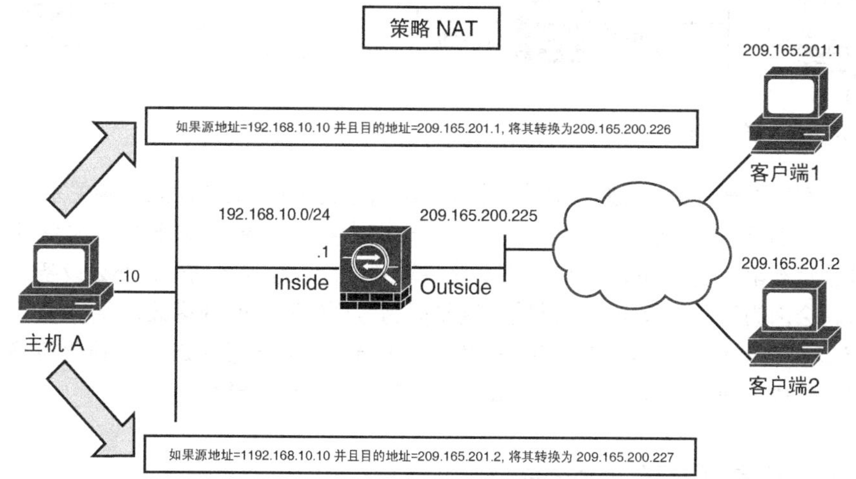

图 10-6 基于策略的网络地址转换

10.2.4 Identity NAT

在很多部署方案中，管理员想要绕过地址转换，使安全设备不会更改源或目的地址。如果管理员已经为内部网络定义了地址转换，使主机能够与 Internet 进行连接，那么管理员有可能希望能够绕过地址转换，这种方式也称为 Identity NAT。但是，如果这些主机向特定的主机或网络发送流量时，管理员不希望更改它们的地址。

10.3 地址转换中的安全保护机制

安全设备提供了大量安全特性，可以保护穿越安全设备的流量。在下面几节中，我们会讨论两种重要的特性：随机生成序列号和 TCP 拦截。

10.3.1 随机生成序列号

地址转换功能不仅能够隐藏源 IP 地址，还可以保护那些弱 SYN 主机不受 TCP 连接劫持的影响。在 TCP 三次握手阶段，当数据包从较高安全级别接口进入设备并去往较低安全级别的接口时，安全设备就会随机修改主机使用的原始序列号。这一进程如图 10-7 所示。主机 192.168.10.10 向主机 209.165.201.1 发送了一条 TCP SYN HTTP 数据包，其初始序列号（ISN）为 12345678，Cisco ASA 将源 IP 地址转换为 209.165.200.226，同时将其 ISN 修改为随机创建的值 95632547。

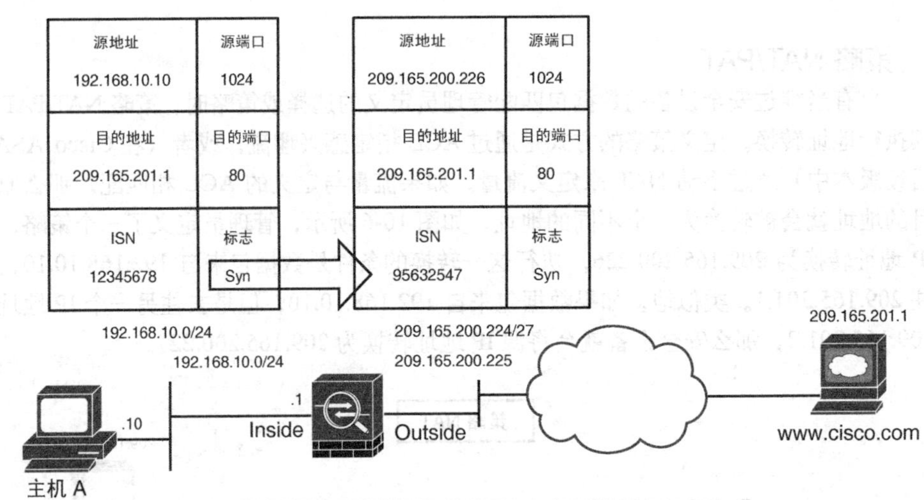

图 10-7 随机创建 ISN

在有些部署方案中（如边界网关协议[BGP]通过 MD5 认证建立邻接关系），建议管理员关闭随机创建 TCP 数据包功能。因为当两台路由器相互建立 BGP 邻接关系时，TCP 头部及数据负载都是使用 BGP 密码的 128 比特散列值。若修改序列号，那么设备在建立邻接关系时就会因为认证失败而无法继续，这是因为散列值不匹配的缘故。要了解更多关于 BGP MD5 认证的知识，可以查询 RFC 2385。管理员也可以通过 MPF（模块化策略框架）来禁用随机生成序列号的特性，这一点我们会在第 13 章进行介绍。

10.3.2 TCP 拦截（TCP Intercept）

TCP 拦截这种特性可以过滤恶意的 DoS（拒绝服务）流量，以此来保护基于 TCP 的服务器不受 TCP SYN 攻击的影响。TCP 拦截特性需要通过 MPF 进行配置，来设置连接限制。安全设备也可以通过设置连接最大限制来保护网络资源，防止网络连接数量意外暴增。这种方式既适用于 TCP 连接，也适用于 UDP 连接。在例 10-1 中，管理员使用 MPF 将最大连接显示设置为了 1500 条，并将半开连接数设置为了 200，上述限制适用于所有穿越外部接口的流量。

例 10-1 TCP 拦截的实例

```
Chicago(config)# class-map TCPIntercept
Chicago(config-cmap)# match any
Chicago(config-cmap)# policy-map TCPInterceptPolicy
Chicago(config-pmap)# class TCPIntercept
Chicago(config-pmap-c)# set connection conn-max 1500 embryonic-conn-max 2000
Chicago(config-pmap-c)# service-policy TCPInterceptPolicy interface outside
```

注释：部署 TCP 拦截时一定要小心。当主机或网络受到攻击时，TCP 拦截特性有可能会耗尽安全设备的 CPU 和内存资源。换句话说，在这类环境中，安全设备就有可能成为瓶颈。

10.4 理解地址转换行为

根据安全设备上使用的 Cisco ASA 软件版本，安全设备在执行地址转换功能时会采取不同的行为。

10.4.1 8.3 版之前的地址转换行为

在默认情况下，如果使用的系统版本是 8.3（及更早的版本），当内部设备（与较高安全级别的接口相连）需要访问外部网络的主机（与较低安全级别的接口相连）时，Cisco ASA 不需要创建地址转换策略。不过，如果数据包匹配 NAT/PAT 策略，安全设备就会转换地址。如果数据包不匹配该策略，它们就会直接发送数据包而不对其进行转换。

有些组织机构要求在主机通过防火墙发送流量之前定义转换策略。要满足这种需求，管理员可以在安全设备上启用 **nat-control** 特性。若实施该特性，所有想要穿越安全设备而不执行地址转换策略的流量都会被丢弃。如果管理员不想转换地址，但启用了 **nat-control** 特性，就必须定义一条策略来绕过地址转换功能。表 10-1 探讨了当流量来自不同安全级别接口时，8.3 及之前版本的安全设备在使用 **nat-control** 特性的情况下和没有使用 **nat-control** 的情况下，NAT 分别会执行何种行为。

表 10-1 安全级别及 NAT-Control 特性

流量方向	禁用 NAT 控制	启用 NAT 控制
从较低安全级别的接口去往较高安全级别的接口 或 从较高安全级别的接口去往较低安全级别的接口	不需要为内部 IP 地址配置地址转换策略 若流量匹配策略，则基于配置的策略执行地址转换	需要为内部 IP 地址配置地址转换策略 若流量不匹配策略，数据包会被 ASA 丢弃，同时 ASA 会创建一条日志消息 305005
相同安全级别的接口之间①	不需要执行地址转换策略 若流量匹配策略，则基于配置的策略执行地址转换	不需要执行地址转换策略 若流量匹配策略，则基于配置的策略执行地址转换

注：①若要放行相同安全级别的接口之间的流量，需要使用命令 **same-security-traffic permit inter-iterface** 来实现这一功能。

如表 10-1 所示，当流量穿过相同安全级别接口，即使启用了 NAT-control 特性，也无须执行地址转换。不过，如果管理员在启用 NAT-control 特性的情况下定义了动态 NAT/PAT 策略，然后安全设备就会为匹配这个策略的流量执行地址转换，即使这些流量穿越的接口安全级别相同。

> 注释：如果在同一安全级别的接口之间定义了 NAT 规则，那么安全设备就不会支持任何 VoIP 监控功能，如 Skinny、SIP 和 H.323。此外，即使管理员为穿越相同安全级别接口的浏览定义了 NAT 规则，这类流量还是会受到监控。

1. 8.3 版本之前的数据包流量次序

当管理员为穿过安全设备的流量配置了地址转换，就会发生以下次序的事件。

(1) 数据包从终端主机到达入站接口。

(2) 安全设备会查看数据包是否属于一条现有连接。如果匹配现有连接，处理过程就跳至步骤 4。如果数据包不匹配现有连接，而且该数据包是数据流中的第一个数据包（比如，TCP 协议的 SYN 数据包），那么数据包就会与应用在入站接口上的入站 ACL 进行匹配。

(3) 如果数据包允许进入，安全设备就会首先在接收到该数据包的接口查看该转换的全局IP 地址是否匹配数据包的目的地址。此时设备会执行一次快速路由查看，以判断将该数据包通过哪个接口发送出去。如果全局 IP 地址和数据包目的地址存在匹配，那么数据包就会被“真正发送给”转换后地址的接口，并跳过查询全局路由表的步骤。如果入站接口上收到的数据包的目的 IP 地址无法匹配任何转换项，那么设备就会执行步骤 4。

(4) 若启用了地址转换，而且数据包能够匹配转换条件，那么安全设备就会为主机执行地址转换。

(5) 在这些出站接口上，安全设备会对路由表进行查看，以确保设备只能使用指向出站接口的路由条目。

(6) 安全设备会为 TCP 和 UDP 数据包创建一格状态化连接条目。若安全设备启用了 ICMP 监控功能，那么该安全设备还可以（可选地）为 ICMP 流量创建一个状态化连接条目。

(7) 数据包在出站接口上得到传输。

2. 8.3 版本之前的 NAT 操作顺序

在很多网络部署方案中，都有必要在一台安全设备上配置多种类型的地址转换。为了采用这些方案，安全设备需要将某些 NAT 规则的优先级设置得高于另一些规则的优先级，这样才能在规则发生冲突时了解究竟按照何种方式工作。管理员必须运用下列的规则顺序，以确保它们运行正常。

(1) **NAT 免除**——在设置了多种 NAT 类型的情况下，安全设备会尝试将流量与应用在 NAT 免除规则上的 ACL 进行匹配。如果出现匹配，设备就会应用对应的 NAT 免除策略。

(2) **静态 NAT**——如果在 NAT 免除规则中没有发现匹配条目，安全设备就会按照顺序对静态 NAT 条目进行分析以寻找匹配信息。

(3) **静态 PAT**——如果安全设备既没有在 NAT 免除中发现匹配条目，也没有发现静态 NAT 的匹配条目，那么它就会搜索静态 PAT 条目，直到发现匹配信息。

(4) **策略 NAT/PAT**——如果没有在数据包流中找到任何匹配项，安全设备就会评估策略策略 NAT 条目。

(5) **Identity NAT**——安全设备尝试寻找 Identity NAT 语句的匹配项。

(6) **动态 NAT**——如果安全设备在前面五项中都没有找到匹配项，它就会查看数据包是否需要使用动态 NAT 进行转换。

(7) **动态 PAT**——如果前面提到的所有规则都没有匹配，安全设备最后会用数据包尝试匹配动态 PAT 规则。

如果安全设备在使用了所有规则和策略之后，仍然没有找到精确匹配项，而且该安全设备启用了 **nat-control** 特性，那么它就会丢弃该数据包并创建一个系统日志消息（305005）记录下发生的这一事件。如果设备上启用了 **nat-control** 特性，而流量也不匹配 NAT 规则，那么设备在发送数据包的时候就不会更改它的地址。

> 提示：当安全设备上配置了多个 NAT 类型时，ASDM 会在 **Configuration > Firewall > NAT Rules** 下的“#”列中显示 NAT 的操作顺序。

10.4.2 重新设计地址转换（8.3 及后续版本）

从 Cisco ASA 软件系统 8.3 版开始，Cisco 对安全设备的一项核心特性进行重新设计，那就是地址转换特性。在 8.3 之前的版本中，定义一些强大的 NAT 策略有可能是一项艰巨的任务。另外，NAT 策略是相当于依赖于设备接口的。现在，安全设备希望能够进行一些简化，为配置和定义 NAT 策略提供一些很容易使用的接口。在对 NAT 的行为进行修改之后，安全设备引入了统一 NAT 表（Unified NAT table）的概念，这种统一 NAT 表让管理员能够决定转换策略的执行次序。这些策略会根据各个 NAT 条目的具体内容来执行（在统一 NAT 表中按照从上到下的顺序进行匹配），只要策略中出现了第一条匹配设备就不会继续进行处理。

从 8.3 及后续版本开始的新 NAT 模式会在后面进行介绍，同时我们也会对一些新 NAT 特性进行具体介绍。

> **注释**：在 8.3 及后续版本中不能使用 **static** 和 **global** 命令。

1. 8.3 及后续版本中的 NAT 模式

安全设备 8.3 版支持下面两种 NAT 模式。

- **自动 NAT 模式**：在这种模式下，管理员可以在网络对象中定义 NAT 策略，因此这种模式也称为网络对象 NAT。这里所说的网络对象既可以是一台主机、一组 IP 地址、一个子网，也可以是一个网络。如果希望将一个新对象的源 IP 地址，或配置中预定义好对象的源 IP 地址进行转换，常常就需要使用这种模式。自动 NAT 需要在定义对象时进行配置。这种技术主要是在需要转换对象源地址时才会使用。这种模式是执行地址转换时的一种很常见的做法，因为大多数策略都需要对源地址进行转换。自动 NAT 条目的对象次序与设备的执行次序无关，因为 ASA 在校验自动 NAT 规则时，会选择最合理的次序。次序是按照规则的精确程度来确定的，最精确的自动 NAT 策略会被首先执行。
- **手动 NAT 模式**：在这种模式下，管理员可以根据数据包的源和/或目的地址来定义自己的 NAT 策略。比如，如果管理员只希望对从 10.10.10.1 发往 209.165.201.10 的流量执行源地址转换，就可以使用手动 NAT 模式。另外，如果管理员希望对安全设备上某个数据包的源和目的地址都执行转换，也可以使用手动 NAT 模式。在手动 NAT 模式下，可以定义一条策略同时对源地址和目的地址执行转换。因此，手动 NAT 也称为两次 NAT。手动 NAT 可以在配置中将预定义的对象作为配置的一部分。和自动 NAT 模式的区别在于，手动 NAT 的配置不是在定义对象时添加的。手动 NAT 规则既可以在完成自动 NAT 规则的配置之前进行添加，也可以在配置自动 NAT 之后进行添加。

2. 8.3 及后续版本的 NAT 执行次序

在 8.3 及后续版本中，并不存在执行次序的概念。对于需要判断转换规则的情形，安全设备引入了统一 NAT 表的概念。连接中的第一个数据包会在这个表中按照自上而下的顺序进行判断，一旦出现第一次匹配设备就不会继续处理。NAT 表中拥有如下三个部分。

- **手动 NAT（第 1 部分）**：手动 NAT 规则默认属于表中的这一部分。规则会按照手动 NAT 配置时的顺序进行处理。
- **自动 NAT（第 2 部分）**：自动 NAT 规则默认属于表中的这一部分。这些规则的处理次序是由 ASA 自行判断的。
- **手动 NAT（第 3 部分）**：如果管理员在配置 **nat** 命令时添加了 **after-auto** 参数，手动 NAT 规则就会属于表中的这一部分。这些规则的处理顺序会按照后面的“自动手动 NAT 之后”一节中介绍的配置顺序进行处理。

> 注释：管理员可以通过命令 **show nat** 来查看 NAT 策略的次序。管理员在输出信息中也会看到 NAT 的三个部分、每一部分中定义的规则，以及设备匹配这些规则的次序。

10.5 配置地址转换

通过 ASDM 定义地址转换规则的方法是，找到 **Configuration > Firewall > NAT Rules**，然后点击 **Add**。安全设备会提供添加自动 NAT 规则（Auto NAT rule）或手动 NAT 规则（Manual NAT rule）的选择。

> 注释：本节的重点在于 8.3 及后续版本上 NAT 的配置方法。如果读者使用的版本早于 8.3 版，可以参照本章“配置用例”一节中，两种配置方法的对比及相关案例。

10.5.1 自动 NAT 的配置

我们在前面介绍过，如果管理员希望转换对象的源地址而忽略它的目的地址，那么采用自动 NAT 模式就是最好的选择。在这种模式下，管理员需要定义一个对象，然后在定义的对象中添加地址转换策略。

1. 配置自动 NAT 的可用设置

找到 **Configuration > Firewall > NAT Rules**，并选择 **Add > Add “Network Object” NAT Rule** 来定义对象及地址转换策略。此时会打开 Network Object 对话框，管理员可以在这个对话框中指定以下参数。

- Name（名称）：输入对象的名称。例如，如果是为 Web 服务器定义策略，可以将对象名称设置为 Internet-Web。
- Type（类型）：选择对象的类型，即这是一个网络对象、一个主机对象，还是一组地址。比如，如果是为某台 Web 服务器定义策略，那么这里就应该选择 Host（主机）。
- IP Version（IP 版本）：指定对象是一台基于 IPv4 的设备还是一台基于 IPv6 的设备。
- IP Address（IP 地址）：输入要转换的那台设备的真实（即未转换的）IP 地址。比如，如果希望对一台 Web 服务器的地址执行转换，就可以在这里输入它的真实 IP 地址（也就是在服务器上配置的地址）。
- Netmask（网络掩码）：只有当管理员在 Type 字段选择的类型是 Network（网络）时，才会显示这个项目。此时，我们就可以指定网络的网络掩码。例如，如果我们需要对整个 192.168.10.0/24 子网执行地址转换，就应该将掩码设置为 255.255.255.0。
- 添加自动地址转换规则（Add Automatic Address Translation Rules）：这个复选框默认就会选中，因为在创建新的对象时，就等于在定义转换策略。如果管理员之前已经定义好了一个对象，可以勾选这一项来启用这个之前配置的地址转换策略。
- Type（类型）：选择想要定义的是静态 NAT、静态 PAT、动态 NAT 还是动态 PAT 策略。这些类型我们已经在本章前面的“地址转换方式”一节中进行了介绍。
- Translated Addr（转换后地址）：指定主机转换后的地址。例如，如果管理员希望 Web 服务器在外部网络看来位于 209.165.200.240，就应该在这里输入这个地址。

还有一些选项有可能可以进行配置，也有可能是灰色的（无法配置），这取决于管理员在前面选择的转换类型。

- Use One-to-One Address Translation（使用一对一的地址转换）：如果勾选了这个复选框，那么第一个 IPv4 地址就会转换为第一个 IPv6 地址，第二个 IPv4 会转换为第二个 IPv6 地址，以此类推。
- PAT Pool Translated Address（转换后地址的 PAT 池）：管理员可以勾选这个复选框并且指定所有可以用来执行 PAT 的地址。每个 PAT 地址可以用来执行 65535 对转换。使用地址池则可以实现超过 65535 对的转换。
  - Round Robin（轮询）：这个选项需要与 PAT Pool Translated Address 一起使用。如果勾选了这个复选框，那么安全设备就可以采取轮询的方式使用 PAT 池中的地址。如果没有勾选这个复选框，那么安全设备就会在从池中分配下一个地址之前，尝试使用一个 PAT 地址的所有端口来执行转换。
  - Extend PAT Uniqueness to Per Destination Instead of Per Interface：这个选项需要与 PAT Pool Translated Address 一起使用。如果勾选了这个复选框，那么安全设备就可以为每个服务执行 65535 次转换，而不是为每个地址执行 65535 次转换。
  - Translate TCP and UDP Ports into Flat Range 10214-65535：这个选项需要与 PAT Pool Translated Address 一起使用。在执行 PAT 转换期间，安全设备会为转换后地址使用同一个源端口号来充当转换前的源端口号。如果源端口对于转换后地址不可用，那么安全设备就会从与转换前的源端口相同的范围中分配一个端口（其中 1～511 之间的端口号为同一个范围、512～1023 之间为同一个范围，1024～65535 之间为同一个范围）。如果勾选了这个复选框，那么如果源端口对于转换后地址不可用，那么安全设备就能够使用 1024～65535 之间的所有端口。
  - Include Range 1-1023：可以将这个选项与前面那个选项结合起来，让安全设备能够使用 1～65535 在内的所有端口。
- Fall Through to Interface PAT(dest inf)：如果勾选了这个复选框，那么在所有指定的地址都被分配出去了的情况下，安全设备就会使用这个特定接口的地址来执行 PAT 转换。
- Use IPv6 for Interface PAT（接口 PAT 转换时使用 IPv6）：如果勾选了这个复选框，那么安全设备就会使用 IPv6 地址来执行 PAT 转换。

管理员可以点击 **Advanced** 按钮打开 Advanced NAT Settings 对话框来配置下面的选项。

- Translated DNS Replies for Rule（针对规则转换 DNS 响应消息）：如果勾选了这个复选框，设备就会对所有这个对象中的主机或网络执行 DNS 刮除特性。DNS 刮除特性会在本章后面的 “DNS 刮除”一节中进行介绍。
- Disable Proxy ARP on Egress Interface（在外部接口上禁用代理 ARP）：如果勾选了这个复选框，安全设备就不会替配置的静态转换地址来响应 ARP 请求消息。在默认情况下，如果管理员使用的是 8.3(1)到 8.4(1)之间的系统，那么 Identity NAT 所对应的这个复选框没有被选中。从 8.4(2)版开始，Identity NAT 默认就会启用代理 ARP 功能，管理员可以视需要将其禁用。
- Lookup Route Table to Locate Egress interface（查看外部接口的路由表）：如果勾选了这个复选框，安全设备就会使用路由查找的方式来判断数据的出站接口，而不是使用 NAT 命令中指定的接口作为出站接口。
- Source Interface（源接口）：选择对象中源主机或源子网地址所在接口的名称。如果管理员在这里没有提供源接口，那么自动 NAT 就会根据匹配的源地址，对所有接口应用规则。

- Destination Interface（目的接口）：选择目的地址所在接口的名称。如果管理员在这里没有提供目的接口，那么自动 NAT 就会根据匹配的目的地址，对所有接口应用规则。
- Protocol（协议）：选择 4 层的服务类型是 TCP 还是 UDP，以便让安全设备利用 4 层信息来执行 PAT 转换。
- Real Port（真实端口）：指定要转换的服务器真实端口。例如，Web 服务器的真实端口就应该输入 80。
- Mapped Port（映射后的端口）：对于 PAT 而言，需要指定服务器的转换后端口。例如，如果希望 Web 服务器（真实端口为 80）看上去是在通过 8080 端口提供服务，就在映射端口部分输入 8080。

2. 自动 NAT 配置案例

描述自动 NAT 配置的最佳方式就是给它找一个使用的环境。为了说清楚这个概念，我们假设管理员希望定义地址转换策略来满足下面的需求。

- 当流量去往 Internet 时，使用外部接口的地址对内部网络（192.168.10.0）的地址执行动态转换。
- 对所有去往 Web 服务器（真实 IP 地址为 192.168.10.10）的流量执行静态转换。转换后的（映射）地址应该是 209.165.200.240。

为了满足上述需求，需要定义两个对象（一个对象对应内部网络，另一个对象对应 Web 服务器）。地址转换策略在定义对象时进行区分。找到 **Configuration > Firewall > NAT Rules**，并选择 **Add > Add "Network Object" NAT Rule** 来定义第一条策略。如图 10-8 所示，管理员添加了一个名为 Internal-Net 的内部网络对象（192.168.10.0），为它选择了 Dynamic PAT（Hide）的 NAT 类型，并且将外部接口地址指定为了转换后的地址。

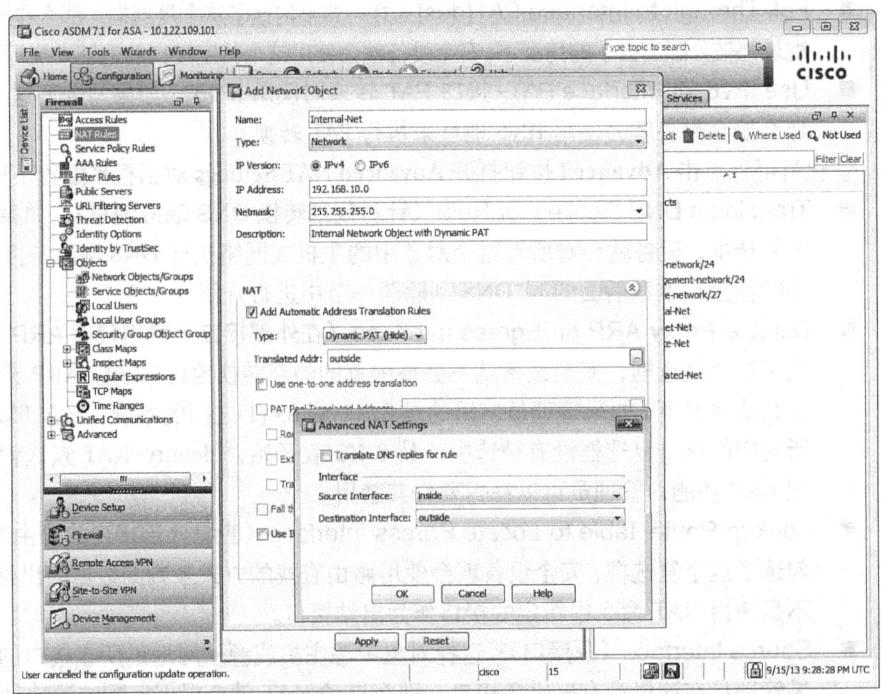

图 10-8 为动态接口 PAT 配置自动 NAT

注释：目前管理员只能在对象中定义一条 NAT 策略。

同样，再次通过 **Configuration > Firewall > NAT Rules**，选择 **Add > Add “Network Object” NAT Rule** 来定义第二条策略。如图 10-9 所示，管理员添加了一个名为 Internal-Web 的主机对象（192.168.10.10），为它选择了 Static 的 NAT 类型，并且将 209.165.200.240 指定为了转换后的地址。

注释：8.3 及后续版本的安全设备支持一到多的映射关系。因此一台内部主机也就可以拥有多个转换后的地址。如果管理员希望人们能够通过多个全局可路由地址来访问某一台主机，就可以采用这种做法。

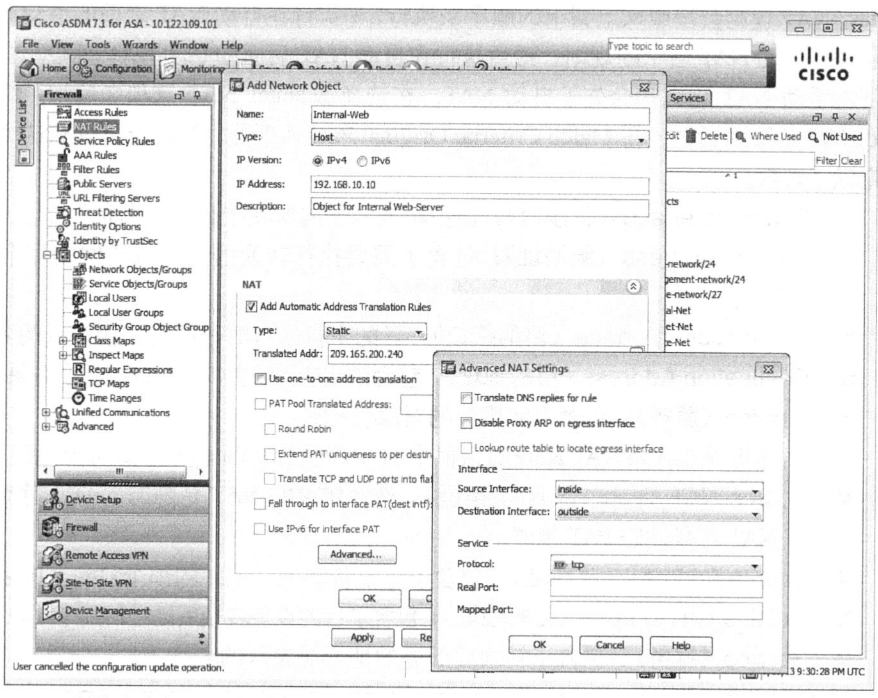

图 10-9　为静态主机配置自动 NAT

如果管理员希望通过 CLI 进行配置，例 10-2 中的配置可以达到与图 10-9 相同的效果。

例 10-2　自动 NAT 的配置实例

```
Chicago(config)# object network Internal-Net
Chicago(config-network-object)# subnet 192.168.10.0 255.255.255.0
Chicago(config-network-object)# description Internal Network Object with Dynamic PAT
Chicago(config-network-object)# nat (inside,outside) dynamic interface
Chicago(config-network-object)# exit
Chicago(config)# object network Internal-Web
Chicago(config-network-object)# description Object for Internal Web-Server
Chicago(config-network-object)# nat (inside,outside) static 209.165.200.240
```

注释：在启用地址转换之后，安全设备就会为配置的转换后地址执行代理 ARP 功能。所谓代理 ARP 也就是说，安全设备会代表其他地址来响应 ARP 请求消息。

10.5.2 手动 NAT 的配置

如果管理员需要定义的转换策略中包含了目的地址，就需要使用手动 NAT，比如定义基于策略的地址转换，或者 Identity 基于 NAT 的地址转换。管理员可以根据主机之间的相互通信来定义非常具体的转换策略。当流量从一个网络实体去往另一个网络实体，而管理员又希望同时转换该流量的源地址和目的地址时，也可以使用这种模式。

1. 配置自动 NAT 的可用设置

找到 **Configuration > Firewall > NAT Rules**，并选择 **Add > Add NAT Rule Before "Network Object" NAT Rules** 或者 **Add >Add NAT Rule After "Network Object" NAT Rules**。NAT 规则会按照从上到下的顺序来执行，先执行在自动 NAT 之前的手动 NAT 策略，然后执行自动 NAT 当中的规则，最后执行在自动 NAT 后面的手动 NAT 策略。在大多数情况下，手动 NAT 规则都会先于自动 NAT。在选择 Manual NAT 选项之后，系统就会打开 Add NAT Rule 对话框。在 Match Criteria: Original Packet 部分，管理员可以在这个对话框中指定以下参数。

- Source Interface（源接口）：源主机或源子网所在接口（的名称）。
- Source Address（源地址）：包含了需要执行转换的主机或子网的那个对象（的名称）。
- Destination Interface（目的接口）：目的主机或目的子网所在接口（的名称）。
- Destination Address（目的地址）：包含了流量目的主机或子网的那个对象（的名称）。
- Service（服务）：包含真实服务的对象名称。

管理员还可以在 Add NAT Rule 对话框中的 Action:Translated Packet 部分指定以下属性。

- Source NAT Type（源 NAT 类型）：选择定义的 NAT 是静态 NAT、静态 PAT、动态 NAT 还是动态 PAT 策略。
- Source Address（源地址）：包含了源设备转换后地址的那个对象（的名称）。
- Destination Address（目的地址）：包含了目的设备转换后地址的那个对象（的名称）。
- Service（服务）：包含了转换后服务的那个对象（的名称）。

> **注释：**在 8.3 及后续版本中，安全设备会默认为每组静态转换添加两条单向的条目。如果管理员希望转换某组出站流量，但又不希望转换它的返程流量，可以在 **nat** 命令的末尾添加 **unidirectional** 来实现这一效果。

Add NAT Rule 对话框中的其他选项都和“自动 NAT 配置”一节中介绍的选项大同小异。

2. 手动 NAT 配置案例

与自动 NAT 配置一样，描述手动 NAT 配置的最佳方式就是给它找一个使用的环境。为了说清楚这个概念，我们假设管理员希望定义地址转换策略来满足下面的需求。

- 当内部接口接收到去往外部接口所在网络 209.165.201.0/24（object=Internet-Net）的流量时，将其转换为 192.168.10.0/27（object=Internal-Net）。转换后地址应该来自于 209.165.202.128/27（object=Translated-Net）。一定要确保每台主机接收到唯一的（对应转换后子网地址的）地址。
- 如果流量是从 192.168.10.0/27（object=Internal-Net）发往 192.168.20.0/27（object=Remote-Net），那么保持该流量源目的地址不变。这就是 Identity NAT 的示例。

为了满足上述需求，需要定义两条手动 NAT 规则。找到 **Configuration > Firewall > NAT Rules**，并选择 **Add > Add NAT Rule Before "Network Object" NAT Rules** 来定义第一条策略。如图 10-10 所示，源接口被设置为了 inside，目的接口被设置为 outside。源地址为对象 Internal-Net，目的地址为对象 Internet-Net。源 NAT 类型被设置为 Static，并勾选了 Use one-to-one address translation 选项。转换后源地址被设置为对象 Translated-Net。

同样，再次通过 **Configuration > Firewall > NAT Rules**，选择 **Add > Add NAT Rule Before "Network Object" NAT Rules** 来定义第二条策略。如图 10-11 所示，源接口被设置为了 inside，目的接口被设置为 outside。转换前的源地址为对象 Internal-Net，转换前的目的地址为对象 Remote-Net。源 NAT 类型被设置为 Static。转换后源地址也是 Internal-Net，而转换后的目的地址也是 Remote-Net。

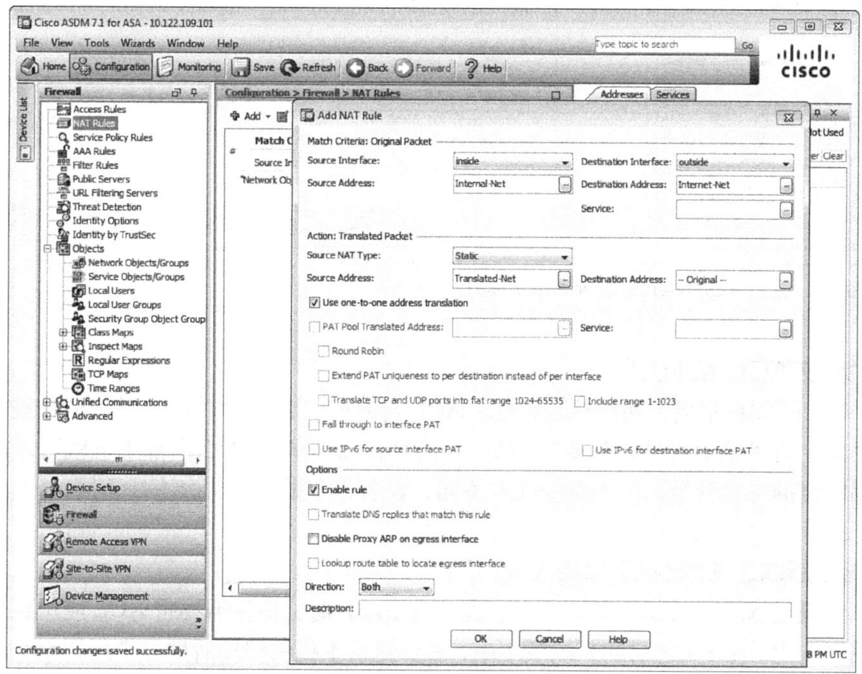

图 10-10 通过手动 NAT 转换源网络

如果管理员希望通过 CLI 进行配置，例 10-3 中的配置可以达到与图 10-10 和图 10-11 相同的效果。

例 10-3 手动 NAT 的配置实例

```
Chicago(config)# object network Internal-Net
Chicago(config-network-object)# subnet 192.168.10.0 255.255.255.224
Chicago(config-network-object)# object network Internet-Net
Chicago(config-network-object)# subnet 209.165.201.0 255.255.255.0
Chicago(config-network-object)# object network Translated-Net
Chicago(config-network-object)# subnet 209.165.202.128 255.255.255.224
Chicago(config-network-object)# object network Remote-Net
Chicago(config-network-object)# subnet 192.168.20.0 255.255.255.224
Chicago(config-network-object)# exit
Chicago(config)# nat (inside,outside) source static Internal-Net
Translated-Net destination static Internet-Net Internet-Net
Chicago(config)# nat (inside,outside) source static Internal-Net
Internal-Net destination static Remote-Net Remote-Net no-proxy-arp
```

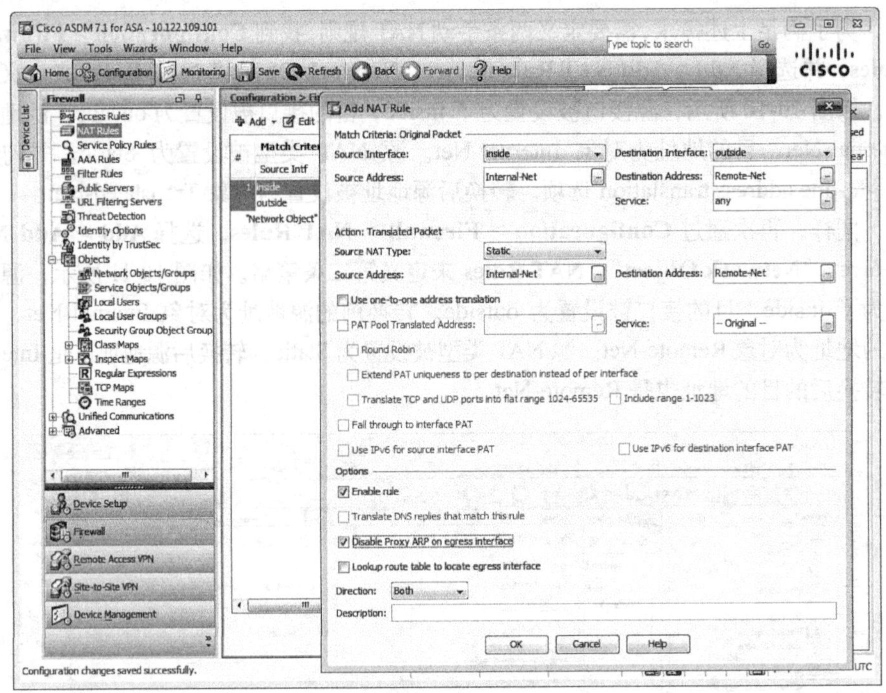

图 10-11 通过手动 NAT 实现 Identity NAT

10.5.3 集成 ACL 和 NAT

Cisco ASA 集成了两种核心特性：ACL 与 NAT，这两种功能可以为网络提供完整的安全框架。有了这些特性，只要管理员应用了相应的策略，那么内部主机就可以被隐藏在不可靠网络的主机身后。但因系统版本不同，设备采取的行为也会有所不同。

1. 8.3 版本之前的 NAT 和集成 ACL

在通过 NAT 和 ACL 保护一台主机（或子网）时，往往需要将 ACL 应用到外部接口的入站方向上。在 8.3 之前的系统版本中，需要使用主机的转换后地址来配置是否放行去往这台主机的流量。图 10-12 所示即为在安全设备上实施这些特性的示例。

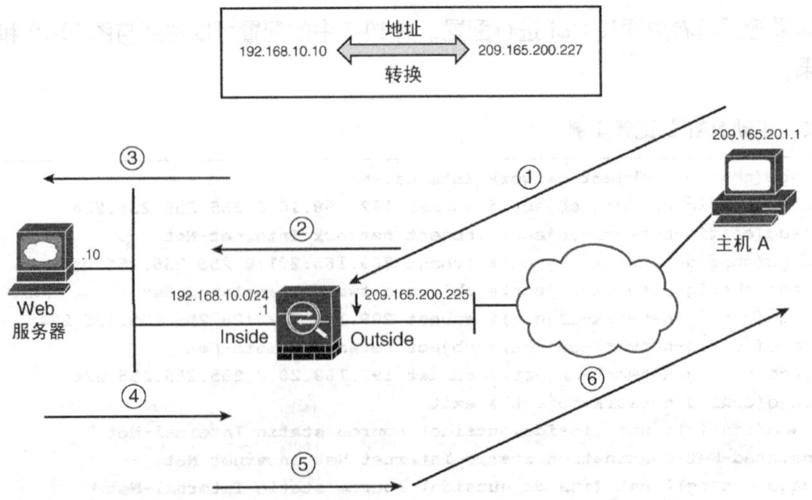

图 10-12 8.3 之前版本的 ACL 与 NAT

公网（209.165.201.1）上的主机向内部的 Web 服务器发送了一个数据包，并建立了一条新的连接。安全设备会按照以下顺序对数据包进行处理。

1. 数据包到达安全设备的外部接口，其源地址为 209.165.201.1，目的地址为 209.165.200.227。Cisco ASA 对入站 ACL 进行检查，并发现该数据包可以与 209.165.200.227（转换后的地址）进行通信。
2. 如果数据包允许进入内部网络，安全设备就会将数据包交给 NAT 进行处理，以判断其地址是否需要进行转换。然后，它的目的地址被转换为 192.168.10.10。
3. 安全设备将该数据包与内部（inside）接口的出站 ACL 进行匹配，然后它创建了一个连接条目，并将数据包发送给出站（inside）接口。
4. Web 服务器使用其源地址 192.168.10.10 对主机 A 发送响应消息。
5. 该数据包被发送给 NAT 引擎，然后 NAT 将其源 IP 地址更换为 209.165.200.227。
6. 安全设备将数据包发送给主机 A。

在例 10-4 所示的环境中，Web 服务器的源地址由 192.168.10.10 转换到了 209.165.200.227。外部接口的入站 ACL 可以放行去往转换后地址（209.165.200.227）80 端口的流量。

例 10-4 8.3 之前版本的 NAT 与集成 ACL 实例

```
Chicago(config)# static (inside,outside) 209.165.200.227 192.168.10.10 netmask
255.255.255.255
Chicago(config)# access-list inbound_traffic_on_outside permit tcp any host
209.165.200.240 eq www
Chicago(config)# access-group inbound_traffic_on_outside in interface outside
```

2. 8.3 之后版本的 NAT 和集成 ACL

在 8.3 及后续版本中，设备会使用主机的真实（未转换）地址来决定是否放行向自己发来的流量。这是架构上的巨大变化，可以简化部署方案，让客户可以在配置的过程中总是使用相同的 IP 地址（或对象名称），而不需要知道转换后的地址是多少。再次以图 10-12 为例，公网（209.165.201.1）上的主机向内部的 Web 服务器发送了一个数据包，并建立了一条新的连接。于是，安全设备就会按照下面的顺序处理数据包。

1. 数据包到达安全设备的外部接口，其源地址为 209.165.201.1，目的地址为 209.165.200.227。Cisco ASA 对入站 ACL 进行检查，并发现该数据包可以与真实地址 192.168.10.10 进行通信。
2. 如果数据包允许进入内部网络，安全设备就会将数据包交给 NAT 进行处理，以判断其地址是否需要进行转换。然后，它的目的地址被转换为 192.168.10.10。
3. 安全设备将该数据包与内部（inside）接口的出站 ACL 进行匹配，然后它创建了一个连接条目，并将数据包发送给出站（inside）接口。
4. Web 服务器使用其源地址 192.168.10.10 对主机 A 发送响应消息。
5. 该数据包被发送给 NAT 引擎，然后 NAT 将其源 IP 地址更换为 209.165.200.227。
6. 安全设备将数据包发送给主机 A。

在例 10-5 所示的环境中，Web 服务器的源地址由 192.168.10.10 转换到了 209.165.200.227。外部接口的入站 ACL 可以放行去往真实地址（192.168.10.10）80 端口的流量。

例 10-5 8.3 及之后版本的 NAT 与集成 ACL 实例

```
Chicago(config)# object network Inside-Web
Chicago(config-network-object)# host 192.168.10.10
```

（待续）

```
Chicago(config-network-object)# object network Translated-Web
Chicago(config-network-object)# host 209.165.200.227
Chicago(config-network-object)# object network Inside-Web
Chicago(config-network-object)# nat (inside,outside) static
Translated-Web
Chicago(config-network-object)# exit
Chicago(config)# access-list inbound_traffic_on_outside extended
permit tcp any host 192.168.10.10 eq www
Chicago(config)# access-group inbound_traffic_on_outside in interface
outside
```

10.5.4 配置用例

如前文所述，Cisco ASA 上的地址转换功能经历一次重大的架构变化。本节会对 8.3 之前版本及 8.3 之后版本的地址转换提供一些通用的用例。图 10-13 所示的拓扑适用于本节后面的全部内容，这个拓扑中显示了两类 VPN 连接：一个是芝加哥和纽约之间的站点到站点隧道，另一个是 VPN 客户端访问芝加哥安全设备（终点设备）的远程访问 IPSec 隧道。芝加哥的安全设备会从 192.168.50.0/24 子网为远程访问 VPN 客户端分配地址。芝加哥的内部网络拥有两台主机（即主机 A 和主机 B），DMZ 网络中有一台 Web 服务器，外部接口则负责提供 Internet 连接。纽约的内部网络中包含了主机 C，DMZ 网络中则包含了主机 D。但这里存在一个问题：纽约的 DMZ 网络与芝加哥的内部网络地址范围相互重合。

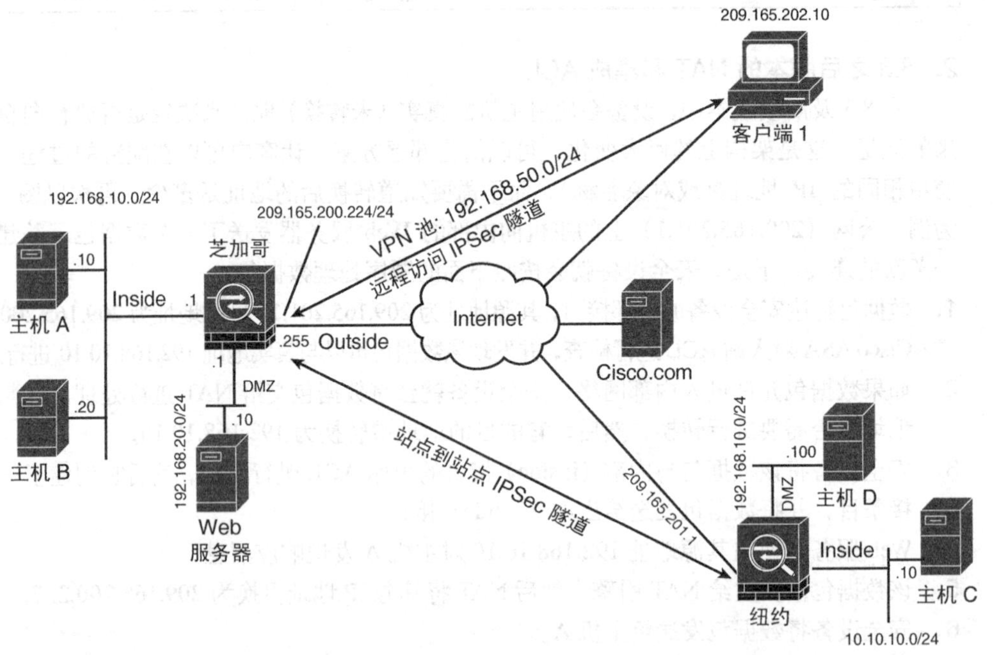

图 10-13 *NAT* 用例

> 注释：本节中的这些用例没有高下之分。这些用例都是相互独立的，提供这些用例的目的是为了通过对比 8.3 之前版本及之后版本上的配置，来体现配置的改动。读者应该把它们视为独立的用例，彼此之间没有联系。

1. 用例 1：对内部网络执行动态 PAT，同时对 DMZ 中的 Web 服务器执行静态 NAT

这个用例的目的是对位于芝加哥 DMZ 网络中的那台 Web 服务器执行 IP 地址转换。管理员也希望使用外部接口 IP 地址（209.165.200.225）来为位于内部网络中的主机执行动态转换。对于 Web 服务器，转换后的地址应该是 209.165.200.230。在 ASDM 中，实现上述功能需要按照下面的步骤进行配置。

1. 找到 **Configuration > Firewall > NAT Rules**，并选择 **Add > Add"Network Object" NAT Rule** 来定义动态 PAT 的对象（Inside-Net）。
2. 在 Add Network Object 对话框中配置下面的属性。
   - Name: **Inside-Net**
   - Type: **Network**
   - IP Version: **IPv4**
   - IP Address: **192.168.10.0**
   - Netmask: **255.255.255.0**
   - Add Automatic Address Translation Rules: **Checked**
   - Type: **Dynamic PAT (Hide)**
   - Translated Addr: **outside**

   点击 **Advanced** 打开 Advanced NAT Settings 对话框，在 Interface 部分配置下列属性。
   - Source Interface: **inside**
   - Destination Interface: **outside**
3. 在两个对话框连续两次点击 **OK**，将它们关闭。
4. 找到 **Configuration > Firewall > NAT Rules**，并选择 **Add > Add"Network Object" NAT Rule** 来定义静态 NAT 的对象（Inside-Web）。
5. 配置下面的属性。
   - Name: **Inside-Web**
   - Type: **Host**
   - IP Version: **IPv4**
   - IP Address: **192.168.20.10**
   - Add Automatic Address Translation Rules: **Checked**
   - Type: **Static**
   - Translated Addr: **209.165.200.230**

   点击 **Advanced** 打开 Advanced NAT Settings 对话框，在 Interface 部分配置下列属性。
   - Source Interface: **DMZ**
   - Destination Interface: **outside**
6. 在两个对话框连续两次点击 **OK**，将它们关闭。

例 10-6 演示了如何在运行 8.3 及后续版本的安全设备上通过 CLI 命令实现相同的配置。

例 10-6　在 8.3 及之后版本上配置用例 1

```
Chicago(config)# object network Inside-Net
Chicago(config-network-object)# subnet 192.168.10.0 255.255.255.0
Chicago(config-network-object)# nat (inside,outside) dynamic interface
Chicago(config-network-object)# object network Inside-Web
Chicago(config-network-object)# host 192.168.20.10
Chicago(config-network-object)# nat (DMZ,outside) static 209.165.200.230
```

例 10-7 演示了如何在运行 8.3 之前版本的安全设备上通过 CLI 命令实现相同的配置。

例 10-7 在 8.3 之前版本上配置用例 1

```
Chicago(config)# static (DMZ,outside) 209.165.200.230 192.168.20.10
netmask 255.255.255.255
Chicago(config)# nat (inside) 1 192.168.10.0 255.255.255.0
Chicago(config)# global (outside) 1 interface
```

2. 用例 2：对 DMZ 中的 Web 服务器执行静态 PAT

这个用例的目的是对位于芝加哥 DMZ 网络中的那台 Web 服务器执行静态 IP 地址转换。在有些情况下，我们没有足够的全局 IP 地址可以分配给 DMZ 主机。因此，我们只能利用外部接口的 IP 地址来转换 Web 服务器 80 端口的流量。在 ASDM 中，实现上述功能需要按照下面的步骤进行配置。

1. 找到 **Configuration > Firewall > NAT Rules**，并选择 **Add > Add"Network Object" NAT Rule** 来定义静态 NAT 的对象（Inside-Web）。
2. 在 Add Network Object 对话框中配置下面的属性。
   - Name: **Inside-Web**
   - Type: **Host**
   - IP Version: **IPv4**
   - IP Address: **192.168.20.10**
   - Add Automatic Address Translation Rules: **Checked**
   - Type: **Static**
   - Translated Addr: **outside**

点击 **Advanced** 打开 Advanced NAT Settings 对话框，在 Interface and Service 部分配置下列属性。

   - Source Interface: **DMZ**
   - Destination Interface: **outside**
   - Protocol: **tcp**
   - Real Port: **www**
   - Mapped Port: **www**
3. 在两个对话框连续两次点击 **OK**，将它们关闭。

例 10-8 演示了如何在运行 8.3 及后续版本的安全设备上通过 CLI 命令实现相同的配置。

例 10-8 在 8.3 及之后版本上配置用例 2

```
Chicago(config)# object network Inside-Web
Chicago(config-network-object)# host 192.168.20.10
Chicago(config-network-object)# nat (DMZ,outside) static interface
service tcp www www
```

例 10-9 演示了如何在运行 8.3 之前版本的安全设备上通过 CLI 命令实现相同的配置。

例 10-9 在 8.3 之前版本上配置用例 1

```
Chicago(config)# static (DMZ,outside) tcp interface 80 192.168.20.10
80 netmask 255.255.255.255
Chicago(config)#
```

3. 用例 3：使用两次 NAT 对重叠的子网执行静态 NAT

如图 10-13 所示，纽约的 DMZ 网络与芝加哥的内部网络地址相互重叠。这个案例的目的是将芝加哥内部网络的流量转换为纽约 DMZ 网络的流量。因此，管理员必须利用手动 NAT 进行转换。纽约的 DMZ 网络在芝加哥内部网络中的主机看来，应该是从 192.168.100.0 网络发来的。芝加哥的内部网络在纽约的 DMZ 网络看来，则是从 10.10.100.0 发来的。这个使用案例假设管理员已经定义了下面 4 个对象。

- 包含 **192.168.10.0** 这个成员的对象 **Chicago-Real**。
- 包含 **10.10.100.0** 这个成员的对象 **Chicago-Mapped**。
- 包含 **192.168.10.0** 这个成员的对象 **New York-Real**。
- 包含 **192.168.100.0** 这个成员的对象 **New York- Mapped**。

在 ASDM 中，实现上述功能需要按照下面的步骤进行配置。

1. 找到 **Configuration > Firewall > NAT Rules**，并选择 **Add > Add NAT Rule Before "Network Object" NAT Rules** 来定义策略。
2. 在打开的 Add NAT Rule 对话框中，配置 Match Criteria: Original Packet 里的下列参数。
   - Source Interface: **inside**
   - Destination Interface: **outside**
   - Source Address: **Chicago-Real**
   - Destination Address: **NewYork-Mapped**

   配置 Action: Translated Packet 中的下列参数。
   - Source NAT Type: **Static**
   - Source Address: **Chicago-Mapped**
   - Destination Address: **NewYork-Real**

   配置 Options 中的下列参数。
   - Enable Rule: **Checked**
   - Direction: **Both**
3. 点击 **OK** 关闭 Add NAT Rule 对话框。

例 10-10 演示了如何在运行 8.3 及后续版本的安全设备上通过 CLI 命令实现相同的配置。

例 10-10 在 8.3 及之后版本上配置用例 3

```
Chicago(config)# object network Chicago-Real
Chicago(config-network-object-group)# network-object 192.168.10.0
Chicago(config-network-object-group)# object network Chicago-Mapped
Chicago(config-network-object-group)# network-object 10.10.100.0
Chicago(config-network-object-group)# object network NewYork-Real
Chicago(config-network-object-group)# network-object 19.168.10.0
Chicago(config-network-object-group)# object network NewYork-Mapped
Chicago(config-network-object-group)# network-object 192.168.100.00
Chicago(config-network-object-group)# nat (inside,outside) source
static Chicago-Real Chicago-Mapped destination static NewYork-Mapped
NewYork-Real
```

例 10-11 演示了如何在运行 8.3 之前版本的安全设备上通过 CLI 命令实现相同的配置。

例 10-11 在8.3之前版本上配置用例3

```
Chicago(config)# access-list Inside-2-Remote permit ip 192.168.10.0
255.255.255.0 192.168.100.0 255.255.255.0
Chicago(config)# access-list Remote-2-Inside permit ip 192.168.10.0
255.255.255.0 10.10.100.0 255.255.255.0
Chicago(config)# static (inside,outside) 10.10.100.0 access-list
Inside-2-Remote
Chicago(config)# static (outside,inside) 192.168.100.0 access-list
Remote-2-Inside
```

4. 用例4：对站点到站点VPN隧道执行Identity NAT

手动NAT最常用的一种用例就是让从内部网络通过站点到站点VPN隧道发往远程子网的流量绕过地址转换。例如，管理员通过配置，让芝加哥安全设备对从内部网络去往外部网络的流量执行地址转换，但又不希望从内部主机（192.168.10.0/24）发往远程主机（10.10.10.0/24）的流量执行地址转换。这个用例假设管理员已经定义了下面两个对象。

- 包含**192.168.10.0/24**这个成员的对象**Inside-Real**。
- 包含**10.10.10.0/24**这个成员的对象**Remote-Real**。

注释：如何配置站点到站点VPN隧道并不是本章的内容。读者可以参考第19章来学习包含Identity NAT的配置案例。

在ASDM中，实现上述功能需要按照下面的步骤进行配置。

1. 找到 **Configuration > Firewall > Objects > Network Objects/Groups**，双击当前的 **Inside-Real** 对象启用动态接口PAT。
2. 在打开的Edit Object对话框中，配置NAT里的下列参数。
   - Add Automatic Address Translation Rules: **Checked**
   - Type: **Dynamic PAT(Hide)**
   - Translated Addr: **outside**

   点击 **Advanced** 打开Advanced NAT Settings对话框，在Interface部分配置下列属性。
   - Source Interface: **inside**
   - Destination Interface: **outside**
3. 在两个对话框连续两次点击 **OK**，将它们关闭。
4. 找到 **Configuration > Firewall > NAT Rules > Add > Add NAT Rule Before "Network Object" NAT Rules** 来定义策略。
5. 在打开的Add NAT Rule对话框中，配置Match Criteria: Original Packet里的下列参数。
   - Source Interface: **inside**
   - Destination Interface: **outside**
   - Source Address: **Inside-Real**
   - Destination Address: **Remote-Real**

   配置Action: Translated Packet中的下列参数。
   - Source NAT Type: **Static**
   - Source Address: **Inside-Real**
   - Destination Address: **Remote-Real**

配置 Options 中的下列参数。

- Enable Rule: **Checked**
- Direction: **Both**

6. 点击 **OK** 关闭 Add NAT Rule 对话框。

例 10-12 演示了如何在运行 8.3 及后续版本的安全设备上通过 CLI 命令实现相同的配置。

例 10-12 在 8.3 及之后版本上配置用例 4

```
Chicago(config)# object network Inside-Real
Chicago(config-network-object)# subnet 192.168.10.0 255.255.255.0
Chicago(config-network-object)# nat (inside,outside) dynamic interface
Chicago(config-network-object)# object network Remote-Real
Chicago(config-network-object)# subnet 10.10.10.0 255.255.255.0
Chicago(config-network-object)# exit
Chicago(config)# nat (inside,outside) source static Inside-Real
Inside-Real destination static Remote-Real Remote-Real
```

例 10-13 演示了如何在运行 8.3 之前版本的安全设备上通过 CLI 命令实现相同的配置。

例 10-13 在 8.3 之前版本上配置用例 4

```
Chicago(config)# nat (inside) 1 192.168.10.0 255.255.255.0
Chicago(config)# global (outside) 1 interface
Chicago(config)# access-list Bypass-NAT permit ip 192.168.10.0
255.255.255.0 10.10.10.0 255.255.255.0
Chicago(config)# nat (inside) 0 access-list Bypass-NAT
```

5. 用例 5：为远程访问 VPN 客户端设置动态 PAT

如图 10-13 所示，芝加哥的安全设备会为移动用户提供远程访问服务。为了增强安全性，不允许使用分离隧道，所有去往 Internet 流量都需要穿越防火墙进行发送。在 VPN 隧道协商期间，安全设备从 VPN 池中为 VPN 客户端分配 IP 地址。假设 VPN 客户端（客户端 1）希望向 Cisco.com 发送流量。加密流量从客户端发送给安全设备。在解密流量之后，安全设备就会执行地址转换来将（从 192.168.50.0/24）分配给它的地址转换成可路由的地址，然后再次将数据包发送到 Internet 以传输给 Cisco.com。管理员可能也希望远程访问 VPN 客户端能够和内部网络进行通信，但管理员不希望对这些流量执行地址转换。至于内部网络发送给 Internet 的所有其他流量都需要进行转换。这个使用案例假设管理员已经定义了下面两个对象。

- 包含 **192.168.10.0/24** 这个成员的对象 **Inside-Real**。
- 包含 **192.168.50.0/24** 这个成员的对象 **VPN-Real**。

> 注释：如何配置 IPSec 远程访问 VPN 隧道并不是本章的内容。读者可以参考第 20 章来学习包含 Identity NAT 的配置案例。

在 ASDM 中，实现上述功能需要按照下面的步骤进行配置。

1. 找到 **Configuration** > **Firewall** > **Objects** > **Network Objects/Groups**，双击当前的 **Inside-Real** 对象启用动态接口 PAT。
2. 在打开的 Edit Object 对话框中，配置 NAT 里的下列参数。
   - Add Automatic Address Translation Rules: **Checked**

- Type: **Dynamic PAT(Hide)**
- Translated Addr: **outside**

点击 **Advanced** 打开 Advanced NAT Settings 对话框，在 Interface 部分配置下列属性。

- Source Interface: **inside**
- Destination Interface: **outside**

3. 在两个对话框连续两次点击 **OK**，将它们关闭。
4. 找到 **Configuration > Firewall > Objects > Network Objects/Groups**，双击当前的 **VPN-Real** 对象启用动态接口 PAT。
5. 在打开的 Edit Object 对话框中，配置 NAT 里的下列参数。
   - Add Automatic Address Translation Rules: **Checked**
   - Type: **Dynamic PAT(Hide)**
   - Translated Addr: **outside**

   点击 **Advanced** 打开 Advanced NAT Settings 对话框，在 Interface 部分配置下列属性。
   - Source Interface: **outside**
   - Destination Interface: **outside**
6. 在两个对话框连续两次点击 **OK**，将它们关闭。
7. 找到 **Configuration > Firewall > NAT Rules > Add > Add NAT Rule Before "Network Object" NAT Rules** 来定义策略。
8. 在打开的 Add NAT Rule 对话框中，配置 Match Criteria: Original Packet 里的下列参数。
   - Source Interface: **inside**
   - Destination Interface: **outside**
   - Source Address: **Inside-Real**
   - Destination Address: **VPN-Real**

   配置 Action: Translated Packet 中的下列参数。
   - Source NAT Type: **Static**
   - Source Address: **Inside-Real**
   - Destination Address: **VPN-Real**

   配置 Options 中的下列参数。
   - Enable Rule: **Checked**
   - Direction: **Both**
9. 点击 **OK** 关闭 Add NAT Rule 对话框。

例 10-14 演示了如何在运行 8.3 及后续版本的安全设备上通过 CLI 命令实现相同的配置。

例 10-14 在 8.3 及之后版本上配置用例 5

```
Chicago(config)# object network Inside-Real
Chicago(config-network-object)# subnet 192.168.10.0 255.255.255.0
Chicago(config-network-object)# nat (inside,outside) dynamic interface
Chicago(config-network-object)# object network VPN-Real
Chicago(config-network-object)# subnet 192.168.50.0 255.255.255.0
Chicago(config-network-object)# nat (outside,outside) dynamic interface
Chicago(config-network-object)# exit
Chicago(config)# nat (inside,outside) source static Inside-Real
Inside-Real destination static VPN-Real VPN-Real
```

例 10-15 演示了如何在运行 8.3 之前版本的安全设备上通过 CLI 命令实现相同的配置。

例 10-15 在 8.3 之前版本上配置用例 5

```
Chicago(config)# nat (inside) 1 192.168.10.0 255.255.255.0
Chicago(config)# global (outside) 1 interface
Chicago(config)# nat (outside) 1 192.168.50.0 255.255.255.0
Chicago(config)# global (outside) 1 interface
Chicago(config)# access-list Bypass-NAT permit ip 192.168.10.0
255.255.255.0 192.168.50.0 255.255.255.0
Chicago(config)# nat (inside) 0 access-list Bypass-NAT
```

注释：对于折返流量（traffic hair-pinning），需要通过命令 **same-security-traffic permit intra-interface** 来启用内部流量转发功能。

10.6 DNS 刮除（DNS Doctoring）

在很多网络方案中，DNS 服务器和 DNS 客户端都被设置了地址转换，但它们却常常位于不同的网络并且被安全设备相互隔开，如图 10-14 所示。在图中，Web 服务器（www.securemeinc.org）和 Web 客户端位于内部网络，而 DNS 服务器则位于外部网络。Web 服务器的实际地址为 192.168.10.10，而转换后的公网地址则是 209.165.200.227。

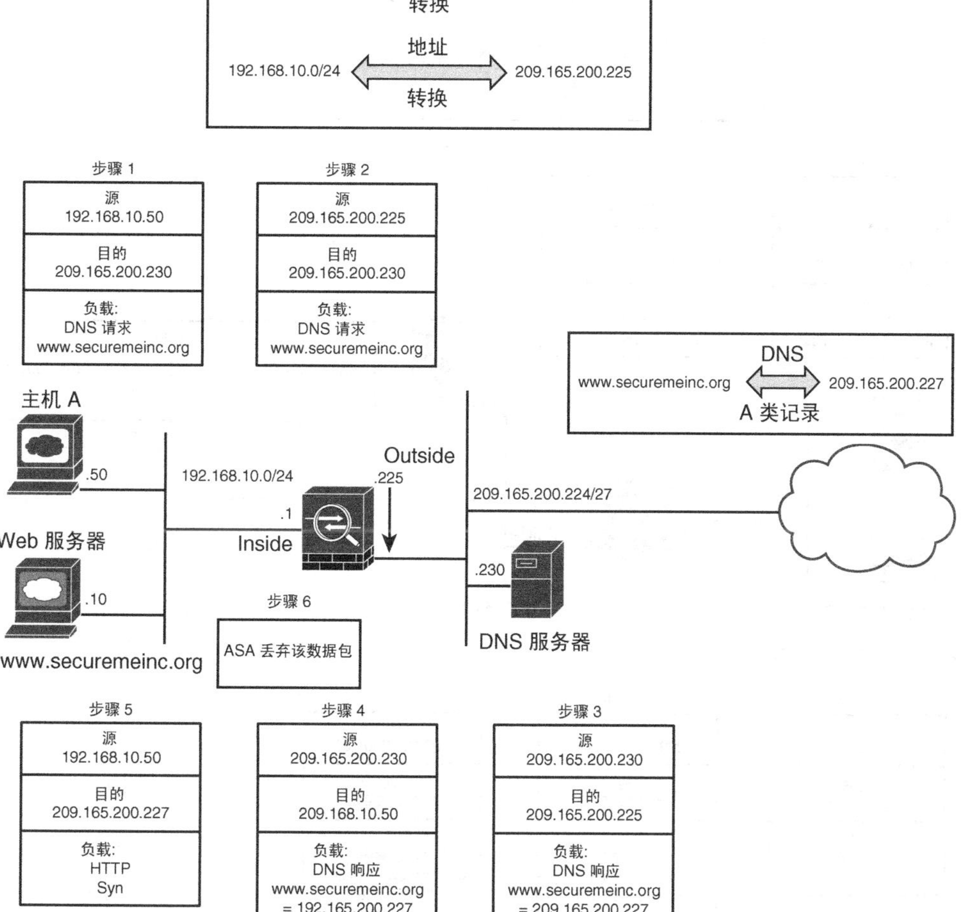

图 10-14 没有 DNS 刮除情况下的 DNS 与 NAT

当 Web 客户端（主机 A）尝试使用服务器的主机名来访问 Web 服务器时，就会出现问题。在这种情况下，问题的产生过程如下。

1. 主机 A 向 DNS 发送一个请求消息，请求 Web 服务器的 IP 地址。
2. 安全设备使用动态 PAT 或其他某种地址转换类型将数据包的源 IP 地址转换为 209.165.200.225。
3. DNS 服务器用其外部地址（209.165.200.227）对请求作出响应，这是一个类型 A 的 DNS 记录。
4. 安全设备将目的 IP 地址转换为 192.168.10.50（主机 A 的 IP 地址）。
5. 客户端不知道 Web 服务器和自己处于同一子网中，于是尝试连接该公网地址。
6. 安全设备丢弃该数据包，因为这台服务器位于自己的内部接口，而数据包的目的地址却是其公网 IP 地址。

安全设备的 DNS 刮除特性会监控 DNS 响应数据包中的数据负载信息，并将类型 A DNS 记录（DNS 服务器发送来的 IP 地址）转换为 NAT 配置中的特定地址。在图 10-15 中，安全设备在其负载中将（步骤 4 中的）IP 地址由 209.165.200.227 修改为了 192.168.10.10，然后才将 DNS 响应消息发送给客户端。然后，客户端就可以使用真实地址与 Web 服务器建立连接了。

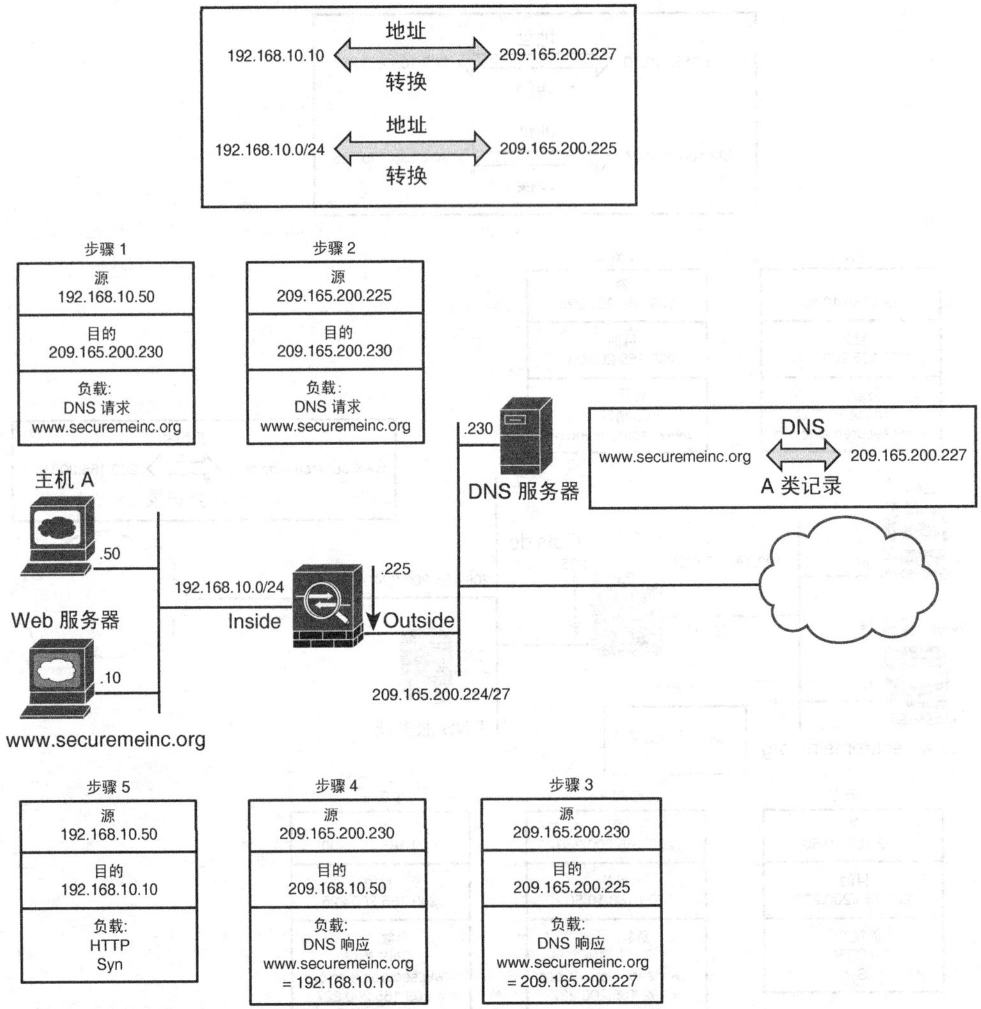

图 10-15 使用了 DNS 刮除情况下的 DNS 与 NAT

管理员需要在定义自动 NAT 对象的 NAT，或者定义手动 NAT 条目时配置 DNS 刮除特性。

- **配置手动NAT条目：**在Manual NAT Rule对话框的Options部分勾选**Translate DNS Replies That Match This Rule**，可以参见本章前面的图 10-11。
- **配置自动 NAT 条目：**在对象属性的 Advanced NAT 部分勾选 **Translate DNS replies for rule**，可以参见本章前面的图 10-9。

如果管理员希望通过 CLI 启用这种特性，就需要在那条用来转换主机真实 IP 地址的 **nat** 命令末尾添加关键字 **dns**。在例 10-16 中，管理员建立了一个自动 NAT 条目来将实际 IP 地址由 192.168.10.20 转换为全局 IP 地址 209.165.200.227。另外，这里还使用了关键字 **dns** 来启用 DNS 刮除特性。

例 10-16　配置 DNS 刮除特性

```
Chicago(config)# object network Inside-Web
Chicago(config-network-object)# host 192.168.10.10
Chicago(config-network-object)# nat (inside,outside) static 209.165.200.227 dns
```

注释：只有 NAT 条目可以实现 DNS 刮除特性。不能针对 PAT 条目执行 DNS 刮除。

10.7 监测地址转换

Cisco ASA 提供了一系列 **show** 命令来为与地址转换有关的事件进行监测和排错。其中最重要的监测命令是 **show xlate**，该命令可以显示出主机的实际（本地）IP 地址及映射（全局）IP 地址。例 10-17 所示为用例 5 的地址转换配置，及命令 **show xlate** 的输出信息。第二条命令的作用是为 Identity NAT 执行手动 NAT 转换。最后一条显示了 192.168.10.10 的活动 PAT 转换。安全设备将真实地址转换为了 209.165.200.255（也就是外部接口的 IP 地址）。安全设备也显示了最近一次启动之后，它执行的最大并发转换数量（本例中为 5），以及当前的活动转换数量（3）。

例 10-17　show xlate 的输出信息

```
Chicago(config)# object network Inside-Real
Chicago(config-network-object)# subnet 192.168.10.0 255.255.255.0
Chicago(config-network-object)# nat (inside,outside) dynamic interface
Chicago(config-network-object)# object network VPN-Real
Chicago(config-network-object)# subnet 192.168.50.0 255.255.255.0
Chicago(config-network-object)# nat (outside,outside) dynamic interface
Chicago(config-network-object)# exit
Chicago(config)# nat (inside,outside) source static Inside-Real
Inside-Real destination static VPN-Real VPN-Real
Chicago(config)# show xlate
3 in use, 5 most used
Flags: D - DNS, e - extended, I - identity, i - dynamic, r - portmap,
       s - static, T - twice, N - net-to-net
NAT from inside:192.168.10.0/24 to outside:192.168.10.0/24
    flags sIT idle 0:06:48 timeout 0:00:00
NAT from outside:192.168.50.0/24 to inside:192.168.50.0/24
    flags sIT idle 0:06:48 timeout 0:00:00
TCP PAT from inside:192.168.10.10/55863 to
outside:209.165.200.225/55863 flags ri idle 0:03:53 timeout 0:00:30
```

使用 **show local-host** 这条命令可以显示主机的转换统计数据，如例 10-18 所示。这条命令也显示了本地网络中各主机的网络状态。TCP 和 UDP 流量计数器可以显示从某台主机穿越安全设备的活动会话。

例 10-18 **show local-host** 的输出信息

```
Chicago# show local-host 192.168.10.10
Interface DMZ: 0 active, 0 maximum active, 0 denied
Interface inside: 1 active, 1 maximum active, 0 denied
local host: <192.168.10.10>,
    TCP flow count/limit = 1/unlimited
    TCP embryonic count to host = 0
    TCP intercept watermark = unlimited
    UDP flow count/limit = 0/unlimited

  Xlate:
    TCP PAT from inside:192.168.10.10/55863 to
outside:209.165.200.225/55863 flags ri idle 0:03:40 timeout 0:00:30

  Conn:
    TCP outside 209.165.200.250:22 inside 192.168.10.10:55863, idle
0:01:40, bytes 1636, flags UFRxIO
Interface outside: 1 active, 1 maximum active, 0 denied
Interface management: 2 active, 3 maximum active, 0 denied
```

注释：命令 **show local-host all** 可以查看去往安全设备的和穿越安全设备的管理连接。

最后，通过命令 **show nat** 可以查看统一 NAT 表中的输出信息，这一点我们已经在前面的“8.3 版本之前的 NAT 操作顺序”讨论过了。这个表会分成 3 部分显示所有静态和动态的策略，以及这些策略的实时撞击数（应用次数）。如果管理员希望进一步查看定义的对象及其数值，可以通过命令 **show nat detail** 进行分析。例 10-19 所示即为命令 **show nat detail** 的输出信息。在该示例中，第一个手动 NAT 策略共有 15 个撞击数，所有这些数据包都没有进行地址转换（Identity NAT），而第一条自动 NAT 策略则有 23 次撞击，匹配的是那些从内部网络去往 Internet 的流量。这里的撞击数和 ACL 的撞击数相当类似，当设备使用这种转换建立一条连接时，这个 NAT 规则的撞击数就会增加，而不是连接中每传输一个数据包就会增加撞击数。

例 10-19 **show nat detail** 的输出信息

```
Chicago# show nat detail
Manual NAT Policies (Section 1)
1 (inside) to (outside) source static Inside-Real Inside-Real
destination static VPN-Real VPN-Real
    translate_hits = 15, untranslate_hits = 15
    Source - Origin: 192.168.10.0/24, Translated: 192.168.10.0/24
    Destination - Origin: 192.168.50.0/24, Translated: 192.168.50.0/24

Auto NAT Policies (Section 2)
1 (inside) to (outside) source dynamic Inside-Real interface
    translate_hits = 23, untranslate_hits = 0
    Source - Origin: 192.168.10.0/24, Translated: 209.165.200.225/27
2 (outside) to (outside) source dynamic VPN-Real interface
    translate_hits = 0, untranslate_hits = 0
    Source - Origin: 192.168.50.0/24, Translated: 209.165.200.225/27
```

总结

本章介绍了传统安全设备的一个核心特性：网络地址转换。在这一章中，我们介绍了安全设备上不同的 NAT 类型，以及 8.3 之前和 8.3 之后系统的不同行为，同时介绍了一些包含在 NAT 中的安全保护措施。本章演示了如何通过配置 ASDM 和 CLI 让安全设备支持地址转换。在这一章中，我们解释了 5 个与 NAT 相关的用例，以及 8.3 版本之前和 8.3 之后的配置方式。在最后一节中，我们介绍了一些可以对一些与地址转换相关的问题进行查看和排错的 **show** 命令。

第11章

IPv6 支持

本章涵盖的内容有：

- IPv6 简介；
- 配置 IPv6。

到此为止，读者应该已经了解了安全设备的基本功能与特性。读者应该已经为学习一众 IT 管理人员、架构师及工程师当前最为看重的 IPv6 技术做好了准备。本章会对 IPv6 技术的基本概念进行介绍，同时也会演示如何对安全设备进行设置，使其能够在 IPv6 架构中正常地工作。

11.1 IPv6

IPv6 首次提出是在 1995 年，但它在企业环境中的应用直到近些年才势头渐盛。IPv6 旨在解决 IPv4 协议存在的缺陷。在 1981 年 IPv4 被标准化时，人们并没有想到它会遇到今天的挑战。这些挑战包括：

- 呈指数级递增的 Internet 使用数量及端点设备的数量；
- Internet 主干路由器上大型路由表的扩展能力；
- 对实时数据传输的支持。

IPv6 不仅解决了这些问题，还在其他方面对 IPv4 进行了改进，如 IP 安全性方面和网络自动配置功能方面。

就在拥有 IP 功能的无线智能手机、平板电脑等设备在世界范围内的数量呈现爆炸式增长的同时，IPv4 地址空间也在逐渐耗尽。虽然有许多网络技术（如网络地址转换[NAT]、短期 DHCP 租期）有助于节省 IPv4 地址，但是想要处于长期 Internet 在线连接的家庭用户也越来越多。

为了解决全球范围内对 IP 地址的庞大需求，新的 IPv6 实施方案将 IPv4 地址的比特位扩大到了原来的 4 倍，由 32 比特扩大到了 128 比特。因此，IPv6 可以提供 2^{128} 个可路由地址，这些庞大的地址数量足够为这个星球上每个人分配一个地址。

11.1.1 IPv6 头部

IPv6 的详细说明信息定义在 RFC 2460 中，用来对 IPv6 头部进行描述，如图 11-1 所示。

表 11-1 对 IPv6 头部的信息进行了罗列和描述。

在 IPv4 的情况下，IP 地址代表了 4 个八位二进制数，这 4 个数由点（.）进行分隔。对于 128 比特的 IPv6 地址来说，地址被分为 8 个 16 比特二进制数，由冒号（:）进行分隔。因此，这种表示方法称为由冒号分隔的十六进制表示法（colon－hexadecimal Notation）。

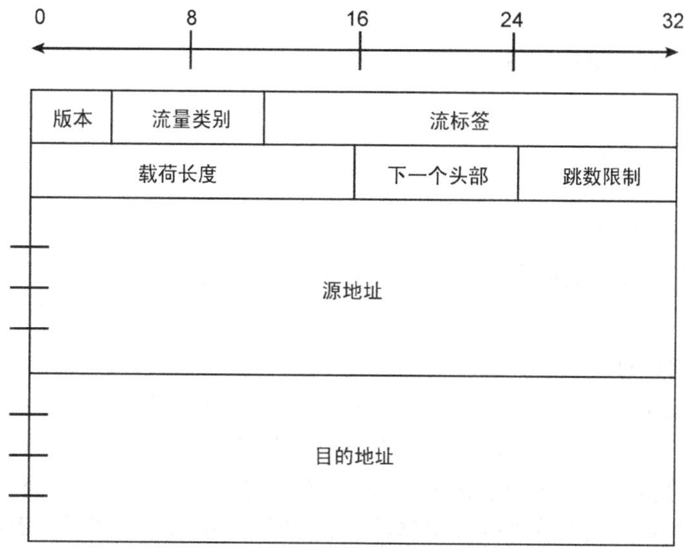

图 11-1 IPv6 头部

表 11-1 IPv6 头部字段

字段	描述
版本	4 比特字段，表示 Internet 协议版本=6
流量类别	8 比特字段，使源能够为数据包指定一个相对的传递优先级
流标签	20 比特字段，基于 IPv6 的路由器能够对该字段进行设置，以对数据包进行特殊处理
载荷长度	16 比特字段，表示数据载荷的长度
下一头部	8 比特字段，用来标识跟在 IPv6 头部后面的数据包头部类型
跳数限制	8 比特字段，每当数据包穿过一个网络结点，这个值就会减 1
源地址	128 比特字段，用来表示数据包的源
目的地址	128 比特字段，用来表示数据包的目的

下面是几个 IPv6 地址的示例：

FEDC:BA98:0001:3210:FEDC:BA98:0001:3210

1080:0000:0000:0000:0008:0800:200C:417A

0000:0000:0000:0000:0000:0000:0000:0001

在 IPv6 地址中，不需要像使用 IPv4 地址那样将每一个地址分段中的 0 都写出来，因此，上面几个 IPv6 地址也有如下表示方法：

FEDC:BA98:1:3210:FEDC:BA98:1:3210

1080:0:0:0:8:800:200C:417A

0:0:0:0:0:0:0:1

正如上面这几个地址一样，IPv6 地址中可能会出现长长的一串 0。为了表示方便，这一长串的 0 在 IPv6 地址中可以用::来代替。这种表示方法也称为双冒号表示法，它可以压缩大量数值为 0 的分段。不过，::在每个地址中只能出现一次，否则，人们就会搞不清其中各个双冒分别包含几个 0 分段。在压缩了 0 之后，前面的地址也就可以表示为：

FEDC:BA98:1:3210:FEDC:BA98:1:3210

1080::8:800:200C:417A

::1

11.1.2 支持的 IPv6 地址类型

安全设备支持 3 种类型的接口地址分配：

- 全局单播地址；
- 站点本地地址；
- 链路本地地址。

注释：要想深入了解这些 IPv6 地址类型，读者可以查看 RFC 4291。

1. 全局单播地址

全局单播 IPv6 地址类似于 IPv4 的公网可路由地址，用来实现 Internet 连接。它使用前缀 2000::/3，并且需要一个基于 EUI-64（64 位扩展唯一标识）格式的 64 比特接口标识符。

每个物理接口都有一个集成的 48 位 MAC 地址，该地址是链路层地址，而且是唯一的。用户可以使用如下规则从接口的 MAC 地址中获得 EUI-64 格式的接口 ID。

- 在头 24 位和最后 24 位地址中间填入 FFFE，如，接口 MAC 地址为 000EF775.4B57，这一步修改后的地址即为 000EF7FFFE75.4B57。
- 将左数第 7 位数变为 1。如，64 位地址是 000EF7FEFE75.4B57（由上一步得到），在第 7 位数修改之后，新的地址成了 020EF7FFFE75.4B57。这个新的地址就是 EUI-64 地址。

在主机使用了 NDP（邻居发现协议）协议的情况下，IPv6 地址剩余的 64 位就可以通过 ICMPv6（互联网控制消息协议版本 6）路由器发现消息自动进行配置。IPv6 主机会使用链路本地路由器请求组播（solicitation）来请求自己的配置参数。启用了 IPv6 功能的路由器则会通过通告数据包对请求作出响应，其中会包含网络层的配置参数。

2. 站点本地地址

站点本地 IPv6 地址地址类似于 IPv4 中的私有地址，用于那些位于内部可靠网络中的主机，这些主机不需要与 Internet 建立连接。这类地址使用的前缀范围是 FEC0::/10，同时使用 EUI-64 格式接口 ID 组成完整的 IPv6 地址。站点本地地址的使用定在 RFC 3879 中。配置私有 IPv6 地址应根据 RFC 4193 中推荐的唯一本地编址来进行。

3. 链路本地地址

链路本地 IPv6 地址使启用了 IPv6 的主机能够通过邻居发现协议（NDP）和对方进行通信，而无须配置全局地址或站点本地地址。NDP 能够提供一条消息信道使 IPv6 邻居之间进行交互。这类地址使用前缀 FE80::/10 和 EUI-64 格式接口 ID 来组成完整的 IPv6 地址。链路本地地址在启用 IPv6 时会自动分配给接口。不过，管理员也可以手动为它配置一个不同的链路本地地址。

11.2 配置 IPv6

安全设备支持大量 IPv6 特性，包括 IP 地址分配、IPv4 和 IPv6 的地址转换、数据包过滤、使用静态路由实现基本路由功能、邻居发现、站点到站点 IPSec 加密、限制的远程访问 VPN 和支持 IPv6 的应用监控（如 FTP、HTTP、SMTP）等。在 8.2(1)及更高的版本中，安全设备可以在入侵防御系统（IPS）中和透明（2 层）防火墙模式中支持 IPv6 功能。本节会讨论 IPv6 地址分配、数据包过滤以及 IPv6 地址转换的问题。而诸如使用静态路由实现基本路由功能、应用监控以及 IPSec/SSL VPN 等技术，则会在后面通过专门的章节进行介绍。

11.2.1 IP 地址分配

安全设备支持为一个接口同时分配 IPv4 和 IPv6 地址。要为接口配置 IPv6 地址，管理可以找到 **Configuration >Device Setup > Interfaces**，选择一个接口，然后点击 **Edit** 按钮，接着选择 **IPv6** 标签，如图 11-2 所示。

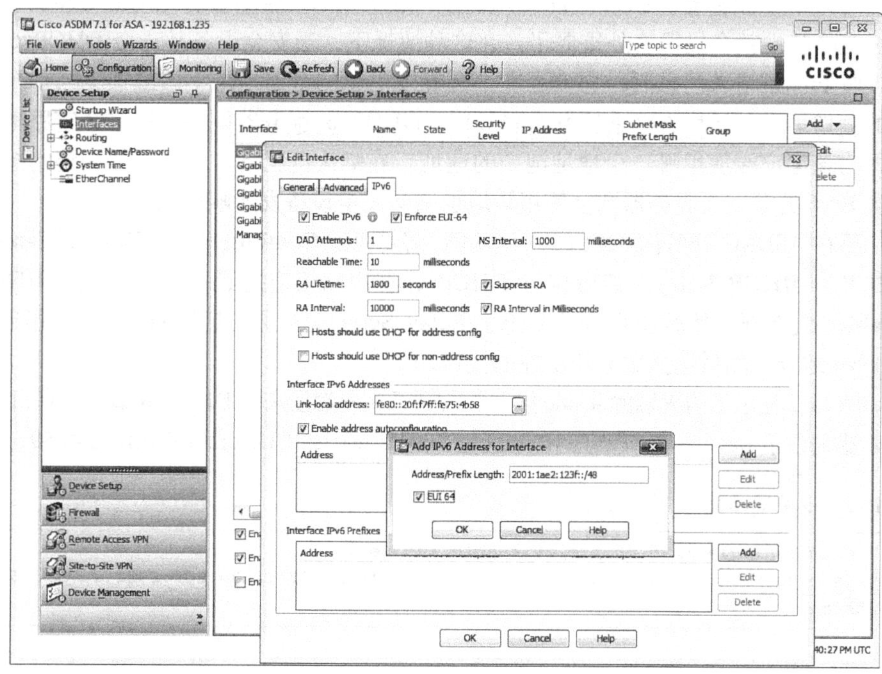

图 11-2 分配 IPv6 地址

在图 11-2 中演示了如何设置全局单播 IPv6 地址 2001:1ae2:123f，其掩码为 48 位，后跟 EUI-64 格式标识符，共同组成了这 128 比特位的地址。该接口还获得了一个链路本地地址 fe80::20f:f7ff:fe75:4b58。

注释：可以在一个接口上设置多个 IPv6 地址。

如果用户选择了 **Enable Addresss Autoconfiguration** 复选框，安全设备就支持用户在接口上分配链路本地地址。安全设备会收听 RA（路由器通告）消息，以对前缀进行判断，并通过 EUI-64 格式的接口 ID 来创建 IPv6 地址。

例 11-1 所示为在设备的外部接口上配置 IPv6 地址的过程，该地址为 2001:1ae2:123f::/48，同时管理员还配置了一个链路本地地址 fe80::20f:f7ff:fe75:4b58。

例 11-1 设置 IPv6 地址

```
Chicago(config)# interface GigabitEthernet0/0
Chicago(config-if)# ipv6 enable
Chicago(config-if)# ipv6 address autoconfig
Chicago(config-if)# ipv6 address 2001:1ae2:123f::/48 eui-64
Chicago(config-if)# ipv6 address fe80::20f:f7ff:fe75:4b58 link-local
Chicago(config-if)# ipv6 enforce-eui64 outside
```

> 注释：当前安全设备还不支持为其配置任播地址。如需进一步了解 IPv6 任播的内容，请参见 RFC 3068。

11.2.2 IPv6 DHCP 中继

从 Cisco ASA 9.0 版操作系统开始，管理员可以通过 DHCPv6 中继选项来将从与某个接口相连的 IPv6 客户端所接收到的 IPv6 组播 DHCP 消息，发送给与另一个接口相连的一台指定的 DHCP 服务器。如果在 DHCPv6 客户端所在的网络中没有专用的 DHCPv6 服务器，那么这个特性就会显得格外重要了。在这种情况下，当安全设备从一个 DHCPv6 客户端那里接收到一条请求消息时，它就会在中继转发消息的链路地址字段添加上与那个客户端相连的接口地址，然后再将它转发给服务器。DHCPv6 服务器则会使用这个链路地址字段来选择为该客户端使用哪一个地址池中的地址。在默认情况下，与服务器相连的接口地址会充当 IPv6 的源，而服务器则会使用该地址来向安全设备发送响应消息。

要在 ASDM 中配置 DHCPv6 中继功能，需要找到 **Configuration >Device Management > DHCP > DHCP Relay**。然后在与 DHCPv6 客户端相连的那个接口上勾选 **DHCP Relay Enabled** 复选框。然后在 Global DHCP Relay Servers 区域中点击 **Add**，并且指定 DHCPv6 的 IPv6 地址，然后选择服务器所在的接口。

例 11-2 显示了防火墙的 inside 接口接收到了客户端发来的 DHCPv6 请求消息，而 DHCPv6 服务器则位于 outside 接口，其 IP 地址为 2001:1ae2:123f:123e:20f:f7ff:fe75:4b59。

例 11-2 设置 IPv6 地址

```
Chicago(config)# ipv6 dhcprelay enable inside
Chicago(config)# ipv6 dhcprelay server 2001:1ae2:123f:123e:20f:f7ff:fe75:4b59
outside
```

11.2.3 IPv6 可选参数

如前文中的图 11-2 所示，安全设备可以支持在 IPv6 接口标签下为其配置一系列的可选参数。这些可以参数将在下面进行介绍。

1. 邻居请求消息（Neighbor Solicitation Message）

这些消息用来执行重复地址探测功能。在默认情况下，安全会在启用了 IPv6 的接口上发送一个重复地址探测消息。只有当安全设备需要执行邻居发现时，它才会发送邻居请求消息。管理员可以通过在 DAD Attempts 选项中指定一个新值来对默认配置进行修改。如果指定的值为 0，那么安全设备就会在该接口禁用重复地址探测功能。

如果想要通过配置接口，使设备发送不只一个重复地址探测消息，可以将间隔值指定为邻居请求消息发送的时间。安全设备每秒都会发送一个消息。管理员可以将 NS Interval 选项设定一个新值来更改这一行为。

2. 邻居可达时间

邻居可达时间是远程 IPv6 节点被认为可达的总时间，单位是毫秒。安全设备通过使用邻居可达时间参数，就可以探测到网络中不可达的邻居。如果将可达时间定义得比较短，安全设备就会很快探测出不可达的邻居。但是，对于启用了 IPv6 的设备来说，这对于带宽和处理速度的要求都会提高，因此在一般的 IPv6 场合中，都不推荐管理员设置过短的可达时间。管理员可以通过在 Reachable Time option 选项中指定一个新值来对默认配置进行修改。该值默认为 0，表示可达时间未确定。可达时间值由接收设备来设置和跟踪。

3. 路由器通告传输间隔

安全设备可以将路由器通告消息发送给一个全节点组播地址，以便让邻接的设备可以动态学习到一个默认路由器地址。安全设备会在其中包含路由器的生存时间值，以此指明自己在网络中充当默认路由器的有效期。管理员可以在 RA Lifetime 字段中将默认的路由器生存时间值 1800 秒修改为另一个指定的时间。

路由器通告消息使用 ICMPv6 类型 134，这种消息会被周期性地发送给所有启用了 IPv6 的接口。如果管理员希望将路由器通告间隔由默认的 200 秒修改为其他数值，就需要在 RA Interval 字段中填入那个新的数值。该传输间隔必须小于等于 IPv6 路由器通告生存时间。

最后，管理员可以通过配置安全设备使其抑制（Suppress）路由器通告消息，这样的话，安全设备就不会在接口（比如一个不信任的接口）上提供它自己的 IPv6 前缀。要实现这一点需要管理员勾选 **Suppress RA** 选项。

如例 11-3 所示，管理员在接口 GigabitEthernet0/0 上将邻居请求消息间隔设置为了 2000 毫秒，邻居可达时间为 10 毫秒，路由器生存时间值为 10000 毫秒，通过该接口也设置了抑制路由器通告消息。

例 11-3 设置可选的 IPv6 参数

```
Chicago(config)# interface GigabitEthernet0/0
Chicago(config-if)# ipv6 nd ns-interval 2000
Chicago(config-if)# ipv6 nd reachable-time 10
Chicago(config-if)# ipv6 nd ra-interval msec 10000
Chicago(config-if)# ipv6 nd suppress-ra
```

11.2.4 设置 IPv6 ACL

如果在网络中使用了 IPv6 流量，可以配置 IPv6 ACL 来控制穿越安全设备的流量。在 9.0 版之前，管理员需要通过命令 **ipv6 access-list** 来定义 IPv6 ACL。从 9.0 版开始，扩展 ACL 可以同时支持 IPv4 和 IPv6 参数。于是，管理员可以通过定义扩展 ACL 来匹配 IPv4 流量、IPv6 流量或者同时用 IPv4 和 IPv6 的源目的地址匹配流量。这种新的功能称为统一 ACL（Unified ACL）。

> 注释：只有 Cisco ASDM 6.2 及后续版本才支持 IPv6 ACL。如果使用早期的版本，就必须通过 CLI 定义 IPv6 ACL。

如图 11-3 所示，SecureMeInc.org 的芝加哥站点中包含了一台 Web 服务器和一台 Email 服务器。其中，Web 服务器（地址为 2001:db8:33::0:29ff:fefd:f321）允许流量访问自己的 80 端口，而 Email 服务器（地址为 2001:db8:33::0:29ff:fefd:f322）则允许流量访问自己的 25 端口（SMTP）。管理员希望不让主机 A（2001:db8:22::0:29ff:fefd:f325）与 Web 服务器相互进行通信，但允许其他主机访问这台 Web 服务器。管理员也希望主机 B（2001:db8:22::0:29ff:fefd:f326）能够与 Email 服务器之间进行通信。而其他穿越安全设备的流量则需要被丢弃。

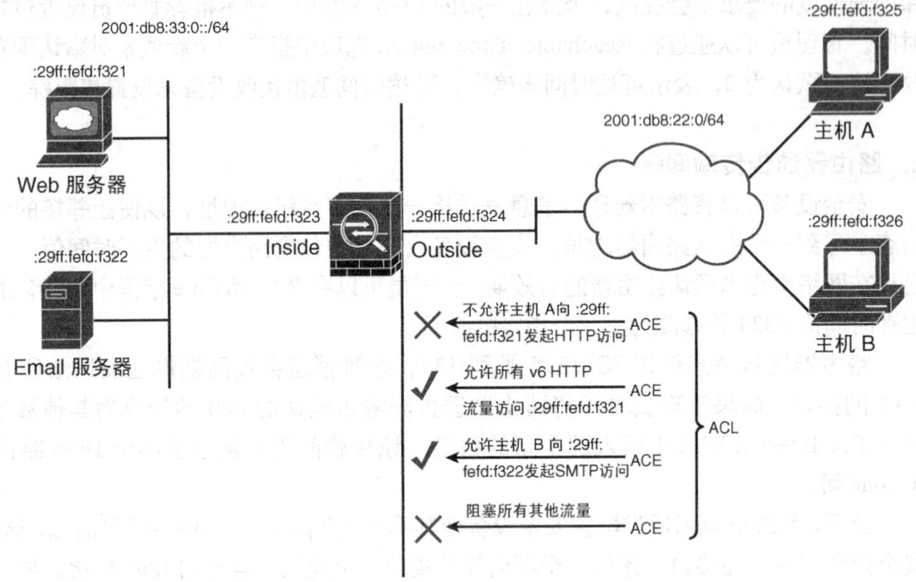

图 11-3 IPv6 拓扑

要配置 IPv6 ACL，需要找到 **Configuration > Firewall > Access Rules**，然后选择 **Add > Add Access Rules**。图 11-4 显示了相关的配置，其中管理员已经配置了两条 ACE（访问控制条目）来满足之前的需求。目前管理员正在添加第三条 ACE 条目，以便放行 2001:db8:22::29ff:fefd:f326 的流量访问 2001:db8:33::29ff:fefd:f322 的 TCP/SMTP 服务。流量会在从 outside 接口进站时受到安全设备的监控。

在例 11-4 中，有一个名为 outside_access_in 的 ACL 中包含了 4 条 ACE。第一条 ACE 会过滤掉从 2001:db8:22::29ff:fefd:f321 发往 Web 服务器（2001:db8:33::29ff:fefd:f321）80 端口的流量。第二条 ACE 会放行从任意一台 IPv6 主机访问 2001:db8:33::29ff:fefd:f321 的 HTTP 流量。而第三条 ACE 则会放行从 2001:db8:22::29ff:fefd:f326 去访问 2001:db8:22::29ff:fefd:f322 的流量。最后一条 ACE 的作用则是拒绝所有其他流量穿越这台安全设备。ACL 的最后一行中包含了 **any** 这个关键字。在 Cisco ASA 9.0 及后续版本中，这个关键字 **any** 指代所有 IPv4 地址及 IPv6 地址。如果希望更精确一些的话，可以使用关键字 **any4** 和 **any6** 来代分别代指所有 IPv4 地址和所有 IPv6 地址。接下来，管理员将这个 ACL 应用到了 outside 接口的入站方向上。

例 11-4 配置 IPv6 ACL 并在 Outside 接口上调用该 ACL

```
Chicago(config)# access-list outside_access_in line 1 extended deny
tcp host 2001:db8:22::29ff:fefd:f325 host 2001:db8:33::29ff:fefd:f321
eq http
Chicago(config)# access-list outside_access_in line 2 extended permit
tcp any6 host 2001:db8:33::29ff:fefd:f321 eq http
Chicago(config)# access-list outside_access_in line 3 extended permit
tcp host 2001:db8:22::29ff:fefd:f326 host 2001:db8:33::29ff:fefd:f322
eq smtp
Chicago(config)# access-list outside_access_in line 4 extended deny
ip any any
Chicago(config)# access-group outside_access_in in interface outside
```

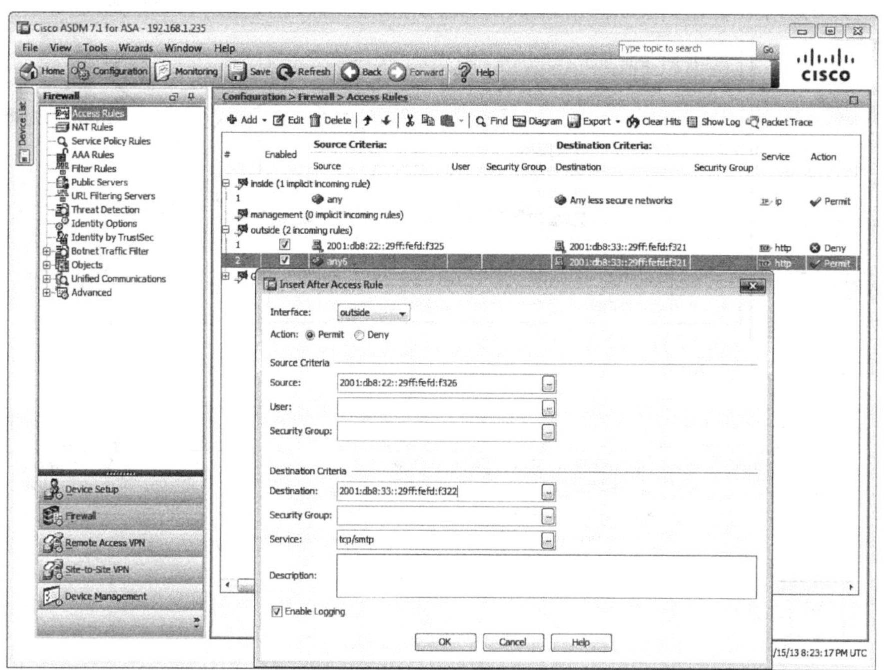

图 11-4 配置 IPv6 流量过滤

11.2.5 IPv6 地址转换

我们在前面已经讨论过，IPv6 的地址数量极为庞大，因此我们似乎永远不需要通过部署地址转换来节约地址资源。虽然表面上来看，这是件好事儿，但是在有些部署环境中，人们还是需要用到某些形式的地址转换。有时候，某些运行 IPv6 的主机需要与另一些运行 IPv4 的主机进行通信，或者有时我们的网络内部是一个纯 IPv6 的环境，但我们的服务提供商还没有切换到 IPv6 中。此时，我们就需要在服务器和端点设备上运行“双栈”。但这样造成的问题是，这种环境需要消耗的 IPv4 地址数量和纯 IPv4 环境中消耗的 IPv4 地址数量别无二致。从 9.0 版开始，安全设备可以支持将一个 IPv6 地址转换为另一个 IPv6 地址；将一个 IPv4 地址转换为另一个 IPv4 地址；将一个 IPv4 地址转换为另一个 IPv6 地址或者将一个 IPv6 地址转换为另一个 IPv4 地址。

注释：只有工作在路由模式的安全设备才能够支持 IPv6 地址转换。

如图 11-5 所示，SecureMeInc.org 希望对两台内部主机执行地址转换。主机 A 需要在一台位于互联网中的服务器上查看自己的电子邮件。由于 Email 服务器支持 IPv6 地址，因此管理员必须配置安全设备将主机 A 的地址由 fe80::20f:f7ff:fe75:4b60 转换为 2001:db8:22::29ff:fefd:f360。至于互联网中的那台 Web 服务器，则只能支持 IPv4，所以如果内部主机想要访问这台服务器，安全设备也必须对内部主机的地址执行转换。也就是说，管理员需要配置安全设备，让它将主机 B 的地址从 fe80::20f:f7ff:fe75:4b61 转换为 209.165.200.230。

要配置 IPv6 地址转换，需要找到 **Configuration > Firewall > NAT Rules**，并选择 **Add > Add “Network Object” NAT Rule**。图 11-6 所示为管理员正在静态配置安全设备，让它将主机 A 的地址从 fe80::20f:f7ff:fe75:4b60 转换为 2001:db8:22::29ff:fefd:f360。为了满足 SecureMeInc.org 的需求，管理员需要为主机 B 添加另一条静态条目，将地址从 IPv6 地址 **fe80::20f:f7ff:fe75:4b61** 转换为 **209.165.200.230**。

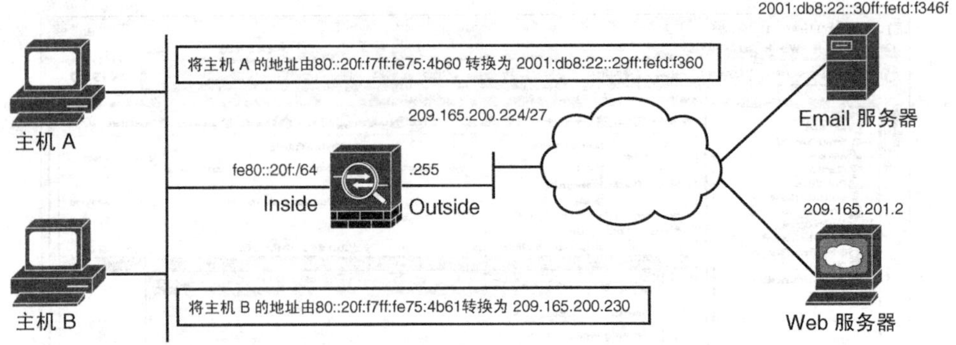

图 11-5 IPv6 NAT 拓扑

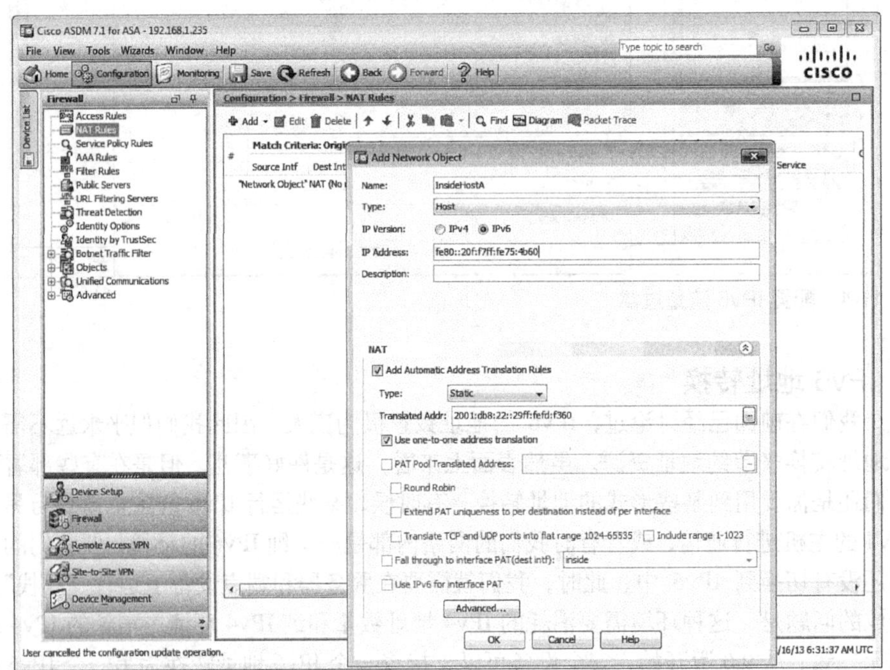

图 11-6 IPv6 NAT 的配置

例 11-5 所示为上述配置的 CLI 命令版。

例 11-5 在 outside 接口上配置和应用 IPv6 ACL

```
Chicago(config)# object network InsideHostA
Chicago(config-network-object)# host fe80::20f:f7ff:fe75:4b60
Chicago(config-network-object)# nat static 2001:db8:22::29ff:fefd:f360/128 net-to-net
Chicago(config-network-object)# exit
Chicago(config)# object network InsideHostB
Chicago(config-network-object)# host host fe80::20f:f7ff:fe75:4b61
Chicago(config-network-object)# nat static 209.165.200.230
```

总结

本章介绍了 IPv6 的概念，对于网络和安全工程师而言，这项技术近年来变得愈发重要。我们在本章中曾经提到，安全设备支持大量的 IPv6 特性，包括地址分配、数据包过滤、地址转换、基本的路由转发功能、站点到站点 IPSec 加密、远程访问 VPN 以及支持 IPv6 的应用监控等。本章还介绍了一些基本的 IPv6 特性，比如地址分配、数据包过滤及地址转换。

第12章

IP 路由

本章涵盖的内容有：

- 配置静态路由；
- RIP 的配置与排错；
- OSPF 的配置与排错；
- EIGRP 的配置与排错。

网络设备使用路由技术来判断应该将数据包从哪个接口转发出去，以及转发给哪个网关。这些路由设备会使用管理员配置的动态路由协议或静态路由条目来进行路由选择。本章将会介绍 Cisco ASA 的各类路由功能。

Cisco ASA 支持以下的路由机制与协议：

- 静态路由；
- 路由信息协议（RIP）；
- 开放最短路径优先协议（OSPF）；
- 增强型内部网关路由协议（EIGRP）。

注释：第 24 章中还介绍了 Cisco ASA IP 组播路由的功能。

12.1 配置静态路由

当 Cisco ASA 无法动态建立去往某个地点的路由时，就应该部署和配置静态路由条目。无法动态建立路由条目的理由可能是因为接收 Cisco ASA 转发数据包的那台 Cisco ASA 不支持对应的动态路由协议。另外，在网络拓扑规模很小，也不复杂的情况下，也可以使用静态路由。静态路由配置起来十分简单。然而，这种技术很难在大规模网络中进行扩展。因此，在网络相对比较大或者比较复杂的情况下，就应该使用动态路由协议，比如 RIP、OSPF 或 EIGRP。

在这里强烈推荐读者在 Cisco ASA 上配置路由功能时，要对网络拓扑有一个全面的了解。当然，了解网络拓扑的最好方式就是手中有一张网络拓扑图。

图 12-1 所示为一个简单的静态路由拓扑，该拓扑中包含了一台配置有两个接口的 Cisco ASA（这两个接口为 inside 和 outside）。

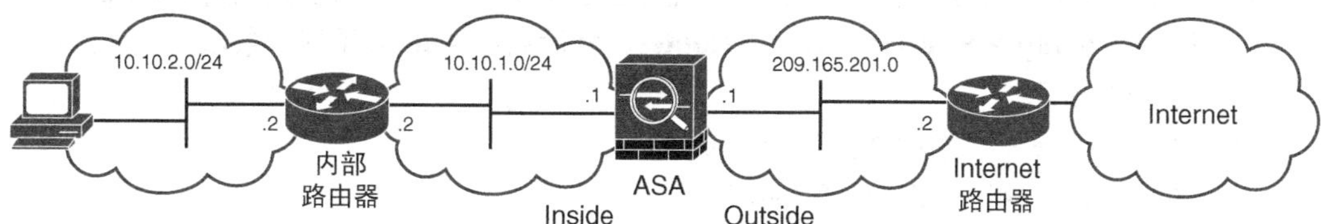

图 12-1 使用静态路由配置基本 IP 路由

在图 12-1 中，需要我们配置一个静态默认路由条目，使 Cisco ASA 可以通过 Internet 路由向 Internet 发送数据包。另外，还必须为 Cisco ASA 的内部接口配置一条静态路由，使其可以到达网络 10.10.2.0/24。

要使用 ASDM 完成这些任务，应通过以下步骤来实现。

1. 启动 ASDM 并登录进 Cisco ASA。
2. 找到 **Configuration > Device Setup > Routing > Static Routes**。
3. 点击 **Add。**
4. 对话框如图 12-2 所示。首先添加一条去往 Internet Router（209.165.201.2）的默认路由，如图 12-2 所示。

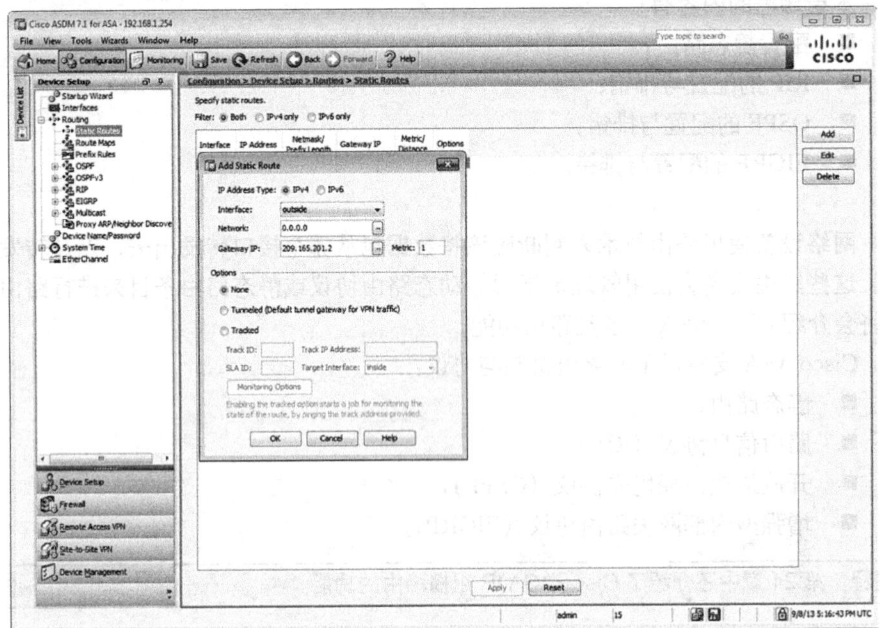

图 12-2　通过 ASDM 添加一条默认路由

5. 在 Interface 下拉框中选择 **outside** 接口。
6. 在 Network 字段输入 **0.0.0.0**。
7. Internet 路由器的 IP 地址为 209.165.201.2。在 Gateway IP 字段输入 **209.165.201.2**。
8. 所有其他选项都保持默认值不变，点击 **OK**。

注释： Metric 字段中可以指定路由的管理距离。如果没有指定的话，默认值为 1。选项 Tunneled 可以将路由指定为 VPN 流量的默认隧道网关。该选项的具体内容将在第 22 章中进行介绍。这里需要记住一点，那就是该选项只能用于默认路由。每台设备只能配置一个隧道路由。选项 Tracked 将在本章稍后部分进行介绍。

9. 添加一条静态路由，使 Cisco ASA 可以到达网络 10.10.2.0/24。方法是找到 **Configuration > Device Setup > Routing > Static Routes**，然后点击 **Add** 来添加一条新的静态路由，如图 12-3 所示。
10. 在 Interface 下拉框中选择 **inside** 接口。
11. 在 Network 字段输入 **10.10.2.0/24**。
12. 内部路由器的 IP 地址为 10.10.1.2。在 Gateway IP 字段输入 **10.10.1.2**。

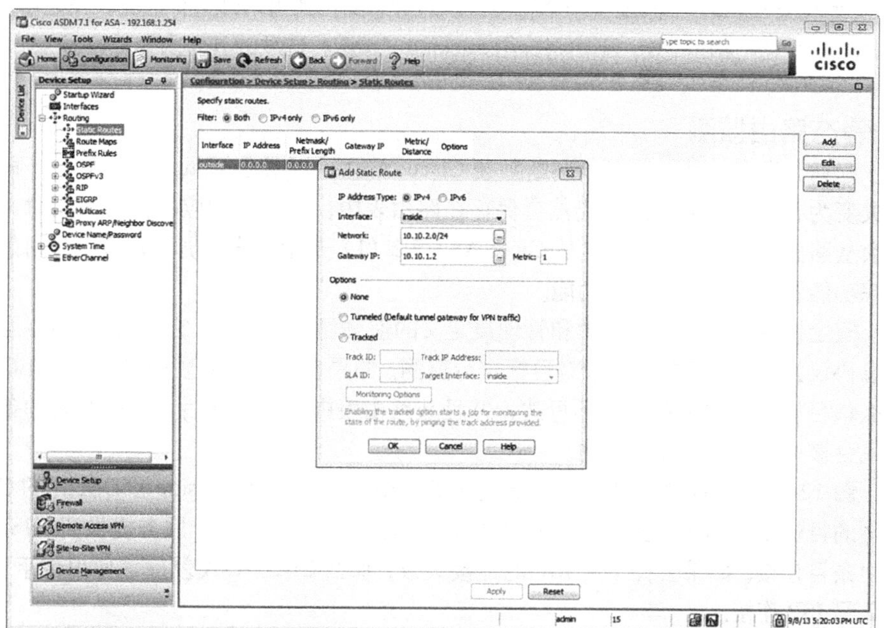

图 12-3 通过 ASDM 添加一条静态路由

13. 所有其他选项都保持默认值不变，点击 **OK**。
14. 点击 **Apply** 来应用变更的配置。
15. 点击 **Save** 来将变更的配置保存进 Cisco ASA。

另外，管理员也可以使用命令行界面（CLI）来添加静态路由，命令是 **route**。下面的例子显示了如何在 Cisco ASA 上添加静态路由。

```
route outside 10.10.2.0 255.255.255.0 209.165.201.2 1
```

下面的例子显示了如何在 Cisco ASA 上添加默认路由。

```
route outside 0.0.0.0 0.0.0.0 209.165.201.2 1
```

管理员可以通过命令 **route** 来配置静态路由，如下所示。

```
route interface network netmask gateway metric [tunneled] [track number]
```

表 12-1 列出了 **route** 命令中可用选项的具体信息。

表 12-1 命令 route 的选项

选项	描述
interface	输入接口名，以指定将路由应用到哪个接口。它必须与管理员在相应接口配置模式下用命令 **nameif** 配置的接口名称一致
network	远程网络或主机的地址。如果配置默认路由的话，这里应输入 0.0.0.0 或只输入 0
netmask	远程网络的子网掩码。如果配置默认路由的话，这里应输入 0.0.0.0 或只输入 0
gateway	网关，指定 ASA 把数据包发往哪台设备
metric	（可选参数）路由的管理距离。取值范围为 1～255 之间的任意数值。默认值是 1
tunneled	该选项用于配置一条隧道默认网关。该选项只能用于默认网关
track *number*	该选项用来对静态路由进行跟踪。跟踪号的取值范围为 1～500

Cisco ASA 7.2(1)中添加了一个特性，以对静态路由的可用性进行监测，并且可以安装备用路由，以备主用路由实效。下面将介绍 tracking（跟踪）选项的具体内容。

12.1.1 静态路由监测

起初，没有一种机制可以判断某条 Cisco ASA 上的路由是 up 还是 down。即使下一条网关变为不可用，静态路由仍然会保存在路由表中，只有当相应的接口关闭时，静态路由才会从路由表中被清除出去。从 Cisco ASA 7.2（1）开始，管理员开始可以使用静态路由的跟踪功能及备份路由的安装功能。

安全设备可以将静态路由和管理员定义的监测目标相关联。它使用 ICMP（互联网控制消息协议）ECHO 请求消息来对目标进行监测。如果在特定时间段中没有收到 ECHO reply，那么该目标就会被设备视为不可达，并且从路由表中移除。然后，先前配置的备份路由条目就会被用来取代移除的路由。

图 12-4 所示的网络拓扑中有一台配置有 3 个接口（inside、outside 和 DMZ）的 Cisco ASA。该例的目标是，通过配置路由跟踪特性来追踪去往 1 号 Internet 服务提供商（ISP）的默认路由条目连接。如果去往 1 号 ISP 的连接失效，那么 Cisco ASA 就应该使用位于 DMZ 接口的 2 号 ISP 连接。

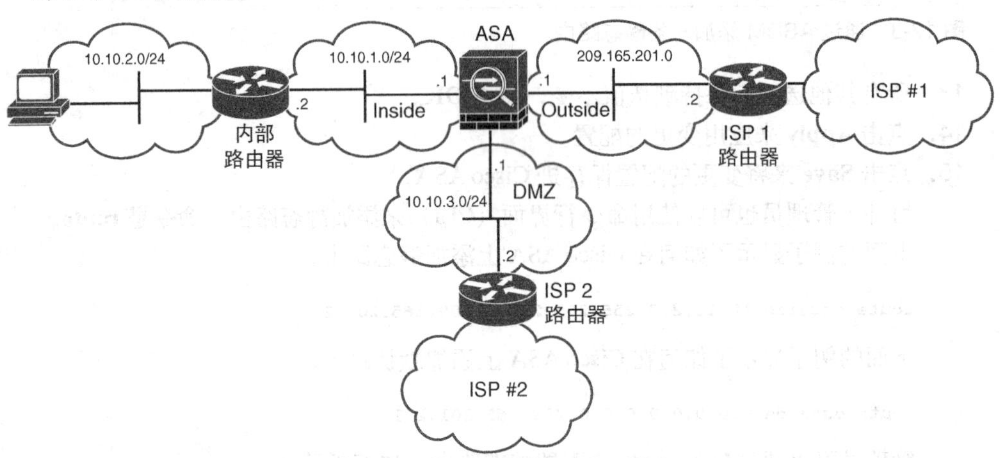

图 12-4 路由监测示例

在 ASDM 中，需要按照下面的步骤配置路由监测来实现本例中的需求。

1. 找到 **Configuration > Device Setup > Routing > Static Routes**。点击 **Add** 来添加一条新的静态路由或点击 **Edit** 来编辑现有的路由条目。
2. ASDM 会弹出图 12-5 所示的对话框。管理员对默认路由进行了编辑。为了启用路由监测功能，管理员选择了 **Tracked** 选项。
3. Track ID 是路由跟踪进程的专用 ID。本例中输入的 ID 为 **1**。
4. Track IP Address 用来定义被跟踪的目标主机。一般来说，这里会定义下一条网关的 IP 地址；不过，这里也可以定义网络中任何可以从这个接口到达的主机地址，只要有相应主机的路由。在本例中，管理员输入的是位于 ISP 1 网络中的上游 IP 地址（**209.165.201.2**）。
5. SLA ID 用来标识 SLA 监测进程。SLA 进程用来监测选项 Track IP Address 所定义的 IP 地址的可用性。这使 Cisco ASA 能够使用预定义的备份路由。在本例中，管理员输入的值是 **123**，这个值是唯一的，但可以任意选择。

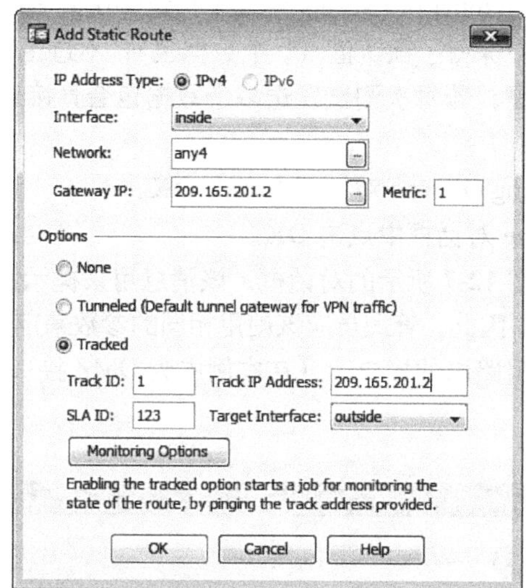

图 12-5 通过 ASDM 配置路由监测功能

6. Target Interface 用来选择所选主机所在的接口。本例中，管理员选择的是 **outside** 接口。（可选项）管理员可以通过点击 **Monitor Options** 按钮来自定义很多监测选项，然后设备就会显示出图 12-6 所示的 Route Monitoring Options 对话窗口。

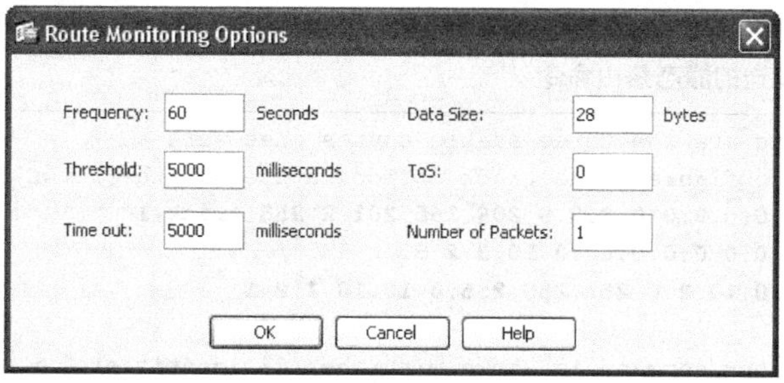

图 12-6 ASDM 的 Route Monitoring Options

7. 管理员可以定义 Cisco ASA 监测跟踪目标可达性的频率，定义的方式是使用 Frequency 字段。图 12-6 在这里保留了默认值，即 60 秒，不过，也可以将它修改为 1～604800 秒之间的任意值。
8. 可以使用 Threshold（门限）字段为该路由指定一个生存时间（单位是毫秒）。本例在这里保留了默认值（5000 毫秒）。
9. 可以使用 Timeout（超时）字段指定 Cisco ASA 等待跟踪主机响应消息的时间。本例在这里保留了默认值（5000 毫秒），不过也可以将该值修改为 0～604800000 毫秒之间的任意值。
10. Cisco ASA 会使用 ICMP echo 请求数据包来查看被跟踪的主机是否可达。Data Size 字段用来指定 ICMP echo 请求数据包的负载大小。在本例中，保留了默认值 28 字节；不过也可以将该值修改为 0～16384 之间的任意值。
11. 管理员可以使用 ToS 值来为 echo 请求数据包 IP 头部的服务类型字段（ToS）指定字节数。在本例中，保留了默认值 0 字节；不过也可以将该值修改为 0～255 之间的任意值。

12. 管理员可以使用 Number of Packets 字段来指定每次测试时发送的 ICMP echo 请求数据包的数量。本例中保留了默认值（1 个数据包）；不过也可以将该值修改为 1～100 之间的任意值。但是，若每次测试发送多个数据包会直接影响网络的性能，这一点读者应该心里有数。
13. 在 Route Monitoring Options 对话框中点击 **OK**。
14. 在 Edit Static Route 对话框中点击 **OK**。
15. 设备会显示出如图 12-7 所示的对话框。该消息用来提示管理员，设备已经为主用路由设置了跟踪功能。因此，管理员应该使用相同的参数来定义另一条路由（即备用路由），但是，在使用备用路由的接口上（在本例中为 DMZ 接口），应该设置比主用路由接口高的 metric 值。

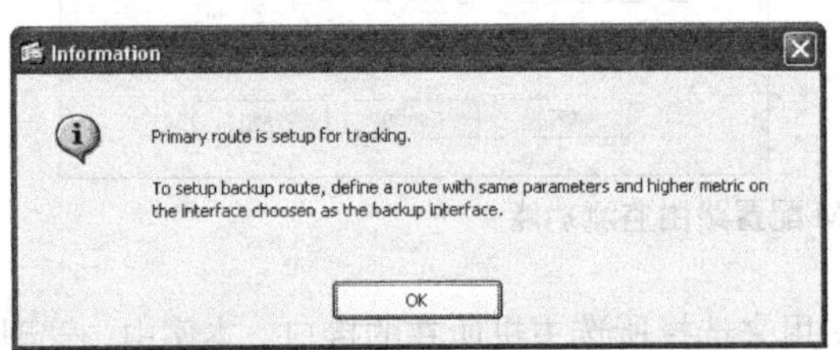

图 12-7 Route Monitoring 警告消息

例 12-1 显示了从 ASDM 发送给 Cisco ASA 的 CLI 命令。

例 12-1 ASDM 发送的静态路由命令

```
! The following are the three static routes that were
! previously configured. The track option is used on the first default route.
route outside 0.0.0.0 0.0.0.0 209.165.201.2 255 track 1
route dmz 0.0.0.0 0.0.0.0 10.10.3.2 5
route inside 10.10.2.0 255.255.255.0 10.10.1.2 1
!
! The sla monitor command is shown with the 123 identifier.
! The ICMP protocol is used to test the ISP 1 router.
! If this route fails the default route on the dmz is used.
sla monitor 123
 type echo protocol ipIcmpEcho 209.165.201.2 interface dmz
sla monitor schedule 123 life forever start-time now
!
! The track command is used with 1 as the identifier. The sla (123) is associated to
this command.
track 1 rtr 123 reachability
```

注释：读者如想了解其他与 IP SLA 和路由追踪有关的信息，可以阅读第 16 章。

12.1.2 显示路由表信息

要在 ASDM 中显示 Cisco ASA 的路由表，找到 **Monitoring > Routing >Routes**。另外，管理员也可以在 CLI 界面中使用命令 **show route** 来显示 Cisco ASA 的路由表信息，并核对相关配置信息。例 12-2 所示为在完成了上文所述的配置工作之后，使用命令 **show route** 所显示出来的信息。

例 12-2 通过 CLI 显示路由表信息

```
NewYork# show route
Codes: C - connected, S - static, I - IGRP, R - RIP, M - mobile, B - BGP
       D - EIGRP, EX - EIGRP external, O - OSPF, IA - OSPF inter area
       N1 - OSPF NSSA external type 1, N2 - OSPF NSSA external type 2
       E1 - OSPF external type 1, E2 - OSPF external type 2, E - EGP
       i - IS-IS, L1 - IS-IS level-1, L2 - IS-IS level-2, ia - IS-IS inter area
       * - candidate default, U - per-user static route, o - ODR
       P - periodic downloaded static route
Gateway of last resort is 10.10.3.2 to network 0.0.0.0
C     172.18.104.128 255.255.255.192 is directly connected, management
C     209.165.201.0 255.255.255.224 is directly connected, outside
C     10.10.1.0 255.255.255.0 is directly connected, inside
S     10.10.2.0 255.255.255.0 [1/0] via 10.10.1.2, inside
C     10.10.3.0 255.255.255.0 is directly connected, dmz
S*    0.0.0.0 0.0.0.0 [5/0] via 209.165.201.2, outside
```

路由条目前面的字母 S 表示该路由为管理员配置的静态路由条目。字母 C 表示该路由为直连路由。方括号中的第一个数字表示信息源的管理距离，第二个数字则表示该路由的 metric 值。当去往同一目的有两条通过不同路由协议学来的路由时，路由设备就会使用管理距离来选择最佳的路径。

注释：在对路由问题进行排错时，**show route** 命令非常有用。它不只能够提供每个路由条目的网关的 IP 地址，也能显示与该网关相连的接口。如果有多条去往同一个网络的静态路由，而这些静态路由条目的 metric 值各不相同，Cisco ASA 每次会从拥有最佳 metric 值的路由中选择一个来创建连接。如果有更好的路由可供选择，那么管理员可以使用 **timeout floating-conn** 命令让 Cisco ASA 能够关闭和重建连接。默认值为 0（0 即连接永不超时）。

管理员可以在命令 **show route** 后面跟一个接口名称，来显示从特定接口出去的路由条目。

静态路由无法为大中型网络提供可以扩展的解决方案。为了实现良好的扩展性，应该使用动态路由协议。Cisco ASA 支持的动态路由协议有 RIP、OSPF 和 EIGRP。在下面几节中，将对这些路由协议进行更为具体的介绍。

注释：如果管理员使用的 Cisco ASA 系统版本是 9.0(1)之后的版本，那么即使防火墙工作在多虚拟防火墙模式下（multi-context），它仍然可以支持动态路由协议。Cisco ASA 上可以创建多台虚拟的安全防火墙（虚拟防火墙），这部分内容将在第 14 章中进行介绍。

12.2 RIP

RIP 是一个比较古老的内部网关协议（IGP），但是这个协议仍然在很多网络中进行部署。一般来说，部署该协议的网络多为小型网络及同等级网络。RIP 是一个距离矢量路由协议，它定义在 RFC 1058，“Routing Information Protocol”中。而它的第二版，则定义在 RFC 2453，“RIP Version 2”中。

RIP 使用广播或组播数据包（取决于 RIP 的版本）来与它的邻居进行通信并交换路由信息。它使用计跳的方法来计算 metric 值。所谓计跳，是指计算数据包在转发过程中所穿越的路由器或 Cisco ASA（在这里讨论的情况下）总数。RIP 有 15 跳的限制。与 Cisco ASA 直连网络的路由 metric 值为 0。而 metric 值大于等于 16 的路由则会被看成不可达路由。RIP

有两个版本（Cisco ASA 可以同时对这两个版本提供支持）。

- RIP 版本 1（RIPv1）——不支持无类域间路由（CIDR）和可变长子网掩码（VLSM）。VLSM 使路由协议可以为同一主网络定义不同的子网掩码。比如，10.0.0.0 是一个 A 类网络，它的掩码是 255.0.0.0。VLSM 使协议可以将该网络分为更小的分段（比如 10.1.1.0/24、10.1.2.0/24 等）。由于 RIPv1 不支持 VLSM，因此在其路由更新中没有子网掩码信息。RIP 可使用多种方法来检测环路，比如：
  - 抑制（holddowns）；
  - 计数到无穷大（count-to-infinity）；
  - 水平分割（split horizon）；
  - 毒性反转（poison reverse）。
- RIP 版本 2（RIPv2）——支持 CIDR 和 VLSM。RIPv2 的收敛速度也比前一代更快。它还支持对等体或邻居认证（明文或 MD5 认证），该功能可以为协议提供额外的安全性。RIPv2 使用组播实现对等体之间的通信，而 RIPv1 使用的则是广播。

12.2.1 配置 RIP

Cisco ASA 的配置是很简单的，但是也很有限。图 12-8 所示为第一个范例拓扑。

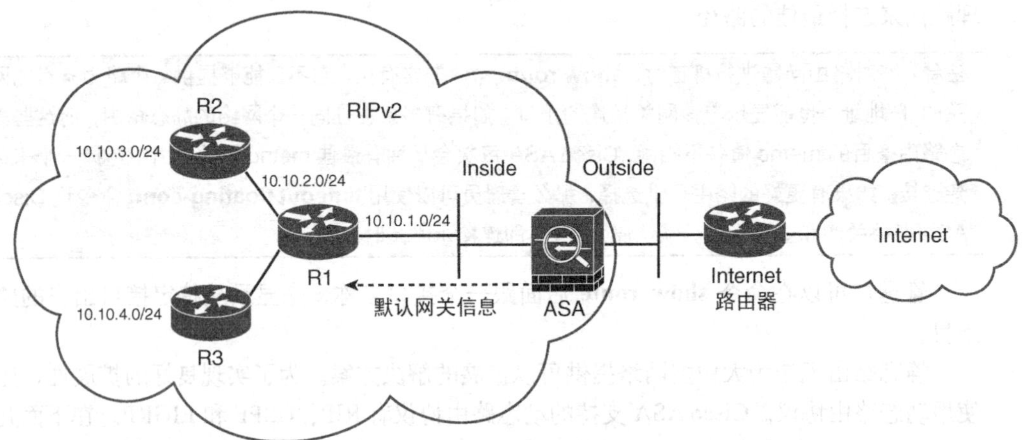

图 12-8 基本的 RIP 配置

在图 12-8 中，Cisco ASA 与一台运行 RIPv2 的路由器相连。该路由器正在从其他两台路由器（R2 和 R3）中学习路由信息。结果是，去往所有这些网络的路由都会被与 Cisco ASA 相连的路由器通告出去。Cisco ASA 也被注入了一条去往内部路由器的默认路由。

在本例中，要使用 ASDM 来配置 RIP 协议，应遵循以下步骤。

1. 找到 **Configuration > Device Setup > Routing > RIP > Setup**，点击 **Enable RIP routing**，如图 12-9 所示。在启用 RIP 的时候，它会在所有接口上同时启用。在管理员选择这一复选框的时候，所有其他字段也就都可以进行选择了。
2. 要启用自动路由汇总功能，需要点击 **Enable Auto-summarization**。在通过 ASDM 启用 RIP 时，该选项会默认启用。在 RIP 版本 1 中，无法禁用自动汇总功能。
3. 要使用 Cisco ASA 来指定 RIP 的版本，点击 **Enable RIP Version**，然后选择 **Version 2**。在本例中，管理员使用了 **Version 2**。在通过 ASDM 进行配置时，也可以在 **interface** 配置部分来基于各个接口选择 RIP 的版本。

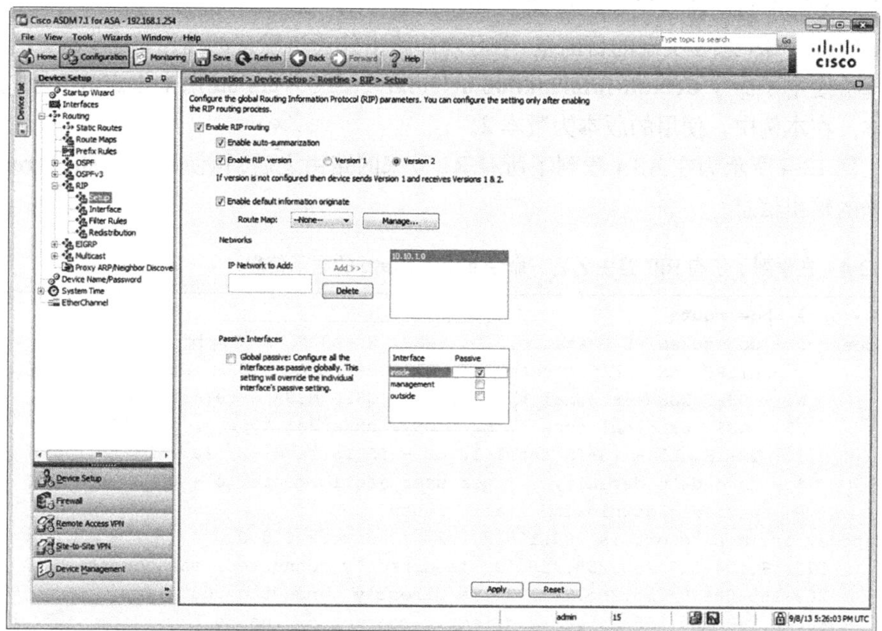

图 12-9 在 ASDM 中启用 RIP

4. 在图 12-9 中，Cisco ASA 应该创建一条路由通告消息，使内部路由器可以将 Cisco ASA 作为自己的默认网关。方法是选择 **Enable default information originate** 复选框，在 RIP 路由进程中创建一条默认路由。
5. 在 Network 部分定义 RIP 路由进程中的网络。在本例中，管理员在 **IP Network to Add** 字段中输入了 **10.10.1.0**，然后点击 **Add**。管理员指定的网络号不得包含任何子网信息。对于添加进 RIP 进程的网络数量，这里则没有任何限制。管理员在这部分中所定义的网络中包含了哪些接口，RIP 路由更新就会通过哪些接口进行收发。
6. 在 Passive Interface 部分勾选 Global Passive 复选框，配置 Cisco ASA 使其在全局所有接口上侦听 RIP 路由广播，并使用该信息来创建路由表，但这些接口不通过广播发布任何路由更新消息。在本例中，管理员仅勾选了 Passive Interface 表中内部（inside）接口对应的那一项，将内部接口配置为了唯一的 Passive RIP 接口，而 Global Passive 复选框则没有勾选。
7. 点击 **Apply** 来应用变更的配置。
8. 点击 **Save** 来将变更的配置保存进 Cisco ASA。

例 12-3 所示为通过 ASDM 在 Cisco ASA 上配置的内容，在 CLI 命令行界面中的显示。

例 12-3 RIP CLI 命令

```
router rip
 network 10.0.0.0
 passive-interface inside
 default-information originate
 version 2
 no auto-summary
```

命令 **router rip** 可以在 Cisco ASA 上启用 RIP 协议。然后应使用命令 **network** 来为 RIP 路由进程指定相应的网络。应该注意的是，在图 12-9 中，管理员配置的网络是 10.10.1.0；

而 Cisco ASA 自动将该网络汇总成了 10.0.0.0。

Cisco ASA 想要实现的目的是，学习内部路由并通告默认的路由信息。要实现这一功能，管理员使用了命令 **default-information originate**。命令 **version** 用来指定 RIP 在这里使用的版本。在本例中，使用的版本为版本 2。

例 12-4 所示为在 ASA 学到了所有 R1 发来的路由之后，再使用命令 **show route** 所显示出来的输出信息。

例 12-4 在学到了所有 RIP 路由之后，命令 **show route** 的显示信息

```
NewYork# show route
Codes: C - connected, S - static, I - IGRP, R - RIP, M - mobile, B - BGP
       D - EIGRP, EX - EIGRP external, O - OSPF, IA - OSPF inter area
       N1 - OSPF NSSA external type 1, N2 - OSPF NSSA external type 2
       E1 - OSPF external type 1, E2 - OSPF external type 2, E - EGP
       i - IS-IS, L1 - IS-IS level-1, L2 - IS-IS level-2, ia - IS-IS inter area
       * - candidate default, U - per-user static route, o - ODR
       P - periodic downloaded static route
Gateway of last resort is 209.165.201.2 to network 0.0.0.0
C    172.18.104.128 255.255.255.192 is directly connected, management
C    209.165.201.0 255.255.255.224 is directly connected, outside
C    10.10.1.0 255.255.255.0 is directly connected, inside
R    10.10.2.0 255.255.255.0 [120/1] via 10.10.1.2, 0:00:15, inside
R    10.10.3.0 255.255.255.0 [120/1] via 10.10.1.2, 0:00:15, inside
R    10.10.4.0 255.255.255.0 [120/1] via 10.10.1.2, 0:00:13, inside
S*   0.0.0.0 0.0.0.0 [255/0] via 209.165.201.2, outside
```

12.2.2 RIP 认证

RIPv1 不支持认证功能。而 Cisco ASA 则支持 RIPv2 的两种认证模式：明文认证和消息摘要 5（MD5）认证。

提示：比起使用明文认证，使用 MD5 进行认证是最佳的方式，因为 MD5 认证的安全性更高。

在图 12-10 中，管理员为 RIP 协议添加了 MD5 认证。

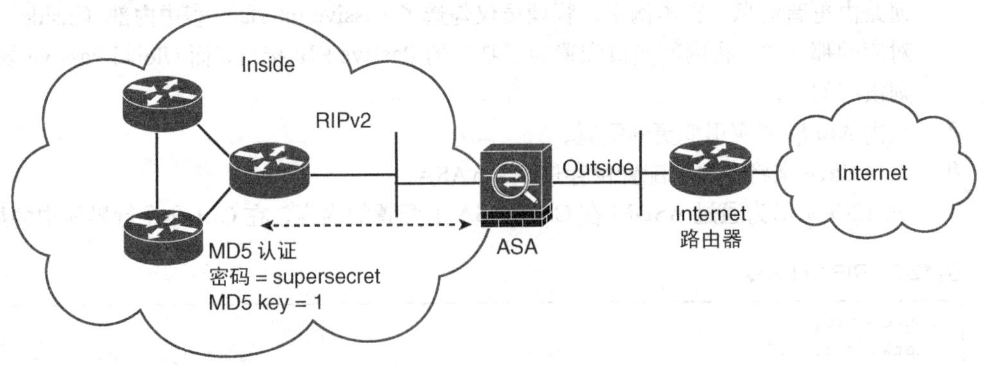

图 12-10 MD5 RIP 认证示例

要在图 12-10 所示的拓扑中为 RIP 协议添加了 MD5 认证，需要完成下面的配置步骤。

1. 登录进 ASDM 并找到 **Configuration > Device Setup > Routing >RIP > Interface**。
2. 选择启用 RIP 的接口（**inside**）并点击 **Edit**，此时 ASA 会弹出图 12-11 所示的 Edit RIP Interface Entry 对话框。

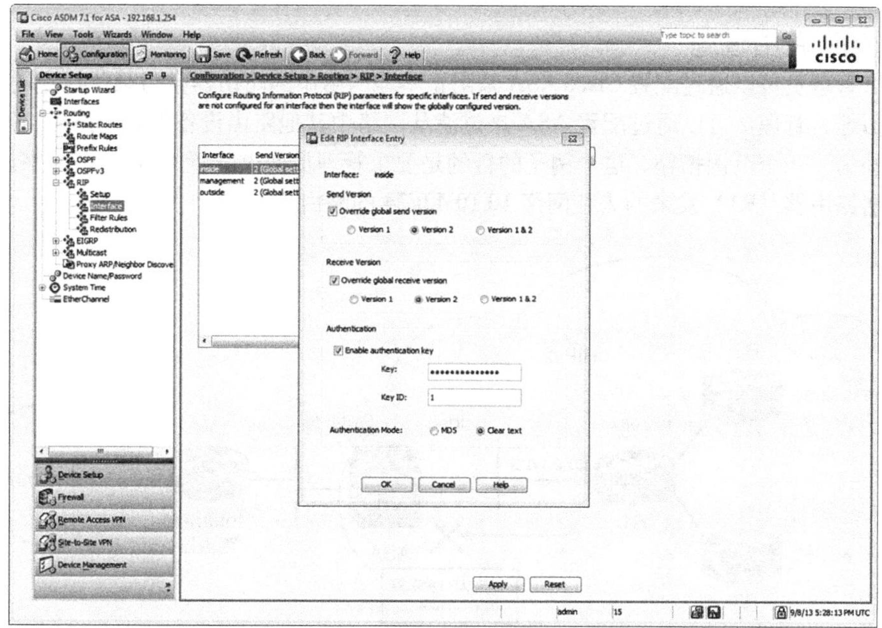

图 12-11　在 ASDM 中启用 MD5 RIP 认证

3. （可选）选择 **Override global send version** 复选框以选择该接口发送的 RIP 版本。在本例中，需要点击 **Version 2**，如图 12-10 中的拓扑所示。可以禁用该选项来恢复全局设置。
4. 选择 **Enable authentication key** 复选框来启用 RIP 认证。
5. 在 Key 字段输入 RIP 认证所使用的密钥。在图 12-11 中，我们使用的密钥为 supersecretkey（密码被隐去）。该密钥最多包含 16 个字符。
6. 输入 RIP 认证进程的 Key ID。在本例中，管理员输入的 key ID 为 **1**。有效范围为 0～255。
7. 在 Authenticaion Mode（认证模式）中点击 **MD5** 单选按钮。
8. 点击 **OK**。
9. 点击 **Apply** 来应用 ASDM 中变更的配置。
10. 点击 **Save** 来将变更的配置保存进 Cisco ASA。

例 12-5 显示了从 ASDM 发送给 Cisco ASA 的 CLI 命令。

例 12-5　ASDM 发送的 RIP 命令

```
interface GigabitEthernet0/1
 nameif inside
!- RIP is enabled on the inside interface
!- RIP send and receive version is configured for version 2
 rip send version 2
 rip receive version 2
!- RIP authentication mode is set to MD5
 rip authentication mode md5
!- RIP authentication key in the CLI is shown as <removed> by the Cisco ASA for
security purposes.
 rip authentication key <removed> key_id 1
```

12.2.3 RIP 路由过滤

管理员可以通过配置 Cisco ASA 来阻止本地网络中的路由器学习某些特定的 RIP 路由。类似地，管理员可以通过配置 ASA 来过滤从网络中其他路由设备发来的路由。图 12-12 的拓扑为下一个范例拓扑。这个例子的目的是要求管理员通过配置 Cisco ASA 来过滤从 RIP 邻居路由器（R1）发来的去往网络 10.10.4.0/24 的路由。

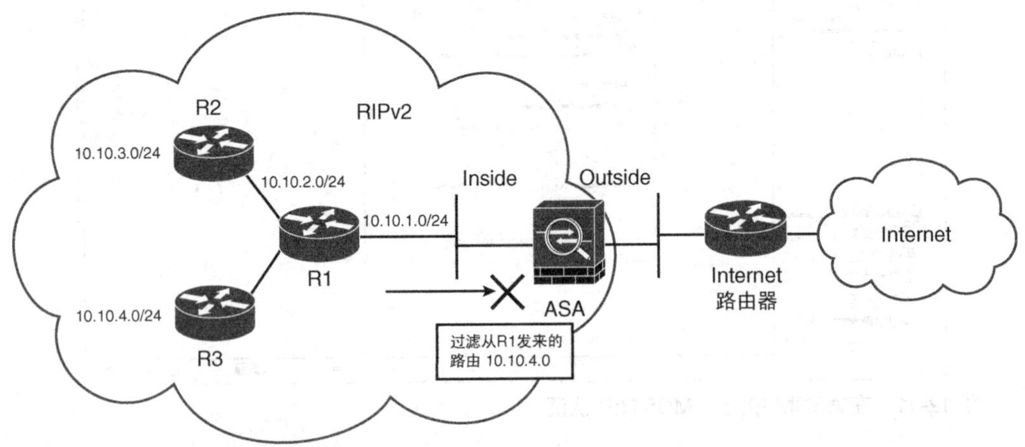

图 12-12 过滤 RIP 路由

要配置 Cisco ASA 来过滤从 R1 发来的去往网络 10.10.4.0/24 的路由，需要完成以下配置步骤。

1. 登录进 ASDM，找到 **Configuration > Device Setup > Routing >RIP > Filter Rules**。
2. 点击 **Add** 来添加新的过滤规则。ASDM 会弹出图 5-13 所示的 Add Filter Rules 对话框。

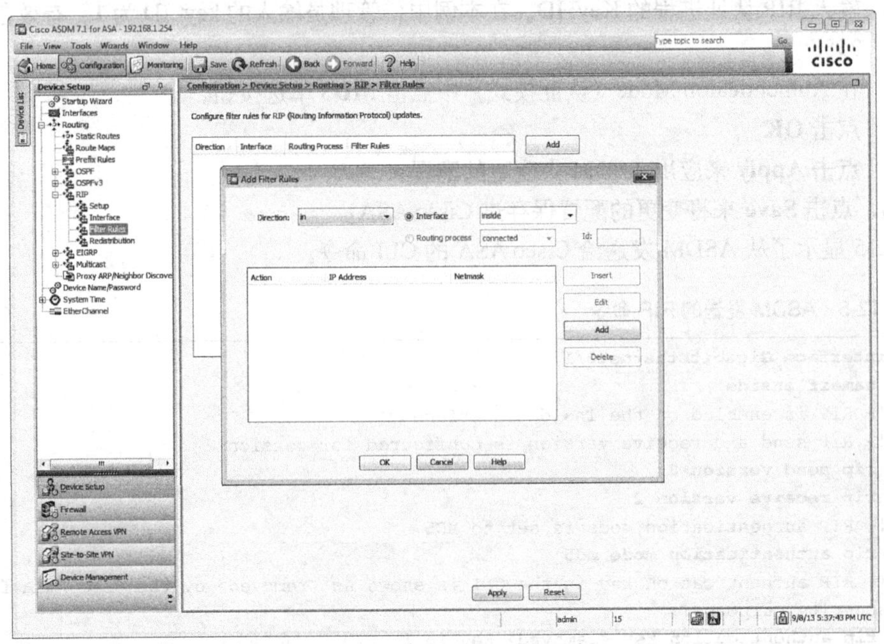

图 12-13 使用 ASDM 过滤 RIP 路由

3. 在 Direction 下拉菜单中选择 **in**，以过滤来自其他路由设备（在本例中为 R1）的入站 RIP 信息。要阻止其他路由设备学习某条或某几条 RIP 路由，管理员可以在 Direction 下拉菜单中选择 **out** 来抑制路由更新，使它们不会被通告出去。不过，本例的目的是希望过滤来自 R1 的入站路由。
4. 选择过滤路由的接口。在本例中，R1 位于 **inside** 接口。
5. 点击 **Add** 来添加过滤规则。ASDM 会显示出如图 12-14 所示的 Network Rule 对话框。

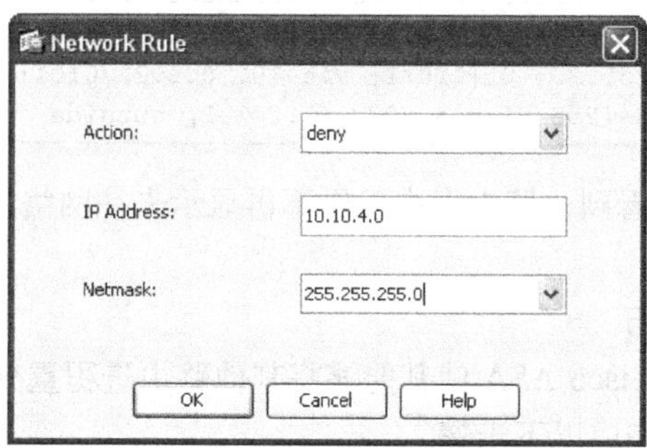

图 12-14　Network Rule 对话框

6. 在 Action 字段中选择 **deny**，以拒绝特定的网络或 IP 地址。
7. 本例的目的是希望过滤入站的去往网络 10.10.4.0/24 网络的路由通告消息。在 IP Address 字段中输入 **10.10.4.0**，如图 12-14 所示。
8. 10.10.10.0 是一个 24 比特的网络。因此，需要在 Netmask 字段中输入子网掩码 **255.255.255.0**。
9. 在 Network Rule 对话框中点击 **OK** 来添加新的规则。
10. 在 Add Filter Rules 对话框中点击 **OK** 来添加新的规则。
11. 在 ASDM 中点击 **Apply** 来应用变更的配置，并将这些配置添加进 ASA 的运行配置文件中。
12. 点击 **Save** 来将变更的配置保存进 Cisco ASA。

例 12-6 所示为通过 ASDM 在 Cisco ASA 上配置 RIP 过滤规则后，在 CLI 命令行界面中显示的配置信息。

例 12-6　过滤入站 RIP 路由的 CLI 命令

```
!- An access control list (ACL) is created to deny the 10.10.4.0
access-list ripACL_FR standard deny 10.10.4.0 255.255.255.0
!
router rip
 distribute-list ripACL_FR in interface inside
! The distribute-list subcommand is used to create the filtering rule.
! The ripACL_FR ACL is applied to the distribute-list command and configured inbound
to the inside interface.
```

例 12-7 所示为在应用了前面的配置之后，再使用命令 **show route** 所显示出的 Cisco ASA 路由表信息。

例 12-7　在应用了路由过滤规则之后的路由表信息

```
NewYork# show route
Codes: C - connected, S - static, I - IGRP, R - RIP, M - mobile, B - BGP
       D - EIGRP, EX - EIGRP external, O - OSPF, IA - OSPF inter area
```

（待续）

```
        N1 - OSPF NSSA external type 1, N2 - OSPF NSSA external type 2
        E1 - OSPF external type 1, E2 - OSPF external type 2, E - EGP
        i - IS-IS, L1 - IS-IS level-1, L2 - IS-IS level-2, ia - IS-IS inter area
        * - candidate default, U - per-user static route, o - ODR
        P - periodic downloaded static route
Gateway of last resort is 209.165.201.2 to network 0.0.0.0
C    172.18.104.128 255.255.255.192 is directly connected, management
C    209.165.201.0 255.255.255.224 is directly connected, outside
C    10.10.1.0 255.255.255.0 is directly connected, inside
R    10.10.2.0 255.255.255.0 [120/1] via 10.10.1.2, 0:01:24, inside
R    10.10.3.0 255.255.255.0 [120/1] via 10.10.1.2, 0:01:24, inside
S*   0.0.0.0 0.0.0.0 [255/0] via 209.165.201.2, outside
```

在例 12-7 中可以看到，路由表中已经不再显示去往网络 10.10.4.0/24 的路由。

12.2.4 配置 RIP 重分布

管理员可以通过 Cisco ASA 使其能够将其他路由进程重分布进 RIP。要通过 ASDM 来实现 RIP 重分布，要完成以下步骤。

1. 登录进 ASDM，找到 **Configuration > Device Setup > Routing >RIP > Redistribution**。
2. 在 Add Redistribution 对话框中点击 **Add**。在 Protocol 部分选择需要被重分布进 RIP 路由进程的路由协议。可以选择的协议有：
   - Static——用来重分布静态路由；
   - Connected——用来重分布直连网络；
   - OSPF——用来重分布从特定 OSPF 进程学来的路由；
   - EIGRP——用来重分布从特定 EIGRP 进程学来的路由。
3. 在 Metric 中输入 metric 的值和 metric 类型。这是指被应用到重分布路由中的 RIP metric 值。本例中，该值被设置为了 **10**。
4. （可选）可以通过配置路由映射来细化重分布的方式，使只有从特定路由进程学来的路由才会被重部分进 RIP。
5. 在 Add Redistribution 对话框中点击 **OK** 来添加新的规则。
6. 在 ASDM 中点击 **Apply** 来应用变更的配置，并将这些配置添加进 ASA 的运行配置文件中。
7. 点击 **Save** 来将变更的配置保存进 Cisco ASA。另外，管理员也可以通过 RIP 子命令 **redistribute** 来配置 RIP 重分布功能。下面的例子显示了命令 **redistribute** 的各种可用的选项。

```
NewYork(config)# router rip
NewYork(config-router)# redistribute ?
router mode commands/options:
  connected Connected
  eigrp     Enhanced Interior Gateway Routing Protocol (EIGRP)
  ospf      Open Shortest Path First (OSPF)
  rip       Routing Information Protocol (RIP)
static     Static routes
```

12.2.5 RIP 排错

在部署 RIP 的网络环境中，有可能出现各类不同的问题。本节将介绍可以用来找到这些问题症结的命令和方法。下面，我们会用多种情况来举例说明这些排错的方法。

1. 情况 1：RIP 版本不匹配

本情况使用的拓扑与图 12-12 相同，管理员故意在内部路由器上配置了错误的 RIP 版本。Cisco ASA 内部接口上配置的是 RIP 版本 2（如前所示），而内部路由器上配置的是 RIP 版本 1。命令 **show route** 的输出信息没有显示出任何通过 RIP 学来的路由条目。例 12-8 所示为该命令的输出信息。

例 12-8 show route 命令显示缺少 RIP 路由的情形

```
NewYork# show route
Codes: C - connected, S - static, I - IGRP, R - RIP, M - mobile, B - BGP
       D - EIGRP, EX - EIGRP external, O - OSPF, IA - OSPF inter area
       N1 - OSPF NSSA external type 1, N2 - OSPF NSSA external type 2
       E1 - OSPF external type 1, E2 - OSPF external type 2, E - EGP
       i - IS-IS, L1 - IS-IS level-1, L2 - IS-IS level-2, ia - IS-IS inter area
       * - candidate default, U - per-user static route, o - ODR
       P - periodic downloaded static route
Gateway of last resort is 209.165.201.2 to network 0.0.0.0
C     172.18.104.128 255.255.255.192 is directly connected, management
C     209.165.201.0 255.255.255.224 is directly connected, outside
C     10.10.1.0 255.255.255.0 is directly connected, inside
S*    0.0.0.0 0.0.0.0 [255/0] via 209.165.201.2, outside
```

管理员使用了命令 **debug rip events** 来对该问题进行排查，如例 12-9 所示。

例 12-9 在协商过程中，显示 RIP 版本错误的 debug rip events 的输出信息

```
NewYork# debug rip events
RIP event debugging is on
NewYork#
RIP: ignored v1 packet from 10.10.1.2 (illegal version)
```

在上例中，Cisco ASA 显示了一条错误消息，表示路由器（10.10.1.2）正在发送错误的 RIP 版本（v1）。这里的解决方案是将内部路由器上的 RIP 版本改为版本 2。例 12-10 所示为 ASA 收到了内部路由器里发来的正确信息之后，命令 **debug rip events** 输出的信息。

例 12-10 在协商过程中，更正了 RIP 版本后的 debug rip events 输出信息

```
RIP: received v2 update from 10.10.1.2 on inside
     10.10.2.0 255.255.255.0 via 0.0.0.0 in 1 hops
     10.10.3.0 255.255.255.0 via 0.0.0.0 in 1 hops
     10.10.4.0 255.255.255.0 via 0.0.0.0 in 1 hops
RIP: Update contains 3 routes
```

要注意 Cisco ASA 在内部接口收到了从路由器（10.10.1.2）发来的 RIP 版本 2（v2）更新消息。另外，也例中也显示了学来的路由条目。

2. 情况 2：RIP 认证不匹配

例 12-11 中使用的拓扑也与图 12-12 相同。管理员为内部路由器和 Cisco ASA 都配置了使用 MD5 的 RIP 认证，但在内部路由器（R1）上配置的密码有误。例 12-11 显示了 Cisco ASA 上使用命令 **debug rip events** 所显示出来的输出信息，该命令显示了 MD5 认证出现的问题。

例 12-11 在协商过程中，显示 Invalid Authenticaion 的 **debug rip events** 输出信息

```
RIP: ignored v2 packet from 10.10.1.2 (invalid authentication)
```

若认证方式或模式出现错误，也会显示上述错误消息。

3. 情况 3：被阻塞的组播或广播数据包

RIPv1 使用的是广播数据包，而 RIPv2 使用的是组播数据包。如果广播或组播数据包（分别）遭到了阻塞，那么 Cisco ASA 就永远无法和它的对等体成功建立起 RIP 邻居关系。在解决这一问题时，命令 **debug rip events** 同样有用。例 12-12 显示了在 RIPv2 组播数据包被阻塞后，命令 **debug rip events** 的输出信息。

例 12-12 组播数据包遭到了丢弃或阻塞后，命令 **debug rip events** 的输出信息

```
RIP: sending v2 update to 224.0.0.9 via inside (10.10.1.1)
RIP: build update entries
        0.0.0.0 0.0.0.0 via 0.0.0.0, metric 1, tag 0
RIP: Update contains 1 routes
RIP: Update queued
RIP: Update sent via inside rip-len:32
```

如上例所示，Cisco ASA 正在向地址 224.0.0.9 发送 RIPv2 数据包，但是没有从它们的对等体那里收到任何响应。如果该网段的其他路由设备上没有启用 RIP 协议，也会出现这种情况。

> 提示：管理员可以通过 ping 组播地址 224.0.0.9 来检查数据包是否遭到了阻塞。不过，与 Cisco IOS 路由器不同的是，Cisco ASA 不会响应以地址 224.0.0.9 为目的的地址。

12.3 OSPF

OSPF 协议的草案是由 IETF（互联网工程任务组）的 IGP 工作组提出的。该技术的诞生是因为 RIP 难以适应大型混合网络的扩展性要求。OSPF 的详细说明定义在了 RFC 2328，“OSPF Version 2”中。这是一个基于最短路径优先（SPF）算法的协议（该算法通常以其作者的名字为人们称道，即 Dijkstra 算法）。

OSPF 是一个链路状态路由协议。它会将使用该协议的接口信息、使用的 metric 值和其他变量信息发送给自己的对等体或邻居设备。这些信息被称为链路状态通告（LSA）。这些信息会被发送给特定分层区域内的所有对等体设备。

OSPF 在一个独立的自治系统内工作。这些自治系统可以被分为几组相邻的网络，称为区域（area）。如果某台路由器属于多个区域，那么该路由器就称为区域边界路由器（ABR）。图 12-15 所示为这一概念的示例。

如图 12-15 所示，一台 ABR 可以加入多个 OSPF 区域。在另一方面，OSPF 主干区域，也就是 OSPF 区域 0，必须为所有其他区域转发路由信息。管理员可以通过配置 Cisco ASA 使其充当一台 ABR。它不只可以提供网络连通性，也可以通过过滤类型 3 的 LSA 来提高网络安全性。类型 3 LSA 是指汇总的链路，而且类型 3 的链路会被 ABR 通告给区域外部的目的设备。OSPF ABR 类型 3 LSA 过滤特性可以过滤 OSPF 区域之间的汇总链路路由，因此可以增强用户对路由转发的控制。该特性也可以使用网络地址转换（NAT）技术来隐藏私有网络，而不将这些内部网络信息通告出去。

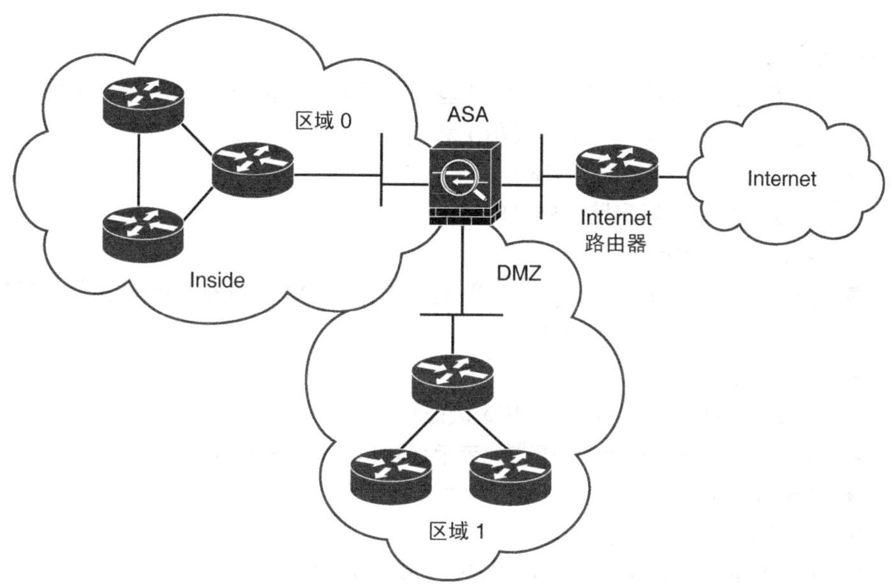

图 12-15　OSPF 中的区域

图 12-16 所示为将 Cisco ASA 配置为 ABR 并提供 LSA 类型 3 过滤功能的方法。

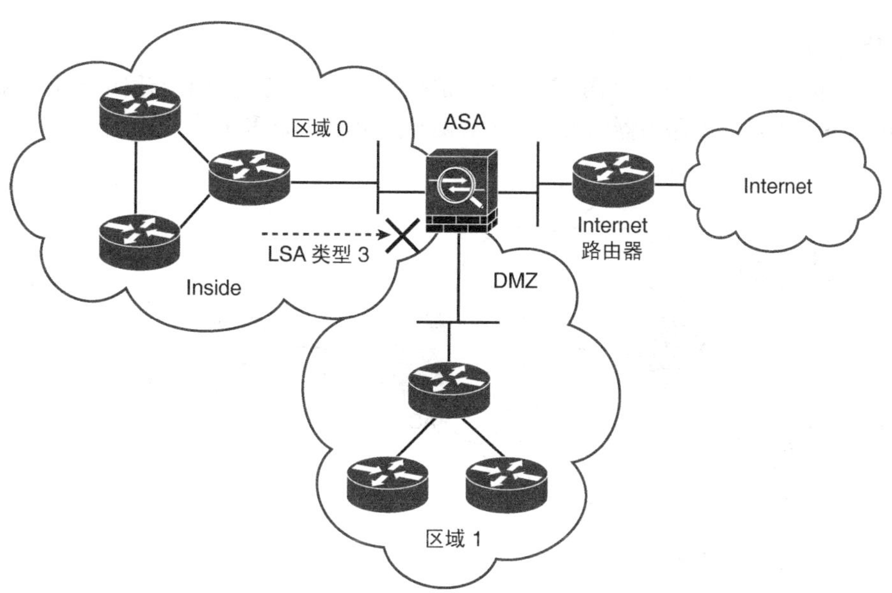

图 12-16　用 Cisco ASA 过滤类型 3 LSA

若将 Cisco ASA 配置为自治系统边界路由器（ASBR），它就会向整个自治系统转发类型 5 的 LSA，包括私有网络和公有网络中的区域。类型 5 LSA 可以向自治系统提供外部的路由信息。在安全性方面，这不是推荐的做法，因为这会导致设备将所有私有网络通告给外部网络。

在网络同步和泛洪时，管理员可以使用命令 **opsf database-filter all out** 来过滤所有通过某个 OSPF 接口入站的 LSA。

在下一小节中，我们将通过不同的配置案例，来介绍 Cisco ASA 所支持的所有 OSPF 特性。

12.3.1 配置 OSPF

Cisco ASA 支持多种 OSPF 特性和功能。下面为 Cisco ASA 所支持的各类 OSPF 特性。

- 区域内、区域间和外部（类型 1 和类型 2）路由。
- 可以充当指定路由器（DR）。
- 可以充当备份指定路由器（BDR）。
- 可以充当 ABR。
- 可以充当 ASBR，可以在 OSPF 进程之间、OSPF 和静态路由之间、OSPF 和直连路由之间执行路由重分布。
- 虚链路。
- OSPF 认证（包括铭文和 MD5 认证）。
- 末节区域（Stub Area）和非纯末节区域（not-so-stubby-area）。
- LSA 泛洪。
- ABR 类型 3 LSA 过滤。
- OSPF **neighbor** 命令及跨越 VPN 隧道的动态路由。
- 使用 ECMP(多重等价路径)路由在同一接口上实现最大 3 个对等体间的负载均衡。

下文提供了大多数特性的配置案例。

启用 OSPF

在本例中，我们将使用图 12-17 所示的拓扑。拓扑中包括一台与路由器 R1 内部接口相连的 Cisco ASA。该路由器同时也与另外两台路由器（R2 和 R3）相连。

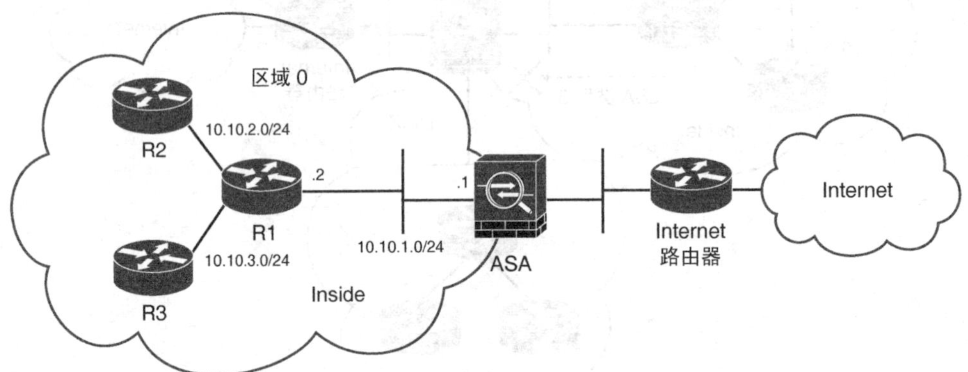

图 12-17　基本的 OSPF 配置

在图 12-17 中，Cisco ASA、R1、R2 和 R3 都被配置在了区域 0 中。

要初始化对 OSPF 的配置，应执行以下步骤。

1. 登录进 ASDM，找到 **Configuration > Device Setup > Routing >OSPF > Setup**。
2. Cisco ASA 的配置中最多支持两个 OSPF 进程。每个 OSPF 进程都有与其相关联的区域的网络。要启用 OSPF 进程，可以在可用的两个进程中选择 **Enable this OSPF Process**，如图 12-18 所示。在本例中使用的是 OSPF Process 1。
3. 在 OSPF Process ID 字段为相应的 OSPF 进程输入一个标识符。在本例中，选择的进程 ID 为 **1**。Cisco ASA 会在设备内部使用该进程 ID，并且该 ID 不需要和其他设备的 OSPF 进程 ID 相匹配。该进程 ID 的取值范围是 1～65535。

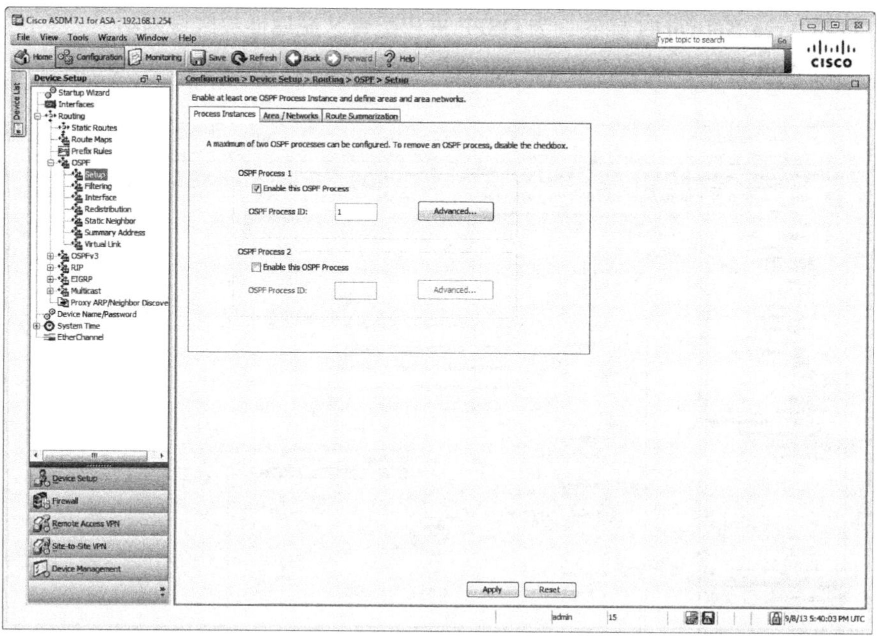

图 12-18 启用 OSPF 进程

4. （可选）管理员可以点击 **Advanced** 按钮打开 Edit OSPF Process Advanced Properties 对话框来配置其他 OSPF 参数，如 Router ID、Adjacency Changes（邻接关系变化）、Administrative Route Distances（管理路由距离）、Timers（计时器）和 Default Information Originate settings（恢复默认配置）。图 12-19 显示了默认的选项。在本例中，为简便起见，使用默认的配置，直接点击 **OK** 关闭对话框。

Edit OSPF Process Advanced Properties
OSPF Process: 1
Router ID: Automatic
RFC1583 Compatible
Ignore LSA MOSPF
Adjacency Changes
Log Adjacency Changes
Include Details
Administrative Route Distances
Inter Area: 110
Intra Area: 110
External: 110
Timers
SPF Delay Time: 5 seconds
SPF Hold Time: 10 seconds
LSA Group Pacing: 240 seconds
Default Information Originate
Enable
Always advertise
Metric: 1
Metric Type: 2
Route Map: --None-- Manage...
OK Cancel Help

图 12-19 OSPF 进程的高级属性

5. 找到 **Area/Networks** 标签，为 OSPF 进程配置区域属性和区域网络。
6. 点击 **Add** 打开 Add OSPF Area 对话框（见图 12-20）来添加相关的网络。

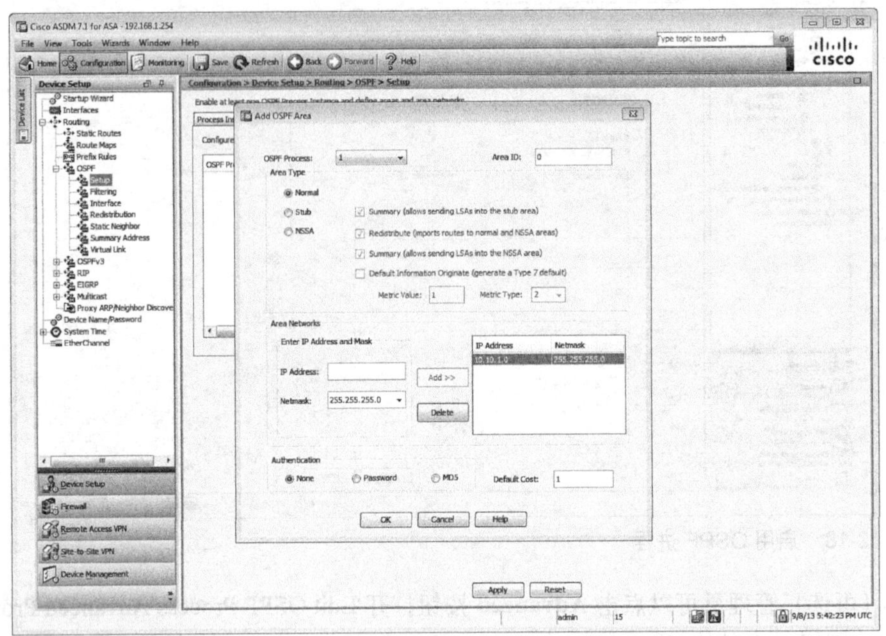

图 12-20 添加 OSPF 区域

7. 选择想要编辑的 OSPF 进程。在本例中，使用的是 OSPF 进程 **1**。
8. 在 Area ID 字段输入区域 ID。在本例中使用的是 Area 0，不过管理员可以选择 0～4294967295 之间的任意值。管理员也可以将 IP 地址充当区域 ID。
9. 有 3 种不同的区域类型。
   - **Normal**：可以将该区域设置为标准 OSPF 区域。该选项为创建该区域时默认的选项，本例中选择的就是该选项。
   - **Stub**：可以将该区域设置为末节区域。末节区域可以阻止 AS 外部 LSA（类型 5 LSA）被通告进末节区域。在管理员创建末节区域时，即可使用 Summary 复选框。如果不勾选 Summary 复选框，那么汇总 LSA 就不会被通告进区域中。
   - **NSSA**：可以将该区域设置为一个非纯末节区域。NSSA 区域会接受类型 7 的 LSA。和末节区域一样，管理员可以通过取消 Summary 复选框使汇总 LSA 不会被发送给区域中。如果还想禁用路由重分布功能，就不能勾选 Redistribution 复选框，同时勾选 Default Information Originate 复选框。

注释：勾选 Default Information Originate 复选框可以让 Cisco ASA 在 NSSA 中创建类型 7 的默认路由。该选项在默认情况下会被禁用。管理员也可以在 Metric Value 部分为默认路由指定 OSPF metric 值（范围是 0～16777214），其默认值为 1。选项 Metric Type 用来为默认路由指定 OSPF metric 类型，管理员应该为类型 1 选择数字 1，为类型 2 选择数字 2。如果配置了 Default Information Originate，那么默认值为 2。

10. 在 Area Network 部分输入网络的 IP 地址和掩码，以此来定义网络。在本例中，我们添加的网络为 **10.10.1.0/24**，掩码为 **255.255.255.0**，如图 12-20 所示。

> **注释：**Add OSPF Area 对话框中也可以配置 OSPF 认证，OSPF 认证的知识将在本章的稍后部分进行介绍。

例 12-13 显示了从 ASDM 发送给 Cisco ASA 的 CLI 命令。

例 12-13 基本的 CLI OSPF 配置

```
router ospf 1
 network 10.10.1.0 255.255.255.0 area 0
 log-adj-changes
```

命令 **router ospf** 用来启用 OSPF 协议，并定义 OSPF 进程。数字 1 用来为 OSPF 路由进程分配标识符参数。命令 **network** 用来指定运行 OSPF 的接口。另外，它还可以指定与该接口相关联的区域。在启用 OSPF 时，管理员可以使用网络地址或接口地址来启用 OSPF。

例 12-14 所示为在 Cisco ASA 上配置了 OSPF 之后，命令 **show route inside** 的输出信息。

例 12-14 在配置了基本的 OSPF 之后，命令 show route inside 的输出信息

```
NewYork# show route inside
Codes: C - connected, S - static, I - IGRP, R - RIP, M - mobile, B - BGP
       D - EIGRP, EX - EIGRP external, O - OSPF, IA - OSPF inter area
       N1 - OSPF NSSA external type 1, N2 - OSPF NSSA external type 2
       E1 - OSPF external type 1, E2 - OSPF external type 2, E - EGP
       i - IS-IS, L1 - IS-IS level-1, L2 - IS-IS level-2, ia - IS-IS inter area
       * - candidate default, U - per-user static route, o - ODR
       P - periodic downloaded static route
Gateway of last resort is 209.165.201.2 to network 0.0.0.0
C    10.10.1.0 255.255.255.0 is directly connected, inside
O    10.10.3.0 255.255.255.0 [110/11] via 10.10.1.2, 0:28:15, inside
O    10.10.2.0 255.255.255.0 [110/11] via 10.10.1.2, 0:28:15, inside
```

> **注释：**通过命令 **show route inside** 的输出信息可以看出，Cisco ASA 通过 OSPF 协议从其内部接口学来了两条路由。方括号中的第一个数字表示信息源的管理距离，第二个数字表示该路由的 metric 值。

管理员也可以使用命令 **show ospf** 来显示 OSPF 路由进程的常规信息。例 12-15 所示为管理员在 Cisco ASA 上使用命令 **show ospf** 后的显示信息。

例 12-15 在配置了基本的 OSPF 之后，命令 show ospf 的输出信息

```
NewYork# show ospf
 Routing Process "ospf 1" with ID 209.165.201.1 and Domain ID 0.0.0.1
 Supports only single TOS(TOS0) routes
 Does not support opaque LSA
 SPF schedule delay 5 secs, Hold time between two SPFs 10 secs
 Minimum LSA interval 5 secs. Minimum LSA arrival 1 secs
 Number of external LSA 0. Checksum Sum 0x  0
 Number of opaque AS LSA 0. Checksum Sum 0x  0
 Number of DCbitless external and opaque AS LSA 0
 Number of DoNotAge external and opaque AS LSA 0
 Number of areas in this router is 1. 1 normal 0 stub 0 nssa
 External flood list length 0
    Area BACKBONE(0)
        Number of interfaces in this area is 1
        Area has no authentication
```

（待续）

```
SPF algorithm executed 2 times
Area ranges are
Number of LSA 3. Checksum Sum 0x 15b1f
Number of opaque link LSA 0. Checksum Sum 0x      0
Number of DCbitless LSA 0
Number of indication LSA 0
Number of DoNotAge LSA 0
Flood list length 0
```

例 12-15 中的输出信息显示了 OSPF 进程的信息，它显示了区域 0 与这一进程相关联，该进程只有一个活动接口（本例中为内部[inside]接口）。

12.3.2 OSPF 虚链路

所有区域都必须与区域 0（主干区域）相连。有时候，要想做到这一点似乎有些难度。不过，在 OSPF 中，管理员可以配置虚链路来通过非主干区域将一个区域和主干区域连接起来。另外，虚链路还可以通过非主干区域将两个分开的主干区域连接起来。

在下面的例子中，我们将使用图 12-21 所示的拓扑。在该拓扑中，管理员通过配置一条虚链路，将 Cisco ASA 与位于其 DMZ 接口的一台路由器连接了起来。

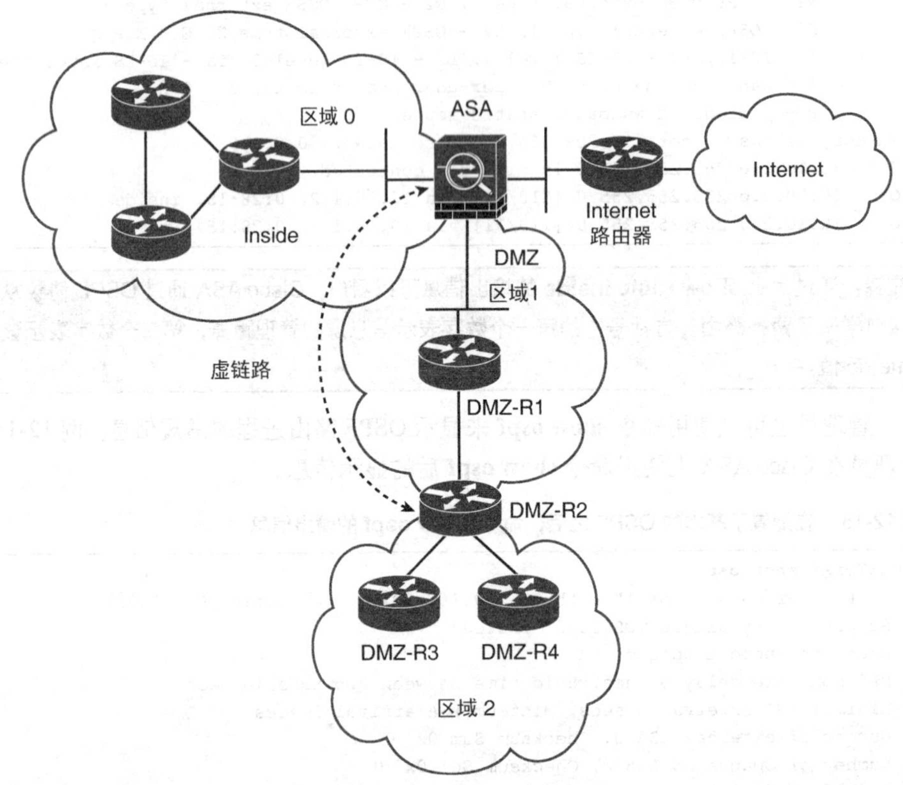

图 12-21 虚链路示例

要在 Cisco ASA 上配置虚链路实现图 12-21 所示网络的配置需求，需要执行以下步骤。

1. 登录进 ASDM，找到 **Configuration > Device Setup > Routing >OSPF > Virtual Link**。
2. 点击 **Add** 来添加一条新的虚链路，此时会出现图 12-22 所示的对话框。

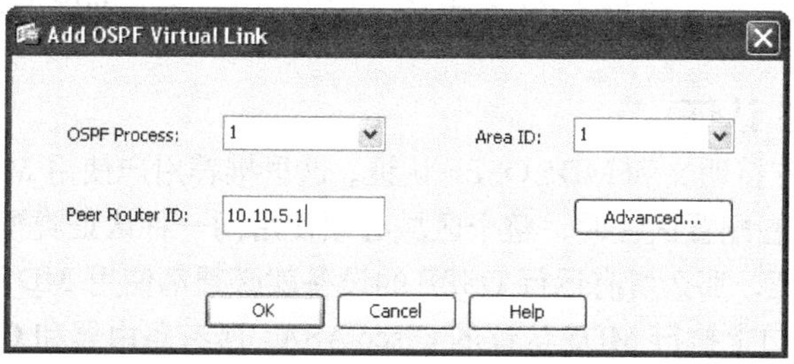

图 12-22 在 ASDM 中配置虚链路

3. 选择需要建立虚链路的 OSPF Process，在本例中，管理员选择的是 OSPF 进程 1。
4. 在 Area ID 下拉菜单中选择邻居 OSPF 设备所共享的区域。在本例中，管理员选择的是区域 **1**。请注意，NSSA 或末节区域中不能建立虚链路。
5. 在 Peer Router ID 字段中输入虚链路邻居的路由器 ID（router ID），虚链路对等体的路由器 ID 为 **10.10.5.1**（DMZ-R2）。

注释：管理员可以点击 Advanced 按钮来为本区域中的虚链路配置更多 OSPF 属性。这些属性包括认证及数据包间隔设置。在本例中，这些属性使用的都是默认值。

起初，虚链路是断开状态（down），因为 Cisco ASA 不知道如何到达路由器 DMZ-R2。区域 1 中的所有 LSA 都需要进行泛洪，而设备必须在区域 1 中通过最短路径优先（SPF）算法进行计算，使 Cisco ASA 能够通过区域 1 到达 DMZ-R2。在本例中，区域 1 是一个过渡区域（transit area）。在 Cisco ASA 到达 DMZ-R2 之后，路由器和 Cisco ASA 就会尝试通过虚链路建立邻接关系。当 Cisco ASA 和 DMZ-R2 通过虚链路建立了邻接关系之后，DMZ-R2 就会成为一台 ABR，因为它现在已经和区域 0 建立了链路。因此，也就会创建区域 0 和区域 1 的汇总路由。

例 12-16 所示为 ASDM 发送给 Cisco ASA 的 CLI 命令，这些命令可以使其与 DMZ-R2 路由器创建出一条虚链路。

例 12-16 OSPF 虚链路 CLI 配置

```
router ospf 1
 network 10.10.1.0 255.255.255.0 area 0
 network 10.10.4.0 255.255.255.0 area 1
 area 1 virtual-link 10.10.5.1
```

例 12-16 显示了如何使用命令 **area 1 virtual-link** 来和 10.10.5.1 创建虚链路。

管理员可以使用命令 **show ospf virtual-links** 来显示 OSPF 虚链路的统计信息。命令 **show ospf virtual-links** 的输出如例 12-17 所示。

例 12-17 命令 show ospf virtual-links 的输出信息

```
New York# show ospf virtual-links
Virtual Link dmz to router 10.10.5.1 is up
  Run as demand circuit
  DoNotAge LSA allowed.
  Transit area 1, via interface dmz, Cost of using 10
  Transmit Delay is 1 sec, State UP,
  Timer intervals configured, Hello 10, Dead 40, Wait 40, Retransmit
```

如例 12-17 所示，与 DMZ-R2 路由器（10.10.5.1）建立的虚链路已经启动（up）。

12.3.3 配置 OSPF 认证

Cisco ASA 支持明文和 MD5 OSPF 认证。这里推荐用户使用 MD5 认证，因为它比明文认证更加安全。在配置认证时，整个区域必须使用同一种认证类型。比如，如果在区域 1 配置了 MD5 认证，那么所有运行 OSPF 的设备就必须都使用 MD5 认证。图 12-23 显示了一台在其内部接口上执行 MD5 认证的 Cisco ASA。所有路由器和 Cicsco ASA 都位于区域 0 中，因此它们必须使用同样的认证类型并共享相同的密钥（密码），这样才能保证它们可以相互学习路由条目。

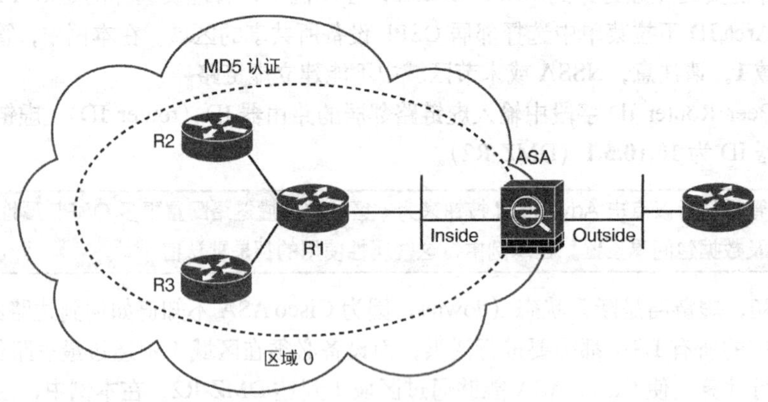

图 12-23 OSPF MD5 认证示例

要使用 ASDM 来配置 OSPF MD5 认证，需要完成以下步骤。

1. 登录进 ASDM，找到 **Configuration > Device Setup > Routing >OSPF > Setup**。
2. 点击 **Area / Networks** 标签，并选择要启用 MD5 认证的 OSPF Process（OSPF 进程）。在本例中，管理员使用的是 OSPF 进程 1。
3. 点击 **Edit** 来编辑 OSPF 进程设置。ASDM 会显示出如图 12-24 所示的对话框。

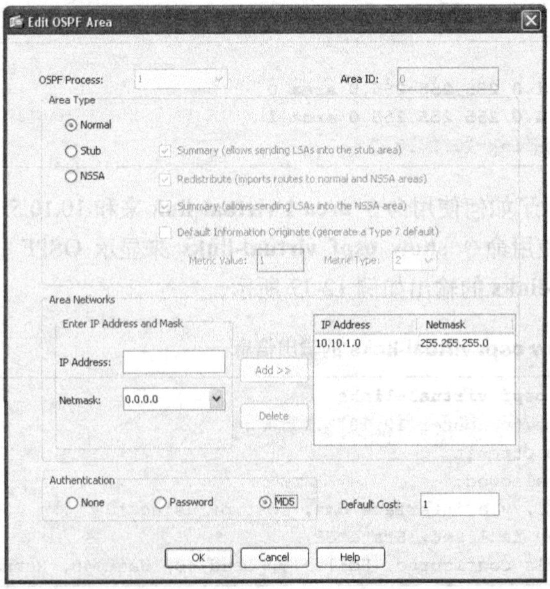

图 12-24 在 ASDM 中配置 OSPF MD5 认证

4. 在 Authenticaion 部分选择 **MD5**。
5. 点击 **OK**。
6. 点击 **Apply** 来应用修改后的 OSPF 进程设置。
7. 选择 **Configuration > Device Setup > Routing > OSPF > Interface**。
8. 选择启用 OSPF MD5 认证的接口，点击 **Edit**。在本例中，管理员在 inside 接口上启用了 MD5 认证。
9. ASDM 显示出如图 5-25 所示的对话框。点击 Authenticaion 下的 **MD5 Authentication**。

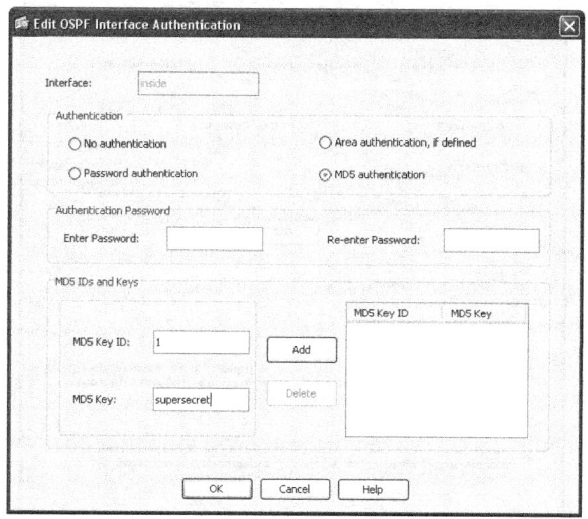

图 12-25　OSPF 接口认证设置

10. 在 MD5 IDs and Keys 中输入 MD5 Key ID。MD5 Key ID 是一个数字标示符。它的取值范围在 1～255 之间。本例中使用的是 **1**。
11. 输入 MD5 Key，这是 Cisco ASA 及其 OSPF 对等体之间共享的密钥。该密钥可以由最多 16 字节的数字和字母构成。本例中使用的密钥是 supersecret。
12. 点击 **Add** 来添加 MD5 Key ID 和 MD5 Key 设置。
13. 点击 **OK**。
14. 点击 **Apply** 来应用变更的配置。
15. 点击 **Save** 来将变更的配置保存进 Cisco ASA。

例 12-18 显示了从 ASDM 发送给 Cisco ASA，用来启用 OSPF MD5 认证的 CLI 命令。

例 12-18　OSPF MD5 认证的 CLI 命令

```
router ospf 1
 area 0 authentication message-digest
! MD5 authentication is enabled for area 0
!
interface GigabitEthernet0/1
 nameif inside
! OSPF MD5 authentication is enabled under the inside interface
! The MD5 Key ID is 1 and the shared secret is supersecret.
 ospf message-digest-key 1 md5 supersecret
 ospf authentication message-digest
```

提示：虽然明文认证没有 MD5 认证安全，但是如果相互通信的设备都是不支持 MD5 认证的 3 层设备，那么则只能使用明文进行认证。

OSPF虚链路也可以用MD5或明文进行认证。下面我们将讨论如何在前文“OSPF虚链路”和图12-21中配置的虚链路上启用MD5认证。

1. 登录进ASDM，找到 **Configuration > Device Setup > Routing >OSPF > Virtual Link**
2. 选择前文配置的虚链路并点击 **Edit** 打开Edit OSPF Virtual Link对话框。
3. 点击 **Advanced** 来配置高级OSPF虚链路属性。ASDM会显示出如图12-26所示的对话框。

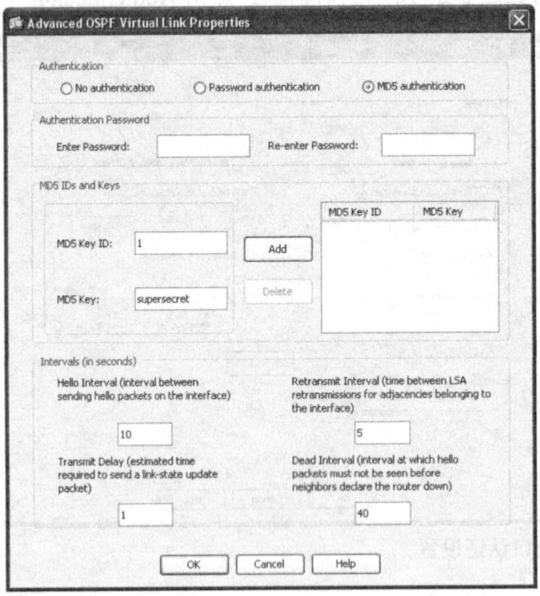

图12-26 虚链路认证

4. 在Authentication下选择 **MD5 authentication**。
5. 在MD5 IDs and Keys中输入MD5 Key ID。本例中使用的MD5 Key ID是1，而MD5 Key是supersecret。
6. 点击 **Add** 来将该MD5 Key ID和MD5 Key添加进右侧的列表中。
7. 在Advanced OSPF Virtual Link Properties对话框中点击 **OK**。
8. 在Edit OSPF Virtual Link对话框中点击 **OK**。
9. 点击 **Apply** 来应用变更的配置，并将该配置添加进Cisco ASA的运行配置文件中。
10. 点击 **Save** 来将变更的配置保存进Cisco ASA。

例12-19显示了从ASDM发送给Cisco ASA的CLI命令，该命令用于在OSPF虚链路上启用MD5认证。

例12-19 配置OSPF虚链路MD5认证的CLI命令

```
router ospf 1
 area 0 virtual-link 10.10.5.1 authentication message-digest
 area 0 virtual-link 10.10.5.1 message-digest-key 1 md5 supersecret
```

例12-19的第二行显示了如何在去往10.10.5.1的虚链路上启用MD5（消息摘要）认证。最后一行显示了如何使用关键字 **message-digest-key** 来添加MD5 Key ID 1，以及如何使用关键字 **md5** 来添加MD5密钥（supersecret）。

12.3.4 配置 OSPF 重分布

管理员可以通过配置 Cisco ASA 使其充当一台 ASBR。它可以在不同的 OSPF 进程之间、其他动态路由协议、OSPF 和静态路由之间、OSPF 和直连路由之间执行路由重分布。使用 ASDM 实现 OSPF 重分布需要完成以下配置步骤。

1. 登录进 ASDM，找到 **Configuration > Device Setup > Routing >OSPF > Redistribution**。
2. 点击 **Add**，添加一个 OSPF 重分布条目。ASDM 会显示出一个如图 5-27 所示的对话框。

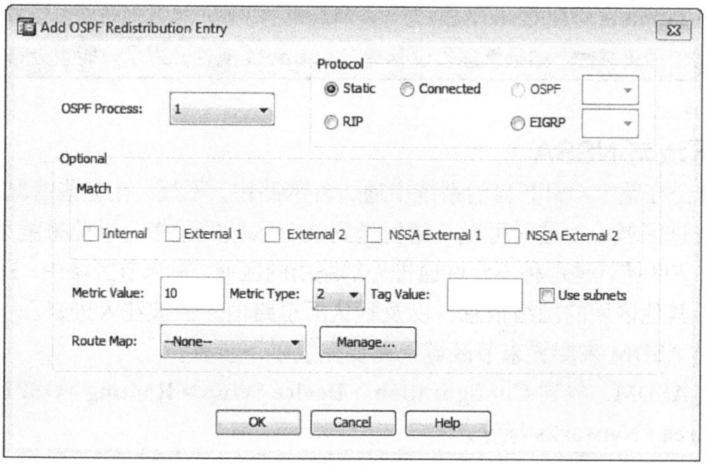

图 12-27　OSPF 重分布条目

3. 在 OSPF Process 对话框中选择要配置重分布的 OSPF 进程。本例中选择的是 OSPF Process 1。
4. 在 Protocol 部分选择要重分布的协议。本例中为读者演示的是如何将所有静态路由重分布进 OSPF。
5. 在 Optional 部分，在 Metric Value 字段输入重分布路由的 metric 值（本例中的值是 10）。如果使用默认 metric，那么这个框里是空白的。
6. 在 Metric Type 下拉菜单中选择 metric 的类型，数字 1 表示路由为类型 1（Type 1）的外部路由，数字 2 表示 metric 是类型 2（Type 2）的外部路由。本例中选择的是类型 2（Type 2）。
7. （可选）可以在 Tag Value 字段配置一个 32 比特的十进制标签。该标签是用于外部路由的标识符。这个值仅供 Cisco ASA 自己识别使用；不过，其他路由设备也有可能用它来实现 ASBR 之间的信息通信。这个标签的取值范围在 0～4294967295 之间。
8. （可选）可以通过配置路由映射来细化重分布的方式，使只有从特定路由进程学来的路由才会被重部分进 OSPF。
9. 勾选 **Use Subnets** 复选框对子网路由执行重分布。如果不勾选这个复选框，那么只有那些没有分割为子网的路由才能够执行重分布。
10. 在 **Add OSPF Redistribution Entry** 对话框中点击 **OK**。
11. 在 ASDM 中点击 **Apply** 来应用变更的配置。
12. 点击 **Save** 来将变更的配置保存进 Cisco ASA。

例 12-20 所示为 ASDM 发送给 Cisco ASA 的 CLI 命令，这些命令可以启用 OSPF 虚链路MD5认证。

例12-20 OSPF虚链路MD5认证CLI配置

```
router ospf 1
 redistribute static metric 10 subnets
```

上例的第一条命令可以将静态路由重分布进OSPF。命令 **redistribute static** 可以用来为静态路由启用 OSPF 重分布功能。在例 12-20 中，管理员把重分布进去的静态路由 metric 值设置为了 10。

> 提示：属性 **subnets** 可使 Cisco ASA 考虑所有配置的子网。当其他路由协议被重分布 OSPF 时，管理员常常使用该属性。如果管理员没有指定 **subnets** 属性，那么只能重分布有类路由。

12.3.5 末节区域与 NSSA

ASBR 会在整个 OSPF 自治系统中通告外部路由。不过，在有些情况下，没有必要将外部路由通告进区域中，这时可以过滤发送到这个区域的通告，以此来缩小 OSPF 数据库的大小。而末节区域就是那种不允许通告外部路由的区域。在末节区域中，只有在同一个 OSPF 网络中属于其他区域的网络信息，以及默认汇总路由才会被注入进来。

要通过 ASDM 来配置末节区域，需要完成以下步骤。

1. 登录进 ASDM，找到 **Configuration > Device Setup > Routing >OSPF > Setup**。
2. 选择 **Area / Networks** 标签。
3. 点击 **Add** 添加一个区域，或者点击 **Edit** 来编辑某个区域。
4. 在 Area Type 部分点击 **Stub** 单选按钮。
5. 点击 **OK**。
6. 点击 **Apply** 来应用修改后的设置。
7. 点击 **Save** 来将变更的配置保存进 Cisco ASA。

另外，管理员也可以通过 CLI 界面在 Cisco ASA 上配置该特性，方法是在 OSPF 子命令 **area** 中添加 **stub** 选项。

```
area area-id stub [no-summary]
```

> 提示：如果管理员不想将汇总 LSA 发送进末节区域，可以使用命令 **no-summary**。

如果将一个区域配置为了末节区域，那么所有该区域中的路由器也必须被配置为末节路由器。否则，邻居关系就无法建立起来。

OSPF NSSA 特性定义在了 RFC 3101，“The OSPF Not-So-Stubby Area (NSSA) Option”中。将路由重分布进 NSSA 区域时可以创建一种特殊类型的 LSA，称为 LSA 类型 7。这种类型只会出现在 NSSA。

要通过 ASDM 来配置末节区域，需要完成以下步骤。

1. 登录进 ASDM，找到 **Configuration > Device Setup > Routing >OSPF > Setup**。
2. 选择 **Area / Networks** 标签。
3. 点击 **Add** 添加一个区域，或者点击 **Edit** 来编辑某个区域。
4. 在 Area Type 部分点击 **NSSA**。
5. 点击 **OK**。
6. 点击 **Apply** 来应用修改后的设置。

7. 点击 **Save** 来将变更的配置保存进 Cisco ASA。

另外，管理员也可以通过 CLI 界面在 Cisco ASA 上配置该特性，方法是在 OSPF 子命令 **area** 中添加 **nssa** 选项。下面是该命令的语法。

```
area area-id nssa [ no-redistribution ][ default-information-originate [ metric
metric ] [ metric-type 1 | 2 ]][ no-summary ]
```

12.3.6 OSPF 类型 3 LSA 过滤

Cisco ASA 支持 OSPF 类型 3 过滤功能。在 ASDM 上配置 OSPF 类型 3 过滤功能的方式如下。

1. 登录进 ASDM，找到 **Configuration > Device Setup > Routing >OSPF > Filtering**。
2. 点击 **Add** 来添加一个 OSPF 过滤规则。ASDM 会显示出如图 12-28 所示的对话框。

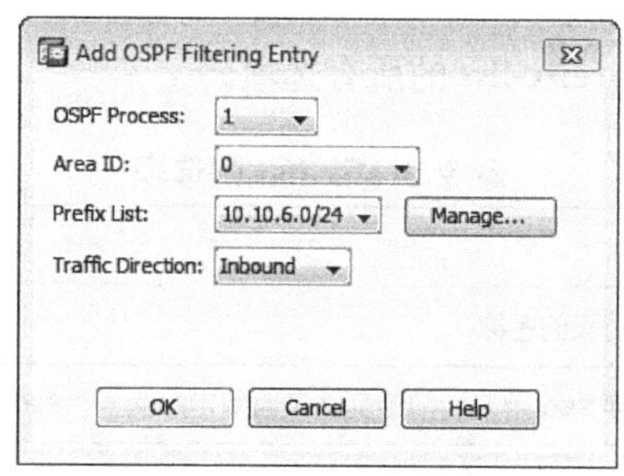

图 12-28 OSPF 过滤条目

3. 在 OSPF Process 下拉菜单中，选择与该过滤条目相关联的 OSPF 进程，在本例中，管理员选择的是 OSPF 进程 1。
4. 选择与该过滤条目相关联的 Area ID，在本例中，管理员选择的是区域 0。
5. 在 Prefix List 下拉菜单中，选择要过滤的前缀列表。如果没有配置前缀列表，需要点击 **Manage** 并添加新的前缀列表。在 **Filtered Network** 字段输入要过滤的网络地址和子网掩码位，点击 OK 关闭 Manage 对话框。在本例中，要过滤的网络是 10.10.6.0/24。
6. 从 Traffic Direction 下拉列表中选择要应用过滤的方向。在本例中使用的是 Inbound 方向。通过这一步，管理员将 Cisco ASA 过滤条目应用在了 LSA 进入区域 0 的方向上。

注释：可以通过选择 Outbound 来过滤离开 OSPF 区域的 LSA。

7. 点击 **OK**。
8. 在 Sequence #字段输入需要应用过滤条目的序列号。图 12-28 中使用的序列号为 1。如果在 Cisco ASA 上配置了多个过滤条目，就需要使用序列号，序列号最低的过滤条目会被首先应用。

Cisco ASA 会从前缀列表的顶部开始查找。如果出现了匹配或拒绝事件，Cisco ASA 就不需要再查看剩下的前缀列表了。

注释：出于效率的考虑，管理员一般会将经常发生匹配或拒绝事件的过滤条目放在列表的顶部。

9. 选择应用于该过滤器的 Action（动作）。在本例中，管理员选择的动作是 **deny**，于是它就会过滤所有去往 10.10.6.0/24 网络的路由通告消息。

10. （可选）管理员可以在 Lower Range 部分指定与 OSPF 过滤器相匹配的最小前缀长度。在本例中，该字段管理员没有填写。
11. （可选）管理员可以在 Upper Range 部分指定与 OSPF 过滤器相匹配的最大前缀长度。在本例中，该字段管理员没有填写。
12. 点击 **OK**。
13. 点击 **Apply** 来应用修改后的设置。
14. 点击 **Save** 来将变更的配置保存进 Cisco ASA。

要通过 CLI 来配置 Cisco ASA 来过滤类型 3 的 LSA，可以使用命令 **prefix-list**。在配置该命令之后，Cisco ASA 可以控制哪个前缀可以从一个区域被发送到另一个区域。命令 **prefix-list** 的语法结构如下。

```
prefix-list list-name [ seq seq-value ] { deny | permit prefix/length } [ ge min-value ]
[ le max-value ]
```

表 12-2 罗列了命令 **prefix-list** 的所有选项。

表 12-2 命令 **prefix-list** 的选项

选项	描述
list-name	前缀列表的名称
seq *seq-value*	关键字 **seq** 用来为前缀列表条目指定序列号。*seq-value* 用来指定序列号的值
deny	在条件匹配时拒绝访问
permit	在条件匹配时允许访问
prefix/length	网络地址及网络掩码的长度（单位是比特）
ge	在特定范围上应用 *ge* 值（大于或等于）
min-value	指定范围中的较小值（描述范围中的“from”部分），范围是从 0～32
le	在特定范围上应用 *le* 值（小于或等于）
max-value	指定范围中的较大值（描述范围中的“to”部分），范围是从 0～32

> 提示：管理员可以使用命令 **prefix-list** *list-name* **description** 来为每个前缀列表添加一段描述信息（最多 225 个字符）。

12.3.7 OSPF neighbor 命令及跨越 VPN 的动态路由

在默认情况下，OSPF 数据包会通过组播进行发送。但是，IPSec over VPN 并不支持使用组播。因此，OSPF 邻居也就无法通过 IPSec VPN 隧道建立起来。Cisco ASA 为此提供了一种解决方案，这种解决方案对静态配置邻居这种方式提供了支持。在静态定义邻居时，Cisco ASA 就会使用单播数据包与这些对等体进行通信。这使 OSPF 消息可以顺利进行加密，并通过 VPN 隧道被发送出去。

只有在非广播（nonbroadcast）媒介上才能定义 OSPF 邻居。由于下层的媒介是以太网（广播媒介），因此必须先在接口配置模式下将媒介类型修改为 **non-broadcast**。这样就可以覆盖掉默认的广播媒介。

要通过 ASDM 来静态配置 OSPF 邻居，需要完成以下步骤。

1. 登录进 ASDM，找到 **Configuration > Device Setup > Routing >OSPF > Static Neighbor**。
2. 点击 **Add** 来添加一个新的邻居。
3. 选择该条目应用的 OSPF Process。
4. 在 Neighbor 字段输入邻居的 IP 地址。
5. 从 Interface 下拉列表中选择该邻居所在的接口。
6. 点击 **OK**。
7. 点击 **Apply** 来应用修改后的设置。
8. 点击 **Save** 来将变更的配置保存进 Cisco ASA。

除此之外，管理员也可以通过 **neighbor** 命令来指定 OSPF 邻居。

例 12-21 所示为如何使用命令 **neighbor** 来为设备指定位于 209.165.201.2 的 IPSec 对等体。

例 12-21 OSPF 静态邻居

```
New York(config)# router ospf 1
New York(config-router)# neighbor 209.165.201.2 interface outside
INFO: Neighbor command will take effect only after OSPF is enabled
and network-type is configured on the interface
```

请注意例 12-21 中出现的警告消息，管理员必须首先在接口下将网络类型修改为 **non-broadcast**，否则该命令就不会生效。管理员可以使用命令 **ospf network point-to-point non-broadcast** 来完成这一任务，如例 12-22 所示。

例 12-22 将默认无力媒介类型更改为 Nonbroadcast

```
New York(config-router)# interface GigabitEthernet0/0
New York(config-if)# ospf network point-to-point non-broadcast
```

另外，OSPF 要求邻居属于同一子网，但这一需求在点到点链路上会被忽略。由于 IPSec 站点到站点 VPN 隧道会被看作是点到点连接，因此前面的命令就可以解决这一问题。在点到点链路上，管理员只能为设备配置一个邻居。

在点到点非广播链路上宣告了接口之后，邻接关系并不会建立起来，要建立邻接关系就必须明确配置邻居。

如果管理员系统通过配置，使 OSPF 运行在站点到站点的 IPSec 隧道上，那么同一个接口就不能再和直连路由器建立 OSPF 邻居。

在配置 OSPF over VPN 隧道时，应该考虑以下几点。

- 在配置 OSPF 时，每个接口只能定义一个邻居。另外，管理员还必须配置一条指向 IPSec 对等体的静态路由。
- 若不配置静态邻居，OSPF 邻接关系就无法建立。
- 若使某个特定接口运行 OSPF over VPN，那么在同一个接口上就不能再运行任何其他的 OSPF 实例，或建立其他的 OSPF 邻居。
- 建议在配置 OSPF 邻居之前，在接口上绑定一个 crypto-map。这样可以确定 OSPF 更新消息是通过 VPN 隧道进行发送的。

在 IPSec 站点到站点及远程访问 VPN 的配置中，管理员可以选择使用反向路由注入功能（RRI）。RRI 是一项 Cisco ASA 提供的特性，如果需要使加密流量转向 Cisco ASA 而其他流量则被发往不同的路由器，那么就可以使用这项特性。换句话说，通过 RRI，管理员就无须再在内部路由器或主机上手动定义静态路由，才能使其将流量发送给远程站点到站点或远程访问 VPN 连接。如果 Cisco ASA 用来充当默认网关，因而所有流量都必须通过 ASA 才能去往外部网络，那么就不需要使用 RRI 特性。

> 注释：RRI 的具体内容将在第 19 章和第 20 章中进行介绍。

使用 OSPF over IPSec VPN 隧道取代 RRI 有诸多好处。其中之一就是在使用 RRI 时，去往远程网络或主机的路由总是会被通告给内部网络，无论该 VPN 隧道是否可以使用。而如果使用 OSPF over IPSec 站点到站点隧道，那么只有当 VPN 隧道可用时，去往远程网络或主机的路由才会被通告给内部。

12.3.8 OSPFv3

Cisco ASA 支持 OSPF 版本 3(即 IPv6 版的 OSPF)。启用 OSPFv3 需要执行下面的步骤。

1. 找到 **Configuration > Device Setup > Routing > OSPFv3 > Setup**。
2. 在 Process Instances 标签下，勾选 **Enable OSPFv3 Process** 复选框。管理员最多可以启用两个 OSPF 进程实例。
3. 在 Process ID 字段输入进程 ID，这个 ID 可以设置为任意的正整数。
4. 点击 **OK**。
5. 点击 **Apply** 来应用修改后的设置。
6. 点击 **Save** 来将变更的配置保存进 Cisco ASA。

所有其他 OSPF 配置(如重分布、静态邻居、虚链路、汇总前缀)的实现方法均与 OSPFv2 相同。

12.3.9 OSPF 排错

本节会介绍很多用来排查 OSPF 问题的机制和技术，比如一些 **show** 命令和 **debug** 命令。

1. 常用的排错命令

有一条很常用的命令是 **show ospf** [*process-id*]。它可以显示出与 OSPF 路由进程 ID 相关的常规信息。选项 *process-ID* 可以显示特定 OSPF 路由进程的信息。例 12-23 显示了该命令的输出信息。

例 12-23 命令 **show ospf [process-id]**的输出信息

```
NewYork# show ospf 1
 Routing Process "ospf 1" with ID 192.168.10.1 and Domain ID 0.0.0.1
 Supports only single TOS(TOS0) routes
 Does not support opaque LSA
 SPF schedule delay 5 secs, Hold time between two SPFs 10 secs
 Minimum LSA interval 5 secs. Minimum LSA arrival 1 secs
 Number of external LSA 0. Checksum Sum 0x     0
 Number of opaque AS LSA 0. Checksum Sum 0x     0
 Number of DCbitless external and opaque AS LSA 0
 Number of DoNotAge external and opaque AS LSA 0
 Number of areas in this router is 1. 1 normal 0 stub 0 nssa
 External flood list length 0
    Area BACKBONE(0)
```

(待续)

```
        Number of interfaces in this area is 1
        Area has no authentication
        SPF algorithm executed 5 times
        Area ranges are
        Number of LSA 3. Checksum Sum 0x 1da9c
        Number of opaque link LSA 0. Checksum Sum 0x      0
        Number of DCbitless LSA 0
        Number of indication LSA 0
        Number of DoNotAge LSA 0
        Flood list length 0
```

如例 12-23 所示，**show ospf** 命令可以给出很多信息，比如：

- OSPF 配置；
- LSA 信息；
- OSPF 路由器 ID；
- 配置在 Cisco ASA 上的区域编号。

要显示与接口相关的 OSPF 信息，可以使用命令 **show ospf interface**。例 5-24 所示为管理员在内部接口上使用了该命令后的输出信息。

例 12-24　命令 show ospf interface 的输出信息

```
NewYork# show ospf interface inside
inside is up, line protocol is up
  Internet Address 192.168.10.1 mask 255.255.255.0, Area 0
  Process ID 1, Router ID 192.168.10.1, Network Type BROADCAST, Cost: 10
  Transmit Delay is 1 sec, State BDR, Priority 1
  Designated Router (ID) 192.168.10.2, Interface address 192.168.10.2
  Backup Designated router (ID) 192.168.10.1, Interface address 192.168.10.1
  Timer intervals configured, Hello 10, Dead 40, Wait 40, Retransmit 5
    Hello due in 0:00:00
  Index 1/1, flood queue length 0
  Next 0x0(0)/0x0(0)
  Last flood scan length is 1, maximum is 1
  Last flood scan time is 0 msec, maximum is 0 msec
  Neighbor Count is 1, Adjacent neighbor count is 1
    Adjacent with neighbor 192.168.10.2 (Designated Router)
  Suppress hello for 0 neighbor(s)
```

命令 **show ospf interface** 不只可以显示出特定接口上的 OSPF 通信信息，还可以显示一些其他信息，比如网络类型、开销（cost）、指定路由器（DR）信息等。

要显示 OSPF 的邻居信息，可以使用命令 **show ospf neighbor**。该命令语法结构如下。

```
show ospf neighbor [interface-name] [neighbor-id] [detail]
```

要基于各个接口显示邻居信息，可以使用参数 *interface-name*。而选项 *neighbor-id* 可以显示特定邻居的信息，而 **detail** 选项可以显示具体的邻居信息。选项 *interface-name* 和 *neighbor-id* 不能同时使用。例 12-25 显示了命令 **show ospf neighbor** 的输出信息。

例 12-25　命令 show ospf neighbor 的输出信息

```
NewYork# show ospf neighbor
Neighbor ID     Pri   State          Dead Time    Address        Interface
192.168.10.2      1    FULL/DR        0:00:34      192.168.10.2     inside
```

当 OSPF 建立邻接关系时，Cisco ASA 必须经历很多状态才能最终与其邻居建立起完全邻接关系。在为 Cisco ASA 排查 OSPF 错误时，这些状态所代表的信息非常关键。这些状态如表 12-3 所示。

表 12-3 Cisco ASA 状态变更

状态	描述
Down	第一个 OSPF 状态。它意味着设备尚未从邻居那里收到 Hello 数据包，但在这种状态下，设备仍然可以向邻居发送 Hello 数据包
Attempt	只有在非广播多路访问（NBMA）网络中手动配置邻居时，才会出现这种状态。在 Attempt 状态下，若 Cisco ASA 在其死亡间隔（dead interval）时间内，尚未接收到任何 Hello 数据包，那么它就会在每次轮询间隔（poll interval）中向邻居发送单播的 Hello 数据包
Init	说明 Cisco ASA 已经从其邻居那里收到了 Hello 数据包，但是该 Hello 数据包中没有包含接收自己的路由器 ID。当运行 OSPF 的 Cisco ASA 或其他路由器从其邻居那里收到了一个 Hello 数据包，那么邻居路由器的路由器 ID 都会包含在该 Hello 数据包中
2Way	说明 Cisco ASA 已经和它的邻居建立了双向通信
Exstart	表示 Cisco ASA 正在与邻居交换信息，以选择由谁来充当 BR 和 BDR（主从关系）并为邻接信息选择初始序列号。路由器 ID 较高的设备会成为主设备（master），并开始交换信息，并且只有主设备才有权增加序列号
Exchange	表示设备正在交换数据库描述符（DBD）数据包，数据库描述符中仅包含 LSA 头部，这种数据包可以描述整个链路状态数据库的内容，设备可以用它来判断是否对方设备拥有新的链路状态信息
Loading	Cisco ASA 正在与邻居交换真正的链路状态信息
Full	Cisco ASA 已经与其邻居处于完全邻接状态。所有路由器及网络 LSA 业已交换完毕，设备间的路由数据库处于完全同步的状态

例 12-26 显示了在命令 **show ospf neighbor** 中添加选项 **detail** 后的输出信息。本例中的邻居是一台 IP 地址为 192.168.10.2 的路由器。在本例中，不难发现 OSPF 的状态为 Full，并且它们已经经历了 6 个状态（6 state changes）。另外，也可以看到邻居关系已经建立了 26 分 21 秒。

例 12-26 命令 **show ospf neighbor detail** 的输出信息

```
NewYork# show ospf neighbor inside 192.168.10.2 detail
 Neighbor 192.168.10.2, interface address 192.168.10.2
    In the area 0 via interface inside
    Neighbor priority is 1, State is FULL, 6 state changes
    DR is 192.168.10.2 BDR is 192.168.10.1
    Options is 0x2
    Dead timer due in 0:00:31
    Neighbor is up for 00:26:21
    Index 1/1, retransmission queue length 0, number of retransmission 1
    First 0x0(0)/0x0(0) Next 0x0(0)/0x0(0)
    Last retransmission scan length is 1, maximum is 1
    Last retransmission scan time is 0 msec, maximum is 0 msec
```

使用命令 **show ospf database** 可以显示与 Cisco ASA OSPF 数据库相关的信息。该命令可以显示不同 OSPF LSA 的信息。它可以显示与邻居路由器以及邻居关系状态的相关信息。例 12-27 显示了命令 **show ospf database** 的输出信息。

例 12-27 命令 **show ospf database** 的输出信息

```
NewYork# show ospf database
       OSPF Router with ID (192.168.10.1) (Process ID 1)
                Router Link States (Area 0)
Link ID         ADV Router       Age          Seq#       Checksum Link count
192.168.10.1     192.168.10.1     1943          0x80000005 0x99dd 1
192.168.10.2     192.168.10.2     20            0x80000003 0xa1d2 1
                Net Link States (Area 0)
Link ID         ADV Router       Age          Seq#       Checksum
192.168.10.2     192.168.10.2     1944          0x80000001 0xa2e6
                Type-5 AS External Link States
Link ID         ADV Router       Age          Seq#       Checksum Tag
192.168.20.0      192.168.10.2     19            0x80000001 0xfa25 0
192.168.13.0      192.168.10.2     19            0x80000001 0x8293 0
192.168.10.0     192.168.10.2     19            0x80000001 0xa72c 0
```

如例 12-27 所示，设备从路由器 192.168.10.2 那里学来了不少外部路由。邻居 192.168.10.2 正在通告两条路由，即网络 192.168.20.0/24 和 192.168.13.0/24。例 12-28 显示了命令 **show route** 的输出信息。路由条目前面的 O 表示该路由是通过 OSPF 学习过来的，而 E2 表示这是一个外部类型 2 的路由。

例 12-28 命令 **show route** 的输出信息

```
NewYork# show route
S     0.0.0.0 0.0.0.0 [1/0] via 209.165.200.226, outside
C     209.165.200.224 255.255.255.224 is directly connected, outside
C     192.168.10.0 255.255.255.0 is directly connected, inside
O E2 192.168.20.0 255.255.255.0 [110/10] via 192.168.10.2, 0:00:04, inside
O E2 192.168.13.0 255.255.255.0 [110/10] via 192.168.10.2, 0:00:04, inside
```

提示：要确保在运行 OSPF 的 Cisco ASA 及其邻居之间的接口上，配置的子网掩码是准确无误的。子网掩码不匹配会导致 OSPF 数据库不符，这会使学来的路由无法被放入路由表中。另外，对等体之间的最大传输单元（MTU）也必须匹配。

表 12-4 罗列了一些 OSPF 建立连接关系时出现故障的常见原因，并提供了建议读者在不同情况下使用的 **show** 命令。

表 12-4 OSPF 的常见问题及重要的 **show** 命令

问题	命令
没有在需要启用 OSPF 的接口上启用 OSPF	**show ospf interface**
OSPF Hello 或 dead timer 间隔值不匹配	**show ospf interface**
相邻接口的 OSPF 网络类型不匹配	**show ospf interface**
邻居的 OSPF 区域类型为末节区域，但同一区域内相邻设备没有配置为 stub（末节区域）	**show ospf interface**
OSPF 邻居的路由器 ID 冲突	**show ospf**
由于资源不足（如 CPU 占用率过高或内存不足），导致设备无法处理 OSPF Hello 数据包	**show memory** **show cpu usage**
邻居信息有误	**show ospf neighbor**
下层问题导致无法接收 OSPF Hello 数据包	**show ospf neighbor** **show ospf interface** **show interface**

命令 **debug ospf** 在进行 OSPF 排错时是极其重要的。不过，只有在前面的 **show** 命令无法帮助用户解决当前的问题时，才建议开启 **debug** 命令。表 12-5 罗列了 **debug ospf** 命令的各种选项。

表 12-5 命令 **debug ospf** 的选项

选项	描述
adj	输出与邻接设备执行进程的相关信息
database-timer	输出数据库计时器的信息
events	输出 OSPF 事件的信息
flood	包含 OSPF 泛洪信息
lsa-generation	输出 OSPF LSA 生成信息
packet	输出具体的 OSPF 数据包信息
retransmission	在执行 OSPF 期间，提供与重传有关的信息
spf external	输出本地区域之外的 SPF 信息
spf internal	输出特定区域内的 SPF 信息
spf intra	输出 SPF 区域内的信息

如果直接输入 **debug ospf** 而不带任何选项，那么所有选项在默认情况下都会启用。对于繁忙的 OSPF 网络来说，这种做法并不合理。

例 12-29 显示了在建立新邻接关系的过程中，命令 **debug ospf events** 的输出信息。其中第 3 行表示设备已经在内部接口上开始与路由器 192.168.10.2 建立双向通信，状态为 2WAY。第 10 行表示设备之间已经完成了非广播协商，并且 Cisco ASA 成为了从设备（slave）。倒数第 5 和倒数第 6 行表示数据库交换已经完成，现在的 OSPF 邻接状态为 FULL。

例 12-29 命令 **debug ospf events** 的输出信息

```
OSPF: Rcv DBD from 192.168.10.2 on inside seq 0x167f opt 0x2 flag 0x7 len 32 mtu
1500 state INIT
OSPF: 2 Way Communication to 192.168.10.2 on inside, state 2WAY
OSPF: Neighbor change Event on interface inside
OSPF: DR/BDR election on inside
OSPF: Elect BDR 192.168.10.2
OSPF: Elect DR 192.168.10.1
       DR: 192.168.10.1 (Id) BDR: 192.168.10.2 (Id)
OSPF: Send DBD to 192.168.10.2 on inside seq 0x7c1 opt 0x2 flag 0x7 len 32
OSPF: NBR Negotiation Done. We are the SLAVE
OSPF: Send DBD to 192.168.10.2 on inside seq 0x167f opt 0x2 flag 0x2 len 132
OSPF: Rcv DBD from 192.168.10.2 on inside seq 0x1680 opt 0x2 flag 0x3 len 152 mtu
1500 state EXCHANGE
OSPF: Send DBD to 192.168.10.2 on inside seq 0x1680 opt 0x2 flag 0x0 len 32
OSPF: Rcv hello from 192.168.10.2 area 0 from inside 192.168.10.2
OSPF: Neighbor change Event on interface inside
OSPF: DR/BDR election on inside
OSPF: Elect BDR 192.168.10.2
OSPF: Elect DR 192.168.10.1
       DR: 192.168.10.1 (Id)   BDR: 192.168.10.2 (Id)
OSPF: End of hello processing
OSPF: Rcv DBD from 192.168.10.2 on inside seq 0x1681 opt 0x2 flag 0x1 len 32 mtu
1500 state EXCHANGE
```

（待续）

```
OSPF: Exchange Done with 192.168.10.2 on inside
OSPF: Synchronized with 192.168.10.2 on inside, state FULL
OSPF: Send DBD to 192.168.10.2 on inside seq 0x1681 opt 0x2 flag 0x0 len 32
OSPF: service_maxage: Trying to delete MAXAGE LSA
OSPF: Rcv hello from 192.168.10.2 area 0 from inside 192.168.10.2
OSPF: End of hello processing
```

2. 区域不匹配

例 12-30 所示为设备在执行 OSPF 期间，命令 **debug ospf events** 的输出信息，在该例中，管理员在 Cisco ASA 上配置了区域 0，而在邻居路由器上配置了区域 1。结果出现了下面的 debug 输出信息。

例 12-30 OSPF 区域不匹配

```
OSPF: Rcv pkt from 192.168.10.2, inside, area 0.0.0.0
      mismatch area 0.0.0.1 in the header
```

3. OSPF 认证不匹配

在例 12-30 中，Cisco ASA 需要执行 OSPF 认证功能。但管理员没有在邻居路由器上启用 OSPF 认证。例 12-31 显示了命令 **debug ospf event** 的输出信息。

例 12-31 OSPF 认证参数不匹配

```
NewYork# debug ospf event
OSPF: Rcv pkt from 192.168.10.2, inside : Mismatch Authentication type. Input
packet specified type 0, we use type 1
```

4. 虚链路问题排错

要想显示配置在 Cisco ASA 上 OSPF 虚链路的参数及状态，可以使用命令 **show ospf virtual-links**。例 12-32 显示了命令的 **show ospf virtual-links** 输出信息，读者可以发现去往 192.168.10.2 的虚链路现在是断开（down）的。

例 12-32 当邻居路由器上的配置不匹配时，命令 show ospf virtual-links 的输出信息

```
NewYork# show ospf virtual-links
Virtual Link dmz to router 192.168.3.1 is down
  Run as demand circuit
  DoNotAge LSA allowed.
  Transit area 1, via interface dmz, Cost of using 10
  Transmit Delay is 1 sec, State DOWN,
  Timer intervals configured, Hello 10, Dead 40, Wait 40, Retransmit 5
```

这里的问题是，Cisco ASA 的邻居路由器配置有误。管理员若通过命令 **show running-config** 来查看该设备的运行配置，就会发现路由器的配置文件中没有 Cisco ASA 的 IP 地址。

12.4 EIGRP

EIGRP 是内部网关协议（IGRP）的增强版本，是一个距离矢量路由协议。距离矢量路由技术说明每台路由器都不必了解网络中所有路由器/链路的关系，因为每台路由器都会用相应的距离来通告目的地址。每台接收信息的路由器都会对距离进行调整并将它发给邻居路由器。在 EIGRP 中使用的距离矢量技术和在 IGRP 中使用的技术相同。不过，相比 IGRP，EIGRP 的收敛能力更强，操作效率也更高。

EIGRP 使用的是弥散更新算法（DUAL）。这种算法可以在计算路由的同时，使网络永不成环。

EIGRP 有 4 个基本的组件。

- **Neighbor Discovery/Recovery（邻居发现/恢复）**：路由器使用这一进程来动态学习相邻网络中其他设备，并查看这些设备何时变为不可达或失效。
- **Reliable Transport Protocol（可靠传输协议）**：确保 EIGRP 数据包按顺序传输给所有邻居。
- **DUAL Finite State Machine（有限状态机）**：这是所有路由的计算方式。它会跟踪所有邻居通告的路由。这一距离信息（称为 metric）可以用来计算最佳（无环）路径。
- **Protocol Dependent Modules（协议相关模块[PDM]）**：负责网络层中特定协议的需求（比如，数据包封装）。

12.4.1 配置 EIGRP

本节讲解了在 Cisco ASA 上配置 EIGRP 的方式。

1. 启用 EIGRP

第一步是在 Cisco ASA 执行基本的 EIGRP 配置。在下面的例 12-33、例 12-34 和例 12-35 中，我们都会使用图 12-29 所示的拓扑。配置的目标是使 Cisco ASA 能够通过 EIGRP 从内部路由器（R1）学来路由。

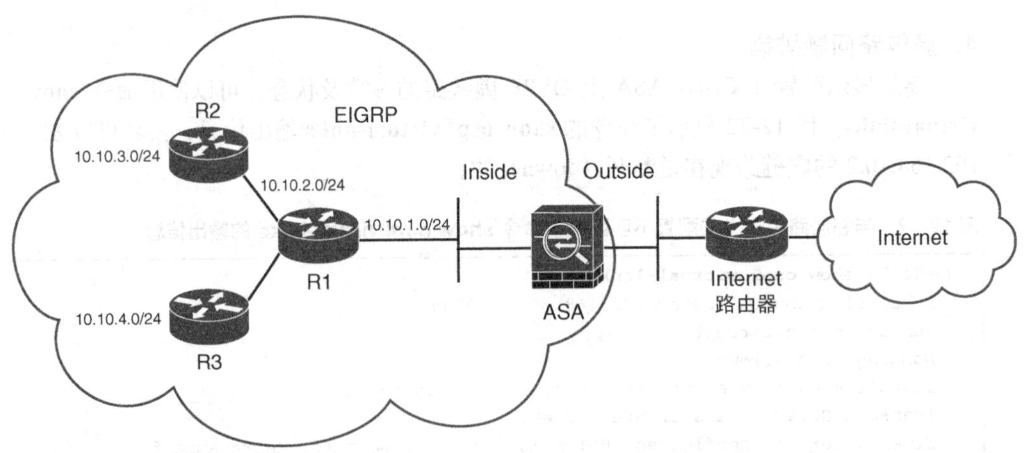

图 12-29 EIGRP 示例拓扑

要通过 Cisco ASA 来启用 EIGRP 需要执行以下步骤。

1. 登录进 ASDM，找到 **Configuration > Device Setup > Routing >EIGRP > Setup**。然后会出现如图 12-30 所示的画面。
2. 要启用 EIGRP，应选择 EIGRP Process 下的 **Enable this EIGRP Process**。
3. 在 EIGRP Process 字段输入 EIGRP 自治系统（AS）号。在本例中，使用的号码为 **10**。该数字必须和所有 EIGRP 邻居相匹配。它的取值范围是 1～65535。

Cisco ASDM 7.1 for ASA - 192.168.1.254
File View Tools Wizards Window Help
Home Configuration Monitoring Save Refresh Back Forward Help
Device Setup
Startup Wizard
Interfaces
Routing
Static Routes
Route Maps
Prefix Rules
OSPF
OSPFv3
RIP
EIGRP
Setup
Filter Rules
Interface
Redistribution
Static Neighbor
Summary Address
Default Information
Multicast
Proxy ARP/Neighbor Discovery
Device Name/Password
System Time
EtherChannel
Configuration > Device Setup > Routing > EIGRP > Setup
Enable at least one EIGRP Process Instance and define networks.
Process Instances
Networks
Passive Interfaces
A maximum of one EIGRP process can be configured. To remove an EIGRP process, disable the checkbox.
EIGRP Process
Enable this EIGRP Process
EIGRP Process 10
Advanced...
Device Setup
Firewall
Remote Access VPN
Site-to-Site VPN
Device Management
Apply
Reset
Configuration changes saved successfully.
admin
15
9/8/13 5:56:23 PM UTC

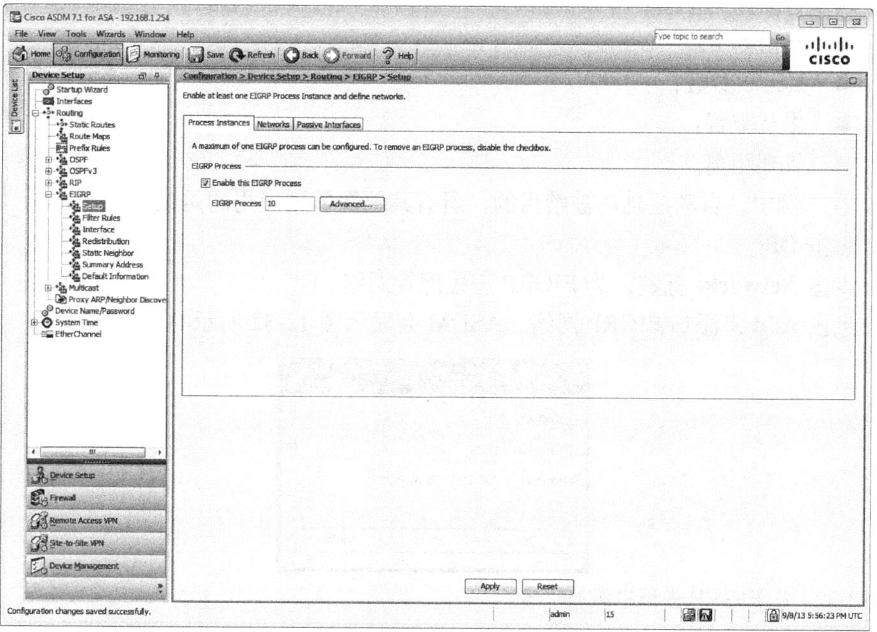

图 12-30 启用 EIGRP

4. (可选) 管理员可以点击 **Advanced** 按钮，在图 12-31 所示的 Edit EIGRP Process Advanced Properties 对话框中配置下列高级属性：

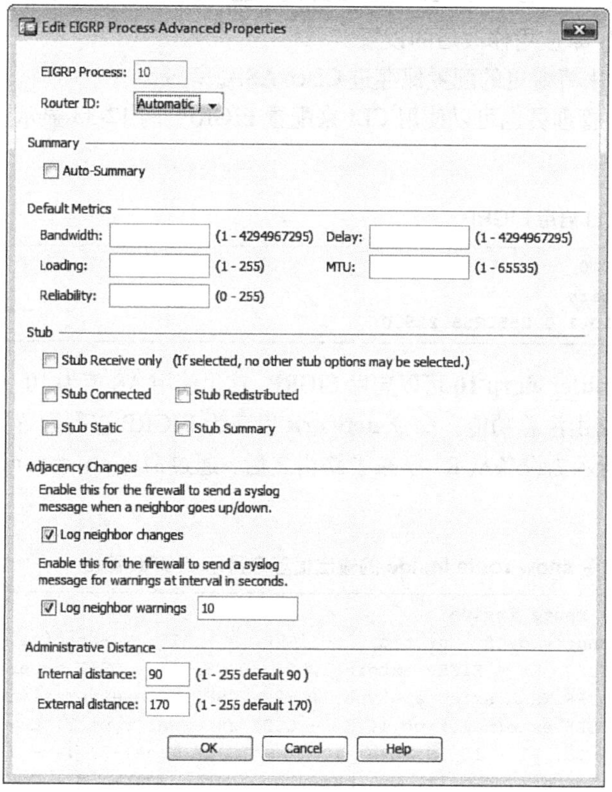

Edit EIGRP Process Advanced Properties
EIGRP Process: 10
Router ID: Automatic
Summary
Auto-Summary
Default Metrics
Bandwidth: (1 - 4294967295)
Delay: (1 - 4294967295)
Loading: (1 - 255)
MTU: (1 - 65535)
Reliability: (0 - 255)
Stub
Stub Receive only (If selected, no other stub options may be selected.)
Stub Connected
Stub Redistributed
Stub Static
Stub Summary
Adjacency Changes
Enable this for the firewall to send a syslog message when a neighbor goes up/down.
Log neighbor changes
Enable this for the firewall to send a syslog message for warnings at interval in seconds.
Log neighbor warnings 10
Administrative Distance
Internal distance: 90 (1 - 255 default 90)
External distance: 170 (1 - 255 default 170)
OK
Cancel
Help

图 12-31 OSPF 进程的高级属性

- 自动路由汇总；
- 路由器ID；
- metric参数；
- 末节配置；
- 管理距离。

在本例中，自动汇总是被禁用的，所有其他数值则使用的是默认配置。

5. 点击 **OK**。
6. 点击 **Networks** 标签，为 EIGRP 进程配置网络。
7. 点击 **Add** 来添加 EIGRP 网络。ASDM 会显示图 12-32 所示的对话框。

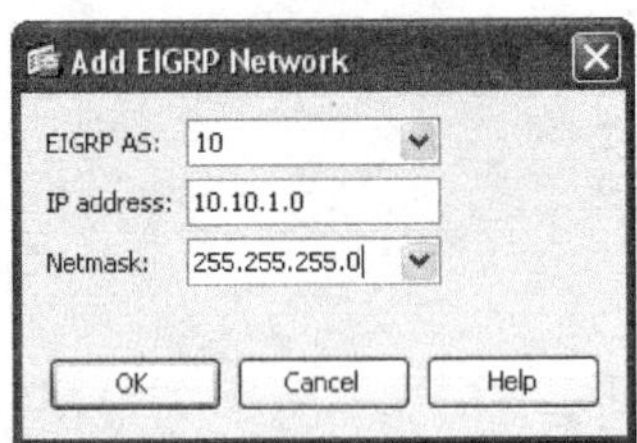

图 12-32 在 EIGRP 进程中添加网络

8. 根据图 12-29 所示的拓扑，本例使用的是内部网络 **10.10.1.0**，掩码为 **255.255.255.0**。
9. 点击 **OK**。

> **注释：** 管理员可以通过 Passive Interface 标签来将特定接口设置为被动接口。被动接口不会收发路由更新消息。在图 12-32 中，没有配置任何被动接口。

10. 点击 **Apply** 来应用修改后的设置。
11. 点击 **Save** 来将变更的配置保存进 Cisco ASA。

除此之外，管理员也可以使用 CLI 来配置 EIGRP。例 12-33 显示了 ASDM 发送给 Cisco ASA 的命令。

例 12-33 通过 CLI 启用 EIGRP

```
router eigrp 10
 no auto-summary
 network 10.10.1.0 255.255.255.0
```

使用命令 **router eigrp 10** 可以启用 EIGRP，这里使用 AS 值为 10。命令 **no auto-summary** 用于禁用自动路由汇总功能。命令 **network** 用来为 EIGRP 进程配置网络。

例 12-34 所示为设备从 R1 学来了路由之后，通过命令 **show route inside** 所显示出来的输出信息。

例 12-34 通过命令 **show route inside** 的输出信息来显示 EIGRP 路由

```
NewYork# show route inside
Codes: C - connected, S - static, I - IGRP, R - RIP, M - mobile, B - BGP
       D - EIGRP, EX - EIGRP external, O - OSPF, IA - OSPF inter area
       N1 - OSPF NSSA external type 1, N2 - OSPF NSSA external type 2
       E1 - OSPF external type 1, E2 - OSPF external type 2, E - EGP
       i - IS-IS, L1 - IS-IS level-1, L2 - IS-IS level-2, ia - IS-IS inter area
       * - candidate default, U - per-user static route, o - ODR
```

（待续）

```
        P - periodic downloaded static route
Gateway of last resort is 209.165.201.2 to network 0.0.0.0
C     10.10.1.0 255.255.255.0 is directly connected, inside
D     10.10.2.0 255.255.255.0 [90/130816] via 10.10.1.2, 0:01:47, inside
D     10.10.3.0 255.255.255.0 [90/130816] via 10.10.1.2, 0:01:43, inside
D     10.10.4.0 255.255.255.0 [90/130816] via 10.10.1.2, 0:00:21, inside
```

在例 12-34 中，设备通过 R1（10.10.1.2）从内部网络中学来了 3 条路由。字母 D 代表这些路由是通过 EIGRP 学习来的。

2. 为 EIGRP 配置路由过滤

Cisco ASA 可以为 EIGRP 配置路由过滤功能。管理员可以过滤通过 EIGRP 学来的路由或者阻止特定路由条目，使其不会被通告给 EIGRP 邻居。下例的目标是通过配置 Cisco ASA 来过滤从 R1 学来的去往网络 10.10.4.0/24 的路由。要实现这一功能，需要完成以下步骤。

1. 登录进 ASDM，找到 **Configuration > Device Setup > Routing >EIGRP > Filter Rules**。
2. 点击 **Add** 来添加一个过滤规则。ASDM 会显示出如图 12-33 所示的 Add Filter Rules 对话框。

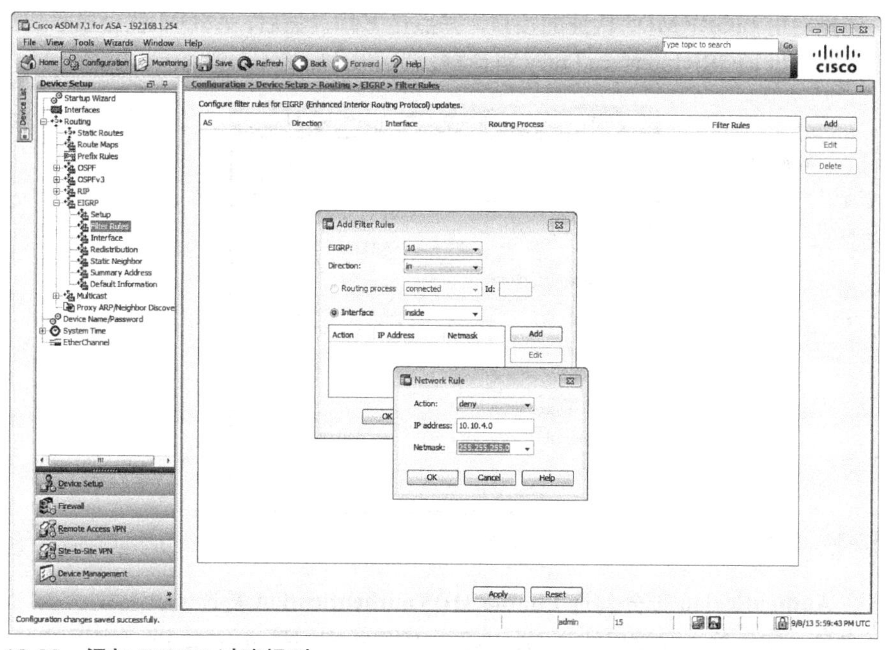

图 12-33　添加 EIGRP 过滤规则

3. 在 EIGRP 下列拉表中选择相应的 EIGRP AS，在本例中，管理员使用的 EIGRP AS 号为 10。
4. 在 Direction 下拉列表中选择要将过滤应用在哪个方向。在图 12-33 中，过滤被应用在了入站（in）方向上。
5. 在 Interface 下拉列表中选择要将过滤应用在哪个接口。在图 12-33 中，管理员选择的是 inside 接口。
6. 点击 **Add** 打开如图 12-33 所示的 Network Rule 对话框，输入需要放行或拒绝的路由/网络。在本例中，管理员设置的动作是拒绝去往网络 10.10.4.0/24 的入站路由通告。
7. 点击 **OK**。

8. 点击 **Apply** 来应用修改后的设置。
9. 点击 **Save** 来将变更的配置保存进 Cisco ASA。

例 12-35 显示了 ASDM 发送给 Cisco ASA 以实现 EIGRP 路由过滤的 CLI 命令。

例 12-35 通过 CLI 配置 EIGRP 路由过滤

```
access-list eigrpACL_FR standard deny 10.10.4.0 255.255.255.0
access-list eigrpACL_FR standard permit any
router eigrp 10
 distribute-list eigrpACL_FR in interface inside
```

在例 12-35 中，管理员配置了一个标准 CLI 来拒绝网络 10.10.4.0。然后通过 **distribute-list** 命令在 inside 接口的入站方向上调用了该 ACL。

3. EIGRP 认证

Cisco ASA 支持使用 MD5 散列算法为 EIGRP 提供认证。要使用 ASDM 来配置 OSPF MD5 认证，需要完成以下步骤。

1. 登录进 ASDM，找到 **Configuration > Device Setup > Routing >EIGRP > Interface**。
2. 选择启用 EIGRP MD5 认证的接口，并点击 **Edit**。然后，ASDM 就会显示如图 12-34 所示的 Edit EIGRP Interface Entry 对话框。

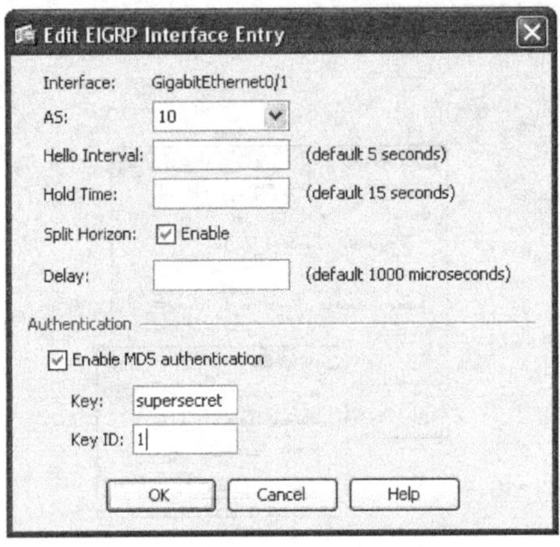

图 12-34 Edit EIGRP Interface Entry 对话框

3. 在 **Authenticaion** 部分勾选 **Enable MD5 authentication** 复选框。
4. 在 Key 字段输入要使用的密码。本例中使用的密钥是 supersecret（密码隐去）。
5. 在 Key ID 字段输入密码标识符。图 12-34 中使用的 Key ID 是 1。
6. 点击 **OK**。
7. 点击 **Apply** 来应用变更的配置。
8. 点击 **Save** 来将变更的配置保存进 Cisco ASA。

例 12-36 显示了从 ASDM 发送给 Cisco ASA，用来启用 EIGRP MD5 认证的 CLI 命令。

例 12-36 使用 CLI 配置 EIGRP MD5 认证

```
interface GigabitEthernet0/1
 authentication key eigrp 10 supersecret key-id 1
 authentication mode eigrp 10 md5
```

管理员在内部接口(GigabitEthernet0/1)上启用了 EIGRP 认证。其中第 2 条命令为 EIGRP AS 10 定义了密码 supersecret，key ID 为 1。第 3 条命令的目的是启用 MD5 认证。在管理员使用命令 **show running-config** 或 **show configuration** 查看配置文件时，认证密钥不会显示，而会被标记为<removed>。

4. 定义静态 EIGRP 邻居

Cisco ASA 支持静态为 EIGRP 定义邻居。一般来说，设备可以动态发现 EIGRP 邻居，不过在点到点、非广播网络中，管理员必须静态定义邻居。

要通过 ASDM 来静态配置静态邻居，需要完成以下步骤。

1. 登录进 ASDM，找到 **Configuration > Device Setup > Routing >EIGRP > Static Neighbor**。
2. 点击 **Add** 来添加新的 EIGRP 静态邻居。
3. 在 Add EIGRP Neighbor Entry 对话框中输入 EIGRP 邻居的 IP 地址。
4. 点击 **OK**。
5. 点击 **Apply** 来应用修改后的设置。
6. 点击 **Save** 来将变更的配置保存进 Cisco ASA。

除此之外，管理员也可以通过 **neighbor** 命令来进行配置，如例 12-37 所示。

例 12-37　配置静态 EIGRP 邻居

```
router eigrp 10
 neighbor 10.10.1.2 interface inside
```

在例 12-37 中，管理员静态定义的邻居为 10.10.1.2。

5. EIGRP 中的路由汇总

Cisco ASA 支持 EIGRP 路由汇总功能。如果管理员想要创建一个网络边缘并不存在的汇总地址，那么就需要手动定义该地址。换句话说，如果路由表中存在更加具体的路由条目，EIGRP 就会将汇总地址从特定接口通告出去，同时该汇总条目的 metric 值取所有具体路由中最小的那个 metric 值。

在自动路由汇总功能被禁用的情况下，就需要配置 EIGRP 路由汇总。在 Cisco ASA 上，管理员需要基于各个接口来配置汇总地址。

要通过 ASDM 来创建汇总地址，需要完成以下步骤。

1. 登录进 ASDM，找到 **Configuration > Device Setup > Routing >EIGRP > Summary Address**。
2. 点击 **Add** 来添加汇总地址条目。然后，ASDM 会显示图 12-35 所示的对话框。

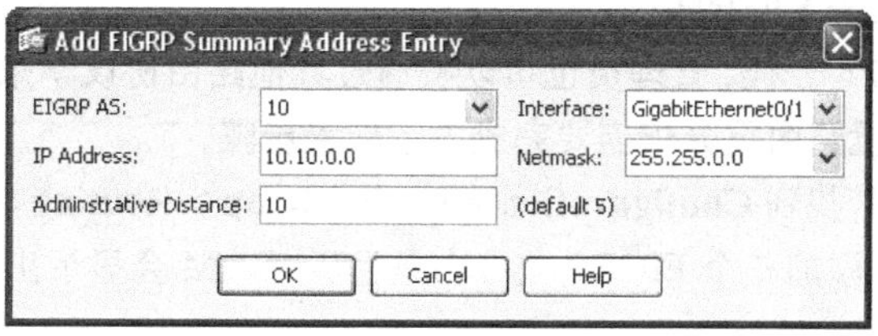

图 12-35　Add EIGRP Summary Address Entry 对话框

3. 在EIGRP AS下拉菜单中选择应用汇总的EIGRP AS号。在本例中，管理员配置的AS号为10。
4. 在相应的位置分别输入汇总地址的IP地址和网络掩码。在本例中，输入的网络地址为10.10.0.0，网络掩码为255.255.0.0。于是，网络10.10.1.0/24、10.10.2.0/24、10.10.3.0/24都会被汇总为10.10.0.0/16。
5. 为汇总地址输入管理距离值。在本例中，使用的管理距离为10，默认值为5。
6. 点击**OK**。
7. 点击**Apply**来应用修改后的设置。
8. 点击**Save**来将变更的配置保存进Cisco ASA。

除此之外，管理员也可以通过接口模式下的命令**summary-address**来配置特定接口下的汇总地址。例12-38所示为ASDM发送给Cisco ASA的CLI命令。

例12-38 配置EIGRP汇总地址

```
interface GigabitEthernet0/1
  summary-address eigrp 10 10.10.0.0 255.255.0.0 10
```

在例12-38中，管理员通过接口模式命令**summary-address**为EIGRP AS 10定义了汇总地址10.10.0.0和掩码255.255.255.0。在命令的最后，管理员将管理距离设置为10。

6. 水平分割

Cisco ASA支持水平分割功能。在默认情况下，所有接口都会启用水平分割功能。EIGRP不会将更新和请求数据包发送给以特定接口作为下一跳的目的地址。这可以将路由成环的风险降至最低。

不过，在某些情况下，比如在非广播网络中，水平分割并不是必要的，甚至有可能需要禁用。那么通过ASDM禁用水平分割需要完成以下的配置步骤。

1. 登录进ASDM，找到**Configuration > Device Setup > Routing >EIGRP > Interface**。
2. 选择相应的接口并点击**Edit**。
3. ASDM会显示Edit EIGRP Interface Entry对话框。该对话框请见图12-34。这里应该取消选中Split Horizon字段后面的**Enable**复选框。
4. 点击**OK**。
5. 点击**Apply**来应用修改后的设置。
6. 点击**Save**来将变更的配置保存进Cisco ASA。

除此之外，管理员也可以通过接口模式下的命令**no split-horizon eigrp <as number>**来禁用特定接口下的水平分割功能。

7. 将路由重分布进EIGRP

和RIP及OSPF一样，管理员也可以将通过其他路由协议学来的路由重分布进EIGRP。要使用ASDM配置路由重分布需要完成以下配置步骤。

1. 登录进ASDM，找到**Configuration > Device Setup > Routing >EIGRP> Redistribution**。
2. 点击**Add**，来添加一个EIGRP重分布条目。ASDM会显示出一个如图12-36所示的对话框。
3. 从AS下拉菜单中，选择要应用重分布的AS号。本例中选择EIGRP AS号为**10**。

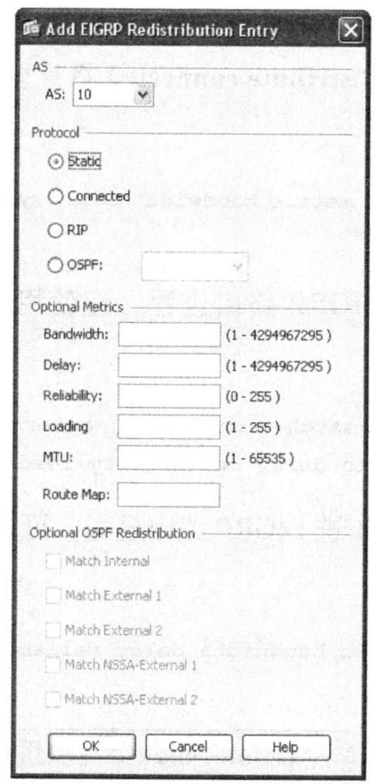

图 12-36 Add EIGRP Redistribution Entry 对话框

4. 在 Protocol 部分选择要重分布到 EIGRP 中的协议。本例中为读者演示的是如何将所有静态路由重分布进 EIGRP。因此管理员选择的是 Static。
5. 管理员可以在这里配置多个可选 metric 及 OSPF 重分布参数。图 12-36 中使用的全部都是默认配置。下面是所有支持的高级选项。
   - Bandwidth（带宽）：用于指定 EIGRP 的带宽 metric，单位是 kbit/s。
   - Delay（延迟）：用于指定 EIGRP 延迟 metric，单位是 10 微秒。
   - Reliability（可靠性）：用于指定 EIGRP 的可靠性 metric。
   - Loading（载荷）：用于指定 EIGRP 负载带宽 metric。
   - MTU：用于指定路径中的最小 MTU。
   - Route Map：用来更加精确地定义将哪些路由重分布进 EIGRP。

   管理员也可以通过选择 Optional OSPF Redistribution 中的复选框，来指定将哪些 OSPF 路由重分布进 EIGRP 路由进程中。
   - Match Internal——用于匹配内部 OSPF 路由。
   - Match External 1——用于匹配外部类型 1 的路由。
   - Match External 2——用于匹配外部类型 2 的路由。
   - Match NSSA-External 1——用于匹配 NSSA 外部类型 1 的路由。
   - Match NSSA-External 2——用于匹配 NSSA 外部类型 2 的路由。
6. 点击 **OK**。
7. 在 ASDM 中点击 **Apply** 来应用变更的配置。
8. 点击 **Save** 来将变更的配置保存进 Cisco ASA。

   例 12-39 所示为 ASDM 发送给 Cisco ASA 的 CLI 命令。

例 12-39 将静态路由重分布进 EIGRP

```
router eigrp 10
 redistribute static
```

在例 12-39 中，命令 **redistribute static** 的作用是将静态路由重分布进 EIGRP。

管理员可以使用命令 **redistribute connected** 将直连路由重分布进 EIGRP 路由进程，如下所示。

```
redistribute connected [ metric bandwidth delay reliability loading mtu ] [ route-map
map_name ]
```

要将 OSPF 重分布进 EIGRP 路由进程，应使用命令 **redistribute ospf**，使用方法如下。

```
redistribute ospf pid [ match { internal | external [ 1 | 2 ] | nssa-external [ 1 |
2 ]} ] [ metric bandwidth delay reliability loading mtu ] [ route-map map_name ]
```

要将 RIP 路由进程重分布进 EIGRP 路由进程，可以使用命令 **redistribute rip**，使用方法如下。

```
redistribute rip [ metric bandwidth delay reliability load mtu ] [ route-map map_
name ]
```

> 提示：EIGRP 路由器配置中的命令 **default-metric** 可以用来为所有重分布进 EIGRP 的路由指定默认的 metric 值。而且，如果不使用命令 **default-metric**，那么管理员就必须在前面通过命令 **redistribute** 来定义 EIGRP metric 值。

8. 控制默认信息

在启用 EIGRP 时，默认情况下，Cisco ASA 会发送并接受默认路由，但是这种行为是可以通过配置来修改的。要配置一些规则来控制设备在 EIGRP 更新中收发默认路由，就需要完成以下步骤。

1. 登录进 ASDM，找到 **Configuration > Device Setup > Routing >EIGRP > Default Information**。
2. 管理员可以为每个 EIGRP 路由进程配置一个 **in** 方向的规则和一个 **out** 方向的规则。但是，当前只支持一个路由进程。在本例中，目标是拒绝设备通过 EIGRP 进程学习任何默认路由。因此，应该将过滤规则的方向设置为 **in**，然后点击 **Edit**。接下来，会出现 Edit Default Information 对话框。
3. 选择 EIGRP 进程。
4. 确保 Direction 的选择为 **in**。
5. 点击 **Add** 来添加新的规则，然后会显示 Network Rule 对话框。
6. 在 Action 下拉菜单中选择 **deny**。
7. 在 IP address 字段输入 **0.0.0.0**。
8. 在 Netmask 字段输入 **0.0.0.0**。
9. 在 Network Rule 对话框中点击 **OK**。
10. 在 Add Default Informaion 对话框中点击 **OK**。
11. 点击 **OK**。
12. 在 ASDM 中点击 **Apply** 来应用变更的配置。
13. 点击 **Save** 来将变更的配置保存进 Cisco ASA。

例 12-40 所示为 ASDM 发送给 Cisco ASA 的 CLI 命令。

例 12-40 EIGRP 中的默认信息过滤

```
access-list eigrpACL_DI standard deny any
router eigrp 10
 default-information in eigrpACL_DI
```

在例 12-40 中，管理员定义了一个标准的 ACL，它的名称为 eigrpACL_DI，该列表被配置为拒绝 **any**。然后管理员在路由器设置子模式下使用了命令 **default-information**，同时使用关键字 **in** 来拒绝所有默认路由进站。在命令 **default-information** 最后，输入了 ACL 的名称 eigrpACL_DI 以对该 ACL 进行调用。此外，在使用命令 **no default-information in** 的时候也可以不使用访问控制列表。

12.4.2 EIGRP 排错

本节将介绍 EIGRP 排错方面的具体信息。

1. 常用的排错命令

命令 **show eigrp topology** 可以用来在 Cisco ASA 上显示 EIGRP 拓扑。例 12-41 显示了该命令的输出信息。

例 12-41 显示 EIGRP 拓扑

```
NewYork# show eigrp topology
EIGRP-IPv4 Topology Table for AS(10)/ID(209.165.201.1)
Codes: P - Passive, A - Active, U - Update, Q - Query, R - Reply,
       r - reply Status, s - sia Status
P 10.10.1.0 255.255.255.0, 1 successors, FD is 2816
        via Connected, GigabitEthernet0/1
P 10.10.2.0 255.255.255.0, 1 successors, FD is 130816
        via 10.10.1.2 (130816/128256), GigabitEthernet0/1
P 10.10.3.0 255.255.255.0, 1 successors, FD is 130816
        via 10.10.1.2 (130816/128256), GigabitEthernet0/1
P 10.10.4.0 255.255.255.0, 1 successors, FD is 130816
        via 10.10.1.2 (130816/128256), GigabitEthernet0/1
```

在例 12-41 中，显示了 3 条从 10.1.1.2 学来的路由。

提示：在默认情况下，设备只会显示可行后继（feasible successors）。不过，管理员可以通过命令 **all-links** 来使设备显示所有路由，包括非可行后继路由。

命令 **show eigrp neighbors** 可以提供当前 EIGRP 邻居的具体信息，例 5-42 所示为该命令的输出信息。

例 12-42 **show eigrp neighbors** 的输出信息

```
NewYork# show eigrp neighbors
EIGRP-IPv4 neighbors for process 10
H   Address             Interface       Hold Uptime    SRTT   RTO   Q    Seq
                                        (sec)          (ms)         Cnt  Num

0   10.10.1.2           Gi0/1            12 00:03:06   1     200   0    6
```

在例 12-42 的输出信息中，显示了内部路由器（10.10.1.2）。另外，还显示了邻居所在的接口（Gi0/1），以及 Hold 计时器，该计时器表示 Cisco ASA 等待邻居路由设备向它发送 Hello 数据包的时长（单位是秒），超过该时间，ASA 就会宣告该邻居设备已经失效。若 Hold 值为 0，Cisco ASA 就会将邻居标记为不可达（down）。

Uptime 值是 Cisco ASA 第一次从邻居那里收到消息之后所经历的时间值。它会以时：分：秒的格式显示出来。

平滑往返时间（SRTT）表示从 EIGRP 数据包被发送给邻居到 Cisco ASA 收到响应消息所需多少毫秒。

重传超时（RTO）是指 Cisco ASA 在重新向邻居发送 Hello 数据包之前会等待的总时间。Q Cnt 是在队列中等待 Cisco ASA 对其进行发送的数据包数。Seq Num 指从邻居那里收到的最后一个 EIGRP 数据包的序列号。

命令 **show eigrp events** 可以显示出 EIGRP 事件日志。输出信息的限制为 500 个事件。新的事件会被添加到输出的底部，而旧的事件则会从输出的顶部被清除出去。例 12-43 所示为命令 **show eigrp events** 的输出信息。

例 12-43 **show eigrp events 的输出信息**

```
NewYork# show eigrp events
 Event information for AS 10:    1 18:53:31.353 Change queue emptied, entries: 3
    2 18:53:31.353 Metric set: 10.10.4.0 255.255.255.0 130816
    3 18:53:31.353 Update reason, delay: new if 4294967295
    4 18:53:31.353 Update sent, RD: 10.10.4.0 255.255.255.0 4294967295
    5 18:53:31.353 Update reason, delay: metric chg 4294967295
    6 18:53:31.353 Update sent, RD: 10.10.4.0 255.255.255.0 4294967295
    7 18:53:31.353 Route install: 10.10.4.0 255.255.255.0 10.10.1.2
    8 18:53:31.353 Find FS: 10.10.4.0 255.255.255.0 4294967295
    9 18:53:31.353 Rcv update met/succmet: 130816 128256
```

在例 12-43 中，设备与邻居路由器相互收发了一些更新消息。在本例中，ASA 收到了去往网络 10.10.4.0/24 的路由并将它保存在了路由表中。

提示：可以使用命令 **clear eigrp events** 来清除 EIGRP 事件日志。在默认情况下，邻居变化消息、邻居告警消息、DUAL FSM 消息都会被记录进 Cisco ASA 中。不过，管理员可以在 router eigrp 模式下使用命令 **no eigrp log-neighbor-changes** 来禁用邻居变化事件记录，使用命令 **no eigrp log-neighbor-warnings** 来禁用邻居告警事件记录。但是，管理员无法禁用 DUAL FSM 事件的日志记录。

使用命令 **show eigrp interfaces** 可以显示启用了 EIGRP 的接口。例 12-44 所示为命令 **show eigrp interfaces** 的输出信息。

例 12-44 **show eigrp interfaces 的输出信息**

```
NewYork# show eigrp interfaces
EIGRP-IPv4 interfaces for process 10
                        Xmit Queue   Mean    Pacing Time   Multicast    Pending
Interface        Peers  Un/Reliable  SRTT    Un/Reliable   Flow Timer   Routes
Inside             1        0/0        1         0/1          50           0
```

在例 12-44 中，EIGRP 只在内部接口上得到了启用，并且它当前有一个对端设备。

使用命令 **show eigrp traffic** 可以显示 EIGRP 流量统计数据。例 12-45 显示了命令 **show eigrp traffic** 的输出信息。

例 12-45 **show eigrp traffic** 的输出信息

```
NewYork# show eigrp traffic
EIGRP-IPv4 Traffic Statistics for AS 10
  Hellos sent/received: 5976/467
  Updates sent/received: 3/8
  Queries sent/received: 0/0
  Replies sent/received: 0/0
  Acks sent/received: 6/0
  Input queue high water mark 1, 0 drops
  SIA-Queries sent/received: 0/0
  SIA-Replies sent/received: 0/0
  Hello Process ID: 253
  PDM Process ID: 252
```

如例 12-45 所示，命令 **show eigrp traffic** 可以显示出 Cisco ASA 收发的 EIGRP 数据包数量。这些数据包包括：

- Hello 数据包；
- 更新（Update）数据包；
- 查询（Query）数据包；
- 响应（Reply）数据包；
- 确认（AcKs）数据包；
- 其他统计数据。

命令 **debug eigrp fsm** 是最为常用的 **debug** 命令之一，它可以排查 EIGRP 的故障。例 12-46 显示了正常工作状态下使用命令 **debug eigrp fsm** 的输出信息。

例 12-46 在正常工作状态下命令 **debug eigrp fsm** 的输出信息

```
NewYork# debug eigrp fsm
EIGRP FSM Events/Actions debugging is on
DUAL: rcvupdate: 10.10.2.0 255.255.255.0 via 10.10.1.2 metric 130816/128256 on
topoid 0
DUAL: Find FS for dest 10.10.2.0 255.255.255.0. FD is 4294967295, RD is 4294967295
on topoid 0 found
EIGRP-IPv4(Default-IP-Routing-Table:10): route installed for 10.10.2.0 ()
DUAL: RT installed 10.10.2.0 255.255.255.0 via 10.10.1.2
DUAL: Send update about 10.10.2.0 255.255.255.0. Reason: metric chg on topoid 0
DUAL: Send update about 10.10.2.0 255.255.255.0. Reason: new if on topoid 0
DUAL: dest(10.10.3.0 255.255.255.0) not active
DUAL: rcvupdate: 10.10.3.0 255.255.255.0 via 10.10.1.2 metric 130816/128256 on
topoid 0
DUAL: Find FS for dest 10.10.3.0 255.255.255.0. FD is 4294967295, RD is 4294967295
on topoid 0 found
EIGRP-IPv4(Default-IP-Routing-Table:10): route installed for 10.10.3.0 ()
DUAL: RT installed 10.10.3.0 255.255.255.0 via 10.10.1.2
DUAL: Send update about 10.10.3.0 255.255.255.0. Reason: metric chg on topoid 0
DUAL: Send update about 10.10.3.0 255.255.255.0. Reason: new if on topoid 0
DUAL: dest(10.10.4.0 255.255.255.0) not active
DUAL: rcvupdate: 10.10.4.0 255.255.255.0 via 10.10.1.2 metric 130816/128256 on
topoid 0
DUAL: Find FS for dest 10.10.4.0 255.255.255.0. FD is 4294967295, RD is 4294967295
on topoid 0 found
EIGRP-IPv4(Default-IP-Routing-Table:10): route installed for 10.10.4.0 ()
DUAL: RT installed 10.10.4.0 255.255.255.0 via 10.10.1.2
DUAL: Send update about 10.10.4.0 255.255.255.0. Reason: metric chg on topoid 0
DUAL: Send update about 10.10.4.0 255.255.255.0. Reason: new if on topoid 0
```

在例 12-46 中，ASA 从邻居 10.10.1.2 收到了更新消息，然后将收到的路由条目放进了路由表中。

EIGRP 邻居关系的稳固及失效是最常见的问题。下面是 EIGRP 邻居失效（翻动）的常见原因。

- 下层链路翻动。
- Hello 和 Hold 间隔配置有误。
- Hello 数据包丢失。
- 存在单向链路。
- 路由活动粘滞（stuck-in-active）。当路由器进入活动粘滞状态时，它所等待回复消息的那些邻居设备就会重新初始化，接下来从这些邻居学到的路由都会进入活动状态，路由可以处理所有的路由更新。
- EIGRP 进程提供的带宽不足，**bandwidth**（带宽）语句设置有误。
- 单向组播流量。
- 查询风暴（Query strom）。
- 认证问题。

下面介绍在对 EIGRP 进行排错时各类常见的情况。

2. 情况 1：链路失效

当接口关闭时，EIGRP 会清除所有可以通过该接口到达的邻居，并清除所有通过该接口学来的路由。命令 **debug eigrp fsm** 在排除这类错误时非常有用。在例 12-47 中，Cisco ASA 和内部路由器（10.10.1.2）之间的链路出现故障。例 12-47 所示为链路失效时，命令 **debug eigrp fsm** 的输出信息。

例 12-47 当链路失效时命令 debug eigrp fsm 的输出信息

```
NewYork# debug eigrp fsm
EIGRP FSM Events/Actions debugging is on
NewYork# IGRP2: linkdown: start - 10.10.1.2 via GigabitEthernet0/1
DUAL: Destination 10.10.1.0 255.255.255.0 for topoid 0
DUAL: Destination 10.10.2.0 255.255.255.0 for topoid 0
DUAL: Find FS for dest 10.10.2.0 255.255.255.0. FD is 130816, RD is 130816 on
topoid 0
DUAL:   10.10.1.2 metric 4294967295/4294967295
 not found Dmin is 4294967295
DUAL: Peer total 0 stub 0 template 0 for topoid 0
DUAL: Dest 10.10.2.0 255.255.255.0 (No peers) not entering active state for
topoid 0.DUAL: Removing dest 10.10.2.0 255.255.255.0, nexthop 10.10.1.2
DUAL: No routes. Flushing dest 10.10.2.0 255.255.255.0
DUAL: Destination 10.10.3.0 255.255.255.0 for topoid 0
DUAL: Find FS for dest 10.10.3.0 255.255.255.0. FD is 130816, RD is 130816 on
topoid 0
DUAL:   10.10.1.2 metric 4294967295/4294967295
 not found Dmin is 4294967295
DUAL: Peer total 0 stub 0 template 0 for topoid
DUAL: Dest 10.10.3.0 255.255.255.0 (No peers) not entering active state for
topoid 0.DUAL: Removing dest 10.10.3.0 255.255.255.0, nexthop 10.10.1.2
DUAL: No routes. Flushing dest 10.10.3.0 255.255.255.0
```

（待续）

```
DUAL: Destination 10.10.4.0 255.255.255.0 for topoid 0
DUAL: Find FS for dest 10.10.4.0 255.255.255.0. FD is 130816, RD is 130816 on
topoid 0
DUAL:   10.10.1.2 metric 4294967295/4294967295
 not found Dmin is 4294967295
DUAL: Peer total 0 stub 0 template 0 for topoid 0
DUAL: Dest 10.10.4.0 255.255.255.0 (No peers) not entering active state for
topoid 0.DUAL: Removing dest 10.10.4.0 255.255.255.0, nexthop 10.10.1.2
DUAL: No routes. Flushing dest 10.10.4.0 255.255.255.0
DUAL: linkdown: finish
```

在例 12-47 中，Cisco ASA 检测到链路已经失效，于是清除所有从邻居（10.10.1.2）那里学来的路由条目。

3. 情况 2：Hello 与 Hold 间隔时间配置有误

在 Cisco ASA 和 Cisco IOS 路由器上，EIGRP Hold 间隔可以独立于 Hello 间隔进行设置。单独配置 Hold 间隔的方法是在接口模式下使用命令 **hold-time eigrp**。如果管理员为 Hold 间隔所设置的时间少于 Hello 间隔，那么邻居关系就会不断翻动。因此，这里推荐至少将 Hold 时间设置为 Hello 间隔的 3 倍以上。

在例 12-48 中，管理员将邻居路由器（10.10.1.2）的 Hello 间隔设置为了 2 秒。例 12-48 所示为在 Cisco ASA 与内部路由器之间的邻居关系频繁翻动的情况下，使用命令 **debug eigrp fsm** 所显示出来的输出信息。

例 12-48 当邻居翻动时命令 debug eigrp fsm 的输出信息

```
DUAL: rcvupdate: 10.10.2.0 255.255.255.0 via 10.10.1.2 metric 130816/128256 on
topoid 0
DUAL: Find FS for dest 10.10.2.0 255.255.255.0. FD is 4294967295, RD is 4294967295
on topoid 0 found
EIGRP-IPv4(Default-IP-Routing-Table:10): route installed for 10.10.2.0 ()
DUAL: RT installed 10.10.2.0 255.255.255.0 via 10.10.1.2
DUAL: Send update about 10.10.2.0 255.255.255.0.  Reason: metric chg on topoid 0
DUAL: Send update about 10.10.2.0 255.255.255.0.  Reason: new if on topoid 0
DUAL: dest(10.10.3.0 255.255.255.0) not active
DUAL: rcvupdate: 10.10.3.0 255.255.255.0 via 10.10.1.2 metric 130816/128256 on
topoid 0
DUAL: Find FS for dest 10.10.3.0 255.255.255.0. FD is 4294967295, RD is 4294967295
on topoid 0
EIGRP-IPv4(Default-IP-Routing-Table:10): route installed for 10.10.3.0 ()
DUAL: RT installed 10.10.3.0 255.255.255.0 via 10.10.1.2
DUAL: Send update about 10.10.3.0 255.255.255.0.  Reason: metric chg on topoid 0
DUAL: Send update about 10.10.3.0 255.255.255.0.  Reason: new if on topoid 0
DUAL: dest(10.10.4.0 255.255.255.0) not active
DUAL: rcvupdate: 10.10.4.0 255.255.255.0 via 10.10.1.2 metric 130816/128256 on
topoid 0
DUAL: Find FS for dest 10.10.4.0 255.255.255.0. FD is 4294967295, RD is 4294967295
on topoid 0 found
EIGRP-IPv4(Default-IP-Routing-Table:10): route installed for 10.10.4.0 ()
DUAL: RT installed 10.10.4.0 255.255.255.0 via 10.10.1.2
DUAL: Send update about 10.10.4.0 255.255.255.0.  Reason: metric chg on topoid 0
DUAL: Send update about 10.10.4.0 255.255.255.0.  Reason: new if on topoid 0
IGRP2: linkdown: start - 10.10.1.2 via GigabitEthernet0/1
DUAL: Destination 10.10.1.0 255.255.255.0 for topoid 0
```

（待续）

```
DUAL: Destination 10.10.2.0 255.255.255.0 for topoid 0
DUAL: Find FS for dest 10.10.2.0 255.255.255.0. FD is 130816, RD is 130816 on topoid 0
DUAL:   10.10.1.2 metric 4294967295/4294967295
 not found Dmin is 4294967295
DUAL: Peer total 0 stub 0 template 0 for topoid 0
DUAL: Dest 10.10.2.0 255.255.255.0 (No peers) not entering active state for
topoid 0.DUAL: Removing dest 10.10.2.0 255.255.255.0, nexthop 10.10.1.2
DUAL: No routes. Flushing dest 10.10.2.0 255.255.255.0
DUAL: Destination 10.10.3.0 255.255.255.0 for topoid 0
DUAL: Find FS for dest 10.10.3.0 255.255.255.0. FD is 130816, RD is 130816 on topoid 0
DUAL:   10.10.1.2 metric 4294967295/4294967295
 not found Dmin is 4294967295
DUAL: Peer total 0 stub 0 template 0 for topoid 0
DUAL: Dest 10.10.3.0 255.255.255.0 (No peers) not entering active state for
topoid 0.DUAL: Removing dest 10.10.3.0 255.255.255.0, nexthop 10.10.1.2
DUAL: No routes. Flushing dest 10.10.3.0 255.255.255.0
DUAL: Destination 10.10.4.0 255.255.255.0 for topoid 0
DUAL: Find FS for dest 10.10.4.0 255.255.255.0. FD is 130816, RD is 130816 on topoid 0
DUAL:   10.10.1.2 metric 4294967295/4294967295
 not found Dmin is 4294967295
DUAL: Peer total 0 stub 0 template 0 for topoid
DUAL: Dest 10.10.4.0 255.255.255.0 (No peers) not entering active state for
topoid 0.DUAL: Removing dest 10.10.4.0 255.255.255.0, nexthop 10.10.1.2
DUAL: No routes. Flushing dest 10.10.4.0 255.255.255.0
DUAL: linkdown: finish
DUAL: dest(10.10.2.0 255.255.255.0) not active
DUAL: rcvupdate: 10.10.2.0 255.255.255.0 via 10.10.1.2 metric 130816/128256 on topoid 0
DUAL: Find FS for dest 10.10.2.0 255.255.255.0. FD is 4294967295, RD is 4294967295 on
topoid 0 found
EIGRP-IPv4(Default-IP-Routing-Table:10): route installed for 10.10.2.0 ()
DUAL: RT installed 10.10.2.0 255.255.255.0 via 10.10.1.2
DUAL: Send update about 10.10.2.0 255.255.255.0.  Reason: metric chg on topoid 0
DUAL: Send update about 10.10.2.0 255.255.255.0.  Reason: new if on topoid 0
DUAL: dest(10.10.3.0 255.255.255.0) not active
DUAL: rcvupdate: 10.10.3.0 255.255.255.0 via 10.10.1.2 metric 130816/128256 on topoid 0
...
<output truncated>
```

例 12-48 的输出信息经过了删减，然而，读者仍然可以看到 Cisco ASA 和内部路由器之间的邻居关系在不断地翻动。路由先被学来，然后很快又被删除。

命令 **show eigrp events** 也可以显示邻居关系翻动的信息。该命令的一大优势在于它会在每个日志条目的前面打上时间戳。例 12-49 所示为在邻居翻转状态下，命令 **show eigrp events** 的输出信息。

例 12-49 当邻居翻动时命令 show eigrp events 的输出信息

```
NewYork# show eigrp events
Event information for AS 10: 1 15:55:59.882 Change queue emptied, entries: 3
   2 15:55:59.882 Metric set: 10.10.4.0 255.255.255.0 130816
   3 15:55:59.882 Update reason, delay: new if 4294967295
   4 15:55:59.882 Update sent, RD: 10.10.4.0 255.255.255.0 4294967295
   5 15:55:59.882 Update reason, delay: metric chg 4294967295
   6 15:55:59.882 Update sent, RD: 10.10.4.0 255.255.255.0 4294967295
   7 15:55:59.882 Route install: 10.10.4.0 255.255.255.0 10.10.1.2
   8 15:55:59.882 Find FS: 10.10.4.0 255.255.255.0 4294967295
   9 15:55:59.882 Rcv update met/succmet: 130816 128256
```

（待续）

```
10 15:55:59.882 Rcv update dest/nh: 10.10.4.0 255.255.255.0 10.10.1.2
11 15:55:59.882 Metric set: 10.10.4.0 255.255.255.0 4294967295
12 15:55:59.882 Metric set: 10.10.3.0 255.255.255.0 130816
13 15:55:59.882 Update reason, delay: new if 4294967295
14 15:55:59.882 Update sent, RD: 10.10.3.0 255.255.255.0 4294967295
15 15:55:59.882 Update reason, delay: metric chg 4294967295
16 15:55:59.882 Update sent, RD: 10.10.3.0 255.255.255.0 4294967295
17 15:55:59.882 Route install: 10.10.3.0 255.255.255.0 10.10.1.2
18 15:55:59.882 Find FS: 10.10.3.0 255.255.255.0 4294967295
19 15:55:59.882 Rcv update met/succmet: 130816 128256
20 15:55:59.882 Rcv update dest/nh: 10.10.3.0 255.255.255.0 10.10.1.2
21 15:55:59.882 Metric set: 10.10.3.0 255.255.255.0 4294967295
22 15:55:59.882 Metric set: 10.10.2.0 255.255.255.0 130816
23 15:55:59.882 Update reason, delay: new if 4294967295
24 15:55:59.882 Update sent, RD: 10.10.2.0 255.255.255.0 4294967295
25 15:55:59.882 Update reason, delay: metric chg 4294967295
26 15:55:59.882 Update sent, RD: 10.10.2.0 255.255.255.0 4294967295
27 15:55:59.882 Route install: 10.10.2.0 255.255.255.0 10.10.1.2
28 15:55:59.882 Find FS: 10.10.2.0 255.255.255.0 4294967295
29 15:55:59.882 Rcv update met/succmet: 130816 128256
30 15:55:59.882 Rcv update dest/nh: 10.10.2.0 255.255.255.0 10.10.1.2
31 15:55:59.882 Metric set: 10.10.2.0 255.255.255.0 4294967295
32 15:55:59.882 Rcv peer INIT: 10.10.1.2 GigabitEthernet0/1
33 15:55:57.572 NDB delete: 10.10.4.0 255.255.255.0 1
34 15:55:57.572 Poison squashed: 10.10.4.0 255.255.255.0 rt gone
35 15:55:57.572 RDB delete: 10.10.4.0 255.255.255.0 10.10.1.2
36 15:55:57.572 Not active net/1=SH: 10.10.4.0 255.255.255.0 0
37 15:55:57.572 FC not sat Dmin/met: 4294967295 130816
38 15:55:57.572 Find FS: 10.10.4.0 255.255.255.0 130816
39 15:55:57.572 NDB delete: 10.10.3.0 255.255.255.0 1
40 15:55:57.572 Poison squashed: 10.10.3.0 255.255.255.0 rt gone
41 15:55:57.572 RDB delete: 10.10.3.0 255.255.255.0 10.10.1.2
42 15:55:57.572 Not active net/1=SH: 10.10.3.0 255.255.255.0 0
43 15:55:57.572 FC not sat Dmin/met: 4294967295 130816
44 15:55:57.572 Find FS: 10.10.3.0 255.255.255.0 130816
45 15:55:57.572 NDB delete: 10.10.2.0 255.255.255.0 1
46 15:55:57.572 Poison squashed: 10.10.2.0 255.255.255.0 rt gone
47 15:55:57.572 RDB delete: 10.10.2.0 255.255.255.0 10.10.1.2
48 15:55:57.572 Not active net/1=SH: 10.10.2.0 255.255.255.0 0
```

例 12-49 的输出信息也经过了删减，不过，读者同样可以看到邻居关系翻动的次数。这里值得注意的是，其中几行的信息在输出中不断重复。

4. 情况 3：认证参数配置有误

在这个情况下，管理员在 Cisco ASA 上配置了认证，但是却没有在内部路由器（10.10.1.2）上配置认证。在排查认证问题时，命令 **debug eigrp fsm** 用处不大。这里可以使用命令 **debug eigrp packets** 来检查 Cisco ASA 与内部路由器之间的交互信息。例 12-50 所示为命令 **debug eigrp packets** 的输出信息。

例 12-50 当 EIGRP 认证失败时命令 debug eigrp packets 的输出信息

```
NewYork# debug eigrp packets
EIGRP Packets debugging is on
    (UPDATE, REQUEST, QUERY, REPLY, HELLO, PROBE, ACK, STUB, SIAQUERY, SIAREPLY)
```

（待续）

```
EIGRP: Sending HELLO on GigabitEthernet0/1
  AS 655362, Flags 0x0, Seq 0/0 interfaceQ 255/254 iidbQ un/rely 0/0
EIGRP: GigabitEthernet0/1: ignored packet from 10.10.1.2, opcode = 5 (missing
authentication)
```

在例 12-50 中，读者可以看到 Cisco ASA 通过其接口 GigabitEthernet0/1 发送了 EIGRP Hello 数据包，然后却忽略了从 10.10.1.2 接收到的数据包，这是因为该数据包并不是认证数据包（认证不匹配）。

总结

本章介绍了 Cisco ASA 支持的不同路由协议，包括如何通过 ASDM 和 CLI 来添加静态路由、如何配置动态路由协议，如 RIP、OSPF 和 EIGRP，同时本章还提供了具体的配置案例，以及在部署动态路由协议时排除常见问题的技巧。

第13章

应用监控

本章涵盖的内容有：

- 启用应用监控；
- 选择性监控；
- 分布式计算机系统的远程过程调用（DCERPC）监控；
- 域名系统监控；
- 扩展简单邮件传输协议（ESMTP）监控；
- 文件传输协议监控；
- 通用分组无线服务（GPRS）隧道协议监控；
- H.323 监控；
- Cisco 统一通信高级支持；
- 超文本传输协议（HTTP）监控；
- Internet 控制消息协议（ICMP）监控；
- 互联网定位服务（ILS）监控；
- 即时消息监控；
- IPSec 直通监控；
- 媒体网关控制协议（MGCP）监控；
- NetBIOS 监控；
- 点到点隧道协议（PPTP）监控；
- Sun 远程过程调用协议（RPC）监控；
- RSH 监控；
- 实时流协议（RTSP）监控；
- 会话初始化协议（SIP）监控；
- Skinny 呼叫控制协议（SCCP）监控；
- 简单网络管理协议（SNMP）监控；
- SQL*Net 监控；
- 简单文件传输协议（TFTP）监控；
- 广域应用服务（WAAS）监控；
- X 显示管理器控制协议（XDMCP）监控。

Cisco ASA 中用于状态化应用监控的机制可加强网络中应用和服务的安全性。状态化监控引擎负责维护通过安全设备接口建立的每条连接的信息，并确保连接的有效性。状态化应用监控不仅仅检查数据包的头部信息，它还检查数据包中上至应用层的内容。

有些应用在穿越三层设备时，需要相应设备对数据包进行特殊处理。其中包括那些数据包的数据负载中包含 IP 寻址信息的应用和协议，或者需要在动态分配的端口上打开第 2 条通道的应用和协议。Cisco ASA 应用监控机制可以识别负载中嵌入的寻址信息，从而使 NAT（网络地址转换）正常工作，也可更新其他字段或校验和。

使用应用监控，Cisco ASA 可以识别动态的端口分配，允许在特定连接上通过这些端口交换数据。

Cisco ASA 可支持下列所有应用和协议：

- CTIQBE（计算机电话接口快速缓冲区编码）；
- DCERPC（分布式计算机系统的远程过程调用）；
- 使用 UDP 的 DNS（域名服务器）；
- ESMTP（扩展简单邮件传输协议）；
- FTP（文件传输协议）；
- GTP（GPRS 隧道协议）；
- H.323；
- HTTP（超文本传输协议）；
- ICMP（Internet 控制消息协议）和 ICMP Error；
- ILS（集成库系统）协议；
- IM（即时通信）；
- IPSec 直通；
- MGCP（媒体网关控制协议）；
- NetBIOS；
- PPTP（点到点隧道协议）；
- RSH（远程 Shell）；
- RTSP（实时流协议）；
- SIP（会话初始化协议）；
- SCCP（Skinny 网络管理协议）；
- 简单网络管理协议（SNMP）；
- SQL*Net；
- SUN 远程过程调用协议（RPC）；
- TFTP（简单文件传输协议）；
- WAAS（广域应用服务）；
- XDMCP（X 显示管理器控制协议）。

Cisco ASA 支持 IPv6。下面是通过配置 Cisco ASA 使其支持 IPv6 后，Cisco ASA 可以进行监控的应用协议：

- DNS；
- FTP；
- HTTP；
- ICMP；
- SIP；
- SMTP；
- IPSec 直通；
- IPv6。

Cisco 支持 NAT64 执行下列监控：

- DNS；
- FTP；
- HTTP；
- ICMP。

接下来将详细透彻地介绍如何在 Cisco ASA 上启用应用监控。在接下来的几个小节中，我们会对 Cisco ASA 支持的各个监控协议分别进行详细的介绍。

注释：具体协议的监控需要不同的授权，比如 GTP。更多授权信息可参考网址：http://www.cisco.com/go/asa。

13.1 启用应用监控

Cisco ASA 利用模块化策略框架（MPF）提供应用安全，或实施服务质量（QoS）功能。MPF 为 Cisco ASA 的应用监控及其他特性提供了一种统一且灵活的配置方法，它与 Cisco IOS 软件中 MQC（模块化 QoS CLI）所使用的方式相似。

就一般规则来说，部署监控策略需要下列步骤。

1. 配置流量分类以识别感兴趣流。
2. 为每个流量类指定适当行为以创建服务策略。
3. 在一个接口或在全局激活服务策略。

管理员可以通过下列三个 MPF 命令完成上述策略部署步骤。

- **class-map**——将需要监控的流量进行分类。根据 class map 中各种类型的匹配标准进行流量分类。访问控制列表（ACL）是最主要的匹配标准，详见例 13-1。
- **policy-map**——配置安全策略或 QoS 策略。一个策略中包含一个 **class** 命令及其相关行为。一个 policy map 中可包含多个策略。
- **service-policy**——在全局（也就是在所有接口上）或在目标接口上激活一个 policy map。

例 13-1 使用 ACL 匹配特定流量

```
NewYork(config)# access-list tftptraffic permit udp any any eq 69
NewYork(config)# class-map TFTPclass
NewYork(config-cmap)# match access-list tftptraffic
NewYork(config-cmap)# exit
NewYork(config)# policy-map tftppolicy
NewYork(config-pmap)# class TFTPclass
NewYork(config-pmap-c)# inspect tftp
NewYork(config-pmap-c)# exit
NewYork(config-pmap)# exit
NewYork(config)# service-policy tftppolicy global
```

例 13-1 中配置了名为 tftptraffic 的 ACL 以识别所有 UDP 流量。接着将这个 ACL 通过 **match** 语句应用到名为 TFTPclass 的 class map 中。

配置名为 tftppolicy 的 policy map，并调用 class map TFTPclass。配置这个 policy map 从 UDP 包中监控所有 TFTP 流量，UDP 包由调用的 class map 进行分类。最后在全局应用这个服务策略。

安全设备中包含一个名为 inspection_default 的默认 class map 和一个名为 global_policy 的默认 policy map。例 13-2 显示出 Cisco ASA 中默认的 class map 和 policy map。

例 13-2 默认的 class map 和 policy map

```
class-map inspection_default
match default-inspection-traffic
!
!
policy-map global_policy
 class inspection_default
  inspect dns preset_dns_map
  inspect ftp
  inspect h323 h225
  inspect h323 ras
  inspect netbios
  inspect rsh
  inspect rtsp
  inspect skinny
  inspect esmtp
  inspect sqlnet
  inspect sunrpc
  inspect tftp
  inspect sip
  inspect xdmcp
!
service-policy global_policy global
```

在 Cisco ASDM 中，可以通过菜单 **Configuration > Firewall > Service Policy Rules** 编辑或创建新的服务策略，以部署应用监控。本章后续内容将介绍配置每个应用监控参数的步骤。

13.2 选择性监控

如前所述，自定义的 class map 中调用的 **match** 命令可以指定 Cisco ASA 应用监控引擎需要处理的流量类型。它可以与 ACL 结合使用，来指定将被监控的流量。例 13-3 显示出名为 my_class_map 的 class map 中可支持的所有流量分类选项。

例 13-3 可支持的流量分类选项

```
NewYork(config)# class-map my_class_map
NewYork(config-cmap)# match ?
mpf-class-map mode commands/options:
  access-list                  Match an Access List
  any                          Match any packet
  default-inspection-traffic   Match default inspection traffic:
                               ctiqbe—tcp-2748       dns——-udp-53
                               ftp——-tcp-21          gtp——-udp-2123,3386
                               h323-h225-tcp-1720       h323-ras-udp-1718-1719
                               http——tcp-80          icmp——icmp
                               ils——-tcp-389         mgcp——udp-2427,2727
                               netbios--udp-137-138    rpc——-udp-111
                               rsh——-tcp-514         rtsp——tcp-554
                               sip——-tcp-5060        sip——-udp-5060
                               skinny—tcp-2000       smtp——tcp-25
                               sqlnet—tcp-1521       tftp——udp-69
                               xdmcp—-udp-177
  dscp                         Match IP DSCP (DiffServ CodePoints)
```

（待续）

```
    flow                        Flow based Policy
    port                        Match TCP/UDP port(s)
    precedence                  Match IP precedence
    rtp                         Match RTP port numbers
    tunnel-group                Match a Tunnel Group
```

表 13-1 简要描述了 **match** 命令可支持的所有选项。

表 13-1　　**match** 子命令可选项

选项	描述
access-list	定义一个 ACL，用来匹配或分类被监控的流量
any	任意 IP 流量
default-inspection-traffic	所支持协议的默认监控条目。如果 policy map 中调用那些配置了 **default-inspection-traffic** 命令的 class map，可能只会应用 **inspect** 这种行为。除了 **inspect** 行为，其他行为可能都不会配置
dscp	根据 IP DSCP（差分服务代码点）进行匹配
flow	用于基于数据流的策略
port	用于匹配 TCP 和/或 UDP 端口
precedence	根据 IP 头部 ToS 字段对应的 IP 优先级进行匹配。优先级取值范围是 0～7
rtp	匹配 RTP（实时传输协议）端口号
tunnel-group	匹配特定隧道组的 VPN 流量

在 ASDM 中，可以通过菜单 **Configuration > Firewall > Service Policy Rules** 配置流量分类，选择想要进行编辑的那个服务策略，点击 **Edit**。图 13-1 所示为 Edit Service Policy Rule 对话框。

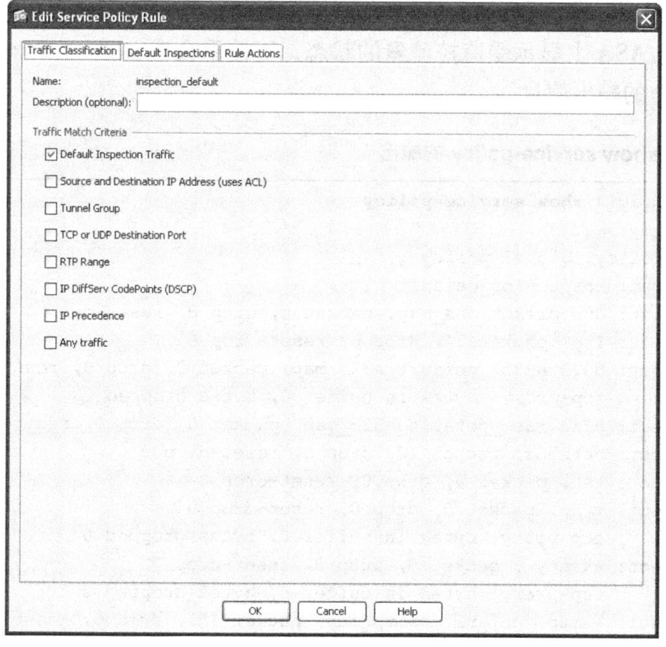

图 13-1　服务策略流量分类

如果需要查看 Cisco ASA 上默认启用的监控，可以点击 **Default Inspection** 标签，如图 13-2 所示。对于匹配 **default-inspection-traffic** 的 **class-map**，如果设备执行了相应的 **inspect** 行为，那么这里显示的就是设备所应用的这些监控。

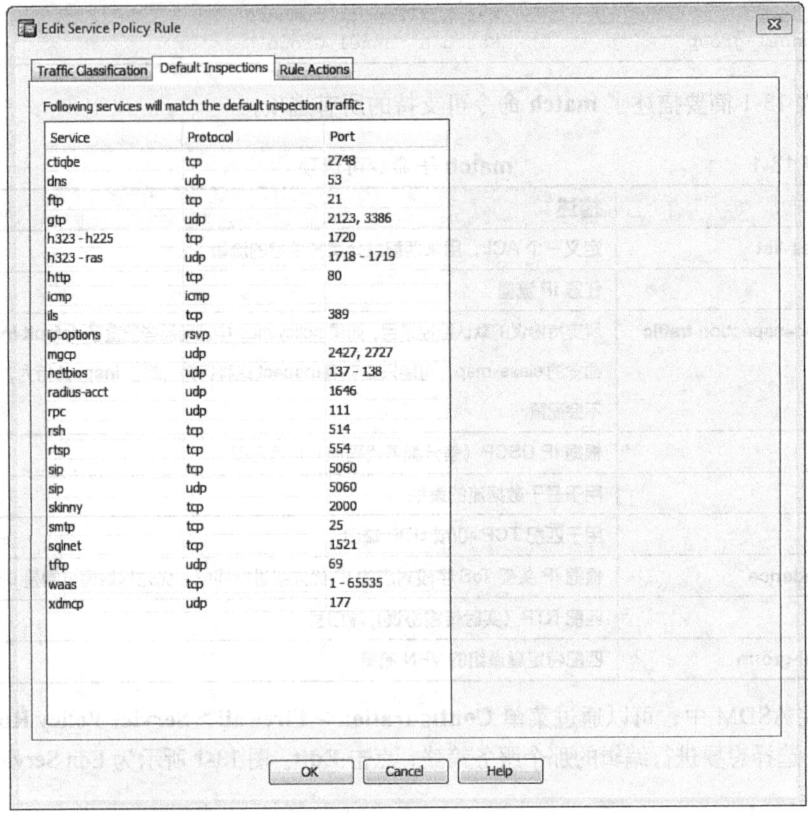

图 13-2 Cisco ASA 默认监控

在 Cisco ASA 上显示受监控流量的状态，可使用命令 **show service-policy**。例 13-4 显示了这个命令的输出信息。

例 13-4 命令 show service-policy 的输出

```
NewYork(config)# show service-policy
Global policy:
  Service-policy: global_policy
    Class-map: inspection_default
      Inspect: dns preset_dns_map, packet 0, drop 0, reset-drop 0
      Inspect: ftp, packet 24, drop 0, reset-drop 0
      Inspect: h323 h225 _default_h323_map, packet 0, drop 0, reset-drop 0
               tcp-proxy: bytes in buffer 0, bytes dropped 0
      Inspect: h323 ras _default_h323_map, packet 0, drop 0, reset-drop 0
      Inspect: netbios, packet 43, drop 0, reset-drop 0
      Inspect: rsh, packet 0, drop 0, reset-drop 0
      Inspect: rtsp, packet 0, drop 0, reset-drop 0
               tcp-proxy: bytes in buffer 0, bytes dropped 0
      Inspect: skinny , packet 0, drop 0, reset-drop 0
               tcp-proxy: bytes in buffer 0, bytes dropped 0
      Inspect: esmtp _default_esmtp_map, packet 155, drop 0, reset-drop 0
      Inspect: sqlnet, packet 0, drop 0, reset-drop 0
               tcp-proxy: bytes in buffer 0, bytes dropped 0
```

（待续）

```
Inspect: sunrpc, packet 0, drop 0, reset-drop 0
         tcp-proxy: bytes in buffer 0, bytes dropped 0
Inspect: tftp, packet 0, drop 0, reset-drop 0
Inspect: sip , packet 0, drop 0, reset-drop 0
         tcp-proxy: bytes in buffer 0, bytes dropped 0
Inspect: xdmcp, packet 0, drop 0, reset-drop 0
```

命令 **show service-policy flow** 同样有助于管理员查看数据流状态，它可以显示出特定协议流的数据流信息。**show service-policy flow** 这条命令会显示出与 5 元组（协议、源 IP 地址、源端口、目的 IP 地址、目的端口）相匹配的流量所对应的策略。管理员可以用这条命令来验证自己的服务策略配置，看看它们是否可以针对各个连接提供所需的服务。本章后续内容讲解了 Cisco ASA 可支持的所有应用监控协议。

13.3 CTIQBE 监控

有些 Cisco IP 语音（VoIP）应用需使用 TAPI（电话应用编程接口）和 JTAPI（Java TAPI）。兼容 TAPI 的应用可运行在各种 PC 和电话硬件中，并且能够支持各种网络服务。Cisco TAPI 服务提供商（TSP）使用 CTIQBE（计算机电话接口快速缓冲区编码），通过 TCP 2748 端口与 Cisco 统一通信管理器进行通信。图 13-3 所示为 CITQBE 的工作方式。

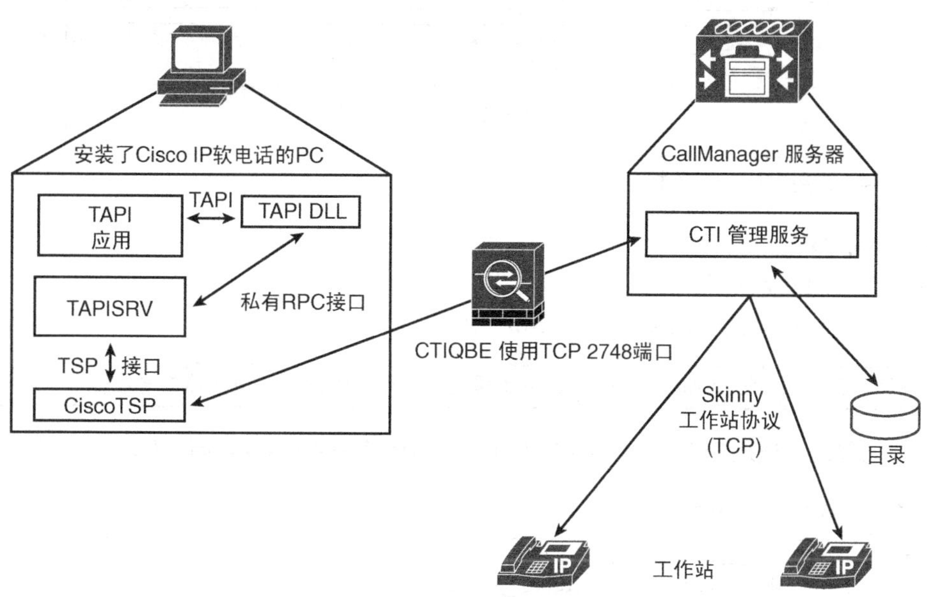

图 13-3 CTIQBE 详解

在图 13-2 中，安装了 CPPC（Cisco IP Communicator）的 PC 与 Cisco CallManager 进行通信，CTIQBE 监控默认没有启用。

使用 ASDM，按照以下步骤启用 CTIQBE 监控。

1. 登录 ASDM 并打开菜单 **Configuration > Firewall > Service Policy Rules**。
2. 选择对应的服务策略规则，并点击 **Edit** 来管理服务策略。图 13-4 所示为 Edit Service Policy Rule 对话框。
3. 点击 **Rule Actions** 标签。
4. 勾选 Protocol Inspection 标签中的 **CTIQBE** 复选框。

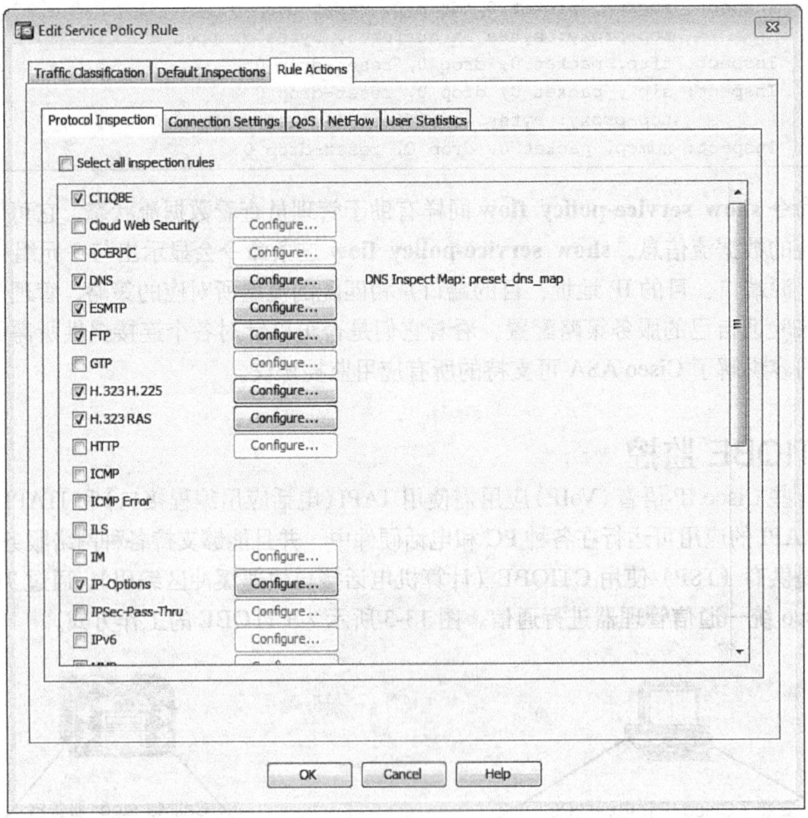

图 13-4 启用 CTIQBE 监控

5. 点击 **OK**。
6. 点击 **Apply** 应用配置变更。
7. 点击 **Save** 将配置保存在 Cisco ASA 中。

注释：Edit Service Policy Rule 对话框也可用来启用或禁用其他应用监控协议。

若管理员通过 CLI 配置 Cisco ASA，可使用命令 **inspect ctiqbe** 启用 CTIQBE，详见例 13-5。

例 13-5 启用 CTIQBE 监控

```
NewYork# configure terminal
NewYork(config)# policy-map global_policy
NewYork(config-pmap)# class inspection_default
NewYork(config-pmap-c)# inspect ctiqbe
```

注释：若配置中包含 **alias** 命令，则不支持 CTIQBE 应用监控。

提示：若两台 Cisco IP 软电话分别注册在两台 Cisco CallManager 上，并且两台 Cisco CallManager 与 Cisco ASA 上的不同接口相连，则 CTIQBE 将会呼叫失败。

提示：若两台 Cisco IP 软电话分别注册在两台 Cisco CallManager 上，并且两台 Cisco CallManager 与 Cisco ASA 上的不同接口相连，则 CTIQBE 将会呼叫失败。

提示：若为 Cisco CallManager 的 IP 地址实施了地址转换，并且同时使用了 PAT，则必须将 TCP 2748 端口静态地映射到 PAT（接口）地址的相同端口号，从而确保 Cisco IP 软电话成功注册到 CallManager。CTIQBE 监听的端口（TCP 2748）是固定的，在 Cisco CallManager、Cisco IP 软电话或 Cisco TSP 上均不可配置。

注释：CTIQBE 呼叫不支持状态化故障倒换。

管理员可以使用命令 **show conn state ctiqbe** 显示 CTIQBE 连接的状态。标记 **C** 表示 CTIQBE 监控引擎占用的媒体连接。例 13-6 显示出命令 **show conn state ctiqbe** 的输出信息。

例 13-6　命令 **show conn state ctiqbe** 的输出

```
NewYork# show conn state ctiqbe
5 in use, 11 most used
```

13.4　DCERPC 监控

DCERPC（分布式计算机系统的远程过程调用）协议允许程序员编写分布式软件，而无须顾及底层的网络编码。它被广泛用于微软分布式客户端/服务器应用。Cisco ASA 可以为第 2 条连接放行适当的端口和网络地址，如果需要的话也可以使用 NAT。DCERPC 监控会监控 EPM 和客户端 TCP 135 端口之间的 TCP 通信。

在 ASDM 中启用 DCERPC，可以打开菜单 **Configuration > Firewall > Service Policy Rules** 并选择相应的服务策略，然后点击 **Edit**。接着在 Edit Service Policy Rule 对话框（见图 13-3）中点击 **Rule Actions** 标签，勾选 Protocol Inspection 标签中的 **DCERPC** 复选框。

若使用 CLI 配置 Cisco ASA，可以使用命令 **inspect dcerpc** 启用 DCERPC 监控，详见例 13-7。

例 13-7　启用 DCERPC 监控

```
NewYork# configure terminal
NewYork(config)# policy-map global_policy
NewYork(config-pmap)# class inspection_default
NewYork(config-pmap-c)# inspect dcerpc
```

13.5　DNS 监控

DNS（域名系统）的实施需要使用应用监控，使得 DNS 查询不必再依赖于基于活跃超时时间的通用 UDP 处理流程。作为一种安全机制，Cisco ASA 收到 DNS 请求的响应消息后，与 DNS 请求和响应相关的 UDP 连接马上断开。即使没有启用 DNS 监控功能，也可以在全局配置模式中使用命令 **dns-guard** 针对全局启用 DNS 防护（DNS Guard）特性。

Cisco ASA DNS 监控可带来以下好处：

- 确保 DNS 响应 ID 与 DNS 请求 ID 相匹配；
- 可以使用 NAT 对 DNS 包进行地址转换；
- 在执行 NAT64 时，可以将 AAAA 记录（Record）转换成 A 记录，反之亦然；
- 重组 DNS 包以确认其长度。Cisco ASA 支持最大 65,535 字节的 DNS 包。如果需要的话，可以重组 DNS 包并将其与用户指定的最大长度相比较，若 DNS 包大于最大长度，则数据包被丢弃。

在 ASDM 中启用 DNS 监控，需要打开菜单 **Configuration > Firewall > Service Policy Rules** 并选择相应的服务策略，然后点击 **Edit**。接着在 Edit Service Policy Rule 对话框（图 13-4）中点击 **Rule Actions** 标签，勾选 Protocol Inspection 标签中的 **DNS** 复选框。管理员也可以点击 **Configure** 按钮，为这个 DNS 监控配置一些可选参数。这时系统会显示 Select DNS Inspect Map 对话框。要配置新的 DNS 监控映射表，需要点击 **Add**。这时系统就会显示图 13-5 所示的 Add DNS Inspect Map 对话框。管理员可能需要点击 **Details** 按钮来查看所有可以配置的选项。

如果需要针对 DNS 配置协议一致性，可以选择 **Protocol Conformance** 标签，如图 13-5 所示。其中包括以下选项。

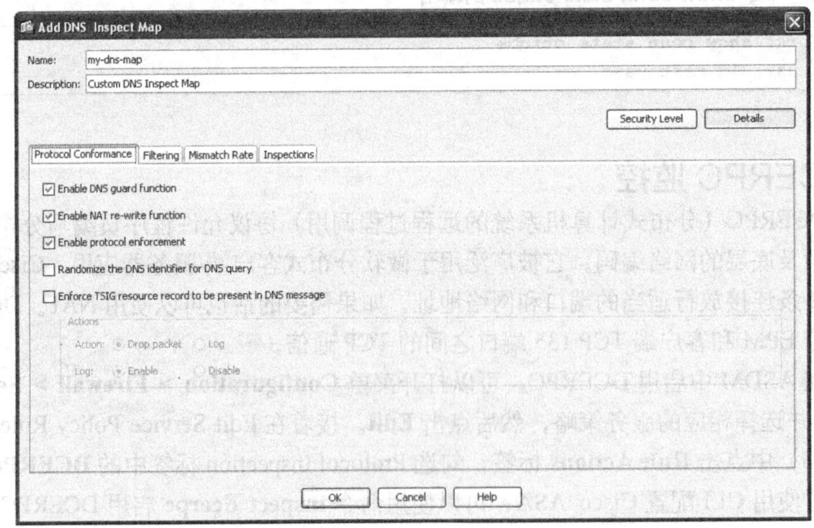

图 13-5 添加 DNS 监控映射表

- Enable DNS Guard Function：该选项允许 Cisco ASA 通过 DNS 包头中的 ID 字段，对 DNS 的请求和响应进行匹配性检查。
- Enable NAT Re-write Function：Cisco ASA 对 DNS 响应消息的 A 类记录执行 IP 地址转换。
- Enable Protocol Enforcement：Cisco ASA 可执行 DNS 消息格式检查，其中包括：
  - 域名；
  - 标签长度；
  - 压缩；
  - 环形指针检查。
- Randomize the DNS Identifier for DNS Query：选择该选项将随机产生 DNS 请求消息中的 DNS 识别符。
- Enforce TSIG Resource Record to Be Present in DNS Message：Cisco ASA 强制将 TSIG 资源记录呈现在 DNS 消息中。Cisco ASA 可以根据管理员配置在 Actions 中的行为，丢弃数据包或者记录相关消息。

管理员可以在 Filtering 标签中为 DNS 配置过滤设置，如图 13-6 所示。

管理员可以在 Global Settings 下进行配置，使 Cisco ASA 丢弃那些超出指定最大长度的数据包（全局）。管理员可以在 Maximum Packet Length 部分指定最大数据包长度（以字节为单位）。

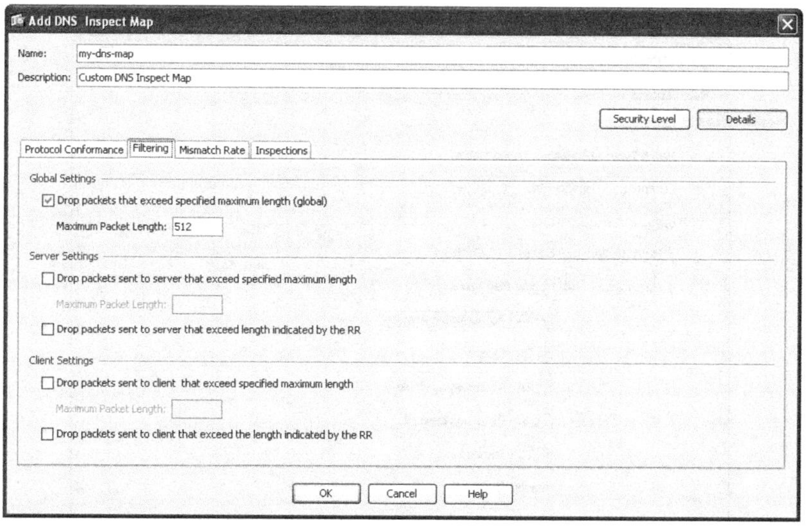

图 13-6 DNS Inspect Map 中的 Filtering 标签

管理员可以在 Server Settings 部分配置与服务器相关的参数，可以在 Client Settings 部分配置与客户端相关的参数。两部分均可配置的参数包括：

- 丢弃超出指定最大长度的数据包；
- 丢弃发往服务器且由资源记录（RR）表示为超出长度的数据包。

管理员可以在 Mismatch Rate 标签中配置 DNS 的 ID 不匹配速率，如图 13-7 所示。

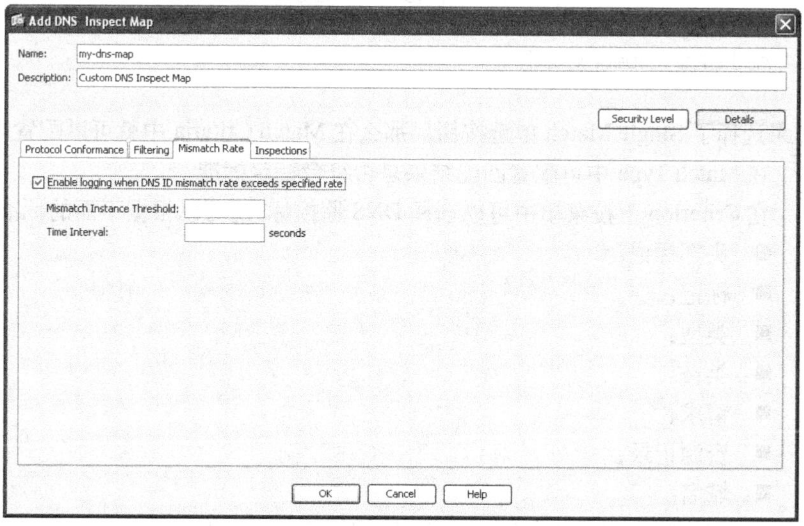

图 13-7 DNS Inspect Map 中的 Mismatch Rate 标签

如果勾选了复选框 **Enable logging when DNS ID mismatch rate exceeds specified rate**，那么当设备收到超量的 DNS 标识符不匹配实例时，允许登录 Cisco ASA。管理员可以事先在 Mismatch Instance Threshold 下指定最大数量的不匹配实例。在 Time Interval 下配置监测的时间周期（以秒为单位）。

管理员可以在 Inspections 标签中添加或编辑更精确的匹配参数及其相应行为。点击 **Add** 添加新的匹配标准，或者点击 **Edit** 编辑现存的匹配标准。图 13-8 所示为 Add DNS Inspect 对话框。

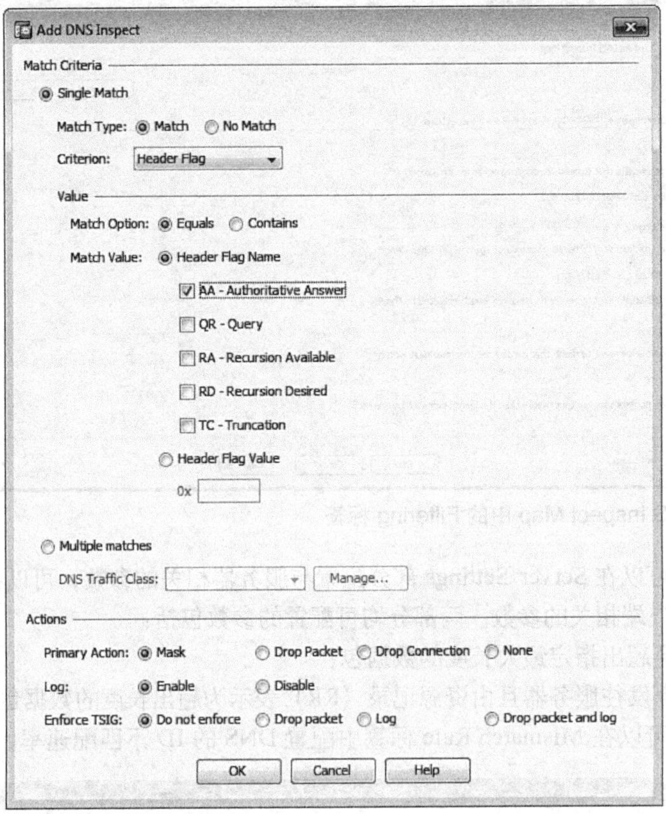

图 13-8 Add DNS Inspect 对话框

如果选择了 Single Match 单选按钮，那么在 Match Criteria 中就可以配置以下选项。

- 在 Match Type 中可配置匹配结果是否符合特定标准。
- 在 Criterion 下拉菜单中可以选择 DNS 监控标准。可以根据下面的标准来进行匹配：
    - 头部标记；
    - 标记；
    - 类型；
    - 类；
    - 请求；
    - 资源记录；
    - 域名。
- 在 Value 中可以配置与匹配 DNS 监控的设置中相匹配的值。
- 同样地，管理员也可以点击 **Multiple matches** 单选按钮，来配置多个匹配项。

在 Action 中可以配置满足特定条件后 Cisco ASA 采取的行为。

主要的行为可配置为标记、丢弃问题数据包、丢弃连接或不采取任何行为。也可以开启日志记录。除此之外，当启用 TSIG 时，管理员可以丢弃数据包、记录日志或者同时采取这两个行为。

若管理员通过 CLI 进行配置，可以使用命令 **inspect dns**。例 13-8 中包含了前文案例中相关参数的 CLI 命令。

例 13-8 启用 DNS 监控

```
policy-map type inspect dns my-dns-map
 description Custom DNS Inspect Map
 parameters
  message-length maximum 512
 match header-flag eq AA
  drop-connection log
policy-map global_policy
 class inspection_default
   inspect dns my-dns-map
```

13.6 ESMTP 监控

Cisco ESMTP（扩展 SMTP）监控增强了由 Cisco PIX 防火墙 6.x 及早先版本中提供的传统 SMTP 监控功能。它能够通过限制穿越 Cisco ASA 的 SMTP 命令类型，有效地阻止基于 SMTP 的攻击。其中支持以下 ESMTP 命令：

- AUTH；
- DATA；
- EHLO；
- ETRN；
- HELO；
- HELP；
- MAIL；
- NOOP；
- QUIT；
- RCPT；
- REST；
- SAML；
- SOML；
- VRFY。

若 ESMTP 或 SMTP 包中包含有非法命令，安全设备将其修改并转发。这样做的结果是服务器会返回拒绝消息，并强制客户端发出合法命令。比如，用户尝试发送 **TURN**，但这是一个不被支持的非法命令。Cisco ASA 将其修改，使接收方返回 SMTP 错误代码 500（不可识别的命令）并断开连接。

Cisco ASA 可能会对包含非法命令的数据包进行更深入的参数监控。SMTP 和 ESMTP 扩展需要这种类型的监控。更深入的参数监控可用来监控以下 SMTP 和 ESMTP 扩展：

- 消息大小声明（SIZE）；
- 远程队列处理声明（ETRN）；
- 二进制 MIME（BINARYMIME）；
- 命令流水线（PIPELINING）；
- 认证（AUTH）；
- 传递状态通知（DSN）。

要通过 ASDM 启用 ESMTP 监控，可以通过菜单 **Configuration > Firewall > Service Policy Rules**，选择相应的服务策略，并点击 **Edit**。在 Edit Service Policy Rule 对话框

（详见图 13-4）中点击 **Rule Actions** 标签，在 Protocol Inspection 标签中勾选 **ESMTP** 复选框。

管理员也可以点击 ESMTP 复选框右边的 **Configure** 按钮，为这个 ESMTP 监控配置多个可选参数。这时就会显示 Select ESMTP Inspect Map 对话框。要配置新的 ESMTP 监控映射集，点击 **Add**。这时就会显示 Add ESMTP Inspect Map 对话框，如图 13-9 所示。

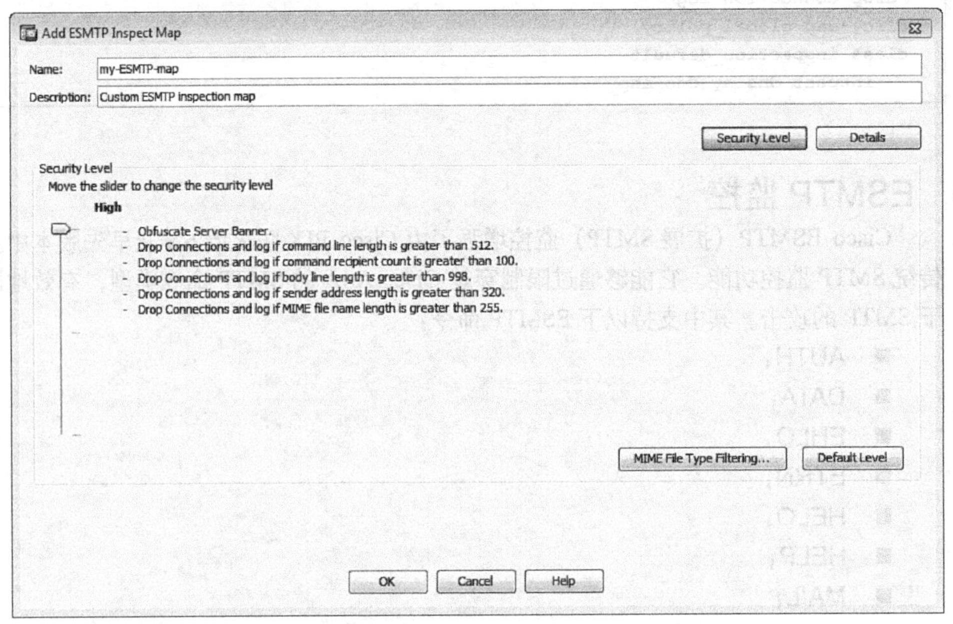

图 13-9 添加一个 ESMTP 监控映射集

在这里可以配置三个安全级别：High（高）、Medium（中）、Low（低）。Low 是默认配置，其中包含下列检查和行为：

- 若命令行长度超过 512，则记录；
- 若命令接收方数量超过 100，则记录；
- 若文本行长度超过 1000，则记录；
- 若发送方地址长度超过 320，则记录；
- 若 MIME 文件名长度超过 255，则记录。

如果拖拽移动滑块，将安全级别选择为 **Medium**，设备就会执行下列检查和行为：

- 服务器旗标语义是否含混不清；
- 若命令行长度超过 512，则丢弃连接；
- 若命令接收方数量超过 100，则丢弃连接；
- 若文本行长度超过 1000，则丢弃连接；
- 若发送方地址长度超过 320，则丢弃连接；
- 若 MIME 文件名长度超过 255，则丢弃连接。

如果拖拽移动滑块，将安全级别选择为 **High**，设备就会执行下列检查和行为：

- 服务器旗标语义是否含混不清；
- 若命令行长度超过 512，则丢弃连接；
- 若命令接收方数量超过 100，则丢弃连接；
- 若文本行长度超过 998，则丢弃连接；

■ 若发送方地址长度超过 320，则丢弃连接；

■ 若 MIME 文件名长度超过 255，则丢弃连接。

此外，管理员也可以点击 **Details** 按钮来专门配置各个安全参数。

管理员可以通过点击 **MIME File Type Filtering** 按钮配置 MIME 文件类型过滤，可以使用自定义的正则表达式进行定义。

如需通过 CLI 启用 ESMTP 监控，可以使用命令 **inspect esmtp**。该命令将会使用 Cisco ASA 中默认的 class map 和 policy map。例 13-9 显示出 CLI 的配置，将 ESTMP 监控映射集的安全级别设置为 High。

例 13-9　通过 CLI 启用 ESMTP 监控

```
policy-map type inspect esmtp my-ESMTP-map
 description Custom ESMTP Inspection Map
 parameters
 match sender-address length gt 320
  drop-connection log
 match MIME filename length gt 255
  drop-connection log
 match cmd line length gt 512
  drop-connection log
 match cmd RCPT count gt 100
  drop-connection log
 match body line length gt 998999
  drop-connection log
policy-map global_policy
 class inspection_default
  inspect esmtp my-ESMTP-map
```

13.7 FTP

Cisco ASA FTP 应用监控通过检查 FTP 会话来提供以下特性：

■ 在为 FTP 传输创建第二条数据连接时增强安全性；

■ 强制执行 FTP 命令回应序列；

■ 为 FTP 会话生成审查追踪；

■ 在使用 NAT 时或在 FTP 控制信道中，为嵌入的 IP 地址执行地址转换。

要通过 ASDM 来启用 FTP 监控，需要打开菜单 **Configuration > Firewall > Service Policy Rules** 并选择相应的服务策略，然后点击 **Edit**。接着在 Edit Service Policy Rule 对话框（见图 13-4）中点击 **Rule Actions** 标签，勾选 Protocol Inspection 标签中的 **FTP** 复选框。管理员可以点击 **Configure** 按钮，为这个 FTP 监控配置多个可选参数。这时系统就会显示 Select FTP Inspect Map 对话框。

如需通过 CLI 启用 FTP 监控，可以使用命令 **inspect ftp**。关键字例 **strict**（可选）使 Cisco ASA 能够阻止客户端系统在 FTP 请求中发送嵌入的命令。

```
inspect ftp [ strict ] ftp-map-name
```

ftp-map-name 是 FTP 映射集的名称，用于定义被拒绝的 FTP 请求命令。例 13-10 显示出如何通过结合使用命令 **inspect ftp strict** 和 FTP 映射集（本例中为 myftpmap），有效地拒绝多个 FTP 命令。

例 13-10 拒绝特定 FTP 命令

```
ftp-map myftpmap
 deny-request-cmd cdup rnfr rnto stor stou
!
class-map inspection_default
 match default-inspection-traffic
!
policy-map asa_global_fw_policy
 class inspection_default
  inspect ftp strict myftpmap
```

注释：若客户端未遵从 RFC 标准，**strict** 选项可能会中断客户端的 FTP 会话，但它提供了更多的安全特性。

当启用 **strict** 选项时，可拒绝以下 FTP 命令和回应中的异常行为。

- 检查 **PORT** 和 **PASV** 回应命令中的逗号总数。若数量不是 5，则认为 **PORT** 命令被截断，连接将被关闭。
- Cisco ASA 监控所有 FTP 命令，看其是否以**<CR><LF>**字符结束，该标准定义在 RFC 959，"File Transfer Protocol (FTP)"中。若不是以**<CR><LF>**字符结束，连接将被关闭。
- **PORT** 命令总是应该由 FTP 客户端发出。若 **PORT** 命令由服务器发出，则连接被丢弃。
- **PASV** 回应命令总是应该由服务器发出。若 **PASV** 命令由客户端发出，则连接被丢弃。
- Cisco ASA 在被动 FTP 模式中检查协商的动态端口号。该端口号不应该属于 1～1024 范围内。这个范围内的端口号为知名协议保留。若协商的端口号在这个范围之内，则连接被关闭。
- 检查端口号之后，Cisco ASA 会检查 **PORT** 和 **PASV** 回应命令中包含的字符数。最大字符数是 8，若字符数超过 8，则 Cisco ASA 关闭该 TCP 连接。

Cisco ASA 上的 FTP 映射集子命令 **request-command deny** 用于拒绝特定的 FTP 命令。表 13-2 列出了 FTP 映射中可配置的所有 **request-command deny** 子命令选项。

表 13-2 可配置的 FTP 命令

选项	描述
all	拒绝所有可支持的 FTP 命令
appe	拒绝向文件中添加内容
cdup	拒绝用户从当前目录切换到母目录的请求（比如 cd ../）
help	限制用户从 FTP 服务器访问帮助信息
retr	拒绝从 FTP 服务器检索文件
rnfr	拒绝用户重命名文件
rnto	拒绝用户重命名特定文件
site	拒绝用户定义与服务器相关的命令
stor	拒绝用户储存文件
stou	拒绝用户以特定名称储存文件

命令 **SYST FTP** 允许客户端系统查询服务器的操作系统信息。服务器接收到这个代码为 215 的请求，就会返回所请求的信息。Cisco ASA 收到 FTP 服务器对于 **SYST** 命令的回应后，将回应消息中的每个字符替换为 **X** 并将其发送到客户端，以防止 FTP 客户端看到 FTP 服务器的系统类型信息。管理员可以在 FTP 映射集配置模式下使用 **no mask-syst-reply** 子命令禁用这个默认行为，详见例 13-11。

例 13-11　子命令 **mask-syst-reply**

```
ftp-map myftpmap
 no mask-syst-reply
```

13.8 GPRS 隧道协议

GPRS（通用分组无线业务）是 GSM（全球移动通信系统）的一项承载业务，它增强并简化了对分组数据网络的无线接入。GPRS 架构使用无线分组技术，在 GSM 移动工作站和外部数据网络之间高效地传输用户数据包。要想启用 GTP 监控，需要购买一个独立的许可证。

GPRS 隧道协议（GTP）使多协议数据包能够以隧道的形式穿越 GPRS 主干网。

图 13-10 描述了 GPRS 的基本架构。

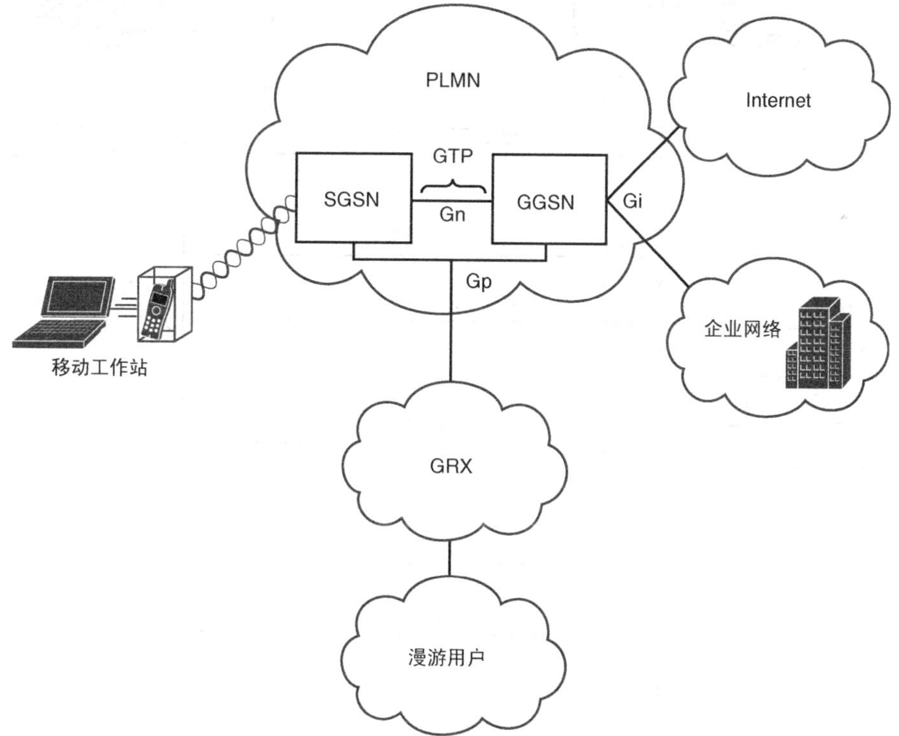

图 13-10　GRPS 架构示例

图中所示为一个移动工作站（MS）在逻辑上与 SGSN 相连。SGSN 为 MS 提供数据业务。SGSN 通过 GTP 在逻辑上与 GGSN 相连。若 GTP 隧道建立在同一个 PLMN（公共区域移动网）中，连接隧道的接口称为 Gn 接口。若 GTP 隧道建立在两个不同的 PLMN 之间，连接隧道的接口称为 Gp 接口。GGSN 通过 Gi 接口，可作为连接外部网络（如 Internet 或企业网）的网关。换句话说，GGSN 与 SGSN 之间的接口称为 Gn，GGSN 与外部数据网之间的接口称为 Gi。GTP 封装来自移动工作站的数据，并在漫游环境中负责控制 SGSN 与 GGSN 之间的隧道建立、移动和删除。

GTP 分为两个版本：

- GTPv0；
- GTPv1。

13.8.1 GTPv0

如果启用了 GTPv0，那么 GPRS 移动站不需要了解启用了 GTP 网络的具体信息就可以连接到 SGSN 网络中。PDP（分组数据协议）上下文由 TID（隧道识别符）进行识别，TID 是 IMSI（国际移动用户识别码）和 NSAPI（网络服务接入点标识符）的结合。每个移动工作站可以拥有最多 15 个 NSAPI。这使得移动工作站可以与不同的 NSAPI 建立多个 PDP 上下文。这些 NSAPI 根据应用需求获得不同的 QoS 等级。

GTPv0 和 GTPv1 传输信令消息所使用的传输协议都是 UDP。GTPv0 可以使用 TCP 传输 TPDU（传输协议数据单元）。Cisco ASA 只支持 UDP。UDP 请求的目的端口是 3386。

图 13-11 显示出 GTPv0 中涉及的呼叫流程和信令消息。

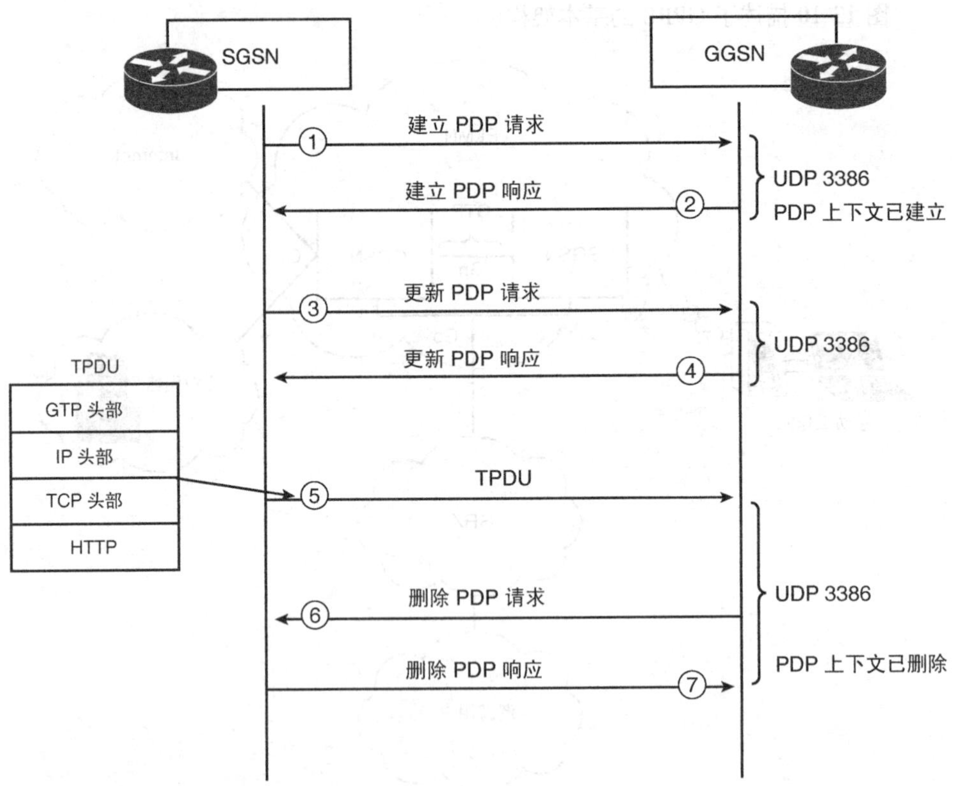

图 13-11 GTPv0 呼叫流程

以下步骤为图 13-11 中的呼叫流程。

1. SGSN 向 GGSN 发送创建 PDP 上下文请求（Create PDP Context Request）消息。
2. 建立 PDP 上下文，GGSN 向 SGSN 返回 PDP 响应。
3. SGSN 向 GGSN 发送更新 **PDP** 请求。

4. GGSN 用更新 PDP 响应消息进行回复。
5. SGSN 发送 TPDU（在图 13-11 中，可以从 Cisco ASA 监控引擎中看到 TPDU 的例子）。
6. SGSN 发送请求以删除 PDP 上下文。
7. 删除 PDP 上下文，GGSN 发送 PDP 响应。

13.8.2 GTPv1

GTPv1 为移动工作站提供主用和备用上下文。主用上下文通过 IP 地址识别，根据共享 IP 地址以及与主用上下文相关联的其他参数建立备用上下文。这项技术的优势在于移动工作站能够向一个上下文发起连接，以满足不同的 QoS 需求，同时共享由主用上下文获得的 IP 地址。

GTPv1 使用 UDP 2123 端口传输请求消息，使用 UDP 2152 端口传输数据。

图 13-12 显示出 GTPv1 中涉及的呼叫流程和信令消息。

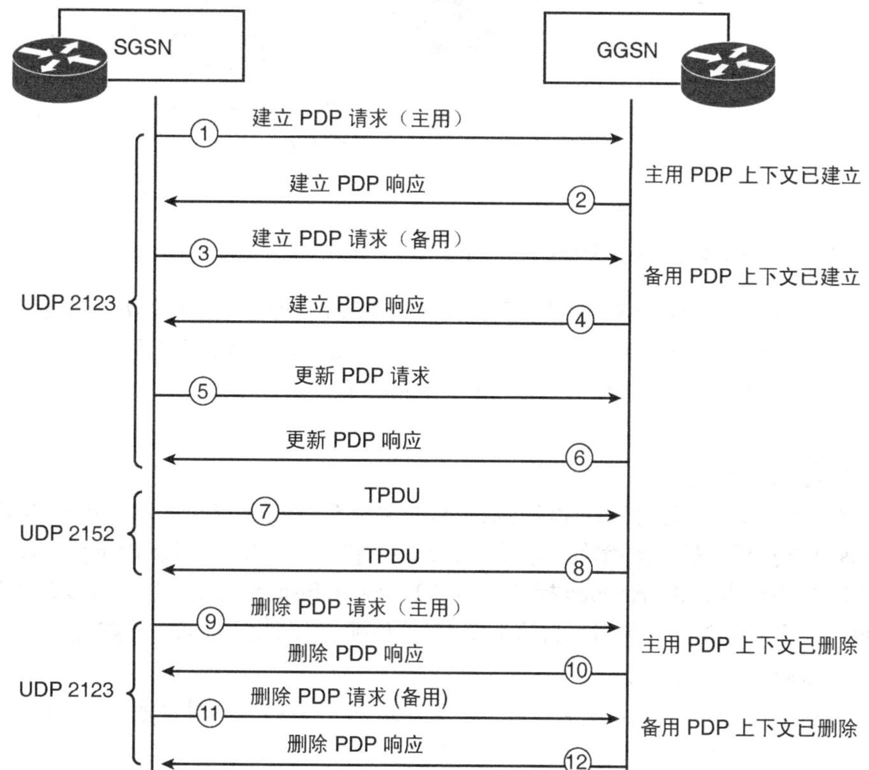

图 13-12　GTPv1 呼叫流程

以下步骤为图 13-12 中的呼叫流程。

1. SGSN 为主用 PDP 上下文发送创建 PDP 上下文请求（Create PDP Context Request）消息。
2. 建立主用上下文，GGSN 返回 PDP 响应。
3. SGSN 为备用 PDP 上下文发送 **PDP** 上下文建立请求。
4. 建立备用上下文，GGSN 返回 PDP 响应。
5. SGSN 向 GGSN 发送 **DPD** 更新请求。
6. GGSN 返回 **PDP** 更新响应。
7. 向 GGSN 发送 TPDU（数据包）。

8. 向 SGSN 发送 TPDU（数据包）。
9. SGSN 发送请求以删除主用 PDP 上下文。
10. 删除主用 PDP 上下文，GGSN 发送 PDP 响应。
11. SGSN 发送请求以删除备用 PDP 上下文。
12. 删除备用 PDP 上下文，GGSN 发送 PDP 响应。

图 13-13 将 Cisco ASA 部署在 GPRS 网络之间。

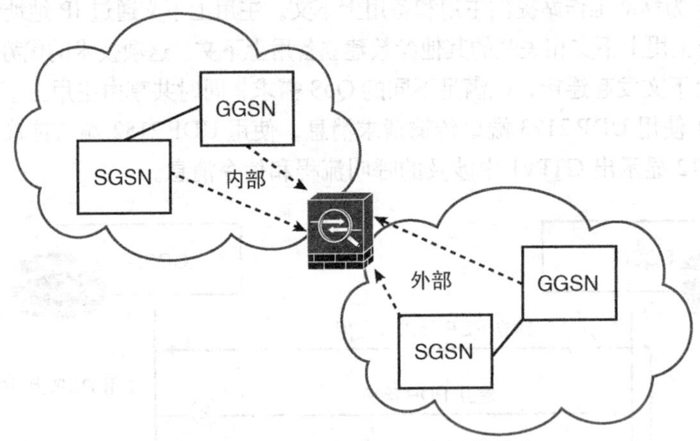

图 13-13 Cisco ASA 部署在 GPRS 网络中

图 13-13 将 Cisco ASA 部署在两个 GPRS PLMN 之间。这个案例显示出移动工作站从 HPLMN（家庭 PLMN）移动到 VPLMN（受访 PLMN）时，通信连接仍可以穿越 Cisco ASA。Cisco ASA 监控相应的 SGSN 与 GGSN 之间的所有流量。

13.8.3 配置 GTP 监控

要通过 ASDM 启用 GTP 监控，需要打开菜单 **Configuration > Firewall > Service Policy Rules** 并选择相应的服务策略，然后点击 **Edit**。接着在 Edit Service Policy Rule 对话框（见图 13-4）中点击 **Rule Actions** 标签，勾选 Protocol Inspection 标签中的 **GTP** 复选框。管理员可以点击 **Configure** 按钮，为这个 GTP 监控配置多个可选参数。这时系统会显示 Select GTP Inspect Map 对话框。

在这里只可以为 GTP 监控设置一个安全级别（Low），同时设置了以下参数。

- Do not Permit Errors（不放行错误信息）。
- Maximum Number of Tunnels（最大隧道数量）：500。
- GSN timeout（GSN 超时时间）：00:30:00。
- Pdp-Context timeout（PDP 上下文超时时间）：00:30:00。
- Request timeout（请求超时时间）：00:01:00。
- Signaling timeout（信令超时时间）：00:30:00。
- Tunnel timeout（隧道超时时间）：01:00:00。
- T3-response timeout（T3 响应超时时间）：00:00:20。
- Drop and log unknown message IDs（丢弃并记录未知消息 ID）。

点击 **MSI Prefix Filtering** 按钮可以配置 IMSI 前缀过滤。管理员可以通过 MSI Prefix Filtering 对话框配置 GTP 请求中允许的 IMSI 前缀。其中可以配置以下选项。

- Mobile Country Code（移动国家代码）：以非零的三位数字表示移动国家代码。

- Mobile Network Code（移动网络代码）：以两位或三位数字表示网络代码。

管理员可以使用 Add 和 Delete 按钮添加或删除 IMSI Prefix 表中指定的国家代码和网络代码。

管理员可以使用命令 **inspect gtp** 启用 GTP 监控。也可以通过关联一个 GTP 映射集创建自定义配置。这样可以更精确地控制各种 GTP 参数和过滤选项。

管理员可以使用命令 **gtp-map** 加映射集名称，创建 GTP 映射集。例 13-12 显示出如何在 Cisco ASA 中配置名为 mygtpmap 的 GTP 映射集并实施不同的限制。

例 13-12　GTP 监控案例

```
gtp-map mygtpmap
 tunnel-limit 1000
 request-queue 500
class-map inspection_default
 match default-inspection-traffic
policy-map asa_global_fw_policy
class inspection_default
 inspect gtp mygtpmap
```

例 13-12 中，Cisco ASA 允许最多 1000 个 GTP 隧道，允许队列中最多 500 个请求。这个 GTP 映射集被应用在默认监控类下的默认策略映射集中。

表 13-3 列出了 GTP 映射集下可配置的所有子命令。

表 13-3　GTP 映射集子命令

子命令	描述
description	用来添加对 GTP 映射集的简短描述
drop	用来根据不同关键字丢弃消息： ■ **apn**：丢弃 APN ■ **message**：丢弃消息 ID ■ **version**：指定丢弃的版本
mcc	用来指定三个数字的移动国家代码。取值范围是 000～999。一位或两位数字的国家代码前添加零
message-length	用来指定最小和最大消息长度
permit	用来使 Cisco ASA 放行错误数据包
request-queue	用来指定队列中最大请求数量
timeout	用来为以下参数指定空闲超时时间： ■ GPRS 支持节点 ■ 分组数据协议（PDP）上下文 ■ 连接
tunnel-limit	用来配置允许的最大隧道数量

13.9 H.323

H.323 标准规定了在基于 IP 的网络上提供多媒体通信服务（音频、视频和数据）所需的组件、协议和流程。H.323 定义在 RFC 3508 中。H.323 中的 4 类组件提供点到点和点到多点的多媒体通信服务。

- Terminal（终端）：网络上提供实时双向通信的端点（endpoint），比如 Cisco IP 电话。
- Gateway（网关）：在电路交换网络与包交换网络之间提供转换，使端点能够相互通信。

- Gatekeeper（网守）：负责H.323端点的呼叫控制和路由服务、系统管理和一些安全策略。
- MCU（多点控制单元）：在会议的所有参与者之间维护所有音频、视频、数据和控制流。

图13-14所示的基本网络拓扑中描述了H.323网络的组件。

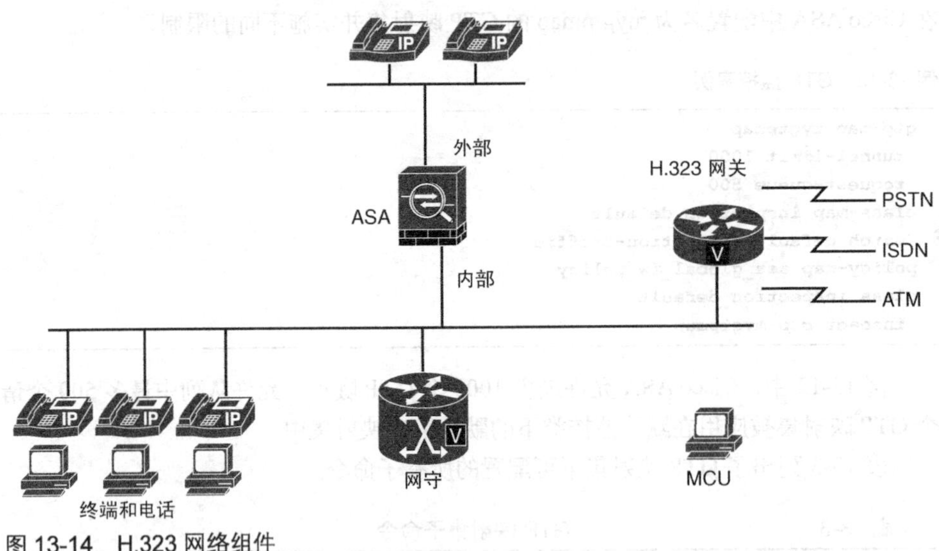

图13-14 H.323网络组件

13.9.1 H.323协议族

图13-15所示为H.323的主要组件。

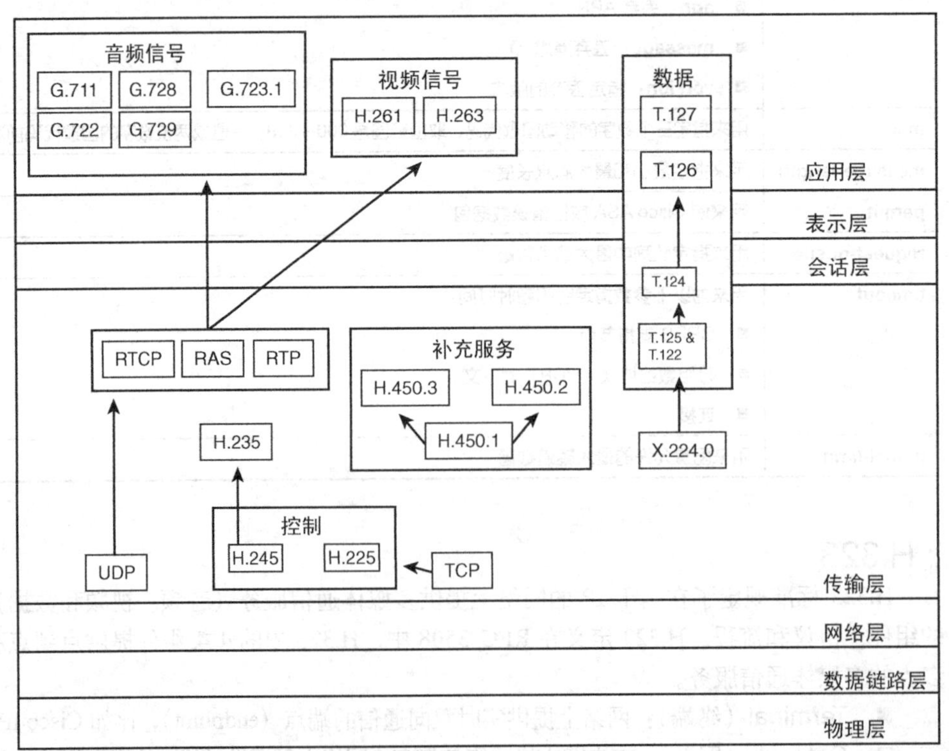

图13-15 H.323协议

其中包含下面的协议。

- G.*7nn* 组件是音频编解码器。
- H.*26n* 组件是视频编解码器，标准为 H.261。
- 音频和视频组件位于 RTP（实时传输协议）之上。
- T.*12n* 协议用于数据的实时交换，例如在线白板应用。

图 13-15 描述了各协议与 OSI 各层之间的关系。

H.323 协议族可能会用到 2 个 TCP 连接和 4～6 个 UDP 连接。

- RTP 使用 RTCP（实时传输控制协议）对音频流和视频流实施控制和同步。它使应用能够适应特定的网络环境。
- 终端和网守使用 RAS（注册、准入和状态）协议交换呼叫注册、准入和终结信息。该协议使用 UDP 进行通信。

> **注释：** H.323 快速连接（FastConnect）特性只使用一个 TCP 连接，RAS 使用 UDP 请求和响应传输注册、准入和状态信息。

- H.225 是在两终端之间负责建立连接的协议。它使用 TCP。
- H.245 是在两终端之间负责交换控制消息的协议。这些消息包括流控制和信道管理命令。
- 客户端可能会通过 TCP 1720 端口向 H.323 服务器发出 Q.931 呼叫建立请求。在呼叫建立过程中，H.323 终端为客户端提供用于 H.245 连接的 TCP 端口号。

> **注释：** 若使用了 H.323 网守，则通过 UDP 传输初始的数据包。

- Cisco ASA 可以通过监测 Q.931 TCP 连接来确定 H.245 端口号。若未使用快速连接特性，它将根据对 H.225 消息的监控，动态地分配 H.245 连接。
- 终端之间通过 H.245 消息协商后续 UDP 流所使用的端口号。Cisco ASA 监测 H.245 消息，以便得知相应端口并建立必要连接。

RTP 使用协商的端口号；而 RTCP 则使用该号码加 1 的端口号。

以下为 H.323 监控中重要的 TCP 和 UDP 端口号。

- **网守发现：** UDP 1718 端口。
- **RAS：** UDP 1719 端口。
- **控制端口：** TCP 1720 端口。

13.9.2 H.323 版本兼容性

Cisco ASA 可支持 H.323 从 1 到 6 的版本。

> **注释：** H.323 监控特性不能与 Cisco 统一通信（UC）高级特性混为一谈。Cisco UC 高级特性详见本章“统一通信高级特性”小节。

图 13-16 和图 13-17 显示出老版本 H.323 与 H.323v3 及更高版本之间的主要区别。

H.323v3 及其更高版本可在单一连接上支持多路呼叫。它通过检查 Q.931 消息中的呼叫参考值（CRV）实现这一呼叫建立特性。该特性有效减少了呼叫建立和拆除的时间。

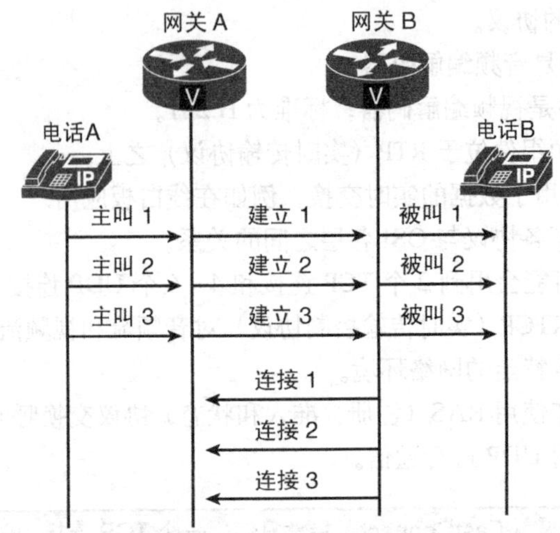

图 13-16　H.323v3 之前版本的呼叫建立

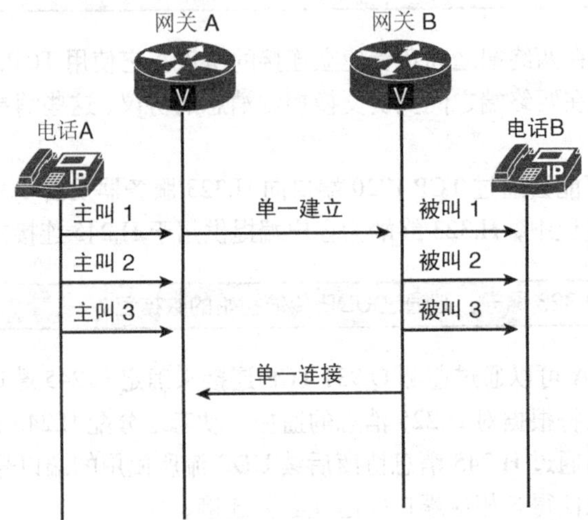

图 13-17　H.323v3 的呼叫建立特性

13.9.3 启用 H.323 监控

在 ASDM 中启用 H.323 监控，需要打开菜单 **Configuration > Firewall > Service Policy Rules** 并选择相应的服务策略，然后点击 **Edit**。接着在 Edit Service Policy Rule 对话框（见图 13-4）中点击 **Rule Actions** 标签，勾选 Protocol Inspection 标签中的 **H.323** 复选框。管理员可以点击 **Configure** 按钮，为 H.323 H.225 监控配置多个可选参数。这时将会显示 Select H.232 Inspect Map 对话框。管理员可以点击 **Add** 添加一个新的监控映射集，或者可以使用默认的 H.323 监控映射集参数。在添加新的 H.323 监控映射集时，管理员可以配置三个安全级别（低、中、高）。

低安全级别是默认配置，它支持下列检查和行为：

- 禁用 H.225 状态检查；
- 禁用 RAS 状态检查；
- 禁用呼叫方号码；
- 禁用呼叫时长限制；
- 不执行 RTP 一致性。

中安全级别支持下列检查和行为：

- 启用 H.225 状态检查；
- 启用 RAS 状态检查；
- 禁用呼叫方号码；
- 禁用呼叫时长限制；
- 执行 RTP 一致性；
- 不根据信令交换限制音频或视频负载。

高安全级别支持下列检查和行为：

- 启用 H.225 状态检查；
- 启用 RAS 状态检查；
- 启用呼叫方号码；
- 呼叫时长限制：1:00:00；
- 执行 RTP 一致性；
- 根据信令交换限制音频或视频负载。

管理员可以点击 **Phone Number Filtering** 按钮配置电话号码过滤设置。

管理员可以点击 **Details** 按钮，为 H.323 应用监控映射集配置更多参数。

管理员可以使用 State Checking 标签为 H.323 监控映射集配置状态检查参数。其中包括以下可选项。

- Check State Transition of H.225 Messages：用于对 H.225 消息执行 H.323 状态检查。
- Check State Transition of RAS Messages：用于对 RAS 消息执行 H.323 状态检查。

管理员可以使用 Call Attributes 标签为 H.323 监控映射集配置呼叫属性参数。其中包括以下可选项。

- Enforce Call Duration Limit：与 Call Duration Limit（呼叫时长限制）字段结合使用。
- Enforce Presence of Calling and Called Party Numbers：用于显示“主叫方”和“被叫方”号码。

管理员可以使用 Tunneling and Protocol Conformance 标签为 H.323 监控映射集配置隧道和协议一致性参数。其中包括以下可选项。

- Check for H.245 Tunneling：启用 H.245 隧道检查，可丢弃连接或记录事件。
- Check RTP Packets for Protocol Conformance：对 RTP/RTCP 包执行协议一致性检查。它可以与 **Limit Payload to Audio or Video, Based on the Signaling Exchange** 选项结合使用，根据信令交换，强制负载类型为音频或视频。

管理员可以使用 HSI Group Parameters 标签配置 HIS 组。在 Inspections 标签中，管理员可以使用正则表达式，为 H.323 监控添加或编辑高级匹配参数。

使用 CLI 为 H.225 启用 H.323 监控，可以使用命令 **inspect h323 h225**。为 RAS 启用 H.323 监控，可以使用命令 **inspect h323 ras**。例 13-13 中显示了这两个命令。

例 13-13 H.323 监控命令

```
policy-map global_policy
 class inspection_default
  inspect h323 h225
  inspect h323 ras
```

例13-14显示出前文案例中ASDM发送到Cisco ASA的命令。

例13-14 ASDM发送的H.323监控命令

```
policy-map type inspect h323 my-h323-map
 description Custom H.323 Inspect Map
 parameters
  state-checking h225
  state-checking ras
policy-map global_policy
 class inspection_default
  inspect h323 ras
  inspect h323 h225 my-h323-map
```

Cisco ASA会为嵌在H.225和H.245包中的IP地址执行地址转换，也可以为H.323连接执行地址转换。它使用ASN.1对使用H.323 PER（数据包编码规则）编码的消息进行解码。Cisco ASA也负责动态地分配经过协商的H.245、RTP和RTCP会话。

除此之外，Cisco ASA通过分析TPDU包（TPKT）头部，定义H.323消息的长度。在H.323中通过TCP流交换Q.931消息，并通过TPKT封装进行区分。Cisco ASA为每个连接维护一个数据结构，其中包括为将要接收到的H.323消息所定义的TPKT长度。

注释：Cisco ASA支持分段的TPKT消息。

13.9.4 DCS和GKPCS

ITU-T H.323建议中定义了两种控制信令：

- 直接呼叫信令（DCS）；
- 网守路由的控制信令（GKRCS）。

Cisco ASA可以支持这两种信令方式。Cisco ASA监控DCS和GKRCS，确保相应设备之间协商消息以及正确字段的传输。在Cisco ASA中启用H.323监控时，也同时启用了GKRCS监控，不需要进行额外的配置。

注释：Cisco ASA必须在初始的H.225建立消息中获得主叫端点的地址，才可以放行相应连接。

13.9.5 T.38

T.38是IP传真（FoIP）所使用的协议。这个协议是ITU-T H.323 VoIP架构的一部分。Cisco ASA可以对这个协议实施监控。由于T.38是H.323协议的一部分，因此在Cisco ASA中启用H.323监控时，也同时启用了T.38监控，不需要额外的配置工作。

13.10 Cisco统一通信高级特性

Cisco ASA为Cisco统一通信（UC）解决方案提供了高级特性支持。这些高级特性包括下列解决方案：

- 电话代理；
- TLS代理；
- 移动性代理；
- Presence Federation代理。

13.10.1 电话代理

Cisco ASA 电话代理特性能够为 Cisco 加密端点（SRTP[安全实时传输协议] over TLS）提供安全的远程访问，为 Cisco 软电话提供 VLAN 访问。该特性的设计初衷是增强大型部署环境中的可扩展性，从而消除大规模且复杂的 VPN 远程访问硬件部署的必要性。目前，在新的部署方案中，推荐在远程 IP 电话上使用 AnyConnect 来代替传统的电话代理。基于 AnyConnect 的 IP 电话可以对电话和企业之间的通信进行彻底的加密，也可以完全兼容 Call Manager 的最新特性。

> 注释：Cisco ASA 电话代理的设计初衷是替代 Cisco 统一电话代理。更多关于 TLS 代理与电话代理之间的区别，请参考 Cisco 网站：http://www.cisco.com/go/secureuc。

电话代理特性具有下列限制。

- 在多防火墙模式或透明模式中不支持。
- 无法监控电话与用户代理之间通过 VPN 隧道传输的数据包。
- 不支持 IP 电话发送 RTCP 数据包。
- 不支持终端用户重新设置 CIPC 环境中的设备名称。
- 不支持 IP 电话使用 Cisco VT Advantage 发送 SCCP 视频消息，因为 SCCP 视频消息不支持 SRTP 密钥。
- 对于 Mixed（混合）模式和 Non-mixed（非混合）模式集群来说，电话代理不支持 CUCM 使用 TFTP 通过 Cisco ASA 向 IP 电话发送加密的配置文件。
- 若电话代理为 Mixed（混合）模式集群所配置，多台 IP 电话位于一台 NAT 设备之后，并通过电话代理进行注册，则必须在统一通信管理器中将所有 SIP 和 SCCP IP 电话配置为认证的或加密的，或者将它们都配置为非安全的。

按照以下步骤使用 ASDM 配置电话代理特性。

1. 登录 ASDM 并打开菜单 **Configuration > Firewall > Unified Communications > Phone Proxy**。这时系统会显示图 13-18 所示的页面。
2. 勾选 **Enable Phone Proxy** 启用电话代理特性。
3. Cisco ASA 必须拥有 MTA（媒体终结地址）实例，并符合以下标准。
   - Cisco ASA 上必须为每个电话代理配置一个 MTA，不支持多个 MTA。
   - 可以为所有接口配置一个全局 MTA；换句话说，可以为不同的接口配置相同的 MTA。不能同时为每个接口配置全局 MTA 和单独的 MTA。
   - 若管理员需要为多个接口配置 MTA，必须在每个用于与 IP 电话通信的接口上配置一个地址。
   - 接口上的 IP 地址与安全设备上该接口的地址必须不同。
   - IP 地址不可与现有的静态 NAT 地址池、或 NAT 规则、或所连子网中已有设备的 IP 地址相同。
   - IP 地址不可与 Cisco 统一通信管理器或 TFTP 服务器的 IP 地址相同。
   - 当 IP 电话位于路由器或网关之后，管理员必须在相应设备上添加去往 MTA（也就是 Cisco ASA 中用于与 IP 电话进行通信的接口）的路由，以便电话能够连接 MTA。

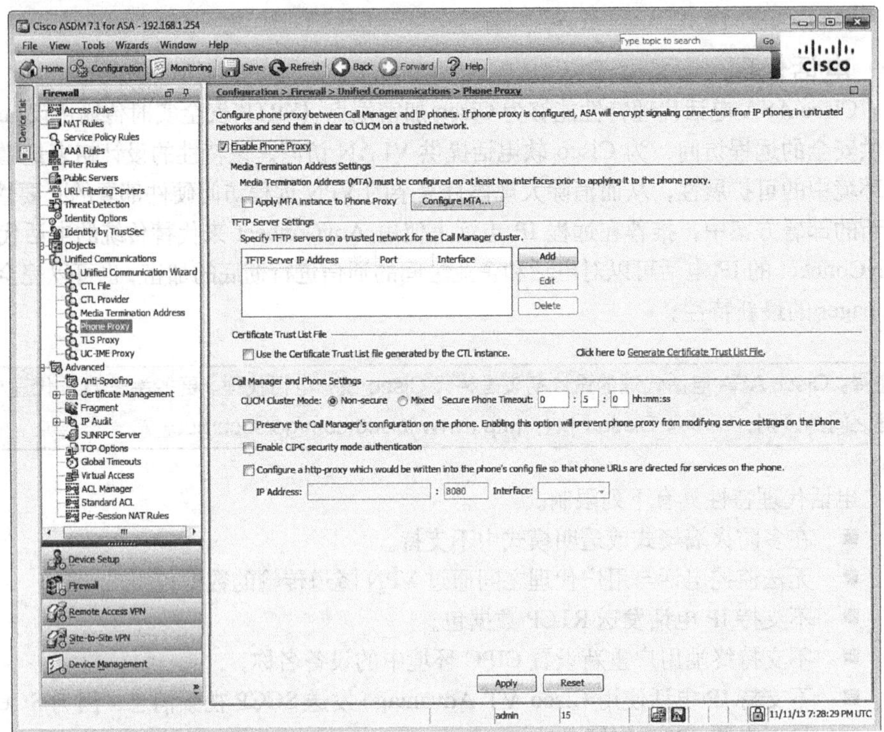

图 13-18 使用 ASDM 配置电话代理

4. 必须在可信网络中，为通信管理器集群至少配置一个 TFTP 服务器。可以在 TFTP Server Settings 中添加 TFTP 服务器。例如，管理员可以配置 TFTP 服务器地址和所在的接口。这里使用了默认的 TFTP 端口（UDP 69 端口）。
5. 管理员可以在 Certificate Trust List File 部分点击 **Click Here to Generate Certificate Trust List File** 创建电话代理所需的 CTL（证书可信列表）文件。在这里可以创建可信点并为网络中 IP 电话必须信任的每个实体（CUCM、CUCM 和 TFTP、TFTP 服务器、CAPF 服务）生成证书。证书将用于创建 CTL 文件。可信点必须基于网络中的每个 CUCM（主用和备用）和 TFTP 服务器来创建。电话根据 CTL 文件中的可信点配置选择可以信任的 CUCM。

注释：创建内部可信点后，电话代理用它签署 TFTP 文件。内部可信点名为_internal_PP_ctl-instance_filename。

点击 Click Here to Generate Certificate Trust List File 选项后，就会弹出一个新的窗口。在这里管理员可以添加 CTL 文件使用的具体记录条目。除此之外，管理员还可以为相应证书选择可使用的可信点。本例中使用可信点 ASDM_Trustpoint0。可选地，管理员可以定义 CTL 所使用的域名。本例中使用的是 securemeinc.org。

6. 在 Certificate Trust List File 部分点击 **Use the Certificate Trust List File Generated by the CTL Instance** 选择使用相应的 CTL 文件。
7. 在 Call Manager and Phone Settings 部分，可以将 CUCM 集群模式配置为 Non-secure 或 Mixed。
8. 配置空闲超时时间，超过这个时间后，相应的安全电话条目将从电话代理数据库中删除。图 13-19 中使用了默认的超时值：5 分钟。

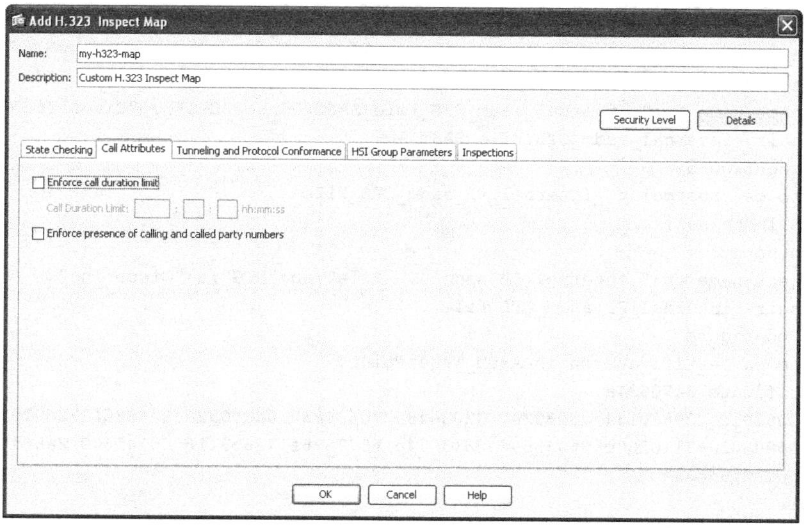

图 13-19 生成 CTL 文件

9. （可选）选择 **Preserve the Call Manager's Configuration on the Phone** 复选框可以在 IP 电话上显示 CCM 的配置。未启用该选项时，下列服务设置在 IP 电话上为禁用状态：
   - PC Port（PC 端口）；
   - Gratuitous ARP（无故 ARP）；
   - Voice VLAN Access（语音 VLAN 访问）；
   - Web Access（Web 访问）；
   - Span to PC Port（跨越 PC 端口）。
10. （可选）选择 **Enable CIPC Security Mode Authentication** 复选框，当 CIPC（Cisco IP Communicator）软电话部署在语音和数据 VLAN 环境中时，强制将 CIPC 软电话设置为 authenticated（认证）模式。
11. （可选）选择 **Configure a HTTP-Proxy Which Would Be Written into the Phone's Config File so that the Phone URLs Are Directed for Services on the Phone** 复选框，在 **<proxyServerURL>**标签下，为写入 IP 电话配置文件中的电话代理特性配置一个 HTTP 代理。需指定 HTTP 代理的 IP 地址和监听端口。
12. 点击 **Apply** 应用配置变更。
13. 点击 **Save** 将配置保存到 Cisco ASA 中。

    例 13-15 显示出 ASDM 发送到 Cisco ASA 的命令。

例 13-15 ASDM 发送的电话代理命令

```
crypto ca trustpoint ASDM_TrustPoint0
 enrollment self
 subject-name CN=NewYork
 crl configure
crypto ca trustpoint _internal_asdm_CTL_File_SAST_0
 enrollment self
 fqdn none
 subject-name cn="_internal_asdm_CTL_File_SAST_0";ou="STG";o="Cisco Inc"
 keypair _internal_asdm_CTL_File_SAST_0
 crl configure
```

（待续）

```
crypto ca trustpoint _internal_asdm_CTL_File_SAST_1
 enrollment self
 fqdn none
 subject-name cn="_internal_asdm_CTL_File_SAST_1";ou="STG";o="Cisco Inc"
 keypair _internal_asdm_CTL_File_SAST_1
 crl configure
crypto ca trustpoint _internal_PP_asdm_CTL_File
 enrollment self
 fqdn none
 subject-name cn="_internal_PP_asdm_CTL_File";ou="STG";o="Cisco Inc"
 keypair _internal_PP_asdm_CTL_File
 crl configure
crypto ca certificate chain ASDM_TrustPoint0
 certificate 3a70634a
    308201cb 30820134 a0030201 0202043a 70634a30 0d06092a 864886f7 0d010104
    0500302a 3110300e 06035504 0313074e 6577596f 726b3116 30140609 2a864886
<output truncated>
  quit
crypto ca certificate chain _internal_asdm_CTL_File_SAST_0
 certificate c070634a
    3082020d 30820176 a0030201 020204c0 70634a30 0d06092a 864886f7 0d010104
    0500304b 31123010 06035504 0a130943 6973636f 20496e63 310c300a 06035504
<output truncated>
  quit
crypto ca certificate chain _internal_asdm_CTL_File_SAST_1
 certificate c170634a
    3082020d 30820176 a0030201 020204c1 70634a30 0d06092a 864886f7 0d010104
    0500304b 31123010 06035504 0a130943 6973636f 20496e63 310c300a 06035504
    0b130353 54473127 30250603 55040314 1e5f696e 7465726e 616c5f61 73646d5f
    43544c5f 46696c65 5f534153 545f3130 1e170d30 39303731 39313931 3531335a
    170d3139 30373137 31393135 31335a30 4b311230 10060355 040a1309 43697363
<output truncated>
  quit
crypto ca certificate chain _internal_PP_asdm_CTL_File
 certificate c270634a
    30820205 3082016e a0030201 020204c2 70634a30 0d06092a 864886f7 0d010104
    05003047 31123010 06035504 0a130943 6973636f 20496e63 310c300a 06035504
<output truncated>
  quit
!
ctl-file asdm_CTL_File
 record-entry cucm-tftp trustpoint ASDM_TrustPoint0 address 172.18.108.26 domainname
securemeinc.com
 no shutdown
!
phone-proxy asdm_phone-proxy
 tftp-server address 172.18.108.26 interface inside
 cluster-mode mixed
 ctl-file asdm_CTL_File
```

13.10.2 TLS 代理

TLS 代理特性用于对 Cisco 统一通信中的加密信令实施解密和监控。该特性使 Cisco ASA 能够监控并解密从 Cisco 加密端点发往 CUCM 的加密信令，同时还可使 Cisco ASA 应用威胁保护和访问控制。该特性还常用于重新加密 CUCM 服务器上的流量，以实现机密性保护。TLS 代理从来不独立运作，它总是与其他特性协同工作，比如电话代理和移动性代理。

按照以下步骤使用 ASDM 配置 TLS 代理特性。

1. 登录 ASDM 并打开菜单 **Configuration > Firewall > Unified Communications > TLS Proxy**。
2. 点击 **Add** 添加新的 TLS 代理实例。这时就会显示 Add TLS Proxy Instance Wizard。
3. 输入 TLS 代理实例的名称并点击 **Next**。本例中使用名称 my-tls-proxy。
4. 从 Server Proxy Certificate 下拉菜单中选择服务器代理证书。
5. 点击 **Install TLS Server's Certificate** 在 Cisco ASA 可信存储中安装 TLS 服务器证书。该证书将在 TLS 代理与 TLS 服务器进行 TLS 握手的阶段认证 TLS 服务器。
6. 选择 **Enable Client Authentication During TLS Proxy Handshake** 复选框，使 Cisco ASA 在 TLS 握手阶段发送证书并认证 TLS 客户端。
7. 点击 **Next**。
8. （可选）选择 **Specify the Proxy Certificate for the TLS Client** 复选框，指定 TLS 代理将使用的客户端代理证书。
9. （可选）选择 **Specify the Internal Certificate Authority to Sign the Local Dynamic Certificate for Phones** 复选框，指定 TLS 代理将使用的 LDC 颁发者。
10. 在 **Security Algorithms** 部分，指定 TLS 握手过程中宣告或匹配的可用且活动的算法（比如 des-sha1、3des-sha1、aes128-sha1、aes256-sha1 和 null-sha1）。
11. 点击 **Next**。
12. 点击 **Finish**。
13. 点击 **Apply** 应用配置变更。
14. 点击 **Save** 将配置保存到 Cisco ASA 中。

例 13-16 显示出 ASDM 发送到 Cisco ASA 的命令。

例 13-16 ASDM 发送的 TLS 代理命令

```
tls-proxy my-tls-proxy
 server trust-point ASDM_TrustPoint0
```

13.10.3 移动性代理

移动性代理特性的设计初衷是在 Cisco Unified Mobility Advantage（CUMA）服务器与 Cisco Unified Mobile Communicator（CUMC）客户端之间提供安全的连通性。Cisco ASA 可作为移动性代理，在 CUME 和 CUMA 之间负责终结并重新发起 TLS 信令。Cisco ASA 上的 MMP 监控特性可以为 Cisco UMA MMP（移动服用协议）启用移动性代理。

在 ASDM 中启用 MMP 监控，需要打开菜单 **Configuration > Firewall > Service Policy Rules** 并选择相应的服务策略，然后点击 **Edit**。接着在 Edit Service Policy Rule 对话框（见图 13-4）中点击 **Rule Actions** 标签，勾选 Protocol Inspection 标签中的 **MMP** 复选框。管理员可以点击 **Configure** 按钮为 MMP 监控配置更多可选参数。这时将会显示 Configure TLS Proxy 对话框。从 TLS Proxy Name 下拉菜单中选择 TLS 代理名称。本例中使用了之前配置的 TLS 代理（my-tls-proxy）。

要在 CLI 中配置 MMP 监控，可以使用命令 **inspect mmp** 启用 FTP 监控。例 13-17 所示为 ASDM 发送到 Cisco ASA 的命令。

例 13-17 ASDM 发送的 MMP 监控命令

```
policy-map global_policy
 class inspection_default
  inspect mmp tls-proxy my-tls-proxy
```

13.10.4 Presence Federation 代理

Cisco ASA 中的 Presence Federation 代理特性可以在 Cisco Unified Presence 服务器和 Cisco/Microsoft Presence 服务器之间提供安全连通性。Cisco ASA 负责终结这些服务器之间的 TLS 连接，它可以在服务器之间监控 SIP 通信并对其应用策略。

Presence Federation 代理特性的配置与 TLS 代理的配置相同。

13.11 HTTP

Cisco ASA HTTP 监控引擎通过检查 HTTP 请求消息，确认 HTTP 会话是否遵从 RFC 2616，“Hypertext Transfer Protocol”的标准。预定义的 HTTP 命令包括：

- OPTIONS；
- GET；
- HEAD；
- POST；
- PUT；
- DELETE；
- TRACE；
- CONNECT。

Cisco ASA 检查这些 HTTP 命令；若 HTTP 消息中未包含其中任意一个命令，Cisco ASA 就认为该消息是一个 HTTP 扩展请求方式/命令（比如 **MOVE**、**COPY**、**EDIT**）。若这两项检查均未通过，则 Cisco ASA 生成系统日志消息并丢弃数据包。Cisco ASA 有能力检测双重编码（double-encoding）攻击。这种方法称为 HTTP de-obfuscation，也就是将使用标准编码字符进行编码的 HTTP 消息解码为 ASCII 字符（有时也称为 ASCII 标准化）。在双重编码攻击中，攻击者发送的 HTTP URI 请求经过了两次编码过程。通常防火墙和入侵检测设备检测第一次编码并将其标准化。因此攻击仍可以避开防火墙或 IDS 的检测。Cisco ASA HTTP 监控引擎能够检测双重编码，从而有效防止这种类型的攻击。

Cisco ASA 还可以提供根据关键字过滤 HTTP 消息的特性。这个特性对于监控运行在 HTTP 上的特定应用非常有用，比如在线即时通信（IM）应用、音乐共享应用等。

13.11.1 启用 HTTP 监控

要在 ASDM 中启用 HTTP 监控，需要打开菜单 **Configuration > Firewall > Service Policy Rules** 并选择相应的服务策略，然后点击 **Edit**。接着在 Edit Service Policy Rule 对话框（见图 13-4）中点击 **Rule Actions** 标签，勾选 Protocol Inspection 标签中的 **HTTP** 复选框。管理员可以点击 **Configure** 按钮为 HTTP 监控配置更多可选参数。这时将会显示 Select HTTP Inspect Map 对话框。点击 **Add** 创建 HTTP 监控映射集，以便更好地控制监控策略。

管理员可以配置三个安全级别（低、中、高），默认为低安全级别。当安全级别设置为低时，将激活下列检查和行为。

- Protocol violation action（协议违背行为）：丢弃连接。
- URI 过滤（需配置）。
- 高级监控（需配置）。

注释：在低安全级别中，设备不会丢弃非安全方式的连接也不会丢弃非 ASCII 头部的连接。

当安全级别设置为中时，将激活下列检查和行为。

- 协议违背行为：丢弃连接。
- 丢弃非安全方式的连接：仅允许 **GET**、**HEAD** 和 **POST**。
- URI 过滤（需配置）。
- 高级监控（需配置）。

注释：在中安全级别中，设备不会丢弃请求为非 ASCII 头部的连接。

当安全级别设置为高时，将激活下列检查和行为。

- 协议违背行为：丢弃连接并记录
- 丢弃非安全方式的连接：仅允许 **GET** 和 **HEAD**。
- 丢弃请求为非 ASCII 头部的连接。
- URI 过滤（需配置）。
- 高级监控（需配置）。

管理员可以点击 **URI Filtering** 按钮，使用正则表达式配置 URI 过滤。

若管理员通过 CLI 配置 Cisco ASA，可以使用命令 **inspect http** 启用 HTTP 监控。也可以创建一个 HTTP 映射集并将其关联到 **inspect http** 命令，来启用高级 HTTP 监控。使用命令 **http-map** 创建 HTTP 映射集，详见例 13-18。

例 13-18　使用 HTTP 映射集配置 HTTP 监控

```
http-map myhttpmap
 request-method rfc default action allow
 request-method ext move action reset
 request-method ext copy action reset
policy-map asa_global_fw_policy
 class inspection_default
 inspect http myhttpmap
```

例 13-18 中配置了名为 **myhttpmap** 的 HTTP 映射集。其中启用了请求方式监控，并允许所有默认遵从 RFC 的方式。不允许两个扩展请求方式 **move** 和 **copy**。若检测到这两个扩展请求方式，则重置 HTTP 连接。Cisco ASA 可以支持下列 HTTP 扩展命令：

- **copy**；
- **edit**；
- **getattribute**；
- **getattributenames**；
- **getproperties**；
- **index**；
- **lock**；
- **mkdir**；
- **move**；
- **revadd**；

- **revlabel**；
- **revlog**；
- **revnum**；
- **save**；
- **setattribute**；
- **startrev**；
- **stoprev**；
- **unedit**；
- **unlock**。

管理员可以在 **http-map** 子命令下配置一些增强的 HTTP 监控选项。配置一个 HTTP 映射集时，可以看到 **http-map** 提示符。可以使用以下子命令配置高级 HTTP 监控的必要规则：

- **strict-http**；
- **content-length**；
- **content-type-verification**；
- **max-header-length**；
- **max-uri-length**；
- **port-misuse**；
- **request-method**；
- **transfer-encoding**。

1. strict-http 命令

strict-http 命令可以改变检测到未遵从 HTTP 标准的流量时的默认行为。子命令语法如下所示。

```
strict-http action { allow | reset | drop } [ log ]
```

表 13-4 描述了 **strict-http** 命令的可选项。

表 13-4 **strict-http 命令的可选项**

可选项	描述
allow	允许消息穿越 Cisco ASA
reset	使 Cisco ASA 向客户端和/或服务器发送 TCP-RST（重置）消息
drop	丢弃数据包并关闭连接
log	生成系统日志消息

如果应用了 HTTP 参数映射，那么 **strict-http** 命令默认为禁用状态。默认行为是记录日志并发送 TCP 重置消息。

2. content-length 命令

content-length 命令根据 HTTP 消息正文的内容长度，限制穿越 Cisco ASA 的 HTTP 流量。子命令语法如下所示。

```
content-length { min bytes max bytes } action { allow | reset | drop } [ log ]
```

表 13-5 描述了 **content-length** 命令的可选项。

表 13-5 **content-length** 命令的可选项

可选项	描述
min	允许的最小内容长度，以字节为单位。可配置的范围是 0～65,535 字节
max	允许的最大内容长度，以字节为单位。可配置的范围是 0～50,000,000 字节
bytes	长度，以字节为单位
allow	允许消息穿越 Cisco ASA
reset	使 Cisco ASA 向客户端和/或服务器发送 TCP-RST（重置）消息
drop	丢弃数据包并关闭连接
log	生成系统日志消息

3. content-type-verification 命令

当 Web 浏览器通过 HTTP 接收到一个文档，它必须确定文档的编码(有时称为 charset)。浏览器必须知道这个信息以便正确显示非 ASCII 字符。**content-type-verification** 命令可以通过 HTTP 消息中的内容类型，限制穿越 Cisco ASA 的流量。Cisco ASA 需要确认消息头部的内容类型值包含在其所支持的内容类型内部列表中。除此之外，它还检查头部内容类型与消息的数据或实体部分的真实类型是否一致。当前支持的 HTTP 内容类型包括：

- Text/HTML；
- Application/ Microsoft Word；
- Application/octet-stream；
- Application/x-zip；

content-type-verification 命令的语法如下所示。

```
content-type-verification [ match-req-rsp ] action { allow | reset | drop } [ log ]
```

match-req-rsp 关键字可使 Cisco ASA 确认 HTTP 响应中的 **content-type** 字段与相应 HTTP 请求消息中的 **accept** 字段相匹配。

4. max-header-length 命令

max-header-length 命令可通过 HTTP 头部长度限制穿越 Cisco ASA 的流量。头部长度小于或等于设置长度值的消息可以通过；否则将执行配置的行为。命令的语法如下所示。

```
max-header-length { request bytes response bytes } action { allow | reset | drop }[ log ]
```

表 13-6 描述了 **max-header-length** 命令的可选项。

表 13-6 **max-header-length** 命令的可选项

可选项	描述
request	用于定义请求消息头部的长度
response	用于定义响应消息头部的长度
bytes	长度，以字节为单位。范围是 1～65,535
allow	允许消息穿越 Cisco ASA
reset	使 Cisco ASA 向客户端和/或服务器发送 TCP-RST（重置）消息
drop	丢弃数据包并关闭连接
log	生成系统日志消息

5. max-uri-length 命令

max-uri-length 命令通过请求消息中的 URI(统一资源识别符)长度限制穿越 Cisco ASA 的流量。命令的语法如下所示。

```
max-uri-length bytes action { allow | reset | drop } [ log ]
```

表 13-7 描述了 **max-uri-length** 命令的可选项。

表 13-7 **max-uri-length 命令的可选项**

可选项	描述
bytes	长度，以字节为单位。范围是 1～65,535
allow	允许消息穿越 Cisco ASA
reset	使 Cisco ASA 向客户端和/或服务器发送 TCP-RST（重置）消息
drop	丢弃数据包并关闭连接
log	生成系统日志消息

6. port-misuse 命令

port-misuse 命令可以限制使用 HTTP 作为传输协议的应用，比如即时消息。命令的语法如下所示。

```
port-misuse { default | im | p2p | tunneling } action { allow | reset | drop } [ log ]
```

表 13-8 描述了 **port-misuse** 命令的可选项。

注释：**port-misuse** 命令默认为禁用模式。

表 13-8 **port-misuse 命令的可选项**

可选项	描述
default	允许监控所有可支持的应用
im	启用 IM 应用监控（Yahoo Messenger）
p2p	端到端（peer-to-peer）应用监控，其中包括 Kazaa 和 Gnutella
tunneling	启用隧道应用监控
allow	允许消息穿越 Cisco ASA
reset	使 Cisco ASA 向客户端和/或服务器发送 TCP-RST（重置）消息
drop	丢弃数据包并关闭连接
log	生成系统日志消息

7. request-method 命令

request-method 命令为可支持的 HTTP 请求方式配置特定行为。命令的语法如下所示。

```
request-method rfc rfc method action { allow | reset | drop} [log]
request-method ext ext_method action { allow | reset | drop } [ log ]
```

表 13-9 描述了 **request-method** 命令的可选项。

> 注释：**request-method** 命令默认为禁用模式。

表 13-9 **request-method** 命令的可选项

可选项	描述
rfc	用于配置定义在 RFC 2616 中的请求方式
ext	用于配置扩展请求方式
rfc_method	RFC 2616 所支持的方式包括： ● **connect** ● **default** ● **get** ● **head** ● **options** ● **post** ● **put** ● **trace**
ext_method	扩展请求方式包括： ● **copy** ● **default** ● **edit** ● **getattribute** ● **getattribute** ● **getproperties** ● **index** ● **lock** ● **mkdir** ● **move** ● **revadd** ● **revlabel** ● **revlog** ● **revnum** ● **save** ● **setattribute** ● **startrev** ● **stoprev** ● **unedit** ● **unlock**
allow	允许消息穿越 Cisco ASA
reset	使 Cisco ASA 向客户端和/或服务器发送 TCP-RST（重置）消息
drop	丢弃数据包并关闭连接
log	生成系统日志消息

8. transfer-encoding type 命令

transfer-encoding type 命令可以为穿越 Cisco ASA 的 HTTP 传输编码类型配置指定行为。命令的语法如下所示。

```
transfer-encoding type encoding_types action { allow | reset | drop } [ log ]
```

表 13-10 描述了 **transfer-encoding type** 命令的可选项。

表 13-10 **transfer-encoding type 命令的可选项**

可选项	描述
encoding_types	用于指定编码类型。可支持以下编码类型： ■ **default**：默认行为。启用所有可支持的 HTTP 传输编码类型 ■ **chunked**：在 chunk（大块）中传输消息体 ■ **compress**：UNIX 文件压缩 ■ **deflate**：支持 ZLIB 格式（RFC 1950）和 deflate 压缩（RFC 1951） ■ **gzip**：GNU zip，定义在 RFC 1952 中 ■ **Identity**：作为默认编码（未配置传输编码） ■ **empty**：用于匹配所有空的传输编码 ■ **gzip**：用于匹配 “gzip” ■ **length**：指定按照长度校验进行匹配 ■ **regex**：指定 regex 或 regex 类
action	违规发生时采取的行为
allow	允许消息穿越 Cisco ASA
reset	使 Cisco ASA 向客户端和/或服务器发送 TCP-RST（重置）消息
drop	丢弃数据包并关闭连接
log	生成系统日志消息

13.12 ICMP

Cisco ASA 支持状态化监控 ICMP（Internet 控制消息协议）包。使用命令 **inspect icmp** 启用对 ICMP 包的监控。

除此之外，Cisco ASA 还可以转换 ICMP 错误消息。它根据 NAT 配置为发送 ICMP 错误消息的中间设备实施转换。Cisco ASA 通过以转换后的 IP 地址重写数据包来实施转换。

> **注释：** 可以使用 **traceroute** 命令（也就是微软 Windows 中的 **tracert**，Cisco IOS 软件中的 **trace** 或 **traceroute**，UNIX 中的 **traceroute**）排查连通性问题。Cisco ASA 默认阻塞 **traceroute** 消息，并且位于 Cisco ASA 之后的设备信息并不显示在 **traceroute** 命令的输出中。通常使用 ICMP 监控来放行 **traceroute** 消息。

Cisco ASA 也能够监控 ICMP 错误消息。ICMP 错误消息中通常包含失效 IP 数据包的完整 IP 头部（包括路由选项）以及 IP 数据部分的前 8 个字节。Cisco ASA 确保正确地显示这些消息。

在 ASDM 中启用 ICMP 监控，需要打开菜单 **Configuration > Firewall > Service Policy Rules** 并选择相应的服务策略，然后点击 **Edit**。接着在 Edit Service Policy Rule 对话框（见

图 13-4）中点击 **Rule Actions** 标签，勾选 Protocol Inspection 标签中的 **ICMP** 复选框。在 ASDM 中启用 ICMP 错误监控，可以打开相同菜单并勾选 **ICMP Error** 复选框。

在 CLI 中启用 ICMP 错误消息监控，可以使用命令 **inspect icmp error**。若禁用该命令，Cisco ASA 不会为中间设备生成的 ICMP 错误消息实施转换。

13.13 ILS

Cisco ASA 支持对 ILS（Internet 定位器服务）协议的监控。ILS 构建于 LDAP（轻量级目录访问协议）规范之上。许多应用使用 ILS 提供目录服务，其中包括微软活动目录。

在 ASDM 中启用 ILS 监控，需要打开菜单 **Configuration > Firewall > Service Policy Rules** 并选择相应的服务策略，然后点击 **Edit**。接着在 Edit Service Policy Rule 对话框（见图 13-4）中点击 **Rule Actions** 标签，勾选 Protocol Inspection 标签中的 **ILS** 复选框。

在 CLI 中启用 ILS 监控，可以使用命令 **inspect ils**。该命令默认为禁用模式。

Cisco ASA ILS 监控引擎可以支持下列功能：

- 使用 BER 解码 LDAP REQUEST/RESPONSE PDU；
- 分析 LDAP 包；
- 根据需要转换 IP 地址（不支持 PAT）；
- 使用 BER 对转换后地址的 PDU 进行编码；
- 将新编码的 PDU 复制回 TCP 包；
- 实施增量 TCP 校验和以及序列号校正。

13.14 即时消息（IM）

Cisco ASA 支持 IM 监控，以防止信息泄露、蠕虫繁殖或其他对于企业网络的威胁。Cisco ASA 可以支持 Yahoo!和 MSN Messenger。

需要打开菜单 **Configuration > Firewall > Service Policy Rules** 并选择相应的服务策略，然后点击 **Edit**。接着在 Edit Service Policy Rule 对话框（见图 13-4）中点击 **Rule Actions** 标签，勾选 Protocol Inspection 标签中的 **IM** 复选框。管理员可以点击 **Configure** 按钮为 IM 监控配置更多可选参数。这时系统就会显示 Select IM Inspect Map 对话框。点击 **Add** 创建 IM 监控映射集，以便更好地控制监控功能。

管理员可以在 Add IM Inspect 对话框中为 IM 监控映射集配置匹配规则及其相应的值。

指定 IM 监控仅有一个匹配语句，可以选择 **Single Match** 单选按钮。Match Type 用于定义流量是否应该符合定义的值。在 Criterion 下拉菜单中可以指定 IM 流量需要匹配的具体标准。其中包括下列选项：

- 协议；
- 服务；
- 源 IP 地址；
- 目的 IP 地址；
- 版本；
- 客户端登录名；
- 客户端对等体登录名；
- 文件名。

管理员可以在 Protocol 部分选择需进行匹配的 IM 协议。其中包括两个选项：Yahoo!

Messenger和MSN Messenger。

管理员可以通过点击 **Multiple Matches**（多项匹配）单选按钮，为IM监控指定多个匹配项。点击 **Manage** 可以添加、编辑或删除IM Class Map。

在Actions部分管理员可以配置流量与上述参数相匹配时，Cisco ASA应采取的行为，比如丢弃连接、重置连接或记录。

在CLI中启用IM监控，可以使用命令 **inspect im**。该命令默认为禁用模式。例13-19显示出ASDM将上述配置参数发送到Cisco ASA的命令。

例13-19 IM监控CLI配置

```
policy-map type inspect im my-im-map
 description IM Inspection Custom Map
 parameters
 match protocol msn-im yahoo-im
  drop-connection log
policy-map global_policy
 class inspection_default
  inspect im my-im-map
```

13.15 IPSec直通

Cisco ASA能够支持IPSec直通（pass-through），用来放行ESP（封装安全负载）协议的流量。启用IPSec直通时，所有ESP数据流可通过现有转发流进行传递，并且不限制连接的最大数量。IPSec直通仅支持ESP协议，它并不能支持AH（认证包头）协议。配置了IPSec直通时，无须使用ACL明确放行ESP流量；只需明确放行IPSec对等体之间的IKE（Internet密钥交换）流量（UDP 500端口）。如果配置了端口地址转换（PAT），IPSec直通特性不支持ESP通过。

在ASDM中启用IPSec直通监控，需要打开菜单 **Configuration > Firewall > Service Policy Rules** 并选择相应的服务策略，然后点击 **Edit**。接着在Edit Service Policy Rule对话框（见图13-4）中点击 **Rule Actions** 标签，勾选Protocol Inspection标签中的 **IPSec Pass-Thru** 复选框。管理员可以点击 **Configure** 按钮为IPSec直通监控配置更多可选参数。这时系统就会显示Select IPSec Pass-Through Inspect Map对话框。点击 **Add** 创建IPSec直通监控映射集以便更好地控制监控策略。

在这里可以配置两个安全级别（High和Low）。Low是默认配置，它包括下列检查和行为。

- 每客户端最大ESP数据流：未限制。
- ESP空闲超时时间：00:10:00。
- 每客户端最大AH数据流：未限制。
- AH空闲超时时间：00:10:00。

将安全级别设置为 **High** 时，包括下列检查和行为。

- 每客户端最大ESP数据流：10。
- ESP空闲超时时间：00:00:30。
- 每客户端最大AH数据流：10。
- AH空闲超时时间：00:00:30。

在CLI中启用IPSec直通监控，可以使用命令 **inspect ipsec-pass-thru**。例13-20显示出

将安全级别设置为 High 时，ASDM 发送来的 CLI 命令。

例 13-20 IPSec 直通监控 CLI 配置

```
policy-map type inspect ipsec-pass-thru my-ipsec-passthru-map
 description Custom IPsec passthru inspection map
 parameters
  esp per-client-max 10 timeout 0:00:30
  ah per-client-max 10 timeout 0:00:30
policy-map global_policy
 class inspection_default
  inspect ipsec-pass-thru my-ipsec-passthru-map
```

13.16 MGCP

MGCP（媒体网关控制协议）是为 IP 上的多媒体会议所定义的 IETF 标准。它提供了一种控制媒体网关的机制，为电话线缆上承载的语音信令和 IP 网络上承载的数据包实施转换。

MGCP 消息基于 ASCII 并通过 UDP 进行传输，MGCP 定义在 RFC 3661 中。MGCP 命令包括以下 8 个类型：

- CreateConnection（创建连接）；
- ModifyConnection（修改连接）；
- DeleteConnection（删除连接）；
- NotificationRequest（通知请求）；
- Notify（通知）；
- AuditEndpoint（审计端点）；
- AuditConnection（审计连接）；
- RestartInProgress（重启动进行中命令）。

每个命令都需要相应的回应。前 4 个命令由呼叫代理发送给网关。**Notify**（通知）命令由网关发送给呼叫代理。有些案例中，网关也可能向呼叫代理发送 **DeleteConnection**（删除连接）命令以删除连接。**RestartInProgress**（重启动进行中命令）命令用于 MGCP 网关注册过程中。**AuditEndpoint**（审计端点）和 **AuditConnection**（审计连接）命令由呼叫代理发送给网关。

Cisco ASA 为 MGCP 监控执行以下任务：

- 监控呼叫代理与媒体网关之间交换的所有消息；
- 动态地创建 RTP 和 RTCP 连接；
- 支持并监控重新传递的命令和回应；
- 动态适应，允许从任意呼叫代理接收命令回应。

呼叫代理是在 IP 电话系统中提供呼叫处理功能、特性逻辑和网关控制的设备。MGCP 网关是负责处理音频信号与 IP 包交换网络之间转换的设备。在 Cisco IOS 所支持的 MGCP 配置中，网关可以是 Cisco 路由器、访问服务器或线缆调制解调器，呼叫代理可以是 Cisco 服务器（Cisco PGW 或 Cisco BTS 软交换机）或第三方服务器。

在 ASDM 中启用 MGCP 监控，需要打开菜单 **Configuration > Firewall > Service Policy Rules** 并选择相应的服务策略，然后点击 **Edit**。接着在 Edit Service Policy Rule 对话框（见图 13-4）中点击 **Rule Actions** 标签，勾选 Protocol Inspection 标签中的 **MGCP** 复选框。

管理员可以点击 **Configure** 按钮为 MGCP 监控配置更多可选参数。这时系统就会显示 Select MGCP Inspect Map 对话框。点击 **Add** 创建 MGCP 监控映射集以便更好地控制监控策略。

在 Command Queue 标签中可以为 MGCP 命令配置允许的队列大小(1～2,147,483,647)。在 Gateways and Call Agents 标签中可以配置一组网关和呼叫代理。点击 **Add** 为 MGCP 监控添加新的网关和呼叫代理组。Group ID 用于识别呼叫代理组的 ID。这个组用于将一个或多个呼叫代理与一个或多个 MGCP 媒体网关相关联。在 Gateways 字段可以配置媒体网关的 IP 地址，网关由与其相关联的呼叫代理进行控制。在 Call Agents 字段可以配置呼叫代理的 IP 地址，它负责控制呼叫代理组中的 MGCP 媒体网关。

在 CLI 中启用 MGCP 监控，可以使用命令 **policy-map type inspect mgcp**。例 13-21 展示出如何为高级 MGCP 监控创建 MGCP 映射集。

例 13-21 高级 MGCP 监控

```
policy-map type inspect mgcp mymgcpmap
 parameters
  call-agent 10.10.10.133 876
  gateway 192.168.11.23 876
  command-queue 500
policy-map asa_global_fw_policy
 class inspection_default
```

例 13-21 中配置了名为 mymgcpmap 的 MGCP 映射集。**call-agent** 命令可以指定一组呼叫代理，可以管理一个或多个网关。本例中呼叫代理的 IP 地址配置为 10.10.10.133，组 ID 配置为 876。

注释：组 ID 选项可以是 1～2,147,483,647 之间的任意数值。配置相同组 ID 的呼叫代理属于同一个组。呼叫代理可以属于多个组。

Cisco ASA 可以将队列中等待回应的 MGCP 命令最大数量限制为 500。**command-queue limit** 选项可使用的数值范围是 1～2,147,483,647。

本例中还将网关的 IP 地址配置为 192.168.11.23，组 ID 为 876。这些配置用于指定哪些呼叫代理对特定网关进行管理。

13.17 NetBIOS

NetBIOS 最初由 IBM 和 Sytek 开发，作为 API（应用程序编程接口）使客户端软件能够访问 LAN 资源。现在 NetBIOS 已经成为很多其他网络应用的基础。NetBIOS 名称用于识别网络上的资源（如工作站、服务器、打印机）。应用程序使用这些名称来开始和结束会话。NetBIOS 名称由最多 16 个字符（字母+数字）组成。客户端向网络发布自身的名称。这称为 NetBIOS 注册过程，其步骤如下所示。

1. 客户端启动后，广播自身及其 NetBIOS 信息。
2. 若网络中的另一台设备已经使用了这个广播的名称，则这个 NetBIOS 客户端发布自己的广播信息，宣告这个名称已被使用。随后，尝试注册的客户端将停止注册特定名称的所有尝试。
3. 若网络中没有其他设备使用相同的名称，客户端将完成注册过程。

Cisco ASA 可以支持 NetBIOS，它可以为 NBNS（NetBIOS 名称服务器）UDP 137 端口

和 NBDS（NetBIOS 数据报服务）UDP 138 端口执行 NAT。

在 ASDM 中启用 NetBIOS 监控，需要打开菜单 **Configuration > Firewall > Service Policy Rules** 并选择相应的服务策略，然后点击 **Edit**。接着在 Edit Service Policy Rule 对话框（见图 13-4）中点击 **Rule Actions** 标签，勾选 Protocol Inspection 标签中的 **NetBIOS** 复选框。

在 Cisco ASA 中启用 NetBIOS 监控，可以使用命令 **ip inspect netbios**。

13.18 PPTP

PPTP（点到点隧道协议）通常用于 VPN 解决方案，它定义在 RFC 2637 中。按照惯例，PPTP 会话的协商是在 TCP 1723 端口上完成的，数据传输是通过 GRE（通用路由封装）协议（IP 协议 47）完成的。GRE 不携带任何第 4 层端口信息，因此无法对它实施端口地址转换(PAT)。只有当通过 PPTP TCP 控制信道进行协商时，才可为 GRE 的修订版本(RFC 2637)应用 PAT。PAT 不可用于 GRE 的未修订版本（RFC 1701 和 RFC 1702）。

Cisco ASA 能够监控 PPTP 协议数据包，动态创建所需的 GRE 连接和转换，以便放行 PPTP 流量。当启用 PPTP 监控时，不需要在 ASA 上明确放行 GRE 流量。

注释：Cisco ASA 仅支持 PPTP 版本 1。

要在 ASDM 中启用 PPTP 监控，需要打开菜单 **Configuration > Firewall > Service Policy Rules** 并选择相应的服务策略，然后点击 **Edit**。接着在 Edit Service Policy Rule 对话框（见图 13-4）中点击 **Rule Actions** 标签，勾选 Protocol Inspection 标签中的 **PPTP** 复选框。

在 Cisco ASA 中启用 PPTP 监控，可以使用命令 **inspect pptp**。

13.19 Sun RPC

Sun RPC（远程过程调用）协议用于 NFS（网络文件系统）和 NIS（网络信息服务）。NIS 客户端启动后，马上通过 RPC 端口映射程序，尝试与相应的 NIS 服务器进行通信。RPC 端口映射服务负责将 RPC 程序号转换为 TCP/UDP 端口号。RPC 服务器告知端口映射程序需要监听的端口号以及需要使用的 RPC 程序号。客户端首先与服务器上的端口映射程序联系，以确定发送 RPC 数据包所使用的端口号。默认的 RPC 端口映射程序的端口是 111。

Cisco ASA Sun RPC 监控可提供下列服务：

- 双向监控 Sun RPC 数据包；
- 支持 TCP 和 UCP 上的 Sun RPC；
- 支持端口映射程序版本 2 以及 RPCBind 版本 3 和版本 4；
- 支持 DUMP 过程，用于客户端向服务器查询所有可支持的服务；
- 支持 NAT 和 PAT。

要在 ASDM 中启用 Sun RPC 监控，需要打开菜单 **Configuration > Firewall > Service Policy Rules** 并选择相应的服务策略，然后点击 **Edit**。接着在 Edit Service Policy Rule 对话框（见图 13-4）中点击 **Rule Actions** 标签，勾选 Protocol Inspection 标签中的 **SUNRPC** 复选框。

在 Cisco ASA 中启用 Sun RPC 监控，可以使用命令 **inspect sunrpc**。Sun RPC 服务表将根据已建立的 Sun RPC 会话，控制穿越自适应安全设备的 Sun RPC 流量。在全局配置模式中，使用 **sunrpc-server** 命令创建 Sun RPC 服务表中的条目。

13.20 RSH

RSH（远程 Shell）是很多 UNIX 系统使用的管理协议。它使用 TCP 514 端口。客户端和服务器将会协商客户端所使用的 TCP 端口，用于传输 STDERR（标准错误）输出流。

Cisco ASA 可以为 RSH 监控中协商的端口号实施 NAT 转换。

要在 ASDM 中启用 RSH 监控，需要打开菜单 **Configuration > Firewall > Service Policy Rules** 并选择相应的服务策略，然后点击 **Edit**。接着在 Edit Service Policy Rule 对话框（见图 13-4）中点击 **Rule Actions** 标签，勾选 Protocol Inspection 标签中的 **RSH** 复选框。

在 Cisco ASA 中启用 RSH 监控，可以使用命令 **inspect rsh**。

13.21 RTSP

RTSP（实时流协议）是很多厂商使用的多媒体流协议。Cisco ASA 依照 RFC 2326，支持对该协议的监控。使用 RTSP 的应用包括：

- RealAudio；
- Apple QuickTime；
- RealPlayer；
- Cisco IP/TV。

大多数 RTSP 应用使用 TCP 554 端口。极其少见的情况中，在控制信道中使用 UDP。常用的 TCP 控制信道用于协商传输音频和视频的数据信道。协商的结果依赖于客户端上配置的传输模式。

可支持的 RDT（实时数据传输）协议传输包括：

- rtp/avp；
- rtp/avp/udp；
- x-real-rdt；
- x-real-rdt/udp；
- x-pn-tng/udp。

要在 ASDM 中启用 RTSP 监控，需要打开菜单 **Configuration > Firewall > Service Policy Rules** 并选择相应的服务策略，然后点击 **Edit**。接着在 Edit Service Policy Rule 对话框（见图 13-4）中点击 **Rule Actions** 标签，勾选 Protocol Inspection 标签中的 **RTSP** 复选框。

在 Cisco ASA 中启用 RTSP 监控，可以使用命令 **inspect rtsp**。

13.22 SIP

SIP（会话初始化协议）信令协议用于多媒体会议应用、IP 电话通讯、即时消息和某些应用的事件通知特性。该协议定义在 RFC 3261 中。SIP 信令通过 UDP 或 TCP 5060 端口发送，并动态地分配媒体流。图 13-20 显示出两个 SIP 呼叫实体与网关之间的基本 SIP 呼叫流程。

Cisco ASA 能够监控 NAT SIP 过程。

要在 ASDM 中启用 SIP 监控，需要打开菜单 **Configuration > Firewall > Service Policy Rules** 并选择相应的服务策略，然后点击 **Edit**。接着在 Edit Service Policy Rule 对话框（见图 13-4）中点击 **Rule Actions** 标签，勾选 Protocol Inspection 标签中的 **SIP** 复选框。

在 Cisco ASA 中启用 SIP 监控，可以使用命令 **inspect sip**。管理员可以使用命令 **show conn state sip** 查看 SIP 连接的状态，可以使用命令 **show service-policy** 查看 SIP 监控的状态。

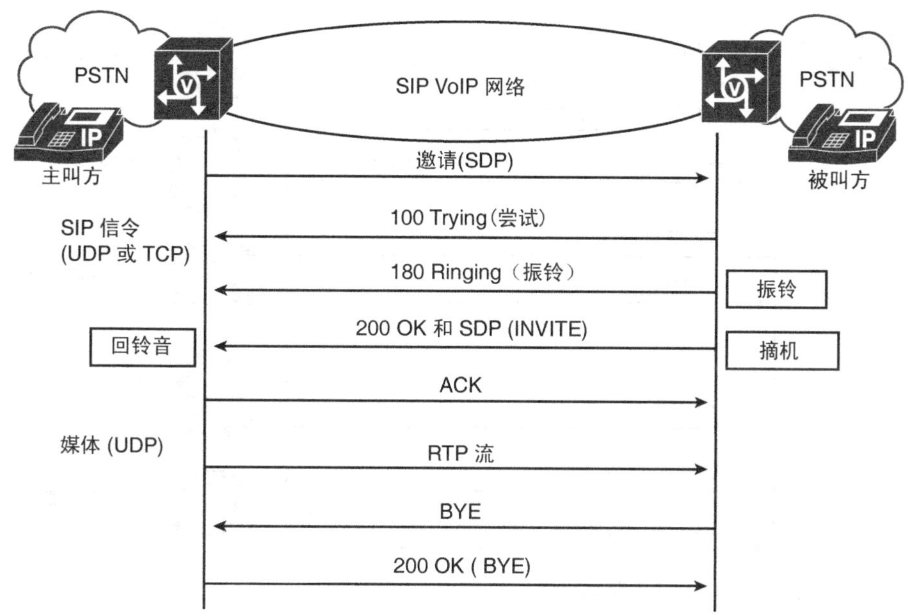

图 13-20 SIP 呼叫流

SIP 也用于 IM 应用。SIP 为即时通信所做的扩展定义在 RFC 3428 中。当用户相互聊天时，即时通信软件使用 MESSAGE/INFO 请求和 202 接受响应。注册和订阅完成后将发送 MESSAGE/INFO 请求。举例来说，两个用户可能随时通过 IM 应用相互连接，但却长时间不与对方通信。Cisco ASA SIP 监控引擎根据配置的 SIP 超时时间，在超时时间到达前为用户维护这个信息。

可以使用命令 **timeout sip** 配置空闲超时时间，超过这个时间之后，SIP 控制连接将被关闭。默认超时时间是 30 分钟。还可以使用命令 **timeout sip_media** 配置空闲超时时间，超过这个时间之后，SIP 媒体连接将被关闭。默认超时时间是 2 分钟。

例 13-22 显示出如何在 Cisco ASA 中将 SIP 超时时间配置为 1 小时。

例 13-22 SIP 超时时间案例

```
NewYork(config)# timeout sip 1:00:00
NewYork(config)# timeout sip_media 0:30:00
```

13.23 Skinny (SCCP)

Skinny 是用于 VoIP 应用的协议，Skinny 是 SCCP（简单客户端控制协议）的另一个名称。Cisco IP 电话、Cisco CallManager 和 Cisco CallManager Express 均使用这个协议。图 13-21 显示出 Cisco IP 电话与相应组件（比如 Cisco CallManager）之间的注册和通信过程。

在图 13-21 中，Cisco IP 电话被分配到特定 VLAN 中。接下来，它向 DHCP 服务器发出请求，请求获得 IP 地址、DNS 服务器地址和 TFTP 服务器名称或地址。若管理员在 DHCP 服务器中配置了默认网关选项，IP 电话还会获得默认网关地址。

注释：若 DHCP 回应中不包含 TFTP 服务器名称，则 Cisco IP 电话使用默认的服务器名称。

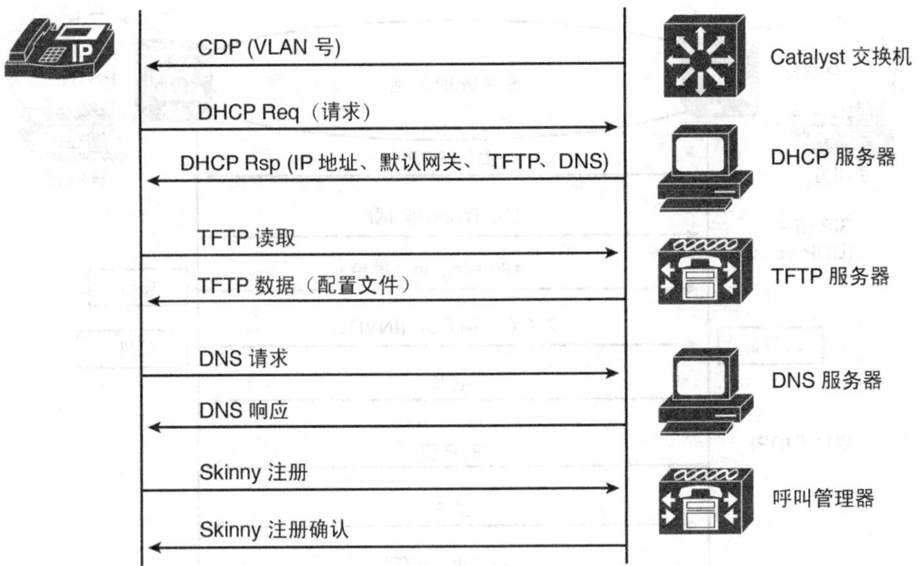

图 13-21 Cisco IP 电话注册和通信流

Cisco IP 电话从 TFTP 服务器获得自己的配置。它通过 DNS 解析 Cisco CallManager 名称，并开始 Skinny 注册过程。

要在 ASDM 中启用 Skinny 监控，需要打开菜单 **Configuration > Firewall > Service Policy Rules** 并选择相应的服务策略，然后点击 **Edit**。接着在 Edit Service Policy Rule 对话框（见图 13-4）中点击 **Rule Actions** 标签，勾选 Protocol Inspection 标签中的 **SCCP(Skinny)**复选框。

在 Cisco ASA 中启用 Skinny 监控，可以使用命令 **inspect skinny**。该命令默认为启用模式。

注释：Cisco ASA 不支持分段的 Skinny 消息。

如前所述，Cisco IP 电话从 TFTP 服务器获得其配置信息。在配置信息中包括它需要连接的 Cisco CallManager 服务器的名称或 IP 地址。当 Cisco IP 电话与 TFTP 服务器相比，位于较低安全级别的接口时，管理员必须使用 ACL 放行 UDP 69 端口的流量。管理员需要使用 **inspect tftp** 命令启用 TFTP 监控，放行 Cisco CallManager 发起的第 2 条数据连接。若 Cisco IP 电话与 Cisco CallManager 相比，位于较低安全级别的接口时，管理员必须为 Cisco CallManager 创建静态 NAT 条目。

注释：第 8 章中介绍了如何创建 ACL 和静态 NAT 条目。

13.24 SNMP

SNMP（简单网络管理协议）负责管理和监测网络设备。Cisco ASA SNMP 监控可以监测网络设备之间的数据包流量。Cisco ASA 可以根据 SNMP 包的版本将流量丢弃。SNMP 的早期版本相对不安全。因此企业安全策略也许需要拒绝 SNMPv1 的流量。管理员可以通过 CLI，使用命令 **snmp-map** 配置 SNMP 映射集，并将其关联到命令 **inspect snmp** 中，详见例 13-23。

例 13-23 SNMP 监控

```
snmp-map mysnmpmap
 deny version 1
policy-map global_policy
 class inspection_default
  inspect snmp mysnmpmap
```

例 13-23 中配置了一个名为 mysnmpmap 的 SNMP 映射集，它拒绝所有 SNMPv1 包。子命令 **deny version** 包含下列选项：

- **1** = SNMP 版本 1；
- **2** = SNMP 版本 2（party based）；
- **2c** = SNMP 版本 2c（community based）；
- **3** = SNMP 版本 3。

要在 ASDM 中启用 SNMP 监控，需要打开菜单 **Configuration > Firewall > Service Policy Rules** 并选择相应的服务策略，然后点击 **Edit**。接着在 Edit Service Policy Rule 对话框（见图 13-4）中点击 **Rule Actions** 标签，勾选 Protocol Inspection 标签中的 **SNMP** 复选框。接下来可以点击 **Configure** 配置需要拒绝的 SNMP 版本。

这时将会显示 Add SNMP Map 对话框，管理员可以在这里创建新的 SNMP 映射集来控制 SNMP 应用监控。

13.25 SQL*Net

Cisco ASA 可以支持 Oracle SQL*Net 协议的监控，它同时支持版本 1 和版本 2。Cisco ASA 能够对其实施 NAT，它可以查看数据包中的所有端口，以便为 SQL*Net 放行所需的通信连接。SQL*Net 监控仅支持 TNS（透明网络底层）Oracle SQL*Net 格式；它不支持 TDS（表格式数据流）格式。

在 ASDM 中启用 SQL*Net 监控，需要打开菜单 **Configuration > Firewall > Service Policy Rules** 并选择相应的服务策略，然后点击 **Edit**。接着在 Edit Service Policy Rule 对话框（见图 13-4）中点击 **Rule Actions** 标签，勾选 Protocol Inspection 标签中的 **SQLNET** 复选框。

在 Cisco ASA 中启用 SQL*Net 监控，可以使用命令 **inspect sqlnet**。

13.26 TFTP

TFTP（简单文件传输协议）允许各个系统之间读写文件，这些系统相互为客户端/服务器关系。TFTP 应用监控的优势之一是 Cisco ASA 能够防止主机打开非法连接。除此之外，Cisco ASA 强制服务器使用特定的第 2 条通道。这个限制措施防止 TFTP 客户端创建第 2 条通道，因为黑客很难猜出 TFTP 监控使用的临时端口。

要在 ASDM 中启用 TFTP 监控，需要打开菜单 **Configuration > Firewall > Service Policy Rules** 并选择相应的服务策略，然后点击 **Edit**。接着在 Edit Service Policy Rule 对话框（见图 13-4）中点击 **Rule Actions** 标签，勾选 Protocol Inspection 标签中的 **TFTP** 复选框。

在 Cisco ASA 中启用 TFTP 监控，可以使用命令 **inspect tftp**。

13.27 WAAS

Cisco ASA 支持 WAAS（广域应用服务）应用监控。启用 WAAS 监控时，Cisco ASA

自动检测 WAAS 连接并允许适当的 TCP 流量进入受保护网络。

要在 ASDM 中启用 WAAS 监控，需要打开菜单 **Configuration > Firewall > Service Policy Rules** 并选择相应的服务策略，然后点击 **Edit**。接着在 Edit Service Policy Rule 对话框（见图 13-4）中点击 **Rule Actions** 标签，勾选 Protocol Inspection 标签中的 **WAAS** 复选框。

在 Cisco ASA 中启用持 WAAS 监控，可以使用命令 **inspect waas**。

13.28 XDMCP

XCMCP（X 显示管理器控制协议）是很多 UNIX 系统用来远程执行和查看应用的协议。

> 提示：使用 XDMCP 本质上是不安全的；因此多数 UNIX 系统中的 XDMCP 默认是关闭的。建议仅在可信网络中使用 XDMCP。

XDMCP 使用 UDP 177 端口协商 X 连接所使用的 TCP 端口。X 管理器与 X 服务器使用 TCP 6000 + n（n=协商后得出的端口）端口进行通信。

要在 ASDM 中启用 XDMCP 监控，需要打开菜单 **Configuration > Firewall > Service Policy Rules** 并选择相应的服务策略，然后点击 **Edit**。接着在 Edit Service Policy Rule 对话框（见图 13-4）中点击 **Rule Actions** 标签，勾选 Protocol Inspection 标签中的 **XDMCP** 复选框。

在 Cisco ASA 中启用持 XDMCP 监控，可以使用命令 **inspect xdmcp**。

总结

Cisco ASA 下一代防火墙服务中包含了一些安全软件，用户可以将这些软件添加到 Cisco ASA 系列状态化监控防火墙当中。这些服务可以让用户获得端到端的智能化特性、流水线式的操作方法，而且可以在确保安全性的前提下，快速适应新的应用，或者连接到未知的设备。本章介绍了如何在 Cisco ASA 上使用并配置应用监控，描述了应用监控特性如何确保用户安全地使用应用和服务，并详细介绍了需要特殊应用监控的协议。

第14章

虚 拟 化

本章涵盖的内容有：

- 架构概述；
- 配置安全虚拟防火墙；
- 部署方案；
- 监测与排错。

虚拟防火墙这种方法可以将一个物理防火墙分为多个独立的防火墙。每个独立的防火墙都会作为一台独立的设备，可以拥有各自的配置文件、接口、安全策略、路由表和管理员。在 Cisco ASA 中，这些虚拟出来的防火墙就被称为安全虚拟防火墙（security context）。

下面是网络部署方案中，一些需要使用安全虚拟防火墙的案例。

- 你是服务提供商，想要为客户提供防火墙服务。但是，你并不希望为各客户添加物理防火墙。
- 你管理一个校园网，出于安全性考虑，你希望将校园网分割为多个学生的网络，但仍旧只使用一台物理安全设备。
- 你管理着一个大型企业的网络，该企业有很多部门，各部门都希望实施自己的安全策略。
- 你的企业中有一个重叠网络，而你希望在不改变编址方式的前提下为下面的所有网络提供防火墙服务。
- 你当前管理着许多物理防火墙，而你希望将所有这些防火墙上的安全策略集成进一个物理防火墙中。
- 你管理的是一个数据中心环境，而你希望通过提供端到端虚拟环境来削减操作成本并提高效率。

在图 14-1 中，一个总部位于芝加哥的虚拟企业 SecureMeInc.org，通过一台 Cisco ASA 为两个客户提供防火墙服务。要实施这种高效的解决方案，SecureMe 需要在安全设备中为两个客户分别配置两台虚拟防火墙：Bears 和 Cubs。每个客户可以管理其自己的安全虚拟防火墙，而不需要其他虚拟防火墙的参与。另外，安全设备的管理员（即负责管理整台防火墙的管理员）可以管理 admin 虚拟防火墙（admin context）和系统执行空间（system execution space），这两类虚拟防火墙将在下面的“架构概述”一节中进行介绍。

在图 14-1 中，每个虚线方框都代表一台安全虚拟防火墙，Cisco ASA 可以对穿过它们的流量进行监控和保护。最外面的实线方框代表物理的 Cisco 安全设备，其中配置了多个安全虚拟防火墙。

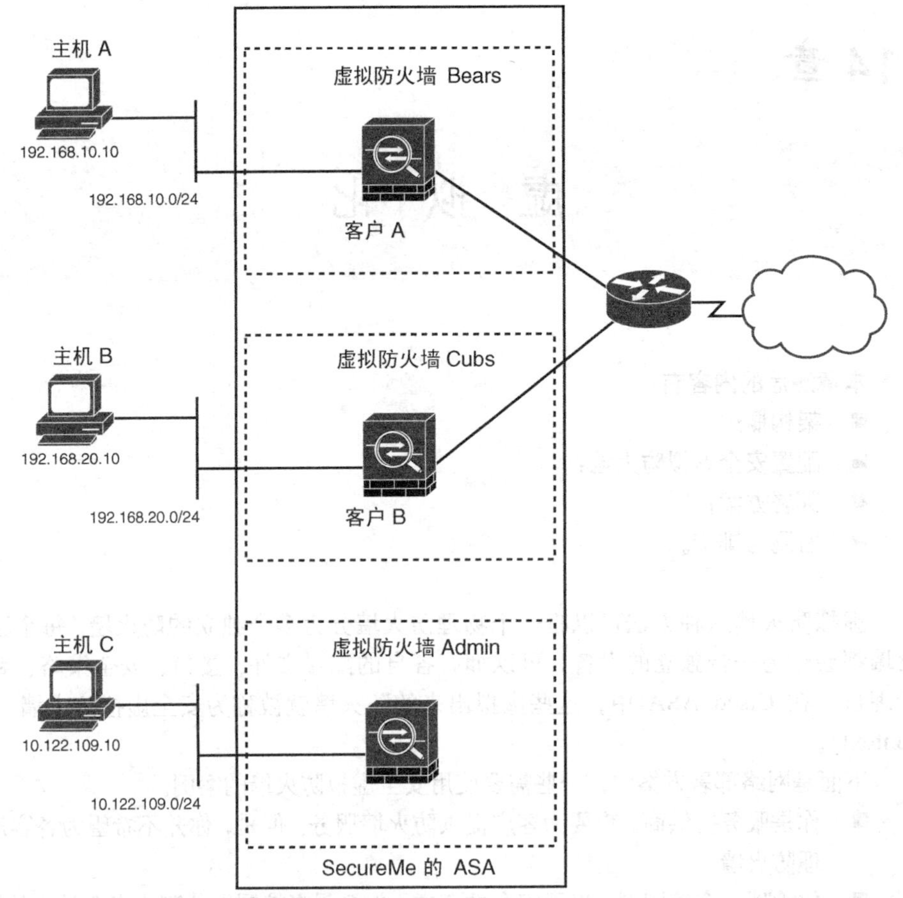

图 14-1 Cisco ASA 中的安全虚拟防火墙

> **注释：**从 Cisco 5510 到 Cisco 5585-X 的 Cisco ASA 都支持虚拟防火墙特性。不过，Cisco ASA 5505 目前还不支持该特性。表 14-3 会显示各个型号防火墙所支持的最大虚拟防火墙数量。

在写作本书时，最新的 Cisco ASA 操作系统版本为 9.1(4)。

14.1 架构概述

在虚拟防火墙环境中，Cisco 安全设备可以分为三类：

- 一个系统执行空间（也称为系统虚拟防火墙）；
- 一个管理虚拟防火墙（admin context）；
- 一个以上的用户虚拟防火墙（也称为客户虚拟防火墙）。

所有虚拟防火墙都可以独立地进行配置和维护。虽然虚拟防火墙都是独立的虚拟设备，但是在有些情况下，虚拟防火墙仍然可以影响到其他虚拟防火墙的功能和性能。因此，一定要保证每个虚拟防火墙的配置是正确的。

14.1.1 系统执行空间

系统执行空间和其他虚拟防火墙不同，它没有 2 层或 3 层接口或其他网络设置。而且，系统执行空间主要用来为其他安全虚拟防火墙定义属性和设置。系统执行空间中需要为每个虚拟防火墙配置的 3 个重要设置为：

- 虚拟防火墙的名称；
- 虚拟防火墙启动配置文件的位置，也称为 configlet；
- 分配接口。

另外，还有很多可选特性也可以在系统执行空间中进行配置，比如接口、故障倒换和启动参数等。表 14-1 罗列了系统执行空间中可以设置的常用特性。

表 14-1　　系统执行空间中可选的配置

特性	描述
接口	设置物理接口的速度和双工模式。可以启用或禁用接口
旗标	指定当用户连接安全设备时，会出现的登录或会话旗标
启动	指定启动参数，以加载正确的镜像文件
激活码	通过激活码来启用或禁用安全设备的特性
资源管理	将分配资源分配给不同的安全虚拟防火墙
文件管理	添加或删除存储在本地安全设备上的安全虚拟防火墙
防火墙模式	在系统执行空间中配置单模（single-mode）或多模（multiple-mode）防火墙
集群	在多模中启用防火墙集群。防火墙集群会在第 16 章中进行介绍
透明模式	在系统执行空间中配置路由模式或透明模式防火墙。透明防火墙会在第 15 章中进行介绍
故障倒换	设置故障倒换参数以部署多个物理安全设备。故障倒换技术将在第 16 章中进行介绍
NTP	配置安全设备中的网络时间协议参数
mac-address	允许安全设备为各虚拟防火墙自动创建专用的 MAC 地址
提示符	允许管理员配置为用户显示的会话提示符

系统执行空间位于安全设备的 NVRAM（非易失随机访问存储器）中，而安全虚拟防火墙的配置文件会被存储在本地 Flash 中或者存储在网络存储服务器中。可以从存储在外部存储服务器中取回配置文件的网络协议包括：

- TFTP；
- FTP；
- HTTPS；
- HTTP。

系统执行空间将安全虚拟防火墙之一分配为 admin 虚拟防火墙，该 admin 虚拟防火墙负责为需要与资源进行通信的系统实现网络访问。

14.1.2 admin 虚拟防火墙

这种类型的虚拟防火墙旨在提供去往网络资源(如 AAA 或系统日志服务器)的连通性。这里推荐管理员将安全设备的管理接口分配给 admin 虚拟防火墙。和其他虚拟防火墙一样，管理员也必须为分配给 admin 虚拟防火墙的接口指派 IP 地址。如果某些安全虚拟防火墙的配置被管理员存储在了网络共享设备上，那么安全设备就可以使用这里配置的 IP 地址来为这些虚拟防火墙找回配置文件，另外，安全设备也通过 SSH 或 Telnet 该 IP 地址来远程管理设备。能够访问 admin 虚拟防火墙的系统管理员可以切换进其他的虚拟防火墙并对它们实施管理。安全设备也会使用 admin 虚拟防火墙来发送与物理系统有关的系统日志消息。此外，系统虚拟防火墙也可以使用 admin 虚拟防火墙来执行一些与 2 层或 3 层有关的功能，包括文件复制和（生成系统日志或 SNMP trap 等）管理功能。

管理员必须在定义其他虚拟防火墙之前先创建 admin 虚拟防火墙。另外，admin 虚拟防火墙必须存储于本地磁盘中。管理员可以在任何时间使用命令 **admin-context** 来创建一个新的 admin 虚拟防火墙。

当 Cisco ASA 从单模转换为多模时，在单模安全设备的配置文件中与网络有关的部分就会被存储进 admin 虚拟防火墙中。安全设备在默认情况下会将该虚拟防火墙命名为 **admin**。

注释：不建议将 admin 虚拟防火墙的名称修改为 admin 之外的其他名称。

配置 admin 虚拟防火墙的方式与配置用户虚拟防火墙的方式类似。除了它和系统执行空间的关系之外，它可以被当成一个普通的虚拟防火墙来使用。不过，由于它的系统比较重要，因此不推荐把它用作一般的虚拟防火墙。

14.1.3 用户虚拟防火墙

每个用户或客户虚拟防火墙都会充当一台独立的防火墙，它的配置选项中几乎包含了独立防火墙所拥有的一切特性，这些特性包含：

- IPS 功能；
- 动态路由；
- 数据包过滤；
- 网络地址转换（NAT）；
- 站点到站点 VPN；
- IPv6 和设备管理。

表 14-2 罗列了运行在单模下的安全设备与运行在多模下的安全设备之间的主要区别。

表 14-2 单模防火墙与多模防火墙的对比

特性	单模	多模
接口	所有物理接口都可以使用	虚拟防火墙只能使用分配给它的接口
文件管理	允许管理员复制系统镜像和配置文件	虚拟防火墙的管理员只能管理该虚拟防火墙的配置文件。设备管理员才能复制系统镜像和维护配置文件
防火墙管理	允许系统管理员对设备进行完全管理	允许系统管理员对设备进行完全管理。也允许虚拟防火墙管理员对分配给他/她的虚拟防火墙进行管理
寻址方案	在配置设备时，不允许使用重叠网络	可以在虚拟防火墙中使用重叠网络
路由协议	允许用 RIP、EIGRP 和 OSPF 充当动态路由协议	从 9.0(1)开始支持 EIGRP 和 OSPFv2
许可证	单模中没有虚拟防火墙，因此也就不需要通过许可证来开启虚拟防火墙功能	需要通过许可证才能激活安全虚拟防火墙。对于大多数型号的设备来说（除 5505、5510、5512-X），Base 许可证仅包含两台客户虚拟防火墙和一台 admin 虚拟防火墙
资源分配	安全设备可以使用所有可用的资源	在默认情况下，安全设备中的虚拟防火墙会共享系统中的资源。管理员可以使用资源分配特性来将某些不同的硬件资源分配给某个特定的虚拟防火墙
故障倒换	不支持 Active/Active 故障倒换。故障倒换的知识将在第 16 章中进行介绍	支持通过 Active/Active 故障倒换模式来实现冗余和负载均衡
透明防火墙	支持透明防火墙模式	每台防火墙都支持透明防火墙模式和路由防火墙模式
集群	单模防火墙模式支持集群	多模防火墙模式支持集群
服务质量	支持 QoS	不支持 QoS
组播	支持 PIM-SM 组播	不支持组播路由，但组播流量可以穿越防火墙

续表

特性	单模	多模
威胁检测	支持通过攻击扫面来进行威胁检测	不支持威胁检测
IPSec VPN	支持远程访问和站点到站点 IPSec VPN 隧道	从 9.0(1)开始支持 IPSec 站点到站点 VPN
SSL VPN	支持 SSL VPN 隧道	不支持 SSL VPN

可以在一个防火墙上最多配置多少个用户虚拟防火墙取决于设备上安装的激活码及设备平台。要找出安全设备上各自允许创建多少个用户虚拟防火墙，可以通过 **show version** 来查看安全虚拟防火墙的信息，如例 14-1 所示。在本例中，这台安全设备最多可以使用 20 个用户虚拟防火墙。

例 14-1 查看安全虚拟防火墙的数量

```
Chicago# show version | include Security Contexts
Security Contexts            : 20
```

要通过 ASDM 来查看一台安全设备所支持的最大虚拟防火墙数量，找到 **Home**，然后在 Device Information 面板中点击 **License** 标签，查看 Security Contexts 选项。

注释：设备支持的虚拟防火墙数量中并不包括 admin 虚拟防火墙，因为它对于系统执行空间来说是必要的。例如，如果许可证支持两台虚拟防火墙，可以使用 admin、CustomerA 和 CustomerB 虚拟防火墙。

表 14-3 显示了各 Cisco ASA 设备支持的最大安全虚拟防火墙数量及最大 VLAN 数量。

表 14-3 各型号的 Cisco ASA 所支持的最大虚拟防火墙数及最大 VLAN 数量

设备	最大安全虚拟防火墙数量	支持的最大 VLAN 数量
5505	0（不支持）	20①
5510/5512-X	5②	100③
5515-X	5	100
5520	20	150
5525-X	20	200
5540	50	200
5545-X	50	300
5550	100	400
5555-X	100	500
5580	250	250④
安装 SSP-10 的 5585-X	100	1024
安装 SSP-20/40/60 的 5585-X	250	1024
ASASM	250	1000

① 需要通过 Security Plus 许可证进行激活才能使其支持 20 个 VLAN。若使用 Base 许可证，可以支持 3 个 VLAN，而 VLAN trunking 功能无法使用

② 需要通过 Security Plus 许可证进行激活才能使用安全虚拟防火墙功能。若使用基本许可证，那么就无法使用该功能

③ 需要通过 Security Plus 许可证进行激活才能使其支持 100 个 VLAN。若使用基本许可证，那么设备仅支持 50 个 VLAN

④ 需要使用 8.1(2)之后的版本才能使其支持 250 个 VLAN。若使用此前的版本，那么设备仅支持 100 个 VLAN

14.1.4 数据包分类

当数据包穿越多虚拟防火墙模式下的安全设备时，需要将它们进行分类，并转发给正确的虚拟防火墙。使用虚拟防火墙的优势之一就是可以使虚拟防火墙共享资源，比如设备的物理接口。

这里就出现了一个问题，当 Cisco ASA 通过一个分配给了多个虚拟防火墙的接口接收到数据包时，它如何判断应该让哪个虚拟防火墙对其进行处理。Cisco ASA 会通过数据包分类在入站接口对数据包进行分类，来作出这个判断。安全设备会应用数据包分类标准之一，来识别哪个虚拟防火墙才是转发该数据包的虚拟设备。在将数据包转发给安全虚拟防火墙之后，设备会根据配置在相应虚拟防火墙上的安全策略来处理这些数据包。

1. 数据包分类标准

在将数据包转发给正确的安全虚拟防火墙之前，Cisco ASA 会使用一系列的标准来对数据包进行分类。数据包分类标准种类颇多，使用哪种分类标准取决于管理员打算如何实施安全设备。管理员既可以在共享接口的环境中实施安全虚拟防火墙，也可以在非共享接口的环境中进行实施。

非共享接口的标准

如果 Cisco ASA 中的虚拟防火墙使用的是专用的物理接口或逻辑子接口，那么数据包分类就会变得相对比较简单，因为在这种情况下，安全设备可以根据源接口来对这些数据包进行打标。如图 14-2 所示，当数据包来自 192.168.10.10，那么分类器就会将数据包转发给虚拟防火墙 Bears，因为该数据包是从接口 G0/0 收到的，而 G0/0 是虚拟防火墙 Bears 的接口。

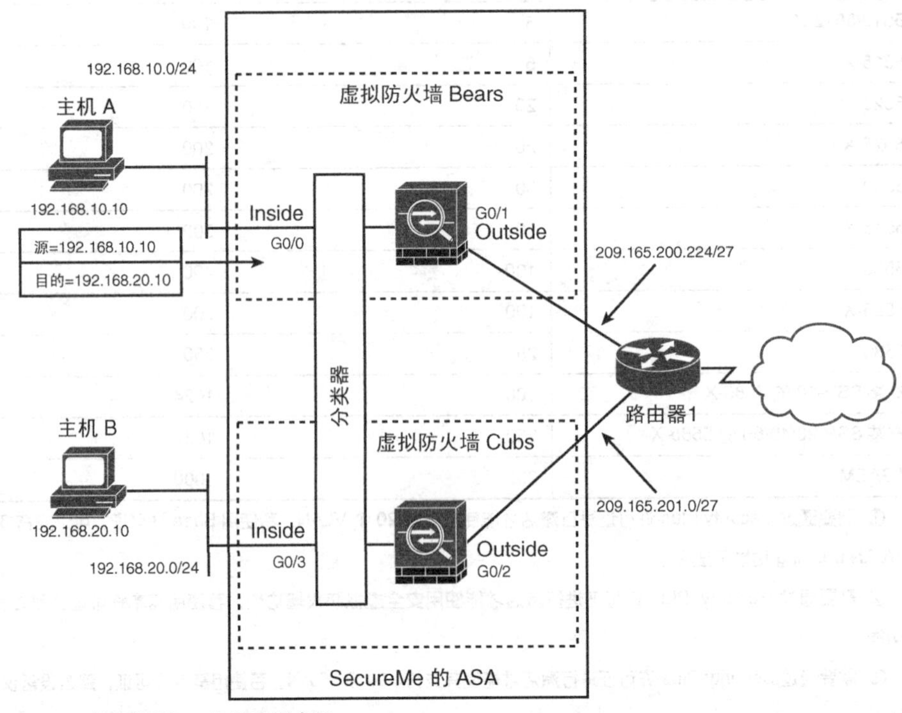

图 14-2 使用源接口来分类数据包

共享接口的标准

安全设备允许由多个安全虚拟防火墙共享一个或多个接口。在这种部署模式下，安全设备可以使用目的 IP 地址或 MAC 地址来分类数据包，并将它们转发给正确的虚拟防火墙。

2. 目的 IP 地址

若多个安全虚拟防火墙共享一个接口，那么在默认情况下，所有虚拟防火墙共享的那同一个接口都会使用同一个 MAC 地址。在这种情况下，物理接口在入站方向上收到的数据包都会使用同一个 MAC 地址，无论这些数据包应该被转发给哪个虚拟防火墙。当安全设备收到了一个去往特定虚拟防火墙的数据包，分类器并不知道应该将该数据包转发给哪个安全虚拟防火墙。

要解决这个问题，共享环境下的分类器就要使用数据包的目的 IP 地址来分辨哪个虚拟防火墙应该收到这些数据包。不过，防火墙无法根据虚拟防火墙的路由表来对流量进行分类，这是因为多模的防火墙支持使用重叠网络，因此两个虚拟防火墙的路由表有可能是相同的。分类器会严格根据各安全虚拟防火墙的网络地址转换（NAT）表来学习各安全虚拟防火墙身后的子网，如图 14-3 所示。

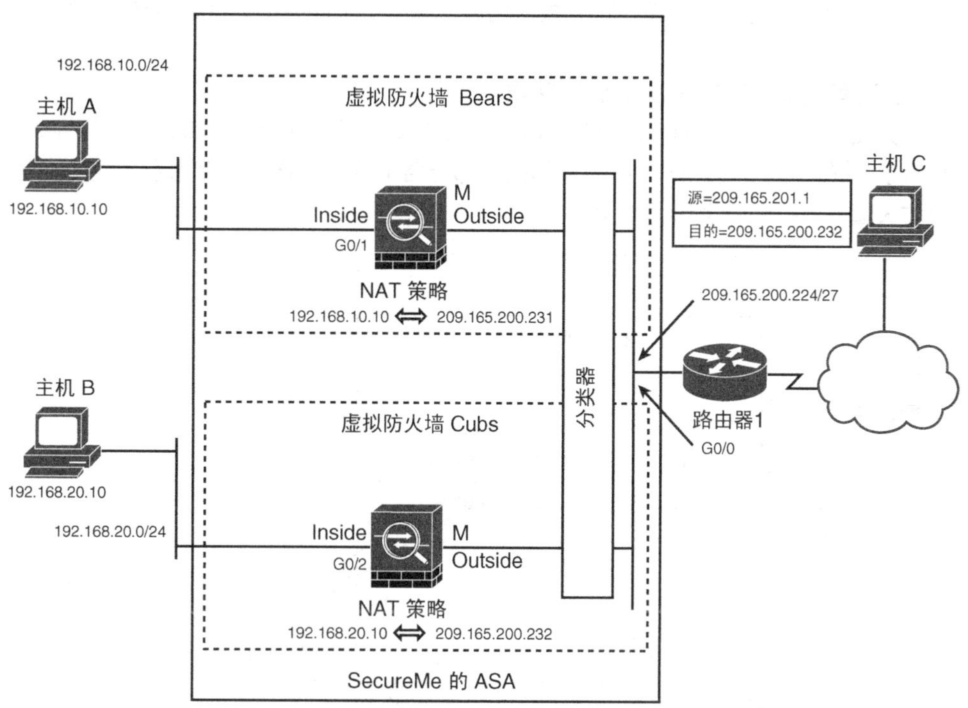

图 14-3 使用目的 IP 地址来分类数据包

> **注释：** 分类器可以同时使用静态 NAT 和动态 NAT 来分类数据包。如果流量是由外部共享接口发起的，那么就必须定义静态 NAT 来对其进行分类。然而，如果流量是由非共享的内部接口发起的，并且去往与共享接口相连的主机，那么可以使用静态 NAT 和动态 NAT 来分类该流量。

3. 专用 MAC 地址

在共享接口的环境中，建议通过专门的 MAC 地址来让数据包分类器分类流量。如果管理员不想为虚拟防火墙身后的子网定义 NAT 条目，那么就必须使用专门的 MAC 地址来分类。管理员可以：

- 手动定义专用的 MAC 地址；
- 让每个安全虚拟防火墙自动创建系统 MAC 地址，这是 8.5(1)及后续版本的默认行为。

通过这种方式，每个安全虚拟防火墙都会使用专门的 MAC 地址，当数据包想要穿越安全设备时，（与共享接口相连的）下一跳路由器也要能够分辨应该向哪个虚拟防火墙转发这些数据包。管理员可以使用命令 **mac-address auto** 来为虚拟防火墙中每个共享的接口来创建专用的 MAC 地址。

14.1.5 多模下的数据流

在多模下，两个虚拟防火墙可以相互传递流量，就像它们是两台独立的物理设备一样。安全虚拟防火墙之间可以用两种方式进行通信：

- 没有共享接口；
- 有共享接口。

由于管理员使用的模式不同，数据包流也会有所不同，下面我们具体进行解释。

1. 在没有共享接口的情况下进行转发

如图 14-4 所示，SecureMe 的 ASA 有 4 个接口：其中两个属于 Bears，另外两个则被分配给了 Cubs。两个虚拟防火墙的外部接口都与路由器 1 相连，而路由器 1 则负责将一个虚拟防火墙的数据包转发给另一个。

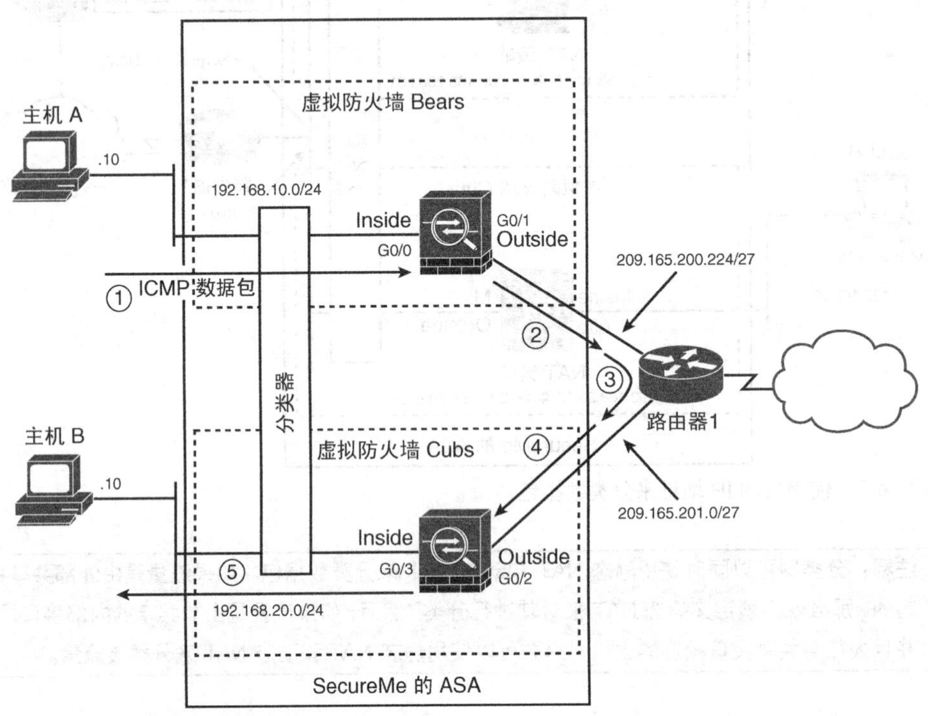

图 14-4 没有共享接口的安全虚拟防火墙

当主机 A 向主机 B 发送 ICMP ping 数据包时，若管理员在安全设备上设置了 NAT 和数据包过滤，那么就会依次发生以下事件。

1. 主机 A 发送一个 ICMP ping 数据包，其源地址为 192.168.10.10，目的地址为 192.168.20.10。由于安全设备没有使用共享接口，因此分类器会将从 G0/0 进入安全设备的数据包转发给虚拟防火墙 Bears，以进行进一步的处理。
2. 入站 ACL 会对数据包进行监控，如果 ACL 放行该数据包，那么它就会被发送给防火墙引擎（地址转换或应用层监控）以进行进一步处理。在安全设备将数据包转发给路由器 1 之前，它会由出站 ACL 进行监控，以确保该数据包可以离开安全设备。然后，数据包会以物理方式发送给接口 G0/1。
3. 路由器 1 在路由表中查找数据包的目的 IP 地址，并将数据包发送给安全设备的 G0/2 接口。
4. 分类器将数据包发送给虚拟防火墙 Cubs，并在外部接口上对其进行进一步处理。该数据包会由入站 ACL 进行监控，如果该数据包可以进入，那么数据包会查看不同的防火墙引擎，以确保它可以符合相应的安全策略。
5. 在确定了内部接口的出站 ACL 并不拒绝该数据包之后，安全虚拟防火墙会将数据包转发给主机 B。数据包会用物理发送被转发给接口 G0/3。

2. 在有共享接口的情况下进行转发

图 14-5 所示为另一类网络拓扑，SecureMe 使用了共享的外部 LAN 接口（G0/1）。很多服务提供商都会部署这种模型，因为通过这种方式，服务提供商可以使用面向 Internet 的共享接口来为终端用户提供 Internet 连接。使用这种设计模式，SecureMe 可以节省公有地址空间，也可以节省分配出去的接口。在这种部署环境中，路由器 1 与共享的接口 G0/1 相连，来为位于各虚拟防火墙身后的主机提供 Internet 连接。

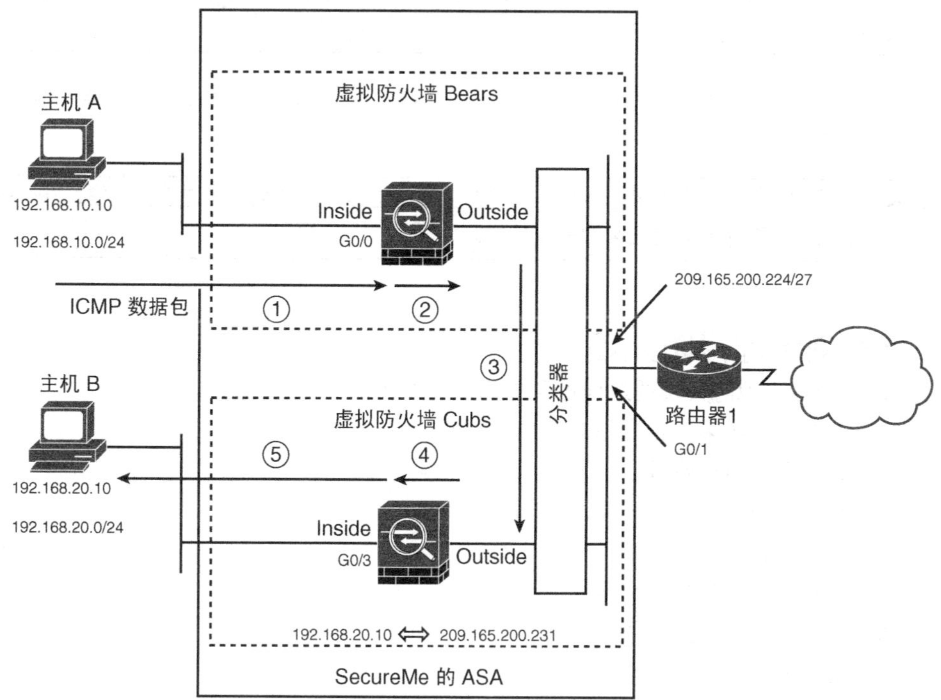

图 14-5 使用共享接口的安全虚拟防火墙

> **注释：** 在共享的环境中，分类器会优先使用静态 NAT 语句，而后才会使用静态配置的路由。如在例 14-5 中，如果流量来自 192.168.10.10，去往 209.165.200.231（该地址会在 Cubs 上被转换为 192.168.20.20），管理员在安全虚拟防火墙 Bears 上定义了一条静态路由来将流量转发给路由器 1，在这种情况下，分类器会使用 Cubs 上的静态转换，而忽略 Bears 上的静态路由。

在图 14-5 所示的例子中，当主机 A 向主机 B 发送 ICMP ping 数据包时，那么假设共享接口没有各自使用专用的 MAC 地址，那么通信会依照以下步骤实现。

1. 主机 A 发送一个 ICMP ping 数据包，其源地址为 192.168.10.10，目的地址为 209.165.200.231。分类器通过 G0/0 收到该数据包，并将它转发给 Bears 的内部接口，以进行进一步的处理。
2. 虚拟防火墙 Bears 内部接口的入站 ACL 会对数据包进行监控，如果 ACL 放行该数据包，那么它就会被发送给防火墙引擎（地址转换或应用层监控）以进行进一步处理。然后，数据包会被出站 ACL 进行处理，以确保该数据包可以离开设备。
3. 数据包穿越分类器，在此过程中，分类器会查看数据包的目的 IP 地址并将它转发给安全虚拟防火墙 Cubs 的外部接口，因为 209.165.200.231 是 Cubs 的地址。

> **注释：** 由于安全虚拟防火墙位于物理安全设备之内，因此当数据包在两个虚拟防火墙的外部接口之间穿梭时，它永远也不会离开物理的 ASA 设备。

4. 在外部接口收到了数据包之后，虚拟防火墙 Cubs 就会应用安全策略。该数据包会由入站 ACL 进行监控，如果该数据包可以进入，那么 NAT 引擎就会将目的地址由 192.168.20.10 转换为 209.165.200.231。

> **注释：** 如果管理员没有为共享接口的各虚拟防火墙分别配置专用的 MAC 地址，那么就必须使用前面所述的地址转换。

5. 在确定了内部接口的出站 ACL 并不拒绝该数据包之后，安全虚拟防火墙 Cubs 会将数据包转发给主机 B。

> **注释：** 如果网络使用了两个共享的接口，并且共享的虚拟防火墙之间允许进行通信，那么就必须为虚拟防火墙中每个共享接口配置专用的 MAC 地址。

14.2 配置安全虚拟防火墙

配置安全虚拟防火墙的过程可以分为以下 8 步。

1. 在全局启用多安全虚拟防火墙。
2. 设置系统执行空间。
3. 分配接口。
4. 指定配置文件 URL。
5. 配置 admin 虚拟防火墙。
6. 配置用户虚拟防火墙。
7. 管理安全虚拟防火墙（可选）。
8. 资源管理（可选）。

本节在介绍虚拟防火墙的配置方法时，读者可以参考图 14-4。

14.2.1 步骤 1：在全局启用多安全虚拟防火墙

将防火墙从单模转换为多模这一步，必须通过 CLI 来配置。管理员既可以通过 Telnet/SSH 连接，也可以通过 Console 连接对 Cisco ASA 进行配置。在这里，最好的方法是使用 Console 连接进行配置，因为通过 Console 进行配置的话，即使网络访问断开，管理员仍然可以连接到安全设备。管理员可以使用命令 **mode multiple** 来启用安全虚拟防火墙，如例 14-2 所示。在执行了该命令之后，安全设备会提示系统管理员确认是否要切换模式，然后才会执行下一步。然后，设备会重新启动，然后才会完成模式切换工作。

> 注释：如果 Cisco ASA 已经处于工作状态，那么请规划一个维护窗口来执行模式切换工作，因为要切换模式就必须重新启动设备。

例 14-2 启用安全虚拟防火墙

```
Chicago# configure terminal
Chicago(config)# mode ?
configure mode commands/options:
  multiple    Multiple mode; mode with security contexts
  noconfirm   Do not prompt for confirmation
  single      Single mode; mode without security contexts
Chicago(config)# mode multiple
WARNING: This command will change the behavior of the device
WARNING: This command will initiate a Reboot
Proceed with change mode? [confirm]
Convert the system configuration? [confirm]
!
The old running configuration file will be written to flash
Converting the configuration - this may take several minutes for a large configuration
The admin context configuration will be written to flash
The new running configuration file was written to flash
Security context mode: multiple
***
*** -- SHUTDOWN NOW --
***
*** Message to all terminals:
***
*** change mode

Rebooting....
Booting system, please wait...
! Some output omitted for brevity.
INFO: Admin context is required to get the interfaces
Creating context 'admin'... Done. (1)
*** Output from config line 30, "admin-context admin"

*** Output from config line 35, " config-url flash:/admi..."

! Some output omitted for brevity.
Chicago>
```

在开始将设备切换为多模时，设备会提示管理员，当前的运行配置会被转换进系统执行空间和 admin 虚拟防火墙中。设备会将系统执行空间储存进 NVRAM 中，并将 admin 虚拟防火墙保存进本地 Flash 存储器中（名为 admin.cfg）。在模式切换期间，设备会将与网络有关的信息复制进文件 admin.cfg 中，同时与设备有关的系统信息则会被储存进 NVRAM 空间中。在模式切换期间，安全设备会将单模防火墙的运行配置文件命名为 old_running.cfg，存储在设备的 Flash 中。

在设备上线之后，管理员可以使用命令 **show mode** 来查看设备是否运行在多模模式下。例 14-3 所示为 **show mode** 命令的输出信息。

例 14-3 查看虚拟防火墙的模式

```
Chicago# show mode
Security context mode: multiple
```

若要将设备转换回单模，管理员必须将存储的文件 old_running.cfg 保存为启动配置文件。在完成这一步之后，管理员才能将安全设备模式切换为单模。这两步的配置方法如例 14-4 所示。

例 14-4 切换回单模防火墙模式

```
Chicago# copy disk0:/old_running.cfg startup-config
Source filename [old_running.cfg]?
Copy in progress...C
1465 bytes copied in 0.250 secs
Chicago# configure terminal
Chicago(config)# mode single
WARNING: This command will change the behavior of the device
WARNING: This command will initiate a Reboot
Proceed with change mode? [confirm]
Security context mode: single
***
*** -- SHUTDOWN NOW --
***
*** Message to all terminals:
***
*** change mode
Rebooting....
Booting system, please wait...
! Output omitted for brevity.
```

14.2.2 步骤 2：设置系统执行空间

如前所述，在启用多模模式时，系统执行空间就会被创建出来。可以通过下述方式访问系统执行空间。

- 通过 Console 接口或者辅助（AUX）端口访问安全设备。
- 使用 SSH 或 Telnet 登录进 admin 虚拟防火墙，然后切换进系统执行空间。
- 使用 admin 虚拟防火墙接口的 IP 地址，通过 ASDM 访问安全设备。若要通过 ASDM 来配置多模防火墙，需要预先为防火墙配置 admin 虚拟防火墙，并且 ASDM 客户端必须和 admin 虚拟防火墙的 IP 地址之间存在 IP 连接（关于 admin 虚拟防火墙的知识已经在“架构概述”中进行了介绍）。在登录进 ASDM 之后，找到 **Home**，在 Device List 面板中选择 **System**，然后点击 **Connect** 图标，如图 14-6 所示。

如果管理员通过命令行界面登录进了 admin 虚拟防火墙，那么就要通过命令 **change to** system 来访问系统执行空间。例 14-5 所示为如何从 admin 虚拟防火墙进入系统。

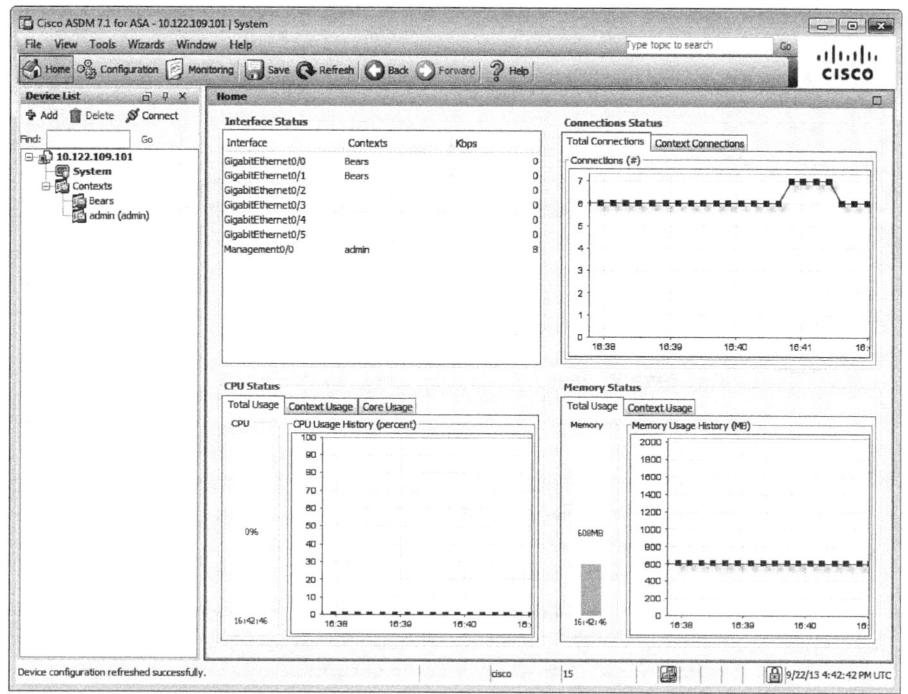

图 14-6　ASDM 中的系统执行空间

例 14-5　切换进系统执行空间

```
Chicago/admin# changeto system
Chicago#
```

当管理员在安全虚拟防火墙中时，命令行提示符中会包括一个/。在/前的文本是安全设备的主机名，而/之后的文字则是安全虚拟防火墙的名称。如果主机名中没有这个/，那就代表管理员当前的位置就是在系统执行空间中。

系统执行空间的用处在于定义和维护安全设备中的admin虚拟防火墙及用户虚拟防火墙。

若要通过ASDM来添加多模虚拟防火墙，要找到**Configuration**界面，在Device面板中选择**System**，然后点击**Connect**。在导航面板中点击**Context Management**，选择**Security Contexts**，然后点击**Add**打开Add Context对话框。若使用CLI来管理，那么管理员可以在命令**context**后加虚拟防火墙名称来添加虚拟防火墙，以上配置应该在配置模式下完成。

如图 14-7 所示，管理员添加了一个新的安全虚拟防火墙，叫做 Cubs。

如图 14-7 所示，在管理员指定了安全虚拟防火墙的名称之后，可以定义下面一系列的配置参数，包括：

- Interface Allocation（分配接口——必须指定）；
- Configuration URL（配置文件 URL——必须指定）；
- Resource Assignment（资源分配——可选）；
- Failover Group（故障倒换组——可选）；
- Description（描述信息——可选）。

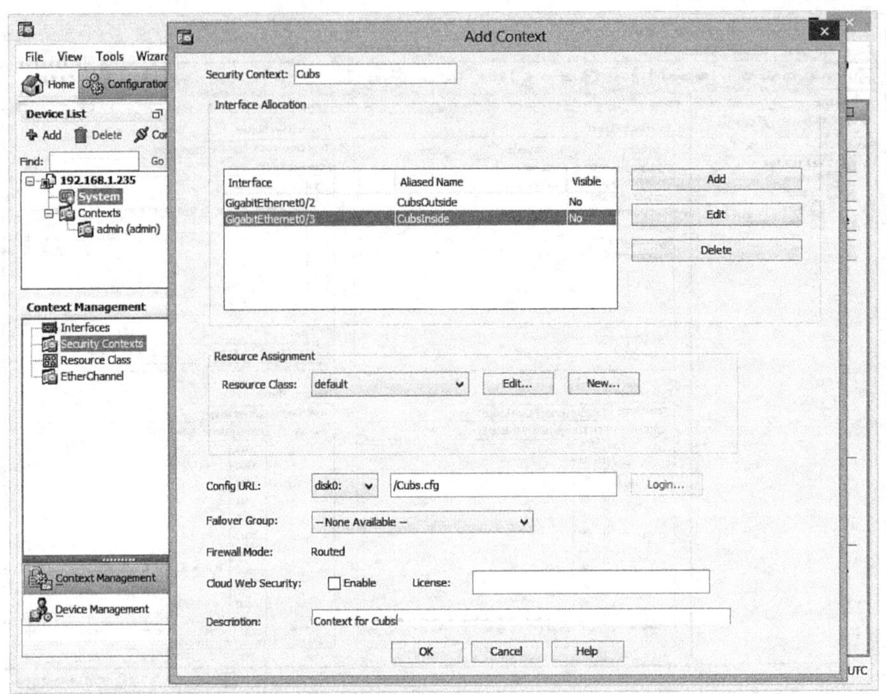

图 14-7 通过 ASDM 添加新的安全虚拟防火墙

如果管理员使用 CLI 来管理 Cisco ASA，那么可以根据例 14-6 所示的信息在 Chicago ASA 上添加 Cubs 安全虚拟防火墙。安全虚拟防火墙的名称要区分大小写，因此在添加虚拟防火墙时应该仔细检查。然后，安全设备会将用户导入虚拟防火墙配置子模式下(config-ctx)，来对这些必要参数进行配置。

例 14-6 在系统执行空间中添加用户虚拟防火墙

```
Chicago# configure terminal
Chicago(config)# context Cubs
Creating context 'Cubs'.. Done. (2)
Chicago(config-ctx)# exit
```

注释：即使用户刚创建一个新虚拟防火墙，安全设备也不允许用户在对其进行初始化之前就登录进这个新创建的虚拟防火墙，相关内容将会在本章稍后的“步骤 4：配置文件 URL”中进行介绍。

Cisco 设备允许管理员为配置的虚拟防火墙添加描述信息。这里推荐读者为每一个虚拟防火墙都添加这种描述信息，因为这样在使用时会比较方便。如果管理员更希望使用 ASA CLI 进行配置，那么可以根据例 14-7 提供的信息来添加虚拟防火墙。

例 14-7 在安全虚拟防火墙上配置描述信息

```
Chicago# configure terminal
Chicago(config)# context Cubs
Chicago(config-ctx)# description Context for Cubs
```

14.2.3 步骤 3：分配接口

在创建虚拟防火墙之后，下一步就是为各安全虚拟防火墙分配接口。管理员既可以为虚拟防火墙分配物理接口，也可以为其分配子接口。使用 ASDM 来为虚拟防火墙分配接口的方式是，在 Interface Allocation 下点击 **Add** 来为其添加相应的接口。管理员可以在定义新的虚拟防火墙或编辑现有虚拟防火墙时分配接口。

在默认情况下，安全会以接口 ID 的形式在虚拟防火墙中显示为其分配的接口。如果管理员希望显示接口名称而不是接口 ID，那么可以为该接口指定一个别称。如果管理员不希望虚拟防火墙管理员了解内部接口或外部接口使用的是哪个物理接口，那么这样做就十分必要了。

若使用 CLI，管理员需要进入虚拟防火墙子配置模式并使用命令 **allocate interface** 来为虚拟防火墙分配接口。

如例 14-7 所示，管理员添加了一个名为 Cubs 的安全虚拟防火墙。并且管理员为其分配了接口 **GigabitEthernet0/2** 和 **GigabitEthernet0/3**，并分别将他们命名为 **CubsOutside** 和 **CubsInside**。例 14-8 显示了如何将通过 CLI 在安全设备上实现这一配置目标。

例 14-8　将接口分配给用户虚拟防火墙

```
Chicago(config)# context Cubs
Chicago(config-ctx)# allocate-interface GigabitEthernet0/2 CubsOutside invisible
Chicago(config-ctx)# allocate-interface GigabitEthernet0/3 CubsInside invisible
```

注释：在将防火墙从单模切换到多模之后，防火墙会将所有没有关闭的接口统统分配给 admin 虚拟防火墙。这里强烈推荐读者只将 admin 虚拟防火墙用于管理目的。因此，需要根据需要重新为虚拟防火墙分配接口。

14.2.4　步骤 4：指定配置文件 URL

配置文件 URL 有时被称为 Config URL，特指各个虚拟防火墙启动配置文件的位置。除非该虚拟防火墙定义有配置文件 URL，否则配置好的虚拟防火墙（无论是 admin 虚拟防火墙还是客户虚拟防火墙）就不会生效。设备支持的存储位置包括本地硬盘和使用 HTTP、HTTPS、FTP 或 TFTP 协议的网络驱动器。在指定了配置文件 URL 之后，Cisco ASA 会从该位置恢复配置文件。如果它没有找到配置文件，那么 Cisco 安全设备就会用默认设置创建一个配置文件。

在默认情况下，这些配置文件会被虚拟防火墙使用网络协议来储存在根目录中。例如，若 TFTP 服务器的根目录是 C:\TFTP\files，那么配置文件 URL 会使用 TFTP 协议将配置文件储存在该位置上。当安全虚拟防火墙发起命令 **write memory** 或 **copy running-config startup-config** 时，安全设备会将这些虚拟防火墙的配置文件储存起来。如果在系统执行空间中执行命令 **write memory all**，那么安全设备会将所有虚拟防火墙的配置文件都储存起来。

在图 14-7 的 Config URL 部分中，管理员添加了一台安全虚拟防火墙 Cubs，并将启动配置文件以名称 Cubs.cfg 存储在本地磁盘中。在 CLI 中，新安全虚拟防火墙的配置文件 URL 如例 14-9 所示。在添加了配置文件 URL 之后，管理员已经切换到了虚拟防火墙中，并准备对其进行配置。

例 14-9　定义 Config URL

```
Chicago(config)# context Cubs
Chicago(config-ctx)# config-url disk0:/Cubs.cfg
Chicago# exit
Chicago# changeto context Cubs
Chicago/Cubs#
```

> **注释**：若使用 FTP 协议，那么管理员就必须为储存和取回配置文件指定一个用户名和一个密码。比如，若 FTP 服务器位于 192.168.10.50，用户名是 cisco，密码为 c1$c0123，那么在定义 config URL 时应该输入 config-url ftp://cisco:c1$c0123@192.168.10.50/Bears.cfg。

如果修改配置文件 URL，那么安全设备就会将虚拟防火墙的运行配置和 URL 所指定的新设计进行合并。这可能会导致配置文件中出现新的命令，进而使系统变得不稳定。如果不希望将两个配置文件进行合并，可以遵循下面的指导方针。

1. 登录进要修改 URL 的安全虚拟防火墙，并清除运行配置文件。
2. 登录进系统执行空间并进入虚拟防火墙配置模式。
3. 指定想要使用的新配置文件 URL。

> **注释**：管理员不能在虚拟防火墙中更改配置文件 URL 的位置。这一任务必须在系统执行空间中完成。

在输入新的 URL 之后，安全设备会立刻在运行配置文件中载入新的配置文件。

> **警告**：若管理员在系统配置文件中使用命令 **clear configure all**，那么 Cisco ASA 就会清除设备上的所有安全虚拟防火墙。不过，configlets 并不会被删除，因此如果需要重新配置虚拟防火墙，那么可在稍后对其进行调用。

14.2.5 步骤 5：配置 admin 虚拟防火墙

如果管理员将防火墙从单模切换到多模，并在 Convert the System Configuration? 中回答 **Yes**，那么 Cisco ASA 就会自动创建一个 admin 虚拟防火墙。安全设备对该 admin 虚拟防火墙与对其他用户虚拟防火墙一视同仁。要管理 admin 虚拟防火墙或其他用户虚拟防火墙，找到 **Configuration > Context > admin (或 user context) > Connect**。

若使用 CLI，管理员可以在命令 **changeto context** 后面跟上虚拟防火墙的名称，以登录进 admin 虚拟防火墙。如例 14-10 所示，管理员从系统虚拟防火墙中登录进了名为 admin 的 admin 虚拟防火墙。

例 14-10 切换进 admin 虚拟防火墙

```
Chicago# changeto context admin
Chicago/admin#
```

如果管理员希望将另一个虚拟防火墙指定为 admin 虚拟防火墙，可以在系统执行空间中使用以下命令。

```
admin-context context_name
```

其中 *context_name* 是管理员想要将其指定为 admin 虚拟防火墙的那台虚拟防火墙。在将该 admin 虚拟防火墙宣告为 admin 虚拟防火墙之前，它必须满足两个要求：

- 必须先定义好该虚拟防火墙，并且有 config-url；
- 该 **config-url** 必须指向本地磁盘中的文件。

> **注释**：目前的 Cisco ASDM 不允许将不同的虚拟防火墙指定为 admin 虚拟防火墙。不过，可以在 CLI 界面中使用命令 **admin-context** 来实现这一功能。

例 14-11 所示为如何在安全设备中将 Bears 指定为 admin 虚拟防火墙。由于 Bears 使用的是 TFTP 服务器来储存启动配置文件，因此管理员在使用命令 **admin-context** 之前，先将存储位置修改为本地磁盘 disk0:/。

例 14-11 设置 admin 虚拟防火墙

```
Chicago(config)# context Bears
Chicago(config-ctx)# config-url disk0:/Bears.cfg
Chicago(config-ctx)# exit
Chicago(config)# admin-context Bears
```

如果确定不了哪个虚拟防火墙被设置为 admin 虚拟防火墙怎么办？在这种情况下可以在系统执行空间中使用下列三种方法进行查看：

- **show running-config | include admin-context**；
- **show admin-context**；
- **show context**，然后看看哪个虚拟防火墙名称前面有个星号（*）。

在例 14-12 中，第二个条目说明当前的 admin 虚拟防火墙是 Bears。

例 14-12 查看 admin 虚拟防火墙

```
Chicago# show running-config | include admin-context
admin-context Bears
Chicago# show admin-context
Admin: Bears disk0/:Bears.cfg
Chicago# show context
Context Name    Interfaces              URL
 admin          Management0/0           disk0:/admin.cfg
*Bears          GigabitEthernet0/0,     disk0:/Bears.cfg
                GigabitEthernet0/1
 Cubs           GigabitEthernet0/2,     disk0:/Cubs.cfg
                GigabitEthernet0/3
```

14.2.6 步骤 6：配置用户虚拟防火墙

所有没有被管理员指定为 admin 虚拟防火墙的虚拟防火墙都称为用户虚拟防火墙。本章已经在前文中介绍过，用户虚拟防火墙的配置方式与独立的防火墙设备类似，它们二者配置方法之间的区别本章也已经进行过介绍。在 ASDM 中，管理员可以用以下方法登录进用户虚拟防火墙：找到 **Configuration > Contexts > <user context name>**然后点击 **Connect** 键。如果希望使用 CLI，可以在命令 **changeto** 后面跟上虚拟防火墙的名称来登录进相应的虚拟防火墙。然后，命令提示符会显示出虚拟防火墙的名称。如例 14-13 所示，管理员从系统执行空间连接到了 Cubs，然后又从 Cubs 连接到了 Bears（前提是策略允许）。

例 14-13 切换进用户虚拟防火墙

```
Chicago# changeto context Cubs
Chicago/Cubs# changeto context Bears
Chicago/Bears#
```

在登录进用户虚拟防火墙之后，管理员可以对所有所有与防火墙相关的设置进行配置。

> 注释：如果在系统执行空间中执行命令 **write memory all**，那么安全设备就会储存所有安全虚拟防火墙的配置文件。如果安全设备需要重新启动，并且管理员希望在系统执行空间中储存所有虚拟防火墙的配置文件，那么这一命令就会非常有用。

14.2.7 步骤 7：管理安全虚拟防火墙（可选）

Cisco ASA 提供了很多管理和优化系统资源的方法。比如，如果虚拟防火墙的名称输入错了，或者需要删除该虚拟防火墙，那么管理员要找到 **Configuration > System > Connect > Security Contexts**，选择相应的虚拟防火墙，热闹后点击 **Delete** 键。前文中的图 14-7 显示了如何使用 **Delete** 按钮来从安全设备中删除安全虚拟防火墙。

在 CLI 中删除虚拟防火墙的方法是在命令 **no context** 后面跟上虚拟防火墙的名称。在例 14-14 中，Chicago ASA 的管理员不想再用 Cubs 充当用户虚拟防火墙，他/她希望将该虚拟防火墙从系统配置文件中删除。删除不使用的安全虚拟防火墙可以节省安全虚拟防火墙，因为安全虚拟防火墙的数量要受系统许可证的限制。另外，系统也不需要再在那些不使用的虚拟防火墙上浪费设备的 CPU 和内存资源。在删除了用户虚拟防火墙之后，可以从 Flash 中删除相应的 configlet。如果将来以相同的名称（比如 Cubs）创建了一个新的虚拟防火墙，删除 configlet 就很有帮助，因为这样不会出现新老配置文件重名的问题。

例 14-14 移除安全虚拟防火墙

```
Chicago(config)# no context Cubs
WARNING: Removing context 'Cubs'
Proceed with removing the context? [confirm]
Removing context 'Cubs' (3)... Done
Chicago(config)# exit
Chicago# delete disk0:/Cubs.cfg
Delete filename [Cubs.cfg]?
Delete disk0:/Cubs.cfg? [confirm]
Chicago#
```

如果希望将所有虚拟防火墙统统删除，可以使用命令 **clear configure context**，如例 14-15 所示。

例 14-15 移除所有安全虚拟防火墙

```
Chicago(config)# clear configure context
```

警告：命令 **clear configure context** 也会清除管理员指定的 admin 虚拟防火墙。如果管理员是在远程通过 Telnet 或 SSH 登录进安全设备的，那么管理员就会失去与安全设备的连接。

14.2.8 步骤 8：资源管理（可选）

在虚拟环境中，所有安全虚拟防火墙共享同样的硬件资源，包括内存、CPU、吞吐量和带宽。如果不对这些资源进行控制，那么很有可能一个虚拟防火墙就会耗尽防火墙的所有物理资源，而其他虚拟防火墙则无法获得共享的资源。在管理多防火墙模式的安全设备时，管理员可以限制每个安全虚拟防火墙可以使用的物理资源。例如，管理员可以定义两个不同服务的级别，如 Gold（金）和 Silver（银），然后将合理的服务级别分配给相应的虚拟防火墙。关联了 Gold 服务的安全虚拟防火墙可以得到有保障的带宽、每秒的连接数、总连接数等，这些参数都被分配给了相应的服务级别。类似地，使用 Silver 服务的客户也会拥有服务级别所保障的资源。

在默认情况下，安全设备不会对虚拟防火墙施加任何限制，因此所有虚拟防火墙都可以不受限制地访问硬件资源。不过，如果管理员希望对虚拟防火墙可以使用的硬件资源进行限制，那么管理员可以使用安全设备中的资源管理功能。例如，很多服务提供商都会给不同的价格提供一系列不同级别的服务。

要使用安全设备中的资源管理功能，管理员可以修改表 14-4 中所示的属性。

表 14-4　　资源管理的属性与定义

资源	描述
Xlate	并发地址转换的数量
Conn	并发 UDP 或 TCP 连接的数量
Host	允许连接到虚拟防火墙的并发主机数量
Inspect rate	每秒的应用监控数量
Conn rate	每秒连接数
Syslog rate	每秒系统日志消息的数量
ASDM	并发 ASDM 管理会话的数量
SSH	并发 SSH 管理会话的数量
Route	并发路由表条目的数量
VPN	并发 VPN 会话的数量，以及突发的 VPN 连接数量
Telnet	并发 Telnet 管理会话的数量
MAC address	在透明模式中，允许的总 MAC 地址数。透明模式将在第 15 章中进行介绍

注释：管理员为不同安全虚拟防火墙分配的资源百分比之和可以超过 100%。例如，若管理员为一个类（class）分配了 10%的连接限制，并且将该类分配给了 30 个虚拟防火墙，那么从理论上讲，管理员分配出去的总系统资源是 300%。在这种情况下，各虚拟防火墙实际收到的连接数会少于总连接数的 10%。

大多数资源的最大系统值和虚拟防火墙值都不相同。例如，并发 ASDM 会话的最大虚拟防火墙值为 5，并发 ASDM 会话的最大系统值为 32。也就是说，在特定时间中，虚拟防火墙允许最多 5 个管理连接登录进来，而安全设备则允许最多 32 个管理连接登录进来。

对于安全设备的管理会话来说，既可以为其设置绝对值进行限制，也可以为其设置百分比值进行限制。可以限制的值包括去往 Cisco ASA 的 ASDM、Telnet 和 SSH 会话数量。如果为某个资源定义了绝对值，那么超过限制的连接就会被拒绝。如果为某个资源定义了百分比值，那么安全设备就会根据硬件设备的性能来判断最大值。例如，若管理员为 Cisco ASA 5520 的某个安全虚拟防火墙指定了 10%的连接限制，那么安全设备就会允许最多 28000 个连接通过该虚拟防火墙。

在安全设备上配置资源管理可以分为两步。

1. 定义资源类。
2. 将该资源类映射给虚拟防火墙。

1. 步骤 1：定义资源成员类

为一个成员类应用系统资源限制的方法是，找到 **Configuration > System > Connect > Context Management > Resource Class** 并点击 **Add**。然后，ASDM 会要求管理员为这一新的成员类指定一个名称。接着，管理员需要在 Count Limited Resources 下和 Rate Limited Resources 下为各属性指定合理的资源限制。如果管理员没有在成员类中定义资源值，那么资源会从默认类别中继承相应的值。例如，若管理员没有为 Telnet 资源指定值，那么成员类就会继承默认类别中的 Telnet 资源值——5。

如图 14-8 所示，管理员配置了一个名为 Silver 的成员类，并设置了如下资源限制：

- ASDM 会话=5；
- Telnet 会话=5；
- SSH 会话=5；
- 站点到站点 VPN 会话=10；
- 站点到站点 VPN 突发值=12；
- 路由=100；
- 总连接限制=500；
- 允许的总转换数=2000。

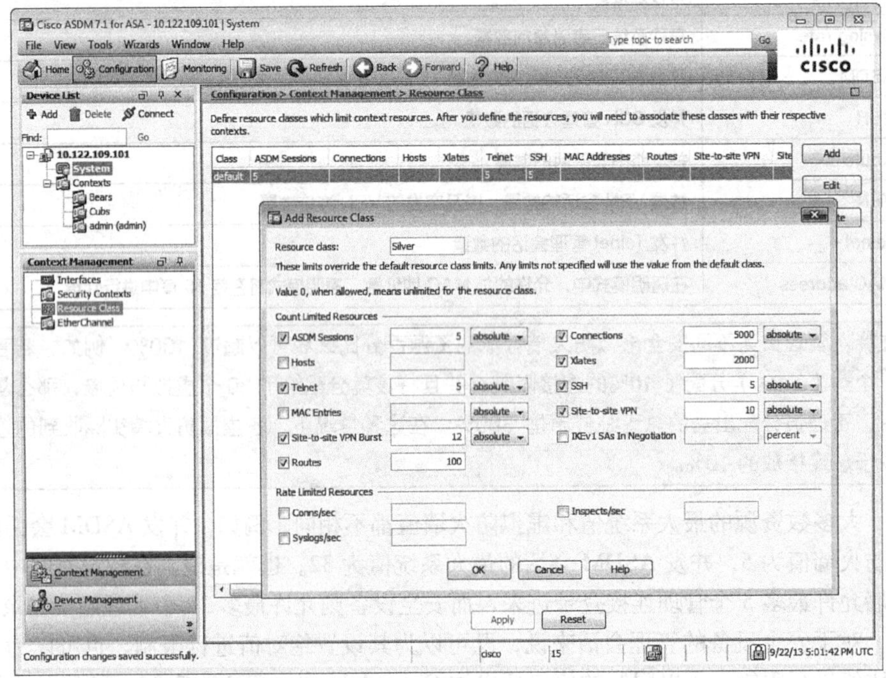

图 14-8 在成员类中定义资源限制

如果管理员想要使用 CLI，那么可以在命令 **class** 后面跟上成员类的名称来添加成员类。然后，安全设备就会进入类别子配置模式菜单中。管理员可以使用命令 **limit-resource** 来定义限制，如例 14-16 所示。

例 14-16 为成员类分配资源

```
Chicago(conf)# class Silver
Chicago(config-class)# limit-resource Routes 100
Chicago(config-class)# limit-resource Xlates 2000
Chicago(config-class)# limit-resource ASDM 5
Chicago(config-class)# limit-resource VPN Burst Other 12
Chicago(config-class)# limit-resource Conns 5000
Chicago(config-class)# limit-resource VPN Other 10
Chicago(config-class)# limit-resource SSH 5
Chicago(config-class)# limit-resource Telnet 5
```

注释：在虚拟防火墙中配置站点到站点 IPSec VPN 的示例，请参见第 19 章。

2. 步骤 2：将成员类映射给虚拟防火墙

接下来要将步骤 1 中定义的成员类映射给虚拟防火墙。找到 **Configuration> System > Connect > Context Management > Security Context**，然后选择想要分配的成员类并点击 **Edit**。在 Resource Assignment 下从 Resource Class 下拉菜单中选择合适的成员类，完成后点击 **OK**。

> **注释：**如果管理员没有为虚拟防火墙分配成员类，那么该虚拟防火墙就会使用默认的类别，并使用在默认类中定义的所有资源限制数量。

在图 14-9 中，管理员将成员类 Silver 映射给了虚拟防火墙 Bears。

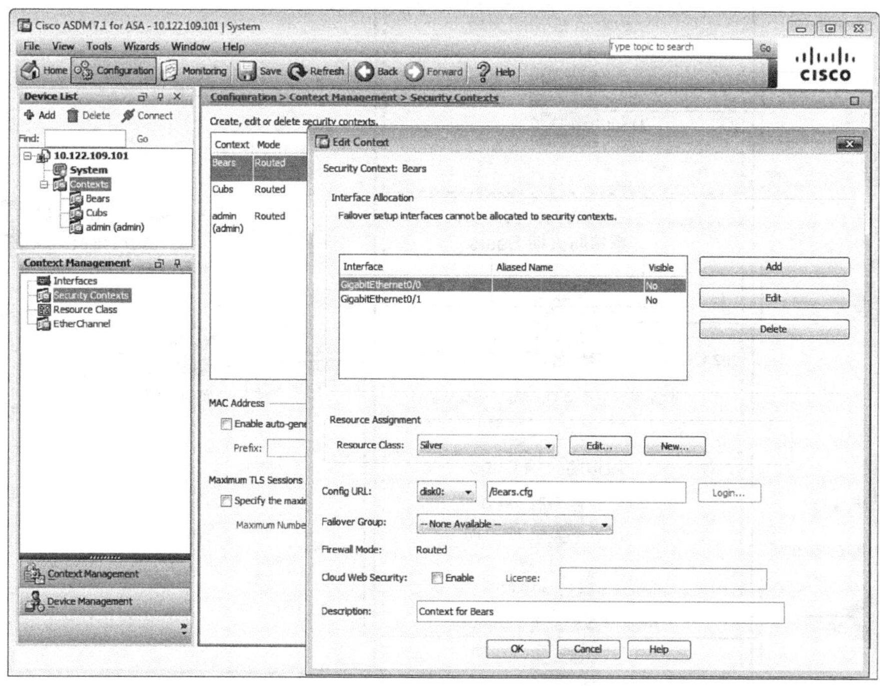

图 14-9 将成员类映射给虚拟防火墙

如果管理员想要使用 CLI，应在命令 **member** 后面跟上在虚拟防火墙中定义的成员类命令。如例 14-17 所示，成员类 Silver 被管理员关联给了 Bears。

例 14-17 将成员类映射给虚拟防火墙

```
Chicago(config)# context Bears
Chicago(config-ctx)# member Silver
```

14.3 部署方案

如果要使用多个防火墙来保护从信任网络中进出的流量，那么虚拟防火墙的解决方案就会非常有用。虽然部署虚拟防火墙的方法颇多，但是为了帮助读者理解，本书仅介绍两种部署方案：

- 不使用共享接口的虚拟防火墙；
- 使用共享接口的虚拟防火墙。

注释：这里的设计方案仅供学习之用，这些方案仅供参考。

14.3.1 不使用共享接口的虚拟防火墙

SecureMe 在芝加哥有一个办公室，该办公室可以为两家小型企业提供防火墙服务，这两个小型企业叫做 Cubs 和 Bears。SecureMe 的办公室和这两家企业位于同一栋建筑中。Cubs 和 Bears 有一些特定的需求需要 SecureMe 来实现。然而，芝加哥的设备有两个物理接口，而 SecureMe 想要创建子接口来为其客户提供服务。另外，为了节省外部接口上的公有地址空间，使用的子网掩码为 255.255.255.248。图 14-10 所示为 SecureMe 在芝加哥的新拓扑。

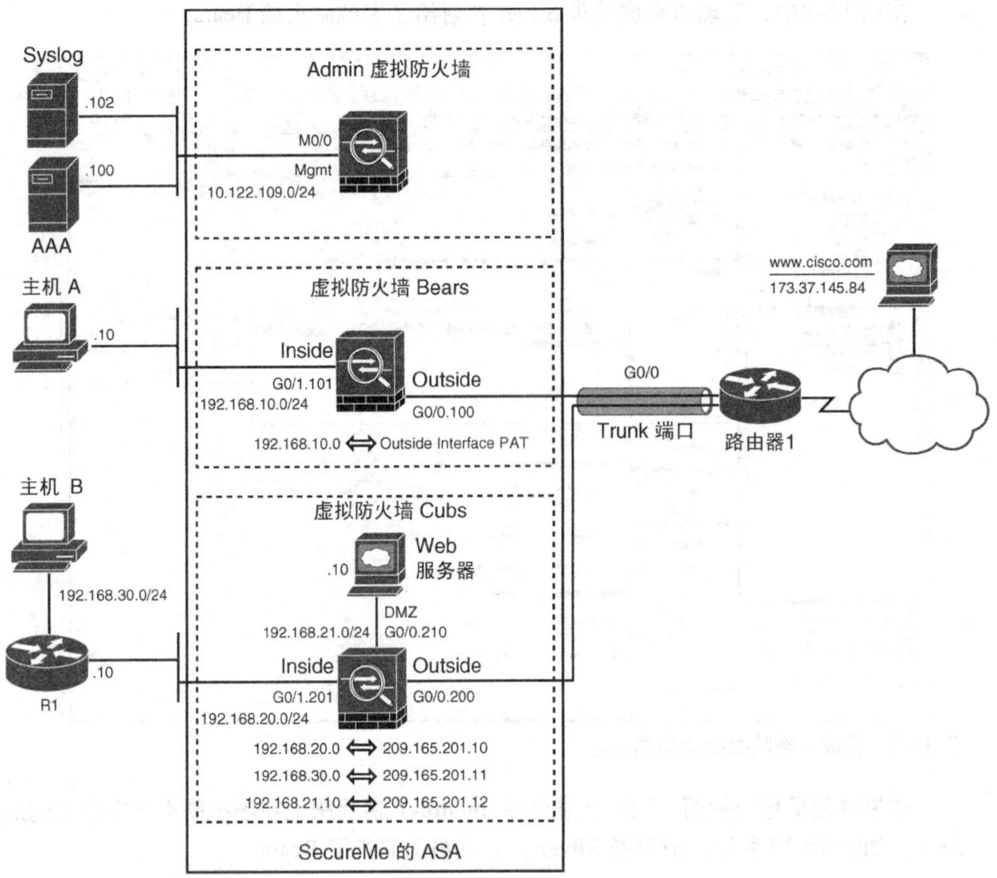

图 14-10 SecureMe 芝加哥办公室的多虚拟防火墙拓扑

SecureMe 以及 Cubs 和 Bears 的安全需求如下。

SecureMe 的安全需求：

- 允许来自网络 10.122.109.0/24 的 SSH 会话。使用位于 10.122.109.100 的 AAA 服务器；
- 将所有系统产生的日志消息储存进 10.122.109.102 的日志服务器。

Bears 的安全需求：

- 仅允许子网 192.168.10.0/24 中的主机通过 HTTP 访问主机 173.37.145.84（www.cisco.com）。所有其他流量都要被阻塞；
- 应使用接口 PAT 将源 IP 地址转换为 209.165.200.225；

- 阻塞并记录所有在外部接口入站的流量。

Cubs 的安全需求：

- 所有 192.168.20.0/24 和 192.168.30.0/24 中的主机应该分别使用 PAT 转换为 209.165.201.10 和 209.165.201.11；
- 允许 HTTP 客户端从 Internet 访问 DMZ 网络中 Cub 的 Web 服务器(192.168.21.10)。该地址在 Internet 用户面前应显示为 209.165.201.12；
- 在内部网络中建立动态路由表来使用 EIGRP 学习 192.168.30.0/24 网络；
- 阻塞并记录所有在外部接口入站的其他流量。

注释：在使用 ASDM 配置部署案例之前，一定要确保安全设备上只有下面这些最低程度的配置。这可以保证安全设备已经配置为了多虚拟防火墙模式。admin 虚拟防火墙的 IP 地址被配置为了 10.122.109.101。此外，管理员会从 10.122.109.0 子网管理安全设备，因此不需要配置静态路由。

```
ciscoasa(config)# hostname Chicago
Chicago(config)# asdm image disk0:/asdm-714.bin
Chicago(config)# interface Management0/0
Chicago(config-if)# no shut
Chicago(config-if)# exit
Chicago(config)# context admin
Chicago(config-ctx)# allocate-interface Management0/0
Chicago(config-ctx)# config-url disk0:/admin.cfg
Chicago(config-if)# exit
Chicago(config)# admin-context admin
Chicago(config)# changeto context admin
Chicago/admin(config)# interface Management0/0
Chicago/admin(config-if)# nameif management
Chicago/admin(config-if)# security-level 100
Chicago/admin(config-if)# ip address 10.122.109.101 255.255.255.0
Chicago/admin(config-if)# exit
Chicago/admin(config)# http server enable
Chicago/admin(config)# http 10.122.109.0 255.255.255.0 management
```

1. 使用 ASDM 的配置步骤

通过 ASDM 进行配置要求 ASDM 客户端与安全设备的管理 IP 地址之间存在 IP 连接。管理 IP 地址为 10.122.109.101，并将它分配给了 admin 虚拟防火墙。

配置系统执行空间

通过下面的步骤配置系统执行空间。

1. 找到 **Configuration > System > Context Management > Interfaces** 并选择 **Add>Interfaces**，然后在 Hardware Port 下选择 **GigabitEthernet0/0**。将 VLAN ID 和 Subinterface ID 都指定为 **100**。为接口添加描述信息 **Bears Outside Interface**，然后点击 **OK** 来添加该子接口。
2. 找到 **Configuration > System > Context Management > Interfaces** 并选择 **Add>Interfaces**，然后在 Hardware Port 下选择 **GigabitEthernet0/0**。将 VLAN ID 和 Subinterface ID 都指定为 **200**。为接口添加描述信息 **Cubs Outside Interface**，然后点击 **OK** 来添加该子接口。
3. 找到 **Configuration > System > Context Management > Interfaces** 并选择 **Add>**

Interfaces，然后在 Hardware Port 下选择 **GigabitEthernet0/0**。将 VLAN ID 和 Subinterface ID 都指定为 **210**。为接口添加描述信息 **Cubs DMZ Interface**，然后点击 **OK** 来添加该子接口。

4. 找到 **Configuration > System > Context Management > Interfaces** 并选择 **Add> Interfaces**，然后在 Hardware Port 下选择 **GigabitEthernet0/1**。将 VLAN ID 和 Subinterface ID 都指定为 **101**。为接口添加描述信息 **Bears Inside Interface**，然后点击 **OK** 来添加该子接口。
5. 找到 **Configuration > System > Context Management > Interfaces** 并选择 **Add> Interfaces**，然后在 Hardware Port 下选择 **GigabitEthernet0/1**。将 VLAN ID 和 Subinterface ID 都指定为 **201**。为接口添加描述信息 **Cubs Inside Interface**，然后点击 **OK** 来添加该子接口。
6. 找到 **Configuration > System > Connect > Context Management > Security Contexts** 并点击 **Add**，然后在 Security Context 中将虚拟防火墙名称指定为 **Bears**。在 Interface Allocation 下点击 **Add**，然后：
   - 在 Phsical Interface 下拉菜单中选择 **GigabitEthernet0/0**，在 Sub Interface Range 下拉菜单中选择 **100** 并点击 **OK**；
   - 在 Phsical Interface 下拉菜单中选择 **GigabitEthernet0/1**，在 Sub Interface Range 下拉菜单中选择 **101** 并点击 **OK**。
7. 在 Config URL 下选择 **disk0:** 并将配置文件名称定义为 **/Bears.cfg**。最后，在 Description 中输入 **Bears Context**，完成后点击 **OK**。
8. 找到 **Configuration > System > Connect > Context Management > Security Contexts** 并点击 **Add**，然后在 Security Context 中将虚拟防火墙名称指定为 **Cubs**。然后在 Interface Allocation 下点击 **Add** 来分配接口，然后：
   - 在 Phsical Interface 下拉菜单中选择 **GigabitEthernet0/0**，在 Sub Interface Range 下拉菜单中选择 **200** 并点击 **OK**；
   - 在 Phsical Interface 下拉菜单中选择 **GigabitEthernet0/0**，在 Sub Interface Range 下拉菜单中选择 **210** 并点击 **OK**；
   - 在 Phsical Interface 下拉菜单中选择 **GigabitEthernet0/1**，在 Sub Interface Range 下拉菜单中选择 **201** 并点击 **OK**。
9. 在 **Config URL** 下选择 **disk0:** 并将配置文件名称定义为 **/Cubs.cfg**。最后，在 Description 中输入 **Cubs Context**，完成后点击 **OK**，然后再点击 **Apply**。

配置 admin 虚拟防火墙

通过下面的步骤配置 admin 虚拟防火墙。

1. 找到 **Configuration > Context > admin > Connect> Device Management > Logging > Logging Setup** 并勾选 **Enable Logging** 复选框。
2. 找到 **Configuration > Context > admin > Connect> Device Management > Logging >Syslog Server** 并点击 **Add**，然后指定以下参数。
   - Interface（接口）：**management**。
   - IP Address（IP 地址）：**10.122.109.102**。
   - Protocol（协议）：**UDP**。
   - Port（端口）：**514**。

完成后点击 **OK**。

3. 找到 **Configuration > Context > admin > Connect> Device Management > Logging > Syslog Setup**。勾选 **Include timestamps in syslogs** 来为创建的系统日志添加时间戳。
4. 找到 **Configuration > Context > admin > Connect> Device Management > Logging > Logging Filter**。选择 **Syslog Servers** 并点击 Edit。从 Filter on Severity 下拉菜单中选择 **Informational**，然后点击 **OK**。
5. 找到 **Configuration > Context > admin > Connect> Device Management >Management Access >ASDM/HTTPS/Telnet/SSH** 并点击 **Add**，点击 **SSH** 单选按钮并配置以下参数。
   - Interface Name（接口名称）：**management**。
   - IP Address（IP 地址）：**10.122.109.0**。
   - Mask（掩码）：**255.255.255.0**。

   完成后点击 **OK**。
6. 找到 **Configuration > Context > admin > Connect> Device Management >Users/AAA> AAA Server Groups** 并在 AAA Server Groups 中点击 **Add**，并配置以下参数。
   - Server Group（服务器组）：**RADIUS**。
   - Protocol（协议）：**RADIUS**。
   - 将其他选项保留默认。

   完成后点击 **OK**。
7. 找到 **Configuration > Context > admin > Connect> Device Management >Users/AAA> AAA Server Groups**。在 AAA Server Groups 中点击 **RADIUS**，然后在 Servers in the Selected Group 中选择 **Add**，并配置以下参数。
   - Interface Name（接口名称）：**management**。
   - IP Address（IP 地址）：**10.122.109.0**。
   - Server Secret Key（服务器密钥）：**C1$c0123**。
   - 将其他选项保留默认。

   完成后点击 **OK**。
8. 找到 **Configuration > Context > admin > Connect> Device Management >Users/AAA> AAA Access>Authentication**。勾选 **SSH** 复选框，并在 Server Group 下拉菜单中选择 **RADIUS**。为了备份，勾选 **Use LOCAL when Server Group Fails**，完成后点击 **Apply**。

配置虚拟防火墙 Bears

通过下面的步骤配置 Bears 虚拟防火墙。

1. 找到 **Configuration > Contexts > Bears > Connect> Device Setup> Interface**。选择接口 **GigabitEthernet0/0.100** 并点击 **Edit**，并指定以下参数。
   - Interface Name（接口名称）：**outside**。
   - Security Level（安全级别）：**0**。
   - IP Address（IP 地址）：**Use Static IP of 209.165.200.225**。
   - Subnet Mask（子网掩码）：**255.255.255.224**。

   完成后点击 **OK**。
2. 找到 **Configuration > Contexts > Bears > Connect> Device Setup> Interface**。选择接口 **GigabitEthernet0/0.101** 并点击 **Edit**，并指定以下参数。
   - Interface Name（接口名称）：**inside**。

- Security Level（安全级别）：**100**。
- IP Address（IP 地址）：**Use Static IP of 192.168.10.1**。
- Subnet Mask（子网掩码）：**255.255.255.0**。

完成后点击 **OK** 和 **Apply**。

3. 找到 **Configuration > Contexts > Bears > Connect> Firewall>Access Rules** 并选择 **Add>Add Access Rule**。配置以下访问规则（Access Rule）。
   - Interface（接口）：**Inside**。
   - Action（动作）：**Permit**。
   - Source（源）：**192.168.10.0/24**。
   - Destination（目的）：**173.37.145.84/32**。
   - Service（服务）：**http**。
   - Enable Loggnig（启用日志记录功能）：**不勾选**。

   完成后点击 **OK**。
4. 找到 **Configuration > Contexts > Bears > Connect> Firewall>NAT Rules** 并选择 **Add> Add "Network Object" NAT Rule**，并（点击 **NAT** 下拉菜单将 NAT 可选项展开）配置以下策略。
   - Name（名称）：**Inside-Net**。
   - Type（类型）：**Network**。
   - IP Version（IP 版本）：**IPv4**。
   - IP Address（IP 地址）：**192.168.10.0**。
   - Netmask（网络掩码）：**255.255.255.0**。
   - Add Automatic Address Translation Rules（添加自动地址转化规则）：**勾选**。
   - Type（类型）：**Dynamic PAT(Hide)**。
   - Translated Addr（转换后地址）：**outside**。

   点击 **Advanced** 打开 Advanced NAT Setting 对话框，配置下列属性。
   - Source Interface（源接口）：**inside**。
   - Destination Interface（目的接口）：**outside**。

   连续两次点击 **OK**，关闭对话框。
5. 找到 **Configuration > Contexts > Bears > Connect> Firewall>Access Rules** 并选择 **Add>Add Access Rule**。配置以下访问规则（Access Rule）。
   - Interface（接口）：**outside**。
   - Action（动作）：**Deny**。
   - Source（源）：**any**。
   - Destination（目的）：**any**。
   - Service（服务）：**ip**。
   - Enable Loggnig（启用日志记录功能）：**Checked**。

   完成后点击 **OK**。

配置虚拟防火墙 Cubs

通过下面的步骤配置 Cubs 虚拟防火墙。

1. 找到 **Configuration > Contexts > Cubs > Connect> Device Setup> Interface**。选择接口 **GigabitEthernet0/0.200** 并点击 **Edit**，并指定以下参数。

- Interface Name（接口名称）：**outside**。
- Security Level（安全级别）：**0**。
- IP Address（IP 地址）：**Use Static IP of 209.165.201.1**。
- Subnet Mask（子网掩码）：**255.255.255.224**。

完成后点击 **OK**。

2. 找到 **Configuration > Contexts > Cubs > Connect> Device Setup> Interface**。选择接口 **GigabitEthernet0/0.201** 并点击 **Edit**，并指定以下参数。
   - Interface Name（接口名称）：**inside**。
   - Security Level（安全级别）：**100**。
   - IP Address（IP 地址）：**Use Static IP** of **192.168.20.1**。
   - Subnet Mask（子网掩码）：**255.255.255.0**。

   完成后点击 **OK**。
3. 找到 **Configuration > Contexts > Cubs > Connect> Device Setup> Interface**。选择接口 **GigabitEthernet0/0.210** 并点击 **Edit**，并指定以下参数。
   - Interface Name（接口名称）：**dmz**。
   - Security Level（安全级别）：**50**。
   - IP Address（IP 地址）：**Use Static IP** of **192.168.21.1**。
   - Subnet Mask（子网掩码）：**255.255.255.0**。

   完成后点击 **OK**。
4. 找到 **Configuration > Contexts > Bears > Connect> Firewall>NAT Rules** 并选择 **Add> Add "Network Object" NAT Rule**，并（点击 **NAT** 下拉菜单）配置以下策略。
   - Name（名称）：**Inside-Net-20**。
   - Type（类型）：**Network**。
   - IP Version（IP 版本）：**IPv4**。
   - IP Address（IP 地址）：**192.168.20.0**。
   - Netmask（网络掩码）：**255.255.255.0**。
   - Add Automatic Address Translation Rules（添加自动地址转化规则）：**勾选**。
   - Type（类型）：**Dynamic**。
   - Translated Addr（转换后地址）：**209.165.201.10**。

   点击 **Advanced** 打开 Advanced NAT Setting 对话框，配置下列属性。
   - Source Interface（源接口）：**inside**。
   - Destination Interface（目的接口）：**outside**。

   连续两次点击 **OK**，关闭对话框。
5. 找到 **Configuration > Contexts > Cubs > Connect> Firewall>NAT Rules** 并选择 **Add> Add "Network Object" NAT Rule**，并（点击 **NAT** 下拉菜单）配置以下策略。
   - Name（名称）：**Inside-Net-30**。
   - Type（类型）：**Network**。
   - IP Version（IP 版本）：**IPv4**。
   - IP Address（IP 地址）：**192.168.30.0**。
   - Netmask（网络掩码）：**255.255.255.0**
   - Add Automatic Address Translation Rules（添加自动地址转化规则）：**勾选**。
   - Type（类型）：**Dynamic**。

- Translated Addr（转换后地址）：**209.165.201.11**。

点击 **Advanced** 打开 Advanced NAT Setting 对话框，配置下列属性。

- Source Interface（源接口）：**inside**。
- Destination Interface（目的接口）：**outside**。

连续两次点击 **OK**，关闭对话框。

6. 找到 **Configuration > Contexts > Cubs > Connect> Firewall>NAT Rules** 并选择 **Add> Add "Network Object" NAT Rule**，并（点击 **NAT** 下拉菜单）配置以下策略。
   - Name（名称）：**Web-Server**。
   - Type（类型）：**Host**。
   - IP Version（IP 版本）：**IPv4**。
   - IP Address（IP 地址）：**192.168.21.10**。
   - Add Automatic Address Translation Rules（添加自动地址转化规则）：**Checked**。
   - Type（类型）：**Static**。
   - Translated Addr（转换后地址）：**209.165.201.12**。

   点击 **Advanced** 打开 Advanced NAT Setting 对话框，配置下列属性。
   - Source Interface（源接口）：**dmz**。
   - Destination Interface（目的接口）：**outside**。

   连续两次点击 **OK**，关闭对话框。
7. 找到 **Configuration > Contexts > Cubs > Connect> Firewall>Access Rules** 并选择 **Add>Add Access Rule**，配置以下访问规则（Access Rule）。
   - Interface（接口）：**outside**。
   - Action（动作）：**Permit**。
   - Source（源）：**any**。
   - Destination（目的）：**Web-Server**。
   - Service（服务）：**http**。

   完成后点击 **OK**。
8. 找到 **Configuration > Contexts > Cubs > Connect> Firewall>Access Rules** 并选择 **Add>Add Access Rule**，配置以下访问规则（Access Rule）。
   - Interface（接口）：**outside**。
   - Action（动作）：**Deny**。
   - Source（源）：**any**。
   - Destination（目的）：**any**。
   - Service（服务）：**ip**。
   - Enable Loggnig（启用日志记录功能）：**Checked**。

   完成后点击 **OK**。
9. 找到 **Configuration > Contexts > Cubs > Connect > Device Setup > Routing > EIGRP > Setup**。点击 **Process Instances** 标签，并配置以下参数。
   - Enable this EIGRP Process（启用这个 EIGRP 进程）：**Checked**。
   - EIGRP Process（EIGRP 进程）：**50**。
10. 找到 **Configuration > Contexts > Cubs > Connect > Device Setup > Routing > EIGRP > Setup**。点击 **Network** 标签，点击 **Add**，并配置以下参数。
    - EIGRP AS：**50**。

- IP Address（IP 地址）：**192.168.20.0**。
- Netmask（网络掩码）：**255.255.255.0**。

2. 用 CLI 进行配置的步骤

例 14-18 所示为通过 CLI 来实现前面配置目标的配置方法。为了简化起见，下面省略了一些无关的配置命令。

例 14-18 多模虚拟防火墙的 ASA 相关配置命令

```
System Execution Space
Chicago# show run
ASA Version 9.1(4) <system>
!
hostname Chicago
! Main GigabitEthernet0/0 interface
interface GigabitEthernet0/0
! Sub-interface assigned to the Bears context as the outside interface. A VLAN ID is
assigned to the interface
interface GigabitEthernet0/0.100
 description Bears Outside Interface
 vlan 100
! Sub-interface assigned to the Cubs context as the outside interface. A VLAN ID is
assigned to the interface
interface GigabitEthernet0/0.200
 description Cubs Outside Interface
 vlan 200
! Sub-interface assigned to the Cubs context as the DMZ interface. A VLAN ID is
assigned to the interface
interface GigabitEthernet0/0.210
 description Cubs DMZ Interface
 vlan 210
! Main GigabitEthernet0/1 interface
interface GigabitEthernet0/1
! Sub-interface assigned to the Bears context as the inside interface. A VLAN ID is
assigned to the interface
interface GigabitEthernet0/1.101
 description Bears Inside Interface
 vlan 101
! Sub-interface assigned to the Cubs context as the inside interface. A VLAN ID is
assigned to the interface
interface GigabitEthernet0/1.201
description Cubs Inside Interface
 vlan 201
! Main Management0/0 interface
interface Management0/0
! context named "admin" is the designated Admin context
admin-context admin
! "admin" context definition along with the allocated interfaces.
context admin
  description admin Context
  allocate-interface Management0/0
  config-url disk0:/admin.cfg
! "Bears" context definition along with the allocated interfaces.
context Bears
  description Bears Context
  allocate-interface GigabitEthernet0/0.100
  allocate-interface GigabitEthernet0/1.101
```

（待续）

```
  config-url disk0:/Bears.cfg
! "Cubs" context definition along with the allocated interfaces.
context Cubs
  description Cubs Context
  allocate-interface GigabitEthernet0/0.200
  allocate-interface GigabitEthernet0/0.210
  allocate-interface GigabitEthernet0/1.201
  config-url disk0:/Cubs.cfg
Admin Context
Chicago/admin# show running
ASA Version 9.1(4) <context>
!
hostname admin
!Management interface of the admin context with security level set to 100
interface Management0/0
 nameif management
 security-level 100
 ip address 10.122.109.101 255.255.255.0
 management-only
!
!configuration of a syslog server with timestamped logging level set to informational
logging enable
logging timestamp
logging trap informational
logging host management 10.122.109.102
!
!configuration of a AAA server using RADIUS for authentication
aaa-server RADIUS protocol radius
aaa-server RADIUS (management) host 10.122.109.100
key C1$c0123
!setting up SSH authentication
aaa authentication ssh console RADIUS
!SSH to the admin context is allowed from the management interface
ssh 10.122.109.0 255.255.255.0 management
Bears Context
Chicago/Bears# show running
ASA Version 9.1(4) <context>
!
hostname Bears
!Outside interface of the Bears context with security level set to 0
interface GigabitEthernet0/0.100
 nameif outside
 security-level 0
 ip address 209.165.200.225 255.255.255.224
!Inside interface of the Bears context with security level set to 100
interface GigabitEthernet0/1.101
 nameif inside
 security-level 100
 ip address 192.168.10.1 255.255.255.0
! Object Definition for the Inside Network
object network Inside-Net
 subnet 192.168.10.0 255.255.255.0
!
! Access-list configuration to permit web traffic initiated from the inside network
to 173.37.145.84
access-list inside_access_in extended permit tcp 192.168.10.0
255.255.255.0 host 173.37.145.84 eq www log disable
! Access-list configuration to deny all internet originated traffic.
```

（待续）

```
access-list outside_access_in extended deny ip any any
! NAT configuration to allow inside hosts to get Internet connectivity
object network Inside-Net
nat (inside,outside) dynamic interface
! The access-list is applied to the inside interface.
access-group inside_access_in in interface inside
! The access-list is applied to the outside interface.
access-group outside_access_in in interface outside
! Default route
route outside 0.0.0.0 0.0.0.0 209.165.200.226 1
Cubs Context
Chicago/Cubs# show running
ASA Version 9.1(4) <context>
!
hostname Cubs
!Outside interface of the Cubs context with security level set to 0
interface GigabitEthernet0/0.200
 nameif outside
 security-level 0
 ip address 209.165.201.1 255.255.255.224
!DMZ interface of the Cubs context with security level set to 50
interface GigabitEthernet0/0.210
 nameif dmz
 security-level 50
172 ip address 192.168.21.1 255.255.255.0
!Inside interface of the Cubs context with security level set to 100
interface GigabitEthernet0/1.201
nameif inside
 security-level 100
 ip address 192.168.20.1 255.255.255.0
! Object Definition for the Inside Networks
object network Inside-Net-20
 subnet 192.168.20.0 255.255.255.0
object network Inside-Net-30
 subnet 192.168.30.0 255.255.255.0
! Object Definition for the Web-Server on the DMZ Network
object network Web-Server
 host 192.168.21.10
!Access-list configuration to allow web traffic.
access-list outside_access_in extended permit tcp any object Web-Server eq www
access-list outside_access_in extended deny ip any any
! NAT configuration to allow inside hosts to get Internet connectivity
object network Inside-Net
object network Inside-Net-20
 nat (inside,outside) dynamic 209.165.201.10
object network Inside-Net-30
 nat (inside,outside) dynamic 209.165.201.11
!Static address translation for the Web-Server
object network Web-Server
 nat (dmz,outside) static 209.165.201.12
!EIGRP Routing
router eigrp 50
 network 192.168.20.0 255.255.255.0

! The access-list is applied to the outside interface in the inbound direction
access-group outside_access_in in interface outside
! Default route
route outside 0.0.0.0 0.0.0.0 209.165.201.2 1
```

14.3.2 使用了一个共享接口的虚拟防火墙

SecureMe 是一个 Internet 服务提供商，现为其终端客户提供防火墙管理服务。SecureMe 有两个客户：Dodgers 和 Lakers，它们的需求各不相同，但也有一个需求是一致的：它们都希望私有网络能够访问 Internet。为了节省可路由的公网地址空间，SecureMe 希望使用共享的外部接口来实现这一目的。由于安全设备存在物理接口限制，因此 SecureMe 想要为内部网络创建子接口与客户进行连接。图 14-11 所示为 SecureMe 的参考拓扑。

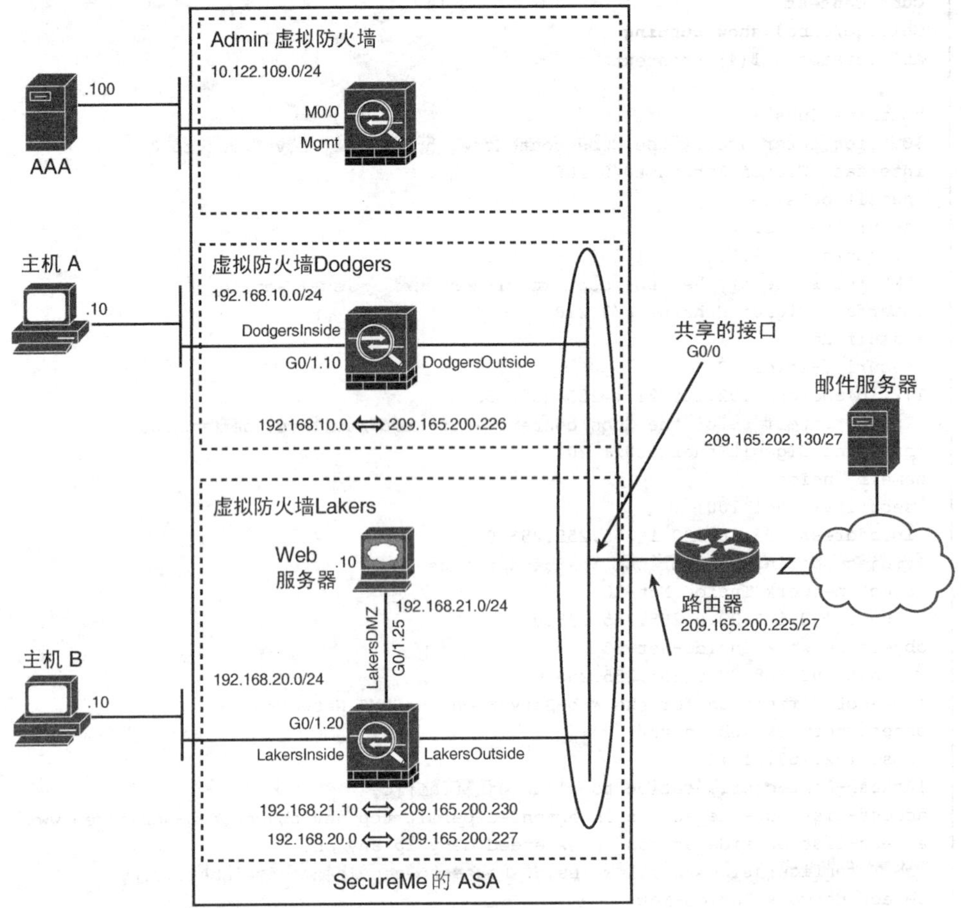

图 14-11 SecureMe 芝加哥办公室的多虚拟防火墙拓扑

另外，SecureMe 希望通过实施资源管理来确保它们可以对不同的终端用户出售不同级别的服务。它们需要限制 Dodgers，使其每秒最多收到 1000 个连接，主机数量限制为 10000；而 Lakers 每秒最多可以收到 1000 个连接，主机数量限制为 100000。

SecureMe 以及 Dodgers 和 Lakers 的安全需求如下。

SecureMe 的安全需求：

- 通过 SecureMe 的全局策略，使能够访问设备的用户仅限于 AAA 服务器上的可靠和授权用户。这里使用了一台位于 10.122.109.100 的 AAA 服务器，密码是 C1$c0123；
- SecureMe 的公有地址数量有限，因此它要为所有虚拟防火墙使用接口 PAT 来进行地址转换；

- SecureMe 不希望虚拟防火墙的管理员看到为他们的虚拟防火墙所分配的接口；
- 只能使用 SSH 和 ASDM 对设备和虚拟防火墙进行管理。

Dodgers 的安全需求：

- Dodgers 虚拟防火墙保护的主机可以访问 Lakers 虚拟防火墙保护的 Web 服务器。该服务器的原 IP 地址为 192.168.21.10；
- 主机能够查看其 Email 消息，而 Email 服务器的 IP 为 209.165.202.130；
- 将私有 IP 地址转换为外部接口的 IP 地址（109.165.200.226）；
- 阻塞并记录所有的入站流量。

Lakers 的安全需求：

- Lakers 虚拟防火墙保护的主机可以自由访问 Internet 上的一切资源；
- 应使用 PAT 将原 IP 地址转换为外部接口的 IP 地址；
- 在外部接口上阻塞并记录所有入站流量，除了那些从 Dodgers 内部网络发来并去往 Web 服务器的流量。

1. ASDM 的配置步骤

下面我们来介绍通过 ASDM 来实现上述功能的方法。通过 ASDM 进行配置要求 ASDM 客户端与安全设备的管理 IP 地址之间存在 IP 连接。管理 IP 地址为 10.122.109.101，这一 IP 地址被分配给了 admin 虚拟防火墙。读者可以参考第一个部署环境中一开始的基础配置。

配置系统执行空间

通过下面的步骤配置系统执行空间。

1. 找到 **Configuration > System > Connect > Context Management >Resource Class** 点击 **Add**，并指定 **Gold** 的资源类。然后在 Rate Limited Resources 下选择 **Conns/sec** 复选框并将值指定为 **1000**。同样，勾选 **Hosts** 复选框，并且将数值指定为 **10000**，点击 **OK**。
2. 找到 **Configuration > System > Connect > Context Management >Resource Class** 点击 **Add**，并指定 **Platinum** 的资源类。然后在 Rate Limited Resources 下选择 **Conns/sec** 复选框并将值指定为 **10000**。同样，勾选 **Hosts** 复选框，并且将数值指定为 **100000**，点击 **OK**。
3. 找到 **Configuration > System > Connect > Context Management > Interfaces> GigabitEthernet0/0**，然后点击 **Edit**。为接口添加描述信息 **Outside Shared Interface**，然后点击 **OK**。
4. 找到 **Configuration > System > Connect > Context Management > Interfaces** 并点击 **Add>Interfaces**，然后在 Hardware Port 下选择 **GigabitEthernet0/1**。将 VLAN ID 和 Subinterface ID 都指定为 **10**。为接口添加描述信息 **Dodgers Inside Interface**，然后点击 **OK** 来添加该子接口。
5. 找到 **Configuration > System > Interfaces** 并点击 **Add>Interfaces**，然后在 Hardware Port 下选择 **GigabitEthernet0/1**。将 VLAN ID 和 Subinterface ID 都指定为 **20**。为接口添加描述信息 **Lakers Inside Interface**，然后点击 **OK** 来添加该子接口。
6. 找到 **Configuration > System > Interfaces** 并点击 **Add>Interfaces**，然后在 Hardware Port 下选择 **GigabitEthernet0/1**。将 VLAN ID 和 Subinterface ID 都指定为 **25**。为接口添加描述信息 **Lakers DMZ Interface**，然后点击 **OK** 来添加该子接口。

7. 找到 **Configuration > System > Connect > Context Management > Security Contexts** 并点击 **Add**，然后在 **Security Context** 中将虚拟防火墙名称指定为 **Dodgers**。在 Interface Allocation 下点击 **Add**，然后：
   - 在 Phsical Interface 下拉菜单中选择 **GigabitEthernet0/0**，勾选 **Used Aliased Name in Context**，并将接口名称设置为 **DodgersOutside**，点击 **OK**；
   - 在 Phsical Interface 下拉菜单中选择 **GigabitEthernet0/1**，在 Sub Interface Range 下拉菜单中选择 **10**，勾选 **Used Aliased Name in Context**，并将接口名称设置为 **DodgersInside**，点击 **OK**。
8. 在 Resource Class 下拉菜单中选择 **Gold**。将 Config URL 选择为 **disk0:**并将配置文件名称定义为**/Dodgers.cfg**。最后，在 Description 中输入 **Dodgers Context**，完成后点击 **OK**。
9. 找到 **Configuration > System > Connect > Context Management > Security Contexts** 并点击 **Add**，然后在 **Security Context** 中将虚拟防火墙名称指定为 **Lakers**。在 **Interface Allocation** 下点击 **Add**，然后：
   - 在 Phsical Interface 下拉菜单中选择 **GigabitEthernet0/0**，勾选 **Used Aliased Name in Context**，并将接口名称设置为 **LakersOutside**，点击 **OK**；
   - 在 Phsical Interface 下拉菜单中选择 **GigabitEthernet0/1**，在 Sub Interface Range 下拉菜单中选择 **20**，启用 **Used Aliased Name in Context**，并将接口名称设置为 **LakersInside**，点击 **OK**；
   - 在 Phsical Interface 下拉菜单中选择 **GigabitEthernet0/1**，在 Sub Interface Range 下拉菜单中选择 **25**，启用 **Used Aliased Name in Context**，并将接口名称设置为 **LakersDMZ**，点击 **OK**。
10. 在 Resource Class 下拉菜单中选择 **Platinum**。将 Config URL 选择为 **disk0:**并将配置文件名称定义为**/Lakers.cfg**。最后，在 Description 中输入 **Lakers Context**，完成后点击 **OK**。
11. 找到 **Configuration > System > Connect > Context Management > Security Contexts** 并勾选 **Enable Auto-Generation of MAC Address for Context Interfaces That Share a System Interface** 复选框。这样一来，安全设备就可以自动为虚拟防火墙中各共享的接口自动创建一个专门的 MAC 地址。

配置 Admin 虚拟防火墙

通过下面的步骤配置 admin 虚拟防火墙。

1. 找到 **Configuration > Context > admin > Connect> Device Management >Management Access >ASDM/HTTPS/Telnet/SSH** 并点击 **Add**，选择 **SSH** 单选按钮并配置以下参数。
   - Interface Name（接口名称）：**management**。
   - IP Address（IP 地址）：**10.122.109.0**。
   - Mask（掩码）：**255.255.255.0**。

   完成后点击 **OK**。
2. 找到 **Configuration > Context > admin > Connect> Device Management >Users/AAA> AAA Server Groups** 并在 AAA Server Groups 中点击 **Add**，配置以下参数。
   - Server Group（服务器组）：**RADIUS**。
   - Protocol（协议）：**RADIUS**。
   - 将其他选项保留默认。

完成后点击 **OK**。

3. 找到 **Configuration > Context > admin > Connect> Device Management >Users/AAA> AAA Server Groups**。在 AAA Server Groups 中点击 **RADIUS**，然后在 Servers in the Selected Group 中选择 **Add**，并配置以下参数。
   - Interface Name（接口名称）：**management**。
   - IP Address（IP 地址）：**10.122.109.100**。
   - Server Secret Key（服务器密钥）：**C1$c0123**。
   - 将其他选项保留默认。

   完成后点击 **OK**。
4. 找到 **Configuration > Context > admin > Connect> Device Management >Users/AAA> AAA Access>Authentication**。启用 **SSH** 和 **HTTP/ASDM**，并在 Server Group 下拉菜单中选择 **RADIUS**，完成后点击 **Apply**。

配置虚拟防火墙 Dodgers

通过下面的步骤配置 Dodgers 虚拟防火墙。

1. 找到 **Configuration > Contexts > Dodgers > Connect> Device Setup> Interface**。选择接口 **DodgersOutside** 并点击 **Edit**，并指定以下参数。
   - Interface Name（接口名称）：**outside**。
   - Security Level（安全级别）：**0**。
   - IP Address（IP 地址）：**Use Static IP** of **209.165.200.226**。
   - Subnet Mask（子网掩码）：**255.255.255.224**。

   完成后点击 **OK**。
2. 找到 **Configuration > Contexts > Dodgers > Connect> Device Setup> Interface**。选择接口 **DodgersInside** 并点击 **Edit**，并指定以下参数。
   - Interface Name（接口名称）：**inside**。
   - Security Level（安全级别）：**100**。
   - IP Address（IP 地址）：**Use Static IP** of **192.168.10.1**。
   - Subnet Mask（子网掩码）：**255.255.255.0**。

   完成后点击 **OK** 和 **Apply**。
3. 找到 **Configuration > Contexts > Dodgers > Connect> Firewall>Access Rules** 并选择 **Add> Add Access Rule**，并配置以下访问规则（Access Rule）。
   - Interface（接口）：**inside**。
   - Action（动作）：**Permit**。
   - Source（源）：**192.168.10.0/24**。
   - Destination（目的）：**209.165.202.130/32**。
   - Service（服务）：**smtp**。
   - Enable Loggnig（启用日志记录功能）：**勾选**。

   完成后点击 **OK**。
4. 找到 **Configuration > Contexts > Dodgers > Connect> Firewall>Access Rules** 并选择 **Add> Add Access Rule**，并配置以下访问规则（Access Rule）。
   - Interface（接口）：**inside**。
   - Action（动作）：**Permit**。

- Source（源）：**192.168.10.0/24**。
- Destination（目的）：**209.165.202.230/32**。
- Service（服务）：**http**。
- Enable Loggnig（启用日志记录功能）：**勾选**。

完成后点击 **OK**。

5. 找到 **Configuration > Contexts > Dodgers > Connect> Firewall>Access Rules** 并选择 **Add>Add Access Rule**，并配置以下访问规则（Access Rule）。
   - Interface（接口）：**Outside**。
   - Action（动作）：**Deny**。
   - Source（源）：**any**。
   - Destination（目的）：**any**。
   - Service（服务）：**ip**。
   - Enable Loggnig（启用日志记录功能）：**勾选**。

   完成后点击 **OK**。
6. 找到 **Configuration > Contexts > Dodgers > Connect> Firewall>NAT Rules** 并选择 **Add>Add "Network Object" NAT Rule**，并（点击 **NAT** 下拉菜单）配置以下策略。
   - Name（名称）：**Inside-Net**。
   - Type（类型）：**Network**。
   - IP Version（IP 版本）：**IPv4**。
   - IP Address（IP 地址）：**192.168.10.0**。
   - Netmask（网络掩码）：**255.255.255.0**。
   - Add Automatic Address Translation Rules（添加自动地址转化规则）：**勾选**。
   - Type（类型）：**Dynamic PAT(Hide)** 。
   - Translated Addr（转换后地址）：**outside**。

   点击 **Advanced** 打开 Advanced NAT Setting 对话框，配置下列属性。
   - Source Interface（源接口）：**inside**。
   - Destination Interface（目的接口）：**outside**。
7. 找到 **Configuration > Contexts > Dodgers > Connect> Device Setup> Routing> Static Routes** 点击 **Add**，然后定义一条默认路由。
   - IP Address Type（IP 版本）：**IPv4**。
   - Interface（接口）：**outside**。
   - Network（网络）：**any4**。
   - Gateway IP（网关 IP）：**209.165.200.225**。
   - Options（选项）：**None**。

   完成后点击 **OK** 和 **Apply**。

配置虚拟防火墙 Lakers

通过下面的步骤配置 Lakers 虚拟防火墙。

1. 找到 **Configuration > Contexts > Lakers > Connect> Device Setup> Interface**。选择接口 **LakersOutside** 并点击 **Edit**，并指定以下参数。
   - Interface Name（接口名称）：**outside**。
   - Security Level（安全级别）：**0**。

- IP Address（IP 地址）：**Use Static IP of 209.165.200.227**。
- Subnet Mask（子网掩码）：**255.255.255.224**。

完成后点击 **OK**。

2. 找到 **Configuration > Contexts > Lakers > Connect> Device Setup> Interface**。选择接口 **LakersInside** 并点击 **Edit**，并指定以下参数。
   - Interface Name（接口名称）：**inside**。
   - Security Level（安全级别）：**100**。
   - IP Address（IP 地址）：**Use Static IP of 192.168.20.1**。
   - Subnet Mask（子网掩码）：**255.255.255.0**。

   完成后点击 **OK**。
3. 找到 **Configuration > Contexts > Lakers > Connect> Device Setup> Interface**。选择接口 **LakersDMZ** 并点击 **Edit**，并指定以下参数。
   - Interface Name（接口名称）：**dmz**。
   - Security Level（安全级别）：**50**。
   - IP Address（IP 地址）：**Use Static IP of 192.168.21.1**。
   - Subnet Mask（子网掩码）：**255.255.255.0**。

   完成后点击 **OK**。
4. 找到 **Configuration > Contexts > Lakers > Connect> Firewall>Access Rules** 并选择 **Add>Add Access Rule**，并配置以下访问规则（Access Rule）。
   - Interface（接口）：**outside**。
   - Action（动作）：**Permit**。
   - Source（源）：**209.165.200.226**。
   - Destination（目的）：**192.168.21.10**。
   - Service（服务）：**http**。
   - Enable Loggnig（启用日志记录功能）：**Checked**。

   点击 **OK**。
5. 找到 **Configuration > Contexts > Lakers > Connect> Firewall>Access Rules** 并选择 **Add>Add Access Rule**，并配置以下访问规则（Access Rule）。
   - Interface（接口）：**outside**。
   - Action（动作）：**Deny**。
   - Source（源）：**any**。
   - Destination（目的）：**any**。
   - Service（服务）：**ip**。
   - Enable Loggnig（启用日志记录功能）：**Checked**。

   完成后点击 **OK**。
6. 找到 **Configuration > Contexts > Lakers > Connect> Firewall>NAT Rules** 并选择 **Add> Add "Network Object" NAT Rule**，并（点击 **NAT** 下拉菜单）配置以下策略。
   - Name（名称）：**Inside-Net**。
   - Type（类型）：**Network**。
   - IP Version（IP 版本）：**IPv4**。
   - IP Address（IP 地址）：**192.168.20.0**。
   - Netmask（网络掩码）：**255.255.255.0**。

- Add Automatic Address Translation Rules（添加自动地址转化规则）：**Checked**。
- Type（类型）：**Dynamic PAT(Hide)**。
- Translated Addr（转换后地址）：**outside**。

点击 **Advanced** 打开 Advanced NAT Setting 对话框，配置下列属性。

- Source Interface（源接口）：**inside**。
- Destination Interface（目的接口）：**outside**。

完成后两次点击 **OK**。

7. 找到 **Configuration > Contexts > Lakers > Connect> Firewall>NAT Rules** 并选择 **Add> Add "Network Object" NAT Rule**，并（点击 **NAT** 下拉菜单）配置以下策略。
   - Name（名称）：**Web-Server**。
   - Type（类型）：**Host**。
   - IP Version（IP 版本）：**IPv4**。
   - IP Address（IP 地址）：**192.168.21.10**。
   - Add Automatic Address Translation Rules（添加自动地址转化规则）：**勾选**。
   - Type（类型）：**Static**。
   - Translated Addr（转换后地址）：**209.165.200.230**。

   点击 **Advanced** 打开 Advanced NAT Setting 对话框，配置下列属性。

   - Source Interface（源接口）：**dmz**。
   - Destination Interface（目的接口）：**outside**。

   完成后两次点击 **OK**。

8. 找到 **Configuration > Contexts > Lakers > Connect> Device Setup> Routing> Static Routes** 点击 **Add**，然后定义一条默认路由。
   - IP Address Type（IP 版本）：**IPv4**。
   - Interface（接口）：**outside**。
   - Network（网络）：**any4**。
   - Gateway IP（网关 IP）：**209.165.200.225**。
   - Options（选项）：**None**。

   完成后点击 **OK** 和 **Apply**。

2. 用 CLI 进行配置的步骤

例 14-19 所示为通过 CLI 来实现前面配置目标的配置方法。为了简化起见，下面省略了一些无关的配置命令。

例 14-19 多模虚拟防火墙的 ASA 相关配置命令

```
System Execution Space
LA-ASA# show running
ASA Version 9.1(4) <system>
hostname LA-ASA
!
mac-address auto prefix 22787
!
! Management0/0 interface
interface Management0/0
description Management Interface
```

（待续）

```
!
! Main GigabitEthernet0/0 interface used as the shared outside interface
interface GigabitEthernet0/0
description Outside Shared Interface
!
! Main GigabitEthernet0/1 interface
interface GigabitEthernet0/1

! Sub-interface assigned to Dodgers as the inside interface with VLAN ID 10
interface GigabitEthernet0/1.10
 description Dodgers Inside Interface
 vlan 10

! Sub-interface assigned to Lakers as the inside interface with VLAN ID 20
interface GigabitEthernet0/1.20
 description Lakers Inside Interface
 vlan 20
!
! Sub-interface assigned to Lakers as the dmz interface with VLAN ID 25
interface GigabitEthernet0/1.25
 description Lakers DMZ Interface
 vlan 25
!
class Gold
  limit-resource rate Conns 1000
  limit-resource Mac-addresses 65535
  limit-resource ASDM 5
  limit-resource SSH 5
  limit-resource Telnet 5
  limit-resource Hosts 10000
!
class Platinum
  limit-resource rate Conns 10000
  limit-resource Mac-addresses 65535
  limit-resource ASDM 5
  limit-resource SSH 5
  limit-resource Telnet 5
  limit-resource Hosts 100000

! context named "admin" is the designated Admin context
admin-context admin
! "admin" context definition along with the allocated interfaces.
context admin
  allocate-interface Management0/0
  config-url disk0:/admin.cfg
!
! "Dodgers" context definition along with the allocated interfaces.
context Dodgers
  description Dodgers Context
  member Gold
  allocate-interface GigabitEthernet0/0 DodgersOutside
  allocate-interface GigabitEthernet0/1.10 DodgersInside
  config-url disk0:/Dodgers.cfg
!
! "Lakers" context definition along with the allocated interfaces.
context Lakers
  description Lakers Context
  member Platinum
```

(待续)

```
  allocate-interface GigabitEthernet0/0 LakersOutisde
  allocate-interface GigabitEthernet0/1.20 LakersInside
  allocate-interface GigabitEthernet0/1.25 LakersDMZ
  config-url disk0:/Lakers.cfg
Admin Context
LA-ASA/admin# show running
ASA Version 9.1(4) <system>
hostname LA-ASA
! Management interface of the admin context with security level set to 100
interface Management0/0
  management-only
  nameif management
  security-level 100
  ip address 10.122.109.101 255.255.255.0

! RADIUS server with an IP address of 10.122.109.100
aaa-server RADIUS protocol radius
aaa-server RADIUS (management) host 10.122.109.100
 key C1$c0123

! AAA authentication for SSH and HTTP sessions
aaa authentication ssh console RADIUS
aaa authentication http console RADIUS

! HTTP Server for ASDM
http server enable
http 10.122.109.0 255.255.255.0 management

! SSH sessions to be accepted from 10.122.109.0/24
ssh 10.122.109.0 255.255.255.0 management
<output removed for brevity>
Dodgers Context
LA-ASA/Dodgers# show running
ASA Version 9.1(4) <system>
hostname Dodgers
!
!outside interface of the Dodgers context with security level set to 0
interface DodgersOutside
 nameif outside
 security-level 0
 ip address 209.165.200.226 255.255.255.224
!
!inside interface of the Dodgers context with security level set to 100
interface DodgersInside
 nameif inside
 security-level 100
 ip address 192.168.10.1 255.255.255.0
<output removed for brevity>
!Access-list configuration to allow email and web traffic. The access-list is
applied to the inside interface.
access-list inside_access_in extended permit tcp 192.168.10.0
255.255.255.0 host 209.165.202.130 eq smtp log
access-list inside_access_in extended permit tcp 192.168.10.0
255.255.255.0 host 209.165.200.230 eq www log
access-group inside_access_in in interface inside
! Access-list configuration to deny all packets. The access-list is applied to the
outside interface.
access-list outside_access_in extended deny ip any any log
```

（待续）

```
access-group outside_access_in in interface outside

! <Object Definition for Inside Network with address translation>
object network Inside-Net
 subnet 192.168.10.0 255.255.255.0
 nat (inside,outside) dynamic interface
! Default Route
route outside 0.0.0.0 0.0.0.0 209.165.200.225 1
Lakers Context
LA-ASA/Lakers# show running
ASA Version 9.1(4) <system>
hostname Lakers

!outside interface of the Lakers context with security level set to 0
interface LakersOutside
 nameif outside
 security-level 0
ip address 209.165.200.227 255.255.255.224
!
!inside interface of the Lakers context with security level set to 100
interface LakersInside
 nameif inside
 security-level 100
 ip address 192.168.20.1 255.255.255.0
!
!dmz interface of the Lakers context with security level set to 50
interface LakersDMZ
 nameif dmz
 security-level 50
 ip address 192.168.21.1 255.255.255.0
!
<output removed for brevity>
!Access-list configuration to allow incoming web request. The access-list is applied
to the outside interface.
access-list outside_access_in extended permit tcp host
209.165.200.226 host 192.168.21.10 eq www
access-list outside_access_in extended deny ip any any
access-group outside_access_in in interface outside
!
!Object Definition with address translation policies.
object network Inside-Net
 subnet 192.168.20.0 255.255.255.0
object network Web-Server
 host 192.168.21.10
object network Inside-Net
 nat (inside,outside) dynamic interface
object network Web-Server
 nat (dmz,outside) static 209.165.200.230
!Default Route
route outside 0.0.0.0 0.0.0.0 209.165.200.225 1
```

14.4 安全虚拟防火墙的监测与排错

本节会介绍可以对设备的健康状态进行排查的大量 **show** 命令和 **debug** 命令。

14.4.1 监测

在将设备转换为多模之后，可以用 **show mode** 命令来验证系统是否已经进入了新的模式中，如例 14-20 所示。

例 14-20 show mode 命令的输出信息

```
Chicago# show mode
Security context mode: multiple
```

一旦确定系统已经运行在多模模式下，接下来需要配置虚拟防火墙并为其分配接口。我们推荐使用命令 **show context** 来查看接口是否被划分到了相应的虚拟防火墙中。该命令会将所有的虚拟防火墙、为其分配的接口，以及配置文件 URL 都显示出来。例 14-21 所示为管理员登录进芝加哥 ASA 的系统执行空间之后，使用命令 **show context** 命令所显示出来的输出信息。

例 14-21 在系统执行空间中使用 show context 命令的输出信息

```
Chicago# show context
Context Name  Class   Interfaces                 Mode    URL
*admin                 Management0/0              Routed disk0:/admin.cfg
Bears                  GigabitEthernet0/0.100,   Routed disk0:/Bears.cfg
                       GigabitEthernet0/1.101
Cubs                   GigabitEthernet0/0.200,   Routed disk0:/Cubs.cfg
                       GigabitEthernet0/0.201,
                       GigabitEthernet0/0.210
Total active Security Contexts: 3
```

那个 admin 前面的星号（*）表示该虚拟防火墙即为 admin 虚拟防火墙。此外，也可以使用 **show admin-context** 命令进行确认，如例 14-22 所示。

例 14-22 在系统执行空间中使用 show admin-context 命令的输出信息

```
Chicago# show admin-context
Admin: admin disk0:/admin.cfg
```

虚拟防火墙的管理员可以从他/她所管理的虚拟防火墙中查看虚拟防火墙的设置。例 14-23 演示了如何验证接口的分配情况及其配置文件 URL。

例 14-23 在虚拟防火墙中使用 show context 命令的输出信息

```
Chicago/Cubs# show context
Context Name  Class Interfaces               Mode    URL
Cubs                GigabitEthernet0/0.200,  Routed disk0:/Cubs.cfg
                    GigabitEthernet0/0.201,
                    GigabitEthernet0/0.210
```

Cisco ASA 允许管理员对各虚拟防火墙的 CPU 使用率进行监测。这有助于管理员判断哪个虚拟防火墙消耗的 CPU 资源最多。使用命令 **show cpu usage context all** 可以查看设备中配置的各虚拟防火墙的 CPU 使用率。在例 14-24 中，5 秒内 CPU 的平均总使用率为 9.5%，1 分钟内的平均值为 9.2%，5 分钟内的平均值则为 9.3%。虚拟防火墙 Bears 占用了最多的 CPU 资源，在 5 秒内、1 分钟内、5 分钟内占用的 CPU 资源都为总资源的 5%。

例 14-24 在系统执行空间中使用 **show cpu usage context all** 命令的输出信息

```
Chicago# show cpu usage context all
5 sec  1 min  5 min    Context Name
9.5%   9.2%   9.3%     system
0.3%   0.0%   0.1%     admin
5.0%   5.0%   5.0%     Bears
4.2%   4.2%   4.2%     Cubs
```

管理员也可以使用 **show asp drop** 命令来检查被防火墙丢弃的流量。这些流量被丢弃可能与 ACL 中的 deny 语句、非法的 VPN 数据包、错误的 TCP 分片数据包、带有无效头部信息的数据包等有关。在虚拟环境中，数据包也有可能因为流量分类失败而被丢弃。例如，如果安全设备接收到了一个数据包，但是没有足够的信息可以将这个数据包交付给正确的虚拟防火墙，它就会丢弃这个数据包，并且在 **show asp drop** 命令的"Virtual firewall classification failed(ifc-classify)"部分加 1。如例 14-25 所示，安全设备因为分类失败，而丢弃了超过 300 个数据包。

例 14-25 在系统执行空间中使用 **show asp drop** 命令的输出信息

```
Chicago# show asp drop
Frame drop:
  Invalid TCP Length (invalid-tcp-hdr-length)                         562
  Invalid UDP Length (invalid-udp-length)                             264
  No valid adjacency (no-adjacency)                                  1487
  No route to host (no-route)                                        4993
  Flow is denied by configured rule (acl-drop)                      42825
  First TCP packet not SYN (tcp-not-syn)                              670
  Virtual firewall classification failed (ifc-classify)               337
  Interface is down (interface-down)                                   83
  Dropped pending packets in a closed socket (np-socket-closed)  1

Flow drop:
  NAT failed (nat-failed)                                            1572
  NAT reverse path failed (nat-rpf-failed)                            602
  Inspection failure (inspect-fail)                                   884
```

14.4.2 排错

为了方便排错之用，Cisco ASA 提供了大量重要的调试消息和系统日志消息来帮助管理员确定问题的症结。下面是 4 个与虚拟防火墙相关的排错案例。

1. 没有添加安全虚拟防火墙的情况

在添加新的虚拟防火墙时，Cisco 安全设备显示了一个消息，表示创建安全虚拟防火墙失败，如例 14-26 所示。

例 14-26 创建安全虚拟防火墙失败

```
Chicago(config)# context WhiteSox
Creating context 'WhiteSox'...
Cannot create context 'WhiteSox': limit of 10 contexts exceeded
ERROR: Creation for context 'WhiteSox' failed
```

在本例中，安全设备显示管理员使用了超量的安全虚拟防火墙。要查看设备允许创建的安全虚拟防火墙数量上限，可以使用命令 **show version**，如例 14-27 所示。

例 14-27 查看安全虚拟防火墙的最大数量

```
Chicago# show version | include Security Contexts
Security Contexts              : 10
```

Cisco ASA 可以使用的安全虚拟防火墙的数量取决于安全设备的型号和许可证。读者可以阅读本书的第 3 章，来了解 Cisco ASA 上允许的虚拟防火墙数量限制。

2. 安全虚拟防火墙无法被保存进本地磁盘

如果安全虚拟防火墙的配置文件没有储存在本地的磁盘中，而且设备在取回或储存该设置时出现了问题，那么管理员可以使用 **debug disk** 来查看相关信息。

在例 14-28 中，管理员启用了 **debug disk file**、**file-verbose** 和 **filesystem**，并将日志级别设置为了 255。在本例中，管理员将运行配置文件储存进了 Flash 文件系统中。于是，安全设备从磁盘中打开了运行配置文件并写入了新的内容。如果 Flash 中断，那么管理员在读写文件时就会出现问题。这些消息会由 Cisco TAC 工程师来进行分析。

例 14-28 debug disk 的输出信息

```
Chicago# debug disk file 255
Chicago# debug disk file-verbose 255
Chicago# debug disk filesystem 255
Chicago# write memory
Building IFS: Opening: file system:/running-config , flags 1, mode 0
IFS: Opened: file system:/running-config as fd 0
IFS: Fioctl: fd 0, fn 5, arg 370e7e0
configuration...
IFS: Read: fd 1, bytes 147456
IFS: Read: fd 1, bytes 146664
IFS: disk0:/.private/startup-config 100% chance ascii text
<Output removed for brevity>
1047 IFS: Close: fd 0
bytes copied in 4.40 secs (261 bytes/sec)IFS: Write: fd 0, bytes 1
```

3. 安全虚拟防火墙无法被保存进 FTP 服务器

如果安全设备在与 FTP 服务器进行存储和取回文件时出现了问题，那么可以使用命令 **debug ftp client** 来进行排查。在例 14-29 中，设备被配置为使用 FTP 服务器。通过 **debug** 命令可以看出配置文件 URL 中的用户密码错误。

例 14-29 debug ftp client 的输出信息

```
Chicago(config)# debug ftp client
Chicago# context Cubs
Chicago(config-ctx)# config-url ftp://cisco:cisco123@172.18.82.101/Cubs.cfg
IFS: Opening: file ftp://cisco:cisco123@172.18.82.101/Cubs.cfg, flags 1, mode 0
IFS: Opened: file ftp://cisco:cisco123@172.18.82.101/Cubs.cfg as fd 0
IFS: Fioctl: fd 0, fn 5, arg 279bc64
Loading Cubs.cfg
FTP: 220 Please enter your user name.
FTP: ---> USER cisco
```

（待续）

```
FTP: 331 User name okay, Need password.
FTP: --> PASS *
FTP: 530 Password not accepted.
FTP: --> QUIT
FTP: 221 Goodbye. Control connection closed.
IFS: Close: fd 0
```

4. 在使用共享的安全虚拟防火墙时，用户出现了连通性问题

如前文中的图 14-10 所示，当虚拟防火墙 Bears 身后的主机 A 不能到达虚拟防火墙 Cubs 身后的主机 B 时，管理员可以使用以下步骤来排查问题。

1. 从主机 A 去 ping Bears 内部接口的 IP 地址，如果能通，进入步骤 2，如果不通，察看是否有控制层的 ACL（如 **icmp permit** 这样的语句或者 **access-list permit icmp … control-plane**）阻塞了这些数据包。还要查看主机和内部接口直接的物理连接是否畅通。
2. 从主机 A 去 ping Cubs 外部接口的 IP 地址，如果能通，进入步骤 3，如果不通，察看虚拟防火墙 Bears 上是否配置有出站 ACL 和 NAT。另外，察看 Cubs 上的 ACL 是否会放行主机 A 发出的 ICMP 流量。
3. 查看虚拟防火墙 Cubs 上面的 NAT 配置。从主机 A 去 ping 主机 B，并确认 Cubs 内部接口出站方向上的 ACL 没有阻塞 ICMP 数据包。
4. 如果主机 A 还是无法与主机 B 进行通信，可以使用命令 **show asp drop** 并寻找被丢弃的数据包。另外，登录进 admin 虚拟防火墙并确保启用了系统日志消息。通过查看日志消息来寻找问题。最后，可以使用命令 **capture <capture name> asp type asp-drop ifc-classify** 来捕获分类引擎所丢弃的流量。

总结

多虚拟防火墙模式是一个强大的特性，它可以将多个虚拟防火墙集成进一个物理设备中，以节省防火墙解决方案的开销。各虚拟防火墙都有其各自的接口、安全策略和路由表。设备会根据源接口、目的 IP 地址或专用的 MAC 地址对穿越这些虚拟防火墙的数据包进行分类。本章介绍了虚拟防火墙的配置步骤并提供了部署方案，这些内容可以帮助读者更好地理解虚拟防火墙的概念。为了帮助读者进行排错，本章还介绍了一些与虚拟防火墙相关的 **show** 命令和 **debug** 命令，并为读者介绍了一些找出问题所在的思路。

第15章

透明防火墙

本章涵盖的内容有：

- 架构概述；
- 透明防火墙的限制；
- 透明防火墙的配置；
- 部署方案；
- 监测与排错。

在传统上讲，部署网络防火墙的目的是过滤穿越该防火墙的流量。一般来说，这些防火墙会检查数据包的上层（3层或更高层）头部信息，也会检查数据包的数据负载，然后根据访问控制列表（ACL）来判断是放行还是拒绝这些数据包。这类防火墙一般称为路由防火墙，它们会将网络分隔为受保护的网络与不受保护的网络，并充当这两类网络中的一跳。它们会使用路由表中的信息将来自某个IP子网的数据包路由给另一个IP子网。在大多数情况下，这些防火墙会将网络中原本使用的IP地址转换为另一个地址，以对网络的编址方式进行保护。

图 15-1 所示为使用路由防火墙保护内部网络的例子，同时该防火墙会将主机 A 去往 www.cisco.com 流量的地址由原地址 192.168.10.2 转换为 209.165.200.226。

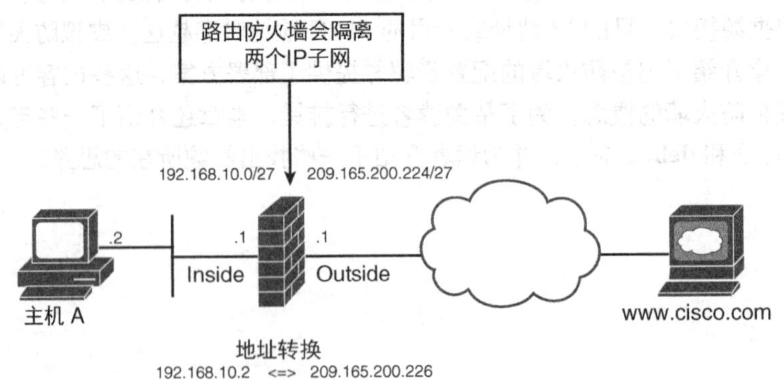

图 15-1　路由防火墙

路由防火墙不能对在同一个 LAN 网段中，由一个主机去往另一个主机的数据包进行过滤。如果在网络中安装一个 3 层防火墙，那么就需要创建一个新的网段，因此使用 3 层防火墙需要对网络重新进行设计，需要网络中断一段时间，还需要对网络设备重新进行设置。为了规避这些问题，透明防火墙应运而生，它可以基于 LAN 来为网络提供保护。管理员可以将透明防火墙部署在 LAN 与下一跳 3 层设备（路由器）之间，而且也不需要对网络重新进行编址。

通过使用透明防火墙（也称为 2 层防火墙或隐形防火墙），管理员可以选择对 2 层流量进行监控，并过滤那些不允许通过的流量。图 15-2 所示为运行透明防火墙的 SecureMeInc.org 公司的网络。SecureMeInc.org 希望在流量到达默认网关之前对所有流量进行监控。当主机 192.168.1.2 向 www.cisco.com 发送流量时，防火墙会首先确保数据包允许透过自己，然后再会将它们发送给默认网关 192.168.10.1。在这种情况下，默认网关路由器负责将子网 192.168.10.0/27 子网转换为 209.165.200.224/27，以此来实现网络通信。

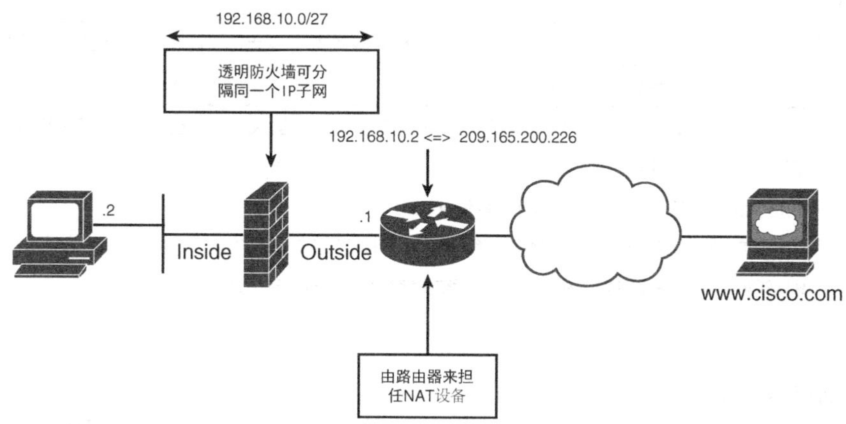

图 15-2 透明防火墙

表 15-1 总结了路由防火墙和透明防火墙的主要区别。

表 15-1 路由防火墙与透明防火墙的对比

特性	路由防火墙	透明防火墙
接口	所有物理接口都可以使用，也可以将这些接口分为子接口	（从版本 8.4 开始）每个桥组仅支持 4 个接口。一台防火墙上最多可以拥有 8 个桥组①
单模编址	在接口级别分配 IP 地址	在桥组模式下分配 IP 地址。地址关联到 BVI②。这个地址的作用是执行 ARP 和监控功能
多模编址	在接口级别分配专用的 IP 地址	为各虚拟防火墙分配专用的 IP 地址作管理之用
IPv6 编址	支持 IPv6	自 8.2(1)版本开始支持 IPv6
NAT③	支持静态和动态 NAT/PAT。也支持接口 PAT	支持静态和动态 NAT/PAT。不支持接口 PAT
IPv6 与 NAT	支持 IPv4 和 IPv6 之间的地址转换	不支持 IPv4 和 IPv6 之间的地址转换
路由协议	允许用 RIP、EIGRP 和 OSPF 充当动态路由协议	不参与路由协议，但可以传递通过自己的路由协议。管理员可以为 ASA 创建出来的流量定义静态路由
非 IP 流量	不允许非 IP 流量穿过自己	允许 IP 及非 IP 流量穿过自己
网络拓扑	若设置路由接口，那么该设备会在网络中增加一跳	不会在网络中添加额外的跳数，因此无须重新进行编址
服务质量	支持 QoS	不支持 QoS
组播	支持 PIM-SM 模式的组播	不参与组播。但是管理员可以通过使用 ACL，传递穿过该设备的组播流量
监控	对 3 层及更高层的数据包头部进行监控	对 2 层及更高层的数据包头部进行监控

续表

特性	路由防火墙	透明防火墙
动态 DNS	支持动态 DNS	不支持动态 DNS
DHCP 中继	支持 DHCP 中继	不支持 DHCP 中继，但是支持 DHCP 服务器功能
单播逆向路径转发（uRPF）	支持 uRPF	不支持 uRPF
IPSec VPN④	支持远程访问和站点到站点的 IPSec VPN 隧道	仅支持以管理目的发起的站点到站点 VPN
SSL VPN	支持 SSL VPN 隧道	不支持 SSL VPN

① 如果运行在单防火墙模式下，每台安全设备上最多可以有 8 个桥组。如果运行在多防火墙模式下，那么每台虚拟防火墙最多可以有 8 个桥组

② BVI=桥组虚拟接口（Bridge-Group Virtual Interface）

③ 与透明防火墙及 NAT 相关的内容将在“透明防火墙与 NAT”部分进行介绍

④ 与透明防火墙及 VPN 相关的内容将在“透明防火墙与 VPN”部分进行介绍

15.1 架构概述

正如第 14 章所介绍的，Cisco ASA 既可以部署在单模下，也可以部署在多模下。透明防火墙可以与这两种模式共存，以提供大量灵活的网络部署方案。从 ASA-SM 8.5(1)版和 ASA 版本 9.0(1)开始，管理员可以在多虚拟防火墙模式下为不同的虚拟防火墙设置不同的模式（路由模式或透明模式）。本节我们会深入讨论透明防火墙在这两种模式下的具体内容。

15.1.1 单模透明防火墙

在单模透明防火墙（SMTF）下，安全设备会充当一个安全网桥，将流量从一个接口交换给另一个接口。管理员不能在内部或外部接口上配置 IP 地址。不过，管理员可以指定一个全局 IP 地址用作管理之用——如 Telnet 和安全外壳协议（SSH）。当透明防火墙需要以自己为源发送数据包（如 ARP 请求和系统日志消息）时，透明防火墙也会使用管理 IP 地址。

这种情况配置起来最为简单，因为这里不需要配置虚拟防火墙、动态路由协议，也不需要为接口指定地址。这种情况仅需要管理员定义 ACL、监控规则和（可选）NAT 策略以判断那些流量可以放行。在下一小节中，我们来谈一谈穿越 SMTF 的数据包流。

注释：管理员必须为特定的监控引擎（如语音）定义静态路由使其能够正常工作。

SMTF 的数据流量

图 15-3 所示为 SecureMe 的芝加哥办公室，该机构新近安装了一台透明模式的 Cisco ASA 防火墙。芝加哥的网络管理员想了解流量是如何穿越安全设备的，这样可以更有效地实施网络安全工程。在本例中，管理员正在尝试从主机 A 向 www.cisco.com 发送流量。

为了成功建立连接，Cisco ASA 会执行以下步骤。

1. ARP 解析：由于 Cisco 网站与主机 A 的网络位于不同的网络中，主机 A 需要通过地址解析协议（ARP）来判断默认网关的地址 192.168.10.1。对于 ASA 的 ARP 进程，有四种可能的情况。

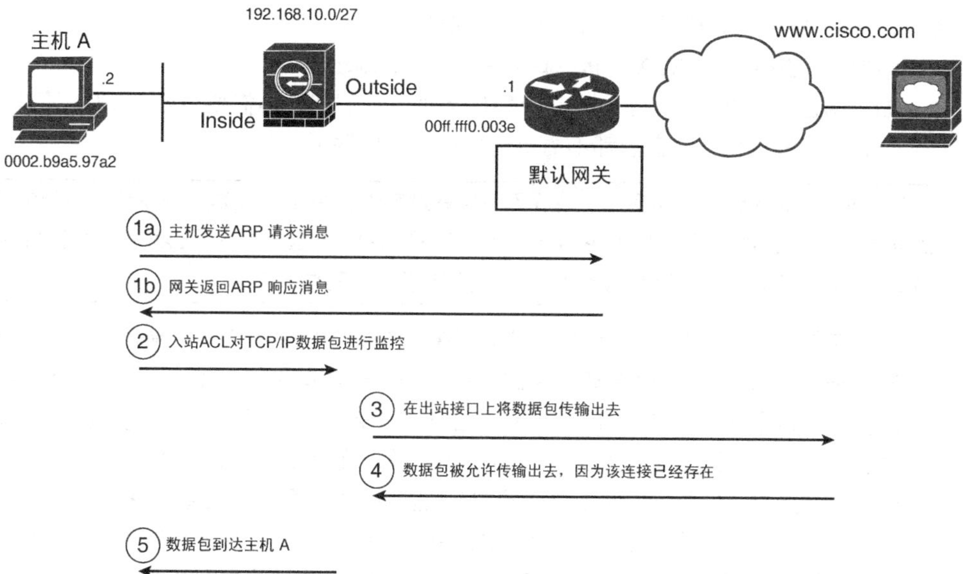

图 15-3 SMTF 中的数据流量

情况 1：主机 A 及 ASA 没有网关的 MAC 地址

为了进行 ARP 解析，主机 A 发送一个 ARP 广播请求，如图 15-3 中的步骤 1a 所示。ASA 在收到广播之后，会执行两个操作步骤：

- ASA 会产生一个 2 层转发(L2F)表，表中包含主机的源 MAC 地址及源接口(inside)信息；
- ASA 将广播 ARP 数据包转发给外部接口。

默认网关基于收到的 ARP 请求消息来请求单播 ARP 响应数据包，如步骤 1b 所示。安全设备还是会执行两个操作步骤：

- ASA 将默认网关路由器的 MAC 地址，以及默认网关所在的接口的信息放入 L2F 表；
- ASA 将响应数据包转发给主机 A。

情况 2：主机 A 有网关的 MAC 地址，但 ASA 没有

如果出于某种原因，Cisco ASA 没有学到默认网关的 MAC 地址（比如由于地址过期，或者有人将其手动删除掉了），它会执行学习目的 MAC 地址的进程。因此，当主机 A 向其默认网关发送一个数据包时，ASA 会丢弃该数据包并创建一个 ICMP Echo 请求数据包并将 TTL（生存时间）设置为 1。安全设备会丢掉主机 A 发来的原始数据包，因为它不知道目的主机所在的桥组位于哪个接口。在 ICMP Echo 请求消息中，从主机 A 发来的数据包中学到的目的 MAC 地址才会被发送给默认网关。ICMP 数据包的目的 IP 地址也就是主机 A 发送的原数据包 3 层目的地址。源 3 层地址现在就是分配给桥组 BVI 的 IP 地址。安全设备会从桥组中的所有接口将数据包发送出去（除了数据包进入这台设备的接口之外）。由于数据包的 TTL 值为 1，因此当下一跳路由器接收到 ICMP 数据包时，它就会将数据包的 TTL 值减为 0，并向 ASA BVI 地址发送一条 ICMP TTL 超时消息。下一个发往相同目的 MAC 地址的数据包就可以如期得到转发了。

情况 3：主机 A 没有网关的 MAC 地址，但 ASA 有

当主机 A 需要解析网关的 MAC 地址时，它就会发送一个 ARP 广播数据包。Cisco ASA 在这里采取的方式与情况 1 类似。如果 Cisco ASA 学到的信息和 L2F 标中原有的信息存在差异，那么 ASA 就会根据新的信息对 L2F 表进行更新。

情况 4：主机 A 和 ASA 解析默认网关的 MAC 地址

如果两台设备都了解默认网关的 MAC 地址，它们就既不需要更新 ARP 也不需要更新 L2F 表。在这种情况下，它们都不需要进行任何地址解析。

> **注释：** 对于非 IP 流量（如 IPX 数据包）而言，就没有通过 ARP 或 ICMP 来解析目的 MAC 地址的概念了。在这种情况下，当 ASA 收到一个非 IP 数据包，并且没有在其 L2F 表中找到相应条目的情况下，ASA 就会丢弃该数据包并且不参与到该解析进程中。

2. **ACL 匹配：** 一旦主机 A 了解到其默认网关的 MAC 地址之后，它就会向 Web 服务器发送一条 SYN 数据包，以启动三次握手的进程。当数据包进入安全设备的内部接口时，设备就会根据 uauth（用户认证）和入站 ACL（2 层或 3 层）来检查该数据包。如果数据包可以进入，那么它就会被转发给桥接引擎，在这里，设备会根据 L2F 表来判断正确的出站接口（在本例中即为外部接口）。然后设备会根据出站接口 ACL 来核对该数据包。如果允许，那么设备就会应用监控规则；执行 TCP 核对；并创建连接条目。
3. **出站数据包传输：** 在数据包被桥接给外部接口之后，它就会被转发给接口驱动器以进行传输。
4. Web 服务器会用 SYN-ACK 消息进行响应，ASA 会允许数据包通过，因为该连接已经被创建出来了。
5. 数据包被桥接给主机 A，两台设备（主机 A 和 Web 服务器）完成 TCP 三次握手的进程，并开始传输数据。

如上述流程所示，设备在应用安全策略时不会考虑防火墙的模式。

15.1.2 多模透明防火墙

在多模透明防火墙（MMTF）模式下，Cisco ASA 的行为和单模下的行为类似，只有两个主要的区别。

- 数据包会由不同的虚拟防火墙来处理。由于每个虚拟防火墙都会充当一个独立的网络实体，因此管理员必须在每个虚拟防火墙中为 BVI 接口配置 IP 地址，以便对它们进行管理。读者可以参考表 15-1 来了解 BVI 的概念。
- 在这种模式下，接口不能在多个虚拟防火墙之间进行共享。

在 MMTF 中的数据流

图 15-4 所示为 SecureMeInc.org 的芝加哥办公室，该机构最近有一个新的分部开张（站点 2），该分部与原部门位于同一个办公楼中，现在新的分部负责为办公室提供网络服务。新部门当前使用的 IP 子网为 192.168.20.0/27，而 SecureMe 希望透明地添加一个防火墙来对 Internet 流量进行监控。

当主机 B 向 www.cisco.com 发送流量时，MMTF 会执行以下步骤。

1. **ARP 解析和分类：** 在这个流程中，解析默认网关的 IP 地址与前文所述的流程类似。如果主机 B 不知道网关（192.168.20.1）的 IP 地址，它就会发送一条广播消息。安全设备会在其接口 GigabitEthernet0/3(G0/3)收到数据包。由于 G0/3 被分配给了站点 2 虚拟防火墙，因此分类器会将它发送给相应的虚拟防火墙。Cisco ASA 会将该请求桥接给其外部接口。由于默认网关（192.168.20.1/27）也位于同一个虚拟防火墙，因此它会将单播响应消息发送给主机 B。安全设备在响应数据包通过自己时，会更新自己的 L2F 表。

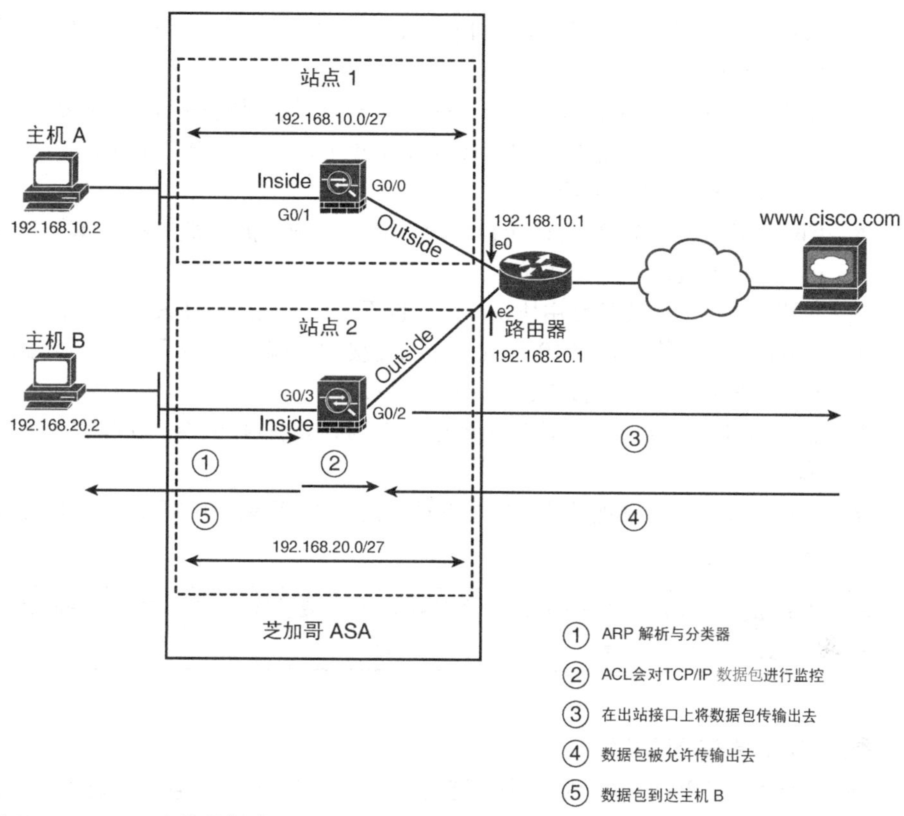

图 15-4 MMTF 中的数据流量

2. **ACL 匹配**：在知道了 MAC 地址之后，主机 B 就会将第一个数据包发送出去，以启动三次握手的进程。当数据包进入安全设备的内部接口时，它就会被转发给桥接引擎，在这里，设备会根据 L2F 表来判断正确的出站接口（在本例中即为外部接口）。然后设备会根据出站接口 ACL 来核对该数据包。如果允许，那么设备就会应用监控规则；执行 TCP 核对；并创建连接条目。
3. **出站数据包传输**：在数据包被桥接给外部接口之后，它就会被转发给接口驱动器以传输给位于同一虚拟防火墙的下一跳路由器。于是，该数据包就会被路由给 Cisco 网站。
4. Web 服务器会向主机 B 发送一个响应数据包。路由器将流量发送给 Cisco ASA 的 G0/2 接口。分类器对流量进行分析之后，将它发送给站点 2 的虚拟防火墙，该防火墙即包含 G0/2 接口。于是，该虚拟防火墙就会对现有连接的流量进行监控。
5. 由于连接条目已经存在，因此安全设备就会将数据包转发给主机 B。

15.2 透明防火墙的限制

如前所述，透明防火墙与传统的路由防火墙行为不同。下面我们来介绍使用透明防火墙时，安全设备的主要特性及其限制。

15.2.1 透明防火墙与 VPN

当管理员将 Cisco ASA 设置为透明模式时，在配置 IPSec 隧道时就会存在以下的限制。

- 安全设备只能作为以管理为目的的 IPSec 隧道的一端。也就是说，无法通过 Cisco ASA 建立一条传递流量的 IPSec 隧道。

- 只有当设备运行在单模下时，才允许建立 IPSec 隧道。不支持多模透明防火墙与 IPSec VPN。
- 不支持 SSL 和 IPSec 远程访问 VPN。管理员只能配置一个站点到站点的 IPSec 隧道，该隧道只能设置在仅响应（answer-only）模式下以响应隧道请求。仅响应模式将在第 19 章中进行介绍。
- Cisco ASA 不影响穿过自己的 IPSec 隧道。管理员仍需建立 ACL 来阻塞穿越 ASA 的 IPSec 流量。
- 由于透明模式不支持路由协议，因此也不支持反向路由注入（RRI）。
- IPSec 隧道会使用管理 IP 地址来充当连接的一端。IPSec 隧道可以终结于任何接口——既可以是内部接口也可以是外部接口。
- 在实施 IPSec CPN 时，不支持负载分担、状态化故障倒换、QoS 和 NAT over VPN 隧道。
- 在透明模式下，管理员隧道完全支持使用 NAT 穿越（NAT-T）技术和公钥基础设施（PKI）。

注释：IPSec 隧道的配置方法不在本章的讨论范畴之内。要了解在安全设备上使用站点到站点隧道的更多信息，请参考第 19 章。

15.2.2 透明防火墙与 NAT

在 Cisco ASA 7.2(1)之前的版本中，透明防火墙不支持地址转换。因此，这里需要使用 NAT 或 PAT 设备来将内部网络的地址转换为 RFC 1918 地址，如图 15-2 所示。而在那些网络拓扑中没有添加 NAT/PAT 设备的方案中，就需要设备拥有 NAT 功能。于是，Cisco 自 7.2(1)版本起为透明防火墙添加了 NAT 功能，自 8.0(2)版本起，又为防火墙添加了动态 NAT 功能。

在将 Cisco ASA 设置为透明模式后，在配制地址转换时就会存在以下的限制。

- 若转换后的地址与全局 IP 地址处于同一个子网/网络中，那么安全设备就会对转换后地址的 ARP 请求作出响应。这是 8.3 及后续版本设备所采取的做法。
- 不支持接口 PAT（无论是静态还是动态），因为安全设备的物理接口没有 IP 地址。
- 在透明防火墙模式下不能使用 **alias** 命令。
- 如果转换后地址与安全设备的全局地址不处于同一个网络中，那么管理员必须在上游路由器上（即与安全设备外部接口相连的那台路由器）为转换后的地址或网络添加一条静态路由。静态路由的下一跳地址应该指向下游路由器（即与安全设备内部接口相连的那台路由器）。
- 如果源 IP 地址/网络与安全设备不直接相连，那么管理员必须在安全设备上定义静态路由。在执行地址转换时，安全设备会对路由进行查看，而不会查看 MAC 地址。
- 透明模式的防火墙完全支持 NAT 豁免和 NAT 控制功能。
- 如果防火墙一端的主机向防火墙另一端的主机发送一条 ARP 请求消息，且第一台主机的原 IP 地址被转换成了同一网络中的地址，那么安全设备就不会执行 ARP 监控。也就是说在这种情况下，原 IP 地址就会被暴露给外部网络。

在图 15-5 所示的网络拓扑中，一台 Cisco 安全设备被设置在了 MMTF 中，并且使用了重叠的 IP 地址。各虚拟防火墙的外部接口均与一台 Cisco 7600 路由器相连，这台路由器设置虚拟路由转发（VRF）。Cisco 7600 存在一个限制，它不支持为不同 VRF 分别执行 NAT。

在这种情况下，如果管理员不想额外添加一台路由器来实现地址转换的话，那么就必须在透明防火墙上使用 NAT。

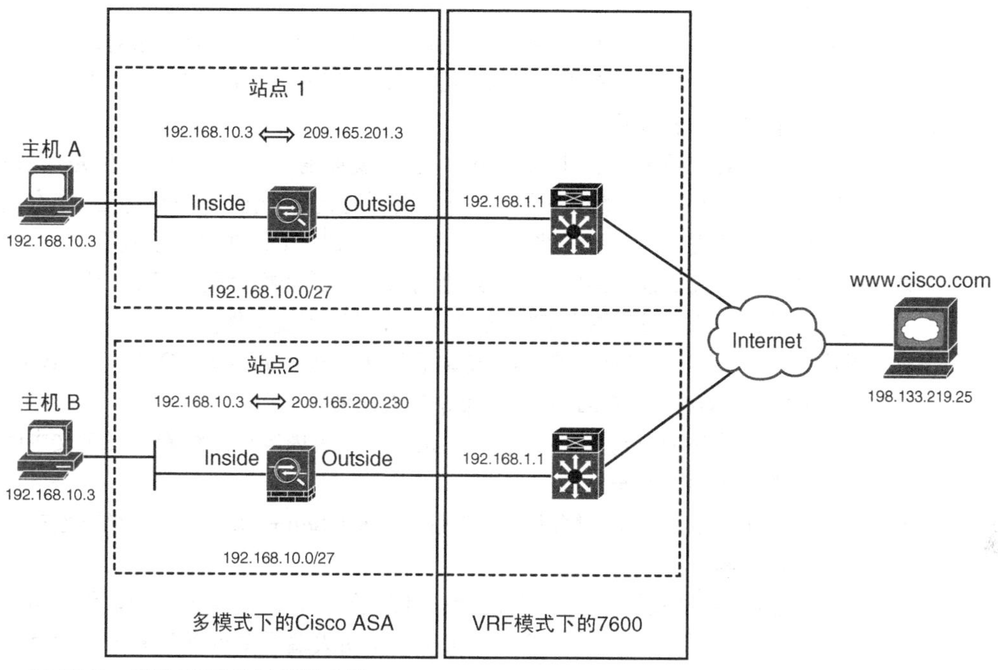

图 15-5　使用 NAT 的透明防火墙

当主机 A 向 173.37.145.84（www.cisco.com）发送流量时，透明模式的防火墙会执行以下步骤。

1. 主机 A 向其默认网关（192.168.10.1）发送 ARP 消息，该网关指向 Cisco 7600 路由器的接口之一。该接口位于站点 1 VRF 中。
2. 在对地址 192.168.10.1 执行了 ARP 解析之后，主机 A 会向 173.37.145.84 发送一个 TCP SYN 数据包。该数据包会使用默认网关的 MAC 地址来充当目的 MAC 地址。
3. 安全设备会拦截该数据包，并对其应用相应的 ACL 和流量监控策略。源 IP 地址由 192.168.10.3 被修改为 209.165.201.3。
4. 安全设备将流量转发给 192.168.10.1，然后由该设备将流量最终路由给 Internet 并发往 173.37.145.84。
5. Web 服务器将 TCP SYN-ACK 数据包发回给 209.165.201.3，然后该设备将数据包路由给站点 1 VRF。
6. 站点 1 VRF 通过去往 209.165.201.3 的静态路由，将需要穿越安全设备的流量发送出去。
7. 安全设备会在外部接口上监控入站流量，并将目的地址由 209.165.201.3 转换为 192.168.10.3。
8. 安全设备基于收到的响应消息向 192.168.1.3 发送 ARP 消息，并使用其 MAC 地址向主机 A 发送流量。
9. 主机 A 和 Web 服务器完成 TCP 三次握手的流程，并传递流量。

15.3 配置透明防火墙

实施透明防火墙会增加设计的灵活性和网络的扩展性。不过，管理员需要在实施透明防火墙之前考虑到一些限制。本节将介绍在网络中配置透明防火墙的指导方针和步骤。

15.3.1 配置指导方针

如果管理员需要在环境中添加一台新的 Cisco ASA 防火墙，同时无法对现有网络重新进行编址，那么以下的指导方针就是十分重要的。如果管理员正在通过防火墙监控非 IP 流量，那么这些配置方针同样有用。

- 在路由模式或透明模式下对 Cisco ASA 进行设置是一个全局特性。但是，从 Cisco ASASM 8.5(1)和 9.0(1)版本开始，管理员可以指定各个虚拟防火墙是工作在透明模式还是路由模式下。在默认情况下，虚拟防火墙会工作在路由模式下。
- 如果将路由模式切换为透明模式，或者将透明模式切换为路由模式，都会清空运行配置文件。因此在进行这种切换之前要储存活动配置文件。
- 无论是 SMTF 还是 MMTF 都不支持动态路由协议，如 RIP、OSPF 或 EIGRP。所有与 OSPF、RIP 和 EIGRP 有关的命令都无法使用。
- 透明模式支持 NAT 功能，不过有一些限制。相关内容可以察看本章前文中的“透明防火墙与 NAT”部分。
- 可以在模块化策略框架（MPF）中使用命令 **set connection** 来指定半开连接限制和最大连接限制。
- 可以最多给一个桥组分配 4 个物理接口（或子接口）。在 SMTF 中，管理员最多可以配置 8 个桥组；而在 MMTF 中，每个虚拟防火墙最多可以配置 8 个桥组。
- 在 Cisco ASA 5505 中，透明防火墙只能使用两个数据接口。因此，管理员只能使用一个桥组。
- 使用专用的管理接口是最好的做法。如果使用了专用的管理接口，该接口可以位于一个不同的 3 层子网中。
- 实施 Cisco ASA 透明防火墙的目的是对穿越一个子网的流量进行监控和过滤。也就是说内部接口和外部接口位于同一个 3 层子网中。（应用到 BVI 的）全局 IP 地址也必须与直连接口的 IP 地址属于同一个子网。在 MMTF 中，多个虚拟防火墙之间不能共享接口。需要使用专门的接口（物理接口或逻辑子接口均可）来分离虚拟防火墙间的流量。
- 在过滤流量时，可以使用 3 层或 EtherType ACL 来过滤穿越 ASA 的 IP 或非 IP 流量。
- 为使有些应用监控（特别是语音协议的应用）能够正常工作，必须设置静态路由。

15.3.2 配置步骤

将 Cisco ASA 配置为透明模式需要执行以下步骤。

1. 启用透明防火墙。
2. 设置接口。
3. 配置一个 IP 地址。
4. 设置路由。
5. 配置接口 ACL。
6. 配置 NAT（可选）。
7. 添加静态 L2F 表条目（可选）。
8. 启用 ARP 监控（可选）。

9. 修改 L2F 表参数（可选）。

1. 步骤 1：启用透明防火墙

管理员可以使用命令 **firewall transparent** 将防火墙从默认的路由模式切换到透明模式中，如例 15-1 所示。管理员既可以使用 Telnet/SSH 连接来启动切换进程，也可以使用 Console 连接来启动切换进程。Cisco 在这里强烈推荐管理员通过 Console 连接来进行切换。因为在切换模式之后，管理员会失去与设备的连接，并不能再使用 Telnet 或 SSH 访问安全设备。

例 15-1 启用透明防火墙

```
Chicago# configure terminal
Chicago(config)# firewall transparent
ciscoasa(config)#
```

注释：至今为止，管理员还无法通过 ASDM 切换防火墙模式。

在切换模式之后，Cisco ASA 会清除所有的运行配置文件，这是因为大多数路由模式下的命令都不适用于透明模式。如例 15-1 所示，安全设备会清除掉运行配置文件，并显示默认的提示符 ciscoasa。在切换防火墙模式之后，管理员不需要再去重启设备。

如果希望切换回路由模式，就需要使用命令 **no firewall transparent**，如例 15-2 所示。这里强烈推荐管理员在将透明模式切换回路由模式之前储存透明防火墙的配置。运行配置文件会在 disk0 中储存为 transparent.cfg。

例 15-2 启用路由防火墙

```
Chicago# copy running-config disk0:/transparent.cfg
Source filename [running-config]?
Destination filename [transparent.cfg]?
Cryptochecksum: 8b13d308 7f3d6971 7e6805e8 9551f8f5
2165 bytes copied in 3.320 secs (721 bytes/sec)
Chicago# configure terminal
Chicago(config)# no firewall transparent
```

要判断眼前这台安全设备的模式，应使用例 15-3 所示的 **show firewall** 命令。

例 15-3 查看防火墙的模式

```
Chicago# show firewall
Firewall mode: Transparent
```

2. 步骤 2：设置接口

在路由模式下，管理员可以为接口分配 IP 地址；而在透明模式下，管理员则需要定义逻辑 BVI。使用 BVI（也称为桥组特性）的概念始于 8.4(1)版系统。管理员可以为桥组定义最多 4 个物理接口（或者子接口）。如果管理员想要针对同一个 3 层子网不同安全区域之间的流量应用策略，这个特性的作用就凸显出来了。例如，如果一个企业在同一个子网中部署了很多不同类型的服务器，同时希望将不同类型服务器之间的流量进行分段，就很适合使用这种特性。从一个桥组发出的流量不能发送到另一个桥组，除非将流量发送给防火墙外部的 3 层设备进行路由。管理员可以在每台防火墙上配置 8 个桥组，如果使用了多虚拟防火墙模式，可以给每个虚拟防火墙配置 8 个桥组。使用命令 **bridge-group**，在后面加上 BVI 编号，就可以将一个接口映射到一个桥组。然后就可以使用命令 **nameif** 和 **security-level** 来配置接口名称和安全级别了，方法和在路由防火墙中配置接口类似。

例 15-4 所示为如何将内部接口的安全级别定义为 100，同时将外部接口的安全级别定义为 0。默认状态下，所有接口都处于关闭状态，因此管理员需要使用命令 **no shutdown** 来开启接口。

> 注释：在使用 ASDM 之前，必须先在安全设备上定义好接口，使其能够传递流量，同时需要先配置好全局/管理 IP 地址。

例 15-4 设置接口

```
Chicago(config-if)# interface GigabitEthernet0/0
Chicago(config-if)# no shutdown
Chicago(config-if)# nameif outside
INFO: Security level for "outside" set to 0 by default.
Chicago(config-if)# security-level 0
Chicago(config-if)# bridge-group 1
Chicago(config-if)# exit
Chicago(config)# interface GigabitEthernet0/1
Chicago(config-if)# no shutdown
Chicago(config-if)# nameif inside
INFO: Security level for "inside" set to 100 by default.
Chicago(config-if)# bridge-group 1
Chicago(config-if)# security-level 100
```

工作在透明防火墙模式下的安全设备可以定义一个专用的管理接口。设置管理接口必须使用命令 **management-only** 来实现，但管理员不需要定义 BVI。

> 注释：如果安全设备可以接受 ASDM 客户端连接，而客户端和 ASA 之间存在 IP 连接，那么可以通过以下方法来修改接口的设置：**Configuration > Device Setup > Interfaces**。

3. 步骤 3：配置 IP 地址

和路由模式不同，透明模式的 ASA 不能在物理接口和子接口上配置 IP 地址，而需要将 IP 地址分配给步骤 2 中定义的 BVI。这个全局 IP 地址是用于控制和管理目的的，如 SSH、Telnet、ASDM、SNMP Trap 与轮询、AAA 和 ARP/MAC 解析。配置 BVI 地址是相当重要的，这个地址需要位于透明防火墙所在的子网中。BVI 地址配置不当会导致连接问题和通信中断。

例 15-5 演示了如何为运行在透明模式下的 AAA 配置 IP 地址 192.168.10.10，并将子网掩码配置为 24 位。

例 15-5 分配 IP 地址

```
Chicago(config)# interface BVI1
Chicago(config-if)# ip address 192.168.10.10 255.255.255.0
```

> 注释：在 MMTF 中，必须为各虚拟防火墙分别配置 IP 地址。

透明模式允许管理员在接口配置模式下为管理接口分配 IP 地址。如例 15-6 所示，管理员为接口 Management0/0 配置了 IP 地址 10.133.109.101/27，同时透明模式防火墙的 BVI IP

地址被配置为 192.168.10.0/24。管理接口的安全级别被管理员设置为 100，因为这是一个受保护的接口。

例 15-6 分配管理 IP 地址

```
Chicago# configure terminal
Chicago(config)# interface Management0/0
Chicago(config-if)# nameif management
Chicago(config-if)# security-level 100
Chicago(config-if)# ip address 10.122.109.101 255.255.255.0
Chicago(config-if)# no shutdown
Chicago(config-if)# exit
Chicago(config)# interface BVI1
Chicago(config-if)# ip address 192.168.10.10 255.255.255.0
```

如果客户端和安全设备之间存在 ASDM 连接，那么管理员就可以使用 ASDM 来为安全设备编辑或分配管理 IP 地址。方法是找到 **Configuration > Device Management > Management Access > Management IP Address**，然后在 **Management IP Address** 下设置 IP 地址。然后在 Subnet Mask 下拉菜单中选择适合的子网掩码。

注释：如果安全设备被设置为了多模，那么通过 ASDM 配置 IP 地址就非常好用，因为这样一来管理员就可以更改这些虚拟防火墙并为各虚拟防火墙分配全局地址。

4. 步骤 4：设置路由

如果管理员没有使用专用的管理接口，透明防火墙的默认网关一般就是与内部接口相连的下游路由器。安全设备会将流量发送给默认网关，使这些流量被发送给安全设备并不知道的网络。如果管理员使用了专用的管理接口，默认网关通常就是与管理接口相连的路由器。例 15-7 所示为使用专用管理接口的情况下，如何为安全设备设置默认网关。

例 15-7 设置与管理接口相连的默认网关

```
Chicago# configure terminal
Chicago(config)# route management 0.0.0.0 0.0.0.0 10.122.109.1
```

对于带外管理（OOB），推荐的做法就是利用专用的管理网络。如果不存在 OOB 架构，可以使用 BVI 地址来对设备进行管理。在图 15-6 所示的网络拓扑中，一台透明防火墙负责在内部接口和外部接口之间桥接流量。一台 Cisco 路由器(即路由器 1)将内部网络和 Internet 连接在一起，而路由器 2 则为另一个内部网络 192.168.20.0 提供连接。在 192.168.20.100 有一台系统日志服务器，它可以接受安全设备发来的流量。

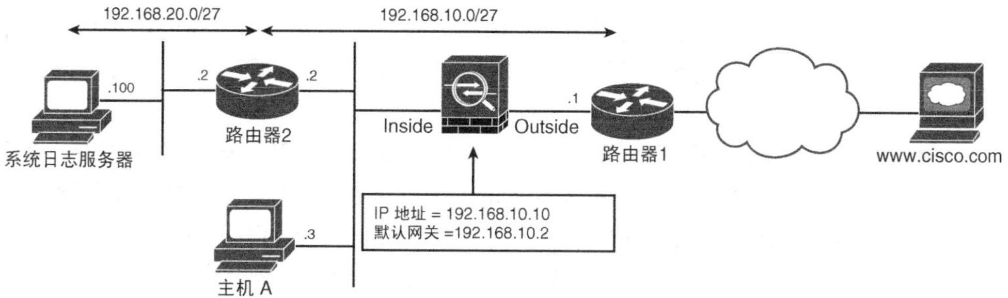

图 15-6 与内部接口相连的默认网关

例 15-8 所示为如何将与内部接口相连的路由器设置为默认网关。

例 15-8 将与内部接口相连的路由器设置为默认网关

```
Chicago# configure terminal
Chicago(config)# route inside 0.0.0.0 0.0.0.0 192.168.10.2
```

注释：在例 15-8 中，安全设备不需要向外部接口发送任何流量，因此默认路由是指向内部接口的。如果需要从外部接口发起流量或者对流量进行响应，或者在外部接口连接着一台 SIP 服务器，那就要把默认路由器指向路由器 1，其他监控都可以正常工作。

在分配 IP 地址、设置合适的默认网关、配置 ASDM 命令之后，管理员可以使用 ASDM 来配置其他特定的透明特性，如接口 ACL 和 NAT 策略。如果管理员使用了专用的管理接口，那么只需要将 ASDM launcher 指向那个管理 IP 地址，如果管理员没有使用专用的管理接口，那么就需要将其指向全局 IP 地址。读者要想了解部署方案，可以查看后面的“SMTF 部署”小节来了解为设备设置基本 ASDM 连接的命令。

5. 步骤 5：配置接口 ACL

如第 8 章中所述，扩展 ACL 可以通过查看各类数据包头部来过滤 IP 数据包。而 EtherType ACL 可以用来过滤 IP 和非 IP 流量。由于 EtherType ACL 可以用来分析 2 层的数据帧，因此它的行为方式与传统的扩展 ACL 不同。在网络环境中使用 ACL 时，读者可以参考以下的指导方针。

- **CDP 数据包**：安全设备不允许 Cisco 发现协议（CDP）数据包穿越自己，即使管理员允许这类数据包通过。
- **ARP 数据包**：在默认行为中，安全设备不会过滤 ARP 数据包。管理员可以使用 EtherType ACL 来阻塞 ARP 流量。所有其他数据包，如 DHCP、RIP、OSPF、IS-IS、EIGRP、BGP、BPDU、组播和 MPLS 数据包也可以由 EtherType ACL 条目进行控制。

注释：安全设备可以区分 DHCP（UDP 端口 67、68）、EIGRP（协议 88）、OSPF（协议 89）、组播流（变化的 UDP 端口）、RIP 流量（UDP 端口 520）。这些流量都会被当作是无连接的流量类型，必须在两个接口上都应用扩展访问列表才能使其正常通信。从 9.1(4)版开始，设备也可以支持 IS-IS 协议的流量。

- **BPDU**：ASA 可以发送桥协议数据单元（BPDU）来通过生成树协议（STP）防止环路。不过，如果 EtherType ACL 阻塞了 BPDU 数据包，那么这些数据包也会被安全设备阻塞。如果管理员将安全设备设置为了故障倒换模式，那么必须通过 EtherType ACL 放行 BPDU，这是为了防止故障倒换期间，交换机检测出拓扑出现了变化，进而导致持续 30～50 秒的丢包。另外，由于透明防火墙在内部接口和外部接口上使用了不同的 VLAN，因此 Trunk BPDU 负载会被修改为出站 VLAN。
- **与扩展 ACL 一起使用**：EtherType ACL 也和所有 ACL 一样，在末尾有一条隐含的 deny 语句。不过，这个隐含的 deny 语句并不会影响 IP 流量穿越安全设备。因此，管理员可在一个接口的相同方向上同时应用一个 EtherType ACL 和一个扩展 ACL。如果管理员在 EtherType ACL 的最后配置了一个显式的 deny 语句，那么即使管理员定义的扩展 ACL 能够放行 IP 流量，该 EtherType ACL 仍然会阻塞 IP 流量。

- **多协议标签交换**：如果管理员希望 MPLS 流量能够穿过安全设备，那么要确保他/她手动为 TDP（标记分发协议）和 LDP（标签分发协议）会话配置了路由器 ID。该路由器 ID 必须是与安全设备相连的路由器接口的 IP 地址。

管理员可以通过下面的语法来定义 EtherType ACL。

```
access-list id ethertype { deny | permit } { ether-value | bpdu | ipx | mpls-unicast
| mpls-multicast | any }
```

其中 *ether-value* 是一个 2 字节值，该值定义在 EtherType 编码字段的 2 层数据报中。对基于 IP 的流量来说，EtherType 编码值为 0x800。Novell IPX 使用的值为 0x8137-8138 或 0xAAAA，具体取哪个值取决于 NetWare 的版本。

> **注释**：Cisco ASA 仅支持 Ethernet II 帧。IEEE 802.3 帧中包含长度字段，而不包含 EtherType 编码字段，这种帧不会被 EtherType ACL 过滤。唯一的例外是 BPDU 帧，该帧是使用 SNAP（子网访问协议）进行封装的，可以被 EtherType ACL 控制。
> 常用的 EtherType（以太网类型）编码可以在下面的 Cisco.com 页面中进行查看：
> http://www.cisco.com/en/US/docs/ios/ibm/command/reference/b1ftethc.html

图 15-7 所示为使用 Wireshark（一种嗅探工具）捕获到的 IPX 数据包。如图所示，该 IPX 帧的以太网类型为 0x8137。

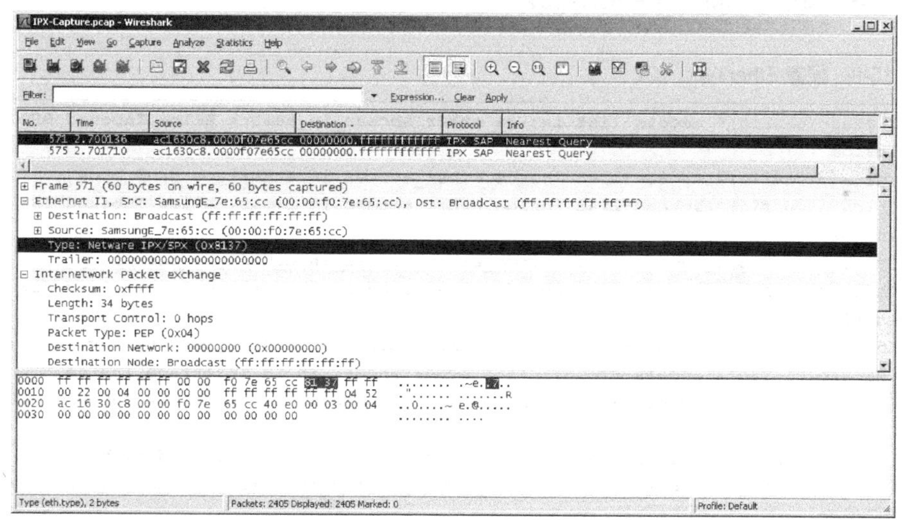

图 15-7　嗅探器追踪到的 IPX 帧

管理员通过 ASDM 定义 EtherType ACL 的方式是 **Configuration > Firewall > Ethertype Rules** ，然后选择 **Add > Add Ethertype Rule**。这时会弹出一个新的窗口，管理员需要在这个窗口中为 EtherType ACL 定义条目。在图 15-8 中，管理员定义了一个条目来放行 IPX 流量通过内部接口。

> **注释**：由于非 IP 数据包不会创建出会话，因此必须在安全设备的两个接口上都配置上 ACL。

例 15-9 所示为通过 CLI 配置 EtherType ACL 的方法。EtherType ACL 不允许 BPDU 流量通过，但允许 IPX 流量通过设备。该 ACL 会阻塞所有其他流量，包括 IP 数据帧。该 ACL 被管理员应用在了 inside 和 outside 接口上，来对入站流量进行分析。

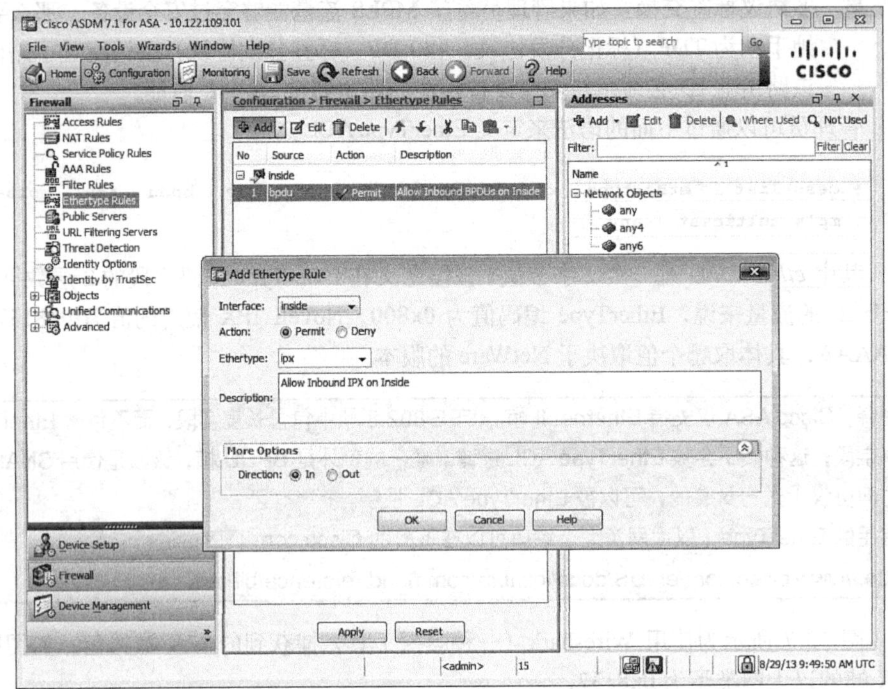

图 15-8 通过 ASDM 配置 EtherType ACL

例 15-9 配置 EtherType ACL

```
Chicago(config)# access-list inside_ether_access_in remark Allow Inbound BPDUs on
Inside
Chicago(config)# access-list inside_ether_access_in ethertype deny bpdu
Chicago(config)# access-list inside_ether_access_in remark Allow Inbound IPX on
Inside
Chicago(config)# access-list inside_ether_access_in ethertype permit ipx
Chicago(config)# access-list inside_ether_access_in remark Explicit Deny for all
traffic
Chicago(config)# access-list inside_ether_access_in ethertype deny any
Chicago(config)# access-group inside_ether_access_in in interface inside
Chicago(config)# access-list outside_ether_access_in remark Allow Inbound BPDUs on
Outside
Chicago(config)# access-list outside_ether_access_in ethertype deny bpdu
Chicago(config)# access-list outside_ether_access_in remark Allow Inbound IPX on
Outside
Chicago(config)# access-list outside_ether_access_in ethertype permit ipx
Chicago(config)# access-list outside_ether_access_in remark Explicit Deny for all
traffic
Chicago(config)# access-list outside_ether_access_in ethertype deny any
Chicago(config)# access-group outside_ether_access_in in interface outside
```

6. 步骤 6：配置 NAT（可选）

如果管理员希望安全设备为穿越透明防火墙的流量执行地址转换，需要找到 **Configuration > Firewall > NAT Rules**，然后点击 **Add** 来添加需要的 NAT 策略。如图 15-9 所示，管理员定义了一个 NAT 策略来将内部主机地址由 192.168.10.3 转换为 209.165.200.230。

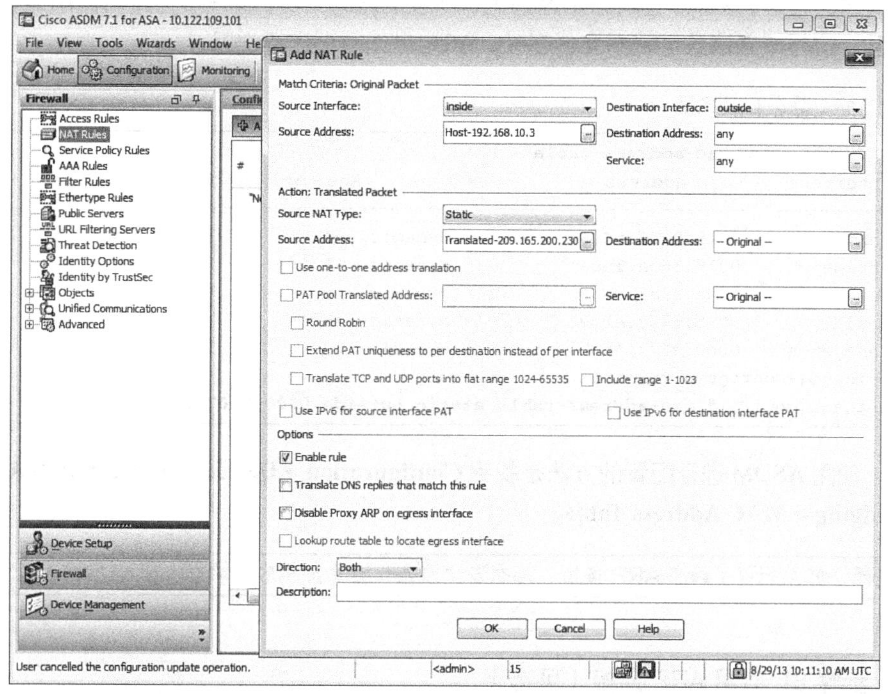

图 15-9　配置静态 NAT 策略

例 15-10 显示了通过 CLI 配置相同 NAT 策略的方法。

例 15-10　配置静态 NAT 转换

```
Chicago(config)# object network Host-192.168.10.3
Chicago(config-network-object)# host 192.168.10.3
Chicago(config-network-object)# object network Translated-209.165.200.230
Chicago(config-network-object)# host 209.165.200.230
Chicago(config-network-object)# exit
Chicago(config)# nat (inside,outside) source static Host-192.168.10.3
Translated-209.165.200.230
```

注释：上游路由器（与安全设备外部接口相连的路由器）有可能需要一条去往 209.165.202.203 的静态路由。该路由的下一跳地址应设置为内部网络的 3 层地址，如下：

ip route 209.165.200.230 255.255.255.255 192.168.10.2

若没有与内部接口相连的路由器，那么下一跳 IP 地址应该设置为终端主机的原 IP 地址（192.168.10.3）。

7. 步骤 7：添加静态 L2F 表条目（可选）

如本章前文所述，当 IP 数据包穿过安全设备时，设备就会动态学到 L2F 条目。管理员可以使用命令 **show mac-address-table** 来查看 L2F 表（或 MAC 地址表）的输出信息，如例 15-11 所示。不过，管理员可以定义一个基于主机的静态 L2F 条目，来将主机的 MAC 地址与接口进行绑定。这样，安全设备就不再学习 MAC 地址，也不允许为该主机执行动态端口绑定（即将 MAC 地址与接口动态进行绑定）。

例 15-11 所示为设备动态学习 MAC 地址时，通过命令 **show mac-address-table** 显示出

来的输出信息。该命令也会显示这些主机所在的接口名称。管理员为路由器添加了一个 L2F 条目，这样一来该条目就不会再超时，ASA 也无须再进行学习。

例 15-11 静态 L2F 条目

```
Chicago# show mac-address-table
interface      mac address            type     Age(min)    bridge-group
------------------------------------------------------------------------
inside        0019.0746.d400         dynamic    4           1
inside        0016.36ca.1aaa         dynamic    1           1
inside        000c.29b5.ca36         dynamic    5           1
inside        0015.1738.ebd9         dynamic    5           1
management    00c0.9f7f.452b         dynamic    3           1
Chicago# configure terminal
Chicago(config)# mac-address-table static outside 0000.0c07.ac00
```

使用 ASDM 进行配置的方法是找到 **Configuration > Device Management > Advanced > Bridging > MAC Address Table**。

注释：如果配置了静态 ARP 条目，那么安全设备也会添加相应的静态 L2F 表条目。

8. 步骤 8：启用 ARP 监控（可选）

部署在透明模式下的 ASA 可以用某种方式防止 ARP 欺骗攻击。这种特性叫做 ARP 监控，它可以在转发 ARP 数据包之前，对所有这些数据包（响应数据报和无故[gratuitous]ARP 数据包）进行监控。安全设备会将 ARP 数据包的 MAC 地址、IP 地址和源接口与 ARP 表中的静态条目进行比较。这可以确保非法设备不会通过发送带有错误 MAC 地址的 ARP 响应消息来对数据包进行拦截。

ARP 监控在默认状态下是禁用的，这里既可以将数据包泛洪给其他接口（通过使用关键字 **flood**），也可以丢弃数据包并创建一个系统日志（通过使用 **no-flood**）。ARP 监控可以在各接口上分别启用。当 Cisco ASA 收到 ARP 数据包时，它会检查静态 ARP 表以进行匹配，并执行以下行为之一。

- 若 MAC 地址匹配，并且找到了符合静态 ARP 条目，它会将数据包通过安全设备转发出去。
- 若 MAC 地址与静态 ARP 条目相匹配，但 IP 地址或检测到的接口不匹配，那么安全设备就会丢弃掉数据包并创建一个系统日志消息。
- 如果在静态 ARP 表中没有找到 MAC 地址，并且启用了 **flood** 选项，那么安全设备就会将数据包从接收到的接口转发给另一个接口。
- 如果在静态 ARP 表中没有找到 MAC 地址，并且启用了 **no-flood** 选项，那么安全设备就会丢弃掉数据包并创建一个系统日志消息。在默认情况下，安全设备会将数据包泛洪出去，因此管理员必须启用 **no-flood** 选项来改变这种行为。

启用 ARP 监控的命令语法如下所示。

```
arp-inspection interface_name enable [ flood | no-flood ]
```

图 15-10 所示为如何在外部接口上启用选项为 **no-flood** 的 ARP 监控。由于启用了该选项，在设备没有定义相应静态 ARP 条目的条件下，安全设备会丢弃从主机发来的所有数据包。因此，安全设备需要知道所有与该接口相连的主机的 ARP 条目。这一功能可以增强防

火墙的安全功能，因为设备不认识的所有主机都无法穿越安全设备进行访问。

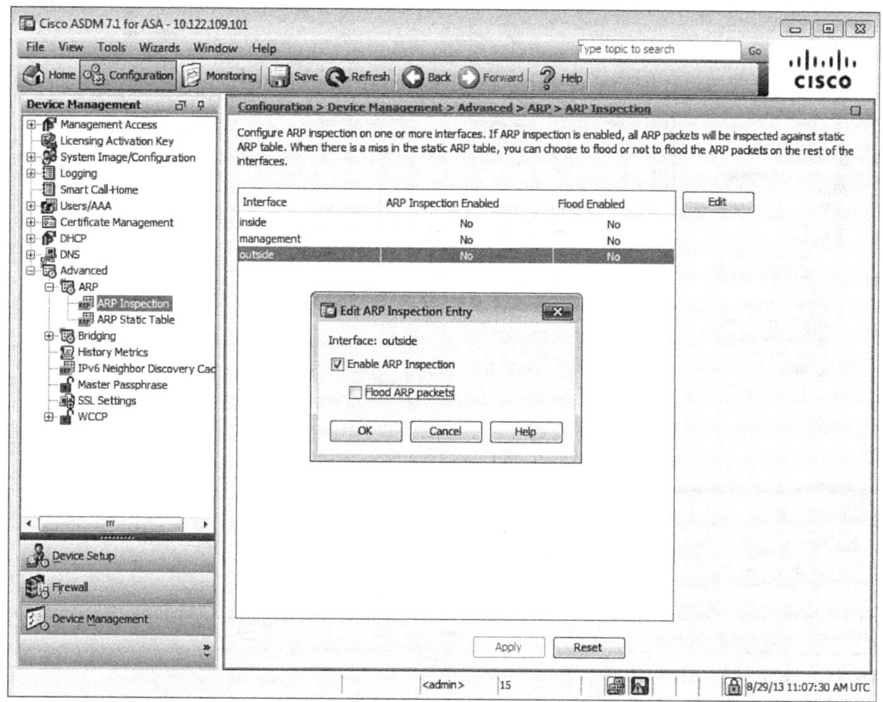

图 15-10　在 Outside 接口上启用 ARP 监控

如果管理员想要通过 CLI 在外部接口上启用 ARP 监控功能，可以使用命令 **arp-inspection**，如例 15-12 所示。

例 15-12　启用 ARP 监控

```
Chicago(config)# arp-inspection outside enable no-flood
```

正如读者所见，ARP 监控功能严重依赖静态 ARP 条目。在 ASDM 中定义静态 ARP 条目的方法是找到 **Configuration** > **Device Management** > **Advanced** > **ARP** > **ARP Static Table**，并点击 **Add** 选项。在这里管理员可以指定以下属性。

- Interface Name（接口名）：选择主机所在的接口。例如，如果管理员想要为上游路由器定义一个静态 ARP 条目，那么应该在下拉列表中选择外部（outside）接口。
- IP Address（IP 地址）：指定为其定义 ARP 条目的那台主机的 IP 地址
- MAC Address（MAC 地址）：指定为其定义 ARP 条目的那台主机的 MAC 地址。这里输入的 MAC 地址格式应为 0000.0000.0000。
- Proxy ARP（代理 ARP）：在透明模式中，安全设备不会使用代理 ARP 特性，即使启用了该特性也不会使用，所以这个复选框可以不用勾选。

在图 15-11 中，管理员正在为外部路由器添加静态 ARP 条目，该路由器的 IP 地址为 192.168.10.1，MAC 地址为 0000.0c07.ac00。

定义静态 ARP 条目的方法是在命令 **arp** 后面跟上接口的名称和主机的 IP 与 MAC 地址。例 15-13 显示了如何为位于 192.168.10.1 且 MAC 地址为 0000.0c07.ac00 的主机定义静态 ARP 条目。

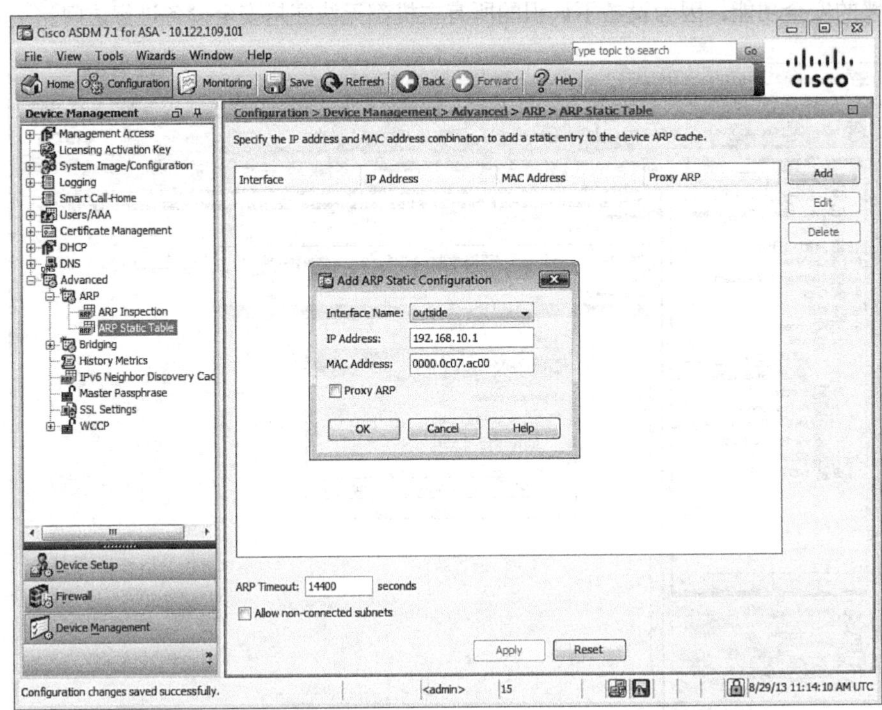

图 15-11 定义静态 ARP 条目

例 15-13 通过 CLI 定义静态 ARP 条目

```
Chicago(config)# arp outside 192.168.10.1 0000.0c07.ac00
```

注释：要想使所有接口的 ARP 监控特性恢复默认值，应使用命令 **clear configure arp-inspection**。

9. 步骤 9：修改 L2F 表参数（可选）

Cisco ASA 的灵活性可以适应各类不同的网络架构。例如，默认的 L2F 表老化时间可以由 5 分钟修改为最大 12 小时。通过这种方式，特定主机动态学习来的条目就不会频繁过期。使用 ASDM 修改老化时间的方法是找到 **Configuration > Device Management > Advanced > Bridging > MAC Address Table**，然后在 Dynamic Entry Timeout 选项中指定超时时间，单位是分钟。如果管理员想要使用 CLI，可以按照例 15-14 所示的方法将 L2F 老化时间由 5 分钟修改为 60 分钟。

例 15-14 L2F 表老化时间

```
Chicago(config)# mac-address-table aging-time 60
```

注意：在有的部署方案中，由于流量穿过透明防火墙的方式，透明防火墙上有些条目过期有可能会导致网络断开。例如，假设防火墙内部有一台主机，该主机的默认网关位于防火墙外部，而默认网关向主机发送 ICMP 重定向消息，通知它要将哪个下一跳网关设置为防火墙内部的设备，以到达最终目的。这样做的结果就是在第一个 SYN 数据包通过防火墙被发送出去之后，后续数据包就不会再通过防火墙。因此透明防火墙的 MAC 条目在 5 分钟后就会过期。在第 10 分钟的时候，主机会向默认网关发送一个新的数据包，但该数据包会被丢弃掉，因为防火墙上已经没有那个 MAC 地址条目了。

如果安全策略不允许 ASA 在接口上动态学习 L2F 表，那么管理员就可以禁用学习的进程，方法是找到 **Configuration > Device Management > Advanced > Bridging > MAC Learning** 并选择管理员想要禁用动态 MAC 地址学习的接口，然后点击 Disable 按钮。管理员也可以使用命令 **mac-learn disable** 来达到这一目的。当管理员禁用了某个接口的学习进程之后，需要为与该接口相连的主机添加静态 MAC 地址。例 15-15 所示为管理员为 outside 接口定义了一个静态 MAC 地址条目 0000.0c07.ac00，同时关闭了该接口的 MAC 地址学习进程。

例 15-15 定义 L2F 表并关闭 MAC 地址学习

```
Chicago(config)# mac-address-table static outside 0000.0c07.ac00
Chicago(config)# mac-learn outside disable
```

15.4 部署案例

透明防火墙强大的解决方案可以以不同的方式进行部署，它包括以下两种设计方案：

- 部署 SMTF；
- 使用安全虚拟防火墙部署 MMTF。

注释：这里的设计方案仅供学习之用，这些方案仅供参考。

15.4.1 部署 SMTF

SecureMeInc.org 在纽约有一家远程办公室，它使用 IP 和 IPX 作为 3 层的协议。SecureMe 想要将一台 ASA 无缝地部署为透明模式的防火墙，使现有网络的编址方式无须再进行修改。图 15-12 所示为 SecureMe 纽约在添加安全设备之后的新拓扑。路由器 1 身后的私有 IP 地址为 10.10.1.0/24，而私有 IPX 网络为 AB0198CA。路由器 2 身后的私有 IP 网络为 10.10.3.0/24，而 IPX 网络为 AB0198CC。

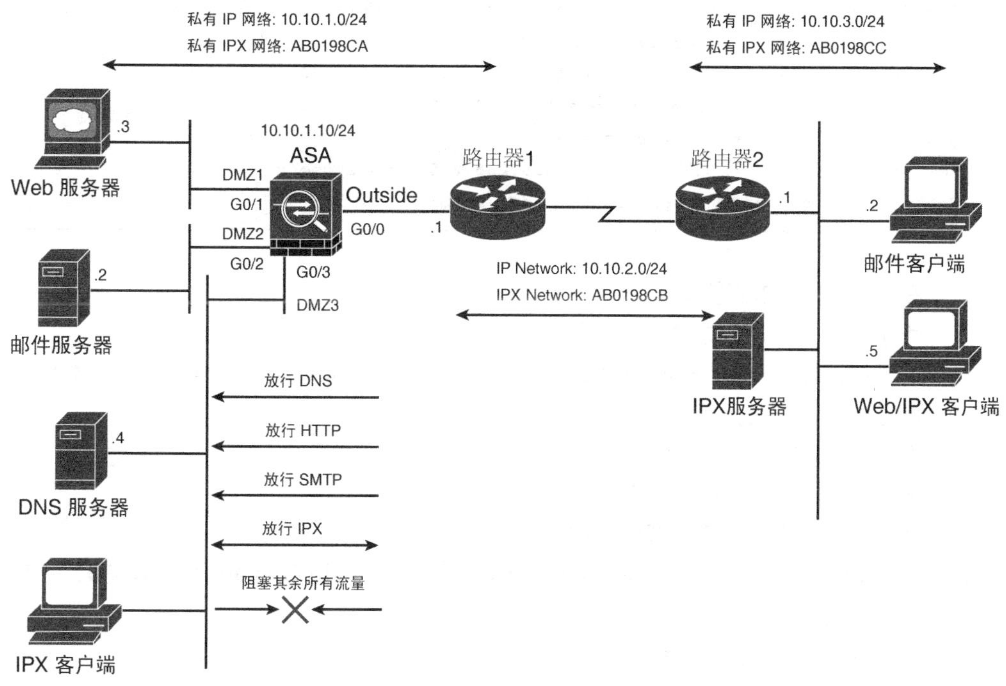

图 15-12 SecureMe 纽约的网络拓扑

另外，SecureMe 想要实现以下需求：

- 允许 DNS 流量查询 DNS 服务器；
- 允许 IPX 流量穿过设备；
- 将 DNS 和 IPX 部署在同一个接口身后，因为它们被视为是共享服务；
- 允许 HTTP 客户端与 Web 服务器通信，而 Web 服务器需要使用自己的专用接口进行保护；
- 允许从远端客户端访问 Email 服务器，Email 服务器需要进行物理隔离；
- 阻塞所有其他流量；
- 设置专用管理接口并将所有由系统生成的信息性消息记录进位于 10.122.109.100 的日志服务器。

为了满足上述需求，SecureMe 的管理员定义了以下两种类型的 ACL。

- **EtherType ACL**：允许 IPX 流量穿越安全设备。IPX 数据包是无连接的，因此 ACL 必须应用在安全设备的内外两个接口上。
- **扩展 ACL**：外部接口上应用了一个扩展 ACL。这个外部 ACL 会放行入站的 HTTP、SMTP 和 DNS 流量，同时阻塞所有其他流量。这个 ACL 应用在了外部接口的入站方向上。

> 注释：在启动 ASDM 来配置这个部署方案之前，要确保安全设备上已经配置了下列必备的命令。这里假设安全设备的管理 IP 地址为 10.122.109.101，默认网关为 10.122.109.1。另外，这里假设管理员会从 10.122.109.0 子网对安全设备进行管理。

```
ciscoasa(config)# firewall transparent
ciscoasa(config)# hostname NewYork
NewYork(config)# interface Management0/0
NewYork(config-if)# no shut
NewYork(config-if)# nameif management
INFO: Security level for "management" set to 0 by default.
NewYork(config-if)# security-level 100
NewYork(config-if)# ip address 10.122.109.101 255.255.255.0
NewYork(config-if)# route management 0.0.0.0 0.0.0.0 10.122.109.1
NewYork(config)# http server enable
NewYork(config)# http 10.122.109.0 255.255.255.0 management
NewYork(config)# asdm image disk0:/asdm-714.bin
```

1. 使用 ASDM 的配置步骤

为了实现上文所列之需求，需要执行以下配置。

1. 找到 **Configuration > Device Setup > Interfaces**，选择 **Add > Bridge Group Interface**，并配置以下属性。
   - Bridge Group ID：**1**。
   - IP Address：**10.10.1.10**。
   - Subnet Mask：**255.255.255.0**。
2. 找到 **Configuration > Device Setup > Interfaces**，选择 **GigabitEthernet0/0**，点击 **Edit** 并配置以下属性。
   - Bridge Group ID：**1**。
   - Interface Name：**outside**。
   - Security Level：**0**。

- Enable Interface：**Checked**。
- Description：**Outside Interface in Transparent mode**。

3. 找到 **Configuration > Device Setup > Interfaces**，选择 **GigabitEthernet0/1**，点击 **Edit** 并配置以下属性。
   - Bridge Group ID：**1**。
   - Interface Name：**DMZ1**。
   - Security Level：**50**。
   - Enable Interface：**Checked**。
   - Description：**DMZ1 Interface Hosting Web Server in Transparent Mode**。
4. 找到 **Configuration > Device Setup > Interfaces**，选择 **GigabitEthernet0/2**，点击 **Edit** 并配置以下属性。
   - Bridge Group ID：**1**。
   - Interface Name：**DMZ2**。
   - Security Level：**50**。
   - Enable Interface：**Checked**。
   - Description：**DMZ2 Interface Hosting Email in Transparent Mode**。
5. 找到 **Configuration > Device Setup > Interfaces**，选择 **GigabitEthernet0/3**，点击 **Edit** 并配置以下属性。
   - Bridge Group ID：**1**。
   - Interface Name：**DMZ3**。
   - Security Level：**50**。
   - Enable Interface：**Checked**。
   - Description：**DMZ3 Interface Hosting DNS/IPX in Transparent Mode**。
6. 找到 **Configuration > Device Setup > Interfaces**，勾选 **Enable Traffic Between Two or More Interfaces Which Are Configured with Same Security Level** 复选框。
7. 找到 **Configuration > Firewall > Ethertype Rules**，选择 **Add > Add Ethertype Rule** 并配置以下访问规则。
   - Interface：**DMZ3**。
   - Action：**Permit**。
   - Ethertype：**ipx**。
   - Direction：**In**。
   - Description：**To forward IPX packets**。
8. 找到 **Configuration > Firewall > Ethertype Rules**，选择 **Add > Add Ethertype Rule** 并配置以下访问规则。
   - Interface：**outside**。
   - Action：**Permit**。
   - Ethertype：**ipx**。
   - Direction：**In**。
   - Description：**To forward IPX packets**。
9. 找到 **Configuration > Firewall > Access Rules**，选择 **Add >Add Access Rule**，并配置下列策略（点击 **More Options** 配置最后两项设置）。
   - Interface: **outside**。

- Action：**Permit**。
- Source：**10.10.3.0/24**。
- Destination：**10.10.1.4/32**。
- Service：**udp/domain**。
- Description：**To Allow DNS Packets**。
- Direction：**In**。
- Enable Rule：**Checked**。

完成后点击 **OK**。

10. 找到 **Configuration > Firewall > Access Rules**，选择 **Add >Add Access Rule**，并配置下列策略。
    - Interface: **outside**。
    - Action：**Permit**。
    - Source：**10.10.3.0/24**。
    - Destination：**10.10.1.3/32**。
    - Service：**http**。
    - Description：**To Allow HTTP Packets**。
    - Direction：**In**。
    - Enable Rule：**Checked**。

    完成后点击 **OK**。
11. 找到 **Configuration > Firewall > Access Rules**，选择 **Add >Add Access Rule**，并配置下列策略。
    - Interface: **outside**。
    - Action：**Permit**。
    - Source：**10.10.3.0/24**。
    - Destination：**10.10.1.2/32**。
    - Service：**smtp**。
    - Description：**To Allow Email Packets**。
    - Direction：**In**。
    - Enable Rule：**Checked**。

    完成后点击 **OK**。
12. 找到 **Configuration > Device Management > Logging > Logging Setup**，并选择 **Enable Logging** 复选框。
13. 找到 **Configuration > Device Management > Logging >Syslog Server** 并点击 **Add**，然后指定以下参数。
    - Interface：**management**。
    - IP Address：**10.122.109.100**。
    - Protocol：**UDP**。
    - Port：**514**。

    完成后点击 **OK**。
14. 找到 **Configuration > Device Management > Logging >Syslog Setup**，选择 **Include Timestamps in Syslogs** 来为创建的系统日志添加时间戳。
15. 找到 **Configuration > Device Management > Logging >Logging Filter**，选择 **Syslog Servers** 并点击 **Edit**。在 Filter on Severity 下拉菜单中选择 **Informational**。点击 **OK**，然后点击 **Apply**。

2. 使用 CLI 的配置步骤

例 15-16 所示为实现上述需求所需的配置步骤。为简便起见，删除了其中的一些命令。

例 15-16 放行 IP 流量的 ASA 相关配置

```
NewYork# show running
ASA Version 9.1(4)
! transparent firewall mode is enabled
firewall transparent
hostname NewYork
! outside interface
Interface GigabitEthernet0/0
 description Outside Interface in Transparent Mode
 nameif outside
 bridge-group 1
 security-level 0
! DMZ1 interface
Interface GigabitEthernet0/1
 description DMZ1 Interface in Transparent Mode
 nameif DMZ1
 bridge-group 1
 security-level 50
! DMZ2 interface
Interface GigabitEthernet0/2
 description DMZ2 Interface in Transparent Mode
 nameif DMZ2
 bridge-group 1
 security-level 50
! DMZ3 interface
Interface GigabitEthernet0/3
 description DMZ3 Interface in Transparent Mode
 nameif DMZ3
 bridge-group 1
 security-level 50
! Management interface
interface Management0/0
 management-only
 nameif management
 security-level 100
 ip address 10.122.109.101 255.255.255.0
! BVI1 interface
interface BVI1
 ip address 10.10.1.10 255.255.255.0
! EtherType Access-list entry to pass IPX traffic for inside and outside interfaces.
access-list inside_ether_access_in remark To forward IPX packets
access-list inside_ether_access_in ethertype permit ipx
access-list outside_ether_access_in remark To forward IPX packets
access-list outside_ether_access_in ethertype permit ipx
! Extended Access-list entry to pass DNS, HTTP and Email traffic.
access-list outside_access_in remark To Allow DNS Packets
access-list outside_access_in extended permit udp 10.10.3.0 255.255.255.0 host
10.10.1.4 eq domain
access-list outside_access_in remark To Allow HTTP Packets
access-list outside_access_in extended permit tcp 10.10.3.0 255.255.255.0 host
10.10.1.3 eq www
```

（待续）

```
access-list outside_access_in extended permit tcp 10.10.3.0 255.255.255.0 host
10.10.1.2 eq smtp
! Extended Access-list is applied to the inside interface of the ASA
access-group outside_access_in in interface inside
! EtherType Access-list is applied to the inside interface of the ASA
access-group inside_ether_access_in in interface inside
! Extended Access-list is applied to the outside interface of the ASA
access-group outside_access_in in interface outside
! EtherType Access-list is applied to the outside interface of the ASA
access-group outside_ether_access_in in interface outside
! Enable same security level interface communication (DMZ1 to DMZ2 and vice-versa)
same-security-traffic permit inter-interface

! Syslogging to an external server
logging enable
logging trap Informational
logging timestamp
logging host management 10.122.109.100
! Default gateway. It is used by ASA for routing the traffic originating
the ASA
route management 10.0.0.0 0.0.0.0 10.122.109.1 1
! HTTP Server to accept ASDM connections from the management network
http server enable
http 10.122.109.0 255.255.255.0 management
<some output removed for brevity>
```

15.4.2 用安全虚拟防火墙部署 MMTF

SecureMeInc.org 想要为芝加哥办公室两个不同的企业提供防火墙服务。这些机构不仅使用 3 层协议，也有需要 SecureMe 满足的特殊需求。图 15-13 所示为为了提供这些服务，SecureMe 芝加哥部门的新拓扑。

Cubs 和 Bears 都有一些需要 SecureMe 实现的特殊需求。不过，安全设备有两个物理接口，因此，SecureMe 需要创建子接口来满足客户的需求。

Bears：

- 在内部网络启用地址转换使内部网络用户可以访问 Internet；
- 阻塞所有其他的流量。

Cubs：

- 允许所有 BPDU 通过；
- 允许 EIGRP 更新通过；
- 允许 VRRP 更新通过；
- 在外部接口上拒绝并记录所有其他流量；
- 将 L2F 表的超时时间设置为 20 分钟；
- 在内部网络启用地址转换使内部网络用户可以访问 Internet；
- 为外部接口的路由器添加静态 L2F 条目，其 MAC 地址为 00ff.fff0.003；
- 在外部接口上禁用动态 MAC 地址学习功能。

管理员已经通过设置系统执行空间来为客户的虚拟防火墙分配接口。管理员将 admin 虚拟防火墙进行了以下配置。

- 使用 AAA 服务器来给 SSH 用户执行认证。AAA 服务器的 IP 地址是 10.122.109.102。
- 将系统创建的系统日志消息记录在位于 10.122.109.100 的日志服务器中。

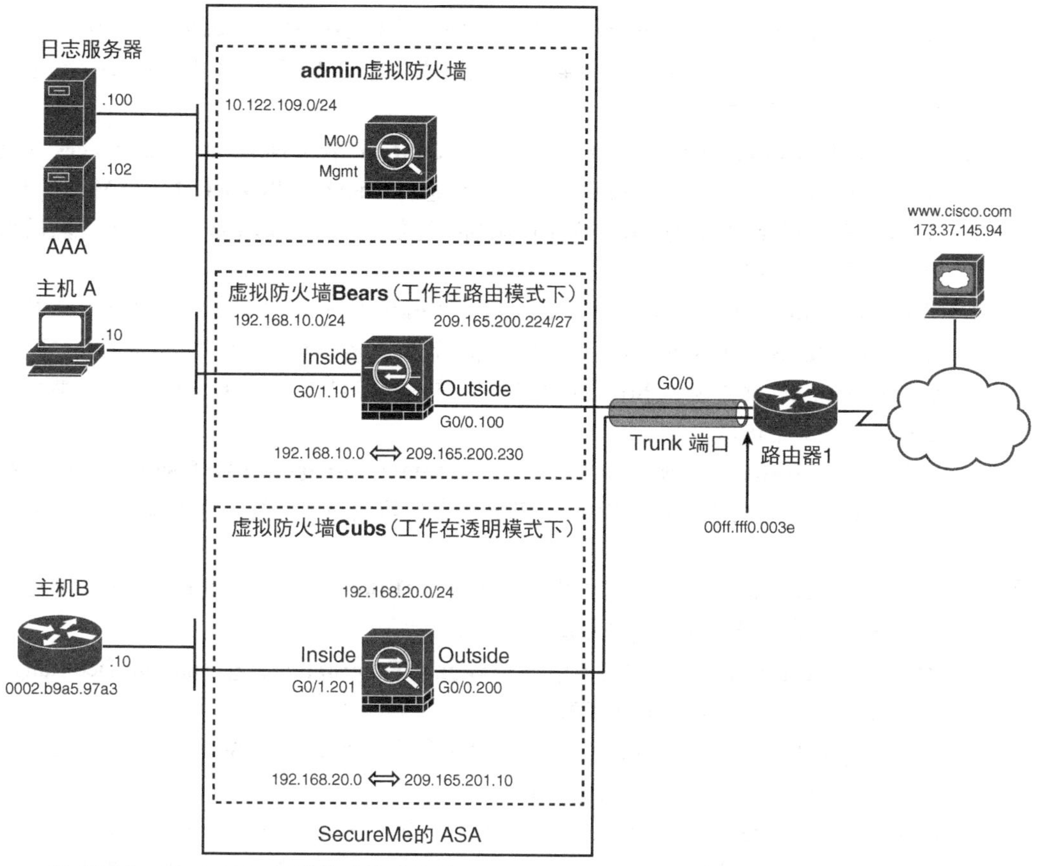

图 15-13 SecureMe 纽约的多模式拓扑

1. 使用 ASDM 的配置步骤

通过 ASDM 进行的配置将在下面进行介绍。这里假设 ASDM 客户端和安全设备的管理 IP 地址之间存在 IP 连接。管理员 IP 地址为 10.122.109.101，该地址被分配给了 admin 虚拟防火墙。这里可以参考如何在 SMTF 部署方案中通过 ASDM 对安全设备进行初始化设置。

配置系统执行空间

按照下列步骤配置系统执行空间。

1. 找到 **Configuration > System > Connect > Context Management > Interfaces** 并点击 **Add>Interfaces**，选择 **GigabitEthernet0/0**，并点击 **Edit**。这里要确保选择了选项 **Enable Interface**。完成后点击 **OK**。
2. 找到 **Configuration > System > Connect > Context Management > Interfaces** 并点击 **Add>Interfaces**，选择 **GigabitEthernet0/1**，并点击 **Edit**。这里要确保选择了选项 **Enable Interface**。完成后点击 **OK**。
3. 找到 **Configuration > System > Connect > Context Management > Interfaces** 并点击 **Add>Interfaces**，然后在 Hardware Port 部分选择 **GigabitEthernet0/0**。将 VLAN ID 和 Subinterface ID 都指定为 **100**。为接口添加描述信息 **Bears Outside Interface**，然后点击 **OK** 来添加该子接口。

4. 找到 **Configuration > System > Connect > Context Management > Interfaces** 并点击 **Add>Interfaces**，然后在 Hardware Port 部分选择 **GigabitEthernet0/0**。将 VLAN ID 和 Subinterface ID 都指定为 **200**。为接口添加描述信息 **Cubs Outside Interface**，然后点击 **OK** 来添加该子接口。
5. 找到 **Configuration > System > Connect > Context Management > Interfaces** 并点击 **Add>Interfaces**，然后在 Hardware Port 部分选择 **GigabitEthernet0/1**。将 VLAN ID 和 Subinterface ID 都指定为 **101**。为接口添加描述信息 **Bears Inside Interface**，然后点击 **OK** 来添加该子接口。
6. 找到 **Configuration > System > Connect > Context Management > Interfaces** 并点击 **Add>Interfaces**，然后在 Hardware Port 部分选择 **GigabitEthernet0/1**。将 VLAN ID 和 Subinterface ID 都指定为 **201**。为接口添加描述信息 **Cubs Inside Interface**，然后点击 **OK** 来添加该子接口。
7. 找到 **Configuration > System > Connect > Context Management > Security Contexts** 并点击 **Add**，然后在 Security Context 部分将虚拟防火墙名称指定为 **Bears**。接下来分配接口，点击 **Add**，然后：
   - 在 Phsical Interface 下拉菜单中选择 **GigabitEthernet0/0**，在 Sub Interface Range 下拉菜单中选择 **100** 并点击 **OK**；
   - 在 Phsical Interface 下拉菜单中选择 **GigabitEthernet0/1**，在 Sub Interface Range 下拉菜单中选择 **101** 并点击 **OK**。
8. 在 Config URL 下选择 **disk0:**并将配置文件名称定义为**/Bears.cfg**。最后，在 Description 中输入 **Bears Context**，完成后点击 **OK**。
9. 找到 **Configuration > System > Connect > Context Management > Security Contexts** 并点击 **Add**，然后在 **Security Context** 中将虚拟防火墙名称指定为 **Cubs**。接下来分配接口，点击 **Add**，然后：
   - 在 **Phsical Interface** 下拉菜单中选择 **GigabitEthernet0/0**，在 Sub Interface Range 下拉菜单中选择 **200** 并点击 **OK**；
   - 在 **Phsical Interface** 下拉菜单中选择 **GigabitEthernet0/1**，在 Sub Interface Range 下拉菜单中选择 **201** 并点击 **OK**。
10. 在 **Config URL** 下选择 **disk0:**并将配置文件名称定义为**/Cubs.cfg**。最后，在 Description 中输入 **Cubs Context**，完成后点击 **OK**。
11. 找到 **Configuration > System > Connect > Context Management > Security Contexts**，选择 **Cubs**，然后点击 **Change Firewall Mode**。这可以将设备的工作模式由路由模式修改为透明模式。安全设备此时会弹出一条信息要求管理员确认自己要修改防火墙的模式。切记，这项操作会清除当前的配置。

配置 Admin 虚拟防火墙

按照下列步骤配置 admin 虚拟防火墙。

1. 找到 **Configuration > Context > admin > Connect > Device Management > Logging > Logging Setup** 并选择选项 **Enable Logging**。
2. 找到 **Configuration > Context > admin > Connect > Device Management > Logging > Syslog Server** 并点击 **Add**，然后指定以下参数。
   - Interface：**management**。

- IP Address：**10.122.109.100**。
- Protocol：**UDP**。
- Port：**514**。

完成后点击 **OK**。

3. 找到 **Configuration > Context > admin > Connect > Device Management > Logging > Syslog Setup**。选择 **Include Timestamps in Syslogs** 来为创建的系统日志添加时间戳。
4. 找到 **Configuration > Context > admin > Connect > Device Management > Logging > Logging Filter**。选择 **Syslog Servers** 并点击 **Edit**。在 Filter on Severity 下拉菜单中选择 **Informational**。
5. 找到 **Configuration > Context > admin > Connect > Device Management >Management Access >ASDM/HTTPS/Telnet/SSH** 并点击 **Add**，选择 **SSH** 单选按钮并配置以下参数。
   - Interface Name：**management**。
   - IP Address：**10.122.109.0**。
   - Mask：**255.255.255.0**。

   完成后点击 **OK**。
6. 找到 **Configuration > Context > admin > Connect > Device Management >Users/AAA> AAA Server Groups** 并在 AAA Server Groups 中点击 **Add**，并配置以下参数。
   - Server Group：**RADIUS**。
   - Protocol：**RADIUS**。
   - 将其他选项保留默认，完成后点击 **OK**。
7. 找到 **Configuration > Context > admin > Connect > Device Management >Users/AAA> AAA Server Groups**，在 AAA Server Groups 中点击 **RADIUS**，然后在 Servers in the Selected Group 中选择 **Add**，并配置以下参数。
   - Interface Name：**management**。
   - IP Address：**10.122.109.102**。
   - Server Secret Key：**Cisco123**。
   - 其他选项保留默认。

   完成后点击 **OK**。
8. 找到 **Configuration > Context > admin > Connect > Device Management >Users/AAA> AAA Access>Authentication**，勾选 **SSH** 复选框，并在 Server Group 下拉菜单中选择 **RADIUS**，完成后点击 **Apply**。

配置虚拟防火墙 Bears

按照下列步骤配置 Bears 虚拟防火墙。

1. 找到 **Configuration > Contexts > Bears > Connect> Device Setup> Interface**，选择接口 **GigabitEthernet0/0.100** 并点击 **Edit**，并指定以下参数。
   - Interface Name：**outside**。
   - Security Level：**0**。
   - IP Address：**209.165.200.225**。
   - Subnet Mask：**255.255.255.224**。
   - Description：**Bears Outside Interface**。

完成后点击 **OK**。此时管理员可能会看到一条确认信息，确认是否要继续。如果看到，点击 **OK** 继续。

2. 找到 **Configuration > Contexts > Bears > Connect> Device Setup> Interface**，选择接口 **GigabitEthernet0/0.101** 并点击 **Edit**，并指定以下参数。
   - Interface Name（接口名称）：**inside**。
   - Security Level（安全级别）：**100**。
   - IP Address：**192.168.10.1**。
   - Subnet Mask：**255.255.255.0**。
   - Description：**Bears Inside Interface**。

   完成后点击 **OK**。如果看到确认信息，点击 **OK**。
3. 找到 **Configuration > Contexts > Bears > Connect> Firewall>NAT Rules**，选择 **Add > Add “Network Object” NAT Rule**，并配置下列地址转换策略（点击 **NAT** 下拉箭头可以看到其他的 NAT 配置选项）。
   - Name：**BearsInsideNAT**。
   - Type：**Network**。
   - IP Address：**192.168.10.0**。
   - Netmask：**255.255.255.0**。
   - Add Automatic Address Translation Rules：**Checked**。
   - Type：**Dynamic PAT (Hide)** 。
   - Translated Addr：**209.165.200.230**。

   完成后点击 **OK**。

配置虚拟防火墙 Cubs

按照下列步骤配置 Cubs 虚拟防火墙。

1. 找到 **Configuration > Contexts > Cubs > Connect > Device Setup > Interfaces**，选择 **Add > Bridge Group Interface**，并配置以下属性。
   - Bridge Group ID：**1**。
   - IP Address：**192.168.20.1**。
   - Subnet Mask：**255.255.255.0**。
   - Description：**Cubs BVI Interface**。
2. 找到 **Configuration > Contexts > Cubs > Connect> Device Setup> Interface**，选择接口 **GigabitEthernet0/0.200** 并点击 **Edit**，并指定以下参数。
   - Bridge Group：**1**。
   - Interface Name：**outside**。
   - Security Level：**0**。
   - Description：**Cubs Outside Interface**。

   完成后点击 **OK**。此时管理员可能会看到一条确认信息，确认是否要继续。如果看到，点击 **OK** 继续。
3. 找到 **Configuration > Contexts > Cubs > Connect> Device Setup> Interface**，选择接口 **GigabitEthernet0/1.201** 并点击 **Edit**，并指定以下参数。
   - Bridge Group：**1**。
   - Interface Name（接口名称）：**inside**。
   - Security Level（安全级别）：**100**。
   - Description：**Cubs Inside Interface**。

- 完成后点击 **OK** 和 **Apply**。如果看到确认信息，点击 **OK**。

4. 找到 **Configuration > Contexts > Cubs > Connect> Firewall > Access Rules**，点击 **Add > Add Access Rule**，并配置以下访问规则。
   - Interface：**outside**。
   - Action：**Permit**。
   - Source：**any**。
   - Destination：**any**。
   - Service：**eigrp**。
   - Description：**To Allow EIGRP Packets**。
   - Direction：**In**。
   - Enable Rule：**Checked**。

   完成后点击 **OK**。

5. 找到 **Configuration > Contexts > Cubs > Connect> Firewall > Access Rules**，点击 **Add > Add Access Rule**，并配置以下访问规则。
   - Interface：**outside**。
   - Action：**Permit**。
   - Source：**any**。
   - Destination：**any**。
   - Service：**112**。
   - Description：**To Allow VRRP Packets**。
   - Direction：**In**。
   - Enable Rule：**Checked**。

   完成后点击 **OK**。

6. 找到 **Configuration > Contexts > Cubs > Connect> Firewall > Access Rules**，点击 **Add > Add Access Rule**，并配置以下访问规则。
   - Interface：**outside**。
   - Action：**Deny**。
   - Source：**any**。
   - Destination：**any**。
   - Service：**ip**。
   - Description：**Deny all Packets**。
   - Direction：**In**。
   - Enable Rule：**Checked**。

   完成后点击 **OK**。

7. 找到 **Configuration > Contexts > Cubs > Connect> Firewall > Ethertype Rules**，选择 **Add > Add Ethertype Rule** 并配置以下访问规则。
   - Interface：**inside**。
   - Action：**Permit**。
   - Ethertype：**bpdu**。
   - Description：**To forward BPDU packets**。
   - Direction：**In**。

   完成后点击 **OK**。

8. 找到 **Configuration > Contexts > Cubs > Connect> Firewall > Ethertype Rules**，选择 **Add > Add Ethertype Rule** 并配置以下访问规则。
   - Interface：**outside**。
   - Action：**Permit**。
   - Ethertype：**bpdu**。
   - Description：**To forward BPDU packets**。
   - Direction：**In**。

   完成后点击 **OK**。
9. 找到 **Configuration > Contexts > Cubs > Connect > Firewall > Objects > Network Objects/Groups**，选择 **Add > Network Object**，然后配置下列参数。
   - Name：**CubsInsideNet**。
   - Type：**Network**。
   - IP Address：**192.168.20.0**。
   - Netmask：**255.255.255.0**。

   点击 **OK**。
10. 找到 **Configuration > Contexts > Cubs > Connect > Firewall > Objects > Network Objects/Groups**，选择 **Add > Network Object**，然后配置下列参数。
    - Name：**CubsInsideTranslate**。
    - Type：**Host**。
    - IP Address：**209.165.201.10**。

    完成后点击 **OK** 和 **Apply**。
11. 找到 **Configuration > Contexts > Cubs > Connect> Firewall>NAT Rules**，选择 **Add > Add NAT Rule Before “Network Object” NAT Rules** 并在 Match Criteria: Original Packet 部分配置下列策略参数。
    - Source Interface：**inside**。
    - Destination Interface：**outside**。
    - Source Address：**CubsInsideNet**。

    在 Action: Translated Packet 部分配置下列参数。
    - Source NAT Type：**Dynamic PAT（Hide）**。
    - Source Address：**CubsInsideTranslate**。

    完成后点击 **OK** 和 **Apply**。
12. 找到 **Configuration > Contexts > Cubs > Connect > Device Management > Advanced > Bridging > MAC Address Table** 点击 **Add**，并指定以下属性。
    - Interface：**outside**。
    - MAC Address：**00ff.fff0.003e** 并点击 **OK**。
    - 在 Dynamic Entry Timeout 下指定 **20**。
13. 找到 **Configuration > Contexts > Cubs > Connect > Device Management > Advanced > Bridging > MAC Learning** 选择接口 **outside**，然后点击 **Disable**，点击 **Apply**。

2. 使用 CLI 的配置步骤

例 15-17 所示为实现上述需求所需的配置步骤。为简便起见，删除了其中的一些命令。

例 15-17 多虚拟防火墙的 ASA 相关配置

```
System Execution Space
Chicago# show running
ASA Version 9.1(4) <system>
hostname Chicago
! Main GigabitEthernet0/0 interface
interface GigabitEthernet0/0
! Sub-interface assigned to the Bears context as the outside interface. A VLAN ID is
assigned to the interface
interface GigabitEthernet0/0.100
 description Bears Outside Interface
 vlan 100
! Sub-interface assigned to the Cubs context as the outside interface. A VLAN ID is
assigned to the interface
interface GigabitEthernet0/0.200
 description Cubs Outside Interface
 vlan 200
! Main GigabitEthernet0/1 interface
interface GigabitEthernet0/1
! Sub-interface assigned to the Bears context as the inside interface. A VLAN ID is
assigned to the interface
interface GigabitEthernet0/1.101
 description Bears Inside Interface
 vlan 101
! Sub-interface assigned to the Cubs context as the inside interface. A VLAN ID is
assigned to the interface
interface GigabitEthernet0/1.201
 description Cubs Inside Interface
 vlan 201
! Main Management0/0 interface
interface Management0/0
! context named "admin" is the designated Admin context
admin-context admin
! "admin" context definition along with the allocated interfaces.
context admin
  allocate-interface Management0/0
  config-url disk0:/admin.cfg
! "Bears" context definition along with the allocated interfaces.
context Bears
  description Bears Context
  allocate-interface GigabitEthernet0/0.100
  allocate-interface GigabitEthernet0/1.101
  config-url disk0:/Bears.cfg
! "Cubs" context definition along with the allocated interfaces.
context Cubs
  description Cubs Context
  allocate-interface GigabitEthernet0/0.200
  allocate-interface GigabitEthernet0/1.201
  config-url disk0:/Cubs.cfg
<Some Output Removed For Brevity>
Admin Context
Chicago/admin(config)# show running-config
ASA Version 9.1(4) <context>
! transparent firewall mode is enabled
firewall transparent
hostname Chicago
```

（待续）

```
!
! Management interface of the admin context with security level set to 100
interface Management0/0
 nameif management
 security-level 100
 ip address 10.122.109.101 255.255.255.0
 management-only
! configuration of a syslog server with logging level set to informational with
timestamp
logging enable
logging timestamp
logging trap informational
logging host management 10.122.109.100
! Default route towards management interface
route management 0.0.0.0 0.0.0.0 10.122.109.1 1
! configuration of a AAA server using RADIUS for authentication
aaa-server RADIUS protocol radius
aaa-server RADIUS (management) host 10.122.109.102
 key Cisco123
! SSH using RADIUS for authentication
aaa authentication ssh console RADIUS
ssh 10.122.109.0 255.255.255.0 management
! HTTP Server for ASDM
http server enable
http 10.122.109.0 255.255.255.0 management
<Some Output Removed For Brevity>
Bears Context
Chicago/Bears(config)# show running-config
ASA Version 9.1(4) <context>
! Routed firewall mode is enabled, that's why you do not see "firewall transparent"
hostname Bears
!outside interface of the Bears context with security level set to 0
interface GigabitEthernet0/0.100
 description Bears Outside Interface
 nameif outside
 security-level 0
 ip address 209.165.200.225 255.255.255.224
!inside interface of the Bears context with security level set to 100
interface GigabitEthernet0/1.101
 description Bears Inside Interface
 nameif inside
 security-level 100
 ip address 192.168.10.1 255.255.255.0
!Object Definition for the Inside Network to be used for NAT
object network BearsInsideNAT
 subnet 192.168.10.0 255.255.255.0
! PAT for the previously defined object group
object network BearsInsideNAT
 nat (inside,outside) dynamic 209.165.200.230
!
<Some Output Removed For Brevity>
Cubs Context
Chicago/Cubs(config)# show running-config
ASA Version 9.1(4) <context>
! transparent firewall mode is enabled
firewall transparent
hostname Cubs
```

（待续）

```
! BVI Interface with an IP of 192.168.20.1
interface BVI1
 description Cubs BVI Interface
 ip address 192.168.20.1 255.255.255.0
!!Outside interface of the Cubs context with security level set to 0
interface GigabitEthernet0/0.200
 description Cubs Outside Interface
 nameif outside
 bridge-group 1
 security-level 0
!inside interface of the Cubs context with security level set to 100
interface GigabitEthernet0/1.201
 description Cubs Inside Interface
 nameif inside
 bridge-group 1
 security-level 100
! Access-list entry to allow BPDU traffic on inside
access-list inside_ether_access_in remark To forward BPDU packets
access-list inside_ether_access_in ethertype permit bpdu
! Access-list entry to allow BPDU traffic on outside
access-list outside_ether_access_in remark To forward BPDU packets
access-list outside_ether_access_in ethertype permit bpdu
! Access-list entry to only allow EIGRP and VRRP traffic on the outside interface
access-list outside_access_in remark To Allow EIGRP Packets
access-list outside_access_in extended permit eigrp any any
access-list outside_access_in remark To Allow VRRP Packets
access-list outside_access_in extended permit 112 any any
access-list outside_access_in extended deny ip any any
!Object Definitions for Inside and Translated Network
object network CubsInsideNet
 subnet 192.168.20.0 255.255.255.0
object network CubsInsideTranslate
 host 209.165.201.10
!PAT Configuration to translate inside network to 209.165.201.10
nat (inside,outside) source dynamic CubsInsideNet CubsInsideTranslate
! Access-lists are applied to the inside and outside interfaces
access-group inside_ether_access_in in interface inside
access-group outside_ether_access_in in interface outside
access-group outside_access_in in interface outside
! Static L2F entry of outside router as dynamic learning is not allowed
mac-address-table static outside 00ff.fff0.003e
! learning MAC address on the outside interface is not allowed
mac-learn outside disable
! L2F timeout is set to 20 minutes
mac-address-table aging-time 20
<Some Output Removed For Brevity>
```

15.5 透明防火墙的监测与排错

Cisco ASA 提供了很多 **show** 命令，用来确保透明防火墙能够正常工作。在出现情况的时候，管理员也可以启动相关的 **debug** 命令进行检查（我们将在下文中介绍 **debug** 命令）。

15.5.1 监测

若要将防火墙配置为透明模式，那么首先应该查看防火墙当前的模式。查看防火墙模式的命令为 **show firewall**，如例 15-18 所示。

例 15-18 **show firewall** 命令的输出信息

```
Chicago# show firewall (in Single mode)
Firewall mode: Transparent
Chicago# show firewall (in Multimode, executed in the system context)
Context                        Mode
Admin                          Transparent
Bears                          Router
Cubs                           Transparent
```

在确认了系统正在使用正确的模式转发数据包之后，应该对 L2F 表的状态进行监测，如例 15-19 所示。管理员可以通过命令 **show mac-address table** 来查看桥接表是否准确，包括静态条目和动态条目。设备从外部（outside）接口学来了 4 个动态 L2F 条目。还有一个指向外部接口的静态 L2F 条目，该条目没有老化时间。

例 15-19 查看 L2F 表

```
Chicago# show mac-address-table
interface          mac address      type   Age(min)       bridge-group
------------------------------------------------------------------
outside          00d0.c0d2.8030     dynamic  1                   1
outside          0040.8c5c.0e92     dynamic  4                   1
outside          000b.cdf0.8e39     dynamic  4                   1
outside          000e.8315.0bff     dynamic  2                   1
outside          00ff.fff0.003e     static
```

命令 **show arp-inspection** 可以显示出各接口上是否启用了 ARP 监控特性。根据例 15-20 所示，outside 接口上启用了 ARP 监控功能，对于在静态 ARP 表中没有匹配信息的情况下所执行的动作，管理员在这里使用了 **no-flood** 选项。而 inside 接口上则禁用了 ARP 监控功能。

例 15-20 查看接口下的 ARP 监控特性

```
Chicago # show arp-inspection
Interface                      arp-inspection                 miss
----------------------------------------------------------------
inside                         disable                         -
outside                        enable                            no-flood
```

如果所有上述信息都是正常的，但流量就是无法得到正常转发，那么可以使用命令 **show access-list** 来查看配置的接口 ACL 的撞击计数器（hit counts）。例 15-21 显示，IPX 流量产生了 10 次撞击。

例 15-21 监测 ACL

```
Chicago# show access-list
access-list inside ethertype permit ipx (hitcount=10)
access-list inside ethertype permit bpdu (hitcount=0)
access-list inside ethertype deny any (hitcount=0)
```

对于穿越安全设备的那些基于 TCP 的、基于 UDP 的和（可选）基于 ICMP 的流量来说，管理员也可以使用 **show conn** 命令来查看连接状态。如例 15-22 所示，有一条从 10.10.1.10 到 10.10.3.10 的 Telnet 服务器的连接。

例 15-22 **show conn** 命令的输出信息

```
Chicago# show conn
1 in use, 1 most used
TCP outside 10.10.3.10:23 inside 10.10.1.10:11018 idle 0:00:02 bytes 90 flags UIO
```

15.5.2 排错

为了方便管理员进行排错，Cisco ASA 包含了很多重要的 debug 命令和系统日志消息，来帮助管理员定位透明模式防火墙中可能存在的问题。这里将介绍 3 个透明模式防火墙的排错方案以帮助读者掌握排错的技巧。

15.6 主机间无法通信

如图 15-12 所示，当（位于 DMZ3 接口的）DNS 服务器无法和位于 10.10.1.3（DMZ1 接口）的 Web 服务器进行通信时，管理员可以遵循以下步骤来定位问题所在。

1. 从 DNS 服务器 ping 透明防火墙的 IP 地址，以确认客户端和透明防火墙之间存在连接。如果能 ping 通，进入步骤 2；否则的话，查看一下线缆，如果交换机位于主机和透明防火墙之间，那么还应该查看一下 VLAN 分配。另外，还应该在设备上使用命令 **show mac-address-table** 来确保相应的接口学来了主机 MAC 地址。如果没有学来 MAC 地址，那么管理员可以使用命令 **debug mac-address-table** 来查看 L2F 表的更新信息。设备会使用这个表来将数据包发送给接口。如例 15-23 所示，安全设备通过其 inside 接口，在表中添加了一个 MAC 地址 0003.a088.da86。

例 15-23 调试 L2F 表条目

```
Chicago# debug mac-address-table
add_l2fwd_entry: Going to add MAC 0003.a088.da86.
add_l2fwd_entry: Added MAC 0003.a088.da86 into bridge table thru DMZ2.
add_l2fwd_entry: Sending LU to add MAC 0003.a088.da86.
set_l2: Found MAC entry 0003.a088.da86 on DMZ2.
```

2. 如果在两个端点之间拥有 3 层路由，这个步骤就很关键。在这种情况下，需要从主机去 ping 网关路由器的 IP 地址，前提是防火墙允许 ICMP 流量通行。如果 ping 得通，就继续执行步骤 3。如果 ping 不通，就检查安全设备上的入站 ACL 和出站 ACL。如果 ACL 的配置看似没什么问题，就使用 **debug arp-inspection** 命令来判断 ARP 请求是否由这台透明防火墙进行了转发和监控。
3. 保证像 UDP 53（用于 DNS 解析的端口）和 TCP 80（用于 Web 浏览的端口）这样的端口是打开的。
4. **capture** 命令是 ASA 上最常使用的排错工具之一。如果管理员想要判断 Web 服务器和 DNS 服务器的通信问题，就可以在 **capture** 命令中定义 **match** 来捕获感兴趣流（Web 和 DNS 服务器的 IP 地址），然后再在 DMZ1 和 DMZ3 上运行这些 **capture** 命令。管理员可以输入 **show capture** 命令，后面添加 capture 的名称来查看捕获数据包的结果。如例 15-24 所示，管理员定义了 cap-DMZ1 和 cap-DMZ3 两个捕获命令。接下来，管理员通过命令 **show capture cap-DMZ1** 显示出来了在地址 10.10.1.3 和 10.10.1.4 之间交换的 5 个数据包。

例 15-24 **capture** 命令的输出信息

```
Chicago# capture cap-DMZ1 interface DMZ1 match ip host 10.10.1.4 host 10.10.1.3
Chicago# capture cap-DMZ3 interface DMZ3 match ip host 10.10.1.4 host 10.10.1.3
Chicago(config)# show capture cap-DMZ1

5 packets captured

1: 03:43:09.965663 10.10.1.4.29307 > 10.10.1.3.80: S 4212401036:4212401036(0) win
4128 <mss 1460>
2: 03:43:09.965755 10.10.1.3.80 > 10.10.1.4.29307: S 496621581:496621581(0) ack
4212401037 win 8192 <mss 1380>
3: 03:43:09.966319 10.10.1.4.29307 > 10.10.1.3.80: . ack 496621582 win 4128
4: 03:43:09.967235 10.10.1.3.80 > 10.10.1.4.29307: P 496621582:496621602(20) ack
4212401037 win 8192
5: 03:43:09.967937 10.10.1.4.29307 > 10.10.1.3.80: P 4212401037:4212401057(20) ack
496621602 win 4108
5 packets shown
```

15.7 移动了的主机无法实现通信

如果将一台主机从外部接口移动到内部接口，或者反过来从内部接口移动到外部接口，但是在移动之后就不能通信了，那么应该查看静态 L2F 条目是否还是指向老的接口。另外，管理员还可以使用命令 **debug l2-indication** 来查看 2 层指示（indication）信息，例如 IP 数据包的 miss（丢失）、learn（学习）、host move（主机移动）和 refresh（刷新）信息。例 15-25 所示为命令 **debug l2-indication** 的输出信息，在该例中，管理员将 MAC 地址 **00e0.b06a.412c** 指向外部接口，而主机却被移动去了内部接口。Cisco ASA 显示出了主机从外部接口移动到内部接口的指示信息（host move）。

例 15-25 命令 **debug l2-indication** 的输出信息

```
Chicago# debug l2-indication
debug l2-indication enabled at level 1
f1_tf_process_l2_hostmove:HOST MOVE: Host move indication cur_ifc
outside, new_ifc inside mac address: 00e0.b06a.412c
HOST MOVE: cur_vStackNum 0, new_vStackNum 1
HOST MOVE: Host move indication for static entry 00e0.b06a.412c
f1_tf_process_l2_hostmove:HOST MOVE: Host move indication cur_ifc outside, new_ifc
inside mac address: 00e0.b06a.412c
f1_tf_process_l2_hostmove:HOST MOVE: cur_vStackNum 0, new_vStackNum 1
f1_tf_process_l2_hostmove:HOST MOVE: Host move indication for static
entry 00e0.b06a.412c
```

如果安全设备动态地学来了特定接口上主机的 MAC 地址，但主机移动到了另一个接口，那么管理员可以使用命令 **clear mac-address-table** 并在后面跟上接口的名称，以删除掉这个与接口相关联的动态条目。如例 15-26 所示，管理员想要清除掉与外部（outside）接口相关联的 L2F 条目。

例 15-26 清除与 Outside 接口相关联的 L2F 表

```
Chicago# clear mac-address-table outside
```

另外，管理员也可以使用命令 **clear mac-address-table** 来清除表中所有的动态条目。

15.8 通用日志记录

ASA 包含多种日志消息来帮助管理员判断 MAC 欺骗或 ARP 监控的问题。在判断 ARP 监控的问题时，下面 4 类系统日志相当重要。

- 主机从一个接口移动到另一个接口。该消息称为 host move。管理员也会看到消息 ID 412001。
- ASA 在 L2F 表中检测到了 MAC 欺骗攻击。MAC 欺骗与 host move 类似，但是原 MAC 地址被静态影射给了一个接口。在这种情况下，管理员会看到消息 ID 322001。
- 由于管理员启用了 ARP 监控，使 ARP 数据包遭到了丢弃。此时，管理员会看到消息 ID 322003。
- L2F 表已满。管理员会看到消息 ID 412002。

总结

透明防火墙是为安全领域的专业人士设计的，使用这种功能的人士不希望更改现有的编址方案，但是却仍然希望监控所有离开该子网的数据包。Cisco ASA 将很多特性都集成在了透明防火墙中，如安全虚拟防火墙，因此，这种解决方案可以适应各类部署方案。本章对透明防火墙的架构进行了概述，并提供了可以满足各类网络部署方案的配置方式。另外，本章还介绍两种配置方案来帮助读者强化学习效果，同时也可以显示这一特性的强大。在第二个部署方案中，我们演示了如何设置安全设备，让一部分虚拟防火墙工作在路由模式下，而另一些虚拟防火墙工作在透明模式下。最后，本章还介绍了可以帮助管理员排除复杂透明防火墙故障的 **show** 命令和 **debug** 命令。

第16章 高可用性

本章涵盖的内容有：

- 冗余接口；
- 静态路由追踪；
- 故障倒换；
- 集群。

对于现代化企业网络，无不要求人们随时能够对其进行访问。重要的网络架构出现宕机难免会让业务受到影响；有些类似的事件甚至会被公之于众，使品牌形象受到不可估量的损失。Cisco ASA 提供的高可用性功能不仅强大而且灵活，可以全天候保护网络。即使出现问题，ASA 也可以有很多方法，可以将这些问题对应用和用户造成的影响降至最低。

Cisco ASA 提供了全方位、多角度的自我恢复功能。高可用性最简单的形式包括 2 层的接口级冗余和 3 层的静态路由追踪。更加复杂一些的设计方案则也有可能用到故障倒换，这种技术可以通过实时配置和状态化会话复制，部署一台冗余的 ASA 设备。如果希望兼顾可扩展性和可用性，也可以利用集群来将 16 台相同的设备组合在一起，形成一台逻辑防火墙系统。无论管理员在 ASA 上启用了哪些高可用性特性，它们都可以完全透明地对连接给予保护，而这种保护可以显著提升终端用户的网络使用体验。

16.1 冗余接口

冗余接口是将一对物理以太网接口抽象为一个基本的接口组。当管理员将两个接口绑定为一个冗余接口时，这两个物理接口都会共享相同的配置，并且同时处于工作状态。然而，这两个接口中只有一个接口会随时转发流量；当活动接口出现故障时，另一个接口接管活动接口的工作。管理员可以将常规的接口级配置应用到对应的冗余接口实例中。一旦管理员将配置分配给冗余接口对之后，ASA 就会自动清除相关接口下的所有接口级配置。自此，冗余接口对中的物理接口上只能直接配置下面这些命令。

- 用 **media-type**、**speed** 和 **duplex** 命令设置物理链路的基本参数。
- 可以使用 **flowcontrol send on** 命令实现这一功能：当检测到接口超购时，向邻接的交换机创建暂停帧。
- 可以使用 **description** 命令添加一个最多 200 字符的 ASCII 描述信息。
- 可以使用 **shutdown** 命令来禁用一个已经启用的接口。虽然系统在创建时即默认启用了冗余接口，管理员还是需要通过命令 **no shutdown** 来手动打开物理成员接口。

对于冗余接口对中的成员接口，上述设置未必需要相互匹配，但管理员应该确保直连设备之间（如交换机）的兼容性。在创建了冗余接口之后，管理员就不应该再在配置 ASA 时直接调用其下的物理接口。

16.1.1 使用冗余接口

管理员最多可以配置 8 个冗余接口；每个冗余接口中最多可以包含 2 个物理接口。由于冗余接口在链路层代表了其中包含的物理接口，因此如果 ASA 工作在多虚拟防火墙模式下，那么管理员必须在系统虚拟防火墙（system context）中进行配置。冗余接口的工作方式和物理以太网接口的工作方式相同，管理员可以在冗余接口实例下配置子接口，并且将它们直接分配给 VLAN。所有满足下面条件的物理接口都可以组成冗余接口。

- **所有接口的硬件类型相同**：比如说，一个吉比特以太网接口和一个 10 吉比特以太网接口就不能组成一个冗余接口对。
- **不支持使用专有的物理管理接口**：这类接口不能参与冗余接口对。这类接口包括但不限于 Cisco ASA 5585-X 设备上的 Management0/0 和 Management0/1。但管理员可以使用其他接口（如 GigabitEthernet0/0 和 GigabitEthernet0/1）来创建专用的冗余管理接口对。
- **不支持 Cisco ASA 5505**：这款设备已经包含了一台内置的交换机，它可以提供物理级的接口冗余功能。因此，这个平台并不支持专用冗余接口特性。

在冗余接口对中，只有一个物理接口可以处于工作状态，而另一个接口则处于空置的备用状态。尽管 ASA 会让成员接口之间的链路处于 up 状态，但处于备用状态的接口还是会丢弃所有入站流量，而不会转发任何数据。在一个冗余接口对中，如果处于工作状态的接口所连截的链路关闭（down），那么备用接口就会无缝接管主用接口的职责。由于两个成员接口永远不会同时处于转发状态，因此一个冗余接口实例也就只会包含一个虚拟 MAC 地址，这样才能让接口主备切换的过程对于邻接设备而言真正做到“无缝”。在默认情况下，冗余接口会集成第一个配置的成员接口的 MAC 地址；如果管理员在创建了冗余接口实例之后修改了成员接口的配置顺序，则虚拟 MAC 地址也会产生相应的变化。如果要想保证接口成员出现变化时，网络的稳定性，可以在冗余接口实例下使用命令 **mac-address** 来设置一个虚拟 MAC 地址。在这种情况下，主用成员接口会一直使用同一个（属于冗余接口对的）虚拟 MAC 地址。

当冗余接口对中的主用接口出现问题时，系统就会执行下面的步骤。

1. 如果备用成员接口的链路进入启用（up）状态，系统就会开始切换接口。
2. 从失效的主用接口中清除 MAC 地址的条目。
3. 将虚拟 MAC 地址迁入到进入转发状态的备用接口。
4. 让备用接口的角色切换为主用（active），开始处理入站数据帧，并使用该物理接口来传输冗余接口实例的出站流量。
5. 在新的主用接口上创建一个无故 ARP（gratuitous ARP）数据包，以更新邻接设备的 MAC 表。

切记，切换对于所有穿越设备的流量而言是绝对透明的。因为 ASA 的配置和所有连接数据所调用的都是冗余接口对，所以物理成员接口失效于整个系统的健康而言可谓无关痛痒。只要冗余接口实例中还有一条物理链路可以用来转发消息，Cisco ASA 系统就不会触发上层的高可用性机制（如故障倒换或动态路由重新收敛）。所以，冗余接口会即时执行链路切换，这样可以大大减少（甚至可以彻底消除）丢包的情况。

16.1.2 部署案例

管理员针对所有应用都可以使用冗余接口，不过只有在强大的接口级高可用性比吞吐量的可扩展性更加重要的情况下，才能最大程度上发挥这个特性的优势。切记，冗余对中同时只有一条成员链路处于主用状态。虽然管理员可能更希望通过 EtherChannel 技术来尽可能利用数据接口提供的带宽，但冗余接口与 LACP（链路汇聚控制协议）相比更加简单，而且也不需要在邻接交换机上进行任何配置。对于这种技术，唯一的需求就是要维持物理成员接口与同一台外部端点之间的 2 层连通性。除此之外，管理员可以将冗余接口对中的 ASA 端口与独立的交换机进行连接，以提供地理层面的隔离。由于冗余接口特性十分灵活，因此它相当适合用于下面这些类型的应用。

- **管理接口**：这类连接往往不需要太多的带宽，而管理员却可以始终维系与 ASA 之间的管理访问。
- **故障倒换控制与状态化链路**：因为这些相互隔离的链路会与同样两台设备之间建立 IP 链路，所以 EtherChannel 并不适合这类部署环境，但这些控制链路对于故障倒换对的正常运行却又异常重要。

在图 16-1 所示的拓扑中，管理员使用 ASA 的 GigabitEthernet0/1 和 GigabitEthernet0/2 接口组成了一个冗余接口对。虽然这两个物理接口连接的是不同的交换机，但只有两台交换机都与 ASA 维护有 2 层管理连接时，逻辑冗余实例才能正常工作。冗余接口对所对应的 ASA 成员接口往往属于两台交换机上的同一个 VLAN（交换机之间的 Trunk 链路会在 2 层扩展这个 VLAN）。由于冗余接口对中同时只会有一个物理接口处于主用状态，因此即使没有 STP（生成树协议）参与，这个拓扑也是无环的。

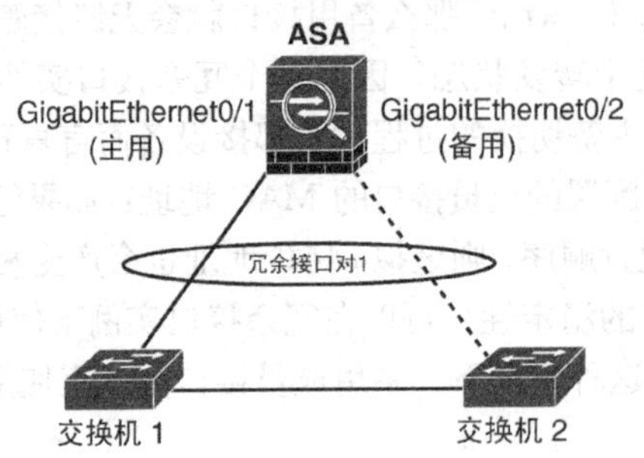

图 16-1 冗余接口部署实例

16.1.3 配置与监测

要创建冗余接口，可以采用下面的步骤。

1. 管理员在 ASA 上指定建立冗余接口对的物理成员接口，并给该接口配置媒体类型、速率和双工模式等属性。此外，一定要在接口下输入 **no shutdown** 以打开该端口。
2. 在邻接交换机上配置与 ASA 冗余成员接口相连的端口，以便给该成员接口提供对等的 2 层连接。切记，ASA 会用等价的方式处理冗余接口的成员接口，因此直连的交换设备都要确保能够连接到同一组端点。
3. 在 ASA 上使用命令 **interface redundant** *id* 命令来创建冗余接口实例。接口值的取值范围在 0～8 之间。
4. 在 ASA 上使用命令 **member-interface** *physical-interface-name* 给冗余接口实例分配物理成员接口。管理员可以在每个冗余接口下配置两条这样的命令，以建立物理接口对。

5. 在 ASA 上像配置常规物理接口那样继续配置冗余接口的其他参数。例如，使用 **nameif** 命令配置接口名称，或者在多虚拟防火墙模式下，使用 **allocate-interface** 命令配置系统虚拟防火墙来分配系统虚拟防火墙。

例 16-1 中显示了 ASA inside 接口的完整配置，而这个 inside 接口由 GigabitEthernet0/6 和 GigabitEthernet0/7 组成以实现链路层冗余。为了向读者展示，我们特意为 GigabitEthernet0/6 和 GigabitEthernet0/7 配置了不同的链路双工模式；不过管理员常常需要在两边的物理接口上应用相互匹配的配置。

例 16-1 冗余接口配置

```
interface GigabitEthernet0/6
 duplex full
 no nameif
 no security-level
 no ip address
!
interface GigabitEthernet0/7
 no nameif
 no security-level
 no ip address
!
interface Redundant1
 member-interface GigabitEthernet0/6
 member-interface GigabitEthernet0/7
 nameif inside
 security-level 100
 ip address 192.168.1.1 255.255.255.0
```

管理员可以使用命令 **show interface** 来监测冗余接口实例的状态。鉴于同时只有一条成员链路处于主用状态，所以对应冗余接口的流量统计数据为各时间段两个物理端口信息之和。如例 16-2 所示，这条命令也显示了当前处于主用状态的端口，以及出现端口切换事件的时间和日期。

例 16-2 查看冗余端口的统计数据

```
asa# show interface Redundant 1
Interface Redundant1 "inside", is up, line protocol is up
  Hardware is bcm56801 rev 01, BW 1000 Mbps, DLY 10 usec
        Full-Duplex(Full-duplex), Auto-Speed(1000 Mbps)
        Input flow control is unsupported, output flow control is off
        MAC address 5475.d029.885c, MTU 1500
        IP address unassigned
        805 packets input, 62185 bytes, 0 no buffer
        Received 1 broadcasts, 0 runts, 0 giants
[...]
  Traffic Statistics for "inside":
        1 packets input, 46 bytes
        0 packets output, 0 bytes
        0 packets dropped
      1 minute input rate 0 pkts/sec, 0 bytes/sec
      1 minute output rate 0 pkts/sec, 0 bytes/sec
      1 minute drop rate, 0 pkts/sec
      5 minute input rate 0 pkts/sec, 0 bytes/sec
      5 minute output rate 0 pkts/sec, 0 bytes/sec
```

（待续）

```
    5 minute drop rate, 0 pkts/sec

Redundancy Information:
    Member GigabitEthernet0/6(Active), GigabitEthernet0/7
    Last switchover at 15:37:10 UTC Jun 11 2013
```

16.2 静态路由追踪

目前，Cisco ASA 不支持在多个出站接口之间，对于去往同一个目的网络的流量执行负载分担。系统支持管理员配置 3 个重复的静态路由，这些静态路由的下一跳路由器都连接到同一个逻辑接口；动态路由协议也存在同样的限制。之所以存在这个限制，是因为系统需要在状态化连接表中保证流量是对称的。

如果管理员将 ASA 部署为边界防火墙，那么与上游的 Internet 服务提供商（ISP）之间只有一条活动的连接。但网络设计可能需要有一个备份接口指另一个 ISP，以满足高可用性的要求。一种做法是部署上游路由器来执行出站方向的负载分担，以实现上行链路的冗余；这种设计方案会影响高速 ASA NAT（网络地址转换）子系统的效果。更好的方法是在 ASA 上创建一个备份 Internet 接口。防火墙在正常情况下不会使用该接口来转发出站流量，但若主 ISP 链路断开，连接就会变为主用链路。当 ASA 检测到主用出站路径出现了故障，就会自动修改默认路由，切换接口。下面几项是启用路由追踪功能的元素。

- **SLA（服务级别协议）监测**：这个模块会通过主用 ISP 路径来检查外部网络的可达性状态，并将获得的可达性数据发送给路由子系统。
- **主用浮动静态或 DHCP/PPPoE 默认路由**：只要 SLA 监测可以确认路径是可达的，主用默认路由就会保持活动状态。如果主用 ISP 链路丢失了外部连接，ASA 则会从路由表中移除这条路由。
- **辅助默认路由**：这条路由的管理距离值更大，因此只有系统根据 SLA 监测的信息，将当主用默认路由从路由表中移除之后，这条路由才能生效。

16.2.1 使用 SLA 监测配置静态路由

SLA 监测会向特定的目的地址周期性发送网络可达性探针。只要目的地址是可达的，监测实例就会向路由子系统报告成功状态消息。如果 SLA 测试失败，ASA 就会将相关路由从路由表中移除出去。切记，SLA 监测实例是一直在运行的，因此当被监测目的的连通性恢复之后，相关的浮动路由就会回到系统之中。

要在 ASDM 中添加静态路由，需要找到 **Configuration > Device Setup > Routing > Static Routes**，然后点击 **Add**，或者在同一个界面中选择一条现有的路由，点击 **Edit** 对它进行修改。图 16-2 所示为此时系统打开的对话框。

管理员可以按照下面的步骤来配置追踪静态路由。

1. 在对话框顶部指定 IP 地址、出站接口、目的网络前缀和网关 IP 地址，这些内容和配置普通静态路由时需要指定的参数相同。在图 16-2 中所示的实例中，管理员在外部接口上添加了一条默认路由，并将网关指定为 172.16.164.97。
2. 管理员可以视需要在 Metric（度量值）字段设置一个数值。切记，主用路由的度量值一定要低于浮动备用路由的度量值。默认度量值为 1。
3. 在选项列表中点击 **Tracked**。

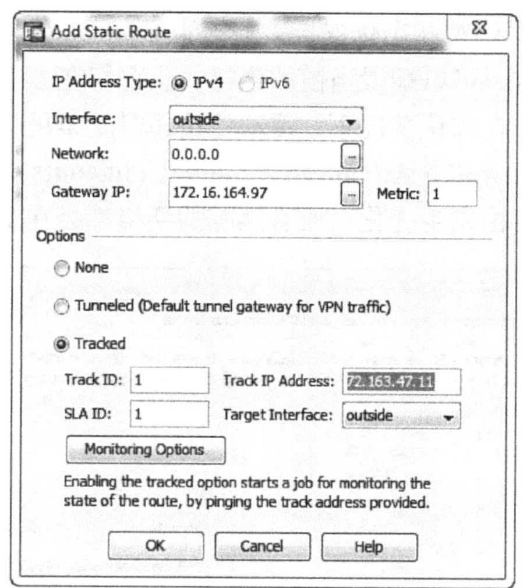

图 16-2 ASDM 中的静态路由配置

4. 在 Track ID 和 SLA ID 字段指定两个数字。Track ID 指代的是路由追踪组；而 SLA ID 标识的则是相关的 SLA 监测实例。这些数值并不强制相同。在本例中，这两个标识符使用的都是 1。
5. 在 Track IP Address 字段设置系统验证路径可达性时，所需要探查的主机地址。在理想情况下，管理员应该使用 Internet 上的端点，而最好不要使用默认网关自身的 IP 地址；这样做才能通过相应的 ISP 了解外部网络的可达性。了解可达性状态唯一支持的方法，就是通过 ICMP Echo Request 消息进行探查，因此目的地址就必须对这些数据包进行响应。管理员可以先在 ASA 上通过 **ping** 命令来校验该目的的可达性。本例中使用的地址为 72.163.47.11，这是 Cisco.com 的 IP 地址。
6. 从 Target Interface 下拉菜单中选择创建可达性指针的接口。切记，系统会一直从这个接口发送指针；因此，如果跟踪的目的再次变为可达，那么 ASA 就可以恢复主用路由。这个接口往往也就是该路由的下一跳接口，在本例中，我们使用的是外部接口。
7. 管理员也可以点击 **Monitoring Options** 来修改默认的指针参数。管理员可以选择可达性测试的频率、系统在每次测试时生成的 ICMP Echo Request 消息数量，以及它们的大小，还可以给这些数据包设置一个 ToS 值，调整响应超时事件。切记，在一个配置的时间窗口之内接收到 ICMP Echo Reply 就说明该路由是可用的。

管理员也可以通过步骤 1 和步骤 2 来配置备份路由。注意，要想产生浮动路由的效果，这条路由的 Metric 值必须在数值上高于主用路由的 Metric 值。在 ASA 路由表中，系统总是会采用度量值比较低的路由，除非相关的 SLA 监测实例显示它的路径断开。如果不打算给该网络提供多条备用路径，就不要给备份路由配置路由追踪。

16.2.2 浮动连接超时

一旦建立，那么只要最初的出站接口还处于 up 状态，ASA 中的状态化连接条目就会继续使用这个接口。为了让设备使用新的出站接口来重建数据流，原出站接口必然会经历一段时期的链路中断。尽管在路由追踪检测到上游链路出现故障之后，主用路由就会切换为备用路由，这条预先建立的连接也不会中断，直至超过空闲时间之后，系统断开该连接为止。当主用路径恢复，还会出现类似的问题，相关的默认路由在路由表中取代浮动备用路由。而基于 TCP 的应用从路由切换中恢复得更快一些，其他连接则有可能会经历一段比较长时间的中断。此外，ASA 状态化连接表会因为保存那些废弃的条目而浪费大量资源。

要想解决这类问题，可以配置当前的连接，让它们在去往源或目的 IP 地址的最佳路由出现变化时自动超时。在默认情况下，浮动连接超时是禁用的，管理员需要在 ASDM 中找到 **Configuration > Firewall > Advanced > Global Timeouts** 来配置该属性。在图 16-3 所示的配置中，如果相关路由发生变化，所有匹配的连接都会在 1 分钟内超时。

Configuration > Firewall > Advanced > Global Timeouts

Specify the maximum idle time intervals using the hh:mm:ss format.

Disabling a timeout setting reverts it to the default value. If both absolute and inactivity authentication timeouts are set to 00:00:00, the user will have to re-authenticate on every new connection.

☐ Connection	01:00:00	☐ SUNRPC	00:10:00
☐ Half-closed	00:10:00	☐ SIP	00:30:00
☐ UDP	00:02:00	☐ SIP Media	00:02:00
☐ ICMP	00:00:02	☐ SIP Provisional Media	00:02:00
☐ H.323	00:05:00	☐ SIP Invite	00:03:00
☐ H.225	01:00:00	☐ SIP Disconnect	00:02:00
☐ MGCP	00:05:00	☐ Authentication absolute	00:05:00
☐ MGCP PAT	00:05:00	☐ Authentication inactivity	00:00:00
☐ TCP Proxy Reassembly	00:01:00	☐ Translation Slot	03:00:00
☑ Floating Connection	00:01:00	☐ PAT Translation Slot	00:00:30

Apply Reset

图 16-3 ASDM 中的全局超时配置

16.2.3 备用 ISP 部署案例

图 16-4 所示为一个基本的网络拓扑，其中 ASA 有两个与 Internet 相连的接口，它们的名称分别为 outside1 和 outside2。

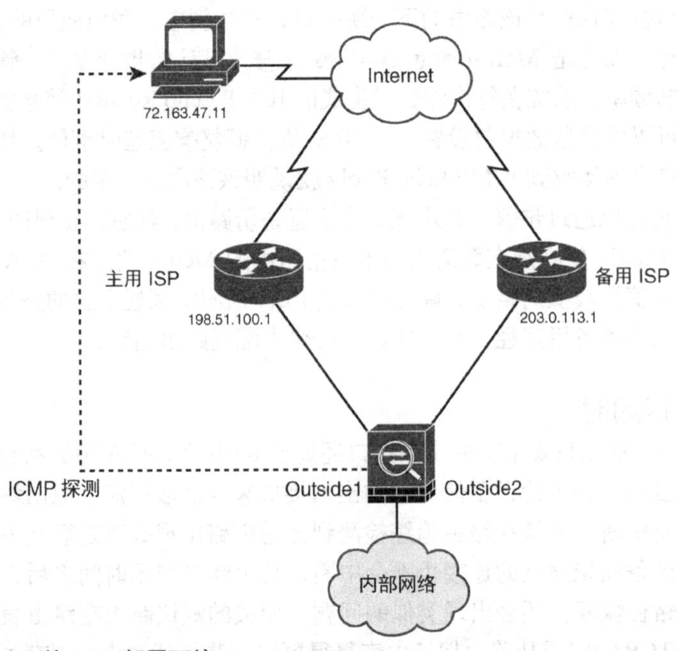

图 16-4 双 ISP 的 ASA 部署环境

当接口和安全设备的配置完成之后，管理员需要配置带有路由追踪特性的主用路由和备用浮动默认路由。主用路径的探针如可达，需要满足下列条件：

- 从 ASA 与主 ISP 相连的接口监测 www.cisco.com（72.163.47.11）；
- 每 2 分钟发送 3 条 Echo Request 数据包进行探测；
- 如果 4 秒时间内，没有从被监测的目的地址接收到响应数据包，则宣告主用路径失效，开始使用对应的默认路由。

下面的步骤定义并启动了 SLA 监测与追踪示例，然后将它们与主用默认路由关联起来，并创建浮动备用路由。

1. 配置满足前文所述需求的 SLA 监测实例。

```
asa(config)# sla monitor 1
asa(config-sla-monitor)# type echo protocol ipIcmpEcho 72.163.47.11 interface
outside1
asa(config-sla-monitor-echo)# frequency 120
asa(config-sla-monitor-echo)# num-packets 3
asa(config-sla-monitor-echo)# timeout 4000
asa(config-sla-monitor-echo)# exit
```

探测的频率是以秒为单位的，而超时时间则是以毫秒为单位，这一点毋须明确。

2. 对配置的 SLA 实例启动监测进程。管理员可以在每天的指定时刻触发这一特性，并预定义一个周期，以便周而复始地对目的地进行监测。在常见的配置案例中，管理员会立即启用探测，并且不断运行：

```
asa(config)# sla monitor schedule 1 life forever start-time now
```

3. 管理员可以通过命令 **show sla monitor operational-state** 来验证被监测路径的状态。这可以避免主用静态默认路由没有发生故障的情况下，系统意外地切换路径。输出信息还会显示其他一些重要的数据，包括尝试进行操作的次数，以及轮询时间统计数据等。

```
asa# show sla monitor operational-state
Entry number: 1
Modification time: 15:19:46.740 PDT Fri Aug 30 2013
Number of Octets Used by this Entry: 1660
Number of operations attempted: 18
Number of operations skipped: 0
Current seconds left in Life: Forever
Operational state of entry: Active
Last time this entry was reset: Never
Connection loss occurred: FALSE
Timeout occurred: FALSE
Over thresholds occurred: FALSE
Latest RTT (milliseconds): 1
Latest operation start time: 15:53:46.741 PDT Fri Aug 30 2013
Latest operation return code: OK
RTT Values:
RTTAvg: 1        RTTMin: 1        RTTMax: 1
NumOfRTT: 3      RTTSum: 3        RTTSum2: 3
```

4. 创建一个静态路由追踪实例，并将该实例与 SLA 监测实例进行关联。为简化起见，我们在这里使用了相同的 ID 值。

```
asa(config)# track 1 rtr 1 reachability
```

5. 配置主用默认路由，并将它与路由追踪实例进行绑定。只要相关 SLA 实例进程显示链路状态正常，这条路由就会一直存在于路由表中。

```
asa(config)# route outside1 0.0.0.0 0.0.0.0 198.51.100.1 track 1
```

6. 用更高的度量值配置备份默认路由，度量值越高，该路由的优先级也就越低。静态路由默认的度量值为 1，因此需要将它设置为一个更高的数值。

```
asa(config)# route outside2 0.0.0.0 0.0.0.0 203.0.113.1 100
```

7. 将在相关路由交换到另一个接口之后，当前连接的超时时间配置为 30 秒。

```
asa(config)# timeout floating-conn 0:0:30
```

读者可以通过例 16-3 来了解 ASA 上所配置的 SLA 监测、静态路由和浮动连接超时时间。

例 16-3 完整的浮动静态路由（包含路由追踪特性）配置

```
route outside 0.0.0.0 0.0.0.0 198.51.100.1 track 1
route outside 0.0.0.0 0.0.0.0 203.0.113.1 100
!
timeout floating-conn 0:00:30
!
sla monitor 1
 type echo protocol ipIcmpEcho 72.163.47.11 interface outside1
 num-packets 3
 timeout 4000
 frequency 120
!
sla monitor schedule 1 life forever start-time now
!
track 1 rtr 1 reachability
```

16.3 故障倒换

Cisco ASA 故障倒换是一种传统的高可用性技术，这种技术的主要目的是实现冗余，而不是对功能进行扩展。主用/主用（Active/Active）模式的故障倒换可以将流量通过一个故障倒换对或者通过一对设备进行分发，因此这项功能的扩展性很成问题，关于它的扩展性我们会在“主用/备用和主用/主用故障倒换”一节中进行介绍。通过故障倒换特性可以将一对相同的 ASA 设备或安全模块建立一个冗余的防火墙实体，可以对它们进行集中的配置管理，管理员也可以视需要配置进行状态化会话复制。当故障倒换对中的一台设备无法再传输流量时，另一台设备可以无缝接管它的功能，这种特性给网络带来的影响极小，几乎可以忽略不计。

16.3.1 故障倒换中的设备角色与功能

在配置故障倒换对时，需要将其中一台设备指定为主用设备，另一台则充当辅助设备。这些角色都是静态配置的，并不会因为故障倒换的发生而出现变化。故障倒换子系统可以通过上述配置来解决一些操作上的冲突，即使主用设备工作在主用模式下，而辅助设备工作在备用模式下，管理员也可以让主用设备和辅助设备同时传输流量。因此，主用设备和辅助设备是静态配置的，但它们可以动态在主用角色和备用角色之间转换，是否切换则取决于故障倒换对的工作状态。

主用设备的职责包括以下几项。

- 从用户那里接受配置命令，并将这些命令复制给备用设备。故障倒换对中的所有管理和监测配置都应该发生在主用设备上，因为复制配置并不是一个双向的进程。如果在备用 ASA 上修改配置，两边的配置就会出现区别，自此之后的命令同步也会出现异常，因此一旦出现故障倒换的情形，就会产生一些事件。如不慎在备用设备上修改了配置，可以退出配置模式，并且到主用设备上输入 **write standby** 命令，来恢复备用设备上之前所作的配置。这条命令会用主用 ASA 上的运行配置彻底覆盖备用设备上当前的配置。
- 处理所有穿越设备的流量、应用管理员配置的安全策略、建立和断开连接；如果管理员配置了状态化故障倒换，主用设备还会负责将连接信息同步给备用设备。
- 将 NetFlow Secure Event Logging（NSEL）和系统日志消息发送给事件收集设备。如有必要，管理员可以使用命令 **logging standby** 来配置备用设备，让它传输系统日志消息。切记，这条命令会让故障倒换对产生双份的连接日志记录流量。
- 建立和维护动态路由邻接设备。备用设备永远不会参与动态路由。

16.3.2 状态化故障倒换

在默认情况下，故障倒换的工作方式是无状态的。在配置中，主用设备只会将配置同步给备用设备。所有状态化数据流信息都只是主用 ASA 本地的信息，因此一旦故障倒换的情况发生，所有连接都必须重新建立。虽然这种方法可以节省 ASA 的处理资源，但大多数高可用性配置都需要借助状态化故障倒换。如果希望将状态信息发送给备用 ASA，管理员就必须配置一个状态化故障倒换链路，我们会在“状态化链路”一节详细介绍配置的方法。Cisco 5505 平台上无法执行状态化故障倒换。如果启用了状态复制特性，主用 ASA 就会向下面这些信息也发送给备用设备。

- TCP 和 UDP 连接的状态表。为了节省处理资源，ASA 在默认情况下并不会同步那些生命周期很短的连接。例如，通过 TCP 80 端口建立的 HTTP 连接依旧会是无状态连接，除非管理员配置了 **failover replication http** 这条命令。同样的道理，只有当管理员在主用/主用（A/A）模式下配置了不对称路由（ASR）组时，系统才会同步 ICMP 连接。切记，对所有连接全都启用状态化复制会让 ASA 平台损失最多三成的最大连接建立速率。
- 如果运行在透明模式下，则主用设备[①]还会通过 ARP 表，以及桥组 MAC 映射表。
- 路由表（包括所有动态学到的路由）。一旦出现故障倒换的情况，所有路由连接关系都必须重新建立，但新的主用设备会继续通过之前的路由表来转发流量，直到网络完全收敛为止。

---

① 谈到高可用性，难免会出现一些极易混淆的术语，其中尤以 primary（反义词为 secondary）、active（反义词为 standby）和 master（反义词为 slave）这三对术语最易搞混。在本章中，译者为了进行区分，统一把 master/slave 翻译为了“主动（设备）/从动（设备）”。同时将 secondary 翻译为“辅助（设备）”，并将 standby 翻译为“备用（角色）”。对于 primary 和 active 的区分，要想既照顾业内的通用术语，又对它们加以区分，译者也感词穷，只得将这两个词都翻译为了“主用”。但希望读者了解，在本章中，primary 所指“主用”乃是硬件，而 active 所指的“主用”则代指设备当前的工作状态。因此，译者在遇到毋须区分这两个术语的英文时，会将 primary 翻译为“主用设备”，而将 active 翻译为“主用角色”或“主用模式”。——译者注

- 某些应用监控数据（如 GPRS、GTP、PDP 和 SIP 信令表）。切记，由于有些资源的限制及复杂性，大多数应用监控引擎都不会同步它们的数据库，因此这些连接只会在 4 层进行交换。所以，有些连接在出现故障倒换之后，很可能不得不重新建立。
- 大多数 VPN 数据结构，包括站点到站点隧道和远程访问用户的 SA（安全关联）。只有一些无客户端 SSL VPN 信息是无状态的。

切记，状态化故障倒换只会覆盖 Cisco ASA 系统的特性。IPS、CSC（内容安全与控制）和 CX 应用模块会独立追踪连接状态，它们并不会在故障倒换中同步它们的配置和任何状态化数据。一旦 ASA 执行故障倒换，这些模块往往会恢复当前的连接，这个过程用户很难察觉，但有些高级安全校验特性可能只会应用于（通过新的主用 ASA 及其应用模块建立起来的）新数据流。

16.3.3 主用/备用和主用/主用故障倒换

主用/备用故障倒换可以提供设备级的冗余。在故障倒换对中，必有一台设备为主用设备，另一台则为备用设备。备用设备会丢弃所有（它有可能接收到的）穿越设备的流量，只允许用户与自己建立管理连接。只有当主用设备比备用设备产生了更多更严重的问题时，系统才会触发故障倒换。即使前一台故障倒换设备的故障只是本地问题，故障倒换事件也会将所有穿越这条设备的流量都发送给对等体设备。如果设备运行的是多虚拟防火墙模式，那么所有虚拟防火墙都会自同一时间进行切换。如果配置的是单虚拟防火墙模式，那么管理员就只能配置主用/备用故障倒换模式。

如果工作在多虚拟防火墙模式下，那么所有型号的 ASA（除 ASA 5505 之外）都支持主用/主用这种故障倒换模式。在这种配置中，流量会被分流给故障倒换对中所有成员，因此每台成员设备中都有某些虚拟防火墙会充当主用设备。在这种模式下，故障倒换对的所有成员都会同时转发流量，它们的硬件资源也可以得到充分的利用。如果想要实现上述功能，可以将有些应用虚拟防火墙分配给两个故障倒换组的其中之一，然后再让每个故障倒换对等体拥有这些组之一。而在主用/备用故障倒换模式下，当主用设备出现问题时，所有虚拟防火墙都会切换角色，这种方式可以将对虚拟防火墙的影响保留在一个故障倒换组内部。总的来说，如果配置主用/主用模式，ASA 支持三个故障倒换对。

- Group 0（组 0）：这是一个隐藏的组，无法进行配置。这个组只涵盖系统虚拟防火墙。在同一设备中，若组 1 为主用单元，则组 0 也会担任主用角色。
- Group 1（组 1）：所有新创建的虚拟防火墙默认都属于这个组。其中，admin 虚拟防火墙必须永远属于这个组。在默认情况下，主用设备上会拥有这个组，对此管理员不宜更改。
- Group 2（组 2）：管理员可以用这个组来分配那些需要在辅助设备上扮演主用角色的虚拟防火墙。在默认情况下，主用单元也会拥有这个组，因此管理员在为这个组分配虚拟防火墙之后，必须通过配置让这个组成为备用设备的组。切记，同一台设备上的两个组必须都扮演主用角色，这是为了能够在组 1 和组 2 之间移动虚拟防火墙。

只有当管理员可以将网络流量分留给两个独立的组时，才应该部署主用/主用故障倒换对。切记，虚拟防火墙之间不能共享同一个分属不同故障倒换组的接口。图 16-5 所示为适合采用主用/主用故障倒换模式的网络设计方案。

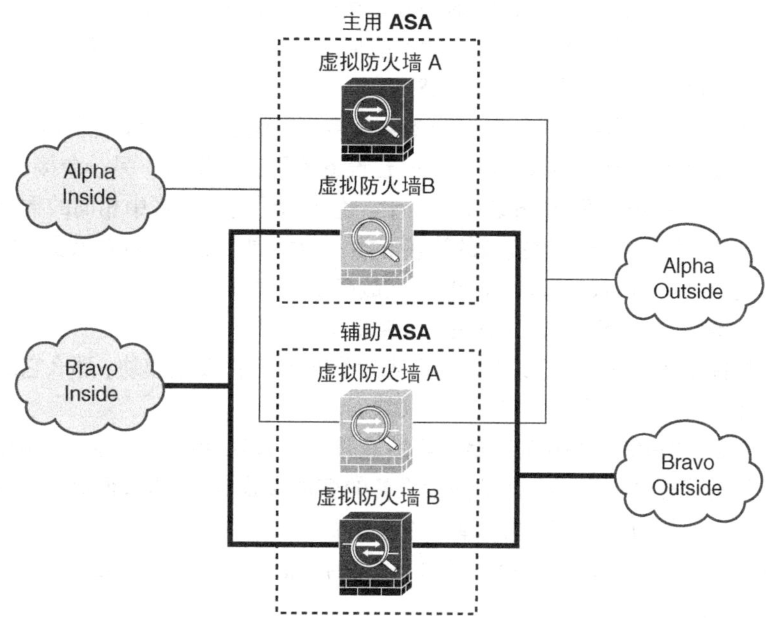

图 16-5 主用/主用故障倒换拓扑

在这个示例中，服务提供商支持为两个客户（Alpha 和 Bravo）提供安全服务。每个客户都拥有自己的内部和外部接口，而它们也都被分别分配给了虚拟防火墙 A 和虚拟防火墙 B。虚拟防火墙 A 是故障倒换组 1 的成员虚拟防火墙，而故障倒换组 1 在主用 ASA 上扮演主用的角色。虚拟防火墙 B 则是故障倒换组 2 的成员虚拟防火墙，而故障倒换组 2 在辅助 ASA 上扮演主用的角色。由于两个客户的流量是完全独立的，因此主用/主用故障倒换可以将负载分散到两台硬件设备上。

尽管主用/主用故障倒换可以产生负载分担的效果，但读者需要了解这种模型的下列弊端。

- 管理员必须有能力将流量分散到多台虚拟防火墙上，因此不同故障倒换组中的虚拟防火墙不能共享相同的接口。切记，并非所有多虚拟防火墙模式下的特性都可以在这种部署方案中正常工作。
- 一旦发生故障倒换，本应由两台 ASA 设备共同进行转发的流量就只能由一台设备全权负责转发了。这会大大降低负载分担的优势，因为管理员必须按照“只剩一台设备”这种最糟的情形来规划这个网络能够处理的流量负载。
- 在使用状态化故障倒换时，备用设备需要的处理资源和主用设备创建新链接时消耗的处理资源相同，唯一的区别是备用设备不需要接收网络发来的流量。如果在主用/主用模式下启用状态化复制，故障倒换对成员的处理能力就会大幅降低。

一言以蔽之，主用/备用默认是故障倒换推荐的部署模式。当管理员需要在部署 ASA 的环境中实现负载分担时，可以考虑用集群特性替代主用/主用模式的故障倒换。

16.3.4 故障倒换的硬件和软件需求

如果管理员希望将两台设备分配到一个故障倒换对中，这两台设备上的下列参数必须相同。

- **型号**：例如，一台安装了 SSP-60 模块的 ASA 5585-X 设备和一台安装了 SSP-40 模块的 ASA 5585-X 设备之间就不能配置故障倒换。一台设备使用的是 SSP-60，另一台设备上使用的也必须是 SSP-60。
- **物理接口和网络连接**：两边设备物理接口的编号、类型和顺序必须相同。如果使用了接口扩展卡，那么不可以在一台设备使用铜线接口，另一台接口使用光纤接口。如果在 ASA 5580 中安装了接口卡，也要确保两个机框中相同的插槽安装了相同的模块。所有活动数据接口的连接必须完全相同。比如，如果想要在安装故障倒换时使用接口 GigabitEthernet0/0，那么故障倒换对中的两边设备上必须都使用这个接口连接到同一个网段，并且建立完整的 2 层连接。
- **特性模块**：如果一台设备安装了某个硬件或软件安全模块，那么它的故障倒换对等体也必须安装同一个完全相同模块。
- **RAM 和系统 Flash 的容量**：虽然这并不是 ASA 系统对于建立故障倒换对的要求，但是管理员本人必须保证两台设备的容量参数是相同的。否则，一台设备出现故障，另一台故障将没有能力承载它交托的流量。

如果使用的是 ASA 服务模块，它们所在的机框配置可以不必相同。Cisco ASA 系统不能查看机框的信息。

1. 故障倒换中的无中断升级

在正常情况下，故障倒换对等体的设备需要运行同一个软件的镜像文件，不过在升级过程中，倒是也允许软件版本之间存在差异。无中断升级功能可以让运行旧版系统的主用 ASA 通过完整的故障倒换同步功能切换到运行新版本系统的备用设备。一般来说，管理员在升级时，应该先从当前版本升级到当前这个版本主版本的最新镜像文件，然后再升级到管理员所需的最新镜像文件版本。比如，若管理员希望将系统版本从 8.2(3)升级到 8.4(7)，应该首先将该系统升级为 8.2(5)版。无中断升级则比较强大，虽然 8.2 版系统和 8.4 版系统中很多的命令语法格式都有区别，但无中断升级功能仍然可以执行升级。管理员需要在 ASA 故障倒换对中的系统虚拟防火墙中通过下面的步骤来进行升级。

1. 将所需的镜像文件分别载入主用和辅助 ASA 的 Flash 文件系统中。切记，系统和 ASDM 镜像文件并不会在故障倒换中自动进行同步。
2. 在主用设备上，使用命令 **boot system** 将启动文件指向新的镜像文件。切记，管理员必须使用命令 **clear configure boot system** 移除之前的 ASA 启动设置。这里所作的修改会自动同步到备用防火墙上。
3. 在主用设备上输入 **write system** 保存运行配置，并更新启动变量。这条命令也自动保存备用 ASA 上的配置文件。
4. 在备用设备上通过 **reload** 命令启动新的镜像文件。此时，主用设备会继续转发流量，网络并不会因此而中断。
5. 等待备用设备重启，并且从主用 ASA 那里同步配置和状态化连接表。如有必要，新的系统会自动将命令转换为新的格式。管理员可以使用命令 **show failover** 来确认升级后的设备处于 Standby Ready 状态。
6. 在备用设备上使用命令 **failover active** 将它切换到主用状态。穿越防火墙的连接同样不会中断。但如果管理员是通过 Telent、SSH 或者 ASDM 来远程管理 ASA，那么管理员需要在状态切换之后重新连接主用设备。

7. 连接到新的备用设备（也就是之前的主用设备）上，通过命令 **show version** 查看它运行的系统是不是还是旧版系统。然后在这台设备上通过 **reload** 命令让它载入新的镜像文件。
8. 等待新的备份 ASA 启动，从主用设备同步配置文件和状态连接表。如有需要，管理员可以在当前设备上输入命令 **no failover active** 让它切换回主用角色。这样做可以让故障倒换对回到一开始的状态。

2. 故障倒换许可证

在 Cisco ASA 8.3(1)版系统之前，故障倒换对中的设备都必须拥有完全相同的特性许可证。而这会导致特性许可证遭到浪费（尤其是在故障倒换对中同时只有一台设备可以转发流量的情况下）。在之后的系统中，故障倒换对等体之间只有下列许可证必须强制一致：

- Cisco ASA 5505、ASA 5510 和 ASA 5512-X 必须都安装了 Security Plus 许可证。
- 两台设备的 Encryption-3DES-AES 许可证状态必须相互匹配。换言之，两台对等体要么同时启用了该许可证，要么同时禁用了该许可证。

两台设备上所有其他由许可证授权的特性和功能会组成该故障倒换对的许可证特性集。读者可以参照第 3 章中的“故障倒换和集群的组合许可证”一节，来了解许可证汇聚规则的详细描述信息。

16.3.5 故障倒换接口

在配置 ASA 故障倒换对时，需要在每台设备上指定一个物理接口，或者在每个 ASA 服务模块上指定一个 VLAN 来充当故障倒换控制链路。管理员可以在 ASA 上使用 VLAN 子接口来充当故障倒换控制链路，但管理员不能在同一个物理接口上创建另一个子接口来传输流量。故障倒换设备之间的接口名称或子接口名称必须相互匹配。比如，管理员不能在主用设备上将 GigabitEthernet0/3.100 设置为故障倒换控制接口，而在辅助设备上将 GigabitEthernet0/2 指定为故障倒换控制接口。只要 GigabitEthernet0/3 接口下再也没有其他命名的子接口，管理员就可以让两台设备都以 GigabitEthernet0/3.100 作为故障倒换控制接口。故障倒换对中的 ASA 设备会使用控制链路来：

- 发起故障倒换对等体发现和协商；
- 从主用设备向备用对等体复制配置；
- 执行设备级健康状态监测。

故障倒换对等体之间的那条故障倒换控制链路需要用一条专用的、畅通的 2 层连接来实现。管理员需要从故障倒换控制子网中给主用和辅助设备分配 IP 地址；这个网段的地址不得与任何一个数据接口的地址出现重合。与给数据接口分配地址的不同之处在于，只要故障倒换还在正常工作，给故障倒换控制链路上分配的 IP 地址，在故障倒换对等体之间不能相互更换。由于这条故障倒换链路对于故障倒换对的正常运作异常重要，因此管理员可以考虑通过下面这些措施来保护这条链路。

- **在设备之间使用冗余接口对建立连接，在模块的机框之间使用 EtherChannel 建立连接**：由于故障倒换控制链路上的通信只会在两个 IP 地址之间发生，因此通过 EtherChannel 来汇总带宽并不会带来什么好处，只会无谓增加资源浪费和设计的复杂性。这个接口控制流量的规模相当小，所以在 ASA 设备上使用吉比特以太网接口的冗余接口对就足够了。如果管理员配置的是不同机框中的 ASA 服务模块，可以使用一条专用的 EtherChannel 来承载机框设备之间的故障倒换控制 VLAN 流量。

- **背对背连接故障倒换对等体（而不通过中间交换机进行连接）**：直接相连可以降低连接的复杂程度，消除某条非直连链路出现故障的可能性。这种方法唯一的缺陷在于，排除物理接口的问题变得很难；当链路上有一个物理接口断开时，如不进一步测试，管理员很难判断两台设备中的哪台设备出了问题。
- **隔离故障倒换控制 VLAN**：如果使用了中间交换机，或者在 ASA 服务模块之间建立故障倒换对，管理员一定要确保故障倒换控制 VLAN 是与其他 VLAN 彻底相互隔离的。管理员需要在这个 VLAN 中禁用 STP，或者在与该设备相连的交换机接口上启用 STP PortFast 特性。

1. 状态化链路

状态化故障倒换需要管理员指定一条独立的链路，让主用设备向备用设备传输那些额外的信息。读者可以参考本章前面的“状态化故障倒换”一节，来了解一些数据同步的案例。这条链路的需求与故障倒换链路的需求大致相仿，但也存在一些明显的区别。

- **故障倒换状态化链路和控制链路可以共享同一个物理接口**：管理员甚至可以将当前的故障倒换控制接口配置为状态化链路，但我们并不推荐这种做法，因为状态化更新的流量很多。如果管理员希望降低故障倒换控制链路过载的风险，应该尽量用一条独立的物理接口来连接状态化链路。
- **一个吉比特以太网接口足矣**：如果有富余的接口，那么管理员还是可以用一个冗余接口对充当状态化故障倒换链路，但这条链路的健康状态对故障倒换对的运行并不重要。因为故障倒换状态链路的负载高峰来自于连接建立和断开的通告消息，因此在所有平台上，它的峰值速率都不应该超过 1Gbit/s，那些带有 10 吉比特以太网接口的设备也不例外。
- **低延迟很重要**：为了避免消息出现不必要的重传，并由此造成 ASA 性能的下降，状态化链路上单向的延迟不应该超过 10ms。这条链路的最大可接受延迟为 250ms。

2. 故障倒换链路安全

在默认情况下，ASA 故障倒换对等体会以明文的形式交换所有与故障倒换控制和状态化链路有关的信息。如果管理员以 ASA 作为 VPN 隧道的端点，那么需要进行交换的信息中就会包含用户名、密码和预共享密钥。如果设备之间采用了直连的背对背连接，这当然可以接受，但是如果设备之间通过中间设备进行连接，那么管理员还应该采用下面两种方法来保护故障倒换通信。

- **共享加密密钥**：这个密钥可以对所有故障倒换控制和状态化链路消息提供简单的 MD5 认证和加密。命令 **failover key** 可以用这种方式作为故障倒换的加密方式。管理员在此既可以使用一串字母、数字和标点的组合（长度在 1～63 的字符之间），也可以使用一个最多 32 位的十六进制数来作为密码。只有使用的系统版本早于 9.1(2)或者部署的是无状态故障倒换时，才应该考虑采取这种方式。
- **IPSec 站点到站点隧道**：用这种方式保护故障倒换链路更加安全，所以在 9.1(2)及之后的版本中都要采用这种方式。管理员可以通过命令 **failover ipsec pre-shared- key** 来启用这种方法对故障倒换通信进行加密。管理员在此唯一需要配置的参数就是预共享密钥，它的长度最大不能超过 128 个字符。其他隧道参数可以在故障倒换对等体之间自动建立，这条特殊的 IPSec 连接并不会计算在平台授权建立的站点到站点隧道数量之内。如果管理员在同一对故障倒换对等体之间配置了两种方式，那么 IPSec 隧道的优先级高于共享加密密钥。要使用这种方法，管理员必须部署状态化故障倒换。

管理员可以使用全局的 Master Passphrase 特性来加密 ASA 配置中的故障倒换共享加密和预共享 IPSec 密钥。

3. 数据接口的编址

故障倒换很适合提供第一跳冗余，因为它可以让 MAC 地址和 IP 地址在故障倒换对等体之间随时迁移。由于在一个故障倒换对中，所有成员物理接口的连接以及配置都是相同的，因此主用 ASA 设备的切换对于相邻网络设备和终端而言完全是透明的。只要管理员启用了故障倒换，那么配置在各个数据接口的 IP 地址也会成为主用地址。一旦主用单元宕机，备用设备就会自动认为自己可以使用这些地址来接管主用角色，并无缝承担数据转发的职能。

管理员如果希望使用故障倒换健康监测功能，并且与备用接口之间建立管理连接，可以给每个数据接口分配一个备用 IP 地址。备用 IP 地址必须和主用 IP 地址位于同一个网段。一旦设备执行故障倒换，对等体之间就会交换主用和备用地址的所有权。

在默认情况下，ASA 上烧录的 MAC 地址会充当故障倒换对的主用 MAC 地址，与某个数据接口的主用 IP 地址相对应，而备用设备上烧录的 MAC 地址则会与同一个接口的备用地址相对应。为了保证故障倒换的过程是无缝切换的，设备会同时交换各个数据接口的主用 MAC 地址和 IP 地址；如果管理员没有配置备用 IP 地址，那么系统也就不会维护备用 MAC 地址。由于主用 MAC 地址的变化可能会导致设备与相连设备之间的通信出现中断，所以读者应该考虑下面几种方式。

- 即使主用设备从故障倒换对中被移除了出去，扮演主用角色的辅助设备还是会为了保障通信不中断而继续使用主用设备的 MAC 地址。如果管理员用另一台物理设备替换了主用设备，那么主用 MAC 地址会在新的主用设备加入故障倒换对中之后立刻变化。即使辅助 ASA 仍然扮演主用角色，这个过程也会发生。
- 如果在辅助 ASA 启动时主用设备不在，辅助设备就会在所有数据接口上以自己烧录的 MAC 地址作为主用 MAC 地址。一旦主用设备重新加入故障倒换对中，主用 MAC 地址立刻就会变化。
- 为了将主用故障倒换设备切换期间的网络中断时间降至最低，最好在所有数据接口上用 **mac-address** 给它们配置一个虚拟 MAC 地址。切记，在每个 2 层广播域中，虚拟 IP 地址都必须是唯一的，在多个虚拟防火墙共享一个物理接口，或者独立的 ASA 故障倒换对之间共享同一个网段时，尤其要注意这一点。

在例 16-4 中，管理员在一对 ASA 接口上配置了备用 MAC 地址和 IP 地址。主用设备的 inside 接口会使用 MAC 地址 0001.000A.0001 和 IP 地址 192.168.1.1；而备用设备的 inside 接口则会使用 MAC 地址 0001.000A.0002 和 IP 地址 192.168.1.2。虽然外部接口可以使用相同的 MAC 地址，但是为了方便管理和排错，最好还是给它们分别配置不同的地址。这样一来，当管理员替换或者升级某个故障倒换对成员时，接口 MAC 地址也就不会发生变化，而设备与相邻网络设备之间的流量转发也不会中断。

例 16-4 备用 MAC 地址和备用 IP 地址的配置

```
interface GigabitEthernet0/0
 mac-address 0001.000A.0001 standby 0001.000A.0002
 nameif inside
 security-level 100
 ip address 192.168.1.1 255.255.255.0 standby 192.168.1.2
!
```

（待续）

```
interface GigabitEthernet0/1
  mac-address 0001.000B.0001 standby 0001.000B.0002
  nameif outside
  security-level 0
  ip address 172.16.1.1 255.255.255.0 standby 172.16.1.2
```

尽管在故障倒换发生时，主用 IP 地址和 MAC 地址并不会变化，但是相邻交换机上的 MAC 地址表还是需要用主用设备所在的位置进行更新。为了方便这个过程，ASA 故障倒换对会在切换期间，针对数据接口执行下面的操作。

1. 如果接口工作在路由模式下，那么新的主用设备就会使用主用 MAC 和 IP 地址来生成多个无故 ARP（gratuitous ARP）数据包。备用设备则会用备用地址生成类似的无故 ARP 消息。
2. 如果接口工作在透明模式下，那么新的主用设备就会从相应的桥组表中用每个 MAC 地址创建一个 2 层数据帧。这些数据帧的目的 MAC 均为保留的 MAC 地址 0100.0CCD.CDCD。

切记，在发生切换的时候，ASA 数据接口从 down 状态直接进行过渡是很正常的。每台设备都会通过这种方式来清除之前使用的接口 MAC 地址和 IP 地址，并使用新的主用或备用地址。

4. 不对称路由组

许多企业网络都通过多家 ISP 来与 Internet 或远程站点之间建立连接。有时候，管理员可以部署多虚拟防火墙模式，以便使用主用/主用模式的故障倒换在不同 ASA 上进行负载分担。在这类设计方案中，ASA 故障倒换单元会插入到一对内部和外部路由器之间，通过不同故障倒换组中的虚拟防火墙来对每组数据流执行负载分担。鉴于每台设备都会在某个故障倒换组中充当主用设备，因此穿越防火墙的流量会通过故障倒换组对进行平等的分发。切记，这种方法只能通过不同的 ISP 连接实现并发多链路负载分担，但我们之前介绍过的那种在主用/主用模式下扩展负载时存在的性能瓶颈问题依然没有得到解决。

在图 16-6 中，管理员将两台工作在多虚拟防火墙模式下的 ASA 设备配置成了一个主用/主用故障倒换对。其中虚拟防火墙 A 在主用 ASA 上充当主用单元，而虚拟防火墙 B 则在辅助 ASA 上充当主用单元。内部路由器会对从内部网络通过这两个虚拟防火墙去往外部网络的流量实施负载分担。外部边缘路由器则会将从两个虚拟防火墙去往 Internet 的流量汇聚起来，使用两条不同的 ISP 进行转发。

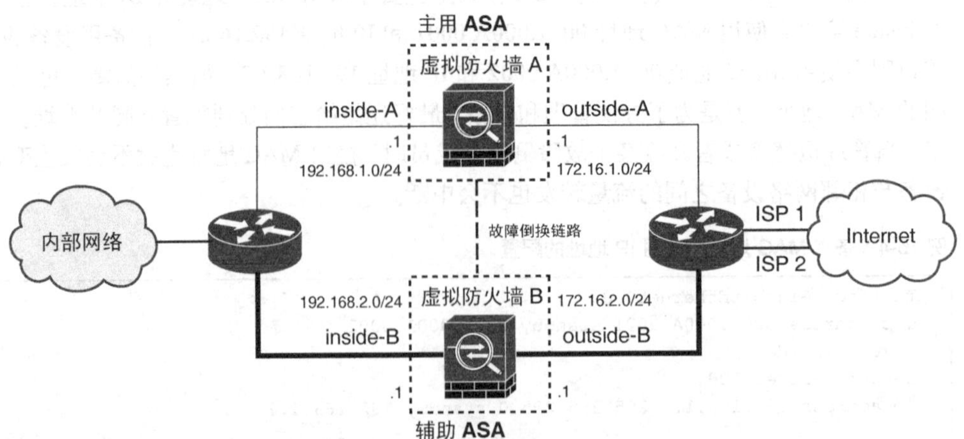

图 16-6 在不对称路由环境中部署主用/主用故障倒换

如果内部主机通过虚拟防火墙 A 的 inside-A 和 outside-A 接口发起一条出站连接，而这条连接的响应消息则会从虚拟防火墙 B 的 outside-B 接口发回，就会出现一些问题。鉴于虚拟防火墙 B 并没有最初那条出站连接的状态化条目，ASA 只能丢弃响应数据。在主用/主用故障倒换方案中，ASR 组可以查询一个组中所有接口的共享连接表，并且将不对称路由数据包重定向给正确的虚拟防火墙进行处理，这样问题就解决了。管理员可以将 inside-A 接口和 inside-B 划分到 ASR 组 1 当中，同时将 outside-A 接口和 outside-B 接口划分到 ASR 组 2 当中。永远也不要将一对能够穿越同一个虚拟防火墙的接口（如 inside-A 接口和 outside-A 接口）划分到一个 ASR 组中，因为这样会出现转发环路。ASR 组的功能需要借助状态化故障倒换来实现，如果启用了这种特性，ICMP 连接的信息就会自动进行复制。

在将接口添加到对应的 ASR 组中之后（具体方法稍后进行介绍），设备就会对不对称路由的数据包执行下面这些操作步骤。

1. 一个内部端点通过内部路由器向 Internet 发送一个 TCP SYN 数据包。
2. 内部路由器将这个数据包负载分担给虚拟防火墙 A 的 inside-A 接口。
3. 主用 ASA 的主用虚拟防火墙 A 创建一个状态化连接条目，并将这个数据包通过 outside-A 接口发送给外部路由器。状态化连接条目会复制给辅助设备上的备用虚拟防火墙 A。
4. 外部路由器使用某条可用的 ISP 连接将数据包传输给 Internet。
5. 外部路由器接收到回复的 TCP SYN ACK 数据包，并且通过负载分担将数据包发送给虚拟防火墙 B 的 outside-B 接口。
6. 辅助 ASA 上的主用虚拟防火墙 B 找不到匹配这个入站数据包的状态化连接条目，于是它就会查询所有在 ASR 组 2 中拥有接口（如 outside-B）的本地虚拟防火墙。由于备用虚拟防火墙 A 的 outside-A 接口属于这个组，因此 ASA 发现了原始数据流的状态化连接条目。虚拟防火墙 A 在主用单元上为主用设备，因此辅助 ASA 会将入站 TCP SYN ACK 数据包的目的 MAC 地址修改为 outside-A 接口的主用 MAC 地址，然后将修改后的数据帧重新发送到 outside-A 接口所在的子网中。
7. 主用 ASA 上的主用虚拟防火墙 A 接收到了重新发送过来的 TCP SYN ACK 数据包，将它与连接条目进行匹配，并将其发送给内部路由器。
8. 内部路由器将响应消息发送给最初的设备。
9. 如果内部路由器对从内部主机发往辅助单元主用 inside-B 接口的后续 TCP ACK 数据包进行负载分担，那么设备为了将数据包定向给主用 ASA 上的主用 inside-A 接口，还会执行与步骤 6 和步骤 7 类似的操作。

如果状态化故障倒换链路的速率比较慢，那么在不对称数据包到达虚拟防火墙之前，连接更新数据很可能还没有到达故障倒换对等体上的备用虚拟防火墙。如果在前面的例子中发生了这种情况，那么备用 ASA 在执行步骤 6 时就无法找到匹配的状态化连接条目，于是它就会丢弃不对称的 TCP SYN ACK 数据包，而无法将它发送给主用单元上的主用虚拟防火墙 A。因此，如果管理员在主用/主用故障倒换模式下启用了 ASR 组，那就一定要使用一条低延迟的状态化链路，这一点十分重要。注意，在主用/备用模式的故障倒换环境中，无法使用 ASR 组。

16.3.6　故障倒换健康监测

故障倒换对中的 ASA 会不断监测本地硬件的状态。只有在至少发生了下列情形之一时，

ASA 才会认为自己已经宕机：

- 某个内部接口 down；
- 一个接口扩展卡出现故障；
- 一个 IPS、CSC 或 CX 应用模块出现故障。

当主用单元检测到本地出现故障时，它会查询备用设备的操作状态是否正常。如果正常，主用设备就会将自己标记为 failed（已失效），并要求备用设备接管其职责。如果备用设备发现本地出现了故障，它则会直接将自己标记为 failed。

每个单元都会使用故障倒换控制列表来报告自己当前的健康状态，并周期性交换保活（keepalive）消息来监测对端的健康状态。这类消息默认的交换周期为 1 秒。在默认情况下，ASA 允许自己连续 15 秒没有接收到对端发来的保活消息。15 秒之后，ASA 就会执行下面的操作步骤。

1. 算出本地配置的接口还有多少个处于 up 状态。
2. 在每个配置有备用地址的数据接口上，向对等体发送一条故障倒换消息，并报告本地健康接口的数量。

如果故障倒换单元从对等体那里接收到了这样一条消息，它就会在每个带有本地可操作接口数量的接口上进行响应。通过交换，故障倒换成员就可以判断出下一步如何操作。

- 如果对等体至少通过一个数据接口发送了响应数据，而主用单元报告的正常接口数量多于备用单元的正常接口数量，设备的角色就不会切换。
- 如果对等体至少通过一个数据接口发送了响应数据，而主用单元报告的正常接口数量少于备用单元的正常接口数量，设备的角色就会执行切换。
- 如果对等体根本没有作出响应，设备的角色也会切换。
- 在上述所有情况下，故障倒换都会变为禁用状态，直到故障倒换控制链路的通信恢复为止。在恢复之后，即使主用单元的健康状态不如备用单元，两台设备的角色也不会切换。

如果对等体在故障倒换控制接口作出响应，设备的角色就不会切换，而故障倒换特性也会保持启用状态。由此，可以看出让故障倒换控制链路随时保持畅通的重要性，因为这是故障倒换对正常工作的前提。

除了对硬件进行检验之外，每个故障倒换单元都可以监测数据接口的状态。与故障倒换控制链路上的保活（keepalive）消息类似，对等体 ASA 设备也会通过所有配置了备用 IP 地址，且启用了监测特性的命名数据接口周期性交换消息。在默认情况下，只有物理接口会被监测，不过管理员也可以在其他逻辑接口的配置模式下输入命令 **monitor-interface** 来监测子接口、冗余接口、ASA 上的 EtherChannel 链路以及 ASA 服务模块上的 VLAN 接口。在选择监测哪些接口时，可以参考下面的指导方针。

- 接口监测特性会周期性突发生成一些数据包，也会消耗更多处理资源。如果管理员在一个 ASA 服务模块上最大限度地创建了 VLAN 接口，那么每个故障倒换对每几秒之间就会创建 1024 个接口保活消息。
- 如果多个安全虚拟防火墙共享了同一个接口，只能在这些虚拟防火墙之一上启用接口监测特性。
- 若在 VLAN Trunk 上监测一个子接口，系统会检测到底层物理接口的故障倒换。
- 故障倒换会在逻辑层面监测冗余接口和 EtherChannel 链路，所以故障倒换特性并不会检测到某条成员链路的故障。只有当所有底层的物理端口全都出现问题，这些类型的接口才会 down 掉。如果管理员希望在一定数量的成员接口出现故障时，即刻关闭一条 EtherChannel 链路，并强制故障倒换特性将其标记为 failed，可以通过 **port-channel min-bundle** 命令来实现上述功能。

默认的接口轮询时间和保持时间分别为 5 秒和 25 秒。如果管理员配置的接口保持时间过了一半，ASA 还是没有通过监测接口接收到对等体发来的保活消息，它就会通过下面的测试来判断本地接口是否还在正常工作。

1. 如果 ASA 上的本地接口链路状态，或者 ASA 服务模块上的 VLAN 状态为 down，则将其标记为 failed，并不再继续进行测试。
2. 在接口保持时间又过了 1/16 后，ASA 会校验该接口是否接收到了任何入站数据包。如果接收到了数据包，表示接口工作正常，测试终止。
3. 创建一条 ARP 请求消息，请求本地缓存中两条最近使用过的条目。在接口保持时间过了 1/4 后，再次校验该接口是否接收到了任何入站数据包。如果接收到了数据包，表示接口工作正常，测试终止。
4. 创建一条广播 ping 消息并通过该接口发送过去。在接口保持时间过了 1/8 后，再次校验该接口是否接收到了任何入站数据包。如果接收到了数据包，表示接口工作正常，测试终止。
5. 如果在整个测试过程中，这个本地接口都没有接收到任何的入站数据包，则校验对等体单元上的对应接口是否健康。如果健康，则将该接口标记为 failed。

在默认情况下，当主用单元或主用故障倒换组中有至少一个接口出现故障，就会触发故障倒换事件。管理员可以在主用/备用故障倒换模式下，通过命令 **failover interface- policy** 将门限值修改为一个更高的数值；或者在主用/主用故障倒换模式下，通过命令 **interface-policy** 将门限值修改为一个更高的数值。管理员可以指定一个单元或一个故障倒换组中必须有多少接口出现故障，系统才会执行角色的切换。如果备用单元上可以操作的健康接口比较少，主用备用的角色就不会进行切换，但在比较的过程中，没有监测的接口并不会考虑在内。

如果降低单元和接口的轮询时间，可以让失效检测和接口测试更快得以完成。切记，降低计时器的时间往往会导致系统更加频繁地发送保活数据包，而由于网络短期拥塞而导致这类数据包丢失的几率也会增加。保持时间值降低之后，系统能够从保活数据包丢失中恢复过来的时间窗口也变得更短，更难成功完成接口测试，因此这样配置会导致设备之间更容易出现意料之外的角色切换。所以，管理员需要在流量更快恢复和网络出现更少误报这两种优势之间进行权衡。

16.3.7 状态与角色的转换

在给 ASA 配置故障倒换特性时，或者在当前的 ASA 故障倒换对等体启动时，设备会在启用数据接口之前经历下面这些步骤。

1. 在协商（Negotiation）状态下，监测故障倒换控制链路，检测从对等体发来的保活数据包，这段时间至少为 50 秒。当 STP 在故障倒换控制链路上收敛时，这段延迟可以在主用 ASA 尚在的情况下，防止新的单元成为主用设备。管理员需要在故障倒换控制链路交换机这一侧的端口上启用 STP PortFast 特性，以加速故障倒换对等体的检测过程。
2. 如果单元在协商阶段检测到主用对等体，它会立即开始与之进行同步，以便在整个主用/备用模式下的系统中将自己设置为备用状态，或者在主用/主用模式下将自己加入故障倒换组。配置同步的过程发生在 Config Sync 阶段。如果启用了状态化故障倒换，状态化信息会在 Bulk Sync 阶段进行同步。在这个阶段，新单元的数据接口有时会从 down 状态开始过渡。在经历过这些状态之后，设备单元会给数据接口创建备用 MAC 地址和 IP 地址，并过渡到 Standby Ready 状态。如果因为硬件兼容性或者其他问题，导致备用单元无法与主用对等体之间成功完成故障倒换协商，它就会处于 Cold Standby 状态，直至该问题得以解决。

3. 如果在协商状态下，ASA 没有检测到当前的主用对等体，它就会依次经历 Just Active、Active Drain、Active Applying Config 和 Active Config Applied 状态，这是为了准备故障倒换子系统中的各项设置，以便传输流量，并用活动 MAC 和 IP 地址来配置数据接口。在完成上述过程之后，这台设备就会将自己指定为 Active 状态。

当健康监测特性判断出这个设备比对等体的健康状态更差，本地单元就会过渡到 Failed 状态，直至问题得到解决。健康状态更优的设备则会相应进入 Active 状态。只有一台处于 Standby Ready 状态的单元也可以接管主用设备的转发职责。

如果故障倒换对等体与其他成员之间的故障倒换控制链路出现故障，它就会将自己的状态过渡到 Disabled 状态，直至连接恢复为止。在极少数情况下，故障对等体之间的一切通信全都停止，此时两端的设备单元也都会开始误担任主用职责，当故障倒换控制链路的通信恢复之后，只有真正的主用单元会继续承担主用职责。当担任主用职责的辅助设备检测到主用设备开始扮演主用角色时，辅助设备就会继而进入备用状态。

在主用/备用这种故障倒换模式中，并不存在抢占的概念。如果担任主用角色的主用设备出现故障或者重启，那么辅助设备就会接管主用角色，当主用设备重启或者恢复之后，它并不会自动扮演主用角色。除非辅助设备出现故障，或者管理员手动进行切换，主用设备才会恢复主用角色。在主用/主用这种故障倒换模式中，管理员可以根据需要配置故障倒换组，并通过命令 **preempt** 让设备抢占相应的职责。管理员也可以通过配置各个单元，让它们在 Standby Ready 状态之后，先等待一段预定义的时间间隔，然后再开始在所分配的组中承担主用职责。

16.3.8 配置故障倒换

管理员一定要先在主用设备上配置故障倒换。如果网络中已经有一台 ASA，管理员可以将这台设备配置为主用的故障倒换单元，这样可以不必重新进行配置。读者也可以专为部署故障倒换定义一个维护窗口，因为当唯一的故障倒换单元过渡到主用状态时，数据接口会关闭。配置故障倒换有下面这些前提条件。

- 确保故障倒换对等体上的许可证无误。Cisco ASA 5505、5510 和 5512-X 设备都需要安装 Security Plus 许可证才可以配置故障倒换。
- 选择一条或多条独立的物理接口或 VLAN 接口作为故障倒换控制链路和状态化链路。要确保管理员在 CLI 界面中通过命令 **no shutdown** 启用了这些物理接口，或者在 ASDM 界面中在 Edit 对话框中通过勾选 **Enable Interface** 复选框（找到 **Configuration > Device Setup > Interfaces**，选择相应的接口，然后点击 **Eidt**）启用了这些物理接口。只要有可能，管理员就应该在物理链路之上配置冗余接口，以便给故障倒换对提供额外的保护。管理员需要通过直接的背对背连接来连接对等体的故障倒换接口。如果希望在 ASA 上使用 VLAN 子接口，那就要保证提前预配置了这些接口。
- 给故障倒换控制链路和状态化链路指定一个独立的 IP 子网，这个子网中必须能够部署至少两台设备，且该子网不能和数据接口或 NAT 配置策略相重合。如果管理员希望通过故障倒换控制链路来传输状态信息，那就只需要指定一个子网。

- 给每一个需要监测的数据接口指定一个备用 IP 地址。
- 如果管理员想要配置虚拟 MAC 地址，可以给每个数据接口指定虚拟的主用值和备用值。
- 管理员需要在主用/备用和主用/主用故障倒换模式之间进行选择。切记主用/主用这种故障倒换模式要求防火墙工作在多虚拟防火墙模式下。管理员需要让两台故障倒换对等体都工作在正确的虚拟防火墙模式下，这种设置并不会通过故障倒换进行同步。
- 确保两台故障倒换对等体上对应的数据接口都处于同一个网段中，并且这两个接口之间在 2 层是相互连接的。如果管理员准备将一台新的 ASA 添加到当前的故障倒换对中，一定要确保新设备的接口上没有预配置。管理员可以使用命令 **clear configure interface** 来清除接口的预配置。

1. 基本的故障倒换设置

在满足上述前提条件之后，管理员需要在 ASDM 上执行下面这些基本的故障倒换设置。

1. 连接到管理员指定的主用故障倒换 ASA 上，在 **Configuration > Device Management > High Availability and Scalability > Failover** 下面找到 **Setup** 标签。如果设备工作在多虚拟防火墙模式下，管理员必须在系统虚拟防火墙下执行这一步操作。图 16-7 所示包含了示例配置参数的 Setup 标签界面。

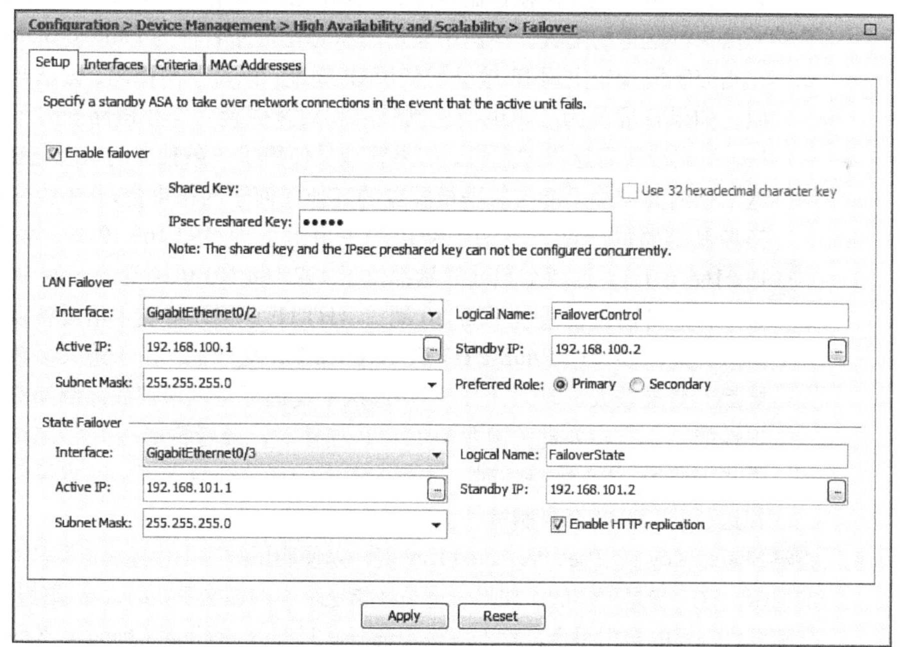

图 16-7 ASDM 中的故障倒换配置界面

2. 在 LAN Failover 部分，配置故障倒换控制链路，并指定该单元的角色。
   a. 从 Interface 下拉菜单中，选择一个可用且未经配置的物理或 VLAN 接口。只要底层的物理接口可用且未配置，管理员也可以基于该物理接口配置 VLAN 子接口。ASA 会清除在所选接口下的其他配置。在本例中，管理员使用的接口为 GigabitEthernet0/2。

b. 在Logical Name字段输入故障倒换控制链路的逻辑名称，命名规则与其他接口相同。本例中使用的链路名称为FailoverControl。

c. 在相应字段指定主用IP地址和备用IP地址，以及故障倒换控制链路的子网掩码。这个子网绝不能与管理员配置的其他任何子网相重合。故障倒换对中的主用单元必须使用这条链路的主用IP地址。同样，辅助单元则要使用备用IP地址。即使在触发出现故障倒换后，这些地址也永不会相互交换。本例中使用的主用地址为192.168.100.1，辅助地址为192.168.100.2。这两个地址显然都位于192.168.100.0/24这个子网中。

d. 在这个单元中选择Preferred Role。即使触发故障倒换，这里所作的设置也不会更改。管理员必须首先配置主用单元，如本例所示。

3. 在State Failover部分，配置故障倒换链路，并且选择主用单元应该复制哪些信息，这一步是可选的配置：

a. 从Interface下拉菜单中，选择一个可用且未经配置的物理或VLAN接口，做法与步骤2类似。管理员可以使用具有故障倒换控制链路子接口的相同物理接口，来创建新的子接口，也可以直接使用同一个接口作为故障倒换控制链路，来承载状态化信息。在图16-7中，管理员使用的接口为GigabitEthernet0/3这个独立的接口。

b. 在Logical Name字段输入故障倒换控制链路的逻辑名称，做法与步骤2类似。如果管理员为故障倒换控制链路和故障倒换状态化链路配置了相同的接口，就无法执行这里的配置。本例中使用的状态化链路名称为FailoverState。

c. 在相应字段指定主用IP地址和备用IP地址，以及子网掩码，做法与步骤2类似。如果管理员为故障倒换控制链路和故障倒换状态化链路配置了相同的接口，就无法执行这里的配置。如果管理员使用了一条独立的状态化链路，那么这个子网同样绝不能与管理员配置的其他任何子网相重合，其中也包括故障倒换控制链路的子网。本例中使用的主用地址为192.168.101.1，辅助地址为192.168.101.2。这两个地址显然都位于192.168.101.0/24这个子网中。

d. 如果希望备用设备通过TCP 80端口（HTTP连接）接收主用设备发来的状态信息，则需要勾选**Enable HTTP Replication**复选框。由于绝大多数HTTP连接都不会维系太长时间，因此不勾选这个复选框可以增加故障倒换对的连接建立性能。只有在处理关键业务HTTP连接时，或者希望在主用/主用故障倒换模式下使用ASR组特性时，才应该考虑勾选这个复选框。在本例中，管理员勾选了HTTP状态复制特性。

4. 指定Shared Key或IPsec Preshared Key值，以便启用故障倒换控制链路和状态化链路的加密，这一步是可选的。如果管理员在指定基本的加密密钥时，希望使用字母、数字和标点符号的自由组合，就不应该勾选Use 32 Hexadecimal Character Key这个复选框。基于IPSec的故障倒换链路加密更加安全，是我们推荐的加密方式。在图16-7中所示的案例中，我们采用内部IPSec隧道来保护故障倒换控制链路和状态化链路，此处我们使用的密钥为cisco。注意，密钥值并不会显示在输入部分，但它会以明文的形式存储在ASA配置文件中，不过管理员可以在ASDM中选择Configuration > Device Management > Advanced > Master Passphrase标签，并启用Master Passphrase特性。

5. 勾选**Enable Failover**复选框启用故障倒换操作。新的ASA故障倒换对成员会经历协商阶段才能够过渡到主用状态。穿越设备的流量会中断大约50秒的时间。

6. 当主用 ASA 承担主用角色之后，管理员可以继续通过前面这些步骤来配置辅助设备。切记，所有输入的数值都应该与前面相同，唯有 2d 部分配置的 Preferred Role 例外。这台故障倒换对等体应该在此选择 **Secondary**。如果管理员没有使用 ASDM，也可以在主用单元上通过命令 **show running-config failover** 来查看输出信息，并且将其中的 **failover lan unit primary** 修改为 **failover lan unit secondary**，然后将配置直接复制到辅助 ASA 中。在执行这一步之前，要保证在辅助设备上也配置和启用了故障倒换控制和状态化物理接口。

例 16-5 和例 16-6 所示的基本故障倒换配置命令，其效果与此前我们在 ASDM 上为主用单元和辅助单元所作的相应配置效果相同。

例 16-5 主用单元上的基本故障倒换配置

```
failover
failover lan unit primary
failover lan interface FailoverControl GigabitEthernet0/2
failover replication http
failover link FailoverState GigabitEthernet0/3
failover interface ip FailoverControl 192.168.100.1 255.255.255.0 standby
192.168.100.2
failover interface ip FailoverState 192.168.101.1 255.255.255.0 standby 192.168.101.2
failover ipsec pre-shared-key *****
```

例 16-6 辅助单元上的基本故障倒换配置

```
failover
failover lan unit secondary
failover lan interface FailoverControl GigabitEthernet0/2
failover replication http
failover link FailoverState GigabitEthernet0/3
failover interface ip FailoverControl 192.168.100.1 255.255.255.0 standby
192.168.100.2
failover interface ip FailoverState 192.168.101.1 255.255.255.0 standby 192.168.101.2
failover ipsec pre-shared-key *****
```

2. 数据接口的配置

要通过 ASDM 在所有监测的数据接口上配置备用 IP 地址，需要找到 **Configuration > Device Management > High Availability and Scalability > Failover** 下面的 Setup 标签（见图 16-7）。如果 ASA 运行的是多虚拟防火墙模式，那么管理员必须在相应的安全虚拟防火墙下执行这里的设置。图 16-8 所示为在单虚拟防火墙模式下配置数据接口的示例。

1. 对于管理员希望进行监测的所有接口，或者希望可以从备用单元的网络中进行访问的接口，填写 Standby IP Address 字段的内容。备用 IP 地址必须与管理员配置的主用 IP 地址位于同一个子网中。这个地址也绝对不能和同一个网络中其他设备上的地址相同。在图 16-8 中，给 inside 接口和 outside 接口分配了备用地址。
2. 对于管理员希望由故障倒换特性进行监测的所有接口，统统勾选 **Monitored** 复选框。读者可以参考此前的“故障倒换健康监测”一节中的内容，来了解监测数据接口的方式。在图 16-8 中，故障倒换对这两个数据接口都进行了监测。

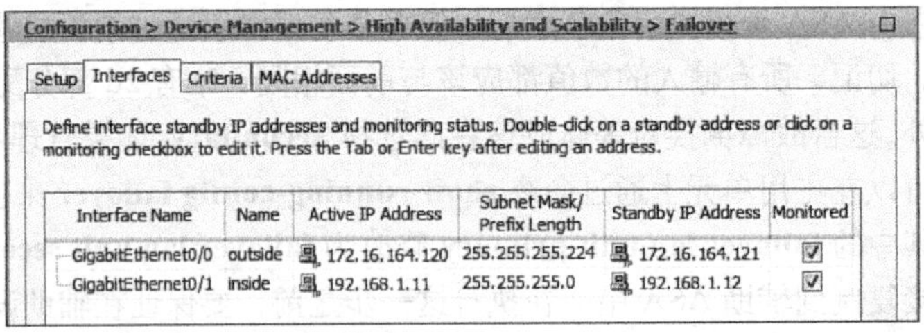

图 16-8 ASDM 中的故障倒换接口配置界面

如有需要，管理员可以给数据接口配置主用和备用的虚拟 MAC 地址。读者可以参考此前的“数据接口地址”一节来了解指定虚拟 MAC 地址对于故障倒换特性的重要意义。在 ASDM 中，指定虚拟 MAC 地址的方法有以下几种。

在系统虚拟防火墙中，找到 **Configuration > Device Management > High Availability and Scalability > Failover**，使用 **MAC Addresses** 标签。管理员只能通过这种方法配置 ASA 上的物理接口，以及 ASA 服务模块上的 VLAN 接口。图 16-9 显示了如何在 GigabitEthernet0/0 和 GigabitEthernet0/1 接口上配置主用和备用的虚拟 MAC 地址。

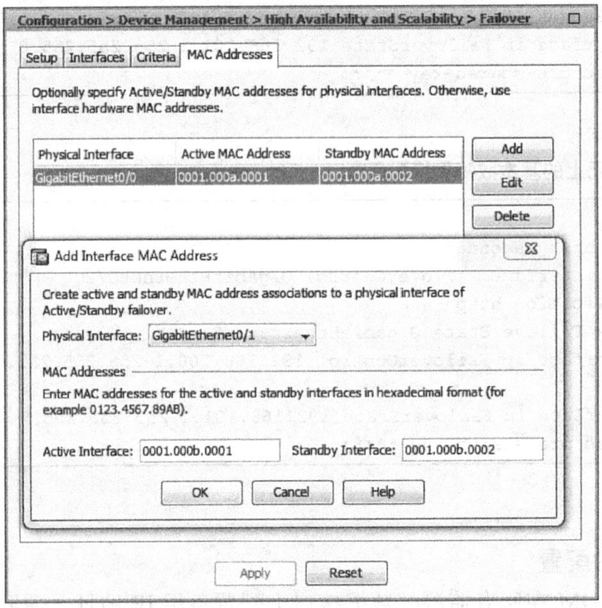

图 16-9 ASDM 中的故障倒换 MAC 地址配置界面

在各个虚拟防火墙中使用 **Configuration > Device Setup > Interfaces** 来配置接口的 MAC 地址，使用单虚拟防火墙的配置与这里的路径相同。对于各个逻辑数据接口，选择这个逻辑接口，然后点击 **Edit**，接下来选择 **Advanced** 标签来配置虚拟主用和备用 MAC，如图 16-10 所示。给某个接口所配置的 MAC 地址，在优先级上高于物理接口下面配置的故障倒换 MAC 地址。

3. 故障倒换策略与计时器

管理员如需在 ASDM 中编辑默认故障倒换接口监测策略，或者调整单元和接口的轮询和保持计时器，可以在系统虚拟防火墙中找到 **Configuration > Device Management > High Availability and Scalability > Failover**，并点击 **Criteria** 标签。图 16-11 所示为对应的配置界面，其中也包含了一些示例参数。

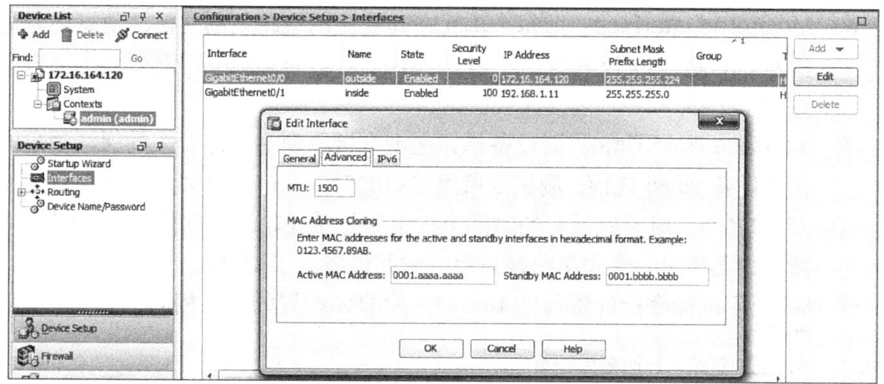

图 16-10 ASDM 中配置接口 MAC 地址

Configuration > Device Management > High Availability and Scalability > Failover

Setup | Interfaces | Criteria | MAC Addresses

Define criteria for failover: how many interfaces must fail and how long to wait between polls. The hold time specifies the interval to wait without receiving a response to a poll before unit failover.

Interface Policy

Number of failed interfaces that triggers failover: 1 (range 1 - 250)

Percentage of failed interfaces that triggers failover: 50 %

Failover Poll Times

Unit Failover: 500 milliseconds (range 200 - 999)

Unit Hold Time: 3 seconds (range 1 - 45) (at least 3 times unit poll time)

Monitored Interfaces: 2 seconds (range 1 - 15)

Interface Hold Time: 10 seconds (range 5 - 75 and at least 5 times interface poll time)

Apply | Reset

图 16-11 在 ASDM 中配置故障倒换计时器和接口策略

在这个标签中，可以配置下面这些可选的参数。

在 Interface Policy 部分，指定有多少接口出现故障，主用单元才会被认定为不能正常工作。管理员既可以在这里指定一个绝对值（需要点击顶部的单选按钮），也可以指定配置数据接口总数的百分比。图 16-11 所示为默认策略，其中一个接口出现故障，主用设备即开始尝试进行切换。

在 Failover Pool Times 部分调整下面这些计时器，这些计时器的内容我们已经在“故障倒换健康监测”一节中进行介绍。

- Unit Failover：这里指定的是各个故障倒换单元在故障倒换控制链路上创建保活消息的次数，配置范围在 200 毫秒到 15 秒之间。在图 16-11 所示的案例中，管理员将创建保活消息的周期设置为了 500 毫秒。
- Unit Hold Time：这里指定的是当设备多久没有通过控制链路接收到故障倒换对等体发来的保活消息，它就会向对等体发送探测消息。这个时间参数的配置范围在 800 毫秒到 45 秒之间，但要保证它的时间至少也要是单元轮询时间的 3 倍以上。在图 16-11 所示的案例中，管理员将单元保持时间设置为了 3 秒。

- Monitored Interface：即每个单元在其受监测链路上创建保活消息的时间。配置范围在 500 毫秒到 15 秒之间。在图 16-11 所示的案例中，管理员将接口轮询时间设置为了 2 秒。
- Interface Hold Time：即设备单元在没有接收到对等体发来的保活消息时，再到宣布该设备 failed 之前，测试受监测接口的时间。这个时间参数的配置范围在 5 秒到 75 秒之间，但要保证它的时间至少也要是单元轮询时间的 5 倍以上。在图 16-11 所示的案例中，管理员将接口保持时间设置为了 10 秒。

例 16-7 所示的命令行配置与图 16-11 中 ASDM 配置的效果相同。

例 16-7 故障倒换策略与计时器的配置

```
failover polltime unit msec 500 holdtime 3
failover polltime interface 2 holdtime 10
```

在主用/备用模式和主用/主用模式的故障倒换环境中，这些计时器都是全局设置的，但管理员也可以部署针对特定接口的策略，或者针对故障倒换组的计时器，这些设置的优先级高于全局的设置，这一点我们会在下一节中进行介绍。

4. 主用/主用故障倒换

如果管理员部署的是主用/主用故障倒换，则需要在 ASDM 中进入系统虚拟防火墙，找到 **Configuration > Device Management > High Availability and Scalability > Failover**，并点击 **Active/Active** 标签来配置故障倒换组。管理员既可以点击 **Add** 来配置新的组，也可以点击 **Edit** 来修改现有的故障倒换组。这里最多可以配置 2 个故障倒换组，同一个单元上的两个组必须同时处于主用状态，这样才能够进行切换。图 16-12 所示为配置故障倒换组 1 的对话框。

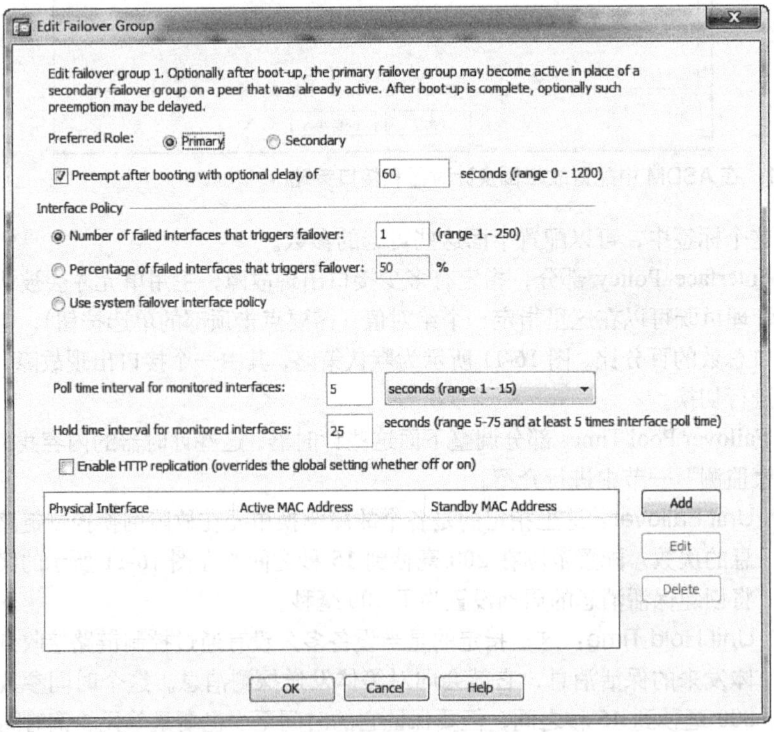

图 16-12 在 ASDM 中配置主用/主用故障倒换组

这个对话框中可以配置下面这些参数。

- 在 Preferred Role 选项中，选择 **Primary** 或者 **Secondary**，以指定默认哪个单元拥有这个故障倒换组。在本例中，管理员将故障倒换组 1 的所有权指定给了主用单元。
- 如果管理员希望所选的单元在启动时，或者在从 failed 状态过渡到健康状态之后，即会在这个组中扮演主用角色。管理员可以指定该操作的延迟值（可选）。在默认情况下，只要勾选了这个复选框，就会出现抢占的情形。在图 16-12 中，在组 1 中，当主用单元连续 60 秒保持健康状态后，它即会开始扮演主用角色。
- 在 Interface Policy 部分，可以以每个组为单位进行配置，覆盖相应的全局故障倒换参数。在图 16-12 中，管理员对故障倒换组 1 的所有虚拟防火墙上的下列这些全局设置进行了修改。
  - 如果这个组中至少一个受监测的接口没有通过监测测试，则认为主用设备失效。
  - 所有受监测接口每 5 秒创建一次故障倒换保活数据包。
  - 如果自从上次接收到某个受监测接口发来的周期性保活数据包之后，25 秒没有收到它发来的保活消息，同时它又没有成功通过健康校验，就认为该接口已经失效。
  - 在这个故障倒换组中的所有虚拟防火墙上，都对通过 TCP 80 端口建立的 HTTP 连接禁用状态化复制。
  - 在对话框底部的表中，给属于（这个故障倒换组中的）虚拟防火墙的物理接口配置 MAC 地址。管理员也可以在相应的虚拟防火墙配置模式下配置虚拟 MAC 地址，或者通过命令 **mac-address auto** 来自动生成 MAC 地址。

在 ASDM 中给某个故障倒换组分配虚拟防火墙需要在系统虚拟防火墙中找到 **Configuration > Context Management > Security Contexts**。接下来，管理员可以点击 **Add** 按钮来创建虚拟防火墙，或者点击 **Edit** 按钮来修改当前的虚拟防火墙，管理员可以在 Failover Group 下拉菜单中对每个虚拟防火墙选择（故障倒换）组 1 或者组 2。一个单元在两个故障倒换组中必须同时扮演主用角色，这样才能更改角色分配。

在例 16-8 所示的系统虚拟防火墙配置中，包含了三个虚拟防火墙，这三个虚拟防火墙分布在两个主用/主用模式的故障倒换组中。故障倒换组 1 沿用了图 16-12 中 ASDM 的配置，其中包含有 admin 虚拟防火墙和虚拟防火墙 A。故障倒换组 2 属于辅助单元，它继承了所有全局的故障倒换参数配置，其中包含了虚拟防火墙 B。

例 16-8　包含故障倒换组设置的系统虚拟防火墙

```
failover group 1
 primary
 preempt 60
 interface-policy 1
 failover polltime interface 5 holdtime 25
failover group 2
 secondary
!
admin-context admin
context admin
  allocate-interface Management0/0
  config-url flash:/admin.cfg
```

（待续）

```
  join-failover-group 1
!
context A
  allocate-interface GigabitEthernet1/0
  allocate-interface GigabitEthernet1/1
  config-url flash:/A.cfg
  join-failover-group 1
!
context B
  allocate-interface GigabitEthernet1/2
  allocate-interface GigabitEthernet1/3
  config-url flash:/B.cfg
  join-failover-group 2
```

在 ASDM 中为 ASR 组分配接口，需要在各个需要执行这种设置的虚拟防火墙中找到 **Configuration > Device Setup > Routing > ASR Groups**。如果不同虚拟防火墙中的多个接口有可能接收到本应该发送给另一个虚拟防火墙的不对称路由流量，那么这些接口就需要属于同一个 ASR 组中。一个 ASR 组中最多可以包含 8 个（属于不同虚拟防火墙的）成员接口。

例 16-9 和例 16-10 分别为虚拟防火墙 A 和虚拟防火墙 B 的接口配置，这两个案例都在主用/主用故障倒换模式下使用了 ASR 组。这些示例展示了如何实现“不对称路由组”一节和图 16-6 中描述的内容。

例 16-9 包含 ASR 组的虚拟防火墙 A 配置

```
interface GigabitEthernet1/0
 nameif outside-A
 security-level 0
 ip address 172.16.1.1 255.255.255.0 standby 172.16.1.2
 asr-group 2
!
interface GigabitEthernet1/1
 nameif inside-A
 security-level 100
 ip address 192.168.1.1 255.255.255.0 standby 192.168.1.2
 asr-group 1
```

例 16-10 包含 ASR 组的虚拟防火墙 B 配置

```
interface GigabitEthernet1/2
 nameif outside-B
 security-level 0
 ip address 172.16.2.1 255.255.255.0 standby 172.16.2.2
 asr-group 2
!
interface GigabitEthernet1/3
 nameif inside-B
 security-level 100
 ip address 192.168.2.1 255.255.255.0 standby 192.168.2.2
 asr-group 1
```

16.3.9 故障倒换的监测与排错

管理员可以使用 **show failover** 命令来监测故障倒换子系统的工作状态。例 16-11 所示的信息描述的是一个工作在主用/备用模式的故障倒换对。读者可以在示例中读到下列信息：

- 故障倒换控制链路和状态化链路的状态；
- 最后一次故障倒换事件的日期和时间；
- 故障倒换对等体的工作状态；
- 所有受监测数据接口的健康状态。

例 16-11 故障倒换状态监测

```
asa# show failover
Failover On
Failover unit Primary
Failover LAN Interface: FailoverLink GigabitEthernet0/3 (up)
Unit Poll frequency 1 seconds, holdtime 15 seconds
Interface Poll frequency 5 seconds, holdtime 25 seconds
Interface Policy 1
Monitored Interfaces 2 of 160 maximum
Version: Ours 9.1(2)6, Mate 9.1(2)6
Last Failover at: 11:10:37 PDT Sep 21 2013
        This host: Primary - Active
                Active time: 186 (sec)
                slot 0: ASA5520 hw/sw rev (1.1/9.1(2)6) status (Up Sys)
                  Interface outside (172.16.164.120): Normal
                  Interface inside (192.168.1.1): Normal
                slot 1: ASA-SSM-20 hw/sw rev (1.0/7.0(2)E4) status (Up/Up)
                  IPS, 7.0(2)E4, Up
        Other host: Secondary - Standby Ready
                Active time: 0 (sec)
                  Interface outside (172.16.164.121): Normal
                  Interface inside (192.168.1.2): Normal
                slot 1: ASA-SSM-20 hw/sw rev (1.0/7.0(2)E4) status (Up/Up)
                  IPS, 7.0(2)E4, Up
Stateful Failover Logical Update Statistics
        Link : FailoverLink GigabitEthernet0/3 (up)
        Stateful Obj    xmit       xerr       rcv        rerr
        General         354        0          263        4
        sys cmd         35         0          35         0
        up time         0          0          0          0
        RPC services    0          0          0          0
        TCP conn        202        0          135        0
        UDP conn        99         0          69         4
        ARP tbl         16         0          22         0
        Xlate_Timeout   0          0          0          0
        IPv6 ND tbl     0          0          0          0
        VPN IKEv1 SA    0          0          0          0
        VPN IKEv1 P2    0          0          0          0
        VPN IKEv2 SA    0          0          0          0
        VPN IKEv2 P2    0          0          0          0
        VPN CTCP upd    0          0          0          0
        VPN SDI upd     0          0          0          0
        VPN DHCP upd    0          0          0          0
        SIP Session     0          0          0          0
        Route Session   0          0          0          0
        User-Identity   0          0          0          0
        CTS SGTNAME     0          0          0          0
        CTS PAC         0          0          0          0
        TrustSec-SXP    0          0          0          0
```

（待续）

```
    IPv6 Route          0          0          0          0

    Logical Update Queue Information
                        Cur        Max        Total
    Recv Q:             0          24         1872
    Xmit Q:             0           1          757
```

在上面的输出信息中，状态化故障倒换计时器的 xerr 和 rerr 这两列指的是传输错误与接收错误，当状态化链路或者故障倒换对等体过载时，这两个计数器就很可能会产生增量。管理员可以通过命令 **debug fover fail** 来对这类故障倒换同步问题进行排错。切记，这条命令会产生大量的输出信息，并且增加 ASA 的处理负担。例 16-12 所示为备用单元上的 debug 输出信息，在这台设备上，ASA 没有为该数据流创建状态化连接条目。如果有规律地看到这种某条连接同步失败的消息，应该联系 Cisco TAC。

例 16-12　备用 ASA 上的状态化会话创建失败消息

```
Failed to create flow (dropped) for np/port/id/0/-1: 172.25.1.1/65086 - np/port/
id/1/-1: 172.25.2.100/48799
```

故障倒换子系统会从 **alert**（告警）级别开始创建系统日志消息，来报告重要的系统事件。例 16-13 可以看到一条消息，这条消息指出，由于与主用 ASA 之间的通信全部中断，因此辅助备用设备已经接管了主用角色。

例 16-13　故障倒换事件系统日志消息

```
%ASA-1-104001: (Secondary) Switching to ACTIVE - HELLO not heard from mate.
```

管理员可以通过命令 **show failover history** 来查看故障倒换事件。例 16-14 显示了辅助 ASA 上的输出信息，该信息与例 16-13 所示的消息相对应。在该输出信息可以到 20 条故障倒换状态消息，以及它们对应的时间戳和该消息产生的原因。

例 16-14　故障倒换状态转换史

```
asa# show failover history
==========================================================================
From State                 To State                  Reason
==========================================================================
16:14:27 CDT Sep 19 2013
Standby Ready              Just Active               HELLO not heard from mate

16:14:27 CDT Sep 19 2013
Just Active                Active Drain              HELLO not heard from mate

16:14:27 CDT Sep 19 2013
Active Drain               Active Applying Config    HELLO not heard from mate

16:14:27 CDT Sep 19 2013
Active Applying Config     Active Config Applied     HELLO not heard from mate

16:14:27 CDT Sep 19 2013
Active Config Applied      Active                    HELLO not heard from mate
==========================================================================
```

16.3.10 主用/备用故障倒换部署案例

图 16-13 所示为一个部署主用/备用模式故障倒换的网络拓扑。在物理接口连接就位的前提下，需要在部署故障倒换时考虑下列这些因素：

- 复制所有非 HTTP 连接的状态化信息；
- 用共享的冗余接口来连接故障倒换控制链路和状态化链路；
- 冒着误报的风险也要尽可能提高故障倒换的切换速度；
- 在设备切换期间，通过虚拟 MAC 地址来保护网络的稳定性。

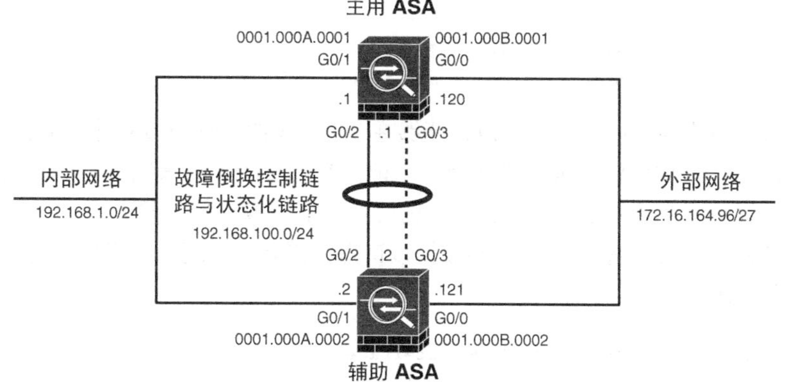

图 16-13 主用/备用故障倒换部署示例

在命令行界面中，管理员需要按照下面的步骤来配置主用 ASA 单元。

1. 配置接口 GigabitEthernet0/2 和 GigabitEthernet0/3 来建立故障倒换控制链路和状态化链路的冗余接口。

```
asa(config)# interface GigabitEthernet 0/2
asa(config-if)# no shutdown
asa(config-if)# interface GigabitEthernet 0/3
asa(config-if)# no shutdown
asa(config-if)# interface Redundant 1
asa(config-if)# member-interface GigabitEthernet 0/2
INFO: security-level and IP address are cleared on GigabitEthernet0/2.
asa(config-if)# member-interface GigabitEthernet 0/3
INFO: security-level and IP address are cleared on GigabitEthernet0/3.
```

2. 设置 ASA 单元的角色。

```
asa(config)# failover lan unit primary
```

3. 将接口 Redundant1 配置为故障倒换控制链路，并在接口中设置主用单元和辅助单元的 IP 地址。

```
asa(config)# failover lan interface FailoverLink Redundant1
INFO: Non-failover interface config is cleared on Redundant1 and its sub-interfaces
asa(config)# failover interface ip FailoverLink 192.168.100.1 255.255.255.0
standby 192.168.100.2
```

故障倒换特性会自动清除所有其他的配置，并在故障倒换控制链路接口上添加一条描述信息。在使用故障倒换期间，管理员不能修改这个接口的配置。

4. 将 Redundant1 接口配置为状态化故障倒换链路。由于故障倒换控制链路和状态化链路共享了统一接口，因此管理员在前一步的配置中需要指定同一个名称。在这一步中，我们并不需要配置不同的 IP 地址。

```
asa(config)# failover link FailoverLink
```

由于故障倒换控制链路和状态化链路接口是通过直接的背对背方式连接 ASA 设备的，因此在这类接口上不一定要采用数据加密。

5. 配置设备单元在故障倒换控制链路上每 200ms 创建一次保活消息。系统会自动将保持时间设置为最小值 800ms。

```
asa(config)# failover polltime msec 200
INFO: Failover unit holdtime is set to 800 milliseconds
```

设置为最小值可以保证备用设备能够在 800ms 内检测到 ASA 对等体出现了故障，并接管主用角色，这称为亚秒级故障倒换。切记，在流量较大的情况下，如此设置容易产生误报，因此对等体在接收不到保活数据包的时候，能够容忍的时间更短。

6. 配置 ASA，使其每 500ms 交换数据接口保活消息。系统会将接口保持时间设置为最小的 5 秒钟时间。

```
asa(config)# failover polltime interface msec 500
INFO: Failover interface holdtime is set to 5 seconds
```

这种设置可以让 ASA 从丢失对等体发来的保活消息 5 秒之内，就完成受监测接口的健康状态测试。当受监测接口的流量比较慢时，这样做也有可能会导致误报。

7. 配置数据接口。

```
asa(config)# interface GigabitEthernet 0/0
asa(config-if)# nameif outside
INFO: Security level for "outside" set to 0 by default.
asa(config-if)# no shutdown
asa(config-if)# mac-address 0001.000B.0001 standby 0001.000B.0002
asa(config-if)# ip address 172.16.164.120 255.255.255.224 standby 172.16.164.121
asa(config-if)# interface GigabitEthernet 0/1
asa(config-if)# nameif inside
INFO: Security level for "inside" set to 100 by default.
asa(config-if)# no shutdown
asa(config-if)# mac-address 0001.000A.0001 standby 0001.000A.0002
asa(config-if)# ip address 192.168.1.1 255.255.255.0 standby 192.168.1.2
```

8. 启用故障倒换。主用单元需要 50 秒的时间完成协商阶段，并开始扮演主用的角色。

```
asa(config)# failover
        No Active mate detected
```

9. 使用命令 **show failover** 来确认主用单元目前的状态为 active（主用角色）。

```
asa# show failover | include host
        This host: Primary - Active
        Other host: Secondary - Not Detected
```

在配置好主用 ASA 之后，需要通过下面的步骤将备用单元配置到故障倒换对中。

10. 配置接口 GigabitEthernet0/2 和 GigabitEthernet0/3 来建立故障倒换控制链路和状态化链路的冗余接口。

```
asa(config)# interface GigabitEthernet 0/2
asa(config-if)# no shutdown
asa(config-if)# interface GigabitEthernet 0/3
asa(config-if)# no shutdown
asa(config-if)# interface Redundant 1
asa(config-if)# member-interface GigabitEthernet 0/2
INFO: security-level and IP address are cleared on GigabitEthernet0/2.
asa(config-if)# member-interface GigabitEthernet 0/3
INFO: security-level and IP address are cleared on GigabitEthernet0/3.
```

11. 设置 ASA 单元的角色。

```
asa(config)# failover lan unit secondary
```

12. 将接口 Redundant1 配置为故障倒换控制链路，并在接口中设置与主用单元相同的 IP 地址。

```
asa(config)# failover lan interface FailoverLink Redundant1
INFO: Non-failover interface config is cleared on Redundant1 and its sub-interfaces
asa(config)# failover interface ip FailoverLink 192.168.100.1 255.255.255.0
standby 192.168.100.2
asa(config)# failover link FailoverLink
```

13. 启用故障倒换特性。此时备用单元应该立刻就能检测到主用状态的 ASA，并且与其同步其他的配置，包括与故障倒换相关的那些计时器设置。

```
asa(config)# failover
        Detected an Active mate
Beginning configuration replication from mate.

End configuration replication from mate.
```

14. 使用命令 **show failover** 来确认辅助单元目前的状态为 standby（备用角色）。

```
asa(config)# show failover | include host
        This host: Secondary - Standby Ready
        Other host: Primary - Active
```

例 16-15 显示了主用单元完整的数据接口配置与故障倒换配置。除了 **failover lan unit secondary** 这条命令之外，辅助单元上的配置与这里完全相同。

例 16-15 主用单元上完整的故障倒换配置

```
interface GigabitEthernet0/0
 mac-address 0001.000B.0001 standby 0001.000B.0002
 nameif outside
 security-level 0
 ip address 172.16.164.120 255.255.255.224 standby 172.16.164.121
!
interface GigabitEthernet0/1
 mac-address 0001.000A.0001 standby 0001.000A.0002
 nameif inside
```

（待续）

```
 security-level 100
 ip address 192.168.1.1 255.255.255.0 standby 192.168.1.2
!
interface GigabitEthernet0/2
!
interface GigabitEthernet0/3
!
interface Redundant1
 description LAN Failover Interface
 member-interface GigabitEthernet0/2
 member-interface GigabitEthernet0/3
!
failover
failover lan unit primary
failover lan interface FailoverLink Redundant1
failover polltime unit msec 200 holdtime msec 800
failover polltime interface msec 500 holdtime 5
failover link FailoverLink Redundant1
failover interface ip failover 192.168.100.1 255.255.255.0 standby 192.168.100.2
```

16.4 集群

使用 Cisco ASA 集群特性可以将多达 16 台支持该特性的设备组合成为一个流量处理系统。这种特性和故障倒换特性的不同之处在于，ASA 集群中的每一台设备都可以主动地通过单虚拟防火墙或多虚拟防火墙模式来转发流量。管理员不需要将穿越这个系统的流量通过主用/主用这种故障倒换模式进行人为的分离。邻接的交换机和路由器可以使用跨集群的 EtherChannel 或 IP 路由，来无状态地对通过不同集群成员发来的流量执行负载分担。一个集群可以在内部弥补不对称路由的问题，因此集群中的不同成员有可能接收到属于同一条连接的流量。除了这一条重大优势之外，集群在下面几方面都与故障倒换十分类似。

- **状态化连接冗余**：所有集群的成员都有可能会在某个时间出现故障，而不会对穿越这个系统的流量以及其他集群成员构成影响。每个单元总会在一台不同的物理 ASA 上维护各个状态化连接条目的备份数据。即使有多台成员同时出现故障，整个集群还是可以正常工作，只不过有些连接有可能需要重新建立。
- **集中式管理**：管理员可以在一个成员上对整个集群进行配置和维护。配置操作会自动复制给全体成员设备。
- **无中断升级**：即使软件镜像版本不相匹配，集群成员还是会继续交换信息，因此管理员在升级系统版本时并不一定需要规划一段网络中断时间。
- **组合许可证**：集群中每个成员所支持许可证授权的特性和功能都可以汇聚为一个组合的集群许可证，因此管理员可以将自己的投资最大化。

如果设计目的中包括对于扩展性和冗余性的需求，而这个网络中要部署的 ASA 设备都可以支持集群特性的话，那就应该采用集群特性而不是故障倒换来满足这种设计需求。无论目的为何，管理员都可以将 ASA 集群看成是一台防火墙，而这台防火墙的特点是，我们可以随时砸钱来扩展它的功能和性能。

16.4.1 集群中的角色与功能

集群与故障倒换的不同之处在于，管理员在创建集群的时候并不需要指定某种角色。所有集群的成员可以同时转发流量，而集群中的每个成员都会扮演某种（或某些）角色。

1. 主从单元

ASA 集群会将一个成员选举为主动设备（master），其他设备则均为从动设备（slave）。与故障倒换类似的地方在于，管理员往往需要在一台 ASA 上配置集群特性，然后再到其他成员上添加配置。第一个单元会成为主动设备，直到这台设备出现故障或者重启，它都会一直充当主动设备的角色，而管理员可以通过 **master unit** 命令手动将其他单元转换为主动设备。除了常规的流量转发功能之外，主动设备还会执行下面这些功能。

- **集群配置**：管理员必须一直在主动单元上配置整个集群。而从动设备上则除基本的集群启动命令之外，不允许进行其他的配置。
- **主动集群的 IP 地址**：主动设备自始至终都会通过所有数据接口和管理接口来接收发往虚拟集群 IP 地址的一切数据。因此，管理员只连接当前这台设备，就可以配置和监测整个集群。
- **集中式连接处理**：有些特性和功能需要在主动设备上进行处理，其中包括整个集群范围的网络架构协议（如 IGMP 或 PIM），或者被监控应用的连接（如 TFTP）。从动设备会将这类连接重定向给主动设备。我们会在“集中式特性”一节提供包含所有集中式流量的列表。

如果主动设备出现故障，所有管理连接和一部分集中式的连接都需要重建。主动设备维护的常规连接则不需要重建，就像其他集群成员出现故障时，由它们维护的连接也不需要重建一样。

2. 流量处理设备

一个集群成员必须负责处理所有属于同一条连接的数据包。这可以保证状态跟踪信息是对称的。对于每一条连接来说，集群中都会有一个成员承担其处理它的工作。一般来说，接收到该连接首个数据包的设备会负责处理这条连接。如果最开始处理连接的设备出现了故障，而连接还没有断开，另一台设备则会开始处理这组数据流。一般来说，如果有一台设备收到了该（已经没有设备负责处理的）连接的数据包，这台设备就会继续进行处理。负责处理流量的设备会维护完整的状态化连接条目。

3. 流量导航设备

流量导航设备这个概念是集群高可用性理念的核心。对于每条连接，流量导航设备都会维护备用状态化信息记录。负责处理流量的设备会周期性地更新备用的状态化信息记录。其他集群成员可以通过流量导航判断出谁负责处理这条连接。这种连续备用数据流处理机制可以在处理它的设备出现故障时，让其他设备恢复连接状态，并继续处理这条连接。

每个集群成员都知道各个连接的流量导航设备是哪台设备。集群可以使用下面参数来计算各个数据流的散列值：

- 源和目的 IP 地址；
- 源和目的 TCP 或 UDP 传输端口。

所有散列值会在所有集群成员之间均分。这个集群中的每个成员都会成为某些连接的流量导航设备。所有设备都会使用同一个函数来计算散列值，它们会不断判断各个连接的流量导航设备是谁。当一台设备加入集群或离开集群时，散列值的分布和流量导航设备表就会发生变化。

4. 流量转发设备

由于集群需要借助外部无状态负载分担来完成功能，因此发往不同方向的同一条连接很可能会到达不同的设备。又由于负责转发流量的设备必须处理一条连接的所有数据包，因此其他设备必须把自己接收到的不对称流量转发给正确的设备。如果一个集群成员接收到属于某条未知连接的非 TCP-SYN 数据包，它就会查找对应的数据流导航设备，以判断是否有设备负责处理这条连接。此时，这台设备可能会计算出下列结果。

- 无当前连接：丢弃数据包。
- 当前连接无处理设备：处理该数据包。
- 当前连接有处理设备：充当转发设备，将数据包转发给负责处理的设备。

转发设备会为这条连接创建转发末节条目，以免其他设备继续发起导航设备请求信息。鉴于记录只会指向当前处理这个数据包的设备，因此转发设备可以将数据包重定向给这台设备。转发设备不会保留其他有关这个数据流的状态化信息，因为只有负责处理该数据流的设备才会监控这条连接。如果新的连接属于一项集中式的特性，从动设备会查询转发条目，并将所有数据包重定向到主动设备。

16.4.2 集群的硬件和软件需求

集群特性对于 ASA 的型号和系统版本都有要求。可以配置集群的硬件和软件平台包括下列组合。

- 最多 8 台运行 9.0(1)及其后版本的 ASA 5580 和 ASA 5585-。
- 最多 16 台运行 9.2(1)及其后版本的 ASA 5580 和 ASA 5585-X。
- 最多 2 台运行 9.1(4)及其后版本的 ASA 5500-X。

集群支持所有 ASA 5580 和 ASA 5500-X 接口卡，也支持 ASA 5500-X IPS 特性模块，以及下列 ASA 5585-X 扩展模块。

- **IPS SSP**：包括 IPS 和接口扩展功能。管理员只能用这些扩展接口充当集群数据传输接口和管理接口。集群不支持 CX SSP。
- **GE 和 10-GE 半模块接口卡**：需要安装 ASA 9.1(2)及后续系统，支持各类集群接口。

除此之外，集群硬件的需求与故障倒换极为类似。集群成员之间必须匹配下列参数。

- **硬件配置必须完全相同**：例如，管理员不能让一台安装 SSP-60 的 ASA 5585-X 和一台 ASA 5555-X，或者一台安装 SSP-40 的 ASA 5585-X 组成集群。如果一台设备安装的是 SSP-60，另一台设备必须也得是 SSP-60。数量、类型、接口卡和扩展模块的顺序都要匹配。
- **接口连接必须匹配**：所有集群成员上所有活动数据接口的网络连接必须完全相同。例如，如果想要给 TenGigabitEthernet0/6 接口配置数据连接，集群中所有设备上的这个接口配置都必须相同。如果希望使用在集群中扩展的 EtherChannel 充当数据接口，所有 ASA 设备都必须连接到一台逻辑交换机：这既可以是一个虚拟交换机系统（VSS），也可以是一个虚拟端口通道（vPC）。

在 Cisco ASA 9.1(4)系统之前，必须当所有成员设备都位于同一物理地点时，才可以使用集群。从 ASA 9.1(4)系统开始，多个远程数据中心中的设备都可以组成集群，也就是说所有集群成员的数据接口之间并不需要存在 2 层的连接。切记，在所有集群成员上对应的数据接口上，管理员配置的子网必须匹配。

集群的操作与相邻交换机的型号和软件系统高度相关。读者可以参考 Cisco ASA 系统版本的说明，以便了解该特性当前支持哪些型号的交换机。在本书创作期间，只有 Catalyst 3750-X、Catalyst 6500、Nexus 5000 和 Nexus 7000 交换支持与集群相连。

1. 集群的无中断升级

集群成员即使运行不同的系统版本，也可以正常工作，这一点和故障倒换特性类似。因此，管理员可以升级 ASA 集群的系统版本，而不需要打断流量的正常转发。管理员应该先将集群升级到这个主版本中的最新子版本，然后再执行无中断升级将其升级到最新的主版本。比如，在将集群成员的版本升级到 9.1(4)之前，这些设备运行的版本都应该是 9.0(4)，在本书创作之时，这两个版本都是相应主版本中的最新版本。

在一个处于正常使用状态的集群中，管理员可以在主动设备的系统虚拟防火墙下通过下面这些步骤来执行无中断软件升级。

1. 使用命令 **cluster exec copy /noconfirm** 将目的软件镜像文件复制到所有集群成员中。每个成员都会用自己的管理接口来传输这个镜像文件。
2. 修改 **boot system** 命令，将其指向新的镜像文件。切记，管理员可能需要通过命令 **clear configure boot system** 来清除之前的 ASA 启动设置。这条命令会从主动设备复制到所有其他集群成员上。
3. 输入 **write memory** 命令保存配置。这条命令也会复制到所有设备。
4. 逐个重启设备。管理员可以在各个 ASA 上逐个输入 **reload** 命令，也可以在主动设备上通过命令 **cluster exec unit** *slave-unit-name* **reload noconfirm** 来重启各个设备。管理员必须等到一台设备都完整重启，并且重新加入集群中之后，才能重启下一台设备，否则可能会影响正在传输的流量。管理员可以通过命令 **show cluster infor** 来查看集群成员的状态。
5. 当所有从动设备完成升级之后，用 **reload** 命令重启主动设备。这时会有其他设备接替主用的角色，其他设备也会开始负责处理哪些本由主动设备处理的常规数据连接。所有管理连接和集中式连接都需要与新的主动设备重新进行建立。
6. 当过去那台主动设备完成重启之后，会扮演从动设备的角色。管理员可以使用同一个虚拟集群 IP 地址来通过新的主动设备对集群进行管理。

2. 不支持的特性

在本书创作之时，集群尚不支持下列特性。

- Unified Communication Security（统一通信安全特性）：包括 Phone Proxy、Intercompany Media Engine 以及其他需要通过 TLS Proxy 来实现的特性。
- Auto Update Server（自动更新服务器）：在 Cisco Security Manager 4.4 及后续版本中，可以使用 Image Manager 特性。
- Remote-access VPN（远程访问 VPN）：包括 SSL VPN、无客户端 SSL VPN、IPSec IKEv1 和 IKEv2 远程访问会话，以及 VPN 负载分担。
- DHCP functionality（DHCP 功能）：包括本地 DHCP 客户端、DHCPD 服务器、DHCP 代理特性和 DHCP 中继特性。
- Advanced application inspection（高级应用监控）：包括 CTIQBE、GTP、H.323、H.225、H.323、RAS、MGCP、MMP、RTSP、ScanSafe、SIP、Skinny、WAAS 监控引擎、Botnet Traffic Filter（僵尸流量过滤）和 Web Cache Control Protocol（WCCP，网页缓存控制协议）。

即使特性许可证仍然有效，这些特性的所有配置和监测命令在ASA集群中都会被禁用。管理员必须清除所有集群所不支持特性的配置，然后再启用集群特性。同时，也要通过 **activation-key** *temporary-key* **deactivate** 命令来反激活那些临时的许可证密钥。

3. 集群许可证

对于集群成员而言，只存在下面这些许可证方面的限制。

- 每台 ASA 5580 和 ASA 5585-X 设备必须独立启用 Cluster 特性。
- 每台 ASA 5512-X 设备都必须安装了 Security Plus 许可证。
- 所有参与集群，而且安装了 SSP-10 和 SSP-20 的 ASA 5585-X 都必须安装有 Base 许可证或者 Security Plus 许可证，而且具体使用的许可证必须相同。许可证必须匹配是因为所有集群成员的 10GE I/O 状态必须相同。
- 所有集群成员的 Encryption 3DES-AES 许可证的状态必须相同。

所有其他通过许可证授权的特性和功能都可以组合起来，形成一个可供集群使用的授权特性集。读者可以参考第 3 章的“故障倒换和集群中的组合许可证”一节，以便了解集群中许可证汇聚规则的详细内容。虽然那些提供集群所不支持特性的许可证也可以组合起来，但是这并不能扩展集群的功能。

16.4.3 控制与数据接口

集群成员需要通过一条专用的集群控制链路来与对等体设备进行通信，这一点和故障倒换链路有些类似。所有成员的集群控制链路都会与一个独立的子网相连，这个子网不能与任何生产网络相重合，更不能用来传输其他的流量。集群控制链路不能使用背对背的连接，它们必须通过中间交换机来连接。每个集群成员都需要拥有这个独立子网中的 IP 地址，也需要与所有其他成员之间在 2 层是相邻的。集群成员需要通过控制链路来执行下面的操作。

- **主动单元发现与初始化协商**：在启动活启用特性时，每台设备都会尝试通过集群控制链路来发现当前的主动单元。如果存在主动单元，新成员就会尝试加入集群并且与其他单元之间建立控制通信。如果不存在主动单元，其他单元之间就会通过选举，判断出由谁来承担主动单元的工作。
- **健康监测**：集群中的每个成员都会监测集群控制链路的状态，以判断自己是否应该继续在集群中。如果控制链路断开，成员就会立刻禁用集群特性。要想避免流量出现中断，管理员就应该尽一切可能保护集群控制链路。集群成员也会使用这条链路来周期性地交换保活消息，并将本地数据接口的工作状态与其他设备的接口状态进行比较。读者可以参照本章稍后部分的“集群健康监测”一节，来了解这项功能的具体信息。
- **从主动设备到从动设备的配置同步**：在主动单元上对整个集群进行配置时，配置命令也会使用集群控制链路复制到所有从动单元上。管理员也可以在主动设备上输入命令 **cluster exec**，来查看集群中其他设备 **show** 命令的输出信息。所有集群成员都会在本地运行所需的命令，并且通过集群控制链路将输出信息发回给主动单元。
- **集中式资源分配**：某些类型的连接和特性需要各个成员设备先从主动单元那里请求某些资源，然后才能开始处理连接。例如，主动单元会通过集群控制链路将动态 PAT 池分配给各个从动单元，并以集中的方式管理所有动态一对一的 NAT 转换。

- **数据流更新**：处理数据流的设备需要使用集群控制链路来更新流量导航设备。在使用某些会创建第二条数据连接的应用监控引擎时，负责处理流量的设备也会将这些信息复制给所有其他成员。
- **查询流量处理设备与数据包重定向**：转发设备会使用集群控制链路来向流量导航设备查询，谁是负责处理流量的设备。接下来，转发设备就会通过集群控制连接将这条连接所有后续的数据包重定向给流量处理设备。同样，每台设备会将属于集中式特性和应用的数据包通过控制链路重定向给集群主动单元。

管理员可以指定一个共享密钥来对所有集群链路中的配置和控制消息进行加密。集群中所有成员的密钥都必须相互匹配。加密并不会应用于那些重定向的数据包，这类数据包还是会以明文的形式进行传输。

管理员必须在所有集群成员上使用同一个专用的物理接口来连接控制链路。例如，如果管理员在某个设备单元上使用的控制链路接口是 TenGigabitEthernet0/6，那就不能在另一个设备单元上使用 TenGigabitEthernet0/7。集群控制链路必须使用专用的物理接口；因此管理员此时既不能使用子接口，也不能与其他控制数据接口共用同一个接口。由于这条链路同时支持集群的内部控制平面和数据平面，并且按照下面的标准来对集群提供保护和限制。

- **将多个物理接口绑定为一个 EtherChannel，以提供冗余并汇聚带宽**：由于集群控制链路转发的流量远远多于故障倒换控制链路转发的流量，因此这里不能采用冗余接口。管理员可以静态配置一个绑定的 EtherChannel，以降低网络的复杂程度，或者通过 LACP 更快检测出接口出现故障。在每个成员设备上，集群控制链路使用的都必须是本地的 EtherChannel，虽然跨集群成员的 EtherChannel 可以充当数据链路传输接口，但集群控制链路的接口绝不能跨越多个集群成员。
- **将带宽与各个集群成员的最大允许转发性能相匹配**：这里指的是由某一个单元充当所有入站流量转发设备的这种最糟糕的情况。转发设备会通过集群控制链路将所有入站数据包重定向给处理该流量的设备，因此管理员一定要确保它的链路带宽不会构成瓶颈。如果部署的设备是安装 SSP-60 的 ASA 5585-X，那么每个成员设备可以处理最多 20Gbit/s 的多协议流量。因此，至少需要给每个单元指定至少 2 条 10-GigabitEthernet 接口来作为集群控制链路。
- **将 IP MTU 设置得比所有数据接口大 100 字节**：集群成员会给所有数据包添加一个专用头部，然后再将它们通过集群控制链路重定向给其他设备。如果原始数据包的 IP 负载已经达到 MTU 值，那么添加新的头部就会导致集群控制链路上出现分片。这会影响穿越集群的不对称连接的性能。如果所有数据接口的最大 MTU 值为 1500 字节，可以通过命令 **jumbo-frame reservation** 启用巨型帧，并且在主动单元上通过命令 **mtu cluster 1600** 来将集群控制链路的 MTU 值提升到至少 1600 字节。切记，管理员如果提升了集群的 MTU 值，那就也需要提升相邻交换机端口的 MTU 值。
- **在集群控制链路 VLAN 禁用 STP**：如果希望集群更快收敛，可以在独立的集群控制网络上禁用 STP，或者在对应的交换机上接口上配置 STP PortFast 模式。

如果将集群连接到一个 VSS 或者 vPC 交换机系统，可以为了提供冗余而在两台机框之间提供多条的集群控制链路。例如，每台 ASA 都应用用一个物理接口连接到 vPC 对中的一台 Nexus 7000 交换机。每个接口对都会绑定为一条 EtherChannel 来建立集群控制链路。

每个独立的集群控制链路都必须处于同一个 VLAN 中。图 16-14 显示了一个由两个 ASA 单元组成的集群建立这类连接的示例。管理员不能将集群控制链路 EtherChannel 的各个接口分别连接到 2 台或多台独立的交换机。

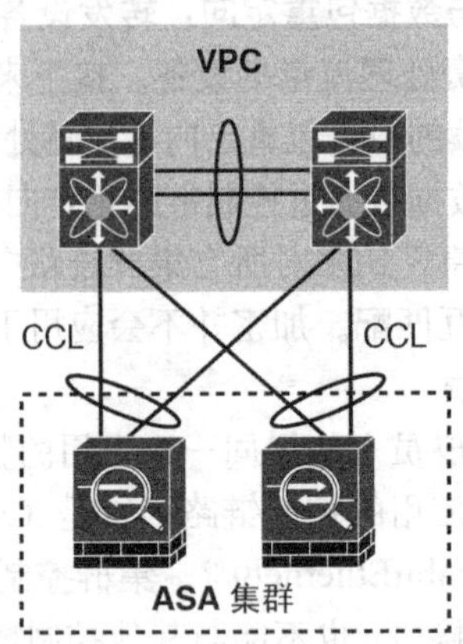

图 16-14 vPC 中的集群控制链路连接

在 ASA 9.1(4)之前的版本中，由于延迟方面的限制，集群控制链路并不支持长距离连接。在 ASA 9.1(4)及其后的版本中，ASA 集群特性开始支持集群成员分布在不同地理位置的设计方案，也支持远程距离集群控制链路连接。在这种设计方案中，2 个集群成员之间最大可接受的单向延迟为 10 毫秒。在所有设计方案中，集群成员都不希望集群控制链路上出现数据包重排序或者丢包的情况。

在配置集群之前，管理员必须选择整个集群的数据接口模式。如果工作在多虚拟防火墙模式下，那么管理员在这里所作的选择会应用到所有虚拟防火墙。由于操作方式有所不同，所以管理员在修改模式之前必须完全清除所有数据接口中的 IP 地址信息。要想实现最好的结果，管理员在选择或修改接口模式之前，需要通过命令 **clear configure all** 来清除 ASA 的配置。集群支持两种模式的数据接口连接。

- Spanned EtherChannel：在这种模式下，所有集群成员的多个物理接口都会组成一个在集群范围扩展的 EtherChannel 连接充当逻辑数据接口。例如，管理员可以将每台 ASA 的 TenGigabitEthernet0/6 接口组成一个 EtherChannel 来充当内部接口。同理，管理员也可以将每台 ASA 的 TenGigabitEthernet0/7 接口组成一个外部 EtherChannel。所有这个接口组中的接口都共享同一个集群虚拟 IP 和 MAC 地址。相邻的交换机可以将集群看成一个逻辑单元，它们会使用标准 EtherChannel 散列值来对入站流量提供无状态化的负载分担。这个接口既可以支持路由防火墙模式，也可以支持透明防火墙模式。
- Individual：在这种模式下，每个集群成员在外部网络看来都是一台独立的设备。每个单元的数据接口都会使用独立的 IP 地址和 MAC 地址。管理员还是可以将多个物理接口绑定为 EtherChannel，但这些绑定的接口组只是这个单元本地的组合接口。例如，每个集群成员上的 TenGigabitEthernet0/6 和 TenGigabitEthernet0/7 都可以绑定为独立的内部 EtherChannel。虽然这些 EtherChannel 都连接到同一个网段，但入站数据包会通过常规的路由到达每个单元的独立 IP 地址。在 Individual 模式下，集群会使用动态或基于策略的静态路由来跨集群对流量进行负载分担。在这种模式下，只能将防火墙配置为路由模式。

1. Spanned EtherChannel 模式

Spanned EtherChannel 接口可以进行静态绑定，或者通过集群 LACP（cLACP）进行绑定。如果使用 cLACP，那么在 ASA 9.0(1)版本中，每条数据 EtherChannel 支持 8 个主用链路和 8 个备用链路，而在 ASA 9.2(1)及后续版本中，则最多可以支持 32 条主用链路。如果使用跨集群 EtherChannel 中的备用接口，将 ASA 集群与一个 VSS 或 vPC 交换机对相连，管理员可以指定用每个集群成员的哪个物理接口，连接到逻辑对中的哪个交换机机框。有了这种信息，cLACP 可以用智能的方式，通过交换机机框间的 8 条活动数据 EtherChannel 链路来分发流量负载。如果在 ASA 9.2(1)及后续版本中，管理员在一个跨集群 EtherChannel 中使用了超过 8 个主用接口，需要启用 cLACP 静态端口优先级来禁用这个特性。管理员需要保证这些集群 EtherChannel 所连接的交换机支持更多成员端口。

每个跨集群成员的 EtherChannel 都支持 VLAN 子接口，并可以用它来充当常规接口。在“单臂防火墙”模型中，所有数据流量都会穿越一个（配置为 VLAN Trunk 的）跨集群成员的 EtherChannel。在这个设计方案中，每个逻辑数据接口（如 inside 接口和 outside 接口）都会在同一个 Trunk 上使用独立的 VLAN 标识符。

每个逻辑数据接口都有一对集群虚拟 IP 和 MAC 地址。所有单元都会响应请求这些 IP 地址的 ARP 消息，并负责处理去往这个虚拟 MAC 地址的流量。因此，ASA 集群可以充当冗余的第一跳路由器，来直接连接网络端点设备。在默认情况下，集群会将主动接口上所烧录的那些 MAC 地址用于所有跨集群成员的数据 EtherChannel。当另一个单元成为主动单元时，地址就会更改。管理员一定要通过 **mac-address** 命令在每个数据接口上配置集群的虚拟 MA 地址，因为这样可以减少主动角色变化时对流量转发构成的不良影响。

图 16-15 所示为一个 Spanned EtherChannel 模式下的两单元集群。在本例中，内部接口和外部接口使用的是两个独立的跨集群成员 EtherChannel。这种接口会连接到 2 台不同的 Nexus 7000 vPC 对；管理员也可以在同一对 vPC 交换机对上使用 2 个不同的 VDC（虚拟设备虚拟防火墙）。两个集群成员上的 TenGigabitEthernet0/6 和 TenGigabitEthernet0/7 接口绑定为了内部 EtherChannel，所有成员都会响应发往虚拟 IP 地址 192.168.1.1 的流量。TenGigabitEthernet0/8 和 TenGigabitEthernet0/9 接口绑定为了外部 EtherChannel，其虚拟 IP 地址为 172.16.125.1。

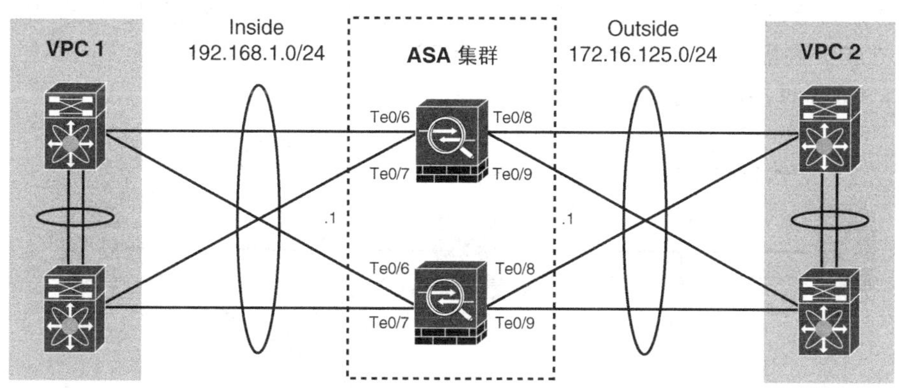

图 16-15 Spanned EtherChannel 模式下的集群连接

当管理员向集群中添加新的成员时，它们的接口就会无缝绑定为数据 EtherChannel，并且开始响应集群的虚拟 IP 和 MAC 地址。相邻的交换机会使用常规的 EtherChannel 散列算法来对当前跨越更多成员端口的流量执行负载分担。同理，由那些已经从集群中移除的成员所处理的流量也会在其他单元之间无缝重新执行负载分担。因为 Spanned EtherChannel 能够在第一跳冗余中透明添加和移除集群成员这种功能，因此这种模式是部署集群特性的首选。

在 ASA 9.2(1)之前，跨集群成员的 EtherChannel 要求所有成员接口连接到同一台物理交换机、同一个逻辑 VSS 或同一个 vPC 交换对。从 ASA 9.2(1)版本开始，管理员可以部署长距离集群，跨集群成员的 EtherChannel 中的接口也可以连接到不同的逻辑交换机上。此时，在交换机一侧要防止这个数据 EtherChannel 的不同部分之间存在 2 层连接，否则就有可能出现转发环路。

在管理员配置 Spanned EtherChannel 集群让其参与动态路由协议时，只有主动单元会与其他设备建立路由邻接关系。所有从动设备会与主动设备之间同步路由表。与故障倒换类似的是，当原主动设备出现故障，或者被管理员手动剥夺了主动身份，新的主动设备必须与邻居重新建立邻接关系。原本通过集群进行转发的常规流量，还会继续使用缓存的路由表进行转发，直到邻接关系重新建立起来为止。

2. Individual 模式

除了虚拟集群 IP 地址之外，工作在 Individual 模式下的数据接口需要一个 IP 地址池。这个地址池中包含的地址数量应该能够满足所有集群成员所需。集群主动设备负责通过管理连接响应这个虚拟 IP 地址。所有单元都会从这个池中接收地址，以便转发数据，因此主动设备上的每个工作在这个模式下的接口都会拥有 2 个 IP 地址。管理员也可以通过相似的方式定义 MAC 地址池，但在默认情况下，这些单元会使用自己烧录的地址。由于在这种模式下，每个 ASA 都会分别处理流量，所以管理员并不需要在所有数据接口上配置虚拟 MAC 地址。

图 16-16 显示了 Individual 接口模式下的一个由 2 个成员组成的集群。主用单元上的 TenGigabitEthernet0/6 和 TenGigabitEthernet0/7 被绑定为了一个本地 EtherChannel。由于集群中所有单元共享相同的配置，主用单元也要将相同的接口绑定为一个本地 EtherChannel。这些 EtherChannel 链路都连接到内部网络。主动单元的虚拟 IP 地址为 192.168.1.1，在内部分配给单元的 IP 地址为 192.168.1.2，而从动单元会在这个接口对 IP 地址 192.168.1.3 的 IP 地址进行响应。虚拟 IP 地址 192.168.1.1 会随着主动单元的身份迁移，其他 IP 地址则由主动设备从地址池中分配给各个单元。相邻的内部端点会将这两个集群成员看成相互独立的下一跳设备——尽管这两台设备的配置相同。外部网段也用相同的方式分别配置了 172.16.125.1、172.16.125.2 和 172.16.125.3。例 16-16 显示了外部 EtherChannel 接口上的配置。

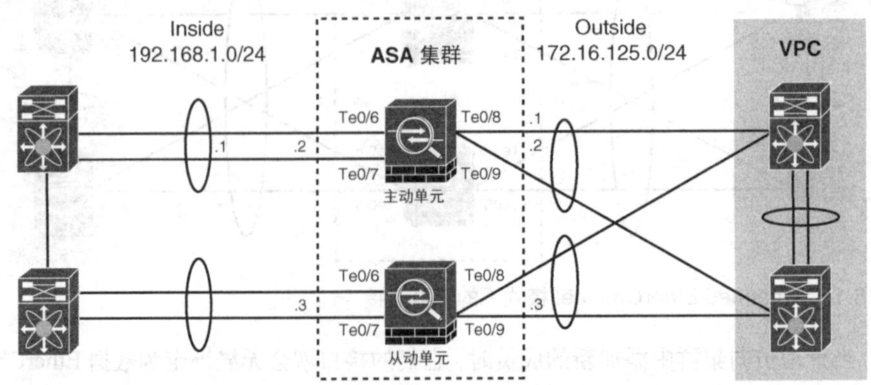

图 16-16 Individual 模式下的集群连接

例 16-16 Individual 模式下的 ASA EtherChannel 配置

```
ip local pool OUTSIDE 172.16.125.2-172.16.125.3
!
interface Port-channel1
 nameif outside
 security-level 0
 ip address 172.16.125.1 255.255.255.0 cluster-pool OUTSIDE
```

在图 16-16 中，内部 ASA 接口与两台独立的物理交换机相连。在这个配置中，各个内部 EtherChannel 的两条链路都必须连接到同一台交换机上。由于外部 ASA 接口连接到了一个 vPC 交换对，因此为了提供冗余，每个本地 EtherChannel 都连接到了逻辑对中的两台物理交换机。

在 Individual 模式的集群下，管理员有两种方法可以对发往外部设备的流量执行流量负载分担。

- **策略路由（PBR）**：使用静态 route map，通过 IP 和传输端口信息将连接分发给不同的集群成员。管理员可以使用访问控制列表（ACL）根据 IP 和端口信息来分离不同的流量负载。下游路由器会根据配置在各个集群数据接口上的 IP 地址池，来给每个数据包设置下一跳信息。对象追踪和 LSA 监测特性会检测出现故障的各个集群成员，并将它们从 PBR 池中移除出去。PBR 最大的弊端就是静态分配流量，也就是说管理员无法根据真实的负载来动态负载分担数据流。
- **多路径等价开销（ECMP）**：使用静态或动态路由来根据 IP 和端口号的散列值，对去往多个集群成员的流量进行负载分担。下游路由器往往会以流量为单位执行负载分担，因此所有同一条连接中的数据包都会到达同一个集群成员。对象追踪和 SLA 监测特性会通过静态路由来检测集群单元的故障。当集群成员出现故障时，动态路由协议可以快速实现收敛。这种方法优于 PBR 的地方在于它可以在集群成员之间对入站连接进行负载分担。

在 Individual 接口模式下，流量负载分担无法为直连的端点设备提供第一跳冗余，复杂程度又很高，因此这是最不推荐用来部署集群的模式。

每个 Individual 模式的集群成员都会与邻接的设备建立独立的动态路由协议。这些成员永远不会与同一个网段中的其他单元建立对等体关系。由于所有 ASA 的数据接口都应该连接到同一个网络，因此整个集群中的路由表从理论上说都应该相互匹配。也有某些网络设计方案可能会利用这种灵活性，将不同的单元通过同一个数据接口连接到不同的网络。切记，各个单元对应数据接口的配置都是相同的，IP 子网自然也相同。在 ASA 9.1(4)开始，系统才支持上述这种不连续的设计方案。

3. 集群管理

管理员可以使用任意数据接口来连接集群，对其进行管理。由于只能在主动单元上修改配置，因此无论使用 Spanned EtherChannel 模式还是 Individual 模式，都一定要连接虚拟的集群 IP 地址。管理员可以使用带外管理网络，确保即使与该接口的连接断开，自己依旧可以访问集群。

管理员可以通过命令 **management-only** 启用一个专用的管理接口。即使集群工作在 Spanned EtherChannel 模式下，管理员也可以用地址池来给这个接口配置独立的 IP 地址。

因此管理员可以分别访问各个集群成员，来对其进行监测和排错（SNMP 轮询即为此例）。Spanned EtherChannel 模式下的专用管理接口无法参与动态路由，因此管理员必须为其配置静态路由。

每个集群成员会使用自己分配的接口 IP 地址来建立外部管理连接。在 Spanned EtherChannel 模式下，所有单元都会独立通过同一个虚拟 IP 地址创建系统日志消息和 NetFlow 消息，并通过路由表将它们通过最近的接口发送出去。管理员可以使用 **logging device-id** 来区分从不同集群成员接收到的系统日志消息。

16.4.4 集群健康监测

每个集群成员都会不断监测其集群控制连接接口的状态。如果集群控制链路断开，成员会自动关闭所有的数据接口，并且禁用集群特性。在出现这种事件之后，管理员必须手动重新启用集群特性，即使失效成员的集群控制链路恢复也应如此。

在默认情况下，所有单元都会在集群控制链路上每秒广播一次保活消息。这个时间间隔会被设置为管理员所配置的健康校验保持时间的 1/3，而默认的保持时间为 3 秒。如果将保持时间设置为最低值 800 毫秒，那么每个单元都会每 266ms 创建一次保活消息。保持时间可以决定集群多快能够检测到有单元出现了故障。保持时间越低，在成员出现故障时，集群重新收敛的时间也就越快，但是这也会导致尚可以正常工作的集群成员在过高流量时从集群中被移除出去。

集群成员会通过这些保活消息达到下面这些目的。

- **对单元的健康进行监测**：主动设备在从集群 3 次相继丢失保活消息之后将从动设备从集群中移除出去。如果从动设备没有从主动设备那里接收到保活消息，它可以检测到新的主动设备，它们会选举出一台新的主动设备，并且将原来的主动单元从集群中移除出去。
- **对接口进行间隔**：每个单元都会监测数据接口的状态，并且将该信息与所有其他集群成员进行比较，接口测试包括在各种接口模式下对接口的链路状态进行简单的校验，以及校验 Spanned EtherChannel 模式下的 cLACP 绑定状态。如果管理员在 ASA 5500-X 和 ASA 5585-X 设备中安装了硬件或软件 IPS 特性模块，那么每个集群成员也都会监测和比较模块的状态。如果有一个单元检测到接口或模块出现故障，同时至少还有另一个集群成员则报告该接口或模块的状态正常，那么出现故障的那台 ASA 会关闭所有数据接口，并禁用集群特性。这个单元会在 5 分钟后尝试自动重新启用集群。如果数据接口或模块故障的问题依然存在，那么 10 分钟中设备会再次尝试重新加入集群。20 分钟后，设备会最后一次尝试重新加入集群。在 3 次自动重新加入集群的尝试均告失败之后，管理员就需要手动重启集群特性了。

只有出现下面这三种情况时，管理员才可以考虑在集群配置模式下，通过 **no health-check** 这条命令来禁用保活消息：

- 添加或删除集群成员时；
- 修改数据接口时；
- 在 ASA 5585-X 设备上添加或移除 IP SSP 时。

这一步可以将出现误报检测事件并因此导致流量中断的几率降至最低。管理员一定要保证在修改之后，重新启用了集群健康校验。

16.4.5 网络地址转换

集群支持所有模式的网络地址转换（NAT）和端口地址转换（PAT）。

- **静态 NAT 和 PAT**：每个单元都会根据本地的配置来对数据包执行地址转换。由于静态转换不会因为系统的正常工作而出现变化，因此集群成员也就不需要为这类连接交换或维护其他的数据。
- **动态 NAT**：集群的主动单元必须在其他单元进行请求时创建转换条目。创建连接时，处理数据流的单元会向主动设备发送请求消息。主动单元会将转换信息发送给集群中的所有单元。通过这种方式，转发设备就可以对响应数据包进行逆向转换，而不需要再次向主动单元发送查询消息。
- **动态 PAT**：集群主动设备会将动态 PAT 池中的 IP 地址平均分配给所有成员。每台数据流处理设备都会从本地池中创建转换条目，并成为负责执行转换的设备。另一个单元则会维护一个备份转换条目，以防最初负责执行转换的设备出现故障。每个单元都会将 PAT 条目指派给新的连接，直到可用端口和地址耗尽为止；此后的连接都无法建立。管理员需要配置足够的 PAT IP 地址数量，以便分配给所有集群成员。主动设备不会考虑各个单元的实际负载，只会平均地分配 PAT 地址池。在这个列表后面，系统会给每条动态会话和多会话转换提供额外的消息。
- **接口 PAT**：只适用于 Spanned EtherChannel 模式。由于在该模式下，主动单元会控制集群虚拟 IP 地址，因此所有使用接口 PAT 的连接都会成为集中式管理的连接。为了性能和扩展性考虑，管理员要尽可能避免使用接口 PAT。

默认情况下，在 ASA 9.0(1)及其后的版本中，所有动态 PAT 条目都会对下列类型的连接使用新的模型，即针对不同会话建立不同条目的模型：

- IPv4 和 IPv6 TCP 连接；
- IPv4 和 IPv6 的基于 UDP 的 DNS（端口号为 53）。

在这个模型中，当底层的连接关闭时，转换条目立刻就会断开。这种行为适用于绝大多数的协议，如 HTTP 或 HTTPS。其他连接的动态 PAT 条目会使用传统的多会话模型，在这种模型中，在所有底层连接都关闭之后，转换还是可用的。管理员可以使用命令 **timeout pat-xlate** 将空闲超时时间修改为 30 秒之外的其他数值。多会话转换行为对于某些应用来说是必要的，也就是那些用同样的套接字来发起多条双向连接的应用。这类连接包括对等体到对等体的 VoIP 会话。

例 16-17 所示为默认的针对不同会话的转换配置。管理员可以通过命令 **xlate per-session deny** 来将列表中的某些连接排除出去，也可以通过命令 **xlate per-session permit** 添加某些类型的连接。

例 16-17 默认的针对不同会话的 PAT 转换配置

```
xlate per-session permit tcp any4 any4
xlate per-session permit tcp any4 any6
xlate per-session permit tcp any6 any4
xlate per-session permit tcp any6 any6
xlate per-session permit udp any4 any4 eq domain
xlate per-session permit udp any4 any6 eq domain
xlate per-session permit udp any6 any4 eq domain
xlate per-session permit udp any6 any6 eq domain
```

只有针对不同会话发起动态PAT连接的方式，才可以利用分布式集群处理的优势。主动单元必须处理所有使用多会话动态PAT的连接，因此这种流量会成为集中式的数据流。如果大多数应用都需要多会话动态转换，那么集群的主动单元就有可能在其他单元之前耗尽分配给它的动态PAT地址。管理员此时就需要相应增加总的动态PAT池。

16.4.6 性能

在处理少部分流量和对称路由的流量时，集群可以提供最佳的吞吐量。外部负载分担机制应该努力交付去往数据包处理设备的流量，而不是通过流量转发设备来实现。为了做到这一点，管理员应该遵循下面的指导方针。

- **使用Spanned EtherChannel模式**：可预测的EtherChannel散列算法可以保证数据流在邻接交换机上是对称的。管理员对所有数据接口使用一条VLAN Trunk连接可以从根本上确保流量是对称的。如果将跨越多个集群成员的数据EtherChannel连接到不同的交换机，那就要确保EtherChannel负载分担算法匹配所有这些交换机。在Individual接口模式下使用PBR和ECMP也可以保证数据流的对称性，但管理员要执行的配置往往会更加复杂。
- **避免使用NAT**：NAT和PAT会让同一组数据流在不同方向上出现不对称的情况，因为数据包封装真实头部和转换后头部时，IP和传输端口的信息通过散列算法会计算出不同的数值。NAT会大大减少集群的流量转发性能，因为流量不仅不对称，而且系统需要处理动态转换的头部。
- **少用集中式特性**：集群的最大优势在于，它可以将流量处理的负担分散给多个物理设备。而集中式特性则完全需要通过主动设备进行处理，而所有相关的连接都必须通过这台ASA。如果绝大多数穿越集群的连接都是集中式的，那么集群的性能也会因此减少到相当于只有一台设备的水平。

1. 集中式特性

对于下列这些集中式的功能，主动单元会处理所有入站数据包，并创建所有出站数据包：

- 路由模式下的PIM和IGMP协议；
- Spanned EtherChannel模式下的RIP、EIGRP和OSPF；
- 站点到站点的IPSec隧道协商与终端；
- 直通代理的AAA服务器连接。

从动设备会将属于下列这些集中式特性的连接重定向到主动设备。

- **高级应用监控特性**：包括所有与DCERPC、ESMTP、IM、NetBIOS、PPTP、RADIUS、RSH、SNMP、SQL*Net、Sun RPC、TFTP和XDMCP监控引擎相匹配的流量（除RADIUS之外，所有这些特性都已经在第13章中进行了介绍）。在底层连接匹配直通代理的情况下，FTP监控引擎是唯一一个集中式的特性。URL过滤也是集中式的特性。
- **站点到站点VPN**：包括所有通过VPN隧道穿越设备或发往设备的流量。
- **组播数据包**：只适用于Individual接口模式下的组播数据流。而在Spanned EtherChannel模式下，这些数据连接依旧是分布式的。

如果在集群中配置了IPS策略，那么所有集群成员都会独立将流量重定向到本地模块。

与故障倒换类似的是，不同集群成员中的 IPS 模块之间并不会共享这些配置，也不会共享 IPS 相关的状态化连接表。

2. 扩展系数

在常见的情况下，集群的转发能力与集群成员中各成员转发能力之和的比例如下所示。

- **吞吐量 70%**：集群总的吞吐量大概是各成员最大吞吐量之和的 70%。例如，安装 SSP-60 模块的 ASA 5585-X 可以传输约 20Gbit/s 的多协议流量。如果将两台以上这样的防火墙组合成一个集群，组合的多协议吞吐量平均为 28Gbit/s。如果将集群成员的数量扩展为 16 台，那么这个数值就会增加到 224Gbit/s。如果流量完全对称，扩展系数最高可达 100%。如果所用连接都使用 NAT，那么这个系数也会比 70%低得多。
- **最大连接条目 60%**：由于集群成员会维护另一个末节连接条目，因此每个设备真正的最大连接数量会下降约四成。一台安装了 SSP-60 模块的 ASA 5585-X 最多可以处理 1000 万条状态化连接，而这样一台设备如果充当集群中的一个成员，它则可以处理大约 600 万条状态化连接。如果一个集群中有 16 台这样的设备，可以处理的连接数则可以多达 9600 万条。
- **最大连接创建速率 50%**：由于在创建数据流时，还有一些其他的任务需要执行，因此集群成员每秒创建的连接比单独工作时要少得多。一台安装 SSP-60 的 ASA 5585-X 每秒可以创建大约 350000 条连接。如果这台设备工作在一个集群当中，它每秒可以创建的连接则大约为 175000 条。如果一个集群中部署了 16 台这样的设备，那么总的最大连接创建速率可以达每秒 280 万条。

16.4.7 数据流

根据连接类型和外部负载分担的不同，可以将穿越集群的数据流分类以下几大类。

- **TCP 连接**：对于真正的状态化 TCP 连接，其中所有的数据包都会穿越处理它的那台设备。在默认情况下，处理它的设备会通过一种序列号记录机制将自己的身份插入到初始的 TCP SYN 字段中。如果响应数据包达到的是另一台设备，那么流量转发设备不用向数据流导航设备查询，就可以通过 TCP SYN ACK 数据包判断出谁是负责处理该数据包的设备。要让这个机制能够正常工作，必须启用随机生成序列号的特性。
- **UDP 和其他伪状态化连接**：与 TCP 的相似之处在于，负责处理数据流的设备也必须处理这个连接中的数据包。由于非 TCP 连接不存在序列号记录机制，因此负责处理数据包的设备和转发设备都必须在接收到这组数据流的第一个数据包之后，向导航设备进行查询。
- **集中式连接**：主动设备必须处理所有集中化特性的数据包。对于这类流量，其他设备则只能充当转发设备。
- **单向连接**：诸如 GRE 这样的连接并不需要双向状态追踪。这类连接可能会由不同的单元进行处理，并且在本地将数据包转发出去。

1. TCP 连接处理

图 16-17 显示了一条穿越集群的 TCP 连接的数据包流量。

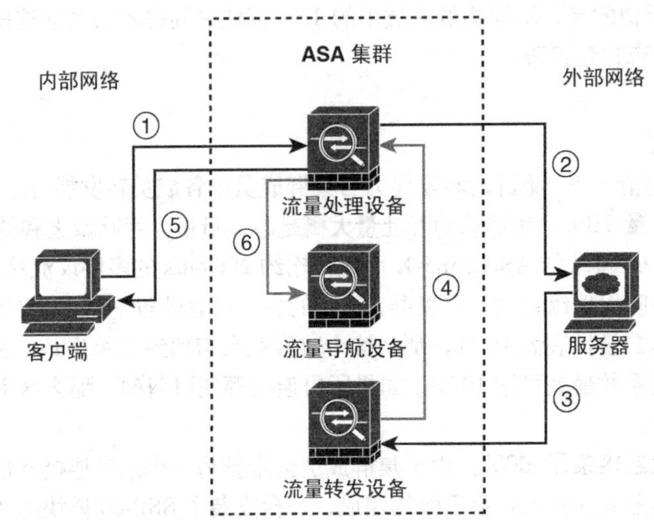

图 16-17 集群中 TCP 连接的数据流

图 16-17 中会发生下列事件。

1. 一台内部的客户端通过 ASA 集群向外部服务器发送一条 TCP SYN 数据包。其中一个成员设备接收到了这个数据包。
2. 由于这是一条新建 TCP 连接中的首个数据包，因此接收到它的设备就会成为它的处理设备。它会评估配置的安全策略，并且创建新的连接。数据包处理设备会通过序列号记录机制将自己的信息编码到 TCP SYN 数据包当中，然后再将它传输给服务器。
3. 服务器使用 TCP SYN ACK 数据包作出响应，并将响应数据包通过 ASA 集群发送给客户端。在理想状态下，这个响应消息会以对称的形式到达流量的处理设备。由于内部网络和外部网络负载分担机制的不同，或者由于 NAT 的缘故，数据包也有可能到达集群中的另一个成员设备。
4. 接收到数据包的成员对 TCP SYN ACK 数据包中的序列号记录数据进行解码，获得数据包处理设备的身份，于是这台设备也就变成数据包的转发设备。它会通过集群控制链路将数据包重定向给负责处理该数据流的设备。
5. 流量处理设备对数据包进行处理，然后将它发回给客户端。
6. 流量处理设备向流量导航设备发送一条状态化的更新消息。它会通过这组数据流的源目的 IP 地址及 TCP 端口号来计算流量导航设备的身份。数据流的导航设备会创建一条末节连接条目，并且将这组数据流的处理设备身份保存下来。

2. UDP 连接的处理方式

图 16-18 显示了一条穿越集群的 UDP 连接的数据包流量。

图 16-18 中会发生下列事件。

1. 一台内部的客户端通过 ASA 集群向服务器发送一个 UDP 数据包，用来新建一条连接。其中一个成员设备接收到了这个数据包。
2. 和 TCP 不同之处在于，UDP 并不会指出该数据包属于某条当前的连接，还是属于一条新建的连接。接收到数据包的设备会通过源目的 IP 地址和 UDP 端口信息来判断数据流的导航设备，并将通过集群控制链路发送一条查询消息，来查找负责处理这组数据的设备。

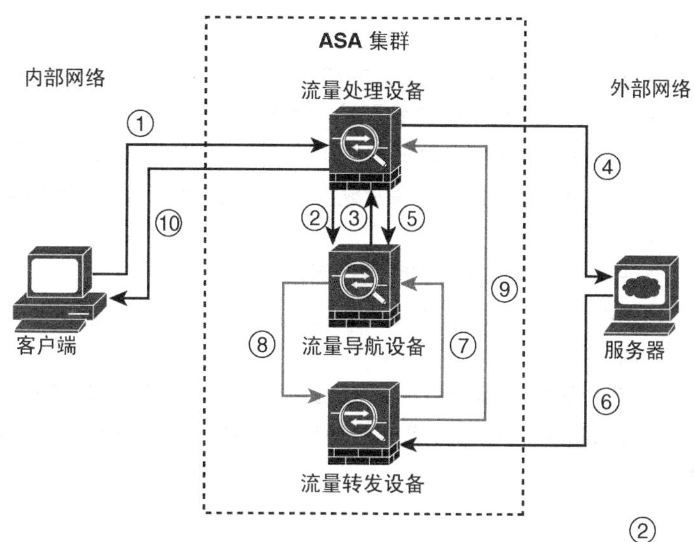

图 16-18 集群中 UDP 连接的数据流

3. 数据流导航设备并没有现成的流量条目，因此它会让接收方负责处理这组数据流。
4. 新的流量处理设备根据配置的策略来创建连接，并且将数据包发送给服务器。
5. 数据流处理设备向数据流导航设备更新连接的状态。
6. 服务器对客户端作出响应。由于流量是不对称的，因此响应的消息到了集群中的另一个成员设备。
7. 接收到流量的成员从数据信息中计算导航设备的身份，并通过集群控制链路发送一条查询消息，查询数据流的处理设备。
8. 数据流导航设备告诉接收方谁是这组数据流的处理设备。
9. 接收方变成流量转发设备，将响应数据包通过集群控制链路重定向给导航设备所指出的流量处理设备。
10. 最初的处理设备处理响应消息，并且将它发送给客户端。

3. 集中式连接处理

图 16-19 显示了一条穿越集群的集中式连接的数据包流量。

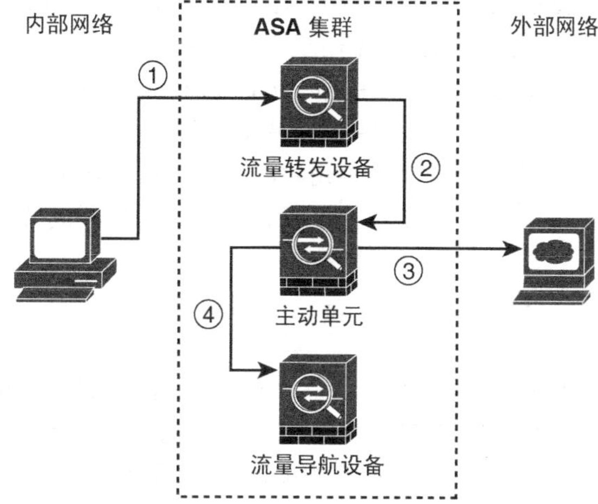

图 16-19 集群中集中式连接的数据流

图16-19中会发生下列事件。

1. 内部主机通过ASA集群向外部主机发送一个数据包。这也可以是一个去往集群的管理数据包。其中一个成员设备接收到了这个数据包。
2. 接收方根据本地配置，判断出数据包属于一个集中式的特性。集群主动设备必须负责处理所有这类连接，因此接收方就会变成流量的转发设备，并通过集群控制链路将数据包重定向出去。
3. 主动单元处理该数据包，并将它转发给目的地址。
4. 对于非管理类的连接，集群主动设备会判断出该数据包的流量导航设备，并发送一条状态化流量更新。

管理员可以使用命令 **cluster master** 来修改当前负责处理所有集中式连接的主动单元。在当前主动设备上禁用集群特性或者重启主动当设备，就可以将绝大多数集中式连接发送给另一个单元。

16.4.8 状态转换

在管理员配置ASA集群特性时，或者在当前集群成员重启时，设备会经历下面这些步骤，然后才会启用自己的数据接口。

1. 过渡到Election状态，并且尝试用45秒的时间通过集群控制链路发现当前的主动设备。与故障倒换类似的是，当STP在其集群控制接口上收敛的阶段中，这个延迟也可以防止这个单元成为主动设备。如果将所有与集群控制链路相连的交换机端口都禁用STP或启用STP PortFast，可以加速主动设备的检测过程。
2. 如果当前主动设备作出了响应，这台设备就会进入Slave Cold状态，并且从主动设备那里请求集群的配置。主动设备每次只能对一台集群成员进行响应，因此当前的成员此时有可能就会过渡到On Call状态，直到主动设备可以继续处理为止。此后，设备会在Slave Config状态下进行配置同步。其他的集群操作信息会在Slave Bulk Sync阶段进行同步。在接收到所有的必要信息，并且根据当前配置设置了相应的IP和MAC地址之后，这个单元就会启动自己的数据包，并且开始在Slave状态下处理正常的流量信息。如果协商阶段出现了任何问题，这个单元都有可能会过渡到Disabled状态。
3. 如果没有主动设备，所有集群单元都会在Election阶段选择主动设备。在所有配置了集群的设备中，数值最低的单元优先级最高，会赢得选举。如果有两台或者多台设备单元的优先级相同，则会通过单元的名称和序列号值来判断有谁出任主动设备。胜选的设备会过渡到Master状态。被选举出来的主动设备会一直扮演这个角色，直至该单元出现故障或者重启。管理员也可以使用命令 **cluster master** 让另一台设备成为主动单元，但我们并不推荐这种做法，因为它会对集中式连接产生一些负面的效果。

当集群成员出现故障时，它就会禁用集群特性并且过渡到Disabled状态。读者可以参考“集群健康监测”一节中的内容，来了解出现故障的集群成员尝试重新加入集群时会出现何种情况。

16.4.9 配置集群

首先要在负责充当主动设备的那台单元上配置集群，然后再逐个将其他单元添加到集群当中。由于在集群中，很多配置因素都会出现变化，因此管理员需要在有预配的ASA上通过 **clear configure all** 命令来清除所有的配置。如果设备Flash中存有多个ASA镜像文件，还要确保清除配置之后，这些镜像文件的启动顺序也是正确的。在清除配置之后，管理员必须通过串行 Console 链路来选择集群的接口模式。如有必要，在这一步之后，管理员在部署单虚拟防火墙模式的集群时，可以通过命令 **firewall transpart** 让防火墙工作在透明防火墙模式下。接下来，管理员需要配置基本的管理设置。然后继续通过 ASDM 进行配置。管理员不能通过 SSH 或 Telnet 来启用集群特性。如果需要，管理员应该在开始配置后面的内容之前，将设备切换到多虚拟防火墙模式下。

下面是配置集群的先决条件。

- 指定一个专门的管理接口。在理想情况下，管理员应该用同一个接口来通过 ASDM 配置集群。
- 在使用 ASA 5580 和 ASA 5585-X 时，要保证所有集群成员上安装的 Cluster 许可证都是正确的。如果使用的是 ASA 5512-X，就要确保所有单元都安装了 Security Plus 许可证。所有成员上的 10GE I/O 和 Encryption-3DES-AES 许可证状态都应该相同（要么全都启用，要么全都禁用）。
- 选择一台或者多台独立的物理接口来充当集群控制链路。管理员要确保这些物理接口已经打开，打开接口既可以通过在命令行界面中输入 **no shutdown** 命令来实现，也可以通过在 ASDM 界面中找到 **Configuration > Device Setup > Interfaces** 面板，然后点击 **Edit** 对话框并勾选 **Enable Interface** 复选框。管理员应该尽量将多个物理接口绑定为一条集群控制链路 EtherChannel。如果使用了 VSS 或 vPC 逻辑交换机，那么每个集群中 EtherChannel 中的各个接口都应该同时连接到两台物理交换机，这样才能在最大程度上实现冗余。集群控制链路 EtherChannel 不能跨越多个集群单元，也不能从一台 ASA 连接到两台不同的独立交换机上。
- 找一个独立的 IP 子网来充当集群控制链路的子网。这个子网必须至少能够容纳最大数量的集群成员。这个子网不能与任何数据接口相重叠。如有可能，管理员应该尽可能使用独立的交换机或 VDC 来提供集群控制链路 VLAN。管理员可以在这个 VLAN 上禁用 STP，或者在所有端口上配置 STP PortFast。
- 通过命令 **jumbo-frame reservation** 启用巨型数据帧，然后重启这台设备。
- 选择使用 Spanned EtherChannel 模式还是 Individual 模式。由于不同模式的接口，配置命令也存在区别，因此如果管理员在事后修改接口的模式，那么不仅费力，而且耗时。
- 给所有数据接口配置虚拟 IP 地址。给专用的管理接口指定一个 IP 地址池。如果使用的模式为 Individual 模式，则需要给每个接口指定一个地址池。所有地址池都需要拥有足够多的地址来容纳最大数量的集群成员。
- 在 Spanned EtherChannel 模式下，管理员需要给每个数据 EtherChannel 链路指定虚拟的 MAC 地址。管理员也可以给所有逻辑数据接口配置虚拟 MAC 地址。在 Individual 模式下，管理员可以按照与创建 IP 地址池类似的方式，给各个数据接口创建 MAC 地址池。

1. 设置接口模式

在选择集群接口模式时，管理员必须使用命令行界面在各个集群成员上进行配置。如果想要使用 ASDM 来配置从动设备，管理员只需要在主动设备上设置接口模式即可。这一步必须通过串行 Console 连接来进行配置。如果使用的是多虚拟防火墙模式，则必须在系统虚拟防火墙下进行配置。完成该任务有下列三种方式：

- 输入命令 **cluster interface-mode** { **spanned** | **individual** }，然后根据提示进行操作。如果当前的配置中并不存在不兼容的内容，那么模式立刻就会切换。否则，ASA 就会弹出一个确认信息，询问是否清除当前的配置并且重启设备。例 16-18 所示为这样的提示信息，此时管理员正在试图启用 Individual 接口模式。

例 16-18 集群接口模式的选择

```
asa(config)# cluster interface-mode individual
WARNING: Current running configuration contains commands that are incompatible
with 'individual' mode.

 - You can choose to proceed, device configuration will be cleared, and a reboot
will be initiated.
 - You can use 'cluster interface-mode individual check-details' command to list
all of the running configuration elements that are incompatible with 'individual'
mode, remove these commands manually, and attempt the interface-mode change
again.
 - Or you can use command 'cluster interface-mode individual force' to force the
interface-mode change without validating compatibility of the running
configuration. Once the interface-mode is changed, you still need to resolve any
remaining configuration conflicts in order to be able to enable clustering.

WARNING: Do you want to proceed with changing the interface-mode, clear the
device configuration, and initiate a reboot?
 [confirm]
```

- 输入命令 **cluster interface-mode** { **spanned** | **individual** } **check-details** 来查看是哪些命令出现不兼容的问题，然后手动移除或者修改这些命令。然后再输入命令 **cluster interface-mode** { **spanned** | **individual** }设置接口的模式。
- 输入命令 **cluster interface-mode** { **spanned** | **individual** } **force** 直接设置接口模式，而不对配置进行校验。这一步只能在从动设备上进行配置，而从动设备也会立刻从主动设备上将完整的配置同步过来。永远不要在配置主动设备上采取这种做法。

ASA 会将集群接口模式设置保存在系统 Flash 中的一个保留区域中，因此它不会出现在运行配置文件或启动配置文件中。所以管理员必须使用 **show cluster interface-mode** 来查看当前的设置。

2. 部署 ASDM 的管理访问

ASDM 高可用性和扩展性向导（ASDM High Availability and Scalability Wizard）可以大大简化集群部署的过程。如果打算使用这个向导，那么管理员只需要在主动单元上选择接口的模式即可。ASDM 会连接到从动单元上，并且自动生成所需的设置。首先，管理员必须建立基本的连通性，并且通过下面的步骤来建立 ASDM 访问。

1. 由于主动单元上已经设置了集群接口模式，因此管理员需要通过命令 **ip local pool** 给专用管理接口创建一个 IP 地址池。一旦集群启动并且运行，就不要修改专用管理接口的地址池。我们之前介绍过，每个单元都会在管理接口上使用独立的 IP 地址，即使在 Spanned EtherChannel 模式下也是如此。剩下的基本配置还是一样。例 16-19 所示为主动单元上的配置。主动单元使用了虚拟集群 IP 和这个地址池中的第一个地址。

例 16-19 主动单元上的基本管理配置

```
ip local pool CLUSTER_MANAGEMENT 172.16.162.243-172.16.162.250
!
interface Management0/0
 description management interface
 management-only
 nameif mgmt
 security-level 0
 ip address 172.16.162.242 255.255.255.224 cluster-pool CLUSTER_MANAGEMENT
!
route mgmt 0.0.0.0 0.0.0.0 172.16.162.225 1
!
http server enable
http 0.0.0.0 0.0.0.0 mgmt
!
aaa authentication http console LOCAL
username cisco password cisco privilege 15
```

2. 管理员一般还需要在从动设备上配置专用的管理接口。这里可以使用与专用管理接口地址池相同的 IP 地址。在这一步中，管理员不需要在每台从动设备上都安装 ASDM 镜像文件。例 16-20 显示了允许 ASDM 访问从动设备的标准配置方式。

例 16-20 从动单元上的基本管理配置

```
interface Management0/0
 description management interface
 management-only
 nameif mgmt
 security-level 0
 ip address 172.16.162.244 255.255.255.224
!
route mgmt 0.0.0.0 0.0.0.0 172.16.162.225 1
!
http server enable
http 0.0.0.0 0.0.0.0 mgmt
!
aaa authentication http console LOCAL
username cisco password cisco privilege 15
```

一定要保证管理员可以通过 ASDM 连接到各个集群成员设备，然后再继续执行下面的配置。

3. 建立集群

连接到主动单元，从 **Wizard** 菜单中启动 **High Availability and Scalability Wizard**。执行下面的配置步骤。

1. 在 Configuration Type 界面中选择部署故障倒换还是集群。由于管理员已经配置了接口模式，因此 ASA Cluster 也就成了唯一可选的选项。在查看了基本的硬件和软件 ASA 信息和所选的接口模式之后，点击 **Next** 继续。
2. 在 ASA Cluster Options 界面中既可以配置新的集群，也可以将这个单元添加到一个已有的集群中。由于管理员正在配置的是主用单元，因此需要选择第一个选项 **Set Up a New ASA Cluster**，点击 **Next** 继续。

3. 在 ASA Cluster Mode 界面中确认当前选择的接口模式，这里也会显示一些与 Spanned EtherChannel 和 Individual 模式有关的信息。但通过 ASDM 不能修改接口的模式。在查看信息之后，点击 **Next** 继续进行配置。
4. 在 Interface 界面中修改一些基本的物理接口设置。如果之前尚未配置集群控制链路接口，可以点击 **Add EtherChannel Interface for Cluster Control Link** 按钮。点击 **Next** 继续进行配置。
5. 用 ASA Cluster Configuration 界面配置基本的集群设置。图 16-20 显示了配置的参数。

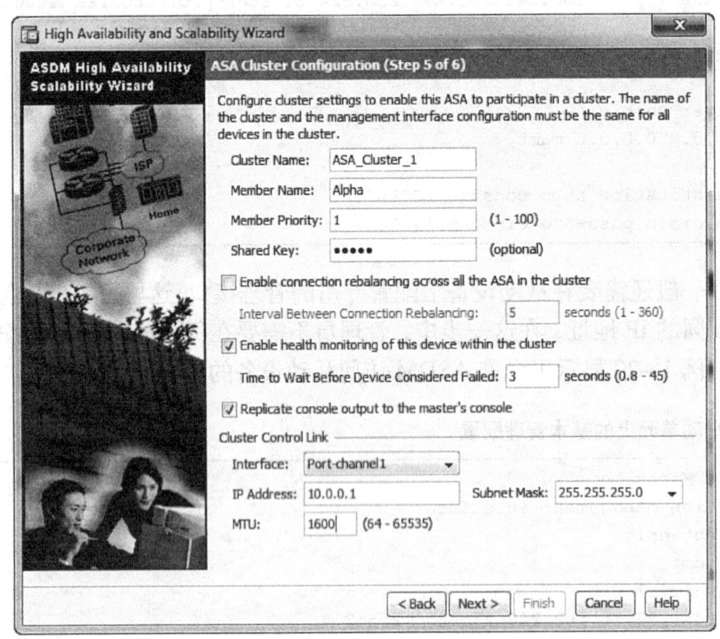

图 16-20 ASDM 向导中的集群主动单元配置

完成下面的配置，然后点击 **Next** 继续。

- Cluster Name（集群名称）：给集群分配一个名称。这个字符串中不能包含空格或特殊符号。在图 16-20 所示的示例中，管理员使用的名称为 ASA_Cluster_1。
- Member Name（成员名称）：管理员必须给每个集群成员分配一个特殊的名称。这个字符串中不能包含空格或特殊符号。在本例中，我们以 Alpha 作为第一个单元的名称。
- Member Priority（成员优先级）：优先级值的作用是决定在选举过程中，哪个单元会成为集群的主动单元。数值越低，代表优先级越高。管理员需要给第一个单元配置最低的优先级值。图 16-20 为这个单元赋予了最高优先级，以便它能够胜选。
- Shared Key（共享密钥）：集群成员会使用这个（可选的）字符串来加密配置，并且控制集群控制链路上的消息。
- Enable Connection Rebalancing Across All the ASA in the Cluster：如果希望所有集群成员比较入站连接的速率，就应该勾选这个复选框。如果在一个指定的 Interval Between Connection Rebalancing 周期之内，一个成员比其对等体接收到了更多新的连接，这个单元就会在下一个监测周期内将一部分新的连接交给其他成员进行处理。使用这个选项毋须谨慎，因为它有可能会让一台已经过载的单元处理更多的流量，并且会在集群控制链路上传输过量的重定向数据包。在本例中，管理员禁用了这个选项。

- Enable Health Monitoring of This Device Within the Cluster：勾选这个复选框可以在集群内部之间通过集群控制链路相互发送保活消息。可以将 Time to Wait Before Device Considered Failed 设置为默认值（3 秒）之外的其他数值。每个单元都会以指定等待时间的 1/3 为周期，创建保活消息。读者可以参考本章前面的“集群健康监测”一节来了解这项特性的其他信息。在本例中，本章以默认保持时间 3 秒启用了健康监测特性。
- Replicate Console Output to the Master's Console：如果希望在主动单元的 Console 接口中，获得所有从动单元物理 Console 接口的输出信息，就要勾选这个复选框。在图 16-20 中，管理员启用了这项功能。
- Cluster Control Link（集群控制链路）：指定集群控制链路使用的接口、本地单元 IP 地址、子网和 IP MTU 参数。所有集群成员必须使用相同的接口和子网来建立这条链路。在本例中，我们用此前配置的 Port-channel1 接口来连接集群控制链路。本地单元使用的 IP 地址为 10.0.0.1，这个地址属于 CCL 子网 10.0.0.0/24。IP MTU 被设置为了 1600 字节，这比数据接口默认的 1500 字节多了 100 字节。

例 16-21 显示了图 16-20 主动单元的完整集群配置。要注意，系统会自动创建 **clacp system-mac auto** 这条命令来确保主动单元变化期间，跨集群成员的 EtherChannel 是稳定的。

例 16-21

```
cluster group ASA_Cluster_1
 key cisco
 local-unit Alpha
 cluster-interface Port-channel1 ip 10.0.0.1 255.255.255.0
 priority 1
 console-replicate
 health-check holdtime 3
 clacp system-mac auto system-priority 1
```

6. 在 Summary 界面中确认之前所作的集群设置。查看配置，点击 **Finish** 将配置推送给 ASA。这项操作可能会花一段时间。在 ASDM 重新连接到主动 ASA 时，管理员可能此时需要重新输入 ASA 登录密码。图 16-21 所示为系统弹出的窗口，管理员可以通过其中的信息确认添加的集群成员。

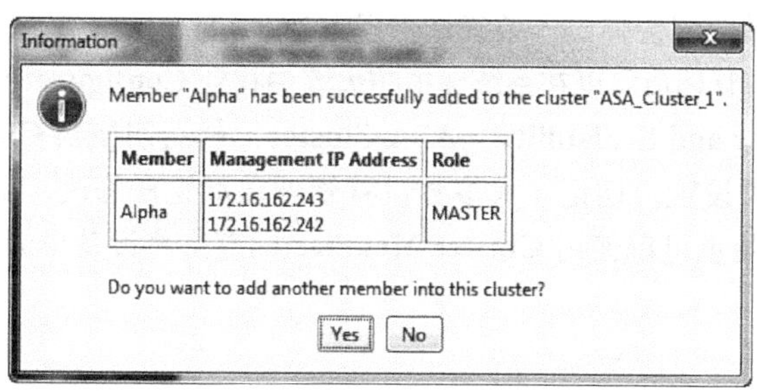

图 16-21 成功添加了集群成员

7. 点击 **Yes**，然后逐个添加从动成员。图 16-22 显示了这项操作的示例界面。可以看到，此时大多数配置都已经根据主动单元的配置而自动生成了。

   管理员需要在每个从动单元上指明下面这些信息，然后点击 **Next** 来完成配置。

   - Member Name（成员名称）：给成员分配一个独立的名称。图 16-22 使用的名称为 Bravo。

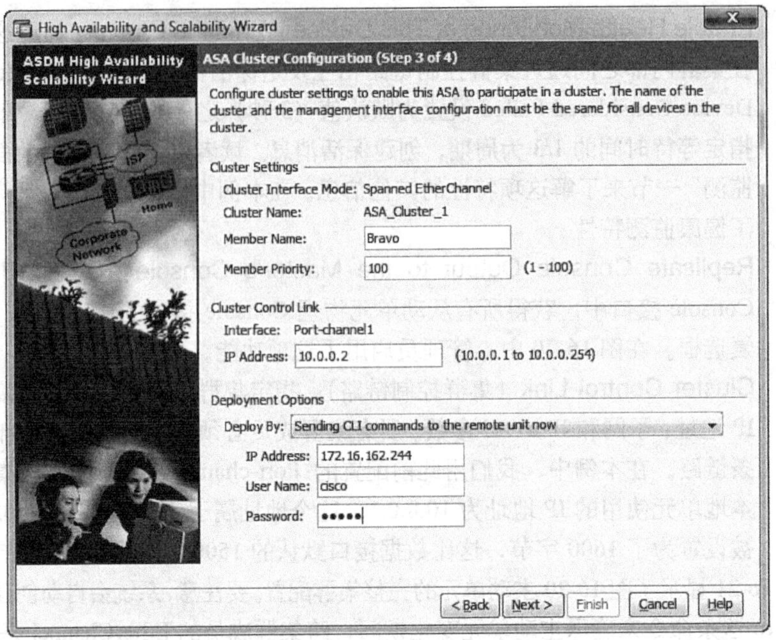

图 16-22 在 ASDM 向导中配置集群从动单元

- Member Priority（成员优先级）：给从动单元配置一个较低的优先级。图 16-22 使用的是最高可用值 100，这个值表示的是一个较低的选举优先级。
- Cluster Control Link IP Address（集群控制链路 IP 地址）：这个地址应该与主动单元处于同一个子网中。图 16-22 中使用的地址为 10.0.0.2。
- Deployment Options（部署可选项）：ASDM 可以创建命令集，管理员可以使用串行 Console 接口手动将其粘贴到从动设备上。不过，让 ASDM 直接连接到从动单元上，并且推送配置命令，这样要方便得多。在图 16-22 中，管理员让 ASDM 直接使用 172.16.162.244 这个地址配置从动设备（并提供了密码）。要确保所有从动设备都配置了基本的 HTTPS 管理访问，具体方法我们已经在此前“部署 ASDM 的管理访问”的一节中进行了介绍。

管理员每次打算将一个单元添加到集群中时，就需要重复这个步骤。每当一个单元成功加入集群中，系统就会弹出一条确认信息窗口。

在 ASDM 中，管理员可以在系统虚拟防火墙中找到 **Configuration > Device Management > High Availability and Scalability > ASA Cluster**，然后切换到 **Cluster Configuration** 标签来修改基本的集群设置。切记，大多数设置管理员都无法修改，除非管理员首先禁用集群特性。在此，管理员也可以使用 **Cluster Member** 标签来将设备单元添加或移除出这个集群。

4. 数据接口配置

在启用了集群特性之后，管理员就必须从主动单元上配置数据接口了。为了避免出现不必要的网络中断，管理员首先需要在 ASDM 中找到 **Configuration > Device Management > High Availability and Scalability > ASA Cluster**，并且取消选中 **Cluster Configuration** 标签下的 **Enable Health Monitoring of This Device Within the Cluster** 复选框。在完成数据接口配置之后，一定要重新启用这个设置。

在 ASDM 中找到 **Configuration > Device Setup > Interfaces** 来配置集群的数据接口。

当防火墙工作在多虚拟防火墙时，管理员必须在系统虚拟防火墙中创建 EtherChannel 链路，也需要在相应的虚拟防火墙中配置逻辑接口。点击 **Add** 按钮，然后选择接口可选项 **EtherChannel** 来创建新的接口对。图 16-23 显示了此时打开的对话框。并非所有接口模式都可以配置所有这些可选项。

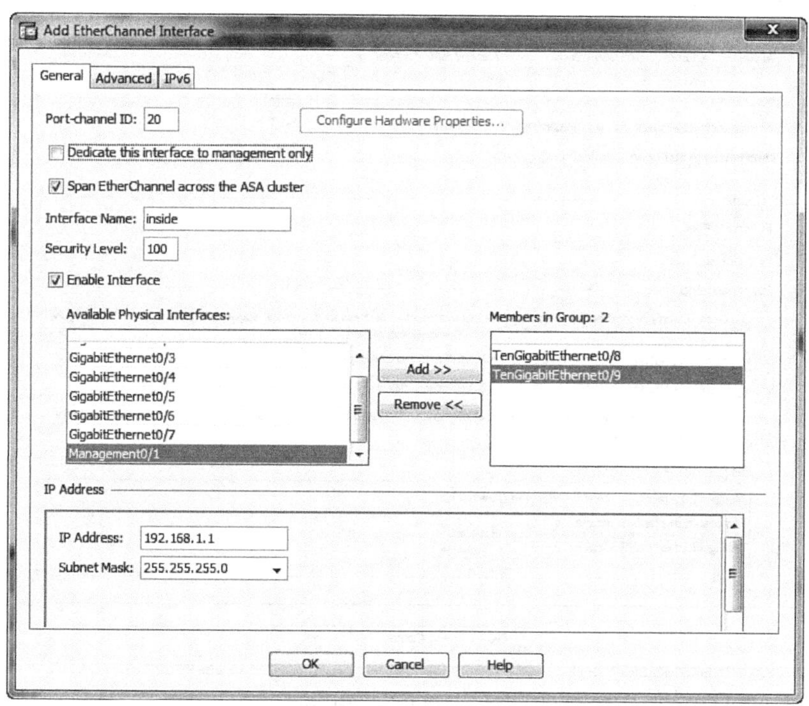

图 16-23 ASDM 中的 EtherChannel 接口配置

General 标签下的下列参数在集群中有特殊含义。

- Dedicate This Interface to Management Only：如果在 Spanned EtherChannel 模式下勾选了这个选项，那么每个集群成员就会在这个接口上使用独立的 IP 地址。在配置 IP 地址池时，一定要让这个地址池中的地址足够分配给最大数量的集群成员。这类接口不能使用跨越集群成员的 EtherChannel。
- Span EtherChannel Across the ASA Cluster：只有在 Spanned EtherChannel 接口模式下才可以勾选这个选项。这个模式下的每个数据接口都必须使用跨集群成员的 EtherChannel。如果不勾选这一项，那就必须将这个接口指定为管理专用接口。
- Members in Group：即使管理员在本地单元上选择了成员接口，如果选择了前面一项，每个集群成员都会将一些物理接口添加到跨集群成员的 EtherChannel 中。在本例中，管理员将所有集群成员的接口 TenGigabitEthernet0/8 和 TenGigabitEthernet0/9 绑定为了内部 EtherChannel。如果集群中有 8 个单元，在 ASA 9.2(1)之前的版本中，EtherChannel 有 8 个主动和 8 个备份端口。在 ASA 9.2(1)及后续版本中，只要连接的交换机可以支持，EtherChannel 可以将所有 16 个主动端口绑定在一起。
- IP Address：这个地址是集群接口的虚拟 IP 地址。在 Spanned EtherChannel 模式下，每个单元都会使用这个地址来接收和发送流量。在 Individual 接口模式下，这个地址属于当前主动的单元。

图 16-24 所示为 Advanced 标签，这个标签可以对于集群设置下面这些特殊内容。

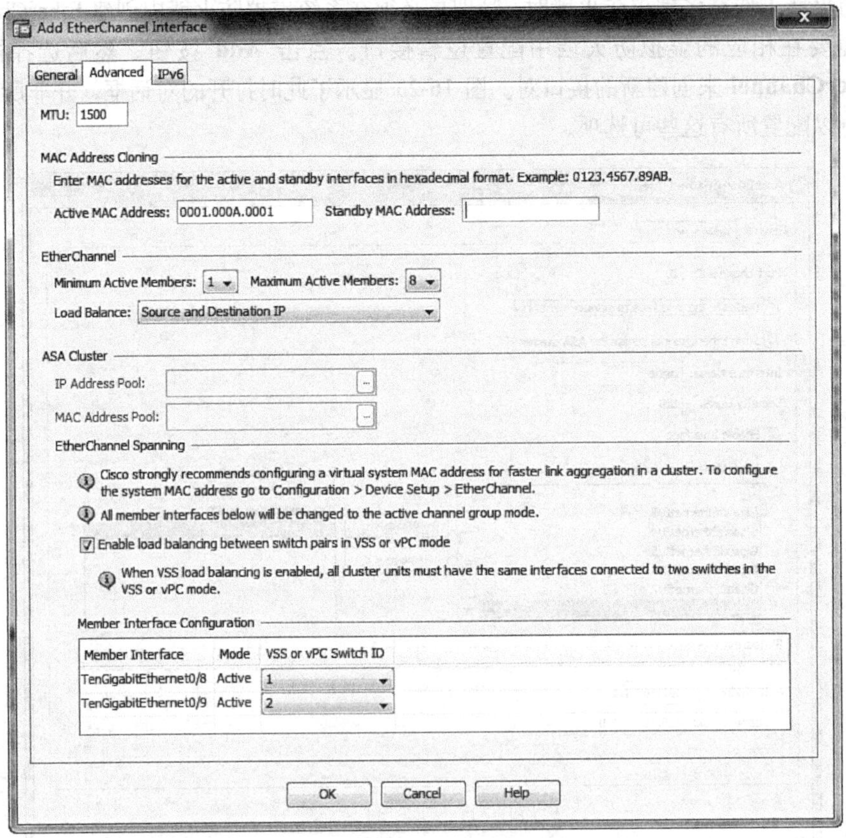

图 16-24 ASDM 中的 Advanced EtherChannel Interface 配置

- MAC Address Cloning（MAC 地址克隆）：如果配置的接口模式为 Spanned EtherChannel，为了避免主动设备变更时对网络稳定性构成影响，一定要配置一个集群虚拟 MAC 地址。管理员只需要填充 Active MAC Address 字段即可。在图 16-24 中，管理员将接口的虚拟 MAC 地址设置为了 0001.000A.0001。
- IP Address Pool（IP 地址池）：只有 Individual 模式下的接口和 Spanned EtherChannel 模式下的专用纯管理接口才可以配置这个可选项。集群中的每个成员在这个接口上都会使用管理员配置的地址池中的某一个地址。主动单元往往会使用其中的第一个地址，然后将其他地址根据从动设备加入继续的顺序分发给从动设备。地址池必须大到足够容纳最大数量的集群成员。
- MAC Address Pool（MAC 地址池）：只有 Individual 模式下的接口和 Spanned EtherChannel 模式下的专用纯管理接口才可以配置这个可选项。这一项配置是可选的。在其他方面，这里的设置都和 IP Address Pool 部分的设置类似。
- Enable Load Balancing Between Switch Pairs in VSS or vPC Node（在 VSS 或 vPC 界面中的交换机对之间启用负载分担）：只有在 Individual 模式下的接口可以配置这个可选项，而且这个选项也只能在跨集群成员 EtherChannel 的备用接口上使用。当集群连接到一个 VSS 或者 vPC 逻辑交换机对时，cLACP 可以智能地绑定跨集群成员的 EtherChannel 连接诶，以便将流量均匀地通过两台物理交换机机框进行转发。如果勾选了这个可选项，同时也必须在 **Member Interface Configuration** 部分给每条成员链路选择一个 VSS 或 vPC 机框标识符。

例 16-22 显示了这个示例完整的接口配置。可以看到，这个集群工作在 Spanned EtherChannel 模式下。

例 16-22 跨集群成员的 EtherChannel 配置

```
interface TenGigabitEthernet0/8
 channel-group 20 mode active vss-id 1
 no nameif
 no security-level
 no ip address
!
interface TenGigabitEthernet0/9
 channel-group 20 mode active vss-id 2
 no nameif
 no security-level
 no ip address

interface Port-channel20
 port-channel span-cluster vss-load-balance
 mac-address 0001.000a.0001
 nameif inside
 security-level 100
 ip address 192.168.1.1 255.255.255.0
```

16.4.10 集群的监测与排错

使用 ASDM 通过 Cluster Dashborad 和 Cluster Firewall Dashborad 这两个面板来监测 ASA 集群的健康状态和流量统计数据。图 16-25 所示为集群中包含 2 个成员的 Cluster Dashborad 面板。管理员可以在 Environment Status 一列中点击各个单元，来查看电源和 CPU 温度传感器信息。

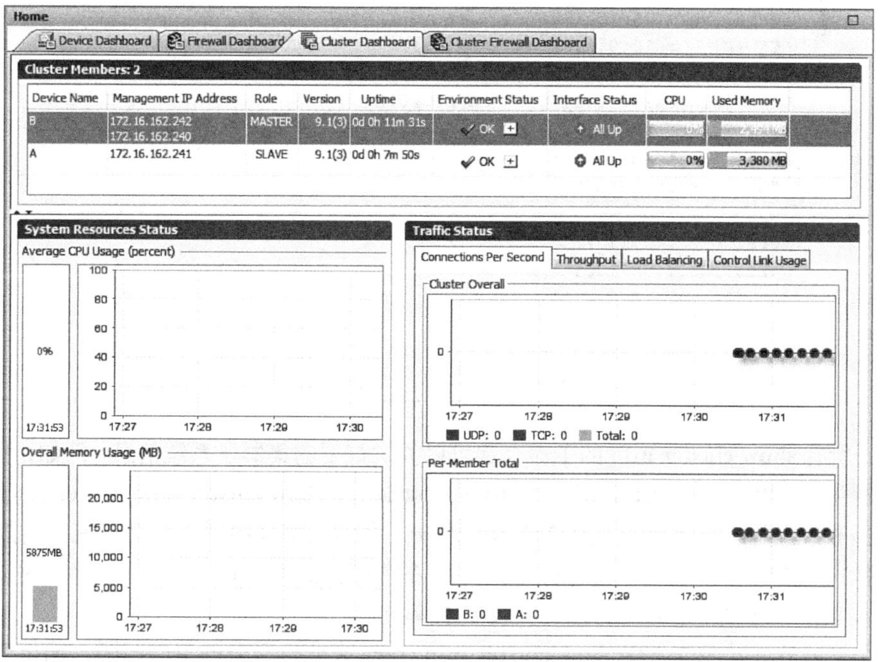

图 16-25 ASDM Cluster Dashborad

管理员也可以通过命令 **show cluster** 来查看一些汇总信息。例 16-23 所示为这条命令包含的各个可选项。

例 16-23　show cluster 命令的可选项

```
asa(cfg-cluster)# show cluster ?

exec mode commands/options:
  access-list     Show hit counters for access policies
  conn            Show conn info
  cpu             Show CPU usage information
  history         Show cluster switching history
  info            Show cluster status
  interface-mode  Show cluster interface mode
  memory          Show system memory utilization and other information
  resource        Display system resources and usage
  traffic         Show traffic statistics
  user-identity   Show user-identity firewall user identities
  xlate           Show current translation information
```

例 16-24 提供了 **show cluster info** 命令的输出信息示例。读者可以看到，这条命令可以显示当前单元的角色、软件版本、CCL 地址信息和最近一次加入和离开事件的时间戳信息。

例 16-24　监测集群的状态

```
asa# show cluster info
Cluster sjfw: On
    Interface mode: spanned
    This is "B" in state MASTER
        ID         : 1
        Version    : 9.1(3)
        Serial No.: JAF1511ABFT
        CCL IP     : 10.0.0.2
        CCL MAC    : 5475.d05b.26f2
        Last join : 17:20:24 UTC Sep 26 2013
        Last leave: N/A
Other members in the cluster:
    Unit "A" in state SLAVE
        ID         : 0
        Version    : 9.1(3)
        Serial No.: JAF1434AERL
        CCL IP     : 10.0.0.1
        CCL MAC    : 5475.d029.8856
        Last join : 17:24:05 UTC Sep 26 2013
        Last leave: 17:22:05 UTC Sep 26 2013
```

所有 **show cluster info** 的子命令都可以提供重要的集群子系统信息。例如，管理员应该周期性地使用 **show cluster info conn-distribution** 和 **show cluster info packet-distribution** 来检查每个集群成员处理的不对称流量的规模。我们之前介绍过，不对称流量的规模越大，集群的性能也就越低。如果发现网络中转发的数据流或重定向的数据包过多，可以检查一下 ASA 集群各端设备上采用的外部负载分担算法。

管理员可以通过命令 **show cluster info trace** 来分析复杂的集群问题。输出信息会显示集群的历史事件、集群控制链路上接收到的消息，以及其他内部集群信息。如果管理员运

行了 **cluster debug** 命令，那么追踪日志消息也会存储它们的输出信息。管理员往往需要在 Cisco TAC 的指导下搜集和解读这类信息。

要想满足基本的排错需要，也可以使用命令 **show cluster history**。这条命令可以对各个单元的状态转换历史，以及转换状态的原因提供一份历史记录的汇总信息。例 16-25 显示了这条命令的输出信息：这台设备最初因为接口健康状态校验没有通过，而禁用了集群特性。在输出信息中可以看到，这个成员 5 分钟后会尝试再次加入这个集群，但是它又再次禁用了这个特性。这可能意味着这个单元的某个接口仍然没有打开，而其他单元上对应的接口则工作正常。

例 16-25 集群状态转化历史

```
asa# show cluster history
==========================================================================
From State              To State                Reason
==========================================================================

18:57:01 UTC Sep 26 2013
SLAVE                   DISABLED                Received control message DISABLE

19:02:02 UTC Sep 26 2013
DISABLED                ELECTION                Enabled from kickout timer

19:02:02 UTC Sep 26 2013
ELECTION                SLAVE_COLD              Received cluster control message

19:02:02 UTC Sep 26 2013
SLAVE_COLD              SLAVE_CONFIG            Client progression done

19:02:04 UTC Sep 26 2013
SLAVE_CONFIG            SLAVE_BULK_SYNC         Configuration replication finished

19:02:16 UTC Sep 26 2013
SLAVE_BULK_SYNC         SLAVE                   Configuration replication finished

19:02:18 UTC Sep 26 2013
SLAVE                   DISABLED                Received control message DISABLE
```

主动单元发来的对应系统日志消息如下所示。

```
%ASA-3-747022: Clustering: Asking slave unit A to quit because it failed
interface health check 2 times (last failure on Port-channel2), rejoin will be
attempted after 10 min.
```

在上面的日志消息中，Port-Channel2 是（禁用的）从动单元上出现故障的接口，而系统 10 分钟之后尝试了自动重新建立。

管理员可以在主动单元上使用命令 **cluster exec** 让所有集群成员同时执行某个群集模式下的命令。主动单元会整合其他成员发来的输出信息，并且将它们在本地中断会话中显示出来。例 10-26 所示为通过 **show port-channel summary** 命令显示所有集群成员汇总的输出信息。管理员可以通过这条命令提供的输出信息来对跨集群成员 EtherChannel 绑定接口的问题进行监测和排错。

例 16-26 整个集群成员的 EtherChannel 信息

```
asa# cluster exec show port-channel summary
A(LOCAL):*************************************************************
Flags: D - down         P - bundled in port-channel
       I - stand-alone s - suspended
       H - Hot-standby (LACP only)
       U - in use       N - not in use, no aggregation/nameif
       M - not in use, no aggregation due to minimum links not met
       w - waiting to be aggregated
Number of channel-groups in use: 3
Group Port-channel Protocol Span-cluster Ports
------+-------------+---------+------------+------------------------------------
1      Po1(U)           LACP          No          Gi0/0(P)       Gi0/1(P)
2      Po2(U)           LACP          Yes         Gi0/2(P)
3      Po3(U)           LACP          Yes         Gi0/3(P)

B:*******************************************************************
Flags: D - down         P - bundled in port-channel
       I - stand-alone s - suspended
       H - Hot-standby (LACP only)
       U - in use       N - not in use, no aggregation/nameif
       M - not in use, no aggregation due to minimum links not met
       w - waiting to be aggregated
Number of channel-groups in use: 3
Group Port-channel Protocol Span-cluster Ports
------+-------------+---------+------------+------------------------------------
1      Po1(U)           LACP          No          Gi0/0(P)       Gi0/1(P)
2      Po2(U)           LACP          Yes         Gi0/2(P)
3      Po3(U)           LACP          Yes         Gi0/3(P)
```

这条命令还有另外两种用法，即 **cluster exec capture** 和 **cluster exec copy /noconfirm**。前者的作用是分别在各个设备上进行抓包，后者则可以将镜像文件同时复制到所有单元当中。

16.4.11 Spanned EtherChannel 集群部署方案

在这种部署方案中，我们假设管理员负责现有数据中心 ASA 5550 的部署，这个数据中心使用的是主用/备用的故障倒换模式。由于带宽扩容的需求，管理员现决定将设备升级为安装 SSP-60 模块的 ASA 5585-X 设备。为了增加硬件投资的效率，提升未来的扩展性，管理员需要将两台这样的设备部署为一个集群，这样就可以在必要的情况下向网络中添加更多设备了。过去的故障倒换设备都是工作在单虚拟防火墙透明模式下，而管理员需要重新设计这个方案。于是，管理员得出了下面的设计方案。

- 将集群部署为多虚拟防火墙模式，这样可以扩展透明桥组的数量，而且也可以使用路由模式的虚拟防火墙。
- 使用 Spanned EtherChannel 这种接口模式来支持透明虚拟防火墙，并且简化流量的负载分担。
- 通过 EtherChannel 链路连接当前 Nexus 7000 交换机组成的 vPC 对，建立“单臂防火墙”拓扑。通过独立的 VLAN 标识符用逻辑数据接口将这条连接配置为一个 VLAN Trunk。这个数据 EtherChannel 是由每个平台上的两个 10-Gigabit Ethernet 接口组成的。

- 利用独立的 Nexus 7000 交换机来进行管理和建立集群控制链路连接。每台设备会使用 Management0/0 接口充当专用的管理端口。每个单元都会将两个 10-Gigabit Ethernet 绑定建立集群控制链路连接。
- 通过各个单元的串行 Console 来对集群进行配置。

图 16-26 显示了相应的拓扑，拓扑中包含了对应的接口连接、数据的 IP 地址、管理地址，以及集群控制网段。在这个部署方案中，内部 VLAN 10 与外部 VLAN 11 进行了透明的桥接。

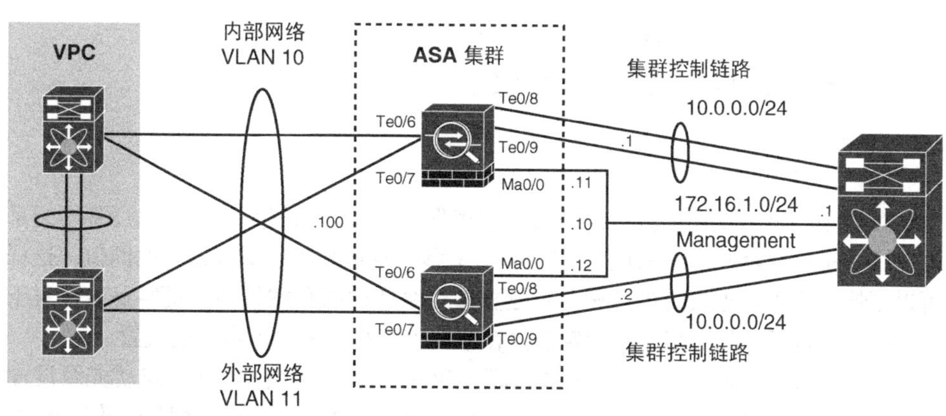

图 16-26 跨越成员的 EtherChannel 集群部署方案示例

在开始配置集群之前，必须首先完成下面这些工作。

- 连接所有接口并配置邻接交换机。数据 EtherChannel 从集群一侧使用的是 cLACP，而交换机上使用的则是 LACP，因此成员接口使用的是 **mode active** 设置。集群控制链路 EtherChannel 在成员接口上通过命令 **mode on** 采用了静态绑定的方式。
- 使用命令 **clear configure all** 清除 ASA 上的配置，载入所需的系统和 ASDM 镜像文件，设置正确的 **boot system** 命令，通过命令 **mode multiple** 切换到多虚拟防火墙模式，通过全局配置命令 **jumbo-frame reservation** 改变集群控制链路的 MTU。要确保在每台 ASA 上都通过 **write memory** 保存了运行配置，并且在这些步骤之后进行重启。由于管理员不是通过 ASDM 配置集群，因此管理员不需要启用通往设备的 HTTPS 访问。
- 在两边的集群成员上安装永久的 Cluster 和 Encryption-3DES-AES 许可证。SSP-60 模块自带 Security Plus 许可证，默认即使用 10GE I/O 特性。

在完成上述工作之后，管理员需要通过下面这些步骤在主动单元上创建集群。

1. 将数据接口设置为 Spanned EtherChannel 模式。由于管理员之前已经清除了配置，因此这一步无须重启即可完成。

```
ciscoasa# configure terminal
ciscoasa(config)# cluster interface-mode spanned
Cluster interface-mode has been changed to 'spanned' mode successfully. Please
complete
interface and routing configuration before enabling clustering.
```

2. 给本地集群控制链路创建静态的 EtherChannel。为此，需要将 TenGigabitEthernet0/8 和 TenGigabitEthernet0/9 接口绑定为 Port-Channel1。

```
ciscoasa(config)# interface TenGigabitEthernet 0/8
ciscoasa(config-if)# channel-group 1 mode on
INFO: security-level, delay and IP address are cleared on TenGigabitEthernet0/8.
ciscoasa(config-if)# no shutdown
ciscoasa(config-if)# interface TenGigabitEthernet 0/9
ciscoasa(config-if)# channel-group 1 mode on
INFO: security-level, delay and IP address are cleared on TenGigabitEthernet0/9.
ciscoasa(config-if)# no shutdown
```

3. 创建一个新的集群组，将其命名为DC-ASA。

```
ciscoasa(config)# cluster group DC-ASA
```

系统会默认添加下面这些集群组命令。

```
health-check holdtime 3
clacp system-mac auto system-priority 1
```

第一条命令可以在集群控制链路上启用保活消息，以便其他成员执行基本的系统和接口健康校验。故障检测的默认保持时间为3秒。管理员可以降低这个时间值，这样系统就可以更快检测到其他设备的故障，但这样做也会让网络负载较高时更容易出现对于成员故障的误判，进而增加网络的不稳定性。在本例中，我们采用了默认的设置。

第二条命令创建了一个虚拟的系统cLACP标识符，并且将本地LACP优先级设置为了1，以便动态与跨集群成员的EtherChannel进行绑定。如非迫不得已，切勿修改这条命令。

4. 在集群组中配置本地单元的名称以及主动选举优先级。在本例中，我们将名称设置为了terra，并且将优先级设置为了1，这样可以保证这个单元能够赢得主动单元的选举。

```
ciscoasa(cfg-cluster)# local-unit terra
ciscoasa(cfg-cluster)# priority 1
```

5. 启用cLACP静态端口优先级，以便在一个（稍后用来充当数据VLAN的）跨集群成员的EtherChannel中支持8个以上的成员接口。只有在ASA 9.2(1)及后续Cisco ASA版本中，才可以配置这个特性。

```
ciscoasa(cfg-cluster)# clacp static-port-priority
```

即使最初部署的集群只包含了两个ASA单元（和总共4个绑定的数据接口），在将来需要将设备扩展到4台以上时，这个这个功能也可以充分使用所有跨集群成员的EtherChannel成员数量。管理员必须使用一块能够在一个EtherChannel中配置超过8个主动成员的显卡才能利用这个特性。

6. 将Port-channel1设置为集群控制链路，并且将其IP地址设置为10.0.0.0/24这个集群控制子网中的地址：10.0.0.1。

```
ciscoasa(cfg-cluster)# cluster-interface Port-channel 1 ip 10.0.0.1 255.255.255.0
INFO: Non-cluster interface config is cleared on Port-channel1
```

7. 以ClusterSecret100作为加密密钥，加密记录控制链路的系统消息。

```
ciscoasa(cfg-cluster)# key ClusterSecret100
```

8. 由于所有数据接口使用的IP MTU都是1500字节，因此可以将集群控制链路的MTU值设置为1600字节。

```
ciscoasa(cfg-cluster)# mtu cluster 1600
```

9. 回到集群组配置模式下并启用集群特性。系统会校验当前的配置，检验其中是否包含了不兼容的命令，并在移除这些命令之前向管理员提供提示信息。在本例中，admin 虚拟防火墙中有一些默认的应用监控配置命令无法兼容集群特性。在移除这些命令之后，这个单元就会主持选举，并且过渡到主动角色中。

```
ciscoasa(config)# cluster group DC-ASA
ciscoasa(cfg-cluster)# enable
INFO: Clustering is not compatible with following commands
Context: admin
===============================
policy-map global_policy
 class inspection_default
  inspect h323 h225
policy-map global_policy
 class inspection_default
  inspect h323 ras
policy-map global_policy
 class inspection_default
  inspect rtsp
policy-map global_policy
 class inspection_default
  inspect skinny
policy-map global_policy
 class inspection_default
  inspect sip

Would you like to remove these commands? [Y]es/[N]o: y
INFO: Removing incompatible commands from running configuration...

Cryptochecksum (changed): 876692b4 bc9fe109 06d4724f 4d7b8608
INFO: Done
WARNING: dynamic routing is not supported on management interface when cluster
interface-mode is 'spanned'. If dynamic routing is configured on any management
interface, please remove it.

Cluster unit terra transitioned from DISABLED to MASTER
```

接下来，我们通过下面的步骤来配置专用的管理接口。

1. 启用 Management0/0 接口，并将它划分给 admin 虚拟防火墙。

```
ciscoasa(config-if)# interface Management0/0
ciscoasa(config-if)# no shutdown
ciscoasa(config-if)# context admin
ciscoasa(config-ctx)# allocate-interface Management0/0
```

2. 切换到 admin 虚拟防火墙，并且配置管理接口 IP 地址。

```
ciscoasa(config-ctx)# changeto context admin
```

3. 专用管理接口工作在 Spanned EtherChannel 模式下，它使用了一个 IP 地址池，这样管理员就可以直接访问各个集群成员了。在管理子网上创建 IP 地址池。当前的主动单元会使用这个池中的首个地址，然后将剩下的地址按照加入集群的顺序分配给从动设备。除非有单元离开集群，否则分配给设备的地址不会变化。主动设备也会通过这个接口对虚拟集群 IP 地址进行响应。

在本例中，管理员以 172.16.1.10 充当管理接口的 IP 地址，并且将 172.16.1.11～172.16.1.18 之间的地址指派给了动态地址池，这个地址池可以支持最多 8 台集群成员。

```
ciscoasa/admin(config)# ip local pool CLUSTER_MANAGEMENT 172.16.1.11-172.16.1.18
```

4. 配置专用的管理接口。

```
ciscoasa/admin(config)# interface Management0/0
ciscoasa/admin(config-if)# management-only
ciscoasa/admin(config-if)# nameif Management
INFO: Security level for "Management" set to 0 by default.
ciscoasa/admin(config-if)# security-level 100
ciscoasa/admin(config-if)# ip address 172.16.1.10 255.255.255.0 cluster-pool
CLUSTER_MANAGEMENT
```

接下来配置数据接口。

1. 回到系统虚拟防火墙。

```
ciscoasa/admin(config-if)# changeto system
```

2. 给数据 EtherChannel 配置成员接口。将 TenGigabitEthernet0/6 和 TenGigabitEthernet0/7 绑定为 Port-channel10。虽然管理员将这个集群连接到了 vPC 逻辑交换机，但是管理员不需要给每个 EtherChannel 成员连接指定物理机框标识符，因为管理员可能需要绑定超过 8 个主动接口。如果没有在集群组配置中启用 cLACP 静态端口优先级，管理员需要在相应的 **channel-group** 命令中添加 **vss-id 1** 和 **vss-id 2** 这两个参数，以确保物理交换机机框之间主动端口的分发是正确的。

```
ciscoasa(cfg-cluster)# interface TenGigabitEthernet 0/6
ciscoasa(config-if)# channel-group 10 mode active
ciscoasa(config-if)# no shutdown
ciscoasa(config-if)# interface TenGigabitEthernet 0/7
ciscoasa(config-if)# channel-group 10 mode active
ciscoasa(config-if)# no shutdown
```

3. 将 Port-channel10 配置为一个跨集群成员的 EtherChannel。因为管理员可能需要绑定超过 8 个主动接口，所以不要在 **port-channel span-cluster** 这条命令的后面添加 **vss-load-balance** 参数来启用 vPC 负载分担。只有当管理员没有在集群组配置中启用 cLACP 静态端口优先级时，才需要添加这个参数。

```
ciscoasa(config-if)# interface Port-channel10
ciscoasa(config-if)# port-channel span-cluster
WARNING: Strongly recommend to configure a virtual MAC address for spancluster
port-channel interface Po10 or all its subinterfaces in order to
achieve best stability of span-cluster port-channel during unit join/leave.
INFO: lacp port-priority on member interfaces of channel-group Port-channel10 will
be controlled by CLACP.
```

由于管理员使用的是多虚拟防火墙模式，因此需要在每个应用虚拟防火墙的各个逻辑接口中配置虚拟 MAC 地址。

4. 在跨集群成员的 EtherChannel 中给数据 VLAN 创建子接口，然后将这些子接口划分给名为 Core 的信件虚拟防火墙。这个虚拟防火墙工作在透明模式下，匹配当前数据中心的防火墙设计方案。

```
ciscoasa(config-if)# interface Port-channel 10.10
ciscoasa(config-subif)# vlan 10
ciscoasa(config-subif)# interface Port-channel 10.11
ciscoasa(config-subif)# vlan 11
ciscoasa(config-subif)# context Core
Creating context 'Core'... Done. (2)
ciscoasa(config-ctx)# config-url core.cfg
INFO: Converting core.cfg to disk0:/core.cfg
ciscoasa(config-ctx)# allocate-interface Port-channel10.10
ciscoasa(config-ctx)# allocate-interface Port-channel10.11
```

5. 进入 Core 虚拟防火墙完成数据接口的配置。

```
ciscoasa(config-ctx)# changeto context Core
```

6. 将这个虚拟防火墙修改为透明防火墙模式。

```
ciscoasa/Core(config)# firewall transparent
```

7. 将 VLAN 10 配置为内部接口，将 VLAN 11 配置为外部接口。将它们添加到桥接组 1 中。分别用 0001.000A.0001 和 0001.000A.0002 作为它们的虚拟 MAC 地址，以防主动单元切换时，网络出现不稳定的情况。

```
ciscoasa/Core(config)# interface Port-channel 10.10
ciscoasa/Core(config-if)# nameif inside
INFO: Security level for "inside" set to 100 by default.
ciscoasa/Core(config-if)# bridge-group 1
ciscoasa/Core(config-if)# mac-address 0001.000A.0001
ciscoasa/Core(config-if)# interface Port-channel 10.11
ciscoasa/Core(config-if)# nameif outside
INFO: Security level for "outside" set to 0 by default.
ciscoasa/Core(config-if)# bridge-group 1
ciscoasa/Core(config-if)# mac-address 0001.000A.0002
```

8. 给这个桥接组配置 BVI（桥接组虚拟接口）。以 192.168.1.100 作为这个 BVI 的集群虚拟 IP 地址。这个集群会使用这个 IP 地址来发现 MAC 地址，并且进行管理。

```
ciscoasa/Core(config)# interface BVI 1
ciscoasa/Core(config-if)# ip address 192.168.1.100 255.255.255.0
```

9. 接下来继续配置安全策略。

在配置好主动单元之后，通过下面的步骤将从动单元添加到集群中。

1. 将数据接口的模式设置为 Spanned EtherChannel。此处也和主动单元一样不需要进行重启。

```
ciscoasa# configure terminal
ciscoasa(config)# cluster interface-mode spanned
Cluster interface-mode has been changed to 'spanned' mode successfully. Please
complete interface and routing configuration before enabling clustering.
```

2. 给本地集群控制链路创建静态EtherChannel。将TenGigabitEthernet0/8和TenGigabitEthernet0/9接口绑定为Port-channel1，这样可以与主动单元相匹配。

```
ciscoasa(config)# interface TenGigabitEthernet 0/8
ciscoasa(config-if)# channel-group 1 mode on
INFO: security-level, delay and IP address are cleared on TenGigabitEthernet0/8.
ciscoasa(config-if)# no shutdown
ciscoasa(config-if)# interface TenGigabitEthernet 0/9
ciscoasa(config-if)# channel-group 1 mode on
INFO: security-level, delay and IP address are cleared on TenGigabitEthernet0/9.
ciscoasa(config-if)# no shutdown
```

3. 指定与当前集群相匹配的集群组名称。

```
ciscoasa(config)# cluster group DC-ASA
```

4. 在集群组中配置本地单元名称和主动单元选举优先级。在本例中，我们给这个单元设置的名称为 sirius，同时将其优先级设置为了 100，以免这台设备成为主动单元。

```
ciscoasa(cfg-cluster)# local-unit sirius
ciscoasa(cfg-cluster)# priority 100
```

5. 将 Port-channel1 设置为集群控制链路，同时为了与当前的主动设备相匹配，需要为其配置集群控制子网 10.0.0.0/24 中的 IP 地址 10.0.0.2。

```
ciscoasa(cfg-cluster)# cluster-interface Port-channel 1 ip 10.0.0.2 255.255.255.0
INFO: Non-cluster interface config is cleared on Port-channel1
```

6. 设置与主动单元相匹配的加密密钥。

```
ciscoasa(cfg-cluster)# key ClusterSecret100
```

7. 所有其他配置会自动从主动单元同步过来，因此管理员启用集群特性，然后根据提示进行操作即可。

```
ciscoasa(cfg-cluster)# enable
INFO: Clustering is not compatible with following commands:
Context: admin
================================
policy-map global_policy
 class inspection_default
  inspect h323 h225
policy-map global_policy
 class inspection_default
  inspect h323 ras
policy-map global_policy
 class inspection_default
  inspect rtsp
policy-map global_policy
 class inspection_default
  inspect skinny
policy-map global_policy
 class inspection_default
  inspect sip
```

```
Would you like to remove these commands? [Y]es/[N]o: y
INFO: Removing incompatible commands from running configuration...

Cryptochecksum (changed): 876692b4 bc9fe109 06d4724f 4d7b8608
INFO: Done
WARNING: Strongly recommend to configure a virtual MAC address for each span-cluster
port-channel interface or all subinterfaces of it in order to achieve best stability
of
span-cluster port-channel during unit join/leave.
Detected Cluster Master.
Beginning configuration replication from Master.
INFO: UC proxy will be limited to maximum of 4 sessions by the UC Proxy license on
the device
WARNING: Removing all contexts in the system
Removing context 'admin' (1)... Done
Creating context 'admin'... Done. (3)
Creating context 'Core'... Done. (4)

INFO: Interface MTU should be increased to avoid fragmenting
      jumbo frames during transmit

*** Output from config line 92, "jumbo-frame reservation"

Cryptochecksum (changed): d430074f 5758018b f3543519 107be1fa

Cryptochecksum (changed): 9965fb60 dce9ae61 20973a4e 2a386323

Cryptochecksum (changed): e74433ae 5f4b0324 67ab30c4 ce805222
End configuration replication from Master.
Cluster unit sirius transitioned from DISABLED to SLAVE
```

在主动单元上使用 **show cluster info** 命令来校验集群是否已经开始正常工作。

```
ciscoasa# show cluster info
Cluster DC-ASA: On
    Interface mode: spanned
    This is "terra" in state MASTER
        ID          : 0
        Version     : 9.2(1)
        Serial No.: JAF1434AERL
        CCL IP      : 10.0.0.1
        CCL MAC     : 5475.d029.8856
        Last join : 09:26:37 UTC Sep 27 2013
        Last leave: N/A
Other members in the cluster:
    Unit "sirius" in state SLAVE
        ID          : 1
        Version     : 9.2(1)
        Serial No.: JAF1511ABFT
        CCL IP      : 10.0.0.2
        CCL MAC     : 5475.d05b.26f2
        Last join : 10:42:37 UTC Sep 27 2013
        Last leave: 10:28:29 UTC Sep 27 2013
```

例 16-27 显示了集群主动设备上完整的系统和虚拟防火墙配置。

例 16-27 主动单元上完整的集群配置

```
! *** System context ***
interface TenGigabitEthernet0/6
 channel-group 10 mode active
!
interface TenGigabitEthernet0/7
 channel-group 10 mode active
!
interface TenGigabitEthernet0/8
 channel-group 1 mode on
!
interface TenGigabitEthernet0/9
 channel-group 1 mode on
!
interface Port-channel1
 description Clustering Interface
!
interface Port-channel10
 port-channel span-cluster
!
interface Port-channel10.10
 vlan 10
!
interface Port-channel10.11
 vlan 11
!
cluster group DC-ASA
 local-unit terra
 cluster-interface Port-channel1 ip 10.0.0.1 255.255.255.0
 priority 1
 key ClusterSecret100
 health-check holdtime 3
 clacp system-mac auto system-priority 1
 clacp static-port-priority
 enable
!
mtu cluster 1600
!
admin-context admin
context admin
  allocate-interface Management0/0
  config-url disk0:/admin.cfg
!
context Core
  allocate-interface Port-channel10.10-Port-channel10.11
  config-url disk0:/core.cfg
!
jumbo-frame reservation
!
! *** Admin context ***
ip local pool CLUSTER_MANAGEMENT 172.16.1.11-172.16.1.18
!
interface Management0/0
 management-only
```

（待续）

```
 nameif Management
 security-level 100
 ip address 172.16.1.10 255.255.255.0 cluster-pool CLUSTER_MANAGEMENT
!
! *** Core context ***
firewall transparent
!
interface BVI1
 ip address 192.168.1.100 255.255.255.0
!
interface Port-channel10.10
 mac-address 0001.000a.0001
 nameif inside
 bridge-group 1
 security-level 100
!
interface Port-channel10.11
 mac-address 0001.000a.0002
 nameif outside
 bridge-group 1
 security-level 0
```

总结

Cisco ASA 提供的高可用性和扩展性特性不胜枚举，这些特性可以满足各类设计需求。本章介绍了在带宽需求无法满足复杂的 EtherChannel 时，如何利用冗余接口来实现基本的物理链路冗余。我们在此解释了启用 IP SLA 监测的静态路由追踪为何可以部署能够实现动态切换的备用 ISP 接口。本章回顾了如何使用主动/备用和主用/主用这两种故障倒换模式在一对 ASA 设备或服务模块之间实施完整的冗余配置。在讨论的过程中，我们还介绍了集群特性，这种特性赋予了性能更强大的延展性，让我们可以在最大程度上利用自己在硬件上所作的投资，让多达 16 台设备可以工作在一个流量处理系统之中。本章通过一些案例强调了如何通过故障倒换和集群特性来让 ASA 为端点充当首跳冗余路由器。

第17章

实施 Cisco ASA 入侵防御系统(IPS)

本章涵盖的内容有：

- IPS 集成概述；
- Cisco IPS 软件架构；
- ASA IPS 配置前的准备工作；
- 在 ASA IPS 上配置 CIPS 软件；
- 维护 ASA IPS；
- 配置 ASA 对 IPS 流量进行重定向；
- 僵尸流量过滤。

Cisco ASA 将防火墙功能与高级入侵防御特性集成在一起，入侵防御特性可提供全面的数据包监控解决方案。软硬件的 ASA IPS 模块可以提供完整的 Cisco 入侵防御系统特性集，它可以有效地阻止种类众多的网络攻击，并且不会影响 Cisco ASA 的性能。

ASA IPS 将基于特征（signature）的灵活策略与网络流量的行为分析结合了起来，即使最复杂和当前未知的攻击也可以得到缓解。全球关联功能可以将重要的信息包含到 IPS 的策略当中。僵尸网络过滤特性可以在 ASA 上独立地运行，这是对内置 ASA IPS 功能的一种有效补充。

17.1 IPS 集成概述

ASA 能够支持集成的软硬件模块，这些模块能够运行 CIPS（Cisco 入侵防御系统）软件。CIPS 最主要的特性之一是它能够以在线（inline）的方式处理并分析流量。这就使 Cisco ASA 具有了 IPS 的功能。该模块的系统映像文件与运行在专用的 Cisco IPS 4x00 系列传感器、Cisco Catalyst 6500 上的 Cisco IDSM-2（IDS 服务模块-2）、Cisco IPS 高级集成模块（IPS AIM）以及 Cisco IPS 网络模块增强型（IPS NME）产品的映像文件类似。

不同型号的 ASA 各有很多可用的 IPS 解决方案，如表 17-1 所示。

表 17-1　　Cisco ASA IPS 解决方案

IPS 解决方案	ASA 型号
AIP-SSC-5	ASA 5505
AIP SSM-10	ASA 5510 和 5520
AIP SSM-20	ASA 5520 和 5540
AIP SSM-40	ASA 5520 和 5540
IPS-SSP-10	安装 SSP-10 的 ASA 5585-X

续表

IPS 解决方案	ASA 型号
IPS-SSP-20	安装 SSP-20 的 ASA 5585-X
IPS-SSP-40	安装 SSP-40 的 ASA 5585-X
IPS-SSP-60	安装 SSP-60 的 ASA 5585-X
ASA 5500-X 系列的软件模块	ASA 5512-X、5515-X、5525-X、5545-X 和 5555-X

ASA 可以将可应用的连接重定向到模块当中，来对流量执行外部的监控，它就是以这种方式对某些类型的流量添加 IPS 保护功能的。在流量的正常处理过程中，重定向只是其中的一个步骤，这和 ASA CX 的工作方式类似。CIPS 会在本地处理所有重定向的流量，并且能够请求 ASA 丢弃某些数据包或者重置一些连接。管理员将 CIPS 特性和策略单独进行配置（独立于 ASA 的配置），但 Cisco 自适应安全设备管理器（ASDM）可以对这两种设备进行管理。

管理员可以在模块化策略框架中（MPF）使用命令 **ips** 来给 ASA 配置 IPS 监控，MPF 既可以在三层和四层定义流量类型，也可以匹配所有穿越设备的流量。就和 ASA CX 一样，IPS 重定位也可以以连接为单位进行匹配。ASA 可以在所有由 IPS 重定向处理的 TCP 连接上执行数据包重排序。这种功能可以让消耗处理器资源的任务不通过 IPS 模块进行处理，有些 TCP 正常化特征不再消耗 IP 模块的处理器资源。这种方式和 ASA CX 不同，它只会在本地执行 TCP 重排序功能。和 CX 不同之处在于，ASA IPS 支持通过所有常规的应用监控引擎和其他 ASA 特性执行并发流量监控。

17.1.1 IPS 逻辑架构

ASA IPS 模块和 ASA CX 模块类似，它也靠很多物理和虚拟接口来与 ASA 设备和外部网络进行通信。

- **内部控制**：ASA 使用这个接口来控制与 IPS 模块的通信。模块初始化、健康监测生存时间、基本配置、时钟同步和策略判断通告都会使用这条链接。管理员也可以使用这个接口来通过 ASA 命令行访问 IPS 模块的管理接口。
- **内部数据**：IPS 模块可以在这个接口上接收重定向的网络流量，ASA 会使用一个特殊的头部来标记各个重定向的数据包，给这些数据包提供额外的元数据（比如 NAT 信息）。ASA 也会在这条链接上周期性地发送生存时间消息，以监测这个模块的操作状态。
- **管理**：CIPS 也会以此作为命令与控制接口。管理员必须对这个接口进行连接和控制，以便通过网络管理这个模块。除了 ASA 5505 设备之外，背板连接并不会提供外部的管理访问。CIPS 也会使用这个接口向外部设备发送 SNMP Trap 并针对外部设备应用 shun。ASA IPS 模块和独立的 IPS 设备不同，它需要通过 ASA 来针对有问题的连接生成 TCP RSP 数据包。

17.1.2 IPS 硬件模块

Cisco ASA 5500 和 ASA 5585-X 需要使用自带存储、内容和处理器的外部 IPS 硬件模块。这些模块需要插入到设备主机的可用扩展插槽当中。ASA 5585-X 设备上 IPS 模块的架构与 ASA CX 模块的架构极为类似，但 IPS SSP 并不使用硬盘驱动。与主机的背板连接可以提供物理的内部数据接口和内部控制接口连接。内部数据接口的线速与 ASA 和 IPS 平台的转发速度相匹配：

- ASA 5505 为 100Mbit/s；
- ASA 5510、5520 和 5540 为 1Gbit/s；
- ASA 5585-X 为 20Gbit/s。

内部控制接口的功能往往比较有限，因为它们对带宽的需求相当低。在有些情况下，它们可能会和内部数据接口共享相同的物理链接。

除了 ASA 5505 的 AIP-SSC-5 模块之外，所有硬件 IPS 模块都有专用的外部管理接口。管理员必须从物理上将这些接口连接到网络之中，做法和使用其他端点或者 ASA CX 相同。如果没有这条连接，管理员就不能通过（Cisco ASDM 或 Cisco IPS 设备管理器[IDM]这样的）GUI 产品来管理 ASA IPS 模块。CIPS 也依靠这个（命令与控制）接口来自动下载软件和特征文件，并且与 Cisco SensorBase 网络进行通信来关联全球的特性。

ASA 5505 可以通过背板的管理连接将某个配置好的 VLAN 扩展到 AIP-SSC-5 模块当中。在 ASA 相应 VLAN 下使用接口配置模式下的命令 **allow-ssc-mgmt** 就可以实现上述配置目的。管理员用同一个子网中的管理 IP 地址配置 CIPS。如果管理 VLAN 是独立的，那么 ASA 上的 VLAN 接口 IP 地址就会成为 AIP-SSC-5 模块的默认网关。否则，管理员需要在管理 VLAN 上将这个模块指向外部路由器。

切记，管理员还是需要将常规的 ASA 安全策略应用到 IPS ASA 命令中，并且扩展穿越防火墙的流量。和在 CX 上的方法一样，管理员也必须放行往返于这个模块的管理连接，以及其他穿过安全设备的流量。

17.1.3 IPS 软件模块

ASA 5500-X 设备与 ASA CX 类似，它们都不需要使用外部模块来实施 IPS 服务。ASA IPS 所需的专用硬件已经内置在了设备之中。在需要实施 IPS 时，只需要激活 IPS 模块许可证，并且在 ASA 上安装 CIPS 软件包。虚拟的内部数据接口和内部控制接口可以提供 IPS 和 ASA 设备之间的通路。

CIPS 软件是在独立的设备中运行的，它拥有独立的内存和 CPU 资源，所以它永远不需要与 ASA 软件竞争硬件资源。针对复杂的正则表达式运算，ASA 5525-X、5545-X 和 5555-X 设备也为 ASA IPS 提供了专用的硬件加速器。由于 ASA CX 和 IPS 软件模块使用的都是相同的硬件，因此在一台 ASA 5500-X 上同时只能执行这两种打包文件之一。ASA IPS 此时并不会使用硬盘驱动。

软件 IPS 模块也需要物理的管理网络连接。ASA 5500-X 设备的 Management0/0 接口会在内部扩展到 ASA 和 ASA IPS 设备。在第 9 章的“软件模块”一节中，我们专门讨论了给 ASA 5500-X 软件模块提供管理连接的主题。总而言之，管理员有下面两种选择：

- 将 Management0/0 连接到专用的管理网络；
- 将 Management0/0 连接到生产网络。

图 17-1 显示的是第二种选择。ASA IPS 上有命令，并在内部子网中控制 IP 地址 192.168.1.10。ASA 上会启用 Management0/0 接口，但其中不会配置 **nameif** 命令，也不会配置 IP 地址。CIPS 会使用 ASA 的内部 IP 地址 192.168.1.1 充当连接另一个内部网络和 Internet 的默认网关。这和连接硬件 IPS 或 CX 模块的管理接口，在方法上非常类似。

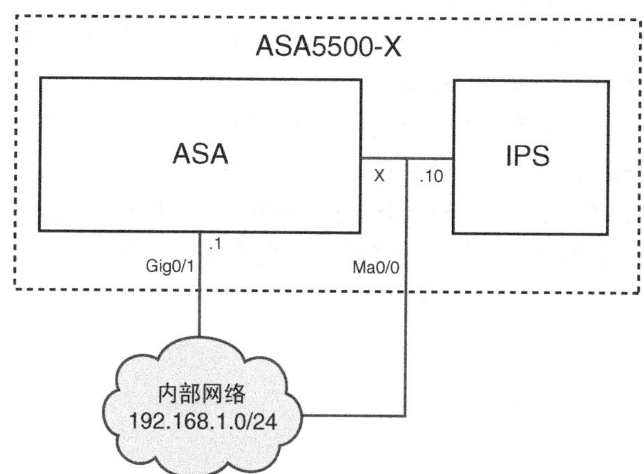

图 17-1 内部网络的 ASA IPS 管理连接

17.1.4 在线模式与杂合模式

ASA 可以提供在线 IPS 模式与杂合 IPS 模式。在线 ASA IPS 模块能够丢弃恶意数据包、生成告警或重置连接，使 ASA 能够立即应对安全威胁并及时保护网络。所有匹配 ASA 上在线 IPS 重定向策略的流量都必须穿越 IPS 模块才能离开这台设备。

图 17-2 所示为 ASA IPS 模块配置为在线 IPS 模式时的数据流。

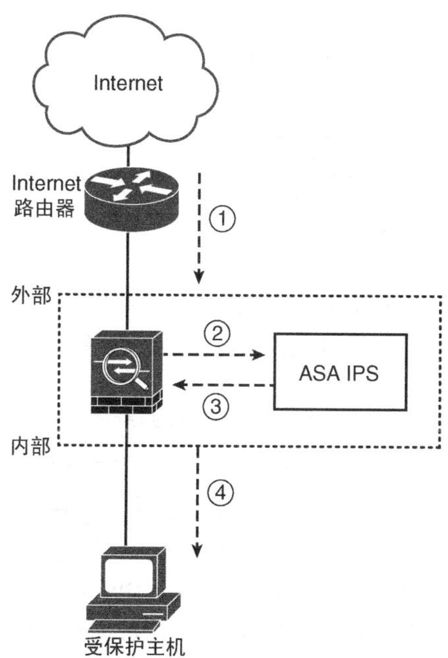

图 17-2 在线 IPS 模式的数据流

下列步骤为图 17-2 的事件顺序。

1. ASA 从 Internet 接收到一个 IP 数据包。这个数据包属于一条匹配 ASA 上在线 IPS 重定向策略的连接。

2. 如果配置的安全策略允许该流量进入受保护网络，ASA 就会将数据包发送给 IPS 模块进行分析。若 Cisco ASA 中配置的一个接口 ACL 或全局 ACL 拒绝该流量，那么数据包就永远不会到达 IPS 模块或受保护主机。
3. ASA IPS 分析该数据包，若确定它不是恶意数据包，则将它发送回 Cisco ASA。
4. Cisco ASA 将数据包转发到最终目的地（受保护主机）。

IPS 重定向策略使用杂合 IPS 模式时，ASA 只会将数据包复制一份转发给 IPS 模块进行检测；同时 ASA 根据配置的安全策略，决定是否将数据包转发到内部网络。图 17-3 所示为 ASA IPS 配置为杂合 IPS 模式时的数据流。

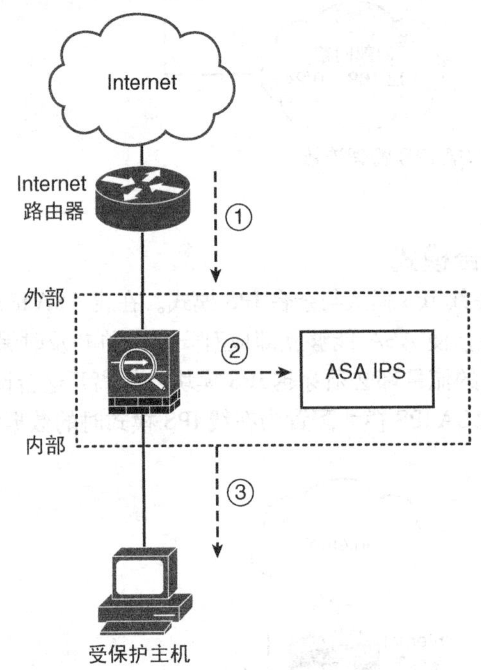

图 17-3　杂合 IPS 模式的数据流

下列步骤为图 17-3 所示的事件顺序。

1. ASA 从 Internet 接收到一个 IP 数据包。这个数据包属于一条匹配 ASA 上在线 IPS 重定向策略的连接。
2. 假设配置的安全策略允许该流量进入受保护网络，ASA 会将数据包复制一份转发给最终的目的地（即受保护主机）。若 Cisco ASA 中配置的一个接口 ACL 或全局 ACL 拒绝该流量，那么数据包就永远不会到达 IPS 模块或受保护主机。
3. ASA IPS 会分析复制的数据包，若将其认定为恶意数据包，ASA IPS 可以向管理员发送告警或采取配置的行为。本章会在“在 ASA IPS 上配置 CIPS 软件”一节中介绍明确的 IPS 安全策略及其相应行为的配置。由于恶意数据包当时已经达到了主机，因此杂合 IPS 模式对于网络攻击并不是十分有效。

管理员往往会使用杂合 IPS 模式来避免对关键的数据流量造成过度延迟或其他影响。无论什么模式，Cisco ASA 都会对匹配 IPS 监控策略的所有连接执行 TCP 数据包重排序。如果数据包老是不按顺序到达安全设备，那么在杂合 IPS 模式下，受保护 TCP 连接的吞吐量可能会有所降低。不过这种情况相当罕见，它常常是由上游网络的问题造成的。

17.1.5 IPS 高可用性

在 ASA 故障倒换的互操作性方面，ASA IP 模块的工作方式与 ASA CX 模块类似。IPS 同样完全支持 ASA 集群。每个故障倒换对话或集群成员中的 IPS 不会与故障倒换对或集群中的其他设备交换配置，不会交换连接状态信息。管理员必须独立配置所有 ASA IPS 设备，或者在 CSM（Cisco 安全管理器）中配置共同的策略。由于 ASA 可以对重定向到 IPS 的所有连接执行 TCP 状态跟踪，每个本地 IPS 设备都会继续监控 ASA 层面故障倒换状态的数据流。由于故障倒换和集群并不会保留特定 CIPS 的数据结构，因此 IPS 也就有可能无法检测出那些在 ASA IPS 出现故障时发起的那些比较复杂的、由很多步骤构成的攻击。

管理员可以在 **fail-open** 和 **fail-close** 模式中创建 ASA IPS 策略，在模块出现故障时分析转发流量的行为，这一点和使用 ASA CX 的概念相同。读者可以阅读本书的第 9 章来了解关于这项功能的具体信息。如果有配置策略中包含了 IPS 监控，那么当 IPS 模块无法处理流量时，故障倒换对和集群就会将 ASA 标记为失效（failed）。如果只有一台故障倒换对等体或者一台集群成员还能处理流量，那么配置的 **fail-open** 或 **fail-close** 命令就会生效。

这些模式都支持在线和杂合的 IPS 部署方案。尽管工作在杂合模式下的 ASA IPS 不应该对穿越 ASA 的流量构成任何影响，但是当 IPS 模块无法作出响应时，**fail-close** 策略还是会阻塞与之相匹配的流量。

17.2 Cisco IPS 软件架构

CIPS 软件使用 SDEE（安全设备事件交换）协议。SDEE 是 Cisco 为 ICSA（国际计算机安全协会）中的 IDS 协会开发的标准化 IPS 通信协议。ASDM、IDM、CSM、IME（IPS Manager Express）和 CS-MARS（Cisco 安全监控、分析和响应系统）等远程应用可以通过该协议从传感器查询事件信息。

CIPS 软件包含以下主要组件：

- Interprocess communication API（IDAPI）；
- MainApp（主应用）；
- SensorApp（传感器应用）；
- CollaborationApp（协作 App）；
- EventStore（事件存储器）；
- CLI。

MainApp 包含了以下的主要子组件：

- AuthenticationApp；
- Attack Response Controller；
- cipsWebserver；
- Logger；
- CtlTransSource；
- NotificationApp。

图 17-4 显示出 CIPS 的主要组件与 ASA IPS 之间的关系。

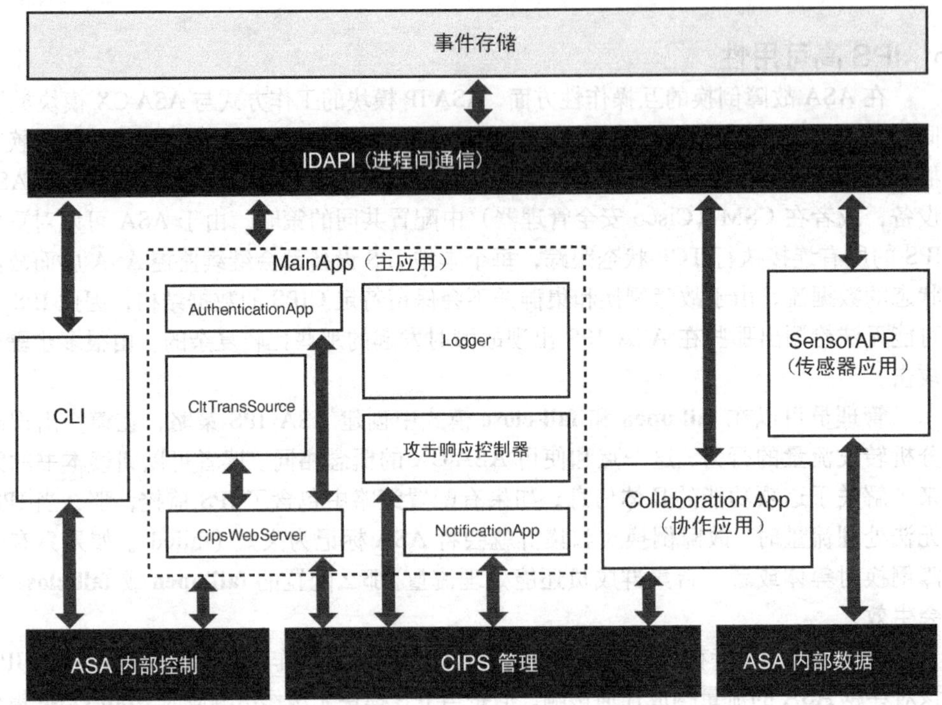

图 17-4 CIPS 软件架构概述

17.2.1 MainApp

MainApp（主应用）负责处理 ASA IPS（以及其他支持 CIPS 软件的平台）中的一些关键任务。这些任务包括：

- 初始化所有 CIPS 组件及应用；
- 安排、下载并安装软件更新；
- 配置通信参数；
- 管理系统时钟；
- 收集系统统计信息和软件版本信息；
- 关闭和重启所有 CIPS 服务。

CIPS 操作系统会首先初始化 MainApp，这样它就可以按照以下列顺序启动 CIPS 应用了。

1. 读取并验证动态和静态配置。
2. 将动态配置数据同步到系统文件中。
3. 创建 EventStore（事件存储）和 IDAPI（入侵检测应用程序编程接口）共享组件。
4. 初始化状态事件子系统。
5. 启动静态配置中的 IPS 应用。
6. 等待，直到每个应用发送一条初始化状态事件。
7. 若没有在 60 秒钟内收到所有状态事件，则生成一个错误事件，指出所有未启动的应用。
8. 监听控制事务请求，并对其实施相应处理。

MainApp 负责控制 CIPS 软件的安装和升级。它还负责控制网络通信参数，其中包括：

- ASA IPS 主机名；
- IPS 命令和控制接口的 IP 寻址及默认网关配置；

- 用于管理功能的网络访问控制列表。

1. AuthenticationApp

顾名思义，AuthenticationApp（认证应用）在 ASA IPS 或其他运行 Cisco IPS 5.x 及其后续版本软件的设备上负责控制用户认证。除此之外，它负责管理所有用户账户、特权级别、SSH（安全 Shell）密钥、数字证书和认证方式。当用户使用 Telnet、SSH，向 ASA、ASDM、IDM、IME 或 CSM 发起连接时，AuthenticationApp 会控制用户认证。

2. 攻击响应控制器

攻击响应控制器（正式名称为网络访问控制器[NAC]）会与 ASA 或其他可支持的设备进行通信，以便参照管理员配置的 IPS 特征行为来关闭（阻塞）连接和攻击。

攻击响应控制器的其中一个功能是向网络中其他 IPS 设备转发规避信息，实现集中控制网络访问设备。执行这个操作的 IPS 设备被看作主阻塞传感器。

3. cipsWebserver

ASA IPS 中的 cipsWebserver（CIPS Web 服务器）能够为 ASDM、IDM、IME、CSM 和其他依靠 HTTP 进行访问的管理产品提供配置支持，还会为 SDEE 交换提供支持，其中包括以下行为：

- 报告安全事件；
- 接收 IDCONF 交互；
- 处理 IP 日志。

例如，ASDM 安装在 Cisco ASA 上，并由 ASA 进行控制；但它内置了一个 IDM 示例，后者可以使用 SDEE 与安装在 CIPS Web 服务器中的 ASA IPS 进行通信。CIPS Web 服务器支持运行 SSL 和 TLS（安全套接字层和传输层安全）的 HTTP 1.0 和 1.1 版本。

4. Logger

ASA IPS 可以记录告警、错误、状态和调试消息以及 IP 日志。这些消息和 IP 日志可以通过 CLI 和 SDEE 客户端（比如 IDM、SCM 和 CS-MARS）进行查看。Logger（记录器）使用以下 5 个安全级别发送日志消息：

- Debug；
- Timing；
- Warning；
- Error；
- Fatal。

CIPS 会将这些消息将写入 IPS 模块的以下文件中：

/usr/cids/idsRoot/log/main.log。

为了访问这个文件，管理员必须通过服务账户进行登录。本章“用户账户管理”一节中将介绍如何创建服务账户。这些文件的内容也可以在命令 **show tech-support** 的输出信息中进行查看。这些消息主要由 Cisco TAC 工程师用于排查错误。

警告（warning）及以上级别的消息会被 CIPS 转变为 evErrors 消息并放入事件存储器中。

5. CtlTransSource

SDEE 和 HTTP 远程控制交互由称为 CtlTransSource（以前称为 TransactionSource）的内部应用进行控制。它负责处理设备与外部管理服务器和监测系统之间的所有 TLS 通信，包括基本的认证通信。当一个应用尝试远端控制交互时，IDAPI 会将交互信息重定向到 CtlTransSource。

6. NotificationApp

CIPS 支持为数不多的 SNMP 消息集，用于发送 IPS 特征告警和系统通告消息。NotificationApp 会监测 EventStore，查看新的条目并生成可以应用的 SNMP Trap，然后将它们发送给管理员配置的网络管理系统。管理员可以在 CIPS 上配置一些过滤规则，来减少可以触发 Trap 的事件集。

NotificationApp 也会对请求基本 ASA IPS 系统信息和高级流量统计数据的 SNMP 轮询消息作出响应。

17.2.2 SensorApp

SensorApp（传感器应用）负责分析网络流量，检查其中的恶意内容。ASA 会将重定向的数据包或者这些数据包的复制文件通过内部数据背板接口发送给 CIPS。CIPS 将自己这一侧的数据平面抽象为一个吉比特以太网接口或者一个 10 吉比特以太网接口，具体是哪种以太网接口取决于设备的型号；这些接口的名称并不表示 ASA IPS 数据平面的实际吞吐量。

若将 ASA IPS 工作在杂合模式下，经过 SensorApp 处理后，相关数据包就会直接丢弃，而不会向 ASA 发送通告消息。若配置为在线模式，CIPS 就必须针对每个监控的数据包向 ASA 请求是放行还是阻塞。

SensorApp 拥有两个模块，这两个模块对 ASA IPS 或其他使用 CIPS 的设备的运行意义重大。

- **分析引擎**：这个模块可以运行多个不同的 CIPS 策略集。每个策略集都可以对定义的各类型流量应用独立的特征定义、异常监测配置文件和事件行为过滤规则。这种分析引擎实例称为虚拟传感器。除了 AIP-SSC-5 之外，所有型号的 ASA IPS 都可以支持 4 个虚拟传感器。
- **告警通道**：每个虚拟传感器都有一个对应的虚拟告警模块，它会监测这个监控实例的相关事件并生成应用告警消息。这种模块也可以对各个虚拟传感器应用独立的事件行为过滤规则。

切记，所有虚拟传感器和告警实例都会共享同一个 EventStore。

17.2.3 CollaborationApp

在 Cisco ASA 7.0 及之后的版本中，CIPS 会通过全球关联提供一些与 Cisco SensorBase 网络的集成功能（可选功能）。启用了这种特性之后，CIPS 就会接收到与恶意 Internet 主机和网络有关的实时信息。SensorApp 会使用这种名誉数据（reputation data）来影响自己的监控行为，对于已知的攻击行为，会采用更加激进的防御策略。从一些名誉很差的主机发来的流量可能不经过其他采用深度监控的处理资源就会被直接拒绝。管理员也可以通过配置 CIPS 来让它与 SensorBase 共享一些处理信息，并提高数据处理的准确性。

CollaborationApp 是负责处理与 SensorBase 网络通信的模块。它会下载名誉数据并与

SensorApp 共享这些信息。如果参与 SensorBase，那么 CollaborationApp 就会从 SensorBase 接收到一些可以应用的数据，并且将其安全地上传给 Cisco。

17.2.4 EventStore

所有 IPS 事件都被添加时间标签和唯一的升序识别符，存放到 EventStore（事件存储器）中。除此之外，CIPS 内部应用还会将日志、状态和错误事件写入 EventStore 中。SensorApp 是唯一会生成 IPS 告警的实体。

EventStore 以循环的方式存储 CIPS 事件。也就是说当配置的存储空间已满，将以新的事件和日志消息覆盖最旧的事件。在 CIPS 中，所有平台的 EventStore 存储空间都会设置为 30 MB。管理员应该以 IME 或 CSM 作为可靠的外部 IPS 事件存储设备。

17.3 ASA IPS 配置前的准备工作

在 ASA IPS 上开始配置 CIPS 策略之前，必须先完成很多任务：

- 安装 CIPS 镜像或者重新安装一个现有的 ASA IPS；
- 访问 CIPS CLI；
- 配置基本管理设置；
- 通过 ASDM 配置 IPS 管理；
- 安装响应的 CIPS 许可证密钥。

17.3.1 安装 CIPS 镜像或者重新安装一个现有的 ASA IPS

所有硬件 ASA IPS 模块都配有预安装的 CIPS 系统软件。如果希望完全清除当前的配置或者载入一个不同的软件版本，管理员可以重新安装这个模块的镜像文件。切记，管理员可以在 ASA IPS 上执行 CIPS 软件升级，而无须彻底重新安装镜像文件并由此丢失所有的配置。

要重新安装硬件 ASA IPS 模块的镜像文件，管理员必须从 Cisco.com 下载一个合适的系统镜像文件。一定要确保给自己的 ASA IPS 模块选择了正确的文件。在下载了所需的系统镜像文件之后，需要按照下面的步骤来安装。

1. 将系统镜像文件放在一台可以通过网络进行访问的 TFTP 服务器上。ASA IPS 会使用这台服务器来下载系统镜像文件。
2. 将 ASA IPS 的物理管理接口连接到网络中。即使从 ASA 触发了重新安装镜像文件的进程，IPS 模块还是会从网络执行文件下载。管理员可以将一台启用了 TFTP 服务器功能的主机直接连接到 ASA IPS 的管理接口。
3. 指定 ASA IPS 的管理 IP 地址。如果 TFTP 服务器位于一个不同的子网上，管理员就必须为了让它能够进行下载，而提供给 ASA IPS 一个默认网关。如果将 TFTP 服务器设置在同一个子网中，或者将它直接与 ASA IPS 相连，那么只需要将默认网关指向 TFTP 服务器即可。
4. 从 ASA 设备的特权模式下，需要输入下面的命令；

```
asa# hw-module module 1 recover configure
```

指定系统文件的完整 TFTP URL：

```
Image URL [tftp://0.0.0.0/]: tftp://172.16.164.124/IPS-SSM_20-K9-sys-1.1-a-7.1-7-E4.img
```

提供 ASA IPS 管理接口的 IP 地址：

```
Port IP Address [0.0.0.0]: 192.168.1.19
```

如果 ASA IPS 管理接口是一个 Trunk 端口，也可以指定一个 VLAN 标识符。这个配置很少使用，所以管理员常常需要将其保留为 0。

```
VLAN ID [0]: 0
```

提供 ASA IPS 默认网关或（如直连）TFTP 服务器的 IP 地址：

```
Gateway IP Address [0.0.0.0]: 192.168.1.11
```

5. 通过命令 **hw-module module 1 recover boot** 启动重新安装镜像文件的进程。在输入这条命令时，IPS 模块会载入并尝试从指定的 TFTP 服务器那里获取镜像文件。切记，这个进程会永久删除此前的 CIPS 镜像文件和配置信息。因此，管理员需要对这个操作进行确认：

```
asa# hw-module module 1 recover boot
Module 1 will be recovered. This may erase all configuration and all data
on that device and attempt to download/install a new image for it. This may
take several minutes.

Recover module 1? [confirm] y
Recover issued for module 1.
```

6. 管理员可以周期性地在 ASA 上输入命令 **show module 1 detail** 来查看这台 ASA IPS 是否已经准备好处理流量。管理员也可以在 ASA 上输入命令 **debug module-boot 255** 来实时监测重安装镜像文件的进程。例 17-1 所示为一次成功重新安装镜像文件操作的实例。在完成之后，一定要输入命令 **no debug module-boot**。

例 17-1　ASA IPS 镜像文件恢复进程的 Debug 信息

```
Mod-1 148> Cisco Systems ROMMON Version (1.0(11)2) #0: Thu Jan 26 10:43:08 PST 2006
Mod-1 149> Platform ASA-SSM-20
Mod-1 150> GigabitEthernet0/0
Mod-1 151> Link is UP
Mod-1 152> MAC Address: 0019.e8d9.58f7
Mod-1 153> ROMMON Variable Settings:
Mod-1 154> ADDRESS=192.168.1.19
Mod-1 155> SERVER=172.16.164.124
Mod-1 156> GATEWAY=192.168.1.11
Mod-1 157> PORT=GigabitEthernet0/0
Mod-1 158> VLAN=untagged
Mod-1 159> IMAGE=IPS-SSM_20-K9-sys-1.1-a-7.1-7-E4.img
Mod-1 160> CONFIG=
Mod-1 161> LINKTIMEOUT=20
Mod-1 162> PKTTIMEOUT=4
Mod-1 163> RETRY=20
Mod-1 164> tftp IPS-SSM_20-K9-sys-1.1-a-7.1-7-E4.img@172.16.164.124 via 192.168.1.11
Mod-1 165> !!!!!!!!!!!!!!!!!!!!!!!!!!!!!!!!!!!!!!!!!!!!!!!!!!!!!!!!!!!!!!!!!!!!!!!!
!!!!!!!
[...]
Mod-1 284> !!!!!!!!!!!!!!!!!!!!!!!!!!!!!!!!!
Mod-1 285> Received 39131632 bytes
Mod-1 286> Launching TFTP Image...
Mod-1 287> Cisco Systems ROMMON Version (1.0(11)2) #0: Thu Jan 26 10:43:08 PST 2006
Mod-1 288> Platform ASA-SSM-20
Mod-1 289> Launching BootLoader...
```

在将 IPS 服务添加到一个现有设备上时，管理员可能需要在 ASA 5500-X 设备上安装一个软件 IPS 模块。首先要确保为 IPS 模块许可证安装了正确的激活密钥。由于在这个型号上，ASA IPS 不需要使用额外的硬件，因此重新安装镜像文件的操作就会简单一些，只需要执行下面的步骤即可。

1. 从 Cisco.com 下载对应的 ASA IPS 系统镜像文件，并使用 TFTP、HTTP、HTTPS、FTP 或者 Samba 传输给 ASA 的 Flash 文件系统。首先要确保 ASA 的 Flash 中拥有足够的可用空间。
2. 使用 **sw-module module ips recover configure** 命令来将 ASA 指向本地保存的 IPS 系统镜像文件。如：

```
asa# sw-module module ips recover configure image disk0:IPS-SSP_5555-K9-sys-
1. 1-a-7.1-7-E4.aip
```

3. 通过命令 **hw-module module 1 recover boot** 启动重新安装镜像文件的进程。这和硬件模块类似，但是不需要拥有网络连接。

17.3.2 从 ASA CLI 访问 CIPS

当管理员在 ASA IPS 上安装了相应的 CIPS 系统之后，就可以在专用模块上使用命令 **session 1** 通过 ASA 背板访问这个模块的 CLI，可以使用 ASA 5500-X 设备的 **session ips**。默认的管理员用户名是 **cisco**，而默认的密码为 **cisco**。管理员必须在第一次登录之后更改密码。用户账户有 4 种主要的角色，角色决定了这个用户可以执行的功能。关于这一点，我们会在本章后面的“用户账户管理”一节进行具体的介绍。例 17-2 所示为用户 **cisco** 通过这台 ASA 的命令行界面成功登录到了 CIPS 中。

例 17-2 首次登录到 ASA IPS CLI

```
login: cisco
Password:
You are required to change your password immediately (password aged)
Changing password for cisco.
(current) password:
New password:
Retype new password:
***NOTICE***
This product contains cryptographic features and is subject to United States
and local country laws governing import, export, transfer and use. Delivery
of Cisco cryptographic products does not imply third-party authority to import,
export, distribute or use encryption. Importers, exporters, distributors and
users are responsible for compliance with U.S. and local country laws. By using
this product you agree to comply with applicable laws and regulations. If you
are unable to comply with U.S. and local laws, return this product immediately.
A summary of U.S. laws governing Cisco cryptographic products may be found at:
http://www.cisco.com/wwl/export/crypto/tool/stqrg.html

If you require further assistance please contact us by sending email to
export@cisco.com.

***LICENSE NOTICE***
There is no license key installed on this IPS platform.
The system will continue to operate with the currently installed
signature set. A valid license must be obtained in order to apply
signature updates. Please go to http://www.cisco.com/go/license
to obtain a new license or install a license.
```

CIPS CLI 与 Cisco ASA 和 IOS CLI 都很类似。它也分成不同的命令模式，可以通过命令 **configure terminal** 进入配置模式当中。和 Cisco IOS 与 ASA 相同之处还在于，管理员可以通过在命令后面输入问号（?）来显示特定命令的帮助信息。管理员也可以通过输入问号，来查看补全这条命令的关键字。有很多命令可以生成交互式用户提示符。比如 **setup** 就是其中一例，这条命令会在下一节中进行介绍。

17.3.3 配置基本管理设置

在首次登录到一台之前没有配置过的 ASA IPS 时，系统会自动开启初始配置对话。

```
--- Basic Setup ---


--- System Configuration Dialog ---

At any point you may enter a question mark '?' for help.
User ctrl-c to abort configuration dialog at any prompt.
Default settings are in square brackets '[]'.

Current time: Sun Oct 6 18:07:32 2013

Setup Configuration last modified: Sun Oct 06 18:01:28 2013
```

管理员也可以通过 CIPS CLI 中的命令 **setup** 来重新启动交互式基本配置进程，也可以视需要通过 ASDM 中的 Startup Wizard（启动向导）来配置这些 IPS 设备。必须在 IPS 能够与任何管理工作站进行通信，并开始从网络分析数据时就配置好这些设置参数。

CIPS CLI 会首先显示当前的配置，然后生成交互式提示信息，引导管理员完成初始配置。中括号[]中显示的信息为默认的配置。如果接受默认的输出信息，可以直接按回车键。管理员可以通过下面的步骤，在 CLI 中配置基本的 ASA IPS 设置。

1. 配置对话会要求管理员输入 ASA IPS 的文件名。默认的文件名为 sensor。可以按照下面的方法输入新的用户名（用户名是区分大小写的）。

```
Enter host name[sensor]: DC-IPS
```

2. 管理员必须输入 ASA IPS 管理接口的 IP 地址和默认网关。默认的 IP 地址为 192.168.1.2，默认网管为 192.168.1.1。配置 IP 地址和网关的格式如下所示。

   <IP address>/<Subnet mask length in bits>,<Gateway IP address>

   本例使用的管理 IP 地址为 192.168.1.10，掩码为 24 位（255.255.255.0），默认网关为 192.168.1.1。

```
Enter IP interface[192.168.1.2/24,192.168.1.1]: 192.168.1.19/24,192.168.1.11
```

3. 配置对话会提示管理员修改当前的配置访问列表。输入 **yes** 来添加或删除许可的 ASA IPS 主机或网络。在默认情况下，ASA IPS 会拒绝所有网络发来的管理会话。管理员必须修改自己访问列表，以便能够远程管理 ASA IPS。输入访问列表条目的格式如下所示。

   <IP prefix>/<Prefix mask length in bits>

   在添加好管理访问列表条目之后按下回车键。

   在本例中，唯一允许对设备进行管理的网络为 192.168.1.0/24。

```
Modify current access list?[no]: yes
Current access list entries:
```

```
  No entries
Permit: 192.168.1.0/24
Permit:
```

4. 配置对话允许管理员修改连接 SensorBase 网络以实现全球关联的 DNS 和 HTTP 代理设置。

```
Use DNS server for Global Correlation?[no]: no
Use HTTP proxy server for Global Correlation?[no]: no
```

管理员可以稍后再配置这些设置参数。读者可以参考本章稍后的“全球关联”一节来了解这个特性的具体解释信息。

5. 管理员也可以修改系统时钟、时区和夏令时设置。切记，管理员需要以分钟为单位来指定时区偏移值。

```
Modify system clock settings?[no]: yes
  Modify summer time settings?[no]: yes
    Use USA SummerTime Defaults?[yes]: yes
    DST Zone[]: CDT
    Offset[60]: 60
  Modify system timezone?[no]: yes
    Timezone[UTC]: CST
    UTC Offset[0]: -360
```

ASA IPS 默认会与 ASA 机框设备来同步时钟，但管理员也可以配置网络时间（NTP）服务器。

```
Use NTP?[no]: no
```

6. 系统会提示管理员启用全球关联的 SensorBase 网络参与特性，管理员可以稍后执行这个设置。

```
Participation in the SensorBase Network allows Cisco to collect aggregated
statistics about traffic sent to your IPS.
SensorBase Network Participation level?[off]: off
```

7. CIPS 会显示当前的配置以兹管理员进行查看，并显示下一步的很多选项。
   管理员输入了下面的配置。

```
service host
network-settings
host-ip 192.168.1.19/24,192.168.1.11
host-name DC-IPS
telnet-option disabled
access-list 192.168.1.0/24
ftp-timeout 300
no login-banner-text
dns-primary-server disabled
dns-secondary-server disabled
dns-tertiary-server disabled
http-proxy no-proxy
exit
time-zone-settings
offset -360
standard-time-zone-name CST
```

```
exit
summertime-option recurring
offset 60
summertime-zone-name CDT
start-summertime
month march
week-of-month second
day-of-week sunday
time-of-day 02:00:00
exit
end-summertime
month november
week-of-month first
day-of-week sunday
time-of-day 02:00:00
exit
exit
ntp-option disabled
exit
service global-correlation
network-participation off
exit
[0] Go to the command prompt without saving this config.
[1] Return to setup without saving this config.
[2] Save this configuration and exit setup.
[3] Continue to Advanced setup.
```

管理员可以丢弃当前的配置并放弃这个设置进程，或者重复上面的步骤。如果上面的配置看上去没什么问题，则应该保存当前的配置。管理员可以稍后通过 ASDM 或 IDM 来配置高级 CIPS 设置。

8. 如果管理员应用当前的配置，那么 CIPS 软件可能需要载入并应用新的时区设置。

```
Enter your selection[3]: 2
Warning: DNS or HTTP proxy is required for global correlation inspection and
reputation filtering, but no DNS or proxy servers are defined.
Warning: Reboot is required before the configuration change will take effect

--- Configuration Saved ---

Complete the advanced setup using CLI or IDM.
To use IDM,point your web browser at https://<sensor-ip-address>.

Warning: The node must be rebooted for the changes to go into effect.
Continue with reboot? [yes]: yes

Broadcast Message from root@DC-IPS
        (somewhere) at 14:28 ...
A system reboot has been requested. The reboot may not start for 90 seconds.

Command session with module ips terminated.
Remote card closed command session. Press any key to continue.
```

17.3.4 通过 ASDM 配置 IPS 管理

在使用基础设置配置 ASA IPS，并将其管理接口连接到网络当中之后，管理员可以通过 ASDM 来管理模块（**Configuration > IPS**）。起初，ASDM 会提示管理员输入 ASA IPS 管理访问信息，如图 17-5 所示。切记，ASDM 会通过管理接口直接与 IPS 模块建立独立的网络连接。管理员必须确保管理工作站同时能够通过网络访问 ASA 和 ASA IPS。

在图 17-5 中，ASA IPS 使用了管理 IP 地址 192.168.1.19。填写 IPS 管理用户的登录证书，并勾选 **Save IPS login information on local host** 复选框，以免未来必须重新输入这些信息。

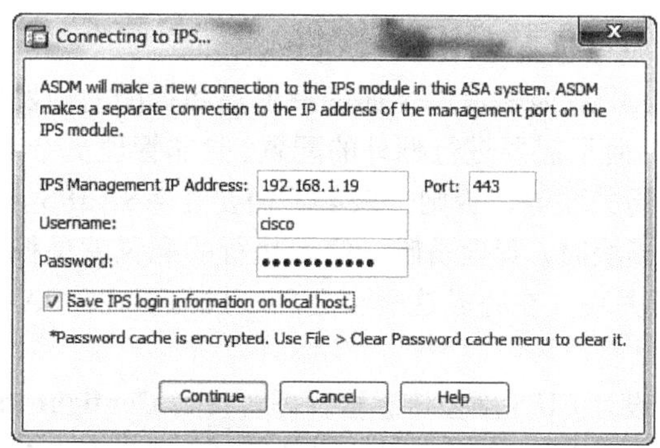

图 17-5 在 ASDM 中输入 ASA IPS 管理信息

一旦连接，需要进入 **Configuration > IPS > Sensor Setup** 界面来修改 ASA IPS 的基本设置，或者点击 **Launch Startup Wizard** 按钮来重新运行初始配置对话。

17.3.5 安装 CIPS 许可证密钥

除了拥有 ASA 5500-X 设备的必备 IPS 模块许可证之外，所有 IPS 模块都需要有一个有效的 CIPS 许可证密钥才能执行下面的功能：

- IPS 特征打包文件更新；
- 全局关联。

ASA IPS 即使没有可用的许可证（无许可证或过期）也会继续监控穿越设备的流量，但没有最新的特征更新，网络仍然不会处于周全的保护之下。管理员应该在配置 ASA IPS 策略之前，安装 CIPS 许可证。管理员可以执行 **Configuration > IPS > Sensor Management > Licensing** 来完成上述配置，该界面如图 17-6 所示。

Configuration > IPS > Sensor Management > Licensing
Update the license for this sensor by contacting the licensing server at Cisco.com or by specifying the path to a valid license file.
Current License
License Status: noLicense
Expiration Date:
Serial Number: JAF11063358
Product ID: ASA-SSM-20
Download...
Update License
Update From: Cisco.com
License File
Local File Path:
Browse Local...
Update License

图 17-6 在 ASDM 中配置 CIPS 许可证

应用许可证有下面两种选择。

- **Automatically download it from Cisco.com（自动从 Cisco.com 进行下载）**：这个选项需要 IPS 模块拥有更新特征的有效支持合同。管理员还必须确保 ASA IPS 能够从管理 IP 地址的 TCP 80 和 443 端口访问 Internet。
- **Upload a license file（上传许可证文件）**：管理员可以使用 Cisco.com 的自助许可证工具，或者向 Cisco TAC 的许可证（Licensing）组申请该文件。要确保在这个页面中提供了正确的 Product ID（产品 ID）和 Serial Number（序列号）值。

17.4 在 ASA IPS 上配置 CIPS 软件

ASA IPS 的默认配置能够提供全面的特征集和智能的启发式扫描特性，它们可以对网络即刻进行保护，而不需要进行额外的配置。除非管理员希望配置一些高级安全特性，比如异常检测或全局关联等，否则一般都不需要在 ASA IPS 上修改任何 CIPS 策略。在部署大量新的 IPS 模块时，管理员唯一需要执行的配置就是将默认的虚拟传感器实例与 ASA 背板接口进行关联。在完成这一步之后，只需要在 ASA 上配置 IPS 流量重定位策略即可。

要通过 ASDM 设计 CIPS 虚拟传感器，需要找到 **Configuration > IPS > Policies > IPS Policies**。在列表中选择名为 vs0 的默认虚拟传感器，然后点击 **Edit** 按钮。图 17-7 显示了系统此时会打开的 Edit Virtual Sensor 对话框，管理员需要在这里完成配置工作。

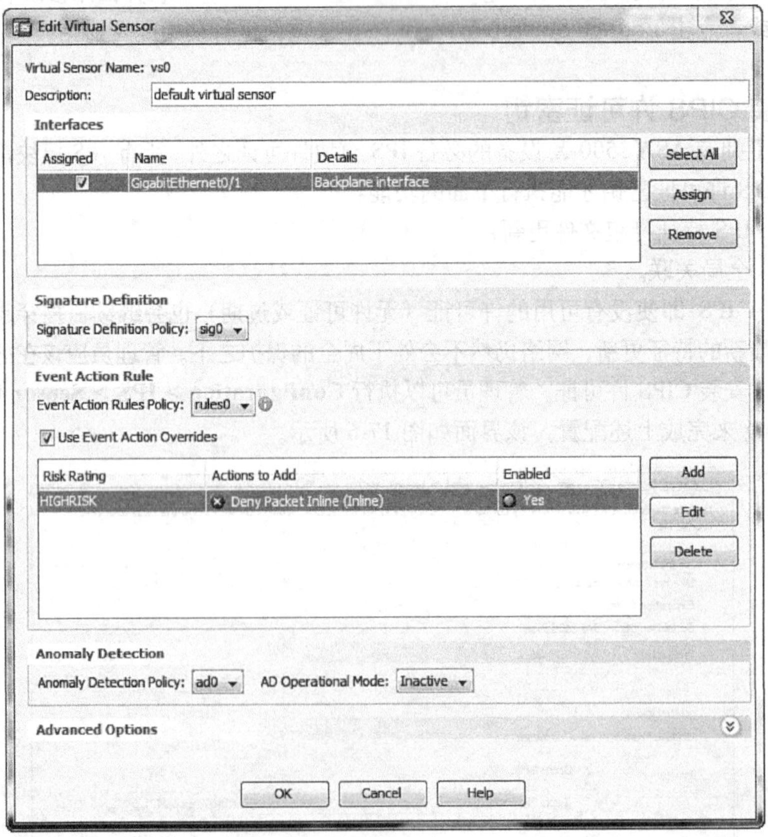

图 17-7 ASDM 中的 Edit Virtual Sensor 对话框

在 Interface 部分，需要勾选 Backplane Interface 条目的 **Assigned** 对话框，来对从 ASA 重定向到内部数据接口的流量应用 IPS 监控。点击 **OK** 关闭对话框，然后点击 **Apply** 将配置应用到 ASA IPS 设备上。

管理员可以使用这个 ASDM 对话框在（除了 AIP-SSC-5 之外的）所有 ASA IPS 模块上配置最多 3 个虚拟传感器。每个虚拟传感器都可以分别设置下面的策略。

- Signature Definition Policy（**特征定义策略**）：管理员可以在各个策略中启用或禁用个别的特征，并修改个别的特征及其相关的动作。管理员可以让一台 ASA IPS 针对不同组别的网络流量应用不同级别的监控。
- Event Action Rule Polilcy（**事件行为规则策略**）：管理员可以根据各个攻击者和受害的 IP 地址，以及各内部受保护主机的重要性级别来添加或删除特征行为。管理员可以使用同一个特征集来对不同类型的流量应用不同的行为。
- Anomaly Detection Policy（**异常检测策略**）：管理员可以对不同类型的流量来建立和监测独立的网络流量配置文件。

管理员只需要将 ASA IPS 背板接口分配给默认虚拟传感器。其他虚拟传感器实例可以自动继承接口的分配。在 ASA 上配置 IPS 流量重定向时，可以选择用哪个虚拟传感器来处理流量。读者可以参考本章后面的“配置 ASA 来实现 IPS 流量重定向”一节来了解详细的信息。

管理员也可以根据需要来配置下面这些 ASA 的高级特性：

- 自定义特征；
- 远程阻塞或关闭；
- 异常检测；
- 全局关联。

17.4.1 自定义特征

创建自定义特征的功能使管理员能够更灵活地识别安全威胁和网络异常。所有 ASA IPS 模块都可以支持这种特性，AIP-SSC-5 除外。为了创建自定义特征，管理员必须明确知道需要检测网络中的哪种流量。本小节将介绍如何创建 TCP 自定义特征。图 17-8 显示出了这个攻击向量。

本例中，安全管理员知道网络中存在新的安全漏洞，从而一台设备可以攻陷其他主机，并对其安装恶意软件，在端口 8969 上建立 TCP 连接。不幸的是这个端口用于网络中其他重要的应用。这时的目标是创建自定义特正来检测这一行为并生成告警，从不允许通过 TCP 8969 端口发送流量的主机向管理站发送报告。图 17-8 显示出若工程网段中的一台主机试图使用 TCP 8969 端口与市场网段中的一台主机建立连接，则会触发 ASA IPS 中的自定义特征，从而发送告警。

按照以下步骤在 ASDM 上配置自定义的特征。

1. 登录 ASDM 并打开菜单 **Configuration > IPS > Policies > Signature Definitions > sig0 > All Signatures**。
2. 点击 **Add** 添加新特征，这时系统会显示图 17-9 所示的对话框。

   在 Add Signature 对话框中配置下列参数（其他参数则全部设置为 No）。

   - Signature ID（特征 ID）：输入一个取值范围从 60000～65000 的特征标识符值。
   - SubSignature ID（子特征 ID）：能够识别出主特征的精确版本。取值范围在 0～255 之间（本例中使用号码 0）。图 17-9 的取值为 0，这是一个特征涵盖所有已知攻击形式的常用值。

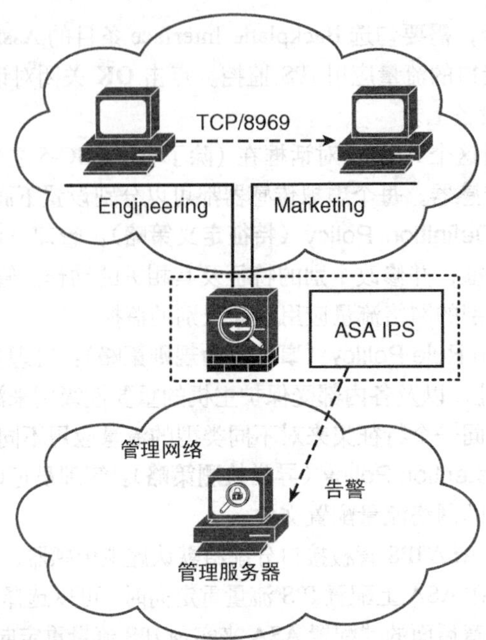

图 17-8 自定义特征案例

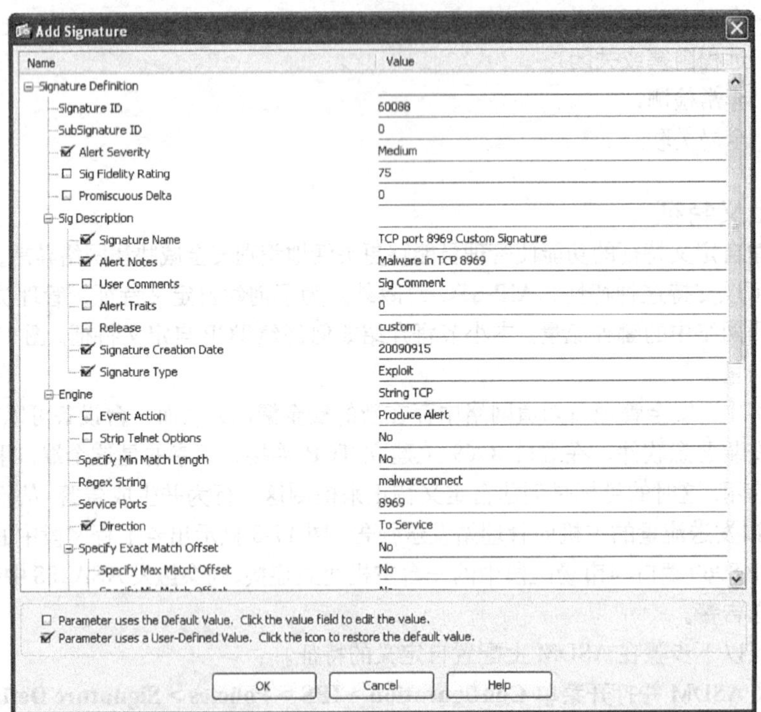

图 17-9 Add Signature 对话框

- Alert Severity（告警严重级别）：可以设置为 **High**（高）、**Informational**（信息性）、**Medium**（中）或 **Low**（低）。
- Sig Fidelity Rating（特征准确性评分）：表明在对攻击目标一无所知的情况下，该特征的可靠性。取值范围是 0～100。本例中使用默认值（75）。
- Promiscuous Delta：用于定义告警的严重性，本例中使用默认值（0）。

- Signature Name（特征名称）：输入自定义特征的名称。
- Alert Notes（告警注释）：输入一个注释，这个注释将被包含在该特征生成的告警中。图 17-9 中将告警注释配置为了 Malware in TCP 8969。
- User Comments（用户评论）：添加关于该特征的自定义解释。
- Release（版本）：指定特征第一次出现在哪个软件版本中，在本例中，**custom** 用于表示自定义特征。
- Event Action（事件行为）：配置传感器对事件进行响应时采取的行为。本例中配置的是默认行为 Produce Alert（生成告警）。
- Regex String（正则表达式字符串）：输入正则表达式字符串。本例中的特征配置为与 malwareconnect 字符串相匹配。
- Service Ports（服务端口）：输入服务端口。本例中使用的是 8969 端口。
- Direction（方向）：配置 ASA IPS 监控数据包的方向。在图 17-9 中，配置的方向为 To Service。

3. 点击 **OK** 关闭这个对话框，然后点击 **Apply** 将新特征推送给 ASA IPS。

17.4.2 远程阻塞

本小节将介绍如何配置 ASA IPS 与 Cisco IOS 路由器、交换机、PIX 防火墙和 Cisco ASA 设备进行交互，以阻塞（shun）攻击者 IP 地址，或者对其进行限速。管理员可以借此在网络边界阻塞进犯的流量，保护 ASA IPS 及其他内部网络设备的处理资源。

管理员需要对网络拓扑进行分析，以便了解 ASA IPS 可以安全地阻塞那些发起攻击的 IP 地址，以及哪些 IP 地址应当免于这种阻塞，这一点非常重要。如果攻击者了解阻塞配置的话，他们就可以发起 DoS 攻击。这些 DoS 攻击可以将自己伪装成合法资源的地址，让那些合法的主机和服务的网络出现中断。管理员在实施这些远程阻塞特性的时候，必须万分谨慎，并且实时对其进行调试，以免出现误报。

ASA IPS 和其他 Cisco IPS 传感器能够与 Cisco IOS 路由器和 Catalyst 交换机进行交互。CIPS 软件能够在 Cisco IOS 路由器中应用 ACL，或者在 Catalyst 交换机中应用 VLAN ACL（VACL），从而放行或拒绝相应设备上出入接口或 VLAN 的流量。PIX 防火墙和 ASA 设备不使用 ACL 或 VACL，它们会通过 **shun** 命令来实施基本的流量过滤。

在图 17-10 中，ASA IPS 与 Cisco IOS 路由器（10.10.12.254）进行交互，该路由器通过专用链路为合作伙伴提供外网连通性。CIPS 软件会自动登录到路由器，并且将入站 ACL 应用到 Ethernet0 接口，以此来阻塞已知的攻击。

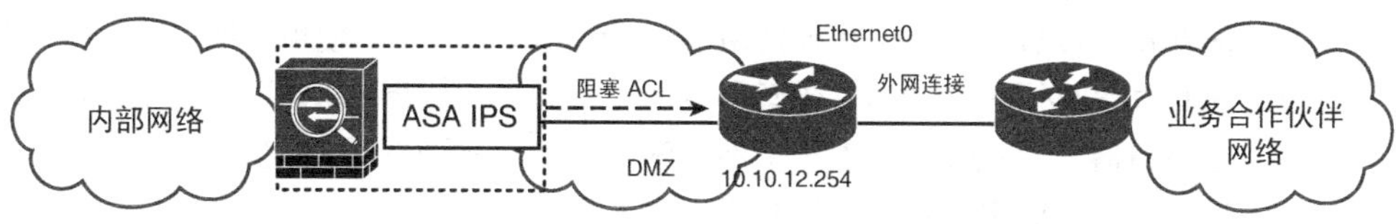

图 17-10 远程阻塞案例

下面的步骤所示为如何通过 ASDM 配置 ASA IPS。

1. 登录到路由器中，找到 **Configuration > IPS > Sensor Management > Blocking > Device Login Profiles**，然后点击 **Add** 来配置一个用户配置文件。图 17-11 所示为打开的 Add Device Login Profile 对话框。

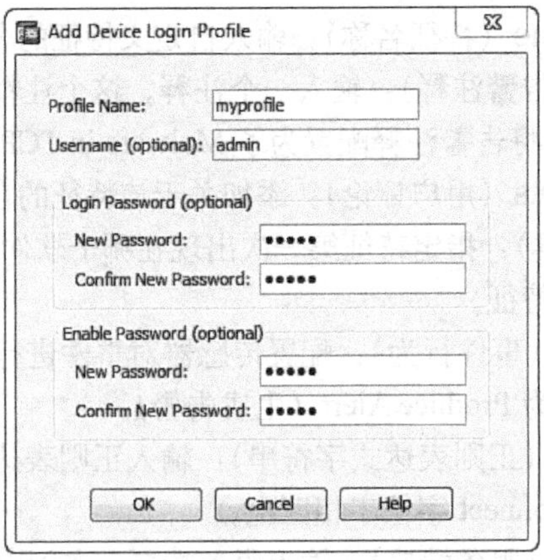

图 17-11 Add Device Login Profile 对话框

填写下面的字段，然后点击 **OK**。

- Profile Name（配置文件名）：创建一个名称来调用这个登录证书集。图 17-11 中设置的配置文件名为 myprofile。
- Username（用户名）：指定登录这台远程设备的用户名。
- Login Password（登录密码）：指定与用户名相对应的密码，并且确认这个密码。
- Enable Password（启用密码）：指定这台设备的密码，并且确认这个密码。

2. 为路由器创建设备条目，并且将这个条目关联到登录配置文件。找到 **Configuration > IPS > Sensor Management > Blocking > Blocking Devices**，并点击 **Add**。图 17-12 所示为打开的 Add Blocking Device 对话框。

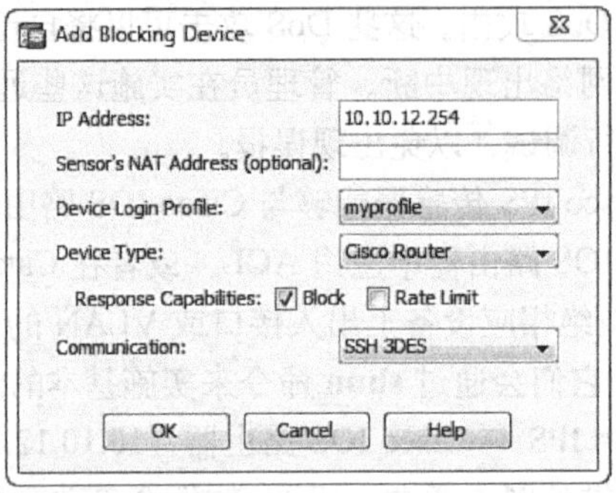

图 17-12 Add Blocking Device 对话框

填写下面的字段，然后点击 **OK**。

- IP Address（IP 地址）：登录路由器的 IP 地址。图 17-12 使用的地址为 10.10.12.254。
- Sensor's NAT Address（传感器的 NAT 地址）：如果 ASA IPS 的管理 IP 地址在到达路由器之前就转换为了一个不同的 IP 地址，那么需要在这里指定映射后的 NAT 地址。在本例中，路径中没有使用 NAT。
- Device Login Profile（设备登录配置文件）：选择之前配置的含有设备登录证书的配置文件。本例使用的是步骤 1 的 myprofile。
- Device Type（设备类型）：选择 **Cisco Router**、**Cat6K** 或者 **PIX ASA**。
- Response Capabilities（响应功能）：选择对于入侵者的策略是 **Block**（阻塞）还是 **Rate Limit**（限速）。只有 Cisco 路由器上可以选用 Rate Limit 策略。ASA IPS 会应用一条 ACL 在路由器上阻塞所有入侵者。

- Communication（通信）：在 **Telnet** 和 **SSH 3DES** 之间进行选择。在图 17-12 中，访问路由器使用的 **SSH 3DES**。为了实现这种效果，管理员还需要添加远程路由器的公钥，在 ASDM 中找到 **Configuration > IPS > Sensor Management > SSH > Known Host Keys**，并点击 **Add**，填写 IP Address 字段，然后点击 **Retrieve Host Key** 按钮来自动生成公钥。

3. 在路由器上指定目标接口名称和 ACL 的方向，方法是找到 **Configuration > IPS > Sensor Management > Blocking > Router Blocking Device Interfaces**，并点击 **Add**。图 17-13 所示为对应的对话框。

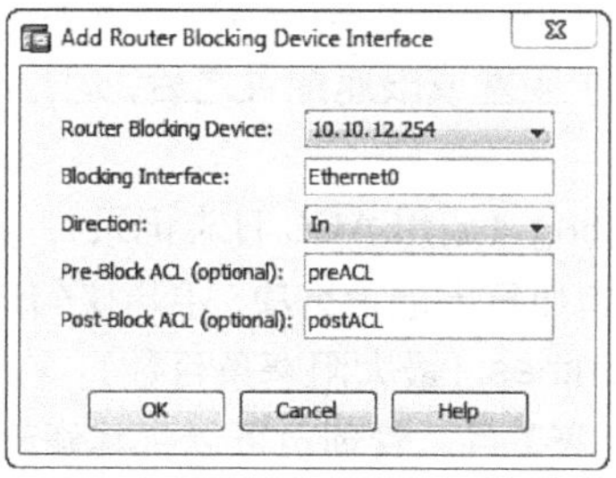

图 17-13　ASDM 中的 Adding Blocking Device Interface 对话框

填写下面的字段，然后点击 **OK**。

- Router Blocking Device（路由器阻塞设备）：选择配置的阻塞设备来应用接口配置。在图 17-13 中，管理员使用了步骤 2 中的 10.10.12.254。
- Blocking Interface（阻塞接口）：指定使用 ASA IPS 上的哪个接口来应用阻塞 ACL。在图 17-13 中，管理员选择了与合作伙伴相连的接口 Ethernet0。
- Direction（方向）：在接口上的 **In** 或者 **Out** 方向应用 ACL。在本例中，管理员使用了入站的 ACL。
- Pre-Block ACL（预阻塞 ACL）：在路由器上使用本地配置的 ACL，使某些流量免遭阻塞。这个 ACL 往往会包含关键业务的流量。
- Post-Block ACL（阻塞后 ACL）：在路由器上使用本地配置的 ACL 来添加阻塞 ACL。管理员往往会调用路由器上已经配置好的普通接口 ACL。

管理员也可以通过配置一些可选的设置来实施远程阻塞，方法是在 ASDM 中找到 **Configuration > IPS > Sensor Management > Blocking > Blocking Properties**。图 17-14 所示为这个界面的示例。

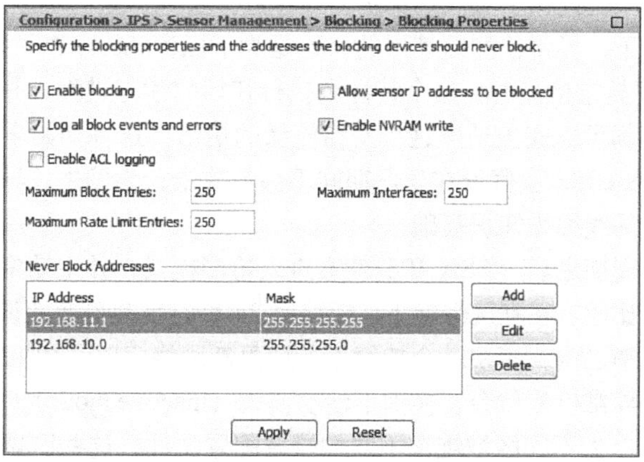

图 17-14　ASDM 中的 Configuring Blocking Settings 对话框

在这个界面中可以配置下列参数。

- Enable Blocking（启用阻塞）：选择启用还是禁用这个远程阻塞特性。在图 17-14 中，管理员启用了这个特性。
- Allow Sensor IP Address to Be Blocked（允许传感器 IP 地址被阻塞）：如果勾选，那么 ASA IPS 的管理 IP 地址可以包含在阻塞 ACL 中。ASA IPS 自身几乎不可能会发起攻击，因此这个复选框永远也不要勾选。
- Log All Block Events and Errors（记录所有阻塞事件与错误）：如果勾选这个复选框，那么系统就会对所有阻塞行为生成事件记录条目。图 17-14 勾选了这个复选框。
- Enable NVRAM Write（启用 NVRAM 写入）：如果像图 17-14 这样勾选了这个复选框，那么在应用了阻塞或限速配置之后，运行配置就会保存到远程阻塞设备的启用配置中。
- Enable ACL Logging（启用 ACL 日志记录）：如果勾选了这个复选框，远程设备的阻塞 ACL 就会增加日志记录选项。不建议勾选这个选项，否则会影响处理资源。
- Maximum Block Entries（最大阻塞条目数）：在默认情况下，ASA IPS 可以维护最多 250 条活动的阻塞条目。管理员可以将其修改为从 1～65535 之间的任意数值。
- Maximum Interfaces（最大接口数）：在默认情况下，ASA IPS 在远程阻塞设备上可以支持最多 250 个唯一的接口。管理员可以将其修改为从 1～65535 之间的任意数值。
- Maximum Rate Limit Entries（最大速率限制条目）：在默认情况下，ASA IPS 可以维护最多 250 条活动的限速条目。管理员可以将其修改为从 1～65535 之间的任意数值。
- Never Block Addresses（永不阻塞的地址）：管理员可以创建一个 ASA 永远不会实施阻塞的 IP 地址和网络列表。图 17-14 将 192.168.10.0/24 这个子网和 192.168.11.1 这台主机排除在了阻塞行为之外。

17.4.3 异常检测

CIPS 软件包含有限的网络异常检测（AD）功能。除了 AIP-SSC-5 之外，所有 ASA IPS 模块都可以使用这种特性。ASA IPS 的这个组成部分让这个模块不再像过去那么依赖特征更新，才能对此前未知的蠕虫和恶意软件进行保护。ASA IPS 使用异常监测来学习正常的网络行为，对于那些偏离（已经建立的）基线的行为发送告警并采取动态的响应。这种特性对于许多零日攻击提供了有效的保护。

在默认情况下，异常检测是禁用的，这是为了保存 ASA IPS 的处理资源。当管理员在 ASA IPS 上启用异常检测时，这个特性会执行初始的学习进程，并由此产生一系列策略门限，这些门限值都可以完美适应这个网络流量的情形。这种初始学习模式采用的是默认的 24 小时周期。ASA IPS 会假设在学习期间不会有攻击行为发生。异常监测会创建初始网络流量基线，这条基线称为知识基础。

在初始学习周期之后，ASA IPS 就会进入检测模式，并主动将穿越设备的流量与基线和准入门限进行比较。在默认情况下，模块每 24 小时就会更新知识基础，只要流量仍然处于正常门限值范围之内，模块就会持续不断地更新网络门限。如果管理员在 ASA IPS 上禁用了这个特性，异常检测就会切换到不活动模式（inactive mode）。

异常检测可以为不同区域维护不同的流量配置文件，这些区域分别有自己独立的门限值。管理员必须分配不同的端点 IP 地址、子网和范围，以便将误报的几率降至最低，提升异常检测的准确性。

- **内部区域**：这个区域中包含了所有内部受保护的网络。这个区域默认为空，因此必须手动对其进行配置。
- **非法区域**：这个区域应该包含那些 ASA IPS 永远不应该在穿越设备的流量中看到的 IP 地址。这些地址可能包括内部 IP 子网中未分配且保留的地址空间。如果给这些不应该出现的地址设置极低的门限值，异常检测特性就可以用极快的速度检测出蠕虫的出现。默认情况下，这个区域也是空的。
- **外部区域**：这个区域包括所有不属于内部或非法区域的 IP 地址。所有端点地址默认都属于这个区域。

若使用 ASDM，需要按照下列步骤在 ASA IPS 中配置异常检测。

1. 找到 **Configuration > IPS > Policies > Anomaly Detection**。管理员可以在这个面板中添加、复制或删除 AD（异常检测）策略。默认 AD 策略为 ad0。如果想要将策略与不同的虚拟传感器进行关联，管理员常常就需要创建多个策略。在本例中，管理员使用的是默认的异常检测策略，因此管理员应该选择 **ad0**，如图 17-15 所示。

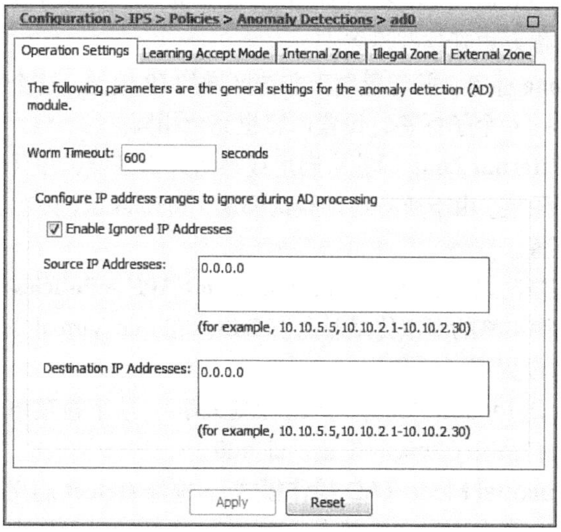

图 17-15 在 ASDM 中配置异常检测

2. 在 Operation Settings 标签中，在 Worm Timeout 部分设置当一次攻击被检测出来后，异常检测应该等待多长时间，才能恢复知识基础更新行为。否则，不规则的行为就有可能会对正常的网络基线构成影响。可配置的范围是 120～10,000,000 秒。图 17-15 中使用的是默认值 600 秒。当 AD 为知识基础收集信息时，管理员也可以配置希望传感器忽略的源和目的 IP 地址。AD 不追踪这些源和目的 IP 地址，这些 IP 地址并不会影响知识基础门限值。

   在有需要的情况下，可以勾选 **Enable Ignored IP Addresses** 复选框，并分别在 Source IP Addresses 和 Destination IP Addresses 字段输入管理员希望不对其执行流量分析的 IP 地址列表。采用默认值 0.0.0.0 表示异常检测特性在学习和扫描流量时会对所有 IP 地址执行异常检测。

3. 点击 **Learning Accept Mode** 标签配置传感器如何在每个指定的时间间隔后，连续更新知识基础，这里可以配置下面的选项。

- Automatically Accept Learning Knowledge Base：如果勾选，则 ASA IPS 会根据当前网络的行为不断更新知识基础。默认启用。
- Action：可以选择 **Rotate** 逐个利用知识基础，并且按照计划应用新的基线配置文件。这是默认的操作方式。如果选择 **Save Only**，那么异常检测特性就会保存新的流量配置文件信息，但并不会更新当前使用的知识基础。
- Schedule：可以在此指定 ASA IPS 何时更新流量配置文件信息和 Rotate 模式中相关活动知识基础，或者指定进行更新的频率，有两个选项可供选择：**Calendar Schedule** 或 **Periodic Schedule**。

4. 点击 **Internal Zone** 标签配置属于内部区域的 IP 地址。Internal Zone 标签中有以下 4 个子标签。
   - General：针对内部区域启用流量特征分析，并指定其 IP 地址、子网和范围。
   - TCP Protocol：启用 TCP 流量分析，并配置一些门限值和柱状图。管理员一般不需要更新这些设置。
   - UDP Protocol：启用 UDP 流量分析，并配置一些门限值和柱状图。管理员一般不需要更新这些设置。
   - Other Protocol：启用其他协议的流量分析，并配置自己的门限值和柱状图。管理员一般不需要更新这些设置。
5. 点击 **Illegal zone** 标签，并配置属于非法区域的 IP 地址。这个标签和 Internal Zone 标签一样也有同样的 4 个子标签，设置内容也完全相同。
6. 也可以点击 **External Zone** 标签来启用或禁用外部区域，并且像其他区域那样针对某些协议来配置门限值。由于所有地址默认都属于外部区域，因此管理员并不需要主动在这里进行任何配置。
7. 在应用了上述修改之后，找到 **Configuration > IPS > Policies > IPS Policies**，然后对想要关联异常检测策略的虚拟传感器点击 **Edit**。在 Edit Virtual Sensor 对话框中的 Anomaly Detection 部分设置下面的参数。
   - Anomaly Detection Policy（异常检测策略）：从下拉菜单中选择所需的策略。在本例中，我们保留了默认的设置，即 **ad0**。
   - AD Operational Mode（AD 操作模式）：选择 **Detect** 启用异常检测策略。如果没有知识基础，那么 ASA IPS 就会在未来 24 小时的时间里进入到学习模式中。如果管理员希望手动将传感器配置为学习模式，可以选择 **Learn**。但如果这样做，那么设备就会自动进入检测模式。如果管理员希望对于某台虚拟传感器禁用异常检测特性，则可以选择 **Inactive**。

ASA IPS 流量异常特征引擎拥有 9 个 AD 特征。所有特征都有两个子特征：一个用于扫描；另一个用于受蠕虫感染的主机。所有异常检测特征默认都会启用，但只要异常检测这个特性还处于禁用状态，这些特征就不会采取任何行动。当特性启用并且检测到了异常时，ASA IPS 就会默认对这些特征触发高严重性告警。

AD 特征可支持的行为包括：

- 生成告警；
- 在线拒绝攻击者（若 ASA IPS 配置为在线模式）；
- 记录攻击者数据包；
- 在线拒绝攻击者服务对（若 ASA IPS 配置为在线模式）；
- 请求 SNMP Trap；

■ 请求阻塞主机。

17.4.4 全球关联

全球关联可以让 ASA IPS 与 Cisco SensorBase 网络进行连接，并使用流量分析期间下载的端点名誉数据。如果一台 Internet 主机参与了恶意的行为，SensorBase 就会将攻击者的 IP 地址和名誉信息分发给参与全球关联的 IPS 传感器。如果一台传感器了解一台主机在某处参与了网络攻击，CIPS 可以深入查看相关的流量，即使这些行为可能显得比较温和。如果源的名誉评分相当低，ASA IPS 甚至可以完全阻塞这些连接。

除了 AIP-SSC-5 之外，所有 ASA IPS 模块都可以实现全球关联。这个特性默认即会启用，但管理员必须配置一个有效的 DNS 服务器，同时为了保证全球关联可以正常工作，也要确保 ASA IPS 能够访问 Internet。CIPS 也可以使用 HTTP 代理服务器来获取更新数据。管理员可以在初始基本设置对话期间配置全球关联，或者在 ASDM 中访问 **Configuration > IPS > Sensor Setup > Network** 来进行配置。名誉更新默认每 5 分钟执行一次，但更新服务器可以自动调整这一频率。全球关联也需要 ASA IPS 上安装了有效的许可证。

要配置 ASA IPS 来通过全球关联使用端点名誉数据，需要在 ASDM 中找到 **Configuration > IPS > Policies > Global Correlation > Inspection/Reputation**。图 17-16 显示了这个面板的视图。全局关联设置会应用到所有虚拟传感器。

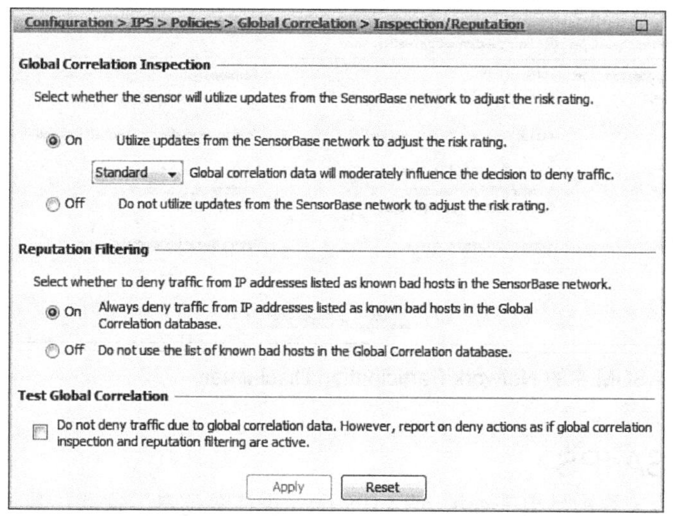

图 17-16 在 ASDM 中配置全球关联监控

这里可以配置以下设置。

- Global Correlation Inspection（**全球关联监控**）：如果希望 ASA IPS 在基于特征的分析中包含端点名誉数据，则选择 **On**。这并不意味着这个模块会一直丢弃（由名誉评分较低的）Internet 主机发起的连接。ASA IPS 只会将名誉数据作为对流量进行复杂环境分析中的一个变量。从下拉菜单中选择 **Permissive**、**Standard** 或 **Aggressive**，来设置各个特征风险级别计算中名誉所占的权重。在默认情况下，这个选项会被设置为 Standard 级别，如图 17-16 所示。
- Reputation Filtering（**名誉过滤**）：如果希望 IPS 模块立刻阻塞那些从名誉极低的恶意主机那里发来的连接，就应该选择 **On**。和与特征相关的事件不同，CIPSC 并不会在 EventStore 那里记录丢弃连接的事件。这个选项默认也是启用的。

- Test Global Correlation（测试全球关联）：如果管理员希望在并不真正阻塞任何恶意流量的情况下，尝试全球关联。ASA IPS 还是会从 SensorBase 网络那里下载名誉数据，并且会像这些特性已经启用那样来记录事件。这个选项默认是禁用的。

除了从 SensorBase 获取名誉更新之外，管理员也可以通过配置 ASA IPS，让它主动参与到这个网络中，并周期性地上传某些操作性的威胁数据。Cisco 会使用这个信息来进行攻击模式分析，同时永远不会与任何第三方分享这些信息。管理员可以在初始基本设置对话期间配置 SensorBase 网络参与特性，也可以找到 **Configuration > IPS > Policies > Global Correlation > Network Participation**，这里有以下选项可以配置。

- Off：ASA IPS 永远不与 SensorBase 分享任何操作数据。
- Partial：ASA IPS 只会与 SensorBase 共享一般性的非敏感数据。
- Full：ASA IPS 可以分享某个目标端点的其他数据。

网络参与特性在默认情况下是禁用的。如果在这个界面中选择了 **Partial** 或 **Full** 并点击了 **Apply**，就必须要在另一个单独的确认界面中点击 **Agree** 或 **Disagree**，如图 17-17 所示。这个界面显示了某个共享数据集的这两个选项。

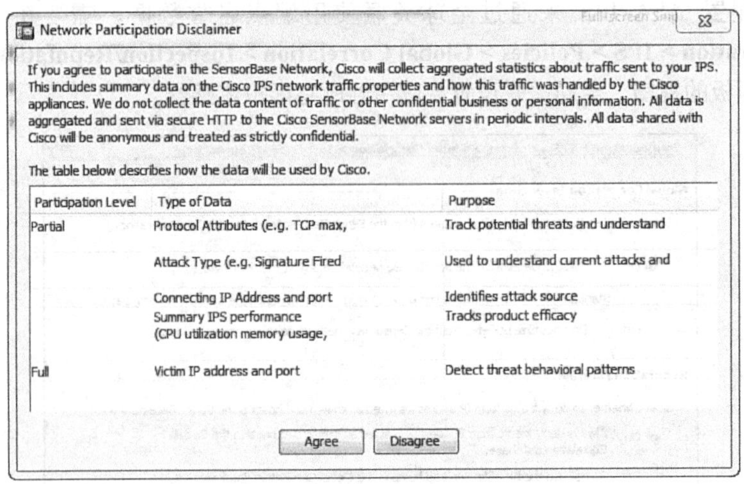

图 17-17　在 ASDM 中的 Network Participation Disclaimer

17.5 维护 ASA IPS

本节包含了管理员用于维护 ASA IPS 的管理任务信息，这些任务包含：

- 配置用户账户；
- 显示 CIPS 软件和处理信息；
- 升级 CIPS 软件和特征打包文件；
- 备份 ASA IPS 配置；
- 显示清除事件。

17.5.1 用户账户管理

可以为 ASA IPS 配置不同类型的用户。每个 ASA IPS 用户账户都有一个相关联的用户。一个账户可以分配总共 4 个角色：

- Administrator（管理员）；
- Operator（操作员）；

- Viewer（查看员）；
- Service（服务）。

1. 管理员账户

管理员账户拥有最高的特权级别。拥有这个角色的用户可以实施以下操作：

- 添加和删除其他用户；
- 分配用户密码；
- 控制 ASA IPS 上的所有接口；
- 配置 IP 地址分配；
- 添加或删除允许连接到 ASA IPS 的主机；
- 调整特征；
- 执行所有虚拟传感器配置；
- 配置阻塞。

2. 操作员账户

操作员账户拥有第二高的特权级别。这类用户可以查看配置和统计信息。他们也可以执行一部分有限的管理任务，比如修改各自的密码、调整特征和配置阻塞。

3. 查看员账户

拥有查看员特权级别的用户只能查看事件以及一部分配置文件。他们也可以修改各自的密码。查看员账户的特权级别最低。

IPS 监测应用只允许查看员执行各自的监测操作。用于执行管理任务的操作需要拥有更高权限的账户。

4. 服务账户

服务账户并不直接访问 CIPS CLI，而是访问后台的 bash shell，服务账户用户可以执行 ASA IPS 上的高级管理任务。该账户默认为启用状态。

ASA IPS 和其他运行 CIPS 软件的设备中仅可以配置一个服务账户。只有在 Cisco TAC（技术帮助中心）要求的情况下，才应该创建服务账户。切记管理员有可能因为在服务账户中执行了某些操作而无意间破坏 ASA IPS 的安装。在这个条件下，管理员可能需要重新安装 ASA IPS 镜像文件才能恢复这个模块。

5. 添加、修改和删除用户

在 ASDM 中找到 **Configuration > IPS > Sensor Setup > Authentication** 来管理用户账户。管理员必须拥有管理员角色才能执行这一操作。可以配置本地用户账户或者通过外部 RADIUS 服务器来认证入站方向的管理连接。

按照以下步骤使用 ASDM 添加用户。

1. 在图 17-18 所示的 Add User 对话框中点击 **Add** 键。
2. 在 Username 字段输入用户名。在图 17-18 中使用的用户名是 viewuser。
3. 从 User Role 下拉菜单中选择用户角色。管理员可以从 **Administrator**、**Operator**、**Service** 和 **Viewer** 中进行选择。本例中的用户拥有 **Viewer** 特权级别。

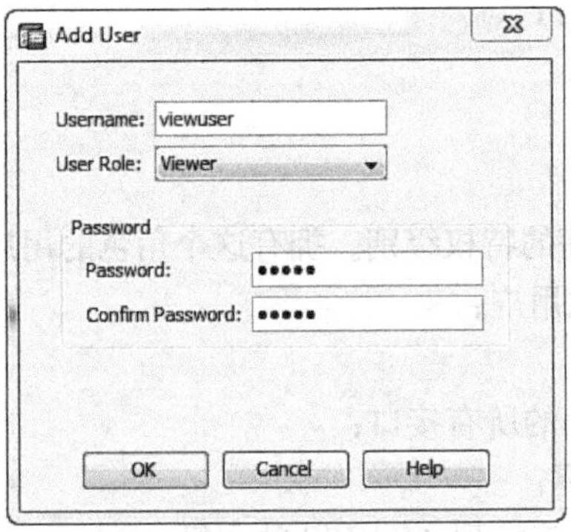

图 17-18 在 ASDM 中添加 CIPS 用户

4. 在 Password 部分为新用户设置密码并确认密码。
5. 点击 **OK** 添加用户。

ASA IPS 管理员可以点击 **Delete** 按钮来移除用户，或者点击 **Edit** 按钮来修改用户的参数，包括分配的角色和密码。

17.5.2 显示 CIPS 软件和处理信息

使用 **show version** 命令可以显示 ASA IPS 上的 CIPS 软件版本、特征打包文件和 IPS 处理。例 17-3 显示了在 ASA-SSM-20 上使用这条命令的输出信息。

例 17-3 CIPS 版本和处理信息

```
DC-IPS# show version
Application Partition:

Cisco Intrusion Prevention System, Version 7.1(7)E4

Host:
    Realm Keys              key1.0
Signature Definition:
    Signature Update        S691.0          2013-01-22
OS Version:                 2.6.29.1
Platform:                   ASA-SSM-20
Serial Number:              JAF11063358
No license present
Sensor up-time is 3:23.
Using 1046M out of 1982M bytes of available memory (52% usage)
system is using 29.0M out of 160.0M bytes of available disk space (18% usage)
application-data is using 61.9M out of 169.5M bytes of available disk space (38%
usage)
boot is using 54.7M out of 69.7M bytes of available disk space (83% usage)
application-log is using 123.5M out of 513.0M bytes of available disk space (24%
usage)

MainApp            S-2013_FEB_05_05_37_7_1_6_65   (Release)   2013-02-05T05:40:22-
0600   Running
AnalysisEngine     S-2013_FEB_05_05_37_7_1_6_65   (Release)   2013-02-05T05:40:22-
0600   Running
CollaborationApp   S-2013_FEB_05_05_37_7_1_6_65   (Release)  2013-02-05T05:40:22-
0600   Running
```

（待续）

```
CLI              S-2013_FEB_05_05_37_7_1_6_65   (Release)   2013-02-05T05:40:22-
0600

Upgrade History:

  IPS-K9-7.1-7-E4 20:50:07 UTC Wed Feb 13 2013

Recovery Partition Version 1.1 - 7.1(7)E4

Host Certificate Valid from: 05-Oct-2013 to 06-Oct-2015
```

例 17-3 中第一行阴影显示出了 ASA IPS 运行的 CIPS 软件版本。第二行阴影显示出 ASA IPS 已经运行了 3 小时 23 分钟。第三个阴影行显示出这个模块的 CIPS 软件更新信息。在本例中，我们看到的是 ASA IPS 安装的第一个镜像文件。输出信息中包含了其他的重要信息，如硬盘、使用的内存以及各个 CIPS 处理资源的操作状态。

要通过 ASDM 查看 ASA IPS 的系统信息，可以打开菜单 **Home** 并点击 **Intrusion Prevention** 标签。这个界面会显示各类可以监测 IPS 模块各个方面的小工具。每个小工具都可以显示上一次更新的时间。可以使用下面的小工具。

- Sensor Information（传感器信息）：列出 CIPS 软件版本、管理 IP 地址、模块类型和其他类似的信息。
- Sensor Health（传感器健康状态）：显示高级别传感器和网络安全健康状态信息。点击 **Details** 连接可以显示各项的具体信息。
- Licensing（许可证）：包括 CIPS 许可证密钥、特征更新和特征引擎更新的状态。
- Interface Status（接口状态）：显示 ASA IPS 的管理接口和背板接口信息。
- Global Correction Reports（全球关联通告）：显示遭全球关联阻塞的恶意数据包的统计数据。
- Global Correction Health（全球关联健康）：显示去往 SenderBase 的网络连接的状态，以及最近一次数据库更新的时间戳
- Network Security（网络安全）：显示告警计数器，以及平均和最大威胁及风险率。
- Top Applications（应用）：显示 ASA IPS 发现的前 10 个应用。
- CPU, Memory, & Load（CPU、内存和负载）：显示 ASA IPS 传感器负载、CPU、内存和硬盘利用率。

17.5.3 升级 CIPS 软件和特征

可以使用下面支持的协议和方法来应用 CIPS 软件服务包和特征更新文件：

- FTP（文件传输协议）；
- HTTP（超文本传输协议）；
- HTTPS（安全超文本传输协议）；
- SCP（安全复制协议）；
- 通过 ASDM 或 IDM 手动下载文件；
- CSM 中的 IPS 更新服务器。

如果使用 HTTPS 的话，那就必须从希望获取服务包或特征更新文件的服务器中添加一台可靠的 TLS 主机条目。管理员可以在 ASDM 添加这样一个条目，方法是选择 **Configuration > IPS > Sensor Management > Certificates > Trusted Hosts**。

管理员可以执行一次性更新或周期性自动更新。管理员只能使用自动更新来下载服务包或者特征包。管理员必须手动使用一次性的更新来更新主 CIPS 软件更新包。特征更新要求 ASA IPS 拥有有效的 CIPS 许可证。

1. 一次性升级

使用 ASDM 手动在 ASA IPS 上更新 CIPS 软件，可以使用菜单 **Configuration > IPS > Sensor Management > Update Sensor**。这时将会显示图 17-19 所示的窗口。

Configuration > IPS > Sensor Management > Update Sensor

Update the sensor by specifying the URL or local path where the update/upgrade package is located. If the update/upgrade package resides on a remote server, the sensor must have access to that remote server via the selected protocol.

This update feature only supports update/upgrade packages and does not support a re-image using a sensor system image. Please consult the sensor documentation for how to re-image the sensor using a sensor system image.

Update is located on a remote server and is accessible by the sensor

URL: ftp :// 192.168.10.34/upgrade/upgrade_file.pkg

Username: ftpuser

Password: •••••••

Update is located on this client

Local File Path: Browse Local...

Update Sensor

图 17-19 通过 ASDM 升级 CIPS

图 17-19 使用了 FTP 来下载特征更新包。更新包的 URL 为 ftp://192.168.10.34/upgrade/upgrade_file.pkg，FTP 用户名是 ftpuser。

如果希望使用 CLI 而不是 ASDM 来应用 CIPS 更新和特征包，也可以使用 **upgrade** *source-url* 命令来配置设备。下面是该命令的语法。

```
<Protocol>://<Username>@<IP Address or FQDN>/<Directory path>/<Filename>
```

在指定用户名时，CIPS 会提示管理员输入对应的密码。如果在 **upgrad** 命令后面输入了协议前缀（**ftp:**；**http:**；**https:**或 **scp:**），那么管理员可以通过交互式的提示信息来输入其余的信息。

在例 17-4 中，CIPS 可以从位于 192.168.10.34 的 HTTPS 服务器那里获取特征更新数据包。切记管理员必须先在 TLS 可靠列表中输入这台服务器的 IP 地址。这个连接需要靠 httpsuser 这个用户进行认证。在输入这条命令之后，ASA IPS 就会提供管理员输入这个用户的密码。

例 17-4 应用特征更新

```
DC-IPS# configure terminal
DC-IPS(config)# upgrade https://httpsuser@192.168.10.34/upgrade/sigupdate.pkg
Enter password: *****
```

2. 计划更新

管理员可能希望配置自动的服务包和特征包更新，这是最佳的做法。这样做可以简化模块管理并提供一种机制，确保 ASA IPS 总运行最新的特征集。

管理员可以使用所有之前描述的协议从一台本地服务器上启用自动更新。如果拥有相关的支持合同，管理员也可以配置 ASA IPS 从 Cisco.com 自动下载特征更新包。管理员通常可以使用之前的方法来控制 IPS 特征更新的发布，并在将这些特征部署到有效 IPS 设备上之前对其进行测试。

图 17-20 的目标是配置 ASA IPS 模块，使其每周一、每周三、每周五的 1:00 自动从本地 SCP 服务器获取 CIPS 和特征更新包。

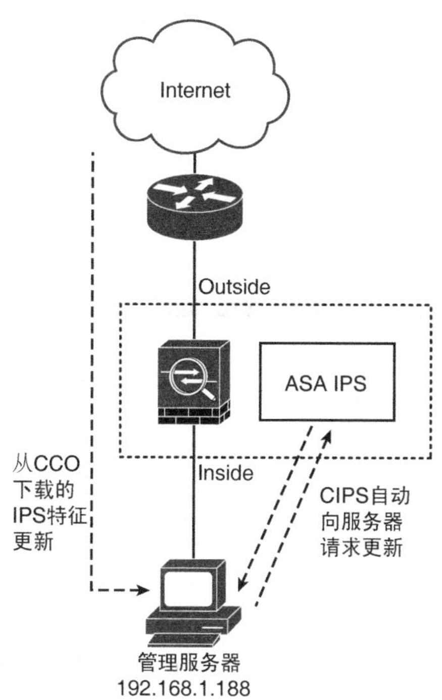

图 17-20 CIPS 计划更新

在 ASDM 中配置计划更新的方法是找到 **Configuration > IPS > Sensor Management > Auto/Cisco.com Update**，如图 17-21 所示。管理员需要在 Remote Server Settings 区域中配置从本地服务器上计划更新。如果拥有 ASA IPS 的相关支持合同，那就可以在 Cisco.com Server Setting 区域中配置从 Cisco.com 自动特征更新。

使用 ASDM 时，可以通过下面的步骤来配置从本地服务器下载计划 ASA IPS 更新。

1. 勾选 **Enable Auto Update from a Remote Server** 复选框。
2. 在 IP Address 字段输入远端服务器的 IP 地址。本例中服务器的 IP 地址是 192.168.1.188。
3. 从 File Copy Protocol 下拉菜单中选择传输协议。图 17-21 中使用的是 SCP 协议。
4. 在 Directory 字段输入远程服务器中存储更新的目录。本例中的目录为 updates。
5. 在 Username 和 Password 字段分别输入远程服务器用户的用户名和密码。图 17-21 中的用户名是 scpuser。
6. 在 Schedule 部分为自动更新配置开始时间和频率。在本例中，ASA IPS 会在每周一、周三和周五凌晨 1:00 自动获取 CIPS 软件和特征更新。

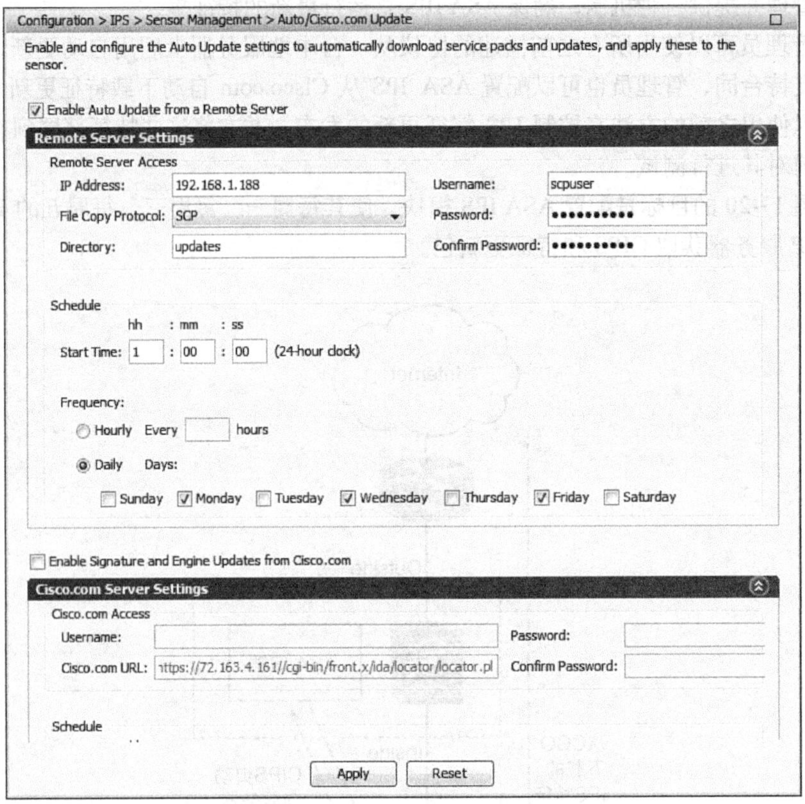

图 17-21 使用 ASDM 配置计划更新

17.5.4 配置备份

管理员应周期性对配置进行备份，可以将配置备份到 AIP-SSM 本地 Flash 中，也可以备份到远端服务器中。

使用命令 **copy current-config backup-config** 将当前配置作为一个备份文件（称为 backup-config）储存到 ASA IPS 本地。管理员可以将当前配置文件合并到备份配置文件中，也可以用备份配置文件覆盖当前配置文件。在本例中，管理员将 ASA IPS 备份配置融合到当前配置中。

```
DC-IPS# copy backup-config current-config
```

在本例中，ASA IPS 会用当前配置覆盖备份配置文件的内容。

```
DC-IPS# copy /erase backup-config current-config
```

要将保护最大化，可以将 ASA IPS 配置文件备份到外部服务器。在例 17-5 中，IPS 模块会将自己的配置文件备份到一台位于 192.168.10.159 的 FTP 服务器上。

例 17-5 将 CIPS 配置到 FTP 服务器

```
DC-IPS# copy current-config ftp://192.168.10.159
User: ftpuser
File name: DC_IPS_Config.cfg
Password: ********
```

17.5.5 显示和删除事件

使用 ASDM 显示 IPS 事件，可以打开菜单 **Monitoring > IPS > Sensor Monitoring > Events**，详见图 17-22。

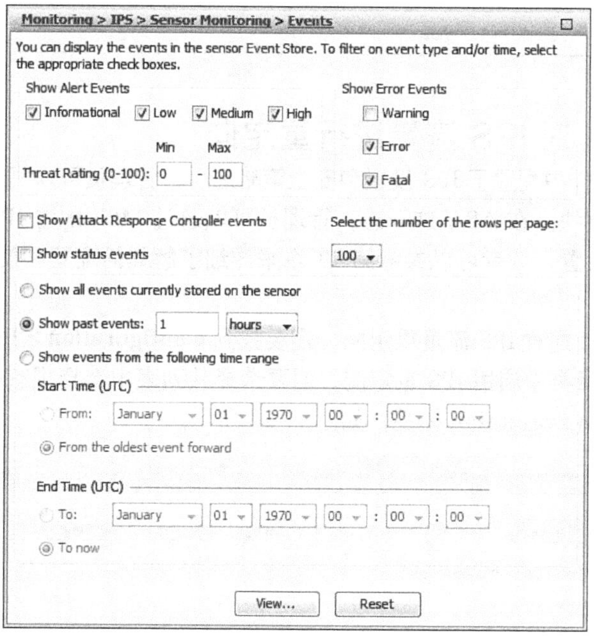

图 17-22 通过 ASDM 显示 IPS 事件

这个界面中包含以下内容。

- Show Alert Events：允许管理员配置需要显示的告警级别（Informational [消息]、Low [低]、Medium [中]、High [高]）。默认启用所有级别。
- Threat Rating (0-100)：用于配置威胁率的范围（最小和最大级别）。
- Show Error Events：用于配置需要显示的错误类型（Warning [警告]、Error [错误]、Fatal [严重]）。默认显示所有级别。
- Show Attack Response Controller events：以前称为网络访问控制器事件。默认禁用该选项。
- Show status events：用于显示状态事件。默认禁用该选项。
- Select the number of the rows per page：允许管理员配置一页中显示多少行 IPS 事件。取值范围是 100～500，默认是 100。
- Show all events currently stored on the sensor：用于检索所有储存在 AIP-SSM 中的事件。
- Show past events：使管理员能够定义一个特定的时间值，以小时为单位或以分钟为单位，用来查看指定时间内的过往事件。
- Show events from the following time range：查看指定时间段内的过往事件。

点击 **View** 根据此前配置的选项查看事件。管理员可以点击 **Reset** 按钮将所有选项恢复默认配置。

通过 ASA IPS 上的 CLI 命令 **clear events** 也可以清除本地 EventStore，如例 17-6 所示。CIPS 将显示一个警告消息，询问管理员是否确定删除储存在系统中的所有事件。如果此前没有通过管理或监测设备获得这些事件，这些事件就会永远丢失。

例 17-6 清除 IPS EventStore

```
DC-IPS# clear events
Warning: Executing this command will remove all events currently stored in the event
store.
Continue with clear? []: yes
```

17.6 配置 ASA 对 IPS 流量进行重定向

在 CIPS 软件中配置了 IPS 设置和安全策略之后，管理员可以将穿过设备的连接从 ASA 重定位到 IPS 模块。在 ASA 这一边，管理员可以通过 MPF 配置 IPS 流量重定向来应用监控或高级连接设置。读者可以参考第 13 章来详细了解如何配置和使用 MPF 流量类、策略和行为。

使用 ASDM 配置 IPS 流量重定向，需要找到 **Configuration > Firewall > Service Policy Rules**。要在流量类中启用 IPS 重定向，需要选择从列表中选择现有的规则，点击 **Edit**，然后点击 **Intrusion Prevention** 标签，如图 17-23 所示。

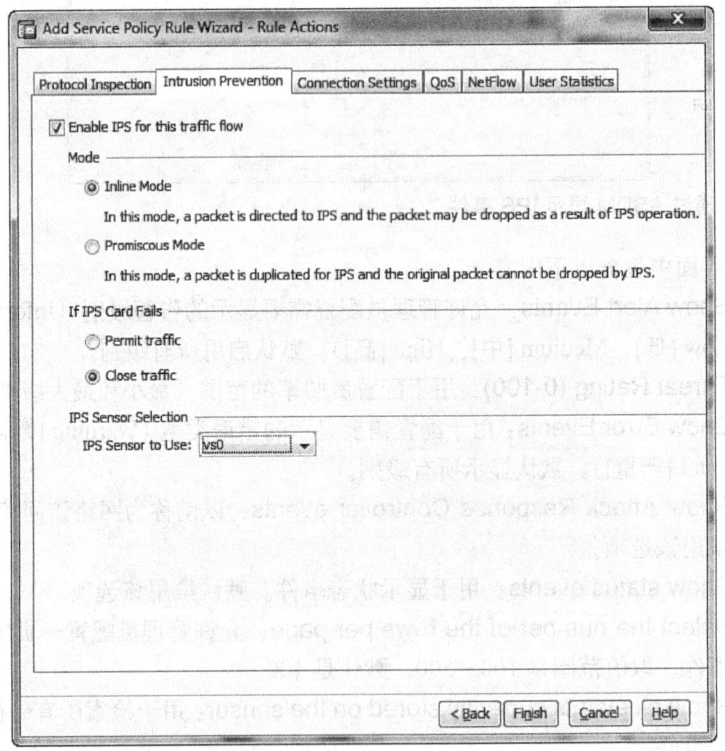

图 17-23 使用 ASDM 选择 Intrusion Prevention Rule Action 标签

将 IPS 服务应用到新的流量类，步骤如下所示。

1. 选择 **Add >Add Service Policy Rule** 开启 Add Servcice Policy Rule Wizard。
2. 在向导的 Service Policy 页面中，选择想要使用哪个 MPF 策略。管理员既（通过点击 **Interface** 单选按钮）可以构建一个接口策略，也可以创建一个全局策略。点击 **Global-Applies to All Interfaces** 来使用全局策略。这可以让管理员从所有配置的数据接口中选择执行 IPS 重定向的流量。点击 **Next**。

3. 在 Traffic Classification Criteria 页面中定义执行 IPS 重定向的流量类型。管理员既可以创建新的流量类型，也可以直接使用现有的流量类；如果希望混合使用在线和杂合重定向策略，或者希望利用 ASA IPS 上不同的虚拟传感器，也可以创建多个流量类。如果选择了 **Create a New Traffic** 单选按钮，就可以点击 Traffic Match Criteria 部分的复选框来继续选择所需的流量匹配标准。在创建多个 IPS 策略时，管理员也可以勾选 **Source and Destination IP Address(Uses ACL)**，来实现最大程度的灵活性。为了达到本例中的配置目的，需要勾选 Any Traffic 复选框来匹配 global-class 这类 ASA IPS 策略中的所有流量；这种做法会包含所有 IPv4 和 IPv6 连接。点击 **Next**。
4. 在 Rule Action 页面中，点击 **Intrusion Prevention** 标签，如图 17-23 所示。
   管理员可以选择下面的选项。
   - Enable IPS for This Traffic Flow（对这个流量启用 IPS）：勾选这个选项将所选的流量类重定向到 ASA IPS 进行监控。
   - Mode（模式）：从 **Inline Mode** 和 **Promiscuous Mode** 中间进行选择。读者可以参考前面的"在线和杂合模式"一节来了解详细信息。管理员可以针对同一个 ASA IPS 模块中的不同流量类选择不同的模式。在图 17-23 中，管理员选择了在线模式。
   - If IPS Card Fails（如果 IPS 卡故障）：如果 ASA IPS 没有作好操作准备（即失效时开放[fail-open]），选择 **Permit Traffic** 可以让流量在此时绕过 IPS 重定向。如果模块没有做好准备（即失效时关闭[fail-close]），那么也可以选择 **Close Traffic** 关闭所有匹配 IPS 重定向策略的连接。读者可以参考本章前面的"IPS 高可用性"一节来了解更多信息。在图 17-23 中，管理员使用的是 fail-close 模式。
   - IPS Sensor Selection（IPS 传感器选择）：如果这个选项可用，可以在此选择使用哪个 ASA IPS 来监控流量。可以选择 **Default Sensor** 或者某个名称。读者可以参考"在 ASA IPS 上配置 CIPS 软件"一节，来了解其他关于虚拟传感器的内容。当防火墙工作在多虚拟防火墙模式下，管理员也可以将某些虚拟传感器分配给不同的 ASA 虚拟防火墙。在本例中，管理员使用 vs0 来充当目标虚拟传感器。
5. 点击 **Finish** 关闭向导，然后点击 **Apply** 将配置推送给 ASA。
   例 17-7 显示了 ASDM 发送给 ASA 的对应配置。

例 17-7 IPS 重定向策略的示例

```
class-map global-class
 match any
!
policy-map global_policy
 class global-class
  ips inline fail-close sensor vs0
```

17.7 僵尸流量过滤（Botnet Traffic Filter）

僵尸流量过滤（BTF）会利用云技术来判断和阻塞穿越 ASA 的僵尸流量。僵尸是指一组运行恶意软件的互联网计算机（bots），而这些设备是由不同的犯罪集团所控制的。虽然这并不是一种 ASA IPS 特性，但 BTF 会检测往返于恶意软件和僵尸控制站点的连接，以此在 ASA 层面对 IPS 全球关联进行补充。BTF 需要在 ASA 上安装基于时间的僵尸流量过滤许可证（详见第 3 章）。

BTF 的操作包括三个主要的组成部分：

- 动态和手动定义黑名单数据；
- DNS 欺骗；
- 流量选择。

17.7.1 动态和手动定义黑名单数据

BTF 会周期性地通过互联网，从 Cisco.com 下载恶意网络的动态数据库和相关的网络威胁。数据库中包含有已知的恶意软件和僵尸网络站点的主机名、域名和 IP 地址。在启用了僵尸流量过滤许可证之后，可以通过下面的步骤，让 ASA 自动从 Cisco.com 下载 BTF 数据库。

1. 登录 ASDM 并打开菜单 **Configuration > Firewall > Botnet Traffic Filter > Botnet Database**。这时将显示图 17-24 所示的窗口。

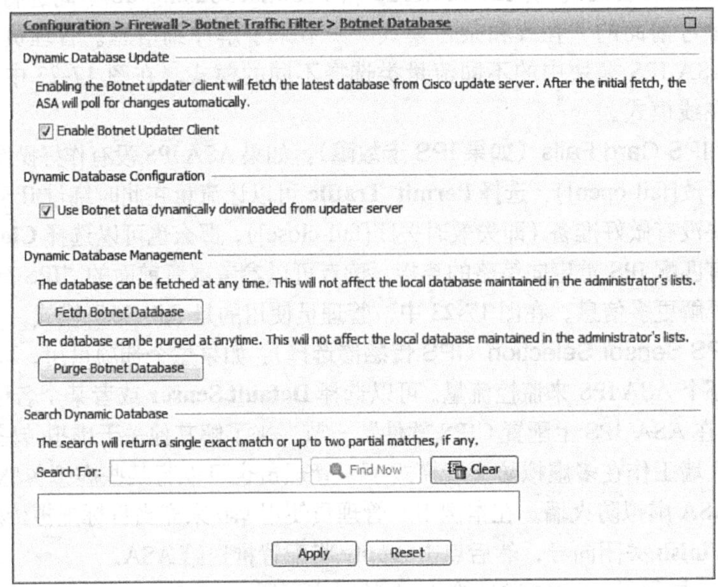

图 17-24 在 ASDM 中配置僵尸网络数据库

2. 勾选 **Enable Botnet Updater Client** 复选框，使 Cisco ASA 周期性地从 Cisco.com 获取最新的动态 BTF 数据库。
3. 勾选 **Use Botnet data dynamically downloaded from updater server** 复选框让 BTF 使用下载的数据库。如果没有勾选这个复选框，那么 BTF 就只会使用本地定义的黑名单。
4. 如果希望强制 ASA 立刻从 Cisco.com 下载最新的动态数据库，需要点击 **Fetch Botnet Database** 按钮。
5. 点击 **Purge Botnet Database** 按钮清除缓存的动态 BTF 数据库。这并不会影响本地定义的黑名单。
6. 也可以通过 Search Dynamic Database 部分的搜索选项，来查看 BTF 数据库是否包含了某个主机名、域名或 IP 地址。ASA 只会显示最多头 2 个匹配，但在搜索的时候，不能使用基于正则表达式的匹配模式。
7. 点击 **Apply**。

管理员也可以在黑名单或白名单中手动配置主机名、域名或 IP 地址。本地白名单会覆盖动态数据库中的条目。按照以下步骤配置黑名单或白名单。

1. 打开菜单 **Configuration > Firewall > Botnet Traffic Filter > Black and White List**，如图 17-25 所示。

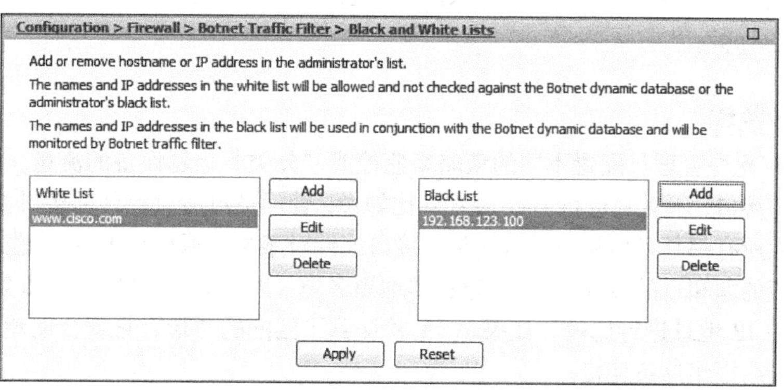

图 17-25 配置黑名单和白名单

2. 点击 **Add** 添加 Whitelist 或 Blacklist。
3. 在出现对话框时，输入主机名、域名或 IP 地址。图 17-25 会在白名单中显示 www.cisco.com，而黑名单中则有 192.168.123.100。管理员可以通过逗号、空格、横线或分号来分割不同的条目。每个列表支持多达 1000 个条目。
4. 点击 **Apply**。

17.7.2 DNS 欺骗（DNS Snooping）

启用 BTF 之后，ASA 会将 DNS A 记录和 CNAME 记录与动态数据库和本地黑名单中的域名相比较。DNS 欺骗功能可以使用 ASA 中的 DNS 应用引擎。在启用了 DNS 欺骗之后，ASA 就会对所有通过启用了该特性的接口接收到的 DNS 响应消息，建立一个逆向缓存数据库。因此 ASA 也就是根据相似的 IP 地址和域名来识别并阻塞去往恶意目的地址的连接。

按照以下步骤启用 DNS 欺骗。

1. 打开菜单 **Configuration > Firewall > Botnet Traffic Filter > DNS Snooping**，如图 17-26 所示。

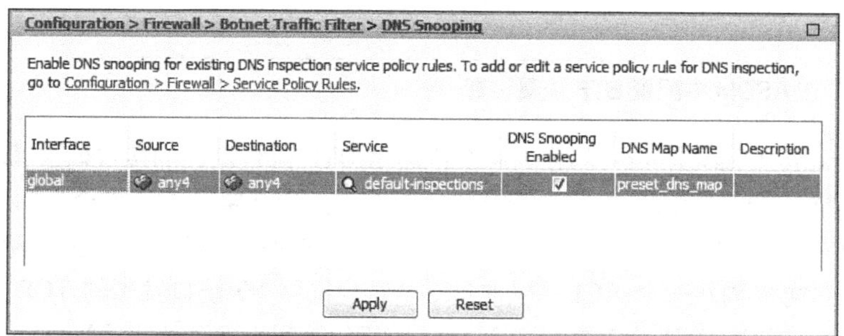

图 17-26 在 ASDM 中启用 DNS 欺骗

2. 勾选 DNS 监控策略边上的 **DNS Snooping Enabled** 复选框来启用使用 DNS 监控映射的 DNS 欺骗特性。在图 17-26 所示的示例中，DNS 欺骗功能使用了全局策略中的默认 preset_dns_map 映射。读者如需详细了解 DNS 监控的配置方法，可以参数第 13 章。管理员应该仅在与外部 DNS 服务器通信的接口上启用 DNS 欺骗特性。同时，对于那些去往内部 DNS 服务器的流量，则配置独立的无 DNS 欺骗监控策略。
3. 点击 **Apply**。

17.7.3 流量选择

BTF 允许管理员配置不同的策略来监控或“分类”穿越设备的流量。此外，它也能够排除特定接口，不对其进行 BTF 监控。比如说，管理员可能只在外部接口上启用流量分类，因为其他所有都是可信接口。当在某个接口或针对某类流量启用 BTF 特性时，ASA 就会将相关连接的源和目的 IP 地址与动态和本地黑名单（以及 DNS 欺骗特性收集的逆向 DNS 缓存）中的 IP 地址进行比较。如果 ASA 检测到了匹配的情形，它就会创建系统日志消息，也有可能会拒绝这条连接。

管理员需要完成下面的步骤，然后点击 **Apply**，就可以在 ASA 接口并针对黑名单中的流量配置可选的操作。

1. 在 ASDM 中找到 **Configuration > Firewall > Botnet Traffic Filter > Traffic Settings**，如图 17-27 所示。

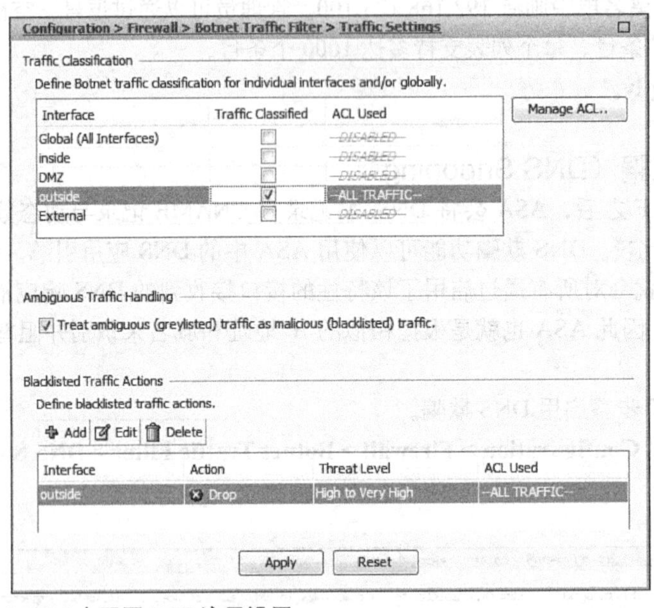

图 17-27 在 ASDM 中配置 BTF 流量设置

2. 在 Traffic Classification 部分为每个应启用 BTF 流量监控的接口勾选 **Traffic Classified** 复选框。BTF 默认会监控这个接口的所有出入向连接。对于各个接口来说，管理员也可以在 ACL Used 一列中选择条目的方式，通过 ACL 来缩小要进行监控的流量。例如，管理员可以创建一个 ACL，以便只对从特定网络 80 端口发来的 TCP 连接进行监控。要添加或编辑 ACL，需要点击 **Manage ACL** 按钮来打开 ACL Manager。管理员也可以针对 Global（All Interfaces）勾选 **Traffic Classified** 复选框，以便将其应用于所有接口，在全局应用 BTF。在图 17-27 中，BTF 监控应用到了外部接口，对所有连接进行监控。

3. 如果想要针对那些不了解其名誉的端点应用更加严格的规则，可以勾选 **Treat ambiguous (greylisted) traffic as malicious (blacklisted) traffic** 复选框。在本例中，BTF 将这类主机定义为了恶意主机。
4. 管理员可以在 Blacklisted Traffic Action 部分针对恶意流量创建自动的丢弃规则。在默认情况下，BTF 只会对那些黑名单中的连接创建内部数据和系统日志消息。管理员可以点击 **Add** 来添加新的规则，或者点击 **Edit** 来编辑现有的规则。点击 Add 之后，管理员就会看到图 17-28 所示的对话框。

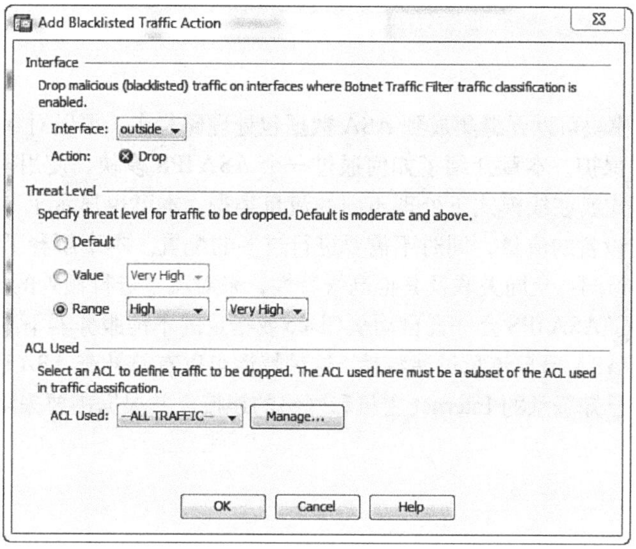

图 17-28 ASDM 中的 Add Blacklisted Traffic Action 对话框

该页面拥有下列可选项。

- **Interface（接口）**：从下拉菜单中选择一个启用了 BTF 的接口来应用这项规则。在图 17-28 中，管理员将规则应用到了外部接口上。这里唯一可以使用的行为是 Drop（丢弃）连接。
- **Threat Level（威胁级别）**：选择动态 BTF 数据库中的哪些条目依据相关的威胁级别应该应用丢弃规则。若点击 **Default**，系统则会丢弃那些威胁级别高于等于 Moderate 的端点所参与的连接。点击 **Vaule** 可以选择应用丢弃规则的最低威胁级别。管理员也可以点击 **Range** 来指定威胁级别的范围。图 17-28 会阻塞那些由威胁级别为 High 和 Very High 的端点发起或终止的连接。
- **ACL Used（使用的 ACL）**：在下拉菜单中选择 ACL 可以缩小被阻塞的 BTF 流量的范围。如果可以应用的话，那么这个 ACL 必须是该接口流量分类 ACL 的子集。图 17-28 使用了默认的行为，即丢弃所有与黑名单连接相匹配的连接。

5. 点击 **OK**，然后点击 **Apply**。

读者可以参考例 17-8 来了解前面步骤中配置 BTF 的完整方法。

例 17-8 BTF 配置的完整示例

```
dynamic-filter updater-client enable
dynamic-filter use-database
dynamic-filter enable interface outside
```

（待续）

```
dynamic-filter drop blacklist interface outside threat-level range high very-high
dynamic-filter ambiguous-is-black
dynamic-filter whitelist
 name www.cisco.com
dynamic-filter blacklist
 address 192.168.123.100 255.255.255.255
!
policy-map global_policy
 class inspection_default
  inspect dns preset_dns_map dynamic-filter-snoop
```

总结

ASA IPS 模块可以无缝集成到 ASA 数据包处理路径中，可以对穿越设备的网络流量执行不同级别的保护。本章介绍了如何通过一个 ASA IPS 模块，使用模块化 MPF 重定向策略，在杂合模式或在线模式下处理不同的流量类型。本章也显示了 ASA IPS 的 CIPS 软件可以监控穿越设备的流量，同时不需要进行过多的配置。本章解释了如何通过配置自定义的特征、异常检测、全局关联及其他高级特性，来对流量进行额外的保护。在讲解过程中，本章特别强调了 ASA IPS 会一直自动从 Cisco 或指定的本地服务器下载 CIPS 软件包和特征。本章也涵盖了 ASA 僵尸流量过滤特性，这种特性可以有效补充 ASA IPS 策略，它可以识别出那些往返于已知恶意的 Internet 主机和网络的连接，并根据需要来阻塞这些连接。

第18章 IPS调试与监测

本章涵盖的内容有：

- IPS 调整；
- 监测和调整 Cisco ASA IPS；
- 显示和清除统计信息。

从第 17 章中，我们知道了如何配置 Cisco ASA IPS 模块，还知道了该模块带有大量预设的特征。这些特征适用于大多数情况，但管理员还是需要在第一次部署时调整 Cisco ASA IPS 模块的设置，并周期性地再次调整设置。如果不这样做，可能会导致出现大量误报事件（错误的告警），从而导致忽略真正的安全事故。第一次调试可能比后续调试花费更长的时间。本章将介绍如何调整并监测 Cisco ASA IPS。

18.1 IPS 调整的过程

管理员可以通过调整过程适当地配置 Cisco ASA IPS，以减少误报（错误的安全流量判断或错误的恶意流量判断）的次数。图 18-1 显示出部署和调整 IPS 设备的指导方针。

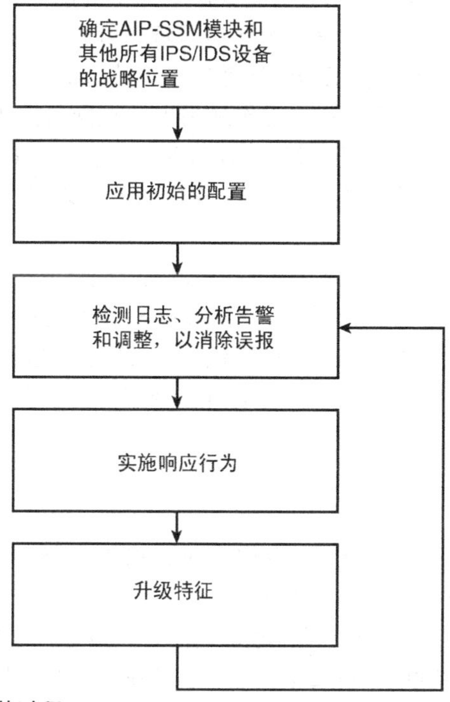

图 18-1 IPS 部署和调整过程

按照图 18-1 所示步骤进行 IPS 部署和调整。

1. 确定所有 IPS 设备的战略位置，并确定如何进行配置。举例来说，管理员应考虑到性能、可扩展性和试图监测的流量。Cisco 建议将 IPS 设备置于防火墙及其他任意流量过滤设备之后。这样流量经过过滤，只有去往内部设备的流量才会经过 IDS/IPS 设备。从而减轻设备的工作量并提高其性能。使用 Cisco ASA IPS 模块可很轻易地实现这一目标。
2. 应用初始的配置，详见第 17 章。
3. 监测并分析 IPS 日志，并指出哪些告警是由恶意行为（相对于正常网络行为而言）触发的。禁用产生误报的告警，详见本章稍后内容。

   最初的监测周期可维持几天，以生成足够的日志并创建网络行为的基线。

   管理员也可以部署威胁分析系统，来帮助验证告警重要性、影响以及适当响应的合法性。Cisco 安全管理器（CSM）可以配置和管理传感器（sensor），这些传感器既可以是独立的网络设备，也可以是 Catalyst 6500 交换机模块，还可以是 ASA 设备或路由器上支持的服务模块，以及集成服务路由器（ISR）上运行的那些（启用了 IPS 功能的）Cisco IOS 镜像软件。CSM 也包含了一项事件管理器服务，这项服务可以自动对 IPS 告警进行实时分析，消除误报的可能性。本章还会在后面的内容中介绍一些常用的监测和调试工具。
4. 实施最佳的响应行为，比如 TCP 重置、丢弃、阻塞和 IP 记录。配置 IPS 响应行为的具体步骤请参考第 17 章。
5. 不断地更新 IPS 特征。建议配置自动特征更新，以简化管理和提高灵活性。

管理员可以在特征定义子模式中使用 **status** 子命令改变一个特征的状态。通过使用这个命令，管理员能够禁用或撤回特定的特征，详见本章稍后内容。

由于 IPS 特征本身就是用来检测恶意行为的，因此要想完全消除误报，几乎不太可能不大幅降低 IPS 的有效性，或者不严重影响企业的计算环境（比如主机和网络）。在部署 IPS 时进行个性化调整，能够把误报概率降低到最小。当计算系统发生改变时（比如部署了新的系统和应用），工程师需要根据新环境周期性地重新调整 IPS 特征。IPS 设备提供了灵活的调试功能，使工程师能够在稳定状态的操作环境中最小化误报。一个典型的误报案例是这样的：网络管理工作站为了建立网络发现拓扑，周期性地运行 ping 扫描。ping 扫描会以 Echo 特征（特征 ID 2100）触发 ICMP 网络扫描。因此源地址为网络管理工作站 IP 地址且关联了这一 Echo 事件的 ICMP 网络扫描数据包，实际上是正常且合理的事件。

随着 APT（高级持续性威胁）、僵尸网络以及其他综合性威胁的出现，单纯基于特征的内容检测已经不足以识别并消除威胁了。Cisco ASA IPS 协同全球关联功能，为识别和消除攻击——不仅仅是基于特征的攻击——提供了高级特性。通过使用 Cisco SIO（安全智能操作）支持的 Cisco IPS 全局关联功能，Cisco ASA IPS 能够发现上百个其他安全参数、上百万个规则，以及拥有大数据威胁智能。

18.2 风险评估值

在 Cisco IPS 中，风险评估值（Risk Rating，RR）是指一种代表风险的数值，这种数值会与 IPS 传感器触发的一种事件相关联。

RR 的取值范围在 0～100 之间（数值越高，风险也就越高）。读者一定要了解一个概念：RR 所对应的是系统触发的 IPS 告警，而不是 IPS 特征。对于 IPS 管理员来说，理解这个概念相当重要，因为管理员可以通过 RR 值来优化那些需要管理员立刻引起注意的告警。

注释：风险评估值会在 evIdsAlert 部分进行通报。

在计算风险的过程中，会包含以下参数：

- 攻击严重程度估值（ASR）；
- 目标值估值（TVR）；
- 特征可靠性估值（SFR）；
- 攻击相关性估值（ARR）；
- 混杂变量（PD，Promiscuous Delta）；
- 观察列表估值（WLR）。

RR 的计算公式如下：

$$RR = \frac{ASR * TVR * SFR}{10,000} + ARR - PD + WLR$$

18.2.1 ASR

ASR 度量的是某种漏洞遭到成功利用带来的严重后果估值。这个值是通过某个 IPS 特征的告警严重程度参数计算出来的。

注释：ASR 会以特征为单位进行计算，这个值与检测 IPS 事件是否准确无关。

18.2.2 TVR

TVR 度量的是目标或受害者声称的价值评估数值。TVR 可以由用户进行配置（0、低、中、高或关键任务值），它可以（通过其 IP 地址）标识某个网络资产的重要程度。管理员可以根据企业安全策略和环境的不同，为网络中的关键系统分配 TVR。比如说，我们可以给拥有核心数据库的数据中心服务器分配一个比较高的 TVR，给用户工作站或打印机分配一个比较低的 TVR。TVR 要在事件动作规则策略中进行配置。

18.2.3 SFR

SFR 度量的是，在对受害者缺乏某些了解的前提下，IPS 特征的准确性水准。SFR 是以特征为单位进行分配的，它定义的是这个特征能够多么准确地检测中网络中的威胁。IPS 特征的创建者也就是计算和分配 SFR 值的那个人。如果特征是由 Cisco 定义的，那么这个值就会由 IPS 特征开发者来分配。

18.2.4 ARR

ARR 度量的是目标受害者的相关性，这个数值表示目标受害者是否相关。比如说，如果某个 IPS 特征/事件针对的是一种 Linux 内核漏洞相关的攻击，那么当目标主机是 Windows 服务器时，这个攻击的相关性就不会太高。

18.2.5 PD

混杂变量度量的就是杂合模式的各种变量，当 IP 设备工作在杂合模式下时，这个数值就可以从总的风险评估值中减掉。PD 是以特征为单位进行配置的，它的取值范围为 0～30。例如，如果 IPS 传感器不是在线（inline）部署的，那么杂合变量就会从总 RR 中减掉。

18.2.6 WLR

这个数值是根据CSA（Cisco安全代理）观察列表中报告的事件产生的。这个因素赋予的值在0～35之间（观察列表估值是从Cisco IPS Sensor Software Version 6.0开始引入系统中的）。目前，CSA已经停产。如果没有部署CSA，这个值的取值就会为0。

18.3 禁用IPS特征

在调整的过程中，当某个IPS特征不再适用或者产生了大量误报时，管理员就有可能希望能够禁用掉它。而当一个特征刚被禁用之后，特征引擎和配置列表仍会对其进行处理，但并不产生任何日志。使用CLI，按照以下步骤在Cisco ASA IPS中禁用特定特征。

1. 登录CLI并进入特征配置子模式。

```
NewYorkSSM# configure terminal
NewYorkSSM(config)# service signature-definition sig0
```

2. 选择需要禁用的特征。

```
NewYorkSSM(config-sig)# signatures 20961 0
```

本例中选择了特征20961。

3. 改变被选特征的状态。

```
NewYorkSSM(config-sig-sig)# status
NewYorkSSM(config-sig-sig-sta)# enabled false
```

4. 使用命令**show settings**确认设置。

```
NewYorkSSM(config-sig-sig-sta)# show settings
   status
   -------------------------
      enabled: false default: false
      retired: false <defaulted>
   -------------------------
```

5. 退出特征配置子模式并将变更应用到配置中。

```
NewYorkSSM(config-sig-sig-sta)# exit
NewYorkSSM(config-sig-sig)# exit
NewYorkSSM(config-sig)# exit
Apply Changes:?[yes]: yes
```

使用ASDM禁用特定特征，可以打开菜单**Configuration > IPS > Policies > Signature Definitions > sig0 > All Signatures**，找到特定的特征，取消选择**Enabled**复选框。

18.4 撤回IPS特征

撤回一个特征后，设备将从引擎中将其删除，但特征配置列表中依然保留该特征。可以在以后再次激活这个特征。但当重新激活一个被撤回的特征时，Cisco ASA IPS需要为引擎重新建立特征列表，这可能会延迟特征的处理。这个过程会花费几分钟的时间。

按照以下步骤撤回Cisco ASA IPS上的特定特征。

步骤1 登录CLI并进入特征定义子模式。

```
NewYorkSSM# configure terminal
NewYorkSSM(config)# service signature-definition sig0
```

步骤 2 选择需要被撤回的特征。

```
NewYorkSSM(config-sig)# signatures 23456 0
```

本例中选择了特征 23456。

步骤 3 改变被选特征的状态并撤回特征。

```
NewYorkSSM(config-sig-sig)# status
NewYorkSSM(config-sig-sig-sta)# retired true
```

步骤 4 使用命令 **show settings** 确认设置。

```
NewYorkSSM(config-sig-sig-sta)# show settings
   status
   ------------------------
      enabled: false default: false
      retired: true default: false
------------------------
```

步骤 5 退出特征配置子模式并将变更应用到配置中。

```
NewYorkSSM(config-sig-sig-sta)# exit
NewYorkSSM(config-sig-sig)# exit
NewYorkSSM(config-sig)# exit
Apply Changes:?[yes]: yes
```

使用 ASDM 撤回特定特征，可以打开菜单 **Configuration > IPS > Policies > Signature Definitions > sig0 > All Signatures**，找到特定的特征，在 **Status** 部分选择 **Retired** 复选框。

18.5 用来进行监测及调整的工具

有很多工具和产品可以帮助我们识别、分类、验证和缓解各类安全威胁，并且帮助我们完成相关的配置工作。对这些特性所提供的数据进行分析和修改可能会花很多的时间，在有些环境中，甚至会因为员工反对而无法进行分析和修改。

下面是在监测、调整和管理 IPS 配置时，最常使用的工具：

- Cisco ASDM 和 Cisco IPS Manager Express（IME）。
- CSM 事件管理器（CSM Event Manager）。
- Splunk。
- RSA 安全分析器（RSA Security Analytics）。

18.5.1 ASDM 和 IME

ASDM 使用 IME 来配置 Cisco ASA IPS 服务。ASDM 可以提供：

- 配置、监测和排错功能；
- 各种拖拽工具——通过它们可以帮助管理员更加轻松地定制视图，保存设置和缩短配置时间；
- 灵活的报告工具——可以在几秒种之内生成自定义报告及安全事件报告。

要在 ASDM 中访问 IPS 监测工具，需要点击 **Monitoring > IPS**。

18.5.2 CSM 事件管理器（CSM Event Manager）

CSM 让安全管理员能够跨越 Cisco IOS 路由器、ASA、IPS 传感器及模块、Catalyst 6500 与 7600 系列 ASA 服务模块（ASASM），以及各类用于 Catalyst 交换机和 Cisco IOS 路由器的模块，来管理那些与防火墙、VPN 和 IPS 服务有关的安全策略。

CSM 用于那些由少量设备组成的中小型网络环境，以及由上千台设备组成的大型网络。CSM 提供了一种称为事件管理器（Event Manager）的工具，这种工具可以用来监测 IPS 设备(包括 Cisco ASA IPS)。CSM 事件管理器可以帮助管理员从事件表中轻松移除误报的 IPS 事件。

18.5.3 从事件表中移除误报的 IPS 事件

安全管理员可以采用下列方法从 CSM 事件观察器（CSM Event Viewer）事件表中移除误报的 IPS 事件：

- 过滤来自那些“可靠源”的事件；
- 在 IPS 设备中禁用 IPS 特征。

在有些情况下，管理员可能希望移除那些来自已知可靠主机的误报。当管理员将一个事件从 CSM 事件观察器的事件表中移除时，并不会在 IPS 设备中中止实际事件的发生；只是这类事件不会出现在事件表中而已。使用这种方法有两大缺陷：

- IPS 设备还是会继续生成这类事件，让它们充斥在事件存储空间中；
- 过滤器会过滤所有来自那台主机的事件。管理员无法定制一条过滤规则，让它过滤由某台主机产生并匹配某个 IPS 特征的事件。

18.5.4 Splunk

Splunk 是一款商业产品，它可以监测事件，并将来自大量系统（包括服务器、主机、虚拟设备、数据库、网络转发类设备[如路由器和交换机]、防火墙及 IPS 设备）的事件关联起来。Splunk 支持 Cisco IPS 设备，包括 Cisco ASA IPS。要想了解与 Splunk 相关的更多信息，可以访问 http://splunk.com。

18.5.5 RSA 安全分析器（RSA Security Analytics）

RSA 安全分析器是一款由 EMC 开发的商业产品。它也可以用来监测和关联来自许多不同源的事件，同时也可以支持 Cisco IPS 设备。要想了解与 RSA 安全分析器相关的更多信息，可以访问 http://www.emc.com/security/security-analytics/security-analytics.htm。

18.6 在 Cisco ASA IPS 中显示和清除统计信息

管理员可以使用 CLI 收集不同 IPS 服务、组件和应用的统计信息。命令 **show statistics** 用于显示这类信息。例 18-1 显示出命令 **show statistics** 的选项。

例 18-1 命令 show statistics 的选项

```
NewYorkSSM# show statistics ?
analysis-engine          Display analysis engine statistics.
authentication           Display authentication statistics.
```

（待续）

```
denied-attackers          Display denied attacker statistics.
event-server              Display event server statistics.
event-store               Display event store statistics.
host                      Display host statistics.
logger                    Display logger statistics.
network-access            Display network access controller statistics.
Notification              Display notification statistics.
sdee-server               Display SDEE server statistics.
transaction-server        Display transaction server statistics.
transaction-source        Display transaction source statistics.
virtual-sensor            Display virtual sensor statistics.
web-server                Display web server statistics.
```

命令 **show statistics analysis-engine** 用于显示流量统计信息以及 Cisco ASA IPS 分析引擎的健康状态信息。例 18-2 显示出该命令的输出。

例 18-2 命令 **show statistics analysis-engine** 的输出

```
NewYorkSSM# show statistics analysis-engine
Analysis Engine Statistics
   Number of seconds since service started = 1665921
   Measure of the level of current resource utilization = 0
   Measure of the level of maximum resource utilization = 0
   The rate of TCP connections tracked per second = 0
   The rate of packets per second = 0
   The rate of bytes per second = 0
   Receiver Statistics
      Total number of packets processed since reset = 0
      Total number of IP packets processed since reset = 0
   Transmitter Statistics
      Total number of packets transmitted = 0
      Total number of packets denied = 0
      Total number of packets reset = 0
   Fragment Reassembly Unit Statistics
      Number of fragments currently in FRU = 0
      Number of datagrams currently in FRU = 0
   TCP Stream Reassembly Unit Statistics
      TCP streams currently in the embryonic state = 0
      TCP streams currently in the established state = 0
      TCP streams currently in the closing state = 0
      TCP streams currently in the system = 0
      TCP Packets currently queued for reassembly = 0
   The Signature Database Statistics.
      Total nodes active = 0
      TCP nodes keyed on both IP addresses and both ports = 0
      UDP nodes keyed on both IP addresses and both ports = 0
      IP nodes keyed on both IP addresses = 0
   Statistics for Signature Events
      Number of SigEvents since reset = 0
   Statistics for Actions executed on a SigEvent
      Number of Alerts written to the IdsEventStore = 0
```

管理员可以使用命令 **show statistics authentication** 显示 Cisco ASA IPS 模块上失败和总计认证尝试次数。例 18-3 显示出该命令的输出。

例 18-3 命令 **show statistics authentication** 的输出

```
NewYorkSSM# show statistics authentication
General
   totalAuthenticationAttempts = 144
   failedAuthenticationAttempts = 9
```

例 18-3 中显示出在 144 次认证尝试中有 9 次失败的尝试。

例 18-4 显示出命令 **show statistics event-server** 的输出。该命令用于显示事件管理工作站打开和阻塞 Cisco ASA IPS 连接的次数。

例 18-4 命令 **show statistics event-server** 的输出

```
NewYorkSSM# show statistics event-server
General
   openSubscriptions = 10
   blockedSubscriptions = 0
Subscriptions
```

命令 **statistics event-store** 带给管理员更多有用的信息。它显示出事件存储的详细信息。例 18-5 显示出该命令的输出。

例 18-5 命令 **statistics event-store** 的输出

```
NewYorkSSM# show statistics event-store
Event store statistics
   General information about the event store
      The current number of open subscriptions = 10
      The number of events lost by subscriptions and queries = 0
      The number of queries issued = 0
      The number of times the event store circular buffer has wrapped = 0
   Number of events of each type currently stored
      Debug events = 0
      Status events = 59
      Log transaction events = 0
      Shun request events = 0
      Error events, warning = 1
      Error events, error = 8
      Error events, fatal = 0
      Alert events, informational = 2
      Alert events, low = 0
      Alert events, medium = 0
      Alert events, high = 0
```

另一个有助于排错的命令是 **show statistics host**。它显示出网络和链路统计信息、Cisco ASA IPS 模块的健康状态（比如 CPU 和内存利用率）以及其他管理组件，比如 NTP 和自动更新统计信息。例 18-6 显示出该命令的输出。

例 18-6 命令 **show statistics host** 的输出

```
NewYorkSSM# show statistics host
General Statistics
   Last Change To Host Config (UTC) = 03:00:39 Tue Feb 15 2005
```

（待续）

```
   Command Control Port Device = GigabitEthernet0/0
Network Statistics
   ge0_0     Link encap:Ethernet HWaddr 00:0B:FC:F8:01:2C
             inet addr:172.23.62.92 Bcast:172.23.62.255 Mask:255.255.255.0
             UP BROADCAST RUNNING MULTICAST MTU:1500 Metric:1
             RX packets:3758776 errors:0 dropped:0 overruns:0 frame:0
             TX packets:272436 errors:0 dropped:0 overruns:0 carrier:0
             collisions:0 txqueuelen:1000
             RX bytes:471408183 (449.5 MiB) TX bytes:183240697 (174.7 MiB)
             Base address:0xbc00 Memory:f8200000-f8220000
NTP Statistics
   status = Not applicable
Memory Usage
   usedBytes = 500649984
   freeBytes = 1484054528
   totalBytes = 1984704512
Swap Usage
   Used Bytes = 0
   Free Bytes = 0
   Total Bytes = 0
Summertime Statistics
   start = 03:00:00 PDT Sun Apr 03 2005
   end = 01:00:00 GMT-08:00 Sun Oct 30 2005
CPU Statistics
   Usage over last 5 seconds = 0
   Usavge over last minute = 0
   Usage over last 5 minutes = 0
Memory Statistics
   Memory usage (bytes) = 500559872
   Memory free (bytes) = 1484144640
Auto Update Statistics
   lastDirectoryReadAttempt = 01:03:09 GMT-08:00 Mon Mar 31 2014
     Read directory: scp://scpuser@192.168.10.188//updates/sigupdatefile.pkg/
     Error: Failed attempt to get directory listing from remote auto update server:
         ssh: connect to host 192.168.10.188 port 22: Connection timed out
lastDownloadAttempt = N/A
   lastInstallAttempt = N/A
   nextAttempt = 01:00:00 GMT-08:00 Wed Feb 16 2005
```

通过例 18-6 中的阴影部分可以看出，Cisco ASA IPS 尝试通过 SSH（TCP 22 端口）连接 IP 地址为 192.168.10.188 的服务器，但没有成功。由于网络连通性问题，连接超时。

使用命令 **show statistics logger** 显示 IP 记录器的统计信息。例 18-7 显示出该命令的输出。

例 18-7 命令 show statistics logger 的输出

```
NewYorkSSM# show statistics logger
The number of Log interprocessor FIFO overruns = 0
The number of syslog messages received = 331
The number of <evError> events written to the event store by severity
   Fatal Severity = 0
   Error Severity = 78
   Warning Severity = 358
   TOTAL = 436
The number of log messages written to the message log by severity
   Fatal Severity = 0
```

（待续）

```
Error Severity = 78
Warning Severity = 27
Timing Severity = 0
Debug Severity = 0
Unknown Severity = 62
TOTAL = 167
```

总结

在实际应用中，在不严重降低IPS工作效率或者严重破坏企业计算架构的前提下，就几乎不可能完全消除误报情况。在部署IPS的时候，进行认真的调整可以将误报的几率降到最低。本章会介绍认真调整IPS设备来降低误报和漏报几率的重要性，这里所说的IPS设备包括Cisco ASA IPS。我们也介绍了如何禁用和撤回IPS特征。对于安全生命周期而言，认真地进行监测是极为重要的。本章介绍了一些可以监测IPS设备，并让调试设备变得更加简单的（Cisco和非Cisco的）安全工具。为了强化学习效果，本章也提供了很多高级别的监测和统计命令。

第19章 站点到站点 IPSec VPN

本章涵盖的内容有：

- 预配置清单；
- 配置步骤；
- 可选属性与特性；
- 部署方案；
- 监测与排错。

公司通过增加远程办公室接连不断地扩展其运作。这些办公室需要与公司网络进行连接，来实现数据传输和资源访问。网络管理员必须对公司的安全策略进行评估，以便建立连接所有远端办公室的安全通道。这些评估不仅仅包括正确地选择网络硬件平台，还包括适当地选择连接分支和小型办公室的 WAN 技术。点到点 WAN 技术包括帧中继、综合业务数字网（ISDN）和异步传输模式（ATM）。尽管这些技术也可以提供站点间的连通性，但它们的成本很高。因此，公司需要寻求降低成本以增加收益的连接方式。

网络专业人员能够通过使用站点到站点模式的 IPSec VPN 隧道，来减少维护点到点 WAN 链路所需的高额开销。他们能够使用宽带连接（其中包括用户数字线[DSL]或线缆调制解调器[cable modem]），以低廉的费用实现 Internet 连通性，进而在该宽带连接之上实施 IPSec VPN，将远端站点连接到中心站点。这样做能够以低成本的方式实现以下目标：

- 以明文的方式访问 Internet；
- 通过安全 VPN 隧道访问内部网络。

本章着重介绍通过 Cisco 自适应安全设备（ASA）对站点到站点 IPSec 隧道进行配置、部署、监测以及排错并提供预配置清单、配置步骤以及不同的设计场景。本章还将讨论如何监测 IPSec 站点到站点隧道，以确保毫无差错地传输流量。本章的稍后部分也提供了 IPSec VPN 出现问题时，各类丰富的排错方法。

19.1 预配置清单

正如本书在第 1 章的“虚拟专用网”一节所介绍的那样，IPSec 可以使用 Internet 密钥交换（IKE）进行密钥管理和隧道协商。IKE 会将两个对等体之间，在阶段 1、阶段 2 协商出不同的属性结合起来使用。因此，如果其中一个属性的配置有误，那么 IPSec 隧道就无法建立起来。因此强烈建议安全专业人员明白预配置清单有多么重要，并且当 VPN 隧道的远端设备由不同公司进行管理时，应与其网络管理员就此问题进行沟通。

Cisco ASA 支持 IKEv1 和 IKEv2。Cisco ASA 自 8.4 及以后的版本开始对 IKEv2 提供支持，近来经过发展，可以更好地防御网络攻击，减少在不同 VPN 产品之间建立连接的复杂性。下文介绍了 IKEv2 相对于 IKEv1 的一些优势。

- IKEv2 可以通过验证连接发起方 IP 地址的方式来缓解拒绝服务（DoS）攻击。IKEv2 的响应方 cookie 设计是为了确保 SA（安全关联）的请求方能够在系统使用重要资源来认证请求并创建 SA 之前，通过指定的地址接收到数据流。
- IKEv2 提供了一些内置的技术（如死亡对等体监测[DPD]、NAT 穿越[NAT-T]和初始接触[Initial Contact]），可以提升不同厂商产品之间的 IPSec 互操作性。
- IKEv2 提供了非对称认证机制。管理员可以定义一个本地的预认证密钥和一个远端的预认证密钥。同样，IKEv2 策略对于建立连接所采用的认证方式没有限制。
- IKEv2 支持从改变 IP 地址的设备发起连接。对于移动设备而言，这种功能相当重要，因为移动设备很可能会频繁更改 IP 地址。
- IKEv2 的密钥更新时间更快。随着密钥更新时间的加快，穿越设备的数据包就更不容易遭到丢弃，系统的总体安全性也可以得到提升。

表 19-1 列出了 Cisco ASA 所支持的所有阶段 1 属性值（包含 IKEv1 和 IKEv2），并包含了每个属性的默认值。这里着重显示出建议配置在 VPN 隧道远端的选项和参数。

表 19-1 ISAKMP 属性

IKE 版本	属性	可能的值	默认值
IKEv1	加密	DES 56 比特 3DES 168 比特* AES 128 比特 AES 192 比特 AES 256 比特	3DES 168 比特或 DES 56 比特（若未激活 3DES 特性）
	哈希	MD5 或 SHA-1	SHA-1
	认证方式	预共享密钥 RSA 签名 Crack**	预共享密钥
	DH 组	组 1 768 比特字段 组 2 1024 比特字段 组 5 1536 比特字段 组 7 ECC 163 比特字段***	组 2 1024 比特字段
	生存时间	120 秒~2,147,483,647 秒	86400 秒
IKEv2	加密	DES 56 比特 3DES 168 比特* AES 128 比特 AES 192 比特 AES 256 比特* AES-GCM 128 比特 AES-GCM 192 比特 AES-GCM 256 比特*	3DES 168 比特或 DES 56 比特（若未激活 3DES 特性）

续表

IKE 版本	属性	可能的值	默认值
IKEv2	哈希	MD5 SHA-1 SHA-2 256 比特 SHA-2 384 比特 SHA-2 512 比特	SHA-1
	认证方式	预共享密钥 RSA 签名 Crack**	预共享密钥
	DH 组	组 1 768 比特字段 组 2 1024 比特字段 组 5 1536 比特字段 组 7 ECC 163 比特字段*** 组 14 2048 比特字段 组 19 ECC 256 比特字段 组 20 ECC 384 比特字段 组 21 ECC 521 比特字段 组 24 2048 比特字段(256 位素数阶)	组 2 1024 比特字段
	生存时间	120 秒～2,147,483,647 秒	86400 秒
	PRF	MD5 SHA-1 SHA-2 256 比特 SHA-2 384 比特 SHA-2 512 比特	SHA-1

*若要使用 3DES 和 AES 加密，必须拥有启用 VPN-3DES-AES 特性集的授权密钥

**Crack（认证的加密密钥复核/响应）是 IKE 复核/响应机制，用于移动 IPSec 客户端使用的认证加密密钥协议。使用 Crack 无须在客户端上部署 PKI，而是只有 VPN 服务器需要证书

***Cisco ASA 在 8.2 及其后续版本中放弃了对 DH 组 7 的支持

除了 IKE 参数之外，两台 IPSec 设备还会协商运行模式。Cisco ASA 将主模式作为站点到站点隧道的默认模式，经过配置也可使用主动模式。在讨论过阶段 1 属性后，我们有必要着重讨论 IPSec VPN 连接的阶段 2 属性。阶段 2 安全关联（SA）用于对真实数据流量的加密和解密，这些 SA 也称为 IPSec SA。表 19-2 列出了 Cisco ASA 提供的所有阶段 2 属性值及其默认值。

表 19-2 IPSec 属性

属性	属性	可能的值	默认值
IKEv1	加密	DES 56 比特 3DES 168 比特* AES 128 比特 AES 192 比特 AES 256 比特*	3DES 168 比特或 DES 56 比特（若未激活 3DES 特性）

续表

属性	属性	可能的值	默认值
IKEv1	哈希	MD5 或 SHA-1	SHA-1
	模式	隧道或传输	隧道
IKEv2	加密	DES 56 比特 3DES 168 比特* AES 128、192、256 比特* AES-GCM 128、192、256 比特* AES-GMAC 128、192、256 比特* 空	3DES 168 比特或 DES 56 比特（若未激活 3DES 特性）
	哈希	MD5 SHA-1 SHA-2 256、384、512 比特 空	SHA-1
IKEv1 和 IKEv2 共用的 IPSec 属性	网络信息	IP 协议、网络/子网信息和/或端口号	无默认参数
	PFS 组	空 组 1 768 比特 DH 素模 组 2 1024 比特 DH 素模 组 5 1536 比特 DH 素模 组 7 ECC 163 比特字段**	空

*若要使用 3DES 和 AES 加密，必须拥有启用 VPN-3DES-AES 特性集的授权密钥

** Crack（认证的加密密钥复核/响应）是 IKE 复核/响应机制，用于移动 IPSec 客户使用的认证加密密钥协议。使用 Crack 无须在客户端上部署 PKI，而是只有 VPN 服务器需要证书

注释：由于 AES 安全性更高，因此建议使用 AES 进行加密而不使用 DES 加密。在实施之前，要保证两边的 IPSec 设备都支持 AES。

在确定所使用的阶段 1 和阶段 2 属性值后，就做好了配置站点到站点隧道的准备。

在 DES 的基础上使用 AES 加密是很好的做法，这种做法可以增强安全性。不过，管理员请在实施前确保两边的 IPSec 设备都支持 AES。

19.2 配置步骤

通过 Cisco ASDM 有多种方法可以建立一个静态的站点到站点隧道。这里将介绍一种能够使管理员在定义一个安全连接时，获得最大控制权及灵活性的方法。这一方法使用 8 步来定义站点到站点的 IPSec 隧道。

1. 启用 ISAKMP。
2. 创建 ISAKMP 策略。
3. 设置隧道类型。
4. 定义 IPSec 策略。
5. 配置加密映射集（crypto map）。
6. 配置流量过滤器（可选）。
7. 绕过 NAT（可选）。
8. 启用 PFS（可选）。

> 注释：由于 IKEv2 安全性和扩展性更高，因此本章会着重介绍 IKEv2。在有必要的情况下，管理员还是可以使用 IKEv1。在大多数情况下，如果配置的是 IKEv1，需要用 IKEv1 的关键字来替换 IKEv2 的关键字。如果读者希望阅读 IKEv1 的示例，可以翻阅本章部署案例 2 "使用安全虚拟防火墙实现星型拓扑"。

另一种配置方式的配置步骤比较简单，但它不能自定义指定的属性。该方法将在本章的稍后内容中进行介绍。

图 19-1 所示为 SecureMeInc.org 公司的网络拓扑。该公司拥有两个站点：一个位于芝加哥；另一个位于纽约。这里我们使用了芝加哥的安全设备来说明如何配置站点到站点隧道。

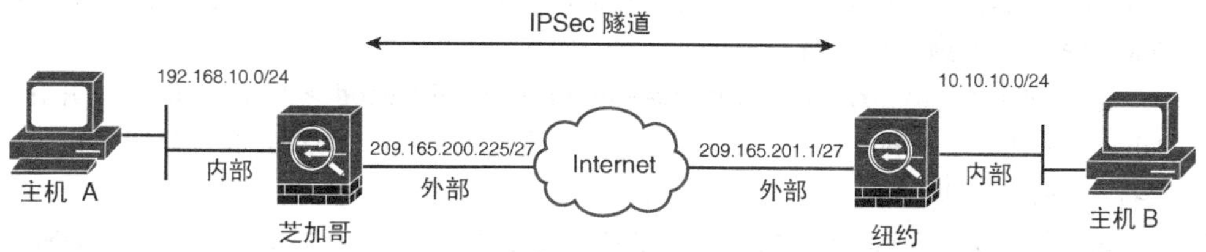

图 19-1 SecureMeInc.org 公司的 IPSec 拓扑

> 注释：安全设备支持管理员使用 **migrate** 命令将当前的 IKEv1 配置迁移为 IKEv2 的配置。
>
> ```
> migrate { l2l | remote-access { ikev2 | ssl } | overwrite }
> ```
>
> 这条命令的选项用途如下所示。
>
> - l2l：这个选项的作用是将当前的 IKEv1 站点到站点隧道转换为 IKEv2 隧道。
> - remote-access：这个选项可以将当前的 IKEv1 或 SSL 远程访问配置转换为 IKEv2 的配置。
> - overwrite：这个选项可以转换当前的 IKEv1 配置，并移除多余的 IKEv2 配置。

19.2.1 步骤 1：启用 ISAKMP

在配置 IKE 阶段 1 时，首先要在终结 VPN 隧道的接口上启用 ISAKMP（版本 1 或版本 2），通常在面向 Internet 的接口或外部接口上启用。若接口上没有启用 ISAKMP，那么安全设备就不会监听该接口上的 ISAKMP 流量（UDP 端口 500）。因此如果没有在外部接口启用 ISAKMP，即使完整地配置了 IPSec 隧道，安全设备仍无法对隧道初始化请求进行响应。

通过菜单 **Configuration > Site-to-Site VPN > Connection Profiles**，选择终结会话的那个接口边上的 **Allow IKE v1 Access** 或 **Allow IKE v2 Access** 复选框，该接口往往是外部接口。点击 ASDM 中的 **Apply** 按钮将该配置推送给安全设备。

> 注释：ASDM 在传递为某接口启用 ISAKMP 的命令时，也会推送两条预配置在 ASDM 中的 ISAKMP 策略（策略编号为 1、10、20、30 和 40）。ISAKMP 策略将在下一小节中进行讨论。

例 19-1 所示为在外部接口上启用 IKEv2 所使用的 CLI 命令。如果想要使用 IKEv1，需要使用命令 **crypto ikev1 enable outside**。

例 19-1 在外部接口上启用 ISAKMP

```
Chicago(config)# crypto ikev2 enable outside
Chicago(config)#
```

注释：如果使用的 Cisco ASA 系统是 9.0(1)及后续版本，那么在多虚拟防火墙模式下现在也可以使用 IPSec 站点到站点 VPN 功能了。相关内容会在本章后面的部署案例 2“使用安全虚拟防火墙实现星型拓扑”中进行介绍。

19.2.2 步骤 2：创建 ISAKMP 策略

在接口上启用 ISAKMP 后，应创建与 VPN 连接的另一端相匹配的阶段 1 策略。阶段 1 将协商加密和其他参数，这些参数用于验证远端对等体并建立一个安全通道，两个 VPN 对等体会使用该通道进行通信。

通过菜单 **Configuration > Site-to-Site VPN > Advanced > IKE Policies**，并在 IKEv1 Policies 或 IKEv2 Policies 下点击 **Add**，在安全设备中配置一个新的 ISAKMP 策略。ASDM 会打开一个对话框，在这个对话框中可以配置以下属性。

- 优先级（Priority）：输入 1～65535 之间的一个数字。默认情况下，ASDM 中预配置了优先级 5 和 10。若管理员配置了多个 ISAKMP 策略，则 Cisco ASA 会首先检查优先级最低的 ISAKMP 策略。若不匹配，则检查对应的下一个优先级号码的策略，以此类推，直到检查完所有策略。最先检查优先级 1，最后检查优先级 65535。
- 加密（Encryption）：从下拉列表中选择适当的加密类型，可参考表 19-1 中所有支持的加密类型。Cisco ASA 使用一个专用的硬件加密加速器执行 IKE 请求。由于使用 AES 256 比特加密对于性能的影响与使用较弱加密算法（如 DES）对于性能的影响几乎相同，因此建议使用 AES 256 比特加密。
- D-H 组（D-H Group）：从下拉列表中选择适当的 D-H 组。D-H 组用于传递两台 VPN 设备使用的共享秘密密钥。
- 完整性校验（Integrity Hash）：从下拉列表中选择适当的哈希类型。哈希算法通过确认数据包在传输过程中未被更改而提供数据完整性校验。这里有两个选项可供选择：SHA-1 或 MD5，推荐使用 SHA-1，因为它比 MD5 更加安全，造成的哈希冲突也更少。
- 伪随机函数 PRF 散列（Pseudo Random Function PRF Hash）（仅用于 IKEv2）：选择希望用哪个 PRF 来构建 SA 中用到的各个加密算法的密钥材料。
- 认证（Authentication）（仅 IKEv1）：从下拉列表中选择适当的认证类型。认证机制用于实现远端 IPSec 对等体的身份识别。可以为少量 IPSec 对等体使用预共享密钥进行认证，当有大量对等体时，可使用 RSA 签名进行认证。本书将在第 21 章中详细讨论 RSA 签名。
- 生存时间（Lifetime）：指定在新 ISAKMP 密钥协商出来之前的生存时间。这里既可以指定一个有限的生存时间，范围在 120～2147483647 秒之间，也可以勾选 **Unlimited**，用以防止远端对等体未提供生存时间的情况。Cisco 建议为 IKE 密钥更新使用默认生存时间 86400 秒。

图 19-2 所示为优先级为 1 的 ISAKMP 策略的添加过程。在图中，管理员定义的加密方

式为 AES-256，D-H 组为 5，完整性校验和 PRF 散列算法均为 SHA，指定的生存时间为默认值 86400 秒。

Add IKE v2 Policy(Proposal)	
Priority:	1
Encryption:	aes-256
D-H Group:	5
Integrity Hash:	sha
Pseudo Random Function (PRF) Hash:	sha
Lifetime:	Unlimited 86400 seconds

OK Cancel Help

图 19-2 通过 ASDM 定义 IKEv2 策略

注释：若未启用 VPN-3DES-AES 特性，则安全设备只允许为 ISAKMP 和 IPSec 策略使用 DES 加密。

若使用 CLI 进行配置，则应使用命令 **crypto isakmp policy** 来定义一个新的策略。例 19-2 所示为配置 ISAKMP 策略的具体配置命令，其中加密方式为 AES-256，完整性校验和 PRF 散列算法为 SHA，D-H 组为 5，生存时间为 86400 秒。

例 19-2 创建一个 ISAKMP 策略

```
Chicago(config)# crypto ikev2 policy 1
Chicago(config-isakmp-policy)# encryption aes-256
Chicago(config-isakmp-policy)# integrity sha
Chicago(config-isakmp-policy)# group 5
Chicago(config-isakmp-policy)# prf sha
Chicago(config-isakmp-policy)# lifetime seconds 86400
```

注释：若其中一项 ISAKMP 属性没有做任何配置，那么安全设备就会为该属性添加其默认值。如需删除一个 ISAKMP 策略，可使用命令 **clear config crypto isakmp policy**，并在后面添上要删除的策略号码。

19.2.3 步骤 3：建立隧道组

隧道组也称为连接配置文件，它定义了一个站点到站点隧道或远程访问隧道，并用来映射分配给指定 IPSec 对等体的属性。远程访问连接配置文件用于终结所有类型的远程访问 VPN 隧道，比如 IPSec、L2TP over IPSec 和 SSL VPN。远程访问 VPN 将在本书的第 20 章、第 22 章和第 23 章中进行介绍。

管理员可以通过菜单 **Configuration** > **Site-to-Site VPN** > **Advanced** > **Tunnel Groups** 来配置一个隧道组，然后点击 **Add** 定义一个新隧道组的名称。在图 19-3 中，管理员添加了一个称为 209.165.201.1 的隧道组。

对于站点到站点 IPSec 隧道来说，应该使用远端 VPN 设备的 IP 地址作为隧道组的名称。对于那些 IP 地址没有被定义为隧道组的 IPSec 设备来说，若两个设备的预共享密钥相匹配，那么安全设备就会尝试将远端设备映射到称为 DefaultL2LGroup 的默认站点到站点组中。DefaultL2LGroup 会显示在 ASDM 的配置信息中，但若通过 CLI 进行配置则不会显示，除非管理员修改过该隧道组中的默认属性。

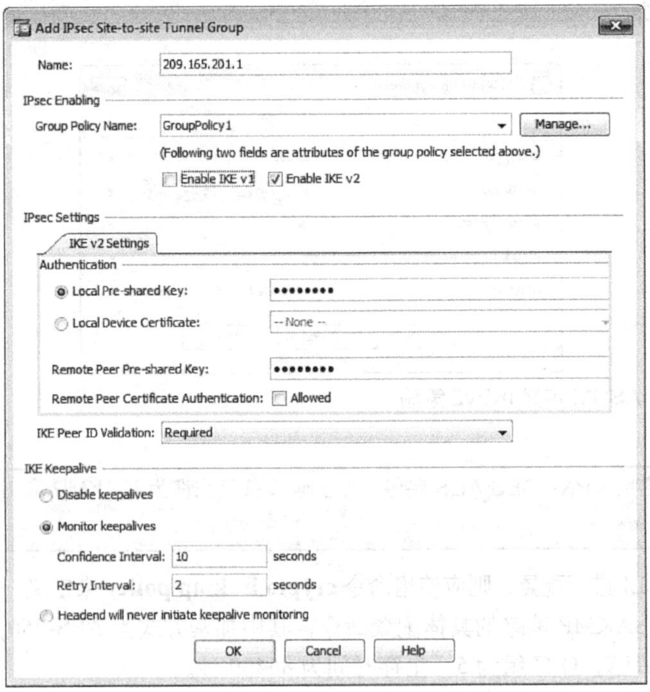

图 19-3 配置一个隧道组

如果以预共享密钥充当认证机制，可以用特殊符号来设置比较长的字母数字密钥。这样即使有人使用暴力破解的方式，也很难破解这样一个复杂的预共享密钥。在图 19-3 中，管理员将 209.165.201.1 隧道组的预共享密钥配置为了 C!$c0K3y（设备用星号将其隐去）。

例 19-3 显示了如何在 Cisco ASA 上配置站点到站点隧道组，其中对等体的公共 IP 地址为 209.165.201.1。管理员使用命令 **pre-shared-key** 在隧道组的 **ipsec-attributes** 下配置预共享密钥。

例 19-3 定义隧道组

```
Chicago(config)# tunnel-group 209.165.201.1 type ipsec-l2l
Chicago(config)# tunnel-group 209.165.201.1 ipsec-attributes
Chicago(config-tunnel-ipsec)# ikev2 remote-authentication pre-shared-key C!$c0K3y
Chicago(config-tunnel-ipsec)# ikev2 local-authentication pre-shared-key C!$c0K3y
```

提示：出于安全性方面的考虑，安全设备不会在配置中显示预配置的密钥。若管理员确实需要查看密钥的内容，可将运行配置文件复制到 Flash 中，并通过 **more** 命令查看配置，如下所示。

```
Chicago# show running | inc pre-shared-key
 pre-shared-key *
Chicago# copy running-config disk0:/config.cfg
Source filename [running-config]?
Destination filename [config.cfg]?
Cryptochecksum: 546a2d4a 5b6b8ede a4a709aa 0738da96

9198 bytes copied in 3.440 secs (3066 bytes/sec)
Chicago# more disk0:/config.cfg | inc pre-shared-key
 pre-shared-key C!$c0K3y
```

管理员也可以使用命令 **more** 查看运行配置的方法，来查看这个密钥。

```
Chicago# more system:running-config | inc pre-shared-key
 pre-shared-key C!$c0K3y
```

19.2.4 步骤 4：定义 IPSec 策略

在成功建立了一个安全连接后，IPSec 转换集就会开始定义用于传输数据包的加密类型和散列算法类型。它提供了数据认证、机密性和完整性的功能。IPSec 转换集会在快速模式中进行协商，有关快速模式的内容请参考第 1 章。通过 ASDM 配置一个新的转换集，可进入菜单 **Configuration > Site-to-Site VPN > Advanced > IPsec Proposals (Transform Sets)**并在 IKEv1 IPsec Proposals（Transform Sets）或 IKEv2 IPsec Proposals 下面点击 **Add**。这时会打开一个新的对话框，在这里可以配置以下属性。

- **转换集名称（Set Name）**：定义转换集的名称。该名称仅本地有效，并不会在 IPSec 隧道协商中进行传输。
- **加密（Encryption）**：从下拉列表中选择适当的加密类型，可参考表 19-1 中所有支持的加密类型。Cisco ASA 会使用一个专用的硬件加密加速器来执行 IKE 请求。由于使用 AES 256 比特加密对于性能的影响与使用较弱加密算法（如 DES）对于性能的影响几乎相同，因此这里建议使用 AES 256 比特加密。
- **完整性校验（Integrity Hash）（仅 IKEv2）**：从下拉列表中选择适当的散列算法类型。散列算法可以为数据提供完整性保护，验证数据在传输过程中是否遭到了篡改。这里可以选择 MD5、SHA-1、SHA-256、SHA-384、SHA-512 或空，推荐使用 SHA-512，因为它是所有选项中安全性最强的。
- **ESP 认证（ESP Authentication）（仅 IKEv1）**：从下拉列表中选择适当的散列算法类型。散列算法可以为数据提供完整性保护，验证数据在传输过程中是否遭到了篡改。这里可以选择 SHA-1、MD5 或空，推荐使用 SHA-1，因为它的安全性比 MD5 更强。
- **模式（Mode）**：从下拉列表中选择适当的封装模式，可以选择传输模式或隧道模式。传输模式用于加密和认证源于 VPN 对等体的数据包。隧道模式用于加密和认证源于 VPN 设备所连主机的 IP 数据包。在典型的站点到站点 IPSec 连接中，总是使用隧道模式。

在图 19-4 中，管理员定义了一个名为 NY-AES256SHA512 的新转换集，它为数据包使用 AES-256 作为加密方式，并使用 SHA 作为散列算法。

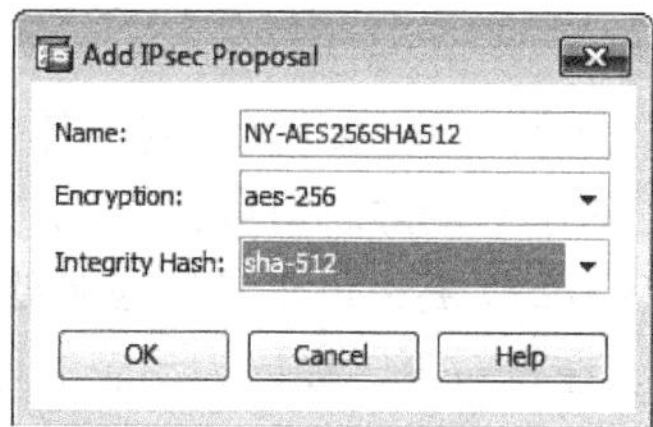

图 19-4 定义 IPSec 转换集

注释：Cisco ASA 只支持以 ESP 作为封装协议，对 AH 的支持并不在目前的计划中。

例19-4所示为如何通过CLI配置IPSec转换集。

例19-4 转换集配置

```
Chicago(config)# crypto ipsec ikev2 ipsec-proposal NY-AES256SHA512
Chicago(config-ipsec-proposal)# protocol esp encryption aes-256
Chicago(config-ipsec-proposal)# protocol esp integrity sha-512
```

注释：Cisco ASDM中有5个预定义的IPSec转换集，若想使用预定义的转换集，则无须定义新的转换集。

19.2.5 步骤5：创建加密映射集

完成ISAKMP策略和IPSec策略的配置后，应创建加密映射集（crypto map），以便将策略用于静态站点到站点的IPSec连接。一个加密映射集的完整配置应包含以下三个参数：

- 至少一个IPSec策略（转换集）；
- 至少一个VPN对等体；
- 一条加密ACL。

加密映射集使用优先级号码（或序列号）来定义IPSec实例。每个IPSec实例定义了去往指定对等体的VPN连接。可以同时拥有去往不同对等体的多个IPSec隧道。若安全设备需要终结属于另一个VPN对等体的IPSec隧道，那么它可以利用现有的加密映射集名称以及一个不同的优先级号码，定义第2个VPN隧道。每个优先级号码唯一地识别出一条站点到站点隧道，但安全设备会从优先级号码最低的站点到站点隧道进行检查。

注释：Cisco ASA不支持为IPSec隧道手动生成密钥。手动生成密钥具有易受攻击的安全缺陷，因为两边的VPN对等体总是使用相同的加密和认证密钥。

如需定义一个新的加密映射集，可以通过菜单 **Configuration** > **Site-to-Site VPN** > **Advanced** > **Crypto Maps** 并点击 **Add**。这时会打开一个新对话框，在这里可以配置以下属性。

- 接口（Interface）：管理员必须在这里选择一个接口来充当IPSec站点到站点隧道的终点。正如前文提到的，这个接口通常是去往Internet的外部接口。在每个接口上只能应用一个加密映射集。如果需要配置多条站点到站点隧道，就必须在相同的加密映射集中使用不同的优先级号码。本章稍后部分提供了使用多个加密映射集优先级号码的案例，请参考部署场景2“使用安全虚拟防火墙的星型拓扑”。
- 策略类型（Policy Type）：若远端IPSec对等体使用的是静态IP地址，则应从下拉列表中选择 **Static**。对于远端静态对等体来说，本地安全设备既可以发起IPSec隧道请求，也可以响应IPSec隧道请求。若远端对等体的外部接口使用动态IP地址，则需选择 **Dynamic**。在将对等体标记为动态的环境中，需要由对等体发起VPN连接，中心点设备并不能发起连接请求。
- 优先级（Priority）：在这里，管理员必须为站点到站点连接指定优先级。若为一个加密映射集定义了多条站点到站点连接，Cisco ASA将首先检查优先级号码最低的连接。也就是最先检查优先级为1的连接，最后检查优先级为65535的连接。

- **IPSec Proposals（转换集）**：从下拉列表中选择预定义的 IPSec 策略（转换集）。可以同时选择多个转换集，在这种情况下，若安全设备向对等体发起连接，则它会向对等体发送所有配置了的转换集。若安全设备响应从对等体发来的 VPN 连接，则它会将接收到的转换集与本地配置的转换集相匹配，并为 VPN 连接使用一个相互匹配的转换集。在这里最多可以添加 11 个转换集。
- **连接类型（Connection Type）**：若希望每个 VPN 对等体都可以发起一条 IPSec 隧道，则应从下拉列表中选择 **Bidirectional**。
- **对等体 IP 地址（IP Address of Peer to Be Added）**：指定远端 VPN 对等体的 IP 地址。通常为远端 VPN 设备的公共 IP 地址。
- **启用完美向前保密（Enable Perfect Forward Secrecy）**：若想要启用完美向前保密（PFS），则需启用该选项并选择希望使用的 Diffie-Hellman 组。本章稍后会讨论 PFS。

图 19-5 中，管理员定义了一个新的加密映射集，优先级为 10。该加密映射集被标记为 static（静态），并将 outside（外部）接口作为 VPN 终结点，并将前面步骤中定义的 IPSec 转换集映射到其中，远端 VPN 对等体的公共 IP 地址为 209.165.201.1。若安全设备需要发起一个隧道，它将使用这个 IP 地址来连接远端 VPN 对等体。

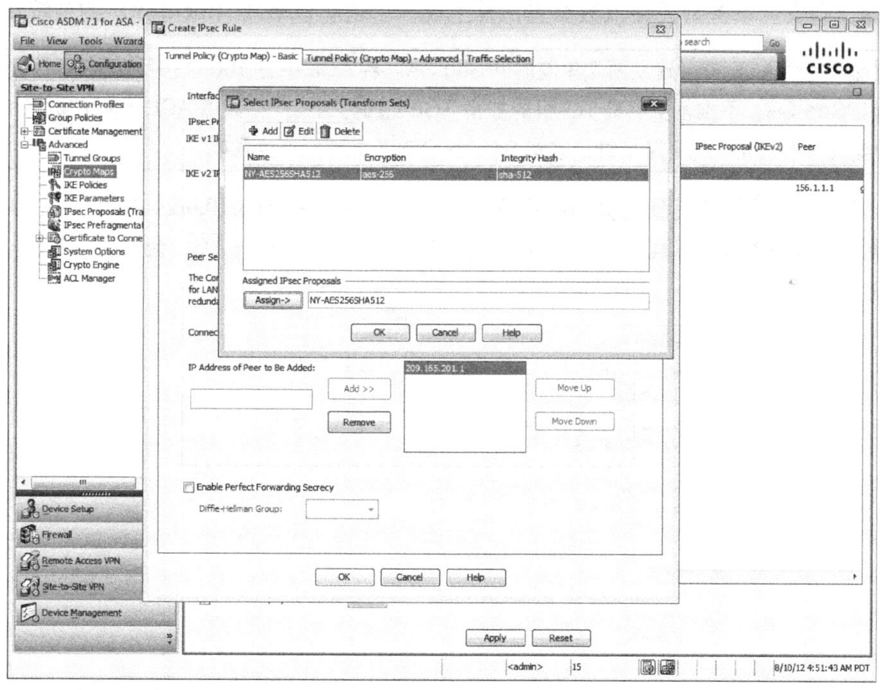

图 19-5 定义新的加密映射集

前文提到过，当管理员为需要加密的感兴趣流定义了 ACL 之后，加密映射集的配置才完整。当一个数据包进入安全设备时，设备会根据其目的 IP 地址对其进行路由。当它离开用于建立站点到站点隧道的接口时，加密引擎会将其拦截下来，并参照加密访问控制条目（ACE）对其进行匹配，以便决定是否对该数据包进行加密。若找到了一个匹配项，则将该数据包加密并发送到远端 VPN 对等体。

ACL 可以简单到允许一个网络去往另一个网络的所有 IP 流量，也可以复杂到允许从唯一的源 IP 地址的指定端口发出，去往目的地址的指定端口的流量。

> 注释：这里并不建议使用 TCP 或 UDP 端口来部署复杂的加密 ACL。因为很多厂商并不支持端口级别的加密 ACL。

如需创建一个加密 ACL，可在 Create IPSec Rule 对话框中选择 **Traffic Selection** 标签，并定义需要加密的私有网络。加密 ACL 中需要配置以下属性。

- 行为(Action)：为匹配该 ACE 的流量选择应执行的行为：**Protect** 或 **Do Not Protect**。若选择保护流量，则 ASA 会对其进行加密。
- 源（Source）：指定源主机 IP、网络和目标组。该参数为安全设备私有网络一侧的地址。
- 目的（Destination）：指定目的主机 IP、网络和目标组。该参数为远端 VPN 对等体私有网络一侧的地址。
- 服务（Service）：指定目的服务名称，比如 TCP、UDP、SMTP、HTTP。站点到站点 IPSec VPN 隧道中的目的服务通常包括所有 IP 服务。

> 注释：ACE 中可配置的变量细节请参考第 8 章。

加密 ACL 还为入向的加密流量执行安全检查。若一个明文数据包与一个加密 ACE 相匹配，则安全设备会丢弃该数据包，并生成一个指明该事故（incident）的系统日志消息。

> 注释：每个 ACE 都会建立两个单向的 IPSec SA。若 ACL 中有 100 个条目，则 ASA 会建立 200 个 IPSec SA。不推荐使用基于主机的加密 ACE，因为这会产生大量 ACE 和双倍数量的 SA。而安全设备将消耗系统资源来维护这些 SA，这会对总体性能产生影响。

图 19-6 所示的流量选择策略将保护（或加密）从 192.168.10.0/24 网络去往 10.10.10.0/24 子网的所有 IP 流量。其中还添加了一条描述信息，写明这条 ACL 会加密从芝加哥去往 NY 的流量。

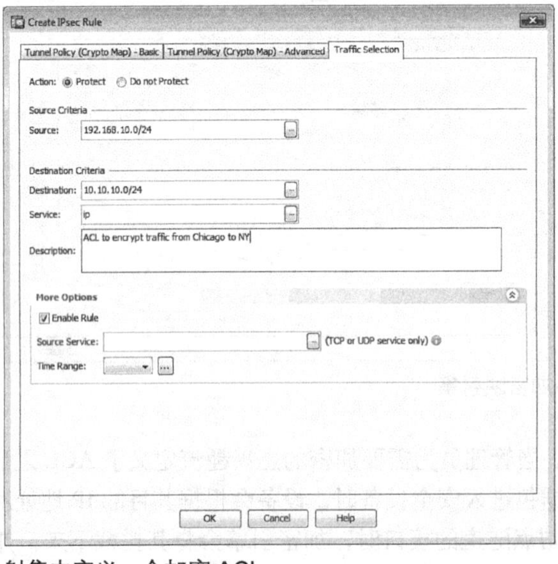

图 19-6 在加密映射集中定义一个加密 ACL

在 ASDM 中添加了一个加密映射集后，可以选择 **Add > Insert Traffic Selection After** 向该加密映射集添加另一个 ACE。ASDM 将打开一个对话框，在那里可以选择加密 ACL 中包含的私有网络。

例 19-5 显示出芝加哥 ASA 的配置信息，它需要保护从 192.168.10.0/255.255.255.0 去往 10.10.10.0/255.255.255.0 的所有 IP 流量。该 ACL 的名称为 **outside_cryptomap**。

例 19-5 加密映射集的配置

```
Chicago# configure terminal
Chicago(config)# access-list outside_cryptomap line 1 remark ACL to encrypt traffic
from Chicago to NY
Chicago(config)# access-list outside_cryptomap line 2 extended permit ip 192.168.10.0
255.255.255.0 10.10.10.0 255.255.255.0
Chicago(config)# crypto map outside_map 1 match address outside_cryptomap
Chicago(config)# crypto map outside_map 1 set peer 209.165.201.1
Chicago(config)# crypto map outside_map 1 set ikev2 ipsec-proposal NY-AES256SHA512
Chicago(config)# crypto map outside_map interface outside
```

安全设备不允许将远端私有网络的 IP 流量直接连接到 ASA 的内部接口。许多公司倾向于使用 VPN 连接，从管理网络通过安全设备的内部接口对其进行管理。该特性可以通过命令 **management-access** 进行配置，本章稍后内容将对此进行介绍。

19.2.6 步骤 6：配置流量过滤器（可选）

与传统防火墙相同，Cisco ASA 可以通过阻塞从外部网络收到的新的入向连接，来保护可信（内部）网络，除非使用 ACL 明确地放行这些连接。然而在默认情况下，安全设备允许来自于远端 VPN 网络到其内部网络的所有入向连接，而不需要 ACL 明确地放行。这也意味着即使外部接口的入向 ACL 拒绝这些加密的流量，安全设备仍然会将其放行。

若希望外部接口的 ACL 对 IPSec 保护的流量进行检查，也可以改变这一默认行为。如图 19-7 所示，若要求主机 B 只能够向主机 A 的 TCP 端口 23 发送流量，则必须执行下面的配置步骤。

1. 在芝加哥 ASA 外部接口的 ACL 中定义一个入向 ACE。
2. 禁用 vpn sysopt 特性，它允许 VPN 上发起的新入向连接绕过所有访问列表检查。

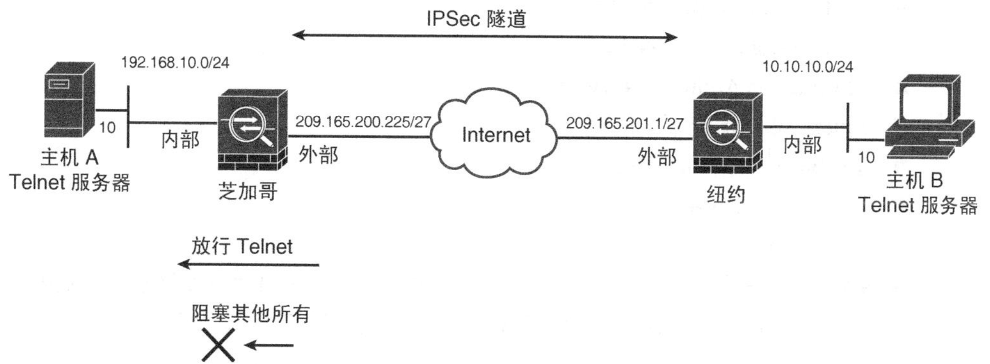

图 19-7 过滤 VPN 隧道中的流量

这样的话，接口 ACL 将检查从主机 B 去往主机 A 端口 23 的入向 VPN 流量并予以放行。

例 19-6 所示为 CLI 中的配置。外部 ACL 允许从远端主机 10.10.10.10 去往本地主机 192.168.10.10 TCP 端口 23 的流量。命令 **no sysopt connection permit-vpn** 使安全设备能够根据配置在接口上的访问列表来过滤流经防火墙的所有新入向连接。管理员可以在 CLI 中通过命令 **show run all sysopt** 来查看上述配置。在 ASDM 中，可以通过菜单 **Configuration >**

Site-to-Site VPN > Connection Profiles，勾选 **Bypass Interface Access Lists for Inbound VPN Sessions** 复选框来启用这个特性。

例 19-6 使用访问列表允许解密流量穿越 ASA

```
Chicago(config)# access-list outside_acl extended permit tcp host 10.10.10.10 host
192.168.10.10 eq 23
Chicago(config)# access-group outside_acl in interface outside
Chicago(config)# no sysopt connection permit-vpn
```

注释：**sysopt connection permit-vpn** 是全局命令。该命令在默认情况下是启用的，允许安全设备不对所有 VPN 隧道进行 ACL 检查，其中包括远程访问 IPSec 以及 SSL VPN 隧道。管理员仍可以在组策略和用户策略上定义授权 ACL 来控制流量。

19.2.7 步骤 7：绕过 NAT（可选）

在多数情况中，管理员不希望为穿越隧道的流量执行 IP 地址转换。若管理员在安全设备上配置 NAT，用来为非 VPN 流量实施源或目的 IP 地址转换，则可以为穿越 VPN 隧道的流量建立策略，详情请参考第 10 章。

为了绕过地址转换，管理员必须识别出需要穿越 VPN 隧道的流量，并对其应用 NAT 豁免规则。在 ASDM 中，需要找到 **Configuration > Firewall > NAT Rules , choose Add > Add NAT Rule Before “Network Object” NAT Rules**，然后在 Add NAT Rule 对话框的 Match Criteria: Original Packet 部分定义下面的信息。

- 源接口：**inside**。
- 目的接口：**outside**。
- 源地址：**192.168-Net**。
- 目的接口：**10.10-Net**。

在 Action:Translated Packet 部分指定下面的属性。

- Source NAT Type：**Static**。
- Source Address：**Original**。
- Destination Address：**Original**。

在 Options 部分指定下面的属性。

- Enable Rule：**Checked**。
- Direction：**Both**。

完成后点击 **OK**。

图 19-8 显示了一个 NAT 豁免策略，流量流经内部接口从 192.168.10.0/24 去往 10.10.10.0/24。

例 19-7 所示为在 CLI 模式下为 IPSec 加密流量配置 NAT 豁免的方法。

例 19-7 利用访问列表绕过 NAT

```
Chicago(config)# object network 192.168-Net
Chicago(config-network-object)# subnet 192.168.10.0 255.255.255.0
Chicago(config-network-object)# object network 10.10-Net
Chicago(config-network-object)# subnet 10.10.10.0 255.255.255.0
Chicago(config-network-object)# exit
Chicago(config)# nat (inside,outside) source static 192.168-Net
10.10-Net destination static 192.168-Net 10.10-Net
```

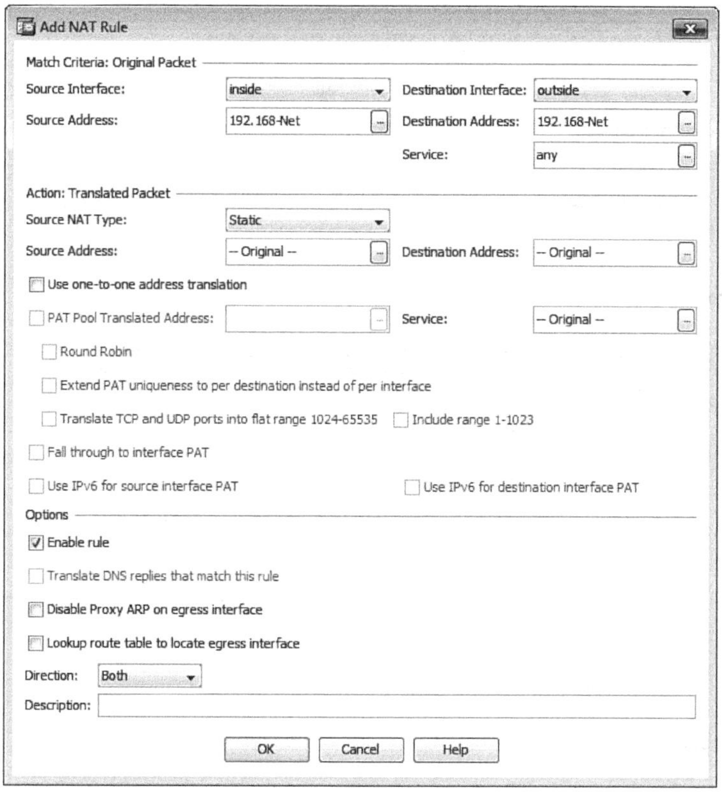

图 19-8　为 IPSec 隧道配置绕过 NAT 的 NAT 豁免策略

> 注释：若未定义 NAT 豁免策略，并且为 VPN 流量使用了 NAT，则加密 ACL 应与 NAT 转换后的（或全局）IP 地址相匹配。

19.2.8　步骤 8：启用 PFS（可选）

完美向前保密（PFS）是一种加密方式，采用这种方式进行加密可以让新创建的密钥与此前创建的密钥无关。在启用 PFS 的情况下，安全设备会在 IPSec 阶段 2 协商的过程中，创建新的密钥集。如果不启用 PFS，Cisco ASA 会在阶段 2 协商过程中使用阶段 1 的密钥。Cisco ASA 会使用 DH 组 1、2 和 5，来通过 PFS 创建密钥。

要通过 ASDM 配置 PFS，需要找到 **Configuration > Site-to-Site VPN > Advanced > Crypto Maps**。然后选择之前配置的加密映射，点击 **Edit**，然后勾选 **Enable Perfect Forwarding Secrecy** 复选框。从下拉菜单中指定想要在这个隧道使用的 DH 组。如图 19-9 所示，管理员在加密映射中为 FPS 选项使用的是 DH 组 5。

例 19-8 所示为如何通过 CLI 来给使用序列号 10 的对等体启用 PFS DH 组 5。

例 19-8　给一个对等体配置 PFS DH 组 5

```
Chicago(config)# crypto map outside_map 10 set pfs group5
```

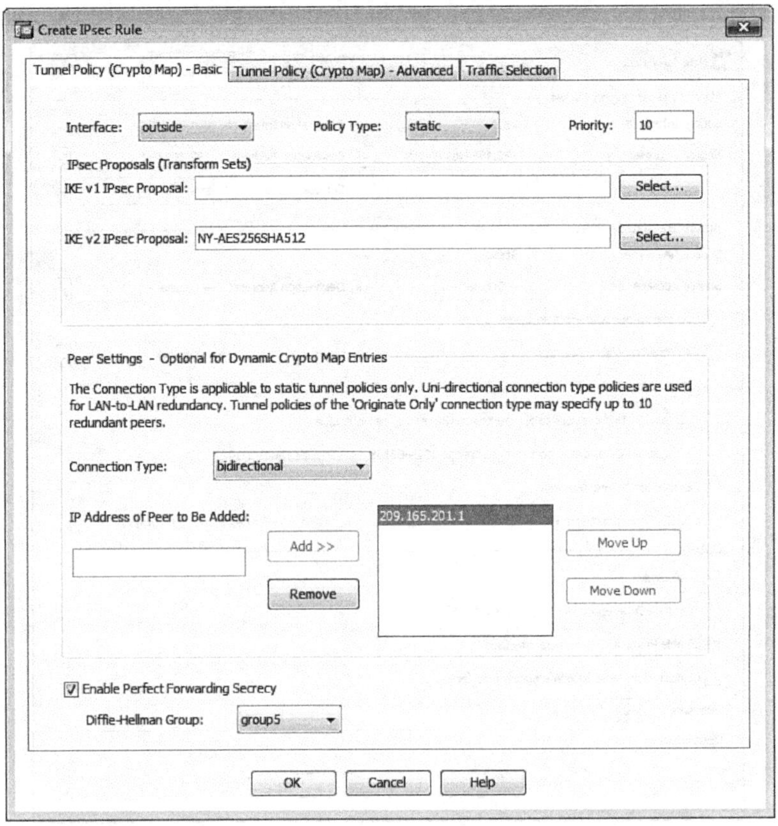

图 19-9 针对一条隧道启用 PFS

19.2.9 ASDM 的配置方法

若通过 ASDM 配置安全设备，管理员还可以使用另外两种方法来定义站点到站点隧道。这两种方法是：

- 站点到站点 VPN 配置向导。
- 连接配置文件。

1. 通过 IPSec VPN 配置向导定义站点到站点隧道

跟随 IPSec VPN 配置向导定义一个新的站点到站点连接是最简单的方法。管理员可以选择 **Wizards > VPN Wizards > Site-to-Site VPN Wizard**。ASDM 会启用 IPSec VPN 配置向导，并对站点到站点 VPN 隧道提供一个简单的介绍。点击 **Next**，然后通过下面的步骤来进行配置。

1. 指定对等体信息。VPN 配置向导将引导管理员指定对等体信息，比如公共 IP 地址和 ISAKMP 认证方式。以图 19-1 所示拓扑为例，纽约设备的公共 IP 地址为 **209.165.201.1**。由于站点到站点 VPN 隧道位于安全设备的外部接口，因此需要在 VPN Access Interface 下拉菜单中选择 **outside**，然后点击 **Next**。
2. 指定本地和远端网络。选择在 IPSec 协商阶段，作为本地和远端代理的主机/子网或网络。若这些本地和远端网络的路由在设备的路由表中，则设备能够识别所有的本地和远端网络。可以点击**...**按钮查看本地网络列表。可选地，也可以在 IP 地址字段手动添加一个 IP 地址及适当的子网掩码。为本地网络指定 192.168.10.0/24，为远端网络指定 10.10.10.0/24。点击 **Next**。

3. 设置安全参数。管理员可以选择 Simple Configuration 选项来使用常见的 IKE 和 ISAKMP 安全参数。如果选择了这个选项，管理员只需要为连接指定预共享密钥。如果希望自定义 VPN 策略，可以选择 Customized Configuration。此时，ASDM 会允许管理员选择 IKE 的版本（版本 1 或版本 2）、本地和远端的预共享密钥、IKE 和 IPSec proposal 和 PFS。要配置安全设备来实现图 19-1 所示的部署方案，就需要选择 **Customized Configuration**。在 Authentication 标签下，选择 **IKE Version2**，并在 Local Pre-shared Key 和 Remote Peer Pre-shared Key 部分将密钥设置为 **C!$c0K3y**。在 Encryption Alogrithm 标签下为对等体选择对应的 IKE 策略。在 IKE Policy 下点击 **Manage**，并添加一个使用 **AES-256** 进行加密、完整性校验散列算法为 **SHA**、PRF 散列算法为 **SHA**、DH 组为 5 的策略。点击 **OK** 继续进行配置。在 IPSec Proposal 下选择 **Select**，然后添加一个使用 **AES-256** 进行加密、完整性校验散列算法为 **SHA-512** 的策略。点击 **OK**，然后点击 **Next** 执行后面的配置。
4. 定义 NAT 免除策略。我们在前面介绍过，在大多数情况下，如果流量穿越 VPN 隧道，管理员并不希望对这类流量执行地址转换。此时，管理员可以勾选 **Exempt ASA Side Host/Network from Address Translation** 复选框，选择内部接口，以便让这类流量绕过地址转换。
5. 点击 **Next** 检查以上配置，然后点击 **Finish** 将配置应用到安全设备上。

2. 通过连接配置文件定义站点到站点隧道

还可以通过添加一个新的连接配置文件来定义一个站点到站点隧道。首先在菜单 **Configuration > Site-to-Site VPN > Connection Profiles** 中，在 Access Interfaces 选项下，勾选外部接口上的 **Allow IKE v2 Access** 复选框。然后，点击 Connection Profiles 下的 **Add**，添加一个新的站点到站点隧道。ASDM 会打开 Add IPsec Site-to-Site Connection Profile 对话框，在那里可以指定以下属性。

- 对等体 IP 地址（Peer IP Address）：指定远端 VPN 设备的公共 IP 地址。在多数站点到站点实施环境中，如果远端 VPN 设备使用了静态 IP 地址，则管理员应该确保了勾选 **Static** 选项。若远端 VPN 对等体使用的是动态 IP 地址，则不要勾选 **Static** 选项。若没有勾选 Static 选项，则 Peer IP Address 部分为灰色。
- 连接名称（Connection Name）：如果勾选了 Peer IP Address 的 Static 选项，并在 Peer IP Address 部分定义了一个 IP 地址，则默认情况下，连接名称与 Static 选项中的对等体 IP 地址相同。如果希望给这条连接配置一个不同的名称，需要取消选中 Same as IP Address 复选框，然后指定另一个名称。
- 接口（Interface）：选择终结 IPSec 隧道的接口。在大多数情况中，该接口都会被设置为安全设备的外部接口。
- 本地网络（Local Network）：选择希望由站点到站点隧道提供保护的本地网络。
- 远端网络（Remote Network）：选择希望由站点到站点隧道提供保护的远端网络。
- 组策略名称（Group Policy Name）：将组策略名称保留默认值，即 GroupPolicy1。取消选中 **Enable IKE v1** 复选框。
- 本地预共享密钥（Local Pre-shared key）：指定这条连接的本地预共享密钥。
- 远程对等体预共享密钥（Remote Peer Pre-shared key）：指定这条连接的远程预共享密钥。

- IKE 策略（IKE Policy）：指定一个预定义的策略，或者点击 **Manage** 来根据本章之前介绍的属性定义新的 IKE 策略。
- IPSec Proposal（IPSec 提案）：指定一个预定义的策略，或者点击 **Select** 来根据本章之前介绍的属性定义新的 IKE 策略。
- NAT Exempt（NAT 免除）：要绕过地址转换，需要勾选 **Exempt ASA Side Host/Network from Address Translation**，然后从下拉列表中选择 **inside** 接口。

在指定好所有信息后，应点击 **OK** 将配置推送给安全设备。如图 19-10 所示，管理员将对等体的 IP 地址设置为 209.165.201.1，连接终结在 outside 接口上。使用预共享密钥 C!$c0K3y（密码隐去）作为本地和远端 IKEv2 认证方式。还定义了本地网络 192.168.10.0/24 以及远端网络 10.10.10.0/24。IKE 策略为 **aes-256-sha-sha**，而 IPSec 提案则为 NY-AES256SHA512。

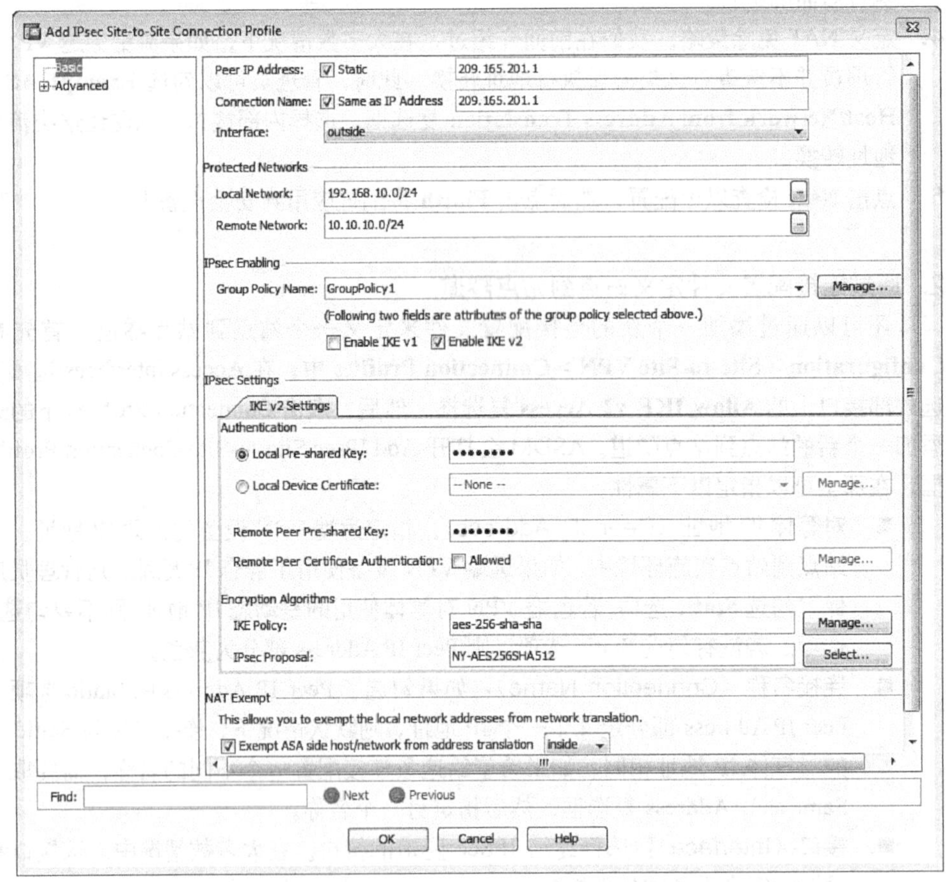

图 19-10 在连接配置文件中定义站点到站点 IPSec

19.3 可选属性与特性

Cisco ASA 提供了多个高级特性来适应各种站点到站点 VPN 实施环境。其中包括以下特性：

- IPSec 上的 OSPF 更新；
- 反向路由注入；
- NAT 穿越（NAT-T）；

- 隧道默认网关；
- 管理访问；
- 分片策略。

19.3.1 通过 IPSec 发送 OSPF 更新

正如第 12 章中介绍的，开放最短路径优先（OSPF）协议是使用组播与其邻居进行通信的。然而，IPSec 并不允许封装组播流量。在 Cisco ASA 中，我们可以通过静态地定义邻居来解决这一问题，这样可以向远端 VPN 对等体发送单播 OSPF 数据包。

按照以下步骤进行配置，可使安全设备能够通过站点到站点 IPSec 隧道发送 OSPF 路由更新。

1. 将外部接口（或任意一个终结 IPSec 的接口）指定为非广播接口。找到 **Configuration > Device Setup > Routing > OSPF > Interface**，点击 **Properties** 标签，选择 **outside** 接口，点击 **Edit** 并将 **Broadcast** 选项勾掉，然后点击 **OK**。
2. 静态地将 VPN 设备添加为 OSPF 邻居，或静态地将 VPN 设备从 OSPF 邻居中删除。通过菜单 **Configuration > Device Setup > Routing > OSPF > Static Neighbor**，点击 **Add**，从下拉菜单中选择网络中使用的 OSPF 进程。指定 IPSec 对等体的公共地址并选择 VPN 终结接口。如图 19-11 所示，管理员为 OSPF 进程 100 添加了一个静态 OSPF 邻居：远端 VPN ASA（209.165.201.1）。数据包需通过 outside 接口去往该 OSPF 邻居。

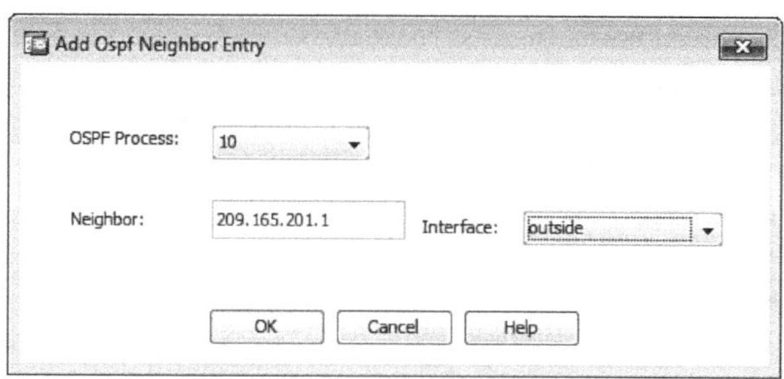

图 19-11 IPSec 上的 OSPF 更新

例 19-9 所示为如何将外部接口设置为一个非广播媒介，并将远端 VPN 对等体指定为通过外部接口到达的 OSPF 邻居。

例 19-9 通过 IPSec 发送 OSPF 更新

```
Chicago(config)# interface GigabitEthernet0/0
Chicago(config-if)# nameif outside
Chicago(config-if)# security-level 0
Chicago(config-if)# ip address 209.165.200.225 255.255.255.224
Chicago(config-if)# ospf network point-to-point non-broadcast
Chicago(config)# router ospf 10
Chicago(config-router)# network 209.165.200.225 255.255.255.255 area 0
Chicago(config-router)# neighbor 209.165.201.1 interface outside
```

注释：只有两台 Cisco 安全设备之间才可以使用通过 IPSec 发送 OSPF 更新的特性。管理员在 VPN 隧道的另一端也必须按照类似方法进行配置。

19.3.2 反向路由注入

反向路由注入（RRI）利用路由协议将远端网络信息分发到本地网络。通过使用 RRI，Cisco ASA 可以自动将穿越隧道的远端私有网络以静态路由的方式添加到其路由表中，然后使用 OSPF 将这些路由宣告给本地私有网络中的邻居。图 19-15 所示为利用 OSPF 传递网络信息的 IPSec 拓扑，将远端私有网络信息传递到芝加哥 ASA 的本地 LAN（局域网）中。

如需使用 ASDM 配置 RRI，可通过菜单 **Configuration > Site-to-Site VPN > Advanced > Crypto Maps**，选择之前配置的加密映射集，点击 **Edit** 编辑其属性，接着选择 **Tunnel Policy (Crypto Map)-Advanced** 标签下的 **Enable Reverse Route Injection** 选项，如图 19-12 所示。

在例 19-10 中，管理员将名为 **outside_cryptomap_10** 的加密映射集配置了 RRI 特性。

例 19-10 反向路由注入的配置

```
Chicago(config)# crypto map outside_cryptomap_10 10 set reverse-route
```

可使用 **show route** 命令，检查 ASA 是否已经将远端网络信息添加到了自己的路由表中，如例 19-11 所示。

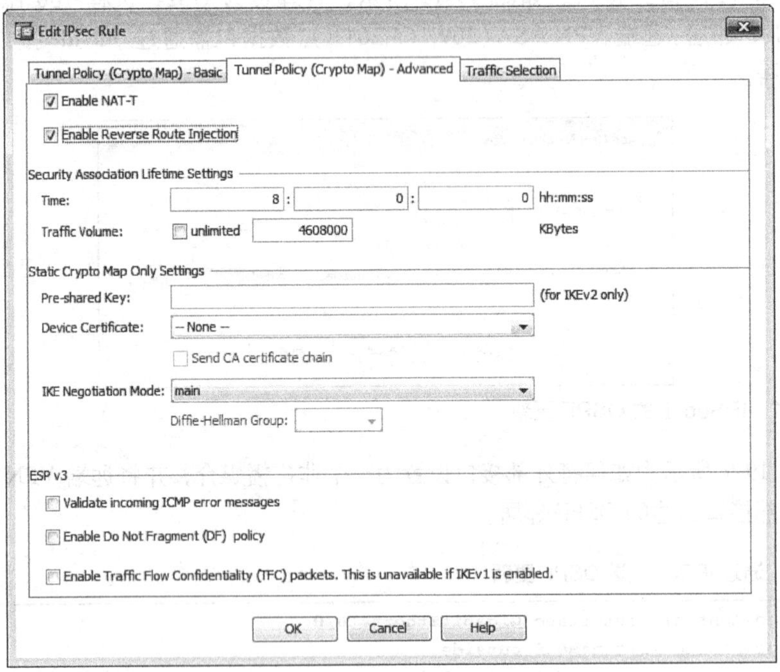

图 19-12 ASA 的 RRI 案例

例 19-11 ASA 上的路由表

```
Chicago# show route
S     0.0.0.0 0.0.0.0 [1/0] via 209.165.200.226, outside
C     192.168.10.0 255.255.255.0 is directly connected, inside
C     209.165.200.224.0 255.255.255.224 is directly connected, outside
S     10.10.10.0 255.255.255.0 [1/0] via 209.165.200.226, outside
```

若在路由表中看到远端私有网络的静态路由，则将该静态路由通告给 OSPF 对等体。

在 ASDM 中，可通过菜单 **Configuration > Device Setup > Routing > OSPF > Redistribution**，点击 **Add**。在打开的对话框中，把 Protocol 指定为 **Static**，然后勾选 **Use subnets** 复选框。例 19-12 所示为 CLI 的配置方法。

例 19-12　ASA 的 OSPF 配置

```
Chicago(config)# router ospf 10
Chicago(config-router)# redistribute static subnets
```

内部路由器（路由器 1）将接收到这条路由，并将其作为外部路由放入路由表中，如例 19-13 所示。

例 19-13　内部路由器的路由表

```
Router1# show ip route
C    192.168.10.0/24 is directly connected, GigabitEthernet0
C    192.168.20.0/24 is directly connected, FastEthernet0
O E2 10.10.10.0/24 [110/20] via 192.168.10.1, 00:00:03, GigabitEthernet0
```

19.3.3　NAT 穿越

从传统的角度上说，若两个对等体之间存在 PAT 设备，则 IPSec 隧道无法传输流量。因为在默认情况下，IPSec 设备使用的是 ESP（封装安全载荷）协议，而该协议不携带任何第 4 层信息，因此 PAT 将会丢弃 IPSec 包。

注释：更多关于 ESP 穿越 PAT 的实施方案请参考第 1 章。

为了解决这一问题，Cisco 起草了称为 NAT 穿越（NAT-T）的 IETF 标准，将 ESP 包封装在 UDP 端口 4500 的连接中，这样传输链路中的 PAT 设备就能够顺利地对封装包进行转换了。若同时满足以下两个条件，设备将自动协商 NAT-T：

- 两边的 VPN 设备都能够支持 NAT-T；
- VPN 对等体之间存在 NAT 或 PAT 设备。

若同时符合以上两个条件，VPN 对等体会使用 ISAKMP（UDP 端口 500）开始它们之间的通信，一旦检测到 NAT 或 PAT 设备，它们将马上切换为使用 UDP 端口 4500 来完成接下来的协商。

在默认情况下，安全设备上的 NAT-T 是全局启用的。在很多情况下，若 UDP 端口 4500 上的 NAT-T 封装连接上没有活动的流量，NAT/PAT 设备就会将该连接设为超时连接。因此这里使用了一种 NAT-T 存活机制，这样安全设备就可以周期性地发送存活消息，以防止中间设备上出现连接超时。默认的存活机制超时值为 20 秒，可以指定的存活范围为 10～3600 秒。

若出于某些原因未开启 NAT-T，可以在菜单 **Configuration > Site-to-Site VPN > Advanced > IKE Parameters** 中勾选 **Enable IPSec over NAT-T** 选项。若全局启用了 NAT-T，而管理员仅希望某一组对等体不进行 NAT-T 协商，则可以通过菜单 **Configuration > Site-to-Site VPN > Advanced > Crypto Maps** 进行配置。选择之前配置的加密映射集，点击 **Edit**，然后点击 **Tunnel Policy (Crypto Map)-Advanced** 标签，然后取消选中 **Enable NAT-T** 复选框。

例 19-14 所示为如何通过 CLI 全局启用 NAT-T，并将存活更新修改为 30 秒。同时还显示了如何为特定 VPN（序列号码为 10 的 VPN）禁用 NAT-T。

例 19-14　为一组对等体禁用 NAT-T

```
Chicago(config)# crypto isakmp nat-traversal 30
Chicago(config)# crypto map outside_map 10 set nat-t-disable
```

19.3.4　隧道默认网关

第 3 层设备往往都有一个默认网关，在路由表中找不到数据包的目的地址时，设备会使用默认网关来路由数据包。隧道默认网关的概念是最先在 Cisco VPN 3000 系列集中器中引入的，当数据包通过 IPSec 隧道到达安全设备，并且在其路由表中没有找到与目的 IP 地址相匹配的条目时，设备就会使用隧道默认网关路由数据包。被封装的流量既可以是远程访问 VPN 流量，也可以是站点到站点 VPN 流量。隧道默认网关的下一跳地址通常是内部路由器的 IP 地址（如图 19-15 所示的路由器 1）或任意第 3 层设备的 IP 地址。

如果管理员不希望在 Cisco ASA 上定义去往其内部网络的路由，但是却又希望将被封装的流量路由到内部路由器，那么在这种情况下，隧道默认网关特性就显得非常重要了。

如需设置一个隧道默认网关，可通过菜单 **Configuration > Device Setup > Routing > Static Routes**，点击 **Add** 进行配置。这时会弹出 Add Static Route 对话框，在那里可以添加一条默认路由，并将网关 IP 设置为内部路由器（路由器 1）的下一跳 IP 地址。在这里，管理员应确认已选中 **Tunneled** 单选按钮，如图 19-13 所示。

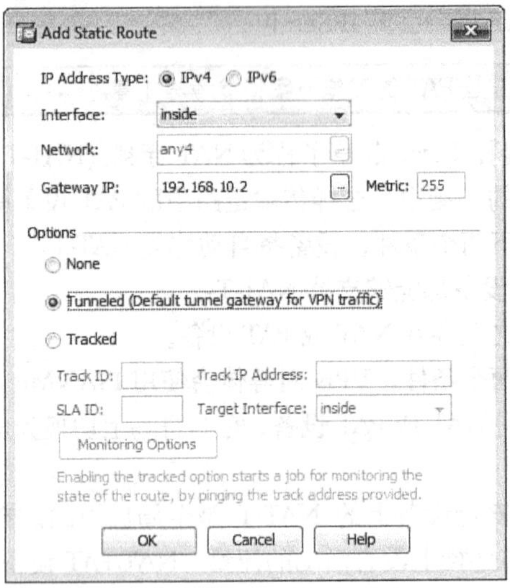

图 19-13　定义一个隧道默认网关

若管理员希望使用 CLI 进行配置，请确保在静态配置的默认路由后添加了关键字 **tunneled**。例 19-15 所示配置将设备的隧道默认网关指定为了 192.168.10.2，该网段需通过内部接口到达。

例 19-15　隧道默认网关配置

```
Chicago(config)# route inside 0.0.0.0 0.0.0.0 192.168.10.2 tunneled
```

注释：在实施默认路由隧道化（**tunneled**）之前，管理员需要明确当前环境中存在的下列限制。

- 不能在隧道化路由的出站接口启用单播 RPF 特性。

- 不能在隧道化路由的出站接口启用 TCP 拦截特性。
- 许多 VoIP 检测引擎（比如 H.323、GTP、MGCP、RTSP、SIP、SKINNY）、DNS 检测引擎和 DCE RPC 检测引擎都会忽略隧道化路由。在大多数情况下，内部子网中必须要添加一些路由。
- 管理员只可以使用 **tunneled** 选项定义一条默认路由。

19.3.5 管理访问

正如本章前文中已简要介绍过的那样，在以下情况下，Cisco ASA 不允许远端私有网络对安全设备进行管理：

- 流量穿越一条 VPN 隧道；
- 流量访问安全设备的内部（或除了 VPN 流量进入防火墙的那个接口以外的任意接口）。

即使内部接口的 IP 地址包含在加密 ACL 中，以上条件也是成立的。许多公司希望通过隧道监测内部接口的状态，以此检查设备的健康情况。为了打破这一限制，可以在设备的内部接口上启用“管理访问”特性。随着该特性的启用，远端设备就可以使用以下管理应用了：SNMP 查询、ASDM、Telnet、SSH、ping、HTTPS 请求访问、系统日志消息和 NTP 请求等。

可以通过菜单 **Configuration > Device Management > Management Access > Management Interface**，从 Management Access Interface 下拉列表中选择内部（或其他任意）接口。也可以通过 CLI 启用该特性，管理员需要在命令 **management-access** 后跟相应接口名称。如例 19-16 所示，**inside** 接口被设置为了管理访问接口。

例 19-16 在内部接口启用管理访问特性

```
Chicago(config)# management-access inside
```

注释：只能将一个接口设置为管理访问接口。

19.3.6 分片策略

以太接口的出向最大传输单元（MTU）通常为 1500 字节。正如在第 1 章中介绍的那样，IPSec 在加密数据包时会添加头部。因此，当原始数据包的大小与出向接口 MTU 相等或比它略大，则必须将其分片，以便成功地添加 IPSec 头部。大部分 VPN 设备在加密后执行分片工作。因此，VPN 隧道的另一端负责重新组合并解密数据包。这个方法的问题在于数据包的重组通常在处理器层完成，但这样一来这项附加任务就会耗费额外的 CPU 周期。若在加密前将数据包分片，则隧道另一端的设备只需负责解密数据包，然后由目的主机来重组数据包。在这种情况下，由于这个任务被分派给了终端主机来完成，因此安全设备上因重组而产生的 CPU 负载就会相应得到降低。

在默认情况下，Cisco 安全设备会在加密前对数据包进行分片。然而，若数据包上设置了不分片（DF）位，则安全设备会保留 DF 位，并且不对原始数据包实施分片。因此 DF 位被置位的大数据包会在试图穿越安全设备时被安全设备所丢弃。而这也许是管理员不希望看到的现象。

管理员可以通过菜单 **Configuration > Site-to-Site VPN > Advanced > IPsec Prefragmentation Policies** 改变默认行为，选择终结 VPN 的接口（通常是外部接口），点击 **Edit**，并从 DF Bit

Setting Policy 下拉菜单中选择 **Clear**。

图 19-14 所示为如何清除加密数据包的 DF 位，使其能够离开外部接口并穿越 VPN 隧道。

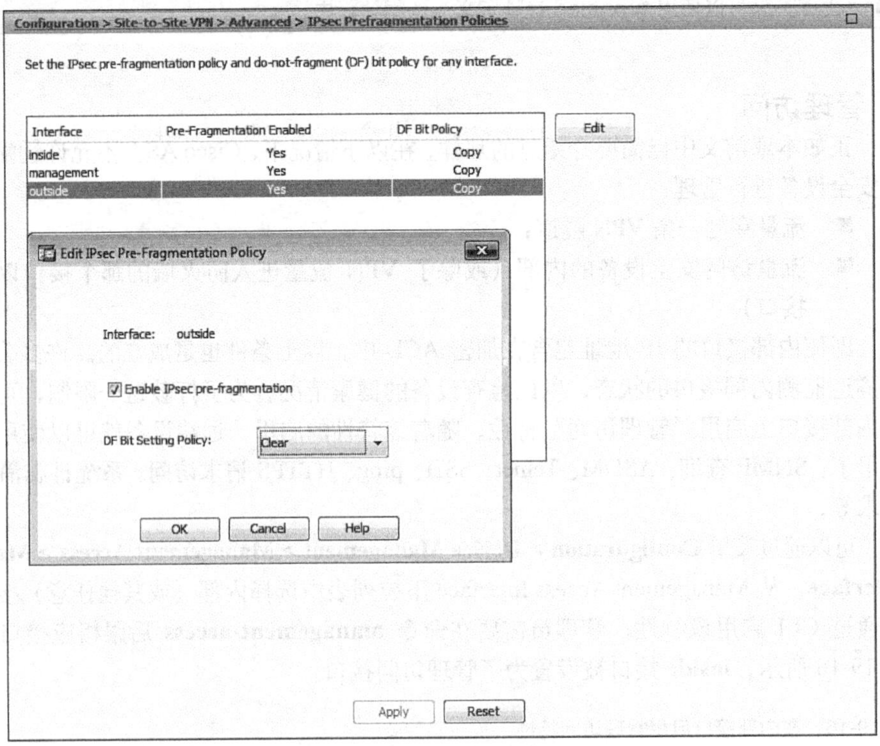

图 19-14 为 IPSec 数据包清除 DF 位

例 19-17 所示为如何为数据包清除 DF 位，使其能够穿越 IPSec 隧道，同时还显示了如何在加密前对数据包进行分片（若以前修改过该行为）。

例 19-17 为 IPSec 数据包清除 DF 位

```
Chicago(config)# crypto ipsec df-bit clear-df outside
Chicago(config)# crypto ipsec fragmentation before-encryption
```

19.4 部署场景

ASA VPN 解决方案能够通过多种不同的方法进行部署。本小节将遴选这些部署场景中的两个为读者进行介绍：

- 使用 NAT-T、RRI 和 IKEv2 的单站点到站点隧道配置；
- 使用安全虚拟防火墙的星型拓扑。

> 注释：这里的设计方案仅供学习之用，这些方案仅供参考。

19.4.1 使用 NAT-T、RRI 和 IKEv2 的单站点到站点隧道配置

图 19-15 所示为 SecureMeInc.org 的网络拓扑，管理员在该拓扑中部署了两台 Cisco ASA，一台位于中心站点芝加哥，另一台位于纽约站点。纽约 ASA 通过宽带链路连接到

Internet，并为穿越宽带连接的流量执行 PAT。由于 PAT 设备不允许传递非 TCP 和非 UDP 流量，因此需要在安全设备上使用 NAT-T 特性。在 ISAKMP 协商过程中，安全设备将检测链路上是否存在 PAT 设备，从而强制将流量封装到 UDP 端口 4500 中。管理员可以设置这些安全设备以每隔 50 秒的频率发送 NAT-T 存活消息，以保持连接的活动性。管理员希望实施最强的加密算法来确保连接的安全性。此外，管理员希望使用 RRI（通过 OSPF）将远程网络的信息分发给芝加哥网络。

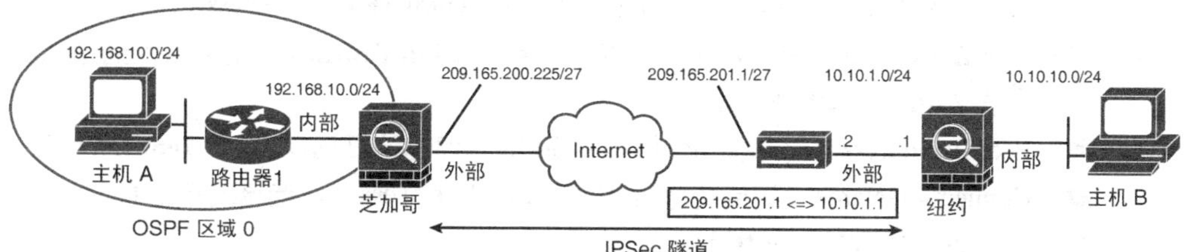

图 19-15 使用 NAT-T 和 RRI 的 SecureMeInc.org 网络

1. ASDM 配置步骤

接下来介绍 ASDM 上的相关配置。这些配置步骤的前提是：假设管理员可以通过 ASDM 客户端与安全设备的管理 IP 地址进行通信。172.18.82.64 是芝加哥 ASA 的管理 IP 地址，172.18.101.164 是纽约 ASA 的管理 IP 地址。

芝加哥 ASA 的配置方法

1. 在外部接口上启用 IKE 进程，可通过菜单 **Configuration > Site-to-Site VPN > Connection Profile** 进行配置，在 **Outside** 访问接口下勾选 **Allow IKE v2 Access** 选项。
2. 通过 **Configuration > Site-to-Site VPN > Connection Profiles** 来定义站点到站点隧道，然后点击 **Add**，并指定下列属性。
   - Peer IP Address（对等体 IP 地址）：**Static**（勾选该复选框）**209.165.201.1**。
   - Connection Name（连接名称）：**Same as IP Address**（勾选该复选框）。
   - Interface（接口）：**outside**。
   - Local Network（本地网络）：**192.168.10.0/24，192.168.20.0/24**。
   - Remote Network（远程网络）：**10.10.10.0/24**。
   - Group Policy Name（组策略名称）：**GroupPolicy1**。
   - Enable IKE v2（启用 IKEv2）：**Checked**。
   - Local Pre-shared Key：**C1$c0123**。
   - Remote Peer Pre-shared Key（远程对等体预共享密钥）：**C1$c0123**。
   - IKE Policy（IKE 策略）：**aes-256-sha-sha**。
   - IPSec Proposal（IPSec 提案）：**AES256**。
   - Exempt ASA Side Host/Network from Address Translation（免除 ASA 端主机/网络的地址转换）：**Checked**。
   - 从下拉菜单中选择 **inside**。

   其他选项统统保留默认值，完成后点击 **OK**。
3. 通过 **Configuration > Site-to-Site VPN > Advanced > IKE Parameters**，确保勾选了 **Enable IPsec over NAT-T** 复选框。为了确保满足 SecureMeInc.org 的需求，还要保证 NAT 存活时间（NAT Keepalive）为 50 秒。

4. 将静态路由通告给 OSPF 对等体，找到 **Configuration > Device Setup > Routing > OSPF > Redistribution**，点击 **Add**，从下拉菜单中选择使用的 OSPF 进程。选择 **Static** 作为 Protocol，然后勾选 **Use Subnets** 复选框。

纽约 ASA 的配置方法

1. 在外部接口上启用 IKE 进程，可通过菜单 **Configuration > Site-to-Site VPN > Connection Profile** 进行配置，在 **Outside** 访问接口下勾选 **Allow IKE v2 Access** 选项。
2. 通过 **Configuration > Site-to-Site VPN > Connection Profiles** 来定义站点到站点隧道，然后点击 **Add**，并指定列属性。
   - Peer IP Address（对等体 IP 地址）：**Static**（勾选该复选框）**209.165.200.225**。
   - Connection Name（连接名称）：**Same as IP Address**（勾选该复选框）。
   - Interface（接口）：**outside**。
   - Local Network（本地网络）：**10.10.10.0/24**。
   - Remote Network（远程网络）：**192.168.10.0/24，192.168.20.0/24**。
   - Group Policy Name（组策略名称）：**GroupPolicy1**。
   - Enable IKE v2（启用 IKEv2）：**Checked**。
   - Local Pre-shared Key（本地预共享密钥）：**C1$c0123**。
   - Remote Peer Pre-shared Key（远程对等体预共享密钥）：**C1$c0123**。
   - IKE Policy（IKE 策略）：**aes-256-sha-sha**。
   - IPSec Proposal（IPSec 提案）：**AES256**。
   - Exempt ASA Side Host/Network from Address Translation（免除 ASA 端主机/网络的地址转换）：**Checked**。
   - 从下拉菜单中选择 **inside**。

   其他选项统统保留默认值，完成后点击 **OK**。
3. 通过 **Configuration > Site-to-Site VPN > Advanced > IKE Parameters**，确保勾选了 **Enable IPsec over NAT-T** 复选框。为了确保满足 SecureMeInc.org 的需求，还要保证 NAT 存活时间（NAT Keepalive）为 50 秒。

2. CLI 的配置步骤

例 19-18 所示为实现本节开始时所列要求的相关配置。

例 19-18 站点到站点 IPSec 隧道的 ASA 相关配置

```
Chicago ASA:
Chicago# show running
hostname Chicago
! outside interface configuration
interface GigabitEthernet0/0
 nameif outside
 security-level 0
 ip address 209.165.200.225 255.255.255.224
! inside interface configuration
interface GigabitEthernet0/1
 nameif inside
 security-level 100
```

（待续）

```
 ip address 192.168.10.1 255.255.255.0
! Management interface configuration
interface Management0/0
 nameif management
 security-level 100
 ip address 172.18.82.64 255.255.255.0
! Object and object-group Definitions
object network Remote-Net
 subnet 10.10.10.0 255.255.255.0
object-group network Local-Net
 network-object 192.168.10.0 255.255.255.0
 network-object 192.168.20.0 255.255.255.0
! NAT Configuration to bypass address translation for the VPN traffic
nat (inside,outside) 1 source static Local-Net Local-Net destination
static Remote-Net Remote-Net no-proxy-arp route-lookup
! Encryption Access-list to encrypt the traffic from 192.168.10.0/24 to 10.10.10.0/24
access-list outside_cryptomap line 1 extended permit ip object-group Local-Net
object-group Remote-Net
! Default Route
route outside 0.0.0.0 0.0.0.0 209.165.200.231 1
! OSPF Process
router ospf 10
 area 0
 network 192.168.10.0 255.255.255.0 area 0
 redistribute static
! HTTPS Management Access
http server enable
http 172.18.82.0 255.255.255.0 management
! Transform set to specify encryption and hashing algorithm
crypto ipsec ikev2 ipsec-proposal AES256
protocol esp encryption aes-256
protocol esp integrity md5 sha-1
! Crypto map configuration
crypto map outside_map0 1 match address outside_cryptomap
crypto map outside_map0 1 set peer 209.165.201.1
crypto map outside_map0 1 set ikev2 ipsec-proposal AES256
crypto map outside_map0 1 set reverse-route
crypto map outside_map0 interface outside
! isakmp configuration
crypto ikev2 enable outside
crypto ikev2 policy 1
 group 2 5
 encryption aes-256
! NAT-T configuration
crypto isakmp nat-traversal 50
! L2L tunnel-group configuration
group-policy GroupPolicy1 internal
group-policy GroupPolicy1 attributes
 vpn-tunnel-protocol ikev2
tunnel-group 209.165.201.1 type ipsec-l2l
tunnel-group 209.165.201.1 general-attributes
 default-group-policy GroupPolicy1
tunnel-group 209.165.201.1 ipsec-attributes
 ikev2 remote-authentication pre-shared-key C1$c0123
 ikev2 local-authentication pre-shared-key C1$c0123
! <some output removed for brevity>

New York ASA:
```

（待续）

```
NewYork# show running
hostname NewYork
! outside interface configuration. This address is translated to 209.165.201.1 by
PAT
interface GigabitEthernet0/0
 nameif outside
 security-level 0
 ip address 10.10.1.1 255.255.255.0
! inside interface configuration
interface GigabitEthernet0/1
 nameif inside
 security-level 100
 ip address 10.10.10.1 255.255.255.0
! Management interface configuration
interface Management0/0
 nameif management
 security-level 100
 ip address 172.18.101.164 255.255.255.0
! Object and object-group Definitions
object network Local-Net
 subnet 10.10.10.0 255.255.255.0
object-group network Remote-Net
 network-object 192.168.10.0 255.255.255.0
 network-object 192.168.20.0 255.255.255.0
! NAT Configuration to bypass address translation for the VPN traffic
nat (inside,outside) 1 source static Local-Net Local-Net destination static Remote-
Net
Remote-Net no-proxy-arp route-lookup
! Encryption Access-list to encrypt the traffic from 10.10.10.0/24 to 192.168.10.0/24
access-list outside_cryptomap line 1 extended permit ip object-group Local-Net
object-group Remote-Net
! Default Route
route outside 0.0.0.0 0.0.0.0 10.10.10.2 1
! HTTPS Management Access
http server enable
http 172.18.101.0 255.255.255.0 management
! Transform set to specify encryption and hashing algorithm
crypto ipsec ikev2 ipsec-proposal AES256
 protocol esp encryption aes-256
 protocol esp integrity md5 sha-1
! Crypto map configuration
crypto map outside_map0 1 match address outside_cryptomap
crypto map outside_map0 1 set peer 209.165.100.225
crypto map outside_map0 1 set ikev2 ipsec-proposal AES256
crypto map outside_map0 interface outside
! isakmp configuration
crypto ikev2 enable outside
crypto ikev2 policy 1
 group 2 5
 encryption aes-256
! NAT-T configuration
crypto isakmp nat-traversal 50
! L2L tunnel-group configuration
group-policy GroupPolicy1 internal
group-policy GroupPolicy1 attributes
 vpn-tunnel-protocol ikev2
tunnel-group 209.165.200.225 type ipsec-l2l
```

（待续）

```
tunnel-group 209.165.200.225 general-attributes
 default-group-policy GroupPolicy1
tunnel-group 209.165.200.225 ipsec-attributes
 ikev2 remote-authentication pre-shared-key C1$c0123
 ikev2 local-authentication pre-shared-key C1$c0123
<some output removed for brevity>
```

19.4.2 使用安全虚拟防火墙的星型拓扑

SecureMeInc.org 购置了一台安全设备，这台设备位于芝加哥的办公室，负责为公司的两个客户（Bears 和 Cubs）提供防火墙服务。安全设备目前工作在多虚拟防火墙模式下。现在，这两个客户都希望自己的远程网络能够通过一条站点到站点 VPN 隧道连接到它们的芝加哥办公室。图 19-16 所示为新的网络拓扑。SecureMe 希望建立一个全互连的拓扑，这样的话，每个站点就都拥有了两条去往 IPSec 对等体的 IPSec 隧道了。

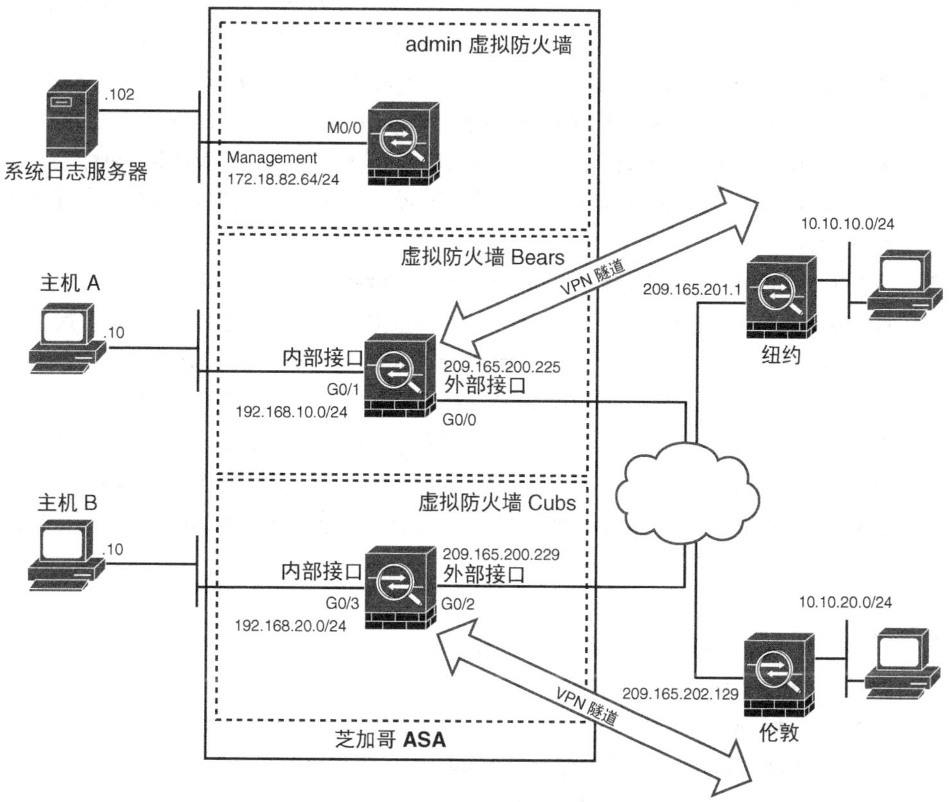

图 19-16 使用虚拟防火墙建立站点到站点 VPN 的 SecureMe 网络

1. ASDM 配置步骤

接下来介绍 ASDM 上的相关配置。这些配置步骤的前提是：假设管理员可以通过 ASDM 客户端与安全设备的管理 IP 地址进行通信。172.18.82.64 是芝加哥 ASA 的管理 IP 地址，172.18.101.164 是纽约 ASA（Bears）的管理 IP 地址。172.18.200.64 是伦敦 ASA（Cubs）的管理地址。

芝加哥 ASA 系统虚拟防火墙的配置方法

1. 找到 **Configuration > System > Context Management > Interfaces**，选择从 **GigabitEthernet0/0** 到 **GigabitEthernet0/3** 的接口，点击 **Edit**，然后勾选 **Enable Interface** 复选框。完成后点击 **OK**，然后再点击 **Apply**。
2. 默认的资源类并不允许以安全设备作为站点到站点 VPN 的端点。管理员需要找到 **Configuration > System > Connect > Context Management > Resource Class**，然后点击 **Add**，并设置下列参数来创建一个新的资源类。
   - Resource Name（资源名称）：**VPN-Class**。
   - Site-to-Site VPN（站点到站点 VPN）：**1 absolute**。
   - Site-to-Site VPN Burst（站点到站点 VPN 突发）：**1 absolute**。

   完成后点击 **OK**。
3. 找到 **Configuration > System > Connect > Context Management > Security Contexts**，点击 **Add**，然后在 Security Context 字段将虚拟防火墙名称指定为 **Bears**；接下来，需要对接口进行分配，管理员需要在 Interface Allocation 部分点击 **Add**。
   - 从 Physical Interface 下拉菜单中选择 **GigabitEthernet0/0**，然后点击 **OK**。
   - 从 Physical Interface 下拉菜单中选择 **GigabitEthernet0/1**，然后点击 **OK**。
   - 从 Resource Assigment 的 Resource Class 下拉菜单中选择 **VPN-Class**。
4. 在 Config URL 下，选择 **disk0:**，然后将配置文件名定义为 **/Bears.cfg**。完成后点击 **OK** 和 **Apply**。
5. 找到 **Configuration > System > Connect > Context Management > Security Contexts**，点击 **Add**，然后在 Security Context 字段将虚拟防火墙名称指定为 **Cubs**；接下来，需要对接口进行分配，管理员需要在 Interface Allocation 部分点击 **Add**。
   - 从 Physical Interface 下拉菜单中选择 **GigabitEthernet0/2**，然后点击 **OK**。
   - 从 Physical Interface 下拉菜单中选择 **GigabitEthernet0/3**，然后点击 **OK**。
   - 从 Resource Assigment 的 Resource Class 下拉菜单中选择 **VPN-Class**。
6. 在 Config URL 下，选择 **disk0:**，然后将配置文件名定义为 **/Cubs.cfg**。完成后点击 **OK** 和 **Apply**。

芝加哥 ASA Bears 虚拟防火墙的配置方法

1. 找到 **Configuration > Contexts > Bears > Connect > Device Setup > Interfaces**，选择 **GigabitEthernet0/2** 接口，点击 Edit，然后设置下列参数。
   - Interface Name（接口名称）：**outside**。
   - Security Level（安全级别）：**0**。
   - IP Address（IP 地址）：使用静态地址 **209.165.200.225**。
   - Subnet Mask（子网掩码）：**255.255.255.224**。

   完成后点击 **OK**。
2. 找到 **Configuration > Contexts > Bears > Connect > Device Setup > Interfaces**，选择 **GigabitEthernet0/1** 接口，点击 **Edit**，然后设置下列参数。
   - Interface Name（接口名称）：**inside**。
   - Security Level（安全级别）：**100**。
   - IP Address（IP 地址）：使用静态地址 **192.168.10.1**。

■ Subnet Mask（子网掩码）：**255.255.255.0**。

完成后点击 **OK** 和 **Apply**。

3. 通过菜单 **Configuration > Contexts > Bears > Connect > Site-to-Site VPN > Connection Profiles** 进行配置，在外部接口下勾选 **Allow IKE v1 Access** 选项在外部接口上启用 IKE 进程。
4. 通过 **Configuration > Contexts > Bears > Connect > Site-to-Site VPN > Connection Profiles** 来定义站点到站点隧道，然后点击 **Add**，并指定下列属性。
   ■ Peer IP Address（对等体 IP 地址）：**Static**（勾选该复选框）**209.165.201.1**。
   ■ Connection Name（连接名称）：**Same as IP Address**（勾选该复选框）。
   ■ Interface（接口）：**outside**。
   ■ Local Network（本地网络）：**192.168.10.0/24**。
   ■ Remote Network（远程网络）：**10.10.10.0/24**。
   ■ Group Policy Name（组策略名称）：**GroupPolicy1**。
   ■ Enable IKE v1（启用 IKEv1）：**Checked**。
   ■ Pre-shared Key（预共享密钥）：**C1$c0123**。
   ■ IKE Policy（IKE 策略）：**pre-share-aes-256-sha**。
   ■ IPSec Proposal（IPSec 提案）：**ESP-AES-256-SHA**。
   ■ Exempt ASA Side Host/Network from Address Translation（免除 ASA 端主机/网络的地址转换）：**Checked**。
   ■ 从下拉菜单中选择 **inside**。

   其他选项统统保留默认值，完成后点击 **OK**。

芝加哥 ASA Cubs 虚拟防火墙的配置方法

1. 找到 **Configuration > Contexts > Cubs > Connect > Device Setup > Interfaces**，选择 **GigabitEthernet0/2** 接口，点击 **Edit**，然后设置下列参数。
   ■ Interface Name（接口名称）：**outside**。
   ■ Security Level（安全级别）：**0**。
   ■ IP Address（IP 地址）：使用静态地址 **209.165.200.229**。
   ■ Subnet Mask（子网掩码）：**255.255.255.224**。

   完成后点击 **OK**。
2. 找到 **Configuration > Contexts > Cubs > Connect > Device Setup > Interfaces**，选择 **GigabitEthernet0/3** 接口，点击 **Edit**，然后设置下列参数。
   ■ Interface Name（接口名称）：**inside**。
   ■ Security Level（安全级别）：**100**。
   ■ IP Address（IP 地址）：使用静态地址 **192.168.20.1**。
   ■ Subnet Mask（子网掩码）：**255.255.255.0**。

   完成后点击 **OK** 和 **Apply**。
3. 通过菜单 **Configuration > Contexts > Cubs > Connect > Site-to-Site VPN > Connection Profiles** 进行配置，在外部接口下勾选 **Allow IKE v1 Access** 选项在外部接口上启用 IKE 进程。
4. 通过 **Configuration > Contexts > Cubs > Connect > Site-to-Site VPN > Connection Profiles** 来定义站点到站点隧道，然后点击 **Add**，并指定下列属性。

- Peer IP Address（对等体 IP 地址）：**Static**（勾选该复选框）**209.165.202.129**。
- Connection Name（连接名称）：**Same as IP Address**（勾选该复选框）。
- Interface（接口）：**outside**。
- Local Network（本地网络）：**192.168.20.0/24**。
- Remote Network（远程网络）：**10.10.20.0/24**。
- Group Policy Name（组策略名称）：**GroupPolicy1**。
- Enable IKE v1（启用 IKEv1）：**Checked**。
- Pre-shared Key（预共享密钥）：**C1$c0123**。
- IKE Policy（IKE 策略）：**pre-share-aes-256-sha**。
- IPSec Proposal（IPSec 提案）：**ESP-AES-256-SHA**。
- Exempt ASA Side Host/Network from Address Translation（免除 ASA 端主机/网络的地址转换）：**Checked**。
- 从下拉菜单中选择 **inside**。

其他选项统统保留默认值，完成后点击 **OK**。

纽约 ASA 的配置方法

1. 在外部接口上启用 IKE 进程，可通过菜单 **Configuration > Site-to-Site VPN > Connection Profile** 进行配置，在 outside 访问接口下勾选 **Allow IKE v1 Access** 选项。
2. 通过 **Configuration > Site-to-Site VPN > Connection Profiles** 来定义站点到站点隧道，然后点击 **Add**，并指定下列属性。
   - Peer IP Address（对等体 IP 地址）：**Static**（勾选该复选框）**209.165.200.225**。
   - Connection Name（连接名称）：**Same as IP Address**（勾选该复选框）。
   - Interface（接口）：**outside**。
   - Local Network（本地网络）：**10.10.10.0/24**。
   - Remote Network（远程网络）：**192.168.10.0/24**。
   - Group Policy Name（组策略名称）：**GroupPolicy1**。
   - Enable IKE v1（启用 IKEv1）：**Checked**。
   - Pre-shared Key（预共享密钥）：**C1$c0123**。
   - IKE Policy（IKE 策略）：**pre-share-aes-256-sha**。
   - IPSec Proposal（IPSec 提案）：**ESP-AES-256-SHA**。
   - Exempt ASA Side Host/Network from Address Translation（免除 ASA 端主机/网络的地址转换）：**Checked**。
   - 从下拉菜单中选择 **inside**。

   其他选项统统保留默认值，完成后点击 **OK**。

伦敦 ASA 的配置方法

1. 在外部接口上启用 IKE 进程，可通过菜单 **Configuration > Site-to-Site VPN > Connection Profile** 进行配置，在 outside 访问接口下勾选 **Allow IKE v1 Access** 选项。
2. 通过 **Configuration > Site-to-Site VPN > Connection Profiles** 来定义站点到站点隧道，然后点击 **Add**，并指定下列属性。
   - Peer IP Address（对等体 IP 地址）：**Static**（勾选该复选框）**209.165.200.229**。
   - Connection Name（连接名称）：**Same as IP Address**（勾选该复选框）。

- Interface（接口）：**outside**。
- Local Network（本地网络）：**10.10.20.0/24**。
- Remote Network（远程网络）：**192.168.20.0/24**。
- Group Policy Name（组策略名称）：**GroupPolicy1**。
- Enable IKE v1（启用 IKEv1）：**Checked**。
- Pre-shared Key（预共享密钥）：**C1$c0123**。
- IKE Policy（IKE 策略）：**pre-share-aes-256-sha**。
- IPSec Proposal（IPSec 提案）：**ESP-AES-256-SHA**。
- Exempt ASA Side Host/Network from Address Translation（免除 ASA 端主机/网络的地址转换）：**Checked**。
- 从下拉菜单中选择 **inside**。

其他选项统统保留默认值，完成后点击 **OK**。

2. CLI 配置步骤

例 19-19 所示为全互连 IPSec 网络中，所有 Cisco ASA 设备上的相关配置。其中共有两个加密映射集，在安全设备上分别为每个对等体配置了一个加密映射集。

例 19-19 芝加哥 ASA、伦敦 ASA 和纽约 ASA 的完整配置

```
Chicago ASA System Execution Space:
Chicago# show running
ASA Version 9.1(4) <system>
hostname Chicago
! interfaces are not shut
interface GigabitEthernet0/0
!
interface GigabitEthernet0/1
!
interface GigabitEthernet0/2
!
interface GigabitEthernet0/3
!
interface Management0/0
! VPN Resource Class
class VPN-Class
  limit-resource Mac-addresses 65535
  limit-resource ASDM 5
  limit-resource SSH 5
  limit-resource Telnet 5
  limit-resource VPN Burst Other 1
  limit-resource VPN Other 1
! Admin Context
admin-context admin
context admin
  allocate-interface Management0/0
  config-url disk0:/admin.cfg
! Bears Context
context Bears
  member VPN-Class
```

（待续）

```
  allocate-interface GigabitEthernet0/0
  allocate-interface GigabitEthernet0/1
  config-url disk0:/Bears.cfg
! Cubs Context
context Cubs
  member VPN-Class
  allocate-interface GigabitEthernet0/2
  allocate-interface GigabitEthernet0/3
  config-url disk0:/Cubs.cfg
```

Chicago ASA Admin Context Configuration:

```
Chicago/admin# show running
ASA Version 9.1(4) <context>
hostname Chicago
! Management Interface

interface Management0/0
 management-only
 nameif management
 security-level 100
 ip address 172.18.82.64 255.255.255.0
! Syslogs are sent to 172.18.82.102
logging asdm informational
logging enable
logging trap Notifications
logging host management 172.18.82.102
```

Chicago ASA Bears Context Configuration:

```
Chicago/admin# show running
ASA Version 9.1(4) <context>
hostname Bears
! outside interface configuration
interface GigabitEthernet0/0
 nameif outside
 security-level 0
 ip address 209.165.200.225 255.255.255.252
! inside interface configuration
interface GigabitEthernet0/1
 nameif inside
 security-level 100
 ip address 192.168.10.1 255.255.255.0
! Objects Definition
object network NETWORK_OBJ_10.10.10.0_24
 subnet 10.10.10.0 255.255.255.0
object network NETWORK_OBJ_192.168.10.0_24
 subnet 192.168.10.0 255.255.255.0
! Encryption ACL
access-list outside_cryptomap extended permit ip 192.168.10.0
255.255.255.0 10.10.10.0 255.255.255.0
! Configuration to bypass address translation for VPN traffic
nat (inside,outside) source static NETWORK_OBJ_192.168.10.0_24
NETWORK_OBJ_192.168.10.0_24 destination static
NETWORK_OBJ_10.10.10.0_24 NETWORK_OBJ_10.10.10.0_24 no-proxy-arp
! Transform set to specify encryption and hashing algorithm
crypto ipsec ikev1 transform-set ESP-AES-256-SHA esp-aes-256 esp-sha-hmac
! Crypto map configuration for NewYork ASA
crypto map outside_map0 1 match address outside_cryptomap
crypto map outside_map0 1 set peer 209.165.201.1
crypto map outside_map0 1 set ikev1 transform-set ESP-AES-256-SHA
```

（待续）

```
crypto map outside_map0 interface outside
! isakmp configuration and policy definition
crypto ikev1 enable outside
crypto ikev1 policy 30
 authentication pre-share
 encryption aes-256
 hash sha
 group 2
 lifetime 86400
! Group Policy for New York ASA VPN tunnel
group-policy GroupPolicy1 internal
group-policy GroupPolicy1 attributes
 vpn-tunnel-protocol ikev1
! L2L tunnel-group configuration for New York ASA
tunnel-group 209.165.201.1 type ipsec-l2l
tunnel-group 209.165.201.1 general-attributes
 default-group-policy GroupPolicy1
tunnel-group 209.165.201.1 ipsec-attributes
 ikev1 pre-shared-key C1$c0123
! <some output removed for brevity>

Chicago ASA Cubs Context Configuration:
Chicago/admin# show running
ASA Version 9.1(4) <context>
hostname Cubs
! outside interface configuration
interface GigabitEthernet0/0
 nameif outside
 security-level 0
 ip address 209.165.200.229 255.255.255.252
! inside interface configuration
interface GigabitEthernet0/1
 nameif inside
 security-level 100
 ip address 192.168.20.1 255.255.255.0
! Objects Definition
object network NETWORK_OBJ_10.10.20.0_24
 subnet 10.10.20.0 255.255.255.0
object network NETWORK_OBJ_192.168.20.0_24
 subnet 192.168.20.0 255.255.255.0
! Encryption ACL
access-list outside_cryptomap extended permit ip 192.168.20.0
255.255.255.0 10.10.20.0 255.255.255.0
! Configuration to bypass address translation for VPN traffic
nat (inside,outside) source static NETWORK_OBJ_192.168.20.0_24
NETWORK_OBJ_192.168.20.0_24 destination static
NETWORK_OBJ_10.10.20.0_24 NETWORK_OBJ_10.10.20.0_24 no-proxy-arp
! Transform set to specify encryption and hashing algorithm
crypto ipsec ikev1 transform-set ESP-AES-256-SHA esp-aes-256 esp-sha-hmac
! Crypto map configuration for London ASA
crypto map outside_map0 1 match address outside_cryptomap
crypto map outside_map0 1 set peer 209.165.202.129
crypto map outside_map0 1 set ikev1 transform-set ESP-AES-256-SHA
crypto map outside_map0 interface outside
! isakmp configuration and policy definition
crypto ikev1 enable outside
crypto ikev1 policy 30
 authentication pre-share
```

（待续）

```
 encryption aes-256
 hash sha
 group 2
 lifetime 86400
! Group Policy for London ASA VPN tunnel
group-policy GroupPolicy1 internal
group-policy GroupPolicy1 attributes
 vpn-tunnel-protocol ikev1
! L2L tunnel-group configuration for London ASA
tunnel-group 209.165.202.129 type ipsec-l2l
tunnel-group 209.165.202.129 general-attributes
 default-group-policy GroupPolicy1
tunnel-group 209.165.202.129 ipsec-attributes
 ikev1 pre-shared-key C1$c0123
! <some output removed for brevity>

New York ASA:
NewYork# show running
hostname NewYork
! outside interface configuration.
interface GigabitEthernet0/0
nameif outside
security-level 0
ip address 209.165.201.1 255.255.255.224
! inside interface configuration
interface GigabitEthernet0/1
 nameif inside
 security-level 100
 ip address 10.10.10.1 255.255.255.0
! Management interface configuration
interface Management0/0
 nameif management
 security-level 100
 ip address 172.18.101.164 255.255.255.0
! Objects Definition
object network NETWORK_OBJ_10.10.10.0_24
 subnet 10.10.10.0 255.255.255.0
object network NETWORK_OBJ_192.168.10.0_24
 subnet 192.168.10.0 255.255.255.0
! Encryption ACL
access-list outside_cryptomap extended permit ip 10.10.10.0
255.255.255.0 192.168.10.0 255.255.255.0
! Configuration to bypass address translation for VPN traffic
nat (inside,outside) source static NETWORK_OBJ_10.10.10.0_24
NETWORK_OBJ_10.10.10.0_24 destination static
NETWORK_OBJ_192.168.10.0_24 NETWORK_OBJ_192.168.10.0_24 no-proxy-arp
! Transform set to specify encryption and hashing algorithm
crypto ipsec ikev1 transform-set ESP-AES-256-SHA esp-aes-256 esp-sha-hmac
! Crypto map configuration for Bears Context
crypto map outside_map0 1 match address outside_cryptomap
crypto map outside_map0 1 set peer 209.165.200.225
crypto map outside_map0 1 set ikev1 transform-set ESP-AES-256-SHA
crypto map outside_map0 interface outside
! isakmp configuration and policy definition
crypto ikev1 enable outside
crypto ikev1 policy 30
 authentication pre-share
 encryption aes-256
```

（待续）

```
 hash sha
 group 2
 lifetime 86400
! Group Policy for Bears Context tunnel
group-policy GroupPolicy1 internal
group-policy GroupPolicy1 attributes
 vpn-tunnel-protocol ikev1
! L2L tunnel-group configuration for Bears Context
tunnel-group 209.165.200.225 type ipsec-l2l
tunnel-group 209.165.200.225 general-attributes
 default-group-policy GroupPolicy1
tunnel-group 209.165.200.225 ipsec-attributes
 ikev1 pre-shared-key C1$c0123
! <some output removed for brevity>

London ASA:
London# show running
hostname London
! outside interface configuration
interface GigabitEthernet0/0
 nameif outside
 security-level 0
 ip address 209.165.202.129 255.255.255.0
! inside interface configuration
interface GigabitEthernet0/1
 nameif inside
 security-level 100
 ip address 10.10.20.1 255.255.255.0
! Management interface configuration
interface Management0/0
 nameif management
 security-level 100
 ip address 172.18.200.64 255.255.255.0
! Objects Definition
object network NETWORK_OBJ_10.10.20.0_24
 subnet 10.10.20.0 255.255.255.0
object network NETWORK_OBJ_192.168.20.0_24
 subnet 192.168.20.0 255.255.255.0
! Encryption ACL
access-list outside_cryptomap extended permit ip 10.10.20.0
255.255.255.0 192.168.20.0 255.255.255.0
! Configuration to bypass address translation for VPN traffic
nat (inside,outside) source static NETWORK_OBJ_10.10.20.0_24
NETWORK_OBJ_10.10.20.0_24 destination static
NETWORK_OBJ_192.168.20.0_24 NETWORK_OBJ_192.168.20.0_24 no-proxy-arp
! Transform set to specify encryption and hashing algorithm
crypto ipsec ikev1 transform-set ESP-AES-256-SHA esp-aes-256 esp-sha-hmac
! Crypto map configuration for Cubs Context
crypto map outside_map0 1 match address outside_cryptomap
crypto map outside_map0 1 set peer 209.165.200.229
crypto map outside_map0 1 set ikev1 transform-set ESP-AES-256-SHA
crypto map outside_map0 interface outside
! isakmp configuration and policy definition
crypto ikev1 enable outside
crypto ikev1 policy 30
 authentication pre-share
 encryption aes-256
 hash sha
```

（待续）

```
 group 2
 lifetime 86400
! Group Policy for Cubs Context tunnel
group-policy GroupPolicy1 internal
group-policy GroupPolicy1 attributes
 vpn-tunnel-protocol ikev1
! L2L tunnel-group configuration for Cubs Context
tunnel-group 209.165.200.229 type ipsec-l2l
tunnel-group 209.165.200.229 general-attributes
 default-group-policy GroupPolicy1
tunnel-group 209.165.200.229 ipsec-attributes
 ikev1 pre-shared-key C1$c0123
! <some output removed for brevity>
```

19.5 站点到站点 VPN 的监测与排错

Cisco ASA 可以通过很多 **show** 命令检查 IPSec 隧道的健康情况和状态。Cisco ASA 还提供了丰富的 **debug** 命令来帮助管理员进行排错，以解决与 IPSec 相关的问题。

19.5.1 站点到站点 VPN 的监测

检查 IPSec 隧道状态的第一步可以从查看阶段 1 SA 状态开始，输入命令 **show crypto isakmp sa detail**，详见例 19-20。若 ISAKMP 协商成功，应看到阶段 1 状态为 MM_ACTIVE。该命令还会显示出 IPSec 隧道的类型以及进行协商的阶段 1 策略。

例 19-20 命令 show crypto isakmp sa detail 的输出信息

```
Chicago# show crypto ikev1 sa detail
IKEv1 SAs:

   Active SA: 1
    Rekey SA: 0 (A tunnel will report 1 Active and 1 Rekey SA during rekey)
Total IKE SA: 1
1   IKE Peer: 209.165.201.1
    Type    : L2L              Role     : initiator
    Rekey   : no               State    : MM_ACTIVE
    Encrypt : aes-256          Hash     : SHA
    Auth    : preshared        Lifetime : 86400
    Lifetime Remaining: 81393
```

管理员还可以使用命令 **show crypto ipsec sa** 来检查 IPSec SA 的状态，详见例 19-21。该命令会显示出协商的代理（将被加密的网络），以及 IPSec 引擎加密/解密数据包的实际数量。

例 19-21 命令 show crypto ipsec sa 的输出信息

```
Chicago# show crypto ipsec sa
interface: outside
    Crypto map tag: outside_map0, seq num: 1, local addr: 209.165.200.225
      access-list outside_cryptomap extended permit ip 192.168.10.0 255.255.255.0
10.10.10.0 255.255.255.0
      local ident (addr/mask/prot/port): (192.168.10.0/255.255.255.0/0/0)
      remote ident (addr/mask/prot/port): (10.10.1 0 .0/255.255.255.0/0/0)
```

（待续）

```
      current_peer: 209.165.201.1
      #pkts encaps: 12 4, #pkts encrypt: 12 4, #pkts digest: 12 4
      #pkts decaps: 4 1 , #pkts decrypt: 4 1 , #pkts verify: 41
      #pkts compressed: 0, #pkts decompressed: 0
      #pkts not compressed: 124, #pkts comp failed: 0, #pkts decomp failed: 0
      #pre-frag successes: 0, #pre-frag failures: 0, #fragments created: 0
      #PMTUs sent: 0, #PMTUs rcvd: 0, #decapsulated frgs needing reassembly: 0
      #TFC rcvd: 0, #TFC sent: 0
      #Valid ICMP Errors rcvd: 0, #Invalid ICMP Errors rcvd: 0
      #send errors: 0, #recv errors: 0

      local crypto endpt.: 209.165.200.225, remote crypto endpt.: 209.165.201.1
      path mtu 1500, ipsec overhead 74, media mtu 1500
      current outbound spi: 550821BD
    inbound esp sas:
      spi: 0x4AACC730 (1252837168)
         transform: esp-aes esp-sha-hmac no compression
         in use settings ={ L2L, Tunnel, IKEv1, }
         slot: 0, conn_id: 4096, crypto-map: outside_map0
         sa timing: remaining key lifetime (kB/sec): (179695/27741)
         IV size: 16 bytes
         replay detection support: Y
Anti replay bitmap:
        0x00000000 0x0000001F
   outbound esp sas:
     spi: 0x550821BD (1426596285)
        transform: esp-aes esp-sha-hmac no compression
        in use settings ={ L2L, Tunnel, IKEv1, }
        slot: 0, conn_id: 4096, crypto-map: outside_map0
        sa timing: remaining key lifetime (kB/sec): (179695/27741)
        IV size: 16 bytes
        replay detection support: Y
Anti replay bitmap:
        0x00000000 0x00000001
```

所有 Cisco ASA 都安装了加密加速器。若管理员希望查看计数器信息，以便监测通过硬件加速卡的数据包数量，可以使用命令 **show crypto accelerator statistics**，详见例 19-22。

例 19-22 命令 show crypto accelerator statistics 的输出信息

```
Chicago# show crypto accelerator statistics
Crypto Accelerator Status
-------------
[Capability]
   Supports hardware crypto: True
   Supports modular hardware crypto: False
   Max accelerators: 1
   Max crypto throughput: 200 Mbps
   Max crypto connections: 250
[Global Statistics]
   Number of active accelerators: 1
   Number of non-operational accelerators: 0
   Input packets: 1298
   Input bytes: 163448
   Output packets: 1542
   Output error packets: 0
```

（待续）

```
   Output bytes: 355254
<output removed for brevity>

[Accelerator 1]
   Status: OK
   Encryption hardware device : Cisco ASA-55xx on-board accelerator (revision 0x1)
                Boot microcode   : CNPx-MC-BOOT-2.00
                SSL/IKE microcode: CNPx-MC-SSLm-PLUS-T020
                 IPSec microcode : CNPx-MC-IPSECm-MAIN-0026
   Slot: 1
   Active time: 725496 seconds
   Total crypto transforms: 39864
   Total dropped packets: 0
   [Input statistics]
      Input packets: 1298
      Input bytes: 119240
      Input hashed packets: 35
      Input hashed bytes: 4340
      Decrypted packets: 298
      Decrypted bytes: 117560
   [Output statistics]
      Output packets: 1542
      Output bad packets: 0
      Output bytes: 31355856
      Output hashed packets: 22
      Output hashed bytes: 2992
      Encrypted packets: 36544
      Encrypted bytes: 31354624
   [Diffie-Hellman statistics]
      Keys generated: 178
      Secret keys derived: 14
<output removed for brevity>
```

通过 ASDM 对 IPSec 会话进行监测，可在菜单 **Monitoring > VPN > VPN Statistics > Sessions** 中检查安全设备上建立的活动 IPSec 隧道数量。安全设备可为管理员显示出所有活动的 VPN 会话，其中包括远程访问连接。在 CLI 中，管理员可以通过使用命令 **show vpn-sessiondb summary** 获得相似的信息，详见例 19-23。

例 19-23　命令 **show vpn-sessiondb summary** 的输出信息

```
Chicago# show vpn-sessiondb summary
---------------------------------------------------------------------------
VPN Session Summary
----------------------------------------------------------------------------------
                          Active : Cumulative : Peak Concur : Inactive
                          ----------------------------------------------
Site-to-Site VPN        :      1 :          4 :           1
  IKEv2 IPsec           :      0 :          3 :           1
  IKEv1 IPsec           :      1 :          1 :           1
---------------------------------------------------------------------------
Total Active and Inactive:      1         Total Cumulative :       4
Device Total VPN Capacity:     25
Device Load             :     4%
---------------------------------------------------------------------------
```

19.5.2　站点到站点 VPN 的排错

若 IPSec 隧道无法正常工作，那么应该确保设备上启动了适当的 **debug** 命令。下面我们来介绍 4 个最为重要的 **debug** 命令。

```
debug crypto ikev1|ikev2 [debug level 1-255]
debug crypto ipsec [debug level 1-255]
debug crypto ikev2 platform 2
debug crypto ikev2 protocol 2
```

默认情况下的 debug level（调试等级）会被设置为 1。管理员可以将调试等级增加至 255，以便获得更为详尽的日志消息。不过在大多数情况中，将日志等级设置为 127，就能够获得足够的信息来判断问题的根源了。

参考图 19-16，这是 Bears 虚拟防火墙和纽约 ASA 之间的站点到站点隧道案例。我们来讨论一下在芝加哥安全设备上进行的 ISAKMP 和 IPSec 协商。管理员在该安全设备上启用了以下 **debug** 命令：

```
Chicago# debug crypto ikev1 127
Chicago# debug crypto ipsec 127
```

提示：若安全设备上同时建立了上百个 IPSec 会话，那么启用 **crypto ise** 和 **crypto ipsec** debug 命令将产生大量输出信息。

在 8.0 及其后续版本中，引入了加密条件调试特性，使用户能够根据预定义的条件对一个 IPSec 隧道进行 debug 调试，这些预定义的条件包括对等体 IP 地址、SPI 值甚至连接 ID。若管理员希望针对对等体 209.165.201.1 查看 **crypto isakmp** 和 **crypto ipsec** debug 消息，可启用以下命令：

```
debug crypto isakmp 127
debug crypto ipsec 127
debug crypto condition peer 209.165.2zzzzzzz01.1
```

如第 1 章所述，隧道协商开始于交换 ISAKMP 提案。若提案被接受，则 ASA 会显示 IKE SA Proposal Transform Acceptable（IKE SA 转换集提案被接受）消息，如例 19-24 所示。

例 19-24　显示 ISAKMP 提案被接受的 debug 信息

```
[IKEv1]IP = 209.165.200.226, IKE_DECODE RECEIVED Message (msgid=0)
with payloads : HDR + SA (1) + VENDOR (13) + VENDOR (13) + NONE (0)
total length : 132
[IKEv1 DEBUG], IP = 209.165.201.1, processing SA payload
[IKEv1 DEBUG], IP = 209.165.201.1, Oakley proposal is acceptable
```

注释：安全设备上的 VPN **debug** 消息与 VPN 3000 系列集中器中生成的日志消息非常相似。

在 ISAKMP SA 的协商阶段，安全设备将 VPN 对等体的 IP 地址与隧道组相比较。若找到了匹配项，它就会显示 Connection Landed on Tunnel Group（连接终结于隧道组）消息（详见例 19-25），并继续进行后续协商（本例中显示为...）。ISAKMP SA 协商成功后，Cisco ASA 将显示阶段 1 完成消息。

例 19-25 debug 显示阶段 1 协商完成

```
 [IKEv1]: IP = 209.165.201.1, Connection landed on tunnel_group 209.165.201.1
...
[IKEv1]: Group = 209.165.201.1, IP = 209.165.201.1, PHASE 1 COMPLETED
```

完成阶段 1 协商后，安全设备就会将远端 VPN 对等体映射到一个静态的加密映射集序列号中，并检查该远端 VPN 对等体发来的 IPSec 阶段 2 提案。若接收到的代理特征以及 IPSec 阶段 2 提案与安全设备上的配置相匹配，那么 ASA 就会显示一条 loading all IPSEC SAs（载入所有 IPSec SA）消息，如例 19-26 所示。

例 19-26 显示代理和阶段 2 提案被接受的 debug 信息

```
[IKEv1 DECODE]: ID_IPV4_ADDR_SUBNET ID received—10.10.10.0—255.255.255.0
[IKEv1 DECODE]Group = 209.165.201.1, IP = 209.165.201.1, ID_IPV4_ADDR_SUBNET ID rece
ived--192.168.10.0--255.255.255.0
[IKEv1 DEBUG]Group = 209.165.201.1, IP = 209.165.201.1, processing ID payload
[IKEv1 DECODE]Group = 209.165.201.1, IP = 209.165.201.1, ID_IPV4_ADDR_SUBNET ID rece
ived--10.10.10.0--255.255.255.0
[IKEv1 DEBUG]Group = 209.165.200.226, IP = 209.165.200.226, loading all IPSEC SAs
```

在接受了转换集设置后，两台 VPN 设备就会在入向和出向 IPSec SA 上达成一致，详见例 19-27。在创建了 IPSec SA 后，两台 VPN 设备就能够通过隧道发送双方向流量了。

例 19-27 显示激活 IPSec SA 的 debug 消息

```
[IKEv1 DECODE]Group = 209.165.200.226, IP = 209.165.200.226, IKE Initiator sending
3rd QM pkt: msg id = add9ccb7
<some output removed for brevity>
[IKEv1]Group = 209.165.200.226, IP = 209.165.200.226, PHASE 2 COMPLETED
(msgid=add9ccb7)
```

注释：要了解 IKEv2 的 debug 消息，可以参考以下页面：http://www.cisco.com/en/US/products/ps6120/products_tech_note09186a0080bf4504.shtml。

接下来我们用 4 个场景说明如何排查常见的 IPSec 隧道问题。若管理员启用了 **debug crypto isakmp 127** 命令，则安全设备上会显示 debug 消息。

1. ISAKMP 提案未被接受

在该场景中，若两台 VPN 设备上的 ISAKMP 提案不匹配，则处理完第一个主模式数据包后，Cisco ASA 安全设备会显示 All SA Proposals Found Unacceptable（所有 SA 提案均不可接受）消息，详见例 19-28。

例 19-28 显示不匹配 ISAKMP 策略的 debug 消息

```
[IKEv1]IP = 209.165.201.1, IKE_DECODE RECEIVED Message
(msgid=0) with payloads : HDR + SA (1) + VENDOR (13) +
VENDOR (13) + VENDOR (13) + VENDOR (13) + NONE (0) total length : 172
[IKEv1 DEBUG]IP = 209.165.201.1, processing SA payload
[IKEv1]IP = 209.165.201.1, IKE_DECODE SENDING Message
(msgid=0) with payloads : HDR + NOTIFY (11) + NONE (0) total length : 100
[IKEv1 DEBUG]IP = 209.165.201.1, All SA proposals found unacceptable
[IKEv1]IP = 209.165.201.1, Error processing payload: Payload ID: 1
```

2. 预共享密钥不匹配

若两台 VPN 设备上的预共享密钥不匹配，则处理完第 4 个主模式数据包后，Cisco ASA 设备就会显示一条错误消息，详见例 19-29。

例 19-29 显示预共享密钥不匹配的 debug 消息

```
[IKEv1]Group = 209.165.201.1, IP = 209.165.201.1, Received encrypted
Oakley Main Mode packet with invalid payloads, MessID = 0
[IKEv1]IP = 209.165.201.1, IKE_DECODE SENDING Message (msgid=0) with
payloads : HDR + NOTIFY (11) + NONE (0) total length : 120
[IKEv1]Group = 209.165.201.1, IP = 209.165.201.1, ERROR, had problems
decrypting packet, probably due to mismatched pre-shared key.  Aborting
```

3. IPSec 转换集不匹配

若两台 VPN 设备上的 IPSec 转换集不匹配，则安全设备就会显示 All IPSec SA Proposals Found Unacceptable（所有 IPSec SA 提案均不可接受）消息。在这种情况下，阶段 1 SA 建立成功，但 VPN 设备在协商 IPSec SA 时失败。Cisco ASA 在拒绝 IPSec SA 之前会检查加密映射集的合法性，详见例 19-30。

例 19-30 使用不匹配的 IPSec 转换集时的 debug 消息

```
[IKEv1]Group = 209.165.201.1, IP = 209.165.201.1, Static Crypto Map
check, map outside_map0, seq = 1 is a successful match
[IKEv1]Group = 209.165.201.1, IP = 209.165.201.1, IKE Remote Peer
configured for crypto map: outside_map0
[IKEv1 DEBUG]Group = 209.165.201.1, IP = 209.165.201.1, processing
IPSec SA payload
[IKEv1]Group = 209.165.201.1, IP = 209.165.201.1, All IPSec SA
proposals found unacceptable!
```

4. 代理特征不匹配

若安全设备上的加密 ACL 与 VPN 隧道另一端提供的加密 ACL 不匹配，则 Cisco ASA 会拒绝该 IPSec SA，并显示 No Matching crypto map Entry（没有匹配的加密映射集条目）错误，及与其相关联的远端 VPN 设备所提供的本地和远端子网。例 19-31 中，VPN 对等体 209.165.201.1 想要协商 10.10.100.0 和 192.168.10.0 之间的 IPSec SA，但由于收到的代理与配置的加密 ACL 不匹配，安全设备拒绝了该 IPSec SA。

例 19-31 显示代理特征不匹配的 debug 消息

```
[IKEv1]Group = 209.165.201.1, IP = 209.165.201.1, Received remote IP
Proxy Subnet data in ID Payload: Address 192.168.10.0 , Mask
255.255.255.0, Protocol 0, Port 0
[IKEv1 DEBUG]Group = 209.165.201.1, IP = 209.165.201.1, processing ID
payload
[IKEv1 DECODE]Group = 209.165.201.1, IP = 209.165.201.1,
ID_IPV4_ADDR_SUBNET ID received--10.10.100.0--255.255.255.0
[IKEv1]Group = 209.165.201.1, IP = 209.165.201.1, Received local IP
Proxy Subnet data in ID Payload: Address 10.10.100.0 , Mask
255.255.255.0, Protocol 0, Port 0
```

（待续）

```
[IKEv1 DEBUG]Group = 209.165.201.1, IP = 209.165.201.1, processing
notify payload
[IKEv1]Group = 209.165.201.1, IP = 209.165.201.1, Static Crypto Map
check, checking map = outside_map0, seq = 1...
[IKEv1]Group = 209.165.201.1, IP = 209.165.201.1, Static Crypto Map
check, map = outside_map0, seq = 1, ACL does not match proxy IDs
src:192.168.10.0 dst:10.10.100.0
[IKEv1]Group = 209.165.201.1, IP = 209.165.201.1, Rejecting IPSec
tunnel: no matching crypto map entry for remote proxy
192.168.10.0/255.255.255.0/0/0 local proxy
10.10.100.0/255.255.255.0/0/0 on interface outside
```

5. ISAKMP 捕捉

若在安全设备上排查 IPSec 问题时，管理员希望查看 IPSec 隧道协商的具体调试消息，那么可以在终结 VPN 隧道的接口上启用 ISAKMP 捕获特性。在启用了捕获特性后，安全设备将会捕捉感兴趣数据包，并将它们存储在缓存中。管理员可以通过使用命令 **show capture** 来查看捕获到的数据包。在例 19-32 中，管理员在外部接口上启用了 ISAKMP 捕获特性，称为 IPSecCapture。在启用捕捉特性后，可以向隧道发送感兴趣流来建立 VPN 隧道。最后，可使用命令 **show capture IPSecCapture decode** 来查看日志消息。

例 19-32 启用 ISAKMP 捕捉

```
Chicago# capture IPSecCapture type isakmp interface outside
Chicago# show capture IPSecCapture decode

18 packets captured

   1: 02:43:17.1043700 209.165.201.1.500 > 209.165.200.225.500: udp 76
      ISAKMP Header
        Initiator COOKIE: 8d d9 c8 9f 04 a1 0b 20
        Responder COOKIE: ac 4c 69 16 8e d0 4e 9f
        Next Payload: Hash
        Version: 1.0
        Exchange Type: Informational
        Flags: (Encryption)
        MessageID: 56EE3A19
        Length: 76

   2: 02:43:17.1043700 209.165.201.1.500 > 209.165.200.225.500: udp 76
      ISAKMP Header
        Initiator COOKIE: 8d d9 c8 9f 04 a1 0b 20
        Responder COOKIE: ac 4c 69 16 8e d0 4e 9f
        Next Payload: Hash
        Version: 1.0
        Exchange Type: Informational
        Flags: (none)
        MessageID: 56EE3A19
        Length: 76
        Payload Hash
          Next Payload: Delete
          Reserved: 00
          Payload Length: 24
          Data:
            59 16 3f a0 2c ef 3c 07 4a fe bc 26 58 aa 5f 65
```

（待续）

```
    04 55 f3 46
  Payload Delete
    Next Payload: None
    Reserved: 00
    Payload Length: 16
    DOI: IPsec
    Protocol-ID: PROTO_IPSEC_ESP
    Spi Size: 4
    # of SPIs: 1
    SPI (Hex dump): fe 8d fc 4d
  Extra data: 00 00 00 00 00 00 00 00
```

总结

每天都会有更多的组织机构希望通过部署IPSec站点到站点隧道来减少传统WAN链路的成本。因此，安全专家就有责任为组织机构设计并实施满足其需求的 IPSec 解决方案。若IPSec VPN隧道的另一端由其他安全专家负责管理，那么项目人员要确保在ASA上配置ISAKMP 和 IPSec 属性前，首先与对方进行沟通。在本章中，我们介绍了实施站点到站点隧道的必要配置，并提供了两个部署场景。若管理员在实施解决方案时，IPSec隧道不能正常工作，那么就可使用 **show** 命令来监测 SA 的状态，并且可以开启 ISAKMP 和 IPSec 的 **debug** 命令来帮助排错。

第20章

IPSec 远程访问 VPN

本章涵盖的内容有：

- Cisco IPSec 远程访问 VPN 解决方案；
- 高级 Cisco IPSec VPN 特性；
- L2TP over IPSec 远程访问 VPN 解决方案；
- 部署场景；
- 监测与排错。

远程访问 VPN 服务提供了一种将家庭用户和移动用户连接到公司网络的方法。直到 10 年前，提供该服务的唯一方法还是使用模拟调制解调器，通过拨号进行连接。公司为满足移动用户的需求，必须维护大量的调制解调器和访问服务器。除此之外，它们还需为用户提供免费电话和长途电话服务。随着 Internet 技术的迅猛发展，大多数拨号移动用户已经从拨号连接迁移到使用宽带 DSL 或线缆调制解调器进行连接。因此，公司将这些拨号用户迁移到了远程访问 VPN 解决方案中，以获得更快的通信速度。

有多种远程访问 VPN 技术可以实现安全的网络访问。最常见的是以下几种技术：

- 点到点隧道协议（PPTP）；
- 第 2 层隧道协议（L2TP）；
- 第 2 层转发（L2F）协议；
- IPSec；
- L2TP over IPSec；
- SSL VPN。

Cisco ASA 可通过内建 IPSec 和 L2TP over IPSec 技术，以一种安全的方式提供 VPN 服务。Cisco IPSec VPN 解决方案会使用 Cisco VPN 客户端，而 L2TP over IPSec 使用的则是 Microsoft Windows 和 Android 系统内建的 VPN 客户端。AnyConnect 支持 IKE（Internet 密钥交换）v2 协议，但不支持 IKEv1。Cisco VPN 客户端倒是支持 IKEv1，但这款产品已经停售了。

Cisco ASA 支持从 Android 手机移动设备通过 L2TP over IPSec 协议和内置 Android VPN 客户端发来的连接。移动设备使用的系统必须是 Android 2.1 之后的系统，从 Cisco ASA 的 8.2(5)和 8.4(1)系统开始，设备可以支持 Android L2TP over IPSec。

本章会讨论 IPSec 和 L2TP over IPSec VPN 的解决方案。

20.1 Cisco IPSec 远程访问 VPN 解决方案

Cisco ASA 支持移动和远程用户使用下面应用来建立 IPSec VPN 隧道：

- Cisco AnyConnect Secure Mobility Client（SSL VPN 或 IKEv2）；
- OS X 和苹果 iOS 产品（如 iPhone、iPad 和 iPod）操作系统中内置的客户端；
- Cisco 硬件 VPN 客户端。

表 20-1 对 IKEv1 和 IKEv2 进行了比较概括性的对比。

表 20-1　　IKEv1 和 IKEv2 的对比

IKEv1	IKEv2
定义在 RFC 2409 中	定义在 RFC 5996 中
在主模式中，阶段 1 的协商上会使用 6 个消息来完成；而主动模式中，阶段 1 的协商会使用 3 个消息	阶段 1 的协商通过 4 个消息来实现。其余则由 EAP[①]来执行
无连接可靠性保障	在连接/协商阶段会使用确认消息和序列号
无内置的认证机制	使用 EAP 变量进行认证
不支持 Suite B 加密标准	支持 Suite B 加密标准（AES、SHA-2、ECDSA 和 ECDH）

① EAP=扩展认证协议

Cisco ASA IKEv2 支持使用 Cisco 的 IKEv2 实施工具集，AnyConnect、Cisco ASA 和 Cisco IOS 设备上就包含这种工具集。它包含了一些针对分片数据包的扩展功能，支持客户端重定向，可以使用私有的 EAP 功能（AnyConnect EAP）。但是，它支持的认证方式和前面的 IPSec 和 SSL VPN 相同。

IKEv2 中不支持下面的特性：

- Windows 7 IKEv2 客户端或其他第三方 IKEv2 客户端；
- 支持 IKEv2 的硬件客户端（本章会在后续内容中进行介绍），但用 ASA 5505 充当前端设备可以支持 IKEv2；
- 对客户端或服务器执行预共享密钥认证；
- 对与其他 ASA 之间的负载分担链路执行 IKEv2 加密（本章会在后续内容中进行介绍）；
- L2TP over IPSec；
- 重认证；
- 对端 ID 校验；
- 压缩/IPcomp；
- 网络准入控制；
- 第三方防火墙。

表 20-2 对 Cisco ASA 支持 IPSec VPN 和 L2TP over IPSec 远程访问 VPN 的区别进行了高度的概括。

表 20-2　　内建 IPSec 与 L2TP over IPSec 的对比

特性	IPSec	L2TP over IPSec
VPN 客户端	■ Cisco AnyConnect（IKEv2） ■ OS X 和 Apple iOS 设备（iPhone、iPad、iPod）中内置的 IPSec 客户端 ■ 传统的 Cisco VPN 客户端	■ 预安装在大多数 Windows 操作系统中 ■ Android 设备（Android 2.1 及后续版本）支持该特性
传输	使用 IP 协议 50 ESP[①]进行传输	使用 UDP 端口 1701 进行数据封装，接着将 L2TP 包封装在 ESP 中

续表

特性	IPSec	L2TP over IPSec
封装	使用 IPSec 实现数据加密和封装	使用 L2TP 实现数据封装，使用 IPSec 实现数据加密。不支持使用 IKEv2
认证	提供组级别和用户级别的认证	使用 PPP 认证协议，提供用户级别的认证
操作系统	支持 Windows、Linux、Mac OS X、Apple iOS 设备和 Solaris	支持所有 Windows 平台、Android 设备和一些 Linux 版本

① ESP=封装安全协议

> 注释：由于主动模式存在安全漏洞，建议读者使用主模式进行 IKE 认证，而后者会使用到 RSA 签名。

20.1.1 IPSec（IKEv1）远程访问配置步骤

图 20-1 所示为 SecureMeInc.org 位于芝加哥的中心办公室，我们将在这里实施 Cisco 远程访问 VPN 解决方案。这个拓扑会在后面两节中使用，显示成功建立 VPN 隧道所需的配置步骤。

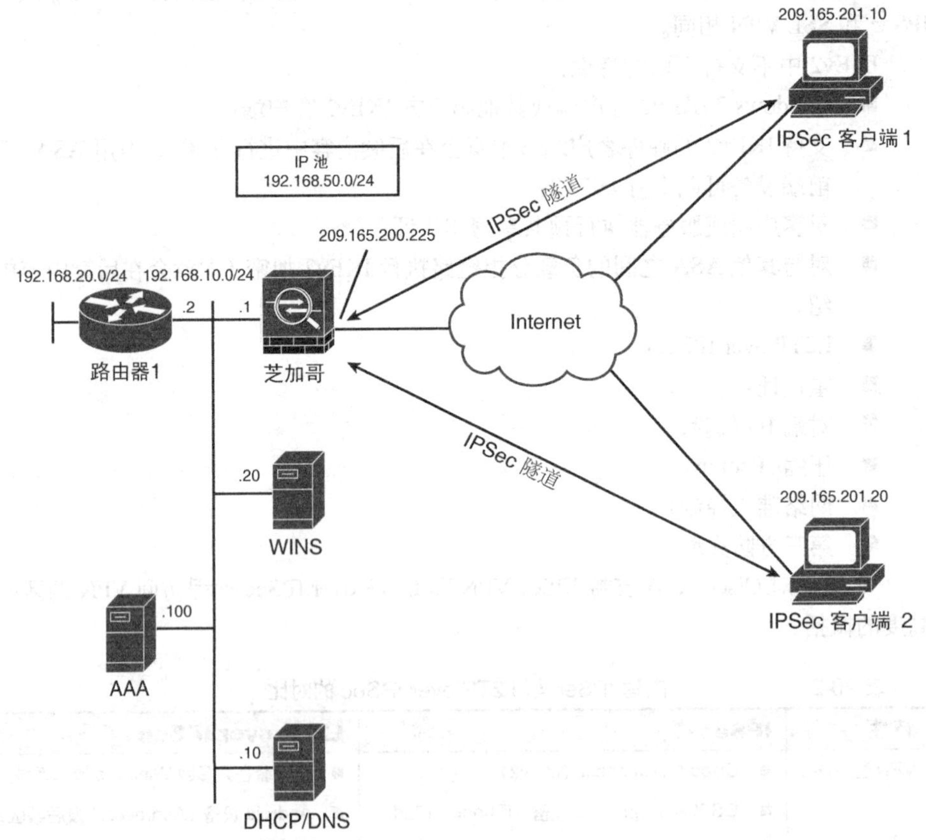

图 20-1 SecureMeInc 的 IPSec 远程访问 VPN

在 Cisco ASA 上配置 IPSec（IKEv1）远程访问 VPN，有下面几种方式：

- 使用 ASDM IPSec IKEv1 远程访问 VPN 向导（这是最简单的方式）；

- 在 ASDM 中手动配置所有选项；
- 通过命令行界面（CLI）进行配置。

1. 使用 ASDM IPSec IKEv1 远程访问 VPN 向导

在 Cisco ASA 中配置 IPSec 远程访问 VPN 最简单的方法是使用 ASDM IPSec IKEv1 远程访问 VPN 向导进行配置，我们会在下文中演示具体的配置步骤。在这个向导中，可以分分钟配置远程访问 VPN 解决方案。

1. 选择 **Wizards > VPN Wizards > IPsec (IKEv1) Remote Access VPN Wizard** 来启动 ASDM IPSec IKEv1 远程访问 VPN 向导（ASDM IPSec IKEv1 Remote Access VPN Wizard），如图 20-2 所示。

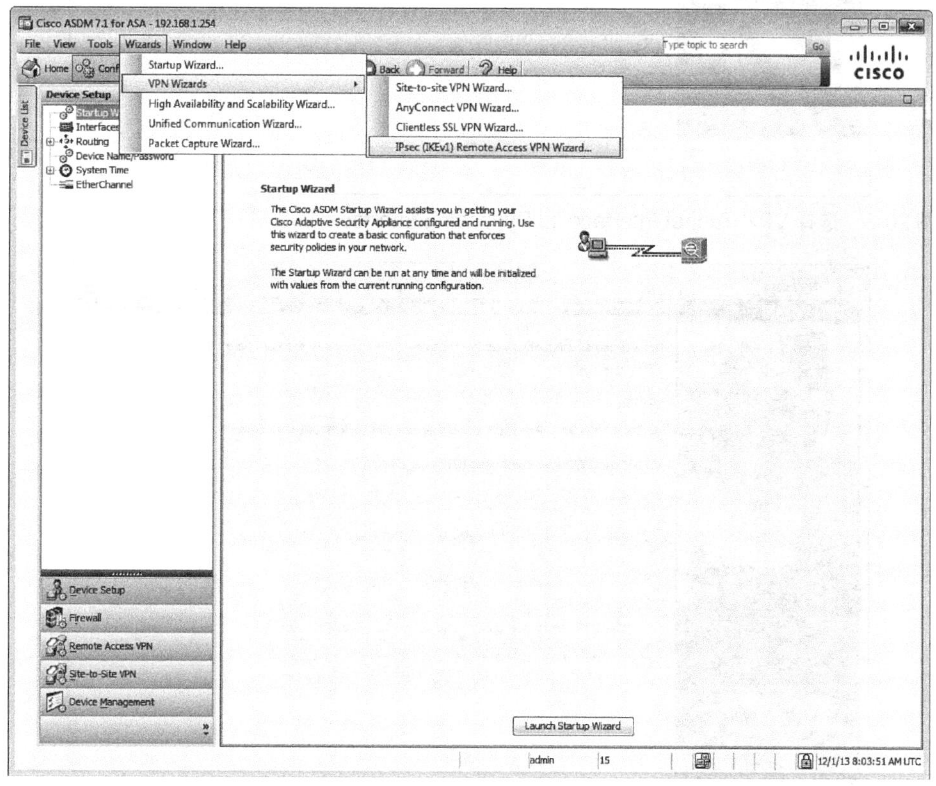

图 20-2 启动 IPSec IKEv1 Remote Access VPN Wizard

2. 图 20-3 所示为 ASDM IPSec IKEv1 远程访问 VPN 向导的第一步。从 VPN Tunnel Interface 下拉菜单中选择 VPN 客户端要连接的那个接口。以图 20-1 所示的拓扑为例，VPN 客户端要连接的是 Cisco ASA 的外部接口。
3. 勾选 **Enable Inbound IPsec Sessions to Bypass Interface Access Lists** 复选框启用入站方向的 IPSec 会话来绕过接口访问列表。通过这个选项可以看出，组策略和针对不同用户应用的授权访问流量仍然会应用到流量。
4. 点击 **Next**。
5. 此时，向导会显示出图 20-4 所示的 Remote Access Client 界面。各类远程访问用户都可以向这台 ASA 建立 VPN 隧道。接下来点击相应的单选按钮，针对这个隧道选择对应的 VPN 客户端类型。

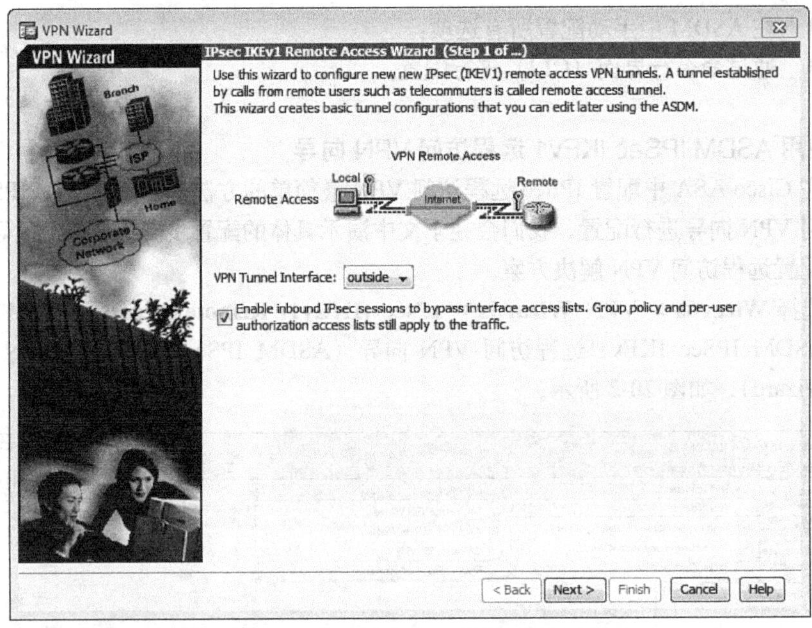

图 20-3 选择 VPN Tunnel Interface 和 Bypassing Interface ACL

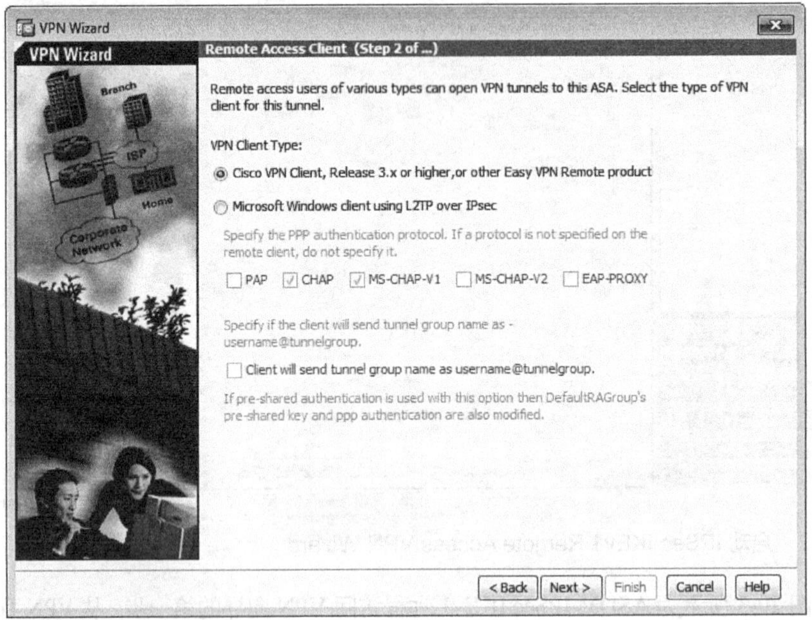

图 20-4 指定 Remote-Access Client

在本例中，我们选择了“Cisco VPN Client, Release 3.x or Higher, or Other Easy VPN Remote Product”单选按钮，以允许传统的 Cisco VPN 客户端或 Easy VPN 硬件客户端向这台 Cisco ASA 发起连接。由于 64 位的 OS X 不支持传统 Cisco VPN 客户端，因此 Mac 用户可以使用内置的 Cisco VPN 客户端。

6. 点击 **Next**。
7. 在向导的第 3 步中（见图 20-5），管理员需要选择认证的方式。VPN 客户端会采用预共享密钥、认证证书或质询（Challenge）/响应（Response）认证的方式来执行认证。在本例中，我们使用的是预共享密钥的方式。

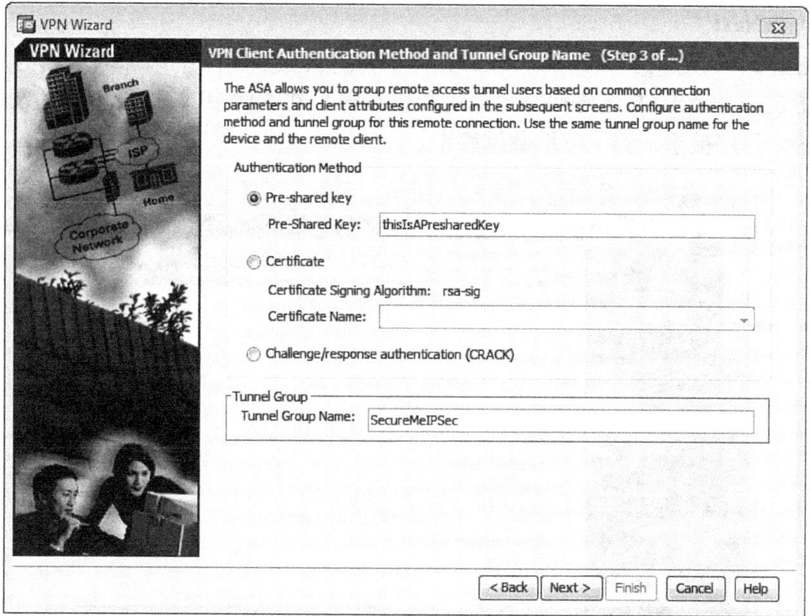

图 20-5 VPN Client Authentication Method 及 Tunnel Group Name

8. 为隧道组输入名称。隧道组的名称只是为了进行记录，可以任意进行设置，其中最好包含这条 IPSec 连接的隧道连接策略。连接策略中需要指定认证、授权、审计服务器、默认的组策略和 IKE 属性。在本例中，设置的隧道组名称（Tunnel Group Name）为 **SecureMeIPSec**。
9. 点击 **Next**。
10. 在图 20-6 所示的 Client Authentication 界面中，需要通过配置这台 Cisco ASA 让它使用本地数据库或外部 AAA 服务器（RADIUS、LDAP、活动目录等）来认证 VPN 连接。在本例中，我们选择使用本地用户数据库来执行认证。

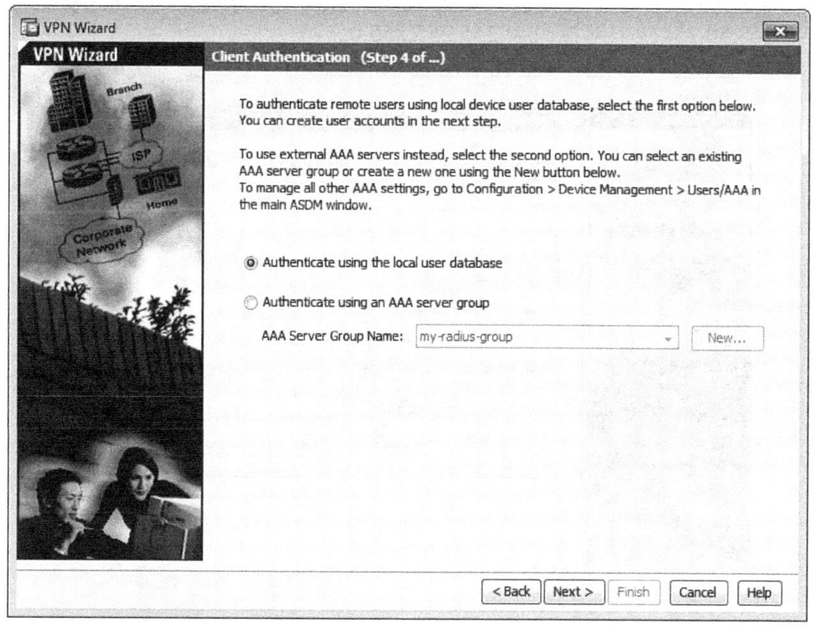

图 20-6 Client Authentication 界面

11．点击 **Next**。

12．在图 20-7 所示的 User Accounts 界面中，向认证数据库中添加一个新的用户，然后再指定一个密码（指定密码是可选的配置步骤）。在本例中，管理员创建的新用户为 user1，这个用户被添加到了本地数据库中。

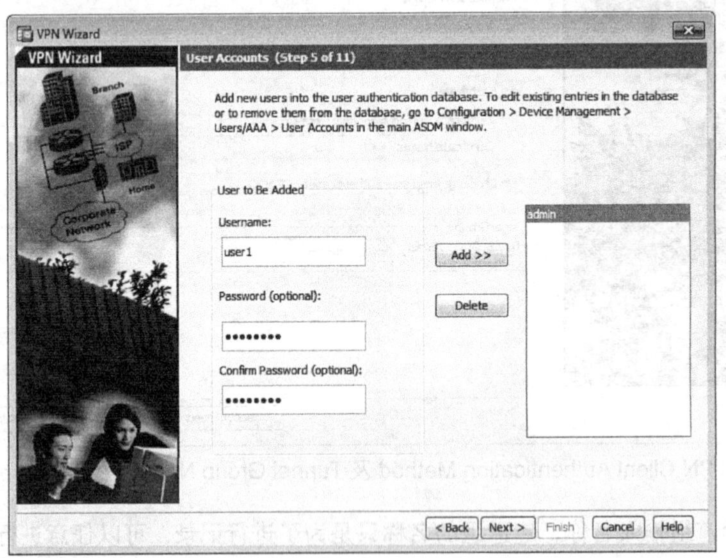

图 20-7　User Accounts 界面

13．点击 **Next**。

14．接下来会显示出 Address Pool 界面。在隧道协商的过程中，IPSec VPN 客户端的 VPN 适配器会分配到一个 IP 地址。客户端会使用这个 IP 地址来访问隧道保护段的资源。要创建新的 IP 地址池，需要点击 **New**。在打开的 Add IPv4 Pool 对话框中（见图 20-8），输入名称、起始的 IP 地址、最后一个 IP 地址和这个新地址池的子网掩码。在本例中，IP 地址池的名称为 IPPool，起始的 IP 地址为 192.168.50.1，最末一个 IP 地址为 192.168.50.254，子网掩码为 255.255.255.0。

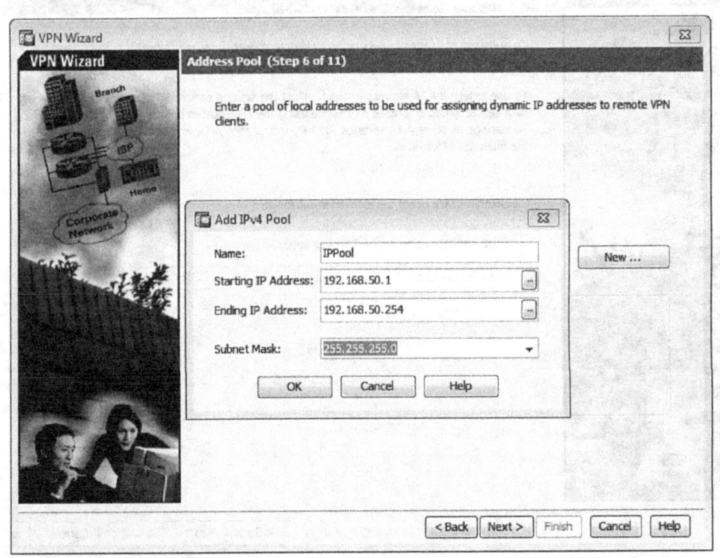

图 20-8　添加一个 IP Address Pool

15. 点击 **OK** 关闭对话框，然后点击 **Next** 继续执行向导。
16. 如图 20-9 所示，下一步是 Attributes Pushed to the Client，这一步是可选的配置步骤。对于 IPSec VPN 客户端来说，可以为其分配 DNS 和 WINS 服务器 IP 地址，这样可以让客户端在建立连接之后即可访问内部的站点。在本例中，管理员指定的主用 DNS 服务器为 192.168.10.10，而备用 DNS 服务器为 192.168.10.20。主用 WINS 服务器的 IP 地址为 192.168.10.20。默认的域名为 secureme inc.org。

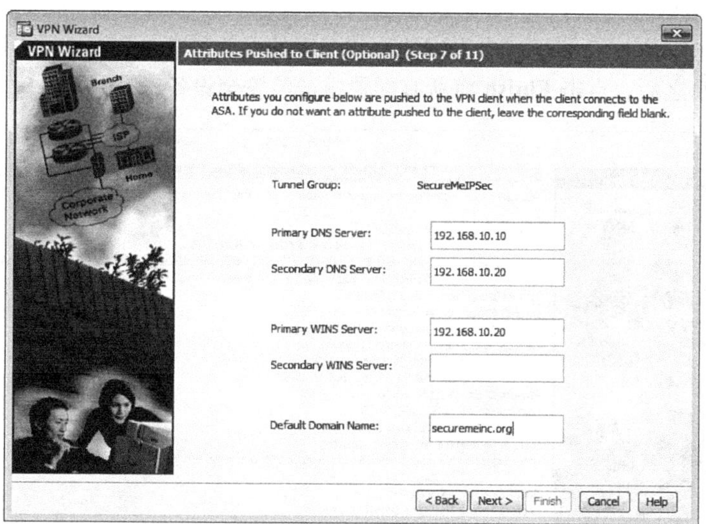

图 20-9 Attributes Pushed to the Client

17. 点击 **Next**。
18. 如图 20-10 所示，下一步是 IPSec Settings，这一步是可选的配置步骤。如果使用了 NAT，可以绕过 NAT 来将整个内部网络或者内部网络中的一部分暴露给通过了认证的远程访问 VPN 客户端。如果希望完成这个配置步骤，可以选择私有网络所在的接口，以及希望绕过 NAT 的接口。在本例中，管理员选择了 inside 接口，而 NAT 豁免网络为 192.168.10.0/24。

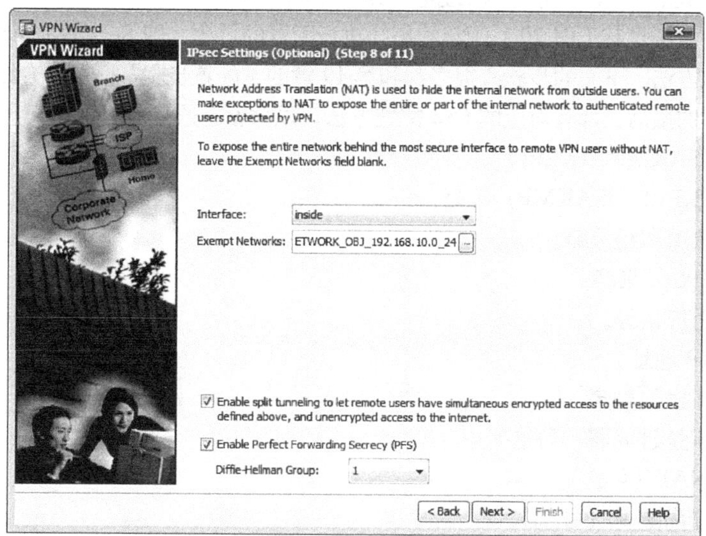

图 20-10 IPSec Settings 和 NAT Bypass 选项

19. 如果需要启用隧道分离，需要勾选图 20-10 中上面的复选框。如果使用了隧道分离特性，那么安全设备就可以向 IPSec VPN 客户端通告受保护的子网。使用受保护路由的 VPN 客户端只会对那些去往安全设备身后的数据包进行加密。隧道分离会在本章后面进行详细介绍。
20. 勾选图 20-10 中下面的复选框可以启用 PFS，然后在下拉菜单中指定相应的 D-H 组。PFS 在第 19 章进行了详细介绍。
21. 点击 **Next**。
22. VPN 向导此时会显示所有上述特性和配置的汇总信息，如图 20-11 所示。在验证过上述信息之后，点击 **Finish** 将所有配置推送给安全设备。

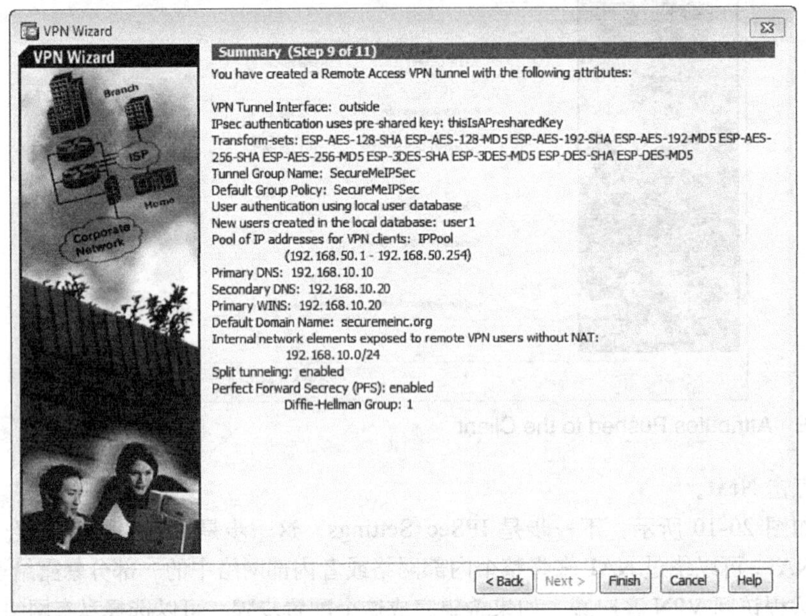

图 20-11 IPSec（IKEv1）Wizard Summary 页面

2. 使用 ASDM 和 CLI 来手动配置 IPSec（IKEv1）VPN

下面的示例是基于图 20-1 所示的拓扑执行配置的过程，即 SecureMeInc.org 芝加哥分支办公室的实施方法。下面的步骤有很多都和第 19 章的“配置步骤”一节中介绍的内容相当类似。在每个配置的最后，都有对应的 CLI 配置方法，以兹希望通过命令配置安全设备的读者参考。

1. 启用 ISAKMP（IKEv1）。
2. 创建 IKEv1（ISAKMP）策略。
3. 建立隧道和组策略。
4. 定义 IPSec 策略。
5. 配置用户认证。
6. 分配 IP 地址。
7. 创建加密映射集。
8. 配置流量过滤器（可选）。
9. 绕过 NAT（可选）。
10. 建立分离隧道（可选）。
11. 指定 DNS 和 WINS 地址（可选）。

步骤 1：启用 ISAKMP（IKEv1）

IKE 阶段 1 配置的第一步是在终结 VPN 隧道的接口上启用 ISAKMP，该接口通常为面向 Internet 的接口或外部接口。若该接口上没有启用 ISAKMP，则安全设备将不会监听该接口上的 ISAKMP 流量。因此如果没有在外部接口启用 ISAKMP，那么即使管理员完整地配置了 IPSec 隧道，安全设备仍无法对隧道初始化请求进行响应。

要通过 ASDM 在接口上启用 ISAKMP，可通过菜单 **Configuration > Remote Access VPN > Network (Client) Access > IPSec Connection Profiles** 进行配置，勾选 **Allow Access** 复选框，该接口为终结会话的接口。也就是说，若在外部接口上终结 IPSec 会话，则勾选 outside 接口旁的 **Allow Access** 复选框。然后点击 **Apply** 按钮将该配置推送给安全设备。

> 注释：ASDM 在传递为某接口启用 ISAKMP 的命令时，也会推送一些号码参数，其中包括：
> - 2 个 ISAKMP 策略（策略编号为 5 和 10），详见下一部分；
> - 10 个 IPSec 策略，详见“步骤 4：定义 IPSec 策略”部分；
> - 动态和静态加密映射集。静态加密映射集被应用于终结 VPN 的接口。加密映射集的知识请见“步骤 7：创建加密映射集”部分。

例 20-1 显示了如何在外部接口上启用 ISAKMP 的 CLI 命令。

> 注释：从 Cisco ASA 8.4(1)和 ASDM 6.4(1)版系统开始对 IKEv2 提供支持。ASA 目前可以对各个客户端系统上安装的 AnyConnect Secure Mobility Client 3.0(1)支持通过 IKEv2 实现 IPSec。因此，Cisco 将 IKEv1 版的命令 **crypto isakmp** 修改为了 **crypto ikev1 policy**、**crypto ikev1 enable** 和 **crypto ipsec ikev1**。例 20-1 所示为使用新版 IKEv1 命令的示例。

例 20-1 在 outside 接口上启用 ISAKMP

```
Chicago# configure terminal
Chicago(config)# crypto ikev1 enable outside
```

步骤 2：创建 IKEv1（ISAKMP）策略

在接口上启用 ISAKMP 后，需要创建阶段 1 策略，该策略要与 VPN 客户端上的策略相匹配。阶段 1 将协商加密和其他参数，这些参数用于验证远端对等体并建立一个安全通道，而 VPN 客户端和安全设备会使用这条通道进行通信。

通过菜单 **Configuration > Remote Access VPN > Network (Client) Access > Advanced > IPSec > IKE Policies**，并点击 **Add**，在安全设备中配置一个新的 ISAKMP 策略。ASDM 会打开 Add IKE Policy 对话框，在这个对话框中可以配置以下属性。

- **优先级（Priority）**：1～65535 之间的一个数字。在默认情况下，ASDM 中预配置了优先级 5 和 10。若配置了多个 ISAKMP 策略，则 Cisco ASA 首先检查拥有最低优先级的 ISAKMP 策略。若不匹配，则检查对应优先级号码次高的策略，如此直到检查完所有策略。最先检查优先级 1，最后检查优先级 65535。
- **认证（Authentication）**：从下拉列表中选择适当的认证类型。认证机制用于实现远端 IPSec 对等体的身份识别。这里可以使用的类型包括预共享密钥、CRACK 或 RSA。第 18 章详细讨论了 RSA 签名。
- **加密（Encryption）**：从下拉列表中选择适当的加密类型。Cisco ASA 使用一个专用的硬件加密加速器处理 IKE 请求。由于使用 AES 256 比特加密对于性能的影响与使用较弱加密算法(如 DES)对于性能的影响几乎相同，因此我们建议使用 AES 256

比特加密。

- D-H 组（D-H Group）：从下拉列表中选择适当的 D-H 组。D-H 组用于传递两台 VPN 设备使用的共享秘密密钥。在默认情况下，Cisco IPSec 客户端在提出 IKE 策略时，提供 D-H 组 2 和 5。
- 散列算法（Hash）：从下拉列表中选择适当的散列算法类型（MD5 或 SHA）。散列算法通过确认数据包在传输过程中未被更改，而提供数据完整性校验。推荐使用 SHA，因为它比 MD5 更加安全。
- 生存时间（Lifetime）：指定在新 ISAKMP 密钥协商出来之前的生存时间。可以指定一个有限的生存时间，范围在 120～2147483647 秒之间。也可以将生存时间选择为 **Unlimited**，用以防止远端对等体未提供生存时间的情况。Cisco 建议为 IKE 密钥更新使用默认生存时间 86400 秒。

图 20-12 所示为优先级为 1 的 ISAKMP 策略的添加过程。其中定义的认证机制为 preshared（预共享）密钥，加密方式为 AES-256，D-H 组为 2，哈希算法为 SHA，生存时间为 86400 秒。

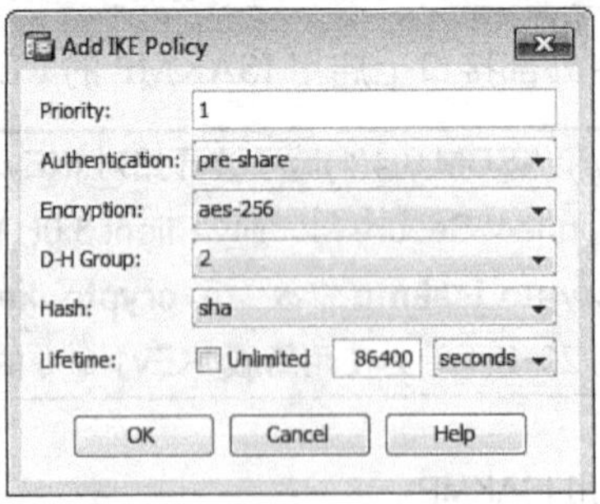

图 20-12 通过 ASDM 定义 IKE 策略

> 注释：若未启用 VPN-3DES-AES 特性，则安全设备只允许为 ISAKMP 和 IPSec 策略使用 DES 加密方式。

若管理员希望使用 CLI 进行配置，则需要使用命令 **crypto isakmp policy** 来定义一个新的策略。例 20-2 所示为配置 ISAKMP 策略的具体配置命令，该例中配置的加密方式为 AES-256，哈希算法为 SHA，D-H 组为 2，认证机制为 preshared（预共享）密钥，生存时间为 86400 秒。

例 20-2 创建一个 ISAKMP 策略

```
Chicago# configure terminal
Chicago(config)# crypto ikev1 policy 1
Chicago(config-isakmp-policy)# authentication pre-share
Chicago(config-isakmp-policy)# encryption aes-256
Chicago(config-isakmp-policy)# hash sha
Chicago(config-isakmp-policy)# group 2
Chicago(config-isakmp-policy)# lifetime 86400
```

步骤 3：建立隧道和组策略

Cisco ASA 使用继承模型将网络和安全策略推送到终端用户会话。使用该模型，管理员可以在以下三个地方配置策略：

- 在默认组策略下；

- 在分配给用户的组策略下；
- 在指定用户的策略下。

在继承模型中，用户从用户策略那里继承属性和策略，用户策略从用户组策略那里继承属性和策略，而用户组策略则从默认组策略那里继承属性和策略，如图 20-13 所示。用户 ciscouser 从用户策略那里收到一个流量 ACL 和一个 IP 地址，从用户组策略那里收到域名，从默认组策略那里收到 IP 压缩设置和并发登录数。

定义好这些策略后，必须将它们与用户终结其会话的隧道组相绑定。通过这种方式向某个隧道组建立 VPN 会话的用户，就会继承映射到该隧道的所有策略。隧道组定义了一个 VPN 连接配置文件，每个用户都是配置文件中的一个成员。

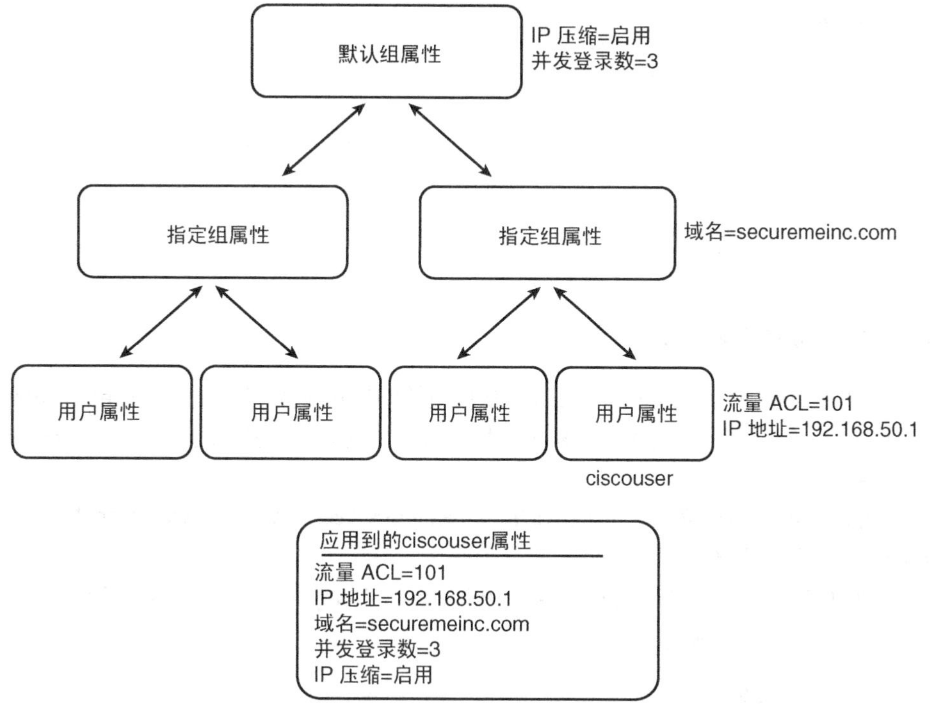

图 20-13 ASA 属性和策略继承模型

配置组策略

管理员可以通过菜单 **Configuration > Remote Access VPN > Network (Client) Access > Group Policies** 配置用户组和默认组策略。点击 **Add** 添加一个新的组策略。图 20-14 中添加了一个名为 IPSecGroupPolicy 的用户组策略。该组策略只允许建立 IPSec 隧道，并严格拒绝所有其他隧道协议。若管理员宁愿更改默认策略中的属性，可以修改 DfltGrpPolicy（系统默认）。要修改 DfltGrpPolicy，需要到 **Configuration > Remote Access VPN > Network (Client) Access > Group Policies**，选择 **DfltGrpPolicy**，点击 **Edit**。在 DfltGrpPolicy 所做的任何修改都将被传递到继承该属性的所有用户组策略中。换言之，这里除了名为 DfltGrpPolicy 以外的组策略，都是用户组策略，用户组可以继承默认组策略中配置的属性。

注释：DfltGrpPolicy 是一个默认创建的特殊组名称，并且仅用于默认组策略。

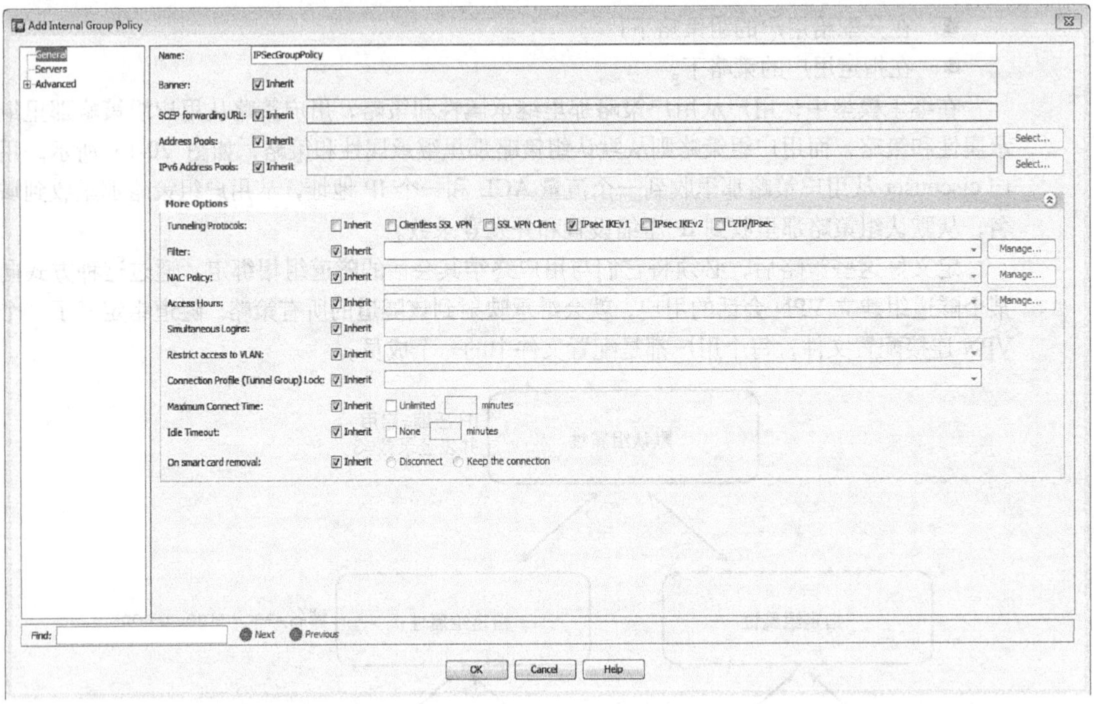

图 20-14 用户组策略配置

管理员可以将用户策略、组策略和默认组策略应用到无客户端、任意连接（AnyConnect）和基于 IPSec 的远程访问 VPN 隧道。IPSec 独有的属性将在本章接下来的几部分中进行详细介绍。

管理员可以通过菜单 **Configuration > Remote Access VPN > AAA/Local Users > Local Users** 配置用户策略。

例 20-3 所示为如何定义一个名为 IPSecGroupPolicy 的用户组策略。该策略只允许在该组上终结 IKEv1 IPSec 隧道。

例 20-3 定义隧道组

```
Chicago(config)# group-policy IPSecGroupPolicy internal
Chicago(config)# group-policy IPSecGroupPolicy attributes
Chicago(config-group-policy)# vpn-tunnel-protocol ikev1
```

配置隧道组

隧道组也称为连接配置文件，用于将分配的属性映射给远程访问用户。配置新隧道组的方法是，找到 **Configuration > Remote Access VPN > Network (Client) Access > IPSec (IKEv1) Connection Profiles**，并在 Connection Profiles 下点击 **Add**。图 20-15 中定义了一个名为 SecureMeIPSec 的 IPSec 远程访问连接配置文件，它使用的预共享密钥为 C!$c0K3y（用星号隐去）。建议管理员将预共享密钥定义为一组混有数字、字母及特殊字符的长字符串。这样即使有人使用暴力破解的方式，也很难破解一个复杂的预共享密钥。在 Default Group Policy 菜单下，从 Group Policy 下拉菜单中选择 IPSecGroupPolicy，并勾选 **Enable IPSec protocol** 选项。

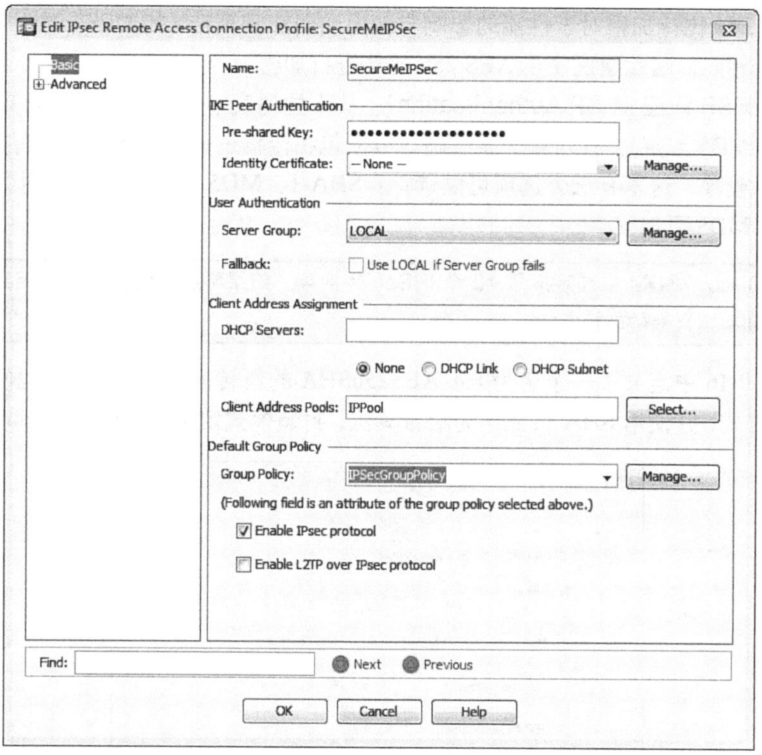

图 20-15 配置一个隧道组

例 20-4 所示为如何配置一个名为 SecureMeIPSec 的隧道组。在组策略的 **ipsec-attributes** 配置模式下，使用命令 **pre-shared-key** 定义预共享密钥。

例 20-4 定义隧道组

```
Chicago(config)# tunnel-group SecureMeIPSec type remote-access
Chicago(config)# tunnel-group SecureMeIPSec general-attributes
Chicago(config-tunnel-general)# default-group-policy IPSecGroupPolicy
Chicago(config-tunnel-general)# tunnel-group SecureMeIPSec ipsec-attributes
Chicago(config-tunnel-ipsec)# pre-shared-key C!$c0K3y
```

步骤 4：定义 IPSec 策略

在成功建立起安全连接后，IPSec 转换集指定了用于传输数据包的加密方式和哈希类型，以此提供数据认证、私密性和完整性。IPSec 转换集是在快速模式中进行协商的。使用 ASDM 配置一个新的转换集，可找到菜单 **Configuration > Remote Access VPN > Network (Client) Access > Advanced > IPSec > IPSec Proposals(Transform Sets)**，并点击 **Add**。然后 ASDM 会打开一个对话框，在这个对话框里可以配置下列属性。

- **转换集名称（Set Name）**：定义转换集的名称。该名称仅为本地有效，并不会在 IPSec 隧道协商中进行传输。
- **模式（Mode）**：点击单选按钮选择相应的封装模式。管理员可以在这里选择使用传输模式或者隧道模式。传输模式用于加密和认证源于 VPN 对等体的数据包。隧道模式用于加密和认证源于 VPN 设备所连主机的 IP 数据包。在远程访问连接中，总是使用隧道模式。
- **ESP 加密（ESP Encryption）**：从下拉列表中选择适当的加密类型。由于使用 AES

256 比特加密对于性能的影响与使用较弱加密算法（如 DES）对于性能的影响几乎相同，因此建议使用 AES 256 比特进行加密。

- ESP 认证（ESP Authentication）：从下拉列表中选择适当的散列算法类型（SHA、MD5 或空）。散列算法通过确认数据包在传输过程中未被更改，而提供数据完整性校验。这里有三个选项可供选择：SHA-1、MD5 或空，推荐使用 SHA，因为它比 MD5 更加安全。

> 注释：Cisco ASDM 中预定义了 10 个 IPSec 转换集。如果管理员希望使用预定义的转换集，那么就无须自定义新的转换集。

图 20-16 中定义了一个名为 RA-AES256SHA 的新转换集，它为数据包使用 AES-256 作为加密方式，并使用 SHA 认证作为哈希算法，封装模式定义为默认的 Tunnel（隧道）模式。

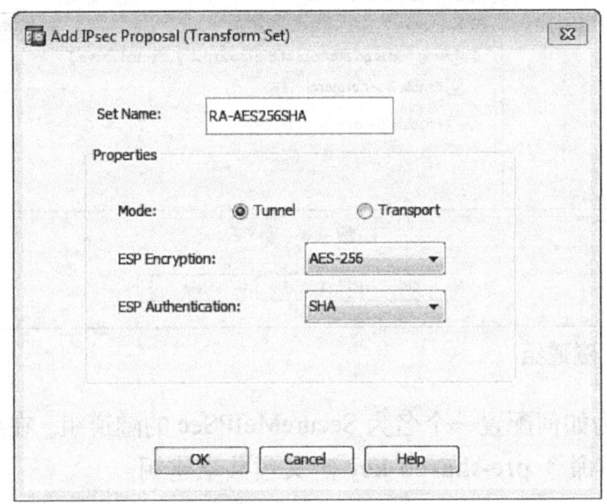

图 20-16 配置 IPSec 转换集

例 20-5 所示为如何使用 CLI 配置 IPSec 转换集。

例 20-5 转换集配置

```
Chicago(config)# crypto ipsec transform-set RA-AES256SHA esp-aes-256 esp-sha-hmac
```

步骤 5：配置用户认证

Cisco ASA 支持多种认证服务器，如：

- RADIUS；
- NT 域；
- Kerberos；
- SDI；
- LDAP；
- 数字证书；
- 智能卡；
- 本地数据库。

对于小型企业，可以使用本地数据库进行用户认证。对于大中型远程访问 IPSec VPN 部署环境，强烈建议使用外部认证服务器作为用户认证数据库，比如 RADIUS 或 Kerberos。若远程访问 IPSec VPN 只为少数用户建立，也可以使用本地数据库。

在 ASDM 中，可以通过菜单 **Configuration** > **Remote Access VPN** > **AAA/Local Users** > **Local Users**，然后点击 **Add** 来定义用户。在 CLI 中，管理员可以通过例 20-6 所示的方法来为用户认证配置 ciscouser 和 adminuser 这两个账户。账户 ciscouser 的密码为 C1$c0123，该密码用于 IPSec 用户认证。账户 adminuser 的密码为@d1m123，该密码用于管理安全设备。

例 20-6　本地用户账户

```
Chicago(config)# username ciscouser password C1$c0123
Chicago(config)# username adminuser password @dmin123
```

很多企业使用 RADIUS 服务器或 Kerberos 作为对其现存活动目录架构的补充，以实现用户认证。在 Cisco ASA 上配置外部认证服务器之前，管理员必须指定认证、授权和审计（AAA）服务器组，可以通过菜单 **Configuration** > **Remote Access VPN** > **AAA/Local Users**> **AAA Server Groups**，然后点击 **Add** 进行配置。指定其他 AAA 进程能够使用的服务器组名称。为该服务器组名称选择一个认证协议。比如，若计划使用 RADIUS 服务器实施认证，则在下拉菜单中选择 **RADIUS**。这个选项可以确保安全设备向终端用户请求适当的信息，并将其转发到 RADIUS 服务器进行认证和确认。

启用 RADIUS 进程后，需要定义一组 RADIUS 服务器。Cisco 安全设备以轮询的方式检查这些服务器的可用性。若第一台服务器不可达，它将尝试第二台服务器，以此类推。若有一台服务器可用，则安全设备将一直使用该服务器，直到再也收不到该服务器的回应，这时它将检查下一台服务器的可用性。强烈建议管理员设置多台 RADIUS 服务器，以防止出现第一台服务器不可达的情况。可以通过菜单 **Configuration** > **Remote Access VPN** > **AAA/Local Users**> **AAA Server Groups** 定义 RADIUS 服务器条目，选择正确的 AAA 服务器组，并在 Selected Group 的 Servers 下点击 **Add**。可以指定 RADIUS 服务器的 IP 地址，也可以指定到服务器最近的接口。安全设备使用共享秘密密钥向 RADIUS 服务器认证自身合法性。出于安全性考虑，安全设备从不通过网络发送该共享秘密密钥。

图 20-17 所示为 Cisco ASA 上的名为 Radius 的服务器组中的 AAA 服务器配置。该服务器位于 inside 接口：192.168.1.100，使用的服务器秘密密钥为 C1$c0123（混淆代码）。

注释：若 RADIUS 服务器未使用默认端口，管理员能够可选地修改认证和审计端口号。安全设备默认使用 UDP 端口 1645 和 1646，分别用于认证和审计。大多数 RADIUS 服务器使用端口 1812 和 1813，分别用于认证和审计。

定义好认证服务器后，管理员必须将其与隧道组下的 IPSec 进程相绑定。图 20-17 将新创建的 Radius AAA 服务器组映射到 SecureMeIPSec 隧道组。

提示：对于大型 VPN 部署环境来说（IPSec VPN 和 SSL VPN），管理员甚至能够管理外部认证服务器中的用户访问和策略。这时应将用户组策略名称以 RADIUS 或 LDAP 属性的方式传递给安全设备。这样做的话，无论用户连接到哪一个隧道组名称，他将总是获得相同的策略。若管理员使用 RADIUS 作为认证和授权服务器，则需将用户组策略名称定义为属性 **25**（类属性）。将关键字 **OU=**添加为类属性值。比如，若定义一个名为 engineering 组的用户组策略，则可以启用属性 **25**，并将 **OU=engineering** 定义为该属性的值。

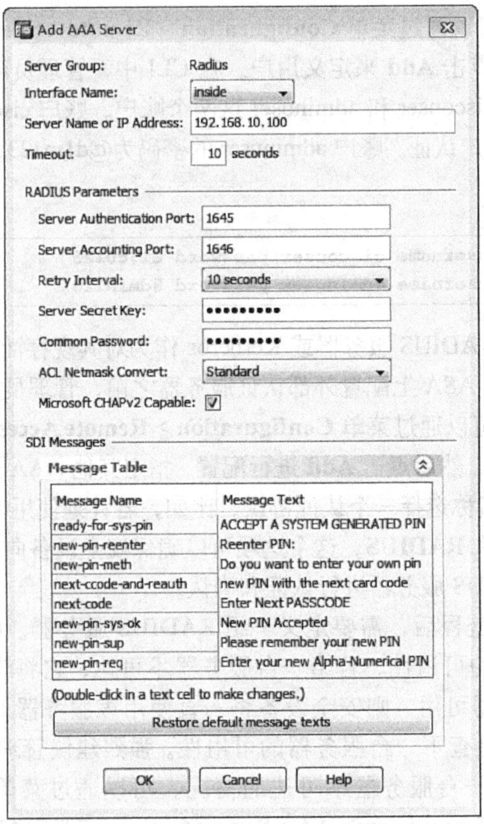

图 20-17 为认证用户定义 RADIUS 服务器

例 20-7 所示为如何定义 RADIUS 服务器。其中 radius 组名称为 Radius，它位于 inside 接口：192.168.10.100。共享秘密密钥为 C1$c0123。

例 20-7 为 IPSec 认证定义 RADIUS

```
Chicago(config)# aaa-server Radius protocol radius
Chicago(config)# aaa-server Radius (inside) host 192.168.10.100
Chicago(config-aaa-server-host)# key C1$c0123
Chicago(config-aaa-server-host)# exit
Chicago(config) tunnel-group SecureMeIPSec general-attributes
Chicago(config-tunnel-general)# authentication-server-group Radius
```

外部服务器的配置请参考第 7 章。

步骤 6：分配 IP 地址

在隧道协商期间，安全设备会向 IPSec VPN 客户端的 VPN 适配器分配一个 IP 地址。客户端使用这个 IP 地址来访问隧道另一端受保护的资源。Cisco ASA 支持以三种不同的方式将 IP 地址分配给客户端：

- 本地地址池；
- DHCP 服务器；
- RADIUS 服务器。

很多企业倾向于从本地地址池中指派一个 IP 地址。管理员可以配置一个地址池并将其关联到一个组策略，以此来分配 IP 地址。可以创建一个新的地址池，也可以选择一个预配置的地址池。可以通过菜单 **Configuration > Remote Access VPN > Network (Client) Access >**

Address Assignment > Address Pools 定义一个新的地址池。点击 **Add** 并配置下列属性，如图 20-18 所示。

- **名称（Name）**：为该地址池指定一个由数字和字母构成的名称。本例中的地址池名称为 IPPool。
- **开始 IP 地址（Starting IP Address）**：为客户分配的第一个 IP 地址。本例中为 192.168.50.1。
- **最末的 IP 地址（Ending IP Address）**：为客户分配的最后一个 IP 地址。本例中为 192.168.50.254。
- **子网掩码（Subnet mask）**：与该地址池相关联的子网掩码。本例中为 255.255.255.0。

默认情况下可以使用所有的地址分配方法，若管理员希望禁用某个特定的地址分配方法，可以通过菜单 **Configuration > Remote Access VPN > Network (Client) Access > Address Assignment > Assignment Policy** 进行设置。

注释：若配置了三种地址分配方法，相较于 DHCP 和内部地址池来说，Cisco ASA 更倾向于使用 RADIUS。若 Cisco ASA 不能从 RADIUS 服务器获得 IP 地址，它将向 DHCP 服务器请求地址范围。若这个方法也无法获得 IP 地址，Cisco ASA 将检查本地地址池。

定义好一个地址池后，可将地址池映射到一个用户组策略。可通过菜单 **Configuration > Remote Access VPN > Network (Client) Access > Group Policies**，选择 **IPSecGroupPolicy** 并点击 **Edit** 进行配置。不勾选 **Address Pools** 选项右边的 **Ingerit** 复选框，并点击 **Select** 来选择一个预定义的地址池，如图 20-18 所示。这时会弹出一个新窗口，列出所有预配置的地址池。选择希望使用的地址池，并点击 **Assign** 将地址池映射到该策略。图 20-18 将 IPPool 分配到 IPSecGroupPolicy。完成后请点击 **OK**。

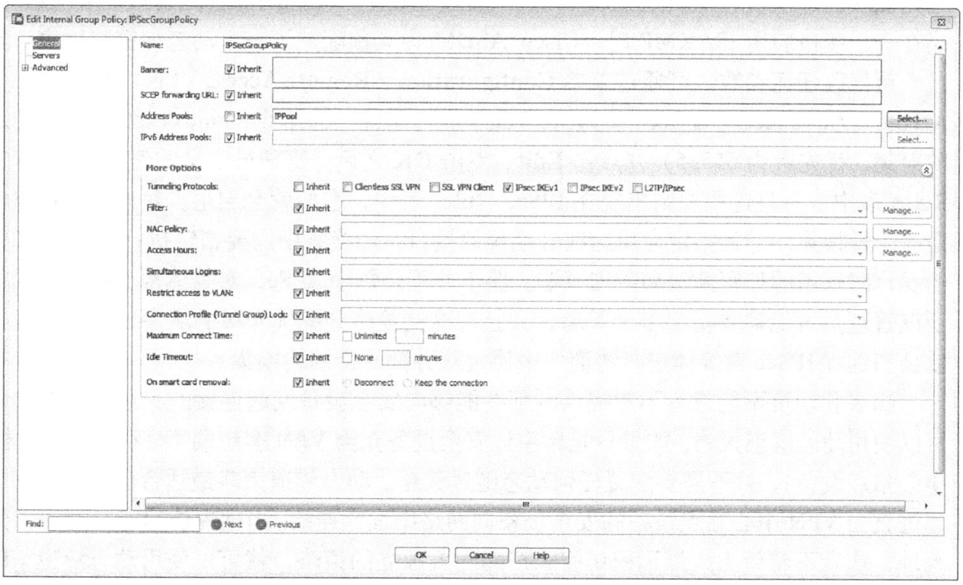

图 20-18 将地址池映射到组策略

注释：可以为用户策略下的一个用户分配一个静态的 IP 地址。这样，无论 VPN 用户多少次连接到 Cisco ASA，总是接收到相同的 IP 地址。

例 20-8 显示了如何从名为 IPPool 的地址池中分配一个地址，该地址池映射到名为 IPSecGroupPolicy 的组策略中。

例 20-8 定义地址池

```
Chicago(config)# ip local pool IPPool 192.168.50.1-192.168.50.254 mask 255.255.255.0
Chicago(config) group-policy IPSecGroupPolicy attributes
Chicago(config-group-policy)# address-pools value IPPool
```

提示：管理员也可以将地址池关联到隧道组。但是，如果一个地址池映射到一个组策略，而另一个地址池映射到隧道组，那么安全设备将优先选择映射到组策略的地址池。

为了简化管理，在指定 IP 地址时，安全设备可以连接一台 DHCP 服务器。DHCP 服务器分配 IP 地址后，Cisco ASA 将 IP 地址转发给客户端。在 ASDM 中可以通过菜单 **Configuration > Remote Access VPN > Network (Client) Access > IPSec Connection Profiles**，选择 **SecureMeIPSec** 并点击 **Edit**，在 DHCP Server 部分配置 DHCP 服务器的 IP 地址。例 20-9 所示为通过 CLI 界面配置芝加哥安全设备的方法，使其能够从 DHCP 服务器获得 IP 地址，DHCP 服务器的 IP 地址为 192.168.10.10。

例 20-9 从 DHCP 服务器获得地址分配信息

```
Chicago(config)# vpn-addr-assign dhcp
Chicago(config)# tunnel-group SecureMeIPSec general-attributes
Chicago(config-general)# dhcp-server 192.168.10.10
```

步骤 7：创建加密映射集

VPN 客户经常从其 ISP 获得动态 IP 地址。加密映射集需要静态的 VPN 对等体 IP 地址，它无法映射那些动态 IP 地址。Cisco ASA 通过配置一个动态的加密映射集来解决这一问题。当在一个接口启用 ISAKMP 时，Cisco ASDM 为其预配置了一个动态加密映射集。若管理员希望修改任何参数，可通过菜单 **Configuration > Remote Access VPN > Network (Client) Access > Advanced > IPSec > Crypto Maps** 进行配置，选择 dynamic crypto map（动态加密映射集，优先级为 65535）并点击 **Edit**。点击 **OK** 之后，管理员定义的值就会出现在 IPSec Rules 表中。一旦这些规则出现在 IPSec Rules 表中，它们就会启用。每个隧道策略必须指定一个转换集，并且指定应用这些转换集的接口。转换集中需要指定执行 IPSec 加密和解密操作时采用的加密算法和散列算法。鉴于并不是每个 IPSec 对等体都支持相同的算法，所以管理员可能需要指定多个策略，并且为这些策略分配优先级的顺序。安全设备接下来就会和远程 IPSec 对等体进行协商，来协定双方都支持的转换集。

如果管理员不能或者不想提供（那些能够向安全设备发起连接的）远端主机的信息，可以使用动态隧道策略。如果只是希望让安全设备充当 VPN 客户端（而不是作为远程 VPN 中心站点设备），就不需要配置任何动态隧道策略。动态隧道策略最适合让远程访问客户端通过充当 VPN 中心站点设备的安全设备向网络中发起连接。当远程访问客户端动态分配 IP 地址，或者不希望为大量远程访问客户端配置独立的策略，就可以使用动态隧道策略。读者如需进一步了解与 IPSec 加密映射集有关的信息，可以参考第 19 章中的“创建 Crypto Map”一节。

例 20-10 显示出 Cisco ASA 的配置，使用定义好的转换集 ESP-AES-256-SHA 以及默认的动态加密映射集。这个动态加密映射集的名称为 SYSTEM_DEFAULT_CRYPTO_MAP，序列号配置为 65535。将转换集分配到动态加密映射集是一个必不可少的步骤。

例 20-10 定义动态加密映射集

```
Chicago(config)# crypto dynamic-map SYSTEM_DEFAULT_CRYPTO_MAP 65535 set
transform-set ESP-AES-256-SHA
```

管理员能够可选地配置动态加密映射集中的多个 IPSec 属性，其中包括禁用 NAT-T、配置 PFS、配置反向路由注入（RRI）以及设置安全关联（SA）生命时间。第 19 章详细介绍了这些属性。

在通过 Cisco ASDM 定义动态映射集时，也会创建一个加密映射集条目，它最终将被应用于终结 IPSec 隧道的接口上。例 20-11 显示出动态映射集的配置，名为 SYSTEM_DEFAULT_CRYPTO_MAP 的动态映射集与名为 outside_map 的静态映射集相关联。

例 20-11 定义静态加密映射集

```
Chicago(config)# crypto map outside_map 65535 ipsec-isakmp dynamic SYSTEM_DEFAULT_
CRYPTO_MAP
```

加密映射集同时拥有静态和动态加密映射集条目的情况，将在稍后部署小节“Cisco IPSec 客户端与站点到站点环境中的负载分担”中进行讨论。

Cisco ASA 限制管理员只能在接口上应用一个加密映射集。若需要配置多个 VPN 隧道，可使用相同的加密映射集名称，以及不同的序列号。然而，安全设备将从最低的序列号开始检查 VPN 隧道。

建立远程访问隧道的下一个步骤是将加密映射集与一个接口相绑定。当在一个接口上启用 ISAKMP 时，Cisco ASDM 将自动在接口上应用加密映射集。若管理员是通过 CLI 配置 IPSec 隧道的，那么使用命令 **crypto map**，后面加上加密映射集的名称以及终结隧道的接口。在例 20-12 中，名为 outside_map 的加密映射集被应用在芝加哥 ASA 的 outside 接口。

例 20-12 将加密映射集应用到外部接口

```
Chicago(config)# crypto map outside_map interface outside
```

步骤 8：配置流量过滤器（可选）

与传统防火墙相同，Cisco ASA 通过阻止外部流量来保护可信网络，除非使用访问控制列表（ACL）明确地放行流量。然而默认情况下，安全设备允许所有 IPSec 流量穿越接口 ACL。比如，即使外部接口的 ACL 并不允许放行加密流量，安全设备仍会信任远端私有网络并使加密数据包通过。

若管理员希望外部接口 ACL 检测由 IPSec 保护的流量，则可以改变这一默认行为，可以通过菜单 **Configuration > Remote Access VPN > Network (Client) Access > Advanced > IPSec > System Options** 进行配置，不勾选 **Enable Inbound IPSec Sessions to Bypass Interface Access-Lists** 复选框。若管理员倾向于使用 CLI 进行配置，则可以使用命令 **no sysopt connection permit-vpn**，并定义适当的 ACL 来放行 VPN 流量。例 20-13 显示出只有从 VPN 地址池（192.168.50.0/24）到内部主机（192.168.10.10）的 Telnet 流量，才允许通过安全设备。

例 20-13 禁用系统项并配置 ACL

```
Chicago(config)# no sysopt connection permit-vpn
Chicago(config)# access-list outside_acl extended permit tcp 192.168.50.0
   255.255.255.0 host 192.168.10.10 eq 23
Chicago(config)# access-group outside_acl in interface outside
```

若管理员不想禁用 **sysopt connection permit-vpn**，却仍希望为指定用户或组策略过滤 VPN 流量，可以定义一个访问列表来允许或拒绝特定流量，并将访问列表映射到用户或组策略。可以通过 ASDM 菜单 **Configuration > Remote Access VPN > Network (Client) Access > Group Policies**，选择 **IPSecGroupPolicy**，点击 **Edit**，在 **General** 界面中点击 **More Options** 按钮，不选择 **IPv4 Filter** 选项后的 **Inherit** 复选框，并从下拉菜单中选择一个 ACL。

例 20-14 所示配置只允许从 VPN 地址池（192.168.50.0/24）到内部主机（192.168.10.10）的 Telnet 流量通过 IPSecGroupPolicy。

例 20-14 VPN Filters

```
Chicago(config)# access-list FilterTelnet extended permit tcp 192.168.50.0
  255.255.255.0 192.168.10.10 255.255.255.0 eq telnet
Chicago(config)# group-policy IPSecGroupPolicy attributes
Chicago(config-group)# vpn-filter value FilterTelnet
```

步骤 9：绕过 NAT（可选）

在大多数情况中，管理员不希望为穿越隧道的流量改变 IP 地址。若安全设备上配置了 NAT 来转换源或目的 IP 地址，那么可以设置 NAT 豁免规则来绕过地址转换，第 10 章和第 19 章对此进行了介绍。

步骤 10：建立分离隧道（可选）

建立隧道后，Cisco IPSec VPN 客户端的默认行为是加密所有去往目的 IP 地址的流量。这意味着若 IPSec 用户希望通过 Internet 浏览 http://www.cisco.com，数据包将被加密并被送往 Cisco ASA。将加密数据包解密后，安全设备查看路由表并将明文数据包转发到相应的下一跳 IP 地址。当流量从 Web 服务器返回时，逆向进行该步骤，目的地为 SSL VPN 客户端。

出于以下两个原因，这个默认行为并不总是合理的。

- 去往非安全网络的流量两次流经 Internet：加密第一次，明文一次。
- Cisco ASA 需要处理额外的去往非安全子网的 VPN 流量。安全设备会分析所有从从 Internet 离开和进入的流量，这将影响设备的整体性能。

使用分离隧道技术，安全设备能够将安全的子网告知 IPSec VPN 客户端。这样使用安全路由的 VPN 客户端就可以只加密那些去往安全设备后方网络的数据包。

> 警告：使用分离隧道技术，远端计算机易受黑客的攻击，在这种情况中，黑客能够不知不觉地控制计算机，并直接将流量发往隧道。为了防御这一行为，强烈建议在 IPSec VPN 客户端工作站上安装个人防火墙。

安全设备提供三种模式的分离隧道：

- 用隧道传输所有流量（非分离隧道）；
- 用隧道传输指定网络的流量（分离隧道）；
- 用隧道传输除了指定网络外的所有流量（排外分离隧道）。

在第 3 种模式中，除了需要以明文方式进行访问的网络以外，Cisco ASA 将使用隧道传输所有其他流量。若用户要以明文方式访问本地 LAN，并以加密隧道传输其他流量时，这一特性将非常有用。

可以在用户、用户组策略或默认组策略下配置分离隧道。可以通过菜单 **Configuration > Remote Access VPN > Network (Client) Access > Group Policies**，选择 **IPSecGroupPolicy**，并点击 **Edit**，然后在左边的面板中选择 **Advanced > Split Tunneling** 进行相关配置。在 Policy 和 Network List 旁边，不勾选 **Inherit** 复选框。从 Policy 下拉菜单中选择 **Tunnel Network**

List Below。另外，在 Network List 下拉菜单中选择一个网络列表。若管理员希望定义一个新的网络列表，可以点击 **Manage** 选项进行配置。Cisco ASDM 将打开 ACL Manager 并提示管理员定义一个新列表。在 Standard ACL 标签下点击 **Add** 来添加一个 ACL。管理员添加了一个名为 SplitTunnelList 的新 ACL。选择新定义的列表，再次点击 **Standard ACL** 下的 **Add** 来添加一个 ACE。本例中为 192.168.10.0/24 和 192.168.20.0/24 分别添加了一个 ACE 条目，并为它们添加了描述信息 Allow Access to Inside Network（允许访问内部网络的列表）。

例 20-15 显示了对应的 CLI 配置。

例 20-15 分离隧道的配置

```
Chicago(config)# access-list SplitTunnelList standard permit 192.168.10.0
255.255.255.0
Chicago(config)# access-list SplitTunnelList standard permit 192.168.20.0
255.255.255.0
Chicago(config)# access-list SplitTunnelList remark List to Allow Access to Inside
Network
Chicago(config)# group-policy IPSecGroupPolicy attributes
Chicago(config-group-policy)# split-tunnel-policy tunnelspecified
Chicago(config-group-policy)# split-tunnel-network-list value SplitTunnelList
```

步骤 11：指定 DNS 和 WINS（可选）

管理员可以为 IPSec VPN 客户端指定 DNS 和 WINS 服务器 IP 地址，这样隧道建立后，客户端能够浏览和访问内部站点。可以通过菜单 **Configuration** > **Remote Access VPN** > **Network (Client) Access** > **Group Policies**，选择 **IPSecGroupPolicy** 并点击 **Edit**，然后点击左边面板中的 **Servers**。不勾选 DNS Servers、WINS Servers 和 Default Domain 后的 **Inherit** 复选框。如需添加多个 DNS 或 WINS 服务器，以逗号（,）分隔每个条目。图 20-19 中定义的主用 DNS 服务器是 192.168.10.10，备用 DNS 服务器是 192.168.10.20。主用 WINS 服务器是 192.168.10.2。被推送到 IPSec VPN 客户端的默认域名为 securemeinc.org。

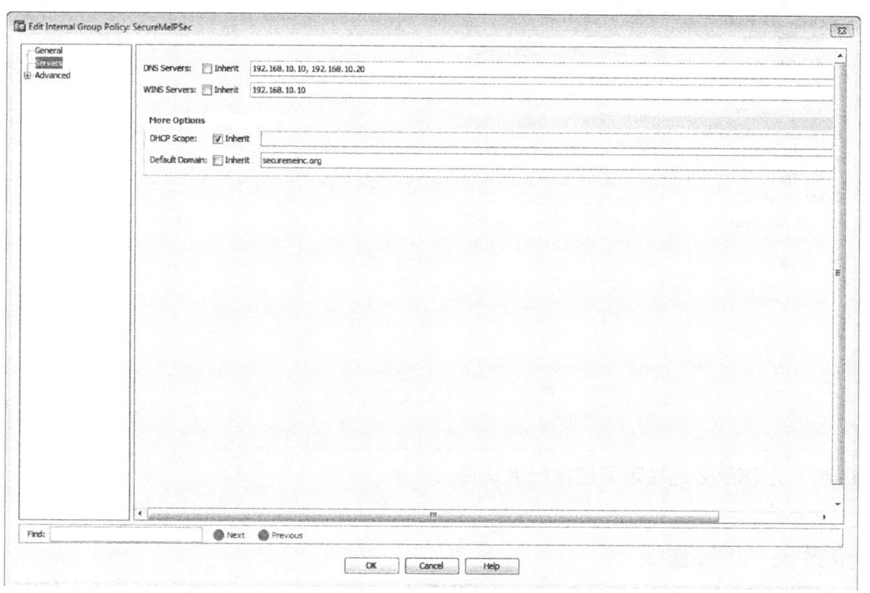

图 20-19 为 IPSec VPN 客户端定义 DNS 和 WINS 服务器

例 20-16 所示为与图 20-19 相应的 CLI 配置。

例 20-16 为 IPSec VPN 客户端定义 DNS 和 WINS 服务器

```
Chicago(config)# group-policy IPSecGroupPolicy attributes
Chicago(config-group-policy)# wins-server value 192.168.10.20 192.168.10.10
Chicago(config-group-policy)# dns-server value 192.168.10.10 192.168.10.20
Chicago(config-group-policy)# default-domain value secureemeinc.org
```

20.1.2 IPSec（IKEv2）远程访问配置步骤

Cisco AnyConnect Secure Mobility Client 支持 IKEv2。让 Cisco AnyConnect Secure Mobility Client 能够向 Cisco ASA 发起连接的配置步骤与 IKEv1 的配置步骤相当类似，只有为数不多的区别。定义新的 IPSec 远程访问连接需要找到 **Wizards > VPN Wizards > AnyConnect VPN Wizard**，然后按照向导继续进行配置，来定义远程访问 IPSec IKEv2 隧道。

1. 步骤 1：简介

在 AnyConnect VPN Connection Setup Wizard 启动之后，管理员会看到一条简介（汇总信息）。点击 **Next** 继续执行向导的配置。

2. 步骤 2：连接配置文件

下一步是配置连接配置文件，以及远程访问用户建立 VPN 连接的接口。在图 20-20 所示的示例中，管理员在 Connection Profile Name 字段输入了 IKEv2Profile，并且在 VPN Access Interface 字段选择了外部接口。完成上述配置之后点击 **Next**。

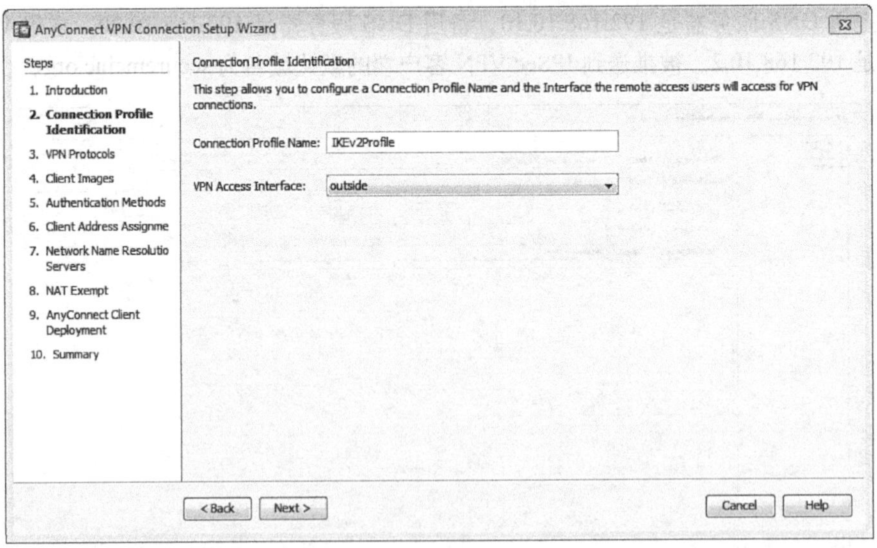

图 20-20 为 IKEv2 连接定义连接配置文件

3. 步骤 3：VPN 协议

在图 20-21 所示的 VPN Protocols 界面中，AnyConnect VPN Wizard 会提示管理员选择用于保护数据流量的协议（SSL 或 IPSec）。在本例中，管理员勾选了 IPSec。

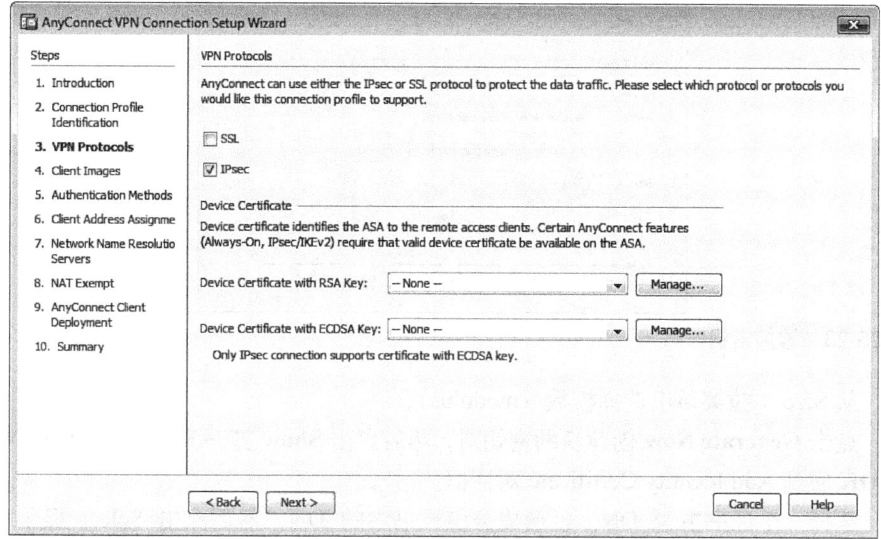

图 20-21 定义 VPN 协议

IKEv2 需要 Cisco ASA 上拥有有效的设备认证。管理员可以使用 RSA 或 ECDSA 密钥来配置设备认证。只有 IKEv2 连接支持通过 ECDSA 密钥配置的证书。在本例中，管理员使用的就是 ECDSA，这一点我们会在后面继续进行介绍。

下面点击 **Manage** 来打开 Manage Identity Certificates 对话框。然后点击 **Add** 来添加设备证书及具体内容。要添加新的设备证书，可以点击 **Add a new identity certificate** 单选按钮，如图 20-22 所示。

Add Identity Certificate
Trustpoint Name: ASDM_TrustPoint0
Import the identity certificate from a file (PKCS12 format with Certificate(s)+Private Key):
Decryption Passphrase:
File to Import From: Browse...
Add a new identity certificate:
Key Pair: <Default-DSA-Key> Show... New...
Certificate Subject DN: CN=asa1 Select...
Generate self-signed certificate
Act as local certificate authority and issue dynamic certificates to TLS-Proxy
Advanced...
Add Certificate Cancel Help

图 20-22 添加设备证书

本例的目的就是使用 ECDSA，所以需要点击 **Next** 来打开 Add Key Pair 对话框。

选择 **ECDSA** 密钥类型，如图 20-23 所示。

要使用默认密钥对的名称，可以点击 **Use default key pair name** 单选按钮。在使用新的密钥对名称时，点击 **Enter new key pair name** 单选按钮并且输入新的名称。在本例中，我们使用了默认的密钥对名称。

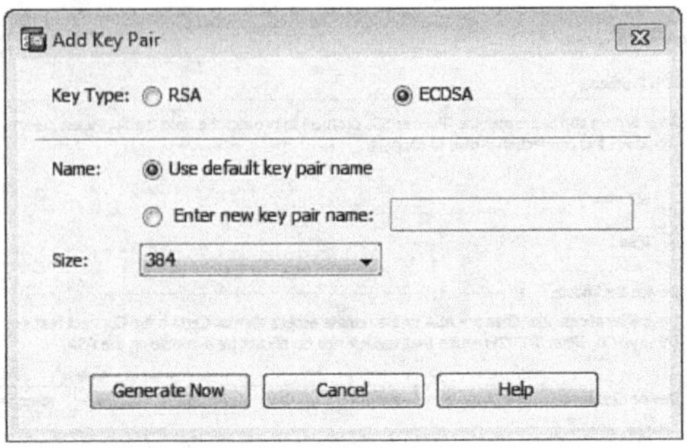

图 20-23 添加密钥对

从 Size 下拉菜单中选择模数（modulus）。

点击 **Generate Now** 创建新的密钥对，然后点击 **Show** 打开 Kay Pair Details 对话框。点击 **OK** 回到 Add Identity Certificate 对话框。

选择一个证书主题 DN，以形成身份证书中的 DN，然后点击 Select 显示 Certificate Subject DN 对话框。

从下拉菜单中选择想要添加的 DN 属性（可以选择多个属性），输入一个数值，然后点击 **Add**。Certificate Subject DN 可用的 X.500 属性为：

- Common Name(CN)；
- Department(OU)；
- Company Name(O)；
- Country(C)；
- State/Province(ST)；
- Location(L)；
- E-mail Address(EA)。

要创建自签名的证书，可以勾选复选框 **Generate Self-signed Certificate**，如图 20-22 所示。

在这个示例中，我们使用了由 Cisco ASA 创建的自签名证书。要配置其他设备证书设置或者使用外部 CA 服务器，点击 **Advanced**。第 21 章涵盖了 PKI 和外部 CA 服务器的使用方法。

点击 **OK**，然后点击 **Next** 执行 AnyConnect VPN Wizard 中的下一个步骤。

4. 步骤 4：客户端镜像文件

Cisco ASA 可以为用户提供 Cisco AnyConnect 软件。新用户唯一需要做的就是在启用和终结 VPN 客户端连接的那个接口上指定一个 Web 浏览器。

管理员可以向 ASA Flash 内存中上传 AnyConnect 安装文件，也可以将表中已有的镜像文件替换掉，前者需要点击 **Add**（添加），后者需要点击 **Replace**（替换）来实现。管理员可以浏览 Flash 内存来定位文件，或者从本地计算机上传文件。

管理员可以用正则表达式来用浏览器用户代理匹配一个镜像。管理员也可以将最常见的操作系统移动到表的最上面，以此将连接的建立时间缩到最短。

在添加希望客户端使用的 AnyConnect 软件版本之后，点击 **Next**。

5. 步骤 5：指定用户认证的方法

在下一个窗口中，向导会要求管理员选择一种用户认证机制，这里既可以选择使用本地数据库进行认证，也可以使用外部服务器进行认证。如果想要使用外部服务器（如

RADIUS）进行认证，那么就需要点击 **Authenticate Using an AAA Server Group**，然后输入预定义的服务器组名称。如果没有定义服务器，可以点击 **New** 来定义新的外部认证服务器。如果希望使用本地数据库，可以点击 **Authenticate Using the Local User Database**。在点击 **Next** 之后，ASDM 会提示管理员添加其他的用户。如果不准备添加其他本地用户，就点击 **Next** 指定分配给 VPN 客户端的地址池。

6. 步骤 6：指定地址池

下一个向导窗口会提示管理员从 Pool Name 下拉菜单中选择一个预定义的地址池。这里的过程与本章前文中介绍的 IPSec IKEv1 远程访问 VPN 向导配置过程相同。如果没有定义地址池，点击 **New** 来将地址池的名称定义为 **IPPool**，然后将地址池的起始 IP 地址设置为 **192.168.50.1**，最末的 IP 地址为 **192.168.50.254**，子网掩码为 **255.255.255.0**。然后点击 **Next** 继续。

7. 步骤 7：网络名称解析服务器

在定义好地址池之后，向导会提示管理员指定一些模式配置特性，如主用 DNS 服务器、备用 DNS 服务器和默认域名等。所有这些参数都是可选配置的，它们在协商过程中发送给 VPN 客户端。我们为客户端指定的 DNS 地址为 **192.168.10.10** 和 **192.168.10.20**，WINS 地址为 **192.168.10.20**。并且将域名指定为 **securemeinc.org**。接下来点击 **Next** 继续配置。

8. 步骤 8：NAT 豁免

如果在 ASA 上启用了网络转换功能，那么必须对 VPN 流量免除地址转换。这一部分的配置也和 IKEv1 客户端连接的配置步骤相同，前者已经在前文中进行过了介绍。接下来点击 **Next** 继续配置。

9. 步骤 9：AnyConnect 客户端的部署

管理员可以通过 Web 或预部署的方式在客户端设备上安装 AnyConnect 软件。在配置好 Web 部署之后，一旦用户使用 Web 浏览器访问 ASA，客户端就会自动安装该程序。如果通过预部署的方式，那么客户端需要通过手动的方式安装在用户工作站上。点击 **Allow Web Lauch** 选项就可以采取 Web 安装客户端软件的部署方式。这个选项是针对全局进行设置的，会应用于所有的连接。接下来点击 **Next** 继续配置。

VPN Wizard（VPN 向导）此时会显示我们此前设置的所有特性与配置。在验证过上述信息之后，点击 **Finish** 将所有配置推送给安全设备。

20.1.3 基于硬件的 VPN 客户端

Cisco 基于硬件的 VPN 客户端（亦称为 Easy VPN 硬件客户端）也提供远程访问 IPSec 功能，它使用专门的 Cisco 硬件设备。下列平台可以支持 Cisco 基于硬件的 VPN 客户端功能：

- Cisco IOS 路由器；
- Cisco ASA 5505。

Cisco 5505 可以充当一台 IKEv1 VPN 客户端，并能够代替与其连接的私有子网中的主机发起 VPN 隧道请求，如图 20-24 所示。当 ASA 5505 收到去往 VPN 隧道另一端的感兴趣流时，它将向头端安全设备的 IP 地址发起 IPSec 隧道请求。硬件客户端只支持使用 IKEv1。配置为硬件客户端的 Cisco ASA 上则不支持 IKEv2。

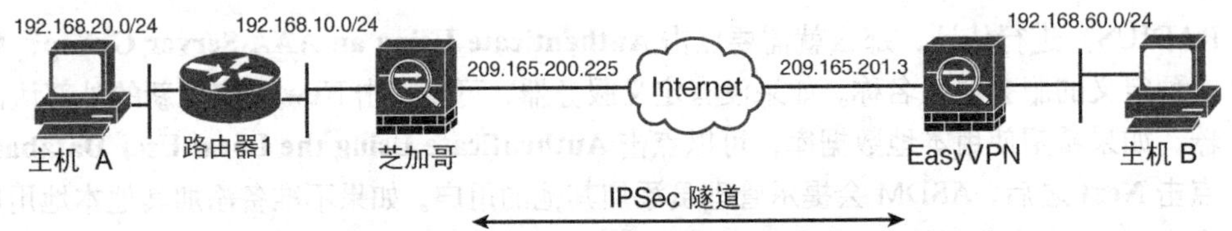

图 20-24 基于 Cisco ASA 的 Easy VPN 客户端与头端 Cisco ASA 连接

基于硬件的 Easy VPN 设备支持以下两种连接模式。

- **客户端模式（Client mode）**：也称为端口地址转换（PAT）模式。它将硬件 VPN 客户端上私有网络中的所有主机与公司网络中的主机相隔离。在将流量发往隧道前，基于硬件的 Easy VPN 客户端要将所有由私有网络中主机发起的流量转换成由单一源 IP 地址发起的流量。这个源 IP 地址是在模式配置交换期间，由安全设备分配给客户端的。客户端通过随机分配源端口来转换原始的源 IP 地址。客户端维护一个端口转换表，以便识别将响应发送给私有网络中的哪台主机。使用客户端模式，私有网络中的主机能够发起去往公司网络的流量。然而，公司网络中的主机却不能发起去往 Easy VPN 客户端私有网络的流量。
- **网络扩展模式（NEM，Network Extension Mode）**：与站点到站点隧道相似，位于公司网络的主机能够发起去往 Easy VPN 客户端网络的流量，反之亦然。因此，两端的主机知道对方真实的地址。站点到站点 VPN 和 NEM VPN 隧道最主要的不同在于，当使用 NEM VPN 隧道时，IPSec 连接必须由 Easy VPN 客户端发起。使用 NEM，安全设备无须为客户端分配 IP 地址。因此，客户端不为穿越 VPN 隧道的流量进行 PAT 转换。

Cisco ASA 5505 上的 Easy VPN 配置需要使用 **vpnclient** 命令。在例 20-17 中，5505 上配置了 Easy VPN，它连接到头端 ASA 的公共 IP 地址 209.165.200.225。Easy VPN 客户端使用的组名称为 SecureMeIPSec，组密码为 C!$c0K3y。管理员将该链接设置为网络扩展模式。用于 X-Auth 的用户名为 ciscouser，密码为 C1$c0123。

例 20-17 Cisco 5505 Easy VPN 客户端配置

```
interface Vlan1
 nameif inside
 security-level 100
 ip address 192.168.60.1 255.255.255.0
!
interface Vlan2
 nameif outside
 security-level 0
 ip address 209.165.201.3 255.255.255.0
!
interface Ethernet0/0
 switchport access vlan 2
! Address Translation rules for the inside hosts to connect to the Internet
global (outside) 1 interface
nat (inside) 1 192.168.60.0 255.255.255.0
!-- Specify the IP address of the VPN server.
vpnclient server 209.168.200.225
!-- This example uses network extension mode.
vpnclient mode network-extension-mode
!-- Specify the group name and the pre-shared key.
```

（待续）

```
vpnclient vpngroup SecureMeIPSec password C!$c0K3y
!-- Specify the authentication username and password.
vpnclient username ciscouser password C1$c0123
!-- In order to enable the device as hardware vpnclient, use this command.
vpnclient enable
```

注释：对于 Cisco IOS Easy VPN 客户端的安装和配置文件，请参考以下连接：
http://www.cisco.com/go/easyvpn

20.2 高级 Cisco IPSec VPN 特性

为满足不同远程访问 VPN 的实施要求，Cisco ASA 提供了多个高级特性，其中包括：

- 隧道默认网关；
- 透明隧道；
- IPSec 折返流量；
- VPN 负载分担；
- 客户端防火墙；
- 基于硬件的 Easy VPN 特性。

20.2.1 隧道默认网关

第 3 层设备通常都有一个默认网关，在路由表中找不到数据包的目的地址时，设备会使用默认网关来路由数据包。当数据包通过 IPSec 隧道到达安全设备，并且在其路由表中没有找到与目的 IP 地址相匹配的条目，则设备使用隧道默认网关路由数据包。被封装的流量既可以是远程访问 VPN 流量，也可以是站点到站点 VPN 流量。隧道默认网关的下一跳地址通常是内部路由器的 IP 地址或任意第 3 层设备的 IP 地址。

若管理员不希望在 Cisco ASA 上定义去往其内部网络的路由，并且希望将被封装的流量路由到内部路由器，在这种情况下，隧道默认网关特性就显得非常重要。

如需设置一个隧道默认网关，可通过菜单 **Configuration > Device Setup > Routing > Static Routes**，然后点击 **Add** 进行配置。这时 Add Static Route 对话框会打开，在那里可以添加一条默认路由，并将网关 IP 设置为内部路由器（路由器 1）的下一跳 IP 地址，如图 20-24 所示。要确保已选中 **Tunneled** 单选按钮，如图 20-25 所示。

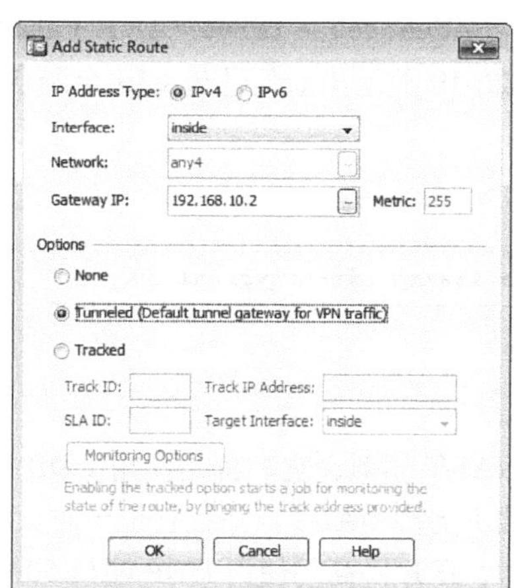

图 20-25 定义一个隧道默认网关

若管理员希望使用 CLI 进行配置，请确保在静态配置的默认路由后添加关键字 **tunneled**。例 20-18 所示的配置将设备的隧道默认网关指定为 192.168.10.2，该网段需通过内部接口到达。

例 20-18 隧道默认网关配置

```
Chicago(config)# route inside 0.0.0.0 0.0.0.0 192.168.10.2 tunneled
```

20.2.2 透明隧道

在很多网络拓扑中，VPN 客户端位于一个 NAT/PAT 设备后，该设备为实现地址转换检测第 4 层端口信息。由于 IPSec 使用 ESP（IP 协议 50），ESP 没有第 4 层信息，因此 PAT 设备通常无法对穿越 VPN 隧道的加密数据包进行转换。为解决这一问题，Cisco ASA 提供了以下三种解决方案：

- NAT 穿越（NAT-T）；
- IPSec over UDP；
- IPSec over TCP。

1. NAT 穿越

NAT-T（RFC 3947，“Negotiation of NAT-Traversal in the IKE”）特性是将 ESP 包封装到 UDP 端口 4500 中。若同时满足以下两个条件，设备将自动协商 NAT-T：

- 两边的 VPN 设备都能够支持 NAT-T；
- VPN 对等体之间存在 NAT 或 PAT 设备。

若同时满足这两个条件，VPN 客户端在尝试连接安全设备时，将使用 UDP 端口 5000 进行 IKE 协商。一旦 VPN 对等体发现双方设备均支持 NAT-T，并且在它们之间存在 NAT/PAT 设备，它们将切换到使用 UDP 端口 4500，以完成其余的隧道协商和数据加密工作。

默认情况下，安全设备上的 NAT-T 特性是全局启用的，默认的存活超时时间为 20 秒。在很多情况中，若没有流量穿越 UDP 端口 4500，NAT/PAT 设备会将连接设为超时。使用 NAT-T 存活机制使安全设备能够周期性地发送存活消息，来防止连接超时。NAT-T 存活时间范围为 10～3600 秒。

若出于某些原因未开启 NAT-T，可以通过菜单 **Configuration > Remote Access VPN > Network (Access) Client > Advanced > IPSec > IKE Parameters**，然后勾选 **Enable IPSec over NAT-T** 复选框。例 20-19 显示出如何通过 CLI 全局启用 NAT-T，并使它每隔 30 秒发送存活消息。

例 20-19 全局启用 NAT-T

```
Chicago(config)# crypto isakmp nat-traversal 30
```

2. IPSec over UDP

IPSec over UDP 与 NAT-T 相似，它们都是使用 UDP 封装 ESP 包。该特性在以下场景中非常有用：VPN 客户端不支持 NAT-T，并且它位于防火墙之后，防火墙阻隔了 ESP 包。在使用 IPSec over UDP 时，IKE 协商仍使用 UDP 端口 500。在协商期间，Cisco ASA 通知 VPN 客户端使用 IPSec over UDP 进行数据传输。除此之外，Cisco ASA 还向 VPN 客户端更新它需要使用的 UDP 端口。

在用户组策略中启用 IPSec over UDP，可通过菜单 **Configuration > Remote Access VPN > Network (Client) Access > Group Policies**，选择 **IPSecGroupPolicy**，点击 **Edit** 并选择左侧面板中的 **Advanced > IPSec Client**。不勾选 IPSec Over UDP 和 IPSec Over UDP Port 参数后的 **inherit** 复选框。点击 **IPSec over UDP** 的 **Enable** 单选按钮，为 **IPSec Over UDP Port** 指定端口 **10000**。

例 20-20 显示出在 CLI 中设置 Cisco ASA，为远程访问组 IPSecGroupPolicy 使用 IPSec over UDP。Cisco ASA 将 UDP 端口 10000 作为数据封装端口，推送到 VPN 客户端。

例 20-20 IPSec over UDP 配置

```
Chicago(config)# group-policy IPSecGroupPolicy attributes
Chicago(config-group-policy)# ipsec-udp enable
Chicago(config-group-policy)# ipsec-udp-port 10000
```

3. IPSec over TCP

IPSec over TCP 是在下列情境中使用的重要特性：

- UDP 端口 500 被阻塞，导致 IKE 协商无法完成；
- 不允许 ESP（IP 协议 50）通过，导致加密流量无法传输；
- 网络管理员倾向于使用一个面向连接的协议。

使用 IPSec over TCP 时，安全设备使用 TCP 作为传输协议，通过预配置的端口协商 VPN 隧道。当隧道建立后，两台 VPN 设备（Cisco ASA 和 VPN 客户端）通过相同的连接传输流量。可以通过菜单 **Configuration > Remote Access VPN > Network (Access) Client > Advanced > IPSec > IKE Parameters** 启用该特性，勾选 **Enable IPSec over TCP** 复选框，并指定一个端口号。例 20-21 显示出如何在 Cisco ASA 上配置 IPSec over TCP。安全设备的管理员倾向使用 TCP 端口 10000 进行隧道建立和数据传输。Cisco ASA 允许为该特性使用最多 10 个 TCP 端口。

例 20-21 IPSec over TCP 配置

```
Chicago(config)# isakmp ipsec-over-tcp port 10000
```

为确认 VPN 客户端是否使用 IPSec over TCP，可以使用命令 **show crypto ipsec sa | include settings**，详见例 20-22。In Use Settings 选项表示指定的 VPN 连接是使用 TCP 封装的远程访问隧道。

例 20-22 确认 VPN 客户端使用 IPSec over TCP

```
Chicago(config)# show crypto ipsec sa | include settings
        in use settings ={ RA, Tunnel, TCP-Encaps, }
        in use settings ={ RA, Tunnel, TCP-Encaps, }
```

20.2.3 IPSec 折返流量

默认情况下，Cisco ASA 不允许从接收数据包的接口再将数据包发送出去。若两个 VPN 隧道终结在相同的接口上，Cisco ASA 允许从其中一个 VPN 隧道接收 IPSec 流量，再将其定位到另一个 VPN 隧道。这个特性叫做 IPSec 折返流量（IPSec hairpinning）。通过使用该特性，管理员可以实施真正的星型拓扑结构，如图 20-26 所示。

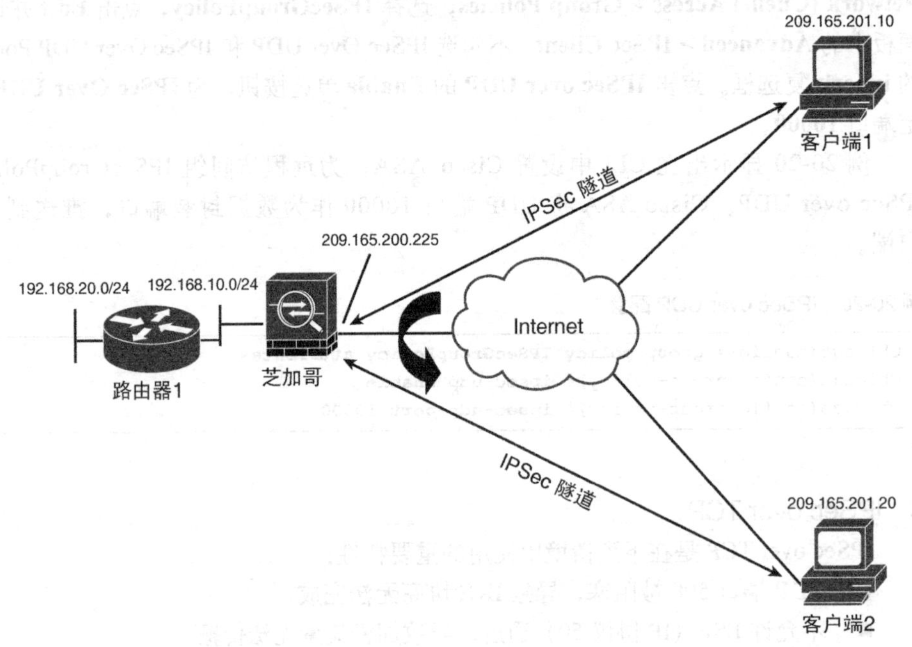

图 20-26 IPSec 折返流量

若客户端 1 需要向客户端 2 发送流量，它会将流量发送到中心的 Cisco ASA。中心 Cisco ASA 在路由表中检查该目的地之后，通过另一条 VPN 隧道将流量发送到客户端 2，反之亦然。然而，这个特性要求两台远程 VPN 设备是同一加密映射集的一部分，并且加密映射集必须被应用在相同的接口上。

可以通过菜单 **Configuration > Device Setup > Interfaces** 启用 IPSec 折返流量特性，勾选 **Enable Traffic Between Two or More Hosts Connected to the Same Interface** 复选框。在 CLI 中，可以使用全局命令 **same-security-traffic permit intra-interface**，当流量需要穿越另一条 VPN 隧道时，允许 VPN 流量从相同的物理接口离开。

Cisco ASA 还可以从一个 IPSec 客户端接收流量，接着将它以明文的形式重定向到 Internet。这个特性叫做客户端 U 型转弯（Client U-turn），当出现下列情况时，该特性非常有用：

- 未使用分离隧道，将所有流量发送到安全设备；
- 希望为 IPSec 客户端提供 Internet 访问；
- 不希望去往 VPN 客户端的流量从 Internet 返回到组织机构的内部网络中。

使用 IPSec 折返流量和客户端 U 型转弯时，Cisco ASA 在将流量从相同接口发送出去之前，要应用防火墙规则（ACL 检查、数据包检测、NAT、IDS、URL 过滤）。如例 20-23 所示，若地址池是 192.168.50.0/24，管理员必须配置 NAT 和全局命令，以便允许 VPN 客户端流量访问 Internet。

例 20-23 允许 VPN 客户端访问 Internet

```
same-security-traffic permit intra-interface
ip local pool IPPool 192.168.50.1-192.168.50.254
object network vpn_local
 subnet 192.168.50.0 255.255.255.0
nat (outside,outside) dynamic interface
object network inside_nw
 subnet 192.168.10.0 255.255.255.0
nat (inside,outside) dynamic interface
! Use twice NAT to pass traffic between the inside network and the VPN client without
! address translation (identity NAT):
nat (inside,outside) source static inside_nw inside_nw destination static vpn_local
vpn_local
```

20.2.4 VPN 负载分担

VPN 负载分担是在多台安全设备上分配远程访问 IPSec VPN 和 SSL VPN 连接的方法。使用两台或多台 Cisco ASA 设备部署负载分担时，它们形成一个虚拟集群，其中一台安全设备充当集群主设备。集群中的所有 Cisco ASA 都配置同一虚拟 IP 地址，集群主设备拥有该 IP 地址，如图 20-27 所示。

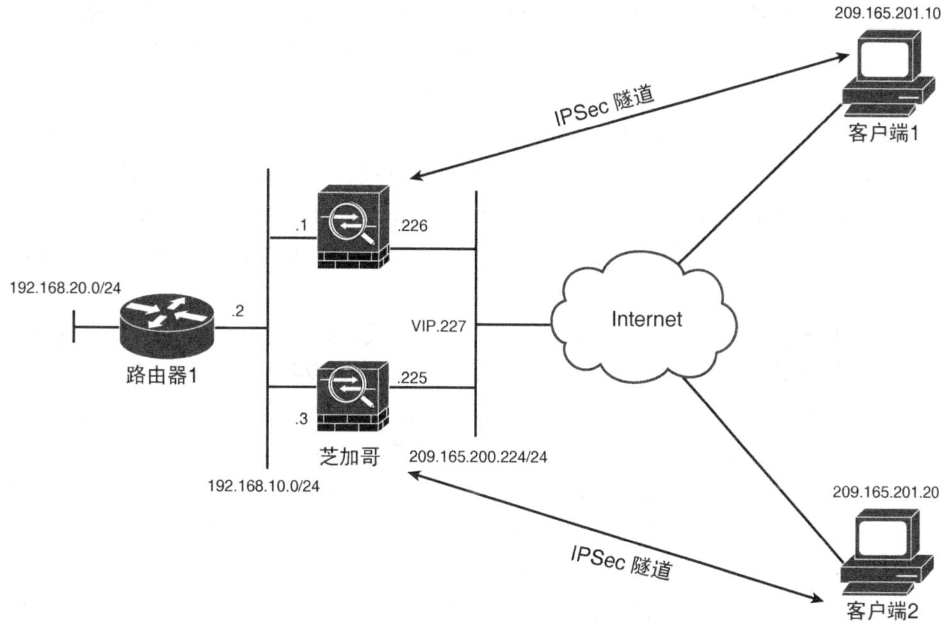

图 20-27 VPN 负载分担

VPN 客户端使用这个 IP 地址发起隧道请求。主设备接收到请求后，查看负载分担数据库，并确定负载最轻的安全设备。主设备向客户端返回重定向消息，其中包括希望客户端连接的安全设备的 IP 地址。接收到 Cisco ASA 的 IP 地址后，客户端向 Cisco ASA 发起新请求，并进行 IKE 协商。

下列远程访问客户端可支持负载分担特性：

- Cisco AnyConnect Secure Mobility Client；

- 传统的 Cisco IPSec VPN 客户端（3.0 及其后续版本）；
- 用 Cisco 5505 充当 Easy VPN 客户端；
- Cisco IOS Easy VPN 客户端设备，比如支持 IKE 重定向的 831/871；
- 无客户端 SSL VPN。

注释：L2TP over IPSec 隧道和 IPSec 站点到站点隧道不支持负载分担。

可通过菜单 **Configuration > Remote Access VPN > Load Balancing** 设置 VPN 负载分担，并且可以配置以下属性。

- **参与负载分担集群（Participate in Load Balancing Cluster）**：若希望这台安全设备参与远程访问会话的负载分担，则启用该选项。
- **集群 IP 地址（Cluster IP Address）**：集群 IP 地址是负载分担集群的虚拟 IP 地址，远程访问客户端用它发起连接请求。集群 IPv4 地址指定的这个 IPv4 地址代表的是整个 IPv4 虚拟集群。同样，集群 IPv6 地址指定的这个 IPv6 地址代表的是整个 IPv6 虚拟集群。
- **UDP 端口（UDP Port）**：指定安全设备用来发送和接收负载分担信息的端口。默认为 UDP 端口 9023。
- **启用 IPSec 加密（Enable IPSec Encryption）**：若希望集群中的成员 Cisco ASA 之间相互交换负载分担信息时，保护其通信安全，则启用该选项。
- **IPSec 共享秘密密钥（IPSec Shared Secret）**：设置一个共享秘密密钥，被负载分担进程用来加密通信连接。若密钥不匹配，则安全设备无法加入集群。
- **公共接口（Public Interface）**：指定终结 IPSec 隧道的接口。默认是 outside 接口。
- **私有接口（Private Interface）**：指定连接内部网络的接口。默认是 inside 接口。若选择加密负载分担信息，则必须在 inside 接口上启用 ISAKMP 进程。
- **NAT 分配的 IP 地址（NAT Assigned IP address）**：若 Cisco ASA 设备位于一台 NAT 设备身后，则可以将安全设备转换后的 IP 地址分别配置为 NAT 分配的 IPv4 或 IPv6 地址。
- **优先级（Priority）**：可以设置适当的优先级，来指明在启动阶段或当前集群主设备无法响应时，一台 Cisco ASA 设备成为集群主设备的可能性。Cisco ASA 设备的默认优先级是根据模型决定的。若两台拥有相同优先级的 Cisco ASA 设备同时启动，则拥有最低 IP 地址的安全设备成为集群主设备。否则，有用最高优先级的安全设备将成为集群主设备。若在运行期间集群主设备无法响应，则第二台拥有最高优先级的设备将成为新的集群主设备。管理员可以在 1～10 之间设置优先级。原来的主设备重新连入网络时，并不夺回控制权。

在图 20-28 中，将一台安全设备配置为参与 VPN 负载分担。集群 IP 地址为 209.165.200.227，IPSec 共享秘密密钥为 C1$c0123。该设备的优先级为 6。

管理员也可以配置负载分担，让这台 ASA 在 SA 认证或 SA 初始化期间将 IKEv2 连接重定向到另一台 ASA 设备上。在图 20-28 中，管理员就选择了 Redirect During SA Authentication。

若管理员希望使用 CLI 配置 VPN 负载分担，例 20-24 给出了相应的配置。

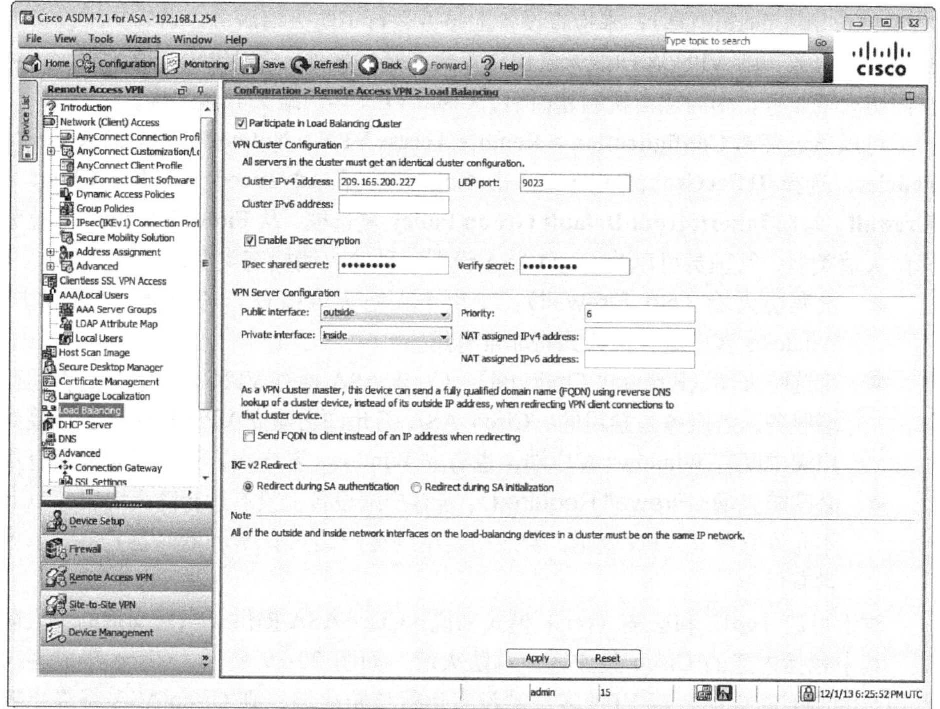

图 20-28　配置 VPN 负载分担

例 20-24　使用加密的 VPN 负载分担配置

```
Chicago(config)# vpn load-balancing
Chicago(config-load-balancing)# priority 6
Chicago(config-load-balancing)# cluster key C1$c0123
Chicago(config-load-balancing)# cluster ip address 209.165.200.227
Chicago(config-load-balancing)# cluster encryption
Chicago(config-load-balancing)# participate
```

注释：VPN 负载分担要求管理员在所有参与负载分担的接口上启用 ISAKMP。若启用负载分担，但没有在接口上启用 ISAKMP，则会收到以下错误消息：

```
Chicago(config-load-balancing)# participate
ERROR: Need to enable isakmp on interface inside to use encryption.
```

20.2.5　客户端防火墙

Cisco VPN 客户端中集成了一个个人防火墙，通过检测入向和出向数据包来保护设备不受 Internet 的攻击。当管理员在 VPN 客户端上启用了防火墙选项，同时用户连接的 VPN 隧道组启用了分离隧道特性，那么客户端将对其提供额外的保护。这样的话，VPN 客户端防火墙将拒绝从未保护网络接收的数据包，从而构成了更为安全的企业网络。Cisco ASA 支持两种不同的客户端防火墙环境，接下来将对其进行详细的介绍。

注释：只有 Windows VPN 客户端支持客户端防火墙特性。

1. 个人防火墙检查

Cisco VPN 客户端可以通过周期性地向指定 VPN 客户端防火墙发送存活消息（也称为

AYT [Are you there]消息)，来检查设备上是否运行了防火墙服务。若客户端设备上没有运行防火墙服务，则 VPN 客户端无法建立安全连接。另外，若 VPN 隧道建立后，用户手动关闭防火墙服务，则当存活机制超时后，Cisco VPN 客户端丢弃该连接。

可以通过菜单 **Configuration > Remote Access VPN > Network (Client) Access > Group Policies**，选择 **IPSecGroupPolicy**，点击 **Edit** 并选择 **Advanced > IPSec Client > Client Firewall**。勾选 **Inherit from Default Group Policy** 复选框，从 Firewall Setting 下拉菜单中选择防火墙类型。管理员可以为 Cisco ASA 设置三种防火墙检查类型。

- **没有防火墙（No Firewall）**：禁用个人防火墙检查。若连接到组的客户端是非 Windows 客户端，该模式将非常有用。
- **可选防火墙（Firewall Optional）**：Cisco ASA 检查 VPN 客户端上是否运行了防火墙服务。若服务是禁用的，Cisco ASA 仍允许它建立 VPN 连接。若连接到组的客户端中既有 Windows 客户端，也有非 Windows 客户端，该模式将非常有用。
- **必需防火墙（Firewall Required）**：若客户端设备上没有运行防火墙服务，Cisco ASA 不允许它建立 VPN 隧道。若连接到组的客户端只有 Windows 客户端，该模式将非常有用。

对于可选（**opt**）和必需（**req**）模式来说，Cisco ASA 提供了当前支持的个人防火墙列表，其中包括内建的 Cisco 集成客户端防火墙。如图 20-29 所示，Cisco 集成客户端防火墙被选为必需防火墙，若 VPN 客户端没有运行该防火墙，则 Cisco ASA 将终止隧道的建立过程。

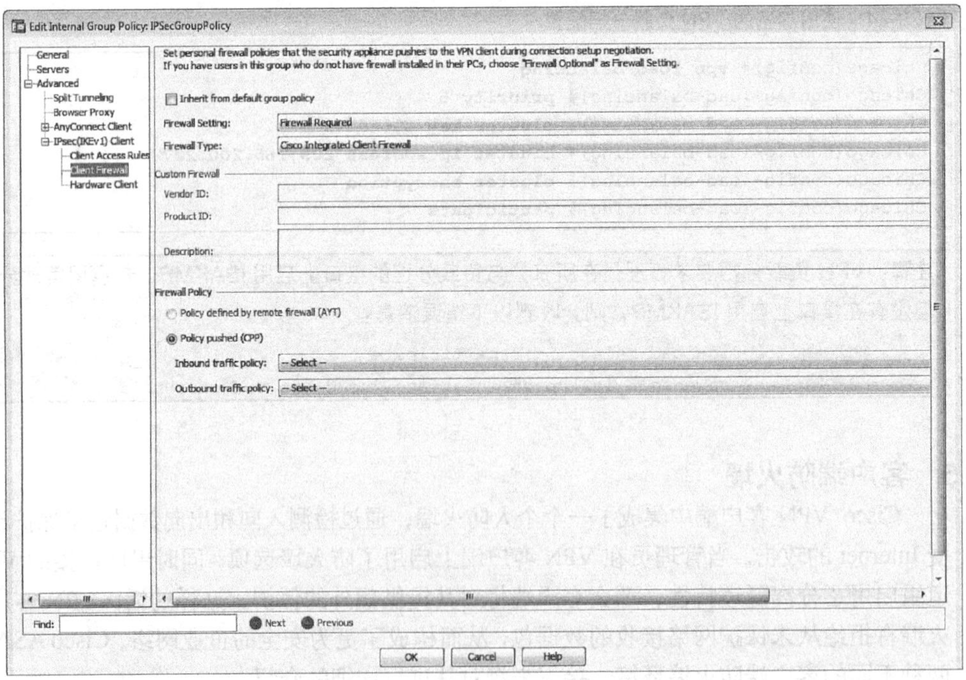

图 20-29 配置客户端防火墙检查

> 注释：若管理员知道防火墙的厂商 ID 和产品 ID，就可以使用 Custom Firewall 选项自定义防火墙。如果管理员在 Firewall Type 下列菜单中选择了 Custom Firewall，这些设置就会启用。

2. 集中保护策略

在部署了分离隧道的环境中，Cisco ASA 能够以 ACL 的形式向客户端设备发送安全策略，并为客户端重定向明文流量。这种部署环境也称为集中保护策略（CPP）或推送的策略，使用 ACL 将策略推送到客户端防火墙。当管理员希望远端用户只以明文的形式浏览有限的 IP 地址，并过滤其他所有流量时，这个特性显得极为有用。

> 注释：只有集成了状态化防火墙功能的 Windows VPN 客户端才能够支持 CPP。微软 Windows 2003 和 Windows Vista 不支持该特性。

可以通过菜单 **Configuration > Remote Access VPN > Network (Client) Access > Group Policies**，选择 **IPSecGroupPolicy**，点击 **Edit** 并选择 **Advanced > IPSec Client > Client Firewall** 定义 CPP。不勾选 **Inherit from Default Group Policy** 选项，在 Firewall Setting 下拉菜单中选择 **Firewall Required**。在 Firewall Type 下列菜单中选择 **Cisco Integrated Client Firewall(CIC)**。确保在 Firewall Policy 下选择了 **Policy Pushed (CPP)**选项。ASDM 允许管理员选择一个入向策略和一个出向策略应用到用户连接上。若管理员没有定义 ACL，点击 **Manage** 按钮，在弹出的新对话框中指定要推送到用户连接的 ACL。

> 注释：CIC ACL 是在相应的 VPN 客户端定义的。这就是说出向 ACL 应该以地址池为源，以目标网络为目的。同样地，入向 ACL 应该以目标网络为源，以地址池为目的。
>
> 若管理员在协议级别定义 ACL，要确保在策略中放行 DNS 请求和响应流量。比如说，若 DNS 服务器是 192.168.101.1，那么需要在 ACL 中为 DNS 服务器 IP 地址放行端口 53 的流量。

管理员也可以使用 CLI 来配置与图 17-22 相同的策略，详见例 20-25。

例 20-25 配置集中保护策略

```
Chicago(config)# access-list FW-IN extended permit ip 192.168.100.0 255.255.255.0
  192.168.50.0 255.255.255.0
Chicago(config)# access-list FW-IN extended permit udp host 192.168.101.1 eq 53
  192.168.50.0 255.255.255.0
Chicago(config)# access-list FW-OUT extended permit ip 192.168.50.0 255.255.255.0
  192.168.100.0 255.255.255.0
Chicago(config)# access-list FW-OUT extended permit udp 192.168.50.0 255.255.255.0
  host 192.168.101.1 eq 53
Chicago(config)# group-policy IPSecGroupPolicy attributes
Chicago(config-group-policy)# client-firewall req cisco-integrated acl-in FW-IN acl-out
FW-OUT
```

20.2.6 基于硬件的 Easy VPN 客户端特性

若管理员启用了特殊的特性，Cisco ASA 能够为 Easy VPN 硬件客户端提供进一步安全性保障，可通过菜单 **Configuration > Remote Access VPN > Network (Client) Access > Group Policies**，选择 **IPSecGroupPolicy**，点击 **Edit**，并选择 **Advanced > IPSec Client > Hardware Client** 配置这些特性，不勾选 **Inherit** 复选框。图 20-30 所示即为这些特性，并显示出启用所有这些特性时的 ASDM 配置。

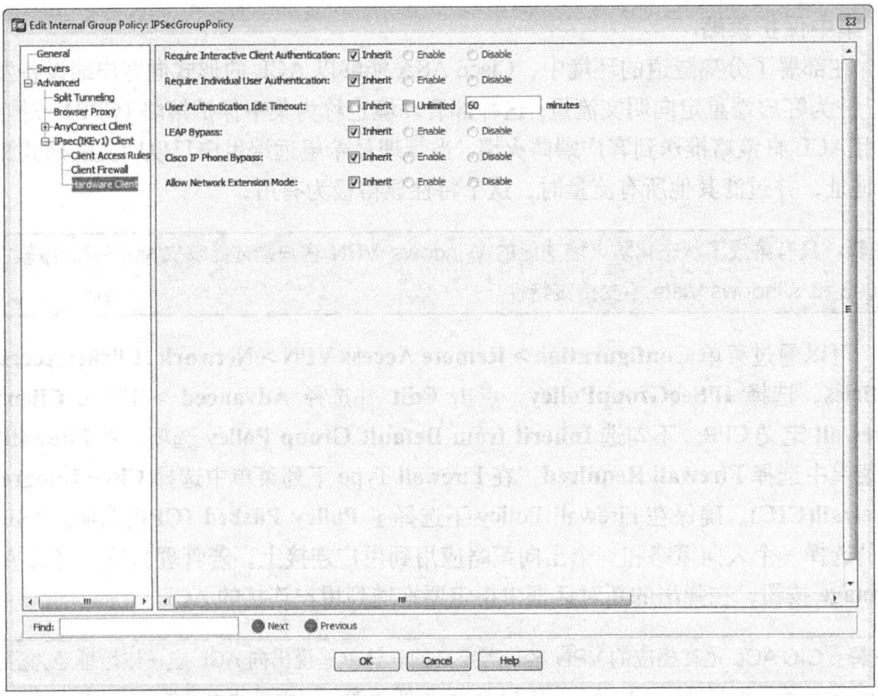

图 20-30 配置基于硬件的 Easy VPN 特性

1. 交互式客户端认证

Cisco ASA 能够使用交互式硬件客户端认证特性，也称为安全单元认证，该特性能够确保每一次隧道协商过程中，基于硬件的 Easy VPN 客户端都提供用户证明。另外，安全设备不允许用户将用户密码保存在基于硬件的 Easy VPN 客户端上，这也提供了额外的安全性。若将用户密码保存在基于硬件的 Easy VPN 客户端上，Cisco ASA 将在模式配置过程中推送下来一个策略，用来从硬件 Easy VPN 客户端的配置中删除保存的密码。在图 20-30 所示的界面中，对 Require Interactive Client Authentication 选项点击 **Enable** 启用这项特性。例 20-26 所示为通过设置 Cisco ASA 来针对 IPSecGroupPolicy 组设置交互式硬件客户端认证的配置。

例 20-26 配置交互式客户端认证

```
Chicago(config)# group-policy IPSecGroupPolicy attributes
Chicago(config-group-policy)# secure-unit-authentication enable
```

2. 个人用户认证

使用个人用户认证特性，Cisco ASA 能够对硬件 Easy VPN 客户端后的用户进行认证，通过认证后，在允许用户访问公司资源前，从而确保 VPN 隧道的安全。为了能够通过隧道传输流量，硬件 Easy VPN 客户端后的用户必须打开一个 Web 浏览器，并提供有效的用户证明。硬件 Easy VPN 客户端向 Cisco ASA 转发用户信息，Cisco ASA 反过来使用配置的认证方式来验证用户信息的有效性。

提示：用户不需要在 Web 浏览器中手动输入硬件 Easy VPN 客户端的 IP 地址。而是当用户试图浏览安全设备后的服务器时，硬件 Easy VPN 客户端将页面重定向到用户认证页面。

在图 20-30 所示的界面中，对 Require Individual User Authentication 选项点击 **Enable** 启用这项特性。例 20-27 所示为通过设置 Cisco ASA 来针对 IPSecGroupPolicy 组设置个人用户认证的配置。

例 20-27 配置个人用户认证

```
Chicago(config)# group-policy IPSecGroupPolicy attributes
Chicago(config-group-policy)# user-authentication enable
```

管理员也可以指定空闲时间间隔，以防止用户连接上长时间没有活动流量。当空闲时间超时后，Cisco ASA 将关闭该连接。可在图 20-30 所示界面中的 User Authentication Idle Timeout 选项下以分钟为单位指定超时时间，也可将其设置为 unlimited（未限制）。例 20-28 中的 IPSecGroupPolicy 组被配置为 60 分钟后将不活动的用户设为超时。

例 20-28 配置个人用户空闲超时时间

```
Chicago(config)# group-policy IPSecGroupPolicy attributes
Chicago(config-group-policy)# user-authentication-idle-timeout 60
```

注释：用户认证是基于客户端的源 IP 地址完成的。

3. LEAP 旁路

LEAP 旁路是安全设备中的一个特性，当配置了个人硬件客户端认证时，该特性使安全设备允许轻量级扩展认证协议（LEAP）包通过 VPN 隧道。可以通过点击图 20-30 中所示的 LEAP Bypass 选项对应的 **Enable** 来启用 LEAP 旁路特性。例 20-29 显示出 Cisco ASA 中为 IPSecGroupPolicy 组启用 LEAP 旁路特性。

例 20-29 配置 Cisco Aironet LEAP 旁路

```
Chicago(config)# group-policy IPSecGroupPolicy attributes
Chicago(config-group-policy)# leap-bypass enable
```

注释：该特性仅工作在使用 LEAP 认证的 Cisco Aironet 接入点上。若启用交互式硬件客户端认证，则该特性无法工作。

4. Cisco IP 电话旁路

当启用了个人硬件客户端认证时，若 Cisco IP 电话通过隧道发送流量，Cisco ASA 将试图对其进行认证。可以通过点击图 20-30 中所示的 Cisco IP Phone Bypass 选项对应的 **Enable**，让安全设备不对 Cisco IP 电话进行认证。例 20-30 显示出为 IPSecGroupPolicy 组策略启用该特性的配置。

例 20-30 配置 Cisco IP 电话旁路

```
Chicago(config)# group-policy IPSecGroupPolicy attributes
Chicago(config-group-policy)# ip-phone-bypass enable
```

注释：为了使这一特性正常工作，请确保基于硬件的 Easy VPN 客户端使用网络扩展模式。

5. 硬件客户端网络扩展模式

管理员可以在 Cisco ASA 上配置组策略，来禁用网络扩展模式（NEM）。在这种情况下，基于硬件的 Easy VPN 客户端将不能为 VPN 隧道使用客户端/PAT 模式。若客户端尝试使用 NEM，Cisco ASA 将阻止隧道的建立。可以通过点击图 20-30 中 **Allow Network Extension Mode** 选项对应的 **Enable** 来启用 NEM。例 20-31 显示出 Cisco ASA 中为 IPSecGroupPolicy 组启用 NEM。

例 20-31 配置允许使用 NEM

```
Chicago(config)# group-policy IPSecGroupPolicy attributes
Chicago(config-group-policy)# nem enable
```

20.3 L2TP over IPSec 远程访问 VPN 解决方案

倾向于使用 Windows 操作系统内建的远程访问客户端的组织机构可以使用 L2TP。但 L2TP 无法提供强壮的数据机密性保护。因此大多数 L2TP 实施环境中使用 IPSec 保护数据的安全。这种方法通常称为 L2TP over IPSec，详情请参考 RFC 3193，“Securing L2TP Using IPSec”。

> 注释：L2TP over IPSec 只支持 IKEv1。在 Cisco ASA 上，IKEv2 不支持 L2TP over IPSec。

在 L2TP over IPSec 实施环境中，客户端工作站和安全设备之间的协商将经历 7 个步骤，如图 20-31 所示。

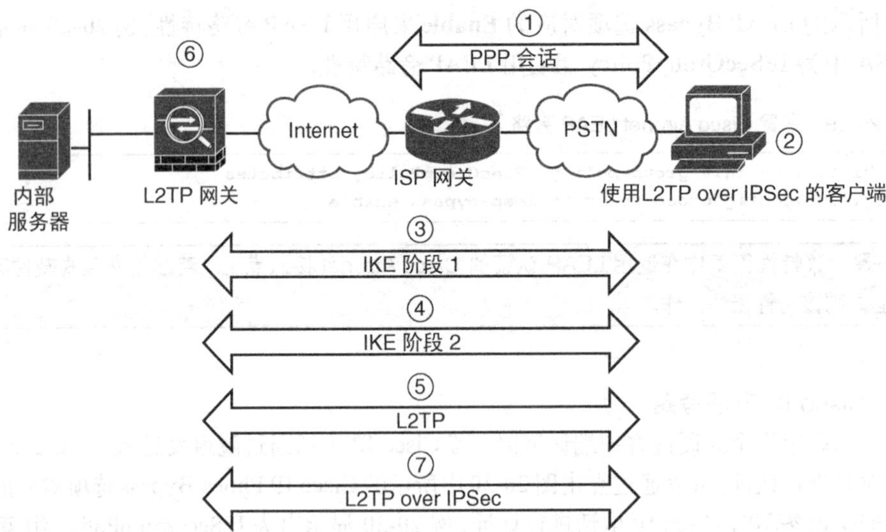

图 20-31 L2TP over IPSec 协商步骤

1. 用户与 ISP 的接入路由器建立 PPP 会话，并收到一个动态的公共 IP 地址。若工作站已经拥有一个 IP 地址，并能够向 Internet 发送流量，则可以跳过本步骤。
2. 用户打开 L2TP 客户端，该客户端使用 IPSec（IKEv1）保护数据的安全。
3. 客户端工作站初始化一个会话，并与对等体协商一条安全通道，实现交换密钥（IPSec 的 IKEv1 阶段 1 协商）。
4. 阶段 1 成功建立后，客户端建立两条安全通道，实现数据加密和认证（IPSec 的 IKEv1

阶段 2 协商）。使用 UDP 端口 1701 建立数据通道，用来加密 L2TP 流量。

5. IPSec 建立后，客户端在 IPSec 隧道中初始化一个 L2TP 会话。
6. 使用基于用户的认证证书来验证 L2TP 会话的有效性。所有 PPP 或 L2TP 属性的协商均发生在成功认证用户之后。
7. L2TP 会话建立后，用户工作站可以发送数据流量，这些流量以 L2TP 进行封装。L2TP 包再由 IPSec 进行加密，接着穿越 Internet 发送到隧道的另一端。

> **注释**：若使用 L2TP over IPSec 的客户端和家庭网关之间存在防火墙，则需要在防火墙上放行 IP 协议 50（ESP）和 UDP 端口 500。L2TP 包（UDP 端口 1701）被封装在 ESP 中。有些 L2TP over IPSec 厂商通过将流量封装到 UDP 端口 4500 中来允许 NAT 穿越（NAT-T）。

图 20-32 显示出在原始数据包上添加了所有头部和封装信息后的 L2TP over IPSec 包格式。

> **注释**：PAT 设备后可以同时存在多个 L2TP over IPSec 客户端，PAT 设备可以使用 NAT-T 终结安全设备上的会话。有关 Windows 平台上的 NAT-T，请参考 Microsoft knowledge base（微软知识库）中的文章，其编号为 926179：http://support.microsoft.com/kb/926179。

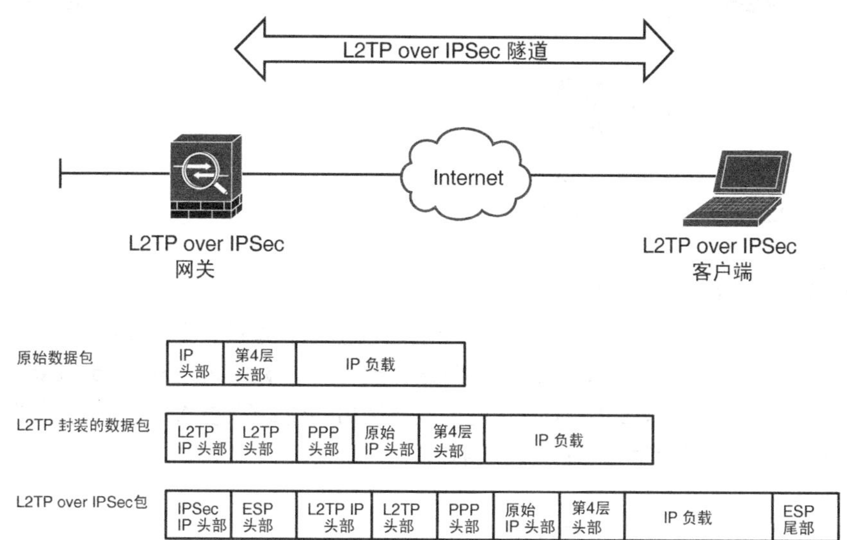

图 20-32 L2TP over IPSec 包格式

20.3.1 L2TP over IPSec 远程访问配置步骤

如图 20-33 所示，SecureMeInc.org 芝加哥中心办公室实施了 L2TP over IPSec 解决方案。接下来使用拓扑将说明成功建立隧道所必需的配置步骤。成功建立 L2TP over IPSec 远程访问隧道最好的方法是使用 ASDM 配置向导。下面的很多步骤与“IPSec（IKEv1）远程访问配置步骤”一节中介绍的步骤相同。

选择 **Wizards > VPN Wizards > IPsec (IKEv1) Remote Access VPN Wizard**，启用 IPSec IKEv1 Remote Access VPN Wizard（IPSec IKEv1 远程访问 VPN 向导）。ASDM 在开启 VPN 向导的时候，会让管理员选择 VPN 隧道接口。接下来我们会在下一小节中介绍如何成功定义 L2TP over IPSec 远程访问隧道。

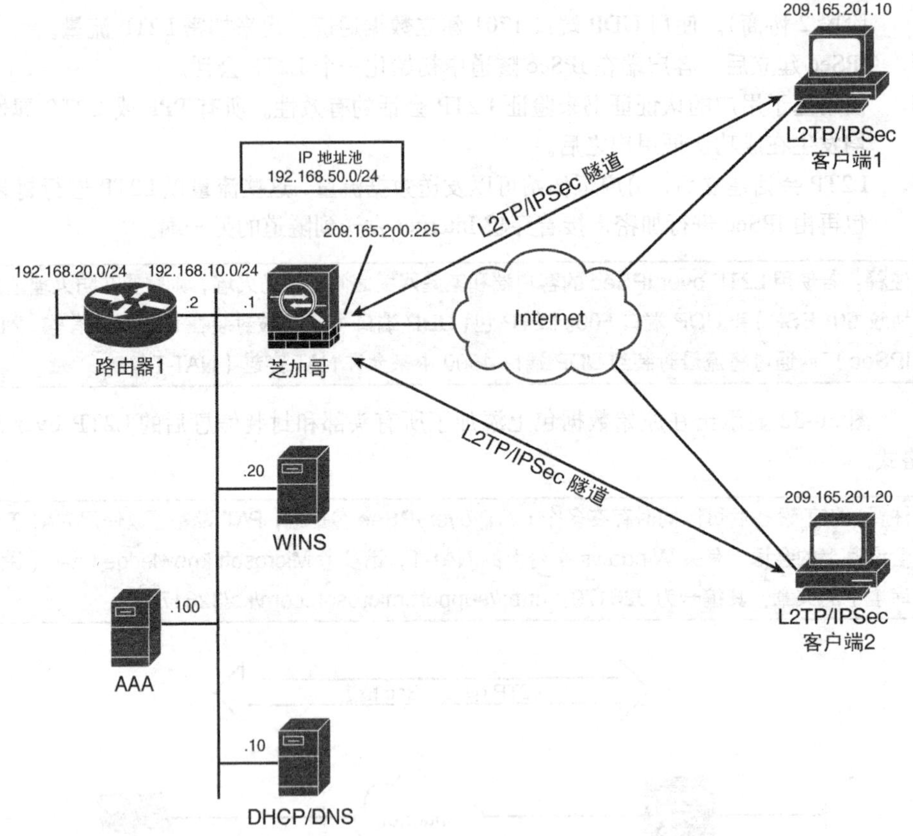

图 20-33　L2TP over IPSec 网络拓扑

1. 步骤 1：选择隧道类型

打开 IPSec 配置向导后，ASDM 向导将首先提示管理员指定隧道接口。从 VPN Tunnel Interface 下拉菜单中选择 **outside**。要保证自己勾选了 **Enable Inbound IPsec Sessions to Bypass Interface Access Lists** 复选框，让解密后的流量绕过 ACL 校验。点击 **Next** 进入 Remote Site Peer（远端站点对等体）窗口。

2. 步骤 2：选择远端访问客户端

在下一个窗口中，VPN 配置向导将提示管理员选择 IPSec 远程访问客户端连接。可以选择 Cisco VPN 客户端 3.x 或更高版本，也可以选择 Other Easy VPN Remote Product 或者 Microsoft Windows Client Using L2TP over IPsec。对于 L2TP over IPSec 连接来说，点击 **Microsoft Windows Client Using L2TP over IPSec**。指定 PPP 认证协议，Cisco ASA 支持下列协议。

- PAP：PAP 是最不安全的认证方式，因为它以明文的方式发送用户名和密码。
- CHAP：CHAP 比 PAP 安全，虽然它以明文发送用户名，但密码会作为服务器的复核响应消息发送出去。然而数据是以明文的方式发送。
- MS-CHAP：它是 CHAP 的增强版本，客户端以 MD4 哈希响应服务器的复核消息。
- MS-CHAP2：它在 MS-CHAP 版本 1 的基础上提供了额外的安全性增强，比如对等体之间的相互认证。
- EAP-Proxy：它允许安全设备使用外部 RADIUS 认证服务器，作为 PPP 认证进程的代理。

管理员可以选择一个或多个认证协议。认证协议是根据 L2TP over IPSec 客户端所提供的协议类型进行协商的。在这里选择 **MS-CHAP-V1** 和 **MS-CHAP-V2** 作为认证协议，点击 **Next**。

3. 步骤 3：选择 VPN 客户端认证方式

在下一个窗口中，VPN 配置向导将提示管理员选择 IKE 认证机制，比如预共享密钥或预安装的证书。选择 **Pre-shared Keys** 作为认证方式并指定 **C!$c0K3y** 为预共享密钥。对于使用 L2TP over IPSec 的 VPN 客户端，必须使用隧道组 DefaultRAGroup。这就是 VPN 向导中显示的 Tunnel Group 部分为什么是灰色的。点击 **Next** 进入用户认证窗口。

4. 步骤 4：定义用户认证方式

在下一个窗口中，配置向导将提示管理员选择用户认证机制，比如本地数据库或外部服务器。若希望使用外部服务器（如 RADIUS），需要选择 **Authenticate Using an AAA Server Group** 并从下拉菜单中选择一个预定义的服务器组名称。若还没有定义服务器，点击 **New** 定义一个新的外部认证服务器。若希望使用本地数据库，选择 **Authenticate Using the Local User Database**。

5. 步骤 5：用户账户

点击 **Next** 后，ASDM 将提示管理员添加其他用户。若管理员不希望再添加任何本地用户，则点击 **Next** 进行下一步配置。

6. 步骤 6：定义地址池

在下一个窗口中，Cisco ASDM 配置向导将提示管理员在 Pool Name 下拉菜单中选择一个预定义的地址池。若当前还没有定义地址池，可以点击 **New** 并指定一个新地址池，这个新的地址池开始于 **192.168.50.1**，结束于 **192.168.50.254**。点击 **Next** 进行下一步配置。

7. 步骤 7：定义推送到客户端的属性

定义地址池后，VPN 向导将提示管理员定义模式配置属性，比如主用/备用 DNS 和 WINS 服务器，以及默认域名。所有这些参数都是可选的，并在 L2TP 隧道协商期间发送到 VPN 客户端。将 **192.168.10.10** 定义为 DNS 地址，将 **192.168.10.20** 定义为 WINS 地址，将默认域名定义为 **securemeinc.org**。点击 **Next** 指定 IKE 策略。

8. 步骤 8：选择 IPSec 设置

在下一个窗口中，配置向导将提示管理员定义一些可选的 IPSec 参数，比如绕过地址转换的机制、分离隧道和完美向前保密（PFS）。要识别不需要转换地址的本地主机/网络，需要选择连接该主机或网络的接口名称，并选择那些不希望包含在所有接口网络中的主机和网络（的 IP 地址）。在默认情况下，ASA 会使用动态 NAT 或静态 NAT，来对外部主机隐藏内部主机和网络的真实 IP 地址。若定义了某个网络，则安全设备将不对从指定网络到 VPN 地址池的流量进行地址转换。

9. **步骤 9：确认配置**

VPN 配置向导为管理员显示出设置的所有特性和配置的汇总信息。确认配置无误后，请点击 **Finish** 将配置推送到安全设备。

20.3.2 Windows L2TP over IPSec 客户端配置

在 Windows 系统中，可以按照以下步骤配置基本的 L2TP over IPSec 参数。

1. 通过菜单 **Start > Settings > Control Panel > Network Connections** 创建一个新连接，在 Network Tasks 左面板下点击 **Create a New Connection**。Windows 将打开新连接配置向导，点击 **Next** 定义新连接条目。
2. 选择 **Connect to the Network at My Workplace** 并点击 **Next**。
3. 在 **Network Connection** 下选择 **Virtual Private Network Connection** 并点击 **Next**。
4. 为这个连接定义一个名称，比如 **L2TPIPSecCorp** 并点击 **Next**。
5. 若弹出 Public Network 窗口，选择 **Do Not Dial the Initial Connection**。
6. 为安全设备指定公共 IP 地址，比如 209.165.200.225，点击 **Next**。
7. 若弹出 Smart Cards 窗口，选择 **Do Not Use My Smart Card** 并点击 **Next**。
8. 在 Connection Availability 下，指定所有人都可以使用该连接，或者只有当前的 Windows 工作站用户可以使用该连接。点击 **Next**，接着点击 **Finish** 完成连接设置。
9. Windows 打开新定义的连接条目。选择 **Properties** 选项并点击 **Security** 标签。在 Data Encryption 下拉菜单中选择 **Require Encryption (Disconnect if Server Declines)**。点击 **Advanced** 选择认证协议，接着点击 **Settings**。选择 **MS-CHAP** 和 **MS-CHAP2** 协议。完成后点击 **OK**。
10. 点击 IPSec Settings，勾选 **Use Pre-shared Key for Authentication**，并输入预共享密钥。设置好密钥后点击 **OK**。
11. 点击 **Networking** 标签，并在 Type of VPN 下拉菜单中选择 **L2TP IPSec VPN**。点击 **OK** 完成配置。
12. 指定用户名和密码，然后点击 **Connect** 向安全设备发起 L2TP over IPSec 连接。

20.4 部署场景

ASA VPN 解决方案的部署有多种不同的方法。本节会介绍一种比较常见的设计环境，即通过配置 Cisco ASA 来对 Cisco IPSec 客户端和站点到站点 VPN 执行负载分担。

> 注释：本小节中介绍的部署场景仅应用于加强教学效果，仅供参考。

20.4.1 Cisco IPSec 客户端和站点到站点集成的负载分担

SecureMeInc.org 位于芝加哥的本部办公室希望部署 Cisco ASA，为 20000 位用户提供远程访问 VPN 隧道。然而，SecureMe 希望确保用户不会造成系统的超载，因此它们要使用两台安全设备做负载分担。SecureMe 还希望使用其中一台安全设备终结站点到站点隧道。图 20-34 显示了 SecureMe 在芝加哥的网络拓扑。

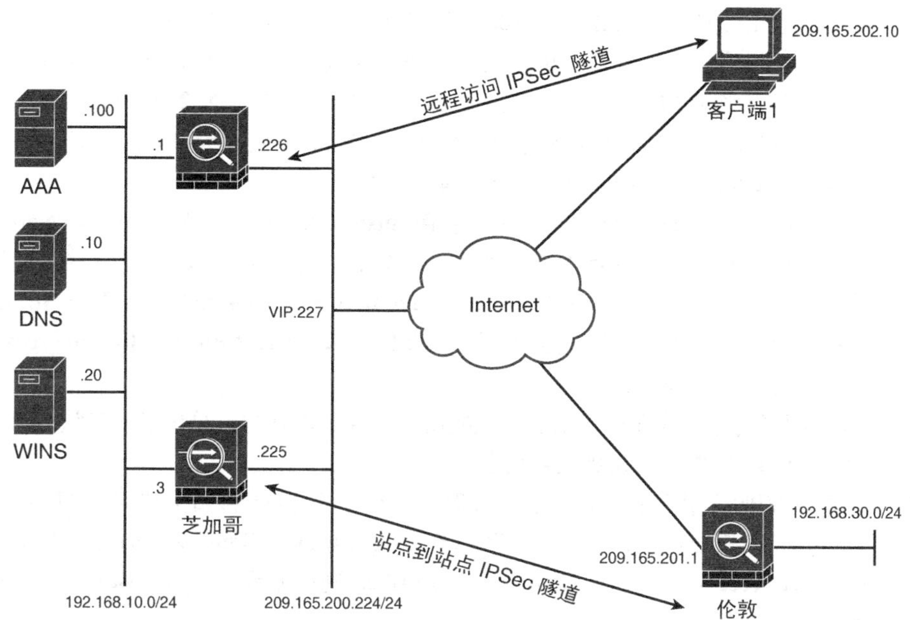

图 20-34 SecureMe 芝加哥站点的远程访问拓扑

SecureMe 芝加哥办公室的安全需求如下。

- 使用两台 Cisco ASA 设备对 Cisco IPSec VPN 连接做负载分担。
- 若两台 VPN 设备之间存在 NAT，则使用 UDP 封装流量。
- 使用 RADIUS 作为外部服务器，进行用户查找。
- 仅为 192.168.0.0/16 网络中的流量进行加密。
- 与伦敦 ASA 建立站点到站点 VPN 隧道
- DNS 服务器地址为 192.168.10.10，WINS 服务器地址为 192.168.10.20。

为了满足这些需求，建议为 Cisco VPN 客户端使用分离隧道，这样可以只加密 192.168.0.0/16 网络的流量。默认启用 NAT-T，并使用 UDP 进行封装。

1. ASDM 配置步骤

接下来介绍 ASDM 上的相关配置。这些配置步骤的前提是：假设管理员可以通过 ASDM 客户端与安全设备的管理 IP 地址进行通信。芝加哥 ASA 的管理 IP 地址是 172.18.82.64。

1. 选择 **Wizards > VPN Wizards > IPsec (IKEv1) Remote Access VPN Wizard** 打开 IPSec IKEv1 VPN Wizard（见图 20-2）。ASDM 打开 IPSec 配置向导后，将首先提示管理员选择隧道类型。选择 **Remote Access** 作为 VPN 隧道类型，并从 VPN Tunnel Interface 部分的下拉菜单中选择 **outside** 接口。请确保勾选了 **Enable Inbound IPSec Sessions to Bypass Interface Access Lists** 复选框，使解密流量绕过 ACL 检查。点击 **Next**。
2. 在下一个窗口中，选择 **Cisco VPN Client, Release 3.x or higher** 并点击 **Next**。
3. 选择 **Pre-shared Keys** 作为认证方式，并指定预共享密钥为 **C!$c0K3y**。在 Tunnel Group 中指定隧道名称为 **SecureMeIPSec**。点击 **Next**。
4. 在下一个窗口中，配置向导将提示管理员选择一个用户认证机制。选择 **Authenticate Using an AAA Server Group** 使用一个外部服务器，比如 RADIUS。若未定义服务器，可以点击 **New** 并定义一个名为 **Radius** 的外部认证服务器组，该服务器组与 **inside** 接口相连且 IP 地址为 **192.168.10.100**，共享秘密密钥为 **C1$c0123**。

5. 若当前还没有定义地址池，可以点击 **New** 并指定一个名为 **IPPool** 的地址池，这个新的地址池开始于 **192.168.32.1**，结束于 **192.168.64.254**，掩码为 **255.255.224.0**。点击 **Next**。
6. 将 **192.168.10.10** 定义为 DNS 地址，将 **192.168.10.20** 定义为 WINS 地址。将默认域名定义为 **securemeinc.org**。点击 **Next** 指定 IKE 策略。
7. 在接下来的 IPSec 策略窗口中，选择 **inside** 接口并将 Exempt Network 指定为 **192.168.0.0/16**。也可以点击省略号“…”按钮，然后点击 **Add**，选择接口网络的例外主机或网络地址。选择 **Enable Split Tunneling to Let Remote Users Have Simultaneous Encrypted Access** 开启分离隧道。不勾选 **Enable Perfect Forwarding Secrecy (PFS)** 复选框。点击 **Next** 进入下一步配置。
8. VPN 配置向导为管理员显示出设置的所有特性和配置的汇总信息。确认配置无误后，点击 **Finish** 将配置推送到安全设备。
9. 在配置 VPN 负载分担之前，要求管理员在私有（内部）接口上启用 ISAKMP，这样才能够加密负载分担包。可以通过菜单 **Configuration > Remote Access VPN > Network (Client) Access > IPSec Connection Profiles** 进行配置，对为 **inside** 接口勾选 **Allow Access** 复选框。
10. 接着通过菜单 **Configuration > Remote Access VPN > Load Balancing** 配置负载分担。定义下列属性来启用负载分担特性。
    - Participate in Load Balancing Cluster（参与的负载分担集群）：**Checked**。
    - Cluster IP address（集群 IP 地址）：**209.165.200.227**。
    - UDP Port（UDP 端口）：**9023**。
    - Enable IPSec Encryption（启用 IPSec 封装）：**Checked**。
    - IPSec Shared Secret（IPSec 共享秘密密钥）：**C1$c0123**。
    - Public Interface（公共接口）：**Outside**。
    - Private Interface（私有接口）：**Inside**。
    - Priority（优先级）：**9**。
11. 选择 **Wizards > VPN Wizards > Site-to-Site VPN Wizard** 打开 IPSec IKEv1 Remote Access VPN Wizard。此时会出现一个介绍界面，点击 **Next**。
12. 从 VPN Access Interface 下拉菜单中，将 **209.165.201.1** 指定为 Peer IP Address。点击 **Next**。
13. 输入使用 IPSec 加密进行保护的本地网络和远程网络。点击 **Next**。
14. 在下一个窗口中，配置认证对等体设备的认证方式。管理员可以选择简单的配置，并提供一个预共享的密钥，也可以点击 **Customized Configuration** 进行高级设置。在这个对话框中，可以配置 IKE 的版本、认证方式、加密算法和 PFS。
15. 在 Encryption Algorithm 标签下，选择一个使用 **AES-256** 进行加密、使用 **SHA** 作为认证方式、使用 **DH group 5** 生成密钥的 IKE 策略。
16. 本例中没有使用 PFS。要确保 Perfect Forward Secrecy 标签下面没有启用 PFS，点击 **Next**。
17. 在 **inside** 接口上选择 **Exempt ASA Side Host/Network from Address Translation**。点击 **Next** 进入下一步配置。
18. VPN 配置向导为管理员显示出设置的所有特性和配置的汇总信息。确认配置无误后，请点击 **Finish** 将配置推送到安全设备。

2. CLI 配置步骤

例 20-32 显示出 SecureMe 芝加哥站点 Cisco ASA 的完整配置。

例 20-32 Cisco IPSec 客户端和站点到站点 VPN 负载分担配置

```
Chicago# show running-config
ASA Version 8.4(1)
! ip address on the outside interface
interface GigabitEthernet0/0
 nameif outside
 security-level 0
 ip address 209.165.200.225 255.255.255.0
! ip address on the inside interface
interface GigabitEthernet0/1
 nameif inside
 security-level 100
 ip address 192.168.10.1 255.255.255.0
! ip address on the mgmt interface
interface Management0/0
 nameif mgmt
 security-level 100
 ip address 172.18.82.64 255.255.255.0
 management-only
!
hostname Chicago
domain-name securemeinc.org
! Access-list entries to bypass NAT for the traffic going from Chicago to London
access-list inside_nat0_outbound extended permit ip 192.168.10.0 255.255.255.0
192.168.30.0 255.255.255.0
! Access-list entries to bypass NAT for the traffic going from Chicago to
  RA_clients
access-list inside_nat0_outbound extended permit ip 192.168.0.0 255.255.0.0
192.168.32.0 255.255.224.0
! Encryption Access-list to encrypt the traffic from Chicago to London
access-list outside_1_cryptomap extended permit ip 192.168.10.0 255.255.255.0
192.168.30.0 255.255.255.0
! ACL for Split-Tunneling
access-list SecureMeIPSec_splitTunnelAcl standard permit 192.168.0.0 255.255.0.0
! IP Pool used to assign IP address to the VPN client
ip local pool IPPool 192.168.32.1-192.168.64.254 mask 255.255.224.0
! NAT ACL is bound to NAT 0 statement to bypass address translation
nat (inside) 0 access-list inside_nat0_outbound
! Radius configuration to enable user authentication
aaa-server Radius protocol radius
aaa-server Radius (inside) host 192.168.10.100
 key C1$c0123
! Configuration of ASDM for Appliance management
http server enable
http 0.0.0.0 0.0.0.0 mgmt
! Transform set to specify encryption and hashing algorithm
crypto ipsec transform-set ESP-AES-256-MD5 esp-aes-256 esp-md5-hmac
crypto ipsec transform-set ESP-DES-SHA esp-des esp-sha-hmac
crypto ipsec transform-set ESP-DES-MD5 esp-des esp-md5-hmac
crypto ipsec transform-set ESP-AES-192-MD5 esp-aes-192 esp-md5-hmac
crypto ipsec transform-set ESP-3DES-MD5 esp-3des esp-md5-hmac
```

（待续）

```
crypto ipsec transform-set ESP-AES-256-SHA esp-aes-256 esp-sha-hmac
crypto ipsec transform-set ESP-AES-128-SHA esp-aes esp-sha-hmac
crypto ipsec transform-set ESP-AES-192-SHA esp-aes-192 esp-sha-hmac
crypto ipsec transform-set ESP-AES-128-MD5 esp-aes esp-md5-hmac
crypto ipsec transform-set ESP-3DES-SHA esp-3des esp-sha-hmac
! Dynamic crypto-map for Remote-Access Clients and Static Crypto map for London ASA
crypto dynamic-map SYSTEM_DEFAULT_CRYPTO_MAP 65535 set transform-set ESP-AES-128-
SHA ESP-AES-128-MD5 ESP-AES-192-SHA ESP-AES-192-MD5 ESP-AES-256-SHA ESP-AES-256-
MD5 ESP-3DES-SHA ESP-3DES-MD5 ESP-DES-SHA ESP-DES-MD5
crypto map outside_map 1 match address outside_1_cryptomap
crypto map outside_map 1 set peer 209.165.201.1
crypto map outside_map 1 set transform-set ESP-AES-256-SHA
crypto map outside_map 65535 ipsec-isakmp dynamic SYSTEM_DEFAULT_CRYPTO_MAP
crypto map outside_map interface outside
! isakmp configuration- Enabled on the outside interface
isakmp enable outside
! isakmp configuration- Enabled on the inside interface for VPN LB
isakmp enable inside
! isakmp policy configuration
crypto ikev1 enable outside
crypto ikev1 enable inside
crypto ikev1 policy 10
 authentication pre-share
 encryption aes-256
 hash sha
 group 5
 lifetime 86400
! NAT-T is enabled by default, so no additional configuration is required
! tunnel-group configuration for VPN client. The group-name is SecureMeIPSec
group-policy SecureMeIPSec internal
group-policy SecureMeIPSec attributes
 wins-server value 192.168.10.20
 dns-server value 192.168.10.10
 domain-name securemeinc.org
 vpn-tunnel-protocol IPSec
 split-tunnel-policy tunnelspecified
 split-tunnel-network-list value SecureMeIPSec_splitTunnelAcl
tunnel-group SecureMeIPSec type remote-access
tunnel-group SecureMeIPSec general-attributes
 address-pool IPPool
 authentication-server-group Radius
 default-group-policy SecureMeIPSec
tunnel-group SecureMeIPSec ipsec-attributes
 pre-shared-key *
! L2L tunnel-group configuration for London
tunnel-group 209.165.201.1 type ipsec-l2l
tunnel-group 209.165.201.1 ipsec-attributes
pre-shared-key *
! VPN Load-balancing. The virtual IP address is 209.165.200.227. Encryption is
  enabled with using C1$c0123 as the key
vpn load-balancing
 priority 9
 cluster key C1$c0123
 cluster ip address 209.165.200.227
 cluster encryption
ms-chap-v2
```

20.5 Cisco 远程访问 VPN 的监测与排错

Cisco ASA 通过很多 **show** 命令检查 IPSec 隧道的健康情况和状态。Cisco ASA 还提供了丰富的 **debug** 命令帮助排错，用来解决与 IPSec 相关的问题。

20.5.1 Cisco 远程访问 IPSec VPN 的监测

通过 ASDM 对 IPSec 会话进行监测，可在菜单 **Monitoring > VPN > VPN Statistics > Sessions** 中检查安全设备上建立的活动 IPSec 隧道数量。安全设备可为管理员显示出所有活动的 VPN 会话，其中包括无客户端连接和 AnyConnect SSL VPN 客户端连接。如需获得该用户连接的详细信息，选择该用户会话并点击 **Details** 按钮。在 CLI 中使用命令 **show vpn-sessiondb detail**，管理员能够找到类似的信息，详见例 20-33。

例 20-33 show vpn-sessiondb detail 命令输出

```
Chicago# show vpn-sessiondb detail
Active Session Summary
Sessions:
                      Active : Cumulative : Peak Concurrent : Inactive
  SSL VPN          :       0 :                6 :          1
    Clientless only   :       0 :                0 :           0
    With client      :       0 :                6 :           1 :        0
  Email Proxy       :       0 :                0 :           0
  IPSec LAN-to-LAN   :       0 :                0 :           0
  IPSec Remote Access :        1 :               18 :           1
  VPN Load Balancing  :        0 :                0 :           0
  Totals            :       1 :               24

License Information:
  IPSec   :    750    Configured :    750    Active :     1    Load :     0%
SSL VPN :      2      Configured :      2    Active :      0   Load :     0%
                            Active : Cumulative : Peak Concurrent
  IPSec               :           1 :         24 :              1
  SSL VPN             :           0 :          6 :              1
    AnyConnect Mobile :           0 :          0 :              0
    Linksys Phone     :           0 :          0 :              0
  Totals              :           1 :         30

Tunnels:
                            Active : Cumulative : Peak Concurrent
  IKE        :                    1 :         18 :              1
  IPSec      :                    1 :         18 :              1
  Clientless        :                 0 :          6 :              1
  SSL-Tunnel        :                 0 :          6 :              1
  DTLS-Tunnel       :                 0 :          6 :              1
Totals          :                   2 :         54
<Some Output removed for Brevity>
```

为监测远端用户的具体信息，可使用命令 **show vpn-sessiondb remote**。例 20-34 中显示了用户 ciscouser 的 IPSec 会话。客户端的公共 IP 地址为 209.165.201.10，协商的地址为 192.168.50.1。安全设备从客户端接收到 18279 字节流量，并向客户端发送了 19876 字节数据。安全设备执行 IPSecGroupPolicy 用户组中的策略。用户已经连接了 12 分 20 秒。

例 20-34 show vpn-sessiondb remote 命令输出

```
Chicago# show vpn-sessiondb remote
Session Type: IPSec
Username        : ciscouser                   Index        : 83
Assigned IP     : 192.168.50.1             Public IP     : 209.165.201.10
Protocol        : IKE IPSec
License         : IPSec
Encryption      : 3DES AES128              Hashing        : SHA1
Bytes Tx        : 19876                       Bytes Rx        : 18279
Group Policy    : IPSecGroupPolicy          Tunnel Group : SecureMeIPSec
Login Time      : 19:57:52 UTC Mon Jul 20 2009
Duration        : 0h:12m:20s
NAC Result      : Unknown
VLAN Mapping    : N/A                    VLAN              : none
```

若管理员希望查看 IPSec 隧道是否正常工作并转发流量，可以首先检查阶段 1 SA 的状态。可使用命令 **show crypto isakmp sa detail**，详见例 20-35。若 ISAKMP 协商成功，管理员将会看到状态为 AM_ACTIVE。

例 20-35 show crypto isakmp sa detail 命令输出

```
Chicago# show crypto ikev1 sa detail
   Active SA: 1
    Rekey SA: 0 (A tunnel will report 1 Active and 1 Rekey SA during rekey)
Total IKE SA: 1

1 IKE Peer: 209.165.201.10
  Type    : user              Role     : responder
  Rekey   : no                State    : AM_ACTIVE
  Encrypt : aes-256           Hash     : SHA
  Auth    : preshared         Lifetime : 86400
  Lifetime Remaining: 86331
```

管理员还可以使用命令 **show crypto ipsec sa** 检查 IPSec SA 的状态，详见例 20-36。该命令会显示协商的代理身份，以及 IPSec 引擎实际加密和解密的数据包数量。

例 20-36 show crypto ipsec sa 命令输出

```
Chicago# show crypto ipsec sa
interface: outside
    Crypto map tag: outside_dyn_map, local addr: 209.165.200.225
      local ident (addr/mask/prot/port): (0.0.0.0/0.0.0.0/0/0)
      remote ident (addr/mask/prot/port): (192.168.50.60/255.255.255.255/0/0)
      current_peer: 209.165.201.10
      dynamic allocated peer ip: 192.168.50.60
      #pkts encaps: 10, #pkts encrypt: 10, #pkts digest: 10
      #pkts decaps: 10, #pkts decrypt: 10, #pkts verify: 10
      #pkts compressed: 0, #pkts decompressed: 0
      #pkts not compressed: 0, #pkts comp failed: 0, #pkts decomp failed: 0
      #send errors: 0, #recv errors: 0
```

管理员可以使用命令 **show crypto accelerator statistics** 检查硬件加密卡的状态。例 20-37 显示了该命令输出的重要内容，其中包括计数信息，比如通过加密卡的数据包数量。

例 20-37 **show crypto accelerator statistics 命令输出**

```
Chicago# show crypto accelerator statistics
Crypto Accelerator Status
--------------------------
[Capability]
   Supports hardware crypto: True
   Supports modular hardware crypto: False
   Max accelerators: 1
   Max crypto throughput: 200 Mbps
   Max crypto connections: 750
[Global Statistics]
   Number of active accelerators: 1
   Number of non-operational accelerators: 0
   Input packets: 18
   Input bytes: 5424
   Output packets: 223
   Output error packets: 0
   Output bytes: 172405
[Accelerator 0]
   Status: Active
! Output omitted for brevity.
```

Cisco ASA 能够显示全局 IKE 和 IPSec 计数信息，这将有助于定位 VPN 连接问题。其中包括请求的总数量、创建的 SA 的总数量、请求失败的次数，这些信息对于确定安全设备中 IKE 和 IPSec SA 的失败率有很大的帮助。管理员可以使用命令 **show crypto protocol statistics ikev1** 和命令 **show crypto protocol statistics ipsec** 来查看这些信息，详见例 20-38。

例 20-38 **show crypto protocol statistics ikev1 命令输出**

```
Chicago# show crypto protocol statistics ikev1
[IKEv1 statistics]
   Encrypt packet requests: 23
   Encapsulate packet requests: 23
   Decrypt packet requests: 23
   Decapsulate packet requests: 23
   HMAC calculation requests: 63
   SA creation requests: 3
   SA rekey requests: 0
   SA deletion requests: 1
   Next phase key allocation requests: 4
   Random number generation requests: 0
   Failed requests: 1
Chicago# show crypto protocol statistics ipsec
[IPSec statistics]
   Encrypt packet requests: 0
   Encapsulate packet requests: 0
   Decrypt packet requests: 0
   Decapsulate packet requests: 0
   HMAC calculation requests: 0
   SA creation requests: 4
   SA rekey requests: 0
   SA deletion requests: 2
   Next phase key allocation requests: 0
   Random number generation requests: 0
   Failed requests: 1
```

20.5.2 Cisco IPSec VPN 客户端的排错

若由于某些原因 IPSec 隧道没能正常工作，请确保开启了适当的 **debug** 命令。下面介绍两个对于 IKEv1 连接来说非常重要的 **debug** 命令：

- **debug crypto ikev1** [*debug level 1 –255*]
- **debug crypto ipsec** [*debug level 1 –255*]

默认情况下 debug 级别设置为 1。管理员可以将严重性级别增加到 255，以便获得更为详尽的日志消息。然而在大多数情况中，将严重性等级设置为 127，就能够获得足够的信息来判断问题的根源。

对于 IKEv2 连接来说，可以将命令 **debug crypto ikev2** [*debug level 1 255*]与命令 **debug crypto ipsec** 结合起来使用。

管理员也可以使用命令 **debug crypto ike-common** [*debug level 1 255*]来对 IKEv1 和 IKEv2 连接进行排错。

参考图 20-27 中，Cisco ASA 和 VPN 客户端（209.165.201.10）之间的隧道协商案例。管理员在该安全设备上启用了以下 **debug** 命令：

- **debug crypto ikev1 127**
- **debug crypto ipsec 127**

正如第 1 章中提到的那样，隧道协商开始于 ISAKMP 提案的交换。安全设备显示出 VPN 客户端尝试连接的隧道组，本例中为 SecureMeIPSec。若提案被接受，Cisco ASA 将显示一条信息，表明 IKE SA 提案被接受，详见例 20-39。

例 20-39 **debug** 输出显示 ISAKMP 提案被接受

```
Chicago# debug crypto ikev1 127
Chicago# debug crypto ipsec 127
[IKEv1 DEBUG]: Group = , IP = 209.165.201.10, processing SA payload
[IKEv1 DEBUG]: Group = , IP = 209.165.201.10, processing ke payload
[IKEv1 DEBUG]: Group = , IP = 209.165.201.10,processing VID payload,
<snip>
[IKEv1]: IP = 209.165.201.10, Connection landed on tunnel_group SecureMeIPSec
[IKEv1 DEBUG]: Group = SecureMeIPSec, IP = 209.165.201.10, processing IKE SA
[IKEv1 DEBUG]: Group = SecureMeIPSec, IP = 209.165.201.10, IKE SA Proposal # 1,
Transform # 10
acceptable Matches global IKE entry # 1,
```

若提案被接受，并且 VPN 设备之间存在地址转换设备，那么将检查双方是否支持 NAT-T。若没有协商 NAT-T，或没有检测到 NAT/PAT 设备，就会显示例 20-40 中阴影部分所示的信息。

例 20-40 **debug** 输出显示 NAT-T 发现过程

```
[IKEv1 DEBUG]: Group = SecureMeIPSec, IP = 209.165.201.10, processing NAT-Discovery
  payload
[IKEv1 DEBUG]: Group = SecureMeIPSec, IP = 209.165.201.10, computing NAT
  Discovery hash
[IKEv1 DEBUG]: Group = SecureMeIPSec, IP = 209.165.201.10, processing NAT-Discovery
  payload
[IKEv1]: Group = SecureMeIPSec, IP = 209.165.201.10, Automatic NAT Detection
  Status: Remote end is NOT behind a NAT device. This end is NOT behind a NAT device
```

NAT-T 协商过后，Cisco ASA 将提示用户指定用户证书。用户认证成功后，安全设备将显示一条消息，以表明该用户（本例中为 ciscouser）通过了认证，详见例 20-41。

例 20-41 debug 输出显示用户通过了认证

```
[IKEv1]: Group = SecureMeIPSec, Username = ciscouser, IP = 209.165.201.10, User
  (ciscouser) authenticated.,
[IKEv1 DEBUG]: Group = SecureMeIPSec, Username = ciscouser, IP = 209.165.201.10,
  constructing blank hash
[IKEv1 DEBUG]: Group = SecureMeIPSec, Username = ciscouser, IP = 209.165.201.10,
  constructing qm hash
```

客户端通过发送一系列自身支持的属性，来请求 **mode-config**（模式配置）属性，详见例 20-42。Cisco ASA 以其所支持的所有属性和适当信息作为回应。

例 20-42 debug 输出显示模式配置请求

```
[IKEv1 DEBUG]Processing cfg Request attributes,
[IKEv1 DEBUG]MODE_CFG: Received request for IPV4 address!,
[IKEv1 DEBUG]MODE_CFG: Received request for IPV4 net mask!,
[IKEv1 DEBUG]MODE_CFG: Received request for DNS server address!,
[IKEv1 DEBUG]MODE_CFG: Received request for WINS server address!,
```

向客户端推送属性后，Cisco ASA 将显示 PHASE 1 COMPLETED 消息，表明 ISAKMP SA 已协商成功，详见例 20-43。

例 20-43 debug 输出显示阶段 1 协商完成

```
[IKEv1]: Group = SecureMeIPSec, Username = ciscouser, IP = 209.165.201.10 PHASE 1
  COMPLETED,
<snip>
[IKEv1 DEBUG]: Group = SecureMeIPSec, Username = ciscouser, IP = 209.165.201.10
  Processing ID,
[IKEv1 DECODE]ID_IPV4_ADDR ID received 192.168.50.60,
[IKEv1]: Group = SecureMeIPSec, Username = ciscouser, IP = 209.165.201.10 Received
  remote Proxy Host data in ID Payload: Address 192.168.50.60, Protocol 0, Port 0,
```

阶段 1 协商完成后，VPN 对等体通过交换代理身份和 IPSec 阶段 2 提案来进行阶段 2 SA 协商。若提案被接受，Cisco ASA 将显示一条消息，表明 IPSec SA 提案被接受，详见例 20-44。

例 20-44 debug 输出显示代理身份和阶段 2 提案被接受

```
[IKEv1 DEBUG]: Group = SecureMeIPSec, Username = ciscouser, IP =
  209.165.201.10, IPSec SA Proposal # 12, Transform # 1 acceptable Matches
  global IPSec SA entry # 10,
[IKEv1 DEBUG]: Group = SecureMeIPSec, Username = ciscouser, IP = 209.165.201.10 ,
  Transmitting Proxy Id:
  Remote host: 192.168.50.60 Protocol 0 Port 0
  Local subnet: 0.0.0.0 mask 0.0.0.0 Protocol 0 Port 0
```

接受转换集之后，两边的 VPN 设备在入向和出向 IPSec SA 上达成一致，详见例 20-45。IPSec SA 建立后，两边的 VPN 设备应该可以通过隧道进行双向通信。

例 20-45 **debug** 输出显示 IPSec SA 被激活

```
[IKEv1 DEBUG]: Group = SecureMeIPSec, Username = ciscouser, IP = 209.165.201.10 ,
  loading all IPSEC SAs
[IKEv1]: Group = SecureMeIPSec, Username = ciscouser, IP = 209.165.201.10 Security
  negotiation complete for User (ciscouser) Responder, Inbound SPI = 0x00c6bc19,
  Outbound SPI = 0xa472f8c1,
[IKEv1]: Group = SecureMeIPSec, Username = ciscouser, IP = 209.165.201.10 Adding
  static route for client address: 192.168.50.60 ,
[IKEv1]: Group = SecureMeIPSec, Username = ciscouser, IP = 209.165.201.10 , PHASE
  2 COMPLETED (msgid=8732f056)
```

总结

通过在 Cisco ASA 上使用远程访问 VPN，安全管理员能够将 Cisco ASA 部署在任意网络拓扑中。Cisco IPSec VPN 解决方案能够使远端用户通过安全的 VPN 连接访问企业网络，就好像他们直接与企业网相连一样。L2TP over IPSec 解决方案能够为那些不希望在终端设备上安装 IPSec 客户端软件的用户服务。本章讨论了一个案例（及部署环境）及其配置步骤。本章还涵盖了大量 **show** 和 **debug** 命令，来帮助管理员排查复杂的远程访问 IPSec（IKEv1 和 IKEv2）VPN 部署的问题。

第21章

PKI的配置与排错

本章涵盖的内容有：

- PKI 介绍；
- 安装证书；
- 本地证书管理机构（CA）；
- 使用证书配置 IPSec 站点到站点隧道；
- 使用证书配置 Cisco ASA 接受远程访问 VPN 客户端；
- PKI 排错。

PKI 通常被定义为一组标准及系统，它的主要作用是验证及认证网络中每一部分的合法性。本章将介绍 PKI，接着介绍如何在 Cisco ASA 上对数字证书进行配置、注册及排错。

21.1 PKI 介绍

PKI 是为不安全网络中的信息交换提供更高私密性的安全架构。PKI 的基础是公钥密码系统，公钥密码系统是第一个使用两种不同类型的密钥（公钥和私钥）对数据进行加密和解密的技术。用户将其公钥分发给其他用户，并保留自身的私钥。使用公钥加密的数据，只能通过相应的私钥进行解密，反之亦然。图 21-1 描绘了这一过程。

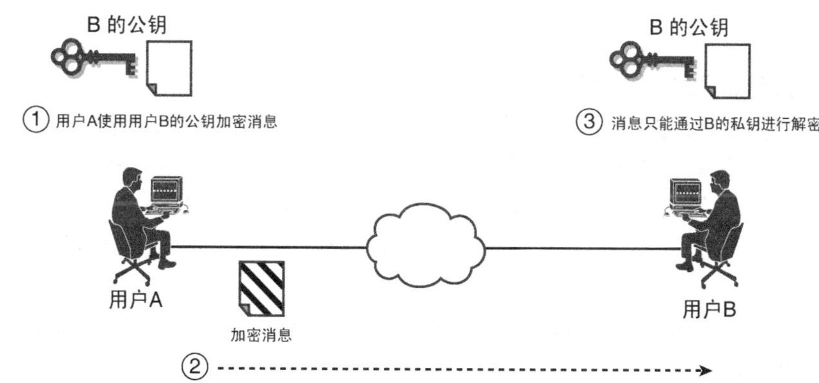

图 21-1　私钥和公钥

图 21-1 中包含以下步骤。

1. 用户 A 得到用户 B 的公钥，并用它来加密发送给用户 B 的消息。
2. 用户 A 通过不安全的网络发送加密的消息。
3. 用户 B 收到加密的消息，并使用自身的私钥解密消息。

PKI 中涉及下列关键术语和概念：

- 证书；
- 证书管理机构（CA）；
- 证书撤销列表（CRL）；
- 简单证书注册协议（SCEP）。

下面章节将介绍这些术语和概念的定义。

21.1.1 证书

数字证书通常用于认证用户和设备的合法性，同时确保在不安全网络中安全地交换信息。证书可以颁发给用户或网络设备。证书将用户或设备的公钥安全地与其他信息相绑定，这些信息描述了用户或设备的身份。

证书的语法和格式定义在 ITU-T（国际电信联盟远程通信标准化组）X.509 标准中。X.509 证书中包含公钥、用户或设备的数据、证书本身的信息以及颁发者的材料（可选）。通常证书包含以下信息：

- 实体[①]的公钥；
- 实体的身份信息，比如姓名、电子邮件地址、组织机构和所在地；
- 有效期（证书的有效时长）；
- 颁发者信息；
- CRL 分发点。

数字证书可被用于多种实施环境中，比如 IPSec 和安全套接字层（SSL）、安全多用途 Internet 邮件扩展格式（S/MIME）等。相同的证书可能拥有不同的用途。比如用户证书可用于远程访问 VPN 认证（访问应用服务器），也可用于 S/MIME 邮件认证。

> 注释：Cisco ASA 支持将数字证书用于远程访问和站点到站点 IPSec VPN 会话认证，以及 Web VPN 和 SSL 管理会话认证。

颁发证书的 CA 负责决定每个证书的实施环境。证书的用途定义在 CA 上（比如 SSL、IPSec 等）。

21.1.2 证书管理机构（CA）

CA 是为用户或网络设备颁发证书的设备或机构。在开始 PKI 运作之前，CA 要生成自身的公钥和私钥对，并创建自身签署的 CA 证书。终端实体使用证书中的指纹来认证接收到的 CA 证书。指纹是将整个 CA 证书经过哈希（MD5 或 SHA-1）计算得来的。指纹对应于根本的根证书，用来预防环境中拥有多个 CA 层级的情况。请记住，SHA-1 比 MD5 更为安全。

CA 可被配置为层级结构，如图 21-2 所示。证书层级结构顶层的 CA 通常称为主根 CA（main root CA）。

在图 21-2 中，主根 CA 服务器拥有两个下级 CA：美国和澳大利亚。美国 CA 服务器也拥有两个下级 CA：纽约和洛杉矶。每个 CA 服务器接受或拒绝与其对应的用户和网络设备（本例中为 Cisco ASA）发来的证书注册请求。

---

① Identity，指申请和使用证书的用户或网络设备。——译者注

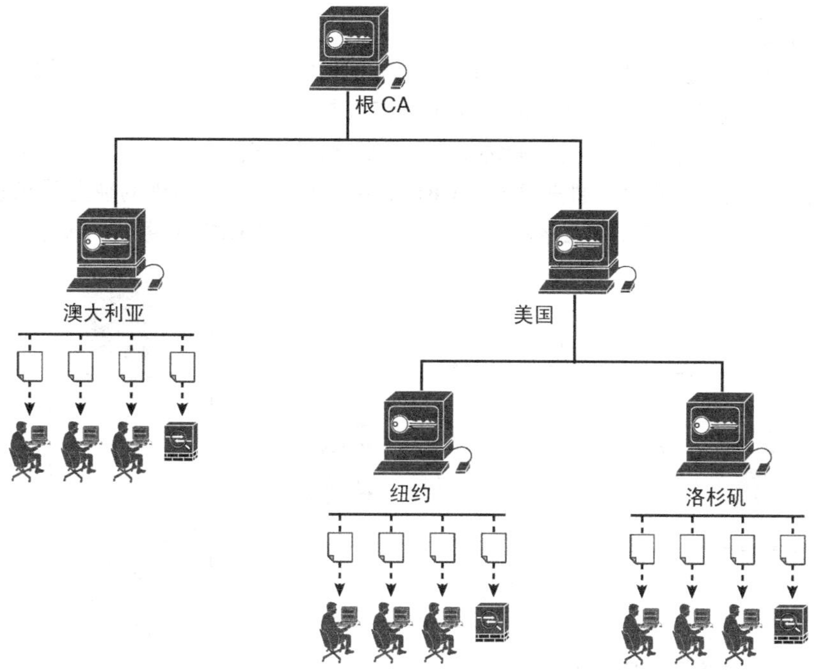

图 21-2 证书层级结构

用户或网络设备接受证书颁发者 CA 自身签署的证书（其中包括颁发者的公钥），并将其作为可信的根证书管理机构。层级结构中所有可信 CA 的证书信息通常称为可信证书链（certificate chain of trust）。

Cisco ASA 拥有一个集成了基本证书部署的本地 CA，可为颁发的证书提供撤销检查。本地 CA 用户可通过浏览器 Web 页面登录来进行证书注册。

注释：本章稍后内容将介绍本地 CA 的功能。

在多家 CA 厂商中，Cisco ASA 可支持以下几个 CA 服务器：

- Microsoft Windows 2000 和 2003 CA 服务器；
- Microsoft 活动目录证书服务（ADCS）；
- VeriSign；
- DigiCert；
- Entrust；
- Cisco IOS 路由器配置为 CA 服务器。

有些 PKI 实施环境中还使用了注册管理机构（RA）。RA 充当客户端（用户或网络设备）与 CA 服务器之间的接口。RA 对所有证书请求进行验证和认证，并请求 CA 向客户端颁发证书。RA 可以配置在相同的 CA（服务器）中，也可以配置为一个独立的系统。使用 RA 的 PKI 服务器包括微软的活动目录证书服务（ADCS）和 Entrust 等。

一张证书仅在颁发证书的 CA 所指定的时间段内是有效的。证书超时后，客户端必须请求新的证书。管理员也可以撤销指定用户和设备的证书。撤销证书的序列号将保存在证书撤销列表（CRL）中。

21.1.3 证书撤销列表

管理员撤销证书时，CA 向 CRL 发布撤销证书的序列号。CRL 可以储存在相同的 CA 服务器中，也可以储存在独立的系统中。任何想要检查某证书有效性的实体都可以访问 CRL。发布和获得 CRL 最常用的协议是 LDAP 和 HTTP。在大型环境中，为了更高的可扩展性并且避免单点故障，通常建议将 CRL 储存在 CA 服务器以外的独立系统上。

图 21-3 显示出在 CA 上撤销证书，进而将其发布到 CRL 服务器的过程。

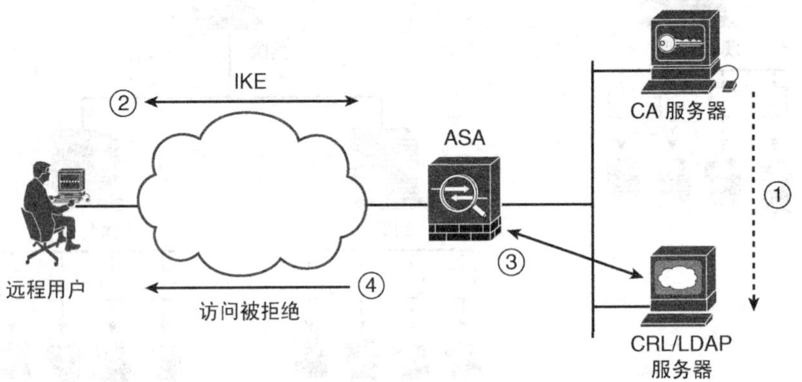

图 21-3　证书撤销和 CRL 案例

图 21-3 显示出以下事件的顺序。

1. 在 CA 服务器中撤销了用户的证书，CA 服务器更新 CRL/LDAP 服务器。
2. 用户尝试向 Cisco ASA 建立 IPSec VPN 连接。
3. 配置 Cisco ASA 查询 CRL 服务器。Cisco ASA 下载 CRL 并在撤销证书列表中查找该证书的序列号。
4. Cisco ASA 拒绝用户的访问，并发送 IKE 删除消息。

出于以下原因，管理员需要使用 CRL：证书泄露出去时，或用户没有资格使用该证书时，必须撤销证书；比如员工从企业离职后，必须要撤销颁发给该员工的证书。

21.1.4 简单证书注册协议

简单证书注册协议（SCEP）是由 Cisco 开发的协议。SCEP 以可扩展的方式为用户和网络设备提供证书的安全保障。它为注册过程使用 HTTP 作为传输机制，为 CRL 检查过程使用 LDAP 或 HTTP。SCEP 支持以下操作：

- CA 和 RA 的公钥分发；
- 证书注册；
- 证书撤销；
- 证书请求；
- CRL 查询。

Cisco ASA 支持 SCEP 自动注册以及剪切/粘贴手动注册。

> 提示：建议使用 SCEP 获得更高的可扩展性。手动剪切/粘贴的方式通常用于 CA 服务器不支持 SCEP 或 HTTP 连接不可用的情况中。

21.2 安装证书

注册是从 CA 服务器获得证书的过程。本小节将介绍配置 Cisco ASA，并向外部 CA 服务器进行注册的必要步骤。

21.2.1 通过 ASDM 安装证书

管理员可以使用下列方法，通过 ASDM 从外部 CA 服务器为 Cisco ASA 安装证书：

- 通过使用证书文件；
- 通过复制/粘贴 PEM 格式的证书；
- 通过使用 SCEP。

下面将介绍如何通过上述证书安装方法安装 CA 证书和实体证书。

1. 通过文件安装 CA 证书

使用 ASDM，按照以下步骤从文件安装 CA 证书。

1. 登录 ASDM，并打开 **Configuration > Device Management > Certificate Management > CA Certificates** 菜单，或者也可以打开 **Configuration > Remote Access VPN > Certificate Management > CA Certificates** 菜单。ASDM 中的这两个菜单都可以完成相同的配置任务。
2. 点击 **Add** 进行下一步配置。
3. 出现 Install Certificate 对话框，如图 21-4 所示。默认情况下，ASDM 将可信点命名为 ASDM_TrustPoint0。可信点名称末尾的 0 在每次导入新证书时递增。管理员也可以根据自己的喜好编辑可信点名称。本例中的可信点名称保留默认值 ASDM_TrustPoint0。

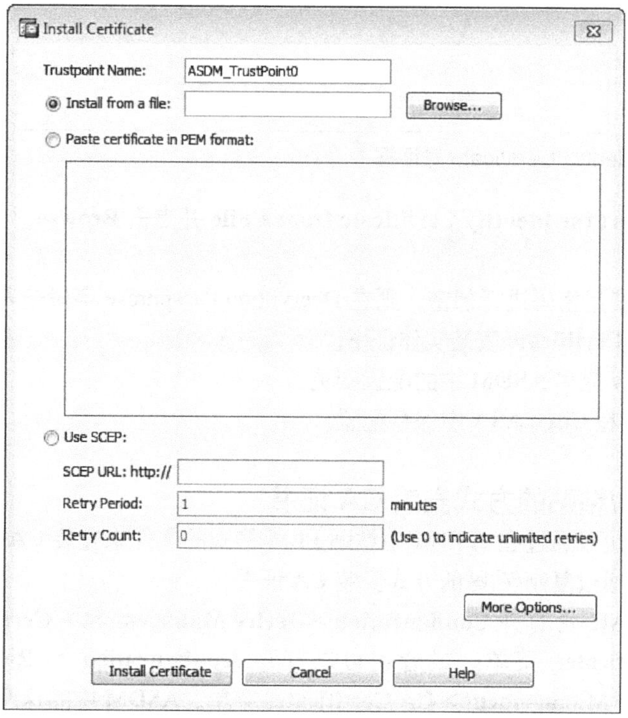

图 21-4 Install Certificate 对话框

4. 本例使用文件安装 CA 证书。选择 **Install from a File** 并点击 **Browse**，打开本地系统中的证书文件。
5. 点击 **Install Certificate** 安装 CA 证书。
6. 点击 **Apply** 应用 ASDM 中的配置变更。
7. 点击 **Save** 在 Cisco ASA 中保存配置。

21.2.2 通过文件安装实体证书

使用 ASDM，按照以下步骤从文件安装实体证书。

1. 登录 ASDM，并打开 **Configuration > Device Management > Certificate Management > Identity Certificates** 菜单，或者也可以打开 **Configuration > Remote Access VPN > Certificate Management > Identity Certificates** 菜单。ASDM 中的这两个菜单都可以完成相同的配置任务。
2. 点击 **Add** 进行下一步配置。
3. 出现 Add Identity Certificate 对话框，如图 21-5 所示。

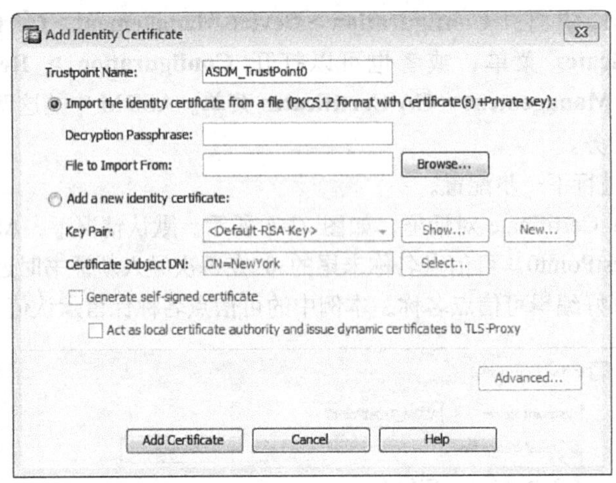

图 21-5 Add Identity Certificate 对话框

4. 选择 **Import the Identity Certificate from a File** 并点击 **Browse**，打开本地系统中的证书文件。
5. 若该证书使用密码进行加密，则在 Decryption Passphrase 字段输入该密码。
6. 点击 **Add Certificate** 安装实体证书。
7. 点击 **Apply** 应用 ASDM 中的配置变更。
8. 点击 **Save** 在 Cisco ASA 中保存配置。

21.2.3 通过复制/粘贴的方式安装 CA 证书

管理员还可以通过在 ASDM 中粘贴 PEM 格式的文件来安装 CA 证书。使用 ASDM，按照以下步骤通过复制/粘贴的方式安装 CA 证书。

1. 登录 ASDM，并打开 **Configuration > Device Management > Certificate Management > CA Certificates** 菜单，或者也可以打开 **Configuration > Remote Access VPN > Certificate Management > CA Certificates** 菜单。ASDM 中的这两个菜单都可以完成相同的配置任务。

2. 点击 **Add** 进行下一步配置。
3. 在 Install Certificate 对话框中选择 **Paste Certificate in PEM Format** 并粘贴 CA 证书，如图 21-6 所示。

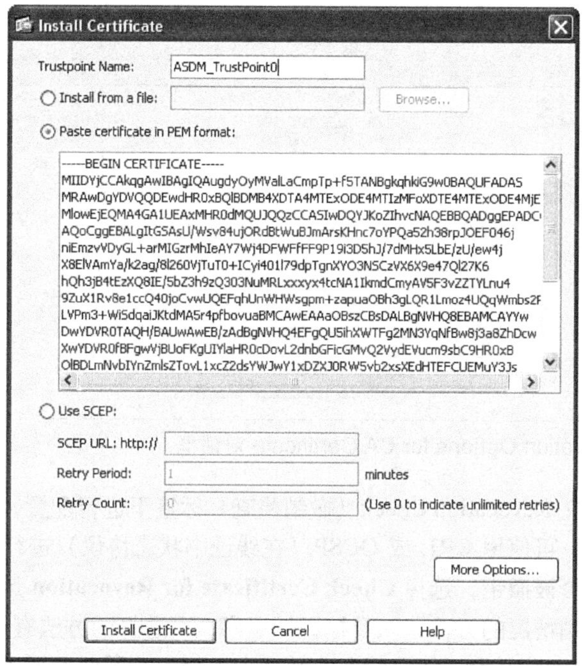

图 21-6 粘贴 PEM 格式的 CA 证书

4. 点击 **Install Certificate** 安装 CA 证书。
5. 点击 **Apply** 应用 ASDM 中的配置变更。
6. 点击 **Save** 在 Cisco ASA 中保存配置。

21.2.4 通过 SCEP 安装 CA 证书

通过 ASDM，按照以下步骤使用 SCEP 安装 CA 证书。

1. 登录 ASDM，并打开 **Configuration > Device Management > Certificate Management > CA Certificates** 菜单，或者也可以打开 **Configuration > Remote Access VPN > Certificate Management > CA Certificates** 菜单。ASDM 中的这两个菜单都可以完成相同的配置任务。
2. 点击 **Add** 进行下一步配置。
3. 在 Install Certificate 对话框（见图 21-6）中选择 **Use SCEP** 来使用 SCEP 安装 CA 证书。
4. 在 SCEP URL 字段输入 CA 服务器 SCEP URL。
5. Cisco ASA 使用 SCEP 连接 CA 服务器的重试周期默认为 1 分钟。如需定义不同的重试周期，可在 Retry Period 字段以分钟为单位输入相应的值。本例使用的是默认值。
6. Cisco ASA 使用 SCEP 连接 CA 服务器的尝试次数可在 Retry Count 字段进行定义。默认值为 0，也就是不限制重试次数。本例中使用默认值。
7. 管理员可以点击 More Options 按钮来定义高级配置参数（可选）。点击 **More Options** 后会显示 Configuration Options for CA Certificate 对话框，如图 21-7 所示。

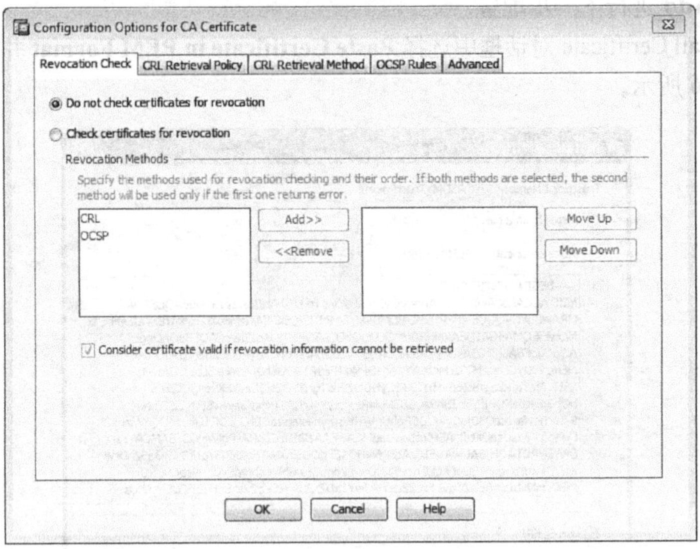

图 21-7 Configuration Options for CA Certificate 对话框

8. 管理员可以在 Revocation Check（撤销检查）标签下进行配置，使 Cisco ASA 检查证书是否被撤销，可使用 CRL 或 OCSP（在线证书状态协议）进行检查。如需 Cisco ASA 检查证书是否被撤销，选择 **Check Certificate for Revocation** 选项，如图 21-7 所示。
9. 指定检查撤销情况的方法，以及检查的顺序。可选择的方法有 CRL 和 OCSP（在线证书状态协议）。选择希望使用的方法并点击 **Add**。若同时选择了两种方法，那么当第一种方法失效时，将使用第二种方法。
10. 作为备份机制，管理员可以勾选 **Consider Certificate Valid if Revocation Information Cannot Be Retrieved**，如图 21-7 所示。
11. 在 CRL Retrieval Policy 标签下（见图 21-8），管理员配置 CRL 分发点的获得方式，可以从颁发的证书获得，也可以从静态配置的 URL 获得。本例使用默认的获得方法，选择 **Use CRL Distribution Point from the certificate**。

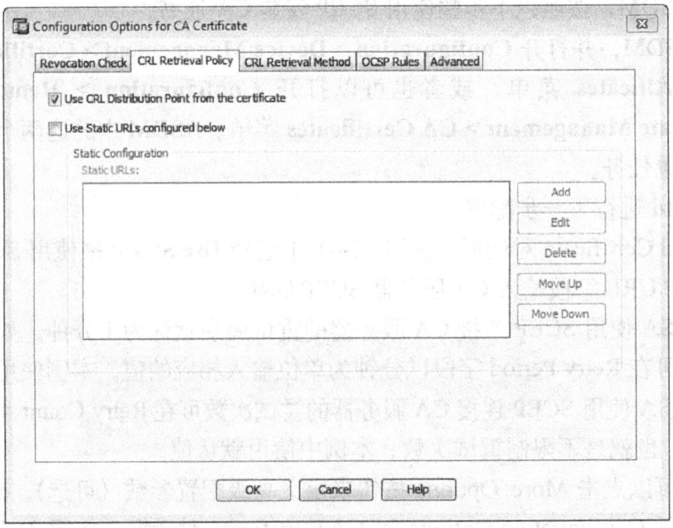

图 21-8 CRL Retrieval Policy 标签

12. 管理员可以使用 CRL Retrieval Method 标签来选择 CRL 监控的方法（可选）。其中可以配置轻量级目录访问协议（LDAP）、HTTP CRL 检索或 SCEP。若将 LDAP 指定为 CRL 检索方法，则 Cisco ASA 默认使用 TCP 端口 389。除此之外，若选择 LDAP，管理员必须输入用户名、密码和 LDAP 服务器 IP 地址。默认 TCP 端口 389 也可以根据实施需求进行更改。本例中使用 HTTP。
13. 在 OSCP Rules 标签中，管理员可以为获得证书撤销状态配置 OCSP 规则（可选）。在配置 OCSP 规则前，必须先配置证书映射。这个证书映射是将用户规则映射到证书中的指定部分。本例中没有使用 OSCP。
14. 管理员可以在 Advanced 标签中配置 CRL 和 OCSP 的可选高级参数，详见图 21-9。

Configuration Options for CA Certificate

Revocation Check | CRL Retrieval Policy | CRL Retrieval Method | OCSP Rules | Advanced

CRL options

Specify the certificate revocation list parameters.

Cache Refresh Time: 60 minutes

[✓] Enforce next CRL update

OCSP options

Specify the Online Certificate Status Protocol (OCSP) parameters.

Server URL: http:// ocsp.securemeinc.com

[ ] Disable nonce extension

Validation Usage

Specify the type of connections that can be validated by this CA.

[✓] IPsec Client [✓] SSL Client [ ] SSL Server

Other Options

[✓] Accept certificates issued by this CA

[✓] Accept certificates issued by the subordinate CAs of this CA

OK Cancel Help

图 21-9 CRL 和 OSCP 高级选项

在 CRL Options 部分可以配置两个 CRL 高级选项。首先可以改变 Cache Refresh Time 字段的值。这个值是 Cisco ASA 本地储存/缓存 CRL 检索结果的时间，以分钟为单位。本例中使用默认值 60 分钟，可配置的区间为 1～1440 分钟。

默认情况下，Cisco ASA 在完成配置后马上强制执行 CRL 检查。为禁用该行为，不勾选 **Enforce next CRL update** 选项。

在 OCSP Options 部分可以指定用于证书状态检查的 OCSP 服务器的 URL 地址。默认情况下，OCSP 请求中包括随机扩展信息，以防止重放攻击。不过，如果管理员通过配置 OCSP 服务器，让它发送不包含这种匹配随机扩展的响应消息或者如果服务器不支持随机扩展，管理员可以勾选 **Disable nonce extension** 来禁用随机扩展。

在 Validation Usage 部分可以指定将要被验证的 VPN 连接的类型。管理员可以选择 SSL、IPSec 或两者。默认值为是同时为 SSL 和 IPSec 连接验证证书的有效性。

在 Other Options 部分可以配置 Cisco ASA 接受配置的 CA 授权的证书，和/或接受该 CA 的下级 CA 颁发的证书。默认情况下同时启用这两个选项，如图 21-9 所示。

15. 点击 **OK** 接受现有配置。
16. 点击 **Install Certificate** 安装 CA 证书。

17. 点击 **Apply** 应用 ASDM 中的配置变更。
18. 点击 **Save** 在 Cisco ASA 中保存配置。

21.2.5 通过 SCEP 安装实体证书

通过 ASDM，按照以下步骤使用 SCEP 安装实体证书。

1. 登录 ASDM，并打开 **Configuration > Device Management > Certificate Management > Identity Certificates** 菜单，或者也可以打开 **Configuration > Remote Access VPN > Certificate Management > Identity Certificates** 菜单。ASDM 中的这两个菜单都可以完成相同的配置任务。
2. 点击 **Add** 进行下一步配置。
3. 显示 **Add Install Certificate** 对话框。选择 **Add a new identify certificate**，如图 21-10 所示。

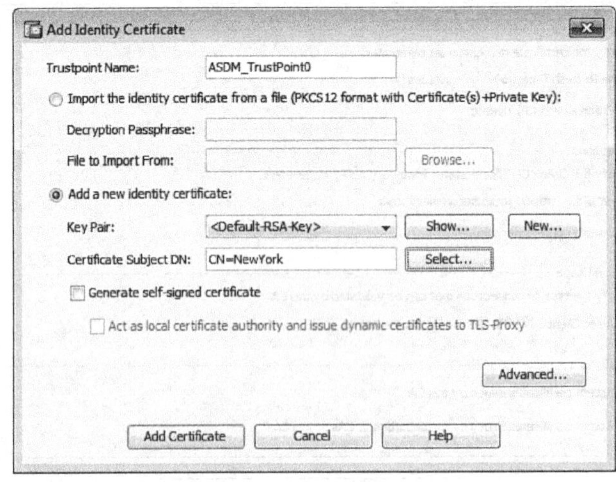

图 21-10 使用 SCEP 安装实体证书

4. 在开始注册过程前，管理员必须选择默认的 RSA 密钥对（由 ASDM 生成），或生成新的 RSA 密钥对。本例中使用默认的 RSA 密钥对。如需生成一个新的 RSA 密钥对，可点击 **New** 按钮。如需显示当前密钥对，可点击 **Show** 按钮。
5. 管理员可以点击 Certificate Subject DN 右侧的 **Select** 按钮，在实体证书中定义一个证书识别名称（DN）。这时会显示 Certificate Subject DN 面板，在这个面板中可以定义下列属性。
   - CN = 通用名称
   - OU = 部门
   - O = 公司名称
   - C = 国家
   - ST = 州/省
   - L = 所在地
   - EA = 电子邮件地址

   本例中 CN 定义为 New York（纽约）。

   为实体证书定义 DN 属性后，点击 **OK**。
6. 点击 **Advanced** 按钮输入高级注册参数。这时会显示 Advanced Options 对话框。
7. 选择 **Enrollment Mode** 标签。

8. 本例中通过 SCEP 完成注册过程。选择 **Request from CA** 单选按钮来通过 SCEP 进行注册。
9. 在 **Enrollment URL (SCEP)**字段输入 CA 服务器的 URL。
10. 重试间隔是 Cisco ASA 重新安装实体证书前需要等待的时间，以分钟为单位。默认值为 1 分钟。重试次数是重试的总次数。默认值为 0，也表示不限次数。本例中重试间隔和重试次数都保留默认值。

> 注释：管理员还可以在使用 SCEP 向 CA 注册期间配置一个复核短语。CA 通常会使用这个短语来认证接下来的撤销请求。

11. 点击 **OK** 接受现有配置。
12. 点击 **Add Certificate** 向 CA 服务器发送实体证书请求。注册请求被发送到 CA 服务器。点击 **Refresh** 按钮查看注册状态。
13. 颁发并安装实体证书后，管理员可以在下列菜单中看到该证书：**Configuration > Remote Access VPN > Certificate Management > Identity Certificates** 和 **Configuration > Device Management > Certificate Management > Identity Certificates**。
14. 点击 **Save** 在 Cisco ASA 中保存配置。

> 提示：ASDM 还允许管理员向 Entrust CA 服务器注册 Cisco ASA。可以通过菜单 **Configuration > Remote Access VPN > Certificate Management > Identity Certificates**，并点击 **Enroll ASA SSL VPN with Entrust** 按钮，使用 Entrust CA 进行注册。这时会显示 Generate Certificate Signing Request 对话框，在这里可以配置并生成发往 Entrust 的证书签名。管理员还可以通过菜单 **Configuration > Device Management > Certificate Management > Identity Certificates** 生成证书签名。

21.2.6 通过 CLI 安装证书

接下来将介绍如何使用 CLI 安装证书。

1. 通过 CLI 生成 RSA 密钥对

在通过 CLI 进行注册之前，管理员必须使用命令 **crypto key generate rsa** 生成 RSA 密钥对。为了生成密钥对，需要首先配置主机名和域名。例 21-1 显示了如何为 Cisco ASA 配置主机名和域名，以及如何生成 RSA 密钥对。

例 21-1 生成 RSA 密钥对

```
ASA(config)# hostname NewYork
NewYork(config)# domain-name securemeinc.org
NewYork(config)# crypto key generate rsa modulus 1024
INFO: The name for the keys will be: <Default-RSA-Key>
Keypair generation process begin.
```

在例 21-1 中，密钥对的名称是<Default-RSA-Key>。若使用 **label** 关键字配置了密钥对标签，则<Default-RSA-Key>将被其代替。若管理员试图使用相同的标签创建另一个密钥对，Cisco ASA 将会弹出警告消息。

若已存在一个 RSA 密钥对，但仍需要生成一个新的密钥对，可以使用命令 **crypto key zeroize rsa**。例 21-2 显示了如何删除现存的 RSA 密钥对。

例 21-2 删除现存 RSA 密钥对

```
NewYork(config)# crypto key zeroize rsa
WARNING: All RSA keys will be removed.
WARNING: All certs issued using these keys will also be removed.
Do you really want to remove these keys? [yes/no]: yes
```

可使用命令 **show crypto key mypubkey rsa** 查看生成的 RSA 密钥对。例 21-3 显示出该命令的输出信息。

例 21-3 查看 RSA 密钥对信息

```
NewYork# show crypto key mypubkey rsa
Key pair was generated at: 08:46:31 UTC Jan 22 2014
Key name: <Default-RSA-Key>
 Usage: General Purpose Key
 Modulus Size (bits): 1024
 Key Data:
   30819f30 0d06092a 864886f7 0d010101 05000381 8d003081 89028181 00f26be4
   08b00ac5 fb06adda 7c7a2ae6 26c136ce 990f5612 41d6fa09 79ef251f d229dcc0
   64bc15f8 1b3a4f1e 131f1765 866dfb3a bb8c3a59 f8605625 8e8ff0ca 90d291d0
   75c753c3 dd5f55f3 6d49d774 523b9d8b 78ad05b4 efd75793 88ac9646 7e8c8816
017d464d 4a817041 a559dc63 2532c657 cc12373a c7b733f1 a50bdb82 61020301 0001
```

注释：去往安全设备的 SSH 连接也使用相同的 RSA 密钥对。

2. 配置可信点

Cisco ASA 证书配置命令与 Cisco IOS 命令相似。命令 **crypto ca trustpoint** 表明 Cisco ASA 应使用的 CA，并允许管理员配置所有必需的证书参数。输入该命令后会进入 ca-trustpoint 配置模式，详见例 21-4。

例 21-4 配置一个可信点

```
NewYork# configure terminal
NewYork(config)# crypto ca trustpoint CISCO
NewYork(config-ca-trustpoint)#
```

表 21-1 列出并描述了所有可信点子命令。

表 21-1 注册配置子命令

子命令	描述
accept-subordinates	允许 Cisco ASA 接受下级 CA 证书
crl	CRL 选项（将在本章稍后内容中详细介绍）
default	将所有注册参数还原为默认值
email	用来输入注册请求中使用的电子邮件地址
enrollment	注册参数： ■ **retry**：轮询重试次数和间隔 ■ **self**：注册过程生成一个自己签署的证书 ■ **terminal**：用于手动注册（剪切/粘贴方法） ■ **url**：CA 服务器的 URL

续表

子命令	描述
fqdn	完全合格域名
id-cert-issuer	接受 ID 证书
id-usage	定义由该可信点表示的设备实体应如何使用
ip-address	IP 地址
keypair	定义公钥将被验证的密钥对
match	用来匹配证书映射
ocsp	用来配置下列 OCSP 参数： ■ **disable-nonce**：禁用 OCSP 随机扩展信息 ■ **url**：OCSP 服务器 URL
password	返回密码
proxy-ldc-issuer	用于为 TLS 代理本地动态证书配置颁发者
revocation-check	用来配置下列证书撤销检查参数： ■ **crl**：使用 CRL 进行撤销检查 ■ **none**：忽略撤销检查 ■ **ocsp**：使用 OCSP 进行撤销检查
serial-number	序列号
subject-name	对象名称
validation-usage	指定可信点可以使用哪类验证

图 21-11 所示为例 21-5 使用的拓扑。Cisco ASA 通过 SCEP 向 CA 服务器 209.165.202.130 进行注册。

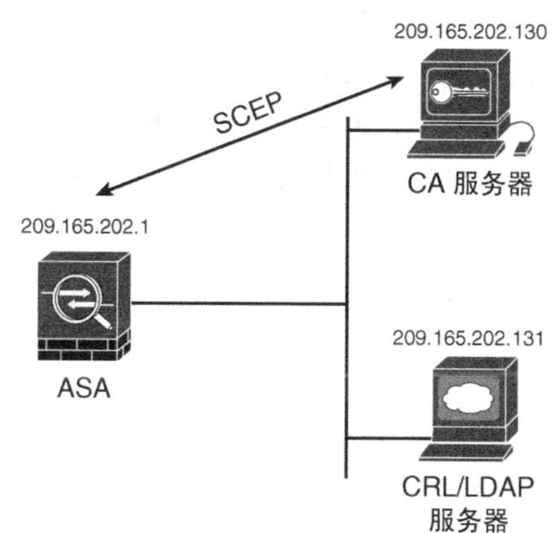

图 21-11 通过 SCEP 注册的案例

例 21-5 显示出 Cisco ASA 的可信点配置。

例 21-5 通过 SCEP 配置 ASA 注册

```
NewYork# configure terminal
NewYork(config)# crypto ca trustpoint CISCO
NewYork(configure-ca-trustpoint)# enrollment url http://209.165.202.130/certsrv/
mscep/mscep.dll
```

（待续）

```
NewYork(configure-ca-trustpoint)# enrollment retry count 3
NewYork(configure-ca-trustpoint)# enrollment retry period 5
NewYork(configure-ca-trustpoint)# fqdn NewYork.securemeinc.org
NewYork(configure-ca-trustpoint)# exit
NewYork(config)# exit
NewYork#
```

例 21-5 中，Cisco ASA 配置了名为 CISCO 的可信点。子命令 **enrollment url** 用来表明 CA 服务器的位置。

注释：本例中的 CA 服务器是拥有 SCEP 服务的微软 Windows CA 服务器。完整的 URL 是 http://209.165.202.130/certsrv/mscep/mscep.dll。

为了防止无法从 CA 服务器成功地获得证书，Cisco ASA 的重试次数配置为 3。发往 CA 的每个请求之间等待 5 分钟。在注册请求中使用完全合格域名（FQDN），并将其配置为 NewYork.securemeinc.org。

本例中 Cisco ASA 向 CA 注册，以使用 IPSec 认证证书。Cisco ASA 需要从 CA 服务器获得 CA 证书并请求一个 ID 证书。可使用命令 **crypto ca authenticate** 获得 CA 证书。例 21-6 显示出如何使用该命令从 CA 服务器获得 CA 证书。

例 21-6 从 CA 服务器获得 CA 证书

```
NewYork# configure terminal
NewYork(config)# crypto ca authenticate CISCO
INFO: Certificate has the following attributes:
Fingerprint:     3736ffc2 243ecf05 0c40f2fa 26820675
Do you accept this certificate? [yes/no]: yes
```

例 21-6 中，CISCO 是前面配置的可信点名称。输入该命令后，Cisco ASA（通过 SCEP）与 CA 服务器 209.165.202.130 建立了 TCP（端口 80）连接。在这期间，Cisco ASA 将提示管理员接受证书。若使用了 RA，Cisco ASA 也会从服务器获得 RA 证书。

从 CA 服务器获得 CA 证书后，使用命令 **crypto ca enroll** 向 CA 服务器 209.165.202.130 生成实体证书请求。例 21-7 显示出如何使用该命令获得 ID 证书。该请求为 PKCS#7 证书请求。

例 21-7 从 CA 服务器获得 ID 证书

```
NewYork(config)# crypto ca enroll CISCO
%
% Start certificate enrollment ..
% Create a challenge password. You will need to verbally provide this
   password to the CA Administrator in order to revoke your certificate.
   For security reasons your password will not be saved in the configuration.
   Please make a note of it.
Password: ******
Re-enter password: ******
% The fully-qualified domain name in the certificate will be: NewYork.securemeinc.
org
% Include the router serial number in the subject name? [yes/no]: no
Request certificate from CA? [yes/no]: yes
% Certificate request sent to Certificate Authority
NewYork(config)# The certificate has been granted by CA!
```

CISCO 是之前配置的可信点名称。输入命令 **crypto ca enroll** 后，Cisco ASA 会要求管理员输入用于该证书的密码，显示证书中将使用的 FQDN，并询问管理员是否在证书对象名称中包括序列号（本例中并没有包括）。IKE 不使用序列号，但 CA 服务器也许会用它来认证证书，或用它关联证书和某台设备。用户可向 CA 管理员询问是否需要在证书请求中包含序列号。例中第一个阴影部分显示出 Cisco ASA 最终向管理员询问是否从 CA 请求证书。若回答是 **yes**，则随后请求成功，将会显示第二个阴影部分所示的消息，表示证书注册成功。

使用命令 **show crypto ca certificates** 可以确认并显示根/CA 和 ID 证书信息。例 21-8 所示为该命令的输出信息。

例 21-8 show crypto ca certificates 命令的输出

```
NewYork# show crypto ca certificates
Certificate
  Status: Available
  Certificate Serial Number: 1c91af4500000000000d
Certificate Usage: General Purpose
  Public Key Type: RSA (1024 bits)
Issuer Name:
    cn=SecuremeCAServer
    ou=ENGINEERING
    o=Secureme
    l=NewYork
    st=IL
    c=US
    ea=administrator@securemeinc.org
Subject Name:
    Name: NewYork.securemeinc.org
    Serial Number:
    hostname=NewYork.securemeinc.org
  CRL Distribution Point:
    http://NewYork-ca.securemeinc.org/CertEnroll/SecuremeCAServer.crl
  Validity Date:
    Start date: 02:58:05 UTC Jan 2 2014
    End   date: 03:08:05 UTC Jan 2 2016
  Associated Trustpoints: CISCO
!
CA Certificate
  Status: Available
  Certificate Serial Number: 225b38e6471fcca649427934cf289071
Certificate Usage: Signature
  Public Key Type: RSA (2048 bits)
Issuer Name:
    cn=SecuremeCAServer
    ou= ENGINEERING
    o=Secureme
    l=NewYork
    st=IL
    c=US
    ea=administrator@securemeinc.org
Subject Name:
    cn=SecuremeCAServer
    ou=ENGINEERING
    o=Secureme
```

（待续）

```
    l=NewYork
    st=IL
    c=US
    ea=administrator@securemeinc.org
  CRL Distribution Point:
    http://NewYork-ca.securemeinc.org/CertEnroll/SecuremeCAServer.crl
  Validity Date:
    start date: 20:15:19 UTC Jan 10 2014
    end date: 20:23:42 UTC Jan 10 2017
  Associated Trustpoints: CISCO
NewYork#
```

例21-8中显示的证书信息中包括下列信息：

- 每个证书的状态；
- 证书的用途；
- 颁发者DN信息（比如组织机构、组织机构中的各部门、所在地等）；
- CRL分发点（CDP）；
- 每个证书的有效期；
- 与证书相关联的可信点。

命令 **show crypto ca certificates** 对排错和检查有很大帮助。

3. 通过CLI手动（剪切/粘贴）注册

手动（或剪切/粘贴）注册方式通常用于以下环境中：

- CA服务器不支持SCEP；
- Cisco ASA和CA服务器之间IP不可达；
- Cisco ASA和CA服务器之间阻塞了TCP端口80。

配置 Cisco ASA 使用手动注册与配置 SCEP 注册相似。只是使用子命令 **enrollment terminal** 替换子命令 **enrollment url**。例21-9显示出手动注册的可信点配置。

例21-9 配置Cisco ASA进行手动注册

```
NewYork# configure terminal
NewYork(config)# crypto ca trustpoint MANUAL
NewYork(configure-ca-trustpoint)# enrollment terminal
NewYork(configure-ca-trustpoint)# exit
NewYork(config)# exit
NewYork#
```

例21-9中可信点的名称是MANUAL。子命令 **enrollment terminal** 用于指定手动注册。

管理员从CA服务器上检索（复制/粘贴）证书，并使用命令 **crypto ca authenticate** 导入CA证书。例21-10显示出如何手动地向Cisco ASA中导入CA证书。

例21-10 手动导入CA证书

```
NewYork(config)# crypto ca authenticate MANUAL
Enter the base 64 encoded CA certificate.
End with the word "quit" on a line by itself ——BEGIN CERTIFICATE——
MIIC0jCCAnygAwIBAgIQIls45kcfzKZJQnk0zyiQcTANBgkqhkiG9w0BAQUFADCB
hjEeMBwGCSqGSIb3DQEJARYPamF6aWJAY2lzY28uY29tMQswCQYDVQQGEwJVUzEL
MAkGA1UECBMCTkMxDDAKBgNVBAcTA1JUUDEWMBQGA1UEChMNQ2lzY28gU3lzdGVt
```

（待续）

```
czEMMAoGA1UECxMDVEFDMRYwFAYDVQQDEw1KYXppYkNBU2VydmVyMB4XDTA0MDYy
NTIwMTUxOVoXDTA3MDYyNTIwMjM0MlowgYYxHjAcBgkqhkiG9w0BCQEWD2phemli
QGNpc2NvLmNvbTELMAkGA1UEBhMCVVMxCzAJBgNVBAgTAk5DMQwwCgYDVQQHEwNS
VFAxFjAUBgNVBAoTDUNpc2NvIFN5c3RlbXMxDDAKBgNVBAsTA1RBQzEWMBQGA1UE
AxMNSmF6aWJDQVNlcnZlcjBcMA0GCSqGSIb3DQEBAQUAA0sAMEgCQQDnCRVLNn2L
wgair5gaw9bGFoWG2bS9G4LPl2/1TDffk9yD3h7/R3bBLIcSwy3nt1V5/brUtGFR
CoVV2XQ4RZEtAgMBAAGjgcMwgcAwCwYDVR0PBAQDAgHGMA8GA1UdEwEB/wQFMAMB
Af8wHQYDVR0OBBYEFKTqtaUJ6Pm9Pc/0IRc/EklKnT9TMG8GA1UdHwRoMGYwMKAu
oCyGKmh0dHA6Ly90ZWNoaWUvQ2VydEVucm9sbC9KYXppYkNBU2VydmVyLmNybDAy
oDCgLoYsZmlsZTovL1xcdGVjaGllXENlcnRFbnJvbGxcSmF6aWJDQVNlcnZlci5j
cmwwEAYJKwYBBAGCNxUBBAMCAQAwDQYJKoZIhvcNAQEFBQADQQCw4XI7Ocff7MIc
LlAEyrhrTn3c2yqTbWZ6lO/QGaC4LdfyEDMeA0HvpkbB2GGJSj1AZocRCtB33GLi
QkiMpjnK
—--END CERTIFICATE—--
quit
INFO: Certificate has the following attributes:
Fingerprint: 82a0095e 2584ced6 b66ed6a8 e48a5ad1
Do you accept this certificate? [yes/no]: yes
Trustpoint CA certificate accepted.
% Certificate successfully imported
```

例 21-10 中，管理员通过剪切/粘贴的方式，将 CA 证书手动导入 Cisco ASA 中。粘贴 Base64 编码的 CA 证书后，输入空行或 **quit** 退出 CA 配置界面。若证书经过验证，Cisco ASA 将询问管理员是否接受此证书，此时输入 **yes**。若成功导入证书，将会显示 Certificate Successfully Imported（成功导入证书）消息。

使用命令 **crypto ca enroll** 生成 ID 证书请求。例 21-11 显示出如何生成证书请求。

例 21-11 生成 ID 证书请求

```
NewYork(config)# crypto ca enroll MANUAL
% Start certificate enrollment ..
% The fully-qualified domain name in the certificate will be: NewYork.securemeinc.
org
% Include the device serial number in the subject name? [yes/no]: noDisplay
Certificate Request to terminal? [yes/no]: yes
Certificate Request follows:
MIIBpDCCAQ0CAQAwLTErMA4GA1UEBRMHNDZmZjUxODAZBgkqhkiG9w0BCQIWDE5Z
LmNpc2NvLmNvbTCBnzANBgkqhkiG9w0BAQEFAAOBjQAwgYkCgYEA1n+8nczm8ut1
X5PVngaA147OA1Us3YWRvOYcfwj/tosNRoJ/1Y2tVQMnZ+aKlai2+PcZfyP2u2Ar
cadRwkwY0KfKrt5f7LAKrhmHyavNT0rRXBxEMPbtvWuacghmaNXAiRGNpNOHpQjB
QCth9fw7s+anAkXZlfd2ZzAu1Y60s6cCAwEAAaA3MDUGCSqGSIb3DQEJDjEoMCYw
CwYDVR0PBAQDAgWgMBcGA1UdEQQQMA6CDE5ZLmNpc2NvLmNvbTANBgkqhkiG9w0B
AQQFAAOBgQDGcYSC8VGy+ekUNkDayW1g+TQL41YldLmT9xXUADAQqmGhyA8A36d0
VtZlNc2pXHaMPKkqxMEPMcJVdZ+o6JpiIFHPpYNiQGFUQZoHGcZveEbMVor93/KM
IChEgs4x98fCuJoiQ2RQr452bsWNyEmeLcDqczMSUXFucSLMm0XDNg==
---End - This line not part of the certificate request---
Redisplay enrollment request? [yes/no]: no
NewYork(config)#
```

例 21-11 显示出如何生成证书请求。将证书请求复制/粘贴到 CA 服务器，并为 Cisco ASA 生成一个新的 ID 证书。

警告：请确保不要将例 21-11 中的第 2 个阴影显示行复制/粘贴过去。加上这一句，证书请求的格式将变得不正确。

> 注释：从 CA 服务器获得 Base64 编码的证书，不能复制/粘贴 DER（可辨别编码规则）编码的证书。

如果需要的话，Cisco ASA 可以显示证书请求（详见例 21-11）。

ID 证书被 CA 服务器认可后，可使用命令 **crypto ca import** 导入 Base64 编码的 ID 证书。例 21-12 显示出如何导入 ID 证书。

例 21-12　手动导入 ID 证书

```
NewYork(config)# crypto ca import MANUAL certificate
% The fully-qualified domain name in the certificate will be: NewYork.securemeinc.
org
Enter the base 64 encoded certificate.
End with the word "quit" on a line by itself
—--BEGIN CERTIFICATE—--
MIIECDCCA7KgAwIBAgIKHJGvRQAAAAADTANBgkqhkiG9w0BAQUFADCBhjEeMBwG
CSqGSIb3DQEJARYPamF6aWJAY2lzY28uY29tMQswCQYDVQQGEwJVUzELMAkGA1UE
CBMCTkMxDDAKBgNVBAcTA1JUUDEWMBQGA1UEChMNQ2lzY28gU3lzdGVtczEMMAoG
A1UECxMDVEFDMRYwFAYDVQQDEw1KYXppYkNBU2VydmVyMB4XDTA0MDkwMjAyNTgw
NVoXDTA1MDkwMjAzMDgwNVowLzEQMA4GA1UEBRMHNDZmZjUxODEbMBkGCSqGSIb3
DQEJAhMMT1kuY2lzY28uY29tMIGfMA0GCSqGSIb3DQEBAQUAA4GNADCBiQKBgQDW
f7ydzOby63Vfk9WeBoDXjvQDVSzdhZG85hx/CP+2iw1Ggn+Vja1VAydn5oqVqLb4
9xl/I/a7YCtxp1HCTBjQp8qu3l/ssAquGYfJq81PStFcHEQw9u29a5pyCGZo1cCJ
EY2k04e1CMFAK2H1/Duz5qcCRdmV93ZnMC7VjrSzpwIDAQABo4ICEjCCAg4wCwYD
VR0PBAQDAgWgMBcGA1UdEQQQMA6CDE5ZLmNpc2NvLmNvbTAdBgNVHQ4EFgQUxMvq
7pWbd8bye1PKnXTKYO3A5JQwgcIGA1UdIwSBujCBt4AUpOq1pQno+b09z/QhFz8S
SUqdP1OhgYykgYkwgYYxHjAcBgkqhkiG9w0BCQEWD2phemliQGNpc2NvLmNvbTEL
MAkGA1UEBhMCVVMxCzAJBgNVBAgTAk5DMQwwCgYDVQQHEwNSVFAxFjAUBgNVBAoT
DUNpc2NvIFN5c3RlbXMxDDAKBgNVBAsTA1RBQzEWMBQGA1UEAxMNSmF6aWJDQVNl
cnZlcoIQIls45kcfzKZJQnk0zyiQcTBvBgNVHR8EaDBmMDCgLqAshipodHRwOi8v
dGVjaGllL0NlcnRFbnJvbGwvSmF6aWJDQVNlcnZlci5jcmwwMqAwoC6GLGZpbGU6
Ly9cXHRlY2hpZVxDZXJ0RW5yb2xsXEphemliQ0FTZXJ2ZXIuY3JsMIGQBggrBgEF
BQcBAQSBgzCBgDA9BggrBgEFBQcwAoYxaHR0cDovL3RlY2hpZS9DZXJ0RW5yb2xs
L3RlY2hpZV9KYXppYkNBU2VydmVyLmNydDA/BggrBgEFBQcwAoYzZmlsZTovL1xc
dGVjaGllXENlcnRFbnJvbGxcdGVjaGllX0phemliQ0FTZXJ2ZXIuY3J0MA0GCSqG
SIb3DQEBBQUAA0EAQ1+WBtysPhOAhTKLYemj8X1TpGrqtUl3mCyNH5OXppfYjSGu
SGzFQHtnqURciJBtay9RNnMpZmZYpfOHzmeFmQ==
—--END CERTIFICATE—--
quit
INFO: Certificate successfully imported
NewYork(config)#
```

Base64 编码的 ID 证书成功地导入到 Cisco ASA 中。

4. 通过 CLI 配置 CRL 选项

接下来介绍如何在 Cisco ASA 中配置 CRL 检查。管理员可以配置 Cisco ASA 按以下方式工作：

- 不需要 CRL 检查；
- 若安全设备无法检索 CRL，则接受对等体的证书；
- 需要 CRL 检查。

使用可信点子命令 **crl nocheck** 绕过 CRL 检查。

> 提示：绕过 CRL 检查是不安全的行为，因此并不建议这样做。

子命令 **crl optional** 使 Cisco ASA 在无法获得所需 CRL 的情况下，有可能接受其对等体的证书。

使用子命令 **crl required** 强制 Cisco ASA 执行 CRL 检查。CRL 服务器必须可达并可用，以便于安全设备验证对等体的证书。启用该命令后，管理员必须配置 CRL 参数。使用可信点子命令 **crl configure** 配置 CRL 选项。输入该命令后，管理员将看到 ca-crl 配置模式提示，详见例 21-13。

例 21-13 子命令 **crl configure**

```
NewYork(config)# crypto ca trustpoint CISCO
NewYork(configure-ca-trustpoint)# crl required
NewYork(configure-ca-trustpoint)# crl configure
NewYork(config-ca-crl)#
```

表 21-2 列出了所有 CRL 配置选项。

表 21-2 crl configure 配置选项

子命令	描述
cache-time	用来配置 CRL 缓存的刷新时间（以分钟为单位）。配置范围是 1～1440 分钟。默认值为 60 分钟
default	将所有选项还原为默认值
enforcenext update	用来定义如何处理 NextUpdate CRL 字段。若配置了该选项，CRL 中要包括未失效的 NextUpdate 字段
ldap-defaults	用来定义默认的 LDAP 服务器和端口，以防止被查证书的分发点扩展信息中缺少了这些参数
ldap-dn	用来配置访问 CRL 数据库所需的 Login DN 和密码
policy	用来配置 CRL 检索策略。可以配置以下选项： ■ **both**：Cisco ASA 使用被查证书中的 CRL 分发点或使用静态分发点 ■ **cdp**：Cisco ASA 使用被查证书中的 CRL 分发点 ■ **static**：Cisco ASA 使用静态配置的 URL
protocol	用于 CRL 检索的协议。可选择 **http**、**ldap** 和 **scep**
url	静态配置可以进行 CRL 检索的 RUL，最多可以指定 5 个 URL。索引值可以用来排列 URL

例 21-14 显示出如何配置 CRL 检查，其中使用了一些上述选项。

例 21-14 CRL 检查案例

```
crypto ca trustpoint CISCO
 crl required
 enrollment retry count 3
 enrollment url http://209.165.202.130:80/certsrv/mscep/mscep.dll
 fqdn NewYork.securemeinc.org
 crl configure
  policy static
  url 1 ldap://NewYork-crl1.securemeinc.org/CRL/CRL.crl
  url 2 ldap://NewYork-crl2.securemeinc.org/CRL/CRL.crl
  url 3 ldap://NewYork-crl3.securemeinc.org/CRL/CRL.crl
```

例 21-14 中，Cisco ASA 配置了可信点子命令 **crl required**，因此需要进行 CRL 检查。在 Cisco ASA 上静态定义了 3 个 CRL 服务器。实用的传输协议是 LDAP。

注释：为 CRL 分发点使用 FQDN 时，请确保在 Cisco ASA 上配置了域名服务器。使用命令 **dns name-server** *ip-address* 来指定所使用的域名服务器。

Cisco ASA 将首先尝试名为 NewYork-crl1.securemeinc.org 的 CRL 服务器，接着按顺序尝试 NewYork-crl2.securemeinc.org 和 NewYorkcrl3.securemeinc.org，如图 21-12 所示。

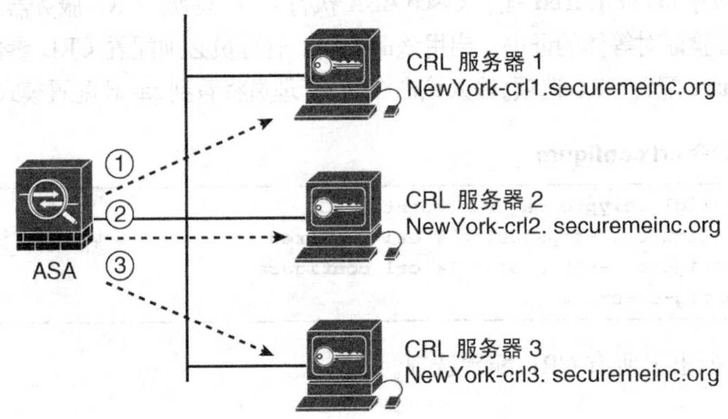

图 21-12　CRL 检查案例

管理员可以使用命令 **crypto ca crl request** 手动请求 CRL 检索。例 21-15 显示出如何手动检索 CRL。

例 21-15　通过 CLI 手动检索 CRL

```
NewYork(config)# crypto ca crl request CISCO
CRL received
```

成功接收 CRL 后，可使用命令 **show crypto ca crls** 查看 CRL，详见例 21-16。

例 21-16　**show crypto ca crls** 命令的输出

```
NewYork# show crypto ca crls
CRL Issuer Name:
cn=SecuremeCAServer,ou=ENGINEERING,o=Secureme,l=NewYork,st=IL,c=US,ea=administrator@
securemeinc.org
        LastUpdate: 14:18:11 UTC Sep 10 2013
        NextUpdate: 02:38:11 UTC Sep 18 2013
        Retrieved from CRL Distribution Point:
          http://NewYork-crl1.securemeinc.org/CertEnroll/SecuremeCAServer.crl
        Size (bytes): 1095
```

例 21-16 中第 1 个和第 2 个阴影行显示出 CRL 最后更新的时间以及下一次更新的时间。第 3 个阴影行显示出 CRL 分发点的 URL。

21.3　本地证书管理机构

Cisco ASA 可以颁发数字证书，提供基本的证书管理机构功能，也可以对颁发的证书实施基本的撤销检查。该特性通常称为本地证书管理结构（本地 CA）。由 Cisco ASA 的本地 CA 颁发的证书既可以用于基于浏览器的 SSL VPN 连接，也可以用于基于客户端的 SSL VPN 连接。在 Cisco ASA 上配置并启用了本地 CA 后，用户可以通过浏览器访问指定的注册页面，来注册一个证书。本小节将介绍如何通过 ASDM 和 CLI 配置并启用 Cisco ASA 中的本地 CA。

21.3.1 通过 ASDM 配置本地 CA

可以按照以下步骤，通过 ASDM 配置本地 CA。

1. 登录ASDM，通过菜单**Configuration > Remote Access VPN > Certificate Management > Local Certificate Authority > CA Server** 进行配置，详见图 21-13。

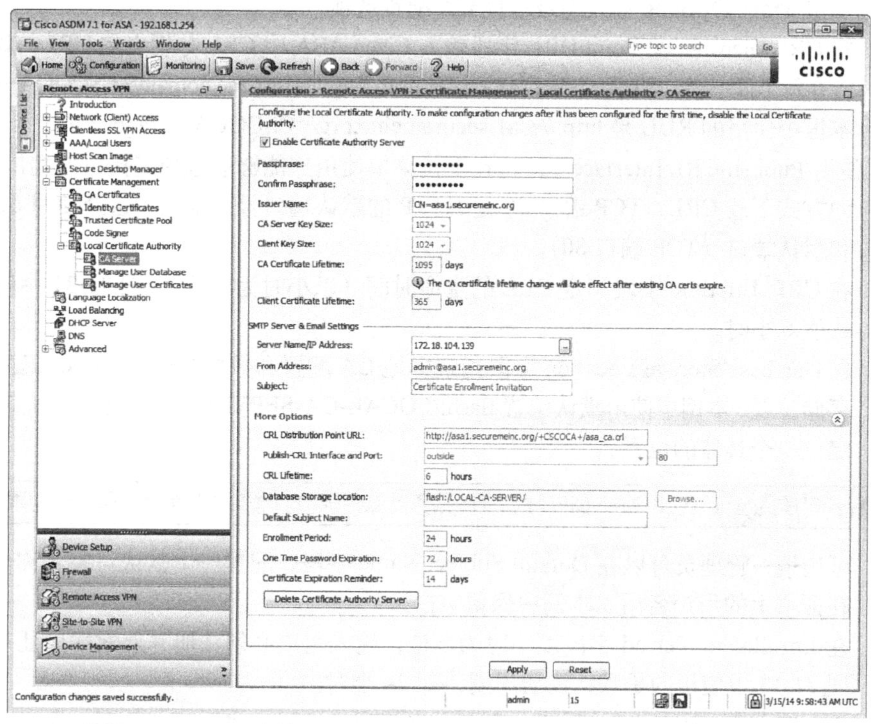

图 21-13 使用 ASDM 配置本地 CA

2. 勾选 **Enable certificate Authority Server** 复选框来配置本地 CA。
3. 管理员可以在 Passphrase 字段输入一个密码短语来确保本地 CA 服务器的安全，防止未授权的连接或以外的关机。
4. 在 Issuer Name 字段输入由 Cisco ASA 本地 CA 为 CA 证书生成的颁发者名称。本例中使用的是 CN=asa1.securemeinc.org。
5. 从 CA Server Key Size 下拉菜单中选择 CA 服务器证书使用的密钥模数。可配置的范围为 512～2048。本例中使用默认值 1024。
6. 从 Client Key Size 下拉菜单中选择客户端服务器证书使用的密钥模数。可配置的范围为 512～2048。本例中使用默认值 1024。
7. 在 CA Certificate Lifetime 字段为本地 CA 证书输入有效期（也就是生命时间，以天为单位）本例中使用的是默认值 1095 天，如图 21-13 所示。
8. 在 Client Certificate Lifetime 字段为客户端证书输入有效期（也就是生命时间，以天为单位）。默认值为 365 天。
9. Cisco ASA 使用简单邮件传输协议（SMTP）发送电子邮件，向用户发送用于注册邀请的一次性口令。在 Server Name/IP Address（服务器名称/IP 地址）字段输入网络中使用的 SMTP 服务器的 IP 地址或服务器名称。本例中 SMTP 服务器的 IP 地址是 172.18.104.139。

10. 在 From Address 字段输入向用户发送电子邮件时需要使用的电子邮件地址。它通常是管理员的地址或组，取决于管理员制定的策略。我们使用的电子邮件地址是 admin@asa1.securemeinc.org。
11. 在 Subject 字段输入发送给用户的注册电子邮件中使用的对象。本例中使用的是默认对象 Certificate Enrollment Invitation。
12. 点击 **More Options** 输入高级本地 CA 配置选项。
13. 在 CRL Distribution Point URL 字段输入 Cisco ASA 中 CRL 分发点的 URL，该信息将包含在每个证书中。默认的 CRL 分发点地址是 http://hostname.domain/+CSCOCA+/asa_ca.crl。本里中使用的 RUL 是 http://asa1.securemeinc.org/+CSCOCA+/asa_ca.crl。
14. 使用 Publish-CRL Interface and Port 下拉菜单使用户能够通过指定接口或端口，以 HTTP 的方式下载 CRL。TCP 端口 80 是 HTTP 的默认端口号。本例中选择使用 outside 接口和默认端口（TCP 端口 80）。
15. 在 CRL Lifetime 字段指定 CRL 的生命时间（以小时为单位）。图 21-31 中使用的是默认值 6 小时。
16. 在 Database Storage Location 字段指定本地 CA 配置和数据文件在 Cisco ASA flash 中的存储位置。本例中使用默认位置 flash:/LOCAL-CA-SERVER。管理员也可以点击 **Browse** 定位一个具体的位置。

注释：管理员也可以使用外部 CIFS 或 FTP 服务器储存证书。本例中为简化部署，使用本地 Flash。

17. 可选地，管理员可以在 Default Subject Name 字段，配置一个默认对象名称，使其附加在证书上的用户名后。本例中保留空白。
18. 在 Enrollment Period 字段以小时为单位，输入用户必须注册并检索用户证书的周期。图 21-13 中使用的是默认注册周期，即 24 小时。
19. One Time Password Expiration 字段允许管理员设置一次性口令的有效周期，该口令通过电子邮件发送给用户。本例中使用的是默认的注册周期，即 72 小时。
20. 在 Certificate Expiration Reminder 字段以天为单位，输入向未完成注册的用户发送超时提醒的周期。本例中使用默认注册周期 14 天。
21. 点击 **Apply** 应用 ASDM 中的更改。
22. 点击 **Save** 在 Cisco ASA 中保存配置。

21.3.2 通过 CLI 配置本地 CA

使用命令 **crypto ca server** 在 CLI 中配置本地 CA，详见例 21-17。

例 21-17 通过 CLI 配置本地 CA

```
NewYork(config)# crypto ca server
NewYork(config-ca-server)# cdp-url http://newyork.securemeinc.org/+CSCOCA+/asa_ca.crl
NewYork(config-ca-server)# issuer-name CN = NewYorkCA
NewYork(config-ca-server)# smtp from-address admin@securemeinc.org
NewYork(config-ca-server)# publish-crl outside 80
```

例 21-17 中配置了前文案例（通过 ASDM 配置本地 CA）使用的参数值。子命令 **cdp-url** 用于指定 CRL 分发点 URL。子命令 **issuer-name** 用于指定 CA 证书中使用的颁发者名称信息。子命令 **smtp from-address** 用于定义在注册期间，向用户发送电子邮件时使用的 From 地址。子命令 **publish-crl** 用于指定用来访问 CRL 分发点的接口和端口。

使用全局配置命令 **smtp-server**，指定 Cisco ASA 将要使用的 SMTP 服务器，详见例 21-18。

例 21-18 配置 SMTP 服务器

```
NewYork(config)# smtp-server 172.18.104.139
```

使用命令 **lifetime ca-certificate** 指定本地 CA 证书的生命时间。例 21-19 显示出前文案例中通过 ASDM 为本地 CA 配置的参数值。

例 21-19 配置证书生命时间

```
NewYork(config)# crypto ca server
NewYork(config-ca-server)# lifetime ca-certificate 1095
NewYork(config-ca-server)# lifetime certificate 365
```

使用命令 **keysize** 指定用户证书注册中生成的公钥和私钥的大小。使用命令 **keysize server** 配置本地 CA 密钥对的大小。

> 注释：如前所述，对于服务器证书和用户证书来说，默认密钥大小为 1024。配置默认值时，这些命令将不会显示在配置中。对于命令 **keysize** 和命令 **keysize server** 来说，可选择的值包括 512、768、1024 和 2048 比特。

使用子命令 **no shutdown** 启用本地 CA 服务器，详见例 21-20。

例 21-20 启用本地 CA

```
NewYork(config)# crypto ca server
NewYork(config-ca-server)# no shutdown
% Some server settings cannot be changed after CA certificate generation.
% Please enter a passphrase to protect the private key
% or press return to exit
```

启用本地 CA 后，Cisco ASA 生成自身的 CA 证书链并将其显示在配置中，详见例 21-21。

例 21-21 本地 CA 证书链

```
crypto ca certificate chain LOCAL-CA-SERVER
 certificate ca 01
    30820203 3082016c a0030201 02020101 300d0609 2a864886 f70d0101 04050030
    15311330 11060355 0403130a 204e6577 596f726b 4341301e 170d3039 30363133
    30393139 34355a17 0d313230 36313230 39313934 355a3015 31133011 06035504
    03130a20 4e657759 6f726b43 4130819f 300d0609 2a864886 f70d0101 01050003
    818d0030 81890281 8100db2d 324a8481 e9554044 af1064d3 ce6faa28 2a1bd2b8
    9e5348b2 e4ca4003 7e5a5a79 b9b12e3a 0c6578af a94e99fb 2ffa21ba 77da04f8
    6194d3bf 83aad420 a0d762a1 67738aa3 a35f3d68 827f9edf fe403e70 2c486d1c
    c021ee73 c6d8fafe 1f357861 400ec2b5 0261b083 ed664177 35d62e1e 37edc24d
    ed6b91d8 0da04aeb fb750203 010001a3 63306130 0f060355 1d130101 ff040530
    030101ff 300e0603 551d0f01 01ff0404 03020186 301f0603 551d2304 18301680
    14ef32a1 a35889c2 4cf22c13 32d47619 0c693dac e3301d06 03551d0e 04160414
    ef32a1a3 5889c24c f22c1332 d476190c 693dace3 300d0609 2a864886 f70d0101
    04050003 818100a0 8e1c6e8d 625385fc 91ca4918 dc531473 00a9c122 d3afc256
    afe56fd7 a58d71ab e70ee0a5 c6beaa3c 4f045911 e68696bc 6b6f2857 cadf0ad2
    f59f187d 167dca1e 7b03c86f 37ee13b8 b0d074b2 e94dd26b 9f3362a8 d5ff7355
    b8183677 c3530edb 1504c1f9 af3c13c5 59faf495 ea7a3bfe c79b3ead ad4175b5
    1f54962a 016822
  quit
```

命令 **show crypto ca server** 可显示已启用本地 CA 服务器，还可以显示其他状态，详见例 21-22。

例 21-22 show crypto ca server 命令的输出

```
NewYork# show crypto ca server
Certificate Server LOCAL-CA-SERVER:
    Status: enabled
    State: enabled
    Server's configuration is locked (enter "shutdown" to unlock it)
    Issuer name: CN = NewYorkCA
    CA certificate fingerprint/thumbprint: (MD5)
        ab1174ad fe12d6ef e8b7551c e6eb9e06
    CA certificate fingerprint/thumbprint: (SHA1)
        6752c25c 94aeeedf d57add2e 6f4b1630 2cef182d
    Last certificate issued serial number: 0x1
    CA certificate expiration timer: 09:19:45 UTC Jun 12 2017
    CRL NextUpdate timer: 15:19:45 UTC Jun 13 2014
    Current primary storage dir: flash:/LOCAL-CA-SERVER/
    Auto-Rollover configured, overlap period 30 days
    Autorollover timer: 09:19:45 UTC May 13 2017
```

命令 **show crypto ca server certificate** 可用来显示 Base64 编码的本地 CA 证书，详见例 21-23。

例 21-23 show crypto ca server certificate 命令的输出

```
NewYork# show crypto ca server certificate
Current Local CA Certificate (Base64 encoded):
---BEGIN CERTIFICATE---
MIICAzCCAWygAwIBAgIBATANBgkqhkiG9w0BAQQFADAVMRMwEQYDVQQDEwogTmV3
WW9ya0NBMB4XDTA5MDYxMzA5MTk0NVoXDTEyMDYxMjA5MTk0NVowFTETMBEGA1UE
AxMKIE5ld1lvcmtDQTCBnzANBgkqhkiG9w0BAQEFAAOBjQAwgYkCgYEA2y0ySoSB
6VVARK8QZNPOb6ooKhvSuJ5TSLLkykADflpaebmxLjoMZXivqU6Z+y/6Ibp32gT4
YZTTv4Oq1CCg12KhZ3OKo6NfPWiCf57f/kA+cCxIbRzAIe5zxtj6/h81eGFADsK1
AmGwg+1mQXc11i4eN+3CTe1rkdgNoErr+3UCAwEAAaNjMGEwDwYDVR0TAQH/BAUw
AwEB/zAOBgNVHQ8BAf8EBAMCAYYwHwYDVR0jBBgwFoAU7zKho1iJwkzyLBMy1HYZ
DGk9rOMwHQYDVR0OBBYEFO8yoaNYicJM8iwTMtR2GQxpPazjMA0GCSqGSIb3DQEB
BAUAA4GBAKCOHG6NYlOF/JHKSRjcUxRzAKnBItOvwlav5W/XpY1xq+cO4KXGvqo8
TwRZEeaGlrxrbyhXyt8K0vWfGH0WfcoeewPIbzfuE7iw0HSy6U3Sa58zYqjV/3NV
uBg2d8NTDtsVBMH5rzwTxVn69JXqejv+x5s+ra1BdbUfVJYqAWgi
---END CERTIFICATE---
```

21.3.3 通过 ASDM 注册本地 CA 用户

所有向本地 CA 注册的用户都必须由管理员手动地添加到 Cisco ASA 的本地 CA 服务器用户数据库中。按照以下步骤，通过 ASDM 注册本地 CA 用户。

1. 登录 ASDM，通过菜单 **Configuration > Remote Access VPN > Certificate Management > Local Certificate Authority > Manage User Database** 进行配置。
2. 点击 **Add** 添加一个用户，接着会弹出如图 21-14 所示的窗口。
3. 在 Username 字段输入新用户的用户名。本例中使用的用户名为 user1。
4. 在 Email ID 字段输入用户的电子邮件地址。本例中向 user1@securemeinc.org 发送证书注册请求邮件。

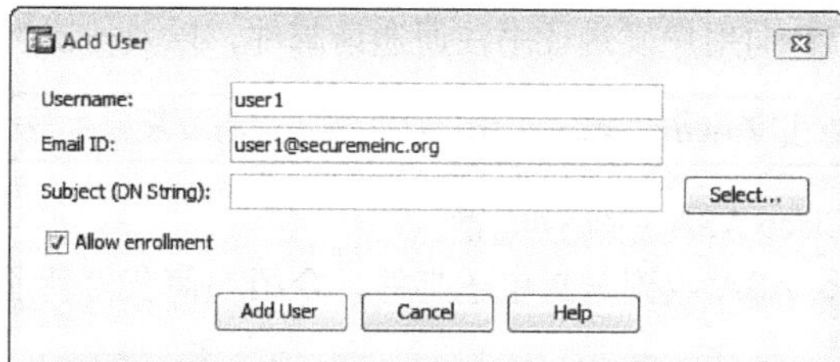

图 21-14 通过 ASDM 添加本地 CA 用户

5. 在 Subject (DN String) 字段输入用户 DN 信息。点击 **Select** 按钮选择并配置 DN 属性。这时会显示 Certificate Subject DN 对话框，如图 21-15 所示。图 21-15 显示出所有能够配置的 DN 属性。

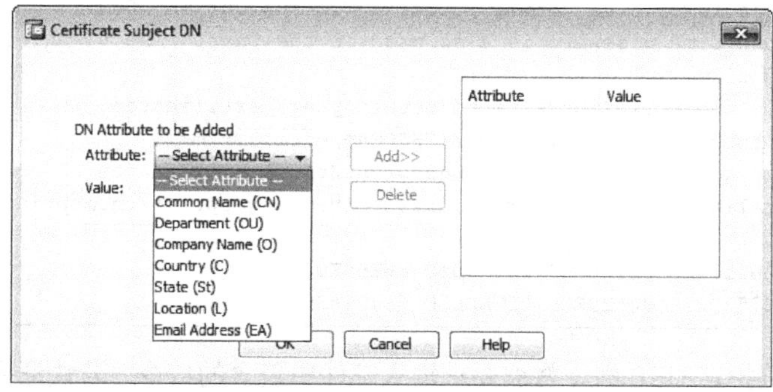

图 21-15 Certificate Subject DN 对话框

6. 配置适当的 DN 属性后，点击 **OK** 进行下一步配置。
7. 请确保勾选了 **Allow enrollment** 复选框，允许该用户从本地 CA 获得证书。
8. 点击 **Add User** 添加新用户。
9. 此时用户将显示在 **Manage User Database** 页面中，如图 21-16 所示。

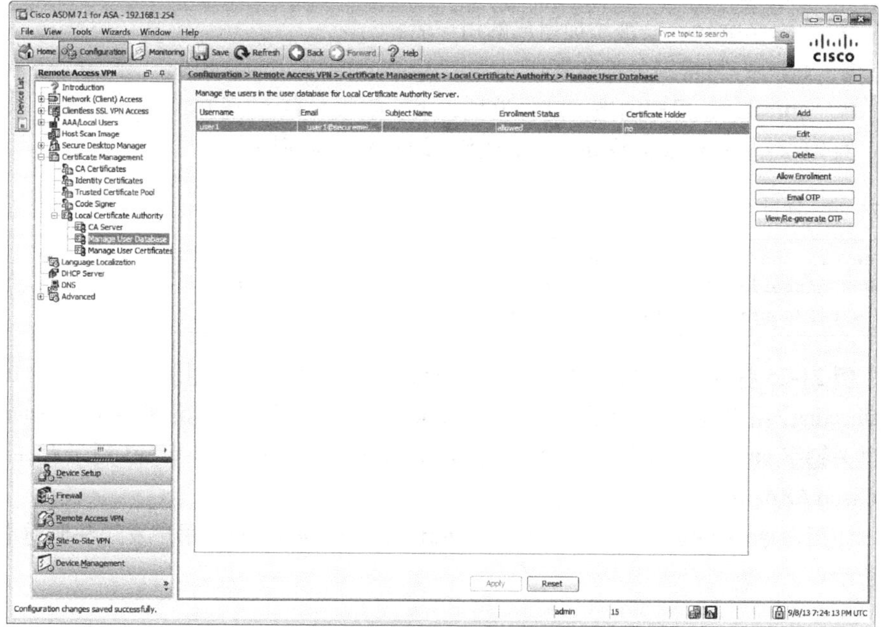

图 21-16 Manage User Database 页面

10．点击 **Email OTP** 向用户发送证书注册邀请邮件，以及一次性口令。

> 注释：管理员可以点击 **View/Re-generate OTP** 按钮查看或重新生成一次性口令。

11．点击 **Save** 在 Cisco ASA 中保存配置。

用户将从 Cisco ASA 收到一封电子邮件，介绍如何获得新证书。例 21-24 显示出发给 user1 的邮件正文。

例 21-24 证书注册邀请邮件

```
You have been granted access to enroll for a certificate.
The credentials below can be used to obtain your certificate.
   Username: user1
   One-time Password: 52FCE582EF0F38BF
   Enrollment is allowed until: 10:34:54 UTC Tue Jun 16 2009
NOTE: The one-time password is also used as the passphrase to unlock the
certificate file.
Please visit the following site to obtain your certificate:
https://NewYorkCA.securemeinc.org/+CSCOCA+/enroll.html
You may be asked to verify the fingerprint/thumbprint of the CA certificate
during installation of the certificates. The fingerprint/thumbprint
should be:
     MD5: AB1174AD FE12D6EF E8B7551C E6EB9E06
    SHA1: 6752C25C 94AEEEDF D57ADD2E 6F4B1630 2CEF182D
```

用户浏览指定 URL 时，将被要求输入邮件中包含的口令。若认证成功，用户能够安装新的证书。

21.3.4 通过 CLI 注册本地 CA 用户

也可以通过 CLI 添加本地 CA 用户。命令 **crypto ca server user-db add** 和 **crypto ca server user-db allow** 命令用于添加和认同新的本地 CA 用户。命令 **crypto ca server user-db add** 拥有以下选项：

- **username**——被添加用户的用户名；
- **dn**——可辨别名称信息；
- **email**——用户的电子邮件地址，用于接收 OTP 和通知。

例 21-25 显示出如何将 user1 添加到本地 CA 数据库中。

例 21-25 通过 CLI 添加新的本地 CA 用户

```
NewYork(config)# crypto ca server user-db add user1 dn
OU=Engineering,O=SecureMeInc email user1@securemeinc.org
NewYork(config)# crypto ca server user-db allow user1
```

例 21-25 将 user1 添加到本地 CA 用户数据库中。DN 中的组织机构部门（OU）设置为 Engineering，组织机构（O）设置为 SecureMeInc。user1 的电子邮件地址是 user1@securemeinc.org，通过关键字 **email** 进行配置。命令 **crypto ca server user-db allow user1** 用于允许 user1 注册到 Cisco ASA 中。

使用命令 **crypto ca server userdb email-otp** *username* 向新用户发送注册邀请邮件，如下所示：

```
NewYork# crypto ca server user-db email-otp user1
```

用户将从 Cisco ASA 收到一封电子邮件，介绍如何获得新证书。

使用命令 **show crypto ca server user-db** *username* 显示指定用户的信息，详见例 21-26。

例 21-26 **show crypto ca server user-db username user1 命令的输出**

```
NewYork# show crypto ca server user-db username user1
username: user1
email:    user1@securemeinc.org
dn:       OU=Engineering,O=SecureMeInc
allowed:  10:34:54 UTC Tue Jun 16 2009
notified: 1 times
enrollment status: Allowed to Enroll
```

> 注释：命令 **show crypto ca server user-db**（没有关键字 **username**）将显示本地 CA 用户数据库中的所有用户。

> 注释：管理员可以使用命令 **show crypto ca server user-db enrolled** 显示所有成功注册到本地 CA 的用户。使用命令 **show crypto ca server user-db allowed** 列出用户注册数据库中当前允许注册的所有用户。使用命令 **show crypto ca server user-db expired** 显示所有证书已过期的用户。使用命令 **show crypto ca server user-db on-hold** 显示没有证书并且目前未允许注册的用户。

21.4 使用证书配置 IPSec 站点到站点隧道

第 19 章中介绍了如何使用预共享密钥配置 IPSec 站点到站点隧道。本小节将介绍如何使用数字证书配置两台 Cisco ASA 之间的 IPSec 站点到站点隧道。

在接下来的案例中，位于伦敦的分支办公室需要与位于纽约的办公室建立 IPSec 站点到站点隧道。图 21-17 显示出 SecureMeInc.org 公司的高级网络拓扑。

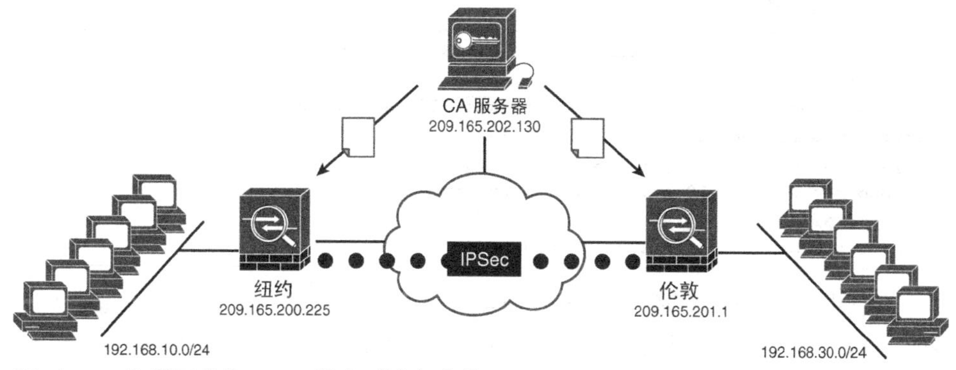

图 21-17 使用证书的 IPSec 站点到站点隧道

两个站点的 Cisco ASA 都已成功注册到 CA 服务器，并使用各自的证书进行认证，以建立 IPSec 站点到站点隧道。

例 21-27 包含了纽约的 ASA 可信点配置。

例 21-27 纽约 ASA 可信点配置

```
crypto ca trustpoint NewYork
 enrollment retry period 5
 enrollment retry count 5
```

（待续）

```
enrollment url http://209.165.202.130/certsrv/mscep/mscep.dll
fqdn NewYork.securemeinc.org
subject-name O=secureme, OU=NewYork
```

注释：可通过 ASDM 菜单 **Configuration > Site-to-Site VPN > Certificate Management** 添加实体证书，本章之前小节中介绍了具体步骤。

Cisco ASA 已向 CA 服务器 209.165.202.130 进行注册，并获得一个证书。本例中证书可辨别名称信息中包含 **O=secureme** 和 **OU=NewYork**。O 表示组织结构名称，OU 表示组织机构中的部门。

例 21-28 显示出纽约 Cisco ASA 中配置的 ISAKMP 策略。本例中使用了命令 **isakmp identity auto**。通常 IP 地址用于预共享密钥认证。关键字 **hostname** 通常用于基于证书的连接。关键字 **auto** 用来自动确定 ISAKMP 实体。若安全设备需要连接多个 IPSec 隧道，其中一些使用预共享密钥认证，另一些使用证书认证，那么建议使用关键字 **auto**。

例 21-28　ISAKMP 策略配置

```
isakmp identity auto
crypto ikev1 enable outside
crypto ikev1 policy 1
 authentication rsa-sig
 encryption aes-256
 hash sha
 group 2
 lifetime 86400
```

例 21-28 中阴影行显示 Cisco ASA 配置为使用 RSA 签名认证。

例 21-29 显示出纽约 ASA 中加密映射集的配置。

例 21-29　加密映射集配置

```
access-list 100 extended permit ip 192.168.10.0 255.255.255.0 192.168.30.0
  255.255.255.0
crypto ipsec transform-set myset esp-aes-256 esp-sha-hmac
crypto map NewYork 10 match address 100
crypto map NewYork 10 set peer 209.165.201.1
crypto map NewYork 10 set transform-set myset
crypto map NewYork 10 set trustpoint NewYork
crypto map NewYork interface outside
```

本例中加密映射集的配置与第 19 章案例中的配置相似。例 21-29 中阴影行将加密映射集与可信点相关联，该可信点定义了在 IPSec 连接协商过程中使用的证书。

例 21-30 显示出纽约 ASA 中隧道组的配置。

例 21-30　隧道组配置

```
tunnel-group 209.165.201.1 type ipsec-l2l
tunnel-group 209.165.201.1 ipsec-attributes
  peer-id-validate cert
!used to validate the identity of the peer using the peer's certificate
  chain
! Enables sending certificate chain
  trust-point NewYork
! used to configure the name of the trustpoint that identifies the
! certificate to be used for this tunnel
```

请注意例 21-30 的配置与使用预共享密钥的 IPSec 站点到站点隧道配置中的不同。命令 **peer-id-validate cert** 通过 IPSec 对等体的证书对其进行验证。命令 **chain** 使 Cisco ASA 向其对等体发送完整的证书链。命令 **trust-point** 用于关联可信点，可信点指明了该隧道将使用的证书。

可按照下列步骤，通过 ASDM 配置使用数字证书的站点到站点隧道。

1. 打开菜单 **Configuration > Site-to-Site VPN > Advanced > Tunnel Groups**。
2. 本例中编辑一个现有的隧道。选择 site-to-site tunnel group 并点击 **Edit**。
3. 这时将显示 Edit IPsec Site-to-site Tunnel Group 对话框。在 IKE Authentication 部分，从 Identity Certificate 下拉菜单中选择相应的实体证书，并选择 **Send Certificate Chain**。
4. 点击 **OK** 进行下一步配置。
5. 点击 **Apply** 应用更改的配置。
6. 点击 **Save** 在 Cisco ASA 中保存配置。

例 21-31 显示出伦敦 Cisco ASA 中的站点到站点 IPSec 配置。

例 21-31　伦敦 ASA 站点到站点 IPSec 配置

```
access-list 100 extended permit ip 192.168.30.0 255.255.255.0 192.168.10.0
  255.255.255.0
crypto ipsec transform-set myset esp-aes-256 esp-sha-hmac
! crypto transform-set and crypto map configuration matching the IPSec Policies
! from its peer
crypto map London 10 match address 100
crypto map London 10 set peer 209.165.200.225
crypto map London 10 set transform-set myset
crypto map London 10 set trustpoint London
! The trustpoint configured below is applied to the crypto map.
crypto map London interface outside
crypto ca trustpoint London
 enrollment retry period 5
 enrollment retry count 3
 enrollment url http://209.165.202.130/certsrv/mscep/mscep.dll
 fqdn London.securemeinc.org
 subject-name O=secureme, OU=London
! The certificate subject name information is defined
 crl configure
crypto ca certificate map 1
! The following is the certificate information appended to the configuration
! after enrollment
crypto ca certificate chain London
certificate 02
    30820210 308201ba a0030201 02020102 300d0609 2a864886 f70d0101 04050030
    3e311430 12060355 040b130b 454e4749 4e454552 494e4731 16301406 0355040a
    130d4369 73636f20 53797374 656d7331 0e300c06 03550403 1305696f 73636130
    1e170d30 34303931 30313332 3230375a 170d3035 30393130 31333232 30375a30
    56311030 0e060355 040b1307 41746c61 6e746131 10300e06 0355040a 13074765
    6f726769 61313030 0e060355 04051307 34343436 37303830 1e06092a 864886f7
    0d010902 16114174 6c616e74 612e6369 73636f2e 636f6d30 5c300d06 092a8648
    86f70d01 01010500 034b0030 48024100 be06c890 637c426c 5c1e431e c6247567
    c0b7c279 86f87c1f 5c01a305 cdaf699a 84dd872d 7b45b0ba 4bf7f28c 2097fe6f
    5f07926a 9bfcdc03 0a383e9f 4b32d0b3 02030100 01a3818a 30818730 39060355
    1d1f0432 3030302e a02ca02a 86286874 74703a2f 2f63726c 73657276 65722e63
    6973636f 2e636f6d 2f43524c 2f636973 636f2e63 726c301c 0603551d 11041530
```

（待续）

```
    13821141 746c616e 74612e63 6973636f 2e636f6d 300b0603 551d0f04 04030205
    a0301f06 03551d23 04183016 80142ff7 332973b2 4d6ddb0d 711bd3fb b033359a
    6981300d 06092a86 4886f70d 01010405 00034100 abe66626 4d58e0d6 25fa809d
    c30bfaed 4cae7ef3 e4f6a120 206ba892 faa81224 1497ea80 f9e28bf6 4a73037f
    570c7e19 f56a05ca a6942805 508e9b37 61dac8c3
  quit
 certificate ca 01
    308201d0 3082017a a0030201 02020101 300d0609 2a864886 f70d0101 04050030
    3e311430 12060355 040b130b 454e4749 4e454552 494e4731 16301406 0355040a
    130d4369 73636f20 53797374 656d7331 0e300c06 03550403 1305696f 73636130
    1e170d30 34303931 30313332 3035365a 170d3037 30393130 31333230 35365a30
    3e311430 12060355 040b130b 454e4749 4e454552 494e4731 16301406 0355040a
    130d4369 73636f20 53797374 656d7331 0e300c06 03550403 1305696f 73636130
    5c300d06 092a8648 86f70d01 01010500 034b0030 48024100 dc7d0b35 1bfa7577
    99cbab8b 69c32a44 47ecd0ae 7cb13fc0 808e7520 9d5e6132 1bc4565a 1ede26a4
    fc01650e 240aa737 824e07c3 c92f9796 5dd10ac7 4e1a5b75 02030100 01a36330
    61300f06 03551d13 0101ff04 05300301 01ff300e 0603551d 0f0101ff 04040302
    0186301d 0603551d 0e041604 142ff733 2973b24d 6ddb0d71 1bd3fbb0 33359a69
    81301f06 03551d23 04183016 80142ff7 332973b2 4d6ddb0d 711bd3fb b033359a
    6981300d 06092a86 4886f70d 01010405 00034100 7982764a c82daaf0 ed3b0a6e
    25df09b2 4caa7ce8 b27098f1 982085bc 0fda9bcf 86dedda6 84c30abc 48c43fc8
    692386ad 595e2b1e aafd3388 9d711b3c 6314cb5e
  quit
! ISAKMP identity is set to auto
isakmp identity auto
isakmp enable outside
! ISAKMP authentication is set to rsa-sig
crypto isakmp policy 1
 authentication rsa-sig
 encryption aes-256
 hash sha
 group 2
 lifetime 86400! Tunnel group configuration for the site-to-site tunnel
tunnel-group 209.165.200.225 type ipsec-l2l
tunnel-group 209.165.200.225 ipsec-attributes
! The ASA will validate the identity of the peer, using the peer's certificate
peer-id-validate cert
! The chain subcommand enables the ASA to send the complete certificate chain
! the previously configured trust point is applied to the tunnel group
trust-point London
```

21.5 使用证书配置 Cisco ASA 接受远程访问 IPSec VPN 客户端

本小节将介绍如何配置 Cisco ASA 使用证书确定 Cisco AnyConnect Secure Mobility Client 的连接。配置远程访问 VPN 的具体步骤请参考第 20 章。在使用 ASDM 中的 AnyConnect VPN Connection Setup Wizard 创建远程访问 VPN 配置时，需要在向导第 3 步（VPN Protocols，图 21-18 的背景）的 Device Certificate 中选择设备的证书，如第 20 章的“IPSec（IKEv2）远程访问配置步骤”小节所示。这种设备证书会向远程访问客户端证实 ASA 的身份，它们是 Cisco ASA 之前安装的证书。有些 AnyConnect 特性（如 AnywaysOn 和 IPSec IKEv2）需要 ASA 上安装了有效的证书。如果 Cisco ASA 上没有安装证书，需要点击 **Manage** 打开 Manage Identity Certificates 对话框来安装新的证书，对话框打开之后点击 **Add** 添加设备证书及相关信息，如图 21-18 所示。

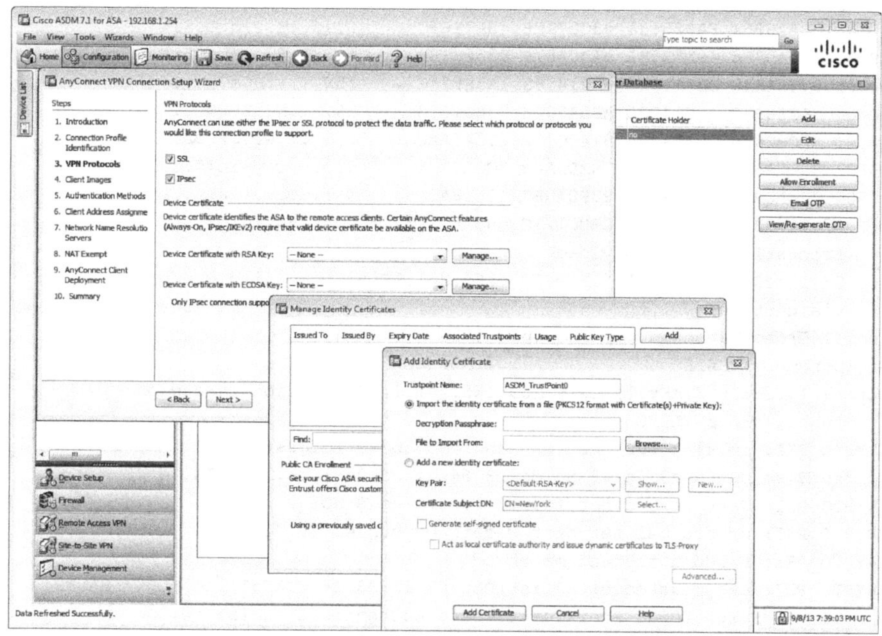

图 21-18 在 ASDM AnyConnect VPN Connection Setup Wizard 中添加证书

注释：如果以 Entrust 作为 CA，需要在 Manage Identities Certificates 对话框中点击 **Enroll ASA SSL VPN with Entrust** 来使用 Entrust CA 来注册 Cisco ASA。

21.6 PKI 排错

Cisco ASA 提供多种排错命令和技术来帮助检查 PKI 问题。

21.6.1 时间和日期不匹配

第一次实施 PKI 最常遇到的问题是时间和日期的不匹配。证书有效期是指证书有效的时间段。Cisco ASA、Cisco ASA 的对等体或 CA 中不正确的时间设置将会导致 IKE 写上失败。

提示：建议管理员在 Cisco ASA 和 CA 服务器上配置网络时间协议（NTP）来避免这个问题。

例 21-32 显示出当 Cisco ASA 时钟设置不正确时，命令 **debug crypto isakmp 127** 和 **debug crypto ca** 的输出。

例 21-32 时钟设置不正确时 debug crypto isakmp 127 和 debug crypto ca 的输出

```
Oct 07 11:33:16 [IKEv1 DEBUG], Group = , IP = 209.165.201.1
    processing cert payload
Oct 07 11:33:16 [IKEv1 DEBUG], Group = , IP = 209.165.201.1,
    processing cert request payload
Oct 07 11:33:16 [IKEv1 DEBUG], Group = , IP = 209.165.201.1 processing
    RSA signature,
Oct 07 11:33:16 [IKEv1 DEBUG], Group = , IP = 209.165.201.1, computing hash
Oct 07 11:33:16 [IKEv1 DECODE]0000: 8D01E129 F25F46B3 C3CA9D4E
    55571486 ...)._F....NUW..
```

（待续）

```
0010: BDA26964 FA025484 03C271EB 43A7E69C     ..id..T...q.C...
0020: 2A9AD9FA 49E523B1 94AC4874 E352B13B     *...I.#...Ht.R.;
0030: 07354EA9 DB81F8E2 62276185 1A5EF2FC     .5N.....b'a..^..
0040: 7436999D A6E54E96 AB5A5023 23BD1613     t6....N..ZP##...
0050: A2CB28F6 C817A665 9140C932 21EA5AAC     ..(....e.@.2!.Z.
0060: 33D1A3C9 CC8B1B7F 792D3A63 3C220A25     3.......y-:c<".%
0070: 7B3ACB97 1CC09506 879D40B7 41E28A20     { :........@.A..
Oct 07 11:33:16 [IKEv1 DEBUG], Group = , IP = 209.165.201.1,
    Processing Notify payload
Oct 07 11:33:16 [IKEv1], IP = 209.165.201.1Trying to find group
    via cert rules...,
Tunnel Group Match on map sequence # 10.
Group name is SALES
Oct 07 11:33:16 [IKEv1], IP = 209.165.201.1, Connection landed on
    tunnel_group SALES
CRYPTO_PKI: looking for cert in handle=375b290, digest=
92 3c f9 ac b2 65 e3 fe 49 5a dc b8 64 d4 cd 9e | .<...e..IZ..d...
CRYPTO_PKI: Cert record not found, returning E_NOT_
CRYPTO_PKI: crypto_pki_get_cert_record_by_subject()
CRYPTO_PKI: Found a subject match
CRYPTO_PKI(make trustedCerts list)Oct 07 11:33:16 [IKEv1], Group = SALES,
    IP = 209.165.201.1 Peer Certificate authentication failed,
Oct 07 11:33:16 [IKEv1 DEBUG], Group = SALES, IP = 209.165.201.1 IKE MM
    Responder FSM error history (struct &0x49cc114)
<state>, <event>:
MM_BLD_MSG6, EV_UPDATE_CERT
MM_BLD_MSG6, EV_UPDATE_CERT
MM_BLD_MSG6, EV_UPDATE_CERT
MM_BLD_MSG6, EV_UPDATE_CERT,
Oct 07 11:33:16 [IKEv1 DEBUG], Group = SALES, IP = 209.165.201.1 ,
    IKE SA MM:ce9697e1 terminating:

flags 0x0105c002, refcnt 0, tuncnt 0
Oct 07 11:33:16 [IKEv1 DEBUG], sending delete/delete with reason message
Oct 07 11:33:16 [IKEv1 DEBUG], Group = SALES, IP = 209.165.201.1 ,
    constructing blank hash
Oct 07 11:33:16 [IKEv1 DEBUG], constructing IKE delete payload
Oct 07 11:33:16 [IKEv1 DEBUG], Group = SALES, IP = 209.165.201.1,
    constructing qm hash
Oct 07 11:33:16 [IKEv1],
IP:( 209.165.201.1), IKE DECODE
 SENDING Message (msgid=7bd21f5e) with payloads :
HDR + HASH (8) + DELETE (12)
total length : 80
```

使用命令 **show crypto ca certificates** 查看所安装证书的有效期。例 21-33 显示出命令 **show crypto ca certificates** 和 **show clock** 的输出，可以看出日期不匹配。

例 21-33 命令 show crypto ca certificates 和 show clock 的输出

```
NewYork# show crypto ca certificates
Certificate
  Status: Available
  Certificate Serial Number: 1c91af4500000000000d
  Certificate Usage: General Purpose
  Issuer:
```

（待续）

```
    cn=SecuremeCAServer
    ou=ENGINEERING
    o=Secureme
    l=NewYork
    st=IL
    c=US
    ea=adminsitrator@securemeinc.org
  Subject Name
    Name: NewYork.securemeinc.org
    Serial Number: 46ff518
    hostname=NewYork.securemeinc.org
    serialNumber=46ff518
  CRL Distribution Point:
    http://NewYork-ca.ssecuremeinc.org/CertEnroll/SecuremeCAServer.crl
  Validity Date:
    start date: 02:58:05 UTC Sep 2 2009
    end date: 03:08:05 UTC Sep 2 2011
  Associated Trustpoints: NewYork
!
CA Certificate
  Status: Available
  Certificate Serial Number: 225b38e6471fcca649427934cf289071
  Certificate Usage: Signature
  Issuer:
    cn=SecuremeCAServer
    ou= ENGINEERING
    o=Secureme
    l=NewYork
    st=IL
    c=US
    ea=administrator@securemeinc.org
  Subject:
    cn=SecuremeCAServer
    ou=ENGINEERING
    o=Secureme
    l=NewYork
    st=IL
    c=US
    ea= administrator@securemeinc.org
  CRL Distribution Point:
    http://NewYork-ca/CertEnroll/SecuremeCAServer.crl
  Validity Date:
    start date: 20:15:19 UTC Jun 25 2009
    end date: 20:23:42 UTC Jun 25 2011
  Associated Trustpoints: NewYork
NewYork# show clock
11:50:27.165 UTC Thu Oct 7 2014
```

可以使用命令 **clock set** 纠正时间和日期设置问题。

21.6.2 SCEP 注册问题

SCEP 使用 TCP 端口 80 进行通信。请确保在 Cisco ASA 注册的时候不要阻塞 TCP 端口 80 的流量。以下 **debug** 命令可以帮助排查 Cisco ASA 上的证书注册问题：

- **debug crypto ca transactions**
- **debug crypto ca messages**

例 21-34 显示出 Cisco ASA 尝试注册，但由于连接问题 CA 服务器无法响应时的 **debug**

命令输出。

例 21-34 **debug crypto ca transactions** 和 **debug crypto ca messages** 命令的输出

```
crypto_ca_get_ca_certificate(48b4884, 1850fa0)
crypto_pki_req(48b4884, 11, ...)
Crypto CA thread wakes up!
CRYPTO_PKI: Sending CA Certificate Request:
GET /cgi-bin/pkiclient.exe?operation=GetCACert&message=NewYork HTTP/1.0
CRYPTO_PKI: status = 65535: failed to send out the pki message
CRYPTO_PKI: transaction GetCACert completed Crypto CA thread sleeps!
```

例 21-34 中显示的错误消息表示 Cisco ASA 由于连接问题无法与 CA 服务器进行通信，这些问题包括路由问题、端口被阻塞等。

注册过程中时间和日期的设置同样重要。例 21-35 显示出由于 Cisco ASA 中的时间和日期设置不正确导致注册请求失败的案例。这里使用了命令 **debug crypto ca transactions** 和 **debug crypto ca messages**。

例 21-35 注册过程中时间和日期不正确导致的错误

```
NewYork(config)# crypto ca enroll NewYork
%
% Start certificate enrollment ..
% Create a challenge password. You will need to verbally provide this
   password to the CA Administrator in order to revoke your certificate.
   For security reasons your password will not be saved in the configuration.
   Please make a note of it.
Password:
Re-enter password:
% The subject name in the certificate will be: O=secureme, OU=NewYork
% The fully-qualified domain name in the certificate will be: NewYork.securemeinc.
org
% Include the router serial number in the subject name? [yes/no]: no
Request certificate from CA? [yes/no]: yes
% Certificate request sent to Certificate Authority
NewYork(config)#
Certificate is not valid yet.
The current certificate enrollment session is cancelled.
```

例 21-35 中的阴影行显示出由于收到的证书还未进入有效期，导致证书注册请求失败。证书有效期的开始日期晚于当前 Cisco ASA 中的日期。

21.6.3 CRL 检索问题

在 IKE 阶段 1 协商期间，若需要 CRL 检查，则 ASA 将确认对等体证书的撤销状态。CRL 储存在 CA 维护的外部服务器上。为了验证撤销状态，Cisco ASA 使用其中一个可用的 CRL 分发点检索 CRL，以对等体证书的序列号与 CRL 中的序列号列表相匹配。Cisco ASA 使用 LDAP 或 HTTP（SCEP）检查 CRL。LDAP 使用 TCP 端口 389。请确保 Cisco ASA 和 CRL 分发点之间不会有任何设备将所需端口阻塞。

使用命令 **show crypto ca crls** 检查 Cisco ASA 中的 CRL 信息，详见例 21-16。

若 CRL 检索策略使用静态分发点，那么管理员必须输入至少 1 个（最多 5 个）有效的 URL。管理员也可以配置备份 CRL 分发点。

总结

本章介绍了 PKI 以及具体的配置步骤和注册过程。使用数字证书进行认证，管理员必须首先将 Cisco ASA 注册到 CA，获得并安装一个 CA 证书。接着从同一个 CA 注册并安装一个实体证书。本章介绍了如何通过 SCEP 或手动（剪切/粘贴）的方法，在 Cisco ASA 上注册并安装数字证书。

Cisco ASA 的本地 CA 集成了基本的证书管理机构功能，能够颁发证书并提供证书的安全撤销检查。本章中分别介绍了如何通过 ASDM 和 CLI 配置本地 CA。

除此之外，本章还提供了具体的配置步骤，管理员可以按照步骤配置 Cisco ASA，令其使用数字证书对站点到站点 IPSec VPN 会话和远程访问 IPSec VPN 会话进行验证。在本章的最后介绍了一些排错命令和技术。

第22章

无客户端远程访问 SSL VPN

本章涵盖的内容有：

- SSL VPN 设计考量；
- SSL VPN 前提条件；
- SSL VPN 前期配置向导；
- 无客户端 SSL VPN 配置向导；
- Cisco 安全桌面；
- 主机扫描；
- 动态访问策略；
- 部署环境；
- 监测与排错。

安全套接字层（SSL）虚拟专用网（VPN）是在现有 IPSec 远程访问 VPN 部署环境中快速发展的 VPN 技术。正如第 1 章中所讨论的，实际上数据加密和解密发生在应用层，通常由无客户端 SSL VPN 隧道环境中的浏览器来完成。相应地，管理员无须在网络架构中安装额外的软件或硬件来启用 SSL VPN。而且，若管理员希望为远程用户提供完整的网络访问，可以使用完全隧道模式（full tunnel mode）的 SSL VPN 隧道，这将在第 23 章进行讨论。

Cisco ASA 中实施的 SSL VPN 提供了业界最为强健的特性集。在当前的软件版本中，Cisco ASA 支持全部的三种 SSL VPN 类型，它们包括下面的模式。

- **无客户端**：远程客户只需通过启用 SSL 的浏览器，就能够访问安全设备上私有网络中的资源。SSL 客户能够通过 SSL 隧道访问内部资源，比如 HTTP、HTTPS 或者甚至共享 Windows 文件。
- **瘦客户端**：在瘦客户端模式（thin client mode）中，远程客户需要安装一个基于 Java 的小程序，以便建立安全连接来访问基于 TCP 的内部资源。SSL 客户能够访问基于 TCP 的内部资源，比如 HTTP、HTTPS、SSH 和 Telnet 服务器。
- **完全隧道**：在完全隧道客户端模式（full tunnel client mode）中，远程用户首先需要安装 SSL VPN 客户端，以此建立 SSL 隧道并获得完整的内部资源访问权限。使用完全隧道客户端模式时，远程主机会发送全部 IP 单播流量，比如基于 TCP、UDP 或者甚至基于 ICMP 的流量。SSL 客户端能够访问内部资源，比如 HTTP、HTTPS、DNS、SSH 和 Telnet 服务器。大多数客户都更愿意使用完全隧道模式，因为在用户完成认证之后，VPN 客户端可以自动推送给用户。

在很多现有 Cisco 文档中，无客户端解决方案和瘦客户端解决方案被归为一类，通称为无客户端 SSL VPN。本章重点介绍安全设备中的无客户端和瘦客户端解决方案。第 23 章将利用 Cisco AnyConnect Secure Mobility 客户端（也称为 Cisco AnyConnect VPN 客户端）讲解完全隧道解决方案。很多企业使用无客户端 SSL VPN 解决方案为其合约商或内部用户提供有限的访问权限，使其能够访问一小部分应用。

22.1 SSL VPN 设计考量

开始在 Cisco ASA 中实施 SSL VPN 服务之前，管理员必须分析当前的网络环境，并确定当前实施环境所适合的特性和模式。管理员可以选择安装 Cisco IPSec VPN 客户端、Cisco AnyConnect Secure Mobility 客户端或者使用无客户端 SSL VPN 功能。表 22-1 列出 Cisco AnyConnect VPN 客户端解决方案与无客户端 SSL VPN 解决方案之间的主要不同。

表 22-1　Cisco AnyConnect VPN 客户端和无客户端 SSL VPN 的对比

特性	Cisco AnyConnect VPN 客户端	无客户端 SSL VPN
VPN 客户端	使用 Cisco AnyConnect VPN 客户端软件实现网络访问	使用标准的 Web 浏览器访问有限的企业资源。无须单独的客户端软件
管理	需要（通过 Web 或手动）安装并配置 Cisco VPN 客户端	无须安装 VPN 客户端，无须在客户主机上进行配置
加密	可使用多种加密和哈希算法	使用 Web 浏览器自带的 SSL 加密
连通性	与网络建立无缝连接	支持通过 Web 浏览器进行访问的应用
标准	支持 IPSec（IKEv2）和 SSL VPN 标准	支持 SSL VPN 标准
应用	封装全部 IP 协议，其中包括 TCP、UDP 和 ICMP	支持有限的 TCP 客户端/服务器模型的应用

若管理员选择 SSL VPN 作为远程访问 VPN 解决方案，就必须考虑到以下这些 SSL VPN 设计因素。

22.1.1 用户连通性

在为企业网络设计并实施 SSL VPN 解决方案之前，管理员需要确定用户是否通过公共计算机连接到企业网络，比如酒店提供给客人的工作站或网吧的计算机。在这种情况中，使用无客户端 SSL VPN 访问受保护的资源是更好的解决方案。

22.1.2 ASA 特性集

Cisco 安全设备能够运行多种特性，比如 IPSec VPN 隧道、路由选择引擎、防火墙和数据监测引擎。若当前设备上已经运行了多个特性，启用 SSL VPN 特性将加重特性负载。因此在启用 SSL VPN 之前，管理员必须检查 CPU、内存和缓存的利用率。

22.1.3 基础设施规划

由于 SSL VPN 向远程用户提供网络访问，管理员就必须考虑到 VPN 终结设备的位置。在实施 SSL VPN 特性前，要提出以下问题。

- 是否应该将 Cisco ASA 置于另一个防火墙之后？如果这样做，应该在那台防火墙上放行哪些端口？
- 加密的流量是否需要经过其他防火墙？如果是这样，应该在那些防火墙上放行哪些端口？

22.1.4 实施范围

网络安全管理员需要确定 SSL VPN 的部署范围，尤其要确定当前需要连接网络的用户数量。如果一台 Cisco ASA 不足以支持所需的用户数量，那么需要考虑使用集群或负载分担特性来满足潜在远程用户的需求。

> 注释：安全设备可支持无客户端 SSL VPN 会话的负载分担。因为 SSL VPN 负载分担配置与远程访问 IPSec 负载分担配置相同，具体内容请参考第 20 章中的负载分担配置案例。

表 22-2 列出了各种安全设备以及每个平台所支持的并发 SSL VPN 用户数量。

表 22-2　　ASA 平台及其支持的并发 SSL VPN 用户数量

安全设备	最大 VPN 吞吐量*	最大并发用户数量
5505	100 Mbit/s	25
5510	170 Mbit/s	250
5512-X	200 Mbit/s	250
5515-X	250 Mbit/s	250
5520	225 Mbit/s	750
5525-X	300 Mbit/s	750
5540	320 Mbit/s	5000
5545-X	400 Mbit/s	2500
5550	425 Mbit/s	5000
5555-X	700 Mbit/s	5000
安装 SSP-10 的 5585-X	1 Gbit/s	5000
安装 SSP-20 的 5585-X	2 Gbit/s	10000
安装 SSP-40 的 5585-X	3 Gbit/s	10000
安装 SSP-60 的 5585-X	5 Gbit/s	10000
ASASM	2Gbit/s	10000

*VPN 吞吐量是根据使用 3DES/AES 加密 VPN 隧道计算得出的

> 注释：Cisco 会交替使用 SSL VPN 和 Web VPN 这两个术语。

22.2 SSL VPN 前提条件

管理员开始在企业中实施 SSL VPN 之前，首先要满足一些前提条件。本小节将对其进行讨论。

22.2.1 SSL VPN 授权

ASA 中的 SSL VPN 功能要求设备拥有适当的授权（license）。比如说，若现有环境将拥有 75 个 SSL VPN 用户，管理员可以购买满足最多 100 个潜在用户的 SSL 授权。表 22-3 列出了可用的授权以及相应的产品型号。请注意所有平台都支持 10 个用户的 SSL VPN 授权文件，因为所有安全设备都可以支持 10 个用户。然而，10000 个用户的授权文件只能够安装在 ASA 5585 中。相似地，750 个用户的授权文件可以安装在 ASA 5525-X、ASA 5545-X、ASA 5555-X 和 ASA 5585-X 中。

表 22-3 可用的 ASA 授权

SSL VPN 用户需求	授权产品型号
10 个用户	ASA5500-SSL-10=
25 个用户	ASA5500-SSL-25=
50 个用户	ASA5500-SSL-50=
100 个用户	ASA5500-SSL-100=
250 个用户	ASA5500-SSL-250=
500 个用户	ASA5500-SSL-500=
750 个用户	ASA5500-SSL-750=
1000 个用户	ASA5500-SSL-1000=
2500 个用户	ASA5500-SSL-2500=
5000 个用户	ASA5500-SSL-5000=
10000 个用户	ASA5500-SSL-10K=

Cisco 为所有支持 SSL VPN 的 ASA 设备提供了 2 个用户的免费授权。管理员想要在实验室环境中测试 SSL VPN 特性的话，只要用户数量不超过 2 个，就不必购买授权。

注释：Cisco ASA 系统运行 SSL VPN 的最低软件版本是 7.0。在 ASA 的第一个版本中，Cisco 可支持无客户端和瘦客户端模式。完全隧道 SSL VPN 客户端模式最早出现在 7.1 版本中。但 Cisco 强烈建议使用 8.4 或更高版本的软件，以便能够应用本章所讨论的全部 SSL VPN 特性。运行 8.4 及后续版本的系统会运行一个 64 位的内核，因此可以在高端平台上访问超过 4GB 的内存。由于版本 9.1(3)中添加了 SSL VPN 增强特性，因此本章将着重关注这一特定版本。

在 8.0 及后续版本中，管理员可以购买额外的授权，来实施高级端点评估（Advanced Endpoint Assessment）特性。该特性使 ASA 能够扫描远端工作站中启用的反病毒软件、反间谍软件和个人防火墙，并更够更新不符合企业安全策略要求的计算机，使之达到企业安全策略的要求。该特性将在本章“主机扫描”一节中进行详细介绍。这种授权的产品型号是 ASA-ADV-END-SEC。

注释：读者可以查看本书的第 3 章来了解与安全设备有关的许可证信息。

从 Cisco ASA 8.2 版本开始，Cisco 引入了一种专用于 SSL VPN 环境的授权。其中包括：

- AnyConnect Premium Peers；
- AnyConnect Essentials；
- AnyConnect for Mobile；
- Shared Premium Licensing。

1. AnyConnect Premium

AnyConnect Premium 授权专为想要在一台 Cisco ASA 上同时部署无客户端 SSL VPN 隧道和 AnyConnect SSL VPN 隧道的客户所设计。AnyConnect Premium 授权可支持高级 SSL VPN 特性，比如 Cisco 安全桌面（CSD）和主机扫描。

2. AnyConnect Essentials

AnyConnect Essentials 授权专为想要部署完全隧道 AnyConnect VPN 的客户设计。AnyConnect Essentials 授权不支持高级 SSL VPN 特性，比如 CSD、主机扫描和/或无客户端 SSL VPN 隧道。这对于那些正在从 Cisco IPSec VPN 解决方案迁移到 Cisco AnyConnect 解决方案的客户，或者需要支持 IKEv2 的客户来说是很棒的选择。

安装 AnyConnect Essentials 授权后，管理员必须在 **webvpn** 子配置菜单中使用 anyconnect-essential 命令来启用安全设备上的 AnyConnect Essential 授权。

3. AnyConnect Mobile

AnyConnect Mobile 授权专为想要将 AnyConnect SSL VPN 功能扩展到移动终端的客户所设计，移动终端包括 iPhones、Android 手机和 Windows 电话。它是 AnyConnect Essential 授权或 SSL VPN premium 授权的可选附加授权。该授权可支持的 VPN 设备完整列表请参考网址：http://www.cisco.com/en/US/docs/security/asa/compatibility/asa-vpn-compatibility.html。

4. Shared Premium Licensing

可共享的授权专为想要购买大量 SSL VPN 授权，并根据需要在大量 Cisco ASA 设备上共享授权的客户所设计。这些授权由主授权服务器负责保管。终结 SSL VPN 的安全设备被看作共享者。当共享者需要使用 SSL VPN 授权时，它们会向主服务器发送一个请求。主服务器会根据授权的可用性情况，授予共享者一小部分授权。

使用这种模型时，客户能够在操作灵活性以及投资保护方面获益良多，因为他们可以根据需要在其部署环境中添加设备，而无须为每台设备购买单独的 SSL VPN 授权。这种授权结构是在共享防火墙之间共享 SSL 用户数量。

表 22-4 提供了不同授权类型的详细信息以及它们所各自支持的 SSL VPN 特性。

表 22-4 授权类型及其支持的 SSL VPN 特性

授权类型	AnyConnect Essentials	AnyConnect Mobile	Premium Single	Premium Shared
AnyConnect VPN 客户端	支持	支持	支持	支持
Cisco 安全桌面	不支持	支持	支持	支持
无客户端 SSL VPN	不支持	不支持	支持	支持
智能手机的 AnyConnect 客户端	支持，但它是 AnyConnect Essentials、Premium Single 或 Premuim Shared 授权的附加授权	支持，但它是 AnyConnect Essentials、Premium Single 或 Premuim Shared 授权的附加授权	支持，但同时需要 AnyConnect Mobile 授权	支持，但同时需要 AnyConnect Mobile 授权

注释：若在主用/备用故障切换环境中使用 Shared Premium 授权，将由主用安全设备向授权服务器请求授权。备用设备不需要任何授权。

5. VPN Flex 授权

Cisco 还为客户提供了一种紧急或业务持续性授权，称为 VPN Flex 授权。在安全设备上使用 SSL VPN Flex 授权时，客户能够暂时（最多 60 天）增加（突发）一台设备中的 SSL 授权数量。若由于恶劣的天气条件导致大量员工必须在家办公，因此需要远程连接。在这种情况中，安全设备管理员可以应用一个星期的 VPN Flex 授权，在这种紧急情况结束后，恢复到平时的授权模式中。

22.2.2 客户端操作系统和浏览器的软件需求

多种客户端操作系统和多种浏览器都可以支持 Cisco 安全设备上部署的 SSL VPN 功能。接下来介绍可支持的平台。

- **兼容的浏览器**：管理员必须使用支持 SSL 的浏览器，比如微软 Internet 浏览器、火狐、Opera、Safari、Mozilla、Netscape 或 Pocket Internet Explorer（PIE）。表 22-5 提供了操作系统及其支持的 Internet 浏览器。

表 22-5 可支持的操作系统和 Internet 浏览器

操作系统	可支持的浏览器
Windows 8	Internet Explorer 10 火狐 9.0.1 及后续版本 Chrome 23.0.1271.95 及后续版本
Windows 7	Internet Explorer 8 到 9 火狐 3 及后续版本 Chrome 6 及后续版本
Windows Vista	Internet Explorer 7 到 9 火狐 3 及后续版本 Chrome 6 及后续版本
Windows XP	Internet Explorer 7 和 8 火狐 3 及后续版本 Chrome 6 及后续版本
苹果 iPhone	Safari
Windows Mobile 5.0 和 6.0	Pocket Internet Explorer
OS X 10.5 到 10.8	Safari 2 及后续版本 Chrome 6 及后续版本
Linux	火狐 3 及后续版本

- **Sun JRE**：浏览器必须启用 Java 运行时环境（JRE）6 或更高版本，才可使用 SSL VPN 特性，比如端口转发或智能隧道。
- **ActiveX**：SSL VPN 也为微软操作系统上的 Internet 浏览器使用 ActiveX。ActiveX 用于智能隧道、主机扫描（Cisco Secure Desktop）和 Cisco 安全桌面。

- **Web 文件夹**：必须在 Windows 操作系统上安装微软 hotfix 892211，才能在无客户端 SSL VPN 模式下访问 Web 文件夹。

> 注释：若希望通过端口转发和智能隧道访问一些应用，就必须启用浏览器 cookie。

22.2.3 基础设施需求

SSL VPN 对于基础设施的需求包括（但并不局限于）以下选项。

- **ASA 的位置**：若需要安装一台新的安全设备，管理员需要为设备测定最符合企业需求的部署位置。若计划将其放置在现有的企业防火墙之后，请确保在该防火墙上放行了相应的 SSL VPN 端口。
- **用户账户**：在建立 SSL VPN 隧道之前，用户必须向本地数据库或者外部认证服务器进行身份认证。可支持的外部服务器包括 RADIUS（包括使用 MSCHAPv2 向 NT LAN 管理器进行密码期满验证）、RADIUS 一次性口令（OTP）、RSA 安全 ID、活动目录/Kerberos 以及通用轻量级目录访问协议（LDAP）。请确保 SSL VPN 用户拥有账户以及适当的访问权限。微软和 Sun LDAP 可使用 LDAP 密码期满验证。
- **管理员权限**：若希望使用主机映射，那么所有使用端口转发的连接都需要本地工作站的管理员权限。

22.3 SSL VPN 前期配置向导

分析过部署考虑并且选择 SSL VPN 作为远程访问 VPN 解决方案后，管理员必须按照本小节说明的配置步骤正确地设置 SSL VPN，以便在 Cisco 安全设备上启用该功能。配置任务包括以下这些：

- 注册数字证书（推荐）；
- 建立隧道和组策略；
- 建立用户认证。

22.3.1 注册数字证书（推荐）

注册是从证书管理机构（CA）获得证书的过程。即使安全设备可以生成自己签署的证书，仍强烈建议使用外部 CA。注册过程可以分为三个步骤，下面将分别进行介绍。

1. 步骤 1：获得 CA 证书

在向 CA 服务器请求实体证书前，需要获得 CA/根证书。请确保已经从服务器接收到 Base64 格式的 CA 证书。拥有 CA 证书后，可以使用 ASDM 进行下一步配置，打开菜单 **Configuration > Device Management > Certificate Management > CA Certificates** 并点击 **Add**。指定一个可信点名称，选择 **Install from a File** 选项，点击 **Browse** 浏览本地目录，找到 CA 证书并选中，点击 **Install Certificate** 将 CA 证书安装到安全设备中。图 22-1 中定义了一个名为 SecureMeSSLCert 的可信点。CA 证书文件叫做 certnewroot.cer。点击 Install Certificate 后，安全设备将告知管理员证书已安装成功。

若管理员倾向于使用 Cisco ASA CLI 进行配置，可以定义一个可信点，接着使用命令 **crypto ca authenticate** 导入 CA 证书，详见例 22-1。

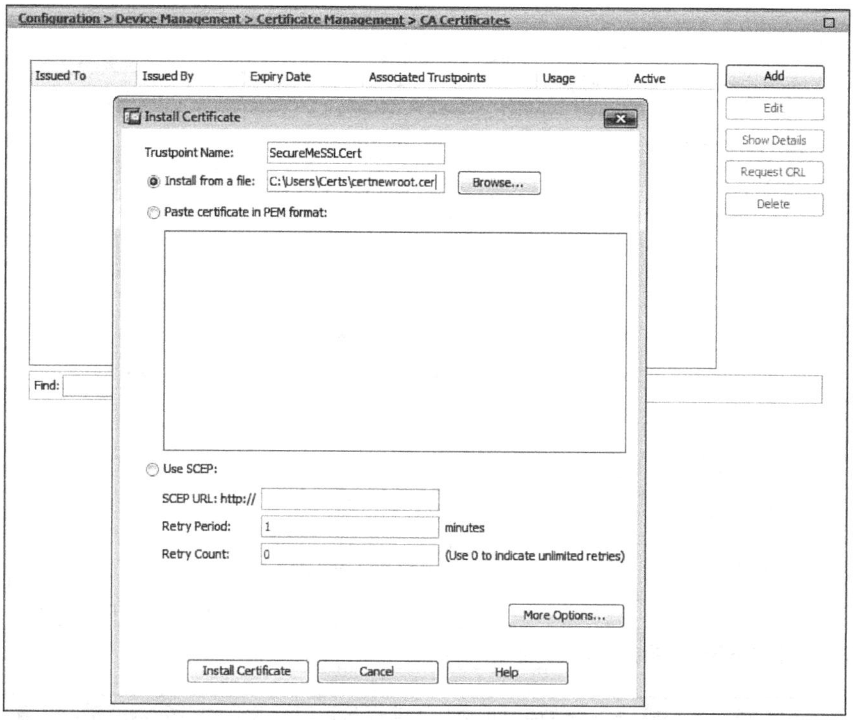

图 22-1 导入 CA 证书

例 22-1 手动导入 CA 证书

```
Chicago(config)# crypto ca trustpoint SecureMeSSLCert
Chicago(config-ca-trustpoint)# enrollment terminal
Chicago(config)# crypto ca authenticate SecureMeSSLCert
Enter the base 64 encoded CA certificate.
End with the word "quit" on a line by itself
----BEGIN CERTIFICATE----
MIIC0jCCAnygAwIBAgIQIls45kcfzKZJQnk0zyiQcTANBgkqhkiG9w0BAQUFADCB
hjEeMBwGCSqGSIb3DQEJARYPamF6aWJAY2lzY28uY29tMQswCQYDVQQGEwJVUzEL
MAkGA1UECBMCTkMxDDAKBgNVBAcTA1JUUDEWMBQGA1UEChMNQ2lzY28gU3lzdGVt
czEMMAoGA1UECxMDVEFDMRYwFAYDVDEw1KYXppYkNBU2VydmVyMB4XDTA0MDYy
----END CERTIFICATE----
quit
INFO: Certificate has the following attributes:
Fingerprint: 82a0095e 2584ced6 b66ed6a8 e48a5ad1
Do you accept this certificate? [yes/no]: yes
Trustpoint CA certificate accepted.
% Certificate successfully imported
```

2. 步骤 2：请求证书

在请求一个实体证书前，管理员必须通过 ASDM 或通过 CLI 生成 RSA 密钥对。若已经生成了希望用于 SSL 加密的 RSA 密钥对，可以跳过创建新密钥对的步骤。若希望创建新的密钥对，可以打开菜单 **Configuration > Device Management > Certificate Management > Identity Certificates** 并点击 **Add**。指定可信点名称(与步骤 1 中定义的相同)，选择 **Add a New Identity Certificate** 选项，点击 **New**。指定一个密钥对名称，选择 **General Purpose** 并点击 **Generate Now** 生成一个新的 RSA 密钥对。图 22-2 中为可信点 SecureMeSSLCert 生成了一个名为 SecureMeSSLRSA 的新 RSA 密钥对。

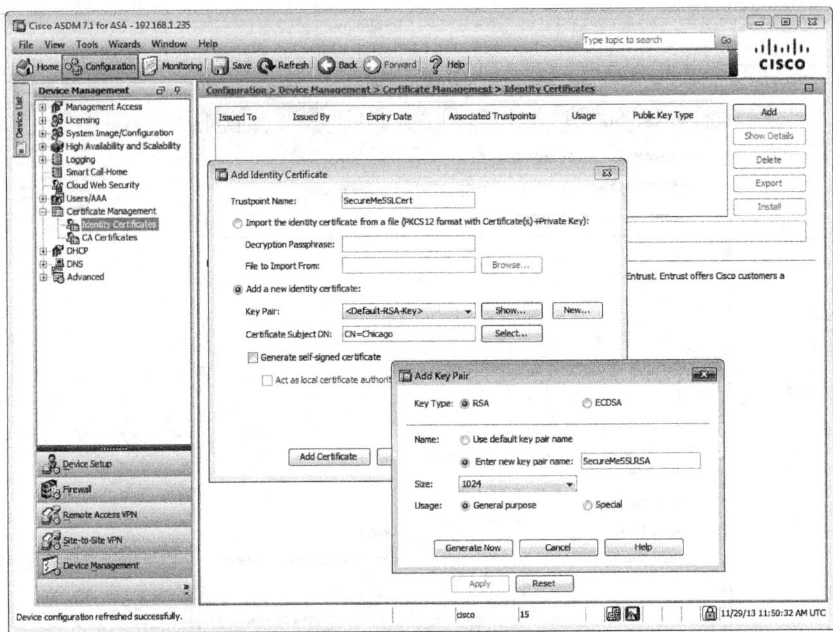

图 22-2 生成 RSA 密钥并请求 ID 证书

> 注释：通过 ASDM 生成一个实体证书请求后，管理员可能会收到如下所示的错误消息：[ERROR] Enrollment Terminal。可以忽略这些错误消息并继续之后的配置。
>
> 可信点注册配置不能对已经认证的可信点进行修改。

生成 RSA 密钥后，就可以请求为 SSL VPN 实用的实体证书。在 Cisco ASDM 中点击 **Add Certificate** 后，可以指定保存 CSR 文件的位置，CSR 文件是 ASA 生成并用于向 CA 服务器请求证书的文件。如图 22-3 所示，可信点名称为 SecureMeSSLCert，它使用名为 SecureMeSSLRSA 的密钥对。CSR 文件的名称是 SecureMe.CSR，存放在用户的桌面文件夹中。

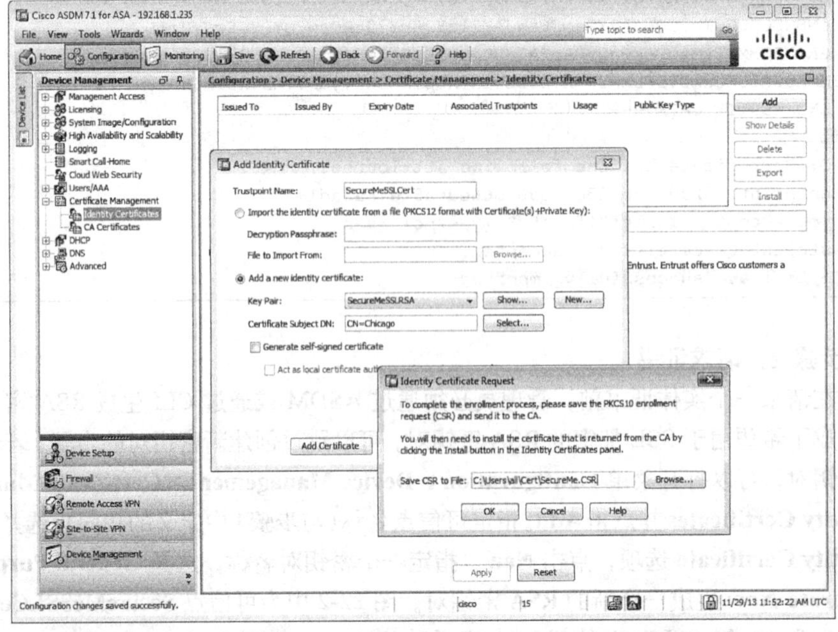

图 22-3 CSR 文件的名称和位置

例 22-2 中显示了手动注册的 CLI 配置命令。SecureMeSSLCert 配置中的子命令 **enrollment terminal** 表明向 CA 服务器进行手动注册。这个可信点使用了名为 SecureMeSSLCert 的 RSA 密钥对。

例 22-2 配置 Cisco ASA 进行手动注册

```
Chicago# configure terminal
Chicago(config)# domain-name securemeinc.org
Chicago(config)# crypto key generate rsa label SecureMeSSLRSA
The name for the keys will be: Chicago.securemeinc.org

% The key modulus size is 1024 bits
% Generating 1024 bit RSA keys, keys will be non-exportable...[OK]
Chicago(config)# crypto ca trustpoint SecureMeSSLCert
Chicago(ca-trustpoint)# keypair SecureMeSSLRSA
Chicago(ca-trustpoint)# id-usage ssl-ipsec
Chicago(ca-trustpoint)# no fqdn
Chicago(ca-trustpoint)# subject-name CN=Chicago
Chicago(ca-trustpoint)# enrollment terminal
Chicago(ca-trustpoint)# crypto ca enroll SecureMeSSLCert
```

提交证书请求后，证书应一直处于待定状态，直到 CA 管理员批准为止。可以通过菜单 **Configuration > Device Management > Certificate Management > Identity Certificates** 检查证书的状态。实体证书通过批准后，选择待定证书请求并点击 **Install**。这时会弹出 Install Identity Certificate 对话框，于是我们可以将批准的 Base64 编码的证书粘贴到窗口中，如图 22-4 所示。点击 **Install Certificate** 将实体证书安装到设备中。

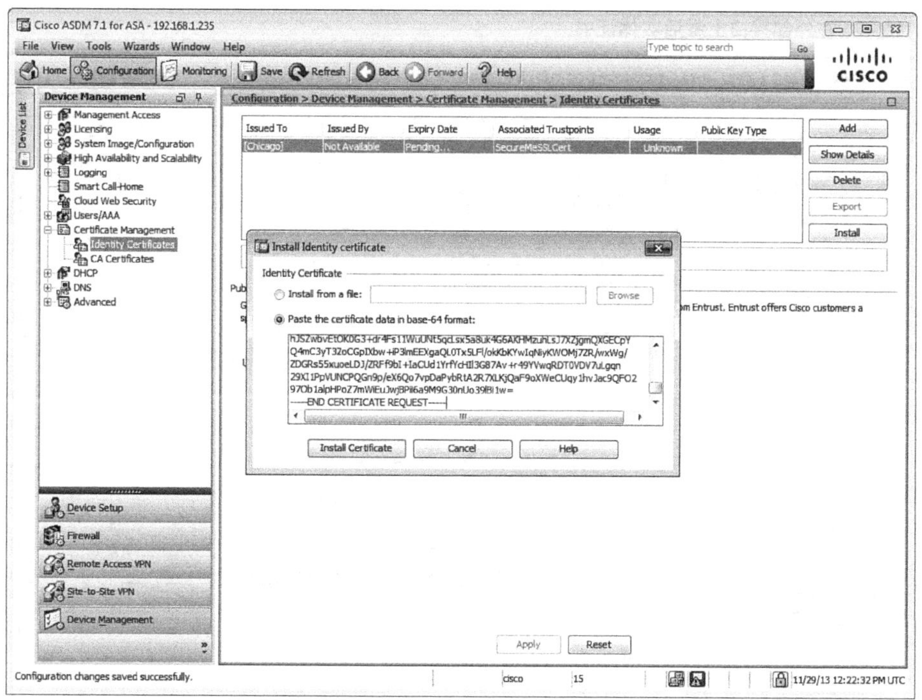

图 22-4 在安全设备中安装实体证书

CA 服务管理员批准实体证书后，可以在 CLI 中使用命令 **crypto ca import** 导入 Base64 编码的 ID 证书。例 22-3 显示出如何导入 ID 证书。

例 22-3　手动导入 ID 证书

```
Chicago(config)# crypto ca import SecureMeSSLCert certificate
% The fully-qualified domain name in the certificate will be: Chicago.securemeinc.
org
Enter the base 64 encoded certificate.
End with the word "quit" on a line by itself
---BEGIN CERTIFICATE---
MIIECDCCA7KgAwIBAgIKHJGvRQAAAAAADTANBgkqhkiG9w0BAQUFADCBhjEeMBwG
CSqGSIb3DQEJARYPamF6aWJAY2lzY28uY29tMQswCQYDVQQGEwJVUzELMAkGA1UE
CBMCTkMxDDAKBgNVBAcTA1JUUDEWMBQGA1UEChMNQ2lzY28gU3lzdGVtczEMMAoG
A1UECxMDVEFDMRYwFAYDVDEw1KYXppYkNBU2VydmVyMB4XDTA0MDkwMjAyNTgw
NVoXDTA1MDkwMjAzMDgwNVowLzEQMA4GA1UEBRMHNDZmZjUxODEbMBkGCSqGSIb3
SGzFQHtnqURciJBtay9RNnMpZmZYpfOHzmeFmQ==
---END CERTIFICATE---
Chicago(config)#
```

注释：可以使用相同的 RSA 密钥对与安全设备建立 SSH 连接。

3. 步骤 3：为 SSL VPN 连接应用实体证书

导入证书后，进入 **Configuration > Device Management > Advanced > SSL Settings** 菜单，选择终结 SSL VPN 连接的接口，并点击 **Edit**，接着从 Primary Enrolled Certificate 下拉菜单中选择最新安装的证书，如图 22-5 所示。然后点击 **OK**，接下来选择 **Apply** 应用证书。

使用 CLI 中的命令 **ssl trust-point SecureMeSSLCert outside** 在外部接口上激活导入的证书。在本例中，SSL 会话会在外部接口终结，详见例 22-4。

例 22-4　在外部接口上激活实体证书

```
Chicago(config)# ssl trust-point SecureMeSSLCert outside
```

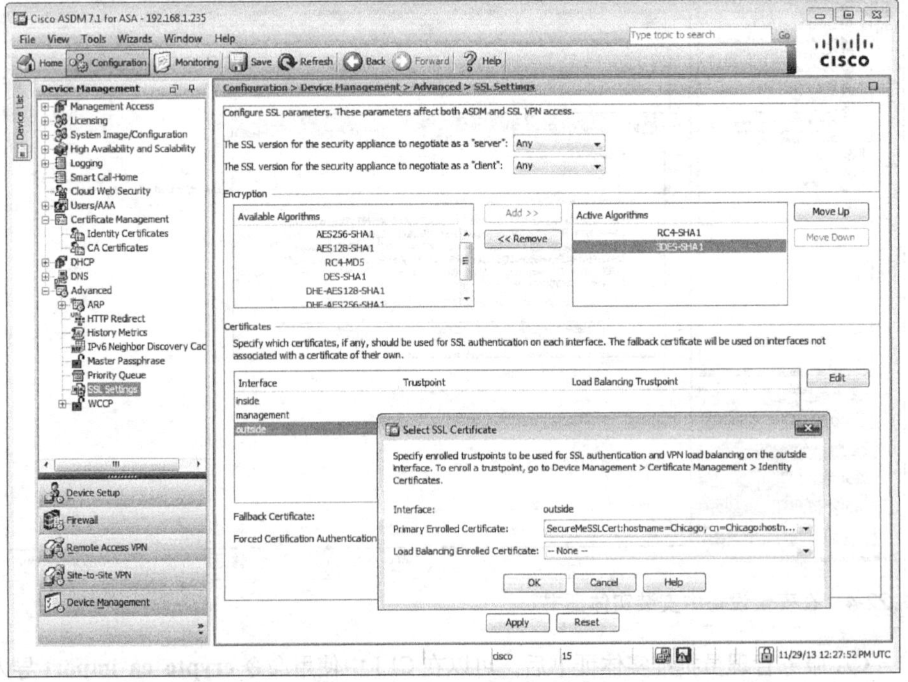

图 22-5　将实体证书映射到一个接口

22.3.2 建立隧道和组策略

正如第 20 章所介绍的，Cisco ASA 使用继承模型将网络和安全策略推送到终端用户会话。使用这个模型，管理员可以在以下三个地方配置策略：

- 在默认组策略下；
- 在用户组策略下；
- 在用户策略下。

注释：可以通过选择 **Configuration > Remote Access VPN > AAA/Local Users > Local Users** 来配置用户策略。

在继承模型中，用户将继承用户策略中的属性和策略，用户策略将继承用户组策略中的属性和策略，用户组策略将继承默认组策略中的属性和策略，如图 22-6 所示。在这个案例中，ID 为 sslvpnuser 的用户从用户组策略中接收到流量访问控制列表（ACL）和分配给它的 IP 地址，从用户组策略中收到域名，从默认组策略中收到 WINS 信息和同时登录数。

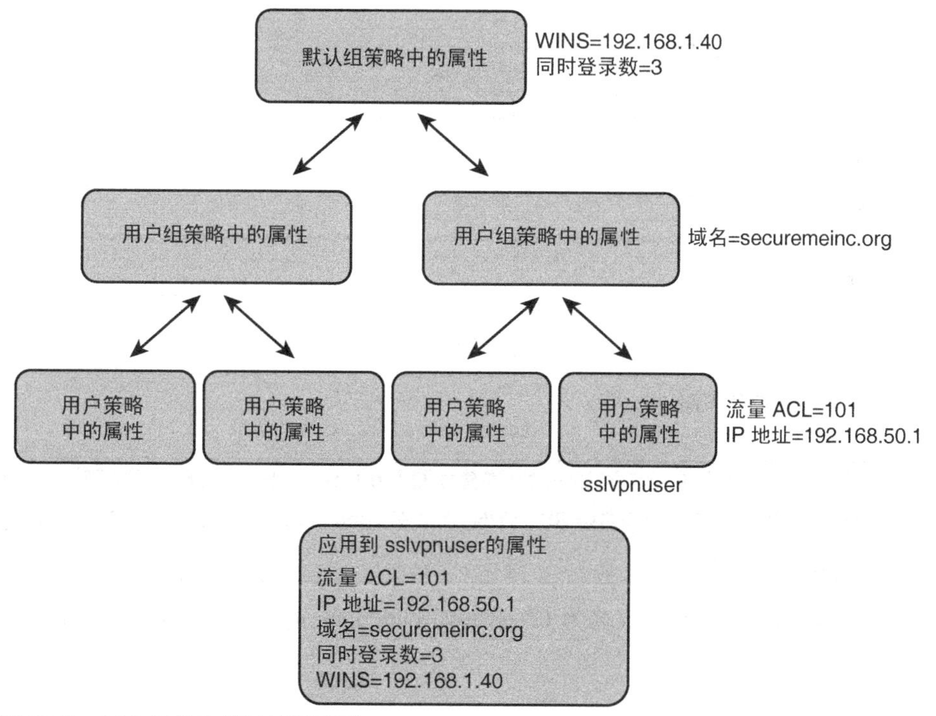

图 22-6　ASA 属性和策略继承模型

注释：DfltGrpPolicy 是特殊的组名称，仅用于默认组策略。

定义好这些策略后，必须将其与隧道组相绑定，隧道组用来终结用户会话。这样的话，使用隧道组建立 VPN 会话的用户，将会继承映射到该隧道的所有策略。隧道组定义了 VPN 连接配置文件，而用户是其中的一个成员。

1. 配置组策略

可以通过菜单 **Configuration > Remote Access VPN > Clientless SSL VPN Access > Group Policies** 配置用户组和默认组策略。点击 **Add** 添加一个新的组策略。图 22-7 中添加了一个名为 **ClientlessGroupPolicy** 的组策略。该组策略只允许建立无客户端 SSL VPN 隧道，并严格拒绝所有其他类型的隧道协议。若管理员希望为默认组策略分配属性，可以修改 DfltGrpPolicy（系统默认）。任何在 DfltGrpPolicy 下所做的属性修改，都将被使用该属性的用户组策略所继承。除了 DfltGrpPolicy 以外的组策略都是用户组策略。

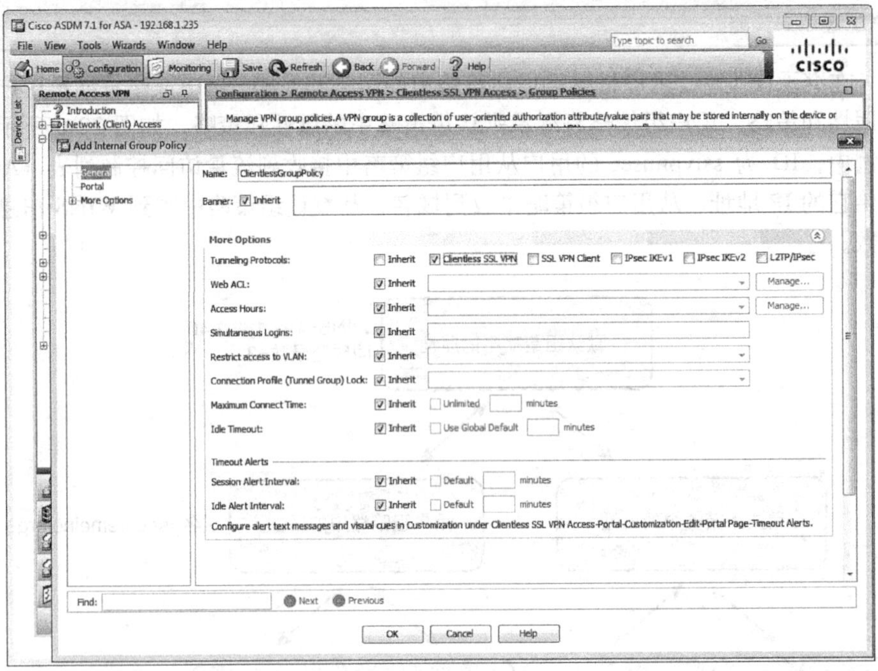

图 22-7 配置用户组策略

> 注释：默认组策略和用户组策略都同时允许建立 Cisco IPSec VPN 和 SSL VPN 隧道。若管理员希望限制一个策略只接受无客户端 SSL VPN，那么在 Tunneling Protocols 下勾选 **Clientless SSL VPN**，如图 22-7 所示。

例 22-5 显示出如何定义名为 ClientlessGroupPolicy 的用户组策略。该策略仅允许建立无客户端隧道。

例 22-5 定义组策略

```
Chicago(config)# group-policy ClientlessGroupPolicy internal
Chicago(config)# group-policy ClientlessGroupPolicy attributes
Chicago(config-group-policy)# vpn-tunnel-protocol webvpn
```

表 22-6 列出了 SSL VPN 的全部属性，管理员可以将这些属性映射到用户组策略或默认组策略。带有星号（*）的属性也可以在用户策略中进行配置。

用户、组和默认组策略都可被应用到无客户端、AnyConnect 和基于 IPSec 的远程访问 VPN 隧道。无客户端 SSL VPN 特有的属性将在本章后续内容中进行介绍。

表 22-6　　可配置的 SSL VPN 属性

属性	用途
旗标	创建显示在用户连接中的旗标（Banner）消息
隧道协议	选择允许用户使用的远程访问协议
Web ACL	为流量过滤应用一个预配置的 Web 类型 ACL
并发登录数	用户可以同时登录安全设备的次数
受限的 VLAN 访问	限制用户连接到安全设备上的某个指定 VLAN
最大连接时间	指定用户可以保持连接状态的最大时间
空闲超时	指定连接超时前，用户可以处于空闲状态的时间
书签列表	将预配置的书签列表映射到组。若没有定义列表，可以点击 Manage 创建一个新的书签列表
URL 输入	管理员可以允许或拒绝用户直接在用户界面输入 URL
文件服务器输入	允许或拒绝用户输入文件服务器名称
文件服务器浏览	允许或拒绝浏览共享在通用 Internet 文件系统（CIFS）上的文件
隐藏共享访问	允许或拒绝访问 CIFS 服务器上隐藏的共享文件
端口转发列表	对一个组应用端口转发列表
智能隧道	对一个组应用智能隧道列表
ActiveX 中继	允许或拒绝用户打开微软 Office 组件
HTTP 代理	配置一台外部 HTTP 代理服务器
HTTP 压缩	配置 HTTP 压缩
自定义门户	对一个组策略应用预配置的用户门户列表
主页 URL（可选）	为用户会话配置一个 Web 页面的 URL
访问拒绝消息	向登录到安全设备却不具备 SSL VPN 权限的无客户端 SSL VPN 用户显示一个消息
登录后设置	提示用户下载 AnyConnect 客户端
默认登录后选择	若用户没有在指定时间内选择登录选项，那么就指定默认的登录选择
单点登录服务器	指定单点登录服务器地址
用户存储位置	指定个性化用户信息的存储位置
存储密钥	指定用户访问存储位置时使用的字符串
存储对象	指定服务器用来与用户关联的对象，Cookie、证书或两者同时使用
流量规模	以千字节为单位指定流量限制，当到达该限制时将会话设置为超时。流量超过指定的限制时，将重置会话的超时时间

2. 配置隧道组

隧道组也称为连接配置文件，可以通过菜单 **Configuration > Remote Access VPN > Clientless SSL VPN Access > Connection Profiles** 进行配置。点击 **Add** 添加一个新的隧道组。图 22-8 中定义了一个名为 SecureMeClientlessTunnel 的隧道组。若管理员使用 FQDN 配置内部站点，就必须在安全设备上配置 DNS 服务器来解析主机名。可以为 DNS 选项下的 Servers 字段输入 DNS 服务器地址。图 22-8 中配置了 DNS 服务器地址为 192.168.10.10，域名为 securemeinc.org。定义隧道组名称后，可以将隧道组策略捆绑到隧道组。一个用户连接上以后，组策略中定义的属性和策略将被应用到该用户。本例中将名为 ClientlessGroupPolicy 的用户组策略捆绑到这个隧道组。

注释：若管理员没有定义 DNS 服务器的 IP 地址，将会接收到如下消息：

"There is no DNS server defined, so you cannot access any URL with FQDN from the portal. Are you sure about this?"（没有定义 DNS 服务器，因此将不能访问门户中使用 FQDN 的 URL。您确定这样做吗？）

若安全设备不会解析任何 FQDN，那么管理员可以忽视这个消息。

例 22-6 显示出如何配置名为 SecureMeClientlessTunnel 的远程访问隧道组。前文中定义的组策略 ClientlessGroupPolicy 被添加到该隧道组。

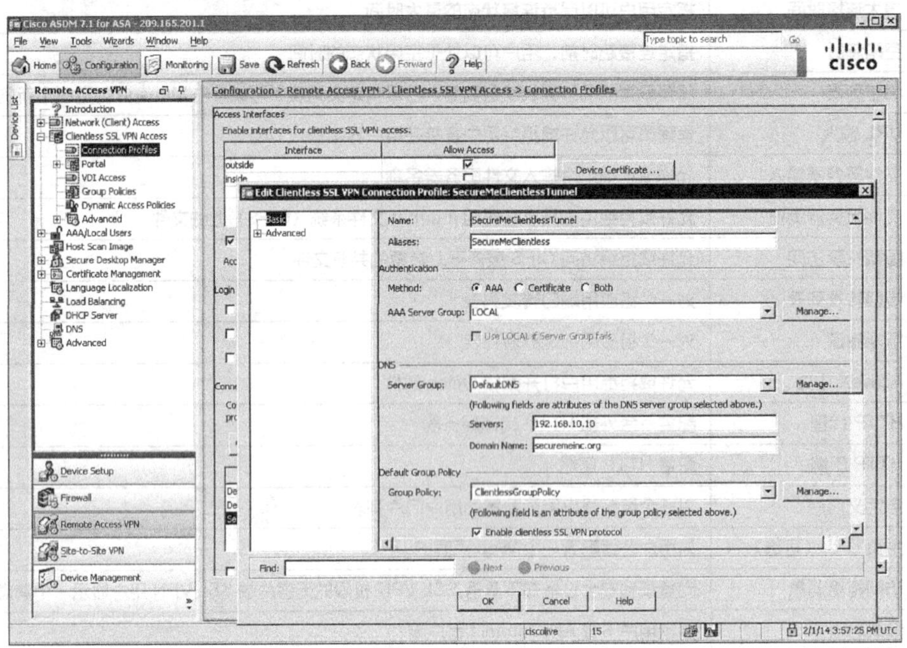

图 22-8 配置隧道组

例 22-6 定义隧道组

```
Chicago(config)# tunnel-group SecureMeClientlessTunnel type remote-access
Chicago(config)# tunnel-group SecureMeClientlessTunnel general-attributes
Chicago(config-tunnel-general)# default-group-policy ClientlessGroupPolicy
Chicago(config-tunnel-general)# exit
Chicago(config)# dns server-group DefaultDNS
Chicago(config-dns-server-group)# domain-name securemeinc.org
Chicago(config-dns-server-group)# name-server 192.168.10.10
```

配置好连接配置文件后，可以定义一个 URL，使用户可以连接到这个隧道组。若管理员希望为每个连接配置文件创建一个独立的 URL，并向相应用户分发 URL 时将非常有用，这样用户就无须决定应该用哪个连接配置文件进行连接。

管理员可以修改连接配置文件中的 URL。点击 **Advanced** > **SSL VPN** 选项，并在 **Group URL** 下点击 **Add**，指定一个 URL。为连接配置文件 SecureMeClientlessTunnel 指定的组 URL 是 https://sslvpn.securemeinc.org/SecureMeClientless。请确认勾选了 **Enable** 复选框。点击 **OK** 退出配置页面。当用户需要通过 SSL VPN 进行连接时，他们将使用这个 URL 来连接相应的隧道组。

例 22-7 显示出如何为 SecureMeClientlessTunnel 配置组 URL：https://sslvpn.securemeinc.org/SecureMeClientless。

例 22-7 定义隧道组

```
Chicago(config)# tunnel-group SecureMeClientlessTunnel webvpn-attributes
Chicago(config-tunnel-webvpn)# group-url https://sslvpn.securemeinc.org/
SecureMeClientless enable
```

22.3.3 设置用户认证

Cisco ASA 支持多种认证机制和数据库，比如：

- RADIUS；
- NT 域；
- Kerberos；
- SDI；
- LDAP；
- 数字证书；
- 智能卡；
- 本地数据库。

对于小型企业，可以使用本地数据库进行用户认证。对于大中型远程访问 SSL VPN 部署环境，强烈建议使用外部认证服务器作为用户认证数据库，比如 RADIUS 或 Kerberos。若 SSL VPN 特性只为少数用户部署，也可以使用本地数据库。

可以通过菜单 **Configuration** > **Remote Access VPN** > **AAA/Local Users** > **Local Users**，然后点击 **Add** 来定义用户。在例 22-8 中，管理员为用户认证配置了两个账户：sslvpnuser 和 adminuser。账户 sslvpnuser 的密码为 C1$c0123（密码隐去），该密码用于 SSL VPN 用户认证。账户 adminuser 的密码为@dm1n123（密码隐去），该密码用于管理安全设备。

例 22-8 所示为管理员配置了两个用于用户认证的账户（sslvpnuser 和 adminuser）配置。

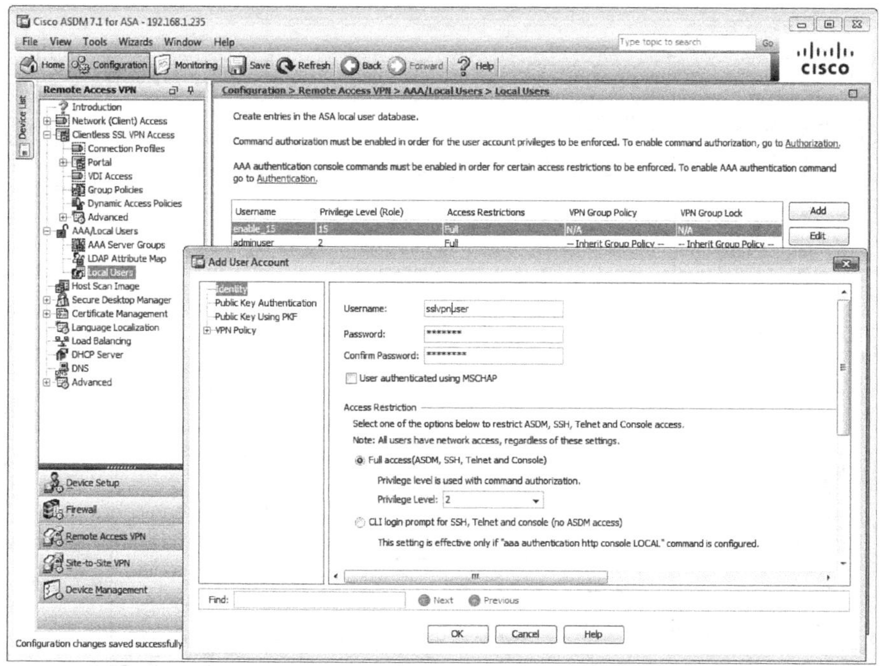

图 22-9 本地数据库

例 22-8 本地用户账户

```
Chicago(config)# username sslvpnuser password C1$c0123
Chicago(config)# username adminuser password @dm1n123
```

很多企业使用 RADIUS 服务器或 Kerberos 作为对其现有活动目录架构的补充，以实现用户认证。在 Cisco ASA 上配置外部认证服务器之前，管理员必须指定认证、授权和审计（AAA）服务器组，可以通过菜单 **Configuration** > **Remote Access VPN** > **AAA/Local Users**> **AAA Server Groups**，然后点击 **Add**。指定其他 AAA 进程能够使用的服务器组名称。为该服务器组名称选择一个认证协议。比如，若计划使用 RADIUS 服务器实施认证，则在下拉菜单中选择 **RADIUS**。这个选项可以确保安全设备向终端用户请求适当的信息，并将其转发到 RADIUS 服务器进行认证和确认。

启用 RADIUS 进程后，需要定义一个 RADIUS 服务器列表。Cisco 安全设备以轮询的方式检查这些服务器的可用性。若第一台服务器不可达，它将尝试第二台服务器，以此类推。若有一台服务器可用，则安全设备将一直使用该服务器，直到再也收不到该服务器的回应。在失败之后，它会检查下一台服务器的可用性。强烈建议管理员设置多台 RADIUS 服务器，以防止出现第一台服务器不可达的情况。可以通过菜单 **Configuration** > **Remote Access VPN** > **AAA/Local Users**> **AAA Server Groups**，定义 RADIUS 服务器条目，并在 Servers in the Selected Group 区域下点击 **Add**。管理员必须指定 RADIUS 服务器的 IP 地址，也可以指定到服务器最近的接口。安全设备使用共享秘密密钥向 RADIUS 服务器认证自身合法性。

> 注释：Cisco ASA 以加密的形式向 RADIUS 服务器发送用户密码，从而防止黑客窃取重要信息。安全设备使用定义在安全设备和 RADIUS 服务器上的共享秘密密钥，对密码进行哈希运算。

图 22-10 显示出 Cisco ASA 上的名为 RADIUS 的服务器组中的 AAA 服务器配置。该服务器位于 inside 接口：192.168.1.20，使用的服务器秘密密钥为 C1$c0123（密码隐去）。

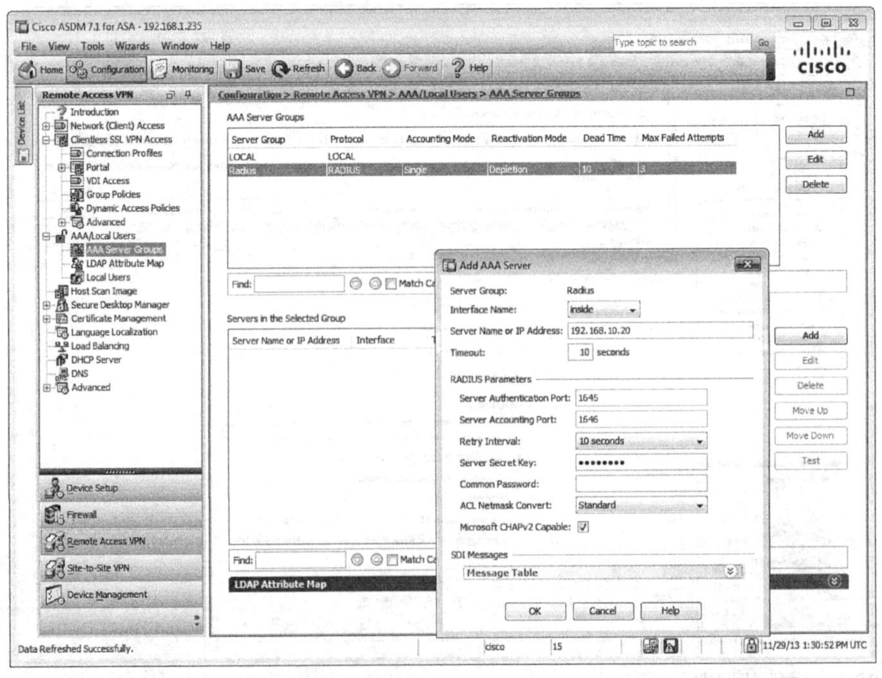

图 22-10 为认证用户定义 RADIUS 服务器

> 注释：若 RADIUS 服务器未使用默认端口，管理员可以（可选地）修改认证和审计端口号。安全设备默认使用 UDP 端口 1645 和 1646，分别用于认证和审计。大多数 RADIUS 服务器使用端口 1812 和 1813，分别用于认证和审计。

定义好认证服务器组后，管理员必须将其与隧道组下的 SSL VPN 进程相绑定。图 19-11 将新创建的 Radius AAA 服务器组映射到 SecureMeClientlessTunnel 隧道组。

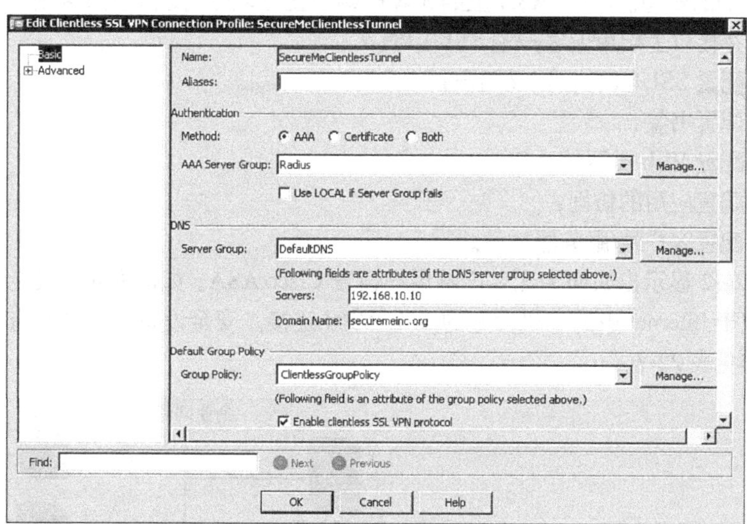

图 22-11　将 RADIUS 服务器映射到隧道组

例 22-9 显示出如何定义 RADIUS 服务器。其中 RADIUS 组名称为 Radius，它位于 inside 接口：192.168.10.20。共享秘密密钥为 C1$c0123。该 RADIUS 服务器被关联到 SecureMeClientlessTunnel。

例 22-9　为 IPSec 认证定义 RADIUS

```
Chicago(config)# aaa-server Radius protocol radius
Chicago(config)# aaa-server Radius (inside) host 192.168.10.20
Chicago(config-aaa-server-host)# key C1$c0123
Chicago(config-aaa-server-host)# exit
Chicago(config) tunnel-group SecureMeClientlessTunnel general-attributes
Chicago(config-tunnel-general)# authentication-server-group Radius
```

> 提示：对于大型 VPN 部署环境来说（IPSec VPN 和 SSL VPN），管理员甚至能够管理外部认证服务器中的用户访问和策略。这时应将用户组策略名称以 RADIUS 或 LDAP 属性的方式传递给安全设备。这样做的话，无论用户连接到哪一个隧道组名称，他将总是获得相同的策略。若管理员使用 RADIUS 作为认证和授权服务器，则需将用户组策略名称定义为属性 **25**（类属性）。将关键字 **OU=**添加为类属性值。比如，若定义一个名为 engineering 组的用户组策略，则可以启用属性 **25**，并将 **OU=engineering** 定义为该属性的值。

> 提示：从 8.2(1)版本开始，安全设备支持双认证特性，这需要用户在登录页面提供两组不同的登录证书。比如说，管理员可以同时使用主用认证服务器（如活动目录）和备用认证服务器（如 RADIUS）认证用户。两边的认证都成功后，用户才能够建立 SSL VPN 隧道。要定义备用认证服务器，需要找到 **Configuration > Remote Access VPN > Clientless SSL VPN Access**，并在 Connection Profile 的 Advanced 选项下进行定义。

22.4 无客户端 SSL VPN 配置向导

SSL VPN 的无客户端配置向导介绍了为无客户端 SSL VPN 客户启用 SSL VPN 和设置用户接口的必要步骤。接下来的部分将主要针对于那些希望访问企业内部资源，却未在其工作站上安装 SSL VPN 客户端的客户。这些用户通常从共享的工作站，甚至从酒店或网吧访问受保护的资源。Cisco ASA 上的无客户端配置可以分为以下几个部分：

- 在接口上启用无客户端 SSL VPN；
- 配置 SSL VPN 自定义门户；
- 配置书签；
- 配置 Web 类型的 ACL；
- 配置应用的访问；
- 配置客户端/服务器插件。

图 22-12 显示出如何为无客户端用户设置 Cisco ASA。如图所示，安全设备被设置为能够接受位于 Internet 中的主机发起的 SSL VPN 连接。安全设备保护的私有网络中有多台服务器，详见表 22-7。

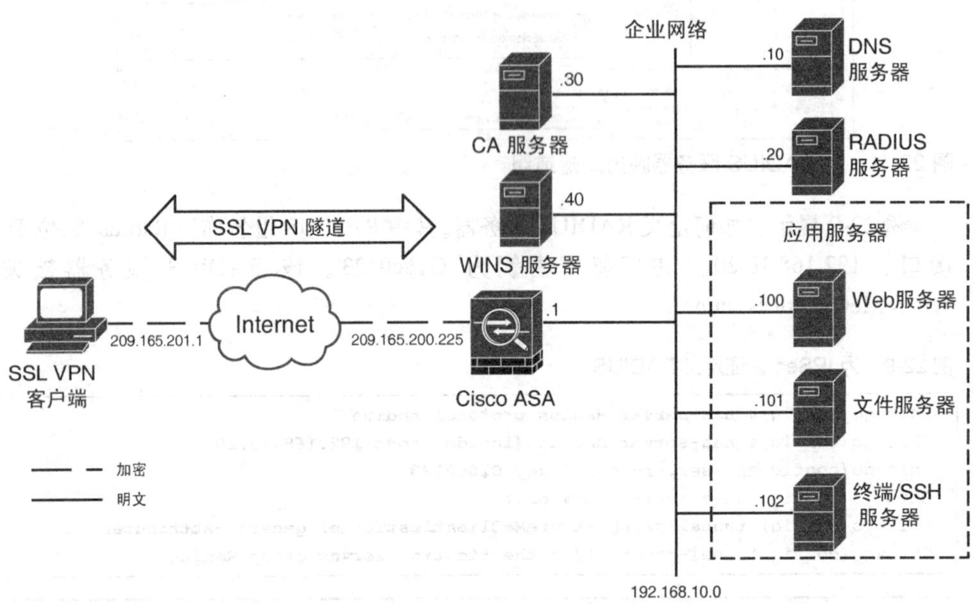

图 22-12 SSL VPN 网络拓扑

表 22-7 配置案例中所使用的服务器

服务器	位置	目的
CA 服务器	192.168.10.30	颁发 CA 和 ID 证书
WINS 服务器	192.168.10.40	将 NetBIOS 名称解析为 IP 地址
DNS 服务器	192.168.10.10	将主机名解析为 IP 地址
RADIUS 服务器	192.168.10.20	认证用户
Web 服务器	192.168.10.100	托管内部站点
文件服务器	192.168.10.101	托管并向 SSL VPN 用户展示文件和文件夹
终端服务器/SSH 服务器	192.168.10.102	向 SSL VPN 用户提供终端和 SSH 服务

22.4.1 在接口上启用无客户端 SSL VPN

在安全设备上配置无客户端 SSL VPN 的第一步是在接口上启用 SSL VPN，这个接口用于终结用户会话。若没有在接口上启用 SSL VPN，即使全局启用了 SSL VPN，安全设备也不会接受任何连接。

可以通过 ASDM 为接口启用 SSL VPN，打开菜单 **Configuration > Remote Access VPN > Clientless SSL VPN Access > Connection Profiles**，为想要启用 SSL VPN 的接口选择 **Allow Access** 选项。图 22-8 为 outside 接口启用了 SSL VPN，并使用默认端口 443。点击 ASDM 中的 **Apply** 按钮将该配置推送给安全设备。

例 22-10 所示为在 outside 接口启用 SSL VPN 功能。

例 22-10 在外部接口启用 SSL VPN

```
Chicago(config)# webvpn
Chicago(config-webvpn)# enable outside
```

在接口上启用 SSL VPN 后，安全设备就做好了接受连接的准备。然而，管理员还必须完成其余的配置步骤，安全设备才能够成功地接受用户连接并允许流量通过。

22.4.2 配置 SSL VPN 自定义门户

从 Web 浏览器初始化一个连接时，将显示默认 SSL VPN 页面，如图 22-13 所示。这个页面的标题是 SSL VPN Service，在 Web 页面的左上角显示有 Cisco 的商标。这个初始页面提示用户进行用户身份认证。

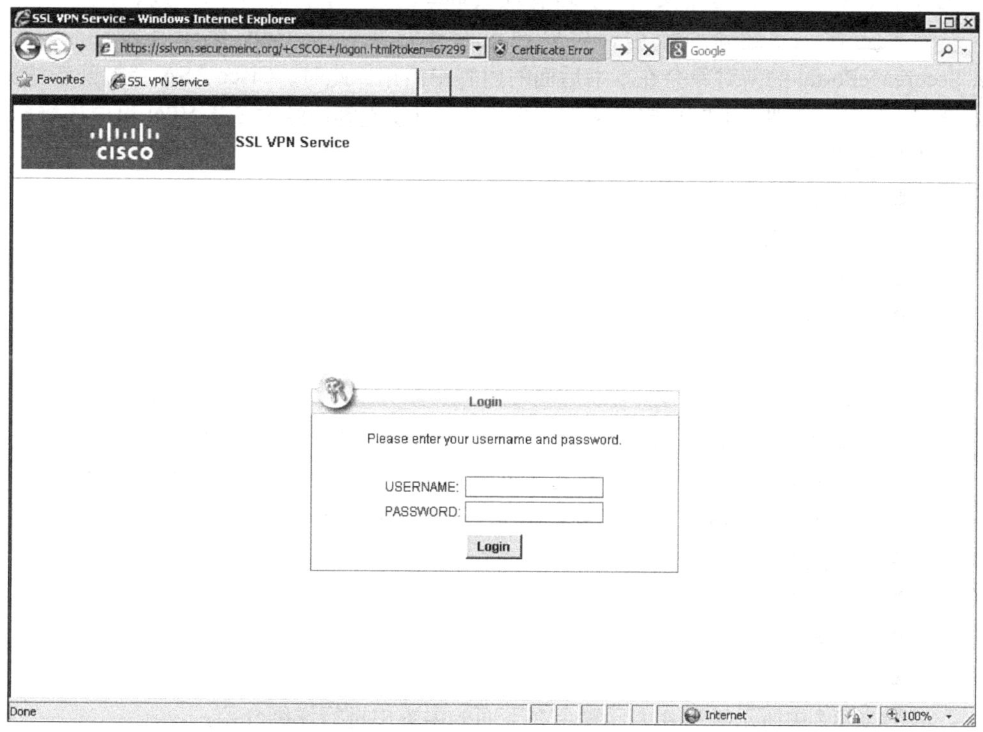

图 22-13 默认 SSL VPN 登录页面

管理员可以根据企业的安全策略，来自定义初始 SSL VPN 登录页面。Cisco ASA 也为自定义用户 Web 门户提供了一系列选择。安全设备允许管理员上载图像和唯一的 XML 数据，来设置完全自定义的登录页面。在 8.0 及更高软件版本中，管理员甚至可以根据用户组成员自定义初始登录页面。

注释：自定义门户只可以通过 ASDM 完成，不能通过 CLI 更改相关配置，因为这些属性都需要在 XML 中进行定义和储存。

使用自定义门户，管理员可以随意设计并呈现 SSL VPN 页面。ASA 允许管理员创建默认的登录页面，也允许管理员为一组用户设计登录页面。比如若希望承包商只访问一小部分应用，就可以自定义 Web 门户包含那些应用，并将这个门户映射到承包商使用的组策略中。这样的话，属于承包商组策略的用户尝试登录时，就只能看到列在其门户中的应用。

注释：自定义门户可以通过 JavaScript 使用动态内容，脚本中需要包含文件<script src= "/+CSCOE+/custom.js"></script>。该文件有助于管理员使用这个为 SSL VPN 会话所定义的功能创建自己的 Web 页面。

若管理员希望通过 XML 进行自定义，Cisco ASA 可提供一个自定义模板。管理员需要将模板导出到工作站中，并修改其内容。然后可以将自定义的内容作为一个新的自定义对象导入安全设备中。XML 自定义超出了本书的范围。

管理员可以通过菜单 **Configuration > Remote Access VPN > Clientless SSL VPN Access > Portal > Customization** 配置用户自定义门户。可以修改 DfltCustomization 对象，也可以定义一个新的自定义门户。若管理员希望创建一个新的门户，可以点击 **Add** 并指定新对象名称。创建新对象后，可以通过选择它并点击 **Edit** 编辑其属性。这个名为 SecureMePortal 的新对象会在本书后面的内容中沿用。此时，Cisco ASA 会打开新的浏览器窗口，在那里管理员可以自定义 4 个门户页面，以便无客户端的 SSL VPN 用户连接到 Cisco ASA 时使用：

- 登录页面；
- 门户页面；
- 登出页面；
- 外部门户页面。

1. 登录页面

管理员可以为无客户端 SSL VPN 用户改变登录页面。既可以为所有用户自定义默认的登录页面，也可以针对隧道进行自定义页面，这将只影响连接到该隧道组的用户。

从高层体系结构看来，自定义登录门户可以被分为 4 个元素：

- 标题区域；
- 信息区域；
- 登录区域；
- 版权区域。

图 22-14 中所示的这 4 大元素会在下面的内容中进行详细介绍。

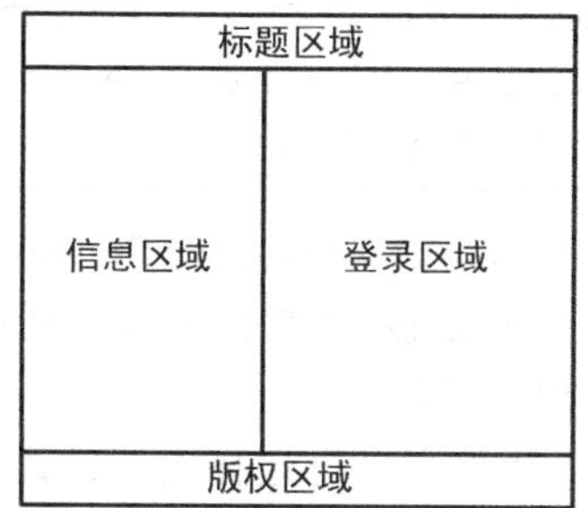

图 22-14 自定义 SSL VPN 登录页面

标题区域

标题区域（title area）是页面标题，因而客户可以为 Web 页面自定义自己的文本。比如说，管理员希望登录页面的标题为“SecureMe SSL VPN Service（SecureMe SSL VPN 服务）”，可以在自定义编辑器的 Title Panel（标题面板）中定义这句话。SSL VPN 管理员可以向终端用户隐藏或展示 Web 页面上的这一元素，并且可以根据自己的需要对旗标进行自定义。比如说，管理员可以改变标题文本字体和字号，可以添加或改变公司的商标，也可以将文本和标志添加到页面中。图 22-15 中，管理员将页面标题定义为“SecureMe SSL VPN Service”。将文件名是 securemeinc-sml.png 的图片设置为了商标 URL（点击 Logo Image 右侧的 Manage，然后点击 Import），前景颜色设置为黑色，背景颜色则设置为白色。管理员还勾选了 Use Gradient 复选框，其目的是将背景色设置为颜色渐变。

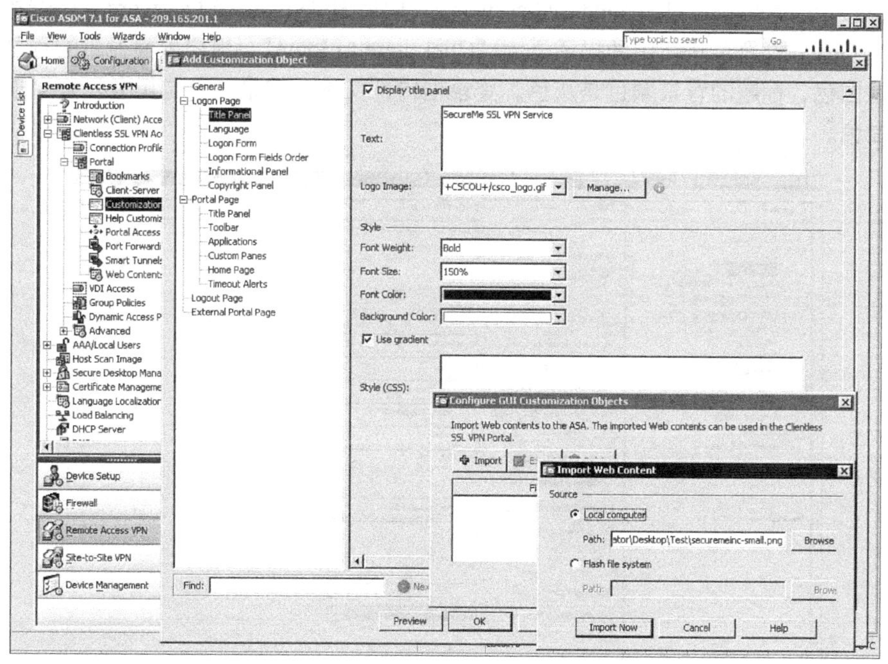

图 22-15 自定义登录页面标题

如果希望上传自定义的图片或文件，可以点击 Title Panel 中 Logo Image 的 **Manage** 选项，或者选择 **Configuration > Remote Access VPN > Clientless SSL VPN Access > Portal > Web Contents**。本章会在“完全自定义登录页面”一节中提供相关的案例。

注释：如果选择在登录页面的 Title Panel 下上传内容文件，一定要保证在 Require Authentication to Access Its Content?这个单选框中选择的是 **No**。Title Panel 是用户认证之前的登录页面，因此需要在认证后才能访问的内容无法在这里使用。

点击 Add Customization Object 对话框底部的 **Preview** 按钮可以预览设计好的门户页面。这是测试配置的最佳方式，而无须先将配置推送到安全设备，再使用无客户端 SSL VPN 隧道进行测试。点击 **OK** 保存以上设置。

可以在用户登录页面中让用户自己选择支持的语言。为此需要点击登录页面中的 **Language**。如果读者所在的是一家跨国组织，需要为来自世界各地的人员提供不同的语言，那么这个选项就会非常重要。这个选项默认是不使用的。管理员需要首先选择 **Enable Language Selector** 来启用语言选项，然后再选择希望使用的语言。

注释：若在登录页面中选择自己上传 XML 文件，那就无法对门户页面进行预览。

登录区域

登录区域（logon area）也称为登录表格，提示用户输入他/她的用户证书。管理员可以自定义标题、登录信息、用户名和密码提示、文本的颜色和字体。管理员甚至可以决定是否让用户选择他们将要使用的组来进行认证。

图 22-16 中，安全设备管理员依照 SecureMe 公司的策略配置登录表格。将登录框的标题改为 SecureMe Login Box，登录框中的消息改为 Please Enter Your User Credentials。用户名和密码的提示语分别为 Username:和 Password:。副用户名和副密码提示语分别为 Secondary Username:和 Secondary Password:。启用 Hide Internal Password，组选择器的提示语为 Group:。登录按钮中的提示语为“Click here to login”。用户界面显示的登录框文本颜色是白色，标题的背景颜色是灰色。登录框内部文本的前景颜色是黑色，登录框背景颜色是白色。

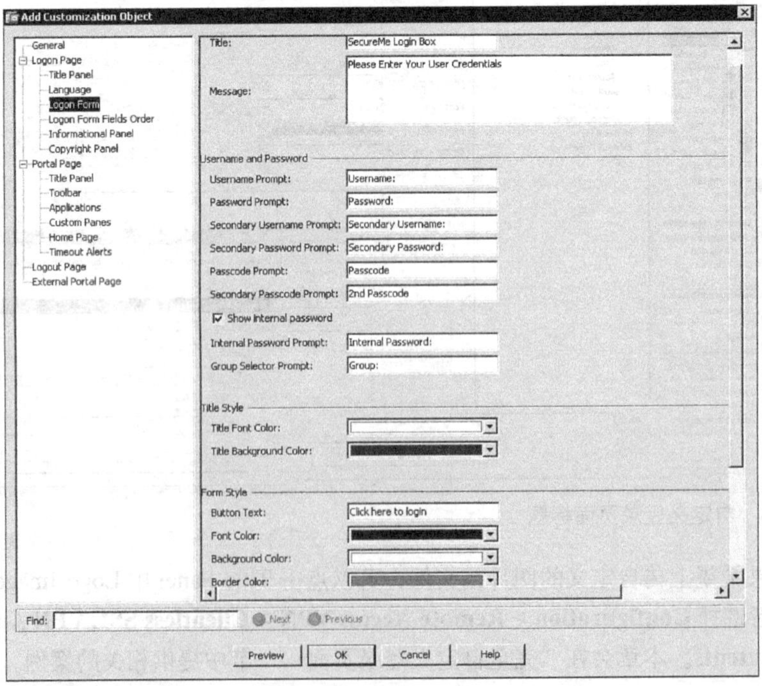

图 22-16 自定义登录表格

如果希望将组名显示在用户名和密码之前，可以在登录页面中点击 **Logon Form Fields Order**，来修改它们的显示顺序。

信息区域

信息区域（information area）显示出管理员希望展示在登录页面中的所有文本和图片。可以指定将信息区域显示在登录表格的左侧还是右侧。

版权区域

若管理员希望在登录页面显示版权信息，可以在版权区域（copyright area）进行定义。大多数客户使用该区域向登录用户显示登录警告或重要信息。

2. 门户页面

除了更改登录页面的显示方式以外，管理员还可以设定用户认证后的门户显示。其中包括设计用户的主页，以及当用户开启一个应用时显示的应用访问窗口。

从高层体系结构看来，Web 门户可以被分 4 四个元素（如图 19-14 所示）：

- 标题面板；
- 工具栏；
- 导航面板；
- 内容区域。

这 4 个元素如图 22-17 所示，接下来我们来详细讨论这 4 个元素。

标题面板
工具栏
导航面板
内容区域

图 22-17　自定义 SSL VPN 用户 Web 门户

标题面板

标题面板（title panel）设计了用户登录后的用户门户标题框。管理员可以通过是否勾选 Display Title Panel 选项，来决定标题面板是否进行显示。若选择在用户通过 SSL VPN 隧道登录到安全设备时显示标题面板，那么就可以指定标题文本和商标，并自定义标题框的字体大小和颜色。比如可以将“SecureMe SSL VPN Portal Page”作为标题，将 SecureMe 公司的商标作为标题图片，如图 22-18 所示。在本例中，屏幕的字体颜色被设置为了是褐紫红色，背景颜色是白色。字体大小设置为标准字体大小的 150%，并且对字体进行加粗。

工具栏

工具栏（toolbar）用于定义用户提示信息，比如 URL 框和登出，也可以在这里定义浏览器按钮上的文字。为了更加安全，管理员可以通过取消选中 **Display Toolbar** 选项，在用户门户中隐藏工具栏。

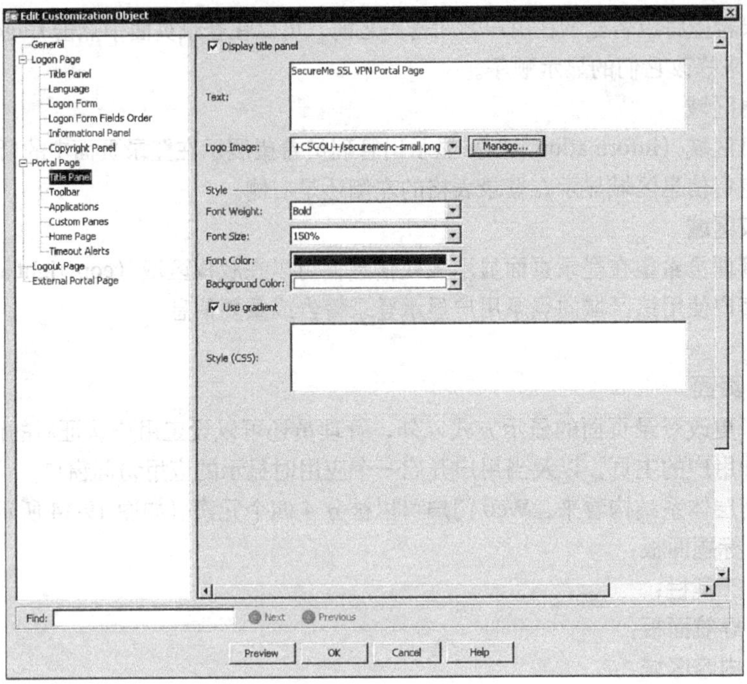

图 22-18 自定义 SSL VPN Web 门户标题面板

导航面板

若启用了导航面板（navigation panel，也称为应用面板），它将列出 SSL VPN 用户能够访问的所有应用。管理员可以将不希望用户登录进来之后在左侧面板中看到的应用去掉。管理员也可以双击应用的名称来修改应用的标题和字体大小。管理员可以选择启用或隐藏一个应用，或者在列表中改变应用的显示位置。图 22-19 中，管理员启用了以下应用：

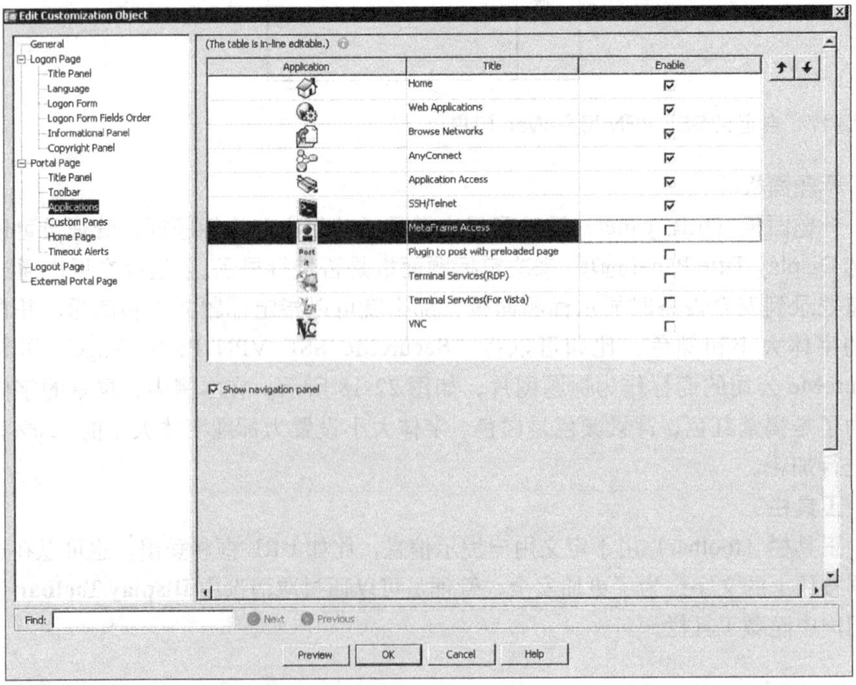

图 22-19 自定义 SSL VPN Web 门户应用

- 主页；
- Web 应用；
- 浏览网络；
- AnyConnect；
- 应用访问；
- Telnet/SSH 服务器。

内容区域

内容区域（content area，也称为用户面板）显示每个应用的内容。管理员可以在 ASDM 的 Custom Panes 界面中，将内容区域分割为多个文本框、HTML、RSS 源或图片框。若希望 SSL VPN 用户在建立连接后看到重要的通知，甚至还可以定义一个初始的 Web 页面。

3. 登出页面

Cisco ASA 还允许管理员自定义登出页面。管理员可以定义登出消息，以及是否允许用户重新登录。管理员可以选择标题字体以及标题背景的颜色，以及登出页面字体和背景的颜色。图 22-20 中，管理员添加了登出消息“Please clear your browser's cache, delete any downloaded files, and close all open browsers before you sign out.（请在登出前清除浏览器缓存、删除下载的文件并关闭所有浏览器）”。本例中禁用登录按钮，因此用户需要在浏览器中指定 SSL VPN 服务器的 IP 地址，以便打开新的会话。在本例中，当登出页面出现时，文本框的颜色是白色的，标题的背景颜色是灰色的。登出框内部的文本颜色是黑色的，登出框的背景颜色是白色的。边框的颜色是黑色的。

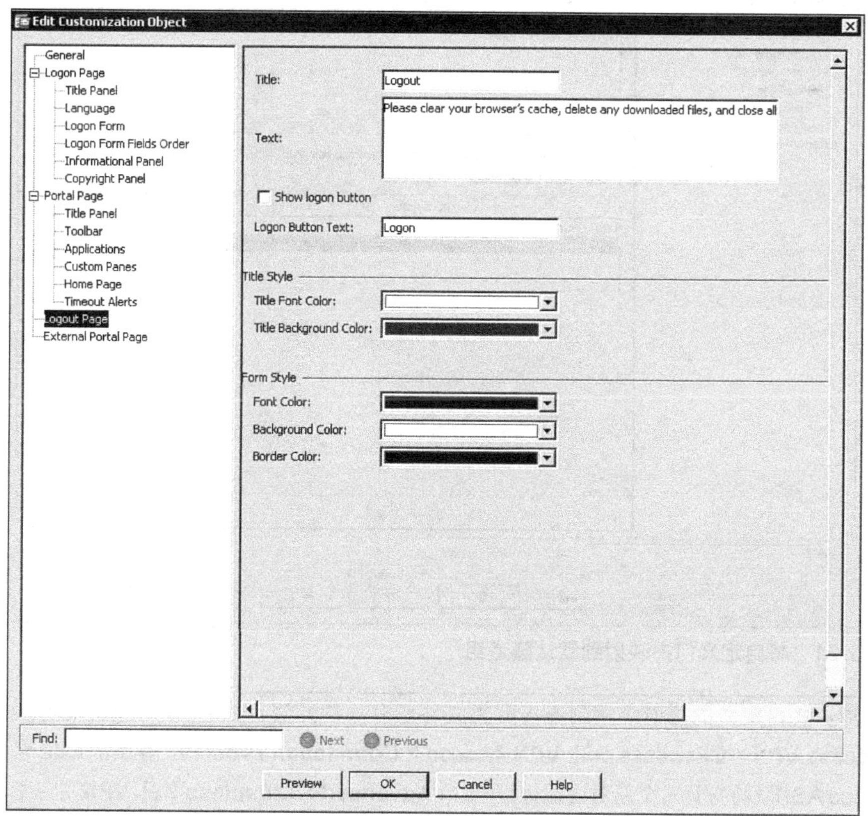

图 22-20　自定义 SSL VPN 登出页面

4. 门户自定义和用户组

自定义登录、门户和登出页面后，这些自定义对象可被应用到相应的用户连接配置文件中。接下来将讨论两个情景：

- 自定义登录页面和用户连接配置文件；
- 自定义门户页面和用户连接配置文件。

自定义登录页面和用户连接配置文件

自定义登录页面后，登录到安全设备中的用户将看到该页面。可以通过以下两种方法将登录页面显示给用户。

- **DefaultWEBVPNGroup 连接配置文件**：若管理员希望将自定义登录页面展示给所有使用 FQDN（完全合格域名）或 IP 地址访问安全设备的用户，那么需要在 Edit Customization Object 对话框的 General 页面中将自定义对象应用到 DefaultWEBVPNGroup 连接配置文件。接下来，无客户端 SSL VPN 用户可以通过 https://<*FQDNofASA*>或 https://<*IPAddressOfASA*>访问自定义登录门户。在图 22-21 中，管理员将 SecureMePortal 应用到了 **DefaultWEBVPNGroup** 连接配置文件。

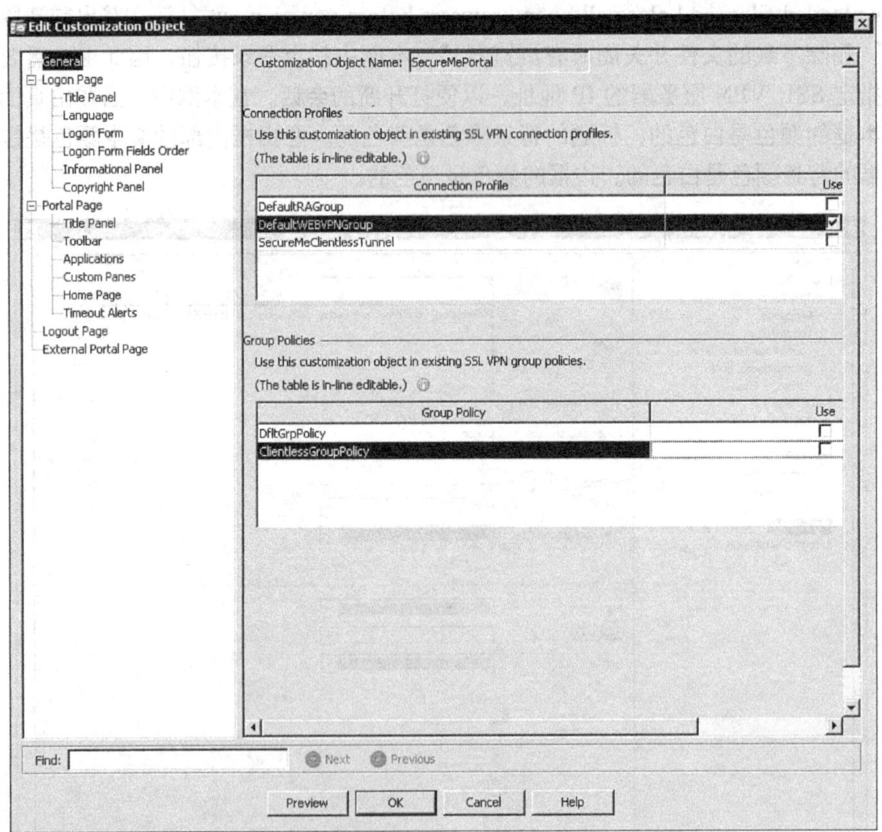

图 22-21 将自定义门户映射到默认隧道组

> 注释：将自定义的页面应用到连接配置文件还有一种方法，找到 **Configuration > Remote Access VPN > Clientless SSL VPN Access > Connection Profiles**，并点击 **Edit** 修改其内容。Cisco ASDM 将打开一个新对话框，打开菜单 **Advanced > Clientless SSL VPN** 并在 Portal Page Customization 下拉菜单中选择自己想要应用的页面。

与图 22-21 相应的 CLI 命令如下所示。

```
Chicago(config)# tunnel-group DefaultWEBVPNGroup webvpn-attributes
Chicago(config-tunnel-webvpn)# customization SecureMePortal
```

- **用户连接配置文件**：管理员还可以在用户连接配置文件下应用对象，以便向某个用户提供自定义登录页面。然而，只有当用户使用管理员指定的特定登录 URL 时显示自定义登录页面。将自定义登录页面应用到用户连接配置文件或创建一个新的用户连接配置文件。在本例中，我们希望为 SecureMeClientlessTunnel 应用新创建的连接配置文件 SecureMePortal。在 Edit Customized Object 对话框的 General 页面中，选择 **SecureMeClientTunnel** 并勾选 **Use** 复选框。此时我们最好为这个配置文件起一个别名。此后，用户就可以在一个特定的 URL 中使用这个别名来连接这个连接配置文件了。配置别名的方法是，选择 **Configuration > Remote Access VPN > Clientless SSL VPN Access > Connection Profiles**，选择 **SecureMeClientlessTunnel**，点击Edit，输入**SecureMeClientless** 作为**SecureMeClientlessTunnel**的别名，如图22-22所示。无客户端 SSL VPN 用户可以通过 https:// *<FQDNofASA>*/ SecureMeClientless 或 https:// *<IPAddressOf ASA>* /SecureMeClientless.访问自定义登录门户。

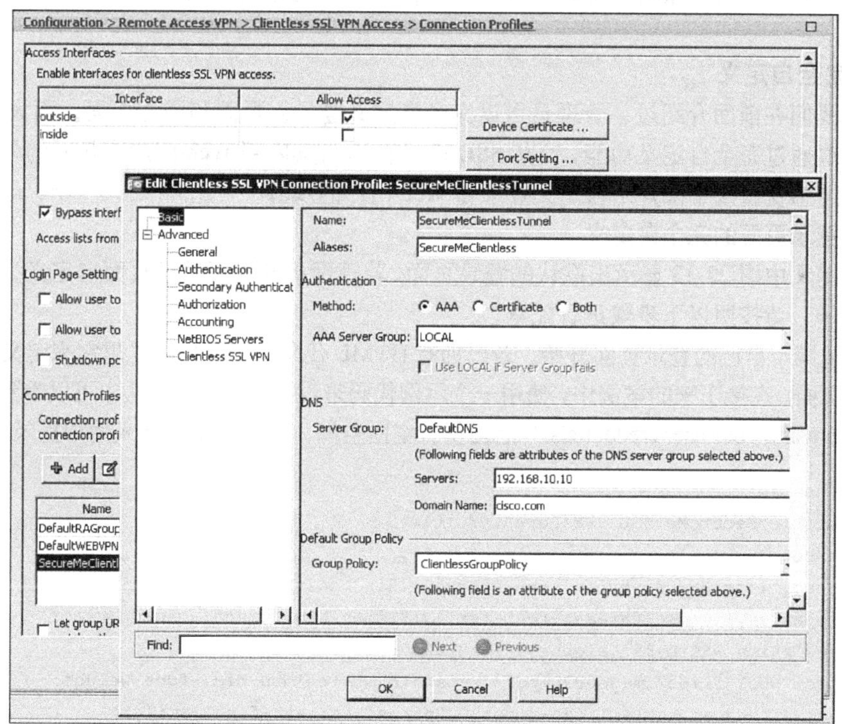

图 22-22　连接配置文件别名

与图 22-22 相应的 CLI 命令如下所示。

```
Chicago(config)# tunnel-group SecureMeClientlessTunnel webvpn-attributes
Chicago(config-tunnel-webvpn)# group-alias SecureMeClientless enable
```

自定义门户页面和用户连接配置文件

当用户第一次连接到安全设备时，能够看到哪个登录门户是由 SSL VPN 连接建立的方式决定的。比如认证成功后，用户选择一个登录组，那么用户门户的显示将取决于映射到该用户连接配置文件的自定义对象。管理员有三种方式向用户显示自定义门户页面。

- **不进行组选择的默认登录**：当用户访问登录页面且认证成功之前，没有选择他所要登录的组，那么他将看到映射到 DefaultWEBVPNGroup 连接配置文件的用户门户页面。
- **进行组选择的默认登录**：当用户访问登录页面并认证成功之前，选择了他所要登录的组，那么他将看到映射到指定用户连接配置文件的用户门户页面。
- **用户连接配置文件登录**：当用户使用某个组特有的 URL 登录到系统中，那么他将看到映射到指定用户连接配置文件的用户门户页面。比如用户输入网址 https://sslvpn.securemeinc.org/SecureMeClientless 并成功登录安全设备，那么定义在 SecureMePortal 中的 Web 门户将应用到该用户会话中。
- **组策略**：此外，管理员也可以在组策略中应用一个门户页面自定义配置文件。如果希望对一组匹配特定策略的用户应用一个自定义的门户页面，就可以采用这种做法。

读者一定要理解，在将一个门户页面应用到连接配置页面和将其应用到组策略中，存在优先级的差距。假如我们将一个名为 portal1 应用到了一个连接配置文件中，而将一个名为 portal2 的文件应用到了一个组策略中。那么当一名用户使用别名访问连接配置文件时，这个用户就会看到 portal1 中的登录页面。在通过认证之后，如果如果系统应用了一个与 portal2 相匹配的组策略，那就是就会应用 portal2 中应用的页面。

5. 完全自定义

我们在前面介绍过，管理员可以完全自定义登录、页面和登出页面。而大多数客户都更喜欢通过完全自定义功能，使其 SSL VPN 门户与其内部 Web 门户有相同的外观，并给人相同的感受。接下来介绍自定义登录和 Web 门户的步骤。

登录页面的完全自定义

前文中图 22-13 显示出默认的登录页面。若管理员希望将登录页面自定义为图 22-23 中的样子，请按照以下步骤进行配置。

1. 从属于自己的登录页面开始。若已拥有 HTML 代码，管理员可以用它来定义登录自定义页面。在接下来的案例中，使用一个示例代码来设计登录页面。从中可以看到“Please log in using your user credentials.”后面留有空白空间，这就是用于插入用户登录框的地方。

```
<head>
<title>SecureMe SSL VPN Portal</title>
</head>
<body lang=EN-US style='tab-interval:.5in'><div class=Section1>
<span style='mso-fareast-font-family:"Times New Roman"; mso-no-proof:
yes'><img width=85 height=93 id="_x0000_i1025"
src="Doc1_files/image003.jpg"></span><b style='mso-bidi-font-weight:
normal'><span style='font-size:30.0pt;mso-fareast-font-family:
"Times New Roman"'>Welcome to SecureMe SSL VPN Logon
Page<u1:p></u1:p></span></b><span style='mso-fareast-font-family:"Times
New Roman"'><o:p></o:p></span></p>
<br><br><br><br>
<b><span style='font-size:16.0pt'>Please Login using your user
credentials</b></p>
<br><br><br>
<!—Insert Logon Dialog Box code here>
<br><br><br>
<b><style='mso-bidi-font-weight:normal'><i style='mso-bidi-font-style:
```

```
normal'><u>Unauthorized users will be prosecuted according to the
Federal and State Laws</u></i></b></p>
</div>
</body>
</html>
```

图 22-23 自定义的登录页面

2. 以带有关键字/+CSCOU+/的任意变量替换图片。向安全设备中上载图片时，图片将被储存在本地 Flash 里的/+CSCOU+/目录中。因此，当管理员指示安全设备加载图片时，它将检查该目录中的内容。这一小部分可修改的代码已用阴影灰色标出。

```
<span style='mso-fareast-font-family:"Times New Roman"; mso-no-proof:
yes'><img width=85 height=93 id="_x0000_i1025"
src=" /+CSCOU+/image003.jpg "></span><b style='mso-bidi-font-
weight:normal'><span style='font-size:30.0pt;mso-fareast-font-family:"
Times New Roman"'>Welcome to SecureMe SSL VPN Logon
Page<u1:p></u1:p></span></b><span style='mso-fareast-font-family:"Times
New Roman"'><o:p></o:p></span></p>
```

3. 保存 HTML 编码前，管理员需要插入登录框。下面的示例中通过替换<!—Insert Logon Dialog Box code here>来插入登录对话框。

```
<br><br><br>
<body onload="csco_ShowLoginForm('lform');csco_ShowLanguageSelector('selector')"
bgcolor="white">
<table><tr><td colspan=3 height=20 align=left>
<div id="selector" style="width"300px"></div></td></tr>
<tr><td align=middle valign=middle> <div id=lform> Loading credentials </div></
td></tr></table>
<br><br><br>
```

4. 将HTML编码保存为一个包含文件(include file),使安全设备能够添加适当的JavaScript来支持登录框。本例中将其命名为 logonscript.inc。
5. 向安全设备中导入适当的图片和登录脚本。打开菜单 **Configuration > Remote Access VPN > Clientless SSL VPN Access > Portal > Web Contents**，从本地工作站向安全设备的 Flash 上载 logonscript.inc 和 image003.jpg 文件。一定要确保对"Require Authentication to Access Its Content" 这个问题选择了 **No** 单选按钮。
6. 上载 Web 内容后，打开菜单 **Configuration > Remote Access VPN > Clientless SSL VPN Access > Portal > Customization**，选择自定义的门户页面并点击 **Edit**。点击 **Logon Page** 并选择 **Replace Pre-defined Logon Page with a Custom Page (Full Customization)**。点击 Manage 并选择 **/+CSCOU+/logonscript.inc**。
7. 将自定义对象与用户能够连接的隧道组相关联。

> 注释：管理员可以上载 JPEG、GIF 和 PNG 格式的图片和商标。

用户门户页面的完全自定义

若管理员希望自定义用户 Web 门户，可以按照以下步骤实施完全自定义。这些步骤与登录页面自定义的步骤相似。图 22-24 显示出默认的用户 Web 门户。

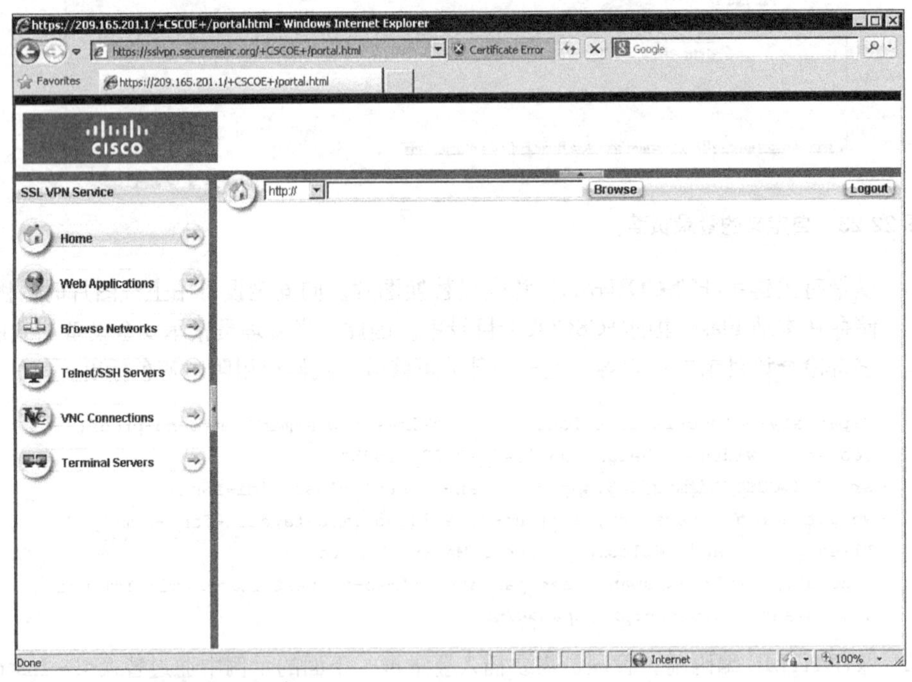

图 22-24 默认用户 Web 门户页面

1. 选择 **Configuration > Remote Access VPN > Clientless SSL VPN Access > Portal > Customization** 菜单，选择 **SecureMePortal** 这个对象并点击 **Edit**。在 Edit Customization Object 对话框中，找到 **Portal > Custom Panes**。点击 Add 将内容面板添加到门户页面中。
2. 从 Type 下拉列表中选择 **HTML** 来添加内容类型，勾选 **Enable Custom Pane** 复选框，并为这个网页链接指定一个标题。图 22-25 中添加了的标题是 Cisco Systems Webpage。在 URL 下，添加希望用户看到的 URL。在前面的案例中，显示出了 Cisco 的 Web 链接页面为 http://www.cisco.com。

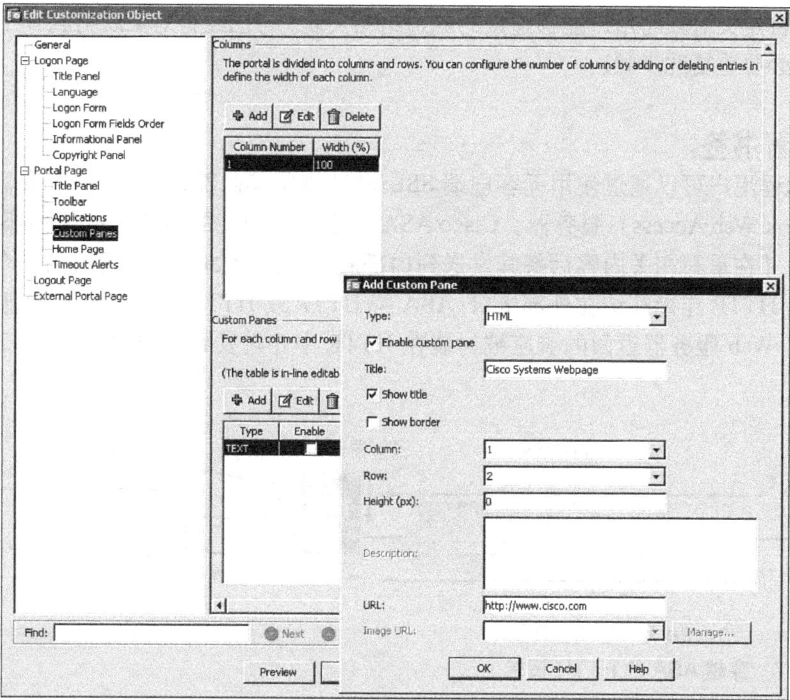

图 22-25 门户页面中的用户 HTML 内容自定义

3. 从 Type 下拉列表中选择 **RSS** 来添加 RSS 内容类型，勾选 **Enable Custom Pane** 复选框，并为这个 RSS 源连接指定一个标题。图 22-26 中添加的标题是 Internal Company News。在 URL 字段，指定去往 RSS 源的链接。在这个案例中，RSS 源位于 http://192.168.1.100/SecureMe.xml。点击 **Save** 保存以上修改。

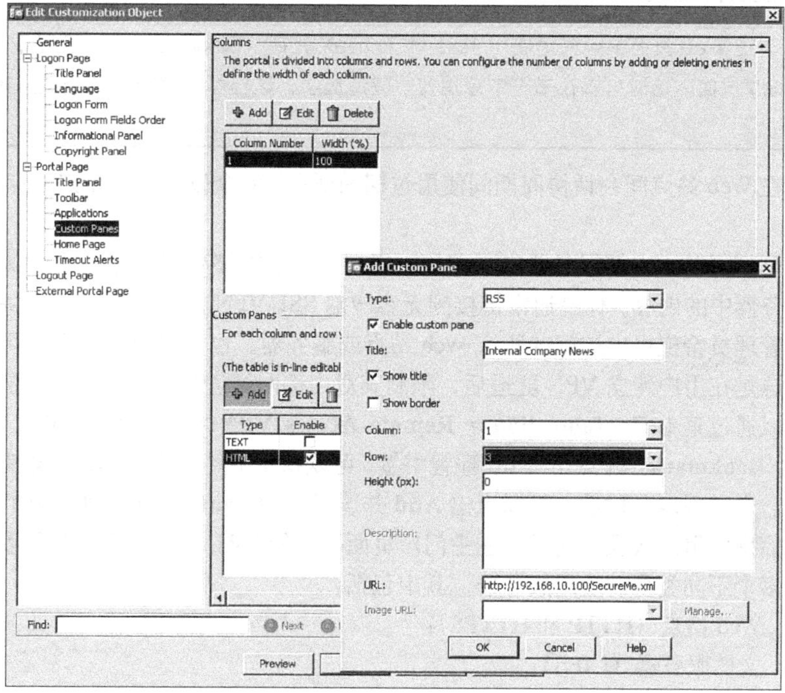

图 22-26 门户页面中的用户 RSS 内容自定义

4. 将自定义对象与用户能够连接的隧道组相关联。若已经将对象映射到一个隧道组，则没有必要重复此步骤。

22.4.3 配置书签

远程用户可以通过使用无客户端 SSL VPN 浏览其内部站点、文件服务器共享和 OWA（Outlook Web Access）服务器。Cisco ASA 实现这个功能的做法是在其外部接口终结 SSL 隧道，并在重写相关内容后将其发送到内部服务器。比如用户试图访问一个内部站点时，用户的 HTTP 连接终结在外部接口。ASA 将 HTTP 或 HTTP 请求转发到内部 Web 服务器。接着将 Web 服务器返回的响应被封装在 HTTP 中并转发到客户端。图 22-27 描述了这一过程。

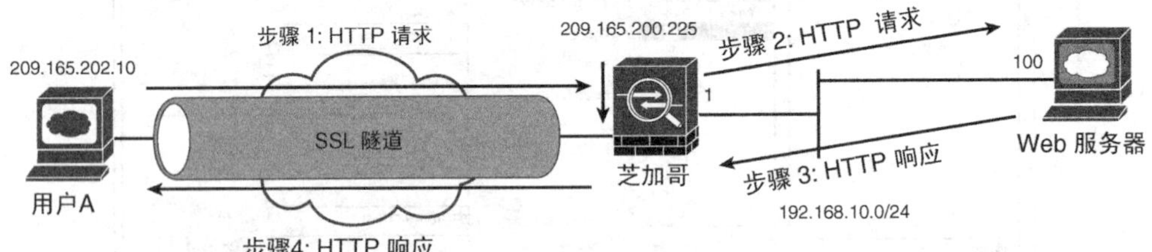

图 22-27 穿越 ASA 的 HTTP 请求

当用户 A 试图连接位于 192.168.1.100 的 Web 服务器时，将按顺序发生以下事件。

1. 用户 A 向 Web 服务器发起 HTTP 请求，Web 服务器位于 SSL VPN 隧道的另一端。用户请求被封装到 SSL 隧道中，接着被转发到安全设备。
2. Cisco ASA 将流量解封装，并代表 Web 客户端向服务器发起连接。
3. 服务器向安全设备发送响应。
4. 安全设备将服务器的响应进行封装并将其发送给用户 A。

> 注释：若在 Web 页面中频繁地使用 Java 和 ActiveX 代码，Cisco ASA 可能无法重写嵌入这些内容的 Web 页面。这时可以在书签中启用智能隧道选项，这样可以使 HTTP 流量直接发送到 Web 服务器。

若在 Web 站点间会话协商期间使用过期的证书，安全设备将不允许站点间的 SSL VPN 通信。

管理员可以为内部服务器定义书签。用户登录后能够看到书签，并可以通过点击书签浏览服务器中的内容。标签通常链接到无客户端 SSL VPN 用户连接的 Web 站点。此外，通过定义管理员希望用户访问的所有 Web 站点或服务器，也可以拒绝用户访问其他站点或服务器。这是在用户建立 VPN 隧道后，限制其对内部网络进行访问的一种方法。

可以通过菜单 **Configuration > Remote Access VPN > Clientless SSL VPN Access > Portal > Bookmarks** 并点击 **Add** 配置书签。可以指定书签列表名称，并将其映射到用户或组策略。定义列表名称后，可以点击 **Add** 并选择 **URL with GET and POST** 方法来添加书签条目。指定用户认证成功后，在主门户页面显示的 URL 标题。管理员可以在 Bookmarks 下添加多个不同类型的应用服务器，其中包括：

- Web 站点（HTTP 和 HTTPS）；
- 文件服务器（CIFS）；
- FTP；

- SHS/Telnet；
- 远程桌面协议（RDP）；
- 虚拟网络计算机（VNC）。

注释：若没有首先导入 VNC、RDP 或 SSH/Tenlet 相应的插件，将不会看到它们的选项。更多细节请参考本章稍后内容“配置客户端/服务器插件”。

1. 配置 Web 站点

添加书签列表后，可以添加书签条目，加入希望无客户端 SSL VPN 用户访问的内部 Web 服务器。图 22-28 中添加了名为 InternalServers 的书签列表。由于这是一个新列表，管理员为其添加一个书签标题“InternalWebServer”和一个 URL 地址：http://intranet.securemeinc.org。在 Other Settings（可选）中，添加一个子标题“This is the internal web portal for SecureMe Inc. Employees”和一个很小的 securemeinc-sml.png 图标。在此管理员勾选了 Enable Smart Tunnel 选项，使 HTTP 流量直接去往 Web 服务器。

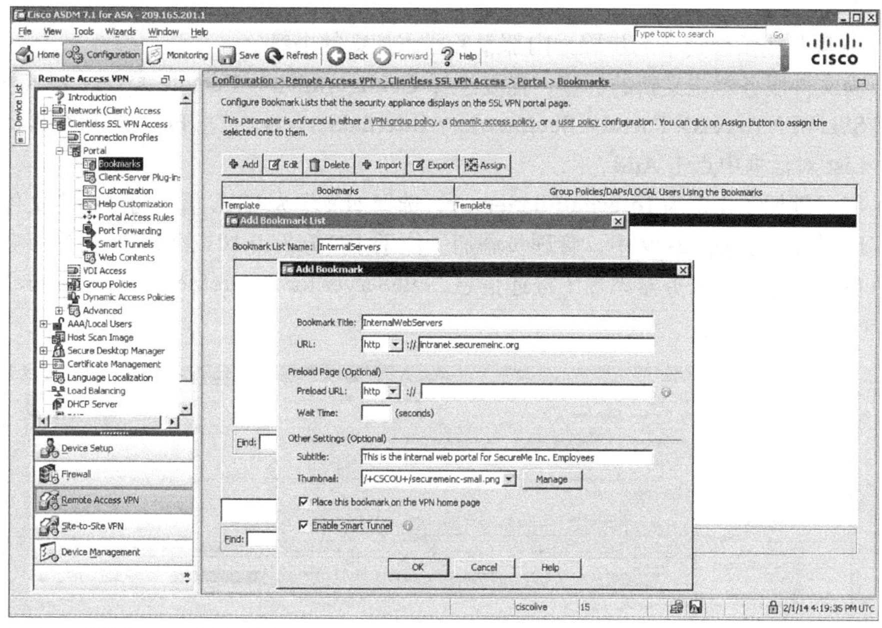

图 22-28 配置 Web 站点书签

注释：在当前的实施过程中，管理员必须使用 ASDM 来定义书签。

注释：若管理员使用 FQDN 配置内部 Web 站点，就必须在安全设备上配置 DNS 来解析主机名。可以通过菜单 **Configuration > Device Management > DNS > DNS Client** 配置 DNS 服务器，在 DNS Server Group 中点击 **Add** 添加 DNS 服务器。

注意：无客户端 SSL VPN 不能保证从客户端到所有 Web 站点的通信都是安全的。比如用户访问一个外部 Web 站点，并且流量通过安全设备进行代理，这时从安全设备到外部 Web 服务器的连接是未加密的。

2. 配置文件服务器

除了 Web 服务器以外，管理员还可以定义无客户端用户能够访问的文件服务器书签列表。Cisco ASA 支持使用通用 Internet 文件系统（CIFS）的网络文件共享，CIFS 是使用原 IBM 和微软网络协议的文件系统。通过 CIFS，用户能够访问位于文件系统上的共享文件。用户可以下载、上传、删除或重命名共享目录下的文件，但需要文件系统给予他们执行这些操作的权限。用户甚至还可以创建子目录，只要文件系统允许的话。

> 注释：管理员必须在 Windows 操作系统上安装微软 hotfix 892211，才能够在无客户端 SSL VPN 模式访问 Web 文件夹。

要访问 CIFS 文件夹，一定要确保 DNS 服务器定义了完整的域名解析。如果使用 NT 域服务器，一定要确保自己定义了 NetBIOS 名称服务器（NBNS，也称为 WINS 服务器）来浏览网络。要定义 WINS 服务器，需要找到 **Configuration > Remote Access VPN > Clientless SSL VPN Access > Connection Profile > SecureMeClientlessTunnel > Edit > Advanced > NetBIOS Servers**。

管理员需要使用下列步骤为内部服务器添加新的书签、

1. 为文件服务器定义新的标签，需要选择 **Configuration > Remote Access VPN > Clientless SSL VPN Access > Portal > Bookmarks > InternalServers**，点击 Edit，然后在 Add Bookmark List 对话框中点击 **Add**。
2. 将书签标题指定为 **InternalFileServer**，选择 **cifs** 作为 URL 值，同时指定文件服务器的 IP 地址。在图 22-29 中，管理员添加了位于 192.168.10.101 的 CIFS 文件服务器。管理员为这台文件服务器添加了描述信息“FileServer for SecureMe Inc（即 SecureMe 公司的文件服务器）”。

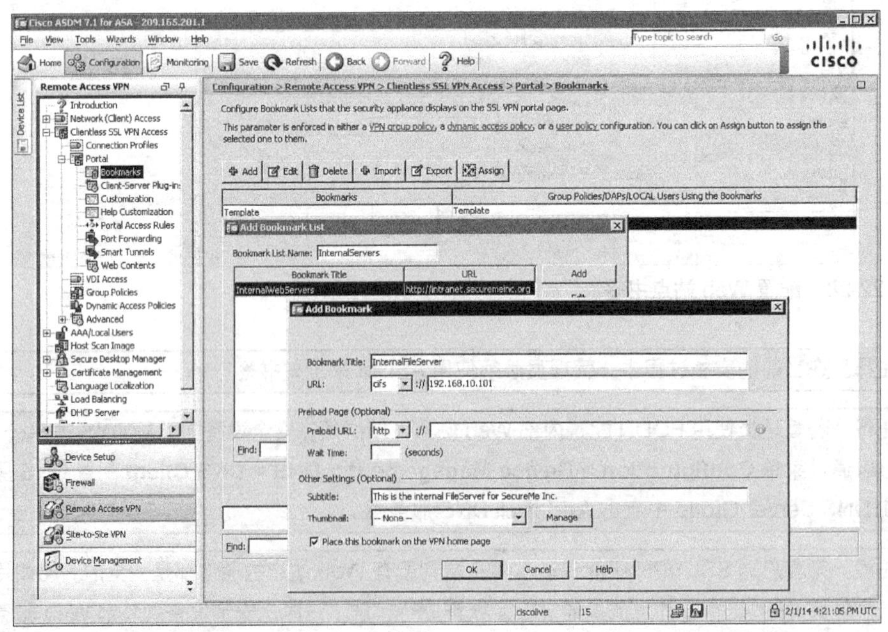

图 22-29 定义文件服务器

3. 将书签列表应用到组策略

管理员可以将书签列表应用到用户或组策略。需要找到 **Configuration > Remote Access VPN > Clientless SSL VPN Access > Group Policies**，选择 **ClientlessGroupPolicy** 并点击 **Edit**。在图 22-30 所示的 Edit Internal Group Policy 对话框中，点击 **Portal**，取消 Bookmark List 的 **Inherit** 复选框，然后从右侧下拉列表中选择 **InternalServers**。

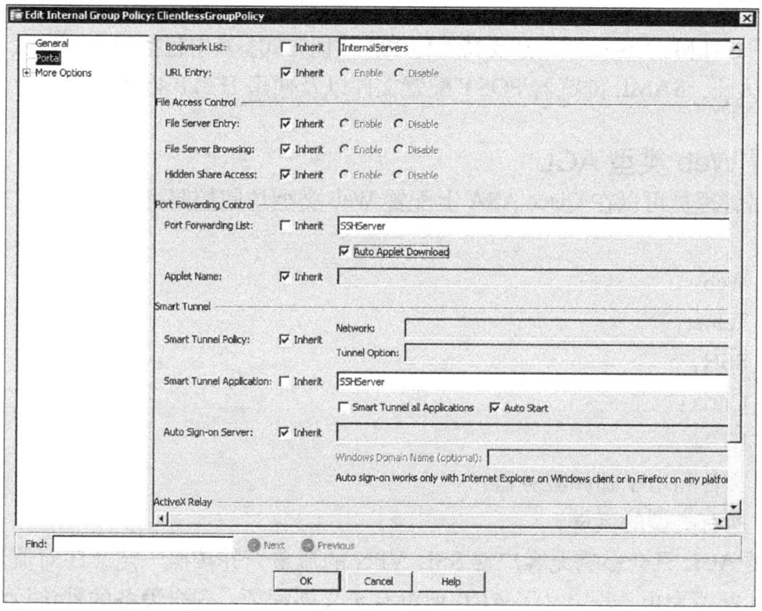

图 22-30 书签到策略组的映射

4. 单点登录

可选地，管理员可以添加单点登录（SSO）服务器，确保无客户端 SSL VPN 用户访问 Windows 共享资源时，不会再次收到输入用户验证的提示。在 SSO 中，安全设备是无客户端 SSL VPN 用户与认证服务器之间的代理。当用户试图访问该私有网络中的安全 Web 站点或共享资源时，安全设备将会使用用户的缓存证书（一个认证 cookie）。若在网络环境中使用 NT LAN 管理器（NTLM）进行认证，那么就需要在用户或组策略中定义 SSO。图 22-31 中为所有无客户端 SSL VPN 用户启用 SSO，并且使用 NTLM 认证向 192.168.10.0 子网中的服务器发送认证请求。

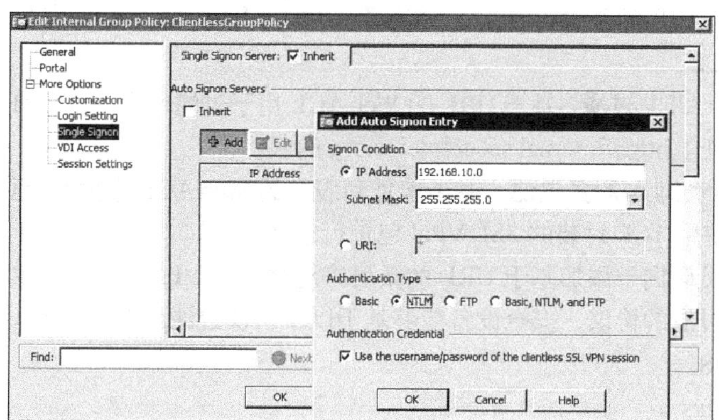

图 22-31 定义单点登录服务器

例 22-11 显示出图 22-31 配置所对应的 CLI 配置。

例 22-11 通过 CLI 定义单点登录

```
Chicago(config)# group-policy ClientlessGroupPolicy attributes
Chicago(config-group-policy)# webvpn
Chicago(config-group-webvpn)# auto-signon allow ip 192.168.10.0 255.255.255.0
auth-type ntlm
```

除了 NTLM，Cisco ASA 还支持其他多种认证方式。其中包括基本 HTTP、使用 SiteMinder 的 SSO 认证、SAML 浏览器/POST 配置文件以及使用 HTTP 格式的协议。

22.4.4 配置 Web 类型 ACL

网络管理员可以在 Cisco ASA 上配置 Web 类型访问控制列表（ACL）来管理以下类型的流量：

- Web；
- Telnet；
- SSH；
- Citrix；
- FTP；
- 文件和电子邮件服务器；
- 所有类型的流量。

这类 ACL 只会影响无客户端 SSL VPN 的流量，并按照一定顺序对流量进行匹配，直到遇到匹配项为止。若定义了 ACL 但没有定义匹配项，安全设备的默认行为是丢弃所有数据包。另一方面，若没有定义 Web 类型 ACL，Cisco ASA 将放行所有流量。

此外，这种特性允许使用厂商指定属性（VSA），从一台 RADIUS 服务器（如 Cisco 安全访问控制服务器[ACS]或 Cisco 身份服务引擎[ISE]）中下载这些 ACL。这样就可以对用户访问企业网络进行集中控制和管理，因为 ACL 的定义是从一个 ACS 服务器下载的。

> 提示：通过 Cisco Secure ACS，管理员可以在可下载的 ACL 中，通过指定 **webvpn:inacl#**前缀，配置 Web 类型的 ACL，其中#代表一个访问控制条目（ACE）的序号。

管理员可以通过菜单 **Configuration > Remote Access VPN > Clientless SSL VPN Access > Advanced > Web ACLs** 配置 Web 类型 ACL。选择 **Add > Add ACL** 定义一个新的 Web 类型 ACL。指定 Web ACL 的名称并点击 **OK**。选择新创建的 ACL 名称（考虑到本例的作用，我们使用的是 **Restrict**），并选择 **Add > Add ACE**。可以通过以下两种方式添加 Web 类型 ACL。

- **基于 URL 过滤**：基于 URL 的 Web ACL 用于过滤包含特定 URL 的 SSL VPN 包，比如包含 http://internal.securemeinc.org 的包。
- **基于地址和服务过滤**：基于地址和服务的 Web ACL 根据 IP 地址和第 4 层端口号，对使用 TCP 封装的 SSL VPN 包进行过滤。

若管理员倾向于添加基于 URL 的条目来过滤 SSL VPN 流量，可以选择 **Filter on URL** 并选择希望过滤的协议。安全设备能够基于以下协议过滤所有类型的 URL：

- CIFS
- Citrixs
- FTP

- HTTP/HTTPS
- IMAP4/POP3/SMTP
- NFS
- 智能隧道
- SSH
- Telnet
- VNC
- RDP

接着指定 URL 或通配符来过滤流量。比如管理员希望安全设备限制去往 internal.securemeinc.org 的 Web 流量，就可以将 Action 选择为 **Permit**，将 **http** 选择为过滤协议，并输入 **internal.securemeinc.org** 作为 URL 条目，如图 22-32 所示，完成后请点击 **OK**。

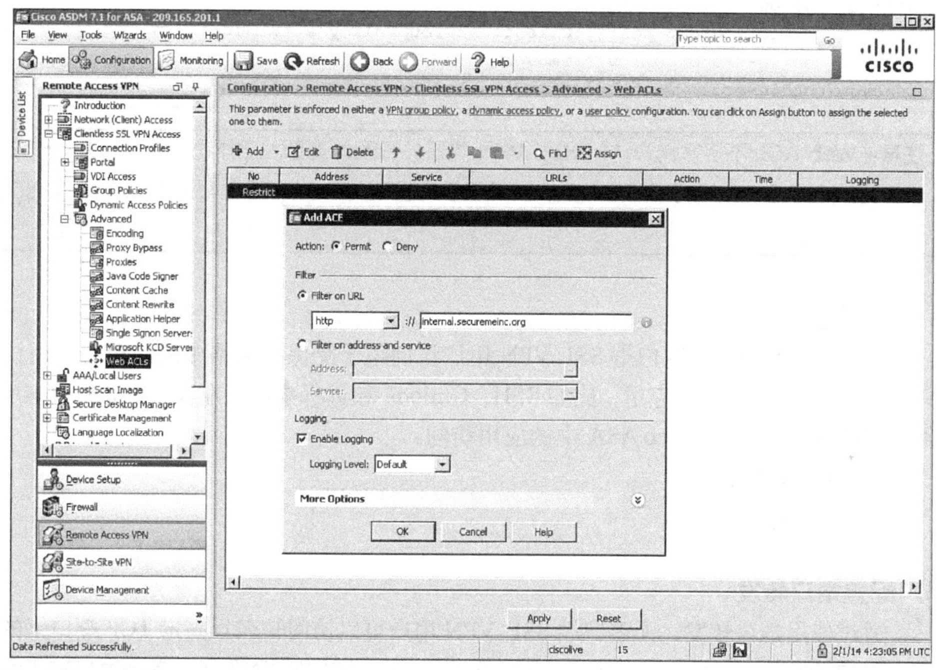

图 22-32 定义 Web 类型 ACL

> 注释：若管理员希望通过 Web 类型 ACL 过滤 VNC、SSH/Telnet 和 RDP 协议，则必须导入相应的插件。SSL VPN 插件将在本章稍后内容中介绍。

若管理员希望涵盖所有未精确匹配 ACL 的 URL，可以使用星号（*）作为通配符。比如说，阻塞 POP3 电子邮件访问并允许其他所有协议，可以执行以下行为：

1. 选择 Web 的 ACL 名称，选择 **Add > Add ACE**，在 Action 部分选择 **Deny**。点击 **Filter on URL**，将 POP3 作为协议类型，并将通配符 URL 条目设置为*。
2. 添加另一条 ACE，但这一次在 Action 部分点击 **Permit**，并在协议类型中选择 **any**。

若管理员希望放行或阻塞特定地址且特定端口的 TCP 流量，可以选择 **Filter on Address and Service** 选项。比如说，阻塞所有去往 192.168.0.0/16 的无客户端流量，就可以在 Action 部分选择 **Deny**，在 Address 部分指定 **192.168.0.0/16**，在 Service 部分下选择 **23**。完成后点击 **OK**。

> 提示：在定义 deny（拒绝）ACE 时，请确保配置了另一个 ACE 来放行其他所有无客户端 SSL VPN 流量，因为每个 ACL 的最后都有一个隐含拒绝条目。

配置 Web ACL 后，将其链接到默认用户组或用户策略。可以通过菜单 **Configuration > Remote Access VPN > Clientless SSL VPN Access > Group Policies** 并选择 **ClientlessGroupPolicy**，点击 **Edit > General > More Options** 进行配置，不勾选 Web ACL 的 **Inherit** 复选框，从 Web ACL 下拉菜单中选择 **Restrict**。

例 22-12 中配置了名为 Restrict 的 Web 类型 ACL，它放行 http://internal.securemeinc.org。这个 ACL 被应用到了 ClientlessGroupPolicy。

例 22-12　定义 Web 类型 ACL

```
Chicago(config)# access-list Restrict webtype permit url http://internal.
securemeinc.org
Chicago(config)# group-policy ClientlessGroupPolicy attributes
Chicago(config-group-policy)# webvpn
Chicago(config-group-webvpn)# filter value Restrict
```

> 注意：Web ACL 不阻塞用户访问 SSL VPN 隧道外资源的流量。比如说，用户打开 Web 浏览器中的另一个标签，去访问不同的站点，该流量没有发送到 ASA，因此配置在 ASA 上的安全策略并不能生效。

22.4.5 配置应用访问

Cisco ASA 允许无客户端 SSL VPN 用户访问位于受保护网络中的应用。应用访问特性只支持使用 TCP 端口的应用，比如 SSH、Outlook 和远程桌面。在 8.0 或更高版本中，可使用以下两种方法配置 Cisco ASA 中的应用访问：

- 端口转发；
- 智能隧道。

1. 配置端口转发

通过使用端口转发，无客户端 SSL VPN 用户可以访问知名且固定 TCP 端口上的相应资源，比如 Telnet、SSH、终端服务、SMTP 等。端口转发特性要求在终端用户的 PC 上安装 Oracle 的 JRE（Java 运行时间环境）并对应用进行配置。若用户使用公共计算机建立 SSL VPN 隧道，比如 Internet 信息亭或网吧，那么他们也许不能使用该特性，因为安装 JRE 需要拥有客户端计算机的管理员权限。

> 注释：只有 32 位操作系统可支持端口转发。

通过认证的用户可以在导航面板中选择 **Application Access**，并点击 **Start Applications** 按钮，来实施端口转发。下载实现端口转发的 Java 小程序并在用户的计算机上运行。小程序会开始监听本地配置的端口，当有去往那些端口的流量时，小程序将发送 HTTP POST 请求到端口转发 URL，比如 https://ASAIP-Address/tcp/remoteserver/remoteport。

> 注释：如需更改导航面板中的应用访问名称，可打开菜单 **Configuration > Remote Access VPN > Clientless SSL VPN Access > Group Policies** 选择 **ClientlessGroupPolicy**，点击 **Edit**，点击 **Portal**（见图 22-30），取消 Applet Name 下的 **Inherit** 复选框的对钩，输入管理员希望显示在导航面板中的自定义文本。

使用端口转发时，客户端计算机上的 HOSTS 文件被修改为使用其中一个环回接口地址来解析主机名。Cisco ASA 可用的地址范围是 127.0.0.2～127.0.0.254。这要求登录用户拥有管理员权限，这样才可以修改 HOSTS 文件。为了防止出现 HOSTS 文件无法修改的情况，主机还会监听 127.0.0.1 以及配置的本地端口。会话终结后，应用端口的映射将恢复为默认值。

注释：某些安全设备（如基于主机的 IPS 或防火墙）会检测 HOST 和其他文件的修改情况。这些设备可能会要求管理员确认这些修改。微软 Windows Mobile 不支持智能隧道、端口转发和插件。

按照下面两个步骤在安全设备上配置端口转发。

1. 定义端口转发列表。
2. 将端口转发列表映射到组策略。

步骤 1：定义端口转发列表

管理员必须定义一个服务器列表，指明希望无客户端 SSL VPN 用户访问的相应应用。可以通过菜单 **Configuration > Remote Access VPN > Clientless SSL VPN Access > Portal > Port Forwarding** 并点击 **Add** 定义端口转发列表。然后在 Add Port Forwarding List 对话框中为新的端口转发列表指定一个名称。这个列表名称只具有本地意义，并最终用于将端口转发属性映射到组策略，这将在步骤 2 中进行介绍。为定义隧道转发所传输的特定应用，可以点击 **Add** 并在 Add Port Forwarding Entry 对话框定义下列属性。

- Local TCP Port（**本地 TCP 端口**）：应使用 1024～65535 之间的本地端口，以避免与现有网络服务冲突。
- Remote Server（**远程服务器**）：输入提供服务的服务器 IP 地址。
- Remote TCP Port（**远程 TCP 端口**）：应用的端口号，比如 SSH 服务的端口号是 22。
- Description（**描述**）：用来识别该列表的描述信息。

图 22-33 中添加了名为 SSHServer 的端口转发列表。列表中包含位于 192.168.10.102 的服务器，并监听端口 22。管理员已为该连接配置使用本地端口 1100，并添加描述“Access to Internal Terminal/SSH Server”。

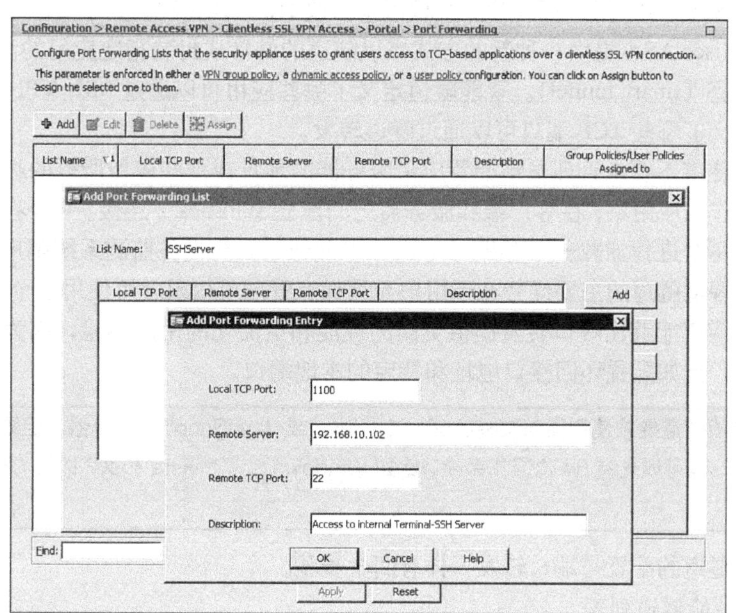

图 22-33 定义端口转发列表

步骤 2：将端口转发列表映射到组策略

接着将步骤 1 中定义的端口转发列表映射到一个用户或组策略。打开菜单 **Configuration > Remote Access VPN > Clientless SSL VPN Access > Group Policies > ClientlessGroupPolicy** 点击 **Edit**，点击 **Portal**，从 Port Forwarding List 下拉菜单中选择列表。除此之外，勾选 **Auto Applet Download** 复选框，当无客户端 SSL VPN 用户与安全设备建立连接后，马上自动安装并运行小程序。如前面的图 22-30 所示，管理员选择了名为 SSHServer 的端口转发列表。

例 22-13 定义了名为 SSHServer 的端口转发列表，用来以隧道的形式封装去往 SSH 服务器（位于 192.168.10.102），并且终结于主机环回接口 1100 端口上的流量。该端口转发列表被应用到 ClientlessGroupPolicy。

例 22-13 使用 CLI 定义端口转发列表

```
Chicago(config)# webvpn
Chicago(config-webvpn)# port-forward SSHServer 1100 192.168.10.102 22 Access to
internal Terminal/SSH Server
Chicago(config-webvpn)# group-policy ClientlessGroupPolicy attributes
Chicago(config-group-policy)# webvpn
Chicago(config-group-webvpn)# port-forward auto-start SSHServer
```

客户端加载小程序后，用户打开 SSH 客户端（比如 putty.exe），与服务器建立连接。这时用户必须将环回接口的 IP 地址 127.0.0.1 作为服务器地址，并将端口 1100 作为目的地端口。通过 SSL VPN 隧道重定向的连接将去往服务器 192.168.10.102 上的端口 22。

2. 配置智能隧道

如前所述，端口转发能够对使用静态 TCP 端口的应用提供访问连接。它会修改主机上的 HOSTS 文件，使流量能够被重定向到转发器，从而在 SSL VPN 隧道中封装流量。除此之外，使用端口转发，Cisco ASA 管理员需要知道 SSL VPN 用户将要连接的地址和端口，并且要求 SSL VPN 用户拥有管理员权限来修改 HOSTS 文件。为了克服端口转发带来的种种限制，Cisco ASA 提供一种新的方式来以隧道的的形式封装指定应用的流量，这种方式称为智能隧道（smart tunnel）。智能隧道定义了哪些应用可以通过 SSL VPN 隧道转发，而端口转发定义了哪些 TCP 端口可以通过隧道转发。

智能隧道不要求管理员预配置应用服务器的地址或那些应用所需的端口。事实上，智能隧道工作在应用层，在客户端和服务器之间建立 Winsock 2 连接。它会在需要隧道转发的应用中为每个进程加载一个存根（stub），以便通过安全设备监测系统调用。因此相比较端口转发，智能隧道的主要优势在于用户无须拥有管理员权限就可使用这个特性。

智能隧道能够比端口转发提供更高的性能和更简化的用户体验，因为用户无须配置他们的应用，比如配置环回接口地址和特定的本地端口。

> 注释：智能隧道要求使用能够支持 ActiveX、Java 或 JavaScript 的浏览器。但既可以支持 32 位操作系统，也可以支持 64 位操作系统，比如 Windows 8、7、Vista 和 XP 以及 OS X 10.6 到 10.8 等系统。

智能隧道的配置与端口转发一样有两个步骤。

1. 定义智能隧道列表。
2. 将智能隧道列表映射到组策略。

步骤 1：定义智能隧道列表

管理员必须定义一个应用列表，指明希望无客户端 SSL VPN 用户访问的应用。可以通过菜单 **Configuration > Remote Access VPN > Clientless SSL VPN Access > Portal > Smart Tunnels** 并点击 **Add** 来定义智能隧道列表。在 Add Smart Tunnel List 对话框中为新的智能隧道列表指定一个名称。这个列表名称只具有本地意义，并最终用于将智能隧道属性映射到组策略，这将在步骤 2 中进行介绍。为定义隧道转发所传输的特定应用，可以点击 **Add** 并在 Add Smart Tunnel Entry 对话框中定义下列属性。

- Application ID（应用 ID）：指定将要通过隧道传输的应用名称或 ID。应用 ID 只具有本地意义。
- OS：选择打开该应用的主机所运行的操作系统。
- Process Name（进程名称）：输入通过隧道传输的进程名称。比如希望通过 PuTTY 以隧道的方式传输 SSH 流量，就将进程名称指定为 putty.exe。
- Hash（哈希）（可选）：哈希仅用于提供附加安全性，这时用户不能更改文件名称，也不能通过隧道访问其他资源。

图 22-34 中定义了名为 SSHServer 的智能隧道列表。应用 ID 是 putty，进程名称是 putty.exe。

> 注释：进程名称应包含在系统路径中。若系统路径中没有应用，智能隧道将不能为其转发流量。在这种情况下，要在 Process Name 字段定义完整的应用路径。

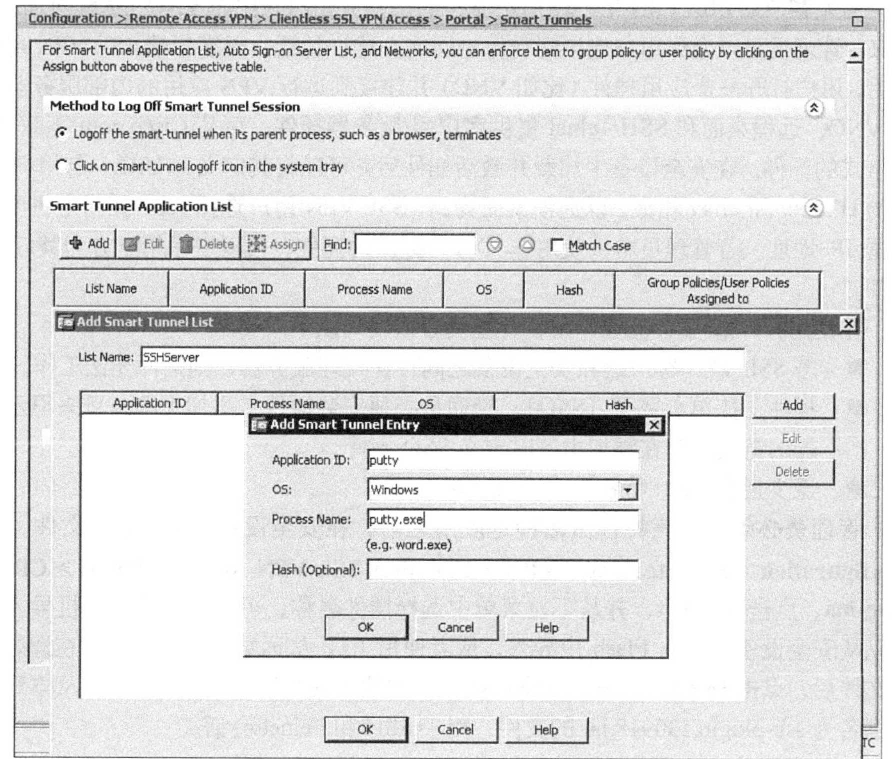

图 22-34　定义智能隧道列表

步骤 2：将智能隧道列表映射到组策略

接着将步骤 1 中定义的智能隧道列表映射到一个用户或组策略。打开菜单 **Configuration >**

Remote Access VPN > Clientless SSL VPN Access > Group Policies > ClientlessGroupPolicy，点击 **Edit**，点击 **Portal**，不勾选 Smart Tunnel List 前的复选框 **Inherit**，从下拉菜单中选择 **SSHServer** 列表，详见图 22-30。除此之外，如果勾选 **Auto Start** 选项，当无客户端 SSL VPN 用户与安全设备建立连接后，马上自动安装并运行小程序。

例 22-14 中定义了名为 SSHServer 的智能隧道列表，用来以隧道的形式封装 putty.exe 应用的流量。该端口转发列表被应用到 ClientlessGroupPolicy。

例 22-14 使用 CLI 定义智能隧道

```
Chicago(config)# webvpn
Chicago(config-webvpn)# smart-tunnel list SSHServer Putty putty.exe platform windows
Chicago(config-webvpn)# group-policy ClientlessGroupPolicy attributes
Chicago(config-group-policy)# webvpn
Chicago(config-group-webvpn)# smart-tunnel auto-start SSHServer
```

客户端加载小程序后，用户打开 SSH 客户端（比如 putty.exe），就可以与任意提供 SSH 服务的服务器建立连接。

> 注释：智能隧道和端口转发会话不可使用故障切换特性。当发生故障时，用户必须开启一个新的 SSL VPN 会话。

22.4.6 配置客户端/服务器插件

当无客户端 SSL VPN 用户使用可支持的已知应用时，比如 VNC、远程桌面、Telnet 和 SSH，管理员可以允许用户连接到受保护网络。这样的话，无客户端 SSL VPN 用户通过认证后，用户打开一个应用插件（比如 VNC）并连接到运行 VPN 应用的内部服务器上。Cisco 为 VNC、远程桌面和 SSH/Telnet 提供客户端/服务器插件。可从 Cisco.com 下载这些.jar 文件格式的插件。在安全设备中加载并激活插件后，可以将其定义为 URL，与用户 Web 门户下的 HTTP://和 cifs://相似。以远程桌面为例，SSL VPN 用户选择 rdp://并指定将要连接的服务器 IP 地址。若管理员希望使用非 Cisco 提供的插件，可以联系第三方为其应用开发.jar 文件。

在使用客户端/服务器插件前，管理员必须明确以下限制。

- 若 SSL VPN 客户端和安全设备之间存在代理服务器，则插件无法工作。
- 插件支持单点登录（SSO）。管理员必须安装插件，添加书签条目来显示去往服务器的链接，并在添加书签时定义 SSO 支持。
- 至少拥有 guest 特权模式才可使用插件。

管理员必须在为该特性激活特定应用之前，在安全设备上导入.jar 文件。打开菜单 **Configuration > Remote Access VPN > Clientless SSL VPN Access > Portal > Client-Server Plug-ins**，点击 **Import**，并从下拉菜单中选择插件名称。可以从本地计算机导入插件，也可以从安全设备的本地 Flash 中导入，或者使用 FTP 从远端服务器导入。在选好希望导入的文件后，点击 **Import Now**。这将会将文件加载到安全设备中。图 22-35 从本地工作站加载了名为 ssh-plugin.130918.jar 的文件，用于 SSH 和 Telnet 会话。

加载插件后，通过认证的无客户端 SSL VPN 用户可以从 Address 下拉菜单中选择适当的协议。

> 注释：在当前的实施过程中，管理员必须使用 ASDM 来定义书签。

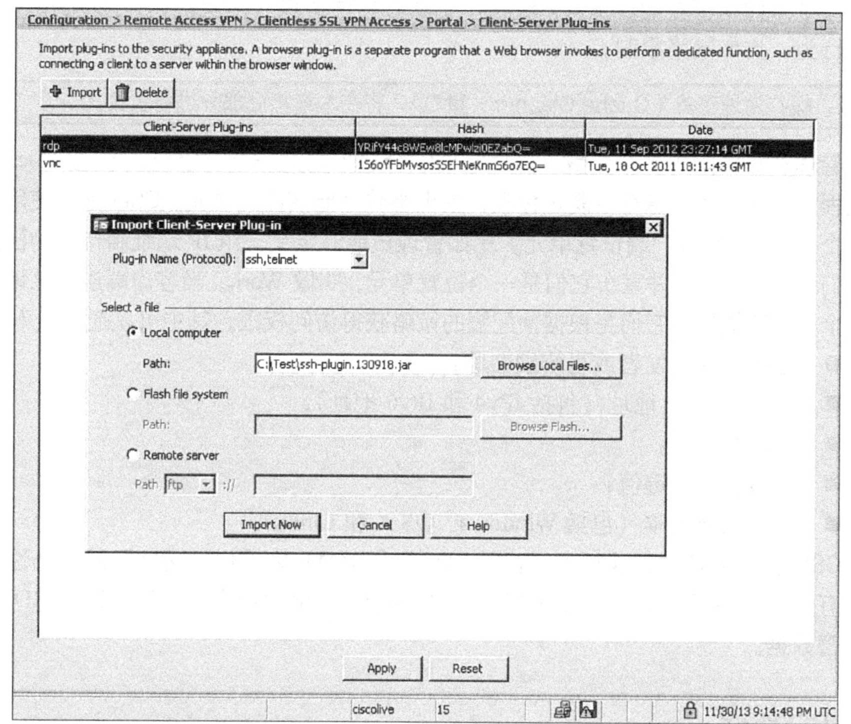

图 22-35 导入客户端/服务器插件

22.5 Cisco 安全桌面

检验客户端工作站上的安全参数后，Cisco 安全桌面（CSD）可为远程用户提供一个安全桌面环境。CSD 的目的在于减小由远程工作站带来的安全风险。CSD 从那些工作站收集必需的信息，如果接收到的信息与预配置的标准相匹配，安全设备就可以创建安全环境，并且还可以在用户会话上应用特定策略和限制（可选）。这时候希望访问公司资源的用户（使用酒店的工作站，甚至从网吧进行连接）就可以建立一个安全的“房间（vault）”，从而通过无客户端隧道或者 AnyConnect 客户端访问公司资源。当用户使用完公共工作站之后，可以摧毁这个“房间”，确保其他用户无法通过它访问数据。当摧毁安全“房间”时，CSD 会删除 cookie、临时文件、浏览器历史，甚至所有下载文件。

> 注释：CSD 中不再使用安全桌面（Secure Desktop）、缓存清理工具（Cache Cleaner）、键盘记录检测（Keystroke Logger Detection）和主机模拟检测（Host Emulation Detection）。我们在这里对这些特性进行简要介绍是为了帮助那些仍然运行目前可以支持这些特性的平台的读者。此外，本节会为这一章后面的主机扫描一节打下基础。

CSD 设计的初衷是帮助系统管理员为远程用户强制实施安全策略。当用户试图连接 SSL VPN 网关时，客户端工作站将会下载并安装一个客户端组件。这个客户端组件将扫描计算机并收集如下信息：操作系统、安装的服务包、反病毒版本和安装的个人防火墙。这些信息将被发送到安全设备，并在那里与预配置的标准进行比较。若用户计算机符合既定标准，则用户能够获得相应的权限来访问内部资源。若用户不符合既定标准，则获得有限的权限或被禁止访问。比如管理员也许会要求所有远程计算机必须在 Windows 7 上安装了 Service Pack 1。若远程计算机符合这个条件，那么它们与配置文件相匹配，继而允许它们打开安全桌面或缓存清理工具。若使用了动态访问协议（DAP），则可以为用户会话实施适当的行为，比如网络限制。

> 注释：缓存清理工具（Cache Cleaner）和 DAP 将在本章稍后部分进行讨论。

管理员可以配置多个参数，并将它们组合起来定义一个特定位置单元（location）。当扫描远程主机所得的信息符合既定标准，主机将被分配该位置单元。CSD 支持使用 5 个属性定义一个 SSL VPN 客户端位置单元。比如管理员能够定义一组 IP 地址和特定的注册表键值，将它们组合在一起，并宣布它们是一个位置单元，叫做 Work。当客户端连接该地址范围并拥有那个注册表键值，它们将根据预配置的策略获得访问权限。其中可以配置以下属性：

- 证书中的颁发者或可辨别名称；
- 客户端的 IP 地址（包括 IPv4 和 IPv6 地址）；
- 拥有某文件；
- 拥有注册表键值；
- 操作系统版本（包括 Windows、OS X 和 Linux）。

CSD 使用公认的工业标准（比如 3DES 或 RC4）来确保“房间”的安全性。若登录用户拥有管理员特权，CSD 将使用 3DES 加密算法；若用户拥有低级别权限，CSD 将使用 RC4 来加密数据。

22.5.1 CSD 组件

CSD 由三个组建构成：安全桌面管理器（Secure Desktop Manager）、安全桌面（Secure Desktop）和 Cache Cleaner（缓存清理工具）。我们在前面介绍过，CSD 中不再使用安全桌面（Secure Desktop）、缓存清理工具（Cache Cleaner）、键盘记录检测（Keystroke Logger Detection）和主机模拟检测（Host Emulation Detection）。

1. 安全桌面管理器

安全桌面管理器（Secure Desktop Manager）是一个基于 GUI 的应用，它允许管理员为远程用户定义策略和位置单元。目前它支持两个模块：安全桌面和缓存清除器。安全桌面管理器只能在 ASDM 中配置 CSD 属性，并不能通过 CLI 进行配置。

2. 安全桌面

安全桌面（Secure Desktop）也称为安全会话（Secure Session），它能够在客户端计算机中创建一个加密的“房间”，允许用户安全地访问本地资源，甚至能够建立 SSL VPN 会话。在这个“房间”中创建的文件是加密的，并且该安全桌面以外的应用不能访问这些文件。“房间”是能够被配置的，因此当用户断开一个会话后，可将“房间”摧毁。

通过使用安全桌面，用户经过系统信息检测后（比如检测操作系统和服务包），可获得相应的权限访问企业网络。安全桌面还可以在授予访问权限之前，检测客户端工作站中是否存在键盘记录器应用。系统监测对于终端用户来说是透明的，因为 CSD 收集这些信息而无须用户的介入。

3. 缓存清理工具

缓存清理工具（Cache Cleaner）可在 SSL VPN 会话结束后，安全地删除本地浏览器数据，比如 Web 页面、历史信息和用户认证缓存。Windows、Linux 和 MAC OS X 和 OS X 操作系统都支持缓存清理工具。

在客户端计算机上打开缓存清理工具时，它将关闭现存的所有浏览器窗口并开始运行缓存管理工具进程。它会监测浏览器数据，当用户退出 SSL VPN 会话后，它将关闭浏览器并清除与 SSL VPN 会话相关的缓存。

注释：在终端用户系统上建立 CSD 后，缓存清理工具和安全桌面并不能保护计算机不受已下载附件的威胁。因此它们并不能确保整个系统的安全。

缓存清理工具仅对每个 SSL VPN 会话监测一个浏览器应用。若最初的会话是通过 Internet Explorer（IE）建立的，那么用户会话终结后，它将只清除与 IE 相关的浏览器数据。若用户在缓存清理工具启动后打开火狐浏览器，则用户会话终结后，火狐浏览器的数据不会被清除。

22.5.2 CSD 需求

在生产环境中部署 CSD 之前请分析当前系统和网络基础设施，以确保它们达到 CSD 所支持操作系统和 Internet 浏览器的最低版本。

1. 支持的操作系统

本书创作期间，只有 32 位的 Windows 平台可以支持安全桌面，包括：

- Windows 7；
- Windows Vista Service Pack1 和 2；
- Windows XP，Service Pack 2 和 3。

使用 Windows 7、Vista 和 XP 的 64 位用户、OS X 的 32 位和 64 位用户，以及基于 Linux（32 位和 64 位）操作系统的用户可以使用缓存清理工具。也可以在 Windows Vista、XP 和 2000 操作系统上使用缓存清理工具。如果希望它运行在（没有安装 SP 的）Windows Vista 系统上，需要安装 Microsoft KB935855 补丁。

在 CSD 3.6.6249 中，Mac OS X 10.8 以及 32 位的 Linux 均被列为可以支持扫描和登录前评估的系统。

2. 用户权限

在客户端设备中安装 CSD 不要求用户一定是系统管理员。可以通过以下任意一种方法，将 CSD 安装在主机设备中。

- **ActiveX**：要求管理员权限。
- **微软 Java VM**：要求高级用户权限。
- **San Java VM**：不要求高级用户或管理员权限。
- **可执行文件**：要求用户拥有使用可执行文件的权限。

3. 支持的 Internet 浏览器

可以使用下列浏览器管理、使用、配置和执行当前的 CSD 版本。本书创作期间，CSD 的版本号为 3.6.6249。

- Internet Explorer 6.0 及后续版本；
- OS X 系统上的 Safari 3.2.1；
- Mozilla 火狐 3.0.x。

4. Internet 浏览器设置

在通过 ActiveX、Java 或二进制可执行文件安装 CSD 之前，管理员必须在 Internet 浏览器中配置适当的安全设置。比如在 Internet Explorer 中使用表 22-8 中的配置指南。可以在**工具(T) > Internet 选项 > 安全> Internet > 自定义级别(C)...**中配置这些设置。

表 22-8　Internet 浏览器设置

属性	设置
ActiveX 控件和插件 > 下载已签名的 ActiveX 控件	启用
ActiveX 控件和插件> 运行 ActiveX 控件和插件	启用
下载 > 文件下载	启用
脚本 > 活动脚本	启用
脚本 > Java 小程序脚本	启用
Microsoft VM > Java 许可	高、中、低安全级别

22.5.3 CSD 技术架构

CSD 不仅能够检查客户端计算机上的特定属性，以确保其符合企业安全策略；CSD 还可以为认证用户提供一个加密的“房间”，来增强数据的安全性。当用户希望建立 SSL VPN 会话并且启用了 CSD 时，客户端和网关将进行以下步骤，详见图 22-36。

1. 用户在他/她的浏览器中输入网关 IP 地址，以请求 SSL VPN 登录页面。
2. 由于还没有建立安全桌面会话，用户会话被重定向到另一个 Web 页面（/start.html）。网关尝试使用 ActiveX、Java 或可执行模式，在用户的工作站中安装安全桌面客户端组件。
3. 安装客户端组件后，安全桌面将扫描系统并从客户端工作站中收集必要信息，并将这些数据发送给网关。
4. 收集到的信息与安全桌面管理器中定义的策略相匹配，策略储存在 data.xml 中。
5. 在客户端计算机中写入安全桌面 cookie，在硬盘中创建安全“房间”。Web 会话被重定向到 SSL VPN 用户登录页面。
6. 用户提交认证证书，若认证成功，则建立无客户端 SSL VPN 会话（或 AnyConnect 客户端）。

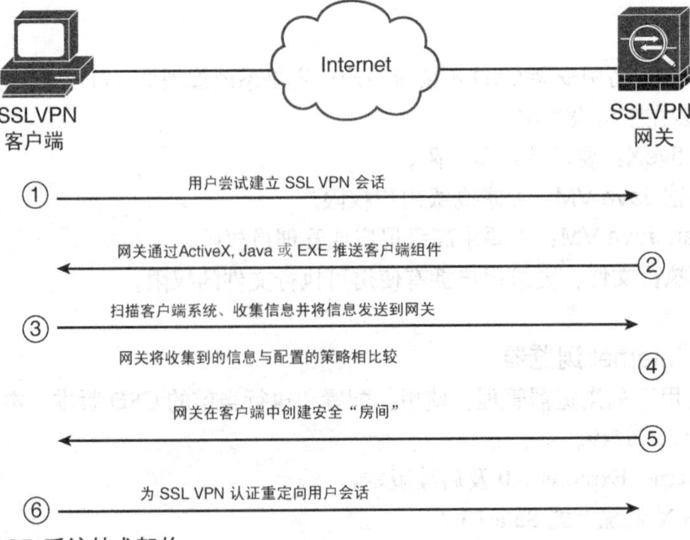

图 22-36　CSD 系统技术架构

data.xml 文件包含 CSD 相关的配置信息，其中包括：

- 位置单元信息；
- SSL VPN 特性的标准。

22.5.4 配置 CSD

CSD 的配置分为两个步骤。

1. 加载 CSD 程序包。
2. 定义预登录序列。

1. 步骤 1：加载 CSD 程序包

管理员必须在安全设备的本地 Flash 中加载 CSD 程序包。如果不确定安全设备中是否安装了 CSD，可以从 **Tools > File Management** 菜单中查看本地 Flash 中的内容。如果在这里没有看到 csd.x.x.xxx.pkg 文件，请从管理主机的本地 Flash 向安全设备的 Flash 中加载文件。加载 CSD 文件后，打开菜单 **Configuration > Remote Access VPN > Secure Desktop Manager > Setup**，点击 **Browse Flash** 选择 CSD 文件。图 22-37 从 flash 中选择了 3.6.6249-k9.pkg 文件。选中文件后，选择 **Enable Secure Desktop** 选项。

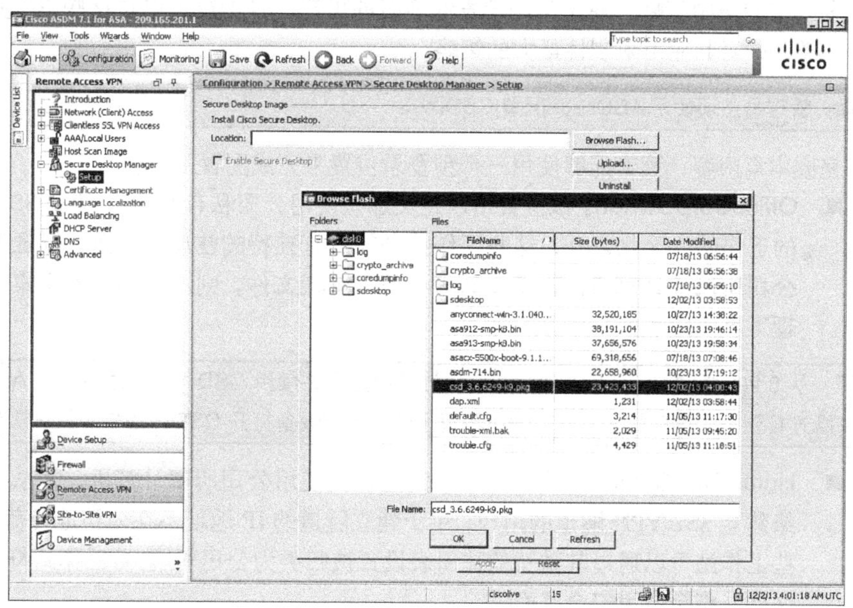

图 22-37 安装 CSD 程序包

例 22-15 中，管理员从本地 Flash 加载了名为 csd_3.6.6249 的 CSD 映像，同时在安全设备中全局启用 CSD。

例 22-15 加载 CSD

```
Chicago(config)# webvpn
Chicago(config-webvpn)# csd image disk0:/csd_3.6.6249.pkg
Chicago(config-webvpn)# csd enable
```

注释：从 8.2(1)版本开始，安全设备允许管理员自定义显示给远程用户的安全桌面窗口。这种自定义包括改变安全桌面的背景、文本颜色、缓存清理工具和键盘记录器等选项。

2. 步骤2：定义预登录序列

可通过菜单 **Configuration > Remote Access VPN > Secure Desktop Manager > Prelogin Policy** 配置CSD参数。管理员可以定义一个预登录序列（将在下一个小节中进行介绍），CSD使用这个序列来识别主机，并将其匹配到适当的配置文件。若客户端计算机与一个特定配置文件相匹配，CSD既可以创建安全桌面，也可以开启缓存清理工具：

- 定义预登录策略；
- 分配CSD策略；
- 识别键盘记录器及主机模拟；
- 定义安全桌面设置。

定义预登录策略

在可支持的Windows、OS X和Linux操作系统中，管理员可以定义客户端计算机有可能发起连接的位置。比如用户有可能从办公网络、家庭办公网络和网吧发起连接，管理员可以为每个连接定义一个位置，并授予用户适当的访问权限。对于从办公网络发起连接的用户，管理员可以将这些主机归到相当安全的一类，并提供一个比较宽松的访问环境。对于从家庭办公网络发起连接的用户，管理员可以将这些主机归到比较安全的一类，并对其应用多一些的限制策略。对于从网吧发起连接的用户，管理员可以将这些主机归到最不安全的一类，并对其应用限制性最大的策略。

> 注释：管理员必须使用ASDM来配置CSD。

完成本章内容，读者能够使用三个预登录位置来完成配置工作。

- OfficeCorpOwned：该位置用户定义那些使用公司私有IP地址建立SSL VPN隧道的工作站。除此之外，这些工作站必须拥有独特的注册表设置，以证明这是一台公司所属的计算机。若工作站符合这个配置文件，则不会启用安全桌面和缓存清理工具。

> 注释：从8.2(1)版本开始，管理员可以针对连接配置文件禁用CSD。若管理员允许AnyConnect客户端连接到一个连接配置文件，却不希望为这些公司设备打开CSD，该特性将非常有用。

- HomeCorpOwned：该位置用于定义那些使用公司所属计算机，并从家庭办公网络建立SSL VPN隧道的用户，用于建立隧道的IP地址不在公司地址范围之内。这些工作站可以通过其独特的注册表设置被归类为公司所属。若工作站符合这个配置文件，将会启用安全桌面。
- InternetCafe：该位置用户定义那些不符合前述所有配置文件的计算机。这时将启用缓存清理工具。

可以通过菜单 **Configuration > Remote Access VPN > Secure Desktop Manager > Prelogin Policy** 定义这些配置文件，管理员可以通过配置工作站符合多个标准，来定义预登录位置。CSD支持以下5种方式对主机进行识别。

- **证书**：如果客户端设备是一台专用的计算机，管理员可以使用对象和颁发者名称来匹配指定的配置文件。对象和颁发者名称包含一系列子文件，比如通用名称（CN）、组织机构（O）、部门（OU）和国家（C）。管理员可以使用对象中的一个子文件和颁发者名称来识别计算机，并以此与特定配置文件相匹配。注册表检查只可应用在Windows操作系统上。

注释：为了基于证书识别计算机，可以各个指定子字段的值。比如基于部门（OU）识别计算机，只需为 OU 指定一个值，但不要将“OU”放在名称中。

- **IP 地址范围**：若管理员知道客户端计算机的 IP 地址空间，可以使用这个特性来识别计算机，并以此与配置文件相匹配。管理员可以定义一个或多个地址空间来识别计算计。

注释：若客户端计算机拥有多个 IP 地址，CSD 将使用第一个识别到的 IP 地址与配置文件相匹配。

- **配置文件设置**：管理员可以使用配置文件的位置信息来识别计算机。它有助于管理员通过识别特定文件，查看客户端计算机是否为公司所有。
- **注册表设置**：管理员可以使用注册表键值来识别计算机。该特性有助于管理员通过识别特定注册表位置信息，查看客户端计算机是否为公司所有。注册表检查只可应用在 Windows 操作系统上。
- **操作系统版本**：主机评估可提供远端工作站运行的操作系统版本。操作系统检查适用于 Windows 9x、2000、XP、Vista、7 和 8、OS X 和 Linux。安全桌面仅适用于 Windows Vista、XP 和 7 操作系统。缓存清理工具适用于其他所有操作系统，包括 Windows。

注释：若管理员定义了多个注册表键值位置信息或配置文件位置信息，CSD 将应用“或”逻辑运算。比如管理员定义了注册表键值的位置，还定义了一个配置文件的位置，被识别主机中必须只拥有其中一个位置信息。

可通过菜单 **Configuration > Remote Access VPN > Secure Desktop Manager > Prelogin Policy** 配置预登录位置。点击（+）图标，从下拉菜单中选择适当的检查方式。图 22-38 完成了注册表检查。若存在 **HKEY_LOCAL_MACHINE\SOFTWARE\McAfee\VirusScan**，CSD 将继续运行并执行其他检查。若工作站没有这个注册表键值，它将被归类为“InternetCafe”。

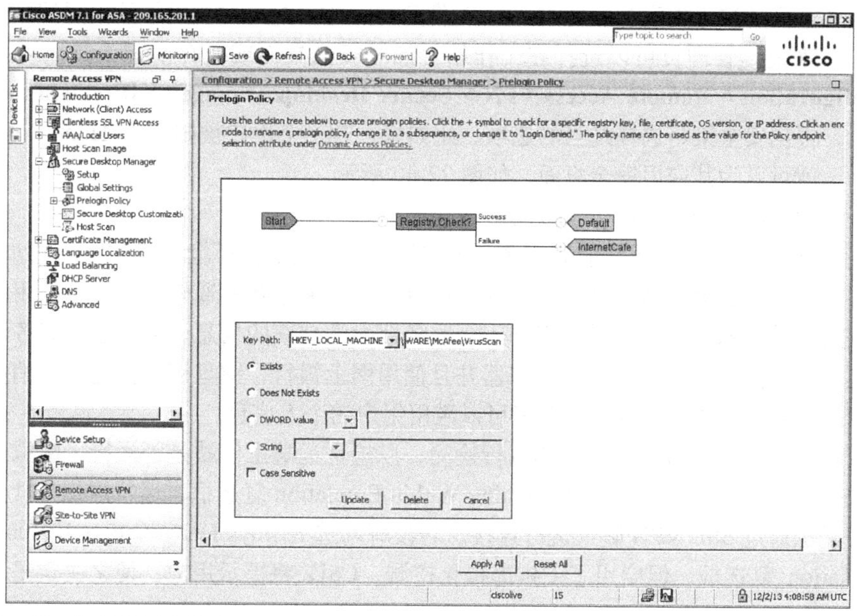

图 22-38 定义注册表检查

拥有这个注册表设置的工作站将接受其他检查方式的进一步评估。图 22-39 中的工作站接受 IP 地址检查。若它们位于 192.168.1.0/24 子网，则被归类为“OfficeCorpOwned”工作站。若它们不是位于该子网，则被归类为“HomeCorpOwned”工作站。

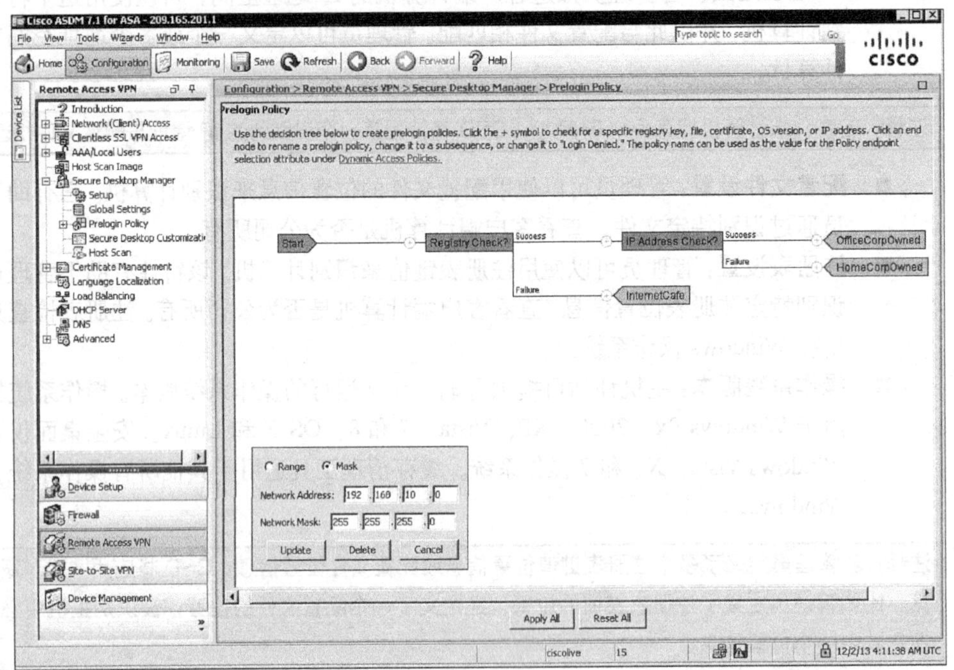

图 22-39 定义 IP 地址范围检查

> 注释：如果想要在系统中定位某个文件并且确保文件的完整性，可以查找这个文件的校验和。为了帮助人们计算出文件的正确校验和，CSD 提供了 crc32.exe 这个应用。

分配 CSD 策略

计算机尝试连接安全设备时，CSD 将其与一个预配置的位置单元相匹配。对于每个位置单元来说，管理员可以选择在工作站上加载安全桌面或缓存清理工具。可以通过菜单 **Configuration > Remote Access VPN > Secure Desktop Manager > [Prelogin location]**进行配置，根据安全策略选择适当的选项。比如说，若一个用户被归类为 HomeCorpOwned 工作站，就可以为其启用安全桌面，如图 22-40 所示。

识别键盘记录器和主机模拟器

强健的 CSD 实施属性能够在允许用户计算机建立安全环境之前，在工作站中检测基于软件的键盘记录器并执行适当的行为。键盘记录器通常在不通知计算机合法用户的情况下捕获用户输入的字符，接着它们向一台服务器发送捕获的信息，通常这台服务器属于黑客所有。若计算机上按装有键盘记录器并且使用网上银行，键盘记录器能够悄悄捕获用户身份信息并将其发送给黑客，黑客将可以滥用用户的个人信息。

管理员还可以对主机模拟器进行检测，以检查远端工作站是否运行了虚拟化软件。若勾选了 Always Deny Access If Running Within Emulation 复选框，运行虚拟化软件远端工作站将无法通过 SSL VPN 隧道进行连接。若没有勾选 Always Deny Access If Running Within Emulation 复选框，但启用了主机虚拟化检测，CSD 将提示用户，使之决定是否希望继续 SSL VPN 会话。

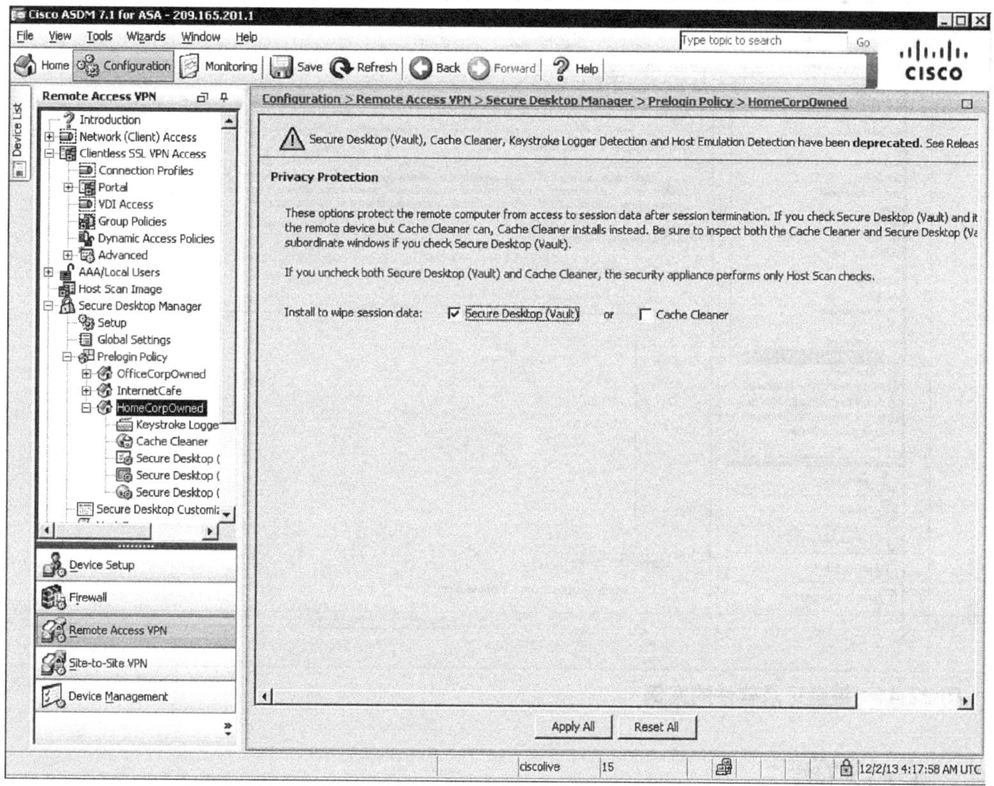

图 22-40 分配 CSD 策略

注释：只有当用户拥有其工作站的管理员权限时，才进行键盘记录器检测。

为了阻止装有键盘记录器的计算机建立 SSL VPN 隧道，可在位置单元名称下选择 **Keystroke Logger & Safety Checks**，并启用 **Check for Keystroke Loggers** 选项。启用了该选项，系统将在工作站上扫描并检测键盘记录软件。若检测到键盘记录器，系统将提示用户识别该应用是否安全。然而，若管理员不信任用户的辨别力，可以勾选 **Force Admin Control on List of Safe Modules**，并在 List of Safe Modules 中手动识别键盘记录器是否安全。有些应用（比如 Corel PaintShop Pro）通常会捕获键盘输入，以便用户更简单地修改数据。在这种情况中，管理员可将 PaintShop 识别为安全应用。

CSD 允许管理员定义一个键盘记录软件列表。点击 **Add** 并输入软件的路径。添加应用后，它将出现在 List of Safe Modules 中。管理员可以根据需要定义多个键盘记录器软件。

注释：若勾选了 Force Admin Control on List of Safe Modules 选项，定义了 List of Safe Modules 中的内容，然后禁用 Force Admin Control on List of Safe Modules 选项，CSD 仍然会保留安全模块列表中的内容。这样做只会取消管理员定义的数值。

如图 22-41 所示，管理员启用了 Check for Keystroke Loggers 和 Check for Host Emulation 选项。

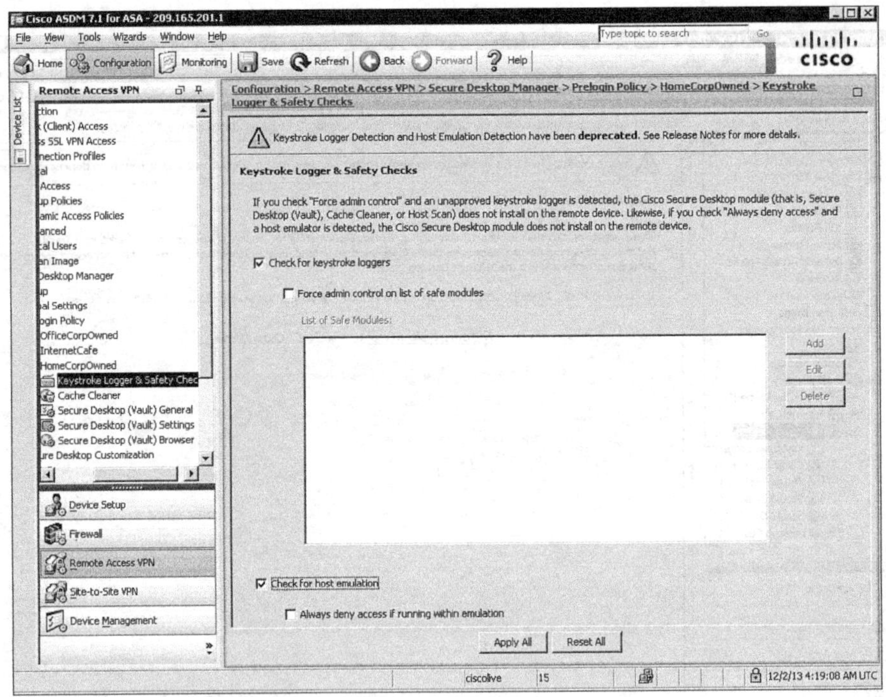

图 22-41 键盘记录软件的案例

22.6 主机扫描

主机扫描（Host Scan）是 CSD 和 AnyConnect VPN 客户端中的一个模块组件。它在用户通过 SSL VPN 隧道登录到安全设备之前安装在终端主机中。主机扫描能够收集重要的端点属性，并将信息发送到其他进程以执行适当行为，比如发送到 DAP。主机扫描能够扫描终端主机，并根据管理员需要收集信息，比如注册表项、文件名称和进程名称。若使用高级端点评估版本，主机扫描功能可得到大大增强，它将能够收集更多信息，比如反病毒和反间谍软件应用、防火墙、操作系统和相关的更新信息。

以下平台可支持主机扫描：

- Microsoft Windows 7 和 8（32 位及 64 位）；
- 打上 Service Pack 1 和 2 补丁的 Microsoft Windows Vista（32 位及 64 位）；
- 打上 Service Pack 2 和 3 补丁的 Microsoft Windows XP（32 位）SP2 和 SP3，及打上 Service Pack 2 的 Microsoft Windows XP（64 位）；
- 打上 Service Pack 4 的 Microsoft Windows 2000；
- OS X 10.4 到 10.8（32 位及 64 位）；
- Linux（32 位）Redhat Enterprise 3 到 5、Fedora Core 4 及其后续版本。

> 注释：CSD 从主机扫描中被分离了出来，这是为了对主机扫描进行更加频繁的升级换代。但是，64 位版本的 Internet Explorer 不支持主机扫描。

22.6.1 主机扫描模块

目前主机扫描支持三个模块：

- 基本主机扫描；

- 端点评估；
- 高级端点评估。

> 注意：AnyConnect Secure Mobility Client 需要主机扫描的版本和它相同，或者比它版本更高。否则，预评估校验就会失败。

1. 基本主机扫描

基本主机扫描（Basic Host Scan）可用来识别远端计算机中的下列信息：

- 操作系统及其相应服务包；
- 特定程序名称和活动监听端口（仅用于 Windows 操作系统）；
- 特定文件名称（仅用于 Windows 操作系统）；
- 特定 Microsoft KB 编号（仅用于 Windows 操作系统）；
- 注册表键值（仅用于 Windows 操作系统）。

管理员可以通过基本主机扫描获得的信息，比如操作系统、注册表、文件或者甚至活动的运行程序，来判断远端工作站是否符合特定的用户策略。基本主机扫描在计算机上运行时，它将向安全设备发送操作系统、服务包信息以及管理员配置的其他检查信息。

2. 端点评估

端点评估（Endpoint Assessment）扫描远端计算机并收集大量信息，其中包括防火墙、反病毒和反间谍软件，及其相关联的特征和版本升级。接着收集到的信息被转发到安全设备，使 DAP 可以强制执行特定的行为。管理员无须购买特殊的授权，就可以配置安全设备检测当前的个人防火墙、反病毒软件和反间谍软件应用。

3. 高级端点评估

高级端点评估（Advanced Endpoint Assessment）是需要购买授权的特性，它可以升级不符合策略的计算机，使其满足企业安全策略的要求。比如远程用户希望登录安全设备，它运行的反病毒软件版本比定义的版本旧，高级端点评估特性可以尝试升级远端工作站中的软件版本。高级端点评估与前文介绍的基本主机扫描和端点评估相互独立。

高级端点评估的优势是能够强制执行以下行为。

- 当反病毒或反间谍应用被禁用或处于停止状态时将其打开。
- 当反病毒或反间谍应用多天（可自定义）未更新时，更新其特征定义文件。
- 在可支持的个人防火墙上应用一些列规则。

22.6.2 配置主机扫描

在安全设备上配置主机扫描有三种方式。

- 上传 hostscan-version.pkg file 这个文件。
- 上传 AnyConnect Secure Mobility 打包文件：anyconnect-win-version-k9.pkg。
- 上传 Cisco Secure Desktop 打包文件：csd_version-k9.pkg。

如果系统中安装了 CSD，那么配置主机扫描需要找到 **Configuration > Remote Access VPN > Secure Desktop Manager > Host Scan** 进行配置。如果没有使用 CSD，那就必须首先在系统 Flash 中载入主机扫描（Host Scan）打包文件或带有主机扫描模块的 AnyConnect。然后选择 **Configuration > Remote Access VPN > Host Scan Image**，并点击 **Browse Flash** 来

寻找带有主机扫描功能的打包文件。在图 22-42 中，管理员在 Flash 中指定了 AnyConnect（名称是 anyconnect-win-3.1.04072-k9.pkg）这个镜像文件的位置。在指定好文件的位置之后，勾选 **Enable Host Scan/CSD** 复选框，完成后点击 **Apply**。

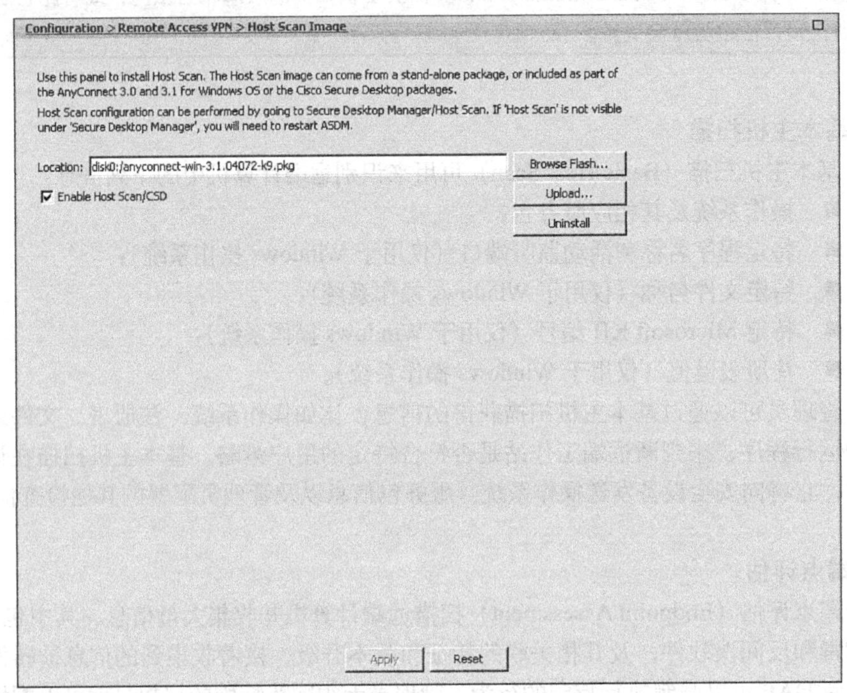

图 22-42 安装主机扫描打包文件

> 注释：管理员必须使用 ASDM 来配置主机扫描。

1. 建立基本主机扫描

要扫描远程计算机的基本信息，需要在 Basic Host Scan 区域点击 **Add**，并选择希望配置的基本扫描类型。前文提到过，基本主机扫描可以识别远端工作站上的注册表键值、活动的进程和文件。比如管理员希望扫描工作站的一个注册表键值，并根据这个信息来通过 DAP 应用适当的动作，选择 **Add > Registry Scan**。这时系统会提示管理员配置下列属性，如图 22-43 所示。

- **Endpoint ID**（端点 ID）：定义一个有意义的名称或唯一的字符串，稍后可用于 DAP 下，以便检查端点属性。端点 ID 是区分大小写的。在本例中，我们将端点 ID 定义为了 Corp-Registry。
- **Entry Path menu**（键值路径菜单）：从下拉菜单中选择注册表键值的初始路径。比如希望扫描的注册表键值位于 HKEY_LOCAL_MACHINE\SYSTEM\CurrentControlSet\Control\Corp，则从下拉菜单中选择 HKEY_LOCAL_MACHINE。
- **Entry Path field**（键值路径字段）：指定注册表键值的完整名称，除去在 Entry Path 菜单中提供的初始目录路径。比如希望扫描的注册表键值位于 HKEY_LOCAL_MACHINE\SYSTEM\CurrentControlSet\Control\Corp，则将 Entry Path 部分指定为 SYSTEM\CurrentControlSet\Control\Corp，如图 22-43 所示。完成属性定义后点击 **OK**。

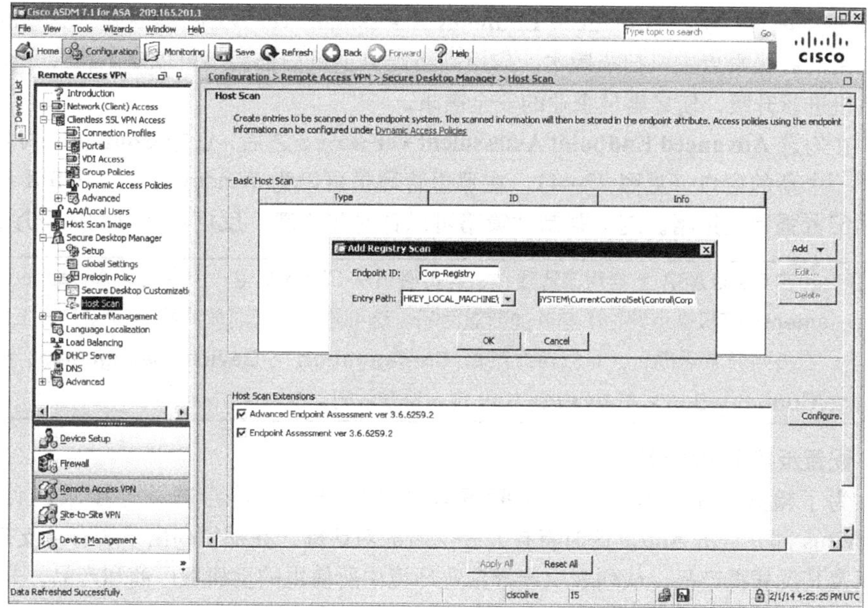

图 22-43 定义注册表键值扫描

同样地，管理员可以为远端工作站上活动的进程和文件添加基本主机扫描。如需添加进程扫描，点击 **Add** 并选择 **Process Scan**。如需添加文件扫描，选择 **Add > Process Scan**。表 22-9 列出了为基本主机扫描配置文件和进程扫描的相关信息。

表 22-9 基本主机扫描配置

扫描类型	端点 ID	扫描设置	案例
文件扫描	唯一的 ID，比如 Corp-File-Check	在 File Path（文件路径）字段指定完整的路径和文件名，比如 C:\Program Files\SecureMe\ID.hid	端点 ID：Corp-File-Check 文件路径：C:\Program Files\SecureMe\ID.hid
进程扫描	唯一的 ID，比如 Corp-File-Check	在 File Path（文件路径）字段指定需要扫描的进程名称，比如 mcshield.exe	端点 ID：Corp-Process-Check 进程名称：mcshield.exe

2. 启用端点主机扫描

通过菜单 **Configuration > Remote Access VPN > Secure Desktop Manager > Host Scan** 启用端点评估，勾选 **Endpoint Assessment ver** *w.x.y.z* 复选框，这里的 *w.x.y.z* 是所使用的端点主机扫描版本。图 22-43 中启用了端点评估，运行的版本是 3.6.6259.2。启用端点评估后，它可以扫描反病毒软件、个人防火墙和反间谍软件程序及更新。

用户的工作站通过预登录评估后，系统将使用端点评估中定义的检查要求扫描远端计算机，并将扫描结果转发到 DAP 引擎实施进一步行为。这些扫描结果将作为评估无客户端 SSL VPN 连接（或 Cisco AnyConnect 连接）遵从性的条件。

3. 建立高级端点主机扫描

在使用高级端点主机扫描特性之前，管理员必须安装高级端点评估授权。若已安装了授权，可通过菜单 **Configuration > Remote Access VPN > Secure Desktop Manager > Host**

Scan 进行配置，选择 **Advanced Endpoint Assessment ver** *w.x.y.z* 复选框，这里的 *w.x.y.z* 是所使用的高级端点主机扫描版本。启用高级端点主机扫描后，可以对不符合安全策略的远端主机进行升级，使之满足企业的安全需求。

在勾选 **Advanced Endpoint Assessment ver** *w.x.y.z* 之后，点击 **Configure** 按钮。这时将打开一个新的窗口（见图 22-44），在那里管理员可以为 Windows、Mac OS X 和 Linux 工作站配置强制性策略。这些强制性策略可以针对防火墙、反病毒和反间谍程序进行配置。

注释：若在 Cisco ASA 上启用该选项，管理员必须从 Cisco 获得一个启用了 Advanced Endpoint Assessment（高级端点评估）特性的新激活码。这可能需要管理员购买 ASA-ADV- END-SEC= 选项。在得到新激活码后，可以通过菜单 **Configuration > Device Management > System Image/Configuration > Activation Key** 输入新激活码。

配置反病毒主机扫描

为了检查远端工作站中的反病毒遵从性并升级不符合遵从性要求的计算机，在 AntiVirus 部分点击 **Add**。这时将打开一个新的对话框，在那里列出了所有可支持的反病毒厂商及其反病毒产品。从列表中选择企业环境中所使用的反病毒厂商和产品，并点击 **OK**。只要使用的反病毒程序能够支持，管理员可以启用多个选项。

- Force File System Protection（强制文件系统保护）：启用该选项，确保远端工作站使用反病毒进程扫描所有接收到的文件。若接收到的文件中包含病毒，反病毒软件应该检测病毒并拒绝文件访问。
- Force Virus Definitions Update（强制病毒定义更新）：启用该选项，强制远端工作站检查病毒定义的更新情况。该选项有助于防止运行较旧反病毒版本的工作站连接到企业网络。若勾选了该选项，管理员必须指定触发病毒定义更新的未更新天数。

配置防火墙主机扫描

为了检查远端工作站上的个人防火墙遵从性，在 Personal Firewall 下点击 **Add**。这时将打开一个对话框，在那里列出了所有可支持的防火墙厂商及其相关产品。从列表中选择企业环境中所使用的防火墙厂商和产品，并点击 **OK**。只要使用的防火墙程序能够支持，管理员还可以配置防火墙行为。该选项有助于确保远端工作站确实运行了防火墙进程。管理员可从下拉菜单中选择 **Force Enable** 或 **Force Disable**。特定的防火墙还可以支持管理员配置具体规则。比如配置微软 Windows Vista 防火墙，使其允许某些应用来处理浏览，或阻止某些应用通过指定端口来处理流量。

配置反间谍软件主机扫描

为了配置安全设备扫描远端工作站中的反间谍软件，在 AntiSpyware 下点击 **Add**。启用该特性能够检查远端工作站的反间谍软件遵从性，并且能够更新不符合遵从性要求的计算机。这时将打开一个对话框，在那里列出了所有可支持的反间谍软件厂商及其相关产品。从列表中选择企业环境中所使用的反间谍软件厂商和产品，并点击 **OK**。与反病毒扫描选项相似，管理员也可以强制远端工作站检查间谍软件版本的更新信息。这样可以限制运行较旧反间谍软件版本的工作站连接到企业网络。为了启用该选项，管理员可以选择 **Force Spyware Definitions Update**，并指定触发最新更新的未更新天数。

图 22-44 中管理员在 McAfee 病毒扫描企业版 8.x 中设置了高级端点评估来执行反病毒扫描，同时设置 Cisco 安全代理 6.x 执行个人防火墙检查。

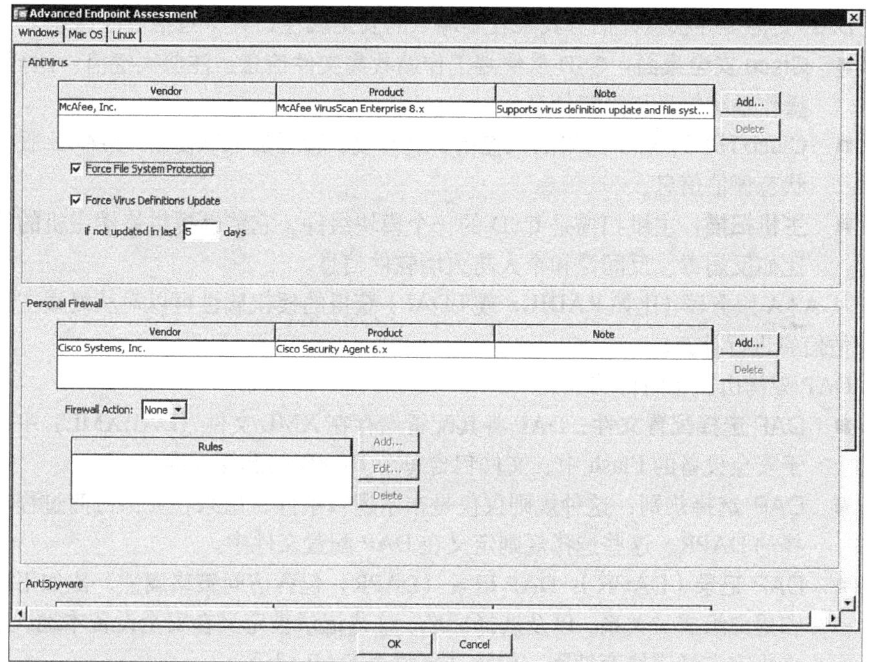

图 22-44 设置高级端点评估

22.7 动态访问策略

在远程访问（比如 SSL VPN）配置中，准确地识别用户所处的网络环境是极其困难的。上午，远程用户可能从企业所属的工作站建立 SSL VPN 隧道；下午，可能从网吧访问企业资源；晚上，可能从家庭网络访问相同的企业资源。此外，若管理员正设计一个远程访问解决方案，他将会发现很难根据用户的连接类型为其授予适当的用户权限。为了提供一个能解决以上问题的解决方案，Cisco 引入了动态访问协议（DAP）。

DAP 由多个访问控制属性的集合所定义，访问控制属性是针对用户会话而言的。评估用户的授权属性后动态地生成这些策略，授权属性包括用户连接的隧道类型以及适当行为，或者定义的访问列表或过滤器等。生成 DAP 策略后，它将被应用到用户会话上，以允许或拒绝其对内部资源的访问。

举例来说，假设用户通常从两台不同设备通过 SSL VPN 隧道连接安全设备，当他从公司笔记本连接时，公司笔记本中运行的防火墙是 Cisco 安全代理，他将通过 AnyConnect 客户端获得完全访问网络的权限。然而，如果他从家庭设备进行连接，他将只能通过无客户端 SSL VPN 隧道获得有限的服务。

> 注释：DAP 还支持很多其他安全设备特性，比如 IPSec 和直通代理（Cut-through-Proxy）。

22.7.1 DAP 技术架构

如前所述，DAP 分析主机状态的评估结果，并在建立用户会话后对其应用动态生成的访问策略。它的目的是对认证、授权和审计（AAA）服务进行补充，将本地定义的属性与从 AAA 服务器接收到的属性相结合。若两边的授权属性相互冲突，则选择应用本地定义的属性。因此，能够通过从 AAA 服务器和状态评估信息获得的多个 DAP 记录生成 DAP 授权属性。

DAP 支持多种状态评估方式来收集端点的安全属性，其中包括下面这些。

- **Cisco 安全桌面**：CSD 从终端工作站收集文件信息、注册表键值、运行程序信息、操作系统信息和策略信息。
- **Cisco NAC**：对于网络准入控制部署环境，管理员可以使用 CS-ACS 服务器提供的状态评估信息。
- **主机扫描**：主机扫描是 CSD 的一个模块组件。它能够提供终端主机的相关信息，比如反病毒、反间谍和个人防火墙软件信息。

从 AAA 服务器（比如 RADIUS 或 LDAP）获得的授权属性可以对从终端主机获得的状态评估信息进行补充。

DAP 架构由以下组件构成。

- **DAP 选择配置文件**：DAP 将其配置储存在 XML 文件（DAP.XML）中，该文件位于安全设备的 Flash 中。文件包含每个 DAPR 的选择标准。
- **DAP 选择规则**：这种规则仅仅是布尔逻辑条件，用来在会话协商过程中决定应选择的 DAPR。这些选择规则定义在 DAP 配置文件中。
- **DAP 记录（DAPR）**：DAP 记录（DAPR）包含访问策略属性，比如用户连接类型和用户组成员关系，以及选择标准。这些记录被定义在安全设备本地。选择标准用来决定在隧道协商期间，应该选择哪个 DAP 记录。

22.7.2 DAP 事件顺序

用户尝试向安全设备建立 SSL VPN 隧道（无论是无客户端还是 AnyConnect）并且启用 DAP 时，将按顺序发生以下事件。

1. 用户协商 SSL VPN 隧道并进入登录页面。
2. 安全设备收集用户证书并将其发送到认证服务器。
3. 若用户身份合法，则用户认证成功，安全设备将从认证服务器接收到认证属性。
4. 状态评估进程由某些程序发起，比如 Cisco 安全桌面（CSD）。
5. 根据评估结果，为用户会话请求 DAP 策略属性。根据前面步骤收集的评估结果选择 DAP 记录。

注释：单模路由模式的安全设备可支持 DAP。

22.7.3 配置 DAP

当用户尝试建立连接时，DAP 分析远端主机的状态评估结果，并对其应用动态生成的访问策略。一个用户连接可能会匹配多个 DAP 记录。比如可以设置一个 DAP 记录专门扫描远端工作站中的一个注册表键值。也可以设置其他 DAP 记录检查远端计算机中的活动进程。若远端工作站拥有该注册表键值，并且扫描的程序也处于运行状态，则工作站匹配了这两个 DAP 记录。在这种情况中，安全设备将这两个记录动态地结合在一起，并向用户连接应用一个综合的访问策略。

安全设备拥有一个名为 DfltAccessPolicy 的默认 DAP 记录。管理员不能删除这个 DAP 记录，它只包含访问策略属性。管理员不能在默认 DAP 记录中定义任何 AAA 或端点选择属性。它将被应用到那些不匹配任何自定义 DAP 记录的会话上。默认情况下，DfltAccessPolicy 不对会话进行任何限制，不必应用任何访问策略就能够允许流量通过。

注释：DfltAccessPolicy 的默认行为与能够支持 DAP 以前的安全设备（8.0 版本之前）行为相同，也就是不在用户会话上强制执行任何策略。

可通过以下两个菜单配置 DAP。

- Configuration > Remote Access VPN > Network (Client) Access > Dynamic Access Policies
- Configuration > Remote Access VPN > Clientless SSL VPN Access > Dynamic Access Policies

点击 **Add** 创建一个新的 DAP 记录。这时 ASDM 将打开一个新窗口，在这里可以选择该策略的名称。安全设备也允许管理员为该记录指定一个优先级。当用户会话与多个 DAP 记录相匹配时，使用优先级为这些 DAP 记录排序。数字越高的 DAP 记录优先级越高。

为每个 DAP 记录指定选择标准并配置适当行为。为了便于理解，可将 DAP 配置分为以下三个子配置选项：

- 选择 AAA 属性；
- 选择端点属性；
- 定义访问策略。

1. 选择 AAA 属性

因为 DAP 补充了 AAA 进程，安全设备可以根据 AAA 授权属性选择 DAP 记录，AAA 授权属性可从下列数据库获得：

- Cisco；
- LDAP；
- RADIUS。

表 22-10 定义了 ASDM 中可以选择的属性。

表 22-10 支持的 AAA 属性

属性类型	支持的属性	最大长度	属性描述
Cisco	Username（用户名）	128	认证的用户名
Cisco	Group Policy（组策略）	64	应用到用户连接的组策略。则策略可以是本地定义的，也可以是通过类属性（IETF 属性 25）发送到安全设备的
Cisco	Assigned IP address（IPv4 和 IPv6）	不适用	分配的 IP 地址
Cisco	Connection Profile（连接配置文件）	64	用户连接的隧道组名称
Cisco	SCEP Required(需要的 SCEP)	不适用	是否需要为 SCEP 代理设置连接配置文件
LDAP	memberOf	128	LDAP 属性值
RADIUS	RADIUS attribute ID（RADIUS 属性 ID）	128	RADIUS 属性值

注释：管理员可以使用 Lua 来扩展 Dynamic Access Policy 窗口中的 Advanced（高级）选项，来建立策略。Lua 是轻量级、快速且强大的脚本语言，更多 Lua 相关信息请参考 http://www.lua.org。要使用 Lua 定义 AAA 属性，需要通过 **aaa** 命令来添加属性类型，随后是属性名称。比如使用 Lua 定义 Cisco 用户名，可以将其定义为 **aaa.cisco.username**。

管理员可以创建一个或多个 AAA 属性对，来定义一个条件，这样就能够选择特定的 DAP。考虑到定义多个属性对的情况，管理员可以指定一个逻辑运算（任意、所有或无）。比如管理员希望通过隧道组 employees 连接的用户或者属于 fullaccess 组成员的用户成为相同 DAP 策略的一部分，就可以从 Selection Criteria 下拉菜单中选择 **User Has ANY of the Following AAA Attribute Values** 选项。若管理员希望用户符合所有条件，才可以选择一个 DAP 策略，就可以选择 **User Has ALL of the Following AAA Attribute Values** 选项。除此之外，若管理员希望用户不符合任意条件，才可选择一个 DAP 策略，就可以选择 **User Has NONE of the Following AAA Attribute Values** 选项。

通过使用 LDAP 属性类型，管理员可以配置本地 LDAP 响应属性。活动目录中的 memberOf 属性定义了组记录的可辨别名称（DN）字符串。DN 字符串中的通用名称（CN）被用于进行组映射。比如管理员使用 LDAP 授权，并希望选择的用户所属的 CN 为 Employees，在 Selection Criteria 部分点击 **Add**，并在 Add AAA Attribute 对话框中指定以下属性：

AAA 属性类型：**LDAP**

属性 ID：**memberOf**

值：从下拉菜单中选择“=”，并将数值设置为 **Employees**

注释：管理员可以使用 Lua 如下配置 LDAP memberOf：**aaa.ldap.memberOf=Employees**。

与 LDAP 相同，RADIUS 属性类型也可以配置本地 RADIUS 响应属性。这些属性作为属性成员和值对（value pairs）配置在 DAP 记录中。比如管理员使用 RADIUS 授权，更希望选择的用户所属的 **class**（类）属性为 **Employees**，在 Selection Criteria 部分点击 **Add**，并在 Add AAA Attribute 对话框中指定以下属性：

AAA 属性类型：**RADIUS**

属性 ID：**25**

值：从下拉菜单中选择“=”，并将数值设置为 **Employees**

注释：属性 ID 始终为属性值，管理员不可以使用属性名称。管理员可以使用 Lua 如下配置 RADIUS 类属性：**aaa.radius.25=Employees**。

在图 22-45 中，SecureMeInc.org 的管理员正在创建一个名为 Clientless-DAP 的 DAP 的新条目。其中添加了描述信息 This Policy is applied to employees logging in via Clientless SSLVPN Hosts。SecureMe 倾向于将该策略应用于以下用户：连接安全设备中 SecureMeClientlessTunnel 隧道组并属于 LDAP 中 Employees 目录组属性的用户。

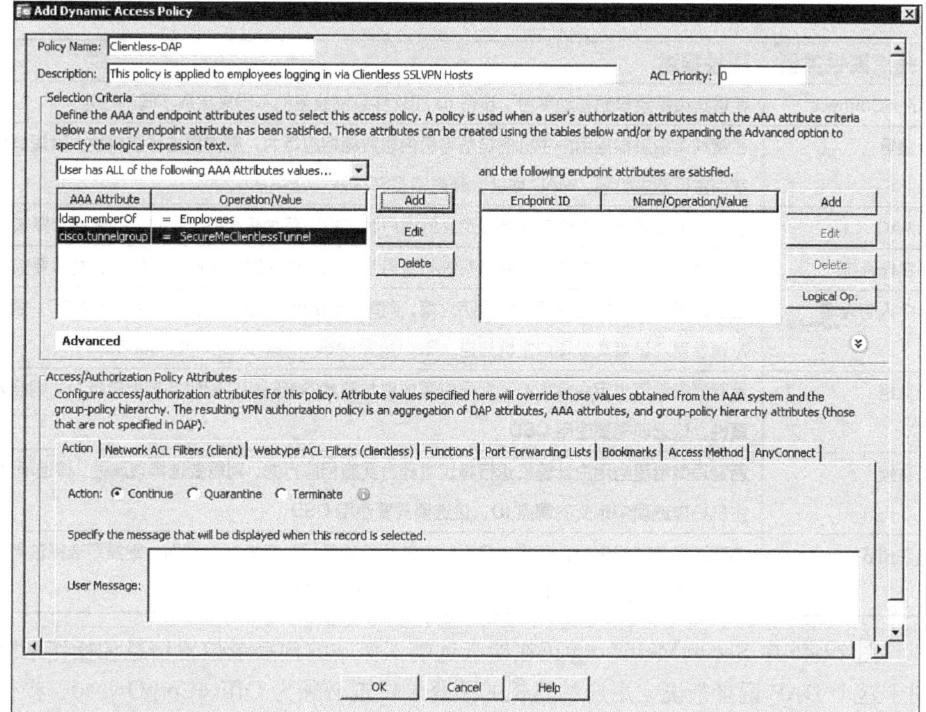

图 22-45 定义 AAA 属性

2. 选择端点属性

定义 AAA 属性后，管理员可以选择端点属性（可选）。这些属性由很多源收集而来，其中包括主机扫描（基本、端点或高级端点）、安全桌面和 NAC。安全设备在用户认证之前收集端点属性，并在用户认证期间对 AAA 属性进行验证。表 22-11 列出端点属性下可选择并配置的所有属性。

> 注释：在定义 AAA 属性和端点属性时，DAP 在将两部分进行对比时执行逻辑 AND（与）运算。DAP 在比较所有配置的端点属性集（比如反间谍软件、反病毒软件和文件）时使用逻辑 **AND**（与）运算。
>
> DAP 在比较所有相同类型的端点时使用逻辑 **OR**（或）运算。管理员可以将这个行为改为逻辑 **AND**（与），在 Selection Criteria 区域点击 **Logical Op** 按钮并为某种类型选择单选按钮 **Match All**。

表 22-11 可用的端点属性

端点属性类型	属性描述
反间谍软件	若管理员希望在主机中扫描反间谍软件，则需要选择该属性。该选项需要使用 CSD。更多细节信息请参考“设置高级端点主机扫描（Set Up an Advanced Endpoint Host Scan）”
反病毒软件	若管理员希望在主机中扫描反病毒软件，则需要选择该属性。该选项需要使用 CSD。更多细节信息请参考“设置高级端点主机扫描（Set Up an Advanced Endpoint Host Scan）”
应用	若管理员希望在用户通过无客户端、AnyConnect、IPSec、L2TP 或直通代理进行连接时实施相应的行为，则需要选择该属性。管理员甚至可以在用户通过定义外的方式进行连接时实施相应行为
文件	若管理员希望在用户计算机中包含特定文件时实施相应行为，则需要选择该属性。该选项使用定义在 CSD 主机扫描选项中的端点 ID。该选项需要使用 CSD

续表

端点属性类型	属性描述
AnyConnect	若管理员希望根据移动平台、设备 ID 和软件级别信息的不同来采取不同的行为
设备	若管理员希望根据用户主机的设备等级信息实施相应行为，则需要选择该属性。管理员可以根据端点主机的主机名、MAC 地址、开启的 CSD 版本实施相应行为
NAC	若管理员希望当收集到的状态与定义的用户状态相匹配时实施相应行为，则需要选择该属性
操作系统	若管理员希望当终端主机的操作系统和服务包与配置相匹配时实施相应行为，则需要选择该属性
个人防火墙	若管理员希望在主机中扫描个人防火墙，则需要选择该属性。该选项需要使用 CSD。更多细节信息请参考"设置高级端点主机扫描（Set Up an Advanced Endpoint Host Scan）"
策略	若管理员希望当用户会话的预登录位置信息与配置的策略相匹配时实施相应行为，则需要选择该属性。该选项需要使用 CSD
进程	若管理员希望当用户计算机运行特定进程时实施相应行为，则需要选择该属性。该选项使用 CSD 主机扫描选项中定义的端点 ID。该选项需要使用 CSD
注册表	若管理员希望当用户计算机中包含特定的注册表条目时实施相应行为，则需要选择该属性。该选项使用 CSD 主机扫描选项中定义的端点 ID。该选项需要使用 CSD

图 22-46 中 SecureMeInc.org 正在检查远端工作站的预登录位置信息和操作系统信息。对于这个 DAP 记录来说，用户计算机的预登录位置必须为 OfficeCorpOwned，操作系统必须匹配 Windows 7 SP1。

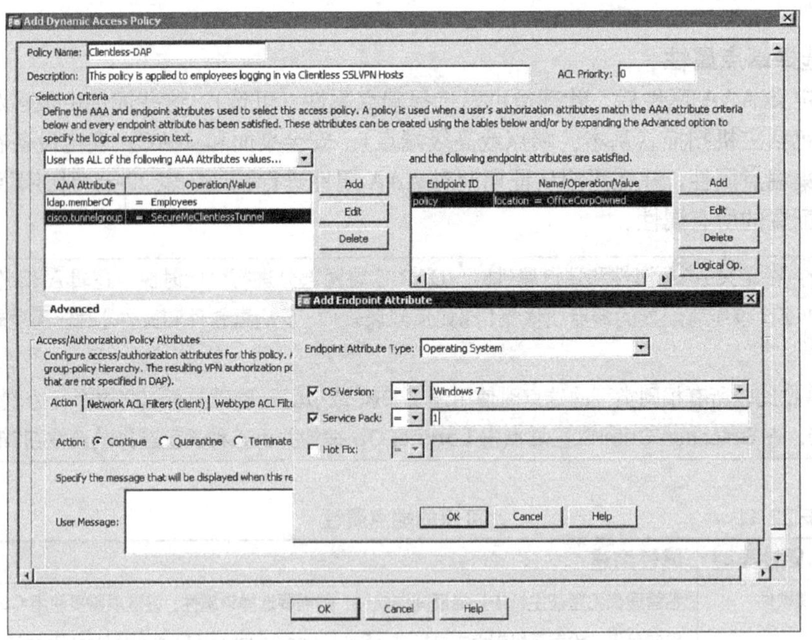

图 22-46 定义端点属性

3. 定义访问策略

选择 AAA 和端点属性后，下一步工作是为匹配相应属性的用户会话配置将要应用策略。管理员可以按照本章稍后介绍的步骤，为特定的 DAP 记录配置 VPN 访问属性。比如用户的 AAA 和端点属性与 DAP 记录相匹配，管理员可以允许用户进行连接，但对其应用特定的 ACL 来限制用户流量。DAP 比其他强制执行的策略具有更高的优先级，无论那些策略是 AAA 过滤、用户或组策略，还是隧道组属性。

管理员可以为一个 DAP 记录配置有限组属性值。ASDM 提供了 7 个配置标签来配置以下属性值：

- Action（行为）；
- Network ACL Filters（网络 ACL 过滤）（客户端）；
- Web-Type ACL Filters（Web 类型 ACL 过滤）（无客户端）；
- Functions（功能）；
- Port Forwarding Lists（端口转发列表）；
- Bookmarks（书签）；
- Access Method（访问方式）。

下面详细介绍各个标签的配置方法。

Action 标签

Action（行为）标签（见图 22-45）允许管理员选择对单独 DAP 记录强制实施的行为。若配置的 AAA 和端点属性与从用户会话接收到的信息相匹配，管理员可以为该 DAP 记录选择 Continue（放行）、Quarantine（有限访问）或 Terminate（拒绝）。除此之外，管理员还可以向用户显示一条多达 128 字符的消息。消息会闪烁 3 次以引起用户的注意。

若为一个用户会话选择了多个 DAP 记录，最终的综合策略将由限制最为严格的行为组成。比如用户会话匹配了 3 个 DAP 记录，其中两个的行为是 Continue（继续），第三个记录的行为是 Terminate（终结），则用户连接的综合策略是终结。

> 提示：消息是以 HTML 格式显示的。就是说也可以在用户不符合策略时，向用户显示一个 URL 或链接，使他们能够对其工作站进行适当的修复。

Network ACL Filters 标签

通过 Network ACL Filters 标签，管理员可以对匹配 DAP 记录的用户会话应用流量过滤。管理员能够以网络 ACL 的形式定义流量过滤。每个 ACL 或者有允许语句，或者有拒绝语句，不能两者共存。若一个 ACL 同时拥有允许和拒绝规则，DAP 将其视为配置错误并拒绝使用。

若一个用户会话与多个 DAP 记录相匹配，那么将为该用户应用一个综合的 ACL。综合列表会考虑到诸多参数，比如每个 DAP 记录的优先级以及访问控制条目（ACE）的重复。

要配置网络 ACL，可以从 Network ACL 下拉菜单中选择一个预配置的 ACL。点击 **Add** 按钮将选中的 ACL 移动到右侧 Network ACL 下。在 Network ACL Filters 标签下甚至可以定义新的 ACL 或者对现有的 ACL 进行修改。点击 **Manage** 按钮来管理 ACL。图 22-47 中选择了 RestrictSSLVPN 并将其应用到这个 DAP 记录。

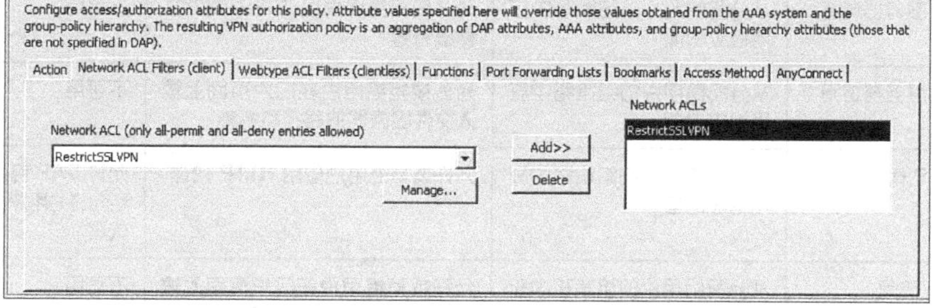

图 22-47　为 DAP 定义网络 ACL

Webtype ACL Filters 标签

管理员可以通过 Webtype ACL Filters 标签来为匹配特定 DAP 记录的用户会话应用与特定应用相关的过滤。管理员能够以网络 ACL 的形式定义流量过滤。每个 ACL 或者有允许语句，或者有拒绝语句，不能两者共存。若一个 ACL 同时拥有允许和拒绝规则，DAP 将其视为配置错误并拒绝使用。

> 注释：若管理员配置了一个同时包含允许和拒绝访问控制条目的 ACL 条目，安全设备将拒绝接受该命令，并且会显示以下信息：
>
> "Unable to assign an access list with mixed deny and permit rules to a dynamic access policy.（不可以将同时带有拒绝和允许规则的访问列表分配到动态访问策略。）"

若一个用户会话与多个 DAP 记录相匹配，那么将为该用户应用一个综合的 ACL。综合列表会考虑到诸多参数，比如每个 DAP 记录的优先级以及访问控制条目（ACE）的重复。

可以从 Web-Type ACL 下拉菜单中选择预配置的 ACL 来配置 Web 类型 ACL。点击 **Add** 按钮将选中的 ACL 移动到右侧 Web-Type ACL 下。Web-Type ACL 标签允许管理员定义一个新的 ACL，也允许修改一个现有的 ACL。点击 **Manage** 按钮来管理 ACL。图 22-48 中选择了 RestrictApplication 并将其应用到这个 DAP 记录。

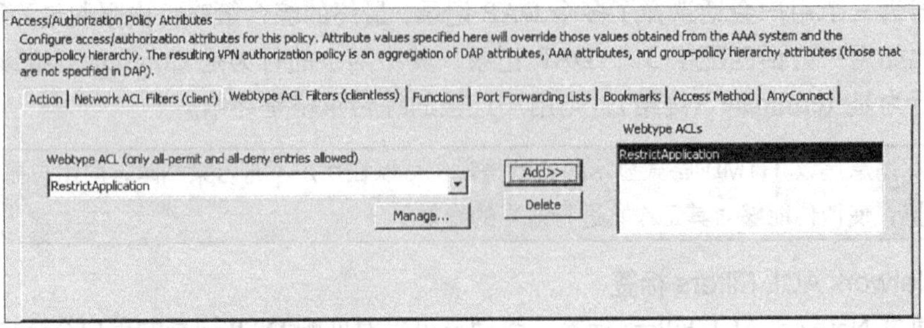

图 22-48 为 DAP 定义 Web 类型 ACL

有关如何管理 Web 类型 ACL 的细节信息请参考本章前文内容“配置 Web 类型 ACL”。

Functions 标签

功能（Functions）标签允许管理员配置文件服务器的浏览和访问、HTTP 代理以及 URL 访问。管理员可以根据特定的 DAP 记录，允许或拒绝用户使用这些特性。管理员也可以根据用户所连接的组，使用该组策略中定义的值。以 HTTP 代理为例，当用户连接时，可以通过 DAP 打开一个小程序。表 22-12 详细解释了文件服务器浏览和访问、HTTP 代理以及 URL 访问特性。

表 22-12 功能标签的特性描述

特性	未改变的	启用/禁用	自动启动
文件服务器浏览	从分配给用户的组策略中应用相应的值	允许或拒绝用户以 CIFS 浏览文件服务器	不可用
文件服务器访问	从分配给用户的组策略中应用相应的值	允许或拒绝用户在门户页面上输入文件服务器的路径和名称	不可用
HTTP 代理	从分配给用户的组策略中应用相应的值	允许或拒绝用户使用 HTTP 代理	允许 DAP 自动启用小程序；也允许为用户会话启用 HTTP 代理
URL 访问	从分配给用户的组策略中应用相应的值	允许或拒绝用户在门户页面上输入 HTTP 或 HTTPS URL 路径	不可用

注释：管理员若希望启用文件浏览，必须启用 WINS，更多细节信息请参考本章前文内容“配置文件服务器”。若没有定义 WINS，安全设备将使用配置的 DNS 服务器来解析名称。

若为一个用户会话选择了多个 DAP 记录，最终的综合策略将由限制最为严格的行为组成。比如用户会话匹配了 3 个 DAP 记录，其中两个的行为是 Disable（禁用），第三个记录的行为是 Auto-start（自动启用），则用户连接中对于该特性的综合策略是禁用。

要配置这些功能，可以点击希望启用的选项所对应的单选按钮。图 22-49 中，文件服务器浏览、文件服务器条目和 URL 条目都被启用，并将 HTTP 代理设置为了自动启用。

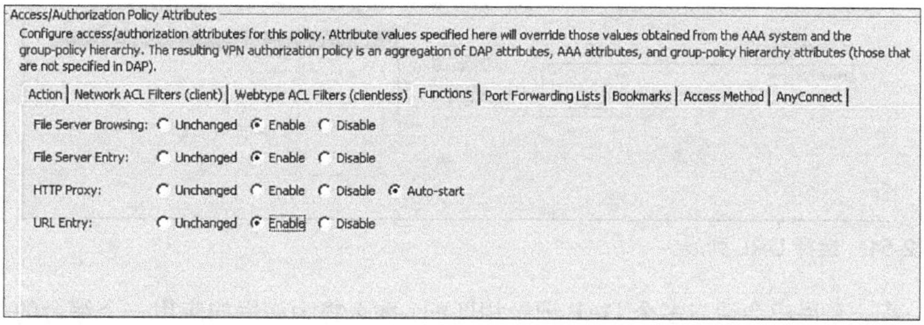

图 22-49 用户功能的选择

Port Forwarding Lists 标签

端口转发列表（Port Forwarding Lists）标签可使管理员为 DAP 记录应用一个预配置的端口转发列表。若管理员没有预先定义端口转发列表，可以在这个标签下进行定义。即使组策略将端口转发列表分配给用户并允许其使用它，由于 DAP 可强制用户执行相应行为和策略，管理员也可以拒绝用户使用这个端口转发列表。同样地，若没有任何端口转发列表被映射到组策略，管理员也可以将选中的列表设置为自动启用。

为了选择一个预定义的端口访问列表，点击 Port Forwarding Lists 标签并从下拉菜单中进行选择。点击 **Add** 按钮将选中的 ACL 移动到右侧。若管理员需要定义新的列表，可点击 **New** 按钮。图 22-50 中选择了名为 SSHServer 的端口转发列表，并将其应用到这个 DAP 记录上。同时选中了端口转发列表的 Auto-start 选项，因此 DAP 记录将自动启用端口转发小程序。

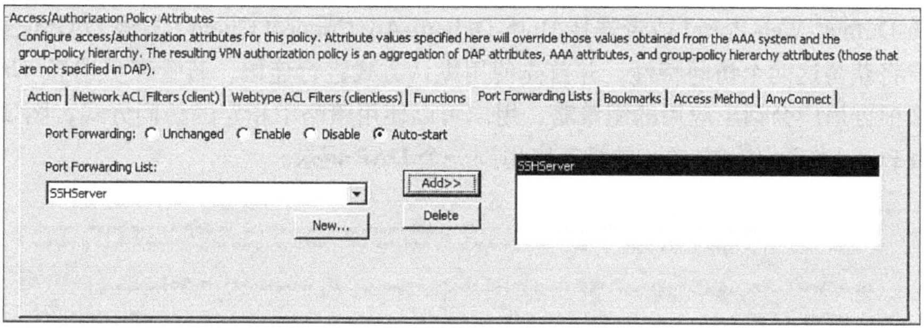

图 22-50 选择端口转发列表

若一个用户会话与多个 DAP 记录相匹配，那么将为该用户应用一个综合的 ACL。这个综合的策略将会结合所有被选中的 DAP 记录的属性值，并删除其中重复的属性值。

注释：更多细节信息请参考本章前文内容“配置端口转发”。

Bookmarks 标签

书签（Bookmarks）标签可使管理员为 DAP 记录应用一个预配置的书签（URL）列表。若管理员没有预先定义书签列表，可以在该标签中进行定义。为了选择一个预定义的书签列表，点击 Bookmarks 标签并从下拉菜单中进行选择。点击 **Add** 按钮将选中的标签移动到右侧。若需要定义新的列表，可点击 **Manage** 按钮。图 22-51 中启用了标签，选择了 InternalServers 并将其应用到这个 DAP 记录。

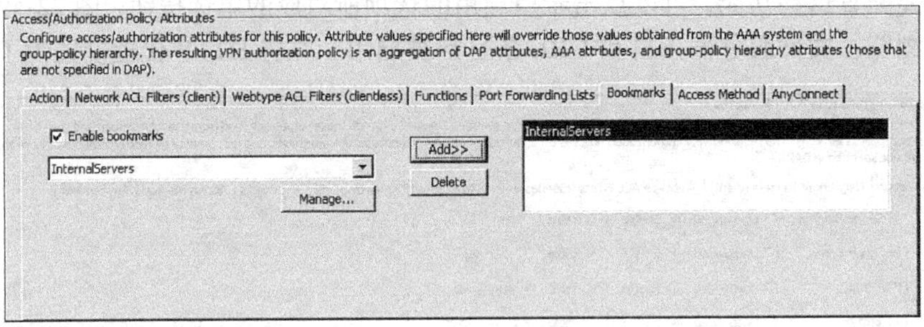

图 22-51 选择 URL 列表

若一个用户会话与多个 DAP 记录相匹配，那么将为该用户应用一个综合的 ACL。这个综合的策略将会结合所有被选中的 DAP 记录的属性值，并删除其中重复的属性值。

> 注释：更多细节信息请参考本章前文内容“配置 Web 站点”。

Access Method 标签

访问方式（Access Method）标签可使管理员为 DAP 记录定义一个访问方式。可支持的访问方式包括：

- AnyConnect Client；
- Web-Portal；
- Both-Default-Web-Portal；
- Both-Default-AnyConnect Client；
- Unchanged。

举例来说，若用户与一个 DAP 记录相匹配，但管理员不希望为其授予 AnyConnect 客户端功能，则可以为这个指定的 DAP 记录选择 Web-Portal 选项。若管理员选择 Both-Default-Web-Portal 或者选择 Both-Default-AnyConnect Client，与该 DAP 记录相匹配的用户将获得这两个访问特性，并首先使用默认方式进行连接。若管理员选择 Unchanged，那么根据用户会话上应用的组策略，用户可以使用策略中指定的访问方式。图 22-52 选择 Web-Portal 作为访问方式，并将其应用到一个 DAP 记录。

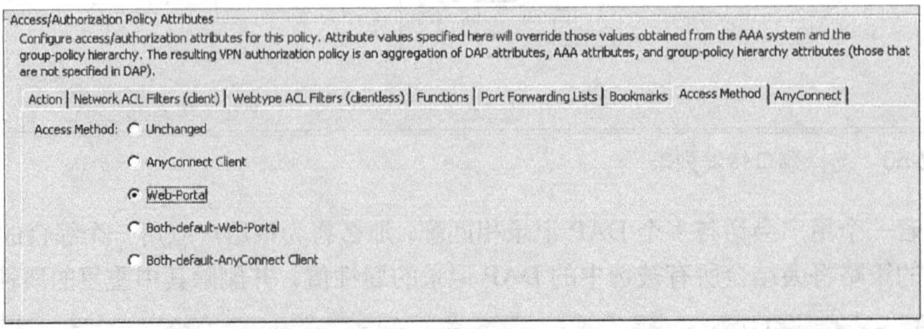

图 22-52 选择访问方式

一个用户会话可以匹配多个 DAP 记录。这时应用到用户会话的综合策略将选择限制性最小的连接方式。比如一个 DAP 记录的连接方式是 Web-Portal，另一个 DAP 记录的连接方式是 Both-Default-AnyConnect Client，那么用户的访问方式为 Both-Default-AnyConnect Client。然而，如果是在 Both-Default-AnyConnect Client 和 Both-Default-Web-Portal 之间为用户会话选择访问方式，综合策略将会以 Both-Default-Web-Portal 作为访问方式。

AnyConnect 标签

管理员可以通过 AnyConnect 标签来配置 Cisco AnyConnect Secure Mobility VPN 客户端上长期运行的特性。

例 22-16 中定义了名为 Clientless-DAP 的 DAP 记录。该记录允许“文件浏览”和“文件访问”，并将 HTTP 代理设置为自动启用。管理员为该 DAP 记录应用了名为 SSHServer 的端口转发列表、名为 InternalServers 的书签列表以及名为 RestrictApplication 的 Web 类型 ACL。

例 22-16 定义 DAP 记录

```
Chicago(config)# dynamic-access-policy-record Clientless-DAP
Chicago(config-dynamic-access-policy-record)# description " This
policy is applied to employees logging in via Clientless SSL VPN
hosts "
Chicago(config-dynamic-access-policy-record)# webvpn
Chicago(config-dap-webvpn)# file-browsing enable
Chicago(config-dap-webvpn)# file-entry enable
Chicago(config-dap-webvpn)# http-proxy auto-start
Chicago(config-dap-webvpn)# url-entry enable
Chicago(config-dap-webvpn)# port-forward auto-start SSHServer
Chicago(config-dap-webvpn)# svc ask none default webvpn
Chicago(config-dap-webvpn)# url-list value InternalServers
Chicago(config-dap-webvpn)# appl-acl RestrictApplication
```

22.8 部署场景

Cisco SSL VPN 解决方案非常适用于以下部署场景：远程用户或家庭用户需要访问企业网络，而管理员希望根据多个属性来控制用户的访问。可以通过多种方式部署 SSL VPN 解决方案，本章将介绍易于理解的设计场景。

> 注释：下文中讨论的部署场景仅应用于加强教学效果，仅供参考。

SecureMeInc.org 决定为一组移动用户提供无客户端 SSL VPN 隧道连接。这些用户使用 Web 服务器进行浏览、终结服务器以及 Windows 文件服务器来保存/检索他们的文档。

图 22-53 显示出 SecureMe 公司为无客户端连接所设计的网络拓扑。

SecureMe 公司的安全需求如下所示。

- 允许访问位于 portal.securemeinc.org 的内部 Web 服务器。
- 拒绝访问所有其他的内部 Web 服务器，其中包括 intranet.securemeinc.org。
- 允许访问 IP 地址为 192.168.1.101 的文件服务器。
- 允许访问 IP 地址为 192.168.1.102 的终结服务器。
- SecureMe 公司使用 RADIUS 进行用户认证，并使用属性 25 进行企业内部角色映射。
- 在能够获得 SecureMe 公司的网络连接前，用户必须运行活动状态的 McAfee 防火墙（McAfee 个人防火墙 8.x 版本）。

■ 用户不能够在 SecureMe 网络中浏览或指定其他 Web 服务器。

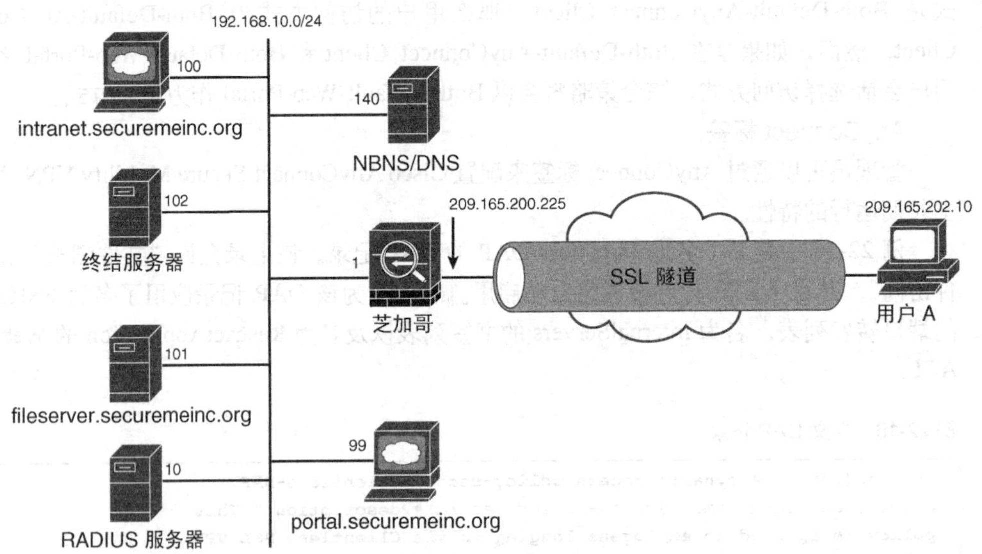

图 22-53 SecureMe 公司使用 DAP 的无客户端连接拓扑

为了满足 SecureMe 公司的安全需求，管理员计划配置安全设备以提供无客户端访问。其中将配置书签和智能隧道，以此提供到内部 Web 服务器、CIFS 服务器和终结服务器的连接。使用预定义的 RADIUS 进行用户认证。DAP 将根据用户角色，使用属性 25 为用户分配相应策略。除此之外，使用端点评估确保用户设备上运行了活动状态的防火墙。若安全设备接收到属性为 25 的用户设备值，并且端点评估确认设备上运行了 McAfee 防火墙，那么用户将能够通过 Web 门户进行连接。

接下来详细说明实施该解决方案的具体步骤。

22.8.1 步骤 1：定义无客户端连接

按照下列步骤为远程用户配置无客户端连接。

1. 为内部服务器（Web 和 CIFS）定义书签，通过菜单 **Configuration > Remote Access VPN > Clientless SSL VPN Access > Portal > Bookmarks** 并点击 **Add** 进行配置。在 Add Bookmark List 对话框中，将书签列表的名称定义为 **Contractors-List**，接着点击 **Add** 将书签的标题定义为 **Internal-Web**。从 URL 下拉菜单中选择，并将其配置为 **portal.securemeinc.org**。在 Other Settings 中，勾选 **Enable Smart Tunnel** 复选框，以隧道的形式将 HTTP 流量直接发送到 Web 服务器。完成后点击 **OK**。然后点击 **Add** 为 CIFS 服务器添加另外的条目，在 Bookmark Title 字段定义 **Internal-FileServer**，并从 URL 下拉菜单中选择 **cifs**，然后输入 URL 值 **fileserver.securemeinc.org**。
2. 通过菜单 **Configuration > Remote Access VPN > Clientless SSL VPN Access > Advanced > Web ACLs** 配置 Web 类型 ACL。选择 **Add > Add ACL**，定义一个名为 **AllowWebServer** 的列表。选择新创建的 ACL 名称，选择 **Add > Add ACE**，将 Action 选择为 **Permit**（允许）。点击 **Filter on URL** 单选按钮，将 **http** 选择为过滤协议，将 URL 条目配置为 **portal.securemeinc.org**。Web 类型 ACL 末尾的隐含拒绝语句将拒绝流量访问 internal.securemeinc.org。完成后点击 **OK**。

3. 通过菜单 **Configuration > Remote Access VPN > Clientless SSL VPN Access > Portal > Smart Tunnels** 并点击 **Add** 为终结服务器定义访问路径。指定列表名称为 **TerminalServer**，并点击。在 Add Smart Tunnel Entry 对话框中，将 **Application ID** 配置为 **Terminal**，并将 **Process Name** 配置为 **mstsc.exe**。
4. 定义一个组策略来关联书签和智能隧道列表。选择菜单 **Configuration > Remote Access VPN > Clientless SSL VPN Access > Group Policies** 并点击 **Add**，为无客户端用户定义名为 **ContractorGroupPolicy** 的策略。在 **More Options** 下，不勾选 Tunneling Protocols 前的 **Inherit** 复选框，并选择 **Clientless SSL VPN**。点击左侧面板的 **Portal**，不勾选 Bookmark List 前的 **Inherit** 复选框。从下拉菜单中选择 **Contractor-List**。接着，不勾选 Smart Tunnel Application 前的 **Inherit** 复选框，从下拉菜单中选择 **TerminalServer**。同时启用 **Auto Start**，这样的话当用户隧道建立后，智能隧道将会自动启用。完成后请点击 **OK**。
5. 选择菜单 **Configuration > Remote Access VPN > Clientless SSL VPN Access > Connection Profiles**，在 Access Interfaces 下为 **outside** 接口选择 **Allow Access** 复选框。点击 Connection Profiles 下的 **Add** 创建一个隧道组。指定隧道组名称为 **SecureMeContractorTunnel**。在 AAA Server Group 下拉菜单中选择 **RADIUS**，在 Group Policy 下拉菜单中选择 **ContractorGroupPolicy**。将 DNS 服务器地址配置为 **192.168.1.140**，域名配置为 **securemeinc.org**，该隧道组的别名为 **SecureMeContractor**。
6. 在左侧面板中点击 **Advanced** > **Clientless SSL VPN** 选项，在 Group URL 下点击 **Add** 并配置 **https://sslvpn.securemeinc.org/contractors**。确保选中了 **Enable** 复选框。点击 **OK** 退出。

22.8.2 步骤 2：配置 DAP

SecureMe 公司希望通过使用 DAP 强制应用策略。通过菜单 **Configuration > Remote Access VPN > Clientless SSL VPN Access > Dynamic Access Policies** 进行配置。

1. 点击 **Add** 创建一个新的 DAP 记录，在 Policy Name 字段将记录名称配置为 **Contractors-DAP**。在 Selection Criteria（选择）部分，点击 **Add**，并选择 **RADIUS** 作为 **AAA Attribute Type**。将 **Attribute ID** 定义为 **25**，并将 Value 配置为 **Contractors**。点击 **OK**，插入另一个 AAA 属性类型 **Cisco**，选择 **Connection Profile** 复选框，将 Tunnel Group 定义为 **SecureMeContractorTunnel**。点击 **OK**。在 Selection Criteria 下拉菜单中选择 **User Has ALL of the Following AAA Attribute Types**。
2. 配置端点属性选择，点击 **Add**，在 Endpoint Attribute Type 下拉菜单中选择 **Personal Firewall**，接着点击 **Exists** 单选按钮。在 Vendor（厂商）下拉菜单下选择 **McAfee, Inc**，勾选 **Product Description** 和 **Version check** 复选框。在产品描述部分输入 **McAfee Personal Firewall** 作为产品描述，选择 **8.x** 作为版本信息。完成后请点击 **OK**。
3. 在 Access/Authorization Policy Attributes 部分进行配置。在 Action 标签中选择 **Continue**。点击 **WebType ACL Filters** 标签，并从下拉菜单中选择 **AllowWebServer**。点击 **Add** 按钮将选中的 ACL 移到右侧 Web-Type ACLs 中。接着点击 **Functions** 标签，将 File Server Browsing 选择为 **Enable**。并且同时为 File Server Entry、HTTP Proxy 和 URL Entry 选择 **Disable**。
4. 在 **Bookmarks** 标签上点击 **Enable Bookmarks**，并从下拉菜单中选择 **Contractors-List**。

点击 **Add** 按钮将选中的列表移动到右侧。最后，点击 **Access Method** 并选择 **Web-Portal**。完成后请点击 **OK**。

现在管理员可以通过以下 URL 连接 ASA：https://sslvpn.securemeinc.org/contractors。

22.9 SSL VPN 的监测与排错

本小节介绍了监控与排错的步骤，有助于管理员在安全设备上顺利地实施 SSL VPN 解决方案。

22.9.1 SSL VPN 监测

为了监测 Web VPN 会话，首先需要检查安全设备建立了多少个活动的 SSL VPN 隧道。在菜单 **Monitoring > VPN > VPN Statistics > Sessions** 中，安全设备显示出所有活动的 VPN 会话，其中包括无客户端连接和全隧道连接。图 22-54 中用户 sslvpnuser 建立了一条活动的无客户端连接。用户计算机的 IP 地址是 209.165.201.98，协商得出的加密类型是 RC4。安全设备已从客户端接收 11,502 字节的流量，并向客户端发送 53,037 字节的流量。用户建立连接大约 26 秒的时间。若管理员希望查看该用户连接的更多细节信息，可以选择这个用户会话并点击 **Details** 按钮。

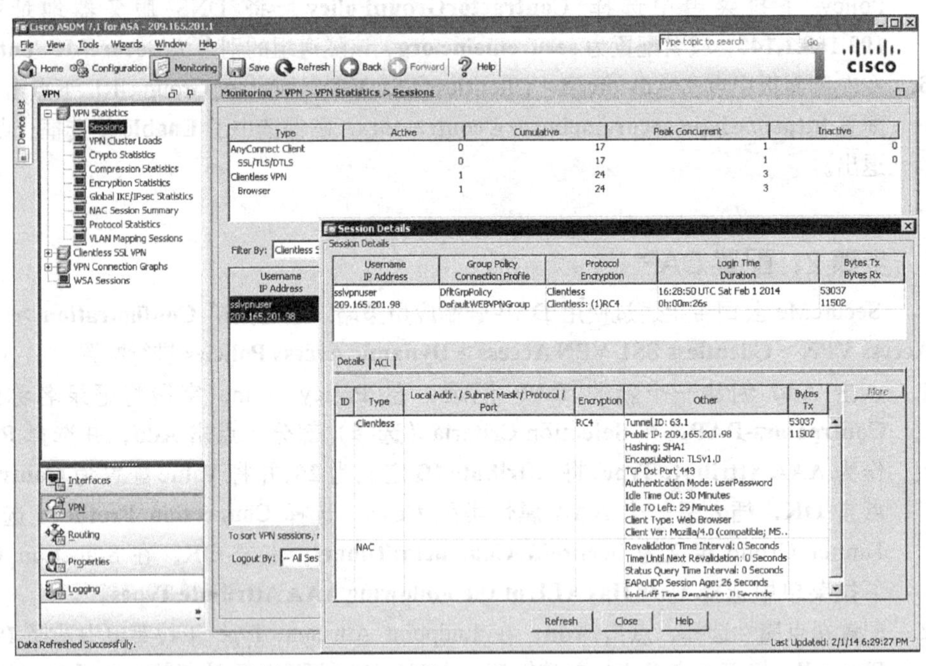

图 22-54　通过 ASDM 监测 SSL VPN 会话

为了在 Lua 中查看安全设备上配置的 DAP 策略，可以输入命令 **debug menu dap 2**，详见例 22-17。本例中配置了两个 DAP 记录：Clientless-DAP 和 Contractors-DAP。

例 22-17　命令 **debug menu dap**

```
Chicago# debug menu dap 2
DAP record [ Clientless-DAP ]:
(EVAL(aaa.ldap.memberOf,"EQ","Employees","string") or
```

（待续）

```
EVAL(aaa.cisco.tunnelgroup,"EQ","SecureMeClientlessTunnel","string"))
and ((EVAL(endpoint.os.version,"EQ","Windows XP","string") and
EVAL(endpoint.os.servicepack,"EQ","2","integer"))) and
((EVAL(endpoint.policy.location,"EQ","Corp-Owned","string")))

DAP record [ Contractors-DAP ]:
(EVAL(aaa.radius["25"],"EQ","Contractors","string") and
EVAL(aaa.cisco.tunnelgroup,"EQ","SecureMeClientlessTunnel","string"))
and ((EVAL(endpoint.fw.McAfeeFW.exists,"EQ","true","string") and
EVAL(endpoint.fw.McAfeeFW.description,"EQ","McAfee Desktop Firewall","string")))
Chicago#
```

除此之外，若管理员希望通过系统日志监测用户会话，可以启用 **webvpn**、**svc**、**csd** 和 **dap** 类。这些类有助于管理员理解用户如何通过认证、收集到了哪些信息，以及将要为这些会话应用哪些属性类型和策略。例 22-18 中的管理员为 **webvpn**、**svc**、**csd** 和 **dap** 类收集 debug 级别的信息。系统日志消息从安全设备的本地缓存中收集。从系统日志消息中可以看到，一个 sslvpn 用户尝试连接 SecureMeClientlessTunnel 隧道组。CSD 检测到用户主机从网吧进行连接，因此安全设备对其应用名为 Contractors-DAP 的 DAP。用户会话成功通过认证后，用户能够通过无客户端 SSL VPN（Web VPN）进行连接。

例 22-18 系统日志命令 class

```
Chicago(config)# logging enable
Chicago(config)# logging buffer-size 1048576
Chicago(config)# logging class webvpn buffered debugging
Chicago(config)# logging class svc buffered debugging
Chicago(config)# logging class csd buffered debugging
Chicago(config)# logging class dap buffered debugging
Chicago(config)# exit
Chicago# show log
Syslog logging: enabled
    Facility: 20
    Timestamp logging: disabled
    Standby logging: disabled
    Deny Conn when Queue Full: disabled
    Console logging: disabled
    Monitor logging: disabled
    Buffer logging: level debugging, class webvpn svc csd dap,133
messages logged
    Trap logging: disabled
    History logging: disabled
    Device ID: disabled
    Mail logging: disabled
    ASDM logging: disabled
%ASA-7-734003: DAP: User sslvpnuser, Addr 209.165.200.230: Session
Attribute aaa.cisco.username = sslvpnuser
%ASA-7-734003: DAP: User sslvpnuser, Addr 209.165.200.230: Session
Attribute aaa.cisco.tunnelgroup = SecureMeClientlessTunnel
%ASA-7-734003: DAP: User sslvpnuser, Addr 209.165.200.230: Session
Attribute endpoint.os.version = "Windows XP"
%ASA-7-734003: DAP: User sslvpnuser, Addr 209.165.200.230: Session
Attribute endpoint.os.servicepack = "2"
%ASA-7-734003: DAP: User sslvpnuser, Addr 209.165.200.230: Session Attribute
endpoint.policy.location = "InternetCafe"
%ASA-7-734003: DAP: User sslvpnuser, Addr 209.165.200.230: Session
```

（待续）

```
Attribute endpoint.protection = " secure desktop "
<snip>
%ASA-7-734003: DAP: User sslvpnuser, Addr 209.165.200.230: Session
Attribute endpoint.enforce = "success"
%ASA-6-734001: DAP: User sslvpnuser, Addr 209.165.200.230, Connection
Clientless: The following DAP records were selected for this connection: Contractors-
DAP
 %ASA-6-716001: Group <ClientlessGroupPolicy> User <sslvpnuser> IP
<209.165.200.230> WebVPN session started.
%ASA-6-716038: Group <ClientlessGroupPolicy> User <sslvpnuser> IP <209.165.200.230>
Authentication: successful, Session Type: WebVPN.
```

注释：管理员应该在实验室环境中使用 debug 级别的系统日志监测会话。在生产环境中，这些命令只可用于排错，并且收集到所需信息后应将其关闭。

22.9.2 SSL VPN 排错

Cisco ASA 为 SSL VPN 提供了大量排错和诊断命令。接下来着重讲解三个 SSL VPN 排错场景。

1. SSL 协商排错

若有一个用户不能使用 SSL 连接到安全设备，管理员可以按照以下建议排查 SSL 协商问题：

- 确认用户计算机可以 ping 通安全设备的外部 IP 地址；
- 查看用户的计算机是否能够访问其他启用了 SSL 的站点；
- 若用户计算机可以 ping 通外部地址，在安全设备上使用命令 **show running all | include ssl** 确认 SSL 加密的配置；
- 若 SSL 加密配置正确，使用外部抓包工具检查 TCP 三次握手是否成功。

2. 无客户端故障排错

下面给出两种最常见的无客户端故障的排错思路。

Web 站点相关问题

若管理员向用户提供无客户端 SSL VPN 连通性，而用户无法通过书签连接 Web 站点，可以按照以下建议进行排错。

- 检查用户是否无法连接配置中的所有 Web 站点或者只能连接一两个站点。如果是这样检查其他应用是否工作正常，比如 CIFS、端口转发或智能隧道。
- 若连通性问题仅限于一台 Web 服务器，那么确认一个用户无法连接该 Web 站点，还是所有用户都无法连接。
- 为书签中配置的 Web 站点使用智能隧道进行连接，是否可解决此问题。
- 若问题还未解决，禁用额外的一些特性，比如 CSD 和 DAP，是否可以解决此问题。
- 也可以尝试使用其他浏览器来排除浏览器问题。
- 最后，尝试通过 AnyConnect VPN 客户端连接服务器，以排除其他问题。

CIFS 相关问题

管理员可以为无客户端 SSL VPN 用户提供 CIFS 服务，使他们能够访问 Windows 文件服务器中的共享资源。若能够进行多点登录的无客户端 SSL VPN 用户无法访问服务器，管理员可以将其配置为单点登录，看是否能够解决此问题。

若用户无法连接服务器，或者无法连接共享文件夹或文件，可以在 Web 门户页面的地址栏中输入服务器名称或共享地址进行访问。这样做可以将故障定位于 CIFS 书签。

有时无客户端 SSL VPN 用户选择 Web 门户页面中的 Browse Entire Networks（浏览整个网络）时，会接收到错误消息“Failed to retrieve domains（检索域失败）”。管理员可以通过在正确的隧道组下添加 WINS（NBNS）服务器来解决此问题。

在 8.0 之前的版本中，用户通过 CIFS 书签或点击 Browse Entire Networks 选项访问服务器时，偶尔会收到错误消息“Error contacting host（连接主机错误）”，这时唯一的解决办法是重启安全设备。这个问题被定义为 CSCsl94183，并已在 8.0(4)、8.1(2)以及后续版本中修正。

注释：管理员可以启用 **debug ntdomain 255** 和 **debug webvpn cifs 255** 收集适当信息。也可以在 ASA 和 CIFS 服务器之间部署数据包捕捉器收集信息。管理员可以将 debug 输入和捕获的信息提交给 Cisco TAC 工程师进行进一步分析。

3. CSD 排错

若管理员在网络环境中部署了 CSD，在 CSD 启动过程中，用户会感受到处理速度减缓。这可能是以下问题引起的。

- **需要读取多个注册表键值和数值**：拥有越多需要读取的注册表键值，CSD 需要花费越多的时间来读取和处理这些条目。
- **运行的 Java 版本**：有一些版本的 Java 可以比旧版本处理更多的注册表条目。

管理员可以通过以下方式排查此类问题：清除 Internet 浏览器中的 SSL 状态，关闭证书撤销检查，也可以使用最新版本的 CSD。

4. DAP 排错

排查与 DAP 相关问题的最佳方法是启用 **debug dap trace**。举例来说，该命令可以使管理员得知有谁连接到安全设备，选择了哪个隧道组，选择了哪个 CSD 预登录位置，主机运行了哪个修补程序，为该连接应用了哪个 DAP 记录。如例 22-19 所示，用户名是 sslvpnuser，会话使用的隧道组是 SecureMeClientlessTunnel。CSD 预登录位置是 InternetCafe（网吧），安全设备为该用户会话分配的策略是 Contractors-DAP。

例 22-19 命令 debug dap trace

```
Chicago# debug dap trace
DAP_TRACE: DAP_open: D44B80A8
DAP_TRACE: DAP_add_CSD: csd_token = [3463312075D26823695DDD52]
DAP_TRACE: Username: sslvpnuser, aaa.cisco.username = sslvpnuser
DAP_TRACE: Username: sslvpnuser, aaa.cisco.tunnelgroup = SecureMeClientlessTunnel
DAP_TRACE: dap_add_to_lua_tree:aaa["cisco"]["username"] = "sslvpnuser";
DAP_TRACE: dap_add_to_lua_tree:aaa["cisco"]["tunnelgroup"] =
"SecureMeClientlessTunnel";
DAP_TRACE: dap_add_to_lua_tree:endpoint["application"]["clienttype"] = "Clientless";
DAP_TRACE: Username: sslvpnuser, dap_add_csd_data_to_lua:
endpoint.os.version = "Windows XP";
endpoint.os.servicepack = "2";
```

（待续）

```
endpoint.policy.location = "InternetCafe";
endpoint.protection = "secure desktop";
endpoint.device.hostname = "home-pc";
endpoint.os.windows.hotfix["KB873339"] = "true";
endpoint.os.windows.hotfix["KB884016"] = "true";
<snip>
endpoint.fw["MSWindowsFW"].description = "Microsoft Windows Firewall";
endpoint.fw["MSWindowsFW"].version = "XP SP2+";
endpoint.fw["MSWindowsFW"].enabled = "failed";
endpoint.enforce = "success";
DAP_TRACE: Username: sslvpnuser, Selected DAPs: ,Contractors-DAP
DAP_TRACE: dap_request: memory usage = 40%
DAP_TRACE: dap_process_selected_daps: selected 1 records
DAP_TRACE: Username: sslvpnuser, dap_aggregate_attr: rec_count = 1
DAP_TRACE: Username: sslvpnuser, dap_comma_str_fcn: [Contractors-List] 16 128
DAP_TRACE: Username: sslvpnuser, DAP_close: D44B80A8
```

总结

本章详细介绍了 Cisco ASA 中的 SSL VPN 功能。通过这些强大的特性为 SSL VPN 远程访问提供的强健特性，安全管理员几乎可以在所有网络拓扑中部署安全设备。本章介绍了无客户端 SSL VPN 客户端的实施步骤。本章只对 Cisco 安全桌面（CSD）进行了简要的介绍，因为很多 CSD 特性都已经取消。本章讨论了主机扫描特性，它用于收集终端工作站的状态信息。同时解释了 DAP 特性及其用途，并提供了详细的配置案例。为了加强学习效果，本章描述了部署场景并给出相应配置。本章提供了大量 **show** 和 **debug** 命令，来协助管理员排查无客户端 SSL VPN 部署中的问题。

第23章

基于客户端的远程访问 SSL VPN

本章涵盖的内容有：

- SSL VPN 设计考量；
- SSL VPN 前提条件；
- SSL VPN 前期配置向导；
- Cisco AnyConnect Secure Mobility 客户端配置指南；
- 部署环境；
- Cisco AnyConnect Secure Mobility Client SSL VPN 的监测与排错。

第 20 章介绍了远程访问 IPSec VPN 的概念，第 22 章则讨论了如何在无客户端工作站上实施 SSL VPN。但无客户端实施方案并不能为用户提供完全的网络访问服务。若管理员希望用户可以从远端工作站获得完全的网络连通性，也就是使用户通过 SSL VPN 获得与远程访问 IPSec VPN 相同的服务，管理员可以实施 Cisco ASA 中的完全隧道模式（full-tunnel-mode）功能。通过使用完全隧道客户端模式，远程设备能够发送所有类型的 IP 单播流量，其中包括 TCP、UDP 甚至 ICMP 包。SSL 客户端可以通过 HTTP、HTTPS、SSH 或 Telnet 等方式访问内部资源。

许多企业需要从现有的基于 IPSec 的部署迁移到 SSL VPN 解决方案。他们选择这样做最主要的动机是 Cisco AnyConnect Secure Mobility 客户端易于部署与维护，它拥有较小的程序包，在客户端安装过程中不需要重启设备，并且配置非常简单。

在完全隧道模式下，在成功通过认证之后，安全设备就可以将 Cisco AnyConnect Secure Mobility 客户端推送或安装到远程工作站中。客户端安装完成后，管理员可以选择将其永久地安装在工作站中，这样可以为远程用户节省连接时间。

23.1 SSL VPN 设计考量

在第 22 章中，我们曾经提到在使用 Cisco ASA 实施 SSL VPN 服务之前，管理员需要分析现有网络环境，并确定方案实施中需要的特性和模式。管理员可以选择安装 Cisco AnyConnect Secure Mobility 客户端或者使用无客户端 SSL VPN 功能。对于使用 SSL 隧道，并希望获得完整的企业网络访问服务的用户来说，Cisco AnyConnect Secure Mobility SSL VPN 无疑是最佳选择。

当管理员选择以 Cisco AnyConnect Secure Mobility SSL VPN 作为自己的远程访问 VPN 解决方案时，就必须考虑使用正确的 SSL VPN 设计方案。在这一节中，我们会为读者提供几种可供选择的设计方案。

23.1.1 Cisco AnyConnect Secure Mobility 客户端的授权

从 Cisco ASA 8.2 版本开始，Cisco 引入了几个专门用于 SSL VPN 环境中的授权。我们在第 3 章中介绍了 Cisco ASA 及其 SSL VPN 功能的各种不同的许可证。

23.1.2 Cisco ASA 设计考量

在开始部署 Cisco AnyConnect Secure Mobility SSL VPN 之前，管理员必须明白它将带给网络环境的影响。在设计中需要考虑到的问题包括以下几个方面。

1. ASA 特性集

Cisco 安全设备能够运行多种特性，比如 IPSec VPN（IKEv1 和 IKEv2）隧道、路由选择引擎、防火墙和数据监测引擎。若当前设备上已经运行了多个特性，启用 SSL VPN 特性将加重特性负载。因此在启用 SSL VPN 之前，管理员必须检查 CPU、内存和缓存的利用率。

2. 基础设施规划

由于 SSL VPN 向远程用户提供网络访问，管理员就必须考虑到 VPN 终结设备的位置。在实施 SSL VPN 特性前，要提出以下问题。

- 是否应该将 Cisco ASA 置于另一个防火墙之后？如果这样做，应该在那台防火墙上放行哪些端口？
- 加密的流量是否需要经过其他防火墙？如果是这样，应该在那些防火墙上放行哪些端口？
- 客户端与安全设备之间是否存在代理服务器？

注释：若 Cisco AnyConnect Secure Mobility 客户端与服务器之间存在 HTTP 1.1 代理服务器，只要代理服务器使用基本及 NTLM 认证，客户端与服务器之间就应该能建立连接。当前实施工作中不支持 Socks 代理。

此外若代理服务器只支持 TCP，则不能使用 DTLS。DTLS 将在本章“配置 DTLS”部分进行介绍。

3. 实施范围

网络安全管理员需要确定 SSL VPN 的部署范围，尤其要确定当前需要连接网络的用户数量。如果一台 Cisco ASA 不足以支持所需的用户数量，那么需要考虑使用 ASA 集群或负载分担特性来满足潜在远程用户的需求。

表 23-1 列出了各种安全设备以及每个平台所支持的并发 Cisco AnyConnect Secure Mobility SSL VPN 用户数量。

表 23-1 ASA 平台及其支持的并发 SSL VPN 用户数量

安全设备	最大 VPN 吞吐量	最大并发用户数量
5505	100 Mbit/s	25
5510	170 Mbit/s	250
5512-X	200 Mbit/s	250
5515-X	250 Mbit/s	250

续表

安全设备	最大 VPN 吞吐量	最大并发用户数量
5520	225 Mbit/s	750
5525-X	300 Mbit/s	750
5540	325 Mbit/s	2500
5545-X	400 Mbit/s	2500
5550	425 Mbit/s	5000
5555-X	700 Mbit/s	5000
安装 SSP-10 的 5585-X	1 Gbit/s	5000
安装 SSP-20 的 5585-X	2 Gbit/s	10000
安装 SSP-40 的 5585-X	3 Gbit/s	10000
安装 SSP-60 的 5585-X	5 Gbit/s	10000
ASA 服务模块	2 Gbit/s	10000

注：VPN 吞吐量是根据使用 3DES/AES 加密 VPN 隧道计算得出的。Cisco 确认 VPN 吞吐量和会话数量取决于 ASA 设备的配置和 VPN 流量的模式。在规划容量时，这些因素都应该列入考虑当中

注释：管理员不能为 Cisco AnyConnect Secure Mobility 客户端连接应用 QoS（服务质量）策略。

23.2 SSL VPN 前提条件

管理员开始在企业中实施 SSL VPN 之前，首先要满足一些前提条件。本小节将对其进行讨论。

Cisco 为所有支持 SSL VPN 的 ASA 设备提供了 2 个用户的免费授权。管理员想要在实验室环境中测试 SSL VPN 特性的话，只要用户数量不超过 2 个，就不必购买授权。

注释：由于版本 8.2 中添加了 SSL VPN 增强特性，因此本章将着重关注这一特定版本。

23.2.1 客户端操作系统和浏览器的软件需求

多种客户端操作系统和多种浏览器都可以支持 Cisco 安全设备上部署的 SSL VPN 功能。接下来介绍可支持的平台。

1. 支持的操作系统

下列系统都可以支持 Cisco AnyConnect Secure Mobility：

- Windows Vista；
- Windows 7；
- Windows 8；
- OS X；
- Android；
- Apple iOS（即 iPad、iPhone 和 iPod 的操作系统）。

从 3.0.11042 及后续（3.0.x 版本）版本，以及从 3.1.02026 及后续（3.1.x 版本）版本的 Cisco AnyConnect Secure Mobility 客户端开始支持 32 位和 64 位的 Windows 8。从 Cisco AnyConnect Secure Mobility 客户端 3.1.04072 开始，Cisco AnyConnect Secure Mobility 客户

端可以支持 32 位和 64 位的 Windows 8。

要想通过 Cisco 了解最新的操作系统及系统需求，可以访问 http://www.cisco.com/en/US/products/ps10884/prod_release_notes_list.html。

2. 兼容的浏览器

管理员必须使用支持 SSL 的浏览器从安全设备下载 Cisco AnyConnect Secure Mobility 客户端，如 Google Chrome、Microsoft Internet Explorer、火狐、Opera 或 Safari。对于 Windows 工作站，使用 Internet Explorer 6.0+或火狐 2.0+，并启用 ActiveX 或安装 San JRE 1.5 或更高版本，建议安装 JRE 7。Apple Safari 浏览器需要启用 Java。

23.2.2 基础设施需求

SSL VPN 对于基础设施的需求包括（但并不局限于）以下选项：

- ASA 的部署与需求；
- 用户账户；
- 管理员权限。

1. ASA 的部署与需求

若需要安装一台新的安全设备，管理员需要为设备测定最符合企业需求的部署位置。若计划将其放置一台防火墙之后，请确保在该防火墙上放行了相应的 SSL VPN 端口。大多数情况中，将它放置在靠近 Internet 出口的位置。

如果希望将以下特性与 SSL VPN 一起使用，必须将系统升级到 ASA 9.0 及更高的版本：

- IPv6；
- Cisco 下一代加密“Suite-B”安全；
- 暂未升级的 Cisco AnyConnect Secure Mobility Client 客户端；
- Internet Explorer 11 及 OS X 10.9。

2. 用户账户

在建立 SSL VPN 隧道之前，用户必须向本地数据库或者外部认证服务器进行身份认证。可支持的外部服务器包括 RADIUS（包括使用 MSCHAPv2 向 NT LAN 管理器进行密码期满验证）、RADIUS 一次性口令（OTP）、RSA 安全 ID、活动目录/Kerberos 以及通用轻量级目录访问协议（LDAP）。请确保 SSL VPN 用户拥有账户以及适当的访问权限。微软和 Oracle LDAP 可使用 LDAP 密码期满验证。

3. 管理员权限

Cisco AnyConnect Secure Mobility Client VPN 客户端需要本地工作站的管理员权限。

> 注释：智能卡不可用于基于 Linux 的 Cisco AnyConnect Secure Mobility Client 客户端。所有 Windows 系列的操作系统，以及 10.4 及后续版本的 OS X 操作系统都可以完全支持智能卡。

23.3 SSL VPN 前期配置向导

分析过部署考虑并且选择 SSL VPN 作为远程访问 VPN 解决方案后，管理员必须在启用 SSL VPN 之前，按照本小节说明的配置步骤正确地配置安全设备。配置任务包括以下内容：

- 注册数字证书（推荐）；
- 建立隧道和组策略；
- 建立用户认证。

23.3.1 注册数字证书（推荐）

注册是从证书管理机构（CA）获得证书的过程。Cisco AnyConnect Secure Mobility Client SSL VPN 客户端的证书注册过程与第 22 章介绍的无客户端 SSL VPN 隧道注册过程相同。如需了解向 Cisco 安全设备中注册 SSL VPN 证书的过程，请参考第 22 章中的“注册数字证书”小节。

23.3.2 建立隧道和组策略

正如第 22 章所介绍的，Cisco ASA 使用继承模型将网络和安全策略推送到终端用户会话。使用这个模型，管理员可以在以下三个地方配置策略：

- 在默认组策略下；
- 在用户组策略下；
- 在用户策略下。

在继承模型中，用户将继承用户策略中的属性和策略，用户策略将继承用户组策略中的属性和策略，用户组策略将继承默认组策略中的属性和策略。

> 注释：DfltGrpPolicy 是特殊的组名称，仅用于默认组策略。

定义好这些策略后，必须将其与隧道组相绑定，隧道组用来终结用户会话。这样的话，使用隧道组建立 VPN 会话的用户，将会继承映射到该隧道的所有策略。隧道组定义了 VPN 连接配置文件，而用户是其中的一个成员。

1. 配置组策略

可以通过菜单 **Configuration > Remote Access VPN > Network (Client) Access > Group Policies** 配置用户组和默认组策略。点击 **Add** 添加一个新的组策略。图 23-1 中添加了一个名为 Cisco AnyConnect Secure Mobility Client GroupPolicy 的用户组策略。该组策略只允许建立 SSL VPN 客户端隧道，并严格拒绝所有其他类型的隧道协议。若管理员希望为默认组策略分配属性，可以找到 **Configuration > Remote Access VPN >Network (Client) Access > Group Policies**，选择后 **DfltGrpPolicy** 点击 **Edit**，以此来修改 DfltGrpPolicy（系统默认）。任何在 DfltGrpPolicy 下所做的属性修改，都将被使用该属性的用户组策略所继承。除了 **DfltGrpPolicy** 以外的组策略都是用户组策略。

> 注释：默认组策略和用户组策略都同时允许建立 Cisco IPSec VPN 和 SSL VPN 隧道。若管理员希望限制一个策略只使用 SSL VPN，那么在 Tunneling Protocols 下选择 **Clientless SSL VPN** 或 **SSL VPN Client** 选项，如图 23-1 所示。

用户、组和默认组策略都可被应用到无客户端、Cisco AnyConnect Secure Mobility Client 和基于 IPSec 的远程访问 VPN 隧道。Cisco AnyConnect Secure Mobility Client SSL VPN 特有的属性将在本章后面几节中进行介绍。

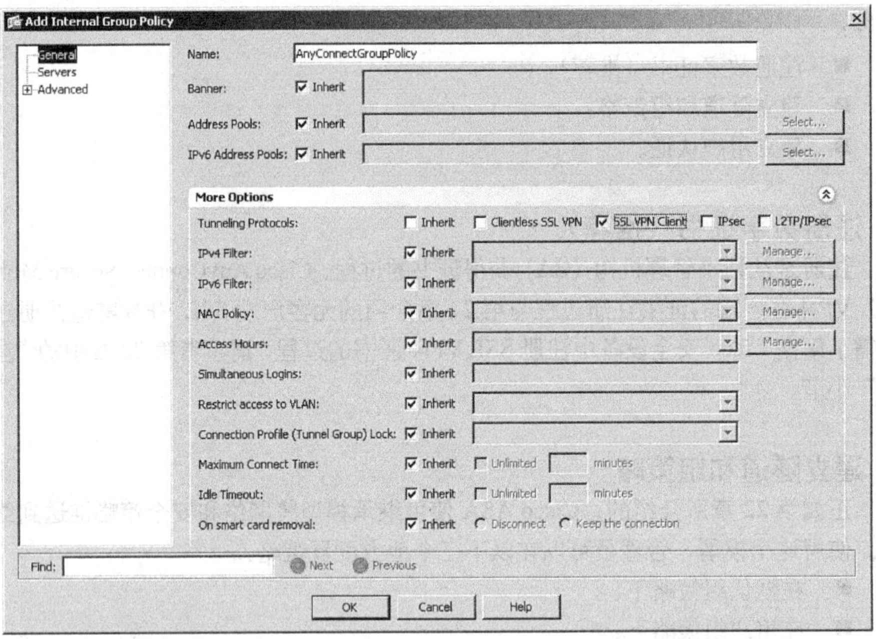

图 23-1 配置用户组策略

> 注释：可以通过菜单 **Configuration > Remote Access VPN > AAA/Local Users > Local Users** 配置用户策略。

例 23-1 显示出如何定义名为 Cisco AnyConnect Secure Mobility Client GroupPolicy 的用户组策略。该策略仅允许建立 IPSec 隧道。

例 23-1 定义组策略

```
Chicago(config)# group-policy AnyConnectGroupPolicy internal
Chicago(config)# group-policy AnyConnectGroupPolicy attributes
Chicago(config-group-policy)# vpn-tunnel-protocol svc
```

2. 配置隧道组

隧道组也称为连接配置文件，可以通过菜单 **Configuration > Remote Access VPN > Network (Client) Access > AnyConnect Connection Profiles** 进行配置，点击 **Add** 添加一个新的隧道组。图 23-2 中定义了一个名为 SecureMeAnyConnect 的隧道组。定义隧道组名称后，可以将用户组策略捆绑到隧道组。一个用户连接上以后，组策略中定义的属性和策略将被应用到该用户。本例中将名为 AnyConnectGroupPolicy 的用户组策略捆绑到这个隧道组。

例 23-2 显示出如何配置名为 SecureMeAnyConnect 的远程访问隧道组。前文中定义的组策略 AnyConnectGroupPolicy 被添加到该隧道组。

例 23-2 定义隧道组

```
Chicago(config)# tunnel-group SecureMeAnyConnect type remote-access
Chicago(config)# tunnel-group SecureMeAnyConnect general-attributes
Chicago(config-tunnel-general)# default-group-policy AnyConnectGroupPolicy
```

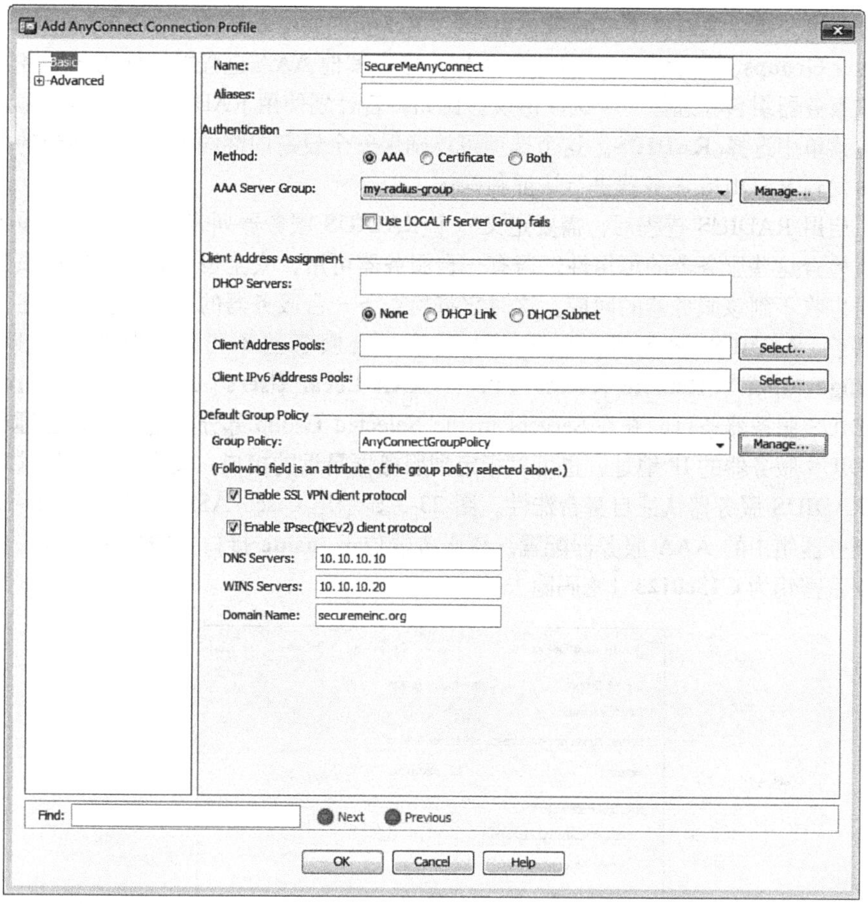

图 23-2 配置隧道组

配置好连接配置文件后，可以定义一个 URL，使用户可以连接到这个隧道组。若管理员希望为每个连接配置文件创建一个独立的 URL，并向相应用户分发 URL，这种方法就会非常有用，因为这样用户就无须决定应该用哪个连接配置文件进行连接。

管理员可以通过修改连接配置文件来定义一个 URL。接下来，需要在 Edit AnyConnect Connection Profile 对话框左侧的面板中选择 **Advanced** > **SSL VPN**。在 Group URL 下点击 **Add**，指定一个 URL。为连接配置文件 SecureMeAnyConnect 指定的组 URL 是 https://sslvpn.securemeinc.org/sslvpnclient。请确认勾选了 **Enable** 复选框。点击 **OK** 退出配置页面。当用户需要通过 SSL VPN 进行连接时，他们将使用这个 URL 来连接相应的隧道组。

23.3.3 设置用户认证

Cisco ASA 支持多种认证服务器和认证方式，比如 RADIUS、NT 域、Kerberos、SDI、LDAP、数字证书、智能卡和本地数据库。对于小型企业，可以使用本地数据库进行用户认证。对于大中型 SSL VPN 部署环境，强烈建议使用外部认证服务器作为用户认证数据库，比如 RADIUS 或 Kerberos。若 SSL VPN 特性只为少数用户部署，也可以使用本地数据库。可以通过菜单 **Configuration** > **Remote Access VPN** > **AAA/Local Users** > **Local Users** 定义用户。

很多企业使用 RADIUS 服务器或 Kerberos 进行用户认证，作为对其现存活动目录架构的补充。在 Cisco ASA 上配置认证服务器之前，管理员必须指定认证、授权和审计（AAA）

服务器组，可以通过菜单 **Configuration** > **Remote Access VPN** > **AAA/Local Users**> **AAA Server Groups**，然后点击 **Add** 进行配置。指定其他 AAA 进程能够使用的服务器组名称。为该服务器组名称选择一个认证协议。比如，若计划使用 RADIUS 服务器实施认证，则在下拉菜单中选择 **RADIUS**。这个选项可以确保安全设备向终端用户请求适当的信息，并将其转发到 RADIUS 服务器进行认证和确认。

启用 RADIUS 进程后，需要定义一个 RADIUS 服务器列表。Cisco 安全设备以轮询的方式检查这些服务器的可用性。若有一台服务器可用，安全设备将一直使用该服务器，直到再也收不到该服务器的回应。这时它将检查下一台服务器的可用性。强烈建议管理员设置多台 RADIUS 服务器，以防止出现第一台服务器不可达的情况。可以通过菜单 **Configuration** > **Remote Access VPN** > **AAA/Local Users**> **AAA Server Groups**，定义 RADIUS 服务器条目，并在 Servers in the Selected Group 部分点击 **Add**。管理员可以指定 RADIUS 服务器的 IP 地址，也可以指定到服务器最近的接口。安全设备使用共享秘密密钥向 RADIUS 服务器认证自身合法性。图 23-3 显示出 Cisco ASA 上的名为 my-radius-group 的服务器组中的 AAA 服务器配置。该服务器位于 **inside** 接口：**192.168.1.40**，使用的服务器秘密密钥为 **C1$c0123**（密码隐去）。

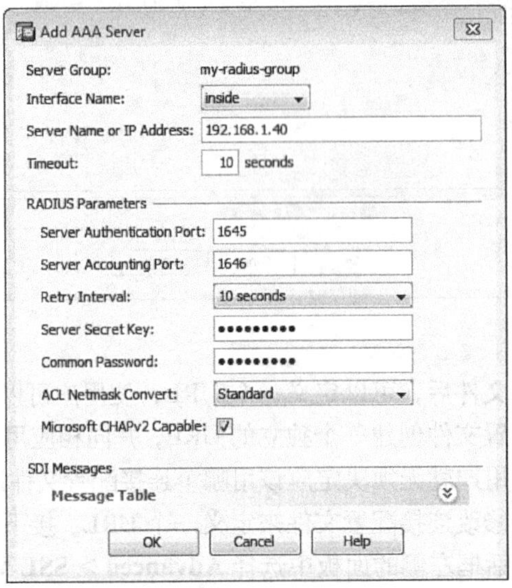

图 23-3 为认证用户定义 RADIUS 服务器

定义好认证服务器组后，管理员必须将其与隧道组下的 SSL VPN 进程相绑定。图 23-2 将新创建的 AAA 服务器（my-radius-group）组映射到了 SecureMeAnyConnect 隧道组。例 23-3 显示了如何定义 RADIUS 服务器。其中 RADIUS 组名称为 my-radius-group，它位于 inside 接口：192.168.10.40。共享秘密密钥为 C1$c0123。该 RADIUS 服务器被关联到了 SecureMeAnyConnect。

例 23-3 为 IPSec 认证定义 RADIUS

```
Chicago(config)# aaa-server Radius protocol radius
Chicago(config)# aaa-server Radius (inside) host 192.168.1.40
Chicago(config-aaa-server-host)# key C1$c0123
Chicago(config-aaa-server-host)# exit
Chicago(config) tunnel-group SecureMeAnyConnect general-attributes
Chicago(config-tunnel-general)# authentication-server-group Radius
```

> 提示：对于大型 VPN 部署环境来说（IPSec VPN 和 SSL VPN），管理员甚至能够管理外部认证服务器中的用户访问和策略。这时应将用户组策略名称以 RADIUS 或 LDAP 属性的方式传递给安全设备。这样做的话，无论用户连接到哪一个隧道组名称，他将总是获得相同的策略。若管理员使用 RADIUS 作为认证和授权服务器，则需将用户组策略名称定义为属性 **25**（类属性）。将关键字 **OU=**添加为类属性值。比如，若定义一个名为 engineering 组的用户组策略，则可以启用属性 **25**，并将 **OU=engineering** 定义为该属性的值。

23.4 Cisco AnyConnect Secure Mobility 客户端配置指南

可以使用以下两种方式在用户计算机上安装 Cisco AnyConnect Secure Mobility Client VPN 客户端。

- Web-enabled mode（Web 模式）——使用这种方式，用户计算机通过浏览器下载客户端。用户打开浏览器，输入 IP 地址或 Cisco ASA 的 FQDN 以建立 SSL VPN 隧道。这时用户将进入标准的 SSL VPN 登录页面，该页面提示用户输入用户名和密码。若验证成功，则允许用户登录，若用户使用 Internet Explorer，浏览器将提示用户通过 ActiveX 下载客户端。否则浏览器将提示用户通过 Cisco AnyConnect Secure Mobility Client 链接手动开始下载。若 ActiveX 启动失败，浏览器将尝试通过 Java 下载客户端。若 ActiveX 或 Java 启动成功，则下载客户端并安装在用户计算机上。安装后，客户端尝试连接安全设备并建立 SSL VPN 隧道。
- Standalone mode（独立模式）——使用这种方式，用户可以从文件服务器或这直接从 Cisco.com 上以独立的应用软件形式下载客户端。可以通过微软安装程序（MSI）为工作站安装客户端。若客户端没有经过预配置，用户需要指定安全设备的 IP 地址或 FQDN、连接的隧道组、用户名及其相关密码。

> 提示：若接收到如下消息，需要将 MSVCP60.dll 和 MSVCRT.dll 复制到 system32 目录中。更多信息请参考微软文章 KB259403。
>
> "The required system DLL *filename* is not present on the system."（系统中没有必需的系统 DLL 文件名）

在移动设备上，可以直接从苹果 App 商店或 Google Play 分别下载到 Cisco AnyConnect Secure Mobility Client。

按下列两个步骤配置 Cisco AnyConnect Secure Mobility Client VPN 客户端。

步骤 1 加载 Cisco AnyConnect Secure Mobility Client VPN 打包文件。

步骤 2 定义 Cisco AnyConnect Secure Mobility Client VPN 客户端属性。

23.4.1 加载 Cisco AnyConnect Secure Mobility Client VPN 打包文件

在为 Cisco AnyConnect Secure Mobility Client VPN 客户端确定配置策略之前，管理员必须在安全设备的本地 Flash 中加载 Cisco AnyConnect Secure Mobility Client VPN 客户端打包文件。可以通过菜单 **Configuration > Remote Access VPN > Network (Client) Access > AnyConnect Client Software** 查看是否已安装该打包文件。若未安装 Cisco AnyConnect Secure Mobility Client VPN 客户端文件，管理员可以点击 **Add**。

- 浏览安全设备的本地 Flash，选择希望使用的 Cisco AnyConnect Secure Mobility Client VPN 镜像文件。图 23-4 从安全设备的本地 Flash 中添加了 OS X 客户端

anyconnect-macosx-i386-3.1.04074-k9.pkg。

- 从本地计算机向 Cisco ASA 本地 Flash 中上载一个文件。管理员应该在 Cisco.com 中检查 Cisco AnyConnect Secure Mobility Client 打包文件的最新版本。

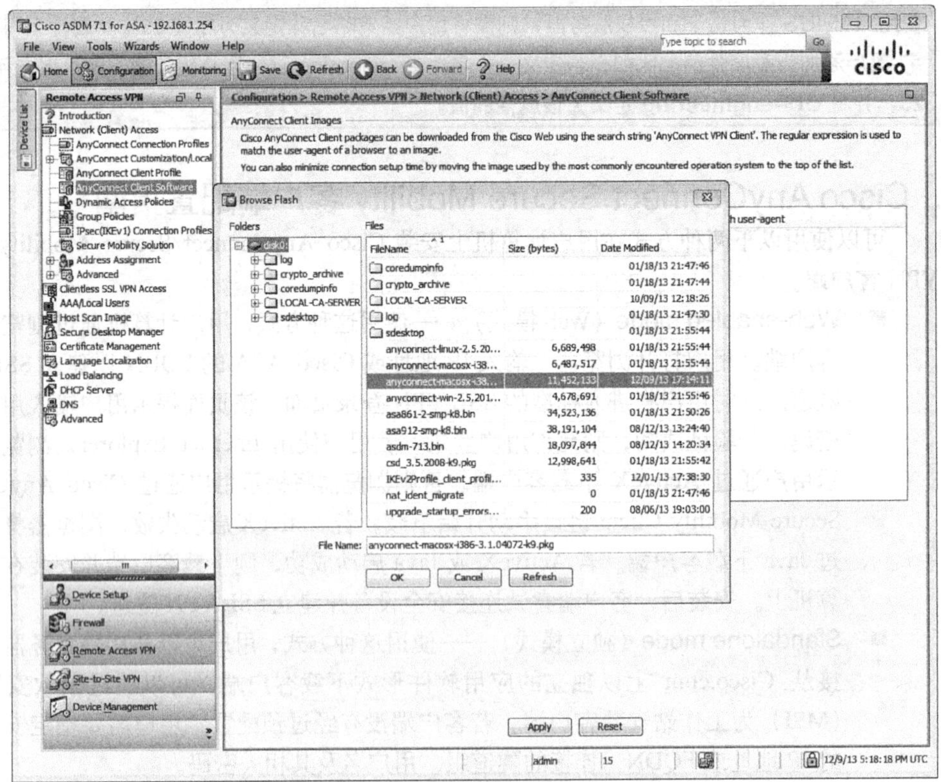

图 23-4 安装 Cisco AnyConnect Secure Mobility Client VPN 客户端打包文件

> 注释：管理员可以上载多个 SSL VPN 客户端程序包。文件的排列顺序将影响用户下载时看到的顺序。

> 注意：不要重新命名从 Cisco.com 下载的打包文件。若管理员改变了文件名，包含文件名的哈希校验将会失败。

例 23-4 在安全设备中安装了名为 anyconnectmacosx-i386-3.1.04074-k9.pkg 的 Cisco AnyConnect Secure Mobility Client 镜像文件。

例 23-4 启用 Cisco AnyConnect Secure Mobility Client SSL VPN

```
Chicago(config)# webvpn
Chicago(config-webvpn)# svc image disk0:/anyconnect-macosx-i386-3.1.04074-k9.pkg
```

23.4.2 定义 Cisco AnyConnect Secure Mobility Client 属性

向安全设备的配置文件中加载 Cisco AnyConnect Secure Mobility Client 打包文件后，管理员可以定义客户端参数，比如客户端应通过 ASDM 接受的 IP 地址。在 Cisco AnyConnect Secure Mobility Client SSL VPN 隧道可正常工作之前，管理员需要配置以下两个必要属性：

- 启用 Cisco AnyConnect Secure Mobility Client 连接；

- 定义地址池。

可选地，管理员还可以定义其他属性来加强 Cisco AnyConnect Secure Mobility Client 配置的功能。其中包括：

- 分离隧道；
- 分配 DNS 和 WINS；
- 保留安装的 SSL VPN 客户端；
- DTLS；
- 配置流量过滤；
- 配置隧道组。

在“高级完全隧道特性”一节中，我们会对其中一些选项进行定义。

图 23-5 用来展示如何为 Cisco AnyConnect Secure Mobility Client 用户设置 Cisco ASA。如图所示，安全设备配置为可接受主机从 Internet 发起的 SSL VPN 连接。安全设备保护的私有网络中有很多服务器，如表 23-2 所示。

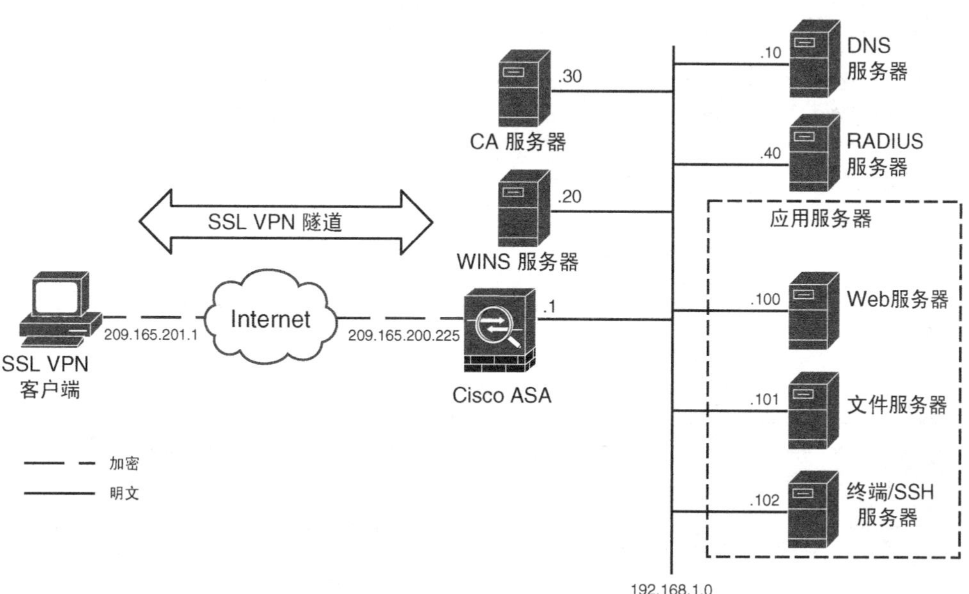

图 23-5 SSL VPN 网络拓扑

表 23-2 服务器的描述与位置

服务器	位置	目的
CA 服务器	192.168.1.30	颁发 CA 和 ID 证书
WINS 服务器	192.168.1.20	将 NetBIOS 名称解析为 IP 地址
DNS 服务器	192.168.1.10	将主机名解析为 IP 地址
RADIUS 服务器	192.168.1.40	认证用户
Web 服务器	192.168.1.100	托管内部站点
文件服务器	192.168.1.101	托管并向 SSL VPN 用户展示文件和文件夹
终端服务器/SSH 服务器	192.168.1.102	向 SSL VPN 用户提供终端和 SSH 服务

1. 启用 Cisco AnyConnect Secure Mobility Client VPN 客户端功能

将 Cisco AnyConnect Secure Mobility Client 加载到 Flash 中以后，下一步是在终结连接的接口上启用 AnyConnect Client 客户端功能。管理员可以在菜单 **Configuration > Remote Access VPN > Network (Client) Access > AnyConnect Connection Profiles** 中勾选 **Enable Cisco AnyConnect Secure Mobility Client or Legacy SSL VPN Client Access on the Interfaces Selected in the Table Below**。在这个表中，如果 outside 接口会充当终结 SSL VPN 的接口，就要在 SSL Access 下勾选 All Access 和 Enable DTLS 这两个复选框，如图 23-6 所示。指定 SSL VPN 端口，客户端应使用该端口建立 VPN 隧道。默认情况下这里是 TCP 443 端口和 DTLS UDP 443 端口。DTLS 在本章后续内容中进行介绍。

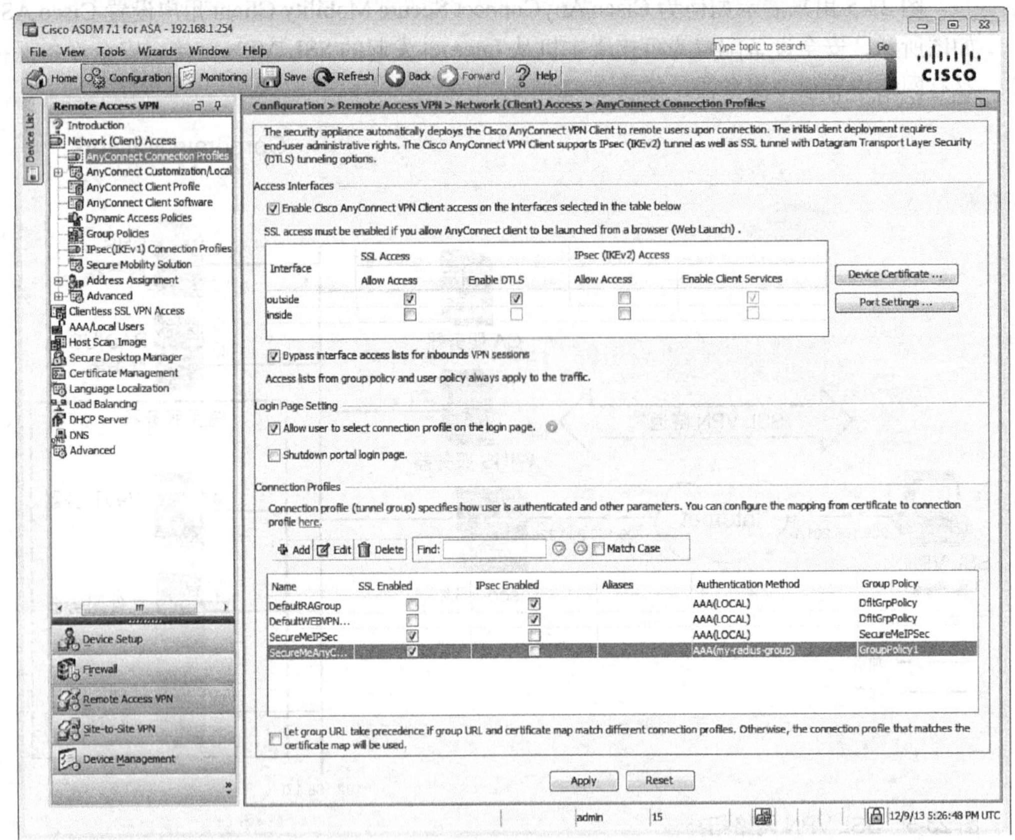

图 23-6 在接口上启用 Cisco AnyConnect Secure Mobility Client 功能

例 23-5 所示为在外部接口启用 Cisco AnyConnect Secure Mobility Client 功能。

例 23-5 在外部接口启用 SSL VPN

```
Chicago(config)# webvpn
Chicago(config-webvpn)# enable outside
```

在安装 Cisco AnyConnect Secure Mobility Client 客户端的过程中，需要用户拥有客户端计算机的管理员权限。启动 Cisco AnyConnect Secure Mobility Client 客户端后将不再需要管理员权限。

2. 定义地址池

在 SSL VPN 隧道协商阶段，安全设备会为 Cisco AnyConnect Secure Mobility Client 的 VPN 适配器分配一个 IP 地址。客户端使用这个 IP 地址访问隧道另一端的受保护资源。Cisco ASA 可使用三种不同的方式向客户端分配 IP 地址：

- 本地地址池；
- DHCP 服务器；
- RADIUS 服务器。

出于灵活性考虑，很多企业倾向于从本地地址池中分配 IP 地址。管理员可以通过配置一个地址池并将其关联到组策略，来为客户端分配 IP 地址。管理员既可以创建一个新的地址池，也可以选择预配置的地址池。可以通过菜单 **Configuration > Remote Access VPN > Network (Client) Access > Address Assignment > Address Pools**，然后点击 **Add** 打开 Add IP Pool 对话框，如图 23-7 所示。

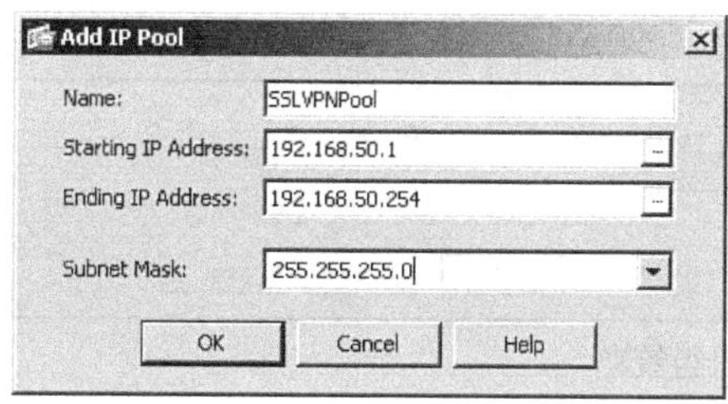

图 23-7 使用 ASDM 定义地址池

如图 23-7 所示配置下列属性。

- Name（名称）：为这个地址池指定一个由数字/字母组成的名称。本例中为 SSLVPNPool。
- Starting IP address（起始 IP 地址）：可分配给客户端的第一个 IP 地址。本例中为 192.168.50.1。
- Ending IP address（结束 IP 地址）：可分配给客户端的最后一个 IP 地址。本例中为 192.168.50.254。
- Subnet mask（子网掩码）：与这个地址池相关的子网掩码。本例中为 255.255.255.0。

默认情况下可以使用所有地址分配方式。若管理员希望禁用指定的地址分配方式，可以通过菜单 **Configuration > Remote Access VPN > Network (Client) Access > Address Assignment > Assignment Policy** 进行配置。

现在，Cisco ASA 可以支持 IPv6 SSL VPN。因此管理员也可以通过相同的方法来创建 IPv6 地址池。

> **注释：**若同时配置使用这三种方法分配地址，Cisco ASA 优选 RADIUS，其次使用 DHCP 和内部地址池。若 Cisco ASA 无法从 RADIUS 服务器获得 IP 地址，它将向 DHCP 服务器请求地址范围。若该方法同样无法获得地址，Cisco ASA 最后会检查本地地址池。

定义地址池后，将其映射到用户组策略。可以通过菜单 **Configuration > Remote Access VPN > Network (Client) Access > Group Policies > AnyConnectGroupPolicy**，然后点击 **Edit** 进行配置。不勾选 Address Pools 下的 **Inherit** 复选框，点击 **Select** 选择一个预定义的地址池。这时将弹出一个对话框，其中列出所有预配置的地址池。选择希望使用的地址池并点击

Assign 将其映射到这个策略。图 23-8 将 SSLVPNPool 分配给 AnyConnectGroupPolicy。完成后请点击 **OK**。

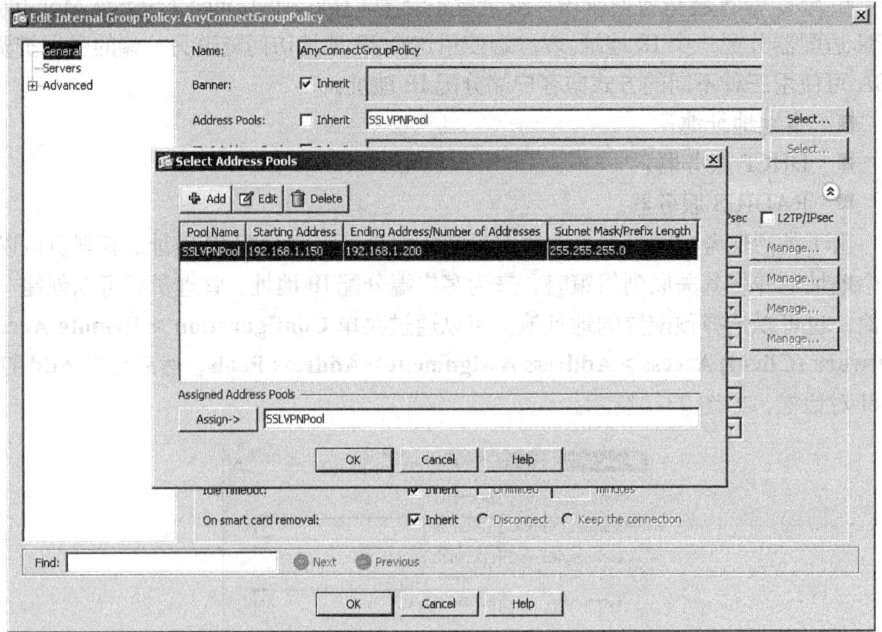

图 23-8 将地址池映射到组策略

例 23-6 显示出如何从名为 SSLVPNPool 的地址池分配地址，该地址池被映射到名为 AnyConnectGroupPolicy 的组策略。

例 23-6 定义地址池

```
Chicago(config)# ip local pool SSLVPNPool 192.168.50.1-192.168.50.254 mask
255.255.255.0
Chicago(config) group-policy AnyConnectGroupPolicy attributes
Chicago(config-group-policy)# address-pools value SSLVPNPool
```

提示：管理员也可以将地址池关联到隧道组。然而，组策略关联了一个地址池，隧道组关联了另一个地址池，安全设备将优先使用组策略所关联的地址池。

23.4.3 高级完全隧道特性

配置基本的完全隧道客户端参数后，管理员可以配置一些高级参数，来增强网络中的 SSL VPN 实施配置。接下来介绍一些重要的完全隧道特性：

- 分离隧道；
- 分配 DNS 和 WINS；
- 保留安装的 SSL VPN 客户端；
- 配置 DTLS；
- 配置流量过滤。

1. 分离隧道

隧道建立后，Cisco AnyConnect Secure Mobility VPN 客户端的默认行为是加密所有目的

IP 地址的流量。这也就是说若 SSL VPN 用户希望通过 Internet 访问 http://www.cisco.com，如图 23-9 所示，数据包将被加密并发送到 Cisco ASA。将数据包解密后，安全设备会查找路由表，并以明文的形式将数据包转发到适合的下一跳 IP 地址。当流量从 Web 服务器返回后，到流量到达 SSL VPN 客户端之前，将反向进行上述步骤。

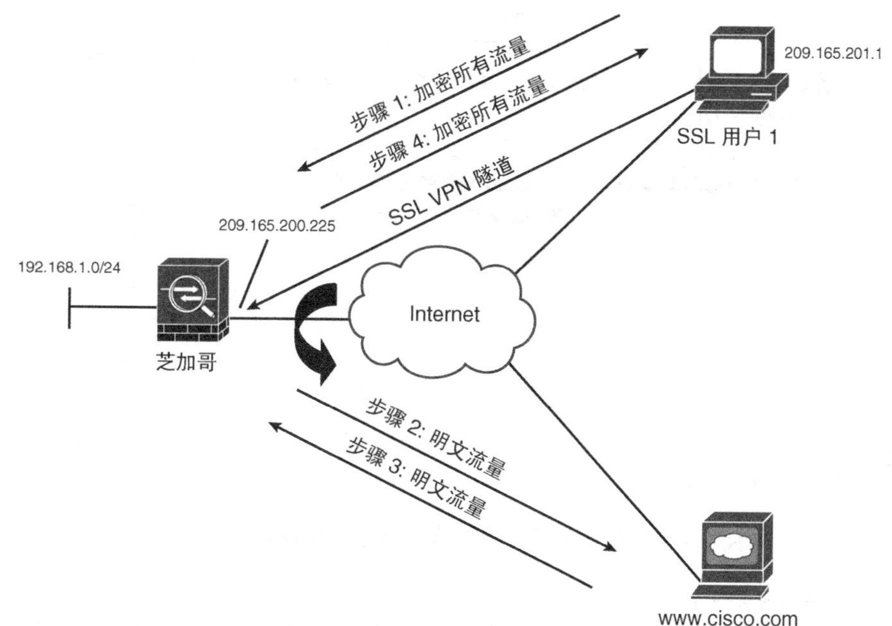

图 23-9 未使用分离隧道的流量

出于以下两个原因，这个行为不一定总是可取的。

- 去往非安全网络的流量两次穿越 Internet：一次以加密的形式，一次以明文的形式。
- Cisco ASA 需要处理去往非安全子网的多余 VPN 流量。安全设备需要分析所有去往 Internet 以及从 Internet 进入的流量。

使用分离隧道，安全设备可以告知 Cisco AnyConnect Secure Mobility Client 安全子网的信息。VPN 客户端就可以使用安全路由只加密去往安全设备后方网络的数据包。

> 注意：使用分离隧道时，远端计算机易受黑客侵扰，黑客能够悄悄接管计算机并将流量定向到隧道上。为了消除这一危险，强烈建议在 Cisco AnyConnect Secure Mobility Client 工作站上使用个人防火墙。

可以在用户、用户组策略或默认组策略下配置分离隧道。通过菜单 **Configuration > Remote Access VPN > Network (Client) Access > Group Policies**，选择 **AnyConnectGroupPolicy**，点击 **Edit**，然后选择 **Advanced > Split Tunneling**。在 **Policy** 和 **Network List** 下，不勾选 **Inherit** 复选框。从 Policy 下拉菜单中选择 **Tunnel Network List Below**。此外，从下拉菜单中选择一个网络列表。若管理员希望定义一个新的网络列表，可以点击 **Manage** 选项。Cisco ASDM 将打开 ACL 管理器，并提示管理员定义一个新列表。在 Standard ACL 标签下选择 **Add** 添加一个 ACL。在图 23-10 所示的对话框 ACL Manager 中，我们添加了一个名为 **SplitTunnelList** 的新 ACL。选择新定义的列表，再次点击 **Standard ACL** 下的 Add ACE 对话框中添加了一个 ACE。图 23-10 中，我们添加了一个 ACE：192.168.1.0/24，并给这条 ACE 添加了描述信息“List to Allow Access to Inside Network（允许访问内部网络的地

址列表)”。

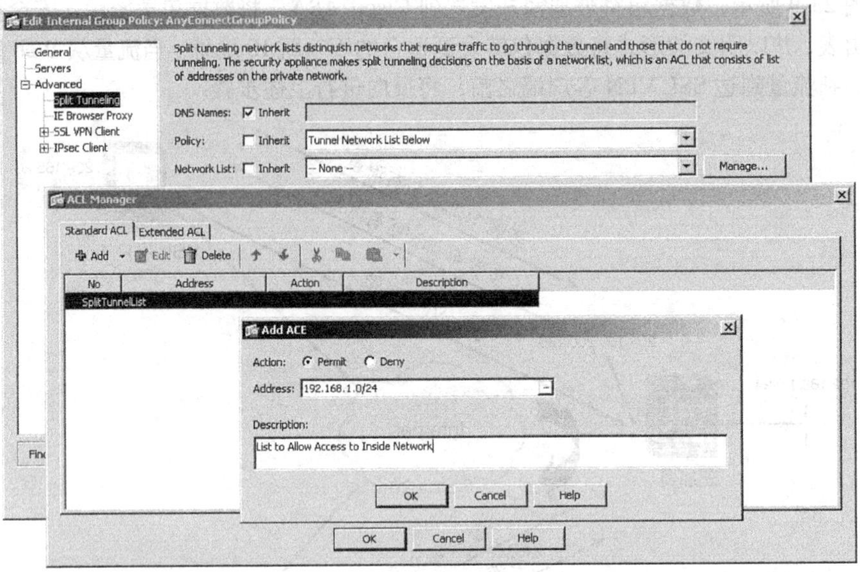

图 23-10 ASDM 配置分离隧道

例 23-7 显示了与图 23-10 所示配置功能相同的 CLI 配置。

例 23-7 配置分离隧道

```
Chicago(config)# access-list SplitTunnelList standard permit 192.168.0.0
255.255.255.0
Chicago(config)# group-policy AnyConnectGroupPolicy attributes
Chicago(config-group-policy)# split-tunnel-policy tunnelspecified
Chicago(config-group-policy)# split-tunnel-network-list value SplitTunnelList
```

注释：工作在 Windows 和 OS X 操作系统下的 Cisco AnyConnect Secure Mobility Client 可以支持分离 DNS 功能。它会将所有匹配某个域名的 DNS 查询消息转发给一个私有的企业 DNS 服务器。真正的分离 DNS 只支持对那些与 ASA 推送给客户端的 DNS 请求相匹配的请求执行隧道访问。这类 DNS 流量会被加密。但是，如果 DNS 请求不匹配 ASA 发送的域名，那么 Cisco AnyConnect Secure Mobility Client 支持客户端操作系统中的 DNS 解析功能以明文的形式提供主机名。

如果安装了 Web Security（网页安全）模块，那么 Cisco AnyConnect Secure Mobility Client 就可以支持 Cisco Cloud Web Security（Cisco 云网页安全）。这个模块是一个端点组件，它可以将 HTTP 流量发送给 Cisco Cloud Web Security 扫描代理来监控和阻塞有害的站点和内容。

当 VPN 连接建立起来之后，所有网络流量都会通过 VPN 隧道进行发送。但是，当 Cisco AnyConnect Secure Mobility Client 用户使用 Web Security 模块时，那么从端点发出的 HTTP 流量就需要从隧道中排除出来，直接发送给 Cloud Web Security 扫描代理。因此，要想要 Cloud Web Security 扫描代理监控流量，那就必须启用分离隧道。在组策略中使用 **Set Up Split Exclusion for Web Security** 按钮。如果要给 Web Security 配置分离隧道，需要完成下面的配置步骤。

1. 选择 **Remote Access VPN > Configuration > Group Policies**。
2. 选择想要配置的组策略，然后点击 **Edit**。

3. 选择 **Advanced > Split Tunneling**。
4. 点击 **Set Up Split Exclusion for Web Security**。
5. 输入一个新的 ACL 或者已有的 ACL，来执行 Web Security 分离。ASDM 会将这个 ACL 放在网络列表中使用。
6. 点击 **Create Access List**。
7. 点击 **OK**。

2. 分配 DNS 和 WINS

管理员可以为 Cisco AnyConnect Secure Mobility Client 分配 DNS 和 WINS 服务器 IP 地址，这样用户可以在建立 SSL 隧道后浏览并访问内部站点。需要选择 **Configuration > Remote Access VPN > Network (Client) Access > Group Policies**，选择 **AnyConnectGroupPolicy**，点击 **Edit**，然后再点击 **Servers** 来配置这些属性。如需添加多个 DNS 或 WINS 服务器，使用逗号（,）分离每个条目。图 23-11 中定义了主用 DNS 服务器为 192.168.1.10，备用 DNS 服务器为 192.168.1.20。主用 WINS 服务器为 192.168.1.10，备用 WINS 服务器为 192.168.1.20。将被推送到 AnyConnect VPN 客户端的默认域名为 securemeinc.org。

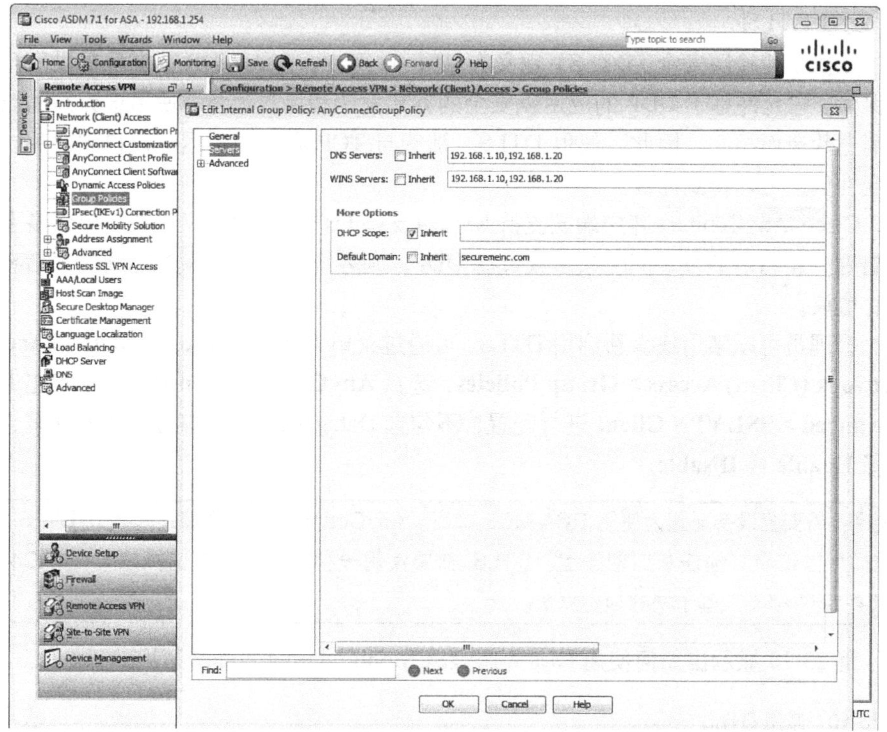

图 23-11 为 Cisco AnyConnect Secure Mobility Client 定义 DNS 和 WINS 服务器

例 23-8 显示了与图 23-11 所示配置功能相同的 CLI 配置。

例 23-8 为 Cisco AnyConnect Secure Mobility Clients 定义 DNS 和 WINS 服务器

```
Chicago(config)# group-policy AnyConnectGroupPolicy attributes
Chicago(config-group-policy)# dns-server value 192.168.1.10 192.168.1.20
Chicago(config-group-policy)# wins-server value 192.168.1.20 192.168.1.10
Chicago(config-group-policy)# default-domain value securemeinc.org
```

3. 保留安装的 SSL VPN 客户端

成功安装 AnyConnect 客户端后，默认情况下即使隧道连接已断开，安全设备也会保留安装在计算机上的客户端。管理员应该维持该选项的启用状态，使用户无须再次安装客户端。除此之外，初始的 AnyConnect 客户端安装需要管理员权限。若管理员不允许终端用户拥有管理员权限，就需要保留安装在工作站中的客户端。若管理员希望用户断开 SSL VPN 隧道后卸载客户端，可通过菜单 **Configuration** > **Remote Access VPN** > **Network (Client) Access** > **Group Policies**，选择 **AnyConnectGroupPolicy**，点击 **Edit**，选择 **Advanced** > **SSL VPN Client** 进行配置，不勾选 Keep Installer on Client System 选项，接着选择 **No**。

例 23-9 显示出如何通过 CLI 配置用户断开 SSL VPN 隧道后卸载客户端。

例 23-9 会话断开后卸载 AnyConnect 客户端

```
Chicago(config)# group-policy AnyConnectGroupPolicy attributes
Chicago(config-group)# webvpn
Chicago(config-group-webvpn)# svc keep-installer none
```

4. 配置 DTLS

数据报传输层安全（DTLS）定义在 RFC 6347 中，它为 UDP 数据包提供安全性和私密性保障。它允许基于 UDP 的应用以安全的方式发送和接收流量，使用户无须为数据包篡改和消息伪造而担心。因此，使用 DTLS，那些与 TCP 有关的延迟可以得到避免，而通信的安全性仍然可以得到保证。

Cisco AnyConnect 客户端既支持 SSL 也支持 DTLS 传输协议。在安全设备上 DTLS 默认启用。若启用 DTLS 同时禁用或过滤 UDP，则客户端与安全设备之间的通信将转为使用 SSL 协议。

管理员可以禁用或重新启用 DTLS，可通过菜单 **Configuration** > **Remote Access VPN** > **Network (Client) Access** > **Group Policies**，选择 **AnyConnectGroupPolicy**，点击 **Edit**，选择 **Advanced** > **SSL VPN Client** 进行配置，不勾选 Datagram TLS 选项的 **Inherit** 复选框，然后选择 **Enable** 或 **Disable**。

> 注释：若安全设备配置为使用 RC4-MD5 加密，AnyConnect 客户端将无法建立 DTLS 隧道。管理员可以使用其他任意加密类型。DTLS 需要使用一种基于块的加密算法，而 RC4-MD5 和 RC4-SHA 都不是基于块的加密算法。

例 23-10 显示出如何使用 CLI 为组策略 MobilityGroupPolicy 禁用 DTLS。

例 23-10 禁用 DTLS

```
Chicago(config)# group-policy AnyConnectGroupPolicy attributes
Chicago(config-group)# webvpn
Chicago(config-group-webvpn)# svc dtls none
```

5. 配置流量过滤

Cisco ASA 处于默认的防火墙角色时，允许加密流量通过。若管理员信任所有远程 AnyConnect VPN 客户端，这对于部署将极其有利。Cisco ASA 允许所有加密的 SSL VPN 数据包通过，无须使用配置的 ACL 进行检测。

若管理员希望使用外部接口的 ACL 检测 IPSec 保护的流量，可以通过菜单 **Configuration > Remote Access VPN > Network (Client) Access > Advanced > SSL VPN > Bypass Interface Access List** 改变这一默认行为。不勾选 **Enable Inbound IPsec Sessions to Bypass Interface Access Lists** 复选框。若管理员希望使用 CLI 界面进行配置，可以使用命令 **no sysopt connection permit-vpn**，并定义适当的 ACL 放行 VPN 流量。这条命令会同时应用到 IPSec 和 SSL VPN 流量。例 23-11 所示命令表示只有从 VPN 地址池(192.168.50.0/24)去往内部主机（192.168.1.10）的流量可以穿越安全设备。

例 23-11　禁用 sysopt 并配置 ACL

```
Chicago(config)# no sysopt connection permit-vpn
Chicago(config)# access-list outside_acl extended permit tcp
192.168.50.0 255.255.255.0 host 192.168.1.10 eq 23
Chicago(config)# access-group outside_acl in interface outside
```

若管理员不想禁用 **sysopt connection permit-vpn**，却仍希望为特定用户或组策略过滤 VPN 流量，可以定义一个访问列表放行或拒绝指定流量，再将这个访问列表映射到用户或组策略。

若管理员希望使用 ASDM，可以通过菜单 **Configuration** > **Remote Access VPN** > **Network (Client) Access > Group Policies > AnyConnectGroupPolicy > Edit > General > More Options** 进行配置，不勾选 IPv4 Filter 选项的 **Inherit** 复选框，并从下拉菜单中选择一个 ACL。

例 23-12 所示命令表示只有从 VPN 地址池（192.168.50.0/24）去往内部主机（192.168.1.10）的 Telnet 流量允许通过 AnyConnectGroupPolicy。

例 23-12　过滤 SSL VPN 流量

```
Chicago(config)# access-list FilterTelnet extended permit tcp
192.168.50.0 255.255.255.0 host 192.168.1.10 eq telnet
Chicago(config)# group-policy AnyConnectGroupPolicy attributes
Chicago(config-group)# vpn-filter value FilterTelnet
```

23.4.4 AnyConnect 客户端配置

AnyConnect 客户端必须经过配置才能连接正确的安全设备。管理员可以定义一个客户端配置文件并将其加载到客户端计算机上。

1. 创建 AnyConnect 客户端配置文件

这些配置以用户配置文件的形式储存，并在连接建立阶段自动传送到客户端计算机中。用户配置文件中可定义的参数包括：

- 安全设备的主机名或 IP 地址；
- 备用安全设备；
- 希望连接的隧道组名称；
- 希望用于认证的用户名。

用户配置文件以 XML 文件的形式储存在 AnyConnect 客户端本地。文件的名称是 AnyConnectProfile.xml，根据操作系统的不同，可以在下列位置找到该文件。

除 Vista 之外，其他 Windows 的客户端：

C:\Documents and Settings\All Users\Application Data\Cisco\Cisco AnyConnect Secure Mobility Client\Profile

Windows Vista 的客户端：

C:\ProgramData\Cisco\Cisco AnyConnect Secure Mobility Client\Profile

MAC OS X 和 Linux 的客户端：

/opt/cisco/vpn/profile

可以通过以下两种方式创建/修改 AnyConnectProfile.xml 文件：

- 手动方式；
- 配置文件编辑器。

手动方式

使用手动方式，管理员可以通过任意 XML 编辑器创建或修改 AnyConnectyProfile.xml 文件，比如 XML Notepad、Sublime Text、或者 Oxygen XML Editor。例 23-13 显示出 AnyConnectProfile.xml 文件的输出信息。头端安全设备的 IP 地址定义为 209.165.200.225，远端用户可以登录到工作站并打开 AnyConnect 客户端。

> 注释：安装 AnyConnect 客户端后，它也会复制一个名为 AnyConnectProfile.tmpl 的配置文件模板。管理员可以使用这个模板创建 AnyConnectProfile.xml 文件。

例 23-13　AnyConnectProfile.xml 文件的输出

```
<?xml version="1.0" encoding="UTF-8"?>
<AnyConnectProfile xmlns="http://schemas.xmlsoap.org/encoding/"
xmlns:xsi="http://www.w3.org/2001/XMLSchema-instance"
xsi:schemaLocation="http://schemas.xmlsoap.org/encoding/ AnyConnectProfile.xsd">
    <ClientInitialization>
        <UseStartBeforeLogon UserControllable="true">false</UseStartBeforeLogon>
        <ShowPreConnectMessage>false</ShowPreConnectMessage>
        <LocalLanAccess UserControllable="true">true</LocalLanAccess>
        <AutoReconnect UserControllable="false">true
            <AutoReconnectBehavior UserControllable="false">DisconnectOnSuspend</
AutoReconnectBehavior>
        </AutoReconnect>
        <AutoUpdate UserControllable="false">true</AutoUpdate>
        <WindowsLogonEnforcement>SingleLocalLogon</WindowsLogonEnforcement>
        <WindowsVPNEstablishment>AllowRemoteUsers</WindowsVPNEstablishment>
    </ClientInitialization>
    <ServerList>
        <HostEntry>
            <HostName>209.165.200.225</HostName>
        </HostEntry>
    </ServerList>
</AnyConnectProfile>
```

> 注释：在 AnyConnect 2.3 版本中，Cisco 支持远程用户通过 Windows 远程桌面登录工作站。用户可以在远程桌面（RDP）的会话中，与安全网关建立 VPN 连接。然而该特性需要管理员在安全设备上启用分离隧道特性。

ASDM AnyConnect 配置文件编辑器（Profile Editor）

管理员可以使用 AnyConnect 配置文件编辑器（ASDM 中的一个方便的可视化界面配置

工具）来对配置文件（Profile）进行配置。AnyConnect 软件打包文件的 2.5 版及后续版本都包含了这个编辑器（无论使用的是哪个操作系统）。当管理员在 ASA 上将 AnyConnect 打包文件作为 AnyConnect 客户端镜像文件打开时，这个编辑器就会被激活。此外，管理员也可以手动编辑 XML 文件，并将这个文件作为配置文件载入到 ASA 中。

管理员可以通过配置 ASA 来为所有 AnyConnect 用户或基于组策略的用户全局部署配置文件。一般来说，用户会为每个 AnyConnect 模块安装一个配置文件。在有些情况下，管理员可能希望为一个用户提供多个配置文件，因为有些在多地办公的人员很有可能需要多个配置文件。有些配置文件的设置会储存在用户计算机本地的用户参考文件或全局文件中。客户端需要查看客户端 GUI 界面 Preferences 标签的用户可控制设置信息，以及最新连接的信息（如用户、组和主机），而用户文件中就包含了这类信息。

要访问 ASDM 配置文件编辑器，需要找到 **Configuration > Remote Access VPN > Network (Client) Access > AnyConnect Client Profile**。

此外，我们也可以直接向 ASDM 上传 XML 配置文件。向安全设备中加载客户端配置文件后，然后将配置文件应用到适当的组策略。这样的话，用户连接到调用该组策略的隧道组后，（在映射的配置文件可以接收到更新的客户端策略的情况下）就可以接收到加载的客户端策略。可通过 **Configuration > Remote Access VPN > Network (Client) Access > Group Policies**，然后选择 **AnyConnectGroupPolicy**，点击 **Edit**，再选择 **Advanced > SSL VPN Client**，不勾选 Client Profile to Download 旁边的 **Inherit** 复选框，并选择之前定义的 **EmployeeProfile**。

例 23-14 显示出从本地 Flash 中加载了名为 EmployeeProfile 的客户端配置文件。它将被应用到名为 AnyConnectGroupPolicy 的组策略。

例 23-14 加载并应用客户端配置文件

```
Chicago(config)# webvpn
Chicago(config-webvpn)# svc profiles EmployeeProfile disk0:/EmployeeProfile.xml
Chicago(config-webvpn)# exit
Chicago(config)# group-policy AnyConnectGroupPolicy attributes
Chicago(config-group)# webvpn
Chicago(config-group-webvpn)# svc profiles value EmployeeProfile
```

2. 从 AnyConnect 客户端进行连接

本章前文中提到可以通过两种方法（Web 模式和独立模式）在计算机中安装 AnyConnect 客户端。使用 Web 模式可从安全设备下载 VPN 客户端，下载完成后，客户端可以连接到安全设备。在配置案例中，若使用 Web 模式连接安全设备，可打开 Web 浏览器并输入 https://sslvpn.securemeinc.org/sslvpnclient。

在独立模式下，客户端是作为独立的应用程序下载到计算机中。若客户端没有经过预配置，用户需要为其定义安全设备的 IP 地址或 FQDN、连接的隧道组、用户名及其相关密码。

23.5 AnyConnect 客户端的部署场景

Cisco SSL VPN 解决方案非常适用于以下部署场景：远程用户或家庭用户需要访问企业网络，而管理员希望根据多个属性来控制用户的访问。可以通过多种方式部署 SSL VPN 解决方案，为了方便读者理解，本章只会介绍其中一种设计方案。

注释：下文中讨论的部署场景仅应用于加强教学效果，仅供参考。

SecureMe 公司最近得知 Cisco ASA 中有关 SSL VPN 的功能，并希望为芝加哥的远程员工部署该服务。若这些员工满足管理员定义的标准，则可以获得完全访问内部网络的权限，可以不受任何限制地完成他们的工作。

图 23-12 显示出 SecureMe 公司为 AnyConnect 客户端所设计的网络拓扑。

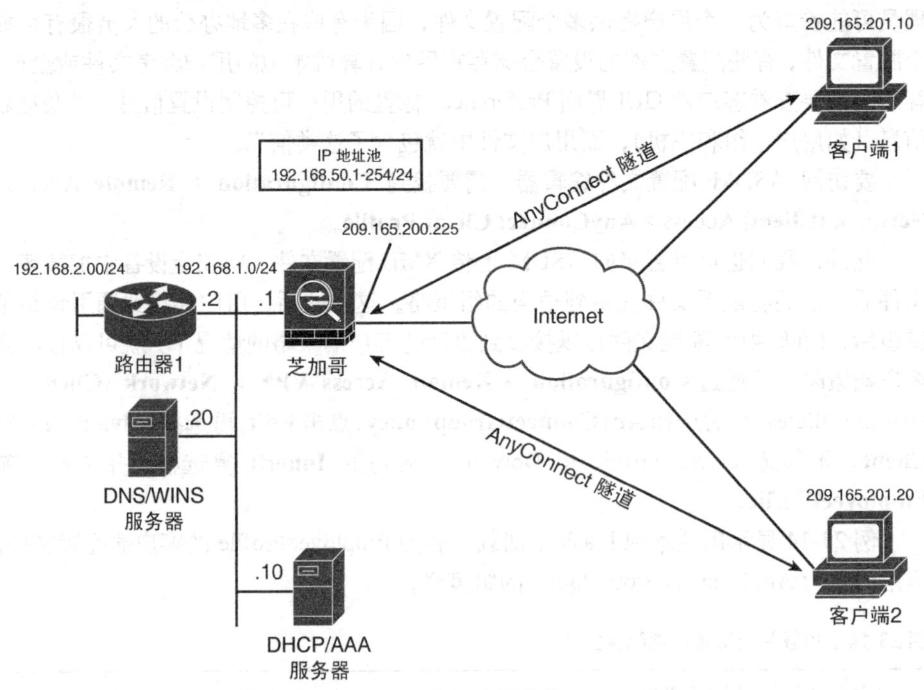

图 23-12 SecureMe 公司为 AnyConnect 客户端提供的 SSL VPN

SecureMe 公司的安全需求如下所示：

- 若用户计算机为公司所属，则可以获得完整的内部网络访问权限；
- 使用 RADIUS 服务器作为外部数据库，进行用户查找；
- 根据用户认证信息，对用户应用适当的策略；
- 加密所有从客户端去往安全设备的流量；
- 通过安全设备向远程用户提供 Internet 访问。

为了满足 SecureMe 公司的需求，建议管理员为安全设备使用 CSD 并从远端工作站收集信息。若工作站中拥有注册表键值 HKLM\SYSTEM\CurrentControlSet\Control\Corp，并且 IP 地址不在公司网络范围之内，则将其定义为 CorpOwnedHomeMachine。用户将会收到认证提示，安全设备将其认证信息与 RADIUS 数据库相比较。若用户成功通过认证，他们可以通过 AnyConnect Secure Mobility 客户端建立 SSL VPN 隧道。在工作站中加载 AnyConnect Secure Mobility 客户端后，即使连接断开也保留安装程序。需要在安全设备上配置地址转换规则，以便为 AnyConnect VPN 用户提供 Internet 访问服务。

按照以下步骤实施解决方案。

1. 配置 CSD 进行注册表检查。
2. 配置 RADIUS 进行用户认证。
3. 配置 AnyConnect SSL VPN。

4. 启用地址转换提供 Internet 访问。

下面详细介绍以上实施步骤。

23.5.1 步骤 1：配置 CSD 进行注册表检查

第 1 步是为远端用户创建一个安全的环境。可通过以下步骤进行配置。

1. 选择菜单 **Configuration > Remote Access VPN > Secure Desktop Manager > Setup**，点击 **Browse Flash** 选择希望使用的 CSD 文件，接着选择 **Enable Secure Desktop**。
2. 选择菜单 **Configuration** > **Remote Access VPN** > **Secure Desktop Manager** > **Prelogin Policy**，根据注册表键值和 IP 地址范围定义一个预登录序列。创建一个名为 **CorpOwnedHomeMachines** 的 Windows 位置，客户端设备中需要包含注册表键值 **HKLM\SYSTEM\CurrentControlSet\Control\Corp**，并且IP地址不能属于 **209.165.200.224/27** 子网。
3. 选择菜单 **Configuration** > **Remote Access VPN** > **Secure Desktop Manager** > **CorpOwnedHomeMachines**，不勾选 **Secure Desktop** 和 **Cache Cleaner** 复选框。

23.5.2 步骤 2：配置 RADIUS 进行用户认证

第 2 步是配置 RADIUS 进行用户认证。可通过以下步骤进行配置。

1. 选择菜单 **Configuration** > **Remote Access VPN** > **AAA/Local Users** > **AAA Server Groups**，并点击 **Add**，将服务器组的名称定义为 **RADIUS**，并从下拉菜单中选择 **RADIUS**。完成后请点击 **OK**。
2. 点击新创建的服务器组，在 Servers in the Selected Groups 下点击 **Add**。从 Interface Name 下拉菜单中，选择 **inside**，将 RADIUS 服务器的 IP 地址定义为 **192.168.1.10**。将 Server Secret Key 配置为 **SecureMe123**，完成后请点击 **OK**。

23.5.3 步骤 3：配置 AnyConnect SSL VPN

第 3 步是在安全设备上为远程用户配置 AnyConnect Secure Mobility VPN 客户端。可通过以下步骤进行配置。

1. 选择菜单 **Configuration** > **Remote Access VPN** > **Network (Client) Access** > **Advanced** > **SSL VPN** > **Client Settings**，并点击 **Add**，点击 **Browse Files** 选择 Cisco AnyConnect Secure Mobility Client 文件，并点击 **OK**。
2. 加载 AnyConnect Secure Mobility 客户端后，在外部接口启用完全隧道客户端功能。可以通过菜单 **Configuration** > **Remote Access VPN** > **Network (Client) Access** > **AnyConnect Secure Mobility Connection Profiles** 进行配置，勾选 **Enable Cisco AnyConnect Secure Mobility Client or Legacy SSL VPN Client Access on the Interfaces Selected in the Table Below**，确保为外部接口（outside）勾选了 **Allow Access** 复选框和 **Enable DTLS** 选项，然后点击 **Apply**。
3. 选择菜单 **Configuration** > **Remote Access VPN** > **Network (Client) Access** > **Address Assignment** > **Address Pools**，并点击 **Add**，在 Name 下指定 **SSLVPNPool**。将地址池配置为 **192.168.50.1～192.168.50.254**，将子网掩码配置为 **255.255.255.0**。点击 **OK**。
4. 选择菜单 **Configuration** > **Remote Access VPN** > **Network (Client) Access** > **Group Policies**，并点击 **Add**，组策略名称定义为 **AnyConnectGroupPolicy**。在 Address Pools 下不勾选 **Inherit** 复选框，选择 **SSLVPNPool**。

5. 点击左侧面板中的 **Advanced** > **Split Tunneling** 选项。在 Policy 下，不勾选 **Inherit** 复选框，选择 **Tunnel All Networks**。
6. 在左侧面板中点击 **Servers** 选项，将 WINS 和 DNS 服务器地址配置为 **192.168.1.20**。
7. 在左侧面板中点击 **Advanced > SSL VPN Client** 选项，确保启用 **Keep Installer on Client System** 选项并设置为 **Yes**。完成后请点击 **OK**。
8. 选择菜单 **Configuration** > **Remote Access VPN** > **Network (Client) Access** > **AnyConnect Connection Profiles** 创建新的隧道组。在 **Connection Profiles** 下点击 **Add**，定义隧道组名称为 **SecureMeAnyConnect**。在 Authentication 部分，从 AAA Server Group 下拉菜单中选择 **RADIUS**，在 Default Group Policy 部分，从 Group Policy 下拉菜单中选择 **AnyConnectGroupPolicy**。确保勾选了 **SSL VPN Client Protocol** 复选框。
9. 点击左侧面板中的 **Advanced** > **SSL VPN** 选项。在 **Group URL** 下点击 **Add**，并指定 https://sslvpn.securemeinc.org/sslvpnclient。要确认勾选了 **Enable** 复选框。点击 **OK** 退出配置页面。

23.5.4 步骤4：启用地址转换提供 Internet 访问

最后一步是定义地址转换。AnyConnect 客户端将所有加密数据发送到安全设备。为了使 AnyConnect 客户端能够访问 Internet，管理员必须为分配给客户端的地址池定义转换规则。可通过以下步骤进行配置。

1. 选择菜单 **Configuration** > **Device Setup** > **Interfaces**，勾选 **Enable Traffic Between Two or More Hosts Connected to the Same Interface**。
2. 选择菜单 **Configuration** > **Firewall** > **NAT Rules**，并点击 **Add**。在 Match Criteria：Original Packet 区域，从 Source Interface 下拉菜单中选择 **inside**，并且在 Source Address 字段指定内部网络值（192.168.1.0/24）。
3. 从 Destination Interface 下拉菜单中选择 **outside**。在 Destination Address 字段输入 **192.168.50.0/24**，这是 VPN 地址池的地址。

这时，管理员就可通过以下 URL 连接 ASA 了：https://sslvpn.securemeinc.org/sslvpnclient。

23.6 AnyConnect SSL VPN 的监测与排错

本小节介绍了排错的步骤，有助于管理员在安全设备上顺利地实施 SSL VPN 解决方案。

23.6.1 SSL VPN 排错

Cisco ASA 为 SSL VPN 提供了大量排错和诊断命令。接下来着重讲解两个 SSL VPN 排错场景。

1. SSL 协商排错

若有一个用户不能使用 SSL 连接到安全设备，管理员可以按照以下三个步骤排查 SSL 协商问题。

1. 确认用户计算机可以 ping 通安全设备的外部 IP 地址。
2. 若用户计算机可以 ping 通外部地址，在安全设备上使用命令 **show running all | include ssl** 确认 SSL 加密的配置。
3. 若 SSL 加密配置正确，使用外部抓包工具检查 TCP 三次握手是否成功。

> **注释**：若将安全设备配置为接受与 SSL 服务器 v3 版本的连接，则 AnyConnect 客户端将无法成功建立连接。管理员必须为 AnyConnect 客户端使用 TLSv1。可以通过菜单 **Configuration > Remote Access VPN > Advanced > SSL Settings** 指定希望使用的 SSL 加密类型及版本。

2. AnyConnect 客户端故障排错

下面给出两种最常见的无客户端故障的排错思路。

初始连接问题

若管理员在其网络环境中使用 AnyConnect VPN 客户端，且用户遇到初始连接问题，可在安全设备上启用 **debug webvpn svc** 并分析 debug 消息。通过查看错误消息，管理员可以很容易地解决大部分与配置相关的问题。比如，如果没有为安全设备配置 IP 地址，将会在 debug 中看到“No assigned address（未分配地址）”错误消息。详见例 23-15。

例 23-15　命令 debug webvpn svc

```
Chicago# debug webvpn svc
CSTP state = HEADER_PROCESSING

http_parse_cstp_method()
...input: 'CONNECT /CSCOSSLC/tunnel HTTP/1.1'
webvpn_cstp_parse_request_field()
...input: 'Host: 209.165.200.225'
<snip>
Processing CSTP header line: 'X-DTLS-CipherSuite: AES256-SHA:AES128-
SHA:DES-CBC3-SHA:DES-CBC-SHA'
Validating address: 0.0.0.0
CSTP state = WAIT_FOR_ADDRESS
webvpn_cstp_accept_address: 0.0.0.0/0.0.0.0
webvpn_cstp_accept_address: no address?!?
CSTP state = HAVE_ADDRESS
No assigned address
webvpn_cstp_send_error: 503 Service Unavailable
CSTP state = ERROR
```

在最近的 Cisco ASA 版本中，命令 **debug webvpn svc** 已经替换为 **debug webvpn anyconnect**。

管理员也可以在安全设备上启用并查看 SVC 相关的系统日志。比如，如果安全设备没有为 AnyConnect 客户端分配 IP 地址，就会看到“No address available for SVC connection”（没有可用于 SVC 连接的地址）消息，如例 23-16 所示。

例 23-16　SVC 日志

```
Chicago(config)# logging on
Chicago(config)# logging class svc buffered debugging
Chicago(config)# exit
Chicago# show logging
%ASA-3-722020: TunnelGroup <SSLVPNTunnel> GroupPolicy
<AnyConnectGroupPolicy> User <sslvpnuser> IP <209.165.200.230> No
address available for SVC connection
```

除此之外，管理员还可以在 Windows 事件查看器中查看 AnyConnect VPN 客户端的日志。选择**开始 > 设置(S) > 控制面板(C) > 管理工具 > 事件查看器 > Cisco AnyConnect**

Secure Mobility VPN client，查看相关日志。若没有为其分配 IP 地址，管理员应该看到一条错误消息。

流量相关问题

若用户能够连接到安全设备，但无法成功地通过 SSL VPN 隧道发送流量，可以查看客户端上的流量状态，确认客户端能够接收和发送流量。所有版本的 AnyConnect（包括移动设备）都可以查看具体的客户端统计数据。如果客户端显示有流量收发，可以检查安全设备是否接受或传输过流量。如果安全设备上应用了过滤器，那么这时就会显示过滤器的名称，管理员也可以通过 ACL 条目查看是否有流量遭到了丢弃。

用户经历的常见问题有：

- ASA 身后的路由问题——内部网络无法将数据包路由到分配的 IP 地址和 VPN 客户端；
- 访问控制列表过滤流量的问题；
- VPN 流量不能绕过网络地址转换的问题。

总结

本章详细介绍了 Cisco ASA 中的 AnyConnect SSL VPN 功能。通过使用 Cisco ASA 为 SSL VPN 远程访问提供的强健特性，安全管理员几乎可以在所有网络拓扑中部署 Cisco ASA。本章着重介绍了如何使用 AnyConnect 配置文件编辑器定义客户端配置文件。为了加强学习效果，本章描述了部署场景并给出相应配置。本章提供了一些 **show** 和 **debug** 命令，来协助管理员排查 AnyConnect VPN 部署中的问题。

第24章

IP组播路由

本章涵盖的内容有：

- IGMP；
- PIM稀疏模式；
- 配置组播路由；
- IP组播路由排错。

IP组播能够向网络中的多台设备传输信息，因此可以有效地利用带宽。许多音频和视频应用都是使用IP组播作为它们的通信方式。另外，我们在第12章中介绍过的路由协议也是通过组播来实现的。这些路由协议包括OSPF、EIGRP和RIPv2。还有很多其他应用，如数据库复制软件及紧急报警系统（emergency alert system）使用的也是组播。

传统上讲，组播设备会使用3层的D类地址来与一个接收设备组进行通信。以太网组播目的地址最低比特位的第一字节必须是1，设备会使用这一字节来区分单播数据包和组播数据包。如果最后一位是1，它代表的就是一个组播MAC地址；0表示这是一个单播MAC地址。地址中最重要的字节，是地址中最左侧的那一字节，其中最重要的一位则是这个字节中最右侧的那一位。例如，0100:AAAA:BBBB就是一个组播MAC地址。

在IPv6中，MAC地址来自于IPv4地址最后4个八位二进制数与MAC地址33:33:00:00:00:00执行“或”运算所得的结果。例如，IPv6地址FF02:AAAA:BEEF::1:3就应该与以太网MAC地址33:33:00:01:00:03相对应。

组播具有一种机制，可以告诉网络哪些主机是特定组的成员。这种方式可以阻止网络中出现不必要的泛洪。IGMPv2定义在RFC 2236中，而IGMPv3定义在RFC 3376中。Cisco ASA可以工作在两种不同的组播模式下：IGMP末节（IGMP stub）模式和PIM稀疏（PIM sparse）模式。

24.1 IGMP

为了加入某个特定的组播组，主机会向路由设备发送一个IGMP report（报告）或join（加入）数据包。路由设备会发送查询数据包来发现哪些设备仍然与该组相关联。如果主机仍然希望成为该组的成员，那么主机就会对路由器的查询消息发送一个响应数据包。如果路由器没有收到响应数据包，那么它就会修剪组列表。这可以将不必要的传输降至最低。

通过配置，Cisco ASA可以充当一台IGMP代理。在将它配置为IGMP代理时，Cisco ASA就只会发送从下游主机发来的IGMP消息。另外，它还可以发送来自上游路由器的组播传输数据。也可以配置Cisco ASA使其静态加入某个组播组中。

24.2 PIM 稀疏模式

在 IP 组播路由中，网络必须创建一个数据包分发树，用以在源和包含组播组成员的各子网之间找出一条专门的转发路径。创建组播分发树的目的之一是使每个数据包至少有一份复制信息能够到达转发树的各分支。IP 组播协议有很多，其中最常用的是协议无关组播（PIM）。

PIM 协议有两种不同的模式。

- **密集模式**（PIM-DM）：运行 DM 路由协议的路由器需要通过创建分发树，来将组播流量转发给各个组。它会将数据包在整个网络中进行泛洪，无论接收设备是否需要该更新数据包。因此，路由器会修建掉那些一台接收设备都没有的路经。密集模式使用不广，也不推荐大家使用。
- **稀疏模式**（PIM-SM）：SM 协议要求在加入了 PIM 域的各路由器上明确配置一个汇集点，该点可以控制组的成员关系，并在初始状态下就充当分发树的根。SM IP 组播路由协议一开始是一个空的分发树，并且它只会将那些要求加入分发树的设备添加进来。

Cisco ASA 支持使用 PIM-SM 作为组播路由协议。它可以使用单播路由信息库（RIB）或有组播功能的 RIB（MRIB）来为组播数据包进行路由。PIM-SM 会为每个组创建一个以汇集点（RP）为根的单向共享树。另外，它也可以为每个源创建一条最短路径树（SPT）。

24.3 配置组播路由

本节将介绍配置通过 ASDM 和 CLI 配置组播路由的必要步骤。

24.3.1 启用组播路由

配置 IP 组播路由的第一步就是在 Cisco ASA 上启用 IP 组播路由。通过 ASDM 启用组播路由的方法是，找到 **Configuration > Device Setup >Routing > Multicast**，然后选择 **Enable multicast routing** 复选框，如图 24-1 所示。

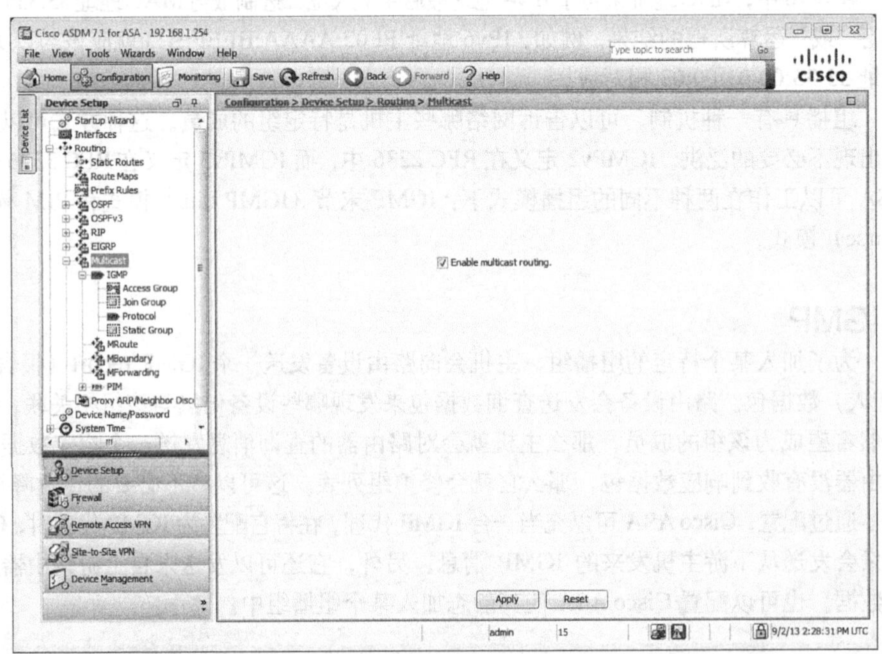

图 24-1 启用组播路由

另外，管理员也可以通过 CLI 全局配置模式下的命令 **multicast-routing** 来启用组播路由。要禁用 IP 组播路由功能，应使用命令 **no multicast-routing**。

只有路由模式支持组播路由；透明模式则不支持组播路由。如果将 Cisco ASA 配置为多虚拟防火墙模式，设备也不支持组播路由。唯一的解决方法是通过路由让组播流量绕过 ASA，或者使用 GRE 隧道来封装穿越 ASA 的组播流量。

> **注释**：在默认情况下，命令 **multicast-routing** 会在所有接口上启用 IGMP。若要禁用特定接口上的 IGMP，可以使用命令 **no igmp subinterface**。

在默认情况下，命令 **multicast-routing** 会在所有接口上启用 PIM。若要禁用特定接口上的 IGMP，可以使用命令 **no pim interface**。

1. 静态配置 IGMP 组

管理员可以通过配置 Cisco ASA 使其静态加入某个组播组。要通过 ASDM 使设备静态加入特定组播组，需要完成以下配置步骤。

1. 登录进 ASDM，找到 **Configuration > Device Setup > Routing >Multicast > IGMP >Join Group**。
2. 点击 **Add** 来添加一个 IGMP join 组。
3. 选择配置组播组地址的接口。
4. 在 Multicast Group Address 字段输入组播组地址。本例中使用的组播组地址为 **239.0.10.1**。
5. 点击 **OK**。
6. 在 ASDM 中点击 **Apply** 来应用变更的配置。
7. 点击 **Save** 来将变更的配置保存进 Cisco ASA。

管理员也可以通过在 CLI 界面中使用命令 **igmp static-group** 来完成上述配置工作。例 24-1 显示了如何在 Cisco ASA 上静态分配一个 IGMP 组。

例 24-1　静态分配 IGMP 组

```
interface GigabitEthernet0/1
 igmp static-group 239.0.10.1
 igmp forward-interface
```

在例 24-1 中，管理员在接口 GigabitEthernet0/1 上静态配置的组为 239.0.10.1。命令 **igmp static-group** 仅将接口添加到了组播组中。这与使用命令 **join-group** 不同。命令 **join-group** 会将配置的接口添加到出站接口列表（OIL）中，同时通过该接口向配置的组发送一条 IGMP report。

2. 限制 IGMP 状态

IGMP 状态限制特性可以在黑客使用 IGMP 数据包发起 DoS 攻击时，提供针对该攻击的保护功能。要想配置 IGMP 状态限制功能来限制各接口中允许加入组播组的主机数，需要完成以下配置步骤。

1. 登录进 ASDM，找到 **Configuration > Device Setup > Routing >Multicast > IGMP >Protocol**。
2. 选择要配置组限制的接口，并点击 **Edit**。
3. 在 Group Limit 字段配置组限制特性。在本例中，限制数被设置为了 100。

4. 点击**OK**。
5. 在ASDM中点击**Apply**来应用变更的配置。
6. 点击**Save**来将变更的配置保存进Cisco ASA。

管理员也可以通过在CLI界面中使用命令**igmp limit**来限制各接口中允许加入组播组的主机数。例24-2显示了如何配置该特性。

例24-2 限制IGMP状态

```
interface GigabitEthernet0/1
 igmp limit 100
```

在例24-2中，管理员将限制数设置为了100台主机。接口的IGMP最大数量为500，此为设备的默认值。

3. IGMP查询超时

在Cisco ASA中，管理员可以配置在Cisco ASA接口接管组播查询路由器之前，可以经历的超时时间。Cisco ASA会在配置该数值的接口上等待查询数据包。如果在规定的超时时间内，该接口没有收到查询消息，Cisco ASA就会接管组播查询路由设备。管理员可以通过ASDM来配置IGMP查询超时时间，方法是找到**Configuration > Device Setup > Routing > Multicast > IGMP >Protocol**，并编辑接口的IGMP参数。

要通过CLI来实现这一功能，可以在接口配置模式下使用命令**igmp query-timeout**。超时时间取值范围是60～300秒，默认值为255秒。例24-3显示了如何配置该特性，将超时时间值设置为100秒。

例24-3 IGMP查询超时

```
interface GigabitEthernet0/1
 igmp query-timeout 100
```

4. 定义IGMP版本

Cisco ASA支持IGMP版本1和版本2。IGMP版本2为默认版本。如果想通过ASDM修改版本参数，方法是找到**Configuration > Device Setup > Routing >Multicast > IGMP > Protocol**，并编辑接口的IGMP参数。在CLI中，管理员可以使用接口模式下的命令**igmp version**来实现这一功能。例24-4显示了如何在接口GigabitEthernet0/1上将IGMP的版本修改为版本1。

例24-4 定义IGMP版本

```
interface GigabitEthernet0/1
 igmp version 1
```

24.3.2 启用PIM

若要使用ASDM仔特定接口上启用PIM，需要完成以下配置步骤。

1. 登录进ASDM，找到**Configuration > Device Setup > Routing >Multicast > PIM> Protocol**。
2. 选择要启用PIM的接口，并点击**Edit**。

3. 选择 **Enable PIM** 复选框。
4. 点击 **OK**。
5. 在 ASDM 中点击 **Apply** 来应用变更的配置。
6. 点击 **Save** 来将变更的配置保存进 Cisco ASA。

ASDM 会通过同样的画面来要求用户配置 PIM 指定路由器（DR）优先级、Hello 时间间隔和 join-prune 时间间隔。

> 注释：在默认情况下，若启用了组播路由，PIM 也会被启用。

PIM 会选举出一台 DR，这和 OSPF 的机制类似。若使用 CLI 界面，那么管理员可以在接口配置模式下使用命令 **pim dr-priority** 来为接口设置优先级，在将路由器选举为 DR 的过程中，将会使用这里配置的优先级。该命令的语法如下：

```
pim dr-priority value
```

优先级值的范围为 1～4294967295，默认值为 1。在选举 DR 的过程中，值越高，优先级也就越高。

Cisco ASA 会向邻居路由器发送 PIM Hello 消息。要配置 PIM Hello 消息的发送频率，可以使用接口配置模式下的命令 **pim hello-interval**。该命令的语法如下：

```
pim hello-interval seconds
```

路由器在发送 Hello 消息之前等待的秒数，范围为 1～3600 秒，默认值为 30 秒。例 24-5 显示了所有 PIM 子命令选项。

例 24-5 在接口级别下自定义 PIM 值

```
interface GigabitEthernet0/1
 pim hello-interval 100
 pim dr-priority 5
 pim join-prune-interval 120
```

在例 24-5 中，管理员将 GigabitEthernet0/1 接口上的 PIM Hello 间隔设置为了 100 秒，DR 优先级设置为 5，PIM join-prune 间隔设置为了 120 秒。

1. 配置汇集点

汇集点（RP）可以临时连接组播接收器和现在的共享组播树。只有当设备运行在 PIM 末节模式下时，才需要使用 RP。

> 注释：在通用 PIM 稀疏模式中或双向域中的所有路由器都需要了解 PIM RP 的地址。

要通过 ASDM 配置 RP，需要完成以下步骤。

1. 登录进 ASDM，找到 **Configuration > Device Setup > Routing >Multicast > PIM> Rendezvous Points**。
2. 若 RP 是一台 Cisco IOS 路由器，那么应选择 **Generate IOS Compatible Register Messages** 复选框。
3. 点击 **Add** 来添加 RP。
4. 在 Rendezvous Point IP Address 字段输入 RP 的 IP 地址。

5. 管理员可以将 PIM 配置为双向模式。在双向模式下，若 Cisco ASA 接收到一台组播数据包，但没有直连的成员或 PIM 邻居，它就会向源发送一个 Prune 消息。配置双向模式的方式是选择 **Use Bidirectional Forwarding** 复选框。如果管理员希望特定组播组工作在稀疏模式下，那么就必须取消该复选框。
6. 如果 RP 在该接口上与所有的组播组相关联，那么应选择 **Use this RP for All Multicast Groups** 选项。这是默认的选项，本例中也使用了该选项。不过，管理员也可以指定 RP 使用的组播组。要实现这一功能，应选择选项 **Use this RP for the Multicast Groups as Specified Below** 并定义相应的组播组。
7. 点击 **OK**。
8. 在 ASDM 中点击 **Apply** 来应用变更的配置。
9. 点击 **Save** 来将变更的配置保存进 Cisco ASA。

如果使用的是 CLI，那么可以使用命令 **pim rp-address** 来为特定组配置 PIM RP 的地址。例 24-6 演示了如何为特定的组配置 PIM RP。

例 24-6 配置 PIM RP

```
New York# configure terminal
New York(config)# pim rp-address 10.10.1.2 bidir
```

在例 24-6 中，管理员为 PIM RP 配置的 IP 地址为 **10.10.1.2**。关键字 **bidir** 的作用是使该组播组工作在双向模式下。如果没有使用该关键字，那么这个组播组就会工作在 PIM 稀疏模式下。

注释：管理员也可以（可选）配置一个 ACL 来定义应该与给定 RP 相绑定的组。如果没有配置 ACL，那么该 RP 就会应用于所有的可用组。

2. 过滤 PIM 邻居

如果 Cisco ASA 充当的是 RP，那么就可以用它过滤特定的组播源。这是一种安全机制，通过该机制，只有可靠的源才能注册到 RP 上。要定义 Cisco ASA 能够接受 PIM 注册消息的组播源，需要完成以下的配置步骤。

1. 登录进 ASDM，找到 **Configuration > Device Setup > Routing >Multicast > PIM> Neighbor Filter**。
2. 点击 **Add** 来添加过滤条目。
3. 选择应用该过滤的接口名称。
4. 从 Action 下拉列表中需要采取的行动（Permit 或 Dny）。在本例中，我们只接受路由器 10.10.1.2 进行注册。
5. 输入要应用过滤策略的设备 IP 地址。在本例中，使用的 IP 地址为 10.10.1.2。
6. 输入主机或子网的网络掩码。在本例中，使用的 IP 地址为 255.255.255.255。
7. 点击 **OK**。
8. 在 ASDM 中点击 **Apply** 来应用变更的配置。
9. 点击 **Save** 来将变更的配置保存进 Cisco ASA。

例 24-7 显示了 ASDM 发送给 Cisco ASA 的命令。

例 24-7 过滤 PIM 邻居

```
access-list inside_multicast standard permit host 10.10.1.2
interface GigabitEthernet0/1
 pim neighbor-filter inside_multicast
```

在本例中，管理配置了一个名为 **inside_multicast** 的 ACL，来定义要过滤的主机或网络。本例只允许主机 **10.10.1.2** 注册到 Cisco ASA。然后，管理员将该 ACL 应用于接口模式下的命令 **pim neighbor-filter**，如例 24-7 所示。

3. 配置静态组播路由

管理员可以通过 ASDM 来配置静态组播路由条目，方法是找到 **Configuration > Device Setup > Routing >Multicast > MRoute**。另外，管理员也可以在 CLI 界面中使用命令 **mroute** 来实现这一功能，该命令语法格式如下：

mroute *src mask* [*in-interface-name*] [**dense** *out-interface-name*] [**ip address**] [**distance**]

表 24-1 列举了命令 **mroute** 的所有可用选项，并给出了相应的解释。

表 24-1 命令 mroute 的选项

选项	描述
src	组播源的 IP 地址
mask	组播源的子网掩码
in-interface-name	组播路由的入站接口名称
out-interface-name	组播路由的出站接口名称，只支持在末节区域中使用
[distance](optional)	定义将单播路由还是静态组播路由应用于反向路径转发（RPF）查询。距离越小，优先级越高。如果距离与单播路由相同，那么静态组播路由优先。默认距离为 0
[ip address]	从 Cisco ASA 7.2 版开始，可以通过配置可选参数 **ip address** 来为 **mroute** 定义与接口相邻的下一跳路由器的 IP 地址

24.4 IP 组播路由排错

在本节中，我们将介绍在 Cisco ASA 上对 IP 组播路由问题进行排查时常用命令和机制的具体信息。

注释：Cisco ASA 与老版本的 Cisco IOS 路由器在互动方面常见的问题是，它们创建的注册消息有所不同。Cisco ASA 和新版 Cisco IOS 创建的是符合 RFC 标准的 PIM 注册消息。要创建能够与老版 Cisco IOS 兼容的注册消息，需要使用命令 **pim old-register-checksum**。

24.4.1 常用的 show 命令

表 24-2 中所示的 **show** 命令可以帮助管理员监测和查看当前的组播（PIM 或 IGMP）配置信息。

表 24-2　　常用的组播 show 命令

show 命令	组播配置信息
show pim df	显示双向 PIM DF（designated forwarder）信息
show pim group-map	显示 PIM 组到协议的映射信息
show pim interface	显示 PIM 接口信息
show pim join-prune statistic	显示 PIM join/prune（加入/修剪）信息
show pim neighbor	显示 PIM 邻居信息
show pim range-list	显示 PIM 范围列表的信息
show pim topology	显示 PIM 拓扑表信息
show pim traffic	显示 PIM 流量计数器
show pim tunnel	罗列 PIM 隧道接口信息
show igmp groups	显示组成员信息
show igmp interface	提供接口 IGMP 信息
show igmp traffic	显示流量计数器
show mfib	显示组播转发信息数据库（MFIB）的具体内容
show mroute	显示组播路由表的内容
show mroute summary	显示组播路由表的汇总信息
show pim neighbor	显示 PIM 邻居信息
show pim range-list	显示 PIM 范围列表的信息
show pim topology	显示 PIM 拓扑表信息
show pim traffic	显示 PIM 流量计数器
show pim tunnel	列出 PIM 隧道接口的信息

24.4.2 常用的 debug 命令

表 24-3 所示为调试 IP 组播路由故障时最重要的 **debug** 命令。

表 24-3　　用来排错组播问题的 debug 命令

IP 组播路由命令	输出信息
debug pim	为 PIM 事件启用 debug 信息
debug pim neighbor	为 PIM 邻居事件启用 debug 信息
debug pim group *group*	只为匹配的组启用 PIM 协议 debug 信息
debug pim df-election	为 PIM DF 选举交换消息启用 debug 信息
debug pim interface *interface*	只为特定接口启用 PIM 协议 debug 信息
debug mrib route [*group*]	启用 MRIB 路由行为的 debug 信息
debug mrib client	启用 MRIB 客户端管理行为的 debug 信息
debug mrib io	启用 MRIB I/O 事件的 debug 信息
debug mrib table	启用 MRIB 表管理行为的 debug 信息

在使用上面提到的 **debug** 命令之前，一定要考虑通过 Cisco ASA 的流量及网络中启用的其他特性。

> 注释：如果在一台上游路由器上启用了 HSRP（热备份路由器协议），那么设备就有可能会丢弃 PIM 消息，并且不会在前面的 **debug** 命令中显示出来。

总结

Cisco ASA 还可以支持 IP 组播路由协议，包括 IGMPv1 和 v2，以及 PIM-SM。PIM-SM 支持 Cisco ASA 直接参与组播树的创建。这种方法增强了对于 IGMP 转发功能的支持，而且提供了另一种在透明模式下实现组播的方案。本章介绍了 Cisco ASA 所支持的 IGMP 和 PIM，同时提供了一些配置示例、技巧以及对 IP 组播问题进行排错时推荐使用的命令。

第25章

服务质量

本章涵盖的内容有：

- QoS 类型；
- QoS 架构；
- 配置 QoS；
- QoS 部署方案；
- QoS 的监测。

在标准 IP 网络中，所有数据包都会平等地依据尽力而为原则接受处理。对于这些穿越网络的数据包来说，它们的重要性往往会被网络设备所忽略。这样一来，当部署的网络中需要传递时间敏感流量（如语音数据包或视频数据包）时就出现了问题，这些数据可能会因为网络设备无法使它们优先于其他流量，而遭到延迟甚至丢弃。而使一部分流量可以优先于另一部分流量的特性被称为服务质量（QoS）。

假如有一通长途电话，使用卫星来实现连接。这通电话的通话过程总是以某种间隔出现短暂而清晰地中断，这对于通信的影响是相当负面的。但是通过 QoS，管理员可以使 VoIP 流量优先于其他流量进行传输，这样可以有效避免其他流量吞噬带宽，并保护时间敏感流量。

在部署各类网络时，QoS 都是非常有用的，包括：

- 在同一个网络中传输语音、视频和数据流量。由于语音流和视频流都属于时间敏感流量，它们无法承受网络延迟，因此必须实施 QoS 策略来确保它们的优先地位；
- 若网络存在拥塞现象，那么对于网络中的一些数据应用也需要确保优先地位，比如时间敏感的数据库应用；
- 管理员希望使管理流量（如 Telnet 或 SSH）优先于其他流量，这样的话，即使本地网络中爆发新型病毒，管理员就依然可以访问网络设备；
- 服务提供商希望为不同的客户基于其需求来提供不同的服务等级（CoS）；
- 网络中部署的虚拟专用网络（VPN），管理员希望给穿越 VPN 隧道的流量授予更高的优先级别或对它们实施速率限制。

> **注释：**只有网络中存在拥塞时，QoS 对网络的管制、整形和优化作用才会体现出来。对于端到端的 QoS 而言，路经中的所有网络设备都必须可以使用 QoS。

Cisco 设备可以使用很多类型的 QoS，如：

- 流量管制（Traffic policing）；
- 流量优先级划分（Traffic prioritization）；
- 流量整形（Traffic shaping）；

■ 流量标记（Traffic marking）。

表 25-1 所示为当安全设备上支持 QoS，以及安全设备上启用了 QoS 时，设备是否可以兼容其他特性，如透明防火墙。

表 25-1 可以与 QoS 一起使用的特性

特性	是否支持
ToS[①]字节保留	是
数据包等级化	是
数据包管制	是
数据包整形	是[②]
数据包标记	否
CBWFQ[③]	否
IPSec VPN 隧道的 QoS	是
AnyConnect VPN 隧道的 QoS	否
在安全虚拟防火墙中支持（可视化）	否
在透明防火墙中支持	否
路由模式防火墙	是

① ToS=服务类型

② 只有 Cisco ASA 5505、5510、5520、5550 可以支持流量整形。多核心的设备（如 ASA 5500-X）不支持整形

③ CBWFQ=基于类的加权公平队列

25.1 QoS 类型

Cisco ASA 支持以下类型的 QoS：

- 流量优先级划分（Traffic prioritization）；
- 流量管制（Traffic policing）；
- 流量整形（Traffic shaping）。

管理员可以通过我们在第 13 章中介绍过的强大的模块化策略框架（MPF）来使用这些 QoS 技术。

25.1.1 流量优先级划分

流量优先级划分，亦称服务等级（CoS）或低延迟队列（LLQ），这项技术可使重要网络流量的优先级高于普通网络流量，或不重要的网络流量。它可以为流量分配不同的优先等级或优先类别，如高、中、低。数据包的重要程度越低，它的优先级就越低，因此在网络出现拥塞时，它也就越有可能遭到丢弃。

当前，在实施 Cisco ASA 时，流量优先级划分技术支持两种流量等级：优先 QoS 与非优先 QoS。优先 QoS 的数据包会在普通流量之前接受处理，而非优先 QoS 数据包则会由速率限制器处理，我们将在下一部分对速率限制器进行介绍。

当某种流量被设置为了优先，它就能够得到快速转发，而无须穿过速率限制器。然后，这些流量会被标记为隶属优先级队列，在传递流量时应该立刻传输，除非传输环已经拥塞。在这种情况下，流量会排进高优先级队列中。一旦传输环有了可用空间，安全设备就会优先服务优先级队列中的流量并传输数据包。

> 注释：在设置 QoS 时，流量优先级划分与流量管制是两种互斥的策略。管理员不能将某些流量设置为优先，并同时在同一个类映射集（class map）中为其配置管制规则，相关内容将在稍后的“服务质量的配置”中进行介绍。如果管理员在配置了优先之后还为流量配置流量管制，那么他/她就会看到以下的错误消息：
>
> ```
> ERROR: Must deconfigure priority in this class before issuing this command
> ```

25.1.2 流量管制

流量管制，亦称流量速率限制，这种技术使管理员可以控制流量穿越接口时获得的最大传输速率。低于配置速率的流量可以传输接口，而超过速率的流量则会被丢弃。

在 Cisco ASA 中，如果流量没有被分配为“优先”，那么正如前文“流量优先级划分”中介绍的那样，它就会通过速率限制器进行处理。安全设备会将这些数据包标记为速率限制，并将它们转发给 QoS 引擎进行处理。这些数据包需要通过速率限制器，而速率限制器会判断这些流量是否符合管理员配置的速率标准。如果不符，那么数据包就会被发送出去以进行进一步的处理，或者根据策略而被丢弃。如果符合，那么这些数据包就会被标记并放入非优先级队列中。图 25-1 所示为当数据包穿越 QoS 引擎时，安全设备会如何对它们进行处理。

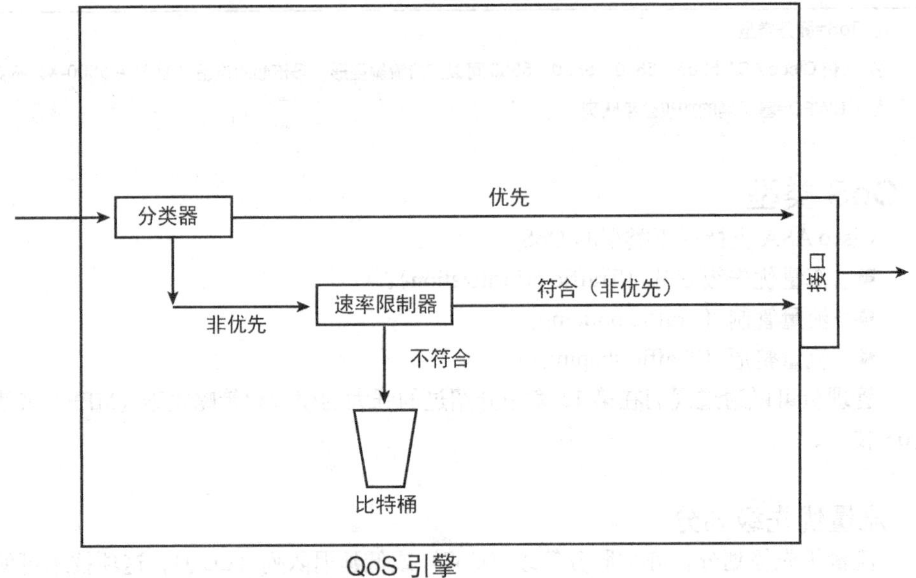

图 25-1 通过 QoS 引擎的数据包流量

在流量离开 QoS 引擎时，它会被发送给出站接口来进行物理传输。安全设备会在接口对那些被标记为非优先的流量实施另一种级别的 QoS，以确保它们能够得到相应的处理。在接口对数据包进行处理依赖于队列的长度以及传输环的条件。传输环指安全设备以相应传送级别传输数据包之前，用来暂存它们的缓冲空间。如果该环拥塞，那么数据包就需要排队。如果传输环有空间，那么非优先数据包就会在优先级别为空的情况下，立刻得到传输。如果优先队列中有流量需要发送，那么传输环会首先服务这些流量。

如果设置了 QoS 速率限制，那么当数据包与管理员配置的配置文件不符时，安全设备就会实施一种称为尾部丢弃的机制。这种机制会在丢列已满的情况下丢弃掉位于队列末端的数据包。Cisco ASA 会将这一丢弃事件记录在本地的缓冲区或外部服务器中。

25.1.3 流量整形

流量整形这种机制可以控制流量通过安全设备的速率。当 WAN 链路拥塞，并且网络中正在发送超过 WAN 链路承受限度的流量时，这项技术就非常重要。比如，如果网络中的 Cisco ASA 5510 有一个 100Mbit/s 接口，而上游 Internet 网关则是 10Mbit/s 的上行链路，那么管理员就可以在安全设备上定义流量整形策略，使超出某一配置速率的数据包可以排队等候传输。如果队列排满，那么这些数据包就会遭到尾部丢弃。

当数据包正要从出站接口传输出去时，设备就会实施流量整形。这包括对穿越设备的流量和设备发起的流量进行整形。在使用流量整形时，不能：

- 对默认类别之外的任何流量类型执行流量整形；
- 在一个物理接口下定义的多 VLAN 接口上执行流量整形。流量整形只能在物理接口上使用，或者，当使用 Cisco ASA 5505 时，只能在 VLAN 接口上使用；
- 在 Cisco ASA 5580 或新 ASA 5500-X 系列这类多处理器的平台上执行流量整形。流量整形只能在 ASA 5505、5510、5520、5540 和 5550 上使用。

在当前的实施中，Cisco ASA 允许管理员配置限制的分层 QoS 策略。这就允许管理员在一个接口上，对被整形的流量继续整形，管理员可以对特性流量，比如 VoIP 流量进行整形。这种分层的 QoS 策略支持管理员仅在最高级别对流量进行整形，然后在下一个级别提供优先级队列。若使用这种实施方案，就可以:

- 先使流量具备高优先级，然后再对它进行整形；
- 先对流量进行管制，然后再对它进行整形；
- 先对流量进行整形，然后再对它进行管制。

使用分层的 QoS 策略，具有高优先级的流量总是排在整形流量的前端，因此高优先级数据包会先于其他流量进行传递。与此类似，高优先级数据包永远不会从整形队列中被丢弃出去，除非高优先级流量的持续传输速率超过整形流量的传输速率。

另外，Cisco ASA 不允许管理员对特定的流量进行整形。比如，管理员无法在外部接口上将出站的 SSH 流量整形到 1Mbit/s。

> **注释**：有些关键数据包的存活消息（如 EIGRP Hello 数据包）永远不会被丢弃，即使它们不是整形流量中的高优先级数据包。

25.2 QoS 架构

本节将探讨数据包流的顺序以及当管理员在一个接口上应用了 QoS 以后，安全设备会如何对数据包进行分类。

25.2.1 数据包流的顺序

当数据包穿过配置了 QoS 的安全设备时，就会按顺序发生下列事件，如图 25-2 所示。

1. 数据包到达入站接口。如果它是数据包流中的第一个数据包，那么安全设备就会试图将数据包路由给正确的接口，并为后继数据包创建一个流量。该流量包含与该数据包相关联的规则和动作。
2. 基于管理员定义的 QoS 规则，安全设备会采取以下动作之一。
   a. 如果数据包匹配优先级队列，它就会被定向给优先队列以进行快速处理。对于优先级队列来说，该数据包没有速率限制。

b. 如果安全设备上配置了速率限制，那么安全设备就会对数据包进行察看，以判断是否已有为该数据包建立的流量 QoS。如果没有，那么设备就会基于源和目的 IP 地址、源和目的端口、IP 协议以及转发数据包的接口，来创建这个流量。安全设备会检查它是否符合配置的速率限制参数。如果流量匹配速率限制策略，但超过了门限值，那么安全设备就会丢弃该数据包。如果流量不匹配速率限制策略，而管理员又为默认类定义了流量整形，那么安全设备就会根据配置的参数执行流量整形，并将队列中的突发流量缓存下来。

3. 此时，QoS 流量已经建立起来，数据包会被转发给出站接口，以进行物理传输。
4. 出站接口有两个为 QoS 分配的队列。其中一个是分配给优先流量的队列，另一个是分配给非优先流量的队列。如果流量受到速率限制，并且有数据包被发送给了优先队列，那么安全设备会首先为优先队列中的数据包提供服务，然后才会处理速率限制队列。
5. 安全设备通过物理接口将数据包传输出去。

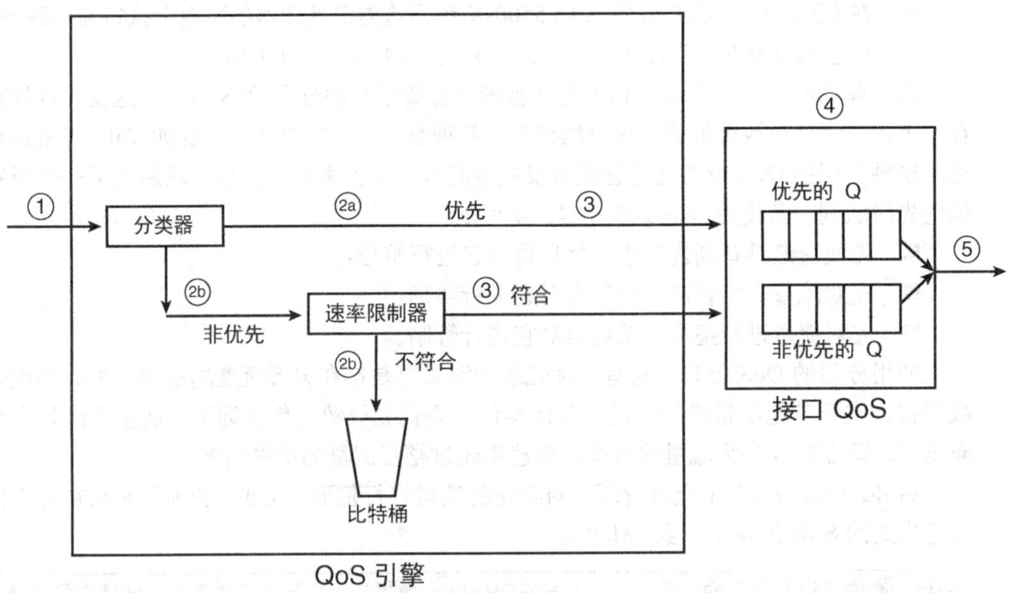

图 25-2 通过安全设备的数据包流量

25.2.2 数据包分类

数据包分类是在需要应用 QoS 策略的接口上对数据包进行区分的方式。这种分类方式范围广泛，从简单的功能（如 IP 优先级和 DSCP 字段）到复杂的方式（复杂访问列表）。下面将介绍设备支持的数据包分类方式。

1. IP 优先级字段

IP 数据包中包含了一个服务类型（ToS）字节，该字节用来表示设备处理数据包的优先级别。在 ToS 字段中，最左侧的 3 个比特设置为 IP 优先级，如图 25-3 所示。网络设备会察看下面的 4 个比特（延迟[D]、吞吐量[T]、可靠性[R]、代价[C]），称为 ToS 比特，来判断如何对数据包进行处理。不过，这些比特位在当前的 IP 网络架构中并没有使用。ToS 字段的最后一个比特一般称为 MBZ（“必须为 0”的简称）字段。这个比特为目前也没有使用。

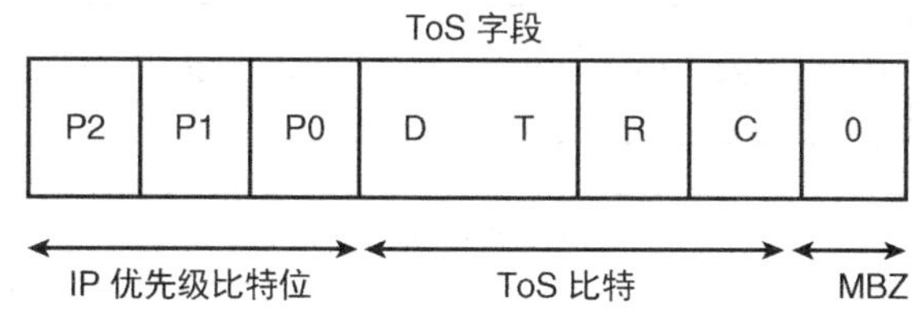

IP 头部

<table>
<tr><td>版本</td><td>IHL</td><td>ToS</td><td colspan="2">总长度</td></tr>
<tr><td colspan="3">标识</td><td>标志</td><td>片偏移</td></tr>
<tr><td colspan="2">生存时间</td><td>协议</td><td colspan="2">头部校验和</td></tr>
<tr><td colspan="5">源IP地址</td></tr>
<tr><td colspan="5">目的IP地址</td></tr>
<tr><td colspan="5">选项与填充字段</td></tr>
<tr><td colspan="5">数据</td></tr>
</table>

图 25-3　显示 IP 优先级比特位的 ToS 字段

表 25-2 罗列了所有的 IP 优先级比特位，以及其他定义在 RFC 791 中的 IP 优先级名称。

表 25-2　　IP 优先级比特位及 IP 优先级名称

优先级值	**优先级比特**	**优先级名称**
0	000	Routine（常规）
1	001	Priority（优先）
2	010	Immediate（紧迫）
3	011	Flash（迅速）
4	100	Flash Override（疾速）
5	101	Critical（关键）
6	110	Internetwork Control（互联网控制）
7	111	Network Control（网络控制）

2. IP DSCP 字段

区分服务编码点（DSCP）是用来取代 IP ToS 字段的技术。DSCP 字段在 IP 数据包中与 IP ToS 字段的位置相同。它使用了在分类数据包时最重要的 6 个比特位。2 个并不重要的特别位当前并没有使用，如图 25-4 所示。通过 DSCP 中的 6 个比特位，设备可以区分最多 64 种数据包流。

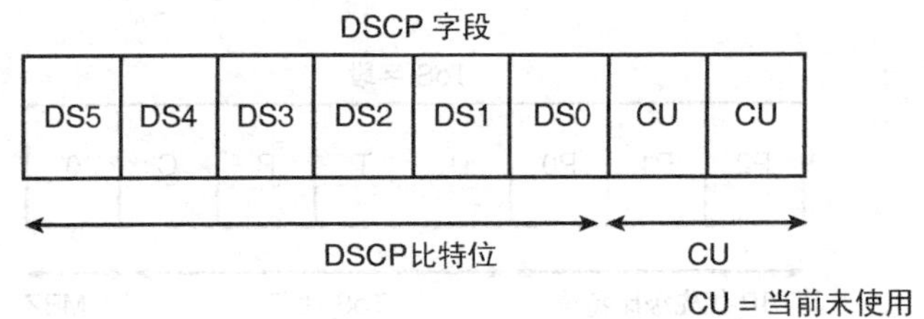

IP 头部

<table>
<tr><td>版本</td><td>IHL</td><td>ToS/SDCP</td><td colspan="2">总长度</td></tr>
<tr><td colspan="3">标识</td><td>标志</td><td>片偏移</td></tr>
<tr><td colspan="2">生存时间</td><td>协议</td><td colspan="2">头部校验和</td></tr>
<tr><td colspan="5">源IP地址</td></tr>
<tr><td colspan="5">目的IP地址</td></tr>
<tr><td colspan="5">选项与填充字段</td></tr>
<tr><td colspan="5">数据</td></tr>
</table>

图 25-4　DSCP 字段

DSCP 可向后兼容 IP 优先级。表 25-3 罗列了 IP 优先级值及相应的 DSCP 值。

表 25-3　IP 优先级比特位与 DSCP 比特位的对应关系

优先级值	优先级比特	DSCP 比特位
0	000	000 000
1	001	001 000
2	010	010 000
3	011	011 000
4	100	100 000
5	101	101 000
6	110	110 000
7	111	111 000

如表 25-3 所示，DSCP 使用另外的 3 比特来更精确地识别数据报。IETF（互联网工程任务组）将 DSCP 比特位分成 4 个服务概念：

- 默认转发（DF）（定义为 000000）可以提供通过网络设备提供尽力而为的数据包交换；
- 类选择器（CS）提供了向后兼容的比特位，如表 25-3 所示。表中所示的所有 DSCP 比特位都属于这种服务；
- EF（加速转发）PHB（每跳行为）的 DSCP 位是 101 110，它为 IP 数据包的转发定义了优质的服务；
- AF（确保转发）PHB 将转发行为分为 4 类，每类又可划分为 3 个不同的丢弃优先级，因此为数据包分类定义了共 12 个代码点。

例 25-1 列出了 Cisco ASA 所支持的知名 DSCP 位。

例 25-1 类映射集中可用的 DSCP 选项

```
Chicago(config-cmap)# match dscp ?
  <0-63>    Differentiated services codepoint value
  af11      Match packets with AF11 dscp (001010)
  af12      Match packets with AF12 dscp (001100)
  af13      Match packets with AF13 dscp (001110)
  af21      Match packets with AF21 dscp (010010)
  af22      Match packets with AF22 dscp (010100)
  af23      Match packets with AF23 dscp (010110)
  af31      Match packets with AF31 dscp (011010)
  af32      Match packets with AF32 dscp (011100)
  af33      Match packets with AF33 dscp (011110)
  af41      Match packets with AF41 dscp (100010)
  af42      Match packets with AF42 dscp (100100)
  af43      Match packets with AF43 dscp (100110)
  cs1       Match packets with CS1(precedence 1) dscp (001000)
  cs2       Match packets with CS2(precedence 2) dscp (010000)
  cs3       Match packets with CS3(precedence 3) dscp (011000)
  cs4       Match packets with CS4(precedence 4) dscp (100000)
  cs5       Match packets with CS5(precedence 5) dscp (101000)
  cs6       Match packets with CS6(precedence 6) dscp (110000)
  cs7       Match packets with CS7(precedence 7) dscp (111000)
  default   Match packets with default dscp (000000)
  ef        Match packets with EF dscp (101110)
```

注释：Cisco ASA 中的 QoS 部署遵守并信任数据包中的 DSCP 位和 IP 优先级位。对于 IPSec VPN 隧道来说，安全设备在外部头部中保留内部头部中的 ToS 字节。这样做的话安全设备以及 VPN 隧道中的其他设备能够正确地划分流量的优先级。

3. IP 访问控制列表

ACL（访问控制列表）是数据包分类最常用的形式。它们根据数据包的第 3 层以及第 4 层头部进行流量识别。有关 ACL 的更多信息请参考第 8 章。

4. IP 流

基于 IP Flow（IP 流）的分类通常使用以下五元组①的相关信息：

- 目的 IP 地址；
- 源 IP 地址；
- 目的端口；
- 源端口；
- IP 协议字段。

在 Cisco ASA 中，基于流的分类是根据目的 IP 地址完成的。也就是说若流量去往一个 IP 地址，则会创建一个 IP 流，并对其应用适当的策略。

5. VPN 隧道组

Cisco ASA 也可以将去往一个 IPSec 隧道的数据包分为一类。当安全设备接收到数据包，并发现数据包与特定的隧道组相匹配（既可以是站点到站点隧道也可以是远程访问隧道），安

① 在 IP QoS 中这些字段称为五元组，通常是指由源 IP 地址、源端口、目的 IP 地址、目的端口和传输层协议号这 5 个字段组成的一个集合。例如:192.168.0.1 10000 TCP 198.133.219.23 80 就构成了一个五元组。使用五元组能够唯一地确定一个会话。——译者注

全设备会在传输该数据包前，对其应用配置的 QoS 策略。

> 注释：安全设备仅允许类映射集中出现 1 条 **match** 命令。但是在为 VPN 隧道配置 QoS 时，可以配置 2 条 **match** 命令。首先需要在类映射集中使用命令 **match tunnel-group** *<tunnel-group-name>*，之后再配置第 2 条 **match** 语句。目前 **match flow ip destination-address** 是唯一可支持的第 2 条 **match** 命令。

25.2.3 QoS 与 VPN 隧道

Cisco ASA 为站点到站点 VPN 隧道和远程访问 VPN 隧道支持完整的 QoS 部署。使用尽力转发方式时，站点到站点 VPN 隧道的 QoS 部署为整个隧道实施流量速率限制。也就是说隧道中的所有主机共享相同的带宽。但对于远程访问 VPN 隧道来说，QoS 部署针对于每个远程访问对等体实施流量速率限制。也就是说一个远程访问组中的每条 VPN 隧道能够获得配置的数据吞吐量。

> 注释：尽管为每条站点到站点隧道都配置了一个静态 ACL，直到它变为活动 VPN 隧道时，QoS 规则才会被插入数据库中。这样做可确保安全设备不会为未使用的 IPSec SA（安全关联）分配带宽。

当安全设备上同时设置了 QoS 和 VPN 引擎时，在设备配置过程中会发生以下事件。

- **为现有隧道建立新的 QoS 策略**——若在拥有活动 VPN 隧道的接口上应用 QoS 策略，安全设备将调用 IPS 引擎，将适当的 QoS 参数应用到 IPSec SA 上。
- **断开隧道组连接后启用 QoS**——当 VPN 隧道断开后（由用户删除连接或由管理员清除建立的 SA），安全设备就会启动 QoS 进程，对特定的 IPSec SA 删除适当的 QoS 参数。
- **删除隧道组的 QoS 策略**——从 QoS 配置中删除 VPN 命令后，安全设备使 QoS 引擎清除相关参数。同时确保在未来的 VPN 隧道连接中不调用 QoS 引擎。

25.3 配置 QoS

可以使用以下两种方法在 Cisco ASA 上配置 QoS：

- 通过 ASDM 配置 QoS；
- 通过 CLI 配置 QoS。

在图 25-5 中，SecureMe 公司使用 Cisco ASA 进行流量分类，本例中的流量源于 192.168.10.0/24 子网，目的地是邮件服务器 209.165.201.1。安全设备管理员还希望识别穿越安全设备的 VoIP（IP 语音）流量。

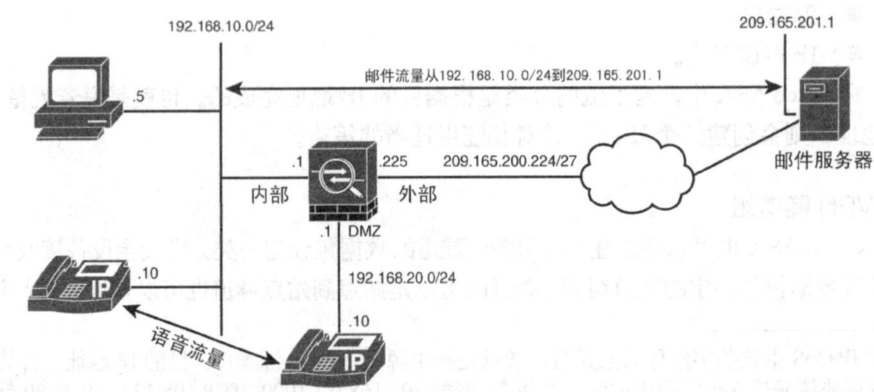

图 25-5 设备中的数据包分类

25.3.1 通过 ASDM 配置 QoS

通过 ASDM 登录安全设备后，由于需要为流量划分优先级，管理员必须首先调整优先级队列。定义优先级队列后，管理员可以创建一个新的 QoS 策略。

按照接下来介绍的步骤创建 QoS 策略。

1. 步骤 1：调整优先级队列

在 QoS 引擎处理数据包后，将它们放入传输线路接口的队列中。安全设备在接口实施优先级队列，以确保具有优先级的数据包比非优先级数据包获得优先处理。若接口上没有启用优先级队列，管理员无法为数据包配置优先级。若管理员不希望为流量划分优先级，则无需配置优先级队列。

管理员可以定义传输环路（transmit ring[①]）以及优先级队列的深度，从而减少高优先级数据包的传输延迟。传输环路定义了能够进入接口卡传输队列的数据包数量。优先级队列的深度定义了开始丢弃数据包之前，优先级队列中能够排入的数据包最大数量。

队列上限和传输环路在运行时动态地确定。其主要因素是设备中用于支持队列的可用内存。当两个队列全部排满，并且 QoS 引擎转发的流量超出了队列能够处理的范围时，安全设备将丢弃接收到的数据。此外，安全设备需要先处理传输队列，再处理优先级队列。

注释：Cisco 5580 安全设备的 10 吉比特以太网接口不支持优先级队列。

要调节接口的优先级队列，需要找到 **Configuration > Device Management > Advanced > Priority Queue**，点击 **Add**，然后从 Interface 下拉菜单中选择想要调节的接口。图 25-6 中安全设备管理员调整了外部接口的优先级队列参数。将传输环路限制改为队列中最多排入 200 个数据包，高优先级和低优先级队列的深度设置为 2000 个数据包。这样设置可以更有效地处理优先级队列，最小化由传输环路引起的延迟。

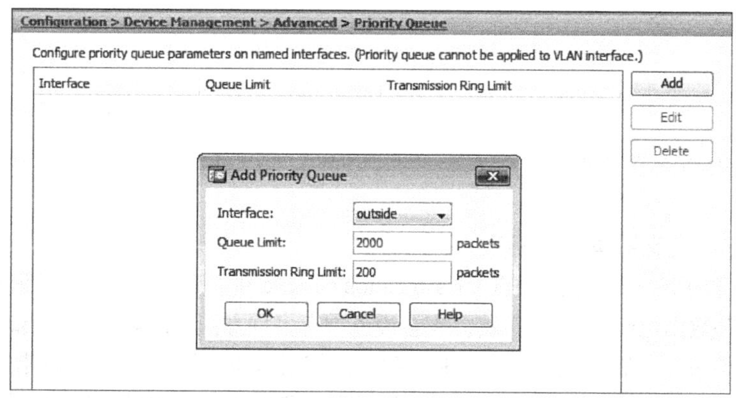

图 25-6 外部接口的优先级队列

2. 步骤 2：定义服务策略

调整优先级队列后，管理员可以找到 **Configuration > Firewall > Service Policy Rules**，选择 **Add > Add Service Policy Rule**。这时 ASDM 会打开 Add Service Policy Rule 向导，并提示管理员选择希望创建接口策略还是全局策略。

① 传输环路是数据包到达物理媒介前的最后一站。——译者注

- **Interface**（接口）：若管理员希望为特定接口创建 QoS 策略，则选择这一选项。接口策略具有比全局策略更高的优先级，详见第 13 章。若管理员希望为外部接口上的所有 VPN 流量赋予优先级，则接口策略非常实用。在这种情况下，管理员希望在外部接口应用 QoS 策略。在基于接口的服务策略中可以定义所有类型的 QoS 策略（流量优先级、流量整形和流量管制）。
- **Global-Applies to All Interfaces**（全局应用到所有接口）：若管理员希望在所有接口上应用同一个 QoS 策略，可以选择这一选项。若管理员希望为所有接口上的 VoIP 流量赋予优先级，则全局策略非常实用。在这种情况下，管理员希望在 Cisco ASA 中全局应用 QoS 策略。在全局策略中不能定义流量整形。

图 25-7 中创建了名为 Traffic-Map-Outside 的新服务策略，并将其应用到 outside 接口。还为还策略添加了一条描述 Service Policy for Outside Interface（外部接口的服务策略）。在完成之后，点击 **Next**。

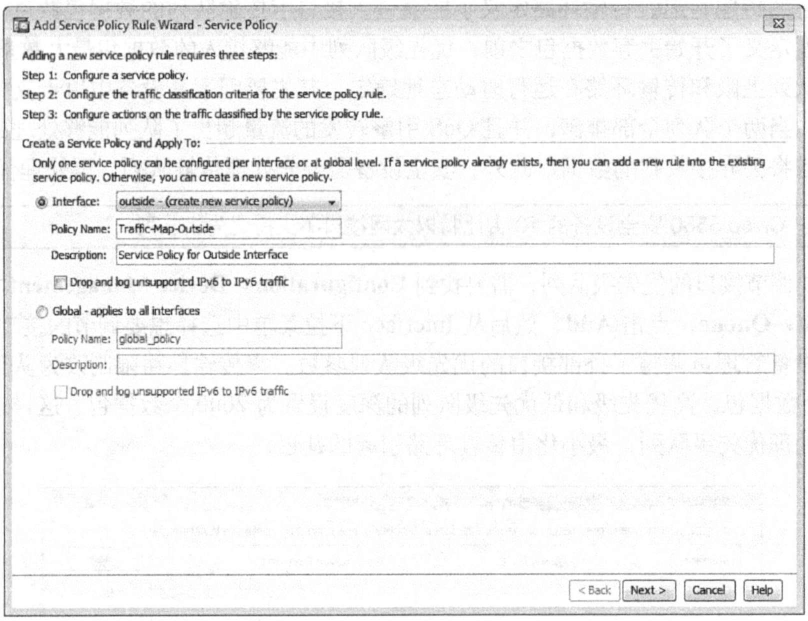

图 25-7 定义新的服务策略

3. 步骤 3：定义流量选择标准

在向导的下一个步骤 Traffic Classification Criteria 中，管理员需要定义识别数据包的方式，以便为这些数据包应用 QoS 策略。安全设备中有多种方法对流量进行分类。但对于选择指定的流量类型来说，最稳妥的方法是使用 ACL。使用 ACL 时，管理员可以指定数据包中的第 3 层和第 4 层信息。安全设备也可以根据 IP 头部的 DSCP 位和 IP 优先级位进行数据包匹配。

表 25-4 定义了所有可用于流量选择标准的方法。

表 25-4 可用的流量选择标准

特性	描述
Default Inspection Traffic	该选项由监控引擎使用，详见第 13 章
Source and Destination IP Addresses (Uses ACL)	根据 ACL 进行数据包分类。ACL 可以包含源和目的地址，也可以包含第 4 层端口信息（可选）

续表

特性	描述
Tunnel Group	根据隧道组进行数据包分类。该选项用于站点到站点和远程访问 IPSec 隧道
TCP or UDP Destination Port	根据任意源或目的地址的 TCP 或 UDP 目的端口进行数据包分类
RTP Range	将 RTP①作为关键字，根据 UDP 偶数号端口上的 RTP 流进行数据包匹配。这个偶数号端口是一组 UDP 端口中的起始点，用于识别 RTP 流
IP DiffServ CodePoints (DSCP)	根据 IP 头部中 IETP 定义的 DSCP 值进行数据包分类
IP Precedence	根据 IP 头部的 ToS 字节进行数据包分类
Any Traffic	该选项用于分类所有流经安全设备的数据包

① RTP=实时传输协议

图 25-8 中定义了名为 mail-class 的流量选择标准。本例的目标是识别去往邮件服务器 209.165.201.1 的流量。为了实现这一目标，在服务策略中使用 ACL（源和目的 IP 地址）识别感兴趣流。完成后点击 **Next**。

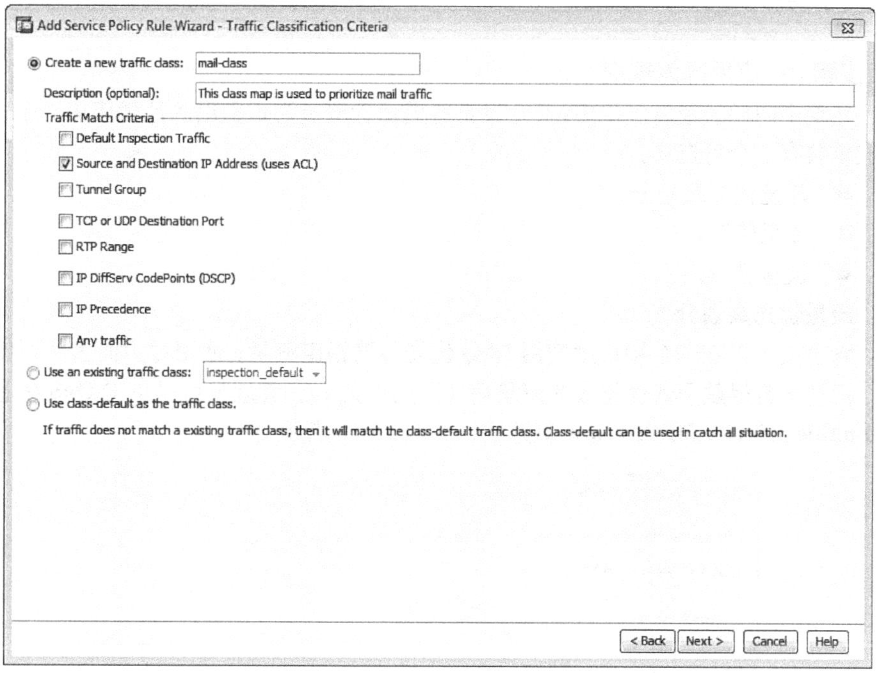

图 25-8　选择一个流量分类标准

在下一个向导窗口（Traffic Match）中，定义用于流量分类的源和目的 IP 地址。图 25-9 中指定的源网络是 192.168.10.0/24，目的地是位于 209.165.201.1 的邮件服务器。目的地服务是 TCP/SMTP，还添加了描述信息，来提醒管理员这个 ACL 的作用是识别出向邮件流量的 ACL。完成后请点击 **Next**。

除了流量选择标准之外，安全设备中还有一个默认类用于匹配所有流量。任何未精确匹配选择标准的流量都属于这个默认类。管理员可以对默认类应用适当的行为（流量优先级划分、整形或管制）。其中流量整形仅可以应用于默认类。选择 **Use Class-Default as the Traffic Class** 为默认类启用 QoS 策略。

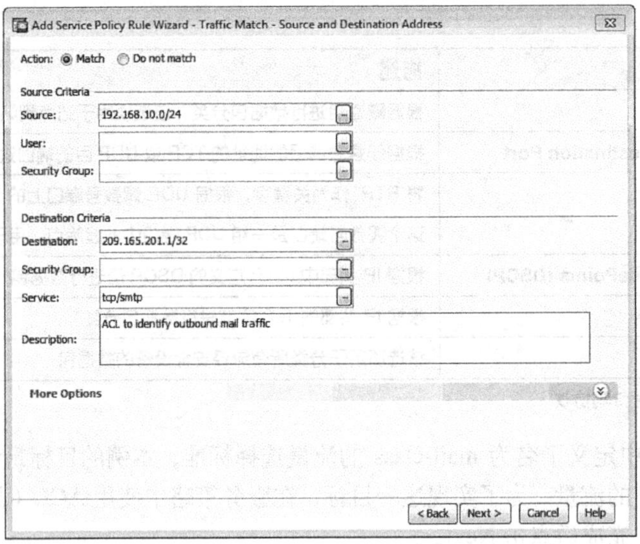

图 25-9 定义流量标准

4. 步骤 4：应用行为规则

在整个向导的最后一步中，安全设备将提示管理员为识别出的流量应用一个 QoS 行为。在这里共有三个可选项：

- 流量优先级划分；
- 流量管制；
- 流量整形。

流量优先级划分

管理员可以在一个接口上使用 LLQ 优先传输指定流量，使用尽力而为队列传输其他流量。识别出希望赋予其优先级的流量后（详见步骤 2），管理员可以点击 **QoS** 标签，接着勾选 **Enable priority for this flow** 复选框，如图 25-10 所示。

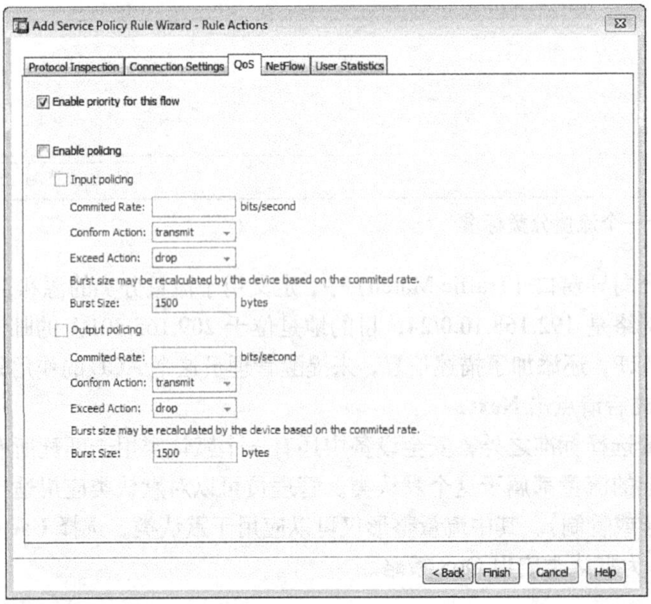

图 25-10 启用流量优先级

流量管制

若管理员希望对某些感兴趣流进行管制，可以在 Cisco ASA 中使用流量管制进行速率限制。若流量处于管制速率与突发值之间，则安全设备传输流量。管制速率是能够穿越 QoS 引擎的真实速率，它的范围是 8000 bit/s（比特每秒）到 200,000,000 bit/s。

突发值是安全设备没有应用 Exceed Action 部分指定的行动，在给定时间内能够发送（不应用超出行为）的瞬间突发流量。可以使用以下公式计算突发值：

$$突发值 = (管制速率) \times 1.5 / 8$$

比如说，若流量的管制速率需要限制为 56,000 bit/s，突发值将会是 10,500 字节。突发值的可配置范围是 1000～512,000,000 字节。

注释：管制速率的单位是比特每秒，突发值的单位是字节。

图 25-11 中配置安全设备为识别出的流量实施 outbound（出向）速率限制，管制速率配置为 56000 比特/秒，突发值为 10,500 字节。若流量处于这个范围之内，安全设备根据配置的策略传输流量。若流量超出这个速率，安全设备将丢弃数据包。

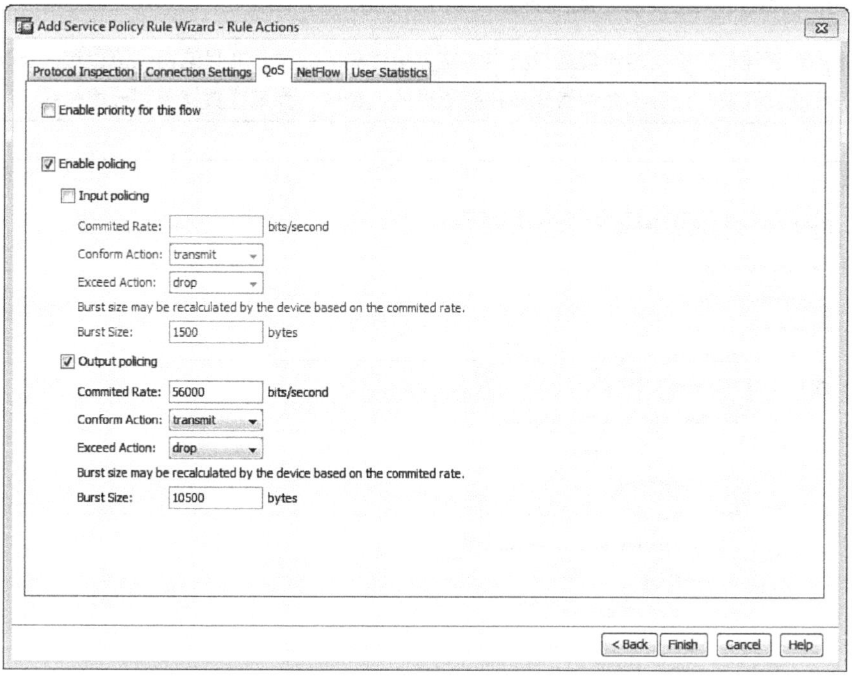

图 25-11　启用流量管制

设备默认的 Conform Action（确认行为）是传输流量，而使用的 Exceed Action（超量行为）是丢弃流量。

流量整形

如本章前文内容提到的，只可以在默认流量类中配置流量整形策略。管理员可以在安全设备中指定一段时间内的平均速率，用于流量的整形。比如说，若 WAN 链路速率是 2 Mbit/s，管理员可以将平均整形流量速率也设置为 2 Mbit/s。

可选地，管理员可以在安全设备中指定在一段时间内能够传输的平均突发值。可以使用以下公式计算时间间隔：

$$时间间隔(t) = (平均突发值) / (平均流量整形速率)$$

接下来用一个案例说明突发值和时间间隔的影响。若管理员希望在 100Mbit/s 的接口上将流量整形为 2Mbit/s，并将突发值指定为 500kbit/s，时间间隔为 250 毫秒。这就是说安全设备每 250 毫秒发送 500kbit/s 流量。因为出向接口是 100Mbit/s 接口，因此它能够在前 5 毫秒发送 500kbit/s 流量，接着链路处于空闲状态，直到 245 毫秒之后到达下一个时间间隔。若时间间隔太大，将会严重影响延迟敏感的流量，比如语音或视频。

注释： 我们在前面曾经提到过，多核心/多处理器的设备（如 Cisco ASA 5580、Cisco ASASM 和 X 系列的设备）不支持流量整形。

如图 25-12 的 QoS 标签所示，我们在安全设备上配置流量整形为 2Mbit/s，平均突发值为 16kbit/s，因此时间间隔为 8 毫秒。

如本章前文内容提到的，安全设备可以通过使用分层 QoS 策略，在一个接口上同时应用整形和优先级队列。管理员可以在接口上对流量进行整形，接着在整形过的流量中为特定数据包赋予优先级。图 25-12 中配置安全设备在整形过的流量中，根据 TCP 和 UDP 端口为某些数据包划分优先级。管理员可以选择“Enforce priority to selected shaped traffic”，然后点击 Configure 选项来完成配置。

注释： 若管理员在不同的流量选择类中实施流量优先级分类，并且这两个流量选择类属于同一个服务策略，则安全设备不允许管理员在整形过的流量中，为某些数据包划分优先级。

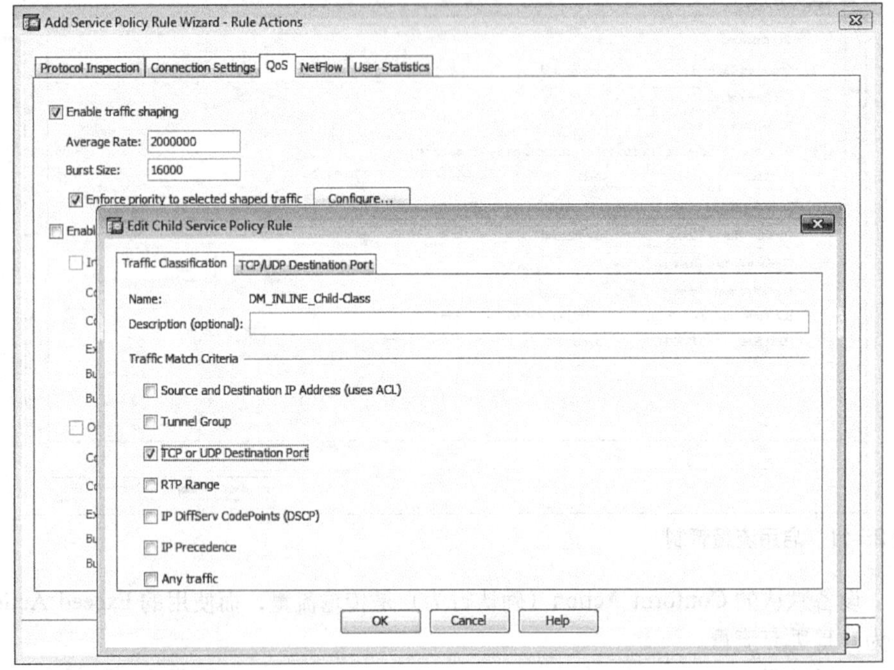

图 25-12 启用流量整形

25.3.2 通过 CLI 配置 QoS

与通过 ASDM 配置 QoS 类似，通过 CLI 来配置 QoS 的方法可以分为 4 步。

1. 调整优先级队列。
2. 建立类映射集。
3. 配置策略映射集。

4. 在接口上应用策略映射集。

1. 步骤 1：调整优先级队列

在接口上配置优先级队列的方法是，在命令 **priority-queue** 后面跟上接口的名称。在例 25-2 所示，安全设备的管理员对 outside 接口上的优先级队列进行了精心的调节。管理员将传输环路限制进行了修改，队列中最多能排 200 个数据包，而高优先级队列和低优先级队列长度被设置为可以排列 2000 个数据包。这样的话，优先级队列就能够得到有效的处理，并且在最大程度上避免由传输环路产生的延迟。

例 25-2　定义优先级队列

```
Chicago(config)# priority-queue outside
Chicago(priority-queue)# tx-ring-limit 200
Chicago(priority-queue)# queue-limit 2000
```

2. 步骤 2：建立类映射集

流量类会在管理员应用 QoS 策略的地方识别数据包。这与通过 ASDM 定义流量选择标准的方法类似。定义流量类的方法是在命令 **class-map** 后面跟上类的名称。执行数据报分类的方法是在语句 **match** 后面跟上相应的选项，ASDM 的对应配置方法我们已经通过前面的表 25-4 中介绍过了。

> 注释：不能在一个类映射集中配置多条 **match** 语句，只有一个例外：如果管理员在类映射集中配置了命令 **match tunnel-group** 或者 **default-inspect-traffic**，那么管理员就可以再添加一条 **match** 语句。

例 25-3 所示为如何配置类映射集来识别 mail 数据包和 VoIP 数据包。管理员配置了一个名为 mail-traffic 的 ACL，指定了源和目的 IP 地址，并且将 TCP 目的端口指定为了 25（SMTP）。该 ACL 被应用在了一个名为 mail-class 的类映射集。管理员还设置了一个名为 voip-class 的类映射集来识别 VoIP 数据包。VoIP 会为分别语音信令和 RTP 流使用 DSCP 值 **af31** 和 **ef**。

例 25-3　用于识别邮件和 VoIP 流量的类映射集

```
Chicago(config)# access-list mail-traffic extended permit tcp
192.168.10.0 255.255.255.0 host 209.165.201.1 eq smtp
Chicago(config)# class-map mail-class
Chicago(config-cmap)# match access-list mail-traffic
Chicago(config-cmap)# exit
Chicago(config)# class-map voip-class
Chicago(config-cmap)# match dscp af31 ef
```

> 注释：若管理员为相同流量配置了两个类，并分别应用策略限制流量速率，安全设备将对该流量应用最严格的流量策略。

安全设备也可以匹配穿越隧道的流量。通过命令 **match tunnel-group**，设备可以识别出于某个 VPN 连接相匹配的数据包。在例 25-4 中，管理员配置了一个名为 tunnel-class 的类，该类用来识别去往一个名为 SecureMeGroup 的 VPN 组的流量。管理员也可以基于目的 IP 流量来匹配流量。

> 注释：如果需要对 VPN 流量执行速率限制，那么必须在使用命令 **tunnel-group** 的同时使用命令 **match flow ip destination-address**。如果希望 VPN 流量优于其他流量，则不需要使用命令 **match flow ip destination-address**。

例 25-4 用于识别隧道流量的类映射集

```
Chicago(config)# class-map tunnel-class
Chicago(config-cmap)# match flow ip destination-address
Chicago(config-cmap)# match tunnel-group SecureMeGroup
```

> 注释：若管理员为相同流量配置了两个类，并对其中一个类应用了优先级，而对另一个类执行了速率限制，那么安全设备就会匹配去往优先级队列的流量，而不会应用速率限制策略。

3. 步骤 3：配置策略映射集

配置的类映射集需要和一个策略映射集进行绑定，策略映射集的作用是定义应该对识别出来的流量应用执行什么动作。在 **policy-map** 子配置模式下可以应用优先级、速率限制或整形 QoS 功能。例 25-5 所示为一个名为 Traffic-Map-Outside 的策略映射集，该策略映射集用来对我们前面配置的类映射集执行动作。管理员通过命令 **class**，将这些类映射集（本例中为 voip-class）应用给了策略映射集。管理员也可以将 mail-class 和/或 tunnel-class 应用到这个策略。

例 25-5 在安全设备中配置策略映射集

```
Chicago(config)# policy-map Traffic-Map-Outside
Chicago(config-pmap)# class voip-class
```

在将类映射集和策略映射集进行了绑定之后，管理员需要在 Cisco ASA 上配置一个动作，来处理识别出来的数据报。在例 25-6 中，管理员在安全设备上配置了 **priority** 语句，使 VoIP 流量优于其他流量。

例 25-6 为 VoIP 流量划分流量优先级

```
Chicago(config)# policy-map Traffic-Map-Outside
Chicago(config-pmap)# class voip-class
Chicago(config-pmap-c)# priority
```

在例 25-7 中，管理员在安全设备上配置了 56kbit/s 的速率限制和 10500 字节的突发尺寸。如果流量速率在这个范围内，安全设备就会将其传输出去，因为它符合了管理员配置策略。相反，超过速率的流量则会被设备丢弃掉。

例 25-7 对隧道流量进行速率限制

```
Chicago(config)# policy-map Traffic-Map-Outside
Chicago(config-pmap)# class tunnel-class
Chicago(config-pmap-c)# police 56000 10500 conform-action transmit exceed-action
drop
```

安全设备上还配置有一个默认类，该类会匹配所有剩下的流量。该类可以用来执行流量整形，使其位于一个平均速率。在例 25-8 中，配置有一个默认流量类，将流量整形为 2Mbit/s，同时平均突发尺寸配置为 16kbit/s。在这个类中，管理员定义了另一个策略映射